Reine und angewandte Metallkunde in Einzeldarstellungen
Herausgegeben von W. Köster
Band 21

Ulrich Zwicker

Titan und Titanlegierungen

Springer-Verlag Berlin · Heidelberg · New York 1974

Dr. rer. nat. Ulrich Zwicker

Institutsvorstand und o. Professor, Institut für Werkstoffwissenschaften II (Werkstoffkunde und Technologie der Metalle), Technische Fakultät der Universität Erlangen–Nürnberg

Mit 387 Abbildungen

ISBN 978-3-642-80588-2 ISBN 978-3-642-80587-5 (eBook)
DOI 10.1007/978-3-642-80587-5

Softcover reprint of the hardcover 1st edition 1974

Library of Congress Catalog Card Number: 68-15953

Vorwort

Die bisherigen umfassenden Monographien über Titan und Titanlegierungen sind 1954 bzw. 1956 von K. Adenstedt bzw. M. K. und A. D. McQuillan erschienen. Seit dieser Zeit konnten die metallkundlichen Grundlagen und die anwendungstechnischen Erfahrungen wesentlich erweitert werden. Ein Teil dieser Ergebnisse ist in Großbritannien durch das Titanium Abstract Bulletin (1955–1962) der Imperial-Chemical-Industries Ltd., in der UdSSR durch „Titan und seine Legierungen" Bd. 1–10 (bis 1963) von I. I. Kornilov und „Titanlegierungen für die moderne Technologie" von V. I. Dobatkin, S. G. Glazunov, I. I. Kornilov und N. P. Sazhin und in den USA durch R. I. Jaffee und N. E. Promisel bzw. H. H. Burte durch die Berichte über die erste und zweite internationale Titantagung 1968 bzw. 1973 veröffentlicht worden.

Die ersten Überlegungen, eine neue Beschreibung des Titans und seiner Legierungen zusammenzustellen, gingen von einer Titanforschungsgemeinschaft zwischen den Firmen DEGUSSA, Fried. Krupp G.m.b.H. und Metallgesellschaft AG aus, die von den Herren Prof. Dr. J. Böttcher (DEGUSSA), Prof. Dr. E. Houdremont (Fried. Krupp G.m.b.H.) und Dir. Dr. J. Jaenicke bzw. Prof. Dr. M. Hansen (Metallgesellschaft AG) betreut wurde und in den fünfziger Jahren tätig war. Prof. Dr. W. Köster gab dann den endgültigen Anstoß, eine derartige Monographie in der von ihm herausgegebenen Schriftenreihe im Springer-Verlag herauszubringen. Um die große Anzahl der Literaturstellen, die bis Ende 1972 erfaßt werden sollten, zu bewältigen und den vorgegebenen Umfang nicht zu überschreiten, wurde ein vereinfachendes Schema angewandt, in dem die Autoren nach den Anfangsbuchstaben geordnet werden. Dadurch sollte dem Leser das Auffinden der Originalliteratur erleichtert werden. Bei der großen Zahl der Veröffentlichungen ist eine kritische Auswahl sehr schwierig und zeitraubend, deshalb wird der volle Titel der jeweiligen Veröffentlichung angegeben.

Die erste Zusammenstellung erfolgte in Zusammenarbeit mit Herrn Dr. W. Knorr, Essen, wobei von ihm die Grundlage für die Kapitel 1.3, 3, 4, 5, 9, 10, 11, 13, 16, 17 und 19 geschaffen und der Entwurf für die übrigen Kapitel mit durchgearbeitet wurde. Infolge zu starker beruflicher Inanspruchnahme und eines Übergangs vom Forschungsinstitut in den Betrieb mußte er die Mitarbeit einstellen. Verschiedene Damen und Herren haben den Entwurf durchgelesen und ihn durch wertvolle Ergänzungen verbessert, so Kap. 1, Prof. Dr. J. D. Fast, Eindhoven (Holland) und Dr. W. J. Kroll †, St. Genèse (Belgien); Kap. 2, Dir. Dipl.-

Phys. H. Gruber, Hanau; Kap. 4, Dr. R. Löhberg, Erlangen; Kap. 5, Prof. Dr. Th. Heumann, Münster; Kap. 6, Frau Prof. Dr. J. Grewen, Clausthal; Kap. 11, 16, 17, 18, 19 und 20, Geschäftsführer Dr. K. Rüdinger, Krefeld; Kap. 12, Prof. Dr. A. D. McQuillan, Birmingham; Kap. 13 und 15, Prof. Dr. H. Kaesche und Dipl.-Ing. Dipl.-Phys. H. Becker, Erlangen; Kap. 16, 17 und 19, Dr. J. Breme, Erlangen. Besonders herzlicher Dank gebührt Herrn Prof. Dr. M. Hansen, Kronberg (Taunus), der sowohl den ersten Entwurf, wie auch den Umbruch mit durchgesehen hat und dem zahlreiche Hinweise und Korrekturen zu verdanken sind. Durch die Mithilfe der Zentralbibliothek der Metallgesellschaft AG unter Leitung von Herrn Prof. Dr. C. Petersen, der Bibliothek der Technischen Fakultät der Universität Erlangen–Nürnberg unter Leitung von Herrn Oberbibliotheksrat E. Stamm und der Damen Frl. E. Grembler, Frau U. Hofmann und Frl. J. Kerber, Institut für Werkstoffwissenschaften II (Werkstoffkunde und Technologie der Metalle), Universität Erlangen–Nürnberg, wurde die Beschaffung der zahlreichen Literaturstellen erleichtert und ihre Einordnung ermöglicht. Auch hierfür sei herzlich gedankt, ebenfalls dem Springer-Verlag für die Geduld, die für die zahlreichen Änderungen aufgebracht werden mußte, für die gute Betreuung während der Satzarbeiten und für die vorzügliche Ausstattung des Buches, Herrn Prof. Dr. J. D. Fast, Eindhoven; den Firmen Bölkow G.m.b.H., München; Contimet G.m.b.H. Krefeld; Dornier G.m.b.H., Friedrichshafen; Fried. Krupp G.m.b.H., Essen; Imperial Metal Industries Limited, Birmingham; Leybold-Haräus, Köln-Hanau; Metallgesellschaft AG Frankfurt; Reactive Metals, Inc. Niles, Ohio; Vereinigte Flugtechnische Werke, Bremen; dem Forschungsinstitut CERN, Genf und dem Forschungsinstitut für Edelmetalle und Metallchemie, Schwäbisch Gmünd für unveröffentlichte Meßdaten und Abbildungen.

Erlangen, Frühjahr 1973

U. Zwicker

Inhaltsverzeichnis

Einleitung

Die Vermutung, daß in einem magnetischen Eisensand aus Cornwall eine bis dahin noch unbekannte Metallverbindung enthalten sein könnte, äußerte als erster der englische Landgeistliche GREGOR 1791, als er einen dunkel gefärbten Sand untersuchte. An eisenhaltigem Rutil aus Ungarn fand KLAPROTH 1795 ebenfalls, daß dieses Mineral zu einer noch unbekannten metallischen Substanz gehören müsse, und benannte sie Titan nach den Titanen, den Söhnen von Gaia, der Urmutter Erde [*G 24*]. Die Grundlage für die großtechnische Entwicklung legte die Erfindung der Reduktion des Titantetrachlorids mit Magnesium durch W. J. KROLL kurz vor dem zweiten Weltkrieg (vgl. Kap. 1.2.3, S. 13ff.).

Da Titan mit etwa 0,6 % in der Erdkruste in Form von oxidischem Erz entweder als Rutil oder Anatas (TiO_2) oder zusammen mit Eisenoxid als Ilmenit in großen Mengen zur Verfügung steht, sind in erster Linie Energiekosten für den Preis des Rohmetalls verantwortlich. Die komplizierten Reduktionsverfahren, die wegen der großen Affinität von Sauerstoff, Stickstoff und Kohlenstoff zu Titan notwendig sind, erfordern einen hohen Energiebedarf. Eine Senkung der Energiekosten kann sich deshalb auf den Preis des Rohmetalls günstiger auswirken als bei anderen Metallen.

Während in der Bundesrepublik keine abbauwürdigen Vorkommen an Rutil und Ilmenit vorhanden sind, liegen im übrigen Europa die wichtigsten Lagerstätten in Norwegen und in der UdSSR. In Amerika werden große Vorkommen in Kanada, in den USA und in Brasilien abgebaut. Für die Titangewinnung in Japan verwendet man neben Importen dort vorkommende ilmenithaltige Sande. In Australien, Malaya und Indien werden ebenfalls Rutil und Ilmenit gewonnen. Bedeutende Lagerstätten in Afrika befinden sich in Ägypten, Senegal, Sierra Leone, Elfenbeinküste, Ghana, Südafrika und Madagaskar [*B 10*, *G 24*, *N 19*, *S 23c*].

Titan und seine Legierungen haben in den Jahren 1950–1955 den Schritt vom Laboratorium in die industrielle Anwendung getan. Diese rasche Entwicklung war durch eine Förderung von seiten interessierter staatlicher Stellen, insbesondere in den USA, in der UdSSR, in Großbritannien und in Japan möglich, die Industrie und Forschung durch entsprechende Aufträge in die Lage versetzten, die notwendige Entwicklungsarbeit zu leisten. Der Übergang zur industriellen Produktion erforderte neuartige Reduktions- und Schmelzverfahren, die jetzt auch für andere Metalle und Legierungen angewandt werden. Den entscheidenden Impuls gab der Flugzeugbau. Später sind chemische Industrie, Raumfahrt und weitere Anwendungsgebiete hinzugekommen.

Die Produktionskapazität für Schwammtitan, das poröse Rohmetall, das in den Reduktionsanlagen (vgl. Kap. 1.2; S. 9ff.) erzeugt und durch Schmelzen (vgl. Kap. 2, S. 30ff.) in eine kompakte Form über-

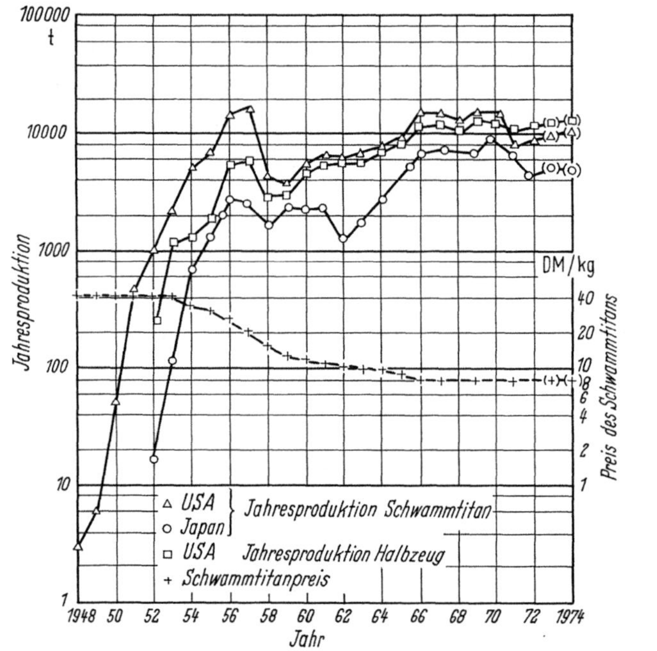

Abb. 0.1 Jahresproduktion von Schwammtitan und Titanhalbzeug in verschiedenen Ländern und Änderung des Rohmetallpreises (Werte in Klammern sind Schätzungen) [*I 2a*, *N 19*, *C 17f*, *M 1b*, *H 30a*, *T 9a*, *S 39b*].

führt wird, betrug Ende 1972 etwa 50000 t in der UdSSR (nach japanischen Schätzungen), 21800 t in den USA, 13800 t in Japan und 3000 t in Großbritannien. Die Jahresproduktion betrug 1972 in den USA etwa 8000 t, in Japan 4080 t und in Großbritannien etwa 1000 t [*S 39b*]. In der Abb. 0.1 ist der zeitliche Verlauf der Produktion an Schwammtitan in den USA und in Japan, der Herstellung von Halbzeug in den USA, ferner des Preises des Schwammtitans wiedergegeben. Die Produktion war sehr stark von Staatsaufträgen abhängig. So wurden 1957 von der Regierung der USA Staatsaufträge für den Flugzeugbau zurückgezogen und 1969/70 die Herstellung von Überschallflugzeugen für den zivilen Luftverkehr nicht mehr unterstützt. Gleichzeitig war der Bau von Passagierflugzeugen und der Bedarf für die Raumfahrt zurückgegangen [*R 92b, R 92c, L 34f, H 30a, S 39b*]. Die Weltproduktion an Halbzeug wurde für 1970 auf etwa 30000 t/Jahr geschätzt und dürfte 1973 höher liegen. In den USA wurden 1972 etwa 10500 t (Anteil Luft- und Raumfahrt etwa 85 %) und in Westeuropa etwa 3500 t (Anteil Luft- und Raumfahrt 60–70 %), davon in der Bundesrepublik etwa 1000 t (Anteil Luft- und Raumfahrt 50–60 %) Halbzeug hergestellt [*M 1b, H 57c, T 9a, R 77a, M 80e, I 10a, S 39b*]. Mit dem fallenden Preis für das Rohmetall auf unter 1/4 des Preises von 1953 hat der zivile Verbrauch zugenommen. Durch eine rationellere Fertigung sinken auch die Verarbeitungskosten. Dadurch werden weitere Anwendungsgebiete erschlossen.

Wegen seines niedrigen spezifischen Gewichtes bei gleichzeitig hoher Festigkeit und wegen seiner in vielen Medien ausgezeichneten Korrosionsbeständigkeit werden Titan und Titanlegierungen hauptsächlich in der Luft- und Raumfahrt und in zunehmendem Maße in der chemischen Industrie und verwandten Industriezweigen wie z. B. Meerwasseraufbereitung verwendet. Die Tatsache, daß TiO_2 im Überfluß in Erzen vorhanden ist, die Wahrscheinlichkeit, daß Energiekosten fallen und Reparaturkosten steigen werden, dürften Veranlassung dafür sein, daß Titan und seine Legierungen in Zukunft in vielen Bereichen wirtschaftlicher werden und sich damit die Anwendungsgebiete ausweiten können. In der Verarbeitungstechnik sind z. B. die Pulvermetallurgie, die Gießverfahren und Verbundwerkstoffe sowohl im Laboratorium wie auch in der Praxis noch wenig untersucht worden, so daß auch in diesen Bereichen mit dem besseren Verständnis und der Kenntnis hochspezialisierter Techniken weitere Entwicklungen zu erwarten sind. Eine geschätzte Zuwachsrate von 5–9,5 % [*S 39b*] dürfte deshalb möglich sein.

1. Herstellung des Metalls

Die Übergangsmetalle der 4. und 5. Gruppe des Periodensystems besitzen eine hohe Löslichkeit für Sauerstoff und Stickstoff, wobei das metallische Aussehen erhalten bleibt, das Formänderungsvermögen aber mit zunehmendem Gehalt dieser Beimengungen verlorengeht. Bei den ersten Versuchen, metallisches Titan herzustellen, ist wegen der

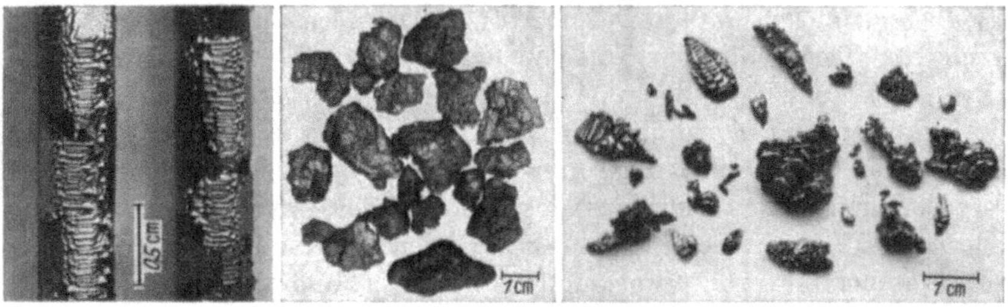

Abb. 1.1 Titan aus verschiedenen Herstellungsverfahren [*M 70 b, I 8 b*]. Links: Jodidtitan; Mitte: Schwammtitan; rechts: Elektrolyttitan

hohen Affinität dieser Elemente zu Titan meist ein sauerstoffhaltiges Metall mit geringem Formänderungsvermögen entstanden. Bis etwa 1925 hat man deshalb geglaubt, daß Titan bei Raumtemperatur nicht verformbar sei. Erst durch die Entwicklung neuer Reduktionsverfahren, zunächst im Laboratorium und später auch im technischen Maßstab, die gestatteten, ein reineres Metall herzustellen, wurde erkannt, daß Titan zu den gut kaltverformbaren Metallen gehört. Für die technische Anwendung des Titans ist es notwendig, die Gehalte an Sauerstoff und Stickstoff so niedrig zu halten, daß eine Verarbeitbarkeit gewährleistet ist. Sehr reines Titan ($\geqq$ 99,9 %) wird mit Hilfe eines Raffinationsprozesses durch thermische Zersetzung von Titanjodid, das aus Rohtitan und Jod gebildet wurde, hergestellt (Jodidtitan). Titan technischer Reinheit wird durch Reduktion von Titantetrachlorid mit Magnesium oder Natrium in großem Maßstab gewonnen. Dieses Titan wird wegen seines porösen Aussehens als Schwammtitan bezeichnet. Auch durch Elektrolyse kann sehr reines Titan hergestellt werden (Elektrolyttitan). Die Abb. 1.1 zeigt die Form des bei den verschiedenen Herstellungsverfahren gebildeten Metalls.

1.1 Thermische Zersetzung der Halogenide (Jodidtitan)

Die erste Beschreibung eines Raffinationsverfahrens für Titan durch thermische Zersetzung von Titanjodid an einem hoch erhitzten Kerndraht wurde 1925 [*A 38*] veröffentlicht und dabei auf das gute Formänderungsvermögen des sogenannten Jodidtitans hingewiesen. Bei diesem Verfahren wird Rohtitan (z.B. Schwammtitan) durch Umsetzung mit Jod in Jodid überführt, das an einem heißen Draht durch Disproportionierung wieder zersetzt wird, wobei sich ein wesentlich reineres Titan abscheidet. Das Verfahren der thermischen Zersetzung ermöglicht hauptsächlich, Gehalte an Sauerstoff, Stickstoff und Kohlenstoff zu entfernen. Metallische Beimengungen können, soweit sie flüchtige Jodide bilden, in das Jodidtitan übergehen, wenn auch meistens in viel geringeren Gehalten als sie im Rohtitan enthalten waren.

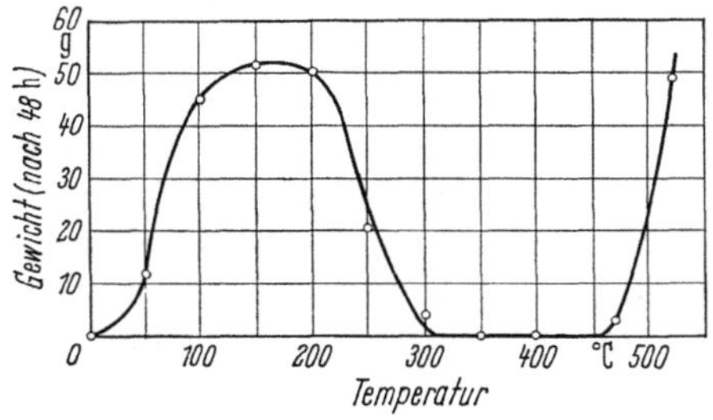

Abb. 1.2 Einfluß der Rohtitantemperatur auf die abgeschiedene Menge von Jodidtitan bei konstanter Drahttemperatur (1300 °C, 48 Std. Anwachszeit, Rohtitan grobkörnig) [*F 5*].

1939 wurde erstmals berichtet, daß die Temperatur und Korngröße des Bodenkörpers aus Rohtitan einen großen Einfluß auf die Abscheidung an einem Draht hatte, der eine konstante Temperatur von 1300 °C aufwies. Wie Abb. 1.2 zeigt, fand bei grobkörnigem Rohtitan nur bei Temperaturen zwischen 60 und 300 °C, mit einem Maximum bei 175 °C, und oberhalb 460 °C eine Abscheidung statt. Bei feinkörnigem Rohtitan mit großer Oberfläche trat sie nur bei Temperaturen über 460 °C auf. Dieses unterschiedliche Verhalten wird durch die Gleichgewichtspartialdrucke der Jodide verursacht. Bei niedriger Temperatur, z.B. 100–200 °C, wird kein Gleichgewicht mit dem überschüssigen Rohtitan erreicht, es sei denn, daß das Titan so feinkörnig ist, daß eine rasche Umsetzung mit dem Jodid stattfinden kann. Bei feinkörnigem Rohtitan bildet sich nach kurzer Zeit nichtflüchtiges Titandijodid, wodurch die Reaktion zum Stillstand kommt. Bei grobkörnigem Titan ist dagegen an der Oberfläche Jod im Überschuß vorhanden. Es entsteht leicht flüchtiges Titantetrajodid, das am Zersetzungsdraht dissoziiert, wobei sich Titan auf dem Draht niederschlägt und das frei werdende

Jod wieder im Kreislauf zum Rohtitan zurückdiffundiert. Auf diesem Kreislauf beruht die Kurve in Abb. 1.2 zwischen 0 und 300 °C für grobkörniges Rohtitan.

Bei höheren Temperaturen findet zunächst eine Umsetzung zu Titandijodid und Titantrijodid statt [*F 3*]. Je mehr Jod an der Umsetzung teilnehmen kann, um so mehr Trijodid bildet sich im Gleichgewicht [*B 50*]. Das Dijodid hat einen niedrigeren Dampfdruck als das Tetrajodid, er ist aber größer als der des Trijodids. Mit steigender Temperatur weisen das Di- und Trijodid einen zunehmenden Gleichgewichtsdruck durch Bildung von Tetrajodid nach folgenden Gleichungen auf:

$$2\,TiJ_2 \rightleftharpoons Ti + TiJ_4$$

$$2\,TiJ_3 \rightleftharpoons TiJ_2 + TiJ_4$$

Bei Temperaturen oberhalb 460 °C bildet sich deshalb in zunehmendem Maße Tetrajodid, wodurch die Abscheidungsgeschwindigkeit des Titans (Abb. 1.2) zunimmt [*F 5*].

Als Kerndraht, an dem die Zersetzung bei Temperaturen von über 1100 °C stattfindet, kann Wolfram oder Titan dienen. Bei Kerndrähten aus Titan kann bei Temperaturen < 1250 °C, wie Abb. 1.3, Kurve 1, zeigt, Titan wieder gelöst werden [*I 8*]. Eine Untersuchung der Zersetzung bei einem konstanten Dampfdruck von 6 Torr hat gezeigt, daß bei Drahttemperaturen oberhalb 1450 °C die Zersetzungsgeschwindigkeit unabhängig von der Temperatur des Drahtes wird [*R 91*]. Es ist deshalb zweckmäßig, eine Drahttemperatur zwischen 1300 und 1450 °C zu wählen.

Mit aus Glas hergestellten Apparaturen konnten bis zu 15 mm dicke Kristalle aus Jodidtitan (Abb. 1.1 links, S. 4) abgeschieden werden. Abb. 1.4 gibt das Schema einer Zersetzungsapparatur, in der auf einer Drahtschleife abgeschieden wird, wieder. Das Rohtitan wird mit so großer Oberfläche in Form von porösen Stücken eingebracht, daß die Umsetzung nicht zu rasch abläuft. Meist verwendet man Schwammtitan, das durch Reduktion mit Magnesium gewonnen wurde (Abb. 1.1 Mitte, S. 4), oder feine Titanspäne. Um die Diffusionswege zu verringern, wird eine kurze Entfernung zwischen dem Rohmetall und dem Draht bzw. dem abgeschiedenen Metall angestrebt und das Rohmetall hinter ein Gitter aus Wolfram oder Molybdän eingefüllt. Die Wärmeabstrahlung nach außen, die im Laufe der Abscheidung durch den sich vergrößernden Durchmesser des Drahtes zunimmt, wird dadurch allerdings behindert [*F 6*, *C 4*].

Das Gefäß wird auf eine Temperatur von 160 °C oder von über 460 °C erwärmt und der Kerndraht aus Wolfram (40 μm ∅) auf eine Temperatur von über 1200 °C aufgeheizt. Die Abscheidungszeiten für 15 mm dicke Kristalle betragen im allgemeinen 15—25 h. Bei größeren Kristalldurchmessern wird die Abstrahlung so groß, daß die Glasgefäße sich zu stark erwärmen. [*F 5*] Bei Verwendung von zwei Drahtschleifen kann man bis zu etwa 300 g Titan in einer Glasapparatur, wie sie Abb. 1.4 zeigt abscheiden [*C 4*].

Eine Beimengung von Wolfram vermeidet man durch Kerndrähte aus Titan. Verwendet man ein Gefäß aus warmfestem Stahl, so kann der

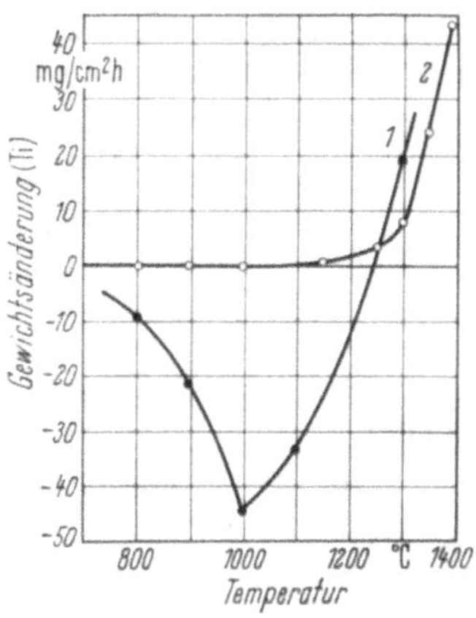

Abb. 1.3

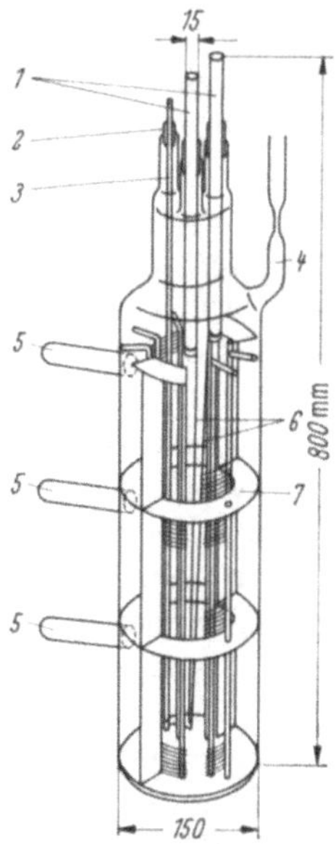

Abb. 1.4

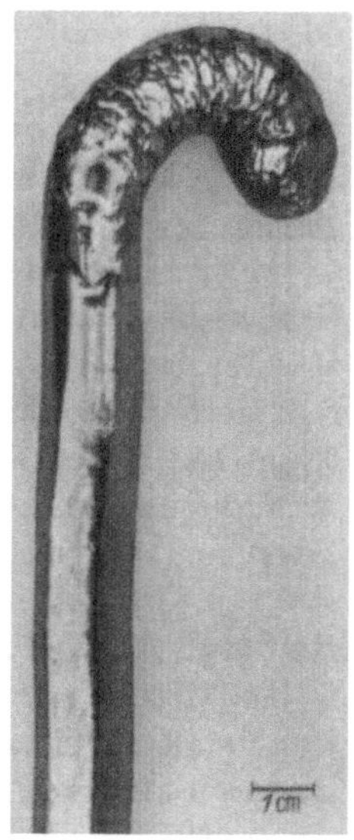

Abb. 1.5

Abb. 1.3 Einfluß der Temperatur von Titan- oder Wolframkörpern auf die Lösungs- und Bildungsgeschwindigkeit von Titan beim Überleiten von Titantetrajodid [*I 8*].
Kurve *1*: Titandraht; Kurve *2*: Wolframdraht.

Abb. 1.4 Schema einer Glasapparatur für die Herstellung von Titanstäben bis zu etwa 15 mm Dicke. (Um den Diffusionsweg zwischen dem Rohmetall und dem V-förmigen Kerndraht kurz zu halten, wird das Rohtitan in Form von porösen Stücken in den Raum zwischen Glaswand und dem im Gefäß befindlichen Gitter aus Wolframdraht gebracht.) [*F 6*].
1 Wolfram-Elektroden; *2* Einschmelzung in Pyrexglas; *3* Stützstab aus Wolfram; *4* Pumpstutzen; *5* Füllröhren; *6* V-förmiger Kerndraht; *7* Gitter aus Wolframdraht mit Abstandhalterung aus Molybdän (von den Windungen des Gitters ist lediglich ein Teil gezeichnet).

Abb. 1.5 Auf Einkristallwolframdraht monokristallin aufgewachsenes Jodidtitan [*F 2*].

Durchmesser des abgeschiedenen Titans vergrößert werden, wobei das von innen zunehmend sich aufheizende Gefäß gegen Ende der Abscheidung von außen gekühlt werden muß. Eine genaue Temperaturmessung ist mit Titan-Wolfram-Thermoelementen (vgl. Kap. 4.2.4, S. 85) möglich. Die Temperatur des Drahtes wird durch eine der Dicke entsprechende Stromstärke eingestellt, die Zunahme des Durchmessers durch ein Fenster hindurch gemessen.

Da die Abscheidung oberhalb der α/β-Umwandlungstemperatur (vgl. Kap. 4.1.1, S. 64) erfolgt, bilden sich die kubischen Kristalle des β-Titans, die beim Abkühlen zwar in das hexagonale α-Titan übergehen, aber in ihrer äußeren Form erhalten bleiben. Wie Abb. 1.5 zeigt, kann an Einkristall-Wolframdrähten (Drahtachse $\|\langle 110\rangle$, 100 µm ∅) das Jodidtitan monokristallin aufwachsen, da bei der hohen Temperatur beide Gitter isomorph sind. Der sechseckige Querschnitt entsteht durch das Wachstum auf der $\{110\}$-Ebene (vgl. Abb. 8.4, S. 150). Bei einer Temperatur des Gefäßes von über 460 °C, einer Drahttemperatur von über 1300 °C und Verwendung eines Titankerndrahtes zeigt das abgeschiedene Jodidtitan häufig den in Abb. 1.1 links (S. 4) wiedergegebenen kristallinen Aufbau. Bei niedriger Temperatur des Gefäßes (<300 °C) wird eine glattere Form des abgeschiedenen Titans gefunden [*G 36*], jedoch keine so weitgehende Reinigung erzielt wie bei einer höheren Temperatur. Größere Anteile an Fremdmetalljodiden werden in diesem Fall am Draht zersetzt, weil sie nicht vor Erreichen des Drahtes durch Titandijodid reduziert werden können [*F 5*]. Durch wiederholtes Umsetzen des Jodidtitans mit Hilfe zweier Kerndrahtschleifen, von denen nur eine geheizt wird, können die Gehalte an Beimengungen weiter verringert werden. Der Sauerstoffgehalt kann in dem Kerndraht, der verbraucht wird, bis auf 14,5% (34 At.-%), der maximalen Löslichkeit des Titans für Sauerstoff (vgl. Abb. 8.9, S. 162), ansteigen [*K 61*].

Da sich das Jodid rasch zersetzt, die Abscheidungsgeschwindigkeit jedoch niedrig ist, wird angenommen, daß die Hauptursache für die langsame Abscheidungsgeschwindigkeit in dem Diffusionsstrom der Jodmoleküle, die sich während der Zersetzung bilden, zu suchen ist. Aus einem Molekül Titanjodid entstehen zwei Moleküle Jod, die für die ankommenden Jodidmoleküle ein Hindernis darstellen [*F 6*]. Es ist deshalb wahrscheinlich, daß durch eine Bewegung der Gasphase, z.B. mechanische Rührung, eine größere Abscheidungsgeschwindigkeit erzielt werden kann [*P 20, K 16*].

Das Jodidverfahren dient ausschließlich zur Herstellung von sehr reinem Titan ($\geqq 99{,}9\,\%$; HV $\leqq 100$ kp/mm^2) [*A 39*]. Die langsame Abscheidungsgeschwindigkeit und der dadurch bedingte hohe Energieverbrauch von etwa 80–140 kWh für 1 kg verursachen einen hohen Preis [*G 35, G 36*]. Jodidtitan, das meist nur im Laboratoriumsmaßstab hergestellt wird, spielt in den Fällen, in denen Sauerstoff und Stickstoff möglichst weitgehend eliminiert werden müssen, eine wichtige Rolle.

1.2 Reduktion von Titantetrachlorid zu Schwammtitan

Das Ausgangsprodukt für die Herstellung von Halbzeug aus Titan und Titanlegierungen, Schwammtitan oder Titanschwamm genannt, wird durch Reduktion von Titantetrachlorid mit Magnesium oder Natrium unter Luftabschluß nach folgenden Reaktionsgleichungen erzeugt:

$$TiCl_4 + 2\,Mg = 2\,MgCl_2 + Ti; \quad \Delta G = -129{,}2 + 45\,T\,(°K)\ \mathrm{kcal/mol}$$

$$TiCl_4 + 4\,Na = 4\,NaCl + Ti; \quad \Delta G = -226{,}2 + 65{,}2\,T\,(°K)\ \mathrm{kcal/mol}$$

Beide Reaktionen sind stark exotherm [*M 104a, O 19a*], so daß der Reduktionsprozeß, nachdem er in Gang gekommen ist, von selbst abläuft. Ein Überschuß des Reduktionsmetalles vermeidet die Bildung von Titansubchloriden. Die Ausgangsstoffe müssen weitgehend frei von Sauerstoff und Stickstoff sein, damit auch im Endprodukt nur geringe Gehalte dieser störenden Elemente enthalten sind. Da bei der Umsetzung die Schmelztemperatur des Titans nur örtlich erreicht wird, findet nur ein Zusammenbacken des entstandenen Metalls zu Schwammtitan statt. Die Reaktion wird so geführt, daß möglichst wenig feines Pulver entsteht und das Schwammtitan kompakt wird, damit es sich beim Zutritt von Luft nach dem Abkühlen des Reaktionsgefäßes nicht selbst entzündet und nur wenig Sauerstoff an der Oberfläche aufnehmen kann. Die volumenmäßigen Anteile der Reaktionsteilnehmer und die freiwerdende Wärme sind bei der Reduktion mit Natrium größer als bei der mit Magnesium.

Das erste metallische Titan, dessen Sauerstoffgehalt bereits so niedrig lag, daß es in der Wärme verformbar war, wurde 1910 durch Reduktion von Titantetrachlorid mit Natrium in einem Autoklaven in Mengen von etwa 100 g erzeugt [*H 87*]. Im halbtechnischen Maßstab wurde bereits vor 1938 unter Wasserstoff ein sauerstoff- und wasserstoffhaltiges Metall unter einer Salzdecke aus Natriumchlorid durch Einleiten von Titantetrachloriddampf in flüssiges Natrium hergestellt [*F 41*]. Auch dieses Metall ließ sich nicht kalt verformen. Es wurde hauptsächlich für Getterzwecke oder als Legierungszusatz verwendet.

1938 gelang es, ein sauerstoffarmes Titan durch Reduktion des Tetrachlorids mit Calcium und später mit Magnesium unter Edelgas herzustellen [*K 74*]. Dieses Verfahren wurde dann im großtechnischen Maßstab [*W 10*] ausgebaut und dient jetzt zur Herstellung eines großen Anteils des Schwammtitans, des Ausgangsproduktes für die Titanhalbzeugindustrie [*K 76, K 77, B 9, S 23c*]. Schwierigkeiten bei der Reduktion mit

Natrium im großtechnischen Maßstab konnten durch Verwendung von Edelgas und durch Maßnahmen zur Steuerung der Reaktionstemperatur überwunden werden [*M 19*, *K 80*].

1.2.1 Ausgangsstoffe für die Chlorierung

Als Ausgangsstoff für die Herstellung des Titantetrachlorids dient Titandioxid, das in fast reiner Form als Rutil vorkommt und in zwei anderen Kristallstrukturen als Anatas oder Brookit vorliegen kann. Rutil und Anatas werden z. B. zusammen mit Gangart in Sanden gefunden und können aus diesen durch Flotation auf hohe Gehalte (>90% TiO_2) angereichert werden. Die dritte Modifikation, der Brookit, kommt in der Natur nur selten vor. Das meiste Titanerz wird als feine Verteilung von Titandioxid zusammen mit Eisenoxid in Form von Ilmenit mit unterschiedlichem Anteil von TiO_2 gefunden. Aus diesem Erz muß zunächst das Eisen abgetrennt werden. Bei nassen Aufschlußverfahren oder bei direkter Chlorierung entstehen große Mengen von Eisenverbindungen. Man zieht deshalb die Verhüttung des Ilmenits mit Kohle zu einer titanoxidreichen Schlacke und zu Roheisen vor [*E 5a*]. Das Eisenoxid wird in Lichtbogenöfen reduziert, wobei die Reaktionstemperatur und die Chargierung genau konstant gehalten und die einzelnen Zuschläge gesondert zugegeben werden müssen. Titandioxid geht in die Schlacke und wird durch Magnetscheidung vom Eisen befreit [*M 70b*].

Da eine Schlacke mit hohem TiO_2-Gehalt erst bei sehr hoher Temperatur schmilzt, arbeitet man z. B. bei einem in Kanada (Sorel) üblichen Verfahren mit feingemahlenem Ilmenit und mit Zuschlägen, die eine Schlacke mit etwa 5% MgO und 0,5% CaO neben 70–75% TiO_2 ergeben [*K 38*, *P 35*]. Calcium und Magnesium sind neben Mangan aber bei einer nachfolgenden Chlorierung besonders lästig, da diese Metalle Chloride mit hohem Siedepunkt bilden, die die reagierende Oberfläche abdecken und die Düsen und Leitungen verstopfen [*K 78*]. Arbeitet man ohne diese Zuschläge, dann kann man den Titandioxidgehalt auf über 85% erhöhen [*R 56*]. In technischen Anlagen wird die Ofenhülle mit Wasser gekühlt, die Lichtbögen der Graphitelektroden brennen zentral, so daß nur die Mitte der Chargierung geschmolzen wird und keine flüssige Schlacke an die Ofenauskleidung kommen kann. Dadurch wird eine Erosion der Ofenwandung vermieden. Eine nach einem solchen Verfahren hergestellte Schlacke enthält 58,6% TiO_2 und 32,2% Ti_2O_3 – entsprechend einem Metallgehalt von 59% Ti – sowie 1,5% MgO und 0,03% CaO [*B 95*, *N 19*]. Noch höhere Anteile an Titandioxid (über 95%) in der Schlacke kann man erreichen, wenn man die Temperaturen bis auf 1800 °C und darüber erhöht und auf die schon fast trockene Schlacke

Sauerstoff bläst, der vorhandene Anteile von Karbid zerstört [*M 78e*]. Die glühende Schlacke wird in Wasser abgeschreckt, damit sie gut zerkleinert und chloriert werden kann. Grobe Stücke überziehen sich bei der Chlorierung mit einer Rutilschicht, die die Reaktion hemmt [*M 70b*].

Die auf den Metallgehalt bezogenen Kosten der Rohstoffe Ilmenit (30–35% Ti), Schlacke (40–60% Ti), Rutil (55–57% Ti), Titanweiß (60% Ti), Titancarbonitrid (75–82% Ti) verhalten sich etwa wie 1 : 3 : 5 : 20 : 25. Titancarbonitrid könnte zwar bereits bei 200–400 °C chloriert werden, ist aber, wie die Gegenüberstellung zeigt, in der Herstellung zu teuer [*R 77*].

1.2.2 Herstellung des Titantetrachlorids

Titantetrachlorid wird im diskontinuierlichen Verfahren über Briketts oder weitgehend kontinuierlich im Wirbelbettverfahren durch Chlorieren von TiO_2 in Gegenwart von Kohle hergestellt. Gleichgewichtsuntersuchungen über die Chlorierung von Titandioxid mit Kohle und Chlor haben gezeigt, daß der Phosgendampfdruck vernachlässigt werden kann und daß im Gleichgewicht nur Spuren von Chlor nachzuweisen sind [*G 25*]. Folgende Gleichgewichte beeinflussen den Ablauf der Reaktion bei der Chlorierung maßgebend:

$$TiO_2 + 2Cl_2 + C \rightleftarrows TiCl_4 + CO_2 \qquad (1)$$

$$TiO_2 + 2Cl_2 + 2C \rightleftarrows TiCl_4 + 2CO \qquad (2)$$

$$\text{bei } 1000\ °C \quad \Delta G = -10{,}9\ \text{kcal/mol}$$

$$2CO \rightleftarrows CO_2 + C \qquad (3)$$

Da die Gehalte an Kohlenmonoxid und Kohlendioxid gemäß dem Boudouardschen Gleichgewicht [Gl. (3)] sehr stark temperaturabhängig sind, wird mit höherer Temperatur die Reaktion gemäß Gl. (2) vorherrschend, das Gasvolumen nimmt zu. Der prozentuale Anteil des Titantetrachlorids im Gasraum wird deshalb mit zunehmender Temperatur zwar geringer, die Reaktionsgeschwindigkeit jedoch beschleunigt [*P 2*]. Die Bildungsgeschwindigkeit des Titantetrachlorids erhöht sich bei Anwesenheit von festem Kohlenstoff mit zunehmender Temperatur rascher als bei alleiniger Anwesenheit von Kohlenmonoxid, besonders wenn der Abstand zwischen den Partikeln aus Kohlenstoff und Titanoxid $< 200\ \mu m$ gehalten wird. Eine hohe Reaktionsgeschwindigkeit bei der Chlorierung von Titandioxid mit Kohlenstoff und Chlor ist bei Temperaturen von 700 °C und bei Titandioxid, Kohlenmonoxid und Chlor bei 1000 °C möglich. Demgegenüber kann Schwammtitan bereits bei 120 °C chloriert werden [*R 77*, *B 34*].

Das möglichst hoch an Titandioxid angereicherte Rohprodukt wird bei kleineren Durchsätzen und bei schwer chlorierbarem Oxid mit Kohlenstoff und Teer zu Briketts geformt und in einem diskontinuierlichen Verfahren chloriert. Die Briketts werden gesintert und in einem Chlorierungsofen, der säurefest isoliert ist, durch direkten Stromdurchgang erhitzt. Der untere Teil des Ofens wird zunächst mit Kohle bzw. Graphit gefüllt, um einen Stromdurchgang zwischen den Elektroden herzustellen. Das Chlor wird durch dieses widerstandsbeheizte Kohlenstoffbett geleitet und erwärmt sich dabei auf 700–1000 °C, bevor die darüber liegenden Sinterkörper aus Titanoxid und Kohlenstoff mit dem Chlorgas reagieren. In einem Zyklon wird anfallender Staub niedergeschlagen. Eisenchlorid wird durch Einspritzen von vorgekühltem Titantetrachlorid weitgehend ausgewaschen [*P 41*]. Infolge der geringen Durchsatzgeschwindigkeit wurde dieses diskontinuierliche Verfahren in vielen Fällen durch die Umsetzung im Wirbelbett abgelöst. Das Wirbelbettverfahren hat den Vorzug, daß kein Brikettieren notwendig und die Wärmeverteilung wesentlich gleichmäßiger ist als bei dem diskontinuierlichen Verfahren und eine drei- bis vierfache Produktionsgeschwindigkeit in einer Einheit gleicher Größe möglich ist. Die Zuführung der Chargierung und die Entfernung der nicht umgesetzten Anteile kann kontinuierlich erfolgen, wodurch bei guter Chargenführung die häufige Unterbrechung des diskontinuierlichen Verfahrens vermieden werden kann [*R 77*, *C 17e*]. Drehspäne aus Titan können durch Umsetzen in Salzbädern chloriert werden [*M 70b*].

Obwohl der Siedepunkt von Eisenchlorid mit 315 °C über dem von Titantetrachlorid mit 136 °C liegt, ist es nicht möglich, das Eisenchlorid vollständig vom Titanchlorid durch Destillation zu trennen, da Anteile von Eisenchlorid in Titantetrachlorid gelöst und bei der Destillation mitgeführt werden. An Krümmungen und anderen Reibungsstellen kann sich dann Eisenchlorid abscheiden und die Leitungen verstopfen. Die Apparaturen müssen sehr dicht sein, da kleinste Leckstellen zu einer Dissoziierung des Titantetrachlorids zu Salzsäure und Titanhydroxid führen, wodurch die Leitungen aus Stahl stark korrodieren und sich zersetzen können. Ein zugeführtes Schutzgas vermindert diese Gefahr. Das Rohchlorid mit einem Gehalt von etwa 95–96 % $TiCl_4$ enthält im allgemeinen die in Tab. 1.1 wiedergegebenen Beimengungen. Bei Verwendung von 95 % TiO_2-haltigem Rutil wird wegen Nebenreaktionen und nicht vollständiger Umsetzung meist nur 75 % des Chlors als Titantetrachlorid ausgebracht [*K 78*].

Zunächst wird aus diesem Rohchlorid das Vanadin, das hauptsächlich in Form von Vanadinoxichlorid vorliegt, durch Einleiten von Schwefelwasserstoff und Erhitzen auf 90 °C entfernt. Das Titantetrachlorid wird anschließend durch zweifache Destillation bei 136 °C von den übrigen Beimengungen befreit. Das so hergestellte Reinchlorid enthält

Tabelle 1.1. *Fremdelemente im rohen und gereinigten Titantetrachlorid* [*B 11*]

Fremdelemente	Rohchlorid %	Reinchlorid %
Fe	0,005	0,003–0,004
V	0,18–0,19	<0,01
S	0,003–0,015	0,001–0,008
Si	0,025	<0,01
Cl	0,1–0,35	0,01–0,015
Nicht verdampfbarer Rückstand	0,1–0,6	kein Rückstand

noch die ebenfalls in Tab. 1.1 mitgeteilten geringen Gehalte an Fremdelementen [*F 47*, *B 11*]. Die Destillationsanlage besteht aus Stahl. Es gelingt, mehr als 95% des Rohchlorids als reines Titantetrachlorid zu gewinnen [*O 6*].

1.2.3 Reduktion des Titantetrachlorids mit Magnesium (Krollverfahren)

Abb. 1.6 zeigt einen Schnitt durch die erste Apparatur, die von W. J. Kroll für die Herstellung von Titan nach dem Magnesiumreduktionsverfahren gemäß $2Mg + TiCl_4 \rightarrow 2MgCl_2 + Ti$ verwendet worden ist. Vor dem Schmelzen des Magnesiums wurde in das Reaktionsgefäß Argon eingeleitet und der Wasserdampf durch geringe Mengen von Calciumdampf und Titantetrachlorid, die miteinander in einem Teil des Gefäßes zur Reaktion gebracht wurden, gegettert. Dann wurde Titantetrachlorid unter laufender Kontrolle zugegeben und die Temperatur langsam auf maximal 1180 °C gesteigert. Als Ausgleich gegenüber dem Überdruck, der beim Verdampfen des Titantetrachlorids während des Eintropfens entstand, diente ein Gummiballon. Oberhalb 1100 °C dampfte das überschüssige Magnesium ab und schlug sich in den kälteren Teilen des Tiegels nieder. Ein Einsatz aus Molybdänblech verhinderte eine Reaktion mit dem Eisen des Tiegels. Nach dem Versuch wurde das Reaktionsprodukt unter der Argonfüllung auf Raumtemperatur abgekühlt, aus dem Tiegel herausgedreht und in verdünnter Salzsäure gelaugt. Die größeren Brocken wurden zerkleinert und erneut mit Säure behandelt. Eisenteile wurden mit Hilfe eines Magneten entfernt. Auf diese Weise konnten bei den ersten Versuchen etwa durchschnittlich

100 g Titan in Schwammform mit einer Ausbeute von maximal 96% dargestellt werden [*K 75*].

Die untere Temperaturgrenze bei dem Reduktionsverfahren mit Magnesium wird durch den Schmelzpunkt des Magnesiumchlorids von 711 °C bestimmt. Dieses muß während der Umsetzung mit dem Titantetrachlorid flüssig gehalten werden, um einen Stillstand des Reaktionsablaufs zu vermeiden. Die obere Grenztemperatur bildet der Siedepunkt

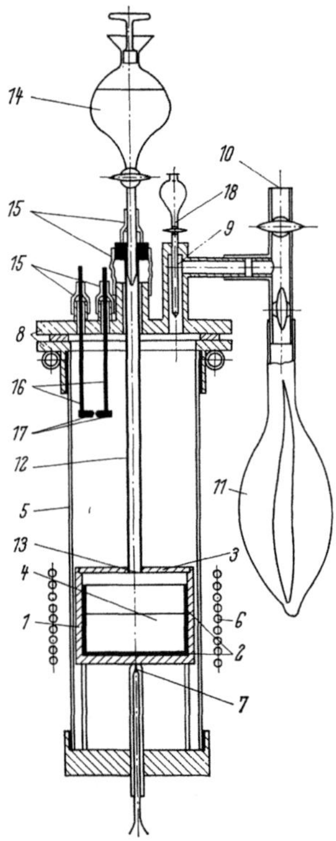

Abb. 1.6 Schema der ersten Versuchsapparatur zur Reduktion von Titantetrachlorid mit Calcium oder Magnesium [*K 75*].
1 Dünnwandiger Stahltiegel; *2* Molybdänblech; *3* Eisendeckel; *4* Magnesium; *5* Quarzrohr; *6* Hochfrequenz-Induktionsspule; *7* Thermoelement; *8* Verschluß des Quarzrohres mit Wasserkühlung; *9* Einlaßrohr für Argon und Anschluß für Vakuumpumpe; *10* Anschlußstutzen für Vakuumleitung; *11* Gummiballon mit Argon gefüllt zur Aufnahme des Überdruckes; *12* Einlaßrohr für Titantetrachlorid; *13* Öffnung des Titantetrachlorid-Einlaßrohres; *14* Tropftrichter für Titantetrachlorid-Zugabe; *15* Bewegliche Dichtung; *16* Elektroden für Stromzuführung zur Erwärmung des Gettermetalls Calcium; *17* Calciumstäbe (zum Gettern); *18* Kleiner Tropftrichter für Titantetrachlorid-Zugabe zum Gettern.

des Magnesiums mit 1120 °C. Dies gilt, wenn man einen Molybdäntiegel für die Aufnahme des reagierenden Magnesiums verwendet. Bei den großtechnischen Reaktionsgefäßen aus Stahl, in denen leicht örtlich Überhitzungen auftreten können, darf die Temperatur 950 °C nicht übersteigen. Bei 1085 °C bildet sich ein Eutektikum zwischen Eisen und der ersten eisenreichsten intermetallischen Phase. Bereits bei tieferen Temperaturen findet eine lebhafte Diffusion statt, wodurch das Schwammtitan unzulässige Gehalte an Eisen aufnehmen kann. Nachdem bei Schwammzirkonium mittels Vakuumdestillation Chloride, Magnesium und Wasserstoff entfernt worden waren [*K 83*], wurde dieses Verfahren auch auf Schwammtitan zur Entfernung dieser Beimengungen und zur Verbesserung des Schmelzverhaltens (vgl. Kap. 2.1, S. 31) übertragen [*C 52*].

Vorarbeiten für die industrielle Entwicklung erfolgten durch das Bureau of Mines in Boulder City, Nevada, USA [*D 7, W 10, M 19*]. Eine dort in Betrieb gesetzte Anlage ist schematisch in Abb. 1.7 wiedergegeben. In ähnlichen, entsprechend größeren und modifizierten Anlagen wird Schwammtitan großtechnisch hergestellt. Als Reaktionsgefäß dient ein großer Eisenkessel, auf dessen Innenseite Oxid entfernt wird, da dieses bei der Reaktionstemperatur heftig mit Titan reagiert. Das möglichst oxidarme Magnesium wird durch Säurebehandlung von oberflächlichen Oxidschichten befreit und in das Reaktionsgefäß eingesetzt. Im Anschluß daran wird dieses mit Edelgas gespült. Dann wird das Magnesium unter Edelgas geschmolzen und Titantetrachlorid eingeleitet. Das erste Titan, das sich bildet, scheidet sich an den Wänden oberhalb des Magnesiums im Reaktionsbehälter ab. Allmählich baut sich von der Wand ausgehend Schwammtitan nach innen auf. Bei ungeeigneter Reaktionsführung kann dadurch das Magnesium vom Titanchlorid vollständig abgetrennt werden, wodurch die Reaktion zum Stillstand kommt [*W 9*]. Das Magnesiumchlorid sinkt nach unten und kann zeitweilig abgestochen werden. Das abgestochene Salz wird wieder elektrolytisch aufgearbeitet und ergibt ein für das Verfahren günstiges sauerstoffarmes Magnesium. Die Hauptreaktion erfolgt zwischen 850 und 900 °C. Wenn sich eine Brücke aus Schwammtitan gebildet hat, wie es nach einem Verbrauch von etwa 40% des für die Gesamtumsetzung notwendigen Titanchlorids der Fall sein kann, läßt die Aufnahme für Titanchlorid stark nach, und man muß das gebildete Schwammtitan durchbrechen, um wieder Magnesium für die weitere Reaktion freizumachen. Magnesium wird mit einem Überschuß von bis zu 15% zugesetzt, da ein Teil des Magnesiums vom Schwamm gelöst und eingeschlossen wird und sich dann störende Subchloride bilden können. Unter günstigen Bedingungen enthielt bei den ersten technischen Versuchen das Schwammtitan nach Beendigung der Umsetzung etwa 10–15% $MgCl_2$ und etwa 10% Mg.

Da das Magnesiumchlorid sehr hygroskopisch ist, muß das Öffnen des Behälters möglichst in einem wasserdampffreien Raum erfolgen. Im allgemeinen setzt man den gesamten Behälter mit der Öffnung nach unten in eine Vakuumdestillationsanlage, um bei einer Temperatur von etwa 900 °C und einem Vakuum von 10^{-3} Torr die restlichen Anteile an Magnesiumchlorid und Magnesium durch Destillation zu entfernen [*C 51*]. Das Magnesium schlägt sich an Kühlblechen im unteren Teil des Behälters nieder, das Magnesiumchlorid läuft teilweise flüssig aus dem Behälter heraus, wird in einem besonderen Gefäß innerhalb der Destillationsanlage aufgefangen und der Rest dampft allmählich ab. In den meisten Fällen verwendet man, um nicht den schweren Reaktionsbehälter ein- und ausbauen zu müssen, eine dünnwandige Auskleidung aus hochprozentigem

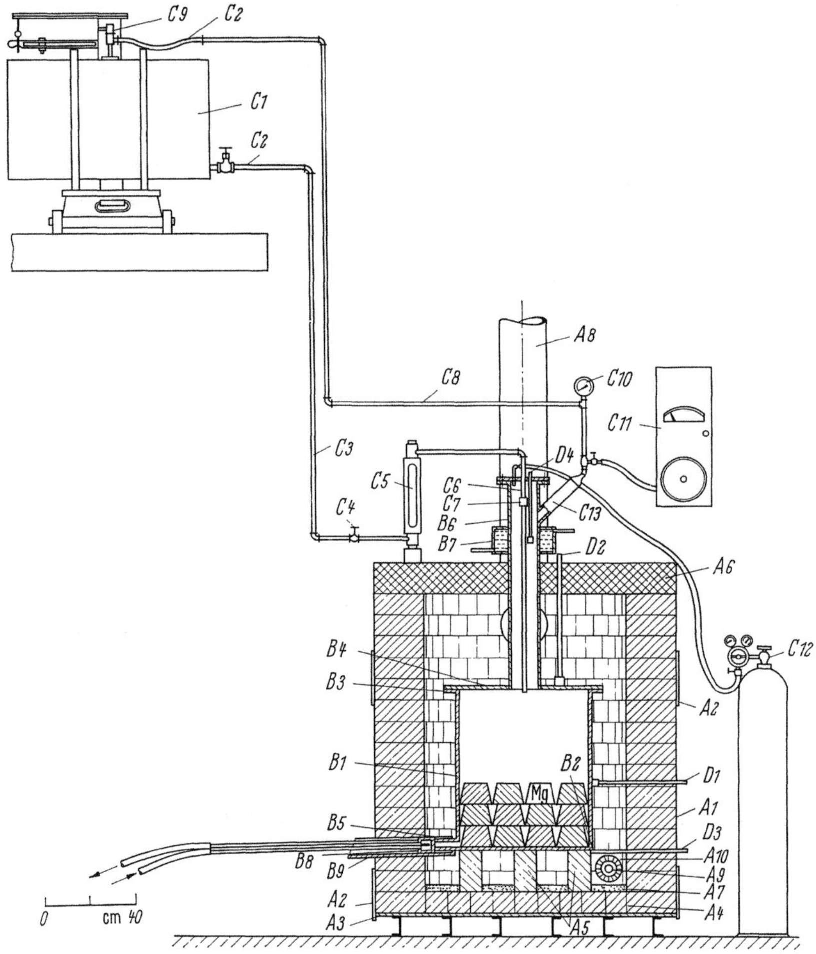

Abb. 1.7 Schema einer halbtechnischen Versuchsanlage für die Herstellung von Titanschwamm durch Reduktion von Titantetrachlorid mit Magnesium nach dem Kroll-Verfahren [*W 10*, *K 76*].
A 1 Ölfeuerungsofen; *A 2* Halterung; *A 3* Bodenplatte; *A 4* Schamotteauskleidung; *A 5* Schamotteunterlage; *A 6* Schamottedeckel, geteilt; *A 7* Sandbett; *A 8* Schornstein; *A 9* Ölbrenner; *A 10* Gebläse.
B 1 Reaktionsgefäß; *B 2* Verstärkter Boden; *B 3* Schweißnaht; *B 4* Deckel; *B 5* Stichlochstutzen; *B 6* Zentralrohr; *B 7* Wasserkühlung; *B 8* Gekühlter Stopfen; *B 9* Gießrinne.
C 1 Titantetrachlorid-Behälter; *C 2* Rohrverbindung; *C 3* Titantetrachlorid-Einlaßrohr; *C 4* Titantetrachlorid-Ventil; *C 5* Durchfluß-Meßgerät; *C 6* Einlaßrohr; *C 7* Überlauf; *C 8* Edelgas-Ausgleichsrohr; *C 9* Entlüftungsventil; *C 10* Edelgas-Druckmesser; *C 11* Gasgewichtsmesser; *C 12* Edelgas-Ventil; *C 13* Stutzen.
D 1–D 3 Thermoelemente; *D 4* Noteinlaß für Titantetrachlorid.

Kohlenstoffstahl, an der dann das Titan aufwächst und die zusammen mit den Reaktionsprodukten leicht aus dem Reaktionsbehälter entfernt und in den Destillationsbehälter eingesetzt werden kann. Nach der Destillation wird unter Argon abgekühlt und nach Entnahme der Charge das Eisenhemd abgeschält. Der Titanschwamm wird durch Spalten mit einer schweren Presse, Zerschneiden mit starken automatischen Scheren und Konusbrechern zu kleinen Stücken (vgl. Abb. 1.1, S. 4 Mitte) gebrochen und unter Schutzgas abgefüllt.

Man kann auch die Vakuumdestillation umgehen und den Rohschwamm in einem wasserdampffreien Raum aus dem Behälter herausdrehen oder auf andere Weise zerkleinern. Diese Teilchen werden in einem großen Volumen Wasser ausgelaugt, das mit Salpetersäure angesäuert ist, damit sich keine unlöslichen Hydrate bilden können. Magnesium und Magnesiumchlorid werden auf diese Weise größtenteils entfernt. Die so

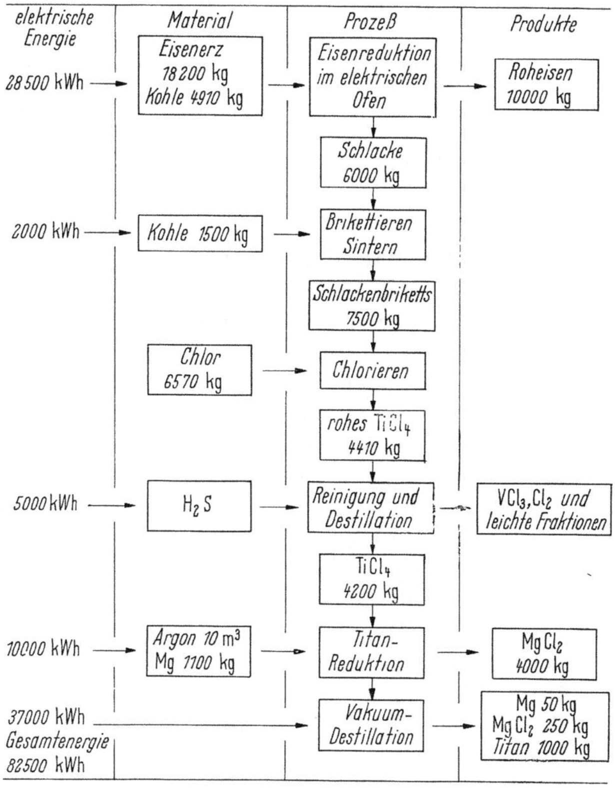

Abb. 1.8 Schema und Bilanz für die Herstellung von 1 t Titanmetall aus Ilmenit durch Umsetzung im Elektroofen zu Schlacke, diskontinuierliche Chlorierung, Reduktion nach dem Kroll-Verfahren und Schwamm-Destillation [*I 9*].

gelaugten Schwammsorten enthalten wesentlich höhere Gehalte an Wasserstoff, Magnesium und Chlorid als die Schwammsorten, die durch Vakuumdestillation gereinigt werden. Titan ist bei 1100 °C in der Lage, bis zu 0,68 % Mg im β-Mischkristall zu lösen [*O 2*] (vgl. S. 156). Dieses Magnesium kann durch Laugen nicht entfernt werden. Dagegen führt die Vakuumdestillation meist zu einer vollständigen Entfernung der im Mischkristall des Titans gelösten Anteile des Magnesiums. Durch Schmelzen im Vakuum kann beim Säurebeizen aufgenommener Wasserstoff und auch Magnesium wieder entfernt werden. In industriellen Anlagen werden z.B. 1,5 t Schwammtitan in einem vertikalen und 5 t in einem horizontalen Reaktionsbehälter hergestellt. Während der Reduktionsprozeß nach etwa 12 h beendet ist, kann der Destillationsprozeß bis zu 90 h dauern [*K 80*].

Ein Schema der Titantetrachloridproduktion und des nach seinem Erfinder genannten Krollprozesses mit dem dabei notwendigen Strombedarf und den Nebenprodukten gibt Abb. 1.8 wieder. Daraus geht hervor, daß bei Verwendung von Rutil entsprechend der Schlacke etwa 54 kWh und bei Verwendung von Ilmenit etwa 83 kWh Strom neben 1,1 kg Magnesium und 6,5 kg Chlor für die Herstellung von 1 kg Titan notwendig sind. Die Energiekosten nehmen also einen beträchtlichen Anteil der Herstellungskosten von Schwammtitan in Anspruch [*I 9*].

1.2.4 Reduktion des Titantetrachlorids mit Natrium

Die Umsetzung mit oxidfreiem Natrium bietet verschiedene Vorteile, denen aber auch Nachteile gegenüberstehen. So kann Natrium wegen seines niedrigen Schmelzpunktes von 98 °C mit Pumpen gefördert werden. Es ist auch nicht notwendig, einen so hohen Überschuß an Reduktionsmetall zuzugeben wie bei Magnesium, da die Reaktionsfreudigkeit des Natriums größer ist als die des Magnesiums. Diese Reaktionsfreudigkeit führt andererseits leicht zu einer Überhitzung. Man muß deshalb meist mit einer Vorgabe von Natriumchlorid, das Natrium lösen kann [*B 80*], wie das auch im Degussaverfahren [*F 41*] üblich war, arbeiten. Dadurch wird das gegenüber dem Magnesiumverfahren bereits erhöhte Volumen der Reaktionsteilnehmer noch weiter vergrößert. Weitere Nachteile sind der hohe Schmelzpunkt des Natriumchlorids von 797 °C und der niedrige Siedepunkt des Natriums von 877 °C.

Diese beiden Temperaturen bestimmen den Temperaturbereich, in dem die Reaktion erfolgen soll, wenn man nicht das Natrium gasförmig einbringen will. Die Temperaturspanne von 80 °C ist wesentlich geringer als bei der Reduktion mit Magnesium. Es ist deshalb ein hoher Aufwand an Vorsichtsmaßnahmen erforderlich, um eine Überhitzung während des Reduktionsprozesses zu vermeiden. So wurde versucht, eine gleichmäßige Reaktionstemperatur dadurch zu erreichen, daß man die reagierenden Massen dauernd in Bewegung hielt und so einen Temperaturausgleich herstellte [*G 44*]. Das Natriumchlorid kann in diesem Fall allerdings nicht abgestochen werden.

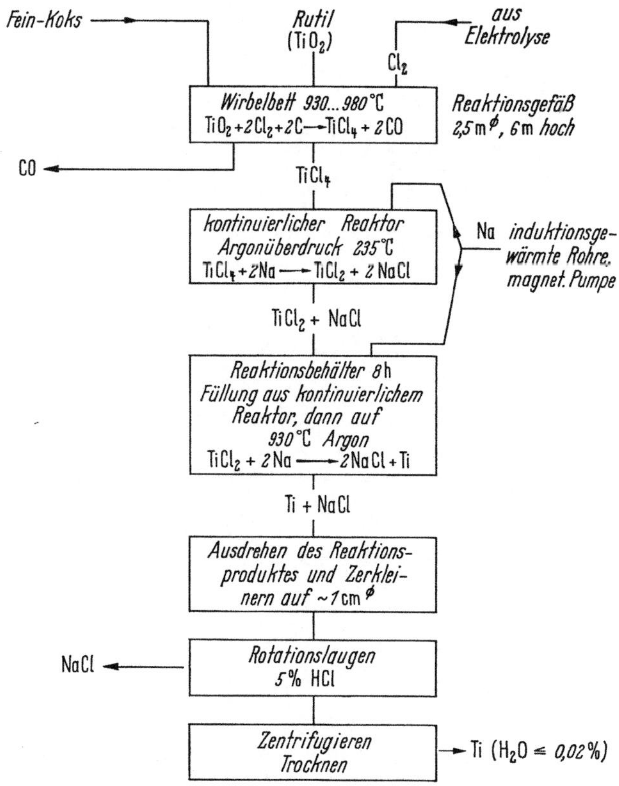

Abb. 1.9 Schema der Titanschwammherstellung nach dem Zweistufen-Natriumreduktionsverfahren [*C 17e*].

Eine für technische Anlagen gangbare Lösung bot ein Zweistufenverfahren, wobei zunächst niedrig schmelzende Natrium-Titan-Chlor-Verbindungen, in denen das Titan drei- und zweiwertig (z.B. $9NaCl \cdot 2TiCl_3 \cdot TiCl_2$, Schmp. 503 °C) vorliegt, hergestellt und dann in einer zweiten Stufe durch erneuten Zusatz von Natrium zu Metall reduziert werden. Das Verfahren in zwei Stufen gemäß $TiCl_4 + Na \rightarrow NaTiCl_4$, $NaTiCl_4 + Na \rightarrow Na_2TiCl_4$ und $Na_2TiCl_4 + 2Na \rightarrow 4NaCl + Ti$ teilt die Reaktionswärme, die sich dadurch besser beherrschen läßt [*H 55, R 18a, O 19b*].

a

b

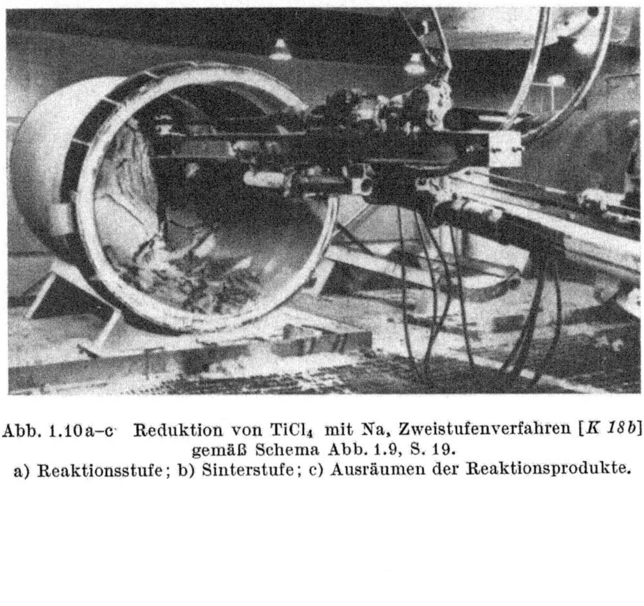

c

Abb. 1.10a–c Reduktion von $TiCl_4$ mit Na, Zweistufenverfahren [*K 18b*] gemäß Schema Abb. 1.9, S. 19.
a) Reaktionsstufe; b) Sinterstufe; c) Ausräumen der Reaktionsprodukte.

Die erste Stufe erfolgt bei 235 °C kontinuierlich unter Argon. Das Reaktionsprodukt wird sofort in einen das Natrium der zweiten Reaktionsstufe enthaltenden Behälter eingebracht, bis nach etwa 8 h das stöchiometrische Gleichgewicht der Reduktion erreicht ist. Dann wird der Behälter auf 950 °C erwärmt, wobei sich Titanschwamm bildet. In Abb. 1.9 ist das Reaktionsschema dieses technischen Prozesses wiedergegeben [*C 17e*]. Abb. 1.10a–c zeigt derartige technische Anlagen.

Schwammtitan, das nach dem Natriumreduktionsverfahren hergestellt wurde, wird durch Auslaugen von Natriumchlorid und überschüssigem Natrium befreit. Es enthält dann noch etwa 0,2 % Na, welches das Schmelzen etwas erschwert. Im großtechnischen Maßstab wird Schwammtitan durch Natriumreduktion meist nur dort hergestellt, wo Natrium als Nebenprodukt, z.B. bei der Chloralkalielektrolyse, anfällt.

1.2.5 Sonstige Reduktionsverfahren für $TiCl_4$

Als Metalle für die Reduktion von $TiCl_4$ kommen weiterhin die übrigen Alkali-, Erdalkalimetalle und die seltenen Erden in Frage, wobei Calcium am ehesten geeignet wäre [*K 75*]. Die Reaktion mit Calcium ist aber noch exothermer als die mit Natrium und wird deshalb nicht angewandt. Wasserstoff reduziert $TiCl_4$ erst bei sehr hohen Temperaturen. Es wurde versucht, im Lichtbogen, der auf einer Titanschmelze brannte, ein Gemisch von Wasserstoff und $TiCl_4$ zur Reaktion zu bringen [*J 4a*]. Störende Nebenreaktionen, z.B. durch Bildung von Subchloriden, haben bisher eine technische Anwendung verhindert.

1.3 Elektrolytische Herstellung von Titan

Wegen seiner hohen Affinität zu Sauerstoff und Wasserstoff und des Potentials (berechnet) von $Ti/Ti^{++} = -1{,}75$ V [*L 8b*] kann Titan nicht aus wäßrigen Lösungen abgeschieden werden. Man erhält nur Titanverbindungen, hauptsächlich niedrige Oxide oder Hydroxide als Kathodenabscheidung [*R 20, M 7*]. Die binären Titanhalogenide sind entweder Nichtleiter oder aber wegen ihrer Neigung zur Disproportionierung unterhalb ihres Schmelzpunktes für eine Elektrolyse ungeeignet. Bei Elektrolyten aus titanhaltigen Komplexverbindungen in organischen Lösungsmitteln entstehen ebenfalls nur brüchige, poröse und oxidhaltige Niederschläge [*B 82*]. Aus diesem Grunde kann nur die Elektrolyse geschmolzener Salze mit gelösten Titanverbindungen unter Edelgasatmosphäre entweder mit Hilfe einer unlöslichen Anode oder technisch einfacher als Raffinationselektrolyse mit löslicher Titananode Aussicht auf eine wirtschaftliche Produktionsmethode bieten [*S 74, E 3*].

1.3.1 Oxidelektrolyse

Eine elektrolytische Herstellung von Titan, ausgehend von Titandioxid, ist bereits 1904 beschrieben worden, wobei Titandioxid in geschmolzenen Erdalkalichloriden gelöst wurde [*B 66*]. Da die Elektrolyse nicht unter Edelgas erfolgte, war das abgeschiedene Metall sicher sauerstoffhaltig und nicht verformbar.

Die Löslichkeit von Titandioxid in Alkali- und Erdalkalichloridschmelzen beträgt 0,07–0,02 %, in Natriumfluorid und Kaliumfluorid je etwa 8 %, in Kaliumhexafluortitanat etwa 14 % [*G 40c*]. Durch Borat- und Phosphatzusätze wird die Löslichkeit von Titandioxid in Chloridschmelzen erhöht [*S 94, H 52*]. Da die Arbeitstemperatur oberhalb des Schmelzpunktes der Salzgemische liegen muß, sind Badtemperaturen zwischen 700 und 900 °C erforderlich. Die Elektrolyse muß deshalb unter Edelgasschutz erfolgen. Während von einer Seite angegeben wird, daß bei der Verwendung von sehr reinem Titandioxid metallisches Titan mit einer Reinheit von 99,9 % Ti abgeschieden wurde [*H 34*], wird von anderer Seite die Ansicht vertreten, daß die Oxidelektrolyse nur bis zum Titanmonoxid erfolgen kann [*S 73*].

Bei einer Elektrolyse in einer Calciumchloridschmelze ist nur eine geringe Titandioxidkonzentration möglich. Höhere Gehalte von Titandioxid führen zu Sekundärreaktionen des Titanoxids mit abgeschiedenem Titan sowie zu Oxideinschlüssen [*A 36*]. Da der Reduktionsprozeß zu metallischem Titan vermutlich über eine Primärabscheidung von Calcium abläuft, ist es aus thermodynamischen Gründen nicht möglich, zu einem sehr sauerstoffarmen Titan zu gelangen [*K 87*]. Flüssige Metallkathoden, die keine Löslichkeit für Sauerstoff, Kohlenstoff und Stickstoff besitzen, können teilweise Titan lösen. So wurde über die Herstellung von Elektrolyttitan durch Elektrolyse von Titanoxiden und Titanaten in geschmolzenem Calciumchlorid bei Verwendung einer flüssigen Metallkathode aus Zink, Cadmium oder Blei berichtet. Die Zwischenlegierung enthielt etwa 2,5 % Ti, aus der das Titan mit einer Reinheit von 99,5 % durch Destillation gewonnen werden konnte [*G 21*]. Der Schmelzpunkt der Legierungen aus niedrig schmelzenden Metallen und Titan steigt mit zunehmendem Titangehalt rasch an. Deshalb muß die Titankonzentration der Kathode niedrig gehalten werden, wodurch die nachfolgenden Destillationskosten sich entsprechend erhöhen.

1.3.2 Halogenidelektrolyse

Titan mit einem für die technische Verwertung ausreichend niedrigen Sauerstoffgehalt entsteht bei der elektrolytischen Reduktion von Titanhalogeniden. Der Schritt zu einer technisch wirtschaftlichen Produktion ist u.a. mit folgenden Schwierigkeiten verbunden:

Anoden- und Kathodenraum haben verschiedene Wertigkeit, so daß ohne Diaphragma die Anode das Kathodenprodukt zumindest teilweise wieder auflöst. Titantetrachlorid hat in den meisten Salzschmelzen nur eine sehr geringe Löslichkeit (in Schmelzen aus Natrium- und Kaliumchlorid $\cong$ 0,5%). Dagegen wurden für $TiCl_3$ und $TiCl_2$ eine wesentlich höhere Löslichkeit in zwei Schichten KCl + LiCl mit 15 bzw. 40% $TiCl_3$ [*C 52a*] oder in einer Schmelze KCl + LiCl mit 2,5–11% $TiCl_2$, ferner günstige Arbeitsbedingungen zwischen 400 und 800 °C gefunden [*L 25a*]. Es ist jedoch nicht möglich, den niedrigen Schmelzpunkt der Titansubchloride voll auszunutzen, da in der Nähe der Kathode sich anreichernde Salze einen geringeren Titangehalt und damit einen höheren Schmelzpunkt aufweisen, weshalb die Badtemperatur erhöht werden muß. Günstig sind Trägersalze aus eutektischen Gemischen von Alkalichloriden, z.B. die ternär eutektische Konzentration KCl–LiCl–NaCl mit einem Schmelzpunkt von 362 °C [*M 109*]. Zusätze von Erdalkalichloriden besitzen mit Ausnahme von $BaCl_2$ den Nachteil, daß sie sehr hygroskopisch sind [*K 81, E 3*].

Da Titantetrachlorid nur eine geringe Löslichkeit in den Salzschmelzen besitzt, ist der erste Reduktionsschritt meist eine chemische Reduktion durch das aus dem Trägersalz gebildete und darin gelöste Alkalimetall. Bei der weiteren Elektrolyse wird dann mit steigender Konzentration der niederen Chloride der Vorgang

$$Ti^{+++} + e^- \rightarrow Ti^{++} \qquad (1)$$

eingeleitet, der begleitet ist von der Reaktion

$$Ti^{++} + Ti^{+++} \rightarrow 2\,Ti^{+++} \qquad (2)$$

Für den Verlauf der Elektrolyse spielt ferner das Gleichgewicht

$$Ti^{++++} + Ti \rightarrow 2\,Ti^{++} \qquad (3)$$

eine Rolle. Von einem im Salz üblicherweise vorhandenen Titangehalt von 1,5–2,5% stehen bei einer Badtemperatur von 700–780 °C etwa 90% als Ti^{++} und etwa 10% als Ti^{+++} im Gleichgewicht [*E 3*].

Im Laufe der Elektrolyse können weitere Nebenreaktionen auftreten. Durch das anodisch gebildete Chlor werden die niederen Chloride wieder unter Bildung von Titantetrachlorid aufoxidiert, das mit dem gleichzeitig entstehenden Chlor entweichen kann. Zudem gelangt Titantetrachlorid in den Kathodenraum und reagiert dort mit bereits abgeschiedenem Titan, wodurch die Stromausbeute verringert wird. Aus diesem Grunde ist eine Trennung von Anoden- und Kathodenraum notwendig.

Anstelle von Titantetrachlorid können der Schmelze Titansubchloride, die in einem getrennten Arbeitsgang entweder durch partielle Reduktion von Titantetrachlorid mit Natrium oder durch Reduktion mit metallischem Titan hergestellt wurden, zugesetzt werden. Im ersten Falle stört in dem Gemisch aus Natriumchlorid, Titandichlorid und Titantrichlorid der sich bildende Überschuß aus Natriumchlorid, da bei der Elektrolyse kein Natriumchlorid aufgebraucht wird. Im zweiten Fall wird die Hälfte des abgeschiedenen metallischen Titans wieder für die Gewinnung des Titansalzes benötigt.

Die Reinheit des abgeschiedenen Metalls wird durch den Sauerstoffgehalt der Schmelze beeinflußt, so daß aus diesem Grunde ein möglichst geringer Sauerstoffgehalt des Salzes angestrebt wird. Auf der anderen Seite ist zur Vermeidung des sogenannten Anodeneffektes ein bestimmter, wenn auch nicht sehr hoher Sauerstoffgehalt im Anodenraum erforderlich [*W 8*]. Bei der Schmelzelektrolyse mit Graphitanode bildet das anodisch entwickelte Chlor im Laufe der Elektrolyse bei vollkommener Sauerstoffabwesenheit eine isolierende Gashülle um die Anode, wodurch zunächst die Spannung stark ansteigt und schließlich die Elektrolyse unterbrochen wird. Dies kann nicht eintreten, wenn ein geringer Sauerstoffgehalt vorhanden ist, der die Bildung von Kohlenmonoxid bzw. Kohlendioxid anstelle von Chlor ermöglicht. Durch die Sauerstoffabgabe verarmt die Schmelze an Sauerstoff. Es muß daher zur kontinuierlichen Elektrolyse eine geringe Sauerstoffaufnahme der Schmelze stattfinden können, durch welche dieser Verlust ausgeglichen wird [*K 81*].

Bei Elektrolyseverfahren mit Kaliumfluortitanat als Titanquelle in Chloridschmelzen wird an der Anode Chlor abgeschieden. Bei einem solchen Verfahren entstanden grobkörnige Titankristalle, die in der Reinheit dem Schwammtitan entsprachen, das nach dem Krollverfahren hergestellt wird [*S 131*]. Dem Vorteil einer leichteren Handhabung und Herstellung der Fluortitanate steht der Nachteil gegenüber, daß sich im Bad Alkalifluorid anreichert und dadurch ein kontinuierliches Verfahren unmöglich wird. Außerdem besitzen die Alkalifluoride ebenso wie Titantrifluorid, das im Kathodenraum gebildet werden kann, eine geringe Wasserlöslichkeit. Dadurch wird das Auslaugen der Titankristalle erschwert. In Abänderung dieses Verfahrens kann man in ein Gemisch aus Natriumchlorid und Kaliumhexafluortitanat Titantetrachlorid einleiten. Dabei wird nur Titantetrachlorid reduziert und Kaliumhexafluortitanat nicht zersetzt. Damit entspricht dieses Verfahren der direkten Chloridelektrolyse mit einer veränderten Trägersalzschmelze [*W 4*]. Ein Anodeneffekt kann durch COF_2-Bildung auftreten [*M 70b*].

Größere Mengen von Elektrolyttitan wurden in einem Bad aus Natrium- und Kaliumchlorid unter Verwendung von Titantetrachlorid bei einer Badtemperatur von 650–800 °C abgeschieden. Die Elektrolysezelle war rund und der Kathodenraum durch ein metallisches Diaphragma vom Anodenraum getrennt. Eine Kammer, die isoliert gegen die Kathode oberhalb dieser aufgebaut ist, ermöglicht das Einbringen des Titantetrachlorids. Die Erwärmung des Bades erfolgte durch Wechselstrom. Dann wurde flüssiges Tetrachlorid mit Hilfe von Schutzgas in die Kammer oberhalb des Kathodenraumes eingedrückt und ein Gleichstrom von 7–8 V Spannung zwischen der Anode und der Kathode angelegt. Die Stromausbeute lag zwischen 50 und 90 % [*S 67*].

In einem anderen Verfahren, das mit einem lithiumchloridhaltigen Bad arbeitete, erfolgte die Reduktion in zwei Stufen. War der Titangehalt im Bad auf $>2{,}5\,\%$ gestiegen, so wurde die Titantetrachloridzufuhr abgestellt und der Gehalt durch überlagerte Elektrolyse zwischen Diaphragma und Kathode wieder auf $<1\,\%$ gesenkt [*R 20b*]. Eine Versuchsanlage mit einer Zelle aus einer Nickellegierung (1,9 m ∅) arbeitete z.B. bei 500 °C mit diesem Zweistufenverfahren. Zunächst wurde bei laufender Zugabe von $TiCl_4$ entsprechend einer Reduktion zu $TiCl_2$ im Kathodenraum der Titangehalt auf etwa 2,5 % Ti gebracht (oberhalb dieses Gehaltes trat eine unerwünschte feinkörnige Titanabscheidung auf). Durch Hilfskathoden wurde die Kathodenoberfläche vergrößert und die Stromstärke auf 31000 Amp. erhöht. Dann wurde der Strom nur auf die Ringkathode geschaltet und Titanmetall abgeschieden, bis die Konzentration im Bad auf unter 1 % fiel. Diese Vorgänge wurden wiederholt, bis 800 g/dm an Titan mit einer Umschmelzhärte (vgl. Kap. 2.1, S. 32) von HB = 115 kp/mm² abgeschieden waren [*M 109*].

Eine wirtschaftliche Herstellung von Rohmetall mit Hilfe der Elektrolyse erfordert u.a. einen gegen die Salze beständigen Badbehälter mit Diaphragma, eine möglichst niedrige Badtemperatur bei Verwendung von preisgünstigen Salzen [*C 17f*]. Solange $TiCl_4$ als Ausgangsprodukt verwendet werden muß, ist eine wesentliche Senkung der Herstellungskosten gegenüber denen der Reduktion mit Magnesium oder Natrium nicht zu erwarten.

1.3.3 Raffinationselektrolyse

Bei einer Raffinationselektrolyse mit löslicher Anode, z.B. bei der Raffination von Titanschrott, treten diese Schwierigkeiten nicht auf. Der Anodeneffekt fehlt, da kein Chlor an der Anode abgeschieden wird. Eine Trennung von Anoden- und Kathodenraum ist deshalb nicht erforderlich. Neben der Raffination von Titanschrott, der nicht wieder ein- oder umgeschmolzen werden kann zu Titan höherer Reinheit, interessiert auch bei Titanlegierungen die Abtrennung der Legierungselemente.

Bei der Raffination von Titanschrott muß Sauerstoff als Hauptbeimengung entfernt werden. Alle bis jetzt bekannt gewordenen Laboratoriumsverfahren verwenden als Elektrolyt Schmelzen aus Alkalichloriden mit Zusätzen von Titanchloriden. Als geeignete Badzusammensetzung wird Natriumchlorid mit etwa 1,5 % $TiCl_2$ und 0,1 % $TiCl_3$ angegeben. Der Titanschrott wird entweder auf den zur Anode geschalteten Boden der Elektrolysezellen oder, wie Abb. 1.11 zeigt, in einem Stahlkorb in

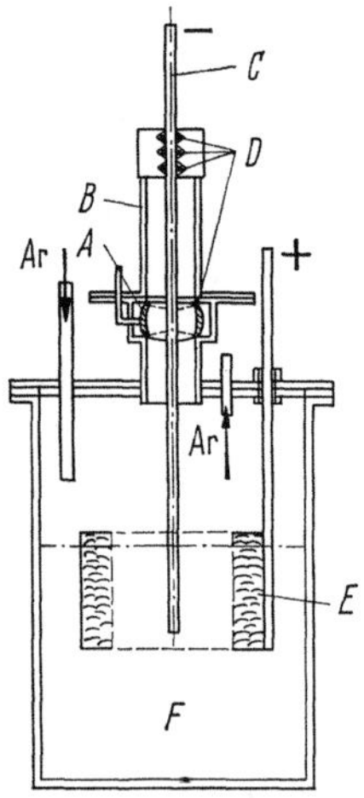

Abb. 1.11 Schema einer Elektrolysenzelle zur elektrolytischen Raffination von Titan [*D 6*]. *A* Kugelventil; *B* Kühlkammer; *C* Kathode; *D* Dichtung; *E* Anodenkorb; *F* Geschmolzenes Chlorid.

die Schmelze gegeben. Die Elektrolyse erfolgt bei 700–850 °C unter Edelgasschutz [*T 15, N 5, D 6, E 4*]. Die Umschmelzhärte der abgeschiedenen Titankristalle liegt bei HB 30/10 = 80 kp/mm² und niedriger. Das entspricht Sauerstoffgehalten von etwa 0,05 %. Die Abscheidung erfolgt in kristalliner dendritischer (vgl. Abb. 1.1 rechts, S. 4), oft auch nadliger Form. Als störende Nebenerscheinung wurde das Auftreten von dünnen Titanfolien auf der Oberfläche des Bades beobachtet, die sich von der Kathode aus über die Schmelzoberfläche erstrecken. Durch eine Abschirmung der Kathode kann die Ausbildung dieser Folien örtlich begrenzt werden [*K 93*].

Die Reinheit des abgeschiedenen Titans wird durch Veränderung der Stromstärke oder durch überlagerten Wechselstrom nicht merklich beeinflußt, dagegen ist die Form und Größe der abgeschiedenen Kristalle deutlich von der Stromstärke abhängig. Eine grobkörnige, kompakte Abscheidung tritt vor allem bei niedriger Stromstärke und bei Überlagerung von Wechselstrom auf. Mit steigender Stromstärke werden nadelförmige Titankristalle gebildet, die um so dünner sind, je höher die Stromstärke ist.

Im Laufe der Auflösung einer Anodencharge ändert sich die Qualität des Kathodenproduktes. Die Härte der ersten Kathodenabscheidung liegt häufig höher als die der folgenden Abscheidung. Gegen Ende der Auflösung der Anode steigt die Härte der Kristalle wieder an. Dieser Anstieg am Schluß der Elektrolyse wird auf die beginnende Erschöpfung des Anodentitans zurückgeführt. Durch die mit kleiner werdender Anodenfläche erfolgende Zunahme der Anodenstromdichte geht Sauerstoff mit in Lösung und führt zu der Erhöhung der Härte der zuletzt abgeschiedenen Titankristalle. Experimentell konnte dies durch Markierung der Anodencharge mit dem Sauerstoffisotop O^{18} nachgeprüft werden. Die höhere Härte zu Beginn der Raffination konnte dagegen auf einen geringen Restwassergehalt des Schmelzbades, der auch trotz guter Vortrocknung noch vorhanden sein kann, zurückgeführt werden. Durch kurze Vorelektrolyse der Trägerschmelze an Graphitelektroden wird dieser Wassergehalt beseitigt [*H 41*].

Durch Potentialmessungen an Titan mit verschiedenen Sauerstoffgehalten in einer für die Raffination geeigneten Salzschmelze wurde festgestellt, daß das Potential mit steigendem Sauerstoffgehalt ansteigt. Neben Sauerstoff kann Stickstoff, Kohlenstoff und Eisen bei der Raffination weitgehend entfernt werden, während z.B. Gehalte an Mangan, Zinn, Aluminium, Vanadin und Chrom nur vermindert werden, ohne daß eine restlose Abtrennung möglich wurde [*D 6*]. Nach einer bestimmten Elektrolysezeit häufen sich an der Kathode Fremdmetallchloride an, die bei der hohen Badtemperatur durch Reaktionsdiffusion und Mischkristallbildung die Reinheit des abgeschiedenen Titans vermindern. Auch an der Anode finden Reaktionen mit den Badbeimengungen statt. Je nach der Art der Beimengungen können diese sich im Anodenmaterial anreichern und in die Anode hineindiffundieren oder in den Anodenschlamm gehen und dadurch die Elektrolysebedingungen verändern [*K 81*]. Fe- und O-Gehalte vermindern die Auflösungsgeschwindigkeit von Titan im Salzbad [*K 32a*].

Neben Titanschrott und Rohtitan mit einem höheren Gehalt an Beimengungen wurden als Lösungsanode auch Titanverbindungen, z.B. Titanmonoxid, Titannitrid, Titankarbid oder Titansulfid sowie Ferrotitan vorgeschlagen. Bei einem Sauerstoffgehalt von über 1 % wird dieser jedoch teilweise mit zur Kathode überführt. Außerdem wirkt bei einem hohen Fremdelementgehalt der vermehrte Anfall von Anodenschlamm und von Fremdchloriden in einem kontinuierlichen Elektrolysegang störend. So konnten bei einem Gehalt von $\sim$4 % O und C bei 850 °C in NaCl-TiCl-Bädern bei 2000 A (20 A/dm^2) etwa 40 % der Anode kathodisch niedergeschlagen werden. Die Qualität entsprach der eines Schwammtitans [*K 61a*].

1.4 Reduktion von TiO_2

Wegen der hohen Bildungswärme des Titandioxids von −225,8 kcal/mol sowie der hohen Löslichkeit von Sauerstoff im Titanmischkristall (vgl. Abb. 8.9, S. 162) gibt es noch kein technisches Verfahren, bei dem durch eine Direktreduktion von TiO_2 metallisches Titan mit dem erforderlichen niedrigen Sauerstoffgehalt hergestellt werden kann. Mit den üblichen Reduktionsmitteln Kohlenstoff und Wasserstoff ist eine Reduktion bis zum Titan aufgrund thermodynamischer Daten erst bei Temperaturen von über 6000 bzw. über 2000 °C möglich. Im Lichtbogen unter wasserstoffhaltiger Edelgasatmosphäre entstehen oxidhaltige Gemische verschiedener Zusammensetzung. Bei kohlenstoffhaltigen Reduktionsmitteln bleiben auch im Hochvakuum Anteile von Titankarbid erhalten [*J 34*, *W 85*, *K 25c*].

Eine weitergehende Reduktion von Titandioxid ist mit metallischen Reduktionsmitteln möglich. Die Affinität der Alkalimetalle zu Sauerstoff reicht für die Entfernung des Sauerstoffs nicht aus, dagegen kann durch Erdalkalimetalle das Oxid bis zum Titan-Sauerstoff-Mischkristall reduziert werden, wobei mit Calcium als stärkstem Reduktionsmittel der niedrigste Sauerstoffgehalt erzielt wird [*K 71*]. Auch durch eine Reduktion mit Metallen der seltenen Erden ist eine Herstellung von metallischem Titan mit niedrigem Sauerstoffgehalt, z.B. durch Umsetzung von TiO_2 mit Mischmetall im Lichtbogen möglich [*Z 3*]. Es ist der zur weitgehenden Sauerstoffentfernung aus dem bei der Reduktion sich bildenden Titan-Sauerstoff-Mischkristall notwendige niedrige Dissoziationsdruck bei den sich bildenden Mischmetalloxiden vorhanden [*K 85*].

Das Gleichgewicht zwischen Titan-Sauerstoff-Mischkristall und Metalloxid wurde durch Reaktion von Titan-Sauerstoff-Legierungen in Druckbehältern aus Titan mit Calcium, Magnesium und Barium ermittelt. Dabei wurde bei 1000 °C folgende Gleichgewichtskonzentration an Sauerstoff im Titan bestimmt:

bei Ca: 0,07 % bei Mg: 2,3 % bei Ba: 6,6 %.

Durch sämtliche drei Erdalkalimetalle wird der Sauerstoffgehalt, ausgehend vom gesättigten Titan-Sauerstoff-Mischkristall, gesenkt, jedoch wird nur durch Reduktion mit Calcium ein Metall genügender Reinheit erreicht. Im Laboratoriumsmaßstab ist es gelungen, die Sauerstoffgehalte auf 0,1–0,2 % zu senken [*K 87*], so daß sie noch eine Verarbeitung zu Halbzeug zulassen würden. Ein Zweistufenverfahren mit Vorreduktion des Titandioxids mit Magnesium und anschließender Nachbehandlung mit Calcium [*D 30b*] ergab jedoch Schwierigkeiten bei der Abtrennung des Magnesiums und des gebildeten Magnesiumoxids [*K 75*, *K 89*]. In technischem Maßstab konnten diese Verfahren auch deshalb nicht verwirklicht werden, weil die Reduktion in größeren Einheiten nicht quantitativ bis zum Gleichgewicht ablief.

Eine modifizierte Form der Calciumreduktion ist die Reduktion von Titandioxid mit überschüssigem Calciumhydrid bei 600–700 °C [*A 23*]. Durch das bei der Dissoziation von Calciumhydrid entstehende Calcium wird Titandioxid zu metallischem Titan reduziert, das mit der umgebenden Wasserstoffatmosphäre Hydrid bildet. Bei der anschließenden Trennung der Reaktionsprodukte Titanhydrid und Calciumoxid mit verdünnter Mineralsäure wird infolge des hohen Wasserstoffgehaltes die Sauerstoffaufnahme verringert. Nach diesem Verfahren hergestelltes Titan hatte nach dem Entgasen und Vakuumschmelzen (vgl Kap. 2.1, S. 38ff.) eine Umschmelzhärte von HB 30/10 = 160–170 kp/mm². Der Sauerstoffgehalt lag bei etwa 0,2 %, so daß der theoretisch mögliche Sauerstoffgehalt bei der technischen Reduktion auch hier nicht ganz erreicht wurde [*G 26*]. Durch kombinierte Reduktion von TiO_2, Al_2O_3 und V_2O_5 mit Calciumhydrid können Vorlegierungen für Titanlegierungen hergestellt werden [*B 70, U 3*]. Auch Titansulfid kann durch Magnesium zu metallischem Titan reduziert werden [*S 51*].

Eine Reduktion von Titandioxid mit anderen metallischen Reduktionsmitteln führt nicht bis zum metallischen Titan. Bei einer Reduktion mit Silizium wirkt sich die hohe Affinität der Silizidbildung (Ti_5Si_3) reduktionsfördernd aus. Es fehlen jedoch genaue Angaben über den Sauerstoff- und Siliziumgehalt des Endproduktes [*K 85*]. Auch durch Reaktion von Titandioxid mit einem Überschuß von Aluminium wird eine Reduktion erreicht. Sie führt jedoch nur bis zu einer intermetallischen Verbindung zwischen Aluminium und Titan, deren Titangehalt je nach den gewählten Bedingungen zwischen 40 und 60 % Ti liegt [*C 83*]. Der Sauerstoffgehalt in diesen Titan-Aluminium-Legierungen wurde aufgrund von thermodynamischen Daten bei einer Reduktionstemperatur von 1000 °C mit 0,1 % für eine Legierung mit 43 % Titan berechnet und soll bei höheren Titangehalten rasch ansteigen [*K 88*]. Durch Überleiten von gasförmigem $AlCl_3$ mit Wasserstoff als Trägergas wird bei den aluminothermisch hergestellten Titan-Aluminium-Legierungen Titan durch Bildung des flüchtigen Aluminiumsubchlorides angereichert. Die Reaktion läuft im Temperaturbereich zwischen 1240 und 1460 °C ab. Mit zunehmender Temperatur verringert sich dabei der Aluminiumgehalt in den Legierungen, und man erhält bei einer Temperatur von etwa 1400 °C eine Legierung mit 95–96 % Ti. Allerdings enthält dieses Titan ebenfalls Gehalte von über 1 % Sauerstoff [*N 24*].

2. Schmelz- und Gießverfahren

Titan, dessen Schmelzpunkt bei 1668 °C liegt, reagiert im flüssigen Zustand mit Luft und sämtlichen gebräuchlichen Tiegelmaterialien und nimmt dadurch meist unzulässige Gehalte an Fremdelementen auf [*K 73, B 73, B 75, G 1a, L 60*]. Aus diesem Grund mußten für das Schmelzen neue Verfahren entwickelt werden. Als geeignetes Tiegelmaterial erwies sich eine wassergekühlte Kokille aus einem Metall hoher Wärmeleitfähigkeit. Durch eine ausreichende Kühlung wird die Tiegelwand auf so niedriger Temperatur gehalten, daß keine Legierungsbildung eintreten kann. Die hohe Oberflächenspannung des flüssigen Titans von 1390 + 40 erg/cm^2 [*P 21*] verhindert ein Zerfließen des Schmelzgutes und durch die Kühlung der Kokille wird eine Reaktion mit der kalten Tiegelwandung vermieden, an der die Schmelze sofort erstarrt. Als Energiequelle zum Schmelzen dient meist ein elektrischer Lichtbogen.

Das Verfahren, einen Gleichstromlichtbogen zum Schmelzen von Metallen zu verwenden, ist bereits 1878 zum Patent angemeldet worden [*S 81*]. Im Jahre 1904 wurde ein Verfahren bekannt, bei dem auf einer flachen wassergekühlten Kupferplatte als erstes reaktives Metall Tantal geschmolzen wurde, ohne daß dieses sich mit dem Kupfer legierte. Ein Lichtbogen zwischen dem zu schmelzenden stabförmigen Tantal und der Kupferplatte schmolz das Tantal ab [*B 59*]. Seit 1940 wurden nach diesem Verfahren Gußblöcke aus hochwertigem Stahl in wassergekühlten Kupferkokillen hergestellt [*C 41*]. 1940 ist auch zum erstenmal die Verwendung des Lichtbogens zum Schmelzen von Titan beschrieben worden, wobei anstelle der Abschmelzelektrode eine wassergekühlte Fremdelektrode aus Wolfram als Kathode des Lichtbogens diente und das Metall zwischen dieser Elektrode und dem Kupfertiegel geschmolzen wurde. Die Schutzgasatmosphäre bestand aus Argon [*K 75*]. Elektroden aus Wolfram, Graphit [*R 3*] oder Kupfer sind auch im technischen Maßstab zur Herstellung von Titanblöcken mit einem Gewicht von über 1500 kg verwendet worden [*A 20d*]. Das Schmelzverfahren mit Abschmelzelektrode im Vakuum wurde 1947 für die Herstellung von Blöcken aus Molybdän [*P 3*] und 1949 für solche aus Titan [*H 45b, T 12*] bekannt. Dieses Verfahren hat rasch einen großtechnischen Maßstab erreicht. Nahezu die gesamte Produktion an Titan und Titanlegierungsblöcken wird auf diese Weise erschmolzen [*B 18a*].

2.1 Prüfung des Rohmetalls

Das Rohtitan wird zur Beurteilung seiner Qualität durch Probeschmelzen auf seine Eigenschaften geprüft. Es interessieren neben den mechanischen Eigenschaften der geschmolzenen Probe auch das Schmelzverhalten während des Einschmelzens, da ein Rohmetall mit ungünstigem Schmelzverhalten unter Umständen mehrmals umgeschmolzen werden muß und zu einer lästigen Verunreinigung der Schmelzöfen und Vakuumpumpen führt.

Die mechanischen Eigenschaften werden weitgehend durch den Gehalt des Rohmetalls an Stickstoff, Sauerstoff und Wasserstoff bestimmt (vgl. Abb. 10.4, S. 220 und 20.14, S. 351). Während der Wasserstoff durch Einschmelzen im Vakuum entfernt werden kann, ist es bisher infolge der hohen Affinität des Stickstoffs und Sauerstoffs zu Titan nur gelungen, diese Elemente teilweise durch eine Schmelzbehandlung mit Metallen, deren Oxide einen hohen Dampfdruck oder die eine noch höhere Affinität zu Sauerstoff als Titan besitzen, zu entfernen [*M 75*, *Z 3*]. Die Partikelgröße von Rohtitan liegt im allgemeinen zwischen 1 und 50 mm (vgl. Abb. 1.1 b und c, S. 4). Da die auf dem Titan oberflächlich gebildeten Schichten Sauerstoff enthalten und sich beim Schmelzen im Metall auflösen, weisen aus feinkörnigem Rohmetall erschmolzene Proben einen höheren Gehalt an Sauerstoff auf als Proben, die aus grobkörnigem Anteil derselben Charge hergestellt werden.

Die Bestimmung der Gehalte an Sauerstoff und Stickstoff ist sehr zeitraubend und kann im Falle des Sauerstoffs nur durch Heißextraktion bei Temperaturen von über 2000 °C [*W 7*] in Gegenwart von anderen Metallen und von Kohlenstoff im Hochvakuum erfolgen, wobei das Titan in Titankarbid überführt wird. Gehalte an Magnesium oder Natrium des Titanschwamms erschweren die quantitative Bestimmung. Man verwendet deshalb die sogenannte Umschmelzhärte, das ist die Härte des umgeschmolzenen Rohmetalls, als Maß für die Beimengung an Stickstoff und Sauerstoff und somit für die Qualität. Für diese Prüfmethode wird zunächst ein Preßling oder eine Abschmelzelektrode hergestellt. Dabei darf keine Feuchtigkeit aufgenommen werden. Diese Formkörper werden entweder in die Eintiefung einer Kupferkokille eines Lichtbogenofens gelegt (vgl. Abb. 2.2, S. 34) und mit Hilfe einer Wolframelektrode unter hochreinem ($\geqq$ 99,99 %) Edelgas oder als Abschmelzelektrode in Vakuum von $\leqq 10^{-3}$ Torr geschmolzen.

Zur Kontrolle und Getterung der Ofenatmosphäre kann, wenn mehrere Proben geschmolzen werden, ein Titanregulus so lange vorgeschmolzen werden, bis er nach dem Erkalten keine Färbung mehr aufweist [*B 6*]. Zumindest soll ein Titanregulus, dessen Härte vor und nach dem

Umschmelzen geprüft wird und der durch das Schmelzen keine Härtezunahme zeigen darf, zur Kontrolle mitgeschmolzen werden. Im allgemeinen wird, um kleine Poren und bei der Bearbeitung erzeugte Härteunterschiede an der Oberfläche vernachlässigen zu können, die Härte an dem mindestens 1 cm dicken Titanregulus durch eine Belastung von 3 Mp mit einer Kugel von 10 mm Durchmesser nach der DIN-Norm 50351 (HB 30/10) über 30 sec geprüft. Da der Werkstoff bei einer Härte von $< 100\,\mathrm{kp/mm^2}$ bei dieser hohen Belastung unzulässig verformt würde, können derartige Proben mit einer kleineren Prüflast (HB 20/10) geprüft werden. Die so gefundenen Werte sind dann allerdings niedriger als bei einer entsprechenden Prüfung nach HB 30/10 (vgl. Kap. 9.1.4, S. 202). Die Umschmelzhärte des handelsüblichen Schwammtitans liegt im allgemeinen zwischen HB 30/10 = 90 und 120 $\mathrm{kp/mm^2}$. Außer Stickstoff, Sauerstoff und Wasserstoff enthält das Titanrohmetall häufig geringe, oft ungleichmäßig verteilte Eisenanteile, die aus dem Titantetrachlorid oder aus dem Reaktionsgefäß stammen und die Härte nur wenig beeinflussen.

Bei der Herstellung des Rohmetalls können weiterhin Anteile der an der Umsetzung beteiligten Chloride im Rohmetall eingeschlossen worden sein. Sind die Chloride nicht von Titan umhüllt oder werden sie durch Brechen des Rohmetalls von ihrer Umhüllung befreit, so ziehen sie, wie z.B. Magnesiumchlorid, Wasser an oder können, wie z.B. die Titanchloride, hydrolysieren. Während des Schmelzens werden Chloride und Wasser frei und verursachen ein Spritzen und Qualmen des Schwammes. Größere Anteile an beim Schmelzen freiwerdendem Reduktionsmetall (Magnesium oder Natrium) verursachen durch den hohen Dampfdruck bei der Schmelztemperatur des Titans ein starkes Spratzen der Schmelze und sind deshalb ebenfalls unerwünscht [*Z 2*].

2.2 Das Schmelzen im Lichtbogen mit Fremdelektrode

Lichtbogenschmelzöfen mit Fremdelektrode aus Wolfram dienen zum Schmelzen von kleinen Probemengen, z.B. zur Prüfung der Qualität des Rohmetalls oder zur Herstellung von Legierungen im Laboratoriumsmaßstab. Abb. 2.1 gibt einen Schnitt durch den Lichtbogenofen, in dem W. J. Kroll 1937 das erste Titan nach diesem Verfahren geschmolzen hat, wieder [*K 75*].

Das Prinzip dieser Öfen hat sich nicht verändert. Als Anode dient eine Kupferplatte mit einer oder mehreren kokillenartigen Vertiefungen zur Aufnahme der Schmelze. Abb. 2.2 zeigt einen Blick durch das Beobachtungsfenster eines derartigen Ofens, in dem mehrere Reguli aus Titanschwamm erschmolzen wurden. Als hochschmelzender Werkstoff mit guter Elektronenemission hat sich für die Kathode thoriertes Wolfram bewährt. Mit einer Stromstärke von 300–500 A und Argon als Schutzatmosphäre können in diesen Öfen Reguli bis etwa 100 g Gewicht in kurzer Zeit erschmolzen werden.

Vor dem Schmelzen wird ein derartiger Ofen zunächst durch Vorwärmen des Kühlwassers etwas angewärmt und evakuiert (10^{-2} bis

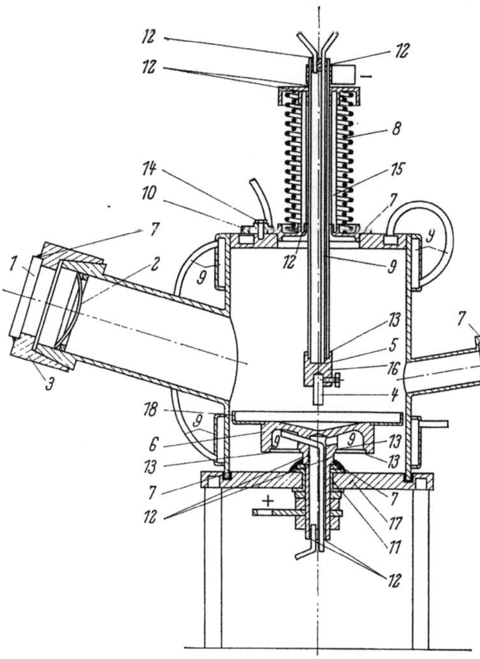

Abb. 2.1 Schema des ersten Lichtbogenschmelzofens mit Hilfselektrode zum Schmelzen von Titan [*K 75*].
1 Beobachtungsfenster; *2* Schutzglas für Beobachtungsfenster; *3* Konus; *4* Thorierte Wolframspitze; *5* Lötverbindung; *6* Wassergekühlter Kupferblock; *7* Dichtung und elektrische Isolierung; *8* Stahlfedern; *9* Kühlwasserrohr; *10* Elektrodenhalterung; *11* Isolierung; *12* Lötverbindung; *13* Hartgelötete Verschlußplatte; *14* Verschlußschrauben; *15* Flexibles Rohr; *16* Wassergekühlter Kupferblock; *17* Grundplatte; *18* Teller zum Auffangen von Schmelztropfen gleichzeitig Strahlungsschutz.

10^{-3} Torr), um Wasserdampf und Luft, die an den Ofenteilen adsorbiert sind, zu entfernen. Anschließend wird Edelgas, z. B. Argon oder Helium von einer hohen Reinheit (≧ 99,99 %) eingelassen und gegebenenfalls ein oder mehrere Male mit dem Edelgas gespült. Zum Schmelzen wird ein Druck zwischen 350 und 750 Torr eingestellt. In dem leichter ionisierbaren Argon brennt der Lichtbogen stabiler als in Helium. Demgegenüber entsteht in Helium eine größere Lichtbogenspannung, so daß bei gleicher Stromstärke mehr Energie in das Bad gebracht werden kann, wodurch das Schmelzbad tiefer wird. Beide Vorteile kann man durch Mischungen dieser Edelgase erhalten, wobei sich ein Mischungsverhältnis von 8 Teilen Helium und 1 Teil Argon am besten bewährt [*S 87*].

Der Lichtbogen wird meist durch Herstellen eines Kontaktes zwischen der Elektrodenspitze und einer in die Kupferplatte eingelassenen Spitze aus demselben Werkstoff wie die Elektrode gezündet und auf das Schmelzgut überführt. Zwischen der Schmelze und der wassergekühlten Kupferkokille bildet die sofort erstarrende Titanschicht einen Tiegel für das flüssige Schmelzgut. Da Titan eine schlechte Wärmeleitfähigkeit hat, kann diese erstarrte Schicht insbesondere bei kleinen Schmelzproben sehr dünn gehalten werden.

Beim Erschmelzen von Legierungen werden die vorgeschmolzenen Reguli einmal oder mehrmals umgewendet und erneut durchgeschmolzen.

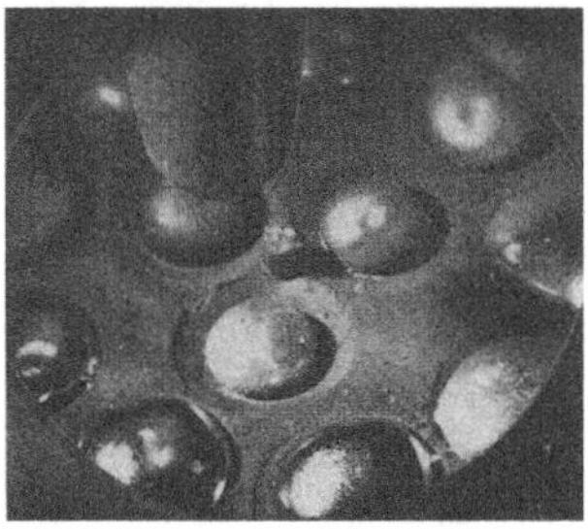

Abb. 2.2 Blick durch das Beobachtungsfenster eines Lichtbogenofens mit geschmolzenen Titanproben [*Z 2*].

Dies ist notwendig, um eine gute Homogenität sicherzustellen. Insbesondere können spezifisch schwere Legierungsbestandteile durch das flüssige Titan verhältnismäßig rasch durchsinken. Da die der wassergekühlten Kupferkokille zugekehrte Seite des Regulus sofort erstarrt, bleiben derartige Legierungsbestandteile an dieser Stelle liegen und werden nicht vollständig gelöst. Die Schmelzreguli benetzen das Kupfer meist nicht. Man kann sie bei geeigneter Ofenkonstruktion mit Hilfe der Elektrode oder einer Zusatzeinrichtung für ein weiteres Schmelzen umdrehen, ohne daß der Ofen geöffnet werden muß. Eine andere Methode zur Herstellung von homogenen Schmelzen ist die Verwendung einer kippbaren Kupferkokille. Durch ein Kippen des Ofens kann die flüssige Charge in Eintiefungen bewegt und dadurch besser durchgeschmolzen werden. Hat das Legierungselement einen sehr hohen Schmelzpunkt, wie z. B. Molybdän, so versucht man, durch entsprechende Anordnung der zu schmelzenden Bestandteile in der Kokille das hochschmelzende Metall zuerst zu schmelzen und dann mit dem Titan zu legieren. In vielen Fällen empfiehlt sich die Herstellung einer Vorlegierung, die in derselben Weise erschmolzen wird. Metalle mit hohem Dampfdruck lassen sich nicht oder nur schwer einlegieren.

Bei der Verwendung von Fremdelektroden muß man damit rechnen, daß die Schmelze verdampfende, abbrechende oder abschmelzende Anteile der Elektrode aufnimmt. Gröbere Einschlüsse können durch eine röntgenographische Grobstrukturuntersuchung gefunden werden. Während thorierte Wolframelektroden nur zur Herstellung kleinerer Blöcke verwendet werden, sind mit wassergekühlten Graphit- [*K 82, K 95*] oder Kupferelektroden [*S 38a, A 20d, V 1b*] auch Blöcke großer Abmessungen erschmolzen worden. Um eine Kohlenstoffaufnahme zu vermeiden, muß ein Einsatz mit guten Schmelzeigenschaften chargiert werden [*C 50*]. Bei Verwendung von mit Hochdruckwasser gekühlten Kupferelektroden wird in diese eine Magnetspule eingebaut, die den Lichtbogen rotieren läßt. Die Kupferaufnahme kann bei positiver Schaltung der Elektrode, z.B. bei einer Schmelzgeschwindigkeit um 4,5 kg/min, nur 0,0006% Cu betragen [*A 20d*]. Ein anderes System läßt die wassergekühlte Kupferelektrode rotieren [*S 38a*].

Als Kokille für die Aufnahme der Schmelze dient ein wassergekühltes Kupferrohr, das entweder unten verschlossen ist oder eine Öffnung aufweist. Im ersten Fall wird der Schmelzblock nicht bewegt und nach oben aufgebaut. Die Elektrode folgt dem steigenden Schmelzbad und wird nach oben abgezogen. Die Schmelzzone verändert sich. Im zweiten Fall wird, wie das die Abb. 2.3 zeigt, der Schmelzblock nach unten bewegt und aus der Kupferkokille gezogen, wobei das Schmelzbad immer an derselben Stelle bleibt. Die Oberfläche des geschmolzenen Blockes wird dadurch glatt, da die abdampfenden und abspritzenden Teile nicht am Kokillenrand haften bleiben, sondern aus der Kokille herausspritzen. Die Kokille wird jedoch in diesem Fall örtlich stark angegriffen. Um ein Anbacken an der Kokille und eine dadurch leicht verursachte Rißbildung im Schmelzblock zu vermeiden, muß dieser laufend bewegt werden. Dazu dient nicht nur eine Bewegungsrichtung nach unten, sondern auch gegenläufig in Richtung zur Elektrode.

Die Chargierung erfolgt über eine besondere Beschickungsvorrichtung entweder im Handbetrieb oder bei größeren Öfen maschinell. Zunächst wird auf einer Vorlage aus demselben Werkstoff wie der herzustellende Schmelzblock mit Hilfe eines sehr dünnen Drahtes oder Drehspanes, der sofort durchschmilzt, oder an der Kupferkokille der Bogen gezündet. Die Stromstärke des Gleichstroms, der, um ein sicheres Zünden und gleichmäßiges Brennen zu erzielen, meist mit einem geringen, hochfrequenten Wechselstrom überlagert ist, richtet sich nach dem Werkstoff der Fremdelektrode, den Schmelzeigenschaften und dem Durchmesser des zu schmelzenden Blockes. Bei großen Blockdurchmessern kann die Elektrode maschinell in einer kleinen Kreisbahn geführt werden, so daß das Bad gleichmäßig erhitzt wird.

Die Badtiefe ist infolge der maximal zulässigen Stromstärke relativ gering und wird mit abnehmender Länge des Lichtbogens und abnehmendem Druck der Edelgasatmosphäre größer [*K 94, G 59*]. Wie Abb. 2.4 zeigt, wird die Energieausbeute mit zunehmendem Abstand zwischen Lichtbogen und Schmelze ungünstiger. Der Verlust entsteht hauptsächlich durch die Wärmeabstrahlung des Lichtbogens, die vom

Edelgas und der Kokille bzw. dem Ofenraum aufgenommen wird. In Abb. 2.5 wird der Einfluß der Bogenlänge auf den prozentualen Anteil der Energie, die von der Schmelze aufgenommen wird, bei verschie-

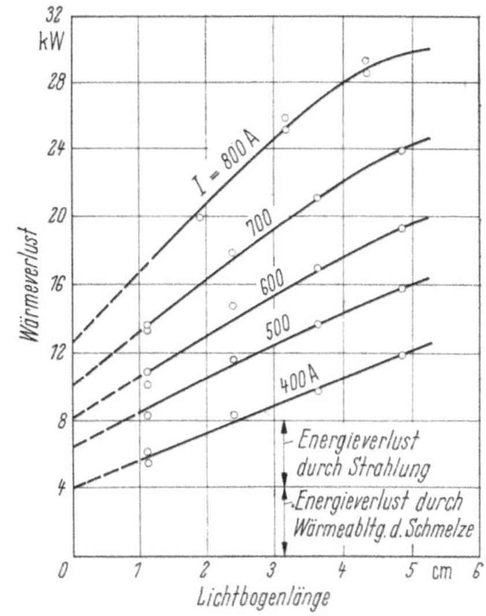

Abb. 2.4 Einfluß des Abstandes zwischen Lichtbogen und Schmelze auf den Wärmeverlust (Wolframelektrode) [*K 95*].

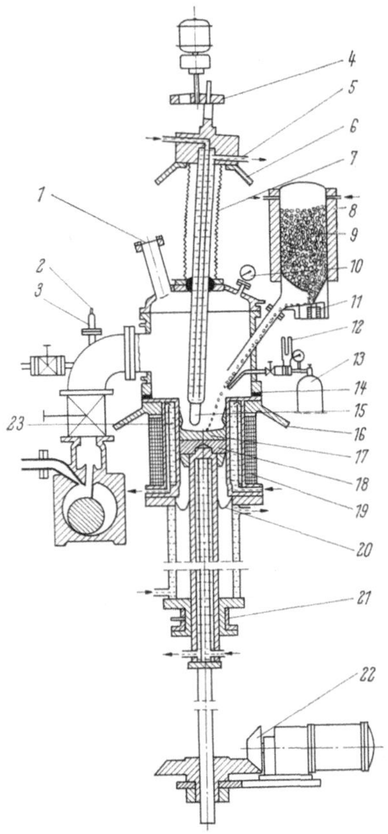

Abb. 2.3 Schema eines Lichtbogenofens mit Fremdelektrode und absenkbarem Tiegelboden [*G 59*].
1 Einblickfenster; *2* Flutventil; *3* Vakuummeter; *4* Rotationsantrieb für Elektrode; *5* Kühlwasser; *6* Stromzuführung (Kathode); *7* Faltenbalg; *8* Elektr. Ofen; *9* Titanschwamm; *10* Membranvakuummeter; *11* Magnet. Rüttler; *12* Strömungsmesser; *13* Edelgas; *14* Isolation; *15* Fremdelektrode (Wolfram); *16* Elektr. Stromzuführung; *17* Titanschmelzblock; *18* Titan (Anfangsstück); *19* Magnetspule zur Schmelzbadbewegung; *20* Schmutzfänger; *21* Druckstufe; *22* Antrieb zur Schmelzblockabsenkung; *23* Kupferkokille wassergekühlt.

denen Stromstärken veranschaulicht. Mit zunehmender Stromstärke wird bei gleichem Abstand zwischen Schmelze und Elektrodenspitze die Energieausbeute größer [*K 95*]. Da man z. B. beim Schmelzen von Schwammtitan einen bestimmten Abstand zwischen Elektrode und Schmelzbad einhalten muß, weil sonst die Elektrode durch Spritzer zu stark zerstört wird, kann man nicht mit der optimalen Lichtbogenlänge schmelzen. Im allgemeinen wird man mit einem Abstand von 2–3 cm zwischen Elektrodenspitze und Schmelzbad arbeiten.

Über den Einfluß des Druckes liegen bei Abschmelzelektroden Untersuchungen vor (vgl. Kap. 2.3, S. 42), die auch auf Fremdelektroden übertragen werden können. Mit fallendem Druck wird die Schmelzleistung größer. Bei einem Argondruck von etwa 30 Torr beginnt sich der Lichtbogen in einzelne kleinere scharf fokussierte Lichtbögen aufzuteilen, die

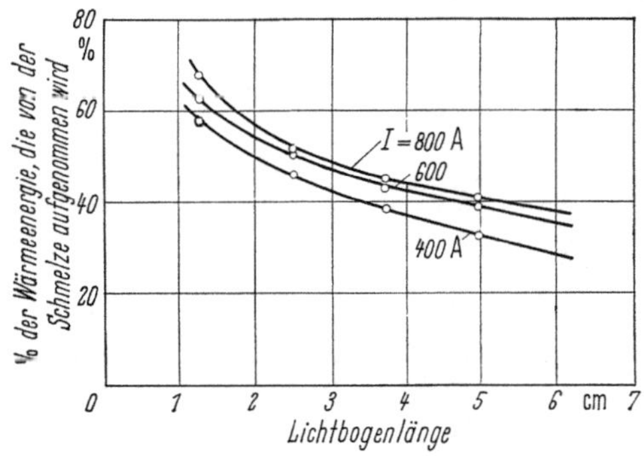

Abb. 2.5 Einfluß von Stromstärke und Lichtbogenlänge auf den prozentualen Anteil der von der Schmelze aufgenommenen Energie (Wolframelektrode) [*K 95*].

besonders stark die Fremdelektrode angreifen. Bei einem Druck von etwa 5 Torr beginnt eine Glimmentladung. Da der Dampfdruck des gekühlten Werkstoffes der Hilfselektrode wesentlich kleiner ist als der des flüssigen Metalls einer Abschmelzelektrode, gelingt es bei Verwendung einer Hilfselektrode und einer niedrigen Stromstärke meist nicht, eine stromleitende Metalldampfatmosphäre in einem evakuierten Behälter aufrechtzuerhalten. Der Lichtbogen erlischt deshalb bei niedrigen Drükken, und man kann mit einer Fremdelektrode in einem Vakuum von unter 10 Torr meist nicht mehr schmelzen. Nur bei einer Stromstärke von wenigstens 1000 A kann in diesem Bereich ein Lichtbogen aufrechterhalten werden [*S 27*].

Legierungsbestandteile können in Form von vorgepreßten kleinen Formkörpern gemeinsam mit dem Rohmetall oder auch lose durch entsprechende Dosierung zugeführt werden. Die Legierungsbestandteile müssen aufgeschmolzen und in kleinen Partien in einem möglichst großen Schmelzbad gelöst werden. Durch Verwendung von druckwassergekühlten Kupferelektroden und einer Stromstärke von bis zu 15000 A kann eine relativ große Badtiefe erreicht werden [*A 20d*, *S 38a*].

Eine Durchmischung des Schmelzbades kann zusätzlich dadurch erzielt werden, daß mit Hilfe einer um die Kokille gelegten Spule, die ein Magnetfeld erzeugt, vgl. Abb. 2.3, die Schmelze bewegt wird [*B 20*]. Zur Homogenisierung wird im allgemeinen der Block in Form einer Abschmelzelektrode erneut geschmolzen und dadurch eine weitere Verbesserung der Verteilung der Legierungsbestandteile erreicht [*T 12*]. Abb. 2.6 zeigt verschiedene Röntgenaufnahmen von Schmelzblöcken, bei denen sowohl spezifisch leichte Bestandteile (Aluminium) wie auch spezifisch schwere Bestandteile (Vanadin) in das Titan einlegiert wurden. Die spezifisch leichten Bestandteile zeigen sich in einer Aufhellung und

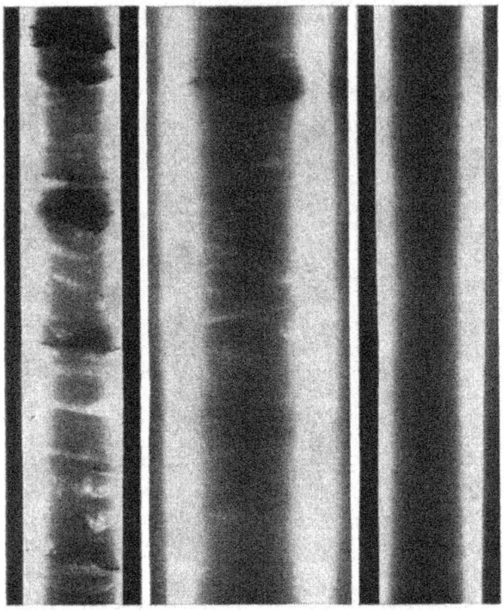

Abb. 2.6 Einfluß einer Schmelzbadbewegung mit Hilfe eines Magnetfeldes auf die Homogenität der Legierung TiAl 6V4 (Durchstrahlungsaufnahmen) [*S 35*]. Links: ohne Magnetfeld mit Hilfselektrode; Mitte: mit Magnetfeld und Hilfselektrode; rechts: mit Magnetfeld, 2mal geschmolzen (Hilfselektrode, 1. Schmelze, Abschmelzelektrode, 2. Schmelze) 75 und 100 mm Durchmesser.

die spezifisch schwereren Bestandteile durch dunkle Bereiche infolge der Umkehrung des Röntgenbildes bei der Bildwiedergabe. Man sieht deutlich, daß durch das Einschalten einer Magnetspule die Homogenität des Blockes verbessert wird, daß aber eine vollständige Homogenisierung erst während des zweiten Schmelzens als Abschmelzelektrode erfolgt [*S* 35].

2.3 Das Schmelzen mit Abschmelzelektrode

Das Verfahren, eine Metallelektrode in einer wassergekühlten Kokille abzuschmelzen, gestattet, Blöcke unterschiedlicher Größe aus Titan oder Titanlegierungen herzustellen. Es wurden Schmelzöfen entwickelt, in denen Blöcke mit einem Durchmesser von >1500 mm geschmolzen werden können [*H 45a*]. Die erste Aufgabe, die bei diesem Schmelzverfahren gestellt wird, ist die Herstellung der Abschmelzelektrode. Diese muß genügend stabil sein, um sich selbst tragen zu können, und darf keinen hohen inneren Widerstand aufweisen. Besonders bei Elektroden, die aus Mischungen von Schwammtitan und Titanschrott hergestellt werden, besteht die Gefahr, daß Übergangswiderstände auftreten, wenn die Elektrode ungenügend zusammengepreßt oder aus einzelnen Stücken unzureichend zusammengeschweißt wird. An den Stellen geringer Stromleitung kann die Elektrode beim Abschmelzen so heiß werden, daß ein Teil abbricht, in das Schmelzbad fällt und nicht aufschmilzt. Deshalb ist ein geringer Eigenwiderstand der Elektrode, z. B. bei einer 4,2 m langen und 1000 kg schweren Elektrode aus Schwammtitan ein Gesamtwiderstand von $\leqq 0{,}008\,\Omega$ notwendig [*D 18*].

Große Elektroden werden meist aus verschiedenen Stücken hergestellt und in Schweißkammern zusammengeschweißt [*B 23a*]. Diese brikettartigen Teile können durch Pressen des Schwammtitans mit einem Preßdruck von 2–3 Mp/cm² in die gewünschte Form gebracht und zu einer größeren Einheit durch Punktschweißen oder mit Hilfe von Schweißnähten zusammengebaut werden. Bei einem Preßdruck von

Abb. 2.7a links: Abschmelzelektrode aus gepreßten großen Formteilen von Schwammtitan und Legierungszusätzen geschweißt nach Entnahme aus der Schweißkammer [*C 48i*].

Abb. 2.7b rechts: Einfahren einer aus Vierkantformteilen zusammengeschweißten Schwammtitanelektrode in einen Lichtbogenschmelzofen [*K 84d*].

1,5 Mp/cm² kann eine Dichte von etwa 65 % und bei einem Preßdruck von 4 Mp/cm² von etwa 80 % der Dichte des Titans erreicht werden. Bei Zuschlägen von stückigem Schrott sind höhere Preßdrucke notwendig.

Legierungszuschläge werden in den meisten Fällen dem Schwammtitan beigemischt, bevor die Briketts gepreßt werden. Häufig werden auch Formteile hergestellt, die sich beim Zusammenfügen der Rundung der Kokille anpassen, um dadurch ein möglichst großes Volumen zu erhalten [*G 59*, *R 88l*]. Abb. 2.7a zeigt eine Elektrode, die in einem Schweißbehälter aus wenigen Formteilen und in Abb. 2.7b aus zahlreichen Einzelformteilen zusammengeschweißt wurde.

Ein anderes Verfahren, mit dem insbesondere kleine und runde Elektroden hergestellt werden können, besteht darin, Schwammtitan durch eine konische Matrize zu pressen und auf diese Weise zu komprimieren [*P 3*]. Mit Hilfe eines Gegenstempels, der die untere Öffnung der Matrize abschließt, wird zunächst das Schwammtitan im Oberteil der Matrize mit einem beweglichen Oberstempel stark verdichtet. Dann wird der Gegenstempel weggenommen und durch laufend wiederholtes Auffüllen der Matrize und Nachdrücken des Oberstempels ein Strang nach unten ausgepreßt. Der Reibungswiderstand des Titans an der Wand der Matrize muß so groß sein, daß der Druck ausreicht, um das neu eingefüllte Schwammtitan genügend zu verdichten. Auch bei diesem Preßverfahren können Legierungsbestandteile während des Pressens eingebracht werden. Durch eine entsprechende Formgebung des Stempels kann die Haftung der einzelnen Stücke untereinander verbessert werden [*V 2, P 33c*]. Bei einem Durchmesser von 50 mm beträgt der Druck je nach Schwammsorte 2–4 Mp/cm^2 [*S 2*]. Auch mit Hilfe eines schrägen Preßstempels kann der Schwamm zusammengepreßt werden. Durch Verschieben der Elektrode wird dann der nächste Teil angepreßt und auf diese Weise eine längere Elektrode hergestellt [*S 90a*]. Elektroden aus stückigem Schrott werden unter hochreinem Argon an so vielen Stellen zusammengeschweißt, daß während des Abschmelzens keine Veränderung der Form und dadurch ein Kurzschluß mit der Kokille eintreten kann. Stabile feste Elektroden aus feinkörnigem Rohmetall können auch durch einen allseitigen hydrostatischen Druck erzeugt werden [*A 6*].

Häufig werden Schmelzblöcke aus Titan oder Titanlegierungen ein zweites Mal auf einen größeren Durchmesser umgeschmolzen. In diesem Fall können die Elektroden im Lichtbogenofen selbst zusammengefügt werden, indem man die Stücke nach Art des Abbrennstumpfschweißens zusammenschweißt. Sie können auch an plangedrehten Flächen durch Titanschrauben zusammengefügt oder außerhalb des Schmelzofens zusammengeschweißt werden [*G 57*]. Die Elektrode kann über einen Titandraht, der sofort durchschmilzt, gezündet werden.

Beim Schmelzen mit Abschmelzelektrode muß man beim Einlegieren von Elementen mit hohem Dampfdruck wie Mangan und Chrom entweder Argon oder ein anderes Edelgas als Schutzgasatmosphäre verwenden. In den meisten Fällen arbeitet man im Vakuum [*B 19–22*]. Im Druckbereich von 760 bis etwa 20 Torr erfolgt ein Teil der Stromleitung über das ionisierte Edelgas, während bei sehr niedrigem Druck der Strom über den ionisierten Metalldampf oder andere während des Schmelzens auftretende Gase oder Dämpfe transportiert wird. Im Zwischengebiet erfolgen beide Arten des Stromtransportes. Sie sind weitgehend von der Spannung und damit vom Abstand zwischen der Abschmelzelektrode und dem Schmelzbad abhängig. Von großem Einfluß ist auch die Stromstärke, da mit zunehmender Stromstärke der Anteil der Metallionen als Stromüberträger wächst. Die Form des Lichtbogens ist dementsprechend auch ver-

schieden. In Argon von Atmosphärendruck bildet sich ein Lichtbogen, der die Neigung hat, an einzelnen Stellen der Elektrode festzubrennen, während ein Lichtbogen im Vakuum eine breite Brennfläche besitzt und wesentlich stabiler ist. Das Aussehen der unter Normaldruck und unter Vakuum abgeschmolzenen Elektroden ist unterschiedlich. Abb. 2.8 zeigt

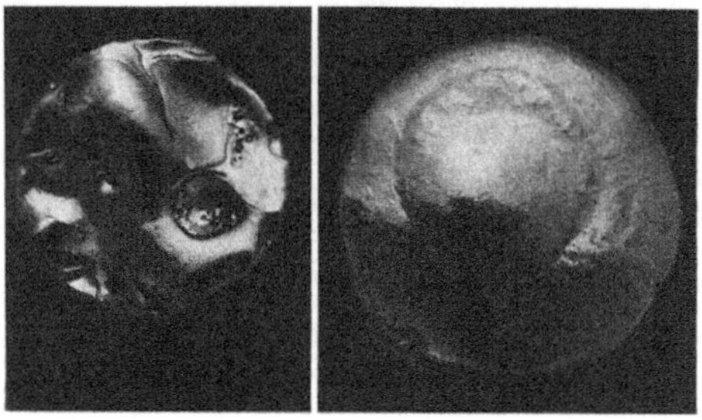

Abb. 2.8 Kompakte Abschmelzelektroden aus Titan unter Argon von 1 at (links) und unter Vakuum (rechts) geschmolzen (Elektrodendurchmesser 50 mm) [*M 70 a*].

2 Elektroden, von denen die eine in Argon von 1 Atmosphäre und die andere im Vakuum von 10^{-3} Torr abgeschmolzen wurde. Die im Argon geschmolzene Elektrode läßt den für diese Verfahrensweise typischen ungleichmäßigen Abbrand erkennen, während die im Vakuum geschmolzene Elektrode gleichmäßig abgeschmolzen ist.

Versuche an gut entgasten kompakten Titanelektroden mit einer laufenden Verminderung des Argondruckes, einem relativ großen Abstand der Elektrode von der Schmelze und einer Stromstärke von 550 A haben Hinweise auf die Ausbildung des Lichtbogens (Abb. 2.9a–d) gegeben, dessen Aussehen durch Filmaufnahmen festgehalten wurde [*W 64*]. Bis zu einem Argondruck von etwa 150 Torr bildete sich ein schmaler Lichtbogen, der von einer ebenso schmalen Zone einer Glimmentladung umgeben war. Mit fallendem Druck wurde der Lichtbogen breiter und ebenfalls die Zone der ihn umgebenden Glimmentladung. Bei einem Druck von etwa 30 Torr löste sich der Lichtbogen in mehrere kleinere Lichtbögen auf. Diese vielen kleinen, sehr schnell wandernden Lichtbögen waren von einer großen Zone einer Glimmentladung umgeben. In diesem Druckbereich wurde eine starke Abnahme der Schmelzleistung beobachtet (vgl. Abb. 2.10). Bei einer weiteren Senkung des Druckes auf etwa 3 Torr trat nur noch eine Glimmentladung auf; der Lichtbogen war vollständig verschwunden, es fand kein Schmelzen mehr statt. Der gesamte Ofenraum und die Elektrode wurden stark erwärmt. Eine weitere Verminderung des Druckes führte auch zum Verschwinden der Glimmentladung. Hält man dagegen den Abstand zwischen der Abschmelzelektrode und dem Bad unter etwa 20 mm bei einer Stromstärke von über 1000 A, so kann die Glimmentladung durch die Bildung eines ionisierten Metalldampfes weitgehend unterdrückt werden und der Lichtbogen

bleibt auch im kritischen Druckgebiet erhalten. Die Druckabhängigkeit der Schmelzleistung ist von 760 Torr bis zu 10^{-4} Torr gemessen worden. Abb. 2.10 gibt die Abhängigkeit der von 1 kWh geschmolzenen Menge Schwammtitan vom Druck bei einer Stromstärke von ~1900 A und

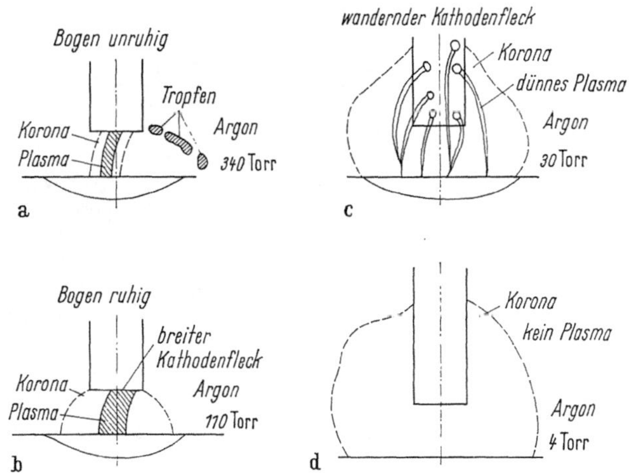

Abb. 2.9a–d Ausbildung des Lichtbogens bei verschiedenem Argondruck (550 A ~ 25 V) (schematisch) [*W 64*].

~550 A wieder. Bei der hohen Stromstärke und einer vorgegebenen Bogenlänge von unter 10 mm betrug die Spannung bei einem Argondruck von 360 Torr 36 V, die Stromstärke 1800 A, während bei 5 Torr eine Spannung von 28 V und eine Stromstärke von 2200 A auftraten. Die Schmelzleistung stieg zwischen diesen beiden Drucken auf fast das Doppelte. Bei weiterer Druckabnahme wurde keine wesentliche Erhöhung der Schmelzleistung beobachtet, während bei der niedrigen Stromstärke ein ausgeprägtes Maximum auftrat [*S 159*, *B 23*].

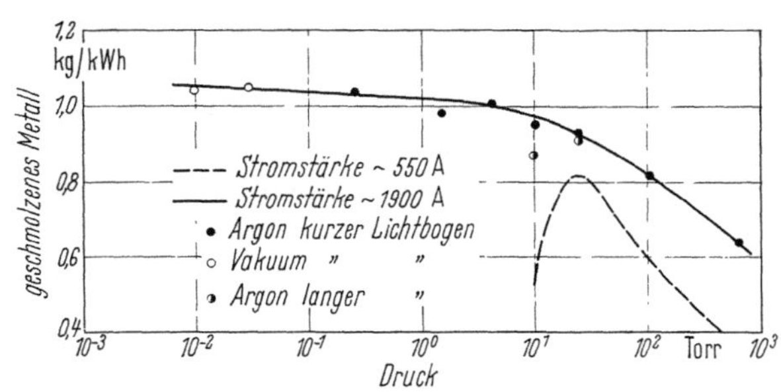

Abb. 2.10 Druckabhängigkeit der Schmelzleistung von 1 kWh für Titanabschmelzelektroden bei unterschiedlicher Stromstärke [*S 159*, *B 23*].

Eine höhere Schmelzleistung führt zu einem tieferen Schmelzbad. Die Schmelzbadtiefe kann man durch Einwerfen eines sich leicht legierenden Zusatzes bestimmen. Der Lichtbogen wird dann ausgeschaltet und im Gußblock anhand der Verteilung des zugesetzten Metalles die Tiefe des Schmelzbades im Augenblick der Auflösung des Metalles gemessen [*N 23*]. Die Schmelzbadtiefe nimmt mit der Stromstärke annähernd linear zu (vgl. Abb. 2.15, S. 49) [*D 25*].

Bei Schwammtitanelektroden ionisiert nicht nur der Metalldampf des Titans, sondern auch der Dampf der Chloride, der des Magnesiums und

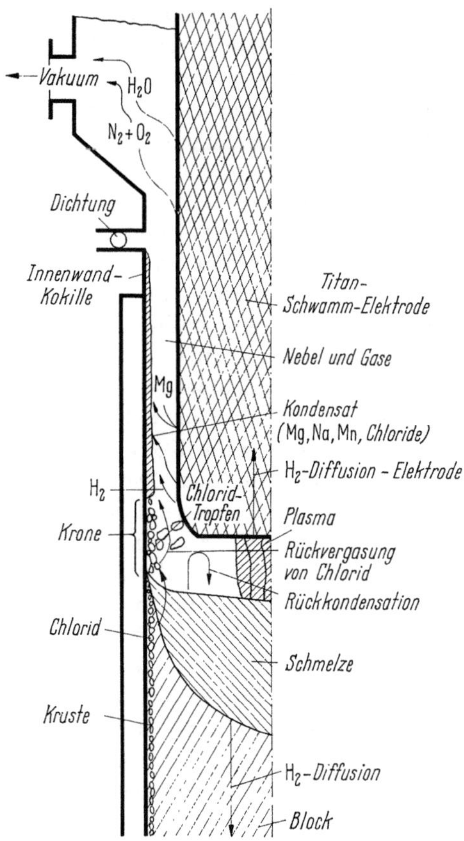

Abb. 2.11 Schematische Darstellung der Verdampfungs- und Entgasungsbedingungen beim Schmelzen einer Abschmelzelektrode aus Titanschwamm in einer wassergekühlten Kupferkokille [*K 79*].

der Wasserstoff. Die leicht flüchtigen Bestandteile schlagen sich zumindest teilweise an der Kokille nieder, bevor sie aus dieser entweichen können. Abb. 2.11 zeigt eine schematische Darstellung der Verdampfungs- und Entgasungsbedingungen beim Schmelzen von Schwammtitanelektroden und die verschiedenen Schichten, die sich an der Kokillenwand ablagern [*K 79*]. Die bessere Stabilität des Lichtbogens beim Schmelzen von Titan im Vakuum ist darauf zurückzuführen, daß der gut ionisierbare Metalldampf von der Ofenatmosphäre nicht zu rasch abgekühlt wird und deshalb ein breites stromleitendes Gebiet erzeugt. Es ist leicht einzusehen, daß aus diesen Gründen die Stabilität des Lichtbogens mit zunehmender Stromstärke besser wird. Legierungsbestandteile mit hohem Dampfdruck vergrößern dieses stromleitende Gebiet durch das Abdampfen so stark, daß die Stabilität des Lichtbogens ungünstig beeinflußt wird. Derartige Legierungen werden deshalb unter Edelgas erschmolzen.

Neben der besseren Stabilisierung des Lichtbogens im Vakuum wird auch der Wasserstoffgehalt im Titan durch dieses Schmelzverfahren vermindert. Die maximale Löslichkeit des Wasserstoffs in flüssigem Titan unter einem Wasserstoffdruck von 700 Torr beträgt etwa 0,12% [*H 11*]. Die zugelassenen Höchstgehalte an Wasserstoff im Titan und bei verschiedenen Titanlegierungen betragen dagegen 0,0125% im Halbzeug. Schmelzblöcke müssen einen noch niedrigeren Wasserstoffgehalt aufweisen, da bei der Verarbeitung oft mit einer Aufnahme von Wasserstoff zu rechnen ist. Schwammtitanelektroden werden bereits vor dem Schmelzen durch die Vorerwärmung im Ofen zum großen Teil durch das Vakuum von anhaftendem Wasserdampf befreit. In Argon geschmolzene Blöcke weisen deshalb immer eine höhere Härte und einen höheren Gehalt an Wasserstoff auf, als solche, die unter Vakuum geschmolzen wurden. Der beim Schmelzen erzielte Reinigungsgrad wird von den flüchtigen Bestandteilen des Schwammtitans, vom Verhältnis des Elektrodendurchmessers zum Kokillendurchmesser und von der Schmelzgeschwindigkeit beeinflußt. Die Kapazität der Vakuumpumpen muß ausreichen, um die entstehenden Gase abzusaugen. Durch zweimaliges Schmelzen in einem Vakuum im Rezipienten von 1 Torr kann der Wasserstoffgehalt von 224 ppm[1] auf 27 ppm [*C 52*] bzw. bei einmaligem Schmelzen von 3 ppm bei einem Vakuum von $3 \cdot 10^{-2}$ Torr auf 1,83 ppm und bei einem Vakuum von $3 \cdot 10^{-3}$ Torr auf 0,8 ppm Wasserstoff gesenkt werden [*C 50*]. Die Abhängigkeit des Wasserstoffgehaltes im Schmelzblock vom Druck im Ofenraum bei einer Abschmelzgeschwindigkeit von 0,5–1,6 kg/min, ist in Abb. 2.12 wiedergegeben [*F 33*]. Ein Druck von weniger als 10^{-2} Torr bringt demnach keine deutliche Verbesserung der Wasserstoffentgasung. Der Dampfdruck der nicht kondensierbaren Gase bei Titan im Lichtbogen beträgt etwa 10^{-2} Torr. Unterhalb dieses Druckbereiches ist beim Lichtbogenschmelzen keine weitere Druckverminderung in der Zone des Lichtbogens möglich. Bei technischen Schmelzen wird deshalb im Ofenraum ein Druck von etwa 10^{-2}–10^{-3} Torr aufrechterhalten. Bei einem Wasserstoffgehalt von 0,03% und einer Abschmelzgeschwindigkeit von 7 kg/min entsprechend einer

[1] 1 ppm = 0,0001%

Stromstärke von etwa 12500 A ist eine Sauggeschwindigkeit der Vakuumpumpe von 2700 l/sec für Wasserstoff notwendig, wenn der Druck in der Ofenkammer nicht über 10^{-2} Torr ansteigen soll [*G 57*].

Im Verhältnis zum Kokillendurchmesser dünne Elektroden ergeben ein ungünstiges Schmelzbad [*C 42b*]. Um eine ausreichende Entgasung zu erzielen und einen Überschlag des Lichtbogens auf die Kokille außer-

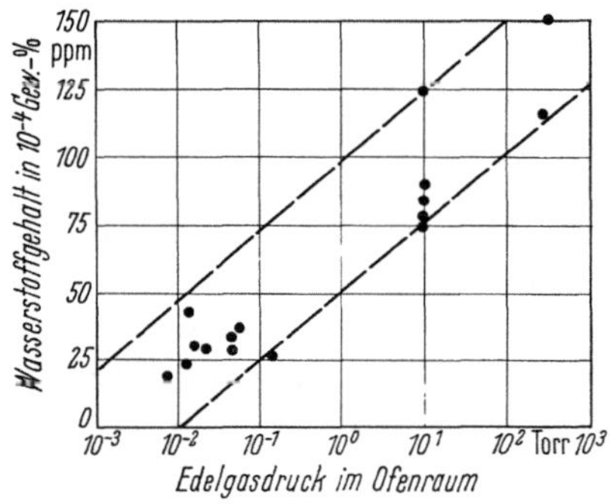

Abb. 2.12 Einfluß des Vakuums im Ofenraum auf den Wasserstoffgehalt im Schmelzblock [*F 33*].

halb der Schmelzzone zu verhindern, sollte der Abstand zwischen Elektrode und Kokillenwand bei kleinen Elektrodendurchmessern (50 bis 100 mm) wenigstens 10 mm, bei mittleren Elektrodendurchmessern (100 bis 200 mm) mindestens 20 mm und bei größeren Elektrodendurchmessern wenigstens 50 mm betragen. So wird z.B. eine gepreßte Elektrode von 45 mm Durchmesser in einer Kokille von 60 mm Durchmesser geschmolzen. Beim zweiten und dritten Schmelzen werden die Durchmesser auf 75 bzw. 100 mm vergrößert. Der Lichtbogen sollte möglichst kurz sein, auf jeden Fall kürzer als der Abstand zwischen Elektrode und Kokille, damit ein Abwandern des Lichtbogens aus der Schmelzzone unterbleibt. Die Kühlwassermenge und die Durchlaufgeschwindigkeit müssen so bemessen werden, daß während des Schmelzens, der Erstarrung und Abkühlung keine Dampfblasen in der Wasserkühlung auftreten können. Das Kühlwasser wird in den meisten Fällen durch Leitbleche um die Kokille herumgeführt. Bei der Herstellung von 1–2-t-Schmelzblöcken werden etwa 1000 l Kühlwasser je Minute benötigt.

Der Lichtbogen und der Vorschub der Elektrode werden bei kleinen Schmelzöfen meist von Hand gesteuert. Den Abstand zwischen der Elektrode und der Schmelze kann man bei dem üblichen Schmelzen mit aufbauendem Schmelzblock wegen der schlechten Beobachtungsmöglichkeit des Lichtbogens, insbesondere im unteren Teil der Kokille, nur schwer abschätzen. Schmilzt man mit einem Abziehen des Gußblocks nach unten, bei dem die Schmelzzone immer an derselben Stelle bleibt, so ist dies leichter möglich. Beim Schmelzverfahren mit aufbauendem Schmelzblock wird beim Schmelzen unter Argon oder vermindertem Druck der

Vorschub der Elektrode über die Lichtbogenspannung geregelt, die mit zunehmendem Abstand ansteigt. Beim Schmelzen unter Vakuum ist die Spannungsänderung für diese Steuerung zu gering, und der Abstand zwischen Elektrode und Schmelzbad muß durch Kurzschließen und wieder Abziehen der Elektrode nach oben laufend auf das richtige Maß eingestellt werden. Bei großen Öfen erfolgt diese Regelung automatisch. Der hohe Stromdurchgang bei einem Kurzschluß zwischen Elektrode und Schmelzbad, der durch abtropfendes Metall entsteht, setzt einen entsprechenden Motor in Tätigkeit, durch den die Elektrode wieder nach oben abgezogen wird [*D 18*]. Bei kleinen Ofeneinheiten kann man beim aufbauenden Schmelzblock maximal ein Verhältnis der Länge zum Durchmesser von 5 : 1 erzielen [*J 24*]. Demgegenüber hat das Schmelzverfahren mit Abziehen des Blockes den Vorteil, daß auch lange Schmelzblöcke hergestellt werden können, aber den Nachteil einer schwierigeren Handhabung. Bei größeren Einheiten zieht man deshalb das Schmelzverfahren mit aufbauendem Schmelzblock vor. Eine Beobachtungskontrolle ist in allen Fällen notwendig, da beim Auftreten der gefährlichen

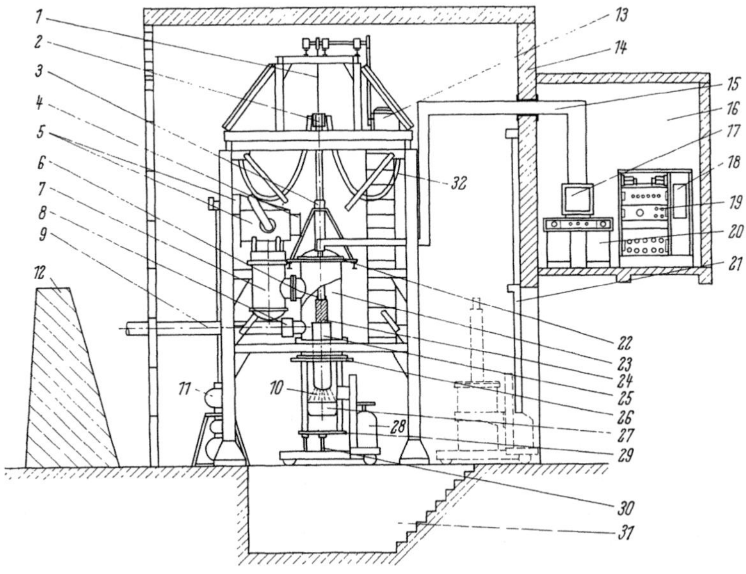

Abb. 2.13 Schema eines Vakuumlichtbogenofens mit automatischer Steuerung des Vorschubs der Abschmelzelektrode und geschützt liegender Beobachtungs- und Überwachungsstation [*G 57*]. *1* Kette; *2* Elektrodenstange; *3* Druckstufe; *4*, *5* Rootspumpen; *6* Elektrodeneinspannkopf; *7* Abscheider; *8* Schutzventil gegen Überdruck; *9* Überdruckauslaß; *10* Lichtbogen; *11* Vorpumpe; *12* Ablenkwall; *13* Getriebe; *14* Betonschutzmauer; *15* Fernoptik; *16* Bedienungsstand; *17* Bildschirm; *18* Registriereinrichtung; *19* Schaltschrank; *20* Schaltpult; *21* Schiebetür; *22* Isolierung; *23* Ofenkammer; *24* Elektrodenkopf aus Titan; *25* Elektrode; *26* Hochstromanschluß (Kokille); *27* Schmelzblock; *28* Hubwagen; *29* Kokillenbodenplatte; *30* Anschluß Wasserkühlung für Kokille; *31* Chargiergrube; *32* Stromzuführung für Elektrode

Glimmentladung die Spannung im umgekehrten Sinne wie bei einer Veränderung der Lichtbogenlänge anspricht und deshalb Maßnahmen zur Verbesserung des Vakuums getroffen werden müssen.

Beim Schmelzen großer Blöcke in wassergekühlter Kokille sollen Sicherheitseinrichtungen vorhanden sein, da bei einem etwaigen Eindringen von Kühlwasser in die Schmelze die Gefahr einer Explosion besteht. Zu diesem Zweck werden die Beobachtungsfenster mit Winkelspiegeln ausgerüstet, die gestatten, den automatisch gesteuerten Schmelzvorgang hinter einer Betonwand zu verfolgen. Abb. 2.13 zeigt das Schema eines Vakuumschmelzofens mit automatischer Steuerung der Elektrode und einer geschützt liegenden Beobachtungs- und Überwachungsstation [*G 57*]. Auch bei Überdruck sich öffnende Sicherheitsflansche werden bei diesen Öfen angebracht [*G 59, C 50*].

Die Elektrode wird in einem Schaft festgehalten, der wassergekühlt ist und senkrecht geführt wird. Er ist vakuumdicht gegenüber dem Ofengehäuse abgedichtet [*B 19–22*]. Nach Abschmelzen der Schwammtitanelektrode kann der Rest der Elektrode wieder mit dem Schmelzblock zusammengeschweißt und dieser noch heiß in den Ofenraum nach oben gezogen werden. Der Ofenraum wird dann unten mit einem Deckel abgeschlossen. Für die zweite Schmelze wird die erste Kokille gegen eine zweite mit größerem Durchmesser ausgetauscht und der erste Schmelzblock als Elektrode erneut abgeschmolzen. Der dann erstarrte Block kann am Kokillenrand gegen den Ofenraum abgedichtet und mitsamt der Kokille vom Ofengehäuse entfernt werden, ohne daß Luft an den heißen Block treten kann [*D 18*], oder das Oberteil des Ofens ist wie Abb. 2.14 zeigt, gegenüber der Kokille verfahrbar. Der 10-t-Schmelzblock, der in Abb. 2.14 nach unten aus der Kokille entnommen wird, war an der Oberseite noch heiß und ist deshalb dort oxydiert [*K 84c*]. Zur Erhöhung der Sicherheit kann die Kühlung der Kokille durch flüssige Alkalimetalle z.B. der eutektischen Schmelze aus Natrium und Kalium mit 76,7 % K (Schmelzpunkt −12,5 °C) erfolgen [*M 70i, R 88o, I 6b*]. Ein derartiger Ofen ist in Abb. 2.7a, S. 39 wiedergegeben [*C 48i*].

Bei unzureichender Stromstärke oder bei Chargen mit ungünstigem Schmelzverhalten bildet sich an und unter der Oberfläche der Blöcke, insbesondere bei der Erstschmelze, eine Zone mit Poren, die abgedreht werden muß, wenn eine direkte Weiterverarbeitung erfolgen soll. Man kann auch die Blockoberfläche mit Hilfe eines Lichtbogens in inerter Atmosphäre glätten. In den meisten Fällen wird jedoch durch das Zweitschmelzen die Blockoberfläche ausreichend glatt. Ein Erstarrungslunker im Kopf des Blockes kann vermieden werden, wenn gegen Ende des Schmelzprozesses der Strom verringert oder zeitweise abgeschaltet wird.

Die Stromkosten für das Schmelzen mit Abschmelzelektrode sind geringer als beim Schmelzen mit Hilfselektrode, da die Elektrode nicht gekühlt wird. Beim Schmelzen von 300-kg-Blöcken werden etwa 1,1 kWh für das Schmelzen von 1 kg Titan benötigt [*C 52*]. Bei einem zweimaligen Schmelzen erhöhen sich die Schmelzkosten entsprechend. Für große

Abb. 2.14 Vakuumlichtbogenofen für Abschmelzelektroden aus Titan und Titanlegierungen (Wasserkühlung); maximaler Tiegeldurchmesser 980 mm, maximales Blockgewicht 10 t Titan [*K 84c*].

Elektrodendurchmesser sind wesentlich kleinere Stromstärken je Quadratzentimeter notwendig als bei kleinerem Durchmesser. In Abb. 2.15 ist die Abhängigkeit des Kokillendurchmessers, der Schmelzbadtiefe und der Schmelzleistung von der Stromstärke bei einer Spannung von 20 bis 25 V wiedergegeben. Die Abschmelzgeschwindigkeit und die aufzuwendende Stromstärke sind u. a. von der Form und Dichte der Abschmelzelektrode abhängig.

Die Stromstärke darf nicht zu gering sein, da sonst der Lichtbogen die Elektrode nur örtlich abschmilzt, wodurch unliebsame Stromunterbrechungen entstehen können. Insbesondere bei Legierungen wird eine hohe Stromstärke angewandt, um ein gutes Durchschmelzen des Blockes zu garantieren und eine möglichst glatte, porenfreie Blockoberfläche zu erhalten. Eine zu hohe Stromstärke bringt außer größerer Schmelzgeschwindigkeit keine Vorteile. Die Entgasung wird geringer und die Leitfähigkeit der Elektroden kann unter Umständen nicht ausreichend sein. Außerdem erhöht eine zu hohe Stromstärke die Gefahr eines Durchbrennens der schwachen Tiegelwandung. Bei gleichem Kokillendurchmesser ist die Stromstärke bei den jeweiligen Legierungen und Ofentypen verschieden hoch [*G 59*, *C 50*]. Für eine weitere Entwicklung der Öfen

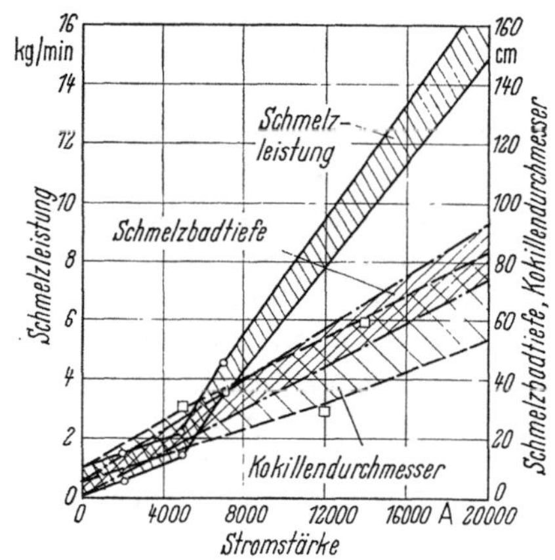

Abb. 2.15 Schmelzleistung [*G 59*], Kokillendurchmesser [*C 50*] und Schmelzbadtiefe [*D 26*] in Abhängigkeit von der Stromstärke beim Schmelzen von Titan im Vakuumlichtbogenofen mit Abschmelzelektrode.

wurde vorgeschlagen, anstelle des Gleichstromes Drehstrom zu verwenden, wobei allerdings drei Elektroden gleichzeitig abgeschmolzen werden müssen, was eine entsprechend größere Kompliziertheit des Ofensystems verursacht [*C 50*].

Der Gleichstrom wird in Selen-, Germanium- oder Siliziumgleichrichtern erzeugt. Man hat auch schon versucht, Wechselstrom zu verwenden. Dadurch wird aber der Bogen sehr instabil und die Schmelzleistung bei Elektroden bis 200 mm Durchmesser gegenüber der Verwendung eines Gleichstromes um etwa ein Viertel geringer [*C 52*]. Da die Abkühlungszeiten größerer Titanblöcke meist wesentlich länger sind als die Schmelzzeiten, werden mehrere Öfen mit einer Stromversorgungsanlage betrieben, wenn der Ofen nicht mit einer bereits oben beschriebenen Einrichtung ausgestattet ist, die es ermöglicht, den heißen Block vom Ofen zu trennen.

Als Vakuumpumpen für das Feinvakuum von 10^{-2}–10^{-3} Torr dienen Treibdampfpumpen und/oder Rootsgebläse, die für den Vakuumbereich von 10^{-2}–10^{-3} Torr eine zunehmende Sauggeschwindigkeit aufweisen. Für das notwendige Vorvakuum kann man entweder zunächst die entsprechenden Zwischenpumpen als Rootspumpen oder direkt rotierende Drehschieberpumpen verwenden. Um einen für die Sicherheit notwendigen stabilen Lichtbogen aufrechterhalten zu können und eine gute Schmelzleistung zu garantieren, müssen die Pumpen in der Lage sein, das Vakuum im Ofenraum auch bei Gasausbrüchen, wie sie bei Schwammtitanelektroden häufig auftreten, aufrechtzuerhalten. Die Vorpumpen sollten in der Lage sein, notfalls Wasserdampf aus einem Wassereinbruch abzusaugen.

Aus Titan können Blockdurchmesser von 95 cm mit guter Homogenität und Schmiedbarkeit hergestellt werden [*D 17*], während bei großen Blöcken aus Titanlegierungen Schwierigkeiten in der Verarbeitung durch Grobkornbildung auftreten können [*N 20*]. Man versucht, diese Schwierigkeiten durch magnetische Rührung [*B 19–22*], kornfeinende Zusätze und Ultraschallbehandlung [*N 2*] zu überwinden.

Innerhalb des flüssigen Bades entsteht wegen der geringen Wärmeleitfähigkeit des Titans ein hohes Temperaturgefälle, das bei 150 mm Durchmesser mit 150 °C und bei 380 mm Durchmesser mit 250 °C gemessen wurde und das sich auch bei einer magnetischen Rührung nicht änderte. Die sich am Rand des Schmelzblockes ausbildende Zone der Stengelkristallisation wird ebenfalls durch die Stromstärke beeinflußt. Sie kann z.B. bei einer Erhöhung der Stromstärke von 6000 auf 12000 A bei einem 380-mm-Durchmesser-Block auf die vierfache Zonenbreite bei entsprechender Kornvergröberung ansteigen [*D 25*].

Ein Schmelzen unter inerter Schlacke ist möglich. Zum Beispiel wurde nach einem Abschmelzen von Titanelektroden unter einer CaF_2-Salzdecke und 250 Torr Helium die Qualität und Verarbeitbarkeit der Schmelzblöcke nur wenig verändert. 0,02 % F und 0,04 % Cu wurden aufgenommen. Der Wasserstoffgehalt änderte sich nicht [*A 36b*].

Die Verteilung der Legierungselemente im Schmelzblock hängt in erster Linie davon ab, ob das Verhältnis des Schmelzbades zu der abzuschmelzenden Einheit, die die gesamte Legierungskonzentration enthält, ausreichend ist, damit während des Schmelzvorganges eine gleichmäßige Verteilung der Legierungselemente erfolgen kann. Beim Beginn des Schmelzens ist das wegen des kleinen Schmelzbades nur in geringem Maße möglich. Die Homogenität ist deshalb am Blockfuß, z.B. bei der Legierung TiAl5Sn2,5, geringer als in der Blockmitte [*P 34*]. Weiterhin kann eine Erhöhung oder Verminderung des Schmelzpunktes von Titan eine Makroseigerung verursachen. Wird der Schmelzpunkt vermindert ($K < 1$), so wird in der Mitte der Blocklänge in Barrenmitte ein Maximum der Konzentration des Legierungselementes gefunden; bei Schmelzpunkterhöhung ($K > 1$) ein Minimum. In Abb. 2.16 ist die Verteilung derartiger Elemente über den Blockdurchmesser im Fuß, in der Mitte und am Kopf des Schmelzblocks schematisch wiedergegeben. Die Abb. 2.17 zeigt die Verteilung in der Mitte der Blocklänge eines 380-mm-Durchmesser-Blockes bei Molybdänzusatz ($K > 1$) und Eisenzusatz ($K < 1$) und Abb. 2.18 die Verteilung von Aluminium, Molybdän und Chrom über die Blocklänge der Legierung TiCr11Mo7Al3[1]. Am Kopf des

[1] Der angegebene Gehalt an Legierungselementen entspricht Gewichtsprozenten.

Schmelzblocks steigt der Chromgehalt an, der Molybdängehalt sinkt, während der Aluminiumgehalt über die ganze Blocklänge konstant bleibt [*D 26*]. Der Legierungsgehalt bleibt bei der wichtigen technischen Legierung TiAl6V4 für beide Zusatzelemente und für Sauerstoff weitgehend

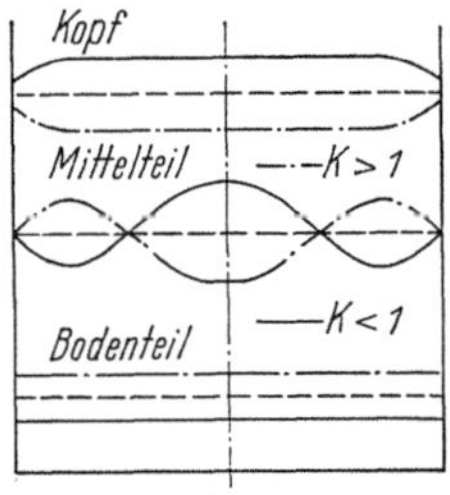

Abb. 2.16 Schema der Verteilung von Legierungszusätzen, – – – Sollwert, über den Durchmesser am Fuß, in der Mitte und am Kopf eines Kokillenschmelzblocks.

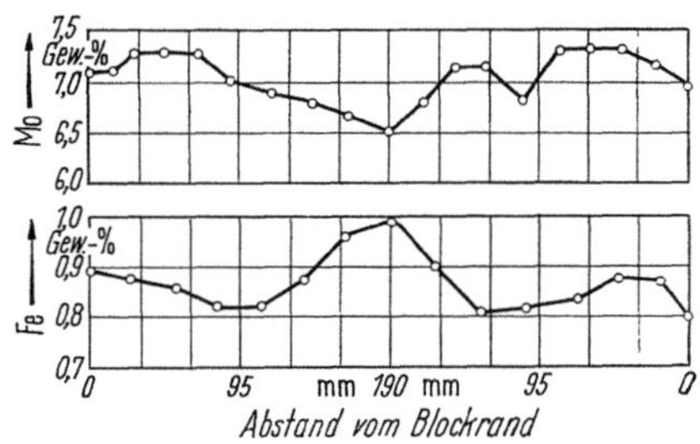

Abb. 2.17 Verteilung von Molybdän ($K > 1$) und Eisen ($K < 1$) in der Mitte eines 380-mm-∅-Kokillenschmelzblocks [*D 26*].

konstant [*B 88a, D 17, G 9a*]. Manganhaltige Legierungen zeigen dagegen eine starke Neigung zur Makroseigerung [*D 25a*]. Während diese durch Makroseigerungen entstehenden Entmischungszonen Änderungen der mechanischen Eigenschaften der Legierungen ergeben, die vom

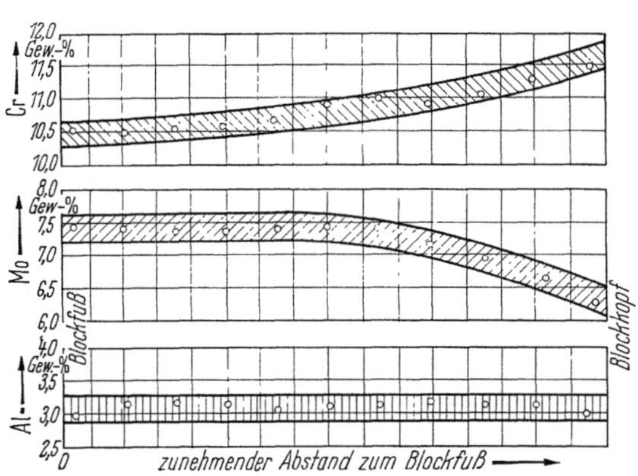

Abb. 2.18 Verteilung von Aluminium, Molybdän und Chrom über die Blocklänge eines Kokillenschmelzblockes der Legierung TiCr 11Mo 7Al 3, Blockdurchmesser 380 mm, Stromstärke 12 kA [*D 26*].

Blockdurchmesser abhängig sind, wobei der Mittelwert zwar gleich bleibt, aber der Bereich der Änderung sich mit zunehmendem Blockdurchmesser vergrößert [*D 25, D 25a*], kann durch nicht aufgeschmolzene Legierungszusätze mit meist höherem Schmelzpunkt eine örtliche Veränderung der mechanischen Eigenschaften eintreten [*P 44a*]. Bei geringer Diffusionsgeschwindigkeit der Legierungselemente und hoher

Umwandlungstemperatur, z.B. in α-Legierungen (vgl. Kap. 5, S. 102), können bei der Abkühlung der Schmelzblöcke und während der Umwandlung im $(\alpha + \beta)$-Gebiet entstandene Mikroseigerungen [*N 25, W 64a, T 19e*], die im Falle von Mo und V durch Al vergrößert werden [*T 19f*] auch durch eine Langzeitglühung von z.B. > 100 h bei 740 °C nicht beseitigt werden [*B 55b*].

2.4 Sonstige Schmelzverfahren

Das bei hochschmelzenden Metallen sehr häufig übliche induktive Schmelzen mit Hilfe einer Induktionsspule kann auch für Titan und seine Legierungen angewandt werden. Der wassergekühlte Kupfertiegel muß in diesem Fall geschlitzt sein und die einzelnen Segmente gegeneinander isoliert werden, damit kein Stromdurchgang und keine induktive Erwärmung des wassergekühlten Kupfertiegels auftreten kann. Die Zwischenräume zwischen den Segmenten sind dabei so klein, daß die Oberflächenspannung des Titans ausreicht, um ein Eindringen der Schmelze in die Zwischenräume zu verhindern. Es ist auf diese Weise gelungen, Titanblöcke mit 50 mm Durchmesser und 130 mm Länge zu schmelzen [*S 31*]. Der Schmelzblock wird nach unten abgezogen. Die hauptsächlichen Schwierigkeiten bestehen darin, daß flüssiges Metall zwischen die Segmente eindringt und dadurch der Blockabzug nach unten erschwert wird [*G 58*]. Dies kann durch Verwendung von CaF_2-Schlacke vermieden werden [*C 42c*].

Wesentlich einfacher ist das Abschmelzen einer freihängenden Titanelektrode in einen wassergekühlten Kupfertiegel, wobei die Spitze der Elektrode mit Hilfe einer Induktionsspule soweit erwärmt wird, daß dieser Bereich flüssig wird und abtropft. Die abtropfende Schmelze wird dann in dem Kupfertiegel aufgefangen. Titanstäbe von 20 mm Durchmesser konnten auf diese Weise mit einer Leistung von 40 kW und einer Frequenz von 10 kHz abgeschmolzen werden. Bei diesem Verfahren ist der Energieaufwand hoch und die Schmelzleistung gegenüber dem Lichtbogenschmelzen gering. Die Kontrolle des Abschmelzvorganges ist leichter als beim Lichtbogenschmelzen. Das Abschmelzen muß rasch erfolgen, da im Gegensatz zum elektrischen Lichtbogen keine Energie in das Schmelzbad überführt wird [*M 9, W 61a*]. Da sich kein flüssiges Bad auf diese Weise herstellen läßt und der Energieaufwand hoch ist, hat dieses Verfahren bisher nur im Laboratoriumsmaßstab Interesse gefunden.

Tiegelloses Schmelzen kann ebenfalls durch eine Induktionsheizung im sogenannten Schwebeschmelzverfahren erfolgen. Ein elektromagnetisches Wechselfeld bewirkt das Freischweben der Schmelze. Dabei wirkt das Wechselfeld in der Spule auf das in dem zu schmelzenden Metall induzierte Feld, und die beiden magnetischen Felder verursachen ein

Freitragen der Schmelze. Eine stabile Lage bildet sich unter geeigneten Bedingungen, die von den Dimensionen der Spule und des Schmelzgutes, der Frequenz des Stromes, ferner von dem spezifischen elektrischen Widerstand und der Permeabilität des Schmelzgutes abhängen. Mit zunehmendem spezifischem Gewicht und elektrischem Widerstand des Schmelzgutes wächst die aufzuwendende Mindeststromstärke in der Spule um das Schmelzgut zum Schweben zu bringen. Beim Übergang in den flüssigen Zustand ändert sich deshalb die aufzubringende Stromstärke infolge des Anstiegs des Widerstandes. Dadurch wird im allgemeinen eine Lageveränderung des schwebenden Körpers verursacht. Da eine relativ ungünstige Kopplung zwischen Induktionsspule und Schmelze besteht, ergeben sich große Stromverluste, die den Wirkungsgrad vermindern [*M 103, W 79, F 32*]. Nach diesem Verfahren wurde beispielsweise mit Hilfe von 400 kHz und 3,75 kW eine 8 g-Probe aus Titan in 30 sec geschmolzen [*P 37*].

Als Energiequelle für das Schmelzen von hochschmelzenden Metallen einen Elektronenstrahl zu benutzen, wurde bereits 1905 vorgeschlagen [*S 80*]. Zur Erzeugung des Elektronenstrahles benötigt man ein Vakuum von 10^{-4}–10^{-5} Torr, wodurch Legierungsbestandteile wie z.B. Aluminium verdampfen können. Das Elektronenstrahlschmelzen stellt deshalb höhere Anforderungen an die Dichtigkeit der Apparaturen, an die Kapazität der Pumpen und an die Sorgfalt der Bedienung als das Schmelzen mittels Lichtbogen. Da man mit Hilfe von magnetischen Linsen den Elektronenstrahl bündeln kann, hat man die Möglichkeit, die Energie an einer punktförmigen Stelle zu sammeln oder über einen größeren Brennfleck zu verteilen. Der Elektronenstrahl, der aus einem Glühfaden unter hoher Spannung austritt und gebündelt auf das Schmelzgut gerichtet wird, kann aus verschiedenen Arten von Kathoden stammen. In manchen Fällen finden ringförmige Kathoden aus einem hochschmelzenden Metall, meist Wolfram, Verwendung, die in der Lage sind, sowohl die Abschmelzelektrode als auch das Schmelzbad zu erwärmen. Ein anderes Verfahren, bei dem die Gefahr des Durchbrennens der Kathode wegen der größeren Entfernung zum Schmelzbad geringer ist, arbeitet mit sogenannten Elektronenkanonen, die meist schräg auf die abzuschmelzende Elektrode gerichtet werden und dabei die Elektrodenspitze abschmelzen und gleichzeitig das Schmelzbad erwärmen. In Abb. 2.19 wird eine derartige Anordnung mit zwei axialsymmetrisch angeordneten Elektronenstrahlkanonen wiedergegeben. Durch unterschiedliche Fokussierung kann man entweder die Elektrode in stärkerem Maße abschmelzen und das Schmelzbad wenig überhitzen oder das Schmelzbad stärker überhitzen und die Elektrode weniger stark abschmelzen oder überhaupt nur das Schmelzbad erwärmen. Auf diese Weise ist eine weitgehende Entgasung der Schmelze möglich [*S 101, O 19, G 58*]. Wegen des hohen Vakuums ist auch die Vorentgasung der

Elektrode wesentlich stärker als dies beim Vakuumlichtbogenschmelzen der Fall ist. Die Umschmelzhärte von Titanschwamm gleicher Qualität ist deshalb beim Schmelzen im Elektronenstrahlofen immer niedriger als beim Schmelzen im Lichtbogenofen [*O 18*]. Die Elektronenstrahlschmelzanlagen erreichen Blockdurchmesser von über 500 mm. Die Schmelz-

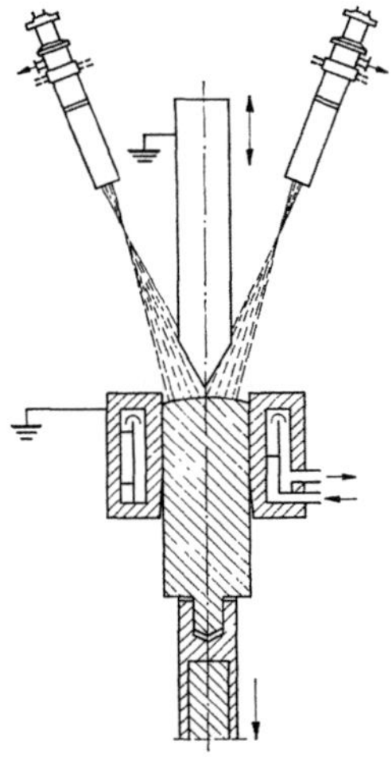

Abb. 2.19 Schema des Elektronenstrahlschmelzens mittels zweier axialsymmetrisch angeordneter Elektronenkanonen [*G 58*].

leistung richtet sich insbesondere beim Schmelzen von Schwammtitan neben der Intensität der Elektronenstrahlen nach der zur Verfügung stehenden Kapazität der Vakuumpumpen [*T 9*]. Infolge der hohen Kosten für die Öfen und des großen Energieverbrauchs hat sich das Verfahren gegenüber dem Schmelzen im Vakuumlichtbogenofen bei Titan und seinen Legierungen bisher in Sonderfällen, z.B. Einschmelzen von Schrott [*S 131a*], einführen können. Auch mit Plasmalichtbögen können unter 0,2–200 Torr Argon Schmelzblöcke hergestellt werden [*A 7*].

Ein Verfahren, das hauptsächlich für die Reinigung von Metallen angewandt wird, ist das Zonenschmelzen, das durch eine Induktionsheizung oder eine Erhitzung im Elektronenstrahl erfolgen kann. Wegen der hohen Oberflächenspannung des Titans ist es möglich, in einem senkrechten Titanstab von 10 mm Durchmesser eine etwa ebenso hohe flüssige Zone herzustellen, ohne daß ein Abtropfen auftritt. Diese flüssige Zone kann durch den Stab gezogen und dadurch eine Reinigung erzielt werden. Da auch die β/α-Umwandlungstemperatur (vgl. Kap. 4, S. 60) durch entsprechende langsame Bewegung der Zone sehr konstant über den ganzen Querschnitt gehalten werden kann, gelingt es, auch Einkristalle aus Titan herzustellen [*D 37*]. Eine größere Schmelzzone kann man bei einer eckigen Stabform erzeugen, wobei die Ecken fest bleiben und die Schmelzzone an ihnen gehalten wird. Ein Reinigungseffekt in Titan technischer Reinheit aufgrund dieses Zonenschmelzens konnte hinsichtlich des Eisens festgestellt [*B 74*] und die Proportionalitätsgrenze und die Rekristallisationstemperatur von Jodidtitan wesentlich vermindert werden [*S 112*] (vgl. Kap. 10, S. 216). Ferner ist auf diese Weise eine gerichtete Erstarrung eutektischer Schmelzen z.B. von Ti–Ti_5Si_3 erreicht worden [*C 76a*] (vgl. Kap. 11.9, S. 336).

2.5 Formgießverfahren

Wegen der hohen Schmelztemperatur des Titans und der Reaktion mit den Tiegel- und Kokillenwerkstoffen bedarf es besonderer Vorsichtsmaßnahmen, Titan in Formen zu gießen. In allen Fällen muß, wie bei den anderen Schmelzverfahren, das Titan in einem Tiegel, der gekühlt wird und aus festem Titan oder der entsprechenden Titanlegierung besteht, geschmolzen werden, um eine Aufnahme von Fremdelementen durch Tiegelreaktion zu vermeiden. Ein kleines Schmelzbad kann mit Hilfe einer wassergekühlten Wolframelektrode flüssig gehalten werden und wird durch ein Kippen des Ofens in eine Kokille, die aus Graphit oder aus wassergekühltem Kupfer bestehen kann, eingegossen. Während des Gießens kann der Lichtbogen weiter brennen und so das Bad warmhalten. [*S 86, G 20*]. Eine andere Methode, das Bad möglichst rasch im überhitzten Zustand aus dem Tiegel zu treiben, besteht in einem Bodenausfluß, der durch das Durchschmelzen der Titanschicht über dem Ausfluß freigegeben wird. Die Kapazität dieser Öfen ist dadurch beschränkt, daß sich mit Hilfe der Wolframelektrode nur eine geringe Badtiefe erreichen läßt [*S 87*]. Die Schmelze kann auch durch einen Unterdruck in eine Kokille gesaugt werden [*Z 17*].

Wesentlich größere Badtiefen kann man mit Hilfe von Abschmelzelektroden erzielen, die mit sehr hoher Stromstärke im Vakuum oder unter vermindertem Edelgasdruck abgeschmolzen werden. Es gelingt auf diese Weise, das Schmelzbad so zu überhitzen, daß es noch genügend lange Zeit flüssig bleibt, um aus einem wassergekühlten Kupfer- oder einem Graphittiegel ausgegossen werden zu können. Das Schema eines Ofens, der nach diesem Verfahren arbeitet, ist in Abb. 2.20 wiedergegeben. In einem kippbaren wassergekühlten Kupfertiegel [*B 22*] oder in einem Graphittiegel [*G 20*] wird z.B. eine kompakte Elektrode mit einem Durchmesser von etwa 200 mm und einer Stromstärke von 8000 bis 9000 A. bei 28–30 V in 15 min geschmolzen. Schmilzt man unter einem Argondruck von 20–50 Torr, so erreicht man ein besonders tiefes Schmelzbad [*B 22*]. Auch mit Elektronenstrahlen können große Badtiefen und starke Überhitzung erreicht werden [*M 70*]. Das flüssige Metall wird aus dem wassergekühlten Kupfertiegel bzw. aus dem Graphittiegel in eine Form vergossen. Die in dem Tiegel verbliebene erstarrte Restschmelze dient als Tiegel und isolierende Hülle für die nächste Schmelze. Mit 300 kg schweren Elektroden (1 m lang, 300 mm Dmr.) kann aus einem Graphittiegel eine flüssige Schmelze von 100 kg bei einer Stromstärke von 15000 A und 30–70 V Spannung vergossen werden [*G 20*].

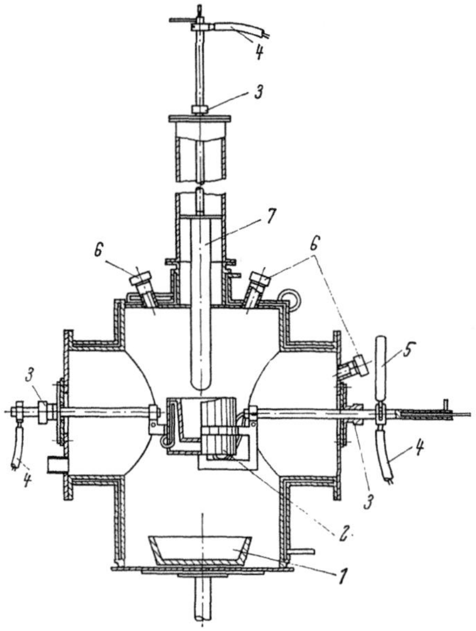

Abb. 2.20 Schema eines Schmelz- und Gießofens mit Abschmelzelektrode [*B 22*]. *1* Graphitform; *2* Kippbarer wassergekühlter Kupfertiegel; *3* Vakuumdichte Durchführung; *4* Stromzuführung; *5* Kippvorrichtung; *6* Beobachtungsfenster; *7* Abschmelzelektrode.

Graphit hat sich auch als Werkstoff für die Gußformen bewährt. Er muß von besonders guter Qualität, vor allem gasfrei sein, da sonst die sich bildenden Gasblasen Lunker im Gußblock verursachen. Die Lebensdauer der aus kompaktem Graphit gefertigten Kokillen hängt von der Form des abgegossenen Stückes ab und beträgt im allgemeinen 20 Abgüsse. Zur Verbesserung der Gußoberfläche ist man dazu übergegangen, Graphitpulver $\leqq 20$ und $\geqq 150$ mesh in Form einer Stampfmasse zusammen mit Pech und z.B. Dextrin als Formfüllmasse, bei etwa 950 °C gebrannt, auch für Kerne zu verwenden [*F 13*, *A 40b*, *G 20*]. Bei Anwendung von mit 1–10% Kohle imprägnierten keramischen Formen, die nach dem Wachsausschmelzverfahren hergestellt werden, wird an der Oberfläche der Gußstücke eine mit zunehmendem Kohlenstoffgehalt abnehmende Aufhärtungstiefe gefunden. Teile mit 3 mm Wanddicke konnten in Abmessungen bis 600 mm vergossen werden. Verbrauchte Formen werden gemahlen und das Pulver erneut verwendet. Die Größe und der Anschnitt der Steiger entspricht etwa demjenigen von Stahlguß. Sehr dünne Teile können wegen der hohen Oberflächenspannung des flüssigen Titans nicht, oder nur mit Überdruck, vergossen werden. Der Anschnitt muß in der Länge etwa der Dicke des Teiles entsprechen, da sonst Sauglunker auftreten. Gasporosität und zu geringe Formfüllung können durch die Anwendung eines Schleudergußverfahrens weitgehend vermieden werden, so daß dieses Verfahren für die Herstellung komplizierter Gußstücke bevorzugt wird. Runde Gußstücke können aus einem rotierenden Tiegel mit Überlauf in die ebenfalls rotierenden Kokillen gegossen werden [*H 21, G 20, W 7b, M 70*].

Legierungen lassen sich ähnlich wie Titan vergießen, wenn sie einen geringen Temperaturbereich der Erstarrung besitzen [*G 20*]. Wird der Schmelzpunkt des Titans durch die Legierungszusatzelemente vermindert ($K < 1$), so reichern sich diese im Kopf des Gußstückes und in den Steigern an. Die Konzentration der Legierungselemente, die den Schmelzpunkt erhöhen ($K > 1$) ist im Fuß und in den Randzonen des Gußteiles erhöht [*D 26a*]. Gußteile z. B. aus TiAl6V4 und TiAl5Sn2,5 entsprechen in Zugfestigkeit und Streckgrenze den Spezifikationen der Knetlegierungen [*W 7b, M 70*]. Bei Gußteilen treten Restspannungen auf, die mit zunehmender Festigkeit der Legierung zunehmen, u. U. zu Rissen führen und durch Glühung bei 640–660 °C beseitigt werden [*G 20c*]. Die Dauerfestigkeit von TiAl6V4 kann bei rauhen Oberflächen des Gußzustandes um 50 % niedriger sein als bei bearbeiteten und polierten Oberflächen, und bei etwa 0,09 % O doppelt so hoch wie bei 0,18 % O [*M 98a*].

2.6 Wiederverwendung von Schrott

Bei Titan- und Titanlegierungsschrott ist in den meisten Fällen damit zu rechnen, daß die Oberfläche erhöhte Beimengungen von Sauerstoff aufweist. Das Einschmelzen von Schrott ist deshalb schwierig, weil große Teile umständlich in Schweißkammern zu Elektroden geschweißt werden müssen. Kleine oder dünnwandige Teile, z. B. Drehspäne, bringen einen zusätzlichen Gehalt an Beimengungen durch den Sauerstoffgehalt der Oxidschicht in die Schmelze. Nach dem Schmelzen von zusammengeschweißten Elektroden ist der mittlere Gehalt an Sauerstoff höher als im Kern des Ausgangswerkstoffes. Während dies bei Titan technischer Reinheit zu einer höheren Umschmelzhärte und damit zu einer höheren Festigkeit führt, muß bei Legierungen, bei denen ein besonders niedriger Sauerstoffgehalt vorgesehen ist (vgl. Tab. 11.7, S. 286ff.) der Anteil des Rücklaufs entsprechend niedrig sein. Auch bei Rücklauf des Schrotts über Hydrid (vgl. Kap. 3, S. 58 und Kap. 12.1, 12.2, S. 341ff.) muß im gesinderten Teil oder im Gußteil mit einer Sauerstoffaufnahme durch die Hydrierung gerechnet werden. Gußteile aus umgeschmolzenem Schrott enthalten deshalb entsprechende Gehalte an Sauerstoff und Stickstoff. Für korrosionsfeste Teile können in vielen Fällen diese Gehalte noch toleriert werden. Ein Teil des anfallenden Titanschrotts wird als Legierungselement (z. B. für Aluminium, Kupfer oder Zink) oder zur Desoxidation anderer Werkstoffe (z. B. von Stahl) verwendet [*K 4b, W 77a*].

3. Pulvermetallurgie

Zu Beginn der Titanmetallurgie wurde den pulvermetallurgischen Methoden größere Aufmerksamkeit gewidmet, da das Metall aufgrund seiner hohen Reaktionsfreudigkeit nicht mit den gebräuchlichen Schmelz- oder Gießverfahren verarbeitet werden konnte. Infolge der Weiterentwicklung der Vakuumlichtbogentechnik, auch für die Herstellung großer Blockgewichte, besteht keine Notwendigkeit mehr, für die normale Halbzeugproduktion pulvermetallurgische Verfahren anzuwenden. Eine Ausnahme bilden poröse oder kleine und komplizierte Teile, bei denen es durch die Formgebung vor dem Sintern möglich ist, die Kosten für eine anschließende Bearbeitung zu vermindern.

Für eine pulvermetallurgische Verarbeitung ist meist ein feinkörniges Pulver erforderlich. Das Schwammtitan liefert hierfür nicht die erforderliche Feinkörnigkeit. Es kann mit den in der Pulvermetallurgie üblichen Methoden mechanisch zerkleinert werden, jedoch nimmt mit abnehmender Korngröße infolge Sauerstoffaufnahme an der Oberfläche die Härte des Titanpulvers zu [*S 30*]. Dieses Pulver ist zur Herstellung von Sinterprodukten mit gutem Formänderungsvermögen ungeeignet. Unter Anwendung besonderer Schutzmaßnahmen, z.B. Mahlen unter Edelgasschutz, kann eine Sauerstoffaufnahme und damit eine Aufhärtung weitgehend unterdrückt werden [*G 23*]. Eine andere Möglichkeit der Herstellung von Titanpulver besteht in der Elektrolyse von Salzschmelzen mit löslicher Anode [*M 70b*]. Titanpulver läßt sich auch durch Hydrieren von Schwammtitan mit Wasserstoff herstellen. Die Reaktion setzt bei etwa 550 °C ein und ist stark exotherm. Es bildet sich Titanhydrid, das sehr spröde ist und unter entsprechenden Vorsichtsmaßnahmen leicht zerkleinert werden kann [*F 41b*, *A 6*]. Der Wasserstoff muß durch Vakuumbehandlung bei erhöhter Temperatur wieder entfernt werden (vgl. Kap. 12.2, S. 347).

Die Weiterverarbeitung des Titanpulvers erfolgt durch Warm- oder Kaltpressen (Preßdruck zwischen 5 und 15 Mp/cm^2) mit anschließendem Vakuumsintern zwischen 1200 und 1400 °C. Das aus Hydrid unter Vakuum gesinterte Titan ist durch Zunahme der Beimengungen meist härter als vor dem Hydrieren [*D 27*, *R 58e*]. Poröse Teile werden bei niedrigen Temperaturen (850–950 °C) gesintert. Bei einem Pressen unter Vakuum wird bei Titanhydridpulver bei niedrigeren Temperaturen z.B. 700 °C eine höhere Dichte von >95 % erreicht als bei Titanpulver [*G 45a*]. Mit steigender Sintertemperatur wird die Dichte der Sinterkörper erhöht. Oberhalb 1200 °C kann etwa 98 % der Dichte des Titans erreicht werden.

Mit steigender Temperatur nehmen die Anforderungen an das Vakuum zu. Eine Sinterung bei 1200 °C unter einem Vakuum von 10^{-5} Torr führte z.B. zu keiner merklichen Sauerstoffaufnahme. Dagegen trat bei Temperaturen ab etwa 1400 °C unter demselben Vakuum bereits eine unzulässig hohe Härtezunahme auf. Bei der Herstellung von Filtern aus Titanpulver zeigte sich, daß bei 1200 °C in einem Vakuum von 10^{-4} bis 10^{-5} Torr keine Aufhärtung auftrat. In einem Vakuum von 10^{-1}–10^{-2} Torr Edelgas konnte unter Getterbedingungen eine Härtezunahme ebenfalls weitgehend vermieden werden, während ohne Getterung bei 1200 °C die Härte nach 1 h bis über HV = 600 kp/mm² anstieg [*M 26a*]. Die Wasserdurchlässigkeit von im Vakuum warmgepreßten (bis 2 Mp/cm², $\leqq$ 1100 °C) TiH-Pulver kann wesentlich größer sein als bei Verwendung von Elektrolyttitanpulver [*M 70b*]. Außer durch zunehmende Pulverkorngröße wird die Dichte der Teile durch einen Gehalt des Pulvers an flüchtigen Beimengungen vermindert [*R 62*]. Die mechanischen Eigenschaften werden weitgehend durch die Reinheit des Ausgangspulvers und der Sinteratmosphäre beeinflußt. Die Zugfestigkeit erreicht meist die Werte von Titan technischer Reinheit (vgl. Tab. 10.5, S. 224) [*R 58e*]. Ein hohes Formänderungsvermögen bei entsprechend niedriger Festigkeit wurde bei in Graphitformen unter Hochvakuum gepreßten und druckgesinterten Teilen gefunden. Nach diesem Verfahren wurden Stückgewichte bis 60 kg und bis 200 mm Durchmesser hergestellt [*D 27*]. Auch bei Titanlegierungen können bei sehr reinem Pulver und guter Sinteratmosphäre die Festigkeitseigenschaften, jedoch nicht das Formänderungsvermögen, des geschmolzenen und gekneteten Werkstoffes erreicht werden [*G 54, S 96, G 26a, A 6, A 3a*]. Ein Sinterwerkstoff aus isostatisch heißgepreßtem TiAl6V4-Pulver wies hohe Werte der Bruchzähigkeit auf [*G 7a*]. Gewalztes Pulver (Walzendurchmesser 75 mm, 2–3 U/min, Schüttgewicht 0,56–1,1 g/cm³) mit einer Banddicke von 0,3–0,5 mm ergab nach Glühungen zwischen 850–900 °C bei einem Porenvolumen von 37 % eine Festigkeit von 10 kp/mm² und bei einem Porenvolumen von 47 % von 3 kp/mm². Andere Untersuchungen über das Walzen von Pulver mit einem Korndurchmesser von 0,6–1,0 mm [*S 30*] bzw. von einem nach dem Hydridverfahren hergestellten Titanpulver mit einer Korngröße zwischen 40 und 150 µm ergaben keine befriedigenden Ergebnisse. Mit einer Walzgeschwindigkeit von etwa 1,20 m/min wurde Draht mit einer Dicke von 0,5 mm hergestellt und anschließend bei 1400 °C unter Argonatmosphäre gesintert. Die Dichte des Walzdrahtes betrug 3,5 g/cm³ und stieg nach dem Sintern auf 4,3–4,4 g/cm³ an. Die Härte betrug nach dem Sintern über 400 kp/mm² [*E 18c*]. Auch diese Härte zeigt, daß insbesondere für dünne Abmessungen höchste Reinheitsforderungen an das Ausgangspulver und die Sinteratmosphäre gestellt werden müssen.

4. Physikalische Eigenschaften

Die physikalischen Eigenschaften des Titans und der Titanlegierungen ändern sich mit den Abmessungen des Kristallgitters. Titan wandelt sich von der bei Raumtemperatur beständigen hexagonalen α-Modifikation bei 882,5 °C in eine kubisch-raumzentrierte Hochtemperaturmodifikation β um. Diese Umwandlungstemperatur ist mit Hilfe von Messungen des Wasserstoffpartialdruckes bestimmt worden [*M 48*] (vgl. Kap. 12, S. 340). Der Übergang von der α- in die β-Phase verursacht eine Volumenkontraktion und verändert die physikalischen Eigenschaften infolge der unterschiedlichen Kristallstruktur der beiden Phasen besonders stark.

Durch Legierungszusätze wird die Umwandlungstemperatur verändert. Physikalische Eigenschaften können deshalb bei Legierungen zur Bestimmung der Umwandlungstemperatur und zum Studium der Umwandlungsvorgänge und der Gleichgewichtszustände in Zwei- und Mehrstoffsystemen dienen. Legierungen können bei der Ausscheidung von α aus β auch Zwischenphasen (vgl. Kap. 4.1.4, S. 69) bilden, die ebenfalls die physikalischen Eigenschaften beeinflussen.

4.1 Atomare Eigenschaften und Kristallaufbau

Zusammen mit Zirkonium, Hafnium und Thorium liegt Titan mit der Atom-Nr. 22 in der 4-A-Gruppe des Periodensystems der Elemente. Das Atomgewicht des Titans wurde von der Internationalen Atomgewichtskommission 1927 mit 47,90 festgelegt und auch bei der Festlegung der Atomgewichte 1961 nicht verändert. Die physikalischen Eigenschaften hängen weitgehend von der Reinheit des Metalles ab. Es war deshalb nicht vor 1925 möglich, die meisten physikalischen Eigenschaften genau zu bestimmen, da es bis zu dieser Zeit noch nicht gelungen war, ein von Stickstoff und Sauerstoff weitgehend freies Titan mit einem Reinheitsgrad von $\geqq 99{,}9$ (vgl. Kap. 1.1, S. 5) herzustellen. Höhere Reinheitsgrade lassen sich durch Zonenschmelzen [*S 112*] erreichen.

Das Titanatom hat neben zwei 4s- zwei 3d-Elektronen und kann in salzartigen Verbindungen zwei-, drei- und vierwertig auftreten. Die Wertigkeit in der metallischen Bindung ist unterschiedlich und ändert sich unter Druck [*J 15c*] und je nach zugesetztem Fremdelement verschieden stark. Bei TiX_2-Verbindungen (Lavesphasen), wobei X ein Übergangsmetall darstellt, wurde die Valenzelektronenkonzentration des Titans mit 3,92 berechnet [*E 6a*]. Die Elektronegativität, die dem Potential

Tabelle 4.1. *Häufigkeit und atomare Eigenschaften der stabilen Isotope des Titans*

Massenzahlen	46–50	46	47	48	49	50	Literatur
Natürliches Vorkommen in %	100	7,95	7,75	73,45	5,51	5,34	[*N 12*]
Neutronenabsorption in barn [1] (thermische Neutronen)	5,8 ± 0,4	0,6 ± 0,2	1,7 ± 0,3	8,3 ± 0,6	1,9 ± 0,5	0,2	[*H 81*]
Aktivierungsquerschnitt		–	–	–	–	0,14[2]	[*H 81*]
Streuquerschnitt σ in barn total		3,3 ± 1,0	5,2 ± 1,0	9 ± 4	2,8 ± 1,0	3,3 ± 1,0	[*H 81*]
Kernspin		–	5/2	–	7/2	–	[*J 19b*]
Magnetisches Kernmoment in m · m-Einheiten		–	−0,78706 ±0,0001	–	−1,1022 ±0,0002	-	[*J 19b*]
Isotopengewicht M		45,96549 ±6,2 · 10⁻⁴	46,96474 ±9,4 · 10⁻⁴	47,96336 ±4,7 · 10⁻⁴	48,96482 ±5,2 · 10⁻⁴	49,96232 ±3,8 · 10⁻⁴	[*F 31*]
Massendefekt[3] D in ME × 10^{-3}		428,07	437,77	448,09	455,58	467,02	[*O 20*]
Massendefekt[3] D in MeV		398,48	407,50	417,12	424,08	434,74	[*O 20*]
Packungsanteil f · 10^4		−7,50 ±0,13	−7,50 ±0,20	−7,63 ±0,098	−7,18 ±0,11	−7,54 ±0,08	[*F 31*]

[1] Für thermische Neutronen 2200 m/sec. [2] Halbwertszeit 5,8 Monate. [3] Gegenüber Massensumme von Protonen und Neutronen.

x entspricht, das im Abstand r vom Kern durch die wirksame Kernladung verursacht wird, ergibt sich aus der theoretisch abgeleiteten Beziehung $x = [0{,}31\ (n - 1)/r] + 0{,}50$, wobei n die Anzahl der Valenzelektronen und r der Radius für die einfache kovalente Bindung ist, zu 1,57 [*G 41*]. Aus thermochemischen Daten von Verbindungen wurde x mit 1,6

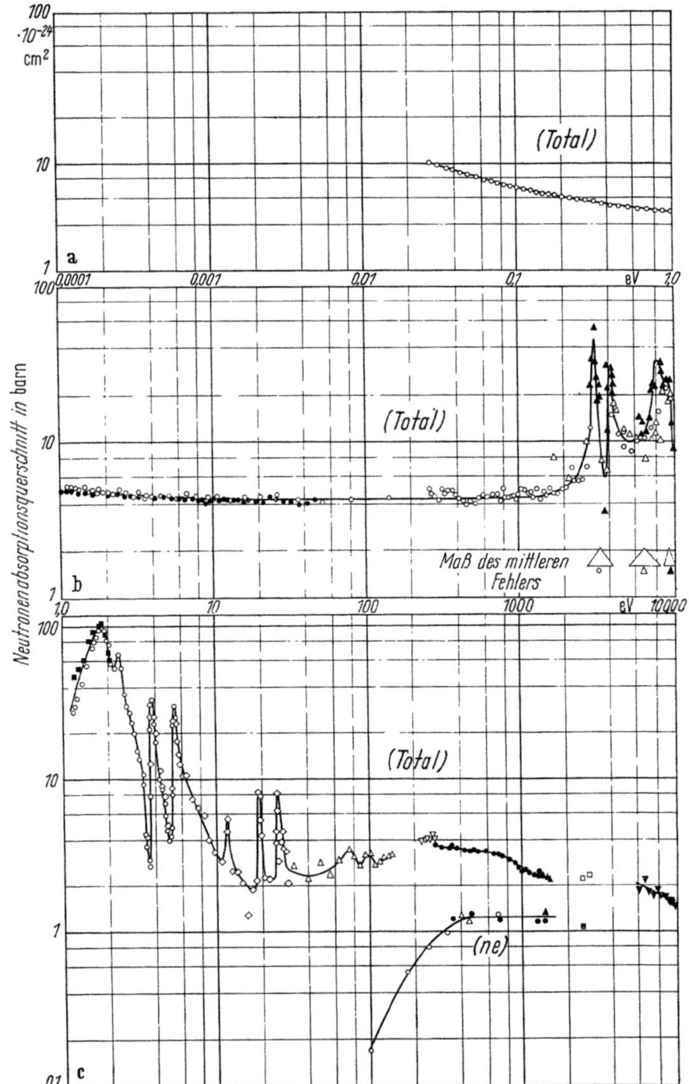

Abb. 4.1 a–c Abhängigkeit der Neutronenabsorption von der Neutronenenergie bei Titan [*H 81*].

berechnet [*P 9*]. Eine exakte Berechnung der metallischen Bindung ist auch hier infolge der Unsicherheit über die anzunehmende Valenzelektronenkonzentration noch nicht möglich.

Titan tritt in fünf stabilen Isotopen mit den Massenzahlen 46, 47, 48, 49 und 50 auf, die alle in Anteilen von über 5% in der natürlichen Zusammensetzung vorkommen. Der prozentuale Anteil der verschiedenen Isotope, wie er aus massenspektrographischen Messungen ermittelt wurde [*N 12*], der Einfangquerschnitt für thermische Neutronen [*H 81*], Angaben über Kernspin und das magnetische Moment des Kerns [*J 19b*] sind in Tab. 4.1 wiedergeben. Der mittlere Einfangquerschnitt hängt von der Geschwindigkeit der Neutronen ab. Abb. 4.1a–c zeigt die Abhängigkeit der Absorption von der Neutronenenergie [*H 81*] für das mittlere Isotopengewicht (Atomgewicht) des in der Natur vorkommenden Titans, das 47,8891 beträgt [*F 31*]. Die Isotopengewichte der einzelnen Isotope und der Massendefekt gegenüber der Massensumme von Protonen und Neutronen und der Packungsanteil [*O 20*] werden ebenfalls in Tab. 4.1 mitgeteilt.

Neben den stabilen Isotopen existieren verschiedene instabile Isotope, deren Halbwertszeit, Zerfallsprodukte und Kernspin in Tab. 4.2

Tabelle 4.2. *Halbwertszeit, Zerfallsprodukte und Kernspin der instabilen Isotope des Titans*

(n. b. = nicht oder unsicher bestimmt)

Massenzahl	43	44	45	45	51	51
Halbwertszeit	0,58 ± 0,004 sec [*S 29*]	≅ 1000 a	3,08 ± 0,09 h [*A 27*]	21 d [*S 60*]	6 min [*S 63*]	72 ± 2 d
Strahlung	n. b.	γ=0,16 MeV γ=0,072 MeV γ=0,0041 MeV K-Elektroneneinfang [*L 32*]	β^+ E max. 1 MeV + γ sehr schwach [*K 92*]	n. b.	β max. 1,6 MeV + γ [*S 60*]	β 0,36 MeV + γ 1,0 MeV [*W 5*]
Kernspin [*N 22*]	n. b.	n. b.	7/2	n. b.	3/2	n. b.

zusammengefaßt sind. Beim Beschießen von Titan natürlicher Isotopenzusammensetzung mit thermischen Neutronen über 6–7 Monate wurde keine merkliche Aktivierung festgestellt; die Halbwertszeit betrug 0,5 bis 5 sec [*A 26*]. Bei einer Verwendung von Titan in Kernreaktoren ist deshalb, wie auch aus der Halbwertszeit der durch Neutronenbeschuß entstehenden Isotope der Elemente mit den nächsthöheren Atomnummern zu erwarten ist, nicht mit einer hohen Aktivierung des Werkstoffs zu rechnen.

Der Atomradius des Titans wurde aus Röntgendaten mit 1,45 Å bei einer Koordinationszahl 6 des Kristallgitters bestimmt [*H 2*]. Das aus der Dichte (vgl. Kap. 4.4, S. 96) berechnete Atomvolumen beträgt nach pyknometrischen Messungen $10{,}6_4$ cm^3/Grammatom und nach Berechnungen aufgrund röntgenographischer Daten 10,8 cm^3/Grammatom [*E 2*].

4.1.1 Die Gitterkonstante des Titans

Für die Gitterkonstanten der bis 882,5 °C beständigen hexagonalen α-Modifikation des Titans sind bei Raumtemperatur zahlreiche Werte gemessen worden. Da hauptsächlich Beimengungen wie Stickstoff und Sauerstoff die *c*-Achse vergrößern, muß man annehmen, daß der niedrigste Wert für die *c*-Achse, der bisher gefunden wurde, am ehesten dem Wert des reinsten Titans entspricht. In Tab. 4.3 sind die Ergebnisse verschiedener Autoren wiedergegeben. Das Verhältnis *c/a* von 1,585 ist kleiner als das der dichtesten Kugelpackung mit 1,633.

Tabelle 4.3. *Gitterkonstanten des α-Titans (meist Jodidtitan) bei Raumtemperatur*

Literatur	*c* Å	*a* Å	*c/a*
1936 [*B 121*]	4,730	2,953	1,602
1956 [*C 10*][1]	4,702	2,952	1,592
1949 [*L 38*]	4,695	2,952	1,591
1948 [*G 46*][1]	4,6904	2,9509	1,5895
1950 [*F 21*]	4,6834	2,9504	1,5874
1949 [*C 34*]	4,6833	2,9504	1,5873
1956 [*C 10*]	4,6831	2,9503	1,5873
1967 [*E 0*]	4,6830	2,9505	1,5872
1955 [*D 16*]	4,6832	2,9503	1,5873
1953 [*B 38*]	4,6822	2,9496	1,5874
1939 [*F 6*]	4,68	2,951	1,587
1952 [*R 73*]	4,679	2,945	1,589
1955 [*K 61*][2]	4,679	2,951	1,585

[1] Titan technischer Reinheit
[2] Doppelt umgesetztes Jodidtitan

Die Gitterkonstante der oberhalb 882,5 °C beständigen kubisch-raumzentrierten β-Phase wurde noch nicht an reinstem Titan gemessen. Das Vakuum war bei den bisherigen Untersuchungen nicht hinreichend hoch, so daß eine Aufhärtung des verwendeten Jodidtitans z. B. von HV = 102 auf 190 kp/mm^2 erfolgte. Die bei diesen Untersuchungen gefundene

Gitterkonstante betrug bei der Umwandlungstemperatur 3,3023 Å und ist auf Raumtemperatur aufgrund der ebenfalls bestimmten Temperaturabhängigkeit mit 3,271 Å extrapoliert worden. Die Volumenzunahme bei der Umwandlung von β- in α-Titan wurde mit 0,15–0,3 % abgeschätzt [*S 118*]. Durch Extrapolation von Gitterkonstanten, die an Titanlegierungen gemessen wurden, deren β-Phase auf Raumtemperatur abschreckbar ist, ergab sich aufgrund der Beobachtungen bei verschiedenen Systemen eine Gitterkonstante für das reine β-Titan von 3,269 Å bei Raumtemperatur [*L 26*]. Bei einem Druck von über 85 kbar wandelt sich die α-Phase in die hexagonale ω-Phase (vgl. Abb. 8.6b, S. 152) mit a = 4,625 Å und c = 2,813 Å (vgl. Kap. 4.1.4, S. 71) um [*J 15c*]. Die bei einem Druck von >90 kbar und einer Temperatur von über 620 °C auftretende β-Phase weist eine Gitterkonstante von a = 3,28 Å auf. Bei einem Druck von etwa 350 kbar wird eine weitere Phase mit einer Gitterkonstanten von a = 3,276 Å gefunden [*G 9b*]. Bis etwa −170 °C vermindern sich die Gitterkonstanten linear. Unterhalb dieser Temperatur nimmt der a-Wert weniger stark linear ab, und der c-Wert ändert sich nicht [*E 0*].

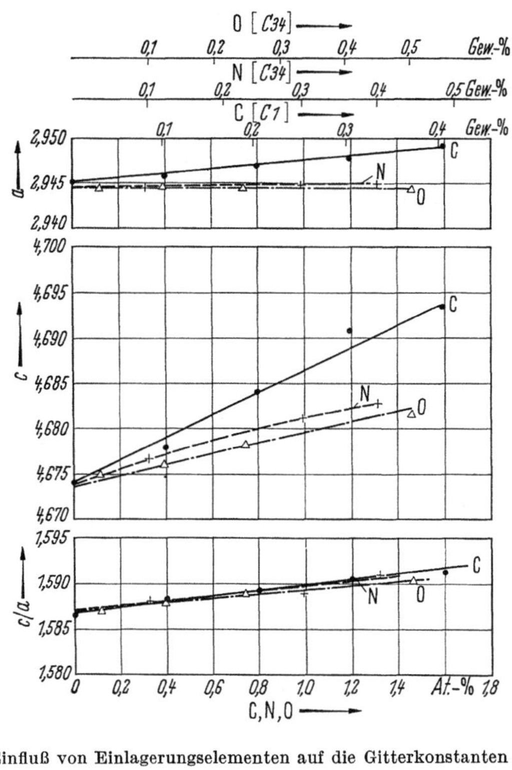

Abb. 4.2 Einfluß von Einlagerungselementen auf die Gitterkonstanten des α-Titans.

4.1.2 Änderung der Gitterkonstanten des α-Titans durch Legierungszusätze

Die Gitterkonstanten des α-Titans werden durch die interstitielle Einlagerung in Oktaederlücken von Stickstoff, Sauerstoff und Kohlenstoff in fast allen Fällen erhöht (Abb. 4.2), am stärksten durch Kohlenstoff,

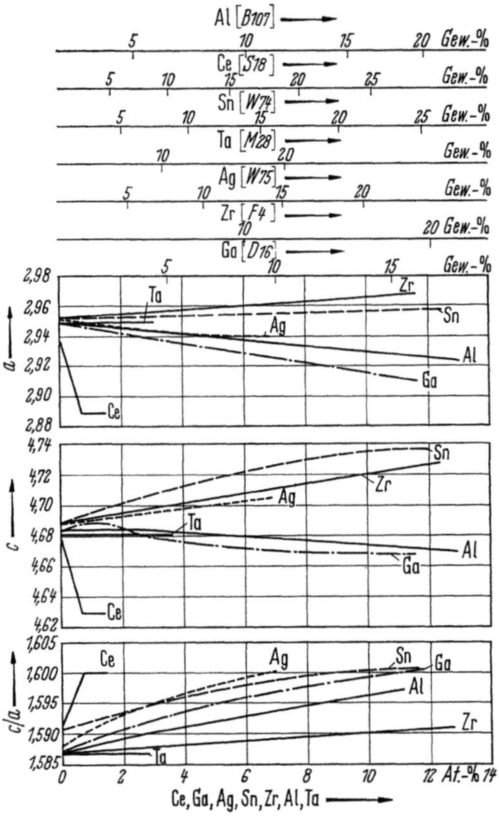

Abb. 4.3 Einfluß von Substitutionselementen auf die Gitterkonstanten des α-Titans (a und c in Å).

der auch das Achsverhältnis zu den höchsten Werten verschiebt. Die Löslichkeit des Wasserstoffs in α-Titan ist sehr gering (vgl. Abb. 12.15, S. 352), die Gitterkonstanten ändern sich deshalb nur wenig.

Ein wichtiges Zusatzelement, das Substitutionsmischkristalle mit α-Titan bildet, ist Aluminium. Eine Untersuchung mit sehr reinen Ausgangsstoffen hat ergeben, daß bis zu einem Zusatz von etwa 3 At.-% Al die Gitterkonstante der c-Achse konstant bleibt, sich bei höheren Gehalten jedoch vermindert. Der a-Parameter nimmt gleichmäßig mit der Aluminiumkonzentration ab (Abb. 4.3). Aufgrund des kleineren Atomdurchmessers des Aluminiums gegenüber dem Titan wäre eine gleichmäßige Abnahme beider Parameter zu erwarten. Das c/a-Verhältnis steigt mit zunehmendem Gehalt an Aluminium an. Bei Zusätzen von Gallium, Zinn, Silber, Cer (vgl. Abb. 4.3) und Indium [*A 30*] wird ebenfalls das Achsverhältnis c/a erhöht.

Auch bei Galliumzusätzen wurde eine Anomalie bei etwa 3 At.-% Ga gefunden. Auch hier nimmt der a-Parameter gleichmäßig mit der Galliumkonzentration ab, der c-Parameter jedoch zunächst zu und dann ab. Die lineare Abhängigkeit der Gitterparameter vom Gehalt an Gallium beginnt erst oberhalb einer Konzentration von wenigstens 2,8 At.-% Ga. Bei Silberzusätzen wurde diese Anomalie der Gitterparameter nicht gefunden [*D 16*]. Während Silber, Tantal, Zinn und Zirkonium beide Gitterparameter gleichmäßig erhöhen, wird durch einen Zusatz von Cer die Gitterkonstante des a-Parameters und die des c-Parameters unterschiedlich stark vermindert und dadurch das Verhältnis c/a erhöht. Bei Zusätzen von Tantal und Zirkonium wird nur eine geringe Veränderung von c/a beobachtet [*M 28, F 4*]. Bei Vanadinzusätzen verringert sich das c/a-Verhältnis, die c- und a-Parameter ändern sich dabei nur wenig [*B 90a*].

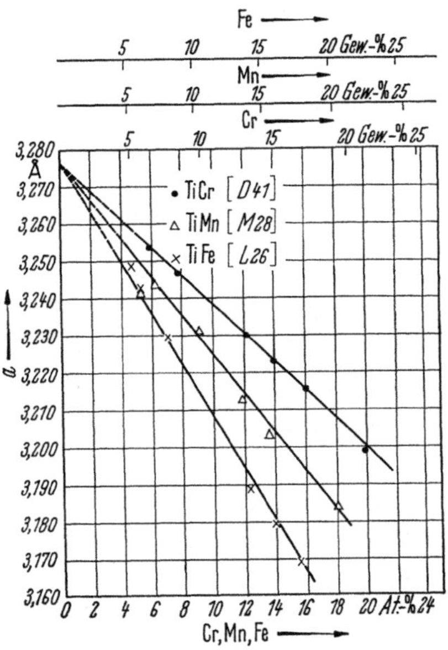

Abb. 4.4 Einfluß von Chrom, Eisen und Mangan auf die Gitterkonstante des β-Titans.

4.1.3 Änderung der Gitterkonstanten des β-Titans durch Legierungszusätze

Die Gitterkonstante des kubisch-raumzentrierten β-Titans kann erst bei höheren Zusätzen an β-stabilisierenden Elementen bei Raumtemperatur geprüft werden, da bei geringeren Zusätzen die β-Phase noch nicht auf Raumtemperatur unterkühlt werden kann. Erst bei Gehalten, die im allgemeinen 5 At.-% übersteigen, ist es möglich, die Grenztemperatur

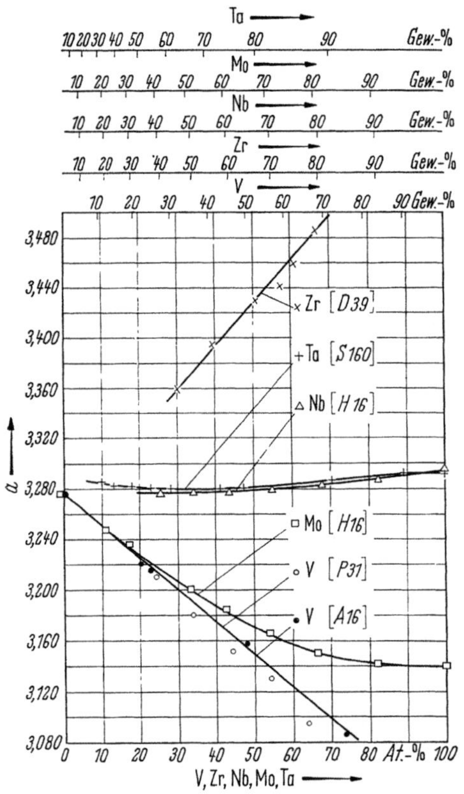

Abb. 4.5 Einfluß von Molybdän, Niob, Tantal, Vanadin und Zirkonium auf die Gitterkonstante des β-Titans (a in Å).

$\beta/(\alpha + \beta)$ soweit zu vermindern, daß die β-Phase auf Raumtemperatur abschreckbar wird. Wegen der Gehalte der Legierungen an Stickstoff und Sauerstoff wurden bei ersten Untersuchungen die Gitterparameter häufig zu hoch gefunden. In Abb. 4.4 ist der Einfluß der Legierungsgehalte auf die Gitterkonstante des β-Titans bei Zusatz von Chrom, Eisen und Mangan und in Abb. 4.5 bei Zusatz von Molybdän, Niob,

Tantal, Vanadin und Zirkonium wiedergegeben. Wie aufgrund der Vegardschen Regel zu erwarten ist, nimmt die Gitterkonstante bei kleinerem Atomvolumen des Zusatzelementes ab, bei größerem Atomvolumen zu. In vielen Fällen sind aber Abweichungen von der Linearität zu beobachten, insbesondere bei Molybdän und in geringerem Maße bei Tantal. Oft reichte die Reinheit der Legierungen bei den bisherigen Messungen noch nicht aus, um eine exakte Beurteilung der Konzentrationsabhängigkeit zu ermöglichen.

4.1.4 Struktur der Zwischenphasen bei der $\beta/(\alpha + \beta)$-Umwandlung von Titanlegierungen

Die α-Ausscheidung beim Übergang aus dem homogenen β-Gebiet in das $(\alpha + \beta)$-Gebiet bei Titanlegierungen wird um so träger, je tiefer die Temperatur dieses Überganges mit zunehmendem Legierungsgehalt liegt. Bei hinreichend hohem Legierungsgehalt erfolgt deshalb die Umwandlung so langsam, daß beim Abschrecken aus dem β-Gebiet auf Raumtemperatur sich instabile Zwischenzustände bilden können. Die entsprechenden Zwischenphasen entstehen, abhängig vom Legierungsgehalt, sowohl beim Abschrecken aus dem β-Gebiet auf Raumtemperatur, als auch bei einer isothermen Umwandlung bei geeigneter Temperatur oder beim Anlassen oder Verformen von abgeschreckten Proben. Ihre Bildung kann durch Beimengungen wie Sauerstoff beeinflußt werden (vgl. Kap. 8.2, S. 170ff. und Kap. 8.6, S. 195).

Sowohl bei Titan als auch bei Legierungen kann eine martensitische Umwandlung beim Übergang von β in α stattfinden (vgl. Kap. 8, S.143ff.) Dieser Umklappvorgang kann beim Abschrecken, bei Tieftemperaturauslagerung oder beim Verformen auftreten. Wenn kein zusätzlicher Umwandlungsvorgang mehr erfolgt, zeigt das Gitter des so gebildeten (vgl. Kap. 8.2, S. 173ff.) Martensits die hexagonale Struktur eines übersättigten α-Mischkristalls, dessen Gitterkonstanten weitgehend von dem Atomradius des Legierungselementes abhängen. Diese martensitische Phase wird im folgenden α' bezeichnet [*L 44*, *W 47*, *B 3a*]. Die Änderung der Gitterkonstanten gehorchen der Vegardschen Regel. So wurde bei der Legierung TiV7,4 (0,8 × 6 × 6-mm-Proben, 975 °C/H_2O) bei der übersättigten α-Phase gegenüber reinem Titan eine Abnahme von a auf 2,940 Å und von c auf 4,666 Å beobachtet [*B 92*].

Die martensitisch gebildete Phase α' kann sich z.B. beim weiteren Abkühlen in andere Zwischenphasen umwandeln, die in Kap. 8.2, S. 170ff. mit $V\alpha''$ (Vorstufe, Nahordnung der Atome) und α'' (Zwischenstufe, Fernordnung der Atome) bezeichnet werden und die unterschiedliche Kristallgitter aufweisen können. So wurden bei TiMo11 nach Abschrecken aus dem β-Gebiet zwei hexagonale Gitter mit den Gitterkonstanten $a = 2{,}99$, $c = 4{,}65$ bzw. $a = 2{,}96$, $c = 4{,}40$ Å [*R 75*], bei TiFe1 $c/a = 1{,}34$ [*R 91a*] gefunden. Eine isotherm umgewandelte Legierung TiV11Zr11Al2Sn2 zeigte ebenfalls ein hexagonales Martensitgitter [*C 75a*]

Bei höheren Gehalten der Legierungselemente Cr, Mo, Nb, Ta, Rh, V oder W z.B. bei TiNb30 wurde eine Aufspaltung der Linien beobachtet, wobei sich eine rhombische Struktur (α-Uran-Typ) indizieren ließ [*S 109, B 92a, H 34a, W 60c, M 90a, F 30d*], ebenfalls bei der Legierung TiAl6V4Co3 [*C 14c*]. Eine ähnliche Zwischenphase kann sich z.B. bei der aus dem β-Gebiet abgeschreckten Legierung TiCr5 nach dem martensitischen Umklappvorgang bilden und wurde mit trigonaler Symmetrie und hexagonaler Elementarzelle (Raumgruppe D_{3d}^{3}-P$\bar{3}$ ml) mit den Atomlagen 000 ± (1/3; 2/3; 12/25) indiziert. Die hexagonale Zelle mit $a = 4{,}6$ und $c = 2{,}82$ Å liegt mit der a-Achse || [110]β und mit der c-Achse || [111]β [*B 3, B 2*]. Auch im System Titan–Kobalt wurden bei martensitisch umgewandelten Proben Hinweise auf eine Zwischenphase gefunden [*R 15c*]. Bei TiAl8Mo1V1 weist eine bei höheren Temperaturen sich bildende martensitische Zwischenphase ein hexagonales Gitter, eine bei tieferen Temperaturen entstehende Zwischenphase ein kubisch-flächenzentriertes Gitter ($a = 4{,}05$ Å) auf [*B 42a, W 60e*], das auch bei Ti-Fe- [*N 14*], Ti-Cr- und anderen Legierungen [*W 60d*] gefunden wurde und bei TiV13 orthorhombisch aufgespalten war [*O 19c*]. Diese kubisch-flächenzentrierten Gitter wurden nur an dünnen Folien gefunden und sind möglicherweise bei der Folienherstellung aus orthorhombischem Martensit entstanden [*W 60d*]. Durch Kaltverformung entsteht z.B. bei TiNb40 eine weitere martensitische Phase mit tetragonaler Struktur $a = 3{,}28$, $c = 3{,}18$ Å [*H 34a*], während sich bei anderen Legierungen dadurch hexagonale Martensitphasen bilden [*K 67d*].

Wie in Kap. 8.2, S. 170ff. ausführlich beschrieben, kann durch hohe Legierungskonzentration die Martensittemperatur unter Raumtemperatur gesenkt werden oder bei niedrigerer Legierungskonzentration bei entsprechend langsamer Abkühlung oder isothermer Auslagerung der martensitische Umklappvorgang unterbleiben, da sich vorher andere Zwischenphasen durch Umwandlungs-, Keimbildungs- und Wachstumsprozesse bilden. Sie werden im folgenden β' (Entmischung des k.r.z. β-Mischkristalls), $V\omega$ (Vorstufe der ω-Phase, Nahordnung der Atome) und ω-Phase (Zwischenstufe, Fernordnung der Atome) genannt [F 44, *B 3a, Z 14, W 60d*].

Bei TiV20Zr14 kann sich aus der instabilen β-Phase durch Entmischung des β-Mischkristalls eine β'-Ausscheidung bilden, [*W 60d*]. Bei Temperaturen unter 300 °C kann sich aus einem instabilen β-Mischkristall eine Vorstufe der ω-Phase bilden, die bei höheren Temperaturen oder längeren Auslagerungszeiten in die ω-Phase übergeht.

Bei TiV16Al3 wird z. B. ein kubisches Gitter (ähnlich β') angenommen, das durch Debye-Scherrer-Aufnahmen nachgewiesen werden konnte [*H 23*], bzw. aufgrund von Messungen an stäbchenförmigen Proben, die im Bereich der Kleinwinkelstreuung eine Änderung der Intensität der Schwärzung ergaben, eine Umordnung der Atome in Bereichen von unter 100 Å vermutet, und diese Vorstufe durch eine Nahordnung gedeutet [*Z 14*]. Oft wird nur eine Linienverbreiterung gefunden [*N 3b, W 60d*].

Die sich bei höheren Auslagerungstemperaturen oder bei Raumtemperatur unter einem Druck von 85 kbar bei Titan, bei Legierungen durch Verformung auch bei Raumtemperatur oder bei geeigneter Legierungskonzentration auch schon beim Abschrecken aus dem β-Gebiet bildende ω-Phase (vgl. S. 152) zeigt eine Fernordnung der Atome und entspricht in ihrer hexagonalen Struktur ($c/a \cong 0{,}6$) fast der oben [*B 3*] ange-

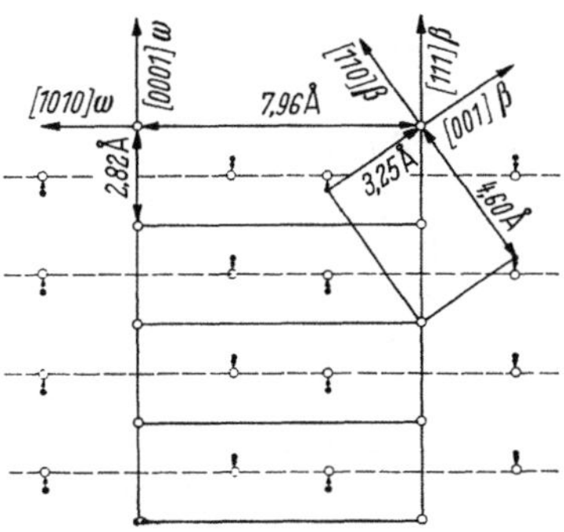

Abb. 4.6

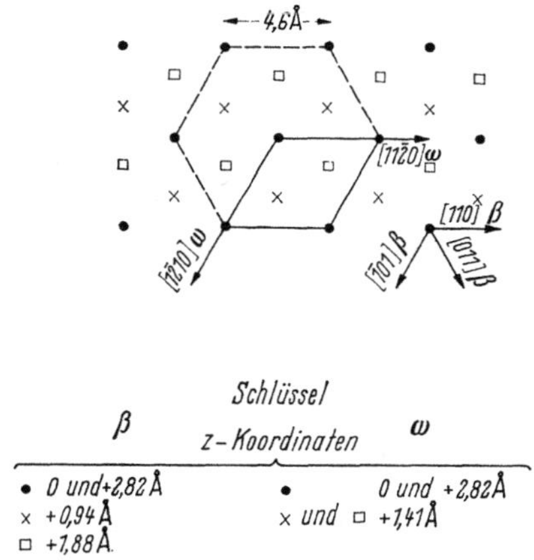

Abb. 4.7

Abb. 4.6 Projektion der Atomlagen von ω ($a = 4{,}60$ und $c = 2{,}82$) in der (0001)-Ebene auf die entsprechende (111)β-Ebene [*S 84*] (Angaben in Å).

Abb. 4.7 Atomlagen entsprechend der möglichen Kohärenz (110)-β und (1210)-ω (Angaben in Å) [*S 84*].

gebenen, wahrscheinlich aus dem übersättigten α-Mischkristall sich bildenden Zwischenphase der Titan-Chrom-Legierungen [*M 56*]. Bei der Legierung TiV16 wurden die Atomlagen 000 ± (1/3, 2/3, 1/2) bei der hexagonalen Indizierung gefunden, wobei die Raumgruppe D_{6h}^1-P6/mm angenommen wird. Als Kohärenzfläche mit dem β-Wirtgitter wären in diesem Fall die Ebenen $(1\bar{2}10)\omega \parallel (110)\beta$ mit der Richtung $[0001]\omega \parallel [111]\beta$ am wahrscheinlichsten [*S 84*]. Eine Untersuchung an bei 900 °C abgeschreckten und bei 460 °C angelassenen Einkristallen derselben Legierung ergaben ebenfalls eine Indizierbarkeit für eine hexagonale Zelle, wenn auch die Ebenen $(10\bar{1}0)$, $(20\bar{2}0)$ und $(10\bar{1}2)$ bei stationären Aufnahmen schwächere Schwärzungspunkte aufwiesen, als dies aufgrund der Intensitätsberechnung zu erwarten war. Möglicherweise tritt noch eine zusätzliche Ordnung auf, die die Atomlagen des hexagonalen Gitters geringfügig verschiebt. Die Abb. 4.6 gibt die Projektion der $(111)\beta$-Ebene und der $(0001)\omega$-Ebene wieder, und die Abb. 4.7 zeigt die Atomlagen entsprechend der möglichen Kohärenz zwischen der $(110)\beta$- und der $(1\bar{2}10)\omega$-Ebene. Jede dritte Ebene senkrecht zur $[111]\beta$-Richtung ändert ihre Atomlage nicht. Die zwei dazwischenliegenden β-Ebenen bewegen sich in dieser Richtung 1/12 nach oben bzw. nach unten und bilden so eine neue Ebene in der hexagonal gedeuteten ω-Phase. Da die $\{11\bar{2}0\}\omega$-Ebene ebenso wie die $\{110\}\beta$-Ebene am dichtesten gepackt ist, wird angenommen, daß die ω-Ausscheidungen sich auf den $\{110\}\beta$-Ebenen bilden [*S 84, S 84a*]. Aus Untersuchungen der ω-Phase an den Legierungen TiCr13, TiMo13 und TiV29 wurden die Abstände der Titanatome in den auftretenden drei verschiedenen Richtungen mit 2,655, 2,82 und 3,005 Å berechnet [*S 83*]. Die Bildung der hexagonalen Struktur wurde auch bei Legierungen mit Chrom, Eisen, Mangan, Molybdän, Niob, Vanadin und Zirkonium gefunden [*B 78a, S 10c, B 6d, B 42e*].

An der Legierung TiCr8 erfolgte die Indizierung der ω-Phase in Form einer dreifach kubischen Zelle des β-Titanmischkristalls mit einer Gitterkonstanten von $a = 9{,}82$ Å und 54 Atomen in der Elementarzelle mit $[100]\beta \parallel [100]\omega$ [*P 6*]. An Einkristallen dieser Legierung, die bei 1000 °C abgeschreckt und 1/2 bzw. 1 h bei 370 °C ausgelagert worden waren, wurde ebenfalls die dreifach kubische Struktur gefunden. Die Verlängerung der Reflexe bei der ω-Ausscheidung aus β wurden hauptsächlich in der [100]-Richtung für den (200)-Reflex festgestellt. Die (110)-, (200)- und (112)-Reflexe waren in den [100]-, [010]- und [001]-Richtungen diffus. Es wurde keine Verlängerung der (200)-Reflexe in den [010]- und [001]-Richtungen beobachtet. Aus diesem Ergebnis wurde auf eine Kohärenz zwischen β und ω auf den Würfelflächen geschlossen. Nach längerer Auslagerungszeit bei 425 °C traten geringe Anteile der α-Phase auf. Die Orientierungsbeziehung der Reflexe von β und α entsprach dabei derjenigen, die bei der β/α-Umwandlung des Titans (Kap. 8.1.1, S. 148ff.) beobachtet wird. Da das ω- und β-Gitter in der gleichen Weise orientiert ist, kann man in diesem Fall aus der Orientierung von α nicht feststellen, ob sich α aus β oder aus ω gebildet hat. Die kubische Struktur der ω-Phase bei Titan-Chrom-Legierungen wurde auch durch Weißenberg-Aufnahmen bestätigt. Der Unterschied gegenüber der hexagonalen Struktur ist nur sehr gering und stützt sich auf das Auftreten der Linie (10.3.1), die bei der hexagonalen Struktur nicht gefunden wird [*A 41*]. Bei Gegenwart von Sauerstoff bildet sich die große kubische Zelle offenbar besonders leicht [*R 15*]. Auch an der Legierung TiFe6 wurde die kubische Struktur mit einer Gitterkonstanten von $a = 9{,}76$ Å gefunden [*Y 8*]. Von 1000 °C abgeschreckte und 6 h bei 260 °C angelassene Einkristalle der Legierung TiV30 ergaben ebenfalls ein kubisch indizierbares Gitter der ω-Phase [*L 13c*]. Auch bei der Legierung TiMn5 wird eine kubische Struktur der ω-Phase angenommen [*H 11c*].

Eine Prüfung der Orientierungsbeziehung zwischen β und ω bei von 1000 °C abgeschreckten Einkristallen der Legierung TiMo13 hat ergeben, daß die Orientierung der Ausscheidungen als Symmetrie-Polfigur zu der [111]-Zonenachse des β-Wirtkristalls gedeutet werden konnte. Bei dieser Legierung können demnach Ausscheidungen in verschiedenen Richtungen vorliegen [*S 111*] (vgl. Kap. 8.2, S. 183ff.).

Die Untersuchungen an den Zwischenphasen der $\beta/(\alpha + \beta)$-Umwandlung zeigen eine große Mannigfaltigkeit, die durch die Art des Legierungszusatzes, der Wärmebehandlung und der Abkühlung aus dem β-Gebiet beeinflußt werden kann. Da die Zwischenzustände und Gleichgewichtsphasen in den meisten Legierungen nebeneinander auftreten können, ist es oft schwierig, sie einzeln zu erfassen. Nur bei wenigen Legierungen, wie z.B. bei der Legierung TiV16Al3 (vgl. Kap. 8.2.2, S. 185), ist die Wachstumsgeschwindigkeit unterschiedlich und die gegenseitige Beeinflussung der einzelnen Zwischenphasen so gering, daß es möglich ist, Vor- und Zwischenstufe gut zu trennen.

4.1.5 Mößbauerspektrum der Zwischenphasen

Bei Mößbauer-Effektmessungen wurden bei TiFe-Legierungen ein gleiches Spektrum bei α und α'', eine gleiche Isomerieverschiebung bei β (Doppellinie) und TiFe (Einzellinie) gefunden [*R 91a, Q 0*].

4.2 Elektrische und magnetische Eigenschaften

Die elektrischen Eigenschaften des Titans entsprechen in vielen Fällen denen der übrigen Übergangsmetalle. Durch Zusätze können die elektrischen Eigenschaften variiert werden. Bei sehr tiefen Temperaturen (etwa 0,5 °K) wird Titan supraleitend. Es weist im normalleitenden Zustand einen mit steigender Temperatur zunehmenden Paramagnetismus auf.

4.2.1 Elektrischer Widerstand

Da insbesondere Sauerstoff und Stickstoff sich leicht in Titan lösen, ist der elektrische Widerstand von den Beimengungen des Titans abhängig. Die aus der Literatur bekannten Werte bei Raumtemperatur liegen im Bereich von 42–70 · 10^{-6} Ωcm. Für sehr reines Titan, das nach dem Jodidverfahren hergestellt wurde, ist der niedrigste Wert von 42 × 10^{-6} Ωcm gemessen worden [*F 5, M 49*]. Bei erhöhtem Druck fällt der Widerstand zunächst etwa in dem gleichen Verhältnis ab wie bei anderen Metallen der gleichen Gruppe des Periodensystems [*B 83*]; bei einem Druck von 85 kbar steigt der Widerstand um etwa 17 % wegen der auftretenden Gitteränderung (vgl. Abb. 8.6.b, S. 152), um bei höheren Drükken bis zu 200 kbar wieder zunächst stärker und dann schwächer abzunehmen [*J 19a*].

Die Temperaturabhängigkeit des elektrischen Widerstandes ist für Titan verschiedener Reinheit in Abb. 4.8 für eine Aufheizgeschwindig-

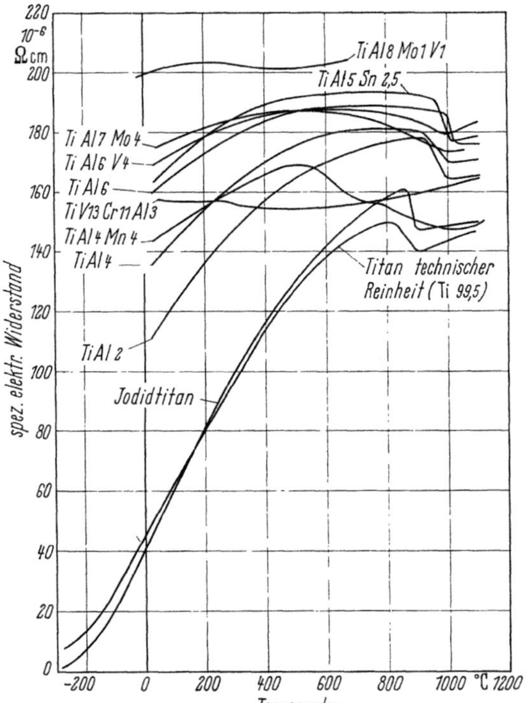

Abb. 4.8 Temperaturabhängigkeit des Widerstandes von Titan und Titanlegierungen, [*P 42, S 120, B 89a*].

keit von etwa 3 °C/min wiedergegeben. Zwischen Raumtemperatur und etwa 400 °C steigt der elektrische Widerstand annähernd linear mit der Temperatur an. Bei tiefen Temperaturen wird die Temperaturabhängigkeit des Widerstandes geringer [*B 35*]. Bei Jodidtitan wird bei Temperaturen oberhalb 500 °C und bei Titan mit einem höheren Gehalt an Beimengungen schon bei tieferen Temperaturen die Widerstandszunahme je °C bis zur Erreichung der Umwandlungstemperatur zunehmend kleiner [*G 46*]. Im Gegensatz zu tiefen Temperaturen ist der Widerstand von Jodidtitan bei hohen Temperaturen höher als der des Titans technischer Reinheit [*W 83, A 29, S 121*]. Titan zeigt somit bei höheren Temperaturen ein von den meisten Metallen abweichendes Verhalten, wie es jedoch auch für andere Übergangsmetalle der IV. Gruppe des Periodensystems, z. B. für Zirkonium [*A 13a, G 3, F 7*], festgestellt wurde.

Beim Übergang von der α- in die β-Phase tritt eine Abnahme des elektrischen Widerstandes auf. Mit zunehmendem Gehalt an Fremdelementen erstreckt sich die Widerstandsabnahme über ein größeres Temperaturintervall. Nach Ablauf der Umwandlung steigt der Widerstand wieder an. Die Widerstandszunahme ist im Temperaturgebiet der β-Phase wesentlich geringer als in dem der α-Phase, wie das die Temperaturabhängigkeit des elektrischen Widerstandes verschiedener, meist technischer Legierungen in Abb. 4.8 zeigt [*P 42, S 110, B 89a*].

Die Richtungsabhängigkeit des elektrischen Widerstandes wurde an Einkristallen untersucht, die nach dem Zonenschmelzverfahren hergestellt worden waren. Parallel zur *a*-Achse des hexagonalen Gitters ist der elektrische Widerstand größer als parallel zur *c*-Achse. So wurden bei Raumtemperatur $46{,}2 \cdot 10^{-6}\,\Omega$cm parallel zur *a*-Achse gegenüber $41{,}8 \times 10^{-6}\,\Omega$cm parallel zur *c*-Achse bestimmt. Die Temperaturabhängigkeit des Widerstandes im Bereich zwischen -100 und $+250$ °C ist in beiden Richtungen gleich [*D 3*].

Abb. 4.9 zeigt den Einfluß verschiedener Zusätze auf den elektrischen Widerstand von α-Titan bei Raumtemperatur. Während die zwei Elemente, die im Periodensystem nahe bei Titan liegen, eine relativ geringe Widerstandserhöhung verursachen (Zirkonium und Niob), wird bei den übrigen untersuchten Zusatzelementen einschließlich des Sauerstoffs eine untereinander nahezu gleiche gegenüber den beiden anderen Zusatzelementen aber relativ größere Widerstandserhöhung gefunden [*A 29b, W 11a*]. Eine wesentlich stärkere Widerstandserhöhung als durch Zinn erfolgt durch Rhenium, eine etwas geringere durch Palladium, während Molybdän und Chrom etwas weniger als Aluminium und Tantal, entsprechend dem Niob den Widerstand erhöhen [*U 1*].

In zahlreichen Legierungen einschließlich der Titan-Wasserstoff-Legierungen wird mit steigendem Legierungsgehalt eine zunehmende Abweichung vom linearen Verlauf der Widerstand-Temperatur-Kurven beobachtet [*A 29, A 29a, S 120, U 1*]. Bei Titan-Aluminium-Legierungen, die im Gebiet des Ordnungszustandes (6–22% Al) liegen (vgl. Abb. 8.3, S. 146) wird über einen breiten Temperaturbereich ein nahezu temperaturunabhängiger oder negativer Temperaturkoeffizient des elektrischen Widerstandes gefunden [*M 105, S 8, K 63b, R 17b*].

Der elektrische Widerstand von aus dem β-Gebiet abgeschreckten oder bei Raumtemperatur im β-Gebiet liegenden Titanlegierungen zeigt in bestimmten Konzentrationsgebieten ebenfalls einen anomalen Ver-

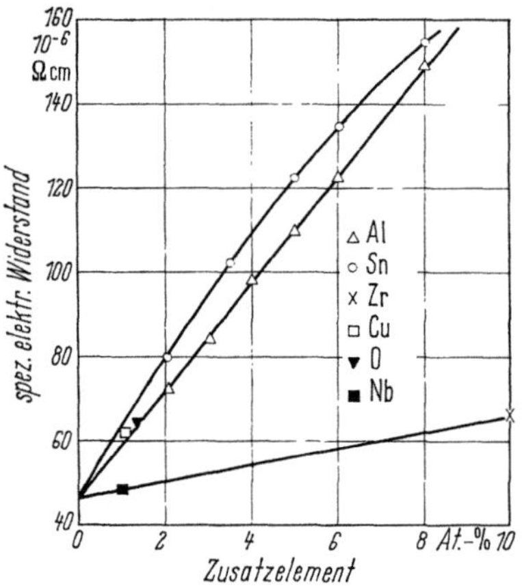

Abb. 4.9 Einfluß verschiedener Legierungselemente auf den Widerstand von α-Titan bei Raumtemperatur [*A 29b*].

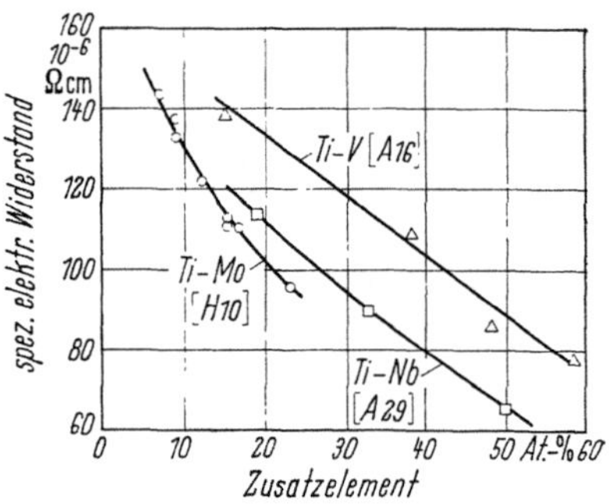

Abb. 4.10 Abhängigkeit des elektrischen Widerstandes verschiedener β-Titanlegierungen vom Legierungsgehalt bei Raumtemperatur.

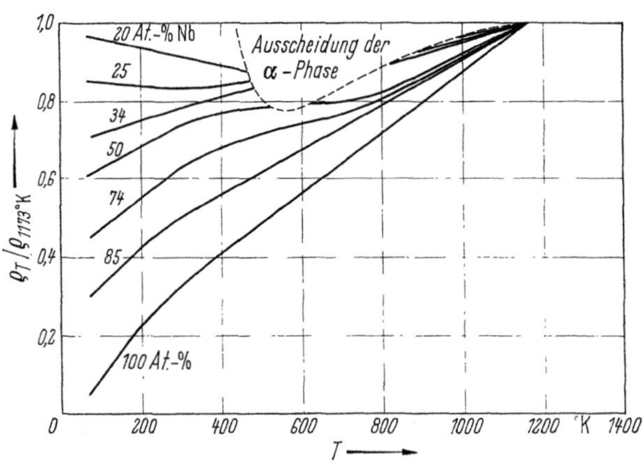

Abb. 4.11 Relative Widerstand-Temperatur-Kurven (ϱ_T/ϱ 1173 °K) für Titan-Niob-Legierungen beim Aufheizen β-abgeschreckter Proben [*A 29*].

lauf. So fällt er bei Raumtemperatur, wie Abb. 4.10 zeigt, mit zunehmendem Legierungsgehalt an Vanadin, Niob oder Molybdän ab. Bei 1,2 °K wurde im System Titan–Vanadin eine fast lineare Verminderung des Widerstandes mit der Konzentration gemessen, wobei eine Supraleitung durch Aufbringen eines äußeren Magnetfeldes unterdrückt wurde. Bei niob- und tantalhaltigen Legierungen wurde eine nichtlineare Abhängigkeit und bei molybdänhaltigen Legierungen ein Minimum bei 40 At.- % Mo festgestellt [*B 37*] und bei Titan-Niob-Legierungen [*A 29*] und Titan-Molybdän-Legierungen [*H 10*] in bestimmten Konzentrationsbereichen ein temperaturunabhängiger oder sogar ein mit fallender Temperatur ansteigender Widerstand beobachtet. In Abb. 4.11 sind relative Widerstand-

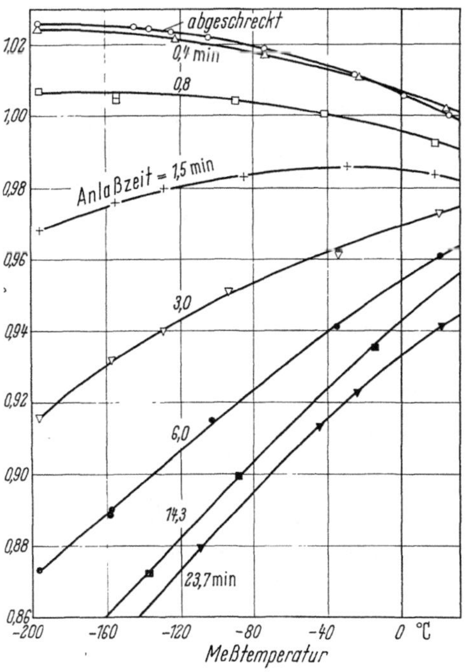

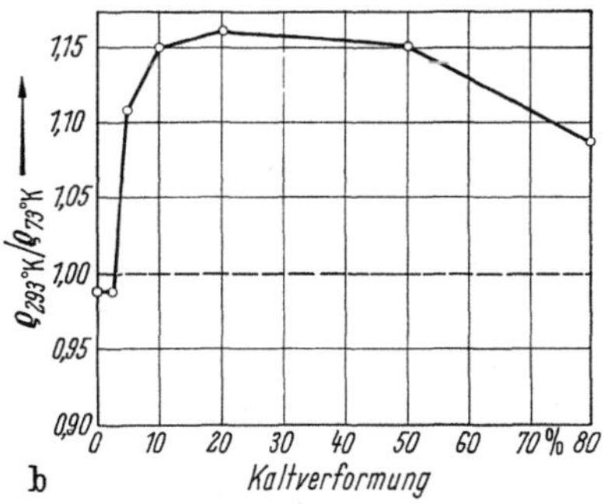

Abb. 4.12b Einfluß des Kaltwalzgrades von Flachproben der Legierung TiNb33 auf den relativen Widerstand ϱ 293°K/ϱ 73°K (Ausgangszustand 900°C/H_2O) [*Z 16*].

Abb. 4.12a Einfluß der Auslagerungszeit bei 353°C auf die relativen Widerstand-Temperaturkurven (ϱ_T/ϱ 273°K) von TiV20 nach Abschrecken aus dem β-Gebiet (25 min 975°C/H_2O) [*B 91*].

Temperatur-Kurven von aus dem β-Gebiet abgeschreckten Titan-Niob-Legierungen für das Temperaturgebiet von -200 bis $+900$ °C wiedergegeben. Bis zu der Temperatur des Beginns der Umwandlungsvorgänge ist, z.B. bei der Legierung mit 20 At.- % Nb, der Temperaturkoeffizient negativ [*A 29*]. Die Temperaturabhängigkeit des Widerstandes der Legierung TiV20 nach einer isothermen Auslagerung bei 353 °C gibt Abb. 4.12a wieder. Bereits nach 3 min Auslagerung haben sich offenbar Anteile der ω-Phase gebildet, und der negative Temperaturkoeffizient der Probe wird positiv. Die Leitfähigkeit bei 20 °C steigt infolge der Bildung des Fernordnungszustandes der Zwischenphase an [*B 91*]. Dieser Anstieg wird auch beim Aufheizen der aus dem β-Gebiet abgeschreckten Legierung TiV16Al3 bei etwa 200 °C bei der Bildung des Nahordnungszustandes der Vorstufe der ω-Phase und bei anderen Legierungen beobachtet [*Z 14, G 72, N 3c*] (vgl. Kap. 8.2.2, S. 185).

Auch durch eine Kaltformung, die die Bildung von Anteilen der ω-Phase verursacht, kann, wie die Abb. 4.12b zeigt, der negative Temperaturkoeffizient, z.B. bei der β-abgeschreckten Legierung TiNb33 und ähnlichen Legierungen, verschwinden. Dazu genügt eine Verformung von etwa 5% [*Z 16*].

4.2.2 Supraleitfähigkeit

Titan wird bei sehr tiefen Temperaturen supraleitend, wobei, abhängig vom Reinheitsgrad, verschiedene Übergangstemperaturen von der Supraleitung zur Normalleitung gefunden wurden. Ebenso wie der elektrische Widerstand wird auch die Supraleitfähigkeit der Übergangselemente durch Gehalte an Fremdelementen und Gitterverzerrungen beeinflußt, so daß durch vorhandene Beimengungen sowie durch Kaltverformung und Druck die Übergangstemperatur verändert werden kann

Tabelle 4.4 *Übergangstemperaturen der Supraleitfähigkeit von Titan und angereicherten Titanisotopen*

Literatur	Übergangs-temperatur [°K]	Titansorte bzw. Massenzahl
(1961) [*N 6*]	1,11	Ti^{50}
	0,22	Ti^{48}
	0,36	Ti^{46}
	0,266	Jodidtitan (99,92% Ti) nat. Isotopenzusammensetzung
(1953) [*S 103*]	0,387	Jodidtitan 99,99%
(1953) [*S 130*]	0,37	Titandraht 99,98% kalt verformt
	0,49	Jodidtitan 99,99%
(1952) [*S 102*]	0,523	Jodidtitan nicht geglüht
	0,558	Jodidtitan 2,5 h 800 °C

[*B 79a*]. Es kann deshalb angenommen werden, daß bei den ersten Untersuchungen die relativ hohen Werte der Übergangstemperatur, die zwischen 0,5 °K und 1,72 °K lagen, an Metall mit Gehalten an Beimengungen gefunden wurden [*M 65, W 18*]. An Titan höherer Reinheit wurden Übergangstemperaturen von unter 0,5 °K gemessen. In Tab. 4.4 sind Ergebnisse von Untersuchungen an Titan natürlicher Zusammensetzung und an verschiedenen Isotopen des Titans wiedergegeben. Die niedrigste Temperatur des Beginns der Supraleitung bei

Tabelle 4.5. *Valenzelektronenkonzentration, Übergangstemperatur und Kristallgitter von Titanverbindungen* [*R 57, Z 15, M 25, R 15, H 40 d, N 18 a*]

Valenzelektronenkonzentration	Verbindung	Übergangstemperatur [°K]	Tiefste gemessene Temperatur [°K]	Strukturtyp	Gitterkonstanten in Å		
					a	*b*	*c*
2,5	TiCu	–	1,02	B11	3,108	–	5,887
2,66	$TiBe_2$	–	1,02	C15	6,451	–	–
2,7	$TiZn_2$	–	1,02	C14	5,064	–	8,210
3,0	TiH_2	–	1,02	C1	4,440	–	–
3,25	$TiAl_3$	–	1,02	DO_{22}	5,436	–	8,596
3,25	Ti_3Au	–	1,20	A15	5,094	–	–
3,25	$TiGa_3$	–	1,02	DO_{22}	5,558	–	8,109
3,3	TiB_2	–	1,28	C32	3,030	–	3,227
3,5	TiB	–	1,20	B27	6,12	3,06	4,56
3,75	Ti_3Ga	–	0,35	DO_{19}	5,76	–	4,64
4,0	TiC	–	1,20	B1	4,329	–	–
4,0	Ti_5Ge_3	–	1,20	$D8_8$	7,552	–	5,234
4,0	$TiGe_2$	–	1,20	C54	8,594	5,030	8,864
4,0	Ti_5Si_3	–	1,20	$D8_8$	7,475	–	5,162
4,0	TiSi	–	1,20	?	–	–	–
4,0	$TiSi_2$	–	1,20	C54	8,252	4,783	8,540
4,0	Ti_3Sn	–	1,02	DO_{19}	5,916	–	4,764
4,25	TiCTiN	>4,3	–	B1	–	–	–
4,25	Ti_3Sb	5,80	–	A15	5,217	–	–
>4,25	TiCTiN (O_2haltig)	–	1,6	B1	–	–	–
4,5	TiNbN (46 Gew.% Ti)	16,8	–	B1	–	–	–
4,5	TiN	4,86–5,6	–	B1	4,24	–	–
4,55	TiN + 1,6 Gew.-% O	2,9	–	B1	4,23	–	–
4,67	$(Ti_{0,1}V_{0,9})_3Si$	1,09	–	A15	4,736	–	–
4,83	$TiC_{0,17}$ + $MoC_{0,83}$	10,20	–	B1	4,29	–	–
5,0	TiO	–	1,20	B1	4,16-4,24	–	–
5,2	Ti_2O_3	–	1,20	?	–	–	–
5,25	Ti_3Ir	5,40	–	A15	5,009	–	–
5,33	$TiCr_2$	–	0,5	C15	6,943	–	–
5,33	Ti_2Fe	–	1,7	?	?	–	–
5,33	TiU_2	–	1,06	C32	4,82	–	2,84
5,5	Ti_3Pt	0,58	–	A15	5,032	–	–
5,66	Ti_2Co	3,44	–	$E9_3$	11,3	–	–
5,66	TiORe	5,74	–	?	–	–	–
5,7	$Ti_{0,573}O_{0,14}Rh_{0,287}$	3,37	–	$E9_3$	11,588	–	–
6,0	TiFe	–	0,3	A_2	2,973	–	–
6,0	TiOs	0,46	–	B2	3,077	–	–
6,0	TiRu	1,07	–	B2	3,067	–	–
6,5	TiCo	0,71	–	A2	2,99	–	–
6,5	$TiRe_5$	6,48-6,6	–	A12	9,587 bis 9,595	–	–
7,0	TiNi	–	1,02	A2	3,02	–	–

Titan natürlicher Zusammensetzung wurde mit 0,266 °K ermittelt [*S 102, S 103, N 6*].

Sowohl durch Zusätze, die intermetallische Verbindungen bilden, als auch durch solche, die die β-Phase stabilisieren, ist man in der Lage, die Übergangstemperatur des Titans zu erhöhen. In Tab. 4.5 sind intermetallische Verbindungen des Titans, von denen bekannt ist, daß sie auf Supraleitfähigkeit geprüft wurden, ferner deren Struktur und Gitterkonstanten zusammengestellt. Dabei ist bei denjenigen Verbindungen, die noch keine Supraleitung zeigten, die niedrigste Meßtemperatur angegeben. Bei Verbindungen, die supraleitend wurden, wird die Übergangstemperatur mitgeteilt [*Z 15*]. Die höchste Übergangstemperatur wurde bisher an Mischkristallen des Titankarbids mit Molybdänkarbid und bei Verbindungen des Titans mit Rhenium, Antimon, Stickstoff und Iridium gefunden.

Aus der Tabelle geht weiterhin hervor, daß keine binäre intermetallische Verbindung des Titans festgestellt werden konnte, deren zweite Komponente die Übergangstemperatur des Titans erhöht, wenn die Valenzelektronenkonzentration dieser zweiten Komponente nicht größer ist als die des Titans. Da man auch bei den Übergangsmetallen eine Erhöhung der Temperatur der beginnenden Supraleitung beim Übergang von der vierten zur fünften Gruppe der Periodensystems beobachtet, wird angenommen, daß eine Zunahme der Valenzelektronenkonzentration eine der Voraussetzungen für eine Erhöhung der Übergangstemperatur darstellt [*M 24a, M 22*].

Bei den Elementen der achten Gruppe des Periodensystems ist dabei die wirkliche Anzahl der Elektronen der unaufgefüllten Schalen (z.B. bei Nickel 10) eingesetzt. Im Bereich einer Valenzelektronenkonzentration zwischen 4,25 und 5 und im Bereich von 6,5 treten die höchsten Werte der Übergangstemperatur auf. Eine Ausnahme bei den intermetallischen Verbindungen des Titans bildet die Verbindung TiNi, bei der bisher noch keine Supraleitfähigkeit gefunden wurde und bei der aufgrund der berechneten Valenzelektronenkonzentration von 7 eine Erhöhung der Übergangstemperatur zu erwarten wäre.

Auch im Gebiet des α- und β-Mischkristalls kann die Übergangstemperatur erhöht werden. Bei einer größeren Anzahl von binären Systemen des Titans, insbesondere mit Übergangsmetallen, ist der Einfluß von Zusätzen auf die Übergangstemperatur im Bereich des α- und β-Mischkristallgebietes geprüft worden. Von den Systemen mit vollständiger Mischbarkeit der α- und β-Phase sind Untersuchungen im System Titan–Zirkonium bekannt geworden. Die Übergangstemperatur des Titans wird durch Zirkonium in einem Maximum bei etwa 66% (50 At.-%) auf über 1,6 °K erhöht, um dann bei höheren Zirkoniumgehalten wieder auf die Übergangstemperatur des Zirkoniums abzufallen. In diesem Fall wird also die Übergangstemperatur ohne eine Erhöhung der Valenzelektronenkonzentration zu höherer Temperatur verschoben [*H 83*]. Aus dem β-Gebiet abgeschreckte Proben zeigen eine niedrigere Übergangstemperatur als im α-Gebiet geglühte Proben [*B 100*]. Legierungen im homogenen α-Mischkristallgebiet mit jeweils 3,5 At.-% V, Nb oder Ta weisen dieselbe Zunahme der Übergangstemperatur (etwa 1,6 °K) auf [*R 15b*].

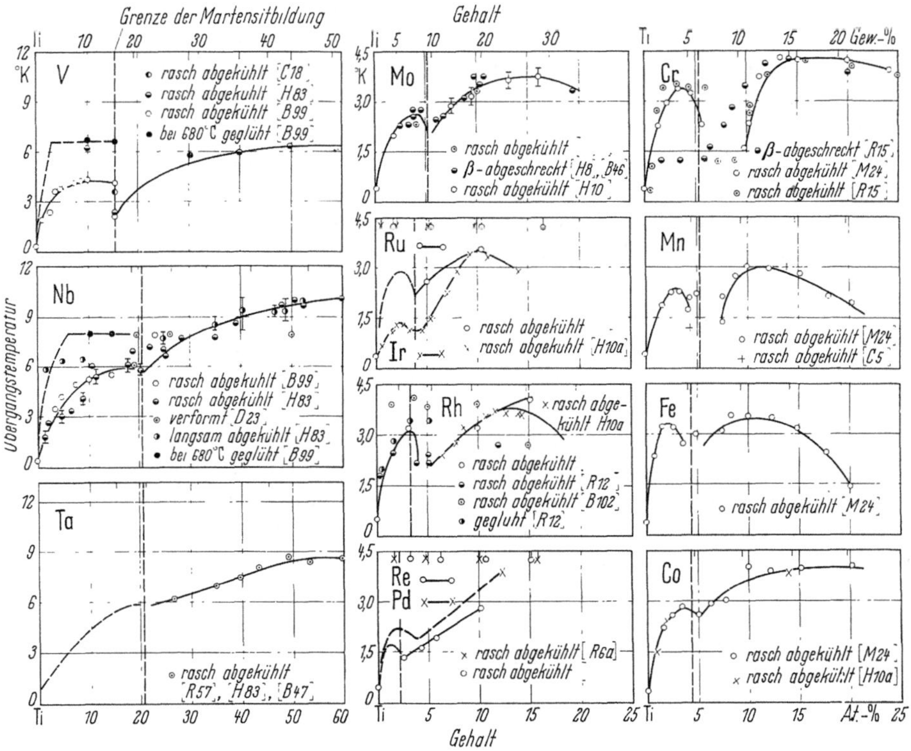

Abb. 4.13 Einfluß verschiedener Legierungszusätze und Wärmebehandlung auf die des Temperaturübergangs von der Normalleitung zur Supraleitung.

Die stabilisierenden Zusatzelemente der Vb-, VIb-, VIIb- und der VIIIb-Gruppe des Periodensystems erhöhen ebenfalls die Übergangstemperatur. Abb. 4.13 zeigt den Einfluß derartiger Zusätze auf die Übergangstemperatur bei aus der Schmelze rasch abgekühlten und wärmebehandelten Proben. Es wird deutlich sichtbar, daß ein systematischer Einfluß dieser Legierungselemente vorhanden ist. Ein mehr oder weniger starkes Maximum, das im Bereich des Verschwindens der martensitischen β/α-Umwandlung in ein Minimum übergeht, dürfte auf Entmischungszonen zurückzuführen sein, die beim Erstarren und weiteren Abkühlen bei der Umwandlung entstehen, wobei sich die Matrix örtlich an Legierungselementen anreichert und verspannt, und so supraleitende Zonen mit gegenüber der Grundmasse erhöhter Übergangstemperatur entstehen [*R 15a*, *C 45b*]. An den Legierungen des Systems Titan–Chrom wurde gefunden, daß das bei niedriger Legierungskonzentration auftretende Maximum dann verschwindet, wenn die Legierungen vor dem Abschrecken im β-Gebiet genügend lange Zeit homogenisiert wurden [*R 15*].

Bei heterogenen Proben oder solchen mit Kristallseigerung liegt die Übergangstemperatur zwischen der der einzelnen Phasen und Konzentrationen oder bei deren höchster Übergangstemperatur, die örtlich im Gefüge, z.B. an den Korngrenzen auftreten kann. Welche Übergangstemperatur dabei gemessen wird, hängt weitgehend von der Menge und der Art der Gefügeausbildung dieser Phasen ab und wird auch durch die Meßmethode beeinflußt. Bei einer Messung mit direktem Stromdurchgang können bereits kleine Bereiche, die supraleitend werden, genügen, um eine Supraleitung anzuzeigen. Der nichtsupraleitende Teil der Probe wird dann nicht erfaßt. Demgegenüber zeigt eine induktive Methode in diesem Fall nur einen teilweisen Übergang in den supraleitenden Zustand an, wenn auch hier eine Beeinflussung durch die Art der Gefügeausbildung möglich ist.

Die stärkste Erhöhung der Übergangstemperatur durch Mischkristallbildung wurde bisher im System Titan–Niob [*H 83*, *B 99*, *D 23*] beobachtet, eine geringere Erhöhung der Übergangstemperatur bei den Systemen Ti–Ta [*B 47*], Ti–V [*H 83*, *B 99*, *C 18*] und Ti–Mo [*C 45d*, *C 45f*]. Im Falle der Titan-Niob-Legierungen wird bei langsam abgekühlten Proben, die Anteile des β-Mischkristalls enthalten, bereits bei Gehalten von 2,5 At.-% die Übergangstemperatur des Titans auf 6 °K erhöht, während bei einer entsprechenden aus dem β-Gebiet abgeschreckten Probe die Übergangstemperatur 2 °K beträgt [*H 83*]. Bei Zusätzen von Sauerstoff und Stickstoff [*B 1*, *B 6b*] sowie bei einem teilweisen Ersatz von Titan durch Hafnium [*T O*] wurde bei Titan-Niob-Legierungen eine Verminderung der Übergangstemperatur beobachtet. Durch die Bildung der ω-Phase durch Fernordnung der β-Phase (vgl. Kap. 4.1.4, S. 71) wird die Übergangstemperatur bei Ti–Cr- [*R 15*, *L 53c*, *L 53e*, *L 53d*], Ti-Mo- [*R 15a*, *H 55b*], Ti-Nb- [*R 15a*], Ti-V- [*L 53e*], Ti-Al-V- [*R 15a*] und Ti-Fe-Nb-Legierungen [*N 18a*] vermindert.

Während bei unlegiertem Titan das Anlegen eines Magnetfeldes mit geringer Feldstärke genügt, um die Supraleitfähigkeit zum Verschwinden zu bringen, sind Titanlegierungen gefunden worden, die selbst unter einem Magnetfeld von über 10 Tesla noch supraleitend bleiben. Zu Blech [*H 9*] oder Draht [*B 36*] verarbeitet, halten sie nicht nur eine hohe kritische Feldstärke, sondern auch eine hohe Stromdichte aus, ohne ihre

Supraleitung zu verlieren. Die kritische Stromdichte und Feldstärke ist dabei von der Meßtemperatur, der Legierungszusammensetzung, der Verformung und der Wärmebehandlung der Legierung abhängig. Mit zunehmender Temperatur nimmt die kritische Feldstärke ab [*H 9*, *B 37*]. In Abb. 4.14 ist die Abhängigkeit der kritischen Feldstärke bei 1,2 °K von der Legierungskonzentration bei den Systemen Titan–Molybdän, Titan–Niob, Titan–Tantal und Titan–Vanadin wiedergegeben. Bei einer

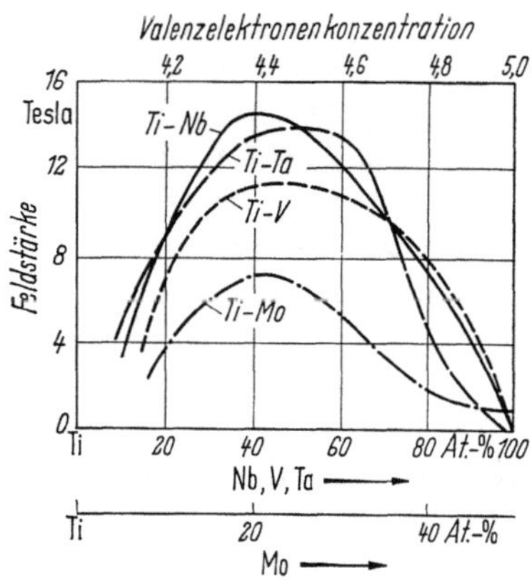

Abb. 4.14 Einfluß der Legierungskonzentration von kaltverformten Proben bei 1,2 °K auf die kritische Feldstärke eines gepulsten äußeren Magnetfeldes, das den Übergang in Normalleitung verursacht (Feldstärke in Tesla) [*B 37*].

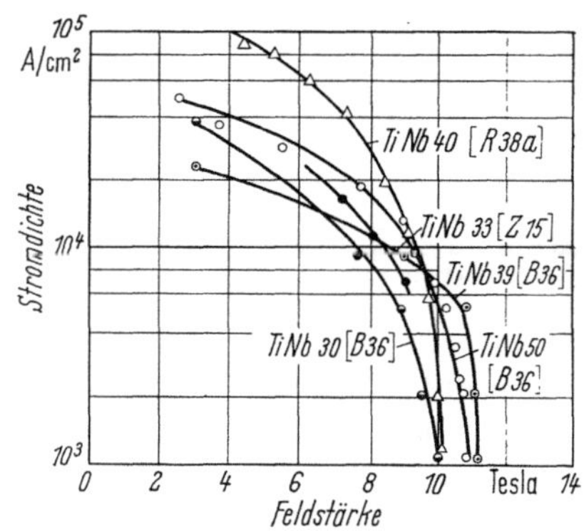

Abb. 4.15 Abhängigkeit der kritischen Stromdichte bei 4,2 °K von der Feldstärke bei kaltverformten und geglühten Drähten aus Titan-Niob-Legierungen (Feldstärke in Tesla).

Valenzelektronenkonzentration zwischen 4,4 und 4,6 wird ein Maximum des kritischen Feldes erreicht, das bei den Titan-Niob-Legierungen 14 Tesla übersteigen kann, bevor eine Normalleitung einsetzt [*B 37*]. Bei 4,3 °K beträgt die maximale kritische Feldstärke dieser Legierungen etwa 12 Tesla [*R 3b*]. Die Abhängigkeit der kritischen Stromdichte von der Feldstärke bei Drähten aus verschiedenen Titan-Niob-Legierungen ist in Abb. 4.15 wiedergegeben [*B 36*, *Z 15*]. Die Werte liegen nahe beisammen und können durch eine Kaltumformung [*B 37*], durch eine Wärmebehandlung [*W 82*, *R 38a*] und durch die Richtung des Magnetfeldes zur Vorzugslage der Kristallite [*H 9*] verändert werden. Das Mikrogefüge hat ebenfalls einen großen Einfluß auf die erreichbare maximale Stromstärke. Feinlamellare Gefüge haben sich dabei als besonders günstig erwiesen [*Z 15*, *R 38a*]. Abb. 4.16a und b zeigen ein derartiges Gefüge in einem Draht der Legierung TiNb33. Die Breite der Lamellen, die durch Versetzungsbänder (Abb. 4.16c) verursacht wird, liegt bei und unter 0,5 μm. ω- und α-Ausscheidungen verhindern ein Wandern von Flußfäden und damit die Entstehung von Flußsprüngen, die zur Normalleitung führen können [*Z 16, W 82, R 38a, V 1g, D 27a, P 23c, G 13a, V 9, C 60a, N 4a, R 47b, H 52c*]. Durch Zusatz von Sauerstoff und/oder Stickstoff wird die kritische Stromdichte von Titan-Niob-

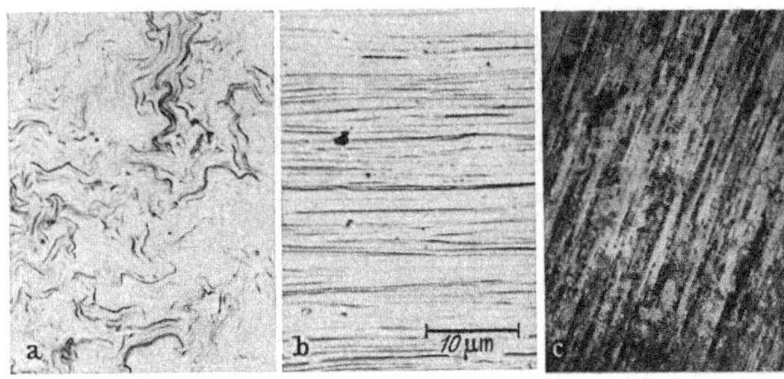

Abb. 4.16a–c Mikrogefüge eines 0,2-mm-Drahtes der Legierung TiNb33 (a u. b) und elektronenmikroskopische Durchstrahlungsaufnahme (V = 10000) von TiNb35, stark kaltverformt (c) (a = senkrecht, *b* = parallel und c = schräg zur Drahtachse) [*Z 16, P 23c*].

Legierungen erhöht, das kritische Magnetfeld jedoch vermindert [*R 15i, B 1*]. Durch Zirkonium- [*D 27a, Z 21, K 31a*] und Silberzusätze [*B 1*] und durch Zusätze der Oxide der Metalle Yttrium, Gadolinium und Thorium [*R 65a*], können die supraleitenden Eigenschaften dieser Legierungen verbessert werden. Auch Kupfer- und Germaniumzusätze erhöhen den kritischen Strom bei einem äußeren Feld von 10 Tesla [*Z 20a, L 45c, H 42c, L 45d*], ohne daß das kritische Feld wesentlich verändert wird [*H 42b*]. Als kritische Feldstärke bei 0 °K wurde für die Legierung TiNb44 ein Feld von 31 Tesla berechnet [*H 8a*].

4.2.3 Hall-Konstante

Die Hall-Spannung ist bei unlegiertem Titan im Temperaturbereich zwischen 1 °K und Raumtemperatur eine lineare Funktion der magnetischen Feldstärke [*F 35, B 35*]. Der Hall-Koeffizient wird außer durch den Gehalt an Beimengungen durch die Probenherstellung, Wärmebehandlung und Kristallorientierung beeinflußt. Erste Messungen ergaben eine positive Hall-Konstante bei Raumtemperatur [*S 58, F 34*]. Spätere Messungen zeigten, daß die Hall-Konstante bei Raumtemperatur noch keinen positiven Wert erreicht. Allerdings wurde für verschiedene Titanproben hoher Reinheit mit gleichem elektrischem Widerstand bei Raumtemperatur ein breites Streufeld in der Temperaturabhängigkeit der Hall-Konstanten mit einem Steilabfall unterhalb −200 °C gefunden. Der Übergang von einer negativen zu einer positiven Hall-Konstante findet bei etwa 400 °C statt [*S 59*].

Durch Zusätze wie z. B. etwa 20 % (10 At.-%) Ag bzw. 2 % (3 At.-%) Al wird die Hall-Konstante bei Raumtemperatur nur wenig beeinflußt [*D 16*, *G 60*], dagegen durch Al-Zusätze im Bereich von Ti_6Al und Ti_3Al [*G 61*]. Untersuchungen an β-Titan-Molybdän-Legierungen ergaben ähnlich wie bei der elektrischen Leitfähigkeit auch bei der Hall-Konstante eine ausgeprägte Konzentrations- und Temperaturabhängigkeit, insbesondere bei Gehalten von unter etwa 20 % (12 At.-%) Mo [*H 10*].

4.2.4 Thermoelektrisches Verhalten

Im Thermopaar Titan–Platin weist Titan gegenüber Platin eine positive Thermospannung auf. Die α/β-Umwandlung führt zu einer geringen Änderung der Steigung der Kurve der Temperaturabhängigkeit [*P 40*, *G 46*, *W 73*].

Im Thermopaar Titan–Wolfram hat Titan zunächst eine positive Thermospannung, die bei 60 °C über ein Maximum und bei 125 °C gegen 0 geht und bei noch höheren Temperaturen negative Werte annimmt. Bei Temperaturen von 1400 °C wird eine Spannung von 25 mV erreicht. Umwandlungs- und Rekristallisationsvorgänge ändern die Thermospannung nicht. Dieses Thermoelement kann deshalb für die Temperaturmessung bei der Herstellung von Titan nach dem Jodidverfahren verwendet werden [*L 34*]. Bei −193 °C verhalten sich die Thermopaare Titan–Silber und Titan–Zinn hinsichtlich des Vorzeichens entgegengesetzt [*P 33*].

4.2.5 Magnetische Eigenschaften

Titan ist mindestens oberhalb −200 °C paramagnetisch. Die magnetische Suszeptibilität beträgt nach Messungen verschiedener Autoren bei Raumtemperatur $3{,}2 \cdot 10^{-6}$ cm^3/g. Aus der magnetischen Suszeptibilität und calorimetrischen Messungen wurde der Anteil der Suszeptibilität, der von der Bahnbewegung der Elektronen herrührt, für α-Ti mit 113, für β-Ti mit 132 und für TiMo33 (20 At.-%) mit $113 \cdot 10^{-6}$ elektromagnetischen Einheiten/mol berechnet. Die magnetische Suszeptibilität steigt mit zunehmender Temperatur zwischen −200 und +800 °C annähernd linear an (Abb. 4.17). Der Temperaturkoeffizient in diesen Bereich beträgt etwa $0{,}0012 \cdot 10^{-6}$ $cm^3/g \cdot$ °C [*K 34*, *S 122*, *T 28*, *R 19*, *S 121*, *C 45e*, *C 45c*]. Im Bereich der Umwandlung tritt ein verstärkter Antieg der Suszeptibilität auf. Im Zustandsgebiet der β-Phase ist die Suszeptibilität angenähert temperaturunabhängig [*S 122*, *K 60*, *S 121*]. Wegen eines höheren Gehaltes an Beimengen ist die Umwandlungstemperatur bei einzelnen Untersuchungen in Abb. 4.17 zu höheren Temperaturen verschoben.

Messungen an Einkristallen zeigen (Tab. 4.6) ein Maximum der spezifischen Suszeptibilität in Richtung der hexagonalen Achse. Dementsprechend wird bei einer Verformungs- oder Rekristallisationstextur ebenfalls eine Richtungsabhängigkeit der magnetischen Eigenschaften ge-

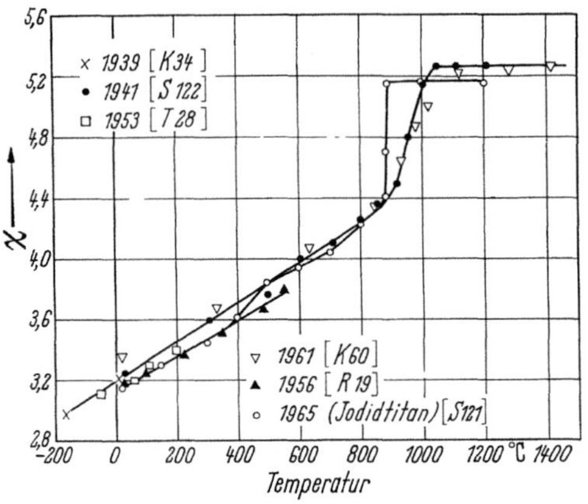

Abb. 4.17 Temperaturabhängigkeit der Suszeptibilität (χ in $1 \cdot 10^{-6}$ cm^3/g) von Titan.

messen. In Abb. 4.18 ist der Einfluß einer unterschiedlichen Kaltverformung auf die Richtungsabhängigkeit wiedergegeben. Die beim Kaltwalzen sich einstellende Verformungstextur (vgl. Kap. 6.2.1, S. 127) einer $\langle 10\bar{1}0 \rangle$-Richtung parallel zur Walzrichtung und der Basisebene um etwa

Tabelle 4.6. *Richtungsabhängigkeit der magnetischen Suszeptibilität in Titaneinkristallen [R 19]*

Lage der Probe	Spezifische magnetische Suszeptibilität $10^{-6}/g$
$\chi \parallel$ c-Achse	3,35
$\chi \perp$ c-Achse	3,07
Anisotropie ($\chi \parallel - \chi \perp$)	0,28
$\bar{\chi} = {}^1/_3\chi\,(\parallel + 2\chi\perp)$	3,16[1]

[1] Entspricht dem Meßwert idealer anisotroper Proben.

27 % geneigt zur Walzebene verursacht eine Zunahme der Suszeptibilität bei einer Messung senkrecht zur Walzebene und senkrecht zur Walzrichtung gegenüber einer Messung parallel zur Walzebene. Eine Rekristallisationsglühung bis 850 °C hat keinen Einfluß auf die Richtungs-

abhängigkeit der magnetischen Eigenschaften, da sich bei Ausbildung der Rekristallisationstextur lediglich eine Änderung von der ⟨10$\bar{1}$0⟩-Richtung der Verformungstextur in die ⟨11$\bar{2}$0⟩-Richtung der Rekristallisationstextur parallel zur Walzrichtung einstellt, während die Richtung der hexagonalen Achse nicht verändert wird [*R 19*] (vgl. Kap. 6.2.1, S. 129).

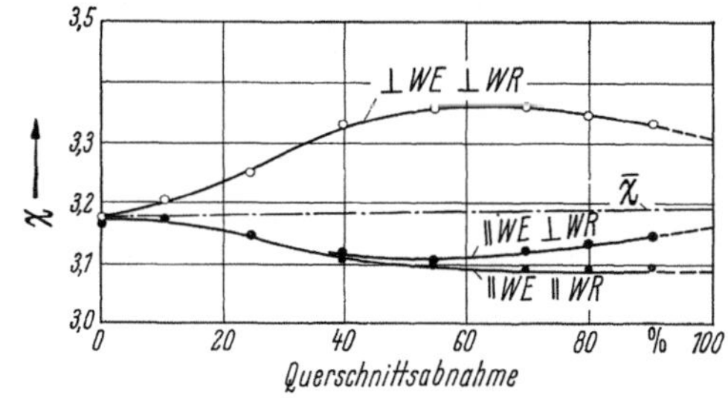

Abb. 4.18 Einfluß der Verformung auf die Richtungsabhängigkeit der Suszeptibilität (χ in $1 \cdot 10^{-6}$ cm³/g) [*R 19*].

Legierungszusätze, die die β-Phase stabilisieren, wie Chrom, Eisen, Molybdän und Vanadin, erhöhen die Suszeptibilität. Bei Vanadingehalten von ~50% (~50 At.-%) V nimmt die Suszeptibilität mit steigender Temperatur ab [*T 4*]. Durch Kaltverformung der Legierung TiCr2Fe2Mo2 wird deren Suszeptibilität erhöht [*Y 5*]. Bei Auslagerungs- und Rückbildungsversuchen an der Legierung TiMo16 wird bei der Bildung der ω-Phase eine Abnahme der Suszeptibilität bei Raumtemperatur gefunden [*L 47*], die bei Messung der Temperaturabhängigkeit an Titan-Chrom-Legierungen bestätigt wurde [*S 121*].

Durch Aluminiumzusatz wird im α-Mischkristallgebiet die spezifische Suszeptibilität des Titans vermindert. Bei höheren Aluminiumgehalten kann man aus der Abhängigkeit der Suszeptibilität von der Konzentration auf das Auftreten der titanreichen Ordnungsphase Ti_3Al schließen, deren Temperaturabhängigkeit nicht linear verläuft [*M 105, S 8, Y 6, C 45a*].

4.3 Thermische Eigenschaften

Die Wärmeleitfähigkeit des Titans ist wie die elektrische Leitfähigkeit verglichen mit anderen Metallen niedrig. Sie wird durch Legierungszusätze weiter vermindert. Der thermische Ausdehnungskoeffizient von Titan beträgt etwa 2/3 bzw. 2/5 von dem des rostfreien Stahles bzw. des Aluminiums.

4.3.1 Wärmeleitfähigkeit

Die Wärmeleitfähigkeit von sehr reinem Titan (HV = 60 kp/mm²) wurde zwischen 20 und 25 °C mit 0,0527 cal · $sec^{-1} cm^{-1} °C^{-1}$ bestimmt [*P 42*]. Die Temperaturabhängigkeit der Wärmeleitfähigkeit von Titan und Titanlegierungen ist in Abb. 4.19 wiedergegeben. Unterhalb Raumtemperatur wird ein Maximum in der Temperaturabhängigkeit der Wär-

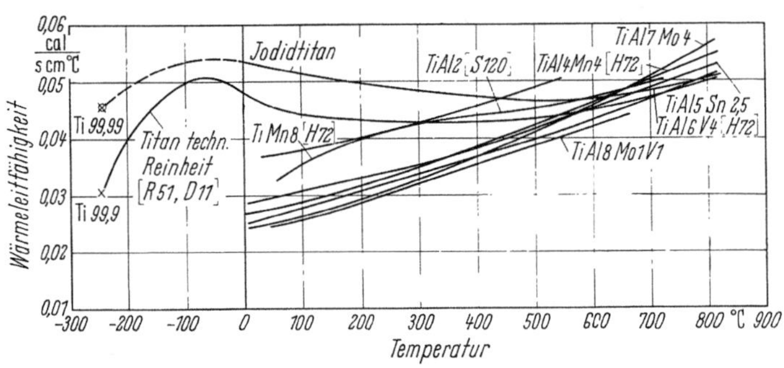

Abb. 4.19 Temperaturabhängigkeit der Wärmeleitfähigkeit von Titan und von verschiedenen Titanlegierungen.

meleitfähigkeit bei Titan beobachtet. Im Temperaturbereich zwischen Raumtemperatur und etwa 500 °C vermindert sie sich. Bei tiefen Temperaturen beeinflussen Beimengungen die Wärmeleitfähigkeit stärker als bei höheren Temperaturen [*R 51, K 4c*]. Die Unterschiede in den Titansorten sind möglicherweise durch verschiedene Vorzugslagen der Kristallite vergrößert worden.

Durch einen Aluminiumzusatz wird die Wärmeleitfähigkeit stark vermindert. Die Wärmeleitfähigkeit aluminiumfreier Legierungen liegt zwischen der von unlegiertem Titan und der von aluminiumhaltigen Legierungen. Die Unterschiede in der Wärmeleitfähigkeit zwischen den verschiedenen aluminiumhaltigen Legierungen sind im Temperaturgebiet zwischen Raumtemperatur und 450 °C nur sehr gering [*R 51, M 66, L 48, D 11, H 72, P 42, S 120*].

Der Zusammenhang zwischen der Wärmeleitfähigkeit λ und der elektrischen Leitfähigkeit σ wird näherungsweise durch die Beziehung

$$\lambda = 0{,}626 \cdot \sigma \cdot T \cdot 10^{-8} + 0{,}00497 \quad (T = \text{absolute Temperatur})$$

wiedergegeben. Zwischen Raumtemperatur und etwa 550 °C kann nach dieser Gleichung mit befriedigender Genauigkeit die Wärmeleitfähigkeit aus der elektrischen Leitfähigkeit berechnet werden. Die durchschnittliche Abweichung ist geringer als ± 3 %, zwischen Raumtemperatur und 100 °C ist mit einer größeren Abweichung bis zu etwa 10 % zu rechnen [*D 11*].

4.3.2 Thermische Ausdehnung

Wie bei anderen hexagonalen Metallen ist auch bei Titan die thermische Ausdehnung von der Orientierung der Kristalle abhängig. Aus diesem Grunde werden die Werte für den linearen thermischen Ausdehnungskoeffizienten von der Verarbeitung und Wärmebehandlung und der sich dabei einstellenden Textur beeinflußt. Bei verschiedenen Untersuchungen wurde diese Tatsache nicht berücksichtigt. Daher streuen die gemessenen Werte teilweise beträchtlich.

Die Bestimmung der Anisotropie der thermischen Ausdehnung durch Messung der Temperaturabhängigkeit der Gitterkonstanten ergibt eine stärkere Ausdehnung in Richtung der c-Achse als in Richtung der a-Achse. Wie aus Tab. 4.7 ersichtlich ist, beträgt der Unterschied in der Ausdehnung gemäß der Berechnung verschiedener Autoren zwischen 10 [*S 118*] und etwa 20 % [*B 38, M 63*].

Die Gitterausdehnung in Abhängigkeit von der Temperatur wird durch die folgenden Beziehungen wiedergegeben:

$$a_t = a_0 \, (1 + 9{,}928 \, (t - 25) \cdot 10^{-6} - 0{,}626 \, (t - 25)^2 \cdot 10^{-10}$$

$$c_t = c_0 \, (1 + 11{,}079 \, (t - 25) \cdot 10^{-6} + 9{,}698 \, (t - 25)^2 \cdot 10^{-10}$$

(t = Temperatur in °C) [*M 63*].

Tabelle 4.7. *Thermische Ausdehnung von Titan (Berechnet aus der Änderung der Gitterkonstanten)*

Ausdehnungsrichtung	Linearer therm. Ausdehnungskoeffizient [°C⁻¹] – Literatur (1953) [*B 38*]	(1959) [*S 118*]	(1959) [*M 63*]
	(0–700 °C)	(0–600 °C)	(0–700 °C)
‖ c-Achse	$13{,}37 \cdot 10^{-6}$	$10{,}65 \cdot 10^{-6}$	$12{,}0 \cdot 10^{-6}$
⊥ c-Achse	$11{,}03 \cdot 10^{-6}$	$9{,}55 \cdot 10^{-6}$	$9{,}9 \cdot 10^{-6}$
Anisotropie ‖/⊥	2,24	1,10	2,1
Regellose Verteilung	$11{,}8 \cdot 10^{-6}$	$9{,}9 \cdot 10^{-6}$	$10{,}3 \cdot 10^{-6}$
		900–1070 °C: $12 \cdot 10^{-6}$ (β– Ti)	870 °C: $11{,}5 \cdot 10^{-6}$ (α Ti) 900 °C: $11{,}5 \cdot 10^{-6}$ (β Ti)
$\bar{\alpha} = \frac{1}{3}(2\alpha\perp + \alpha\parallel)$	$11{,}81 \cdot 10^{-6}$	$9{,}92 \cdot 10^{-6}$	$10{,}6 \cdot 10^{-6}$

Im Bereich der α/β-Umwandlung wird derselbe Ausdehnungskoeffizient sowohl für die α- als auch für die β-Phase gefunden. Die mit dem Übergang in die β-Phase verbundene Volumenkontraktion beträgt zwischen 0,15 und 0,3 % [*S 118*].

Die aus der Temperaturabhängigkeit der Gitterkonstanten ermittelten Ausdehnungskoeffizienten liegen größtenteils über den aus direkten Messungen bestimmten Koeffizienten, deren Temperaturabhängigkeit in Abb. 4.20 aus Ergebnissen verschiedener Autoren zusammengestellt ist.

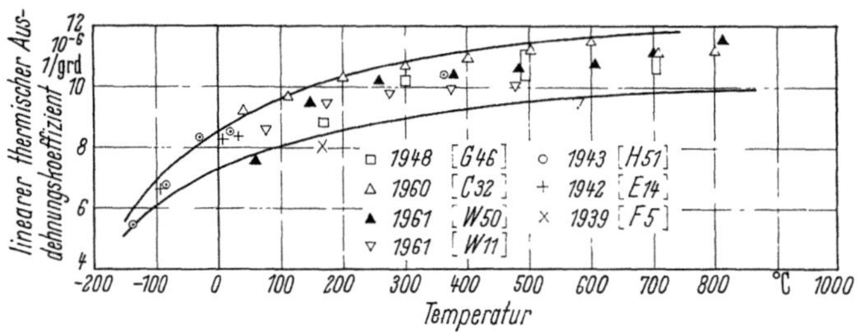

Abb. 4.20 Temperaturabhängigkeit des linearen thermischen Ausdehnungskoeffizienten von Titan.

Wegen des eingangs erwähnten Anisotropieeffektes sind beträchtliche Streuungen vorhanden. Als wahrscheinlicher Wert für polykristallines Titan mit regelloser Orientierung ergibt sich daraus für Raumtemperatur

$$\alpha = 8{,}5 \cdot 10^{-6}\ {}^{\circ}\mathrm{C}^{-1}$$

und als mittlerer Ausdehnungskoeffizient zwischen 20 und 700 °C

$$\alpha = 9{,}7 \cdot 10^{-6}\ {}^{\circ}\mathrm{C}^{-1}$$

[*F 4, H 51, G 46, C 32, W 11, K 67e*].

Bei einem für Titan mit einer Umschmelzhärte von HB ~ 60 kp/mm² ermittelten Ausdehnungskoeffizienten $\alpha_{20-200\,{}^{\circ}\mathrm{C}}$ von $7{,}35 \cdot 10^{-6}\ {}^{\circ}\mathrm{C}^{-1}$ kann nicht entschieden werden, ob dieser geringe Wert auf die hohe Reinheit des Titans oder auf eine vorhandene Textur zurückzuführen ist [*A 11*]. Bei tiefen Temperaturen nimmt der Ausdehnungskoeffizient mit sinkender Temperatur annähernd linear ab [*E 14, H 51*].

Bei technischen Titanlegierungen entspricht der thermische Ausdehnungskoeffizient im Temperaturbereich zwischen 600 und 900 °C etwa dem des unlegierten Titans. Durch einen Aluminiumzusatz wird der thermische Ausdehnungskoeffizient in der Nähe der Raumtemperatur etwas erhöht, jedoch die Zunahme mit steigender Temperatur verringert, während durch Vanadinzusatz sich sowohl die Größe des Temperaturkoeffizienten bei Raumtemperatur als auch die Zunahme mit steigender

Temperatur geringfügig gegenüber Titan erhöht [*W 50*]. Chrom bewirkt ebenfalls eine Erhöhung des thermischen Ausdehnungskoeffizienten, Tantal hat bis 6 % keinen merklichen Einfluß, ebenfalls nicht Palladium; durch Molybdän wird er wenig und durch Rhenium stark vermindert [*K 67e*].

Im Bereich der Umwandlungstemperatur zeigen Titan und seine Legierungen in der Temperaturabhängigkeit der Volumenänderung einige Anomalien. Die Volumenkontraktion bei der α/β-Umwandlung von Titan und von Titanlegierungen wird beim Aufheizen deutlicher sichtbar als bei der Abkühlung und ist bei Titanlegierungen von der Vorbehandlung abhängig. So zeigt eine Probe der Legierung TiMo5 mit polygonaler $(\alpha + \beta)$-Struktur bei der Erhitzung infolge der Umwandlung eine deutliche Kontraktion, die etwa 0,2 % beträgt. Die Umwandlung kann bei derselben Probe, wenn diese langsam (0,75 °C/min) aus dem β-Gebiet abgekühlt wird, dilatometrisch fast nicht mehr nachgewiesen werden [*A 14*]. Volumenänderungen durch mehrmaliges Durchfahren des $(\alpha + \beta)$-Temperaturgebietes bei der Legierung TiAl7Nb3 werden auf die Anisotropie der Volumenänderung in den möglichen verschiedenen Orientierungen bei der Umwandlung zurückgeführt [*E 11*].

Abgeschreckte, die instabile β-Phase enthaltende Titanlegierungen zeigen beim Aufheizen das Auftreten der Zwischenphasen (Vorstufe ω und ω-Phase), die sich vor der Ausscheidung des Gleichgewichts-α-Mischkristalls bilden, durch eine Volumenkontraktion an [*B 91, K 39, L 47, Z 12*] (vgl. Abb. 8.31d, S. 185).

4.3.3 Spezifische Wärme

Die spezifische Wärme wurde im Temperaturbereich zwischen −258 und +1580 °C an Titan hoher Reinheit [*K 67, S 93, B 123*] sowie in ersten Untersuchungen an Titan technischer Reinheit [*K 14, J 1*] bestimmt. Die Unterschiede in der spezifischen Wärme zwischen Titanproben verschiedener Reinheit sind gering. Bei 15 °C beträgt die spezifische Wärme des Titans $c_p = 0{,}1248 + 0{,}0002$ cal/°C · g ($C_p = 0{,}040$ cal/°C · mol). Die Temperaturabhängigkeit der spezifischen Wärme des Titans (Abb. 4.21) steigt bis etwa −70 °C stark an und nimmt dann ab etwa Raumtemperatur bis zur α/β-Umwandlungstemperatur annähernd linear zu. Die α-Phase besitzt bei der Umwandlungstemperatur eine höhere spezifische Wärme als die β-Phase. Nach einem temperaturunabhängigen Bereich bis etwa 1100 °C steigt sie dann bis zum Schmelzpunkt wieder an.

Wegen der allmählichen Verminderung des α-Anteils bei $(\alpha + \beta)$-Legierungen wird die Verminderung der spezifischen Wärme nicht beobachtet. Ein verstärkter Anstieg setzt nach dem Übergang in das Temperaturgebiet der homogenen β-Phase ein. Mit steigendem Sauerstoffgehalt des Titans nimmt bei -223 °C die spezische Wärme ab, während sie bei Raumtemperatur durch Sauerstoff erhöht wird [*M 10*].

Die spezifische Wärme von technischen Titanlegierungen in Abhängigkeit von der Temperatur (Abb. 4.21) weicht im Temperaturbereich zwischen Raumtemperatur und 650 °C nur wenig von der des Titans ab

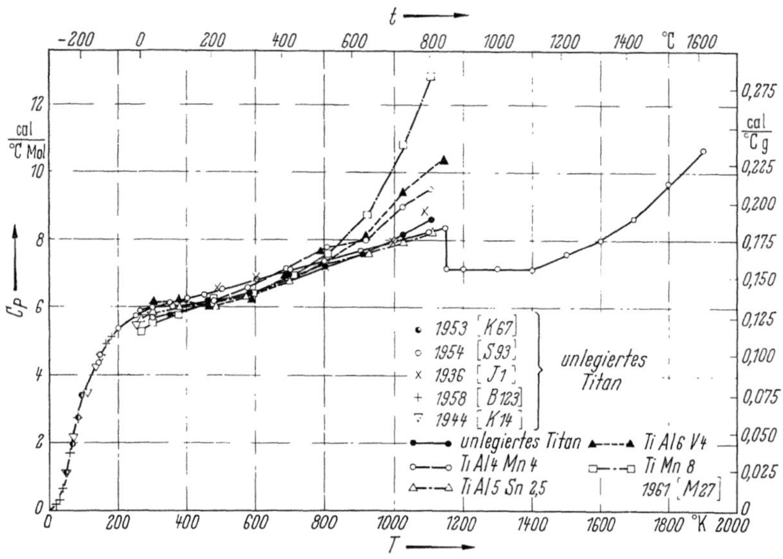

Abb. 4.21 Temperaturabhängigkeit der spez. Wärme von Titan und einigen Titanlegierungen.

[*H 72*, *M 27*]. Der Temperaturkoeffizient der spezifischen Wärme bei tiefen Temperaturen zeigt bei Titan-Aluminium-Legierungen beim Übergang in das α_2-Gebiet (Ti_3Al) eine starke Abnahme [*H 55c*]; bei Titan-Molybdän-Legierungen wird durch Umwandlungsvorgänge der Koeffizient stark verändert; z.B. liegt bei β-homogenisierten und abgeschreckten Proben das auftretende Maximum des Koeffizienten bei TiMo26 bei 3,7 °K und bei TiMo11 bei 2 °K. Die Debye-Temperatur für Titan wurde mit 421 °K berechnet, für Ti-Al-Legierungen liegt sie höher [*C 45a*].

4.3.4 Schmelz- und Umwandlungstemperatur

Da wegen der hohen Reaktionsfreudigkeit des geschmolzenen Metalles eine Schmelzpunktbestimmung von Titan mittels Thermoelementen nicht möglich ist, sind für derartige Messungen optische Pyrometer benutzt worden, wobei darauf geachtet wurde, daß während des Schmelzens keine Gase aufgenommen werden konnten und daß die Messungen in guter Näherung unter Bedingungen eines idealen schwarzen Strahlers erfolgten. Der Schmelzbeginn wurde bei den meisten Messungen visuell bestimmt [*S 42*, *S 40*, *D 8*], in einem Fall wurde die Temperatur, bei der eine elektrische Unterbrechung des Stromdurchganges beim Schmelzbeginn eintrat, registriert [*O 23*]. In Tab. 4.8 sind die Ergebnisse der-

Tabelle 4.8. *Schmelzpunkt von Titan*

Literatur	Schmelzpunkt [°C]
(1953) [*S 42*]	1660 ± 10
(1954) [*O 23*]	1672 ± 4
(1954) [*S 40*]	1665 ± 5
(1956) [*D 8*]	1668 ± 10

artiger Schmelzpunktbestimmungen an Titan zusammengestellt. Als wahrscheinlichster Wert wird ein Schmelzpunkt von 1668 ± 5 °C angenommen. Der Schmelzpunkt von Titan technischer Reinheit liegt im allgemeinen etwas über dem oben angegebenen Wert, da er durch Sauerstoff erhöht wird (vgl. Abb. 8,9. S. 162).

Die Umwandlungstemperatur des Übergangs von der kubischen β-Modifikation in die hexagonale α-Modifikation kann durch die Messung verschiedener physikalischer Eigenschaften bestimmt werden. Bei sehr reinem Titan wurde der Umwandlungspunkt mit Hilfe der Messung des Wasserstoffdampfdruckes mit 882,5 °C bestimmt [*M 48*]. Messungen der Leitfähigkeit [*M 49*], des Haltepunktes [*D 38*] und der thermoelektrischen Kraft [*W 73*] ergaben einen Umwandlungspunkt von etwa 882 ± 4 °C. Bei Messungen der thermischen Ausdehnung wurde bei mit Natrium reduziertem Titan mit einer Umschmelzhärte von HB 20/10 = 58 kp/mm² eine Umwandlungstemperatur von 878,5 ± 5 °C, bei Elektrolyttitan mit einer Umschmelzhärte von HB 20/10 = 60 kp/mm² eine solche von 892 ± 5 °C und bei Elektrolyttitan mit einer Umschmelzhärte von HB 20/10 = 70 kp/mm² eine solche von 881,5 ± 5 °C gefunden [*A 11*]. Mit zunehmendem Gehalt an Beimengungen wird der Temperaturbereich der Umwandlung verbreitert. Mit Hilfe von Leitfähigkeitsmessungen wurde der Einfluß eines Druckes bis zu 40 kbar auf die Umwandlungstemperatur von Titan geprüft und eine wesentlich geringere Abnahme der Umwandlungstemperatur als bei Zirkonium beobachtet [*J 19a*]. Bei ausreichend hohem Druck ($\geqq$ 85 kbar) bildet sich bei Raumtemperatur die ω-Phase [*J 15c*, *B 107a*] und bei etwa 350 kbar eine weitere Phase [*G 9b*] (vgl. Abb. 8.6b, S. 152).

4.3.5 Dampfdruck, Umwandlungs-, Schmelz-, Sublimations- und Verdampfungswärme

Die Umwandlungswärme für die α/β-Umwandlung wurde zunächst indirekt aus thermodynamischen Daten der Temperaturabhängigkeit des Wasserstoffgleichgewichtes im System Titan–Wasserstoff berechnet [*M 48*]. Der dabei gefundene Wert ist niedriger als der bei der direkten Messung im Vakuumkalorimeter bestimmte Wert von 880 cal/mol [*B 1a*]. Die aus dem Temperaturverlauf bei der Umwandlung für Titan verschiedener Herstellung und Reinheit bestimmten Werte der Umwandlungswärme weichen nur wenig voneinander ab. Sie sind in Tab. 4.9 wiedergegeben.

Wegen des hohen Schmelzpunktes von Titan und der hohen Reaktionsfreudigkeit des geschmolzenen Metalles, ist eine experimentelle Bestimmung der Schmelzwärme sehr schwierig. Aus der geschätzten Schmelzentropie wurde eine Schmelzwärme von etwa 5 kcal/mol berechnet [*B 48*]. Der Dampfdruck (Abb. 4.22) und die Sublimationswärme (112 kcal/mol) wurden meist aus der Verdampfungsgeschwindigkeit ermittelt. Die Unterschiede der Ergebnisse in Abb. 4.22 sind im wesentlichen auf verschieden zugrunde gelegte Eigenstrahlungswerte zurückzuführen [*B 48, C 13, E 1, S 143a*]. Die für die Abdampfung aufzuwendende Energie ist, verglichen mit der anderer Metalle, sehr hoch. Der Dampfdruck des festen Titans entspricht etwa der Beziehung $\log p$ (Torr) $= 7{,}3 - 24200/T$ [*C 13*], bzw. $\log p = 32{,}51129 - 27017{,}08/T + 61128 \cdot 10^{-8}\, T - 6{,}76842 \log T$ [*E 1*], der des flüssigen Titans $\log p$ (Torr) $= 9{,}15 - 22330/T$ [*K 49b*]. Aus dem angenäherten Wert der Schmelzwärme von etwa 5 kcal/mol kann der Siedepunkt von Titan zu 3500 °K berechnet werden [*M 55c*]. Dampfdruck-

Tabelle 4.9. *α/β-Umwandlungswärme von Titan*

Literatur	Umwandlungswärme [cal/mol]	Meßmethode
(1950) [*M 48*]	678 ± 70	Temperaturabhängigkeit des Wasserstoffgleichgewichtes in Titan-Wasserstoff-Legierungen
(1956) [*S 41*]	814 ± 80	Elektrolyt-Titan
	811	mit Natrium reduziertes Titan
(1958) [*B 1a*]	880	Adiabatisches Vakuum-Kalorimeter

messungen an Titan-Niob-Legierungen haben gezeigt, daß sich der Dampfdruck des Titans durch Niobzusätze stärker vermindert als aufgrund der Dampfdrücke der beiden Metalle zu erwarten wäre. Die Bindung zwischen Titan- und Niobatomen dürfte deshalb größer sein als die Bindung zwischen den Titanatomen [*K 100*].

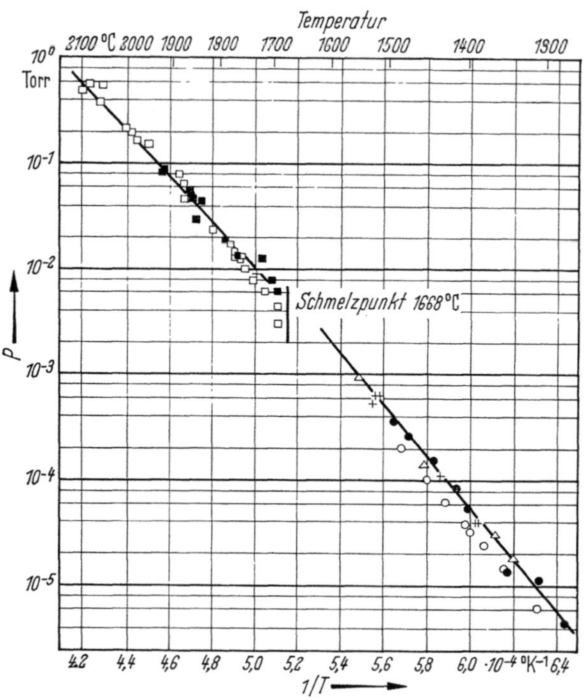

Abb. 4.22 Dampfdruck des Titans. △ [*B 48*]; + [*C 13*]; ○ [*E 1*]; ● [*S 143a*]; □ [*K 49b*]; ■ [*K 49a*].

4.3.6 Bildungswärme von Legierungen

Über die Bildungswärme bei Legierungen liegen nur wenige Untersuchungen vor. Im System Titan–Aluminium zeichnet sich die intermetallische Phase TiAl durch ein Maximum der Wärmetönung aus (−9000 cal/g Atom). Während im System Titan–Eisen im Bereich von TiFe eine Bildungswärme von −4800 cal/g Atom und im System Titan–Silizium für Ti_5Si_3 −17300, für TiSi −15500 und für $TiSi_2$ −10700 cal/g Atom gefunden wurden, war die Reaktion im System Titan–Zinn bei Gehalten bis zu 20% Sn und Temperaturen bis 1000 °C so gering, daß nur teilweise Legierungsbildung eintrat, und die Bildungswärme in diesem System wahrscheinlich zu niedrig gefunden wurde [*K 88, K 86*].

4.4 Dichte

Die Dichte von reinem Titan bei 25 ± 2 °C berechnet sich aus Gitterkonstantenmessungen mit $\varrho = 4{,}505$ g/cm³ [*C 34*]. Direkte Messungen mit pyknometrischen Methoden ergaben höhere Werte [*W 72, L 23*]. Als Mittelwert einer Reihe von pyknometrischen Bestimmungen an Jodidtitan wurde $\varrho = 4{,}507 \pm 0{,}005$ g/cm³ bestimmt [*F 5*]. Durch Gegenwart von Sauerstoff wird die Dichte von Titan etwas erhöht, da dieser als Einlagerungselement im Titangitter gelöst wird, wodurch dieses aufgeweitet wird (vgl. Abb. 4.2, S. 65). An Titan technischer Reinheit wird deshalb eine Dichte von etwa $\varrho = 4{,}51$ g/cm³ gefunden.

Die Dichte von α-Titan beträgt bei 870 °C: $\varrho = 4{,}35$ g/cm³. Für die β-Phase wurde aus Hochtemperatur-Gitterkonstantenmessungen bei 900 °C eine Dichte von 4,32 g/cm³ errechnet [*B 121*]. Experimentell

Tabelle 4.10. *Dichte technischer Titanlegierungen* [*A 28*]

Titanlegierung	Dichte [g/cm³]
Titan techn. Reinheit	4,51
TiAl5Sn2,5	4,46
TiAl8Mo1V1	4,37
TiAl8Nb2Ta1	4,40
TiAl4Mn4	4,53
TiAl4Mo3V1	4,52
TiAl6V4	4,43
TiAl7Mo4	4,48
TiV16Al2,5	4,65
TiV13Cr11Al3	4,85

wurde ein etwas höherer Wert von $\varrho = 4{,}35$ g/cm³ bei 900 °C bestimmt [*B 48*]. Der Einfluß von Legierungszusätzen auf die Dichte binärer Titanlegierungen ist weitgehend vom Anteil und der Dichte der Legierungspartner abhängig [*M 27*]. In Tab. 4.10 ist die Dichte einiger technischer Titanlegierungen zusammengestellt. Nur die beiden Legierungen

TiV16Al12,5 und TiV13Cr11Al3 besitzen gegenüber Titan technischer Reinheit eine deutlich höhere Dichte. Die niedrigste Dichte weist die Legierung TiAl8Mo1V1 auf [*A 28*].

4.5 Oberflächenspannung

Die Oberflächenspannung des Titans bei 1600 °C beträgt 1700 erg/cm² [*K 64e*], die des flüssigen Titans wurde in der Nähe des Schmelzpunktes mit 1390 ± 40 dyn/cm [*P 21*] bestimmt. Die Dämpfung bei der Viskositätsmessung in flüssigem Titan ist etwa so groß wie die in flüssigem Stahl. Wegen der geringen Dichte des Titans gegenüber Stahl ergibt sich daraus eine innere Reibung, die etwa der Hälfte der inneren Reibung von Stahl entspricht [*G 53*].

4.6 Elastizitätsmodul und Dämpfungsverhalten

Werte für den E-Modul von Titan bei Raumtemperatur können, wie Abb. 17.1, S. 484 zeigt, je nach Orientierung zwischen 10400 und 14800 kp/mm² liegen. Unterschiede dürften sowohl auf unterschiedliche Gehalte an Beimengungen als auch auf eine durch die Verarbeitung bedingte Ausbildung verschiedener Vorzugslagen der Kristallite zurückzuführen sein. In Tab. 4.11 sind Meßwerte für Titan verschiedener Textur für den geglühten Zustand wiedergegeben, der E-Modul wurde dabei sowohl dynamisch [*G 43*] als auch statisch bestimmt [*G 2*]. Die

Tabelle 4.11. *Einfluß der Orientierung auf den E-Modul von unlegiertem Titan und der Titanlegierung TiAl5Sn2,5*

Ausrichtung der Probenachse zur Walzrichtung [°]	E-Modul [kp/mm²]				
	unlegiertes Titan			Titanlegierung TiAl5Sn2,5	
	[*G 43*]	[*G 2*]		[*R 58a*]	
		geglüht	0,6 % vorgereckt	warmgezogen (700 °C)	geglüht (875 °C)
0 [11$\bar{2}$0]	10700	10650	10400	11900	11750
10 –	10700	–	–	–	–
15 –	–	–	–	11750	11900
20 –	10750	–	–	–	–
30 [10$\bar{1}$0]	10750	–	–	11750	11980
45 –	–	11100	10900	11800	11750
60 –	–	–	–	12020	11680
90 –	–	11850	11300	12500	11680
Texturfrei	11400				

Werte des E-Moduls von texturhaltigem geglühtem Blech in der Blechebene sind demnach geringer als im texturfreien Werkstoff. Außerdem ist in der Blechebene der E-Modul abhängig von der Orientierung der Probe zur Walzrichtung, wobei in Walzrichtung der niedrigste Wert gefunden wurde. Bereits eine Kaltverformung von 0,6% vermindert den E-Modul. Der Kompressionsmodul in Richtung der c-Achse mit einem Wert von 13900 kp/mm² ist höher als der E-Modul in Richtung der a-Achse. Ähnliche Änderungen der Werte des E-Moduls treten auch bei α-Titanlegierungen, z.B. bei der Legierung TiAl5Sn2,5 auf [*G 2, R 58a, K 0c*]. Der Schubmodul von unlegiertem Titan wurde mit 4050 kp/mm² ermittelt, woraus sich bei einem für den gleichen Werkstoff bestimmten E-Modul von 10800 kp/mm² eine Poissonsche Zahl von 0,34 ergibt [*R 41*].

Wie aus Tab. 4.12 hervorgeht, wird durch die Einlagerungselemente Sauerstoff und Stickstoff der Wert des E-Moduls erhöht. Eine stärkere Zunahme wird bei Ausscheidungen von intermetallischen Verbindungen wie Titankarbid, Titanborid oder Titansilizid gefunden, wobei Gehalte von über 1% B oder C die stärkste Erhöhung hervorrufen. Durch das die α-Phase stabilisierende Aluminium wird der E-Modul von Titan ebenfalls erhöht. Ein Zusatz von 1% Al bewirkt dabei eine Zunahme von

Tabelle 4.12. *Einfluß von Legierungszusätzen auf den E-Modul von Titan* [*G 42*]

Legierungszusatz [Gew.-%]	Dynamischer E-Modul [kp/mm²] RT	260°	400°	Temperaturbeiwert [kp/mm²] 20–260 °C
0,03 O	11500	7700	8850	7,5
0,40 O	11800	10200	–	6,7
0,49 O	11900	10400	–	6,25
0,59 O	12000	10300	–	7,1
0,33 N	11850	10300	9300	6,5
0,48 N	11600	9900	8850	7,1
0,73 N	11700	10000	9000	7,1
0,40 C	12400	10700	9850	7,1
0,66 C	12700	11000	10100	7,1
1,33 C	13200	11600	10600	6,7
2,69 C	14350	12000	11900	9,7
0,48 B	12600	11000	10050	6,7
0,96 B	13300	11600	10700	7,1
1,36 B	14200	12500	11600	7,1
0,56 Si	11600	10000	9060	6,7
0,96 Si	11700	10100	9200	6,7
1,55 Si	12200	10600	9700	6,7

140 kp/mm² [*G 42, C 21a, M 82b*]. Im Gegensatz dazu wird [*J 10*] durch die Metalle Zinn und Zirkonium, die ebenfalls eine hohe Löslichkeit in der α-Phase besitzen, der E-Modul etwas vermindert [*G 43, B 116*], durch Hafniumgehalte von >20% dagegen erhöht [*N 3e*].

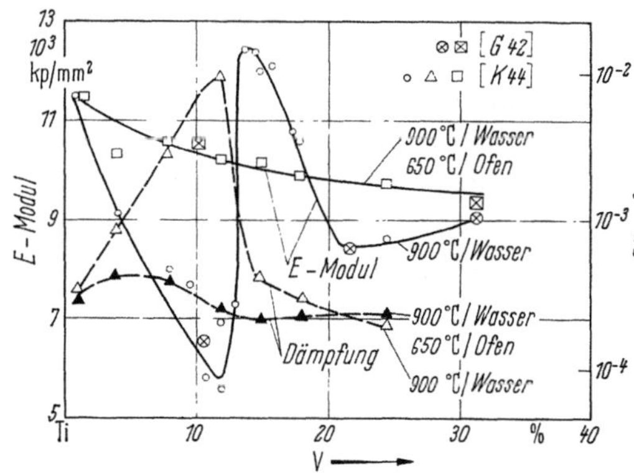

Abb. 4.23 E-Modul und Dämpfung bei Raumtemperatur im System Titan–Vanadin.

In Legierungen mit β-stabilisierenden Zusätzen ist im Gleichgewichtszustand der E-Modul geringer als bei Titan. Er wird durch Struktur und Wärmebehandlung stark beeinflußt. Abb. 4.23 zeigt den Einfluß der Zusammensetzung auf E-Modul und Dämpfung binärer Titan-Vanadin-

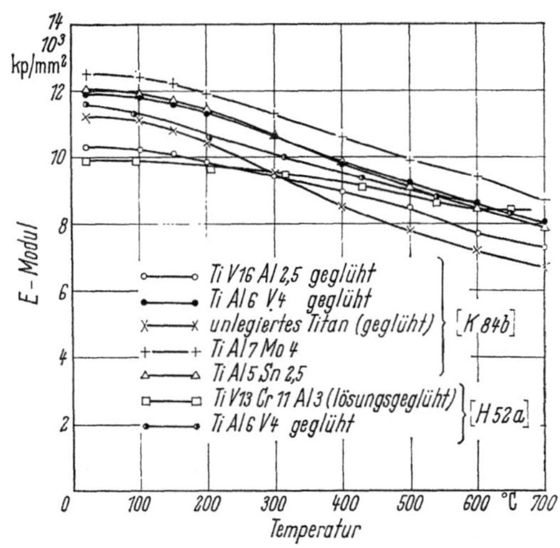

Abb. 4.24 Temperaturabhängigkeit des E-Moduls von Titan und verschiedenen Titanlegierungen.

Legierungen. Während im Gleichgewichtszustand (900 °C Wasser + 650 °C Ofen) der E-Modul sich annähernd linear mit steigendem Legierungszusatz vermindert, tritt in dem aus dem β-Gebiet (900 °C) abgeschreckten Zustand in Abhängigkeit vom Legierungsgehalt ein Minimum und ein Maximum des E-Moduls auf. Durch Martensit und instabile β-Phase wird dabei ein sehr niedriger E-Modul und durch die ω-Phase ein hoher E-Modul verursacht. Die Dämpfung wird durch die Zustandsänderung im umgekehrten Sinne wie der E-Modul beeinflußt [*H 64, G 42, Z 9, K 44, F 11a, F 29b, N 3f, F 11c*] (vgl. auch Kap. 11.2, S. 263).

Die Änderung des E-Moduls mit der Temperatur für Titan und verschiedene technische Legierungen ist in Abb. 4.24 wiedergegeben. Der E-Modul fällt mit steigender Temperatur ab. Der von verschiedenen

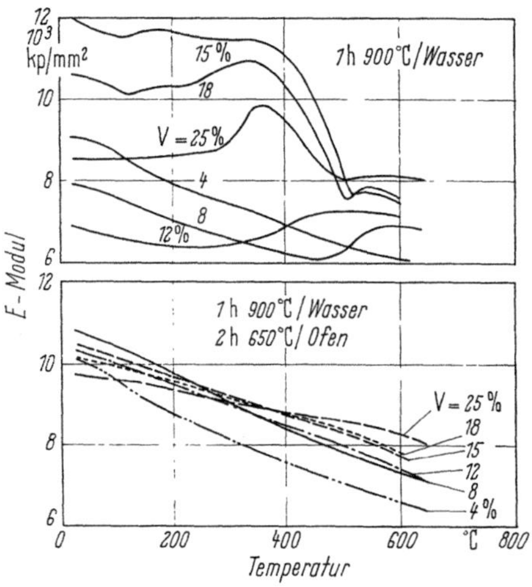

Abb. 4.25 Temperaturabhängigkeit des E-Moduls von Titan-Vanadin-Legierungen [*K 44*].

Autoren festgestellte Temperaturbeiwert liegt zwischen $-6{,}2\,kp/mm^2/°C$ (20–800 °C) und $-7{,}5\,kp/mm^2/°C$ (20–500 °C) [*K 52, G 42, B 112, S 48a*]. Die Abnahme des E-Moduls mit steigender Temperatur ist bei Legierungen mit höherem Gehalt an β-stabilisierenden Legierungselementen geringer als bei den übrigen Legierungen [*S 44, H 52a*]. Die Temperaturabhängigkeit des E-Moduls binärer Titan-Vanadin-Legierungen zeigt Abb. 4.25. Während im Gleichgewichtszustand der E-Modul annähernd linear mit steigender Temperatur abnimmt, wird bei den instabilen Legierungen während der Aufheizung durch die Bildung von Zwischenzuständen der β/α-Umwandlung der E-Modul wie auch bei Titan-Molybdän- [*K 44*] und bei Titan-Niob-Legierungen [*F 11a*] erhöht.

Die Dämpfung von Titan nimmt mit steigender Spannungsamplitude und Temperatur zu, während mit zunehmender Frequenz eine Abnahme der Dämpfung auftritt [*H 86*]. Durch Kaltverformung vermindert sich bei unlegiertem Titan bei geringen Amplituden die Dämpfung ebenfalls, während bei größeren Amplituden im Bereich der technischen Dehngrenzen die Dämpfung zunimmt [*B 56*]. Die mechanische Dämpfung des hexagonalen α-Titans zeigt bei langsamer Frequenz außer einem Dämpfungsmaximum der Korngrenzenviskosität bei 740 °C ein Maximum bei 450 °C, das, wie Abb. 4.26 zeigt, mit wachsendem Sauerstoffgehalt zunimmt. Auch für Stickstoff (bei 515 °C) und Kohlenstoff (bei 400 °C) wird ein entsprechendes Dämpfungsmaximum beobachtet. Man nimmt

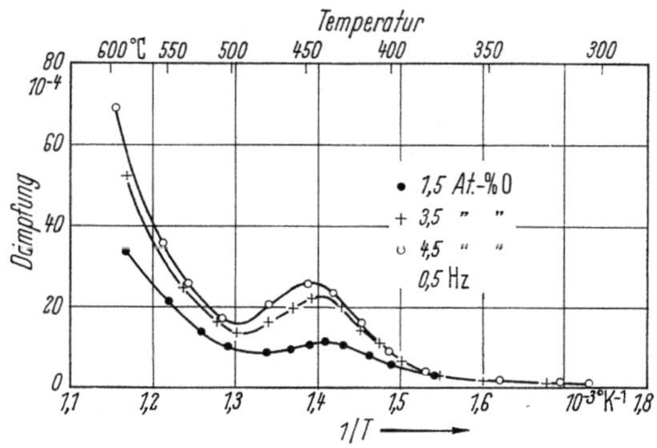

Abb. 4.26 Einfluß des Sauerstoffgehaltes auf die Temperaturabhängigkeit der Dämpfung (tang δ = log Dämpfungsdekrement/π) von Titan bei niedriger Frequenz [*P 44*].

an, daß die Einlagerungsatome beim Anlegen einer Zugspannung bei diesen Temperaturen paarweise auf energetisch günstigere Plätze des Kristallgitters eindiffundieren und beim Anlegen einer Kompressionsspannung wieder an die alten Plätze zurückgehen [*P 44, M 79*]. Die Höhe des Dämpfungsmaximums ist proportional der Quadratwurzel des Gehaltes des entsprechenden Einlagerungselementes [*M 79a*]. Bei Titan–Sauerstoff wird ein Endwert der inneren Reibung bei 1,5 At.-% O gefunden [*G 68*]. Bei wasserstoffhaltigem Titan wurde ein Maximum (Hz = 1–1,36) im Temperaturbereich zwischen 200 und 300 °C beobachtet, das der Lösung und Ausscheidung von Hydrid (vgl. Kap. 12.3, S. 350ff.), und ein weiteres Maximum bei etwa 0 °C, das der Diffusion der Wasserstoffatome im Gitter zugeschrieben wurde [*K 53*]. Weitere Maxima, die durch Abschrecken oder Zusatz von 3 % Al verstärkt wurden, traten bei −19 und −70 °C auf (Hz = 1,7). Bei TiFe3, TiMn3 und TiMn6 wurde ein Maximum bei −170 °C gefunden, das durch Wärmebehandlung nur wenig verändert wurde [*S 108b*].

Röntgenographische Untersuchungen der Orientierungsabhängigkeit der Elastizitätskonstanten bei Titan [*E 20*] und bei TiAl6V4 [*B 58c, B 58d*] haben ergeben, daß die Streuungen der Meßwerte groß sind und Grenzannahmen zur Ermittlung der Verformung genügen.

5. Selbstdiffusion und Diffusion von Fremdatomen

Diffusionsvorgänge der Selbstdiffusion, wie auch der Diffusion von Fremdatomen, spielen bei vielen Prozessen der Herstellung und Verarbeitung von Titan und Titanlegierungen eine wichtige Rolle. Die Einlagerungselemente zeigen eine um Größenordnungen raschere Diffusion als die Substitutionselemente.

5.1 Selbstdiffusion

Um ein Maß für die Temperaturabhängigkeit der Selbstdiffusion zu erhalten, wurde aufgrund physikalischer Daten und indirekter Messungen versucht, die Aktivierungsenergie der Selbstdiffusion zu bestimmen. Eine Abschätzung der Aktivierungsenergie der Selbstdiffusion für β-Ti aus dem Schmelzpunkt ergab einen Wert von 77000 cal/mol [*P 39*]

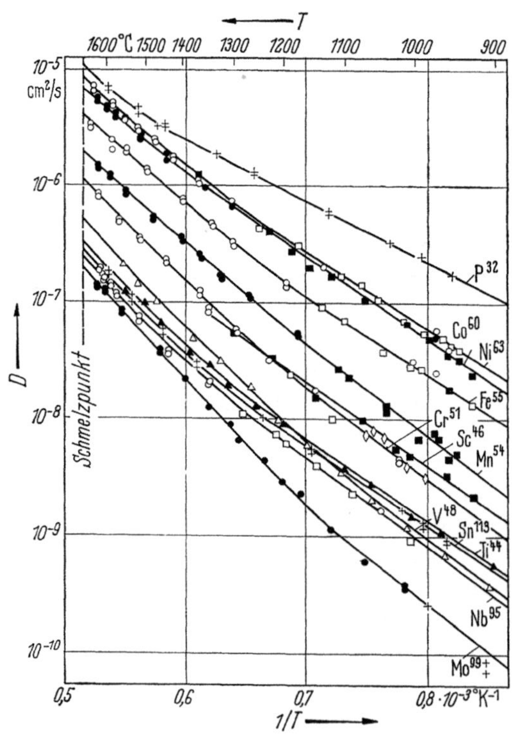

Abb. 5.1 Diffusion von radioaktiven Isotopen in β-Titan [*G 13, M 106 a, A 38 d*].

und aus der Verdampfungswärme einen Wert von 74000 cal/mol [*M 98*]. Die Messung der Temperaturabhängigkeit der Selbstdiffusion in β-Titan mit Hilfe des Isotops Ti^{44} ergab oberhalb 1200 °C keine lineare Abhängigkeit der Arrheniuslinie (Abb. 5.1). Folgende Beziehung für den Bereich von 900–1540 °C wurde ermittelt: $D = 3{,}58 \cdot 10^{-4} \cdot e^{-31\,800/RT} + 1{,}09 \cdot e^{-60\,000/RT}$ [*M 106a*]. Bei einer anderen Untersuchung wurde für denselben Temperaturbereich $D \cong 1{,}6 \cdot 10^{-3} \cdot e^{-35\,000/RT}$ gefunden [*L 32a, R 18b, D 44*]. Mit zunehmendem Vanadingehalt des Titans nimmt der Selbstdiffusionskoeffizient im β-Titan z.B. bei 1100 °C von $2{,}4 \cdot 10^{-9}$ cm²/sec bei TiV10 auf $1{,}6 \times 10^{-12}$ cm²/sec in reinem Vanadin ab [*M 106*] (vgl. Tab. 5.5, S. 110).

Messungen der Selbstdiffusion in α-Titan zwischen 690 und 850 °C mit Hilfe des Isotopes Ti^{44} sind in Abb. 5.2 wiedergegeben. Die Temperaturabhängigkeit des Diffusionskoeffizienten entspricht der Beziehung $D = 6{,}4 \cdot 10^{-8} \cdot e^{-29\,300/RT}$ cm²sec⁻¹ [*L 32*]. Die Selbstdiffusion des α-Titans ist demnach wesentlich geringer und weniger temperaturabhängig als die des β-Titans. Mit zunehmendem Druck nimmt die Selbstdiffusion des Titans ab [*J 19c*].

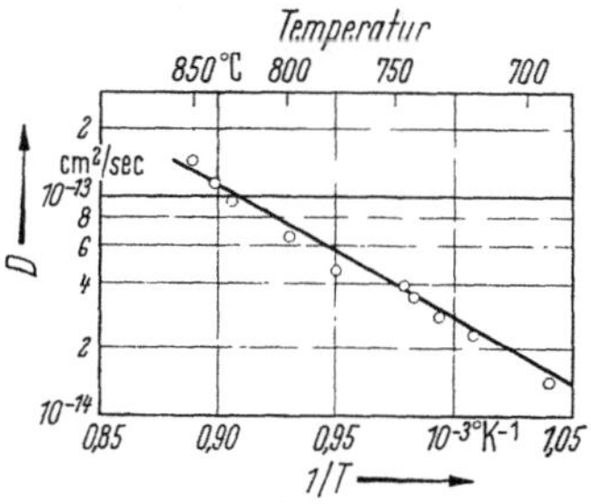

Abb. 5.2 Temperaturabhängigkeit des Selbstdiffusionskoeffizienten von α-Titan [*L 32*].

5.2 Diffusion von Einlagerungselementen und Edelgasen

Eine Zusammenstellung der über die Diffusion von Einlagerungselementen und Edelgasen in Titan vorliegenden Versuchsergebnisse enthält Tab. 5.1. Untersuchungen über die Diffusion von Sauerstoff in Titan erfolgten durch Glühen von Titan in Sauerstoff durch analytische Bestimmung der Sauerstoffaufnahme [*W 13*] bzw. durch Prüfung der Änderung des elektrischen Widerstands bei Glühung einer oberflächlich oxidierten Probe im Vakuum [*C 33*], ferner durch Glühen von Titan in TiO_2 und Messung des Mikrohärteverlaufs in der Diffusionszone [*R 61, R 64b*]. Messungen der inneren Reibung ergaben eine Aktivierungsenergie von etwa 47000 cal/mol bei niedrigen Sauerstoffgehalten (~0,2%) und

75000 cal/mol bei höheren Sauerstoffgehalten (~2%) [*P 44, G 68a*]. Abb. 5.3 gibt die Temperaturabhängigkeit von ermittelten Diffusionskoeffizienten wieder. Trotz der starken Unterschiede von D_0 und der Aktivierungsenergie stimmen die Diffusionskoeffizienten im interessierenden Temperaturbereich (700–1000 °C) innerhalb etwa einer Größen-

Tabelle 5.1. *Diffusion von Einlagerungselementen und Edelgasen in α- und β-Titan und in Titanlegierungen*

Diffusions-element	Temperatur-bereich [°C]	Frequenz-faktor D_0 [cm²/sec]	Aktivie-rungs-energie Q [cal/mol]	Werkstoff	Literatur
Sauerstoff	950–1415	1,6	48200	β-Titan	[*W 13*]
	1135–1355	$8{,}3 \cdot 10^{-2}$	31200	β-Titan	[*C 33*]
	930–1150	31400	68700	β-Titan	[*R 61*]
	907–1030	0,45	36000	β-Titan	[*S 107b*]
	932–1142	330	58000	β-Titan	[*R 64b*]
	932–1142	0,778	48600	α-Titan	[*R 64b*]
	750–1050	9400	68500	α-Titan	[*T 13c*]
	755– 870	16	52000	α-Titan	[*S 107a*]
	700– 850	$5{,}08 \cdot 10^{-3}$	33500	α-Titan	[*R 61*]
	450	0,4	48000	α-Titan	[*P 44*]
Stickstoff	900–1570	$3{,}5 \cdot 10^{-2}$	33800	β-Titan	[*W 13*]
	900–1570	$1{,}2 \cdot 10^{-2}$	45250	α-Titan	[*W 13*]
	1200–1450	0,25	56000	α-Titan	[*I 11*]
	1350–1700	0,2	57000	α-Titan	[*E 13a*]
	1300–1610	6,75	68000	α-Titan	[*L 26a*]
Kohlenstoff	920–1200	108	48400	Jodid-β-Titan	[*W 3*]
	700– 880	5,06	43500	Jodid-α-Titan	[*W 3*]
Wasserstoff	900–1020	$1{,}95 \cdot 10^{-3}$	6640	Jodid-β-Titan	[*W 12*]
	900–1020	$3{,}75 \cdot 10^{-3}$	8440	Jodid-β-Titan	[*A 22*]
	610– 900	$3{,}0 \cdot 10^{-2}$	14700	Elektrolyt-α-Titan	[*P 2a*]
	500– 825	$1{,}8 \cdot 10^{-2}$	12380	Jodid-α-Titan	[*W 12*]
	650– 850	$1{,}45 \cdot 10^{-2}$	12750	Jodid-α-Titan	[*A 22*]
	600– 800	$0{,}86 \cdot 10^{-2}$	12400	α-Titan	[*A 22*]
	700– 900	$0{,}27 \cdot 10^{-2}$	14200	α-Titan	[*K 99*]
	500– 700	$1{,}15 \cdot 10^{-2}$	11000	α-Titan	[*K 60c*]
	600– 800	$1{,}86 \cdot 10^{-3}$	8920	TiAl4Mn4	[*A 22*]
	600– 800	$0{,}405 \cdot 10^{-3}$	7170	TiMn8	[*A 22*]
	20– 500	$1{,}58 \cdot 10^{-3}$	5140	TiV13Cr11Al3	[*H 74a*]
	600– 700	$1{,}22 \cdot 10^{-2}$	12700	TiAl5Sn2,5	[*A 22*]
Helium	615– 720	$1{,}1 \cdot 10^{-9}$	16100	α-Titan	[*R 60*]
Xenon	400– 800	$1{,}5 \cdot 10^{-3}$	46300	α-Titan	[*K 64g*]

ordnung überein. Für den Bereich der β-Phase schwankt die gemessene Aktivierungsenergie zwischen 31000 und 68700 cal/mol.

Die Bestimmung der Diffusionsgeschwindigkeit von Stickstoff in α- und β-Titan erfolgte durch Glühen von Titan in Stickstoffatmosphäre.

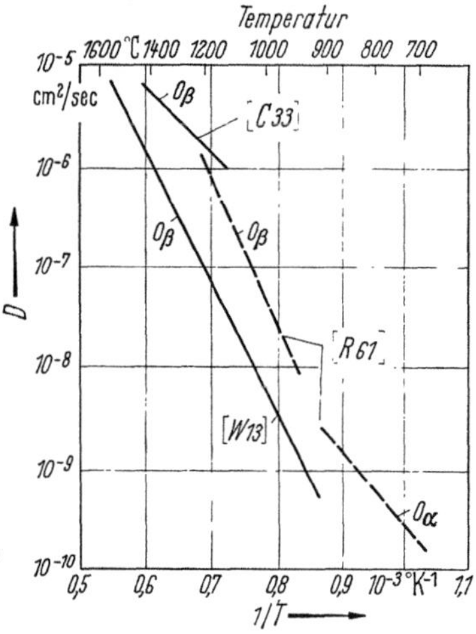

Abb. 5.3 Diffusion von Sauerstoff in α- und β-Titan.

Im untersuchten Temperaturbereich (Abb. 5.4) ist die Diffusionsgeschwindigkeit von Stickstoff in α-Titan niedriger als in β-Titan. Im α-Titan wurde für denselben Temperaturbereich wie bei Sauerstoff eine höhere Aktivierungsenergie bestimmt als in β-Titan [*W 13, L 26a, E 13a, I 11, I 3a*]. Durch Glühen einer TiN-haltigen Oberfläche in Stickstoff wurde das Wachstum der TiN-Schicht bestimmt und für die Diffusion ein Frequenzfaktor von 0,58 und eine Aktivierungsenergie von 66000 cal/mol für den Temperaturbereich von 1200–1450 °C bestimmt [*I 11*]. Bei Messungen des Thermotransports von Sauerstoff und Stickstoff in β- und α-Titan wurde festgestellt, daß die Transportwärme in β-Titan positiv und in α-Titan wahrscheinlich negativ ist [*V 5a*].

Auch für die Diffusion von Kohlenstoff in Titan, die durch Vakuumglühen von Titan mit Titankohlenstofflegierungen ermittelt wurde, ist eine geringere Diffusionsgeschwindigkeit des Kohlenstoffes in der α-Phase als in der β-Phase bestimmt worden (Abb. 5.5). Die Aktivierungsenergie ist für die Diffusion in der β-Phase höher als in der α-Phase. Eine Konzentrationsabhängigkeit der Diffusionsgeschwindigkeit konnte im untersuchten Konzentrationsbereich bis 1,3 % C nicht festgestellt werden [*W 3*].

Die Diffusionsgeschwindigkeit von Wasserstoff (vgl. Kap. 12.1, S. 341 ff.), die bei Raumtemperatur bereits merklich stattfinden kann und durch Spannung (Spannungsrißkorrosion) beschleunigt wird [*D 19a*], liegt gegenüber der der anderen Einlagerungselemente um Größenordnungen höher. Bei der Temperatur der β/α-Umwandlung ist die Diffusionsgeschwindigkeit in der α-Phase geringer als in der β-Phase. Die Aktivierungsenergie ist in α-Titan höher als in β-Titan. Sie ist jedoch in beiden Fällen niedrig (Abb. 5.5, Tab. 5.1). Eine Konzentrationsabhän-

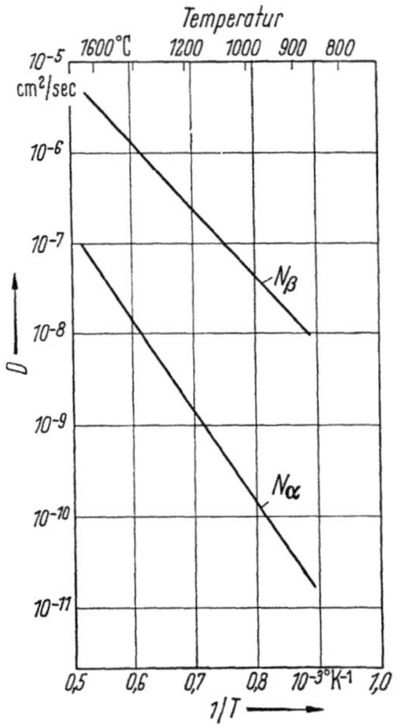

Abb. 5.4 Diffusion von Stickstoff in α- und β-Titan [*W 13*].

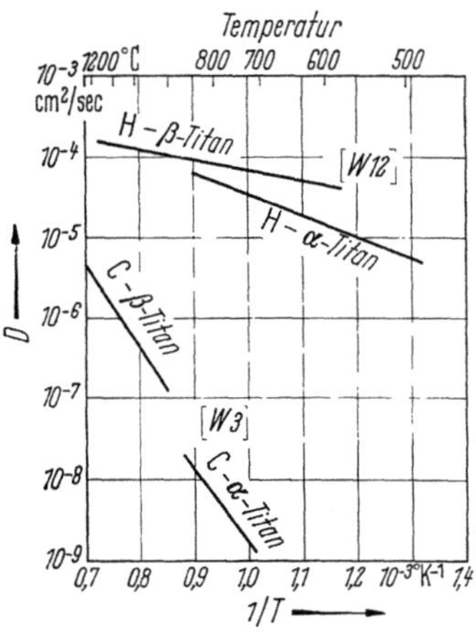

Abb. 5.5 Diffusion von Wasserstoff und Kohlenstoff in α- und β-Titan.

gigkeit des Diffusionskoeffizienten wurde im untersuchten Konzentrationsbereich nicht festgestellt, dagegen wird bei höheren Wasserstoffkonzentrationen (>5 At.-% H) eine Konzentrationsabhängigkeit erwartet [*W 12*]. Bei Legierungen mit höheren Gehalten an β-stabilisierenden Zusätzen ist die Aktivierungsenergie für die Diffusion des Wasserstoffs besonders niedrig [*A 22, H 74a*].

Die Aufnahme von Sauerstoff und Stickstoff aus der Luft bei der Warmverarbeitung und Glühbehandlung von Titanlegierungen wurde für verschiedene Legierungen aus dem Härteverlauf in der Diffusionszone gemessen und der Diffusionskoeffizient berechnet [*R 40b*]. Es handelt sich im wesentlichen um eine Eindiffusion von Sauerstoff. Die Geschwindigkeit der Volumendiffusion hängt dabei von der Kornorientierung ab (vgl. Abb. 15.4a–h, S. 454). Die in Tab. 5.2 zusammengestellten Werte zeigen auch hier Unterschiede in der ermittelten Aktivierungsenergie. Neben der Volumendiffusion spielt bei Legierungen die Korngrenzendiffusion von Sauerstoff und Stickstoff aus der Luft eine wichtige Rolle, da dadurch, insbesondere bei grober Gefügeausbildung, eine Rißbildung auftreten kann [*Z 18*] (vgl. Kap. 13.6, S. 427ff.).

Tabelle 5.2. *Diffusion von Sauerstoff und Stickstoff in Titan und Titanlegierungen bei Glühung an Luft* [*R 40b, M 27*]

Legierung	Temperaturbereich °C	Frequenzfaktor D_0 [cm²/sec]	Aktivierungsenergie [cal/mol]
Titan techn. Reinh.	815–1090	$2{,}03 \cdot 10^5$	75300
TiAl5Sn2,5	815–1150	94,4	58800
TiAl4Mn4	760–1150	74,9	55500
TiAl6V4	815–1095	388	59500
TiAl4Mo3V1	760–1040	388	59500
TiV13Cr11Al3	815–1040	0,348	38700
TiV16Al2,5	760–1025	$2{,}0 \cdot 10^4$	60700

Aus Oxydations- und Nitrierungsversuchen ermittelte Werte der Aktivierungsenergie liegen [*D 5, R 45, S 88*] ebenfalls in der Größenordnung der Werte der Aktivierungsenergie, die für die Diffusion von Sauerstoff in β- und α-Titan bestimmt wurden. Bei Temperaturen von etwa 600 °C und sauerstoffhaltigen Legierungen werden dagegen niedrigere Werte als bei der Diffusion von Sauerstoff in α-Titan gefunden [*G 66, J 20*].

Die Bestimmung der Diffusion von Helium in Titan erfolgte durch Entgasung von dünnen Titanschichten, in denen He^3 gelöst war. Letzteres bildete sich durch Zerfall des radioaktiven Isotops H^3, mit dem die Titanschichten beladen worden waren [*S 57b*]. Durch Erhitzen im Vakuum bei 400 °C kann der Rest des radioaktiven Wasserstoffs entfernt werden, während das gebildete He^3 noch im Metall gelöst bleibt. Erst bei Temperaturen oberhalb 600 °C entweicht He^3 innerhalb weniger Stunden. Aus den Entgasungskurven bei 615–720 °C wurden die in Tab. 5.1 wiedergegebenen Diffusionskoeffizienten ermittelt. Die Aktivierungsenergie für die Diffusion von Helium in Titan liegt zwischen dem Wert von Wasserstoff und dem der Einlagerungselemente Sauerstoff, Stickstoff und Kohlenstoff [*R 60*].

5.3 Diffusion von Substitutionselementen

In ersten Untersuchungen über die Diffusionskoeffizienten von Chrom, Eisen und Molybdän in Titan wurde eine niedrige Aktivierungsenergie für die Diffusion dieser Metalle in Titan ermittelt. Im Temperaturgebiet zwischen 800 und 1100 °C ist der Diffusionskoeffizient für Eisen am größten (1000 °C: 10^{-8} cm²/sec) und nimmt über Chrom zu Molybdän (1000 °C: $9 \cdot 10^{-10}$ cm²/sec) ab [*S 55*]. Diffusionsmessungen mit Hilfe von radioaktiven Isotopen in β-Titan ergaben bis zu Temperaturen von etwa 1200 °C, bei denen auch die Versuchsanordnung geändert wurde, eine Linearität, darüber eine Abweichung von der Arrheniuslinie, wie das Abb. 5.1, S. 102 zeigt [*M 106a, G 13, G 41e, A 38d*]. Die Werte für den Frequenzfaktor und die Aktivierungsenergie für die beiden Temperaturbereiche sind in Tab. 5.3 wiedergegeben. Auch bei der Diffusion von Cr^{51}, W^{185} und Fe^{59} in pulvermetallurgisch hergestelltem Titan wurde eine hohe Aktivierungsenergie gefunden [*G 63*].

Tabelle 5.3. *Diffusion von radioaktiven Isotopen in β-Titan in verschiedenen Temperaturbereichen*

Element	Bis etwa 1200 °C		Oberhalb etwa 1200 °C		Literatur
	Frequenzfaktor $D_0 \cdot 10^{-4}$ (cm²/sec)	Aktivierungsenergie Q (cal/mol)	Frequenzfaktor D_0 (cm²/sec)	Aktivierungsenergie Q (cal/mol)	
Be^7	0,80	40200	–	–	[*P 9c*]
P^{32}	36,2	24100	5	56500	[*A 38d*]
Ti^{44}	2,0	29800	1,0	59800	[*M 106a*]
Sc^{46}	21	32700	$3 \cdot 10^{-4}$	32400	[*A 38d, A 38c*]
V^{48}	10	34700	3,4	61500	[*M 106a*]
Cr^{51}	74	36600	14	65500	[*G 13*]
Mn^{54}	76	34300	12	64500	[*G 13*]
Fe^{55}	80	30000	15	60700	[*G 13*]
Co^{60}	130	30900	16	61300	[*G 13*]
Ni^{63}	170	31600	20	60000	[*G 13*]
Zr^{95}	47	35400	$4{,}7 \cdot 10^{-3}$	35400	[*P 9a*]
Nb^{95}	13	34900	9,5	69500	[*G 13*]
Mo^{99}	7	36900	3,6	65000	[*G 13*]
Mo^{99}	2,8	33200	0,24	51300	[*P 9a*]
Ag^{110}	–	–	$3 \cdot 10^{-3}$	43000	[*A 38c*]
Sn^{113}	3,8	31600	9,5	69200	[*A 38d*]
Ta^{182}	7,2	33500	50	74000	[*A 38e*]
U^{235}	20	33000	–	–	[*K 64d*]
W^{185}	36	43900	–	–	[*P 9a*]

Der Diffusionskoeffizient und seine Temperatur- und Konzentrationsabhängigkeit wurde für Legierungen mit Aluminium, Zinn, Vanadin und Molybdän im Bereich der β-Phase bis 1250 °C, für Titan-Mangan-Legierungen bis 1190 °C sowie für aluminium- und zinnhaltige Legierungen im Gebiet der α-Phase bestimmt [*G 38*]. Der jeweils untersuchte Konzentrationsbereich ist aus Abb. 5.6 und Tab. 5.4 ersichtlich. Aluminium und Zinn zeigen im Bereich der β-Phase eine starke Konzentrations-

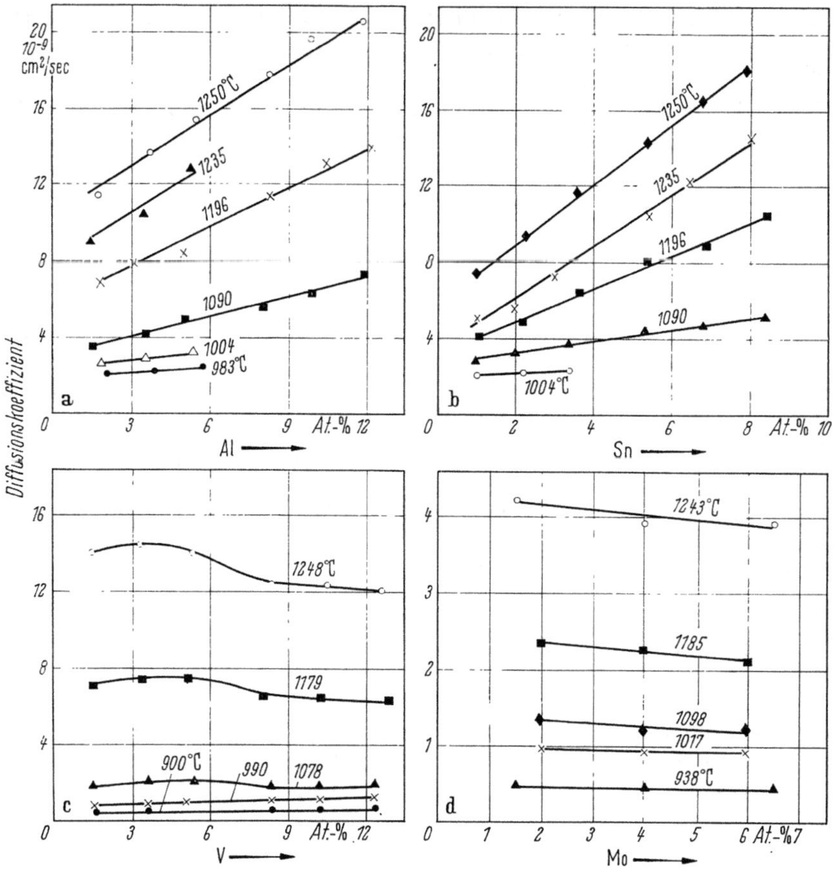

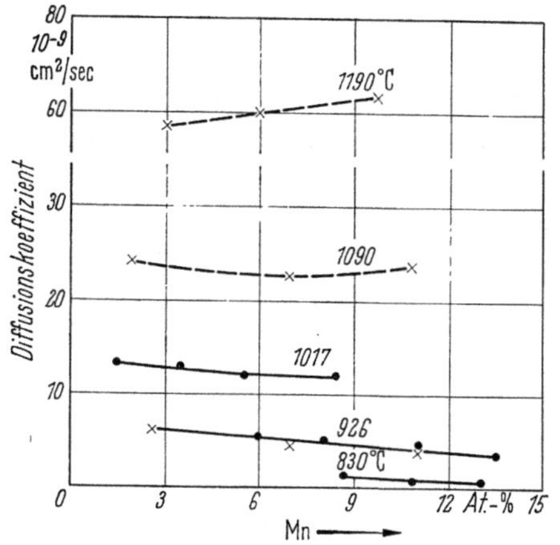

Abb. 5.6 a–e Abhängigkeit des Diffusionskoeffizienten für die Diffusion von Aluminium, Zinn, Vanadin, Molybdän und Mangan im Titan vom Legierungsgehalt [*G 38*] (Abb. e rechts).

abhängigkeit des Diffusionskoeffizienten. Dieser steigt annähernd linear mit der Legierungskonzentration an. Die Aktivierungsenergie für die Diffusion erhöht sich ebenfalls mit zunehmendem Legierungsgehalt (Tab. 5.4). In den untersuchten molybdän-, vanadin- und manganhaltigen Legierungen ist dagegen der Diffusionskoeffizient annähernd konzentrationsunabhängig. Zusätzlich wurden bei 1250 °C partielle Diffusionskoeffizienten aus der Wanderung von Thoriumoxidstäben ermittelt, die in Tab. 5.5 wiedergegeben sind. Danach besitzt lediglich Molybdän einen geringeren Diffusionskoeffizienten als Titan, während dieses wiederum langsamer diffundiert als Aluminium, Zinn oder Vanadin. Für die

Tabelle 5.4. *Konstanten der Diffusion für die Diffusion verschiedener Substitutionselemente in Titan* [*G 38*]

Diffusionselement	Konzentration [At-%]	Temperaturbereich [°C]	Phase	Frequenzfaktor D_0 [cm²/sec]	Aktivierungsenergie [cal/mol]
Aluminium	2	983–1250	β	$1{,}4 \cdot 10^{-5}$	21900 ± 3700
Aluminium	12	983–1250	β	$9{,}0 \cdot 10^{-5}$	25500 ± 4800
Zinn	1	1004–1250	β	$8{,}4 \cdot 10^{-7}$	15300 ± 3800
Zinn	8	1090–1250	β	$2{,}7 \cdot 10^{-4}$	29800 ± 8300
Vanadin	2	900–1248	β	$6{,}0 \cdot 10^{-3}$	39600 ± 4700
Molybdän	1	938–1248	β	$1{,}0 \cdot 10^{-5}$	24000 ± 3400
Mangan	8	830–1190	β	$1{,}0 \cdot 10^{-3}$	35200 ± 1800
Aluminium	10 [1]	834–900	α	$1{,}6 \cdot 10^{-5}$	23700
Zinn	4 [1]	834 [2]	α	$0{,}5 \cdot 10^{-10}$ [2]	–

[1] Durchschnittliche Konzentration.
[2] Wirkliche Diffusion.

Tabelle 5.5. *Partielle Diffusionskoeffizienten bei 1250 °C* [*G 38*]

Legierungssystem	Partieller Diffusionskoeffizient cm²/sec · 10^{-9}		
	Titan	Legierungselement	
Ti–Al	$D^{Ti}_{96,2\,At\text{-}\%} = 4{,}61$	$D^{Al}_{3,8\,At\text{-}\%} = 14{,}11$	$D^{Al}_{C\to 0} = 9{,}8$
Ti–Sn	$D^{Ti}_{98\,At\text{-}\%} = 2{,}65$	$D^{Sn}_{2\,At\text{-}\%} = 9{,}18$	$D^{Sn}_{C\to 0} = 5{,}8$
Ti–Mo	$D^{Ti}_{96\,At\text{-}\%} = 6{,}72$	$D^{Mo}_{4\,At\text{-}\%} = 3{,}95$	$D^{Mo}_{C\to 0} = 4{,}24$
Ti–V	$D^{Ti}_{96,5\,At\text{-}\%} = 1{,}31$	$D^{V}_{3,5\,At\text{-}\%} = 14{,}9$	$D^{V}_{C\to 0} = 13{,}7$

Mischkristalle des Titans mit diesen vier Elementen wird eine Diffusion über Gitterleerstellen vermutet [*G 38*]. Auch aufgrund von Untersuchungen über Markierungsbewegungen in Diffusionsproben von unlegiertem Titan gegen unlegiertes Molybdän im Temperaturbereich 1400–1640 °C

[*S 71*] wird dieser Mechanismus angenommen. Diffusionsmessungen mit V^{48} in Ti-V-Legierungen mit über 10% (9 At.-%) V zeigten, daß die Diffusionskonstante mit zunehmendem Vanadingehalt von der Diffusionskonstanten des V^{48} in Titan, z.B. bei 1200 °C bei TiV10 von $D = 7{,}5 \cdot 10^{-9}$ cm²/sec auf den Selbstdiffusionskoeffizienten des V^{48} in V von $D = 4{,}3 \cdot 10^{-12}$ cm²/sec abnimmt [*M 106*]. Für den Diffusionskoeffizienten wurde in diesem Fall ein Wert gemessen, der z.B. bei V in TiV10 (9 At.-% V) um zwei Größenordnungen höher und bei der Diffusion von Ti in TiV10 um eine Größenordnung niedriger liegt als bei Messungen mit Thoriumoxidstäbchen [*G 38*].

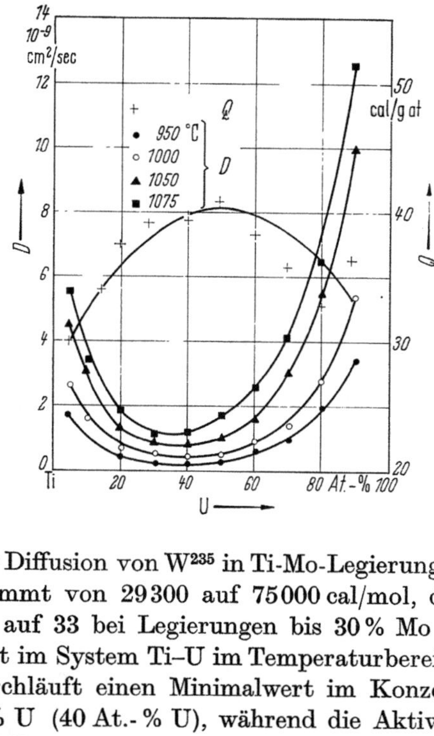

Abb. 5.7 Abhängigkeit des Diffusionskoeffizienten und der Aktivierungsenergie für die Diffusion von Uran in Titan vom Legierungsgehalt in At-% [*A 12*].

Die Aktivierungsenergie der Diffusion von W^{235} in Ti-Mo-Legierungen zwischen 900 und 1400 °C nimmt von 29300 auf 75000 cal/mol, der Frequenzfaktor von $5{,}1 \cdot 10^{-4}$ auf 33 bei Legierungen bis 30% Mo zu [*P 9b*]. Der Diffusionskoeffizient im System Ti–U im Temperaturbereich zwischen 950 und 1075 °C durchläuft einen Minimalwert im Konzentrationsbereich von etwa 77% U (40 At.-% U), während die Aktivierungsenergie des Diffusionskoeffizienten von 30000 cal/mol bei 20% U

Tabelle 5.6. *Partielle Diffusionskoeffizienten D_{Ti} und D_U für die Diffusion im System* Ti–U [*A 12*]

Temperatur [°C]	950	1000	1050	1075
D_{Ti}	$1{,}2 \cdot 10^{-9}$	$2{,}9 \cdot 10^{-9}$	$4{,}1 \cdot 10^{-9}$	$5{,}8 \cdot 10^{-9}$
D_U	$4{,}7 \cdot 10^{-8}$	$9{,}5 \cdot 10^{-9}$	$1{,}6 \cdot 10^{-8}$	$2{,}2 \cdot 10^{-8}$

(5 At.-% U) auf 40000 cal/mol bei 77% U ansteigt (Abb. 5.7). Der partielle Diffusionskoeffizient D_{Ti} für die Diffusion von Ti in U ist geringer als der partielle Diffusionskoeffizient D_U (Tab. 5.6). Die Aktivierungsenergie für den partiellen Diffusionskoeffizienten D_{Ti} wurde mit 40000 cal/mol, für D_U zu 38500 cal/mol bestimmt [*A 12*].

Tabelle 5.7. *Konstanten der Diffusion von Chrom* (Cr^{51}) *und Eisen* (Fe^{55}) *in Titan und Titanlegierungen* [*M 98, G 13, P 11*]

Werkstoff		Frequenzfaktor D_0 [cm²/sec] 925–1200 °C	Aktivierungsenergie [cal/mol]
Titan techn. Reinh.	Cr	$0{,}5 \cdot 10^{-2}$	35300
Jodidtitan	Cr	$1 \cdot 10^{-2}$	37700
TiCr10 At.-%	Cr	$2 \cdot 10^{-2}$	40200
TiCr18 At.-%	Cr	$9 \cdot 10^{-2}$	44500
Titan techn. Reinh.	Fe	4,9[1]	61000
Jodidtitan	Fe	$7{,}8 \cdot 10^{-3}$	31600
TiFe5 At.-%	Fe	$9{,}2 \cdot 10^{-2}$	39600
TiFe15 At.-%	Fe	52,5	58100

[1] 1250–1650 °C.

Mit Hilfe von radioaktiven Isotopen wurden die partiellen Diffusionskoeffizienten von Cr und Fe in β-Ti und in binären Titanlegierungen untersucht. Die Aktivierungsenergie steigt mit zunehmendem Cr- und Fe-Gehalt an (Tab. 5.7) [*M 97, M 98, G 13, P 11*]. Dies kann durch die

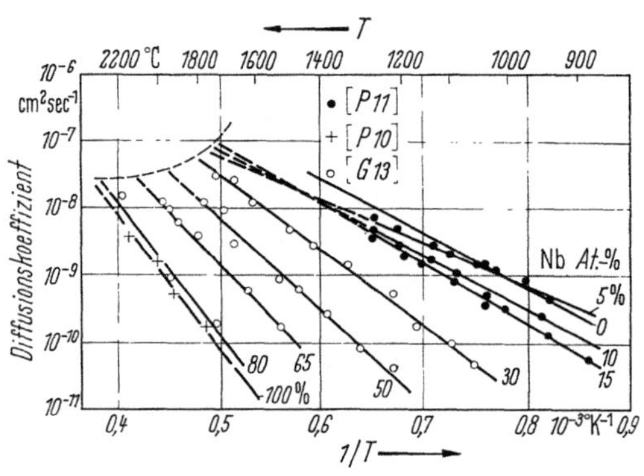

Abb. 5.8 Einfluß des Niobgehaltes in Titan-Niob-Legierungen auf die Diffusion von Nb^{95} [*G 13, P 10, P 11*].

Abnahme der Gitterkonstanten und die Verringerung der Bindungsenergie eines Legierungselementatom-Leerstellenpaares infolge der Anwesenheit weiterer Legierungselementatome in Nachbarschaft der Leerstelle erklärt werden [*M 98*]. Für die Diffusion von Zr in Ti mit 9%

(5 At.-%) und 45% (30 At.-%) Zr wurden Werte für D_0 von $7{,}1 \cdot 10^{-3}$ bzw. $1{,}7 \cdot 10^{-3}$ cm²/sec und 27640 bzw. 24280 cal/mol ermittelt [*M 27*], die durch Leerstellen und Einlagerungsatome beeinflußt werden [*R 3a*].

Die Abhängigkeit des Diffusionskoeffizienten von Nb^{95} vom Legierungsgehalt bei β-Ti-Nb-Legierungen ist in Abb. 5.8 wiedergegeben. Durch niedrige Gehalte an Nb wird die Aktivierungsenergie gegenüber der von Ti besonders stark verändert [*P 10, G 13*]. Ein ähnliches Verhalten wurde auch bei der Diffusion von Fe^{55} in Ti-Fe-Legierungen und von Nb^{95} in Ti-Fe-Legierungen gefunden, während dies bei der Diffusion von Fe^{55} in Ti-Nb-Legierungen nicht beobachtet wurde. Die Geraden laufen dort parallel [*P 11*]. Mit dem radioaktiven Isotop Fe^{59} wurde die

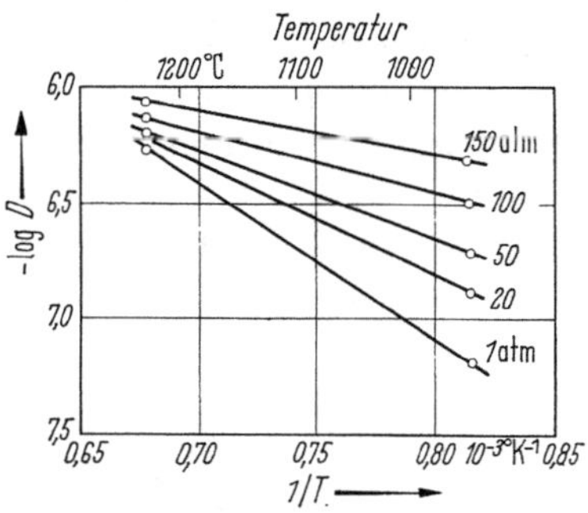

Abb. 5.9 Druck- und Temperaturabhängigkeit des Diffusionskoeffizienten von Fe^{59} in einer Titanlegierung mit 4 Gew.-% Eisen [*G 10*].

Druckabhängigkeit der Diffusion von Fe in TiFe4 (6 At.-%) Fe bei 950 und 1250 °C untersucht. Wie Abb. 5.9 entnommen werden kann, nimmt der Diffusionskoeffizient bei konstanter Temperatur im β-Gebiet mit steigendem Druck zu [*G 10*], während er bei der Diffusion von Fe^{59} in TiFe12 (10 At.-%) Fe mit dem Druck [*P 9d*] und durch Phasenumwandlung von β in $(\alpha + \beta)$ abnimmt [*K 61b*]. Aus Ni-Schichten auf Ti bildet sich TiNi durch Eindiffusion von Ni, Ti_3Ni durch Eindiffusion von Ti [*T 13a*].

Diffusion über Zwischenschichten wurde an Ti–V, Ti–Nb, Ti–Ta, Ti–Mo [*F 11b*] und Ti–Ag untersucht. Ag bildet beim Löten von Titan Diffusionsschichten mit gutem Formänderungsvermögen. Durch Messung der Mikrohärte wurde nach Diffusionsglühungen im Temperaturbereich zwischen 600 und 900 °C die Dicke der Mischkristallzonen und der entstehenden intermetallischen Phasen bestimmt. Bei 900 °C war die Diffusion von Ag in Ti nach 12,5 h schwächer als die Diffusion von Ti in Ag. Bei 750 °C nach derselben Zeit wurde ein umgekehrtes Verhalten beobachtet, das mit der Bildung der intermetallischen Phasen (vgl. Abb. 21.1, S. 562) gedeutet wurde [*R 23, S 71c*]. Messungen mit radioaktivem Ag^{110} zwischen 850 und 1350 °C zeigten, daß in der α-Phase die Diffusionsgeschwindigkeit um zwei Größenordnungen geringer ist als in der β-Phase [*K 99b*].

6. Verformungsmechanismus und Textur

Titan läßt sich sowohl in der hexagonalen Kristallform bei Raumtemperatur als auch in der kubischen Modifikation bei hohen Temperaturen plastisch verformen. Durch Gleiten und Zwillingsbildung auf verschiedenen Gleit- und Zwillingsebenen des hexagonalen Kristalls [*C 28*, *H 69a*, *R 72*, *P 7a*, *P 7c*, *P 7g*] ist bei genügender Reinheit des Titans bei Raumtemperatur ein Umformgrad von über 90 % möglich. Die Verformbarkeit der einzelnen Kristallite ist orientierungsabhängig. So wird bei einer Beanspruchung senkrecht zur Basisfläche ein höherer Verformungswiderstand und damit eine größere Härte gemessen als in anderen Richtungen, da ein Teil der Gleit- und Zwillingsebenen bei dieser Beanspruchungsrichtung nicht in Aktion treten kann. Abb. 6.1 zeigt einen Härteeindruck senkrecht zur Basisebene und die entsprechende

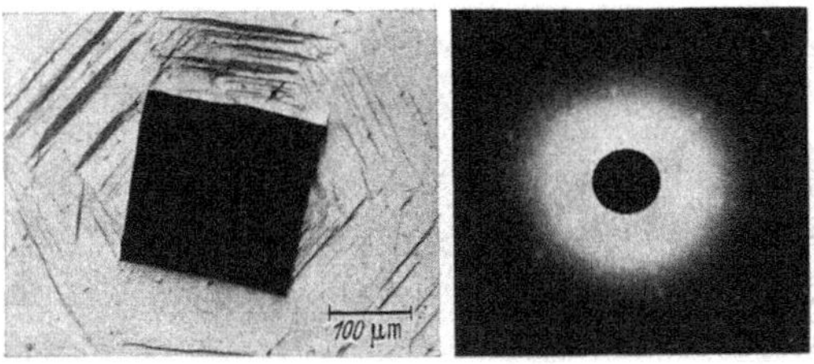

Abb. 6.1 Härteeindruck senkrecht zur Basisfläche eines Titankristalles mit Zwillingsbildung und Gleitlinien und Röntgenrückstrahlaufnahme des Kristalls [*Z 19*].

Röntgenrückstrahlaufnahme eines Kristalls, bei dem die Verformung hauptsächlich durch Zwillingsbildung wahrscheinlich auf einer Fläche $\{10\bar{1}2\}$ erfolgt ist. Die Härte (HV 10) war in diesem Fall um 50 kp/mm² höher als in Kristallen mit einer für die Verformung wesentlich günstigeren Orientierung. Durch einen Aluminiumzusatz (Abb. 6.2) kann der Einfluß der Kornorientierung noch erhöht [*Z 6*], durch Gehalte an Sauerstoff vermindert werden [*L 12c*].

Der Verformungswiderstand des α-Titans bei Raumtemperatur wird durch Beimengungen, meist Sauerstoff, erhöht. Oberhalb eines bestimmten Gehaltes dieser Beimengungen ist dann keine Verformung mehr möglich. Die kritische Schubspannung wird mit zunehmender Temperatur stark vermindert, so daß durch Temperaturerhöhung eine Verformung wesentlich erleichtert wird.

Bei der kubischen Modifikation des Titans, die bei einigen Titanlegierungen auch bei Raumtemperatur auftritt, wird meist ebenfalls eine sehr gute Verformbarkeit beobachtet. So ist das Formänderungsvermögen bei gleicher Beanspruchung in der Nähe des Umwandlungspunktes im kubischen Gitter wesentlich höher als im hexagonalen Gitter (vgl. Abb. 10.25, S. 241) [*L 55, S 36*]. Viele Titanlegierungen enthalten neben der α-Phase auch die β-Phase. Mit Zunahme der Temperatur und damit

Abb. 6.2 Einfluß der Kornorientierung auf die Gußhärte der Legierung TiAl7 (helles Korn: HV = 308 kp/mm²; dunkles Korn: HV = 237 kp/mm²) [*Z 4*].

des β-Anteils wird deshalb in technischen Legierungen das Formänderungsvermögen vergrößert. Die Verformung des β-Titanmischkristalls erfolgt in der gleichen Weise wie bei den meisten anderen kubisch raumzentrierten Metallen.

Infolge der bevorzugt auftretenden Gleitvorgänge und der Möglichkeit, nur auf bestimmten Ebenen Zwillinge zu bilden, entstehen mit zunehmendem Umformgrad immer stärkere Vorzugslagen der Kristallorientierung, die eine bestimmte Textur verursachen. Diese Vorzugslagen ändern sich mit der Verformungsart und der dadurch bedingten unterschiedlichen Gleitung und Zwillingsbildung. Es werden deshalb andersartige Vorzugslagen bei Preß-, Zieh- und Walztexturen beobachtet [*W 15*]

6.1 Verformung des hexagonalen α-Titans und des α-Titanmischkristalls

Die ersten Beobachtungen über den Verformungsmechanismus von Titan erfolgten durch metallographische Untersuchungen, bei denen Gleitlinien und Deformationszwillinge festgestellt wurden [*F 20*]. Dadurch bestätigte sich der bei hexagonalen Metallen übliche Verformungsmechanismus auch für Titan. Vorzugslagen der Kristallite beeinflussen den Beginn des Fließens und das Ausmaß der plastischen Verformung [*L 12d, L 13b, P 7a*]. Eine anisotrope Elastizität erklärt die gute Verformbarkeit [*T 29c*] (vgl. Abb. 17.1, S. 484).

6.1.1 Verformungsmechanismus durch Gleitvorgänge

Bei kubisch oder hexagonal kristallisierenden Metallen wird meist die mit Atomen am dichtesten besetzte und am weitesten von der nächsten Ebene gleicher Indizierung entfernte Ebene zur Gleitebene. Ist der Abstand bei hexagonalen Metallen zwischen den Basisebenen hinreichend groß ($c/a \geqq \sqrt{3}$), so werden sie zur Gleitebene. Dies ist z.B. bei den Metallen Kadmium und Zink der Fall. Bei Titan ($c/a \leqq \sqrt{3}$) wurden dagegen als Gleitebenen bevorzugt die Ebenen $\{10\bar{1}0\}$ und $\{10\bar{1}1\}$ mit Gleitrichtung $\langle 11\bar{2}0\rangle$ gefunden. [*R 68*, *W 15*]. Die Basisebene {0001} als Gleitebene in der $\langle 11\bar{2}0\rangle$-Richtung wurde nur an Einkristallen von Titan technischer Reinheit [*C 27*] und an grobkörnigem Jodidtitan unter bestimmten Orientierungsbedingungen festgestellt [*A 32*].

Die Ursache für das starke Auftreten der $\{10\bar{1}0\}$-Ebene als Gleitebene gegenüber der {0001}-Ebene dürfte neben der Stapelfehlerenergie der Basisebene [*T 32*] und der Möglichkeit der Aufspaltung von Versetzungen in der Gleitzone [*R 90c*] auch darin zu suchen sein, daß die Prismenfläche 1. Art $\{10\bar{1}0\}$ bei Titan eine höhere Atomdichte (1,260) aufweist als die Basisebene (Atomdichte 1,155). Bei den Metallen Zink und Kadmium ist demgegenüber die Atomdichte der Basisebene größer als die der Prismenfläche 1. Art [*R 69*]. Rechnet man mit einer modifizierten Atomdichte, wobei man die zwischen den Gleitebenen liegenden Atome als zu den betreffenden Flächen zugehörig betrachtet, so erhält man für die $\{10\bar{1}0\}$-Prismenfläche 1. Art eine entsprechende Atomdichte von 0.144 und für die $\{10\bar{1}1\}$-Ebene eine solche von 0,105 bei einem Netzabstand von 2,55 Å bzw. 2,24 Å. Bei der Basisebene {0001} beträgt demgegenüber die Atomdichte 0,133 und der Netzebenenabstand 2,34 Å [*S 9*]. Auch bei dieser Berechnungsart ist demnach die Atomdichte und der Netzebenenabstand bei der $\{10\bar{1}0\}$-Ebene am größten.

Für verschiedene Gleitebenen wurde die kritische Schubspannung, die in $\langle 11\bar{2}0\rangle$-Richtung notwendig ist, um die Abgleitung hervorzurufen, berechnet. Die bei grobkristallinem Titan für den Beginn des Gleitvorganges notwendige kritische Spannung für die Gleitung einer {0001}-Ebene beträgt etwa das $1^1/_2$fache der Spannung, die für den Beginn der Gleitung auf der $\{10\bar{1}0\}$-Ebene benötigt wird. Die aufzuwendende Spannung für den Beginn des Gleitvorganges ist dabei abhängig von dem Reinheitsgrad. Bei einem Sauerstoffgehalt von 0,058% beträgt sie für die {0001}-Ebene 10,9 kp/mm² und bei einem Gehalt von 0,17% O 13,5 kp/mm² [*A 32*]. Bei einer Verzehnfachung des Gehaltes an Beimengungen von Stickstoff und Sauerstoff wurde für die verschiedenen

Tabelle 6.1. *Kritische Schubspannung p/mm² für den Gleitvorgang auf verschiedenen Gleitebenen bei Raumtemperatur* [*C 28*]

Gleitebene	0,01% N + O (HV = 90 kp/mm²)	0,1% N + O (HV = 165 kp/mm²)
$\{10\bar{1}0\}$	1400–2100	9200
$\{10\bar{1}1\}$	–	9900
{0001}	6300	10900

Gleitebenen die in der Tab. 6.1 wiedergegebene kritische Schubspannung gefunden [*C 28*]. Die Ergebnisse zeigen, daß die kritische Schubspannung bei einem höheren Gehalt an Beimengungen für die einzelnen Gleitebenen weniger stark verschieden ist als bei einem geringen Anteil von Beimengungen. Eine Berechung der kritischen Schubspannung aus verschiedenen Verformungstexturen für die 3 Gleitsysteme ergab folgende Beziehung: $\tau\,\{0001\} = 1{,}1 \cdot \tau\,\{10\bar{1}1\} = 1{,}92 \cdot \tau\,\{10\bar{1}0\}$ [*W 52*]. Sie zeigt einen geringen Unterschied der kritischen Schubspannung zwischen den einzelnen Gleitebenen. Dies dürfte auf den Sauerstoffgehalt zurückzuführen sein und deshalb nur für diesen Fall gelten. Unter hohem Druck werden die $\{10\bar{1}0\}$- und $\{11\bar{2}2\}$-Ebenen als Gleitebenen gefunden [*S 10*].

Der Einfluß der Temperatur macht sich hauptsächlich für die Gleitebenen $\{0001\}$ und $\{10\bar{1}1\}$ bemerkbar. Bei -196 °C wurde nur noch die Gleitebene $\{10\bar{1}0\}$ beobachtet, bei 500 °C neben der $\{0001\}$-Ebene in wenigen Fällen eine Gleitung auf der $\{10\bar{1}0\}$- und $\{10\bar{1}1\}$-Ebene [*R 71, R 72*]. Bei 900 °C wurde an grobkörnigem Jodidtitan festgestellt, daß die $\{10\bar{1}0\}$Ebene in erster Linie als Gleitebene auftritt, daß aber die $\{10\bar{1}1\}$-Ebene einen stärkeren Anteil bei der Gleitung übernimmt als bei 500 °C oder Raumtemperatur. Die Basisebene wurde bei 800 °C nicht mehr als Gleitebene gefunden [*M 40, R 72*]. Die Ergebnisse verschiedener Untersuchungen sind in Tab. 6.2 zusammengefaßt. Bei allen Temperaturen mit Ausnahme von 500 °C erfolgt, insbesondere bei Titan hoher Reinheit, der weitaus größte Anteil der Gleitung auf der $\{10\bar{1}0\}$-Ebene. Die Gleitrichtung $\langle 11\bar{2}0\rangle$ ändert sich bei den verschiedenen Temperaturen nicht. In Abb. 6.3 ist die Lage von bisher festgestellten Gleitebenen im hexagonalen Gitter eingetragen.

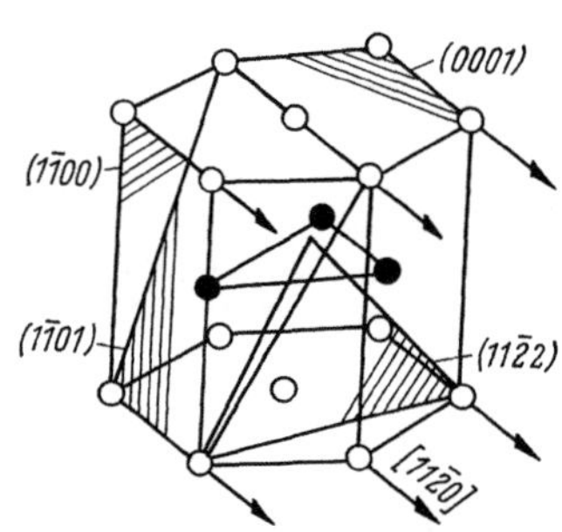

Abb. 6.3 Lage der bei Raumtemperatur auftretenden Gleitebenen (0001), $(1\bar{1}00)$, $(1\bar{1}01)$ und $(11\bar{2}2)$ und der Gleitrichtung $[11\bar{2}0]$ im Kristallgitter des α-Titans [*R 69, C 27, S 10*].

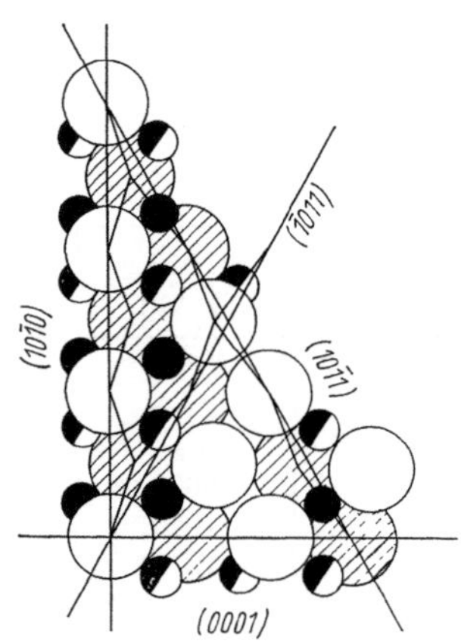

Abb. 6.4 Schnitt parallel zur $(11\bar{2}0)$-Ebene eines Kugelmodells des Titangitters (große Kreise) mit Einlagerungsatomen (kleine Kreise) [*C 28*].

Tabelle 6.2. *Einfluß der Temperatur auf die Ausbildung von Gleit- und Zwillingsebenen bei Verformung*

Temperatur [°C]	Gleitebenen	Zwillingsebenen	Literatur und Ausgangsmaterial
– 196	$\{10\bar{1}0\}$	keine	Titan techn. Reinheit, feinkörnig [*O 21i*]
– 196	$\{10\bar{1}0\}$	$\{10\bar{1}2\}$ $\{11\bar{2}1\}$ $\{11\bar{2}2\}$ $\{11\bar{2}3\}$ $\{11\bar{2}4\}$	Jodid- und Titan techn. Reinheit, polykristallin-grobkörnig, Blech, 1,2 mm, 90% verformt, rekristallisiert [*R 72*]
– 177	$\{10\bar{1}0\}$	keine	Einkristall Titan techn. Reinheit [*B 123a*]
– 158	$\{10\bar{1}0\}$	wenige	Titan techn. Reinheit, grobkörnig [*B 123a*]
20	$\{10\bar{1}0\}$	$\{10\bar{1}2\}$ $\{11\bar{2}1\}$ $\{11\bar{2}2\}$	Elektrolyttitan, flache Einkristalle, Kristallisationsebene $\{0001\}$ [*L 40*] Titan techn. Reinheit, polykristallin, 2–8 mm Korndurchmesser, 1,2 mm, Blech, 90% verformt, rekristallisiert [*R 69*] Jodidtitan, große Einkristalle, Verformung 67%, Blech, rekristallisiert [*A 32*] Titan techn. Reinheit, Einkristalle [*C 27*]
20	$\{10\bar{1}1\}$		[*R 69, C 27*]
20	$\{0001\}$		[*C 27, A 32*]
20		$\{11\bar{2}3\}$ $\{11\bar{2}4\}$	[*L 40*]
20	$\{10\bar{1}0\}$ $\{11\bar{2}2\}$		Hoher Druck [*S 10*]
400–800		$\{10\bar{1}1\}$	Jodidtitan, Einkristalle, Kompression ⊥ *c*-Achse [*P 7c*]
500	$\{0001\}$ $\{10\bar{1}0\}$ $\{10\bar{1}1\}$	$\{10\bar{1}2\}$	[*R 72*]
800	$\{10\bar{1}0\}$ $\{10\bar{1}1\}$		[*R 72*]
815	$\{10\bar{1}0\}$ $\{10\bar{1}1\}$	$\{11\bar{2}1\}$ $\{11\bar{2}2\}$	Jodidtitan, Blech, 1,2 mm, rekristallisiert, grobkörnig [*M 40*]

Die $\{10\bar{1}1\}$-Ebene wird in erster Linie dann zur Gleitebene, wenn Beimengungen, deren Atome sich hauptsächlich in den Oktaederlücken einlagern, die Gleitung der $\{10\bar{1}0\}$-Ebene erschweren. Die Zunahme der kritischen Schubspannung mit dem Gehalt der Einlagerungselemente dürfte deshalb bei der $\{10\bar{1}0\}$-Ebene wesentlich größer sein als bei der $\{10\bar{1}1\}$-Ebene. In Abb. 6.4 ist ein Schnitt parallel zur $(11\bar{2}0)$-Ebene durch ein Kugelmodell des dichtgepackten hexagonalen Gitters gelegt. Die Atomlagen der (0001)-, $(10\bar{1}0)$-, $(\bar{1}011)$- und $(10\bar{1}1)$-Ebenen sind eingetragen. Die zwei möglichen Lagen der Einlagerungsatome werden durch ausgefüllte Kreise (2/3, 1/3, 1/4) und durch halbausgefüllte Kreise (2/3, 1/3, 3/4) dargestellt. Die ersteren liegen nahezu in der $(10\bar{1}1)$-Ebene, während die letzteren nahezu in der $(\bar{1}011)$-Ebene liegen. Keine der beiden Lagen der Einlagerungsatome liegt nahezu in der (0001)- oder $(10\bar{1}0)$-Ebene. Man kann auf diese Weise zeigen, daß diese beiden Ebenen durch die Einlagerungsatome bei der Verformung stärker blockiert werden können als die Pyramidenebenen $(10\bar{1}1)$ und $(\bar{1}011)$. Die Ebenen $\{10\bar{1}1\}$ und $\{\bar{1}011\}$ treten deshalb bei höheren Gehalten an Sauerstoff und Stickstoff während einer Verformung in größerem Ausmaß in Tätigkeit als bei Jodidtitan, bei dem hauptsächlich nur die $\{10\bar{1}0\}$-Ebene als Gleitebene beobachtet wird [*C 28*]. In allen Fällen hat die Orientierung der Kristalle auf die mögliche Betätigung der Gleitebenen einen maßgeblichen Einfluß. So ist anzunehmen, daß die $\{0001\}$-Ebene nur bei einer besonders günstigen Orientierung in Tätigkeit tritt, bei der die erforderliche hohe kritische Schubspannung aufgebracht werden kann, ohne daß vorher andere Gleitebenen bei geringer kritischer Schubspannung die Verformung übernehmen können.

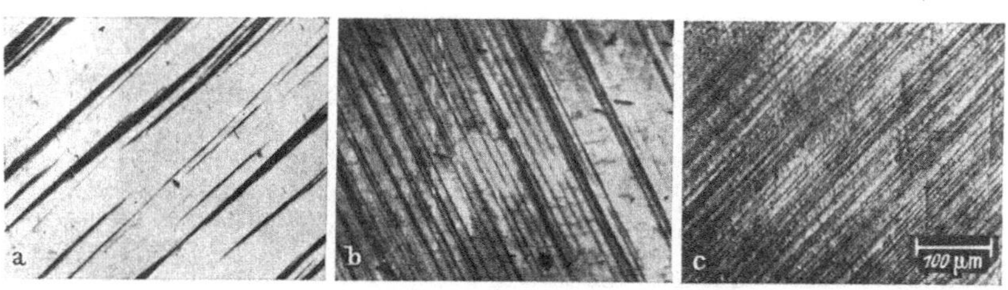

Abb. 6.5a–c Änderung der Form und des Abstandes der Gleitbänder durch Veränderung des Winkels $\varkappa$ zwischen Gleitebene und Probenachse [*R 66*]. a) $\varkappa = 54°$; b) $\varkappa = 40°$; c) $\varkappa = 34°$.

Gleitlinien können mikroskopisch nachgewiesen und von Zwillingen dadurch unterschieden werden, daß sie keinen Farbumschlag im polarisierten Licht zeigen und nach Polieren der Schliffoberfläche verschwunden sind. Sie treten meist innerhalb eines Kornes in größerer Anzahl auf. Ihr Aussehen hängt in erster Linie von dem Winkel zwischen Gleitrichtung und Beanspruchungsrichtung ab. Je mehr sich die beiden Richtungen nähern, desto feiner werden die Gleitbänder (Abb. 6.5a–c). Bei hohen Winkelgraden laufen die Bänder häufig nicht durch das ganze Korn. Liegt die Beanspruchungsrichtung im gleichen Winkel zu zwei verschiedenen Gleitebenen desselben Gleitsystems, so können gleichzeitig zwei Gleitebenen in Tätigkeit treten. In Abb. 6.6 wird eine derartige Erscheinungsform der Gleitbänder gezeigt, bei der gleichzeitig die $(1\bar{1}00)$- und $(01\bar{1}0)$-Ebene als Gleitebenen in den entsprechenden Richtungen $[2\bar{1}\bar{1}0]$ und $[11\bar{2}0]$ die Verformung übernommen haben [*R 66*].

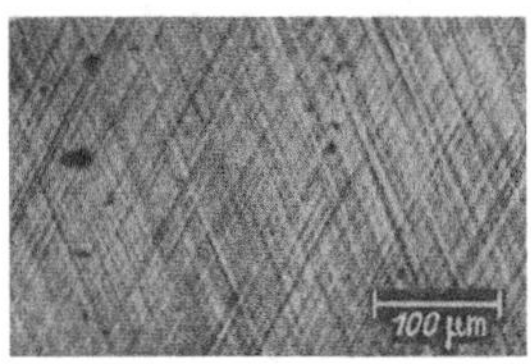

Abb. 6.6 Ausbildung von Doppelgleitung in $[2\bar{1}\bar{1}0]$- und $[11\bar{2}0]$-Richtung bei Beanspruchung in $[10\bar{1}0]$-Richtung [*R 66*].

Röntgenographische Untersuchungen an kaltverformtem Titanpulver ergaben eine deutliche Verbreiterung der Röntgeninterferenz $\{12\bar{3}1\}$, während die Röntgeninterferenz $\{11\bar{2}4\}$ keine Verbreiterung durch die Kaltverformung aufwies, was durch die Bildung von Stapelfehlern in der Basisebene gedeutet wurde [*S 118*]. Bei starker Verformung von Titaneinkristallen, die 0,1 % Stickstoff und Sauerstoff enthielten, wurden Knickbänder beobachtet, die zu Unstetigkeiten in der Spannungs-Dehnungs-Kurve Anlaß gaben [*C 30*]. Bei Titan technischer Reinheit wurde eine starke Abhängigkeit der Streckgrenze und Fließspannung von

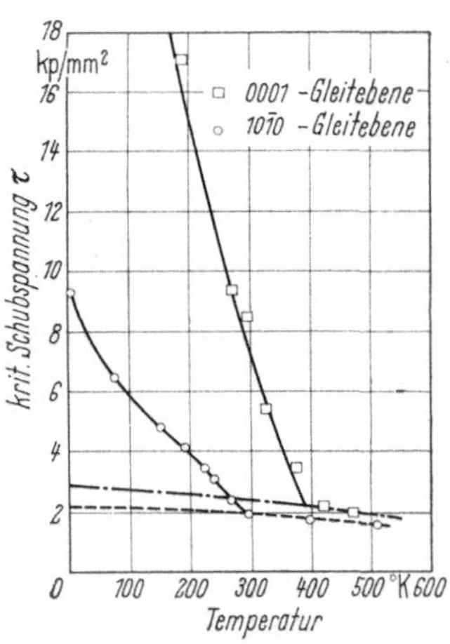

Abb. 6.7 Temperaturabhängigkeit der kritischen Schubspannung in verschiedenen Gleitebenen bei Titan mit einem Gehalt an Einlagerungselementen von 0,001 % [*B 123a, L 25c*].

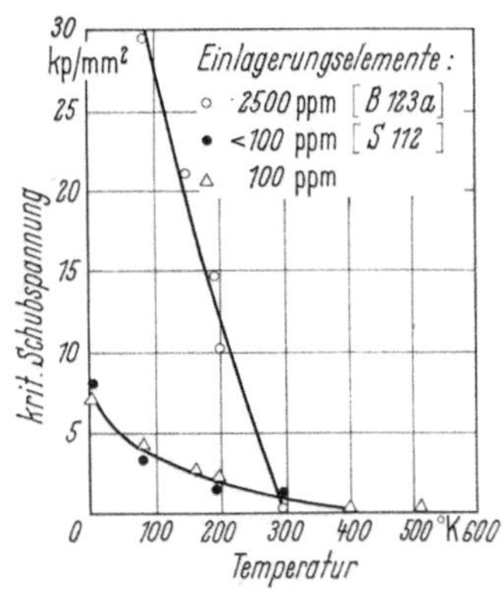

Abb. 6.8 Einfluß von Einlagerungselementen auf den thermischen Anteil der kritischen Schubspannung bei der $\{10\bar{1}0\}$-Gleitung, 100 ppm [*L 25c*].

der Temperatur und der Verformungsgeschwindigkeit festgestellt. Es wird angenommen, daß bei dem Hauptgleitvorgang $\{10\bar{1}0\}\langle 11\bar{2}0\rangle$ der thermische Anteil der Fließspannung von den Beimengungen abhängt. Eine besonders starke Empfindlichkeit der Streckgrenze $\sigma_{0,05}$ gegenüber der Verformungsgeschwindigkeit wird bei etwa 200 °C und oberhalb 400 °C gefunden [*O 21i*] (vgl. Kap. 10.5, S. 236).

Untersuchungen über den Mechanismus der Abgleitung auf den $\{10\bar{1}0\}$- und $\{0001\}$-Ebenen an Einkristallen mit 0,01 % interstitieller Beimengungen haben ergeben, daß die kritische Schubspannung bei Basisgleitung unterhalb 127 °C (400 °K) viel stärker ansteigt als bei der $\{10\bar{1}0\}$-Gleitung, die zudem erst unterhalb 27 °C (300 °K) zunimmt. Abb. 6.7 gibt diese Temperaturabhängigkeit wieder. Die Temperaturabhängigkeit der kritischen Schubspannung für die $\{10\bar{1}0\}$-Ebene bei verschiedenem Gehalt an Einlagerungselementen zeigt Abb. 6.8. Bei Gehalten von $< 0{,}015$ % O beträgt die kritische Schubspannung bei Raumtemperatur etwa 2,5 kp/mm² [*L 25c, B 123a, B 81a, O 19f, T 3g*]. Etwa bei Raumtemperatur tritt eine Überschneidung auf. Bei 0 °K würde der thermische Anteil etwa proportional der Quadratwurzel der Konzentration an Einlagerungselementen sein [*H 81b*]. Bei Beanspruchung von Einkristallen mit etwa 0,02 % O senkrecht zur *c*-Achse wurde die mit der Temperatur abnehmende kritische Schubspannung für die $\{10\bar{1}0\}$-Gleitung bei 500 °C mit 1,15 und bei 700 °C mit 0,44 kp/mm² gefunden [*P 7d*]. Bei −253 °C erfolgt bei TiAl5Sn2,5 die Verformung teilweise über Zwillingsbildung, nicht aber bei TiAl6V4 [*P 34b, P 34d*].

6.1.2 Verformungsmechanismus durch Zwillingsbildung

Außer durch den Gleitmechanismus entlang der Gleitebene kann bei Titan die Verformung auch über Zwillingsbildung erfolgen. Ähnlich wie bei den Gleitebenen wird auch hier eine größere Anzahl von Zwillingsebenen gefunden als bei anderen hexagonalen Metallen mit Ausnahme des Zirkoniums. Bereits bei der ersten Untersuchung an Einkristallen wurden 5 Zwillingsebenen $\{10\bar{1}2\}$, $\{11\bar{2}1\}$, $\{11\bar{2}2\}$, $\{11\bar{2}3\}$ und $\{11\bar{2}4\}$ (Abb. 6.9) nachgewiesen [*L 40*], während an grobkörnigem Titan zunächst nur drei Zwillingsebenen $\{10\bar{1}2\}$, $\{11\bar{2}1\}$ und $\{11\bar{2}2\}$ festgestellt wurden, die einen unterschiedlichen Beitrag bei der Verformung leisten können [*R 69*]. Diese Zwillingsebenen wurden bei anderen Untersuchungen bestätigt [*A 32, C 28, R 72, P 7c*] (vgl. Tab. 6.2, S. 118) und der Mechanismus der Zwillingsbildung gedeutet [*C* 68]. Bei Einkristallen aus Jodidtitan wurde zwischen 400 und 800 °C bei Beanspruchung senkrecht zur *c*-Achse eine $\{10\bar{1}1\}$-Zwillingsbildung gefunden [*P 7c*].

Wie die Gleitbänder können auch die Zwillinge eine unterschiedliche Breite aufweisen. Bei ausreichender Breite können Zwillinge mit Hilfe des polarisierten Lichtes von Gleitlinien unterschieden werden. In den Abb. 6.10a–c sind drei Gefügebilder von Titan HB = 110 kp/mm² wiedergegeben, das im weichgeglühten (Abb. 6.10a) und verformten Zustand (Abb. 6.10b) an derselben Stelle aufgenommen wurde. Durch geringfügiges Elektropolieren werden die nach der Verformung auf der

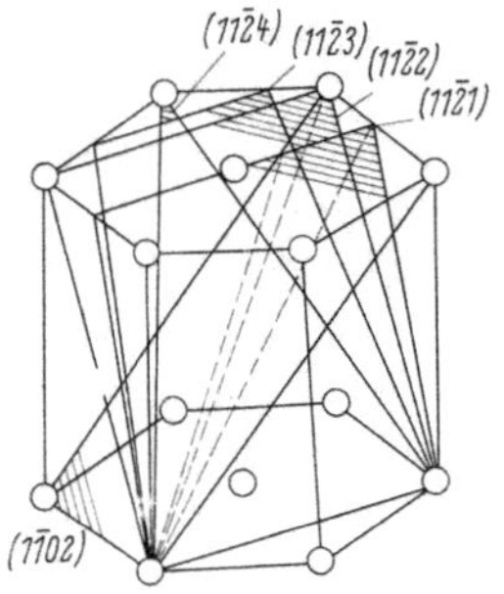

Abb. 6.9 Lage der bei Raumtemperatur in Tätigkeit tretenden Zwillingsebenen (1$\bar{1}$02), (11$\bar{2}$1), (11$\bar{2}$2), (11$\bar{2}$3) und (11$\bar{2}$4) im Kristallgitter des α-Titans [*L 40*].

Oberfläche sichtbaren Stufen der Gleitebene abgetragen, und es bleiben nur noch die Zwillinge sichtbar (Abb. 6.10c). {10$\bar{1}$2}-Zwillinge sind oft wesentlich breiter und an den Enden stärker spitz zulaufend als {11$\bar{2}$3}-Zwillinge, deren Plattendicke selten 5 μm überschreitet (Abb. 6.11). {11$\bar{2}$2}-Zwillinge treten gerne paarweise auf [*R 69*].

Eine Zunahme der Zwillingsbildung mit fallender Temperatur [*G 0a*] kann man anhand von Kerbschlagproben erkennen, die im Bereich der Verformung angeschliffen worden sind. In Abb. 6.12a–c ist das Gefüge an den Bruchflächen, die bei Temperaturen zwischen +200 und −180 °C entstanden sind, wiedergegeben.

Die Bildung von Zwillingen hat naturgemäß in der einen Richtung

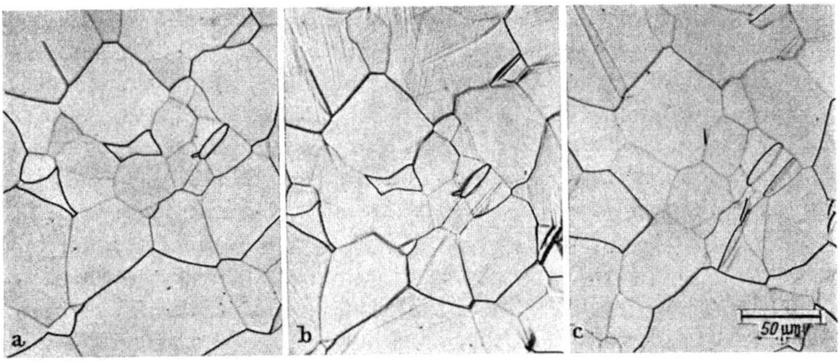

Abb. 6.10a–c Bildung von Gleitebenen und Zwillingen bei Titan [*M 70b*].
a) Stranggepreßt, gehämmert und weichgeglüht (HV10 = 120 kp/mm²) Schliffebene parallel zur Preßrichtung; b) wie a), wenig verformt, Gleitbänder und Zwillinge sichtbar; c) wie b), jedoch elektrolytisch poliert, nur noch Zwillinge sichtbar.

eine Verkürzung und in der anderen eine Verlängerung des Kristalls zur Folge, wodurch die Zwillingsbildung auf verschiedenen Zwillingsebenen, je nach Beanspruchungsrichtung, leicht oder überhaupt nicht in Tätigkeit treten kann [*R 66*]. Die $\{10\bar{1}2\}$-Ebene als Zwillingsebene ist für eine Verformung nur dann günstig, wenn der Winkel zwischen Beanspruchungsrichtung für Druck und c-Achse größer als 45° ist ($c < a \cdot \sqrt{3}$). Bei stark ausgeprägter Walztextur (vgl. Kap. 6.2.1, S. 127) ist deshalb

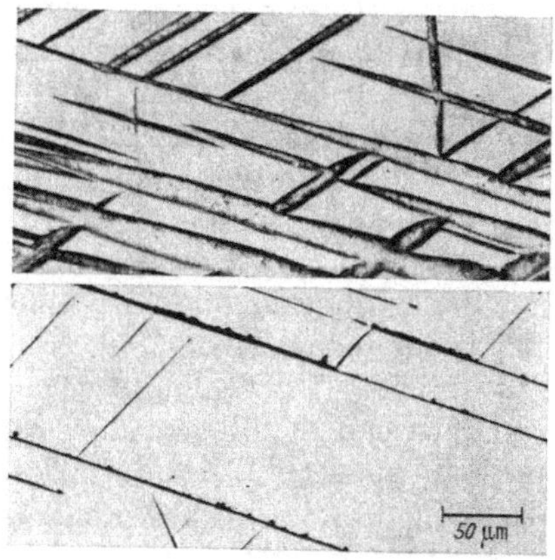

Abb. 6.11 Aussehen von verschiedenen Arten von Zwillingen in Titan: oben $\{1\bar{1}02\}$-Zwillinge; unten $\{11\bar{2}1\}$-Zwillinge [*R 69*].

diese Zwillingsebene nicht mehr in der Lage, einen Beitrag zur Verformung zu leisten. Anders ist es bei den Zwillingsebenen $\{11\bar{2}1\}$ und $\{11\bar{2}2\}$. Bei der ersten Ebene ist das kritische Achsenverhältnis $c = a/2$, bei der zweiten Ebene $c = a$. Für Titan ist $c > a/2$ und $c > a$. Alle Beanspruchungswinkel von 0–44° zur Achse führen demnach bei Druck zu einer Verkürzung des Kristalls, d.h., diese beiden Zwillingsebenen können bei Vorliegen einer stark ausgeprägten Walztextur noch einen Beitrag zur Verformung beim Walzen liefern [*S 9*]. Proben mit der Basisebene par-

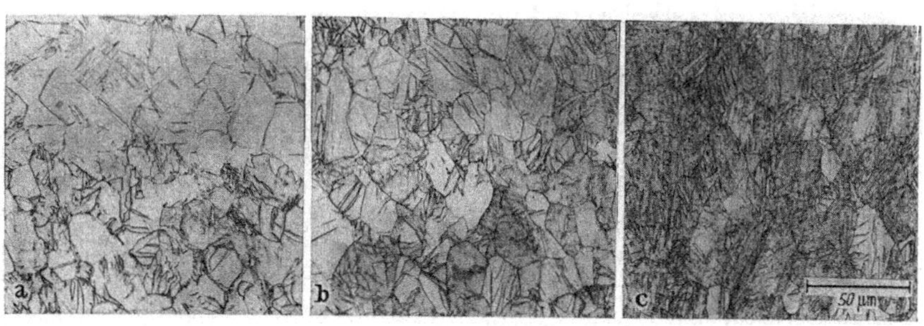

Abb. 6.12a–c Einfluß der Temperatur auf die Zwillingsbildung beim Kerbschlagversuch (Izod-Proben) [*M 70a*].
a) + 100 °C α_K = 6,70 mkp/cm²; b) + 20 °C α_K = 8,72 mkp/cm²; c) − 180 °C α_K = 10,6 mkp/cm².

allel zur Richtung einer Zugbeanspruchung weisen deshalb eine geringere Zwillingsbildung auf, als Proben mit der Basisebene senkrecht zur Richtung der Zugbeanspruchung [*A 32*].

Die Schubbeanspruchung zur Ingangsetzung der Zwillingsbildung ist offenbar auf der Pyramidenfläche erster Art $\{10\bar{1}2\}$ geringer als auf den Pyramidenflächen zweiter Art $\{11\bar{2}1\}$, $\{11\bar{1}2\}$, $\{11\bar{2}3\}$, $\{11\bar{2}4\}$, da diese Fläche in allen Fällen und auch bei Temperaturen bis 800 °C häufiger in Aktion tritt als die Pyramidenflächen zweiter Art. Die notwendige Spannung zur Erzeugung einer Zwillingsbildung bei den Ebenen zweiter Art dürfte sich mit geringer werdendem Atomabstand und damit geringerer Atomdichte von $\{11\bar{2}2\}$ über $\{11\bar{2}3\}$ zu $\{11\bar{2}4\}$ vergrößern [*L 41*]. Eine Zunahme der kritischen Schubspannung mit der Temperatur wurde für die $\{11\bar{2}2\}$-Zwillingsbildung an Jodidtitaneinkristallen mit 0,02 % O gemessen. Sie wird ab 400 °C von einer $\{10\bar{1}1\}$-Zwillingsbildung abgelöst [*P 7d*]. An ähnlichen Proben wurde die kritische Schubspannung für die $\{11\bar{2}1\}$-Zwillingsbildung bei -196 °C wesentlich niedriger gefunden als bei Raumtemperatur [*F 46*].

Theoretische Überlegungen zeigen, daß sich die Gleitvorgänge und die Bildung von Zwillingen auch gegenseitig beeinflussen können. So dürfte z.B. die $\{11\bar{2}2\}$-Zwillingsbildung die Gleitung bei einer Druckbeanspruchung stören. Das Verhältnis der kritischen Beanspruchung für eine Gleitung (τ_G) im Vergleich mit der Zwillingsbildung (τ_Z) ist wie folgt:

$$\tau_{G\{000\bar{1}\}} = 1{,}1 \cdot \tau_{G\{10\bar{1}1\}} = 1{,}02 \cdot \tau_{G\{10\bar{1}0\}} = \tau_{Z\{10\bar{1}2\}} = \tau_{Z\{11\bar{2}2\}} \quad [W\,52]\,.$$

Danach würde die kritische Beanspruchung für das Ingangsetzen der Zwillingsbildung an der $\{10\bar{1}2\}$- und $\{11\bar{2}2\}$-Ebene gleich groß sein.

Die Bildung von Zwillingen auf verschiedenen Zwillingsebenen kann sich gegenseitig stören, so daß z.B. ein bereits vorhandener $\{10\bar{1}2\}$-Zwilling das Weiterwachsen eines ihn schneidenden Zwillings derselben Ebene verhindert. Die $\{10\bar{1}2\}$- und $\{11\bar{2}1\}$-Zwillingsbildung beeinflußt sich gegenseitig in der Weise, daß der nachträglich entstehende Zwilling in seiner Wachstumsrichtung vom zuerst entstandenen Zwilling abgelenkt werden kann. Die Größe der Ablenkung hängt dabei offensichtlich von der Breite des zuerst gebildeten Zwillings ab. Bei sehr schmalen Zwillingen wird die Richtung nur wenig verändert [*R 67*]. Versetzungsanordnungen auf Gleitebenen können wahrscheinlich die Zwillingsbildung erleichtern [*Y 7a*]. Stapelfehler in Basisebenen wurden in β-abgeschrecktem Titan nach Verformung häufig innerhalb $\{10\bar{1}2\}$-Zwillingen gefunden [*P 7a*].

Durch eine der ersten Beanspruchung gegenläufige Beanspruchung, die z.B. beim Hin- und Herbiegen von Proben erreicht wird, können bereits aufgetretene Zwillinge wieder zum Verschwinden gebracht werden.

Die Abb. 6.13a–c zeigen das Gefüge eines Titanbleches, das bereits zweimal gebogen und zurückgebogen worden war, vor dem erneuten Biegen (Abb. 6.13a), nach dem Biegen (Abb. 6.13b) und nach dem erneuten

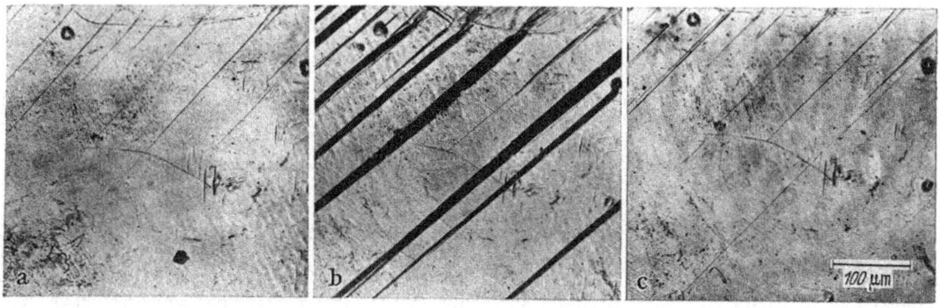

Abb. 6.13a–c {1122}-Zwillinge in einer elektrolytisch polierten Titanblechprobe (Druckseite) [*C29*]. a) Nach dem Geradebiegen nach zwei vorausgegangenen Biegungen; b) wie a), nach erneutem Biegen; c) wie b), nach erneutem Zurückbiegen.

Zurückbiegen in die Ausgangslage (Abb. 6.13c). Die beim Biegen entstandenen Zwillinge verschwinden beim Zurückbiegen wieder weitgehend [*C 29*].

Mit fallender Temperatur, Zunahme des Umformgrades, der Reinheit und Korngröße nimmt die Zwillingsbildung zu. So treten bei $-196\,°C$ gegenüber Raumtemperatur bei grobkörnigem Titan die zwei Zwillingsebenen $\{11\bar{2}3\}$ und $\{11\bar{2}4\}$ auf, während bei höheren Temperaturen (500 °C) nur die Ebene $\{10\bar{1}2\}$ als Zwillingsebene festgestellt wurde [*R 71*]. Bei 700 °C wird fast keine Zwillingsbildung beobachtet [*L 34a*], und bei etwa 800 °C treten anstelle der $\{10\bar{1}2\}$-Zwillingsebene die Zwillingsebenen $\{11\bar{2}1\}$ und $\{11\bar{2}2\}$ in Aktion [*M 40*, *R 72*].

6.1.3 Verformungsmechanismus des kubischen β-Titanmischkristalls

Während bei Titan die Rekristallisationstemperatur im Gebiet der β-Phase bereits weit überschritten ist und deshalb der Verformungsmechanismus nicht mehr direkt verfolgt werden kann, können Titanlegierungen mit genügend hohen Gehalten an β-stabilisierenden Elementen die β-Phase auch bei Raumtemperatur aufweisen (vgl. Kap. 11.5.3, S. 299). Aus den Kaltwalztexturen derartiger Legierungen kann man entnehmen, daß die Art der Verformung des kubisch-raumzentrierten β-Mischkristalls des Titans etwa der anderer kubisch-raumzentrierter Metalle entspricht [*S 9*, *W 61*]. Es kommen demnach als Gleitebenen {110}, {112} und {123} in ⟨111⟩-Richtung und als Zwillingsebene {112} in ⟨111⟩-Richtung in Frage [*W 15*]. Die β-Legierungen mit hohen Gehalten an Molybdän, Niob und Tantal lassen sich z.B. durch Kaltwalzen über 90% verformen. Andere Legierungszusätze, z.B. Ruthenium und Rhodium, können zu einer so starken Verminderung des Formänderungsvermögens der β-Phase führen, daß keine Kaltverformung möglich ist [*R 15e*, *R 15f*]. In mit Mangan stabilisierten, kaltverformten $(\alpha + \beta)$-Legierungen waren die zahlreichen Gleitlinien im β-Anteil meist geradlinig ausgebildet. Zwillingsbildung wurde ebenfalls beobachtet [*Y 8b*].

6.2 Verformungs- und Rekristallisationstexturen

Die sich bei Titan und Titanlegierungen durch Verformung und Rekristallisation ausbildenden Texturen hängen von den Beimengungen, von den Legierungselementen, von der Verformungstemperatur, der Art der Verformung und der Wärmebehandlung ab.

6.2.1 Texturen des α-Titans und des α-Titanmischkristalls

Die Texturen, die bei einer Verformung des Titans entstehen, sind infolge der andersartigen Gleitung und Zwillingsbildung von den Texturen der meisten anderen hexagonalen Metalle verschieden. Eine Ausnahme bilden Zirkonium, Hafnium und Beryllium, die dem Titan ähnliche Vorzugslagen bei der Verformung bilden [*W 15*]. Die ersten Untersuchungen an kaltgewalztem Titan haben gezeigt, daß eine Textur auftritt, bei der die Basisebene um etwa 30° zur Querrichtung der Walzebene geneigt ist und mit der $\langle 10\bar{1}0\rangle$-Richtung in Walzrichtung liegt (Abb. 6.14). Das Herausdrehen der Basisebene aus der Parallellage zur Walzebene erfolgt, wenn die Kaltverformung etwa 75% überschreitet [*C 38c*]. Weitere Untersuchungen haben diese Textur bestätigt, wobei der Winkel zwischen 27 und 30° und nur ein geringer Einfluß von Beimengungen gefunden wurde [*W 53*, *M 41*]. Bei einer Verformung von Jodidtitan um 99,7% erhöhte sich der Winkel zwischen Basisebene und Querrichtung der Walzebene auf 49° [*K 10*].

In Abb. 6.15 sind die Polfiguren $\{0001\}$ und $\{10\bar{1}0\}$, wie sie bei Titan nach starker Verformung gefunden werden, wiedergegeben. Die $\{0001\}$-Polfiguren wurden aus den analogen $\{0002\}$-Intensitäten berechnet. Die Punkte bezeichnen eine ideale Lage, die einer Textur entspricht, bei der die Basisebene 30° um eine Achse in Walzrichtung gegen die Querrichtung geneigt ist [*W 51*, *K 11*, *K 10*, *H 33*, *Z 1a*, *M 96a*]. Sie kann wie folgt zustande kommen: Durch Ingangsetzen der drei auftretenden Gleitsysteme schiebt sich die Basisebene parallel zur Walzebene. Die 30°-Neigung kann sich nicht durch weitere Gleitvorgänge ausbilden, sondern entsteht durch Zwillingsbildung.

Die Möglichkeiten der verschiedenen Zwillingsebenen, durch die Zwillingsbildung zu dieser Verformung beizutragen, sind in Abb. 6.16 wiedergegeben. Nimmt man an, daß die Basisebene parallel zur Walzrichtung liegt, so kann die $\{10\bar{1}2\}$-Zwillingsebene nicht zur Verformung beitragen. Von den beiden übrigen Ebenen hat die Ebene $\{11\bar{2}2\}$ eine wesentlich günstigere Lage für die Verformung unter Druckbeanspruchung als die Ebene $\{11\bar{2}1\}$. Die Zwillingsbildung auf diesen beiden Ebenen überlagert sich, so daß als Endlage die 30°-Lage zur Walzrichtung auftritt. Die weitere Verformung erfolgt dann über erneute Vorgänge der Gleitung und Zwillingsbildung [*W 52*]. Gehalte an O, N und Al vermindern die Zwillingsbildung [*P 7f*, *P 7g*].

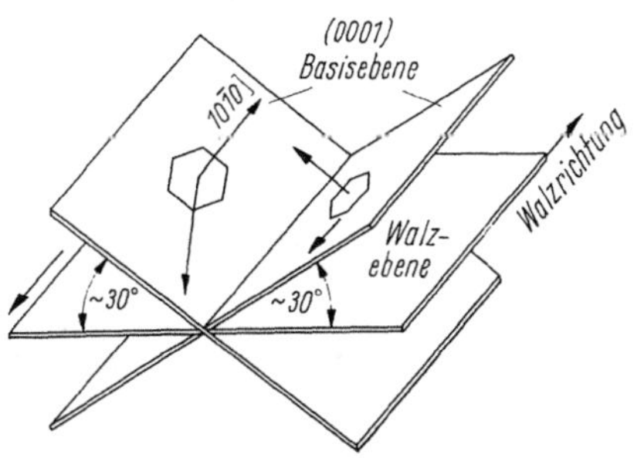

Abb. 6.14 Lage der Basisebene von Titan zur Walzebene nach starker Verformung [*K 11*].

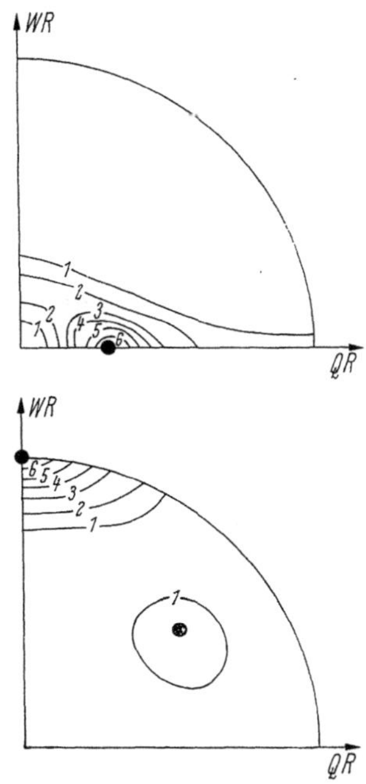

Abb. 6.15 {0001}- (oben) und $\{10\bar{1}0\}$-Polfigur (unten) von 93,2% kaltgewalztem Jodidtitan [*W 52a*, *W 53*].

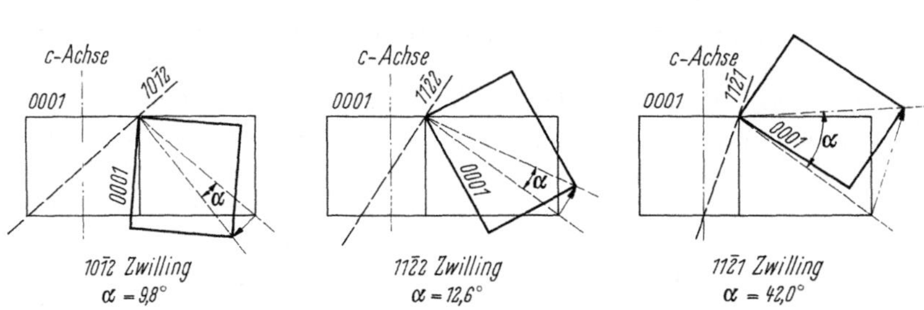

Abb. 6.16 Änderungen der Kristallitlage bei Zwillingsbildung an den $\{10\bar{1}2\}$-, $\{11\bar{2}2\}$- und $\{11\bar{2}1\}$-Ebenen [*W 52*].

Die Walztexturen, die bei Zusätzen von Zirkonium, Niob und Tantal auftreten, zeigen keine wesentlichen Unterschiede gegenüber denen des Titans. Die Textur einer Legierung mit 3,6% Niob besitzt eine Abweichung (40°) von der Walzrichtung (Jodidtitan 27° bei gleicher Verformung). Zusätzlich zeigt diese Legierung ein schwaches zweites Maximum

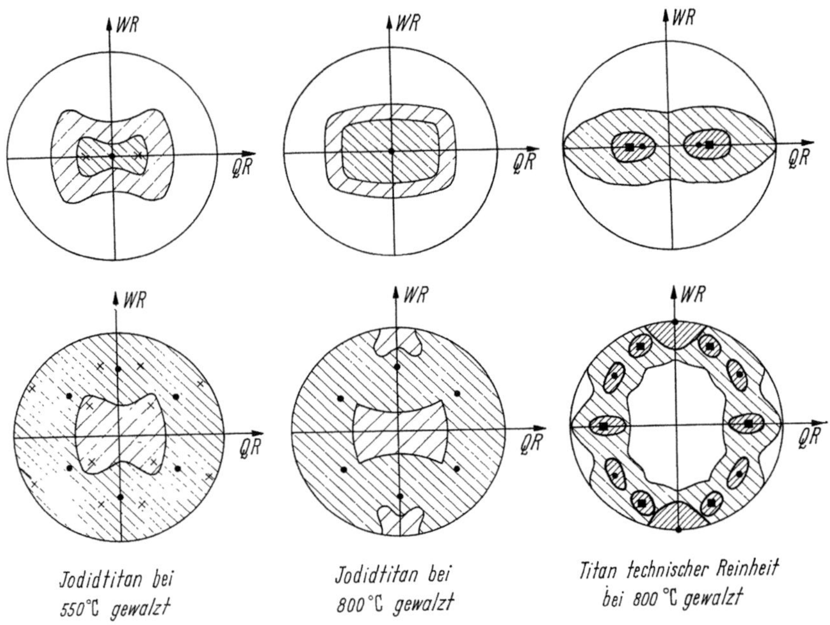

Abb. 6.17 Einfluß von Reinheitsgrad und Walztemperatur auf die {0001}- (oben) und {10$\bar{1}$0}-Polfigur (unten) von Titan unterschiedlicher Qualität [*M 40, S 9*].

der Intensität in einer Lage der {0001}-Ebene, deren Richtung, etwa 20° gegenüber der Walzrichtung geneigt, von der Walzebene abweicht [*M 39*]. Ein ähnlicher Effekt wurde auch an Titan technischer Reinheit festgestellt [*W 53, R 58a, L 8a*]. Im Falle eines Zusatzes von Aluminium wurden stärkere Abweichungen beobachtet. Bei einer Legierung mit 3,8% Al wird z.B. die 30°-Abweichung von der Walzebene nicht mehr gefunden [*M 39, T 10a*]. Eine Veränderung der Versetzungsanordnung (vgl. Abb. 8.38, S. 194) durch Stapelfehler führt zu einer starken Zunahme der Mikrospannungen durch Al-Zusatz [*M 75a*]. Gehalte an Wasserstoff führen ebenfalls zu einer Änderung der Textur von kaltgewalztem Titanblech. Die {0001}-Polfigur zeigt einen ovalen Ring maximaler Intensität [*A 17*].

Die Texturen, die bei Jodidtitan durch Warmwalzen (550 und 800 °C) gebildet werden, zeigen eine Vorzugslage der {0001}-Ebene mit einer beträchtlichen Streuung, die in der Querrichtung größer ist als in der

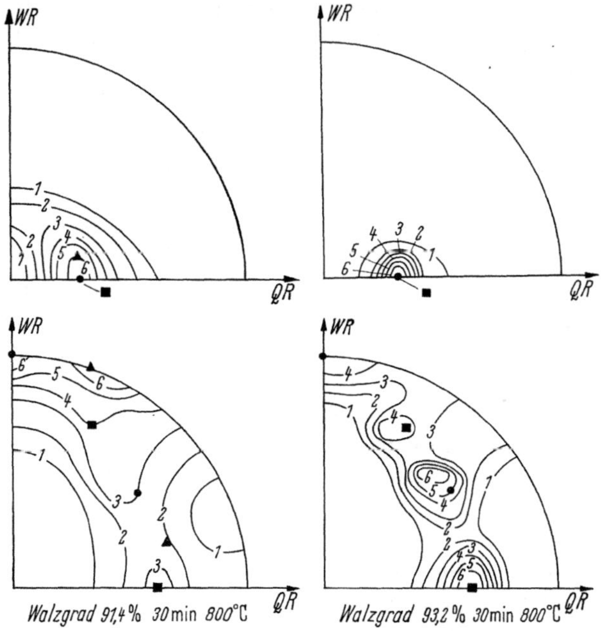

Abb. 6.18 Rekristallisationstextur von Titan technischer Reinheit (links) und Jodidtitan (rechts). {0001}-Polfiguren oben, {10$\bar{1}$0}-Polfiguren unten [*W 53*].

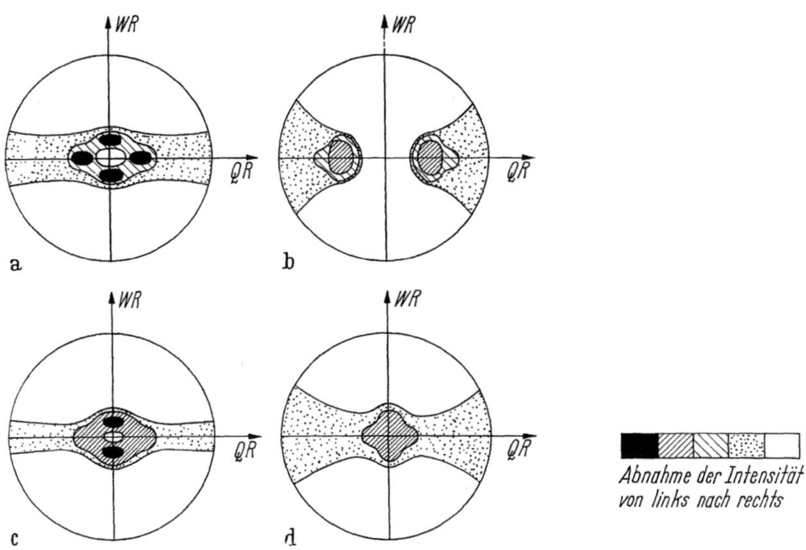

Abb. 6.19a–d Walztexturen und Rekristallisationstexturen, {0001}-Polfiguren, von Titan. a) Jodidtitan 85% kaltgewalzt; b) wie a) bei 650 °C geglüht; c) Titan technischer Reinheit (HV 10 = 160); d) wie c) bei 650 °C geglüht [*R 58a*].

Walzrichtung [*M 41*]. Mit höherer Walztemperatur werden diese Unterschiede geringer (Abb. 6.17). Dies dürfte damit zusammenhängen, daß bei höherer Temperatur die Rekristallisation rascher abläuft und die Zwillingsbildung auf anderen Zwillingsebenen für die Verformung in Tätigkeit treten kann. Bei Titan technischer Reinheit wurde eine zweite schwächere Vorzugslage, bei der die $\langle 11\bar{2}0\rangle$-Richtung parallel zur Walzrichtung lag, gefunden. Sie entspricht der Rekristallisationstextur des kaltgewalzten Titans. In Abb. 6.17 ist die Polfigur dieser Textur ebenfalls wiedergegeben [*S 9, M 40*].

Die Rekristallisationstextur von Jodidtitan unterscheidet sich von der Walztextur bei niedrigen Rekristallisationstemperaturen nur durch eine geringere Streuung der Vorzugslagen, die durch orientiertes Wachstum der neuen Körner entsteht [*C 38c, H 78a, L 52c*]. Unterschiede zwischen der Walztextur von Jodidtitan und Titan technischer Reinheit werden durch Rekristallisation bis 800 °C noch verstärkt. In Abb. 6.18 sind die Rekristallisationstexturen der beiden Titansorten einander gegenübergestellt [*W 53*]. Die Texturen von Titan technischer Reinheit nach Abwalzen um 75 und 85% der Blechdicke sind in Abb. 6.19a–d ohne und mit Rekristallisation bei 650 °C wiedergegeben [*R 58a*]. Die Orientierung der Basisebene ändert sich bei einer Glühtemperatur von 815 °C von der $\langle 10\bar{1}0\rangle$-Richtung zur $\langle 11\bar{2}0\rangle$-Richtung parallel zur Walzrichtung. Mittellagen treten bei Temperaturen von etwa 700 °C auf [*M 41, W 15*]. Bei wasserstoffhaltigem 59% verformtem Titan führt eine Rekristallisationsglühung bei 700 °C zu einer verstärkten 25°-Lage der Basisebene in Querrichtung [*A 17*]. Mit zunehmender Temperatur wird die Textur durch sekundäre Rekristallisation verändert. In Abb. 6.20 sind derartige Rekristallisationstexturen, die nach einer Glühung bei 1080 und 1120 °C gefunden wurden, wiedergegeben. Der Einfluß der

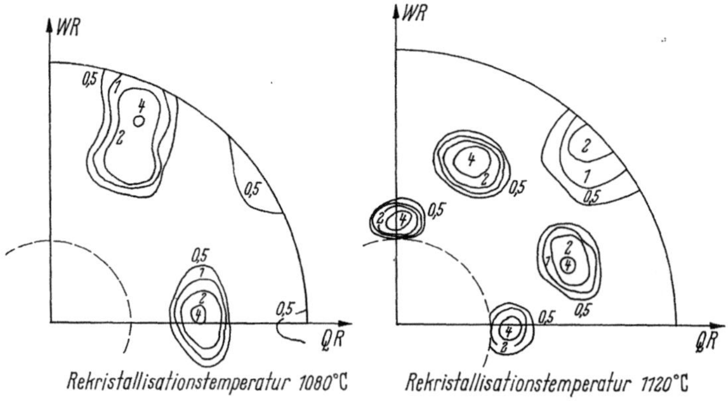

Abb. 6.20 Einfluß der sekundären Rekristallisation auf die Textur von gewalztem Jodidtitan ($\{10\bar{1}0\}$-Polfiguren, Glühzeit 1 h) [*K 10*].

Glühtemperatur auf verschiedene Winkel der Orientierung ist in Tab. 6.3 zusammengefaßt [*K 10*, *W 15*].

Bei stranggepreßtem Titan wird kein Unterschied zwischen der Rekristallisations- und der Preßtextur gefunden. Dies ist verständlich, weil

Tabelle 6.3. *Texturen von bei 700° und oberhalb der Umwandlungstemperatur rekristallisierten Titanblechen (Glühzeit 1 h)* [*K 10*]

Glühtemperatur [°C]	Winkel γ zwischen der Blechebene und {0001}	Winkel δ zwischen der Kippachse und der Walzrichtung	Winkel β zwischen der Walzrichtung und $\langle 10\bar{1}0 \rangle$
700	35°	17°	17°
950	35°	20°	20°
1000	37°	5°	24°
	und andere Orientierungen einer Umwandlungstextur nach dem Burgers-Orientierungszusammenhang		
1050	38°	8°	25°
	und andere Orientierungen entsprechend 1000°		
1125 und 1200	45°	0 und 90°	25°
	90°	45°	45°
	Umwandlungstextur aus der β-Würfellage nach dem Burgers-Orientierungszusammenhang		

der Preßvorgang weit oberhalb der Rekristallisationstemperatur erfolgt, so daß die Preßtextur von der Rekristallisationstextur überlagert wird [*S 9*]. Die {0001}-Polfiguren der Walz- und Rekristallisationstextur der α-Legierung TiAl5Sn2,5 sind in Abb. 6.21 a–i nach einer Verformung um 85 % bei verschiedenen Temperaturen wiedergegeben. Nach einem Warmwalzen bei 925 °C wird eine besonders gut ausgebildete {0001}-Textur gefunden [*R 58a*], bei TiAl6V4-Folien die Vorzugsrichtungen $\langle 1\bar{2}10 \rangle$, $\langle 1\bar{1}00 \rangle$ und $\langle 4\bar{5}10 \rangle$ in Walzrichtung [*K 58b*].

Nach Warmwalzen im $(\alpha + \beta)$-Temperaturbereich werden bei den Legierungen TiAl5Sn2,5 und TiAl6V4 Vorzugslagen (Abb. 6.21k und l) bei Blechen gefunden, die eine Aufspaltung zeigen, während bei der Legierung TiAl4 mit 0,2 % O nur die {0001}-Vorzugslage in Walzebene festgestellt wird [*H 33*]. Die Legierung TiAl8Mo1V1 geht über zwei Zwischenzustände mit zunehmendem Warmwalzgrad in die Textur {0001} parallel zur Walzebene über [*I 8b*]. Die Vorzugslagen verursachen z. B. beim Zugversuch eine unterschiedliche Dickenabnahme in verschiedenen Richtungen, die sogenannte Texturverfestigung, die das Verhältnis der Änderung zwischen Dicke und Breite wiedergibt [*L 7a*, *B 1b*]. Dieses Verhältnis ist bei der gewalzten Legierung TiAl4 größer als bei TiAl5Sn2,5 und TiAl6V4. Die geringe Texturverfestigung bei TiAl6V4 wird durch den bei dieser Legierung vorhandenen geringen β-Anteil und eine Aufspaltung in der {0001}-Polfigur (Abb. 6.21) verursacht [*H 33*].

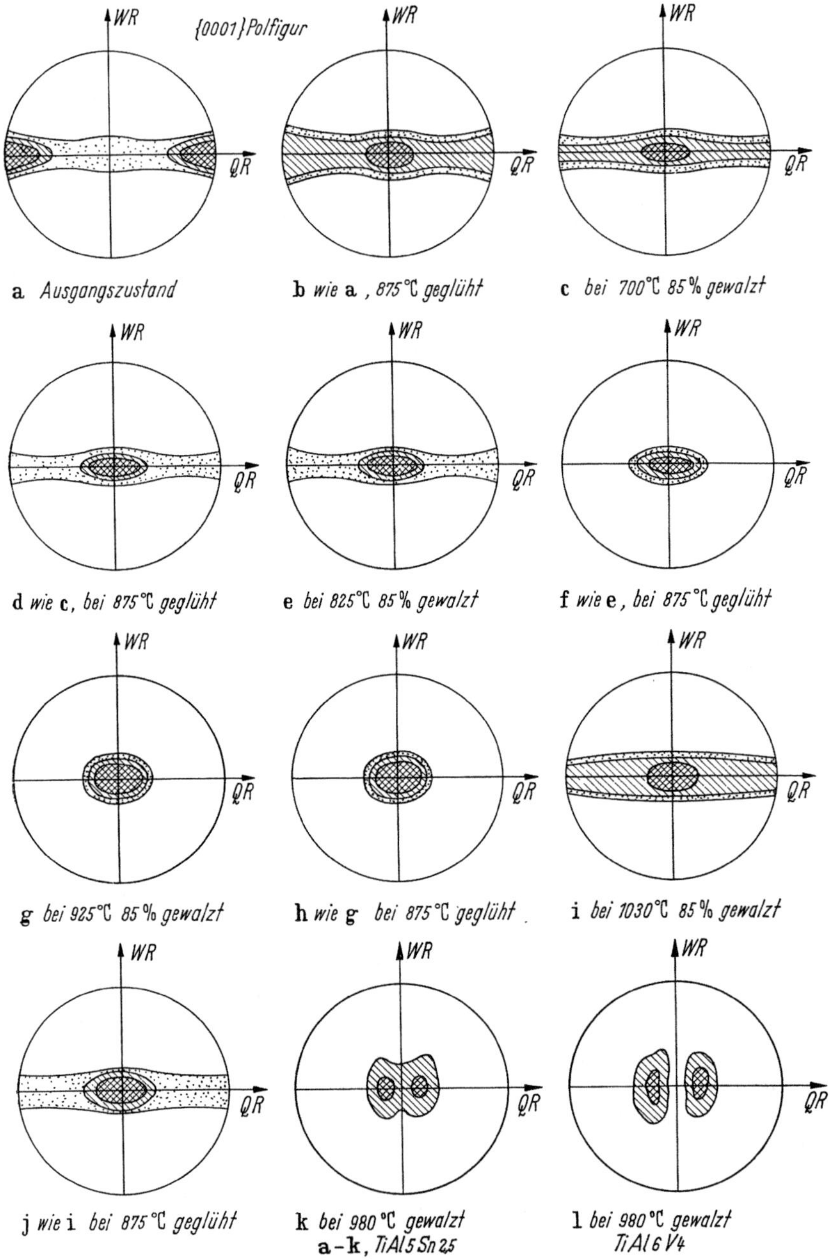

Abb. 6.21 Einfluß der Walz- und Glühtemperatur auf Walz- und Rekristallisationstextur von TiAl5Sn2,5 (a–k) [*R 58a*, *H 33*] und Vergleich mit TiAl6V4 (l) [*H 33*].

Die Textur, die sich bei einer Verformung unter alleiniger Druckbeanspruchung einstellt, entspricht etwa der Walztextur. Bis zu einer Verformung von 85 % wird die Basisebene senkrecht zur Druckrichtung und bei höherem Verformungsgrad zusätzlich in einen Winkel von 10 bis 30° zur Druckrichtung gedreht [*Y 7*, *R 19*]. Bei Verwendung von Jodidtitan wurde nach dem Übergang in die 30°-Lage nach weiterer zusätzlicher Verformung bis zu 98,9 % eine Verringerung des Winkels der Vorzugslage bis zu 17,5° zur Achse der Druckrichtung beim Kaltstauchen oder bei Änderung der Walzrichtung bei jedem Walzstich gefunden (Abb. 6.22). Das relative Intensitätsmaximum der {0001}-Polfigur hat sich dabei nur unwesentlich verändert [*W 51*].

Die Drahtwalztextur zeigt eine Ausrichtung der Kristalle in der ⟨10$\bar{1}$0⟩-Richtung parallel zur Walzrichtung [*M 41*, *R 58a*, *G 26c*]. Zwischen Jodidtitan und Titan technischer Reinheit wurde kein Unterschied festgestellt. Dieselbe Vorzugslage wird auch nach Kaltziehen gefunden. Die Streuung der ⟨10$\bar{1}$0⟩-Ideallage parallel zur Verformungsrichtung beträgt bei Titan technischer Reinheit, das von 4 auf 1 mm gezogen wurde, an der Oberfläche etwa ± 15° und im Kern ± 6° [*S 9*]. Bei nur 60 % Verformung wurde zusätzlich eine ⟨10$\bar{1}$1⟩-Fasertextur an der Oberfläche gefunden [*G 26b*].

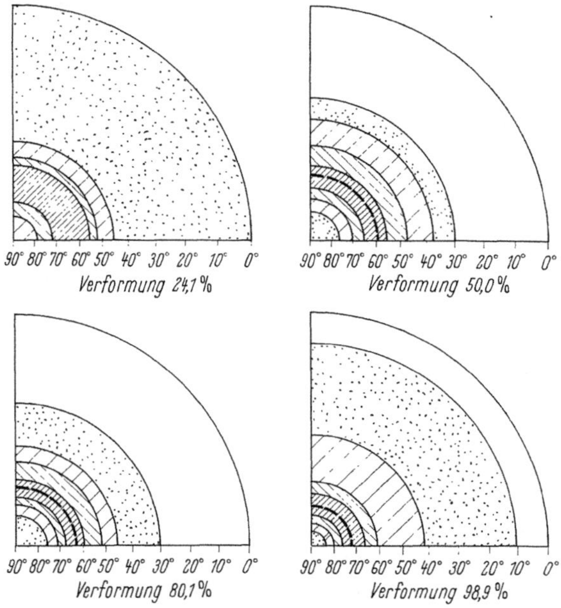

Abb. 6.22 {0001}-Polfiguren von kaltgestauchtem oder gewalztem und nach jedem Walzstich gedrehtem Jodidtitan nach verschieden starker Verformung [*W 51*].

Die Preßtextur des α-Titanmischkristalls wurde nach dem Strangpressen (Preßtemperatur etwa 925 °C) an Titan technischer Reinheit und an TiAl6 und TiCr5Al3 (Abb. 6.23) untersucht. Bei Titan, das im Temperaturbereich der β-Phase verpreßt wurde, war bei einem Umform-

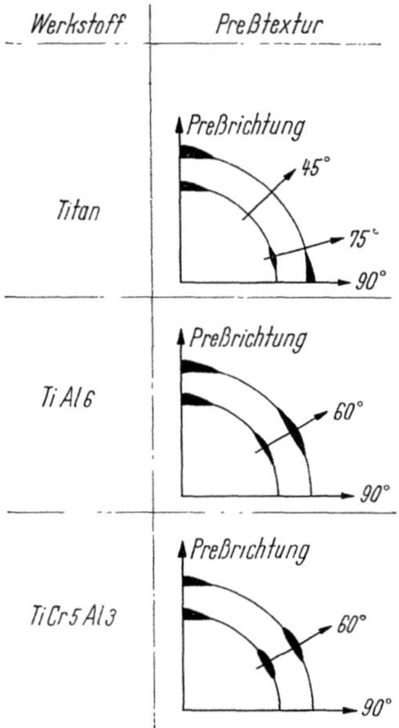

Abb. 6.23 Lage der Basisebene {0001} von Titan und Titanlegierungen nach dem Strangpressen (900 bis 950 °C) [*S 9*]. Verpressungsgrad: außen $F_0/F_1 = 33$; innen $F_0/F_1 = 88$.

grad von 33 % die Basisebene parallel und senkrecht zur Preßrichtung ausgerichtet. Bei einem Umformgrad von 88 % wurde eine Abweichung der Parallellage um 15° von der Preßrichtung beobachtet. Sowohl bei der im Temperaturgebiet der α-Phase gepreßten Legierung TiAl6 wie auch bei der im Temperaturgebiet der β-Phase gepreßten Legierung TiCr5Al3 trat neben einer Querlage eine Spiralfasertextur der Basisebene unter 30° zur Preßrichtung auf [*S 9*].

6.2.2 Verformungstexturen des β-Titanmischkristalls

Die Kaltwalztextur des β-Titanmischkristalls wurde bei der Legierung TiMo30 untersucht. Diese Legierung läßt sich bei Raumtemperatur gut kaltwalzen und bildet die auch bei anderen kubisch-raumzentrierten Metallen häufige Textur ⟨110⟩ || Walzrichtung mit {001} || Walzebene aus [*S 114*]. In Abb. 6.24b ist die Walztextur dieser Legierung nach einer Verformung von 90 % wiedergegeben [*W 61*]. Dieselbe Textur tritt bei TiV16Al3 [*Z 1a*] und TiV40 [*K 64f*] auf. Auch nach dem Walzen der

($\alpha + \beta$)-Legierung TiMo13 wird dieselbe dem β-Anteil entsprechende Textur gefunden. Die Walztextur der ($\alpha + \beta$)-Legierung TiMn7 wurde nach dem Walzen bei Temperaturen oberhalb 750 °C untersucht. In diesem Temperaturgebiet erfolgt die Umformung ebenfalls im Bereich der β-Phase. Nach dem Abkühlen ist ein beträchtlicher Anteil der kubischen Phase stabilisiert, so daß die Textur des kubischen Mischkristalls bestimmt werden kann. In Abb. **6.24a** ist die so entstandene Textur wiedergegeben. Es treten hauptsächlich die Vorzugslagen {112} in ⟨110⟩-Richtung und {111} in ⟨112⟩-Richtung auf. Ein bei der Legierung TiCr5Al3 vorhandener Anteil der kubischen Phase zeigt dieselbe Warm-

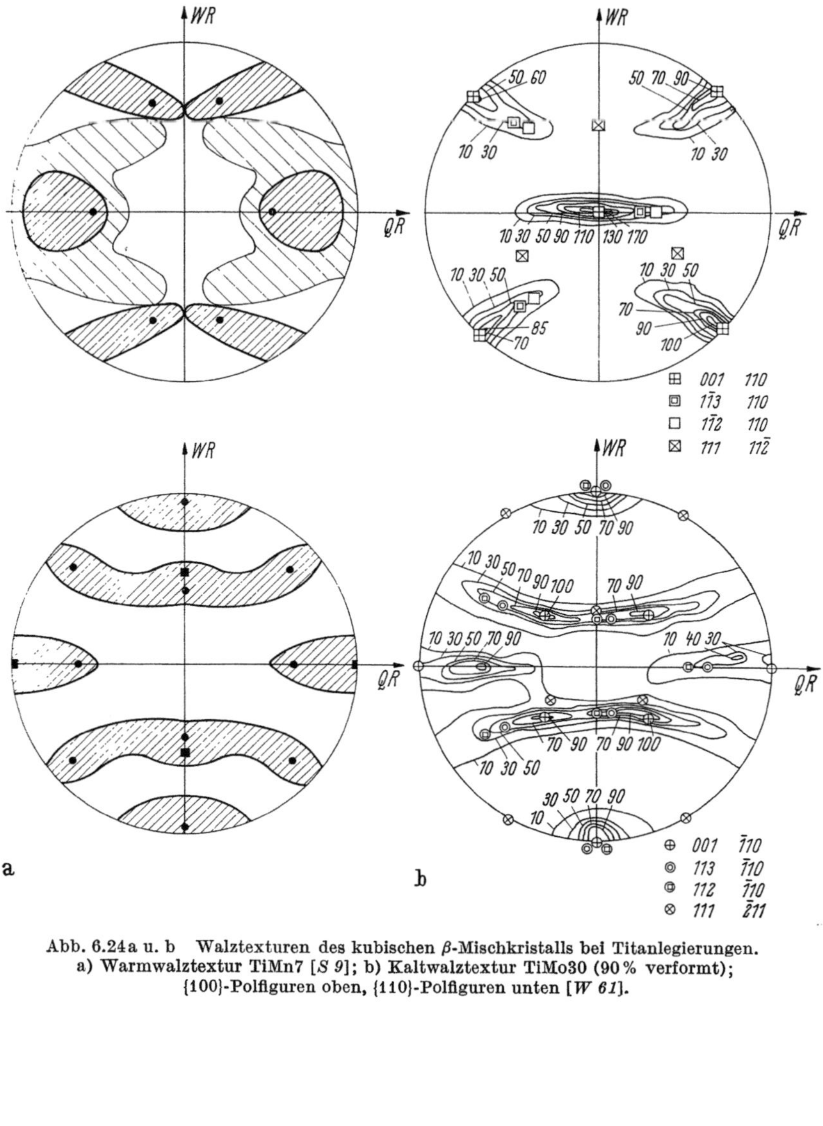

Abb. 6.24a u. b Walztexturen des kubischen β-Mischkristalls bei Titanlegierungen. a) Warmwalztextur TiMn7 [*S 9*]; b) Kaltwalztextur TiMo30 (90% verformt); {100}-Polfiguren oben, {110}-Polfiguren unten [*W 61*].

walztextur wie die der Legierung TiMn7. Die Polfiguren dieser ebenfalls oberhalb 750 °C warmgewalzten Legierung stimmen im α-Anteil mit der an Titan technischer Reinheit gefundenen Textur (Abb. 6.17, S.128) überein [*S 9*].

Als Ziehtextur des kubisch-raumzentrierten Titanmischkristalls ist die ⟨110⟩-Richtung parallel zur Ziehrichtung bei TiNb50 gefunden worden [*P 23c, L 12b, M 108*]. Die Preßtextur des kubisch-raumzentrierten Mischkristalls wurde an der Legierung TiMn7 bestimmt. Abb. 6.25 gibt die Lage der Würfelebene bei dieser Textur wieder. Die Würfelflächendiagonale liegt dabei in Preßrichtung (⟨110⟩-Textur). Daneben wurde noch eine Parallellage der Würfelebene gefunden, deren Orientierung jedoch nicht festliegt [*S 9*]. Der kubisch-raumzentrierte β-Titanmischkristall verhält sich demnach in der Zieh- und Preßtextur ähnlich wie die meisten anderen kubisch-raumzentrierten Metalle und Legierungen [*W 15*].

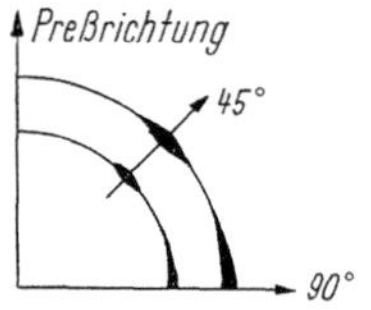

Abb. 6.25 Lage der Würfelebene {100} bei der Preßtextur des kubischen β-Anteils der Legierung TiMn7. Verformungsgrad: außen $F_0/F_1 = 33$; innen $F_0/F_1 = 88$ [*S 9*].

7. Erholung, Rekristallisation und Kornwachstum

Untersuchungen über Erholungsvorgänge bei Titan werden dadurch erschwert, daß bei den in Frage kommenden Temperaturen die zu messenden Eigenschaften außer von dem Verformungsgrad und der Korngröße, auch von der Anordnung und dem Bindungszustand von Beimengungen wie z.B. Sauerstoff, Stickstoff, Wasserstoff und Eisen beeinflußt werden. Nach einer halbstündigen Glühung von Titan technischer Reinheit (vgl. Abb. 10.11, S. 228), das um 30% verformt wurde, findet man eine erste Erweichungsstufe bei etwa 350 °C und eine zweite Erweichungsstufe bei etwa 600 °C [*O 1*]. Bei der Messung des elektrischen Widerstandes kann der Ausgangswert, der vor der Kaltverformung vorhanden war, bereits bei einer Temperatur unter 400 °C wieder erreicht werden, während bei Temperaturen von 500–550 °C ein Minimum des Widerstandes im Laufe der Auslagerung gefunden wird [*M 93*]. Man darf annehmen, daß die Vorgänge bei 400 °C einer Erholung zuzuschreiben sind, wobei allerdings ein Teil der Eigenschaftsänderungen auch von Diffusionsvorgängen der Einlagerungsatome verursacht werden kann. Für Spannungsfreiglühen wird deshalb $^1/_4$–4 h bei 600–480 °C empfohlen [*M 72*].

Die Rekristallisationstemperatur von Titan liegt zwischen 400 und 650 °C. Kaltgezogene Drähte aus Titan mit einer Ausgangshärte von HV = 180 kp/mm² beginnen bei einem Umformgrad von 54% nach 5 min bei 580 °C zu rekristallisieren [*W 72*], während Jodidtitan nach einer Verformung von etwa 90% nach 1000 min bei 400 °C und nach einigen Minuten bei 500 °C den Rekristallisationsbeginn zeigt. Bei einer Glühtemperatur von 650 °C wurde nach etwa 1000 min eine vollständige Rekristallisation beobachtet [*S 9, H 78a*]. Die Rekristallisationstemperatur würde demnach etwa $0{,}4T$ (T = absolute Schmelztemperatur) entsprechen. Unter einer zusätzlichen Spannung kann bei Titan technischer Reinheit (HV = 180 kp/mm²) die Rekristallisation unter 450 °C einsetzen [*K 47*] (vgl. Abb. 10.21 b, S. 238). Auch bei zwischen 300 und 700 °C verformten Proben wird nach 24 h Glühung im Bereich zwischen 400 und 800 °C eine Verminderung der Härte durch Erholung und Rekristallisation beobachtet, die mit zunehmender Verformungstemperatur geringer wird [*W 2*]. Die Temperatur- und Zeitabhängigkeit der Rekristallisation in Titan kann, wie Abb. 7.1 zeigt, mit Hilfe des Parameters $T\,(20 + \log t)$ [*L 8*] in Abhängigkeit von der Härte wiedergegeben werden [*R 22*]. Eine vollständige Erweichung tritt nach etwa 1 h bei 650 °C ein.

Die Kornneubildung wurde bei Jodidtitan an Draht, der vor Beginn der Versuche 50 % kaltgewalzt und bei 660 °C geglüht worden war, untersucht. Das in Abb. 7.2 wiedergegebene Rekristallisationsschaubild für Jodidtitan zeigt, daß nur bei geringem Umformgrad eine Grobkornbildung unterhalb der α/β-Umwandlungstemperatur auftreten kann, wäh-

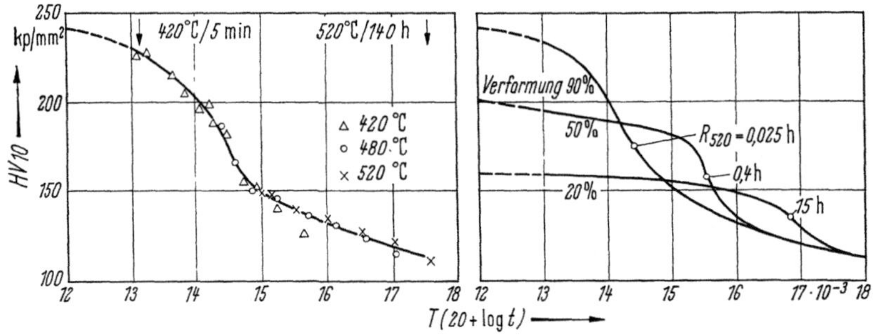

Abb. 7.1 Änderung der Härte von Titan technischer Reinheit mit Temperatur und Zeit (links Verformung 90 %, rechts verschiedene Verformungsgrade) [*R 22*].

rend bei hohem Umformgrad Temperaturen von über 900 °C zur Grobkornbildung notwendig sind [*S 22*].

Bei der Untersuchung des Rekristallisationsverhaltens von gewalztem Titan technischer Reinheit wurde bereits bei Temperaturen von 650 °C ein starkes Kornwachstum dann beobachtet, wenn vor der Kaltumformung ein feines Korn vorhanden war und der Umformgrad 12 %

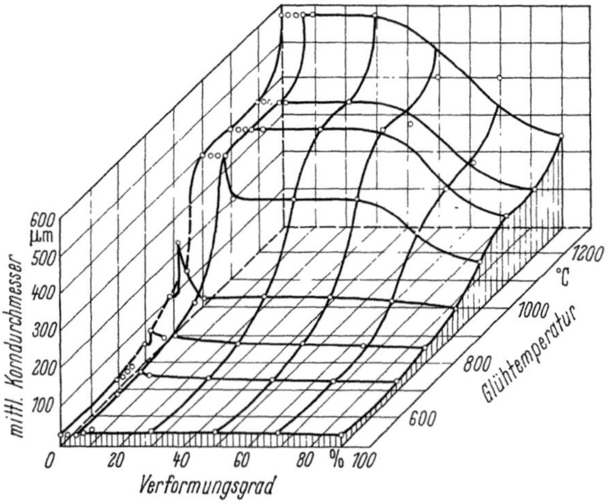

Abb. 7.2 Einfluß von Glühtemperatur und Verformungsgrad auf die Korngröße von kaltverformten Blechstreifen aus Jodidtitan (Glühzeit 1 h) [*S 22*].

nicht überstieg. Es tritt dann keine Kornneubildung, sondern eine Korngrenzenwanderung auf, wodurch sich einzelne Körner stark vergrößern. Bei höherem Umformgrad erfolgt keine Grobkornbildung [*B 14*]. Für Blech aus Jodidtitan mit einer Härte nach dem Walzen und Weichglühen von etwa HV = 160 kp/mm² ist das in der Abb. 7.3 wieder-

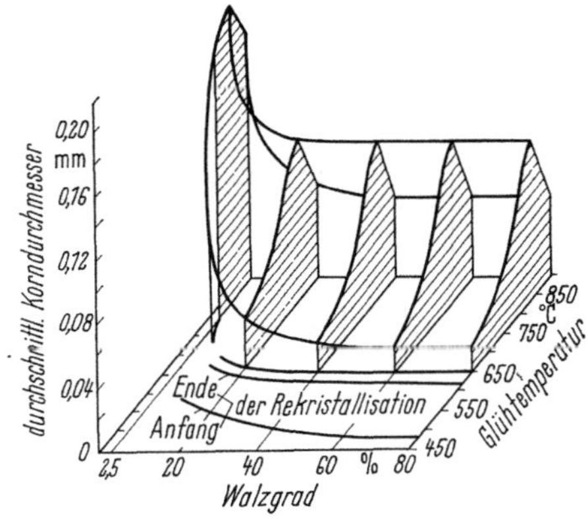

Abb. 7.3 Rekristallisationsschaubild und Grobkornbildung von Titanblech (HV = 160 kp/mm²) nach verschiedenem Abwalzgrad (Glühzeit 1/2 Std.) [*O 1*].

gegebene Rekristallisationsschaubild aufgestellt worden. Bei einem Umformgrad von 2,5 % wurde nach halbstündiger Glühzeit eine Grobkornbildung bei Temperaturen von über 750 °C und bei tieferen Temperaturen ein unregelmäßiges Kornwachstum mit vereinzelter Grobkornbildung festgestellt [*O 1, S 98*]. Nach sehr langsamer Aufheizgeschwindigkeit (150 °C/Tag ab 400 °C und einer Glühung von 50 h bei 840 °C) tritt bei 40 μm Korngröße (0,1 % Fe, 0,07 % O) ein starkes Kornwachstum auf, wenn der Umformgrad etwa 1,5 % beträgt und die Probe unter Biegespannung steht [*R 69*]. Besonders günstig für ein starkes Kornwachstum ist eine Deformation von 1,5–2,5 %, bei der nicht mehr als ein Band von Deformationszwillingen im Korn entsteht. Durch Glühen von 200 h bei 860 °C lassen sich Körner von mehreren Quadratzentimetern Größe bei Jodidtitan, etwa 1 % verformt, herstellen [*C 28*]. Oberhalb der α/β-Umwandlungstemperatur findet ein besonders rasches Kornwachstum (z.B. bei 1100 °C auf $\geqq$ 20 mm) statt. Die Korngröße wird beim Abkühlen beim Durchlaufen der Umwandlung nicht verringert [*Z 1*]. Sie konnte jedoch bei einer Abkühlgeschwindigkeit von 1 °C/min zwischen 900 und 750 °C durch eine Ultraschallbehandlung (1900 Hz, 4 kp/mm²) um fast eine Größenordnung vermindert werden [*G 16a*].

In Tab. 7.1 sind Werte für die Aktivierungsenergie die aus Rekristallisations- und Kornwachstumsprozessen berechnet wurden, zusammengefaßt. Die Übereinstimmung ist nicht sehr befriedigend, was darauf zurückzuführen ist, daß die verschiedenen Untersuchungen sich in Aus-

Tabelle 7.1. *Aktivierungsenergie bei der Rekristallisation von kaltgewalztem Titan* (n.b. = nicht bestimmt)

Analyse % O	Analyse % N	Analyse % Fe	Härte (HV) [kp/mm²]	Korngröße mm Ausgangszustand vor der Verformung	Umformgrad %	Aktivierungsenergie [kcal/mol]	Bemerkung	Literatur
0,12	0,049	0,08	~200	>0,02 mm	30	74–79	primäre Rekristallisation 30–70 %	[*B 14*]
					12	33–35	Korngrenzenwanderung, 30–70 % Grobkornbildung	
<0,2	0,05	0,1	~200	0,01 mm	15–60	36,4–39,4	primäre Rekristallisation 100 %, Korngröße max. 0,01 mm	[*L 20*]
					15–60	61–68	Kornwachstum von rekristallisiertem Korn (von 0,006 auf 0,01 mm Durchmesser)	
0,06	0,02	n. b.	~120	n. b.	50–90	40	primäre Rekristallisation, 50 % Erweichung	[*R 22*]
0,001	0,01	Spur	~ 90	0,04 mm	94	48,4	primäre Rekristallisation	[*H 78a*]
						72,8	Kornwachstum	

gangskorngröße, Gehalt an Beimengungen wie Sauerstoff, Stickstoff und Eisen, Umformgrad und Meßmethode unterscheiden.

Durch Legierungszusätze kann die Rekristallisationstemperatur erhöht werden. So kann z.B. durch Stickstoff die Erweichungstemperatur von verformtem Titan um 50 °C erhöht werden [*O 19h*]. 56% kaltgezozogene Drähte mit Gehalten von 1–4% Al zeigten für den Beginn der Rekristallisation eine Zunahme der Temperatur von 575 °C bei 1% Al auf 650–700 °C bei 4% Al, gegenüber 500 °C bei Titan nach jeweils einer

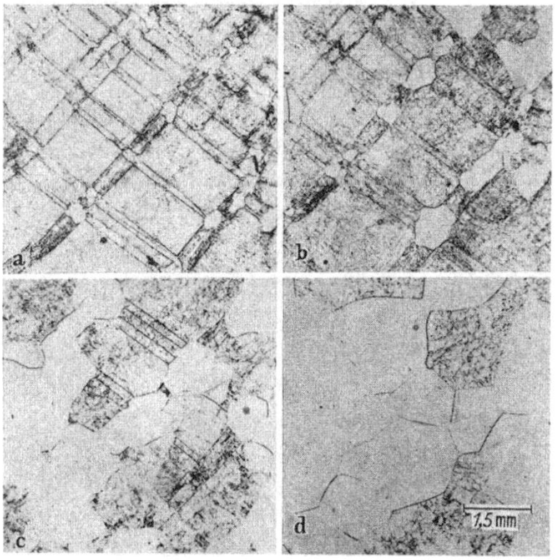

Abb. 7.4a–d Rekristallisation bei 850 °C der Legierung TiMo10 (aus dem β-Gebiet abgeschreckt und 3,7% kaltverformt) [*S 43*].
a) 5 Min. 850 °C; b) 25 Min. 850 °C; c) 125 Min. 850 °C; d) 625 Min. 850 °C.

Stunde Glühzeit [*Y 2*]. Bei der Prüfung von um 50% kaltverformten binären Legierungen mit verschiedenen Gehalten an Zusatzelementen wurde beobachtet, daß bereits Zusätze von unter 1 At.-% Ag oder Hf und höhere Gehalte an Aluminium, Chrom und Zinn eine Erhöhung der Rekristallisationstemperatur und Zeit für eine 50%ige Erweichung bewirken [*R 24, R 22*]. In einer anderen Untersuchung wurde neben der Erhöhung der Rekristallisationstemperatur durch Stickstoff, Sauerstoff, Kohlenstoff und Aluminium festgestellt, daß diese auch durch Bor, Beryllium und Rhenium deutlich zu höheren Temperaturen verschoben wird [*S 23*]. Zusätze von Legierungselementen, die, wie z.B. Eisen in der β-Phase, heterogen ausgeschieden sind, verhindern bei kaltverformtem Titan technischer Reinheit ein Kornwachstum auch bei hohen Temperaturen unterhalb der $\beta/(\alpha + \beta)$-Umwandlungstemperatur. So wird z.B.

bei einem Gehalt von 0,35 % Fe eine Korngröße von 70 μm nicht überschritten [*L 45*, *S 108*, *R 77f*, *K 13d*].

Eine Legierung mit 10 % Mo wurde nach Abschrecken aus dem β-Gebiet 4–80 % kaltgewalzt und dann 0,5 sec bis 10 Tage im β-Gebiet bei 820 und 850 °C geglüht. Bei geringem Umformgrad beginnt die Rekristallisation an wenigen Punkten an den Schnittstellen von Deformationsbändern (Abb. 7.4), um sich dann über die ganze Fläche auszudehnen. Daneben bilden sich Subkörner, deren Größe mit zunehmendem Umformgrad abnimmt. Sie werden mit längerer Glühzeit von den wachsenden Körnern aufgezehrt. Bei einem Umformgrad von über 20 % tritt nach sehr kurzen Zeiten ein feines Netzwerk auf, dem dann nach längeren Zeiten eine Rekristallisation durch Kornneubildung folgt [*S 43*]. Bei Titan mit 0,2 % O wird durch zunehmende Kornvergröberung die Richtungsabhängigkeit der Korngröße vermindert [*O 19d*, *O 19e*]. Eine Subkornbildung bei den Legierungen TiMn8 und TiMn15 kann bei Temperaturen über 700 °C zu einer Superplastizität führen [*G 52a*]. Bei den Legierungen TiMo15Zr5 und TiMo15Zr5Al3 werden 2 Stufen der Rekristallisation beobachtet. α-Körner werden zunächst ungleichmäßig in β-Körnern ausgeschieden. Die dann auftretende α-Ausscheidung an den Korngrenzen wird stark von der Vorbehandlung (Umformgrad) beeinflußt [*O 28e*].

8. Phasenumwandlung des Titans und des β- und α-Mischkristalls von Titanlegierungen

Bei 882,5 °C wandelt sich die hexagonale Tieftemperaturmodifikation α-Titan in die kubisch-raumzentrierte Hochtemperaturmodifikation β-Titan um [*M 48*]. Bei Titan und bei den Titanlegierungen, bei denen diese β/α-Umwandlung zu höheren Temperaturen verschoben ist, hat, ähnlich wie die γ/α-Umwandlung von reinstem Eisen, der Umwandlungsprozeß keine große Auswirkung auf die technologischen Eigenschaften.

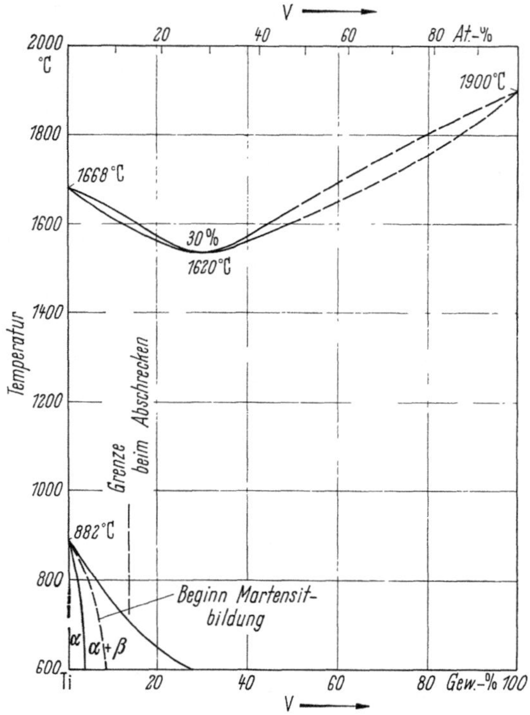

Abb. 8.1 Zustandsschaubild Titan–Vanadin [*D 40, H 14, E 6, S 72 b*].

Durch Legierungszusätze, die die Umwandlung zu tieferen Temperaturen verschieben, wird die Umwandlungsgeschwindigkeit verzögert. Es können dann Zwischenzustände auftreten, die eine härtende Wirkung auf das Gefüge ausüben und die mechanischen Eigenschaften in hohem Maße verändern. Da die β/α-Umwandlung je nach Legierungsgehalt oder Abkühlungsgeschwindigkeit über einen Umklappvorgang oder über einen Keimbildungs- und Wachstumsprozeß erfolgen kann, bilden sich sowohl martensitische als auch orientiert oder nicht orientiert gewachsene Zwischen- oder Gleichgewichtszustände. Viele Änderungen der mechanischen und physikalischen Eigenschaften bei der β/α-Umwandlung werden durch diese Umwandlungsvorgänge verursacht. Verschiedene Zwischenzustände der häufig komplizierten und sich meist überlagernden Umwandlungsvorgänge sind bekannt, so daß ein hinreichend genauer Überblick über die Vorgänge bei der β/α-Umwandlung wichtiger Titanlegierungen gegeben werden kann.

Die Umwandlungskinetik wird außer durch Legierungszusammensetzung und Umwandlungstemperatur auch von Beimengungen, insbesondere Sauerstoff, und durch äußere Spannungen beeinflußt. Die Umwandlungsvorgänge können während einer isothermen Umwandlung, beim Aufheizen abgeschreckter Proben oder beim Abkühlen aus dem β-Gebiet verfolgt werden. Dabei kann im Ausgangszustand ein homogenes β-Gefüge oder ein durch Warmverarbeitung oder Wärmebehandlung entstandener bestimmter Anteil der β-Phase neben anderen Phasen vorliegen.

Bei Legierungen, die sich gemäß dem in Abb. 8.1 wiedergegebenen Zustandsbild des Systems Titan–Vanadin, entsprechend dem β-isomorphen Typ, umwandeln, kann nur die α-Phase neben der β-Phase im Gleichgewichtszustand auftreten. Die Grenze, unterhalb der sich α aus β ausscheiden kann, wird durch die $\beta/(\alpha + \beta)$-Gleichgewichtslinie beschrieben. Bei ausreichend hoher Legierungskonzentration schneidet diese Linie die Raumtemperatur, die β-Phase ist dann auch bei Raumtemperatur stabil. Da die Umwandlungsvorgänge bei tiefen Temperaturen sehr träge verlaufen, ist diese Linie nur oberhalb 500 °C bestimmt worden.

Beim Übergang des β-Zustandes in den $(\alpha + \beta)$-Gleichgewichtszustand wurden bei β-stabilisierten Legierungen bisher mindestens die fünf folgenden Zwischenzustände mit meist unterschiedlicher Gitterstruktur (vgl. Kap. 4.1.4, S. 69) beobachtet und weitere Zwischenzustände vermutet, die vor der Bildung der Gleichgewichtsphase α auftreten können:

1. Ein übersättigter α-Mischkristall durch Martensitbildung (α'), der sich durch einen Umklappvorgang aus dem β-Mischkristall bildet und der die gleiche Legierungszusammensetzung aufweist wie die β-Phase, aus der er entsteht. Die Martensittemperatur, bei der der Umklappvorgang beginnt (vgl. Abb. 8.1), wird durch die Hochtemperaturphase stabilisierende Legierungszusätze gesenkt. Bei einer bestimmten Legierungskonzentration wird ein Grenzbereich erreicht, bei der keine Bildung des übersättigten α-Mischkristalls beim Abschrecken aus dem β-Gebiet mehr stattfindet. Dieser Bereich ist in Abb. 8.1 gestrichelt eingezeichnet.

2. Die Zwischenphase ω, die sich in einem teilweise sehr rasch verlaufenden Keimbildungs- und Wachstumsprozeß aus der β-Phase bilden

kann und mit dieser kohärent ist. Diese Phase kann durch Glühung bei erhöhter Temperatur aufgelöst werden (Rückbildung der β-Phase).

3. Eine Vorstufe der ω-Phase (V ω), deren Nahordnungszustand ebenfalls rasch entsteht und sich wieder auflösen kann, bevor sich die ω-Phase bildet.

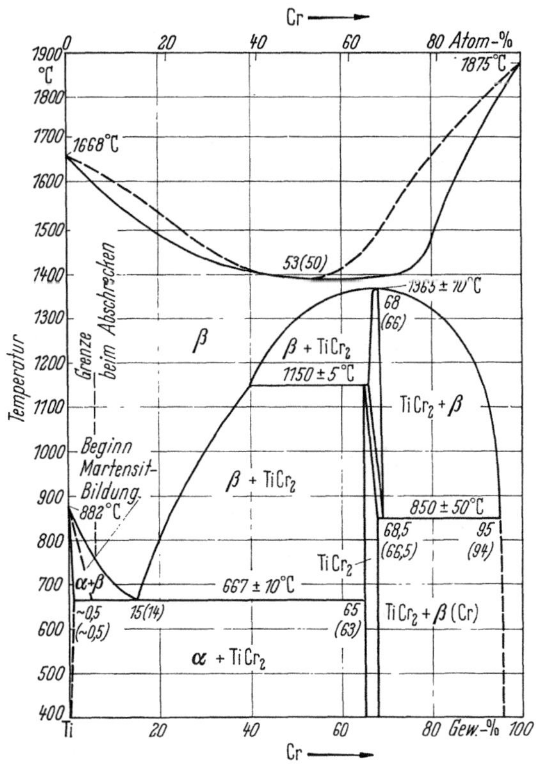

Abb. 8.2 Zustandsschaubild Titan–Chrom [*D 40, H 14, E 6, S 72b*].

4. Zwischenstufen zwischen Martensit und Gleichgewichts-α, die ebenfalls in einer Vorstufe (V α″) und einer Hauptstufe (α″) auftreten können.

5. Entmischungszonen (β′), die teilweise bereits im Bereich der β/(α + β)-Grenztemperatur entstehen und die Umwandlungsgeschwindigkeit beeinflussen können. Sie lösen sich vor Bildung der Zwischenphasen auf.

Während bei Legierungen gemäß dem Zustandsschaubild Abb. 8.1 nur die α-Phase neben der β-Phase im Gleichgewicht stehen kann, tritt bei Legierungssystemen gemäß Abb. 8.2 durch eutektoiden Zerfall der β-Phase eine andere, z.B. intermetallische Phase im Gleichgewicht mit α auf

[*M 47a*]. Auch bei dieser Art der Umwandlung können die oben beschriebenen sowie weitere Zwischenzustände beobachtet werden. Bei Drei- und Mehrstofflegierungen, die sich z.B. bereits durch kleine Gehalte des Titans an Sauerstoff bilden, können in bestimmten Temperaturgebieten aus einem β-Mischkristall gleichzeitig die α-Phase und eine weitere Phase entstehen.

Durch Zusätze, die die β/α-Umwandlung zu höheren Temperaturen verschieben und die α-Phase stabilisieren, kann sich bei bestimmten

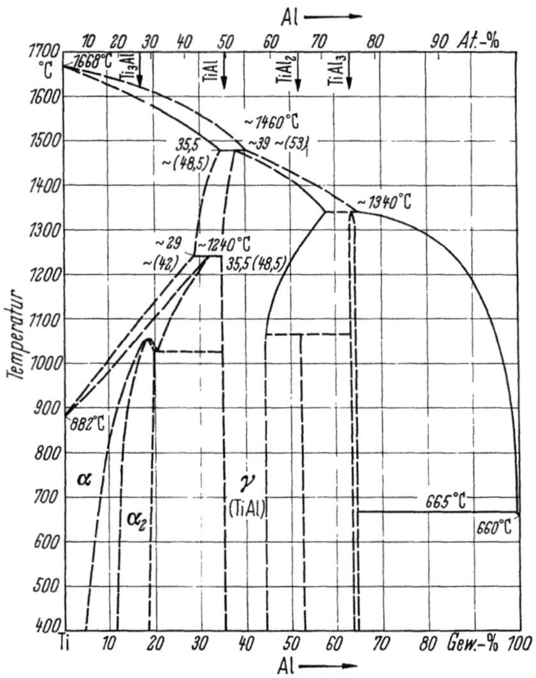

Abb. 8.3 Schema des Zustandsschaubildes Titan–Aluminium [*M 30*].

Gehalten des entsprechenden Zusatzelementes die Phase α_2 mit einer Überstruktur des hexagonalen Gitters des α-Mischkristalls bilden. In Abb. 8.3 und 8.3a–f ist als Beispiel das Zustandsdiagramm Titan–Aluminium gemäß verschiedener Untersuchungen (vgl. Kap. 21, S. 563) wiedergegeben [*S 8, C 38, K 64, M 30, S 11, E 10, C 37, B 42, C 70, B 42b, S 159a*].

Besitzt der α-Mischkristall eine mit abnehmender Temperatur geringer werdende Löslichkeit für das Zusatzelement, kann sich eine zweite Phase ausscheiden und die von vielen anderen Legierungssystemen her bekannte Ausscheidungshärtung auftreten. Bei warmfesten aluminium-

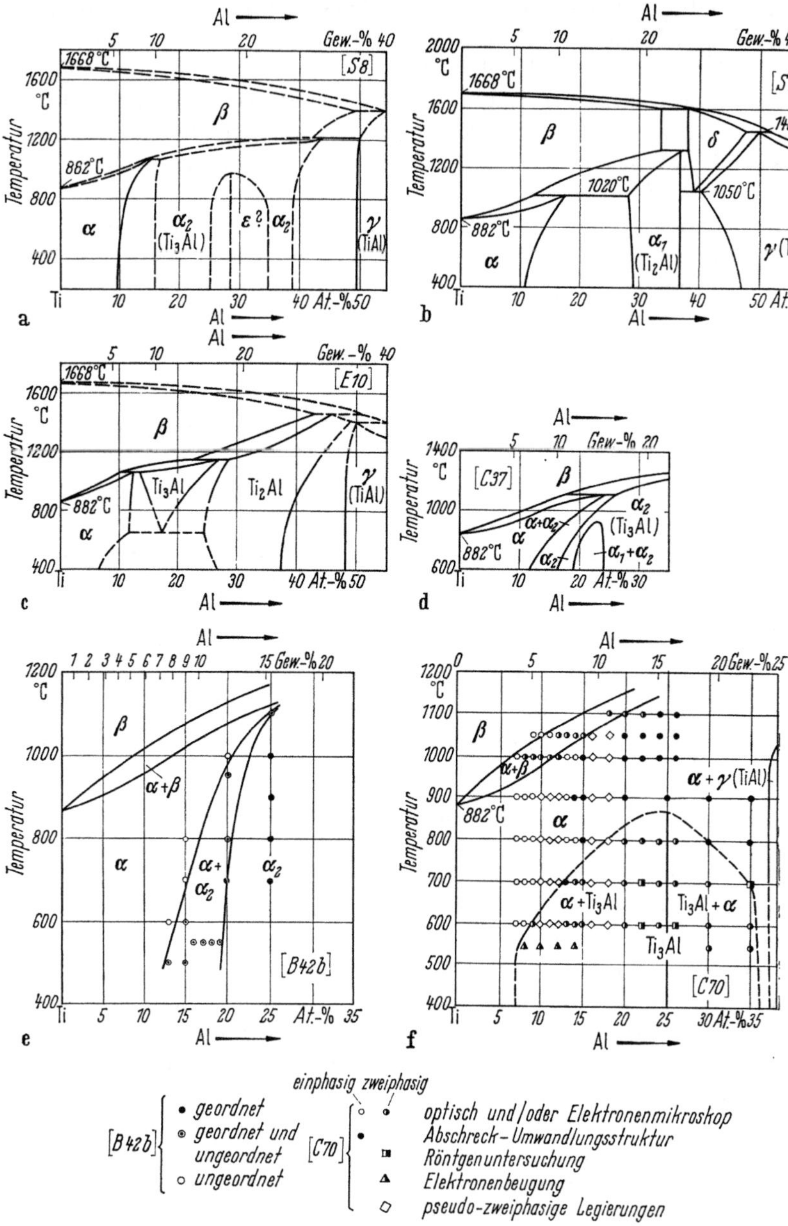

Abb. 8.3 a–f
Verschiedene Ergebnisse von Untersuchungen am Zustandsschaubild Titan–Aluminium.

und zinnhaltigen Legierungen wird die Ausscheidung der Ordnungsphase α_2 aus dem α-Mischkristall und bei kupferhaltigen Legierungen die Löslichkeitsänderung des α-Mischkristalls für Ti_2Cu zur Aushärtung technischer Legierungen ausgenützt. Die Geschwindigkeit der Umwandlungs- und Ausscheidungsvorgänge kann in Zeit-Temperatur-Umwandlungs-Schaubildern beschrieben werden. Diese gehen meist von der homogenen β-Phase aus. Werden Legierungen im $(\alpha + \beta)$-Gebiet verformt oder wärmebehandelt, dann gilt für die β-Umwandlung ein Zeit-Temperatur-Umwandlungs-Schaubild einer β-Phase mit einer dem bei der Temperatur vorliegenden Gleichgewicht entsprechenden Legierungskonzentration.

8.1 β/α-Umwandlung

Bei der β/α-Umwandlung können sich Titan und α-Legierungen (entsprechend Abb. 8.3), da sie unterhalb der Umwandlung im Gleichgewicht aus der homogenen α-Phase bestehen, vollständig von β in α umwandeln. Bei Legierungen entsprechend Abb. 8.1, bildet sich unterhalb der $\beta/(\alpha + \beta)$-Gleichgewichtslinie nur ein dem Gleichgewicht entsprechender Anteil von α. Dieser Anteil hängt von der Temperatur und von der Legierungskonzentration, durch die die α-Anteile im Gleichgewichtszustand bestimmt werden, ab. Auch bei Legierungen, bei denen eine intermetallische Phase am Gleichgewicht beteiligt ist, entsprechend Abb. 8.2, scheidet sich bei trägem eutektoidem Zerfall der β-Phase die α-Phase vor der intermetallischen Phase aus dem β-Mischkristall aus.

8.1.1 β/α-Umwandlung in Titan

Wie bei anderen Metallen, die eine Umwandlung durchlaufen, wird auch bei Titan die Umwandlungstemperatur von kleinen Beimengungen beeinflußt. An Jodidtitan wurde die Umwandlungstemperatur bei 882,5 °C gefunden [*M 48*] (vgl. Kap. 4.3.4, S. 93).

Bei einer Beobachtung des Übergangs von dem α- in den β-Zustand an einer polierten Titanoberfläche im Heiztischmikroskop wurde nur eine geringe Korngrenzenverschiebung beobachtet, die von dem gleichzeitig auftretenden Kornwachstum kaum zu unterscheiden ist. Dagegen wurde beim Abkühlen die β/α-Umwandlung in einer nadelförmigen Aufrauhung der Oberfläche sichtbar [*P 23b*] An sehr reinem Titan konnte durch eine derartige Betrachtung der Oberfläche gefunden werden, daß die Umwandlung bei langsamer Abkühlung kurz unterhalb der Umwandlungstemperatur über einen Keimbildungs- und Wachstumsprozeß verläuft, während bei einer rascheren Abkühlung (z.B. $\geqq 100$ °C/sec) eine martensitähnliche Schiebungsumwandlung auftritt [*W 39*].

Die Prüfung des Einflusses der Abkühlungsgeschwindigkeit auf die Umwandlungstemperatur, die sich bei Abkühlungskurven durch einen Haltepunkt kennzeichnet, hat ergeben, daß durch Erhöhung der Abkühlungsgeschwindigkeit von 10 auf 60000 °C/sec die Umwandlungstemperatur von Jodidtitan auf unter 800 °C vermindert wird [*D 38*, *B 40*].

Im Gegensatz zu Stahl tritt bei Titan beim Überschreiten des Umwandlungspunktes keine Kornneubildung der Kristalle auf. Polykristallines Titan mit einer vorgegebenen Textur wird deshalb durch Erhitzen über den Umwandlungspunkt und Wiederabkühlung weder zu einem feineren Korn gebracht noch die Textur beseitigt [*K 11*]. Die bei der β/α-Umwandlung zu erwartenden inneren Spannungen wurden aufgrund theoretischer Überlegungen berechnet. Danach betragen sie nur etwa den zehnten Teil der bei der γ/α-Umwandlung des Eisens berechneten Spannungen. Diese geringen inneren Spannungen bei der Umwandlung dürften eine der Ursachen dafür sein, daß bei Titan keine Kornneubildung bei der Umwandlung erfolgen kann [*K 8*].

Die polymorphe Umwandlung kubisch-raumzentriert/hexagonal wurde zuerst an mit Titan verwandtem Zirkonium untersucht. An diesem Metall war eine Umwandlung bei Messungen der Leitfähigkeit und der Wärmetönung in Abhängigkeit von der Temperatur vermutet worden [*Z 22*]. Der Umwandlungspunkt wurde weiter eingeengt und aufgrund von nadelförmigen Gefügebestandteilen, die auf großen Zirkoniumkristallen, die aus der Gasphase abgeschieden waren, häufig in Winkeln von 60–90° auftraten, eine durch eine orientierte Umwandlung gekennzeichnete Pseudomorphie vermutet [*V 6*]. Die Umwandlung der hexagonalen Tieftemperaturphase in die kubisch-raumzentrierte Hochtemperaturphase und die metallographisch beobachteten Vorzugslagen sind dann durch Röntgenuntersuchungen bestätigt worden [*B 119*]. Später konnte auch der kristallographische Orientierungszusammenhang der beiden Gitter bestimmt werden. Dies war möglich, nachdem es gelungen war, unter geeigneten Abscheidungsbedingungen und entsprechend langsamer Abscheidungsgeschwindigkeit bei der Zersetzung von Zirkoniumjodid große viereckige oder sechseckige Zirkoniumkristalle, die bei der hohen Zersetzungstemperatur monokristallin gewesen sein mußten, herzustellen und die denen des Titans (vgl. Abb. 1.5, S. 7) entsprachen.

Die Achse des Drahtes, auf dem die Kristalle aufgewachsen waren, lag entweder senkrecht zur Würfelebene ($\langle 100\rangle$-Richtung $\|$ zur Drahtachse) oder senkrecht zur Oktaederebene ($\langle 111\rangle$-Richtung $\|$ zur Drahtachse). Bei Drehkristallaufnahmen zeigte sich, daß die beim Abkühlen gebildeten α-Kristalle in bestimmter Orientierung zum im β-Temperaturgebiet abgeschiedenen kubischen Einkristall standen. Durch eine genaue Bestimmung der Lagen der Ebenen wurde festgestellt, daß sich wenigstens neun Lagen des hexagonalen α-Zirkoniums aus einem kubischen β-Zirkoniumkristall gebildet hatten. Es ergab sich dabei die Beziehung, daß die kubische $\beta\{110\}$-Ebene || zur hexagonalen $\alpha\{0001\}$-Ebene liegt bzw. die $\beta\langle 111\rangle$-Richtung || zur $\alpha\langle 11\bar{2}0\rangle$-Richtung. Da ein kubisches Gitter sechs $\{110\}$-Ebenen besitzt und jede dieser Ebenen zwei $\langle 111\rangle$-Richtungen aufweist, kann ein kubischer Kristall zwölf verschieden

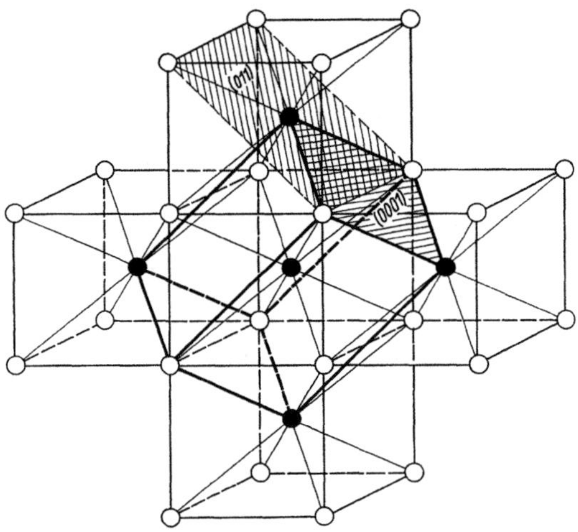

Abb. 8.4 Lage der Titanatome des hexagonalen Gitters zum kubisch-raumzentrierten Gitter (011)||(0001).

orientierte hexagonale Kristalle bilden. Diese können wieder in sechs Paare aufgeteilt werden, von denen jedes eine andere Orientierung zur Basisebene des hexagonalen Kristalls aufweisen kann [*B 120*]. Neben dieser einfachen Beziehung müssen zur Ausbildung der endgültigen Atomanordnung noch weitere Veränderungen im Gitter stattfinden, damit die Atome von der Ausgangslage in die Endlage übergehen können. In Abb. 8.4 sind die Atomlagen des hexagonalen Gitters in das kubische Gitter eingezeichnet. Die kubisch-raumzentrierten Zellen umschließen eine hexagonale Zelle, die der oben angegebenen Orientierungsbeziehung entspricht. In Abb. 8.5 wird gezeigt, wie sich die Atome in ihrer Lage verschieben müssen, um von dem kubischen in das hexagonale Gitter überzugehen. Die größte Bewegung erfolgt beim Zentralatom des kubischen Gitters, das im hexagonalen Gitter im Zentrum der Dreieckslücken der Atome der Basisebenen liegt. Als möglicher Scherungsvorgang wird angenommen, daß zwei Prozesse aufeinander folgen können, die beide parallel zur $\{110\}$-Ebene des kubischen Ausgangskristalles erfolgen, der dann in den hexagonalen Kristall so übergeht, daß diese Ebene die

{0001}-Ebene wird. In diesem Fall würde ein Zwischenzustand durchlaufen werden, der einem kubisch-flächenzentrierten Gitter entspräche. Der erste Teil der Umwandlung würde sich analog der Umwandlung eines kubisch-raumzentrierten in ein kubisch-flächenzentriertes Gitter

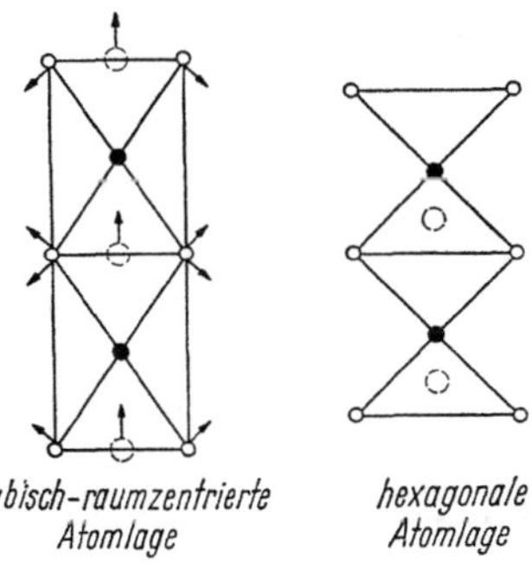

Abb. 8.5 Verschiebung der Atomlagen der {110}-Ebene beim Übergang vom kubisch-raumzentrierten in das hexagonale Gitter {0001}-Ebene.

verhalten, wie das vom Stahl [*K 96*] und für die Ausscheidung von α-Messing aus β-Messing [*S 150*] bekannt ist. Der Übergang vom kubisch-flächenzentrierten Gitter in das hexagonal dichtgepackte Gitter könnte dann auf ähnliche Weise wie bei der Umwandlung von γ- in ε-Kobalt [*W 14*] erfolgen.

Entsprechende Untersuchungen an Jodidtitan haben gezeigt, daß beim Titan gegenüber Zirkonium kleine Abweichungen auftreten. Die Endlagen weichen beispielsweise um 6° von der geometrischen Achse

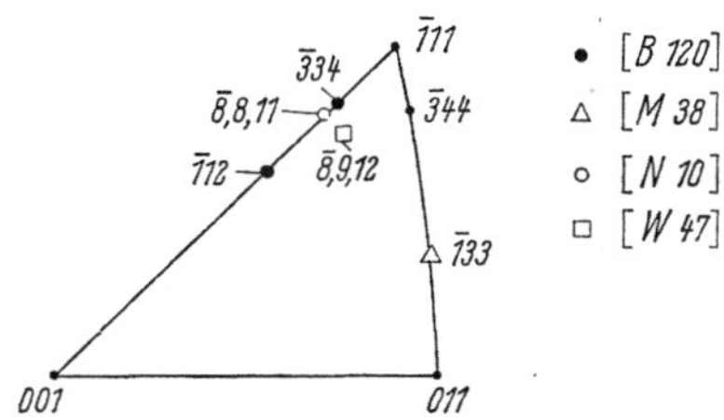

Abb. 8.6a Habitusebenen für die Schiebungsumwandlung bei Titan [*M 27*].

des Einkristalls ab. Auch die Winkelorientierungen der α-Ausscheidungen sind um etwa 1° verändert [*W 47*]. Zuerst wurde an Zirkonium [*B 122*] und später auch an Titan [*N 10*] durch Orientierungsuntersuchungen am Umwandlungsprozeß dieser Metalle vermutet, daß nach der ersten Umwandlung eine in entgegengesetzter Richtung verlaufende Umwandlung die Ausgangskornstruktur wiederherstellen würde. Nimmt man diese doppelte Umwandlung an, so wären theoretisch 57 geometrisch verschiedene Orientierungen des α-Korns gegenüber dem Ausgangs-β-Korn bei der $\alpha/\beta/\alpha$-Umwandlung möglich [*G 22*], während in Wirklichkeit jedoch nur eine Orientierung auftritt. So wurde bei Untersuchungen im Feldelektronenmikroskop an Titan technischer Reinheit festgestellt, daß die Orientierung der β-Körner nach einer Umwandlung in α und einer Rückumwandlung in β dieselbe geblieben war [*B 87*].

Infolge der rasch verlaufenden Umwandlung bei Titan ist es schwierig, die Ebenen, auf denen die Schiebung bei der Umwandlung erfolgt und zu denen die sich bildenden α-Platten parallel liegen, festzulegen. Außerdem dürften die Abschrecktemperatur und -geschwindigkeit sowie die Reinheit des Titans für das Auftreten bestimmter Ebenen eine Rolle spielen. So wurde eine größere Anzahl von Ebenen festgestellt, die meist eine hohe Indizierung aufweisen, z.B. $\{8\ 8\ 11\}\beta$ [*N 10*], $\{8\ 9\ 12\}\beta$ [*W 47*] und $\{3\ 3\ 1\}\beta$ [*M 38*]. In Abb. 8.6a sind diese Ebenen in einer stereographischen Projektion und die gemäß der Beziehung $\{110\}\beta \parallel \{0001\}\alpha$ möglichen Ebenen $(\bar{3}44, \bar{3}34)\beta$ und $(\bar{1}12)\beta$ eingetragen [*M 27, B 120*]. Bei der Bildung von nichtplattenförmigem Martensit

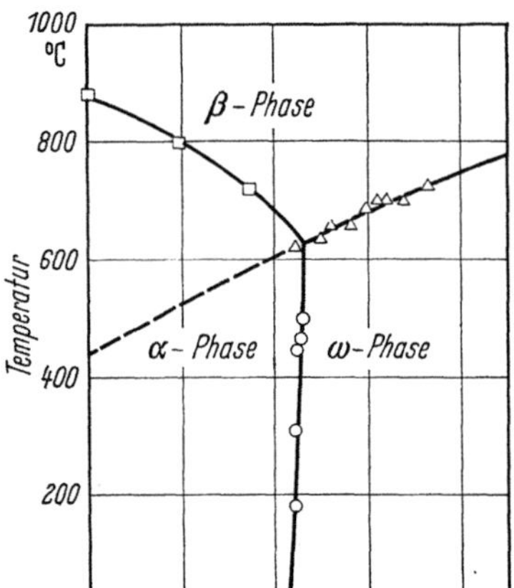

Abb. 8.6b Druckabhängigkeit des Titangitters [*B 107b*].

wurden bei TiCu1.8 die Beziehungen $\{1\bar{1}1\}\beta \parallel \{\bar{1}2\bar{1}0\}\alpha$ und $\langle\bar{1}11\rangle\beta \parallel \langle\bar{1}2\bar{1}0\rangle\alpha$ gefunden [*W 60l*]. Als martensitischer Umwandlungsmechanismus in Übereinstimmung mit Versetzungs- und Verformungsmechanismen kubisch raumzentrierter Mischkristalle ist die Schiebungsumwandlung nach $[111]\ (11\bar{2})\beta \equiv [2\bar{1}\bar{1}3]\ (\bar{2}112)\alpha$ und $[111]\ (\bar{1}01)\beta \equiv [2\bar{1}\bar{1}3]\ (\bar{1}011)\alpha$ [*O 31a*] über $\{111\}$- oder über $\{112\}$-β-Zwillingsbildung [*H 12, M 68*] anzunehmen.

Wie Abb. 8.6b zeigt, nimmt die Umwandlungstemperatur mit dem Druck ab, und bei sehr hohen Drücken kann sich die ω-Phase auch bei Raumtemperatur bilden [*J 15c, B 107a*]. Der Tripelpunkt zwischen der

β-, der α- und der ω-Phase liegt bei etwa 90 kbar und 630 °C. Die hexagonale instabile ω-Phase a = 4,625 und c = 2,813 Å bleibt bei Druckentlastung erhalten und wandelt sich bei Erwärmung bei 110 °C in die stabile α-Phase um [*B 107b, J 15c*]. Eine Verlängerung der Gleichgewichtslinie β/ω schneidet die Temperaturachse bei etwa 450 °C [*V 1d*]. Bei einem Druck von etwa 350 kbar wurde eine weitere Phase mit einer Gitterkonstanten von a = 3,276 Å gefunden [*G 9b*].

8.1.2 Einfluß von Legierungselementen auf die β/α-Umwandlung

Die metallkundlich sehr wichtige Frage, welche Zusatzelemente die β/α-Umwandlungstemperatur erhöhen und damit die α-Phase stabilisieren und welche Zusatzelemente den Existenzbereich der β-Phase zu tieferen Temperaturen verschieben, ferner welche Konzentration der zugesetzten Elemente für eine bestimmte Temperaturänderung notwendig ist, konnte bisher theoretisch nur bei einigen Zusatzelementen annäherungsweise gelöst werden. Die erste Voraussetzung für eine Änderung der Umwandlungstemperatur ist eine Löslichkeit des Zusatzelementes in einer der beiden Modifikationen des Titans. Im allgemeinen nimmt man an, daß die Größe des Atoms des Zusatzmetalles dabei einen wesentlichen Einfluß hat, wobei der Durchmesser entsprechend einem dicht gepackten Gitter für eine Koordinationszahl von 12 berechnet wird [*G 33*].

In Abb. 8.7 ist der Atomdurchmesser des Titans zusammen mit dem der anderen Elemente eingetragen. Die Bereiche, in denen Einlagerungs- und Substitutionsmischkristalle auftreten, sind schraffiert gezeichnet. Das Grenzgebiet für die Substitutionsmischkristallbildung muß auf ein Durchmesserverhältnis von etwa 1.2 vergrößert werden, da sich Blei noch im Titan unter Mischkristallbildung lösen kann [*J 7*]. Andere Elemente, wie z.B. Magnesium, die innerhalb des Bereichs einer möglichen Mischkristallbildung liegen würden, haben dagegen nur eine geringe Löslichkeit in Titan. Neben dem Atomradius beeinflußt die chemische Bindung (Elektronegativität) der Atome und ihre Stellung im Periodensystem die Löslichkeit und die Phasengleichgewichte [*K 62a*].

Über die Verschiebung der Umwandlungstemperatur durch Zusätze sind schon verschiedene Theorien aufgestellt worden. So wurde aufgrund von Untersuchungen der Brillouin-Zonen für das hexagonale α- und das kubische β-Titan gezeigt, daß eine Zunahme in der Zahl der Bindungselektronen je Atom über 4 eine kleinere Zunahme der mittleren Fermi-Energie in der β-Struktur verursacht als in der α-Struktur, was bedeuten würde, daß die β-Modifikation begünstigt wird. Eine Abnahme unter 4 würde dementsprechend die hexagonale Struktur begünstigen [*P 24*].

Tabelle 8.1. *Typisierung, Löslichkeit und mit α- und β-Mischkristall im Gleichgewicht befindliche Phasen in binären Systemen des Titans [H 14, E 6, S 72 b, R 58 d, Kap. 21]*

E = Einlagerungsmischkristall, *S* = Substitionsmischkristall (Zahlen in Klammer = At-%, Zahlen ohne Klammer = Gew.-% Zusatzmetall, n. b. = nicht bestimmt)

Zusatz-element	Typ	Maximale Löslichkeit in α und Temperatur	Minimale Löslichkeit in α und Temperatur	Maximale Löslichkeit in β und Temperatur	Mit α im Gleichgewicht befindliche 2. Phase	Mit β im Gleichgewicht befindliche 2. Phase
Ag Abb. 21.1 S. 562	S Eutektoid 22,6(11,5) % 855 °C	~7(3) % 855 °C	~4,5(2) % 600 °C	28(15) % 1030 °C	Ti_3Ag 53 %	Ti_3Ag 855–930 °C TiAg 69 % 930–1030 °C Schmelze >1030 °C
Al Abb. 8.3 S. 146 f.	S Peritektoid	~31(44,4) % ~1240 °C	<5(8) % 500 °C	~35,5(48,5) % 1460 °C	$\alpha_2(Ti_3Al)$ Überstruktur DO_{19}	γ (TiAl) 35 %
Au Abb. 21.2 S. 564	S Eutektoid 15,9(4,4) % 833 °C	6,6(1,7) % 833 °C	2,8(0,7) % 600 °C	42(15) % 1367 °C	Ti_3Au 57,8 %	Ti_3Au 52,85 %
B	n. b.	<0,4(<1,7) % 886 ± 4 °C	n. b.	n. b. 1670 ± 25 °C	TiB 18,43 %	TiB 18,43 %
Be	Eutektoid	<0,15(0,8) % >0,1(0,53) % 815 °C	n. b.	0,99(5) % ~1030 °C	$TiBe_2$ 27,34 %	$TiBe_2$
Bi	Eutektoid	<1(~0,35) % 725 °C	n.b.	33(10) % 1340 °C	Ti_3Bi 59,3 %	Ti_3Bi
C Abb. 8.8 S. 161	E Peritektoid 920 ± 30 °C	~0,5(2,0) % 920 ± 30 °C	<0,2(<1) % 600 °C	~0,14(0,55) % 1645 ± 8 °C	TiC ~13,5 %	TiC ~11 %

Cd	S Eutektoid ~785 °C	~13(6,5) % ~785 °C	≪13(6,5) %	~30(~15) %	Ti_2Cd	Ti_2Cd
Ce	S Peritektoid ~893 °C	0,85(0,3) % ~893 °C	0,2(0,07) % ~750 °C	n. b.	Ce	Ce
Co	S Eutektoid 9,5(8) % 685 ± 10 °C	n. b.	n. b.	17(14,5) % 1020 ± 5 °C	Ti_2Co ~38 %	Ti_2Co
Cr Abb. 8.2 S. 145	S Eutektoid 15(14) % 667 ± 10 °C	~0,5(0,5) % 667 ± 10 °C	<0,35(0,35) % 450 °C	100 % >1365 ± 10 °C	$TiCr_2$ ~63 %	>1365 °C homogen mischbar <1365 °C $TiCr_2$ 68,5 %
Cu Abb. 21.3 S. 566	S Eutektoid 7,1(5,5) % ~798 °C	2,1(1,6) % ~798 °C	0,7(0,55) % 600 °C	17(13,4) % 990 °C	Ti_2Cu 40 %	Ti_2Cu
Fe Abb. 21.4 S. 567	S Eutektoid 15(13) % 590 ± 10 °C	<0,012(0,01) % ~590 °C	<0,001(0,01) % 500 °C	25(22) % 1085 °C	TiFe 54 %	TiFe
Ga	S Peritektoid ~940 °C	~19(14) % 940 °C	n. b.	>20(26) % >1100 °C	(Ti_3Ga) ~31(23) % Überstruktur DO_{19}	(Ti_3Ga) <~1030 °C Ti_2Ga 42 %
Gd	S n. b.	<1 %	n. b.	n. b.	Gd	Gd

Tabelle 8.1 (Fortsetzung)

Zusatz-element	Typ	Maximale Löslichkeit in α und Temperatur	Minimale Löslichkeit in α und Temperatur	Maximale Löslichkeit in β und Temperatur	Mit α im Gleichgewicht befindliche 2. Phase	Mit β im Gleichgewicht befindliche 2. Phase
Ge	S Peritektoid 897 ± 3 °C	~6,5(4) % 897 ± 3 °C	~2,5(1,8) % ~500 °C	13,6(9,4) % 1410 ± 10 °C	Ti_5Ge_3 48 %	Ti_5Ge_3
H Abb. 12.14 u. 12.15	E Eutektoid ~1,4(40) % 319 °C	~0,175(1,9) % 319 °C	<0,005(0,24) % 20 °C	~1,8(48) % bei 1 Atm. 640 °C	TiH 1,8(48) %	TiH ~3,0 % (60) %
Hf Abb. 8.11 S. 163	S	α und β vollständig mischbar, Minimum β/α-Umwandlung bei 47(19,2) %, 770 °C				
In	S Eutektoid ~830 °C	~22(11) % ~830 °C	n. b.	1030 °C >35(18) %	Ti_3In Überstruktur DO_{19} ~38(20) %	Ti_3In
Ir	S n. b.	n. b.	n. b.	n. b.	Ti_3Ir?	Ti_3Ir?
La	S Peritektoid 900 °C	5(1,8) % 900 °C	n. b.	2(0,69) % 900 °C	La	La
Mg	S Peritektoid? ~890 °C	0,4(0,7) % 890 °C	<0,1(0,2) % 700 °C	0,7 (1,3) % 1150 °C	Mg	Mg
Mn Abb. 21.5 S. 568	S Eutektoid ~20(18) % ~550 °C	~0,5(0,44) % ~550 °C	n. b.	~33(30) % 1175 °C	TiMn 53,4 %	$TiMn_2$(69,6) % 950–1175 °C TiMn ~550–950 °C

Mo Abb. 8.13 S. 165	S β vollständig mischbar	$<$0,75(0,38)% 600 °C	–	vollständig mischbar	β (TiMo) ~28(17)% ~600 °C	–
N Abb. 8.10 S. 163	E Peritektoid ~2020 °C	7(22)% ~2350 °C	3,5(10)% 600 °C	~2(6)% ~2020 °C	α (TiN) ~30(59,4)% $>$1050 °C ε (Ti_3N) ~8,5(24,1)% $<$1050 °C	α
Nb Abb. 8.14 S. 165	S β vollständig mischbar	~4(2,5)% 500 °C	–	vollständig mischbar	(TiNb) ~50(35)% ~600 °C	–
Ni	S Eutektoid 6,2(5,1)% ~770 °C	$<$0,1(0,08)%	$<$0,1(0,08)%	10,3(12,3)% 942 °C	Ti_2Ni 38 %	Ti_2Ni
O Abb. 8.9 S. 162	E Peritektoid 1740 °C	~15,5(35)% 1770 °C	~14,5(34)% 600 °C	~2(~6)% 1740 °C	TiO ~20(43)% 925–1770 °C δ~18(42)% $<$925 °C $<$~1200 °C Überstruktur	α
Os	S n. b.	–	–	$>$20(5,9)%	TiOs? 80%	TiOs?
Pb	S Eutektoid 26(7,5)% 725 °C	16(4,2)% 725 °C	$<$5% ~500 °C	45(16)% 1305 °C	Ti_4Pb 52%	Ti_4Pb

Tabelle 8.1 (Fortsetzung)

Zusatzelement	Typ	Maximale Löslichkeit in α und Temperatur	Minimale Löslichkeit in α und Temperatur	Maximale Löslichkeit in β und Temperatur	Mit α im Gleichgewicht befindliche 2. Phase	Mit β im Gleichgewicht befindliche 2. Phase
Pd Abb. 21.6 S. 571	S Eutektoid 578 °C	<0,02(1)% 578 °C	n. b.	49,9(31)% 1140 °C	Ti_4Pd 35,7%	~900–1140 °C Ti_4Pd_3 62,5% 780 bis ~900 °C Ti_2Pd 52,3% <780 °C Ti_4Pd
Pt	S Eutektoid 840 °C	~2(0,7)% 840 °C	n. b.	~30(10)% 1310 °C	Ti_3Pt 57,6%	Ti_3Pt
Pu	S Eutektoid ~44(14)% 572 °C	~10(2)% 572 °C	n.b.	58(22)%	α-, β-, γ-, ε-Pu	ε-Pu
Re	S β auf Raumtemperatur stabilisiert	n. b.	–	~80(50)% 2025 °C	β (TiRe) 21,5(6,6)%	Ti_5Re_{24} 94,9%
Rh Abb. 21.7 S. 572	S β auf Raumtemperatur stabilisiert	<2(1)% ~600 °C	–	~44(27)% 1280 °C	β (TiRh) 28(17) 500 °C	665–1280 °C Ti_3Rh_2 ~54(35)% <665 °C Ti_2Rh ~51%
Ru	S β auf Raumtemperatur stabilisiert	<2(1)% ~600 °C	–	43,8(27)% 1540 °C	β (TiRu) 22(11)% 500 °C	TiRu ~46(64)%
Si Abb. 21.8 S. 573	S Eutektoid 0,65(1,1)% ~860 °C	0,45(0,8)% 860 °C	<0,2(0,12)% ~600 °C	3(5)% 1330 °C	Ti_5Si_3 ~27,5%	Ti_5Si_3

Sn Abb. 21.9 S. 573	S Peritektoid 885 °C 20(9) % Minimum bei 845 °C	<20(9) % ~885 °C	<20(9) % ~600 °C	32(16) % 1590 °C	Ti_3Sn ~43(23) % <~885 °C Überstruktur DO_{19}	Ti_3Sn ~43(23) % ~885–1605 °C
Ta Abb. 8.15 S. 166	S β vollständig mischbar	11(4) % 600 °C	–	vollständig mischbar	β (TiTa) β ~70(38) % ~600 °C	–
Th	α und β keine Löslichkeit				Th	Th
U	S Eutektoid ~17(44) % 655 °C	~3,5(0,8) % 655 °C	n. b.	vollständig mischbar	TiU_2 ~91,5 %	>898 °C vollst. mischbar 655–898 °C TiU_2
V Abb. 8.1 S. 145	S β vollständig mischbar	3,3(3,1) % 600 °C	–	vollständig mischbar	β (TiV) ~28(26) % ~600 °C	–
W Abb. 21.10 S. 575	S Eutektoid 28(9) % 715 °C	~0,8(0,2) % ~715 °C	<0,8(0,2) % 700 °C	vollständig mischbar	β (TiW) 96(86) % ~715 °C	(TiW) 92(75) % 1880 °C
Y	S Eutektoid ~0,2(0,1) % 875 °C	<0,2(0,1) % 875 °C	n. b.	0,9(0,5) % 1360 °C	Y	Y 99,3(98,7) % 1360 °C
Zn	S n. b.	geringe Löslichkeit vorhanden	n. b.	n. b.	n. b.	n. b.
Zr Abb. 8.12 S. 164	S	α und β vollständig mischbar, Minimum β/α-Umwandlung 65,6(49,3) %, 545 °C				

Trägt man die Änderung der Enthalpie ΔH, die die Umwandlung bei 1 Gramm-Atom Zusatzelement von der einen zur anderen Phase verändert, in Abhängigkeit von der Valenzelektronenkonzentration je Atom des Zusatzelementes auf [*W 77*], so findet man, daß diese Annahme bestätigt wird, wenn aufgrund thermodynamischer Überlegungen die Valenzelektronenkonzentration in der metallischen Bindung mit 2 angenommen wird [*B 39a*]. Durch Rechenoperationen mit Enthalpie- und En-

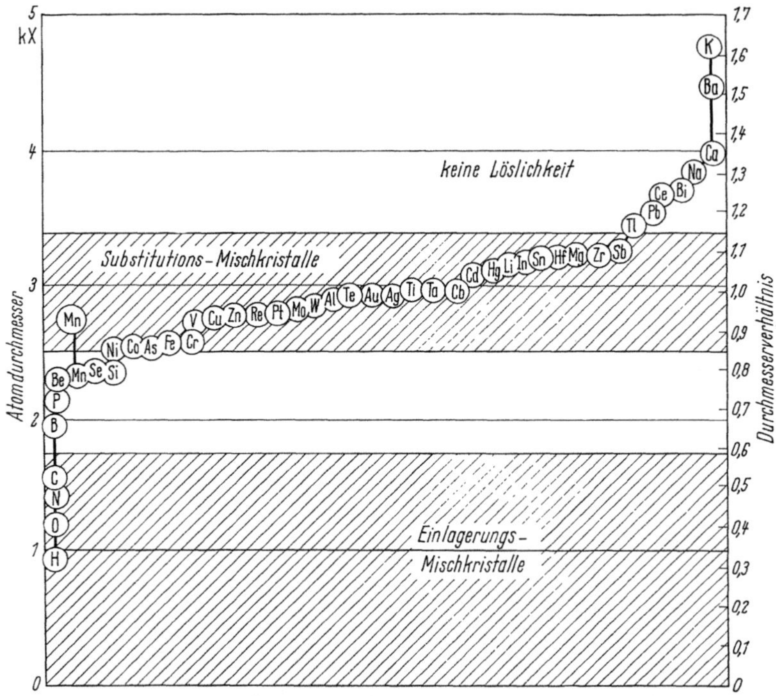

Abb. 8.7 Atomdurchmesser und Mischkristallbildung bei binären Systemen des Titans [*J 7*].

tropiewerten können die Phasengrenzen in zahlreichen Systemen berechnet werden [*K 8a*].

Betrachtet man den Einfluß des Zusatzelementes auf die Umwandlungstemperatur in Abhängigkeit von der Gruppe des Periodensystems der Elemente, so sieht man, daß im Bereich der Übergangsmetalle in erster Linie eine Verminderung der Umwandlungstemperatur auftritt. Während bei den leichteren Elementen außerhalb dieser Gruppe die β/α-Umwandlung zu höheren Temperaturen verschoben oder nur wenig verändert wird, verlagern die schwereren Elemente die Umwandlung meist zu tieferen Temperaturen (vgl. Abb. 8.16). Die seltenen Erden verschieben den Umwandlungspunkt, soweit dies bisher untersucht worden ist, nur wenig zu höheren Temperaturen.

Eine Zusammenfassung des Einflusses der Zusatzelemente bei bekannten Legierungssystemen, auf die β/α-Umwandlung, die peritektoide oder eutektoide Temperatur, die maximale und minimale Löslichkeit der Zusatzelemente im α- oder β-Mischkristall und die mit α und β im Gleichgewicht befindlichen Phasen ist in Tab. 8.1, S. 154ff. wiedergegeben.

8.1.3 α-stabilisierende Zusätze und Zusätze, die die Umwandlungstemperatur nur wenig beeinflussen

Wird durch die Mischkristallbildung mit den Zusätzen die Umwandlungstemperatur erhöht und dadurch die α-Phase bei höherer Temperatur als bei Titan stabil, so bildet sich im allgemeinen ein peritektischer oder peritektoider Typ des Zustandsdiagrammes aus, wie er in den Abb. 8.8–8.10 für die Systeme des Titans mit Kohlenstoff, Sauerstoff und

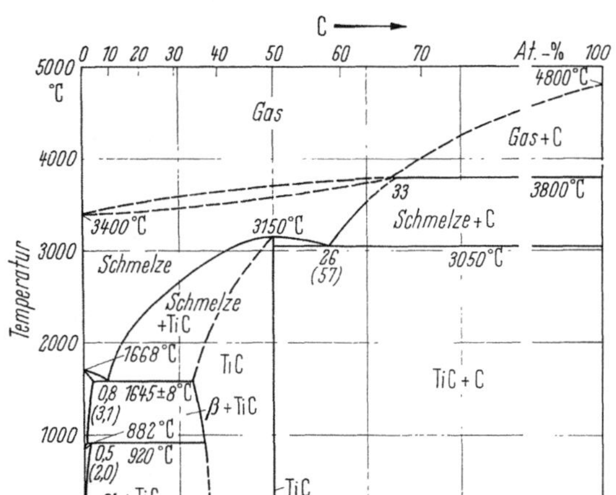

Abb. 8.8 Zustandsschaubild Titan–Kohlenstoff
[*H 14*, *E 6*, *S 72b*] (vgl. Kap. 21, S. 564 und Tab. 8.1, S. 154).

Stickstoff wiedergegeben ist. In allen drei Fällen bilden sich α- und β-Einlagerungsmischkristalle. Die Konzentrationsabhängigkeit der Gitterkonstanten des α-Mischkristalls ist bei den drei Elementen unterschiedlich und in Abb. 4.2, S. 65 wiedergegeben worden. Im System Ti–O bilden sich Ordnungsphasen der Zusammensetzung Ti_6O [*K 62a*, *G 41a*] (vgl. S. 570), Ti_3O ($a = 5{,}141$, $c = 9{,}533$ Å), Ti_2O ($a = 2{,}959$, $c = 4{,}845$ Å) [*H 74b*] und Ti_3O_2 ($a = 4{,}991$, $c = 2{,}879$ Å) [*A 32a*].

Verschiedene Elemente, die als Substitutionsmischkristall in Lösung gehen, erhöhen ebenfalls die β/α-Umwandlungstemperatur. Das wichtig-

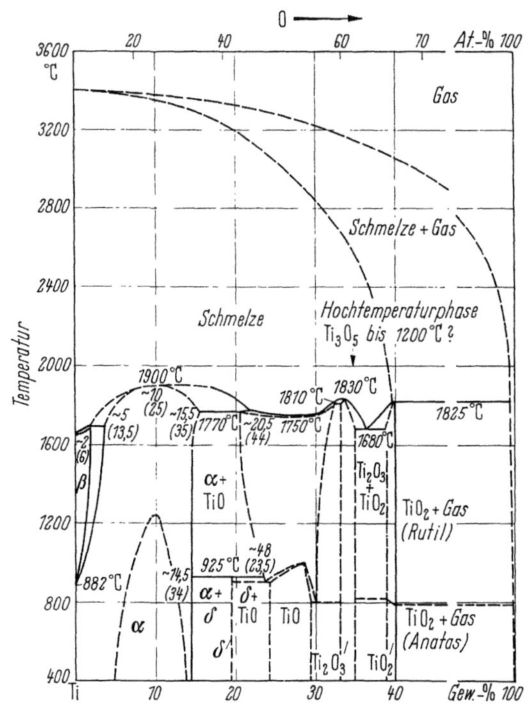

Abb. 8.9 Zustandsschaubild Titan–Sauerstoff [*H 14, E 6, S 72b*] (vgl. Kap. 21, S. 569).

ste dieser Elemente ist Aluminium. Bereits bei Gehalten von etwa 5 % Al steht der α-Mischkristall mit einer Überstrukturphase im Gleichgewicht (Abb. 8.3, S. 146), die die Verformbarkeit auch bei erhöhter Temperatur vermindert und die Warmfestigkeit und das Kriechverhalten dieser Legierungen verbessert. Das Achsenverhältnis c/a steigt mit zunehmender Aluminiumkonzentration an (vgl. Abb. 4.3, S. 66). Ähnlich verhalten sich auch Legierungen mit Gallium (Abb. 21.5, S. 568), Indium und Zinn (Abb. 21.10, S. 575), wobei die Umwandlungstemperatur im Falle des Galliums erhöht wird und bei Zinnzusatz durch ein Minimum geht.

Auch bei einem Zusatz von Hafnium und Zirkonium wird die β/α-Umwandlungstemperatur zunächst zu tieferen Temperaturen verschoben

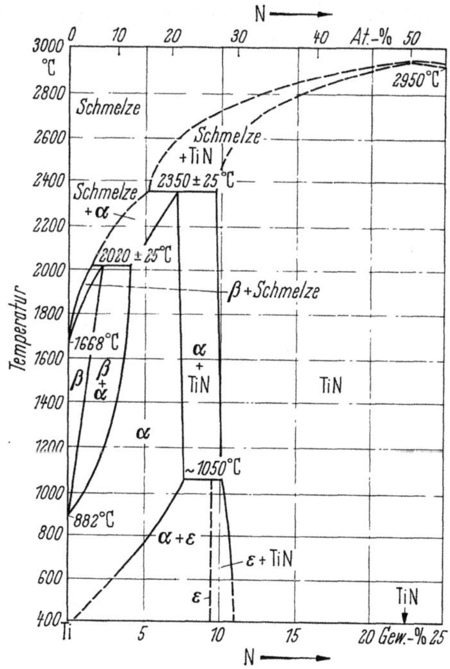

Abb. 8.10 Zustandsschaubild Titan–Stickstoff [*H 14, E 6, S 72b*] (vgl. Kap. 21, S. 569).

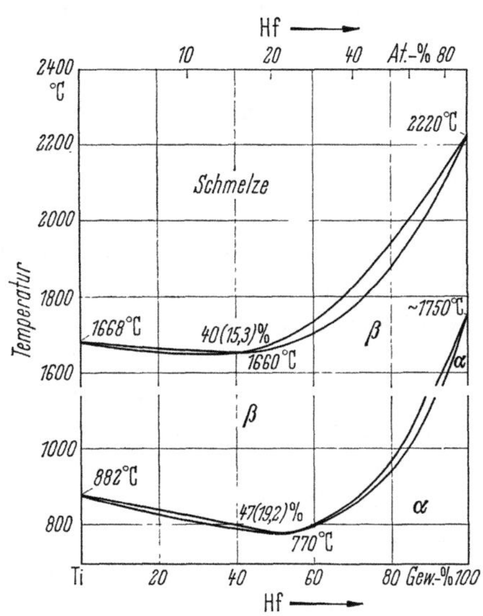

Abb. 8.11 Zustandsschaubild Titan–Hafnium [*H 14, E 6, S 72b*].

und steigt bei höheren Legierungsgehalten wieder an (Abb. 8.11 und 8.12). Es tritt eine vollständige Mischbarkeit sowohl in der α- als auch in der β-Phase auf.

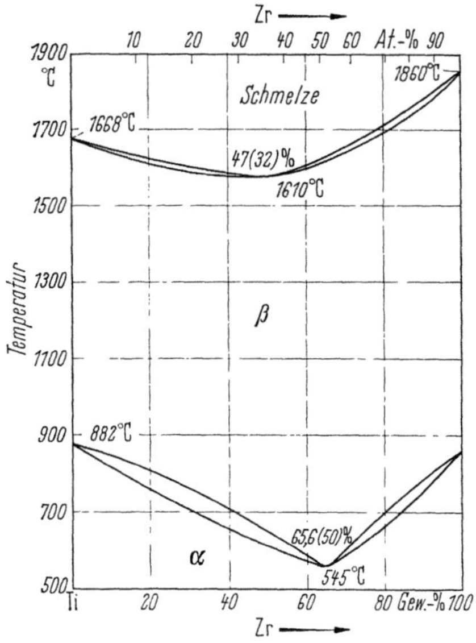

Abb. 8.12 Zustandsschaubild Titan–Zirkonium [*H 14, E 6, S 72b*].

8.1.4 β-stabilisierende Zusätze

Viele Zusatzelemente, die sich im Titan lösen, setzen die β/α-Umwandlungstemperatur herab. Hat das Zusatzelement ein kubisch-raumzentriertes Gitter, so kann die β-Modifikation des Titans bis Raumtemperatur stabilisiert werden. Es entsteht dann der β-isomorphe Typ des Zustandsdiagrammes. In Abb. 8.1, S. 143 und in Abb. 8.13–8.15 sind die entsprechenden Systeme Titan–Vanadin, Titan–Molybdän, Titan–Niob und Titan-Tantal wiedergegeben. Bei Temperaturen unter 600 °C erfolgt die Einstellung des Gleichgewichtszustandes auch bei diesen Legierungen sehr langsam, so daß die Gleichgewichtslinien unterhalb 600 °C meist nicht genau bekannt sind [*H 16*]. Durch andere Zusatzelemente kann sich ein Eutektoid bilden, bei dem der Mischkristall der β-Phase bei einer bestimmten Konzentration und Temperatur in die α-Phase und eine zweite, z.B. intermetallische Phase zerfällt (vgl. Abb. 8.2, S. 145).

Der Einfluß von Elementen, die sich mit wenigstens 3 At.-% im β-Mischkristall lösen, auf die β/α-Umwandlungstemperatur ist in Abb. 8.16 wiedergegeben. Den stärksten Einfluß haben demnach die Elemente Nickel, Kobalt, Eisen, Mangan und Chrom, die alle ein Eutektoid bilden.

Von den Zusatzmetallen, die einen β-isomorphen Typ verursachen, wird die Umwandlungstemperatur am stärksten durch Molybdän vermindert [*H 16*, *M 52*, *M 47a*, *M 30*].

Die Bestimmung der Phasengrenze $\beta/(\alpha + \beta)$ hängt bei den meisten Legierungen von der Glühzeit und den Abkühlungsbedingungen aus dem

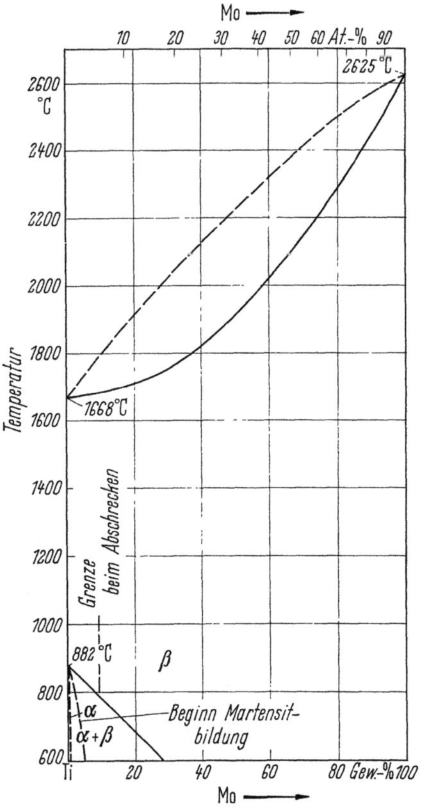

Abb. 8.13 Zustandsschaubild Titan–Molybdän [*D 38*, *H 14*, *E 6*, *S 72b*].

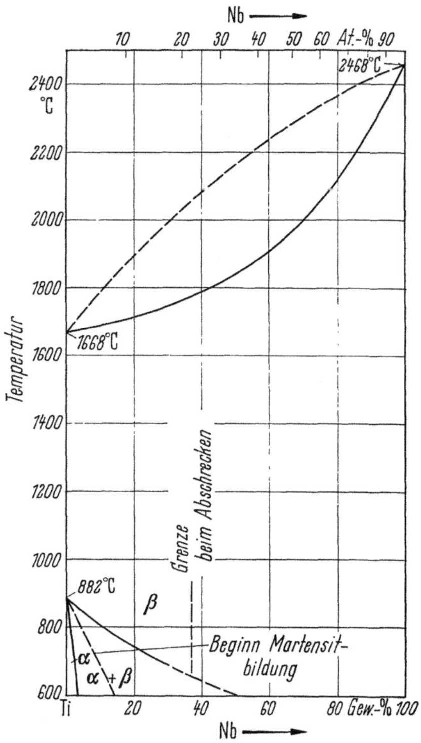

Abb. 8.14 Zustandsschaubild Titan–Niob [*H 14*, *S 12*, *E 6*, *S 72b*].

β-Gebiet ab. Bei Legierungen mit Kobalt-, Chrom-, Kupfer-, Nickel- oder Vanadinzusätzen wurde bei Dampfdruckmessungen von gelöstem Wasserstoff und bei sehr rascher Abkühlungsgeschwindigkeit eine niedrigere wahrscheinlich richtige Umwandlungstemperatur bestimmt, als beim Abschrecken von in Quarzröhrchen eingeschlossenen Proben in Wasser. Bei Titan-Eisen-Legierungen wurde dieser Effekt nicht gefunden. Die Unterschiede können durch die Bildung von Entmischungszonen, die im Bereich der $\beta/(\alpha + \beta)$-Phasengrenze entstehen, gedeutet werden. Diese Entmischungszonen beschleunigen die α-Ausscheidung, so daß bei abgeschreckten Legierungen bereits oberhalb der $\beta/(\alpha + \beta)$-Phasengrenze ein $(\alpha + \beta)$-Gleichgewicht vorgetäuscht wird [*M 53, M 15*], (vgl. Kap.

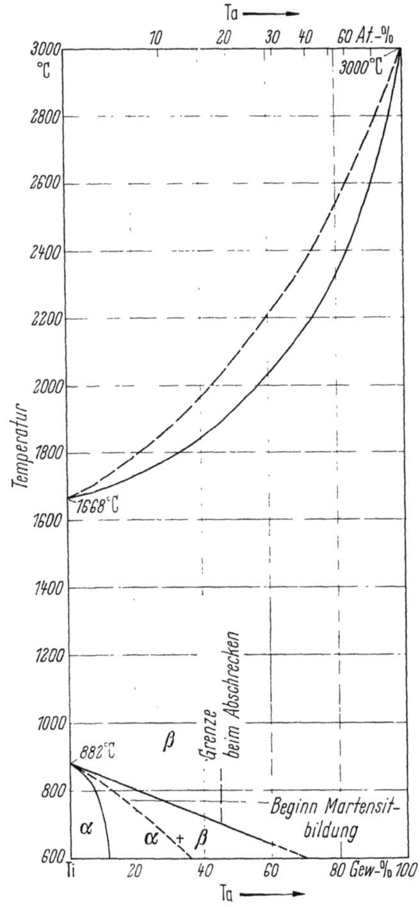

Abb. 8.15 (links) Zustandsschaubild Titan–Tantal [*D 40, H 14, E 6, S 72b*].

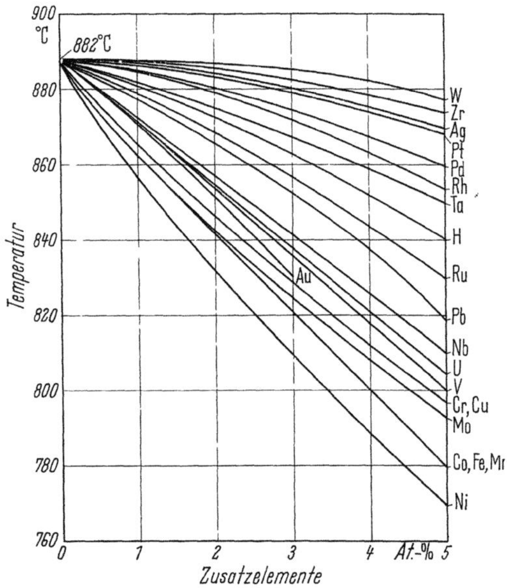

Abb. 8.16 (oben) Verschiebung der $\beta/(\alpha + \beta)$-Grenze durch β-stabilisierende Zusatzelemente [*H 14, E 6, S 72b, R 15e, R 15f*].

8.22, S. 179). Auch bei Titan-Niob-Legierungen wurden durch isotherme Widerstandsmessungen niedrigere Gleichgewichtstemperaturen ermittelt als bei abgeschreckten Proben [*B 92a*].

Die Mindestkonzentration an Legierungselementen, die notwendig ist, damit sich beim Abschrecken vom Temperaturbereich der β-Phase keine α-Phase oder Martensit bildet, ist in Tab. 8.2 zusammengefaßt. Die β-Stabilisierung tritt bei einer Valenzelektronenkonzentration von

$\sim$4,2 Elektronen/Atom auf, die auch bei den ternären Legierungen Ti–Fe–V, Ti–Fe–Cr, Ti–V–Mo, Ti–Mo–Fe und Ti–Mo–Mn durch Abschrecken festgestellt wurde [*A 20, A 20a*].

Tabelle 8.2. *Mindestkonzentration an Legierungselement, Valenzelektronenkonzentration und $\beta/(\alpha + \beta)$-Grenztemperatur von binären Titanlegierungen zur Stabilisierung der β- und ω-Phase oder ω-Phase beim Abschrecken aus dem β-Temperaturgebiet* ([*A 20*] *Legierungen aus Jodidtitan*).

Element	Gew.-%	At.-%	Val. el. konz.	Grenztemp. $\beta/(\alpha + \beta)$ °C	Literatur
V	14,9 19,3	13,5 18,4	4,14 4,18	680 640	[*M 27*] [*A 20*]
Nb	36,7	23	4,23	670	[*M 27, A 20*]
Ta	$\sim$45 50,1	17,8 21	4,18 4,21	730 720	[*M 27*] [*A 20*]
Cr	6,3 9,7	5,8 8,4	4,12 4,17	780 740	[*M 27*] [*A 20*]
Mo	11,0	5,8	4,12	780	[*M 27, A 20*]
W	22,5 26,8	7,0 8,7	4,14 4,17	800 780	[*M 27*] [*A 20*]
U	35,6	10	4,20	760	[*H 14*]
Mn	6,4 5,7	5,6 5,0	4,22 4,20	820 800	[*M 27*] [*A 20*]
Re	15,5 19,9	4,5 6	4,18 4,24	730 650	[*E 6*] [*A 20*]
Fe	3,5 5,2–5,7	3,0 4,5–4,9	4,12 4,18–4,20	810 780	[*M 27*] [*A 20*]
Co	7 6,0	5,8 4,9	4,23 4,20	780 780	[*M 27*] [*A 20*]
Ni	9 7,0–7,6	7,5 5,8–6,3	4,30 4,23–4,25	(690)[1] (720)[1]	[*M 27*] [*A 20*]
Ru	8	4	4,16	800	[*R 15e*]
Rh	23	12	4,48	700	[*R 15f*]
Pd	19,8	10	4,40	720	[*R 15g*]
Os	13	3,0	4,12	n. b.	[*C 53*]
Cu	13	10,1	3,89	(720)[1]	[*M 27*]

[1] Aus der Verlängerung der $\beta/(\alpha + \beta)$-Grenztemperatur berechnet.

8.1.5 Ausscheidung des Gleichgewichts-α-Mischkristalls aus dem β-Mischkristall und dem übersättigten α-Mischkristall (Martensit)

Liegt die $\beta/(\alpha + \beta)$-Gleichgewichtslinie bei hinreichend hoher Temperatur, so kann sich die α-Gleichgewichtsphase beim Übergang vom homogenen in das heterogene Temperaturgebiet ausscheiden. Der Temperaturbereich der α-Ausscheidung liegt dann zwischen der Temperaturgrenze des $\beta/(\alpha + \beta)$-Gleichgewichts und der Temperatur des Beginns der Bildung von Zwischenstufen der Umwandlung. Erste grundlegende Untersuchungen über die Ausscheidung von α aus β erfolgten an Titan-Molybdän-Legierungen, wobei der Temperaturbereich, in dem die Ausscheidung ungestört stattfinden kann, festgelegt und die Geschwindigkeit der Umwandlung bestimmt wurde. Die α-Phase scheidet sich bei ausreichend hoher Temperatur direkt aus der β-Phase in einem Keimbildungs- und Wachstumsprozeß aus [*R 74, D 12*]. Bei der Legierung TiMo8 beginnt die α-Ausscheidung z.B. nach 60 min isothermer Auslagerung bei 750 °C an den Korngrenzen (Abb. 8.17a). Nach 15 h ist das Gleichgewicht erreicht und die plattenförmige α-Ausscheidung über das ganze Korn fortgeschritten (Abb. 8.17b). Die Härte dieser abgeschreckten Probe ist niedrig. Bei 700 °C treten die α-Ausscheidungen nach 30 min (Abb. 8.17c), bei 650 °C nach 15 min an den Korngrenzen (Abb. 8.17d) und bei 600 °C in der kürzesten Zeit von 1,5 min wesentlich feiner auch an den Subkorngrenzen (Abb. 8.17e) auf. Bei 500 °C wird die Ausscheidung verzögert und nach 4 min eine Aufrauhung über das gesamte Korn gefunden, die sich bei der vorgegebenen Vergrößerung kaum mehr auflösen läßt (Abb. 8.17f.). Die Härte der abgeschreckten Proben nimmt mit feiner werdender α-Ausscheidung zu [*R 74, B 113, H 76*].

Auch bei den β-isomorphen Systemen Titan–Niob [*H 16*], Titan–Vanadin [*A 16*] und bei den ein Eutektoid bildenden Systemen Titan–Chrom [*F 44*] und Titan–Chrom–Aluminium [*K 19*] wurde ein ähnliches Verhalten bei der Ausscheidung der α-Phase gefunden. Während Aluminiumzusätze bis etwa 5 % zu Titan-Chrom-Legierungen die Ausscheidung nur wenig beeinflussen [*R 74*], wird bereits durch einen geringen Zusatz von Sauerstoff die Geschwindigkeit der α-Ausscheidung stark beschleunigt [*D 13, K 19*] (vgl. Kap. 8.6, S. 195). Im Gegensatz dazu wird bei Titan-Zirkonium-Legierungen, die etwa 50 At.-% Zr enthalten, durch einen Zusatz von Sauerstoff oder Stickstoff die Umwandlungsgeschwindigkeit verlangsamt, so daß mit zunehmenden Gehalten an diesen Elementen größere Anteile der β-Phase auf Raumtemperatur stabilisiert werden können [*H 35, F 30a*].

Bei Legierungen, bei denen die Abkühlungsgeschwindigkeit ausreicht, um die β-Phase auf Raumtemperatur zu stabilisieren, kann die α-Phase durch Auslagern von abgeschreckten Proben zur Ausscheidung gebracht werden. Die Auslagerungstemperatur muß dann oberhalb des Temperaturbereichs der Bildung der Zwischenstufen, meist oberhalb 450 °C liegen.

Liegt die Bildungstemperatur des Martensits hoch genug, wie das bei Legierungen mit geringen Gehalten an β-stabilisierenden Zusatzelementen der Fall ist, so kann sich α anschließend an den Beginn der Martensitbildung, meist bereits beim Abkühlen ausscheiden. Die Ausscheidung

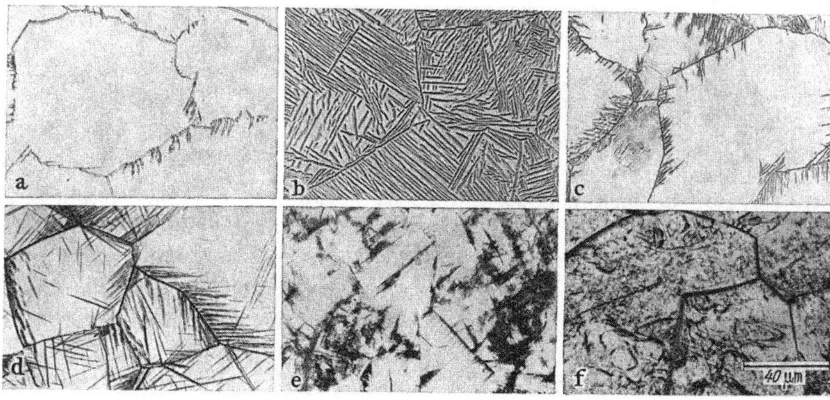

Abb. 8.17a–f Gefügeausbildung bei der isothermen Umwandlung der Legierung TiMo8 [*B 113*]. a) 20 Min. 850 °C, isotherm 60 Min. 750 °C/H_2O, HV = 287 kp/mm²; b) 20 Min. 850 °C, isotherm 15 Std. 750 °C/H_2O, HV = 251 kp/mm²; c) 850 °C, isotherm 30 Min. 700 °C, HV = 330 kp/mm²; d) 850 °C, isotherm 15 Min. 650 °C/H_2O, HV = 359 kp/mm²; e) 850 °C, isotherm 1,5 Min. 600 °C, HV = 304 kp/mm²; f) 850 °C, isotherm 4 Min. 500 °C, HV = 375 kp/mm² (25% H_2SO_4, 50% HCl, 50% H_2O Kochend, vgl. S. 209).

erfolgt sowohl im Rest-β-Mischkristall als auch im übersättigten α-Mischkristall des Martensits. Da die Atomlagen in den Martensitplatten anders orientiert sind, als im Rest-β, sind auch die ausgeschiedenen α-Partikel anders orientiert und die äußere Form der Martensitplatten bleibt so nach der Ausscheidung der α-Phase noch sichtbar. Durch Wiederaufheizen von auf bestimmte Temperaturen abgekühlten Proben und Glühen bei einer erhöhten Temperatur im $(\alpha + \beta)$-Gebiet, hat man versucht, mit Hilfe dieser Erscheinung, die Temperatur des Beginns der Martensitbildung festzulegen [*D 12*]. Abb. 8.18 zeigt ein Gefügebild der Legierung TiCr5Al3 nach Abschrecken aus dem β-Gebiet und Auslagern bei 400 °C. Auch nach einer Auslagerungszeit von 1000 h bei 400 °C bleibt die Form der Martensitplatten erhalten [*B 53, E 15a*].

Durch mikroskopische Untersuchungen der Umwandlung von Martensitplatten in der Legierung TiMo13 wurde gezeigt, daß sich die Gleichgewichts-α-Phase in den Martensitplatten des übersättigten α-Mischkristalls bilden kann. In den Fällen, in denen β-Anteile zwischen zwei parallelliegenden, beim Abschrecken entstandenen, Martensitplatten lagen, erfolgte durch eine Diffusion entlang der β/α-Grenzfläche eine Verarmung der Martensitplatten an Molybdän. Im Gegensatz dazu wurde bei der eutektoid zerfallenden Legierung TiCr6 eine Neubildung von Platten des β-Gleichgewichtsmischkristalls beobachtet [*D 30a*]. Diese Unterschiede können möglicherweise dadurch verursacht werden, daß sich bei den

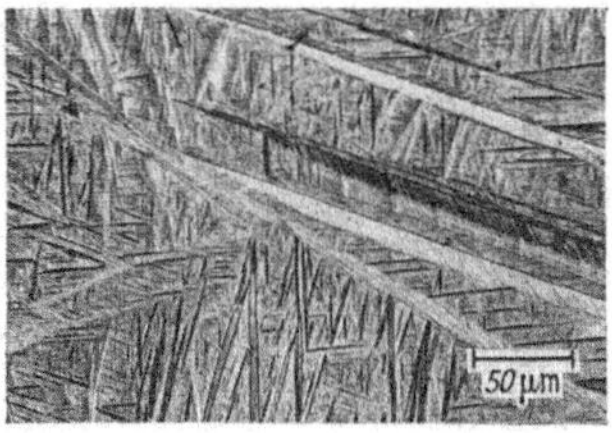

Abb. 8.18 Gefügebild einer aus dem β-Gebiet rasch abgekühlten und 1000 Std. bei 400 °C ausgelagerten TiCr5Al3-Legierung (Standardätzmittel I, S. 209) [*B 53*].

Titan-Chrom-Legierungen der Martensit parallel zu den {334}-β-Ebenen bildet, während bei den Titan-Molybdän-Legierungen Martensitplatten auch zusätzlich parallel zu den {344}-β-Ebenen auftreten können [*M 56*]. Bei der abgeschreckten und angelassenen Legierung TiV7,5 wurde auch die Ausscheidung der β-Phase mit Hilfe von elektronenmikroskopischen Untersuchungen in Form von Platten und Nadeln in der $\langle 11\bar{2}0\rangle$-Richtung des hexagonalen Wirtgitters des übersättigten α-Mischkristalls gefunden [*M 45a*]. In Legierungen z.B. mit Chrom-, Eisen-, Mangan- oder Vanadinzusätzen mit ω-Ausscheidungen, die wegen einer entsprechenden Gitterspannung eine kubische Form besitzen (vgl. Kap. 8.2, S. 183), bildet sich die α-Phase an Versetzungen in der β/ω-Grenzfläche. Bei Legierungen mit Niob oder Molybdän, bei denen die ω-Ausscheidungsform elliptisch ist, findet eine Keimbildung von α in der Matrix oder an den Korngrenzen statt [*W 60f*].

8.2 Bildung von Zwischenstufen bei der β/α-Umwandlung von Titanlegierungen

Bei Titan ist (vgl. Kap. 8.1.1, S. 148) die Art der Umwandlung durch die Abkühlungsgeschwindigkeit beeinflußbar. Bei Legierungen kann der Umwandlungsmechanismus über Zwischenstufen ebenfalls durch unterschiedliche Abkühlungsgeschwindigkeit aus dem β-Gebiet verändert werden. Findet die Umwandlung der Zwischenstufen in sehr kleinen Bereichen statt, so ist es oft schwierig, martensitische Umklappvorgänge von Keimbildungs- und Wachstumsprozessen zu trennen. Von der Bildungsgeschwindigkeit der Gleichgewichtsphasen und der Zwischenstufen sowie von der Abkühlungsgeschwindigkeit aus dem α-Gebiet hängt es ab, in welchem Zustand eine Probe nach dem Abkühlen vorliegt.

Zusätze, die die α/β-Umwandlungstemperatur zu niedrigeren Temperaturen verschieben, setzen auch den Martensitpunkt, d.h. die Temperatur des Beginns des Umklappvorganges, bei rascher Abkühlung herab, bis er bei genügend hoher Legierungskonzentration Raumtemperatur oder die Temperatur einer anderen Zwischenstufe erreicht. In diesem Fall bilden sich bereits oberhalb der Martensittemperatur Zwischenstufen, so daß keine Martensitbildung mehr möglich ist. Andererseits können auch nach einer Martensitbildung bei genügend hohen Temperaturen weitere Umwandlungsvorgänge in Zwischenstufen ablaufen.

Aufgrund von Messungen der Härte, Leitfähigkeit, Volumenänderung Verminderung des Formänderungsvermögens und röntgenographischen Untersuchungen über den Bereich der Umwandlung wurden bei Ti-Cr-

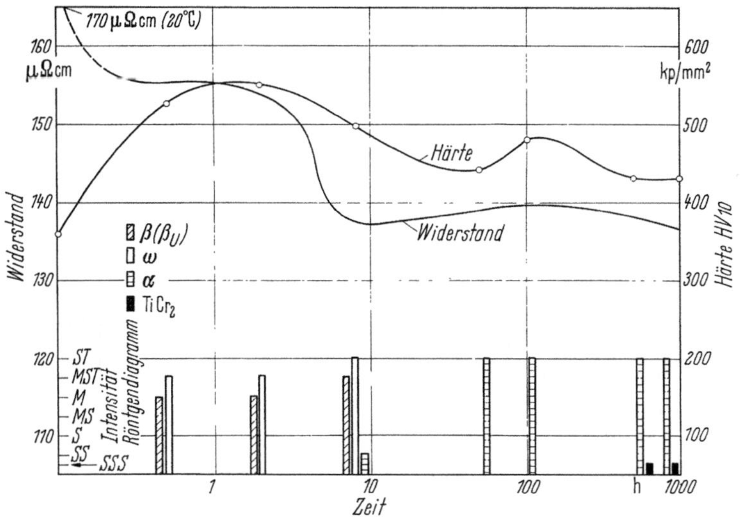

Abb. 8.19 Änderung der Härte, des elektrischen Widerstandes und der Phasenzusammensetzung einer aus dem β-Gebiet abgeschreckten Legierung TiCr8 durch Auslagerung bei 425 °C [*F 44*].

[*F 44, B 2a, B 3a, B 117*], Ti-Mn- [*F 44a*], Ti-Nb- [*B 6c*], Ti-Mo- [*B 113, K 67d, F 35a*], Ti-V- [*B 91, K 67c*], Ti-Al-Cr- und Ti-Al-V-Legierungen [*Z 4, W 22*] die Bildung der ω-Phase untersucht. Abb. 8.19 gibt z.B. Messungen nach einer isothermen Auslagerung der Legierung TiCr8 bei 425 °C wieder, bei denen zum erstenmal die ω-Phase nachgewiesen wurde. Die Änderung von Härte, elektrischem Widerstand und die Zwischenzustände, die mit Hilfe von Röntgenbeugungsdiagrammen gefunden wurden, sind in Abhängigkeit von der Auslagerungszeit eingetragen. Mit der Bildung der ω-Phase steigen die Härte und Leitfähigkeit an. Die α-Phase bildet sich zwischen 5 und 50 h am Ende der Bildung der ω-Phase. Nach 500 h beginnt die Ausscheidung der intermetallischen Phase $TiCr_2$ [*F 44*].

Die ω-Phase entsteht meist zwischen 300 und 550 °C und bei gleichzeitiger oder vorangegangener Verformung auch bei Raumtemperatur. Bei kürzeren Zeiten und unterhalb des Temperaturgebietes, in dem die ω-Phase sich bildet, kann als weitere Zwischenstufe die Vorstufe der ω-Phase (Vω) entstehen, die ebenfalls mit dem kubischen Gitter des β-Mischkristalls kohärent ist (vgl. Kap. 4.1.4, S. 69ff.). Diese Zwischenstufen bei der β/α-Umwandlung können gemäß den in Abb. 8.20 wiedergegebenen Schemata in verschiedenen Temperaturbereichen auftreten. Bei mittleren und niedrigen Temperaturen können sich mehrere Zwischenzustände gleichzeitig bilden, bevor aus dem β-Mischkristall die Gleichgewichts-α- und β-Mischkristalle entstanden sind. Da die Konzentration des β-Mischkristalls bei (α + β)-Legierungen durch eine Glühung bei verschiedenen Temperaturen geändert wird, können bei derartigen Legierungen verschiedene Arten der Umwandlung auftreten.

I	$\beta \rightarrow \beta_U + \alpha \rightarrow \beta_G + \alpha$	hohe Temperatur, niedrige Legierungskonzentration
II	$\beta \rightarrow \beta_A + \alpha' \rightarrow \alpha + \alpha'_U + \beta_U \rightarrow \beta_G + \alpha$	
III	$\beta \rightarrow \omega + \beta_U \rightarrow \omega + \beta_U + \alpha \rightarrow \beta_G + \alpha$	mittlere Temperatur und Legierungskonzentration
IV	$\beta \rightarrow \beta_A + \alpha' \rightarrow \omega + \beta_U + \alpha'_U \rightarrow \omega + \beta_U + \alpha'_U + \alpha \rightarrow \beta_G + \alpha$	
V	$\beta \rightarrow \beta_A + \alpha' \rightarrow \alpha'' + \alpha'_U + \omega + \beta_U \rightarrow \alpha'' + \alpha'_U + \omega + \beta_U + \alpha \rightarrow \beta_G + \alpha$	
VI	$\beta \rightarrow V_\omega + \beta_U \rightarrow \omega + \beta_U + \alpha \rightarrow \beta_G + \alpha$	niedrige Temperatur oder Aufheizung, hohe Legierungskonzentration
VII	$\beta \rightarrow \beta_A + \alpha' \rightarrow V_\omega + \beta_U + \alpha'_U \rightarrow \omega + \beta_U + \alpha'_U + \alpha \rightarrow \beta_G + \alpha$	
VIII	$\beta \rightarrow \beta_A + \alpha' \rightarrow V\alpha'' + \alpha'_U + V_\omega + \beta_U \rightarrow \alpha'' + \alpha'_U + \omega + \beta_U + \alpha \rightarrow \beta_G + \alpha$	

β = β-Mischkristall im homogenen β-Gebiet

β_A = β-Mischkristall im (α + β)-Gebiet mit Ausgangskonzentration an Legierungselementen

β_U = β-Mischkristall mit zunehmender Konzentration an Legierungselementen

V_ω = Zwischenstufe bei der Entmischung des β-Mischkristalls (Nahordnung)

ω = Zwischenstufe bei der Entmischung des β-Mischkristalls (Fernordnung)

β_G = β-Mischkristall im Gleichgewicht im (α + β)-Gebiet

α' = Übersättigter α-Mischkristall (Martensit) mit gleicher Legierungskonzentration wie β-Mischkristall im homogenen β-Gebiet

α'_U = Übersättigter α-Mischkristall (Martensit) mit abnehmender Legierungskonzentration

$V\alpha''$ = Zwischenstufe bei Entmischung von α' (Nahordnung)

α'' = Zwischenstufe bei Entmischung von α' (Fernordnung)

α = α-Mischkristall im Gleichgewicht im (α + β)-Gebiet

Abb. 8.20 Schemata von möglichen Umwandlungsstufen bei der Ausscheidung des α-Titan-Mischkristalls aus dem β-Titan-Mischkristall mit zunehmender Legierungskonzentration und abnehmender Umwandlungstemperatur.

8.2.1 Martensitische Umwandlung

Während man bei Jodidtitan in >100 °C/sec aus dem β-Gebiet abgekühlten Proben immer ein Umwandlungsgefüge findet, bei dem nur an den Korngrenzen Hinweise auf die stattgefundenen Umklappvorgänge zu sehen sind, bildet sich bei Gehalten an Sauerstoff und Stickstoff ein sogenanntes Korbflechtgefüge, das aus Seigerungszonen besteht (vgl. Abb. 9.3–9.5, S. 211). Derartige Zonen treten auch bei wasserstoffhaltigen Proben im abgeschreckten Zustand auf. Bei Legierungen mit Substitutionselementen, wie z.B. Aluminium, mit gegenüber Einlagerungselementen wesentlich geringerem Diffusionsvermögen wird dagegen im abgeschreckten Zustand ein dem Jodidtitan entsprechendes Gefüge gefunden [*H 61, S 122a*]. Die einzelnen Martensitplatten können besonders gut beobachtet werden, wenn die Oberfläche der Proben nicht abgetragen wurde, da eine Aufrauhung der Oberfläche durch die Volumenänderung während des Umklappvorganges auftritt [*W 47*].

Bei Legierungen mit Zusätzen, die die β/α-Umwandlungstemperatur und damit auch die Temperatur des Beginns der Martensitumwandlung zu tieferen Temperaturen verschieben, bildet sich bei höheren Legierungs-

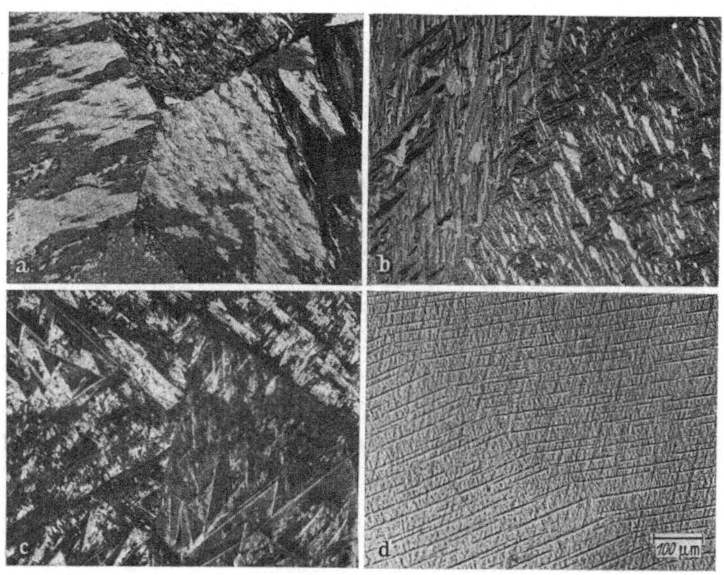

Abb. 8.21 a–d Gefügebilder von Titan-Niob-Legierungen nach Homogenisierung (2 Std. 1000 °C) aus dem β-Gebiet bei 950 °C abgeschreckt (Aufnahmen im polarisierten Licht) [*F 37e*]. a) TiNb5, M_S-Temperatur etwa 790 °C, HV5 = 180 kp/mm²; b) TiNb10, M_S-Temperatur etwa 700 °C, HV5 = 207 kp/mm²; c) TiNb15, MS-Temperatur etwa 600 °C, HV5 = 190 kp/mm²; d) TiNb22,5, M_S-Temperatur etwa 450 °C, HV5 = 239 kp/mm².

gehalten und entsprechend niedriger Martensittemperatur im Anschluß an die Martensitbildung kein α mehr. Man findet deshalb mit zunehmendem Gehalt geeigneter Legierungselemente und zunehmender Abkühlungsgeschwindigkeit bei aus dem β-Gebiet abgekühlten Proben eine

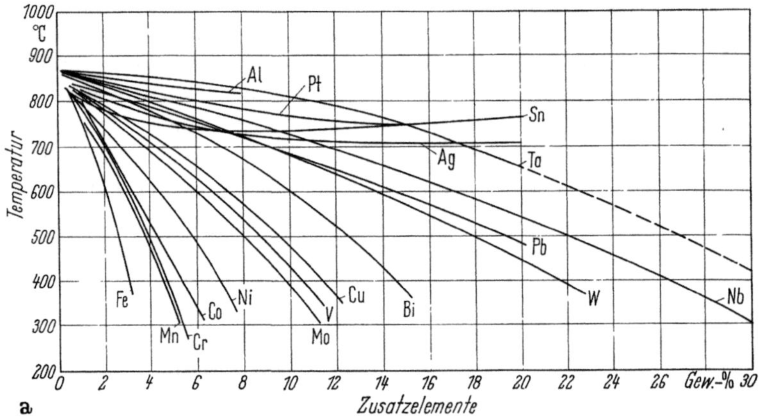

a

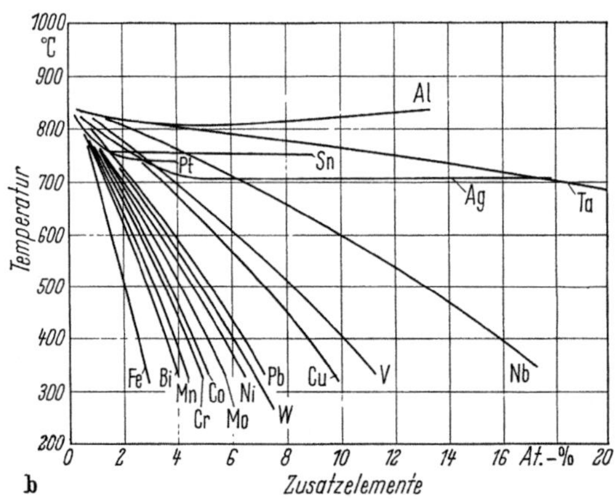

b

Abb. 8.22a u. b Einfluß von Legierungselementen auf die Temperatur des Beginns der Martensitbildung [*D 40, S 12*].
a) Konzentration in Gew.-%; b) Konzentration in At.-%.

immer deutlicher ausgeprägte Form der Platten [*D 12, D 39, L 44, M 14, L 43, I 22a, W 60d*]. Dies wird anhand der Gefügebilder (Abb. 8.21) von aus dem β-Gebiet abgeschreckten Legierungen des Systems Titan–Niob gezeigt.

Die Verschiebung der Temperatur des Beginns der Martensitbildung in Abhängigkeit von der Legierungskonzentration ist in Abb. 8.22a und b wiedergegeben. Die Martensittemperatur in den verschiedenen Legierungssystemen wurde durch dilatometrische Messungen bestimmt [*D 40, S 12*]. Mit Ausnahme des Systems Ti–H sind die Gleichgewichte nur bis zu etwa 400 °C festgelegt worden, da unter den vorgegebenen Abkühlungsbedingungen die Umwandlung zu träge erfolgt oder bereits die Zwischenzustände der ω-Phase oder deren Vorstufe oberhalb der Martensittemperatur entstehen, die eine Martensitbildung verhindern.

Mit Hilfe thermodynamischer Daten wurde versucht, die Unterschiede der freien Energie zwischen der kubisch-raumzentrierten und der hexagonalen Modifikation des Titans im Temperaturbereich von 0–1000 °K zu berechnen. Im System Ti–Zr wurde z.B. aus derartigen Berechnungen die chemisch treibende Kraft für die martensitische Umwandlung vom kubischen in das hexagonale Gitter mit etwa 50 cal/mol gefunden. Bei Systemen auf Eisenbasis, die ebenfalls eine Martensitumwandlung durchlaufen können, beträgt dieser Wert 300 cal/mol. Aufgrund von Näherungsverfahren wurde die Temperatur-Konzentrations-Abhängigkeit der Martensitumwandlung an den Systemen Ti–H, Ti–Mo, Ti–Nb, Ti–Ta und Ti–V berechnet. Unstimmigkeiten konnten durch Nachprüfung der Umwandlungstemperatur an sehr reinen Legierungen beseitigt werden [*K 8, S 12, H 79*]. Die kritische Abkühlgeschwindigkeit für den Umklappvorgang wird durch V, Cr, Mo, Nb, Pt, Co, Sn und Zr vermindert und durch Cu, Ag, Pb, Bi, Al, Fe, Mn und Ni erhöht [*H 79a*].

Mit Hilfe einer plastischen Verformung durch Anlegen einer äußeren Spannung können Martensitplatten ebenfalls erzeugt werden. Derartige Untersuchungen erfolgten an Legierungen mit Molybdän [*M 5, H 65, J 15b*], Mangan [*O 13*], Niob [*J 15b*] und Vanadin [*H 22, J 15b*]. Die Konzentration des Zusatzelementes muß dabei so hoch sein, daß die Martensittemperatur in der Nähe der Raumtemperatur liegt, fernerhin müssen die Proben aus dem β-Gebiet so rasch abgekühlt werden, daß keine Zwischenphasen, die eine Martensitbildung bei der Verformung verhindern, auftreten können. Auch wenn sich schon eine kleinere Anzahl an Martensitplatten gebildet hat, der Beginn der Martensitbildung also oberhalb Raumtemperatur liegt, kann durch eine plastische Verformung noch weiterer Martensit gebildet werden. So zeigen z.B. die Abb. 8.23a und b Gefügebilder der Legierung TiV16Al3, der 0,1 % Wasserstoff zugesetzt worden war. Eine von 700 °C aus dem β-Gebiet rasch abgekühlte Probe (Abb. 8.23a) enthält wenig Martensit, der sich dunkel anätzt. Durch eine plastische Verformung mit Hilfe eines Härteeindrukkes (Abb. 8.23b) bilden sich neue, wenig angeätzte Martensitplatten, die auf dem Gefügebild hell erscheinen. Der zuerst entstandene dunkle Martensit dürfte demnach anderer Natur sein als der durch die Verformung gebildete helle Martensit [*Z 9*]. Bei einer Abschrecktemperatur in der Nähe der $\beta/(\alpha + \beta)$-Grenze können sich die Eigenschaften z.B. der Legierungen TiMo8, TiV12 und TiNb17 durch eine Verkürzung der Mar-

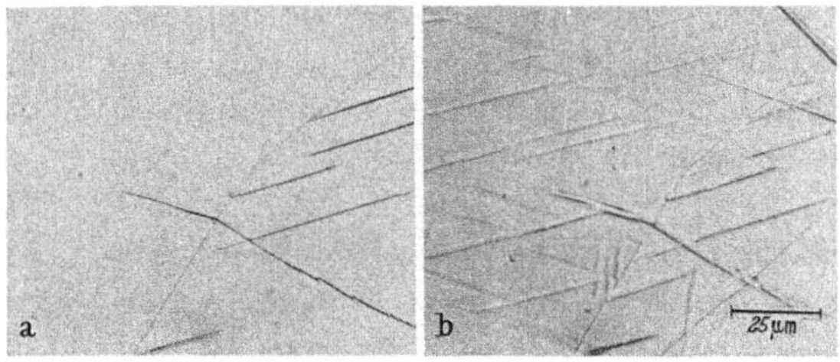

Abb. 8.23 a u. b Martensitbildung durch Verformen nach Abschrecken von TiV16Al3 + 0,1 % H (Standardätzmittel II, S 209). [*Z 9*].
a) Nach Abschrecken von 700 °C; b) wie a) Verformung durch Härteeindruck.

tensitplatten von ~100 µm auf ~5 µm stark ändern [*J 15b*]. Bei kupferhaltigen Legierungen wird dieser Übergang beim raschen Abkühlen aus dem β-Gebiet zwischen 4 und 6% Cu beobachtet [*W 60k*].

Martensitplatten können auch durch eine Tieftemperaturauslagerung entstehen. So gibt Abb. 8.24a ein Gefüge der Legierung TiV16Al3 wieder, die 30 min bei 950 °C geglüht worden war und mit einer kritischen Abkühlungsgeschwindigkeit abkühlte. Durch eine anschließende Tieftemperaturauslagerung über 30 min bei −70 °C haben sich weitere Martensitplatten gebildet (Abb. 8.24b). Die Zahl der neugebildeten Martensitplatten nimmt in Abhängigkeit von der Auslagerungszeit zu. Ein Teil des beim Abschrecken entstandenen Martensits ätzt sich an. Der bei der Tieftemperaturauslagerung entstandene Martensit wird fast nicht angeätzt und entspricht damit dem Verformungsmartensit [*Z 9*]. Bei der Legierung TiMo11,5Zr6Sn4,5 wurde bei Tieftemperaturbehandlung durch beim Dünnen an Folien auftretende Spannungen eine Martensitbildung beobachtet [*R 2a*].

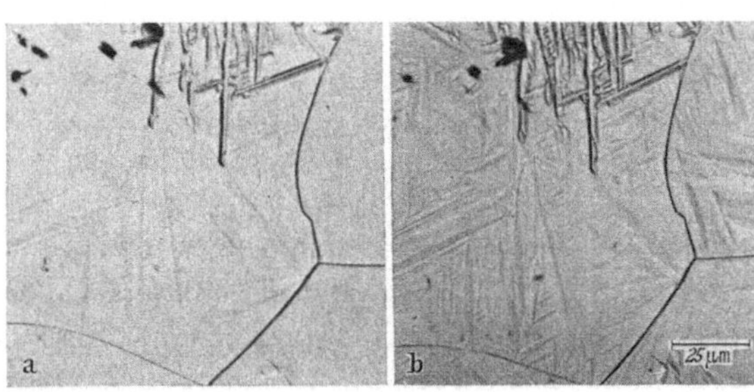

Abb. 8.24 a u. b Martensitbildung an der Legierung TiV16Al3 durch Tieftemperaturkühlung [*Z 9*].
a) Rasch abgekühlt auf Raumtemperatur; b) zusätzlich auf − 70 °C abgekühlt (Standardätzmittel II, S. 209).

Es ist bei TiV16Al3 möglich, den Tieftemperaturmartensit durch eine kurzfristige Erwärmung bei höherer Temperatur im $(\alpha + \beta)$-Gebiet wieder aufzulösen. So gelang es, die Bildung und Auflösung des Martensits durch Tieftemperaturauslagerung bei −70 °C und 60 sec Stoßglühung bei 475 °C mindestens 5mal zu wiederholen [*Z 9*]. Die Martensitbildung ist demnach reversibel, solange keine weiteren Zwischenstufen auftreten. Bereits geringe Anteile von Zwischenphasen, die schon beim Abschrecken entstanden sein können, verhindern die Auflösung der Martensitplatten bei erhöhter Temperatur. Im allgemeinen kann man deshalb bei Legierungen, die eine hohe Abschreckhärte aufweisen, den Martensit nicht wieder auflösen. Findet während der Auflösung der Martensitplatten ein Diffusions- und Entmischungsprozeß statt, so können sich ebenfalls Zwischenphasen bilden, die dann eine Neubildung des Martensits bei tiefer Temperatur verhindern. Diese Entmischung kann bereits bei Raumtemperatur auftreten. So wurde beispielsweise bei der Legierung TiMo11, die aus dem β-Gebiet abgeschreckt worden war und bei einer anschließenden Verformung Martensit gebildet hatte, beobachtet, daß die Härte innerhalb von 125 Tagen nach dem Abschrecken von 287 auf 330 kp/mm² angestiegen war [*H 53*].

Bei einer bestimmten Legierungskonzentration wird die Martensitbildung bei rascher Abkühlung noch beobachtet, während bei langsamerer

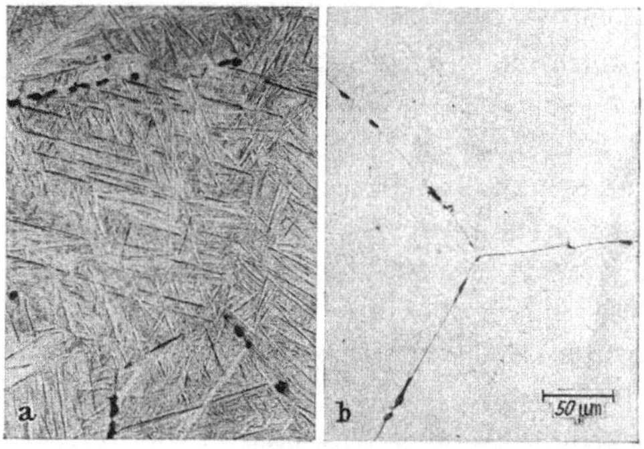

Abb. 8.25a u. b Gefüge der Legierung TiV16Al3 nach unterschiedlicher Abkühlgeschwindigkeit von 950 °C [*Z 14*].
a) NaOH-Abkühlung; b) Ölabkühlung (Standardätzmittel II, S. 209).

Abkühlung keine Martensitplatten mehr festgestellt werden. Dies rührt daher, daß die Bildung der Zwischenphasen, z.B. der ω-Phase, zeitabhängig ist und daher bei sehr rascher Abkühlung unterdrückt werden kann. Den Einfluß der Abkühlungsgeschwindigkeit bei TiV16Al3 geben die Abb. 8.25a und b wieder. Den Einfluß der Legierungskonzentration zeigen die Abb. 8.26a und b an Titan-Vanadin-Legierungen. Eine Erhöhung des Vanadingehaltes um 0,2% verhindert bei gleichen Abkühlungsbedingungen die Martensitbildung, da sich oberhalb der Martensittemperatur eine Zwischenphase gebildet hat.

Während sich die Martensittemperatur durch Zusätze von Sauerstoff erhöhen kann, wie an Titan-Molybdän-Legierungen nachgewiesen wurde [*K 11a*], wird sie durch Zusätze von Aluminium, z.B. bei Titan-Chrom-Legierungen, zu tieferen Temperaturen verschoben [*T 8, K 19*].

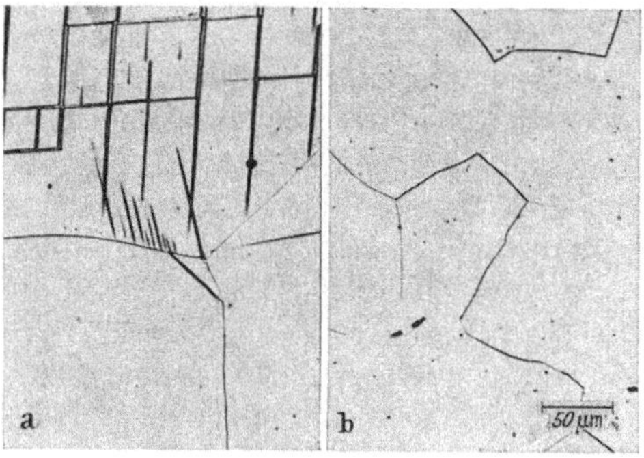

Abb. 8.26a u. b Gefüge von Titan-Vanadin-Legierungen mit unterschiedlichem Vanadingehalt nach gleicher Abkühlgeschwindigkeit von 900 °C (Wasserabkühlung) (Standardätzmittel I, S. 209) [*K 44*].
a) 14,8 Gew.-% V; b) 15,0 Gew.-% V.

Bei höheren Aluminiumgehalten, z.B. bei der Legierung TiAl8Mo1V1 bildet sich beim Abschrecken von niedrigen Temperaturen ein wahrscheinlich kubisch-flächenzentrierter Martensit, der beim Anlassen α ausscheidet. Bei hoher Abschrecktemperatur bildet sich der hexagonale Martensit, der beim Anlassen die β-Phase ausscheidet [*B 42a*]. Gehalte an Wasserstoff vermindern die Martensittemperatur (vgl. Kap. 12.8, S. 368).

Die Orientierung der Martensitplatten zur β-Grundmasse ist bei den meisten Legierungen ähnlich wie bei Titan (vgl. Kap. 8.1.1, S. 151). Als Habitusebene wurde für TiMn4 und TiMo11 die {334}-β- und die {344}-β-Ebene gefunden [*L 44, W 29*]. Beim Abschrecken auf −180 °C konnte bei TiMo11 nur noch die {344}-β-Habitusebene beobachtet werden. Bei den Legierungen TiCr6 und TiFe3,5 wurde ebenfalls nur diese Ebene festgestellt. Sie tritt auch bei der Legierung TiMo13 bei Martensit auf, der durch Deformation (Zug oder Druck) entstanden war. Bei der Legierung TiV7,5 u.a. wurde eine zusätzliche Zwillingsbildung $\langle 10\bar{1}1\rangle$ bei der Martensitbildung gefunden [*M 45a, F 30c*]. Bei Legierungen mit über 11% Mo und bei technischen Legierungen treten weitere Arten von martensitischer Zwillingsbildung bei Verformung auf, die zu kubischen und tetragonalen Strukturen führen können [*B 42e*] (vgl. Kap. 8.1, S. 70).

8.2.2 Bildung von Zwischenstufen aus dem instabilen β- und dem übersättigten α-Mischkristall (Martensit)

Der kubisch raumzentrierte β-Mischkristall kann im allgemeinen erst bei einer $\beta/(\alpha + \beta)$-Umwandlungstemperatur, die wesentlich unter 800 °C liegt, durch rasches Abkühlen in einem instabilen übersättigten Zustand erhalten bleiben. Wie zuerst bei Ti-Cr-Legierungen vermutet wurde [*M 55f*], kann sich bei günstiger Legierungskonzentration z.B. bei TiV13Cr11Al3, richtiger Abschrecktemperatur und Abkühlungsgeschwindigkeit eine zweite kubische Phase (β') durch Entmischung bilden [*N 3c*, *W 60g*]. Es wird angenommen, daß im Bereich der $\beta/(\alpha + \beta)$-Umwandlungstemperatur titanreiche und titanarme Zonen entstehen, die mit fallender Temperatur und Abkühlungsgeschwindigkeit an Größe und Stabilität zunehmen [*M 53*]. Bei TiV16Al3 kann diese Entmischung [*H 23*] beim Erwärmen in die Vorstufe der ω-Phase, in die ω-Phase und in die α-Phase übergehen [*Z 12*, *Z 14*]. Mit abnehmender Abkühlungsgeschwindigkeit verlagert sich z.B. bei Ti-Mo-Legierungen durch Mo-Anreicherung infolge Entmischung der Beginn der Umwandlung in die Zwischenphasen zu tieferen Temperaturen und längeren Zeiten [*B 113*].

Die Vorstufe der ω-Phase, die sich bei den Ti-V-Legierungen meist im Temperaturbereich unterhalb 300 °C bildet, kann man durch Messung der Volumenänderung [*K 39*], durch eine Zunahme des E-Moduls [*K 44*] und anhand einer Zunahme der elektrischen Leitfähigkeit [*Z 14*] und der spezifischen Suszeptibilität [*S 121*] nachweisen. Röntgenographische Untersuchungen (vgl. Kap. 4.14, S. 70) lassen vermuten, daß dieser Zwischenzustand mit dem kubischen Wirtgitter des β-Mischkristalls kohärent ist [*H 23*] und daß die Teilchengröße der Elementarbereiche unter 100 Å liegt. Die auf einen Ordnungsvorgang hindeutende Erhöhung der Leitfähigkeit machen einen Nahordnungsvorgang wahrscheinlich. Bei Temperaturerhöhung wird dieser Zwischenzustand aufgelöst und es entsteht der Zustand der Fernordnung mit neuem Gitter, die ω-Phase [*Z 14*].

Die ω-Phase bildet sich bei vielen Legierungen z.B. bei Ti-Cr- und Ti-Mn-Legierungen bereits beim Abschrecken aus dem β-Gebiet [*P 5*] und kann bei der Legierung TiCr6 selbst bei einer Abkühlungsgeschwindigkeit von >5000 °C/sec nicht unterdrückt werden [*B 4*]. Die Deutung der Röntgeninterferenzen, die durch die ω-Bildung in Erscheinung treten und eine Fernordnung der Atome kennzeichnen, wurden bereits in Kap. 4.1.4, S. 69ff. beschrieben.

Bei den Titan-Chrom- und Titan-Mangan-Legierungen wurde weiterhin gefunden, daß die Härte des beim Abschrecken gebildeten Zustandes der ω-Bildung durch Anlassen meist noch gesteigert werden kann, daß also eine weitere Aushärtung möglich ist [*F 44*]. Während bei diesen Legierungen durch die Bildung einer intermetallischen Phase und das Verschwinden der β-Phase im Gleichgewichtszustand die Erfassung der Zwischenzustände beim Übergang in den Gleichgewichtszustand erschwert wird, ermöglichen Untersuchungen an Legierungen, bei denen die α- und β-Phasen im Endzustand der Umwandlung miteinander im Gleichgewicht stehen, eine bessere Übersicht über die Umwandlungsvorgänge. So wurde z.B. an Titan-Vanadin-Legierungen festgestellt, daß die Härtezunahme durch die Bildung der ω-Phase bei isothermer Auslage-

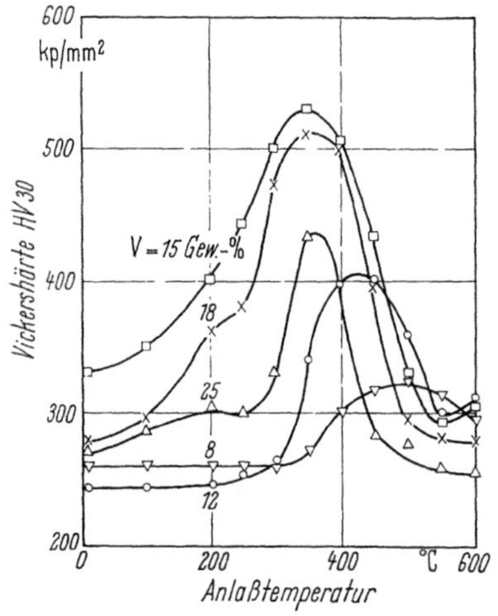

Abb. 8.27 Einfluß der Anlaßtemperatur auf die Härte abgeschreckter Titan-Vanadin-Legierungen (Ausgangszustand 1 Std./900 °C/ H_2O, Anlaßzeit 1/2 Std.) [*K 44*].

rung mit zunehmender Auslagerungstemperatur beschleunigt wird und daß bei diesen höheren Auslagerungstemperaturen eine Überalterung und damit eine Härteverminderung auftritt [*B 91*].

Bei einem bestimmten Legierungsgehalt wird ein Maximum der Aushärtung gefunden, wie das anhand der Abb. 8.27, in der der Einfluß der Anlaßtemperatur auf die Härte von aus dem β-Gebiet abgeschreckten Titan-Vanadin-Legierungen wiedergegeben ist, gezeigt wird [*K 44*]. Die Härte der abgeschreckten Proben nimmt mit zunehmendem Vanadingehalt (von 8 auf 12 % V) zunächst ab, da sich bei 8 % V neben Martensit noch Anteile der α-Phase, die eine Härtung bewirken, und bei TiV12 Anteile von α″ gebildet haben. Mit weiter zunehmendem Vanadingehalt steigt dann die Abschreckhärte bis 15 % V wieder an, da in zunehmendem Maße die ω-Phase während des Abschreckens entsteht. Mit weiter steigendem Vanadingehalt wird die Vorstufe der ω-Phase nach dem Abschrecken gefunden, wodurch sich die Härte wieder vermindert, und bei sehr hohem Gehalt an Vanadin kann auch die β-Phase auf Raumtemperatur stabilisiert werden. Die Aushärtung erreicht bei 15%V und 360 °C ein Maximum bei der Anlaßzeit von 30 min. Bei den Legierungen TiV8 und TiV12, die nach dem Abschrecken von 900 °C ein martensitisches Gefüge aufweisen, setzt der Härteanstieg erst oberhalb 300 °C ein, während die übrigen Legierungen bereits bei tieferen Temperaturen den Härteanstieg zeigen. Die Legierung TiV15 enthält schon Anteile der ω-Phase im abgeschreckten Zustand, so daß die Vorstufe der ω-Phase nicht mehr beobachtet werden kann. Dagegen ist es bei den Legierungen TiV18 und TiV25 möglich, den Übergang von der Vorstufe der ω-Phase

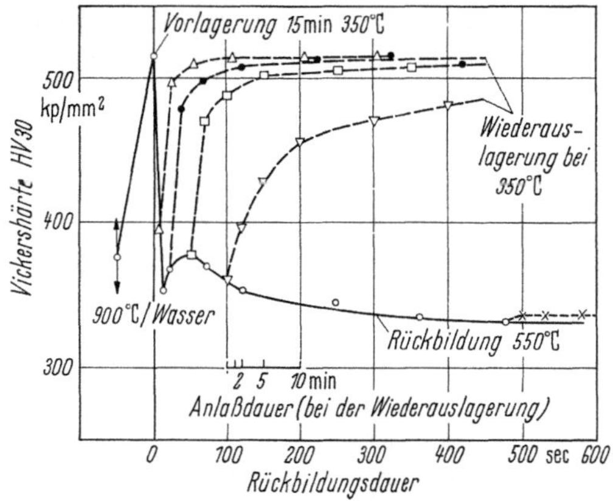

Abb. 8.28 Einfluß der Rückbildungsdauer auf die Änderung der Härte bei der Rückbildung bei 550 °C von TiV15 nach Vorlagerung bei 350 °C und anschließender Wiederauslagerung bei 350 °C [*K 39*].

in die ω-Phase an einem verminderten Härteanstieg bzw. einem geringen Minimum bei der Auslagerungstemperatur von 250 °C zu erkennen. Messungen der Temperaturabhängigkeit des E-Moduls an abgeschreckten Proben lassen diesen Übergang an den Legierungen TiV15 und TiV18 deutlicher werden. Wie aus Abb. 4.25, S. 100 ersichtlich wird, zeigt sich die Vorstufe in einem Maximum bei 180 °C und die ω-Phase in einem Maximum bei 350 °C. Aus isothermen Messungen der Änderung von E-Modul und Dämpfung an diesen Legierungen wurde festgestellt, daß die Kinetik der Ausscheidung der Vorstufe und der ω-Phase nach einem logarithmischen Zeitgesetz abläuft, das für Vorgänge in sehr kleinen Dimensionen (<100 Å) charakteristisch ist, während die anschließende Ausscheidung der Gleichgewichtsphase nach einem Exponentialgesetz erfolgt [*G 42, K 44, K 67c*]. Ähnlich wie Titan-Vanadin-Legierungen verhalten sich auch Titan-Molybdän-Legierungen. Die Temperatur der Umwandlungsvorgänge wird bei diesen Legierungen gegenüber den Titan-Vanadin-Legierungen um etwa 50 °C zu höheren Temperaturen verschoben [*K 44*].

Die bei einer Auslagerung abgeschreckter Proben gebildete ω-Phase kann durch eine kurzzeitige Glühung, z.B. von einigen Sekunden, bei 575 °C wieder aufgelöst werden. Der durch die Aushärtung entstandene Härteanstieg geht dabei fast vollständig wieder verloren [*B 91*]. Der Wechsel Aushärtung–Rückbildung–Aushärtung läßt sich mehrfach wiederholen, wie das in Abb. 8.28 anhand der Legierung TiV15 gezeigt wird. Die fast vollständige Rückbildung der bei 350 °C ausgelagerten Proben erfolgte dabei durch eine Glühung von 10–50 sec bei 550 °C [*K 39*]. Gleichzeitig mit der Zunahme der Härte durch die ω-Bildung wurde an Titan-Vanadin-Legierungen eine Kontraktion der Proben, also eine Zunahme der Dichte beobachtet [*B 91*]. Diese Schrumpfung kann durch Rückbildung ebenfalls wieder beseitigt werden (Abb. 8.29) [*L 47*].

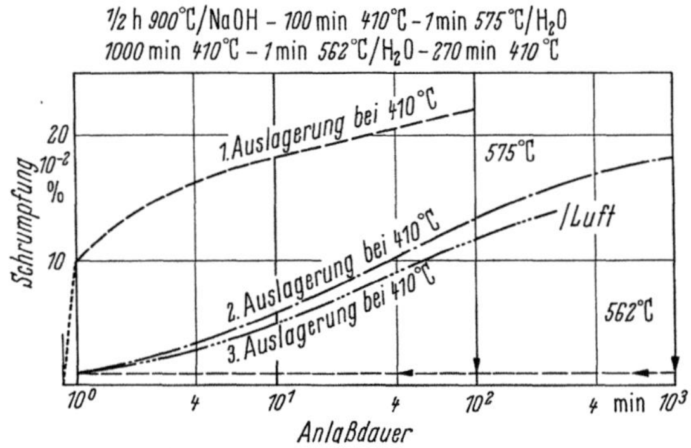

Abb. 8.29 Längenänderung der Legierung TiMo15 bei Wechselauslagerung 410, 560 bzw. 575 °C [*L 47*].

Versuche an Einkristallen der Legierung TiCr8, durch röntgenographische Untersuchungen der Orientierungen der Zwischenphase ω und der sich anschließend ausscheidenden Gleichgewichtsphase α festzustellen, ob sich die Gleichgewichtsphase α aus der Zwischenphase oder aus der β-Phase ausscheidet, führten zu keinem eindeutigen Ergebnis, da die Orientierungsbeziehung der Reflexe bei der Umwandlung über die Zwischenphase dieselbe war, wie bei der Umwandlung direkt aus der β-Phase. Bei einer isothermen Umwandlung im Temperaturbereich der Bildung der ω- und α-Phase wird demnach die Umwandlung nach dem Schema

$$\beta \rightarrow \omega + \beta_{U1} \rightarrow \alpha + \omega + \beta_{U2} \rightarrow \alpha + \beta_G$$

gemäß dem Reaktionsschema III der Abb. 8.20, S. 172 ablaufen, wobei sich die Konzentrationsänderungen in erster Linie im β-Mischkristall abspielen, was sich in einer Verbreiterung der Interferenzen der β-Phase [*B 91*] und bei Ti-Nb-Legierungen durch Bildung der ω-Phase [*B 6c*] äußert.

Während die Vorstufe der ω-Phase elektronenmikroskopisch noch nicht gefunden wurde, sind β'-Entmischung z.B. bei TiV20Zr14 [*W 60d*] und die ω-Phase elektronenmikroskopisch zu erkennen. Abb. 8.30 zeigt eine Durchstrahlungsaufnahme einer Einkristallfolie der Legierung TiMo15, die von 850 °C abgeschreckt und 1 h bei 400 °C ausgelagert wurde. Der Schnitt erfolgte in der Ebene (041) [*C 77*]. Die Form

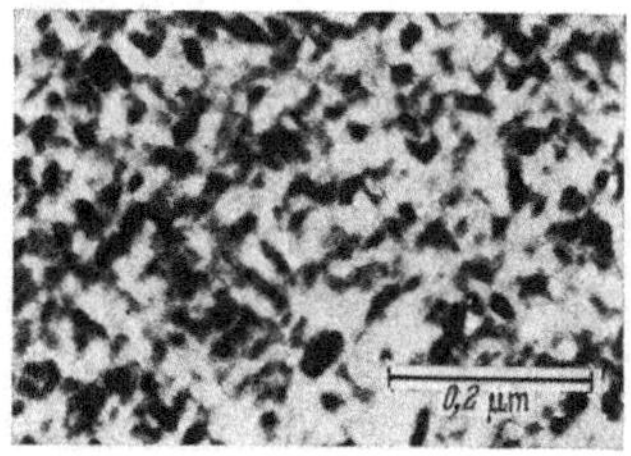

Abb. 8.30 Elektronenmikroskopische Durchstrahlungsaufnahme einer die ω-Phase enthaltenden Legierung TiMo15, Schnittebene $(0\bar{4}1)$, Wärmebehandlung 850 °C/H_2O + 1 h 400 °C [*C 77*].

der ω-Ausscheidung ist ellipsoid und ähnlich der bei der α-Ausscheidung, die z.B. anhand der Legierung TiV15 nach Abschrecken von 900 °C und 2 h Auslagern bei 550 °C im Abdruckverfahren (Abb. 9.6b–c, S. 212) wiedergegeben ist. Elektronenbeugungsaufnahmen (Abb. 8.31a und b) der Legierung von Abb. 8.30b zeigen die Reflexe der ω-Phase neben denen der β-Phase. Bei Legierungen mit Nb, V, Cr, Fe, Ni oder Mn wird die

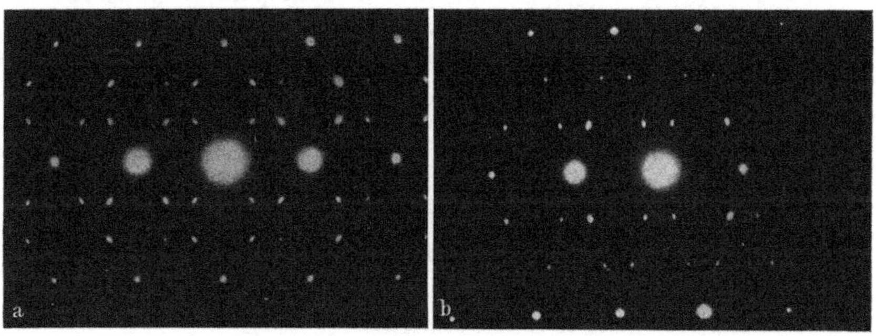

Abb. 8.31a u. b Elektronenbeugung der ω-Phase der Legierung TiMo15 [*C 77*]. a) $(100)\beta$, je zwei Ebenen $(0\bar{1}10)$ und $(21\bar{3}4)$ von ω; b) $(113)\beta$, zwei Ebenen $(2\bar{2}01)$, eine Ebene $(1\bar{1}05)$ und eine Ebene $(2\bar{2}01)$ von ω.

ω-Phase meist in kubischer, bei Legierungen mit Mo, Nb und Ta in ellipsoider Form gefunden [*C 77*, *B 78a*, *B 42e*, *H 11c*, *B 42i*, *H 49b*, *H 49c*, *W 60f*, *O 26*, *H 49d*, *B 6c*, *I 3c*, *J 25a*, *B 6d*, *B 127*, *I 3d*]. Die Länge der Achse der ω-Ellipsoide kann bei TiMo15 200 Å und TiNb35 50–1000 Å [*K 68a*] betragen. In diesem Fall liegt die Achse $\langle 0001\rangle\omega \parallel \langle 111\rangle\beta$ [*B 78a*]. Die Konzentrationsabhängigkeit der Gitterkonstante der β-Phase beeinflußt die Form der ω-Phase [*H 49c*, *H 49d*, *W 60f*]. Durch Zusätze dritter Elemente, wie z.B. 5,5 % Zr zu TiV20, kann deshalb die Form der ω-Partikel von der ellipsoiden zur kubischen Form übergehen.

Dies ist bei Zusätzen von Al, Sn und O nicht der Fall und bei höheren Gehalten an Zr tritt die ω-Phase nicht mehr auf [*W 60g*]. Auch bei TiMo15 wird sie bei einem Zusatz von 5% Zr nicht mehr beobachtet [*O 28a*].

Während bei einer isothermen Auslagerung von aus dem β-Gebiet abgeschreckten Proben der Übergang von der β-Phase über Vω und ω in die α-Ausscheidung nicht verfolgt werden kann, da sich bei tiefen Temperaturen die α-Phase noch nicht bildet, ist es durch eine kontinuierliche Aufheizung von Proben möglich, verschiedene Zwischenstufen zu durchlaufen. Geeignet für derartige Untersuchungen hat sich z.B. die Legierung TiV16Al3 erwiesen. Durch eine geringfügige Verzögerung der Abkühlungsgeschwindigkeit wird bei TiV16Al3 die sonst auftretende Martensitbildung unterbunden, ohne daß durch ω-Bildung die Härte ansteigt (vgl. Abb. 8.25a und b, S. 177). Abb. 8.32a gibt Ergebnisse von Messungen der Wärmeaufnahme und -abgabe beim Aufheizen (10 °C/min) β-abgeschreckter Proben wieder. Bis zu einer Temperatur von etwa 200 °C wird sowohl bei einer martensitfreien und wie auch bei einer martensithaltigen Probe zunächst Wärme aufgenommen. Die Ursache für diese Wärmeaufnahme dürfte die Auflösung von Entmischungszonen sein, die sich beim Abschrecken gebildet haben. Bei einer Prüfung des Einflusses der Abschrecktemperatur (zwischen 950 und 800 °C) nahm diese Wärmetönung mit fallender Abschrecktemperatur zu [*Z 12*]. Diese bei Ti-V- [*H 49b*], Ti-Mo- [*C 17a*] und Ti-Nb-Legierungen [*M 68a*] beobachteten Entmischungszonen können durch eine spinodale Entmischung gedeutet werden [*K 70b, B 42i, N 3b*]. Im Temperaturgebiet zwischen etwa 200 und 320 °C findet bei TiV16Al3 (β-abgeschreckt) eine Wärmeabgabe statt, die darauf hinweist, daß sich die Vorstufe der ω-Phase unter exothermer Reaktion bildet. Da dieser Zustand bei der martensitfreien Probe schon, wenn auch in geringen Anteilen, beim Abschrecken entstanden ist, und deshalb die Martensitbildung unterblieb, kann die größere Wärmetönung der martensitischen Probe entweder auf eine zusätzliche Bildung der Vorstufe der ω-Phase zurückgeführt werden oder auf eine größere Wärmetönung bei der Bildung der Vorstufe aus dem martensitischen Zustand. Die elektrische Leitfähigkeit (Abb. 8.32b und 8.32c, obere Kurve und untere Kurve) steigt nur bei isothermer Messung, nicht bei abgeschreckten Proben, an. Oberhalb 320 °C findet wieder eine Wärmeaufnahme statt. Der Nahordnungszustand löst sich auf und geht oberhalb 420 °C in exothermer Reaktion in einen neuen Zustand mit Fernordnung, die ω-Phase über. Die Auflösung des Nahordnungszustandes der Vorstufe ist mit einer Verminderung der elektrischen Leitfähigkeit verbunden, die Bildung der ω-Phase mit einer erneuten Zunahme, die den Fernordnungszustand kennzeichnet.

Die in Abb. 8.32c wiedergegebenen Messungen der Härte von abgeschreckten Proben und der Warmhärte zeigen im Temperaturbereich der ω-Phase ein Maximum der Auflösung und im Bereich der ω-Phase ein Minimum in der Härte. Daß die Umwandlung bei der vorgegebenen Aufheizgeschwindigkeit von 10 °C/min bei den einzelnen Temperaturen noch nicht vollständig abgelaufen ist und sich die Ordnungs- und Ent-

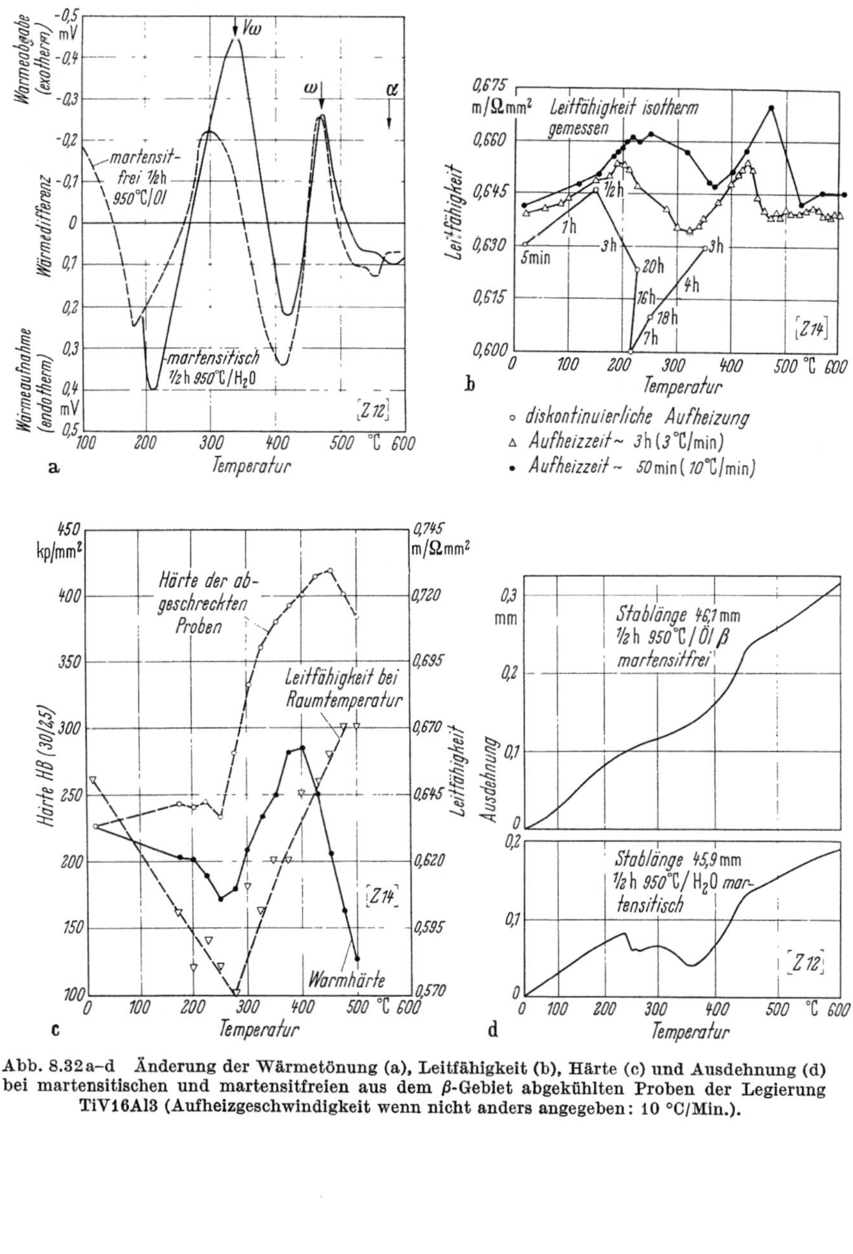

Abb. 8.32a–d Änderung der Wärmetönung (a), Leitfähigkeit (b), Härte (c) und Ausdehnung (d) bei martensitischen und martensitfreien aus dem β-Gebiet abgekühlten Proben der Legierung TiV16Al3 (Aufheizgeschwindigkeit wenn nicht anders angegeben: 10 °C/Min.).

mischungszustände bei geringerer Aufheizgeschwindigkeit bei niedrigerer Temperatur und auch mit anderer Intensität bilden, zeigen die unteren Kurven der Abb. 8.32b, in der die Änderung der Leitfähigkeit bei unterschiedlicher Aufheizgeschwindigkeit wiedergegeben ist. Die Auflösung des Nahordnungszustandes verursacht bei sehr langsamer Aufheizung eine wesentlich stärkere Verminderung der Leitfähigkeit, dürfte also weiter fortgeschritten sein, als bei der Aufheizungsgeschwindigkeit von 10 °C/min bei der auch die Wärmetönung gemessen wurde.

Oberhalb etwa 470 °C wird in der Wärmetönung wieder eine Wärmeaufnahme beobachtet, die mit der Auflösung des Fernordnungszustandes zusammenhängt. Die dann oberhalb etwa 550 °C auftretende verhältnismäßig geringe Wärmeabgabe wird durch die Ausscheidung der α-Phase verursacht. Die Auflösung des Fernordnungszustandes vermindert die Leitfähigkeit und Härte. Das Reaktionsschema dieser Umwandlungsvorgänge würde demnach bei der Aufheizgeschwindigkeit von 10°/min für die martensitfreien Proben dem Reaktionsablauf VI der Abb. 8.20, S. 172 entsprechen und wie folgt verlaufen: β (abgeschreckt mit Entmischungszonen und Vω) →bis ∼200 °C Auflösung der Entmischungszonen →bis ∼300 °C zusätzliche Bildung des Nahordnungszustandes der Vorstufe der ω-Phase →bis ∼410 °C Auflösung des Nahordnungszustandes →bis ∼475 °C Bildung der Fernordnung der ω-Phase →bis ∼540 °C Auflösung des Fernordnungszustandes →oberhalb ∼540 °C Beginn der Ausscheidung der α-Phase.

Die Auflösung der Zwischenphasen beim Aufheizen führt nicht zu einer Wiederherstellung des abgeschreckten Ausgangszustandes, wie Versuche an Proben, die bis zu den kritischen Punkten der Wärmetönungen aufgeheizt und abgeschreckt worden waren, zeigten. Nach dem Abschrekken von der entsprechenden Temperatur traten bei einem Wiederaufheizen die vorabgelaufenen Wärmetönungen nicht mehr auf. Bei der kontinuierlichen Aufheizung dürfte deshalb die Auflösung der Zwischenstufen anders ablaufen, als das bei einer Rückbildung durch eine kurzzeitige Glühung bei wesentlich erhöhter Temperatur der Fall ist, da nach einer solchen Rückbildung die Vorgänge der Zwischenstufenbildung weitgehend erneut ablaufen können.

Die in Abb. 8.32d wiedergegebene thermische Ausdehnung zeigt bei der martensitischen Probe (infolge der Auflösung des Martensits bei etwa 340 °C) einen anderen Verlauf als bei der martensitfreien Probe. Die Probe mit einem Anteil des hexagonalen übersättigten α-Mischkristalls des Martensits zeigt deutlich zwei Stufen der Umwandlung. Nach einer anfänglichen Kontraktion erfolgt eine Dilatation, die dann in eine erneute Kontraktion übergeht. Dann folgt wieder eine starke Dilatation. Demgegenüber zeigt die martensitfreie Probe nach einer geringen Dilatation ab 220 °C eine Kontraktion, die bei etwa 300 °C beendet ist und oberhalb 400 °C wieder in eine Dilatation übergeht. Röntgenographische Untersuchungen zeigten, daß die übersättigte α-Phase des Martensits erst oberhalb 350 °C verschwindet. Die Bildung der Vorstufe der Zwischenstufe kann demnach bei martensitischen Proben eine stärkere Kontraktion verursachen als bei martensitfreien Proben. Die Auflösung des Martensits verursacht eine Dilatation, die bei martensitfreien Proben nicht auftritt. Dann verläuft die Umwandlung, wie bei martensitfreien Proben [*Z 14*]. Die Umwandlungsvorgänge würden etwa dem Schema VII bis VIII der Abb. 8.20, S. 172 entsprechen. Bei TiMo11 ändert sich das Gitter der ω-Phase bei einer 500-°C-Auslagerung der abgeschreckten β-Phase [*A 20b*].

Bei TiMo15 entsteht bei Kaltverformung neben dem zunächst entstandenen Martensit die ω-Phase parallel zur $\{111\}$-β-Ebene [*W 65*], parallel zur $\{110\}$-β-Ebene bei der Auslagerung [*S 84*]. Auch bei der Legierung TiV15 wurde eine Zunahme des Anteils der ω-Phase durch Verformung gefunden [*B 91*]. Die Bildung von ω dürfte dabei in einer Art Schiebungsumwandlung ähnlich der des Martensits erfolgen [*B 3a*]. Bei abgeschreckten martensitischen Titan-Vanadin-Legierungen wurde eine Zunahme der Gitterparameter der martensitischen α-Phase beim Auslagern festgestellt, was darauf hinwies, daß sich der β-Mischkristall aus dem martensitischen α-Mischkristall ausscheiden kann [*B 92*] was durch Elektronenmikroskopie z.B. bei TiAl8Mo1V1 und TiAl6V4 bestätigt wurde [*B 42a, W 60e, M 45a, W 60d*].

Die Bildungstemperatur der Zwischenphasen und die Geschwindigkeit ihrer Entstehung während des Abkühlens aus dem β-Gebiet oder beim Auslagern wird durch Zusätze von Sauerstoff und Stickstoff wie bei der α-Phase erhöht [*O 15, H 13b*]. Zusätze von Aluminium können die Bildungstemperatur und Bildungsgeschwindigkeit der Zwischenphase ω vermindern, so daß die β-Phase leichter auf Raumtemperatur stabilisiert werden kann. Der Einfluß von Aluminium auf die Umwandlung der aus dem β-Gebiet abgeschreckten Legierung TiV16 mit Zusätzen bis zu 6% Al wird in Abb. 8.33 anhand von Temperaturdifferenzkurven bei 1,5°/min Aufheizung wiedergegeben. Dabei fällt die Temperatur der maximalen Wärmetönung bei der vorgegebenen Aufheizgeschwindigkeit von 550 °C bei der aluminiumfreien Legierung auf etwa 375 °C bei 6% Al ab [*K 43*]. Bei der Legierung TiCr9 wird nach Zusatz von Aluminium ebenfalls eine Verminderung des Temperaturbereiches der Bildung von ω (bei 3% Zusatz 100 °C) beobachtet [*W 26*]. Durch Zusätze von Wasserstoff kann die ω-Bildung ebenfalls zu wesentlich tieferen Temperaturen und die Umwandlungsgeschwindigkeiten zu längeren Zeiten hin verschoben werden (vgl. Abb. 12.34, S. 369).

Bei Legierungen, mit niedriger Martensittemperatur, erfolgt beim Anlassen eine Rückumwandlung in die β-Phase, bevor sich die Zwischenphase ω ausgebildet hat. Die Erfassung der Zwischenzustände ist deshalb, wie z.B. Untersuchungen am System Titan–Kobalt gezeigt haben, schwierig [*R 15c*]. Bei den Legierungen des Titans mit Wolfram, Molybdän, Vanadin und Niob, Tantal und Rhenium findet man ein Härteminimum nach dem Abschrecken aus dem β-Gebiet im Bereich der Martensitbildung (vgl. 8.27, S. 180). Dieses Härteminimum soll durch die Bildung der Zwischenphase α'' entstehen, die rhombisch indiziert wurde und von der

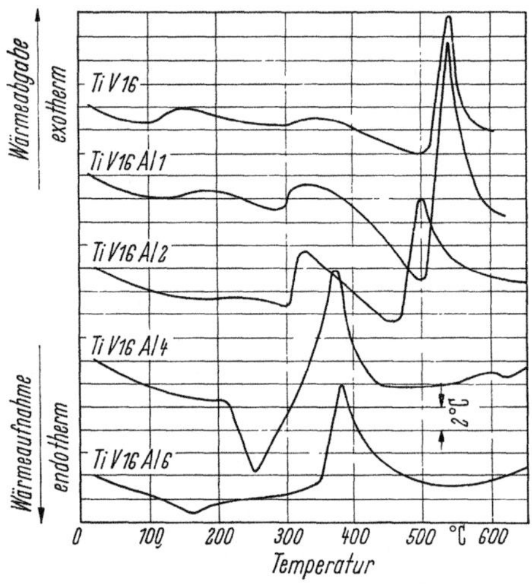

Abb. 8.33 Änderung der Wärmetönung von TiV16 durch Zusätze von Aluminium beim Aufheizen (1,5 °C/Min.) von aus dem β-Gebiet abgeschreckten Proben [*K 43*].

angenommen wird, daß mit zunehmendem Legierungsgehalt ein Übergang in die hexagonale Phase des übersättigten α-Mischkristalls des Martensits erfolgt. Die Legierungskonzentration des Härteminimums die von Beimengungen und von der Abkühlungsgeschwindigkeit abhängt, wurde bei 18% W, 24% Nb, 6% Mo, 35% Ta bzw. 10% V gefunden [*B 3a*].

Für die Zusammensetzung der Zwischenphase ω mit einer Indizierung durch ein kubisches Gitter, das 52 Titanatome und zwei Atome des Legierungselementes enthält (vgl. Kap. 4.1, S. 72) würde sich ein Gehalt von 3,71 At.-% des Legierungselementes ergeben, was für die Systeme Titan–Eisen 4,3–5,2 At.-% Fe [*P 6*, *H 49c*, *V 1d*], Titan–Mangan 4–5,4 At.-% Mn [*H 11c*, *H 49c*, *V 1d*], Titan–Chrom 6,5 bis 8,1 At.-% Cr, Titan–Molybdän 4,5–6,5 At.-% Mo, nicht dagegen bei Titan–Niob 5–12 At.-% Nb und Titan–Vanadin 13,5–14 At.-% V zutreffen würde [*H 49b*, *H 49c*, *H 49d*, *V 1d*]. Bei Untersuchungen an Titan-Chrom-Aluminium-Legierungen wurde aufgrund der Tatsache, daß sich die ω-Phase nicht unabhängig von ihren Ausscheidungsbedingungen bei einer konstanten Temperatur aufzulösen beginnt, geschlossen, daß sich die Zusammensetzung der ω-Phase mit der Temperatur kontinuierlich ändert [*W 26*]. Eine Prüfung der Entmischung der β-Phase zahlreicher Legierungen, die β-Rückbildung und α-Ausscheidung lassen vermuten, daß eine direkte Ausscheidung der α-Phase aus der ω-Phase unwahrscheinlich ist [*L 58a*]. Bei TiV13Cr11Al3 [*N 3c*] und TiCr11Mo7Al3 [*G 72*] konnte die ω-Phase nicht nachgewiesen werden.

8.3 Die Bildung von intermetallischen Phasen aus dem β- oder α-Mischkristall

Die Ausscheidung einer intermetallischen Phase aus dem β-Mischkristall durch Abkühlen aus dem β-Gebiet in das Gebiet des Gleichgewichts mit der intermetallischen Phase unterhalb der Gleichgewichtslinie $\beta/(\beta$ + intermetallische Phase) erfolgt in ähnlicher Weise wie die Ausscheidung der α-Phase aus der β-Phase bei höheren Temperaturen, nur daß in diesem Falle die β-Phase an Legierungselement verarmt. Eine Zwischenphase wurde bei dieser Art von Ausscheidung bisher noch nicht beobachtet. $TiCr_2$ scheidet sich z.B. bei der Legierung TiCr17 polygonal an den Korngrenzen aus [*A 1, A 2, A 2a*].

Der Zerfall der β-Phase in die α-Phase und eine intermetallische Verbindung unterhalb der eutektoiden Temperatur tritt bei zahlreichen Systemen auf. Die Zerfallsgeschwindigkeit ist dabei sehr unterschiedlich

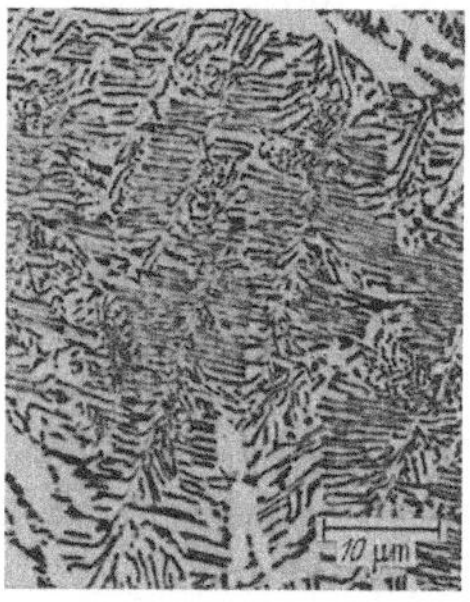

Abb. 8.34 Eutektoider Zerfall der Legierung TiCu7 bei langsamer Ofenabkühlung aus dem β-Gebiet (Standardätzmittel I, S. 209) [*F 37e*].

und richtet sich nach der eutektoiden Zerfallstemperatur und nach der Aktivierungsenergie der Bildung der intermetallischen Phase. So erfolgt bei den Systemen mit Kupfer, Nickel, Silber und Gold ein rascher Zerfall des β-Mischkristalls, bei den Systemen mit Kobalt, Chrom, Eisen und Mangan hingegen zerfällt der β-Mischkristall äußerst träge, und es bilden sich Zwischenzustände vor der Ausscheidung der intermetallischen Phase. Bei Ti-Cu-Legierungen können sich Perlit-Troostit-ähnliche Zerfallsgefüge bilden. Abb. 8.34 zeigt ein derartiges Gefüge, das beim verhältnismäßig raschen β-Zerfall der Legierung TiCu7 auftritt [*T 11a, T 13, M 55g, H 69, R 15c, B 15, W 60k, H 76b*].

Der Zerfall des β-Mischkristalls bei den langsamer verlaufenden Umwandlungsvorgängen wurde am System Titan–Chrom untersucht [*F 43*]. Außer der α-Phase und bei niedrigen Temperaturen den Zwischenzuständen des β-Zerfalls bildet sich vor dem Ausscheiden der intermetallischen Phase $TiCr_2$ (γ) der Zwischenzustand γ'. Der Umwandlungsmechanismus wird zusätzlich von der Lösungsglühtemperatur beeinflußt.

Oberhalb 500 °C wurde an den Legierungen TiCr7 und TiCr11 eine sehr träge und auch nach langer Zeit unvollständig ablaufende Umwandlung mit plattenförmiger Ausscheidung an den Korngrenzen nach dem Schema

$$\beta \rightarrow \alpha + \beta_U \rightarrow \alpha + \beta_U + \mathrm{TiCr_2} \rightarrow \alpha + \mathrm{TiCr_2}$$

beobachtet [*R 74, F 44, A 1, A 2*] entsprechend dem Schema I, und bei der Legierung TiCr13 ist nach einem Abschrecken von 1150 °C und Auslagern bei 460 °C folgendes Reaktionsschema entsprechend Schema III in Abb. 8.20, S. 172 gefunden worden:

$$\beta \rightarrow \omega + \beta_U \rightarrow \omega + \beta_U + \alpha \rightarrow \beta_U + \alpha + \mathrm{TiCr_2} \rightarrow \alpha + \mathrm{TiCr_2}$$

Die Bildung von röntgenographisch nachweisbaren Anteilen von α dauerte dabei 8 h und von $TiCr_2$ 75 Tage [*S 83*]. Bei einer isothermen Auslagerung nach einem Lösungsglühen bei 900 °C wurde die ω-Phase erst bei Temperaturen unter 430 °C beobachtet. In diesem Temperaturbereich tritt auch der Zwischenzustand γ', der sich vor der Ausscheidung der Phase $TiCr_2$ bildet, auf. Bei der β-abgeschreckten Legierung TiCr9 wurde nach 50 Tagen Lagerung bei Raumtemperatur die Bildung von Anteilen der ω-Phase festgestellt [*A 18a, B 117*], und bei der Legierung TiCr8 eine andere Art des Zwischenzustandes gefunden [*S 109, S 110*], als bei der Legierung TiCr7 [*G 56*]. Die Unterschiede können darauf zurückzuführen sein, daß im ersten Fall Pulver verwendet wurde und dadurch die Abkühlungsgeschwindigkeit höher war als im zweiten Fall, bei dem kompakte Proben untersucht wurden (vgl. Kap. 4.1.4, S. 72).

Für etwa 420 °C wurde bei isothermer Umwandlung für die Legierung TiCr13 folgendes Reaktionsschema aufgestellt:

$$\beta \rightarrow \omega + \beta_U \rightarrow \omega + \beta_U + \alpha \rightarrow \omega + \beta_U + \gamma' + \alpha \rightarrow \beta_U + \gamma' + \alpha \\ \rightarrow \gamma' + \alpha + \mathrm{TiCr_2} \rightarrow \alpha + \mathrm{TiCr_2},$$

für TiCr9:

$$\beta \rightarrow \omega + \beta_U \rightarrow \omega + \beta_U + \alpha \rightarrow \omega + \beta_U + \gamma' + \alpha \rightarrow \beta_U + \gamma' + \alpha \\ \rightarrow \beta_U + \alpha + \mathrm{TiCr_2} \rightarrow \alpha + \mathrm{TiCr_2}$$

und für TiCr4:

$$\beta \rightarrow \alpha'_U + \beta_U + \alpha \rightarrow \beta_U + \alpha + \gamma' \rightarrow \alpha + \mathrm{TiCr_2}$$

Die Zwischenphase ω wurde bei der Legierung TiCr4, die bereits nach kurzer Zeit große Anteile der α-Phase ausscheidet, nicht mehr gefunden [*B 117*].

Bei Titan-Mangan-Legierungen, deren eutektoide Temperatur mit etwa 550 °C um 100 °C tiefer liegt als die der Titan-Chrom-Legierungen, ist die Bildung der intermetallischen Phase noch träger, so daß selbst nach sehr langen Glühzeiten und vorangegangener Kaltverformung die Umwandlung nicht vollständig abgelaufen ist [*F 44, M 2, F 44a, H 71, G 52*].

Dasselbe gilt für Titan-Eisen-Legierungen [*P 38, G 52, A 19*]. Bei Titan-Kobalt-Legierungen wurde die Zwischenphase ebenfalls beobachtet. Die intermetallische Phase Ti_2Co kann sich in ähnlicher Weise wie bei den Titan-Chrom-Legierungen vielleicht über Zwischenzustände aus der martensitischen α-Phase bilden [*R 15c*]. Während für Titan-Kobalt-Legierungen aufgrund von Untersuchungen an pulverförmigen Proben vermutet wird, daß die Bildung von Ti_2Co nicht entscheidend von der Diffusion der Titanatome abhängt [*S 162*], wurde dies für die Bildung von Ti_2Ni bei Titan-Nickel-Legierungen angenommen und die Orientierungsbeziehungen zwischen Martensitplatten und Ti_2Ni untersucht [*P 39, P 39a, P 39b*].

Die Ausscheidung von Ti_2Cu aus dem übersättigten α-Mischkristall ist bei Titan-Kupfer-Legierungen, bei denen eine Aushärtbarkeit technisch genutzt wird, eingehend untersucht worden [*H 69, G 34*]. Die Ausscheidung erfolgt auf der $\{10\bar{1}1\}$-Ebene [*B47a, W 60k*] (vgl. Kap. 11.5.1, S. 288).

8.4 Bildung einer Überstruktur des α-Mischkristalls

Das wichtigste binäre System mit einer Überstruktur des α-Mischkristalls ist das System Titan–Aluminium. Die Bildung des Ordnungszustandes ist metallographisch bei niedrigen Aluminiumgehalten nur an verformten und geglühten Proben, bei denen durch eine entsprechende

Abb. 8.35 Gefüge von Titan-Aluminium-Legierungen (Vorbehandlung: verformt und 2 h bei 900 °C homogenisiert). Ätzmittel: 12 cm³ KOH, 10%ig; 15 cm³ H_2O_2, 30%ig; 75 cm³ H_2O [*S 8*]. a) 5,5% Al, 75 h 550 °C; b) 7,5% Al, 48 h 750 °C; c) 9,5% Al, 75 h 550 °C.

Diffusion der Ordnungszustand eingetreten ist, nachweisbar. Abb. 8.35a zeigt das Gefüge einer warmverformten und geglühten Probe mit 5,5% Al. Bereiche des Ordnungszustandes sind noch nicht zu sehen. Sie zeigen sich bei einer Legierung mit 7,5% Al in einer orientierungsabhängigen Aufrauhung des Korns (Abb. 8.35b) und gehen bei höheren Aluminium-

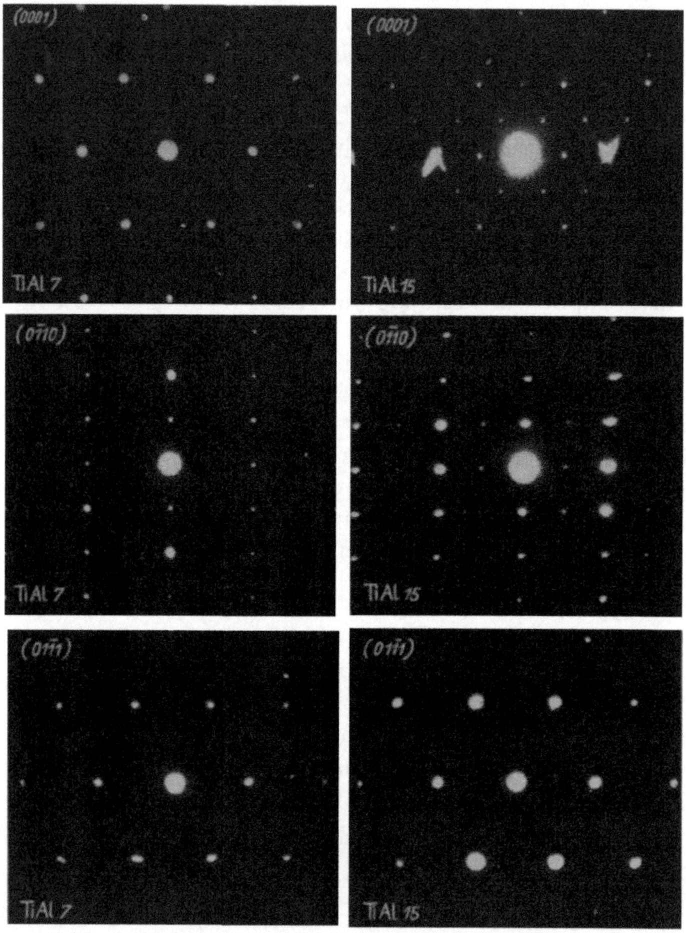

Abb. 8.36 Elektronenbeugungsaufnahmen verschieden orientierter Kristallagen der Legierungen TiAl7 und TiAl15 (900 °C/H_2O) [*S 14*].

gehalten in ein lamellares Aussehen über (Abb. 8.35c) [*S 8*]. Während durch Röntgenaufnahmen infolge der ungünstigen Streuung der Aluminiumatome die Überstruktur nur schwer nachweisbar ist, ist ein derartiger Nachweis durch In- [*A 31*] oder Ga-Zusatz [*H 57a*] und mit Hilfe der Elektronenbeugung, zumindest bei ausreichend hohen Gehalten an Aluminium, leichter möglich. So zeigt Abb. 8.36 Elektronenbeugungsaufnahmen von Legierungen mit 7 und 15% Al und Abb. 8.37 die Lage der

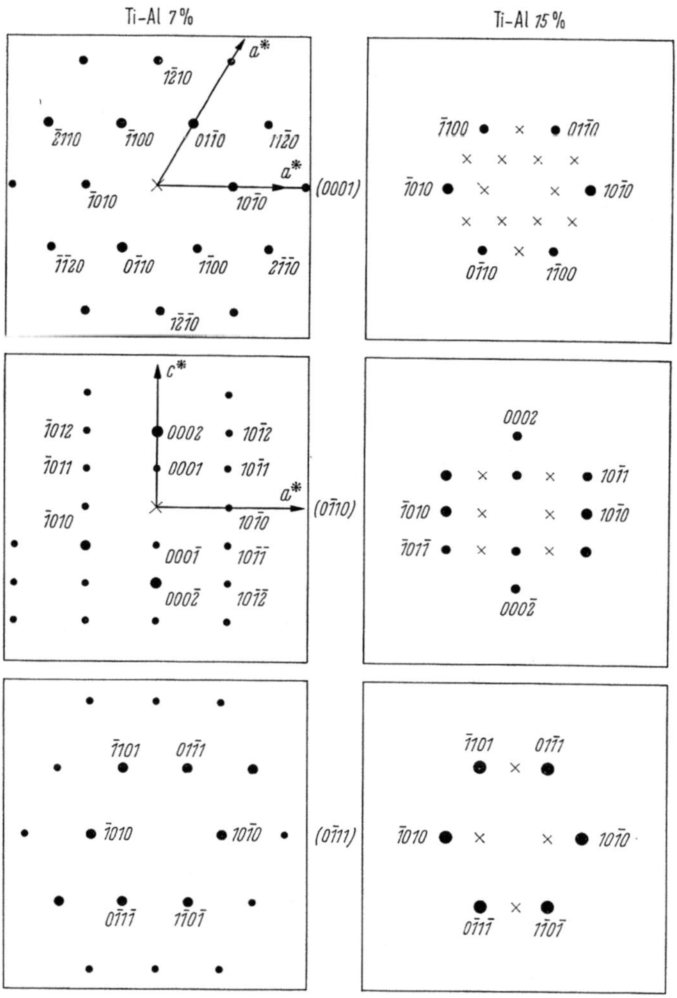

Abb. 8.37 Lage der Beugungsinterferenzen des α-Mischkristalls und der Überstruktur α_2 entsprechend Abb. 8.36 (× = Überstrukturreflex) [*S 14*].

Interferenzen der Überstruktur der Legierung mit 15% Al [*S 13*, *S 14*]. Die Bildung der α-Phase verursacht eine Volumenkontraktion, wobei 1% α_2-Ausscheidung $\sim 1{,}6 \times 10^{-5}$ mm/min Längenänderung verursachen kann [*S 10b*]. Eine sichere Abgrenzung der Gleichgewichtslinien ist, da verschiedene Untersuchungen zu unterschiedlichen Ergebnissen geführt haben, noch nicht möglich (vgl. Abb. 8.3a–f, S. 147).

Der Al-Gehalt macht sich bei der Versetzungsanordnung bemerkbar, wie elektronenmikroskopische Untersuchungen an um 5% plastisch verformten dünnen Blechen aus Titan-Aluminium-Legierungen im Vergleich mit Titan zeigen. Bei Titan (Abb. 8.38a) wird ein zellenartiges Versetzungsnetz beobachtet, bei etwa 3% Al (Abb. 8.38b) bilden sich bereits mehr linien- und bandförmige Versetzungsanordnungen, die bei 6% Al (Abb. 8.38c) ausschließlich und bei höheren Aluminiumgehalten

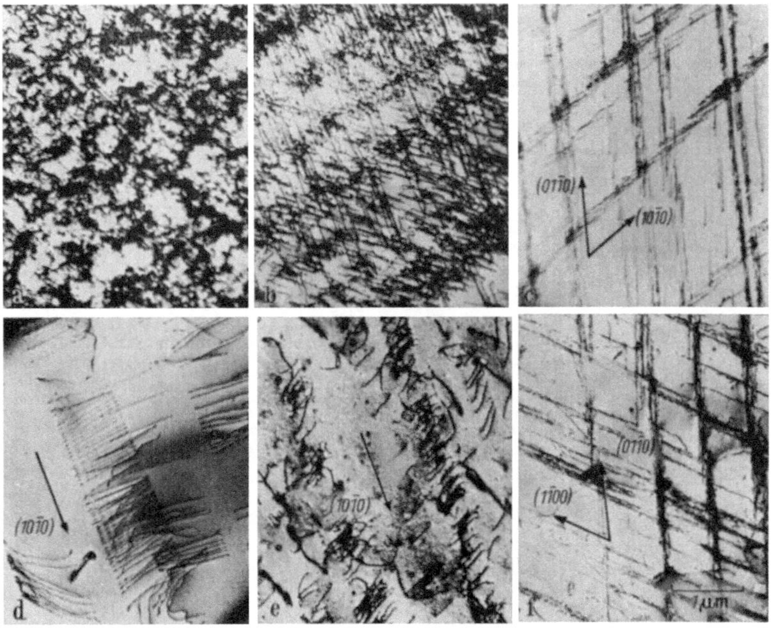

Abb. 8.38a–f Elektronenmikroskopische Durchstrahlungsaufnahmen von dünnen Folien aus Titan und verschiedenen Titan-Aluminium-Legierungen nach 5% plastischer Verformung. a) Titan; b) TiAl3; c) TiAl6; d) TiAl9 [*B 42k*] Titan-Sauerstoff-Legierungen; e) 0,15% O; f) 0,38% O (3% Verformung) [*B 42g*].

(Abb. 8.38d) in weit geringerer Anzahl und in breiter Form vorhanden sind [*C 14b, B 42k, R 65d*]. Dadurch wird bei aluminiumhaltigen Legierungen mit über 6% Al das Formänderungsvermögen vermindert [*W 60b, B 42k*]. Die α_2-Partikel sind bei TiAl8,5 größer als bei TiAl8Mo1V1 [*B 4a*]. Bei Zinnzusatz bildet sich dieselbe Überstruktur. Es wurde vorgeschlagen, in diesem Fall einen homogenen Übergang zwischen dem α-Mischkristall und der Überstruktur des α-Mischkristalls anzunehmen [*M 58*]. Das Gleichgewicht stellt sich sehr träge ein. Die Ti_3Sn-Ausscheidung erfolgt auf der $\{10\bar{1}0\}$-Gleitebene [*J 28b*].

Mit zunehmendem Gehalt an Sauerstoff (Abb. 8.38e und f) wird dieselbe Versetzungsanordnung gefunden [*B 42g*] wie bei Aluminiumzusatz. Die Überstrukturphase weist im Falle von Sauerstoff jedoch ein Antikadmiumjodidgitter (vgl. Kap. 8.1.3, S. 162) auf [*G 41a*]. Zusätze von Sauerstoff zu TiAl8 ändern die Ausscheidungsgeschwindigkeit von Ti_3Al nicht [*C 70b*].

8.5 Bildung eines Ordnungszustandes im β-Mischkristall

Wie beim α-Mischkristall des Titans kann auch beim β-Mischkristall bei geeigneten Zusätzen eine Überstruktur auftreten. So wurde bei einem gleichzeitigen Zusatz von Molybdän und Aluminium eine Ordnungsphase (β_2) des CsCl-(B_2-)Typs festgestellt [*B 52*], die sich z.B. aus TiMo14Al9 feinkörnig ausscheiden kann [*W 60d*]. An langsam von 1100 auf 350 °C abgekühlten Proben aus Titan-Molybdän-Legierungen wurden ebenfalls Hinweise für eine beginnende Ordnung gefunden [*D 34*]. Auch bei Titan-Niob-Legierungen wurden bei Gehalten von etwa 50 % Nb Andeutungen eines Ordnungszustandes beobachtet [*R 78*].

8.6 Zeit-Temperatur-Umwandlungsschaubilder

In den ersten Jahren der Titanlegierungsentwicklung wurden Zeit-Temperatur-Umwandlungsschaubilder ausschließlich für den Beginn

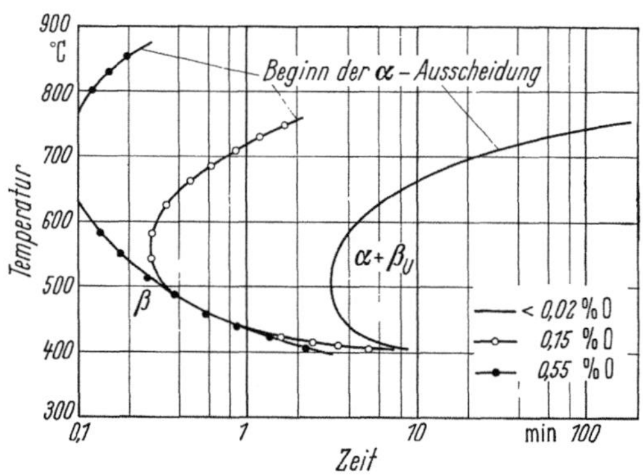

Abb. 8.39 Einfluß des Sauerstoffgehaltes auf die Ausscheidungsgeschwindigkeit von α aus β bei isothermer Umwandlung der Legierung TiMo11 [*D 13*].

und das Ende der Ausscheidung der α-Phase aus dem übersättigten β-Mischkristall aufgestellt. Die ersten Untersuchungen erfolgten dabei an Titan-Molybdän-Legierungen [*D 12*], weitere Untersuchungen an Titan-Aluminium-Chrom-Legierungen [*K 19*] und an Titan-Mangan-Legierungen [*F 44a*]. Besonders wichtig bei diesen Untersuchungen war die Erkenntnis, daß sich die Einlagerungselemente, insbesondere der Sauerstoff, beschleunigend auf die Umwandlungsvorgänge bei der β/α-Umwandlung auswirken können. So wurde an der Legierung TiMo11 ge-

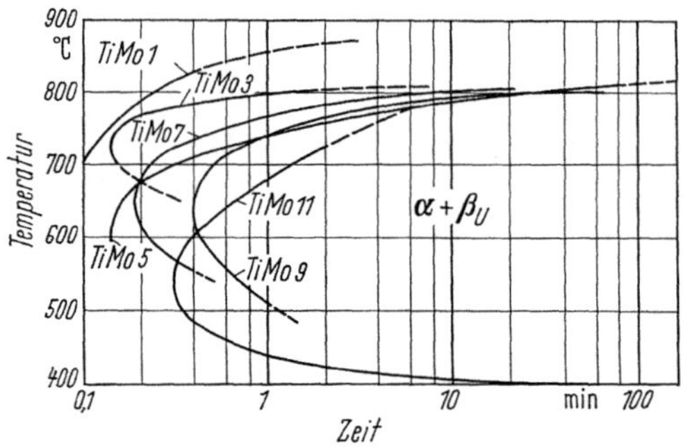

Abb. 8.40 Einfluß des Molybdängehaltes auf die Ausscheidungsgeschwindigkeit von α aus β bei Titan-Molybdän-Legierungen [*R 74, D 12*].

zeigt (Abb. 8.39), daß bei 600 °C der Beginn der Umwandlung von 4 min bei einem Gehalt von unter 0,02 % Sauerstoff auf weniger als 1 min bei einem Gehalt von 0,55 % Sauerstoff verlagert wurde [*D 13*]. Die Legierungskonzentration verändert den Beginn der α-Ausscheidung im Zeit-Temperatur-Umwandlungsschaubild und die Temperatur des Knies

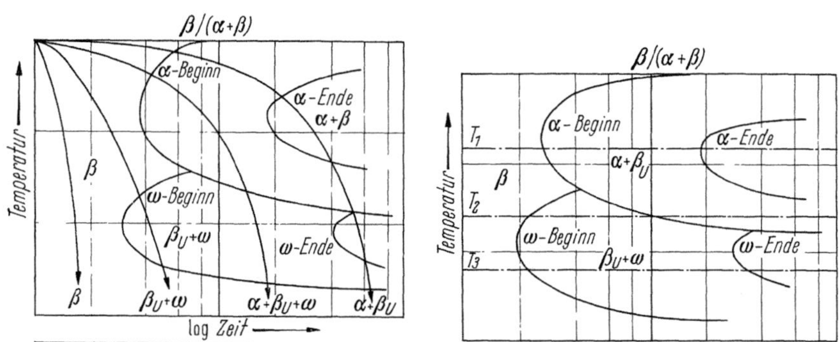

Abb. 8.41 a u. b Schematische Zeit-Temperatur-Umwandlungsschaubilder für Titanlegierungen mit α- und ω-Bildung und zu erwartende Härteänderung [*B 53*].
a) Bei kontinuierlicher Abkühlung aus dem β-Gebiet; b) bei isothermer Umwandlung bei verschiedenen Temperaturen.

der α-Ausscheidung. In Abb. 8.40 sind die Zeit-Temperatur-Umwandlungs-Schaubilder für die α-Ausscheidung von verschiedenen Titan-Molybdän-Legierungen wiedergegeben. Die Spitze des α-Knies wird von 0,2 min bei 750 °C bei 3 % Mo auf etwa 6 min bei 550 °C bei 11 % Mo verschoben [*R 74, D 12*]. Bei Ti–Zr-Legierungen wird ω durch Sauerstoff stabilisiert [*A 18b*].

Der Einfluß der ω-Phase auf die Härte wird in Abb. 8.41 a und b an einem schematischen, kontinuierlichen und isothermen Zeit-Temperatur-

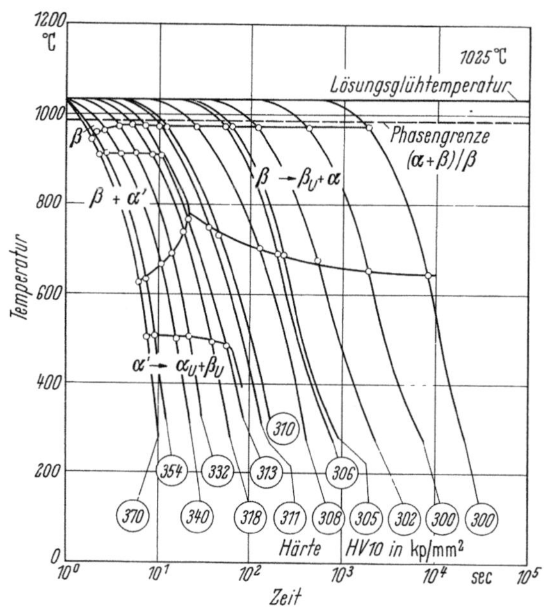

Abb. 8.42 Zeit-Temperatur-Umwandlungsschaubild der Legierung TiAl6V4 bei kontinuierlicher Abkühlung aus dem β-Gebiet [*W 22*].

Umwandlungsschaubild wiedergegeben. Bei einer kritischen Abkühlungsgeschwindigkeit tritt ein Maximum der Härte auf, weil sich dabei die ω-Phase am besten ausbilden kann [*B 53*]. Bei der Legierung TiAl6V4 erfolgt, wie das Zeit-Temperatur-Umwandlungsschaubild (Abb. 8.42) zeigt, die Umwandlung so rasch, daß das Gebiet der ω-Phase selbst bei einer Abkühlung aus dem β-Gebiet von 10 sec nicht mehr durchlaufen wird [*Z 4, W 22*] (vgl. Abb. 11.43, S. 307).

Die Vorstufe der ω-Phase wurde bisher nur an wenigen Legierungen gefunden, da sich oft andere Umwandlungsvorgänge überlagern. In Abb. 8.43 ist die Vorstufe im Zeit-Temperatur-Umwandlungsschaubild bei der Legierung TiV16Al3 eingezeichnet worden. In diesem Fall werden drei verschiedene Umwandlungsvorgänge im Schaubild erfaßt. Wenn bei einer isothermen Auslagerung der Bereich der ω-Phase in den Bereich der α-Phase übergeht, fällt die Härte wieder ab, wie das entsprechende Härtekurven z.B. der Abb. 8.19, S. 171 zeigen [*F 44, K 44, H 23, Z 14*].

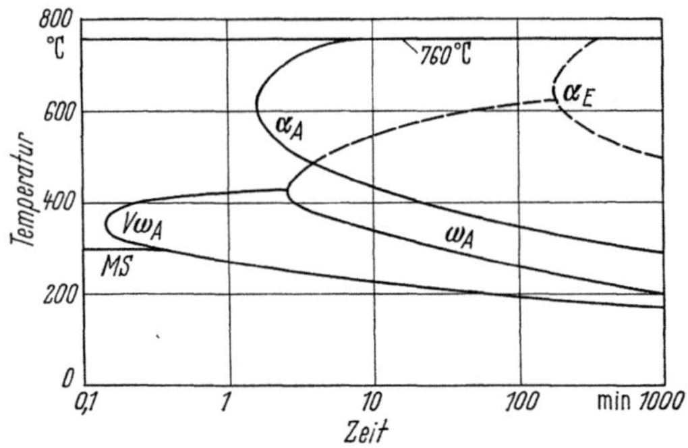

Abb. 8.43 Zeit-Temperatur-Umwandlungsschaubild der Legierung TiV16Al3 für die Auslagerung nach Abschrecken aus dem β-Gebiet [*Z 14*].

Die sich vor der Ausscheidung der intermetallischen Phase $TiCr_2$ (γ) bildende Zwischenphase (γ′) tritt bei der Umwandlung der Legierung TiCr4,5 auf. Das Zeit-Temperatur-Umwandlungsschaubild dieser Legierung ist in Abb. 8.44 wiedergegeben [*B 117*].

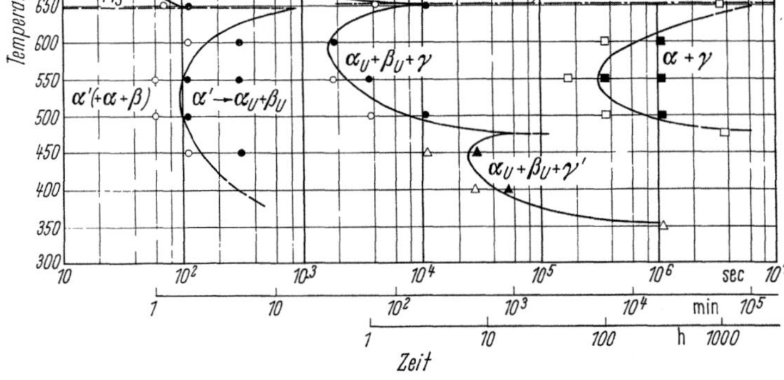

Abb. 8.44 Zeit-Temperatur-Umwandlungsschaubild für die isotherme Umwandlung der Legierung TiCr4,5 [*B 117*].

Betrachtet man alle Umwandlungsvorgänge, die bei Titanlegierungen vorkommen können, so ergibt sich bei vielen Legierungen eine mannigfache Möglichkeit der Bildung von Zwischenstufen und Ausscheidungsvorgängen. Da durch unterschiedliche Glühtemperatur im $(\alpha + \beta)$-Phasengebiet die Legierungskonzentration der Phasenanteile insbesondere in der β-Phase verändert wird, werden dadurch auch die Umwandlungsvorgänge der β-Phase stark beeinflußt. Neben der α-Phase, der ω-Phase und der Vorstufe der ω-Phase können noch intermetallische Phasen und Vorstufen dieser Phasen und Überstrukturphasen der β- und α-Mischkristalle auftreten, wie sie z.B. bei Legierungen mit höheren Aluminiumgehalten gefunden werden (vgl. auch Zeit-Temperatur-Umwandlungsschaubilder weiterer technischer Legierungen, Abb. 11.41–11.45, S. 306ff.). Während sich, wie am Anfang des Kap. 8 erwähnt, bei einer $\beta/(\alpha + \beta)$-Gleichgewichtslinie von etwa 750 °C bei verschiedener Abkühlgeschwindigkeit oder Abschrecktemperatur unterschiedliche Entmischungszonen bilden können, wird bei Legierungen mit einer $\beta/(\alpha + \beta)$-Gleichgewichtslinie bei niedrigerer Temperatur z. B. TiMo20, TiMo25 und TiCr11Mo7Al3 die Zahl der Leerstellen mit zunehmender Abschrecktemperatur erhöht, wodurch eine stärkere Aushärtung durch die ω-Phase bei 300 °C möglich und bei höheren Auslagerungstemperaturen der Bereich der ausscheidungsfreien Zonen neben der Korngrenzenausscheidung vermindert wird [*P 35a*]. Versuche zur isothermen Umwandlung von im $(\alpha + \beta)$-Gebiet (850 °C) geglühten TiAl6V6Sn2-Proben lassen vermuten, daß bei den bei 850 °C dreiphasigen Proben $(\alpha + \beta + \alpha_2)$ bei Temperaturen unterhalb 750 °C die α_2-Phase aufgelöst wird und sich mit fallender Umwandlungstemperatur die Phasen β bzw. α' bzw. ω bilden [*H 57b*].

9. Werkstoffprüfung

Die meisten für die Untersuchung von Titan angewandten Prüfverfahren unterscheiden sich nur wenig von den bei anderen Werkstoffen üblichen Methoden. In einigen Fällen sind, um den charakteristischen Eigenschaften des Titans gerecht zu werden, Sonderverfahren für die Werkstoffprüfung eingeführt worden, auf die im folgenden hingewiesen wird.

9.1 Mechanische Prüfverfahren

Bei den mechanischen Prüfverfahren können solche Verfahren, bei denen die bei Titan stark ausgeprägte Anisotropie (vgl. Kap. 6, S. 107 ff.) eine Rolle spielt, zu einem starken Unterschied der Meßwerte in verschiedenen Richtungen führen.

9.1.1 Zugversuch

Titan technischer Reinheit zeigt beim Zugversuch bei Raumtemperatur meist nur bei einer Korngröße von $>50\,\mu m$ (vgl. Kap. 10.2, S. 222 ff.) keine ausgeprägte Streckgrenze. Deshalb werden neben der 0,2-(Dehn-)Grenze $\sigma_{0,2}$ andere Kennwerte ermittelt. Da Titan bereits bei Raumtemperatur bei niedrigen Spannungen zum Kriechen neigt (vgl. Kap. 10.4, S. 238), können die Werte der Dehngrenzen von der Verformungsgeschwindigkeit beeinflußt werden. Im allgemeinen wird zur Bestimmung der $\sigma_{0,2}$-Grenze gemäß DIN 50146 mit einer Belastungsgeschwindigkeit von 0,5–1 kp/mm²/sec geprüft. Dies entspricht einer Verformungsgeschwindigkeit von 0,3–0,7 %/min. Nach Erreichen der $\sigma_{0,2}$-Grenze kann die Geschwindigkeit so gesteigert werden, daß der Bruch nach etwa 1 min eintritt. Während die Zugfestigkeit durch die Verformungsgeschwindigkeit wenig beeinflußt wird, können für die Dehngrenzen bei zu langsamer Verformung durch überlagertes Kriechen zu niedrige, bei zu rascher Verformung zu hohe Werte gemessen werden (vgl. Abb. 10.2 und 10.3, S. 218) [*A 14, C 80*]. Da aus Zeitstandversuchen bekannt wurde [*K 47, S 25*], daß hauptsächlich bei Titansorten höherer Festigkeit im Bereich einer bleibenden Verformung von 0,2 % insbesondere bei Temperaturen über 100 °C ein Kriechvorgang mit hoher Dehngeschwindigkeit ablaufen kann, wurde die Dehngrenze σ_1 für Titan technischer Reinheit (DIN 17860, 17863, 17864) als zusätzlicher Abnahmewert eingeführt.

9.1.2 Prüfung des Kriech- und Zeitstandverhaltens

Wegen der Kriechneigung von Titan bereits bei Raumtemperatur sind zur Festlegung der Werkstoffkennwerte Kriechversuche notwendig. Hauptsächlich bei unlegiertem Titan höherer Festigkeit wird, insbesondere bei erhöhter Temperatur, zunächst eine Zunahme und dann eine Abnahme der Kriechgeschwindigkeit beobachtet (vgl. Kap. 10.5, S. 236), so daß auch hier die Festlegung von Zeitdehngrenzen zweckmäßig und eine Extrapolation auf längere Versuchszeiten und andere Prüftemperaturen meist nicht möglich ist [*K 46*]. Bei Titanlegierungen kann bei Temperaturen >300 °C und einer Beanspruchung, die zu einer plastischen Verformung führt, durch geringe Salzreste auf der Probenoberfläche Spannungsrißkorrosion auftreten, die insbesondere eine infolge Instabilität der Legierungen auftretende Verminderung des Formänderungsvermögens verstärken kann [*B 15d, Z 10, K 41*] (vgl. Kap. 13.5, S. 407 ff.).

Zur Kontrolle einer Wasserstoffversprödung (vgl. Kap. 12.6, S. 360 ff.) von $(\alpha + \beta)$-Legierungen wurde als empirisches Prüfverfahren folgender Kerbzeitstandversuch eingeführt: Eine gekerbte Zugprobe (Kerbwinkel 60°, Kerbradius 0,125 ± 0,01 mm, Durchmesser Kerbgrund 4,55 mm, Durchmesser gesamt 6,25 mm) wird bei Raumtemperatur entweder mit einer vorgeschriebenen Spannung, die über der Zugfestigkeit des ungekerbten Werkstoffes liegt, belastet oder, ausgehend von der Zugfestigkeit der ungekerbten Probe, die Spannung in Zeitabständen von 5 h gesteigert, bis während dieser Zeit oder bei erneuter Laststeigerung der Bruch einsetzt [*C 77c*]. Durch diese Prüfung kann eine mögliche Wasserstoffversprödung von $(\alpha + \beta)$-Legierungen festgestellt werden.

9.1.3 Kerbschlagbiegeversuch

Die Kerbschlagzähigkeit von Titan wird durch geringe Wasserstoffgehalte vermindert (vgl. Kap. 12.5, S. 355 ff.). Als Normproben dienen die ASTM-Probe (Charpy-V-Probe) mit Spitzkerbe, die DVM-Probe (DIN 50115), bei geringen Probenmengen die DVM-K-Probe und in Ausnahmefällen die noch kleinere DVM-Kleinstprobe (DIN 50119). In einigen Fällen wurden andere Probeabmessungen für vergleichende Untersuchungen gewählt [*H 61a*]. Der Wert der Kerbschlagzähigkeit kann von der Probenform abhängen. Versuche an Titan ergaben für DVM- und ASTM-Proben bei einer Kerbschlagzähigkeit von >4 mkp/cm^2 annähernd übereinstimmende Werte, während die Werte von DVM-K- und von DVM-Kleinstproben mit zunehmender Kerbschlagzähigkeit zu niedrigeren Werten, verglichen mit dem Wert der DVM-Probe, abwichen [*R 86*].

9.1.4 Härtemessung

Die Härteprüfung wird bei Titan technischer Reinheit mit zur Einteilung der Sorten und zur Qualitätskontrolle herangezogen (vgl. Kap. 2.1, S. 31 und Kap. 10.1, S. 214ff.). Außer von der Prüfmethode und der Prüfdauer ist die Härte auch von der Kristallorientierung abhängig, da Titan eine Anisotropie in der kritischen Schubspannung besitzt (vgl. Tab. 6,1 S. 116). Auch bei α-Titanlegierungen treten starke Differenzen in den Härtewerten auf, die über 60 kp/mm² betragen können (vgl. Abb. 6.1, S. 114 und 6.2, S. 115), während bei Titanlegierungen mit zunehmendem β-Anteil diese Unterschiede geringer werden [*Z 6*]. Um den Einfluß der Orientierung auf die Härte zu vermindern, wird die Härte nach Brinell (HB 30) (DIN 50351) mit 10- oder 5-mm-Kugeln (vgl. Kap. 2.1, S. 32) gemessen. Bei Prüfung mit der Diamantpyramide nach Vickers (DIN 50133) oder nach Knoop (vgl. Abb. 10.1, S. 214) ist der Orientierungseinfluß wegen des kleinen Prüfeindruckes groß. Insbesondere bei Warmhärteprüfung besteht die Gefahr, daß durch Oberflächenreaktion Titan am Diamanten festklebt [*L 19*, *K 30*].

Die Härtewerte werden von der Oberflächenvorbereitung und der Prüfdauer beeinflußt. Eine durch Schleifen hervorgerufene Oberflächenverfestigung verursacht höhere Härtewerte gegenüber einer elektrolytisch polierten Oberfläche. Der Unterschied beträgt bei einer Prüfung HB 30/5 etwa 5–10 kp/mm². Mit steigender Last sowie mit zunehmender Härte wird der Einfluß geringer. Wegen der Kriechneigung von Titan fällt der Härtewert mit steigender Belastungszeit ab. Es sollte daher immer mit der vorgeschriebenen Belastungsdauer von 30 sec geprüft werden.

Bei gleicher Prüfart erhält man mit steigender Prüfkraft kleinere Härtewerte. Die nach verschiedenen Prüfverfahren gemessenen Härtewerte weichen ebenfalls voneinander ab. Die Abweichungen werden mit zunehmender Härte größer (vgl. Abb. 10.6, S. 222). Im Bereich der Härte zwischen 100 und 180 kp/mm² ergibt eine Prüfung nach Vickers HV 30 und Brinell HB 30/5 nahezu übereinstimmende Werte. Bei höherer Härte, z.B. vieler technischer Titanlegierungen, liegen die Werte von HV 30 dagegen höher als die von HB 30/5.

Im Härtebereich (HB 30) zwischen 90 und 200 kp/mm² kann die Zugfestigkeit aus der Härte mit einem Proportionalitätsfaktor zwischen 0,35 und 0,29 berechnet werden, wobei mit steigender Härte der Proportionalitätsfaktor abnimmt [*K 84b*]. Bei HV 10 ergibt sich ein Faktor von etwa 0,28 [*J 12*]. Bei $(\alpha + \beta)$-Titanlegierungen im Festigkeitsbereich zwischen 90 und 125 kp/mm² kann die Zugfestigkeit näherungsweise mit einem Umrechnungsfaktor von 0,31–0,35 aus der Vickershärte HV 30 und die Vickershärte näherungsweise aus der Rockwellhärte R_c nach der Beziehung HV = 12,8 R_c − 104 berechnet werden [*H 47*].

Für eine Prüfung der Durchhärtbarkeit durch einen Jominytest, bei dem die Abkühlungsgeschwindigkeit über die Probenlänge durch Abschreckung eines Endes mit Wasser variiert wird [*M 101*], und bei einer Auslagerung von Proben im konstanten Temperaturgefälle [*B 51a*] wird auch bei Titanlegierungen die Änderung der Härte über die Probenlänge geprüft.

9.1.5 Sonderverfahren

Für Bleche wurde eine Biegeprüfung (DIN 1605, Blatt 4) eingeführt, bei der eine Probe durch einen Stempel mit vorgegebenem Radius in einen Gegenstempel mit einem Winkel von 105° gepreßt wird, wobei die Probe den Radius des Oberstempels annehmen kann. Dieser ist auswechselbar und kann entsprechend der Blechdicke variiert werden (vgl. Tab. 10.5, S. 224ff. und Tab. 11.6, S. 282ff.).

Bei Feinblech kann eine Erhöhung der Rißfortpflanzungsgeschwindigkeit durch Wasserstoff durch einen Einreißversuch nachgewiesen werden. Ein gekerbtes Blech wird im Zugversuch bis zum beginnenden Einreißen belastet. Nach Überschreiten der Höchstlast reißt eine wasserstofffreie Probe langsam durch, während bei einer wasserstoffhaltigen Probe der Riß sehr schnell durch die Probe wandert. Entsprechend sinkt die Last langsam bzw. sehr rasch ab. Als Maß für die Rißfortpflanzungsgeschwindigkeit kann die Geschwindigkeit der Lastverminderung dienen. Der Versuch liefert nur einen qualitativen Vergleich [*S 125*].

Die Bruchzähigkeit einschließlich der Rißfortpflanzungsgeschwindigkeit bei unterschiedlicher Verformungsgeschwindigkeit wird nach verschiedenen Methoden meist mit Hilfe eines Dauerbruchanrisses geprüft [*A 38f, L 20a, R 64a*] und für verschiedene Probeformen entsprechende Berechnungsarten vorgeschlagen [*S 59a, J 31a, S 159b*]. So wird z.B. eine gekerbte Biegeprobe mit einer Steigerung der jeweiligen Beanspruchung um etwa 8 kp/mm² alle 2 h bis zum Bruch geprüft [*L 2a*], oder die Verformungsgeschwindigkeit (z.B. 0,125 mm/min) nach Erreichen der Streckgrenze auf den zehnten Teil gesenkt [*B 53b*]. Bei anderen Verfahren (Fallhammer- oder Explosionstest) werden hohe Geschwindigkeiten angewandt [*G 36a*]. Zur Prüfung der Spannungsrißkorrosion erfolgen die Versuche unter dem Einfluß von festen oder flüssigen Agenzien, deren Wirkung unter Spannung gegebenenfalls bei erhöhten Temperaturen geprüft wird [*A 39a*] (vgl. Kap. 13.5, S. 407ff.).

9.2 Zerstörungsfreie Werkstoffprüfung

Sowohl zur Kontrolle der Homogenität von Schmelzblöcken aus Titanlegierungen (vgl. Abb. 2.6, S. 38) als auch für die Prüfung von hochbeanspruchten Schmiedeteilen, Druckbehältern, abnahmepflichtigen Schweißnähten und anderen Teilen werden Titan und seine Legierungen durch Röntgen-Grobstrukturuntersuchung geprüft [*S 7*, *K 4*]. Wegen der geringen Massenabsorption der Röntgenstrahlen durch Titan sind die Belichtungszeiten kürzer als bei Stahl.

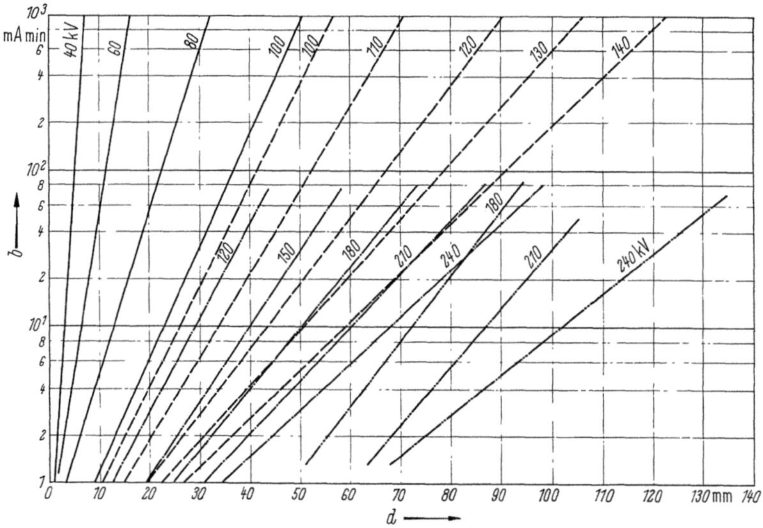

Abb. 9.1 Belichtungsdiagramm für Filmaufnahmen mit Röntgenstrahlen bei verschiedener Empfindlichkeit der Filme, Brennfleckabstand des Films 60 cm [*S 49*, *S 7*].

–·–·– schwache Filmempfindlichkeit, ohne Salzfolie;
——— mittlere Filmempfindlichkeit, ohne Folie;
– – – – mittlere Filmempfindlichkeit, mit Salzfolie;
– · · – starke Filmempfindlichkeit, mit Salzfolie.

In Abb. 9.1 sind die als Kurven gleicher Schwärzung ($S = 1$) ermittelten Belichtungsgrößen für verschiedene Spannung und Durchleuchtungsdicke wiedergegeben. Mit Teststegen wurde der günstigste Schwärzungsbereich zur Beurteilung der Güte der Aufnahme bestimmt (DIN 54110). Die Belichtungsgrößen beziehen sich dabei auf einen Abstand F_0 des Filmes von der Strahlenquelle von 600 mm. Durch Verwendung von Salzverstärkerfolien können die Belichtungszeiten, insbesondere bei größeren Durchstrahlungsquerschnitten, verkürzt werden [*S 49*, *S 7*].

Die Ultraschallprüfung dient bei Titan zur Festlegung von Kopflunkern im Schmelzblock, zum Erkennen von Verarbeitungsfehlern, z.B. von Doppelungen, Schmiedefehlern oder Rissen. Inhomogenitäten durch Einschlüsse oder Seigerungen von Legierungselementen können bei unterschiedlicher Dichte ebenfalls gefunden werden [*P 44a, R 88l, B 40b, H 74c*]. Zur Prüfung von Fertigteilen haben sich Ätz-, Eindring- und Fluoreszenzverfahren bewährt. In manchen Fällen wird eine visuelle Prüfung auf Seigerungen und Risse nach Entzundern und Beizen durchgeführt [*V 1h*]. Eine Kriechstrommessung mit 2–6 MHz läßt Oberflächen-α-Schichten und eine Ultraschallprüfung (5–10 MHz) 200–1000 ppm Gehalte an Wasserstoff in der Oberflächenschicht erkennen [*H 4a*].

9.3 Metallographische Prüfung

Wegen der polymorphen Umwandlung gibt es bei Titan und seinen Legierungen eine Vielzahl von Gefügeformen, die für einzelne Titansorten und Legierungen für die Wärmebehandlung und die Verarbeitung charakteristisch sind. Bei der Probenvorbereitung sind, insbesondere bei unlegiertem Titan, Maßnahmen zu treffen, die eine Verformung der Oberfläche ausschließen oder diese Zone abtragen, z.B. durch elektrolytisches Polieren. Verschiedene Ätzmittel führen zur Hydridbildung und Wasserstoffaufnahme an der Oberfläche [*O 12, E 7*] (vgl. Kap. 12.1, S. 341 ff.).

9.3.1 Probenvorbereitung

Die Herstellung von Proben für metallographische Untersuchungen kann durch Sägen oder Trennen erfolgen. Beim Sägen ist mit einer tiefgehenden Verformung der Oberfläche zu rechnen. Diese Zone muß für die anschließende Schliffherstellung abgetragen werden. Eine geringe Verformung der Oberfläche tritt beim Trennen mit Siliziumkarbid- oder Diamantscheiben bei ausreichender Kühlung auf. Wird nicht ausreichend gekühlt, so kann sich wegen der schlechten Wärmeleitfähigkeit des Titans infolge einer örtlichen Überhitzung das Gefüge ändern. Beim Einbetten in Kunststoff durch Warmpressen können sich bei einzelnen Legierungen Umwandlungs- oder Ausscheidungsvorgänge bilden. Dies wird bei Verwendung von Kalthärtern weitgehend vermieden.

Da die hexagonale Phase des α-Titans sich bereits bei geringer Beanspruchung durch Zwillingsbildung verformen kann (vgl. Kap. 6.1.2, S. 121 ff.), entstehen auch beim Schleifen von Titanproben Zwillinge. Nur nach vollständiger Abtragung der so verformten Oberflächenschicht ist es möglich, Fehldeutungen bei der mikroskopischen Betrachtung auszuschließen. Schleifen soll naß auf Siliziumkarbidpapier verschiedener

Körnung erfolgen. Mit Hilfe eines Mikrotoms kann das Schleifen umgangen werden. Es darf sich jedoch keine Aufbauschneide bilden (vgl. Kap. 18.2, S. 492ff.).

Als Polierverfahren hat sich das elektrolytische Polieren durchgesetzt. Neben einer wesentlichen Zeitersparnis wird durch das elektrolytische Polieren die notwendige Abtragung der verfestigten Oberflächenschicht sicher erreicht. Bei den handelsüblichen Elektropoliergeräten mit umlaufender Polierflüssigkeit sind bei Verwendung geeigneter Elektrolyte Polierzeiten von unter einer Minute ausreichend. In Tab. 9.1 sind einige für Titan und Titanlegierungen erprobte Polierelektrolyte zusammengestellt. Die angegebenen Polierbedingungen können bei Verwendung verschiedenartiger Poliergeräte etwas differieren. Die beste Oberfläche wird mit perchlorsäurehaltigen Elektrolyten erzielt. Da durch eine Anreicherung von Perchlorsäure Explosionsgefahr besteht, müssen die Konzentrationsbereiche der Tab. 9.1 für die Elektrolyten eingehalten werden [*J 18, J 19, M 61, S 161*]. Beim Polieren ist darauf zu achten, daß die Proben satt auf den Blenden der Poliergeräte aufliegen. Einschlüsse von Luftblasen zwischen anodischer Probe und Elektrolyt führen zur Bildung von oxidischen Anlaufschichten, so daß an solchen Stellen kein Poliereffekt erzielt wird. Einige Elektrolyte enthalten keinen Zusatz von Perchlorsäure. In einem Elektrolyten aus Äthyl- und Butylalkohol mit Zusätzen von Aluminiumchlorid und Zinkchlorid ist der Zeitaufwand höher als bei den Perchlorsäureelektrolyten. Da sich außerdem während des Polierens schwammartige Zinkabscheidungen an der Kathode bilden, ist der Elektrolyt nur begrenzt haltbar.

Bei mechanischen Verfahren kann durch eine Polier-Ätz-Kombination während des Polierens eine ausreichende Abtragung der verformten Schicht erzielt werden. Die Poliermittel, im allgemeinen wässerige Tonerde, werden mit Zusätzen einer ätzenden Lösung, z.B. Flußsäure und Salpetersäure oder Oxalsäure versetzt. Das Verhältnis von Polier- und Ätzflüssigkeit muß dabei so eingestellt sein, daß eine helle, glänzende Oberfläche erzielt wird. Erscheint die Schliffoberfläche matt, so wird die Konzentration des zugesetzten Ätzmittels vermindert.

Titanlegierungen können wegen der hohen Härte mechanisch poliert werden. In bestimmten Fällen ist das mechanische Polieren auch von Titanproben nicht zu umgehen, so z.B. für die Untersuchung von Verbindungen zwischen Titan und anderen Metallen, von dünnen Oberflächenschichten oder von Einschlüssen, die beim elektrolytischen Polieren angegriffen werden. Bei sehr weichem Titan muß unter Umständen eine entsprechende Gefügeunklarheit in Kauf genommen werden, z.B. zur Feststellung der Aufhärtung einer Schweißnaht, da in der aufgehärteten Zone das Gefüge nach mechanischem Polieren und Ätzen klarer entwickelt ist als im weichen Grundwerkstoff [*O 24*]. Ein Vibrations-

Zusammensetzung	Polierbedingungen		Bemerkungen	Literat.
60 ml Perchlorsäure (d = 1,54) 600 ml Methylalkohol 360 ml Äthylenglykolmonobutylester 2 ml Sparbeize	30–50 V	Raumtemperatur	Beste Poliererergebnisse mit handelsüblichen Elektropoliergeräten. Sehr kurze Polierzeiten (10–40 sec)	[*J 19*]
60 ml Perchlorsäure (d = 1,54) 600 ml Butylalkohol 360 ml Butylglykol 2 ml Sparbeize	4–7 Amp./dm²	Raumtemperatur		[*H 76*]
30 ml Perchlorsäure (d = 1,54) 350 ml Äthylenglykol 390 ml Methylalkohol 24 ml Wasser	40 Amp./dm² 65–75 V	gekühlt −25 °C	Zum Polieren etwas größerer Flächen erprobt	[*O 25*] [*S 113*]
60 ml Perchlorsäure (d = 1,54) 1000 ml Eisessig	30–40 Amp./dm² Kathode: Titan	Raumtemperatur	Polierzeit ≈ 2 min	[*S 161*]
795 ml Essigsäureanhydrid 185 ml Perchlorsäure (d = 1,54) 48 ml Wasser	40–60 V 20–30 Amp./dm²	Raumtemperatur	45–60 sec, starke Metallabtragung (Vorsicht!)	[*J 18*] [*B 30*]
980 ml Äthylalkohol 100 ml Butylalkohol 60 g Aluminiumchlorid (wasserfrei) 280 g Zinkchlorid	30–60 V 2–40 Amp./dm² Kathode: rostfreier Stahl	23–30 °C	Elektrolyt nicht lange haltbar. Kathodenabscheidung von Zink. Relativ lange Polierzeiten (1–6 min) $AlCl_3$ zuerst zugeben; langsam; stark exotherme Reaktion	[*O 25*]
100 ml/l Flußsäure (48%ig) 400 g/l Chromsäure	3–7 V 20–50 Amp./dm²	15–20 °C	Elektrolyt. Polieren größerer Teile	[*T 1*]
45–85% Phosphorsäure (90%ig) 10–18% Flußsäure 5–10% Methylalkohol	8–17 V 50–100 Amp./dm²	Raumtemperatur	Elektrolyt. Polieren größerer Teile. Durch Überschuß von Methanol wird chemischer Angriff inhibiert u. Poliereffekt vermindert	[*T 1*] [*J 32*]
30 ml Perchlorsäure (d=1,53) 300 ml Methylalkohol 175 ml n-Butylalkohol	β-Leg. 11–12 V Ti u. α-Leg. 12–15 V ($\alpha + \beta$)-Leg. 15 V 5–10 Amp./dm²	gekühlt 25 °C	Dünnen von Folien für elektronenmikroskopische Durchstrahlungsaufnahmen	[*B42h*]

polieren mit 0,3 µm Tonerde kann z.B. bei α-Legierungen 4 h dauern, bis das Gefüge soweit poliert ist, daß es mit 0,05 µm Tonerde in 2–4 h fertig poliert werden kann. Die Tonerde darf nicht trocken werden.

Auch mechanisches Polieren mit Diamantpaste, wobei allerdings leicht ein Einpressen von Diamantkörnern in die Schliffoberfläche auftreten kann [*E 0a*], sowie elektrolytisches Wischpolieren hat sich bei Titan bewährt; insbesondere bei Verbindungen von Titan mit anderen Metallen, z.B. bei Lötverbindungen Silber–Titan oder bei elektrolytisch abgeschiedenen Oberflächenschichten [*R 21*].

9.3.2 Ätzen

Die gebräuchlichen Ätzmittel für Titan und Titanlegierungen bestehen aus Flußsäure mit Zusätzen von Salpetersäure (Tab. 9.2). Als Ätzmittel hat sich eine wäßrige Lösung von 1–2 % HF und 2–3 % HNO_3 bewährt. Der Ätzangriff wird durch Flußsäure erzielt, so daß die Ätzdauer durch den Flußsäuregehalt bestimmt wird. Zur Entwicklung des Makrogefüges können höhere Säurekonzentrationen gewählt werden.

Ohne oder bei zu geringem Salpetersäurezusatz tritt bei α-Titan durch Abscheidung von Titanhydrid eine Kornflächenätzung auf, deren Intensitätsdifferenz von den Orientierungsunterschieden der angegriffenen Körner abhängt. Durch die Hydridbildung kann das Aussehen des Gefüges verfälscht werden. In sauerstoffangereicherten α-Mischkristallzonen erfolgt keine Hydridbildung, so daß derartige Schichten sichtbar gemacht werden [*S 51a*]. Zusätze von Oxydationsmitteln verhindern die Bildung eines Hydridfilmes, so daß in Flußsäure-Salpetersäure-Lösung eine Korngrenzenätzung erreicht wird. Der Ätzangriff erfolgt rasch, die Ätzdauer ist jedoch bei Legierungen abhängig von Zusammensetzung, Struktur und Wärmebehandlung. Anstelle von Salpetersäure können dem Ätzmittel auch andere Oxydationsmittel, z.B. Wasserstoffperoxid, zugesetzt werden. Die hohe Angriffsgeschwindigkeit kann in organischen Lösungen vermindert werden. In einer Lösung von Fluß- und Salpetersäure in Glyzerin tritt nur eine geringe Ionisation der Säuren und dementsprechend ein geringerer Angriff auf. Auch hier werden in einem breiten Konzentrationsbereich gute, reproduzierbare Ergebnisse erhalten. Das Ätzmittel ist für Legierungen mit einem höheren Gehalt an β-stabilisierenden Legierungselementen besonders geeignet. In einer wäßrigen Lösung von Flußsäure und Oxalsäure mit Zusätzen von Eisennitrat wird bei α-Titan eine Kornflächenätzung erreicht. Auch Ätzmittel ohne Flußsäure sind bekannt geworden. Diese können bei bestimmten Gefügezuständen den Standardätzmitteln überlegen sein [*O 14, O 25, F 20, A 14, E 7, H 76a*]. Ein spezielles Ätzmittel ist für Titan-Aluminium-Legierungen entwickelt worden, mit dem die beim Über-

Tabelle 9.2. *Gebräuchliche Ätzmittel für Titan- und Titanlegierungen*

Ätzlösung [Vol.-%]	Ätzbedingung Bemerkungen	Literatur
1–2% Flußsäure (40%ig) 2–3% Salpetersäure (d = 1,40) Rest Wasser	Raumtemperatur Standardätzmittel I	[*O 24*]
2% Flußsäure (40%ig) 90% ges. Oxalsäure + 3–4 Kristalle $Fe(NO_3)_3$	Raumtemperatur Kornflächenätzung	[*O 24*]
25% Flußsäure (40%ig) 25% Salpetersäure (d = 1,40) 50% Glyzerin	Raumtemperatur Standardätzmittel II und Hydridätzung	[*F 20*] [*O 24*]
25% Schwefelsäure 50% Salzsäure 25% Wasser	kochend ($\alpha + \beta$) Zerfallsgefüge	[*H 76*]
60% Kalilauge (40%ig) 8% Perhydrol 32% Wasser	30–60 sec 60–70 °C Ätzung auf β-Anteil	[*E 7*]
18,5 g Benzalkoniumchlorid 35 ml Äthylalkohol 40 ml Glyzerin 25 ml Flußsäure (50%)	Raumtemperatur 30–90 sec α-Leg. (Überstruktur-bildung)	[*E 10*]
5% HF (40%ig) 35% HNO_3 (d = 1,40) Rest Wasser	Raumtemperatur (Makroätzung)	[*O 12*]
1–2% Flußsäure (40%ig) Rest Wasser	Raumtemperatur Sauerstoffanreicherung	[*K 75*]
32% H_2SO_4 (40%ig) 32% HF (40%ig) 33% Wasser 4% H_2O_2	Raumtemperatur Sauerstoffanreicherung	[*S 51a*]
6% HF (40%ig) 19% HCl (Ges.) 30% HNO_3 (d = 1,40) Rest Wasser	Raumtemperatur für Nachweis von Versetzungen (kurze Ätzzeit)	[*C 14a*]

gang in den geordneten Zustand auftretende Phasenveränderung geprüft werden kann [*E 10*].

Beim Ätzen von Titanlegierungen mit feinem Zerfallsgefüge bilden sich, insbesondere bei molybdänhaltigen Legierungen, schon bei kürzesten Ätzzeiten in flußsäurehaltigen Ätzmitteln dunkle Anlaufschichten, die durch sofortiges Überführen der Probe in 20%ige H_2SO_4 abgelöst werden können, wodurch das wahre Gefüge freigelegt wird. Ein Ätzen in einer Schwefelsäure-Salzsäure-Lösung entwickelt besonders klar eine nadelförmige Ausscheidung der α-Phase, während in einer alkalischen Wasserstoffsuperoxidlösung die Primär-β-Korngrenzen in einem Zerfallsgefüge deutlich gemacht werden können [*H 76, K 39*].

Elektrolytisches Ätzen wird vereinzelt auch bei Titan angewandt. Zur Identifizierung von intermetallischen Phasen kann eine anodische Oxydation in 10% NaCN-Lösung bei 8–10 V [*O 24*] oder in einem Elektrolyten, dessen Zusammensetzung in Tab. 9.3 wiedergegeben ist, bei 20 bis

Tabelle 9.3. *Elektrolyt zum anodischen Ätzen von Titanlegierungen*[1] [*E 9*]

5 g	Oxalsäure
5 g	Zitronensäure
5 cm^3	Phosphorsäure (85%ig)
10 cm^3	Milchsäure (85%ig)
60 cm^3	Äthylalkohol
35 cm^3	Wasser

[1] Durch Zusatz von Glyzerin wird die Oxydationsgeschwindigkeit vermindert und ein höherer Kontrast zwischen verschiedenen Phasen erzielt.

130 V erfolgen [*E 9*]. Auf diese Weise lassen sich auch z.B. Diffusionsschichten von Niob in Titan bestimmen [*G 56a*]. Eine Anlaßätzung kann zur Unterscheidung der α- und β-Phase bei Titanlegierungen dienen. Die Proben werden nach dem Ätzen bei Temperaturen zwischen 400 und 550 °C 1–5 min erhitzt. Die β-Phase oxidiert, besonders bei aluminiumhaltigen Legierungen, stärker als die α-Phase und erscheint blau bis violett, während die α-Phase eine gelbe Färbung zeigt [*O 25*]. Sowohl bei anodischer als auch bei der Anlaßätzung bilden sich Oberflächenschichten, deren Dicke bei verschiedenen Phasen unterschiedlich ist, wodurch ihre Identifizierung möglich wird. Mit KOH-Lösung bei 60 °C angeätzte Proben der Legierung TiAl6V4 [(α+ β)-Gefüge] können Anlauffarben bei Raumtemperaturauslagerungen Luft bilden [*S 51a*].

9.3.3 Mikroskopische Untersuchung

Die α-Phase ist wegen ihrer hexagonalen Struktur im Gegensatz zur kubischen β-Phase optisch anisotrop und kann daher schon im ungeätzten Zustand im polarisierten Licht erkannt werden. Abb. 9.2a zeigt das Gefüge von Titan in diesem Zustand im polarisierten Licht und

Abb. 9.2b im geätzten Zustand im Hellfeld. Das polygonale Korngefüge der α-Phase läßt unterschiedliche Gehalte an Beimengungen z. B. Sauerstoff, die in der α-Phase gelöst sind, nicht erkennen. Dagegen wird

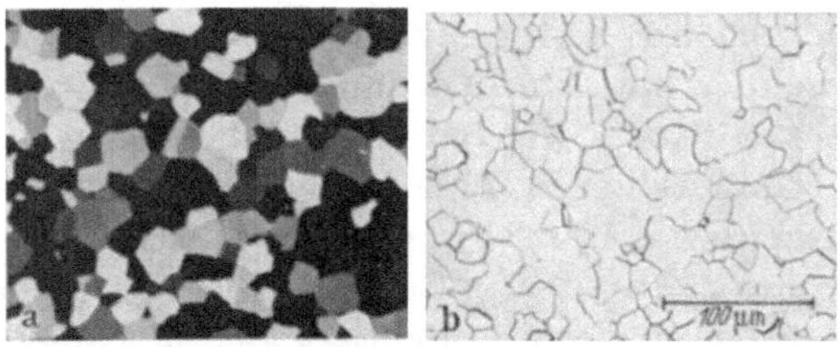

Abb. 9.2a u. b Gefüge von Titan technischer Reinheit. HB 30/10 = 150 kp/mm² (50 % kalt verformt und 1 h bei 650 °C rekristallisiert) elektrolytisch poliert [*K 84b*].
a) Polarisiertes Licht; b) Hellfeld geätzt (1 % HF + 2 % HNO_3 in H_2O).

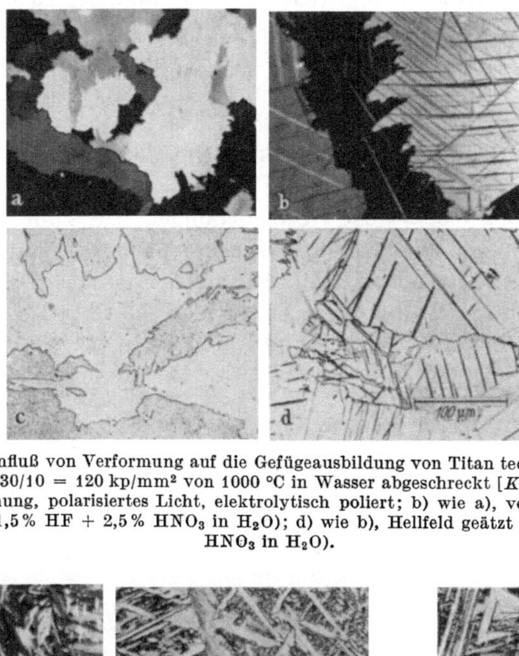

Abb. 9.3a–d Einfluß von Verformung auf die Gefügeausbildung von Titan technischer Reinheit, HB 30/10 = 120 kp/mm² von 1000 °C in Wasser abgeschreckt [*K 84b*].
a) Keine Verformung, polarisiertes Licht, elektrolytisch poliert; b) wie a), verformt; c) wie a), Hellfeld geätzt (1,5 % HF + 2,5 % HNO_3 in H_2O); d) wie b), Hellfeld geätzt (1,5 % HF + 2,5 % HNO_3 in H_2O).

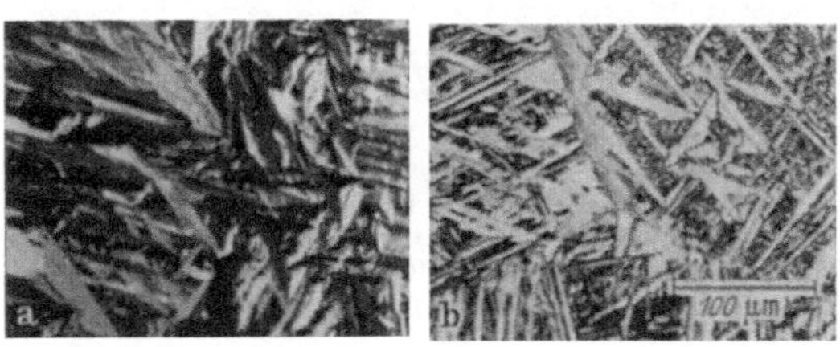

Abb. 9.4a u. b Gefüge von Titan technischer Reinheit. HB 30/10 = 180 kp/mm² von 1000 °C in Wasser abgeschreckt [*K 84b*].
a) Polarisiertes Licht, elektrolytisch poliert; b) Hellfeld geätzt (1,5 % HF + 2,5 % HNO_3 in H_2O).

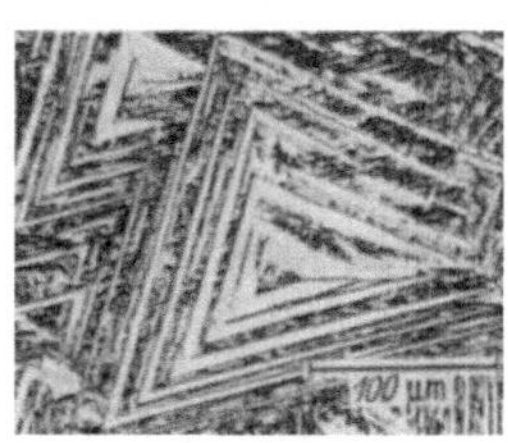

Abb. 9.5 Titan mit 0,2 % Eisen. HB 30/10 = 180 kp/mm² von 1000 °C in Wasser abgeschreckt, Hellfeld geätzt (1,5 % HF + 2,5 % HNO_3 in H_2O) [*K 84b*].

nach Glühung im β-Gebiet und anschließendem Abschrecken das Gefüge durch unterschiedliche Gehalte derartiger Beimengungen verändert. Abb. 9.3a–d zeigen die sägezahnartigen Umwandlungsgefüge von aus dem β-Temperaturgebiet abgeschrecktem Titan mit niedrigem Sauerstoffgehalt ohne und mit geringer Kaltverformung, die eine Zwillingsbildung hervorgerufen hat, Abb. 9.4a und b ein Korbgeflechtgefüge von Titan mit höherem Sauerstoffgehalt und schließlich Abb. 9.5 ein martensitähnliches Umwandlungsgefüge bei einem zusätzlichen Gehalt an β-stabilisierendem Eisen. Die α-Phase scheidet sich bei der Abkühlung von Titanlegierungen aus dem β-Gebiet oft in Form eines Widmannstättenschen Gefüges in Platten orientiert aus. Mit steigendem Zusatz an β-stabilisierenden Elementen sowie zunehmender Abkühlungsgeschwindigkeit oder bei isothermer Umwandlung mit fallender Temperatur wird das nadelförmig erscheinende Umwandlungsgefüge feiner (vgl. Abb. 8.17a–f, S. 169). Die Zwischenstufen $V\omega$ und ω sowie $V\alpha''$ und α'' können durch lichtmikroskopische Untersuchungen nicht nachgewiesen werden.

9.4 Elektronenmikroskopische Untersuchung

Elektronenmikroskopische Untersuchungen, z.B. zum Nachweis feinster Ausscheidungen, die im Lichtmikroskop noch nicht aufgelöst werden können, erfolgen sowohl an Lackabdrucken mit oder ohne zusätzliche Aufdampfschichten (Abb. 9.6a–c), als auch an elektrolytisch hergestellten dünnen Schichten. Das Abdruckverfahren kann bei geätzten Schliffen

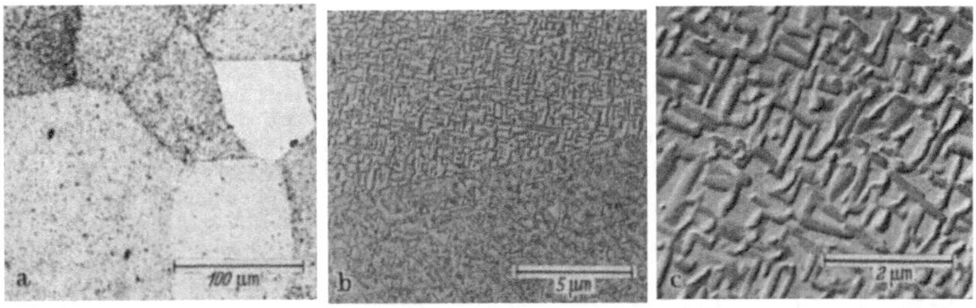

Abb. 9.6a–c Verschiedene Vergrößerungen eines ($\alpha + \beta$)-Gefüges der Legierung TiV15 (Wärmebehandlung 1 h 900 °C/H_2O und 2 h 550 °C/Luft).
a) Lichtmikroskop, elektrolytisch poliert, geätzt (1,5% HF + 2,5% HNO_3 in H_2O); b) Elektronenmikroskop, Lackabdruck Palladium 35° schräg bedampft; c) Elektronenmikroskop, Lackabdruck Platin–Kohle, 45° schräg bedampft [*K 84b*].

angewandt werden, allerdings muß der Ätzangriff etwas schwächer als für die lichtmikroskopische Betrachtung sein, da sonst ein Teil der ausgeschiedenen Phase mit dem Abdruck herausgerissen werden kann. Letzteres wird bisweilen zur Identifizierung von Ausscheidungen mittels

Elektronenbeugung bewußt herbeigeführt (Ausziehabdruck). Zur Kontrastverschärfung kann insbesondere beim Lackabdruckverfahren eine Schrägbedampfung mit Palladium (Abb. 9.6b), Chrom oder mit Platin und Kohle (Abb. 9.6c) erfolgen. Oft ist es zweckmäßig, für verschiedene Ausscheidungsstadien die Präparation zu modifizieren, wodurch u.U. das Erscheinungsbild sehr verschieden wiedergegeben wird. Infolge der Eigenstruktur einer Aufdampfschicht kann im ersten Stadium einer Ausscheidung das beobachtete Bild beeinflußt werden und die Schattenwirkung der Bedampfungsschicht kann größere Ausscheidungszonen vortäuschen als in Wirklichkeit vorhanden sind [*H 70*, *H 71*, *T 6*, *K 43*]. In diesen Fällen ergeben Durchstrahlungsaufnahmen häufig ein besseres Bild.

Die Herstellung dünner Folien zur Durchstrahlung mit Elektronenstrahlen kann durch elektrolytisches oder chemisches Polieren erfolgen. Es muß darauf geachtet werden, daß die Polierbedingungen so eingestellt werden, daß sich keine Hydridfilme bilden, die das Bild verfälschen. Ähnliche Elektrolyte wie für die Präparation für metallographische Untersuchungen werden verwendet (Tab. 9.1) [*M 82*, *B 42h*, *S 9h*]. Durch chemisches Polieren in einer Lösung von 30 Vol.-% HF und 70 Vol.-% HNO_3 bei 20–25 °C können ebenfalls durchstrahlungsfertige Folien hergestellt werden [*R 42b*]. Ein elektronenoptisches Bild mit direkter Durchstrahlung einer Legierung mit 15% Mo, die Ausscheidungen der ω-Phase enthält, zeigt Abb. 8.30, S. 183 [*S 15*, *C 77*]. In ähnlicher Weise kann diese Phase in TiV13Cr11Al3 [*T 7*] und die Veränderung der Anordnung der Versetzungen in Titan-Aluminium- und Titan-Sauerstoff-Legierungen nachgewiesen werden (Abb. 8.38a–f, S. 194) [*B 42g*, *B 42k*].

Aus Ätzfiguren, die durch Anwendung des in Tab. 9.1, S. 207 angegebenen $AlCl_3$ und $ZnCl_3$ enthaltenden Elektrolyten bei $10 \times 50 \times 0{,}8$-mm-Proben (2 Amp. 20–35 V, 5 min) und durch Eintauchen in 3% HF-, 5% HNO_3-, 92% H_2O-Lösung erzeugt werden, kann auf die Orientierung zwischen Matrix und Zwillingen von α-Titan geschlossen werden [*T 3f*]. Thermisches Ätzen kann in β-Ti-V-Legierungen Ätzgrübchen erzeugen, die eine Bestimmung einer {100}-, {110}- und {112}-Orientierung ermöglichen [*L 34d*].

10. Mechanische Eigenschaften von Titan

Die mechanischen Eigenschaften von Titan sind von den Beimengungen, insbesondere Sauerstoff, abhängig. Titan mit Zusätzen von Sauerstoff, die während der Herstellung absichtlich zur Festigkeitserhöhung beigegeben wurden oder mit Gehalten anderer bei Herstellung oder Verarbeitung aufgenommener Beimengungen wird als Titan technischer Reinheit oder als unlegiertes Titan bezeichnet, ebenso Titan mit einem Zusatz von etwa 0,2 % Pd, der nicht zur Steigerung der Festigkeit, sondern zur Verbesserung der Korrosionsbeständigkeit zugegeben wird. Die Festigkeit des Titans hoher Reinheit liegt unter 30 kp/mm^2, die des Titans technischer Reinheit umfaßt den Bereich zwischen 30 und 75 kp/mm^2.

10.1 Mechanische Eigenschaften von Titan hoher Reinheit

Wegen der hohen Affinität des Titans zu verschiedenen Elementen enthält auch heute noch Titan hoher Reinheit geringe Gehalte an Beimengungen, hauptsächlich Sauerstoff. Aus diesem Grunde entsprechen Werte für die mechanischen Eigenschaften noch nicht denen eines Metalls von höchster Reinheit.

Als charakteristische Eigenschaft wird häufig die Härte zur Beurteilung der Anteile an Beimengungen herangezogen. Da die Härte des Titans von der Kristallorientierung (vgl. Kap. 6., S. 114ff.) und der Prüfmethode (vgl. Kap. 9.1.4, S. 202) abhängig ist, sind Meßwerte verschiedener Untersuchungen nicht immer vergleichbar. In vielen Fällen fehlen genaue Angaben über die Prüfmethode. Durch die Anisotropie der Gleiteigenschaften [*C 28*] wird bei der Prüfung mit einer Knoop-Diamant-

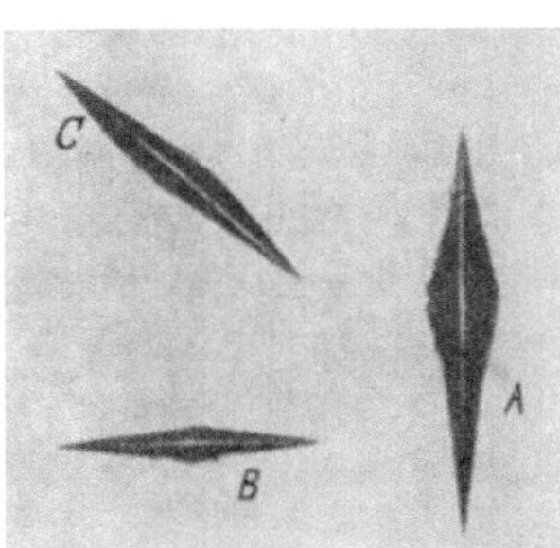

Abb. 10.1 Härteeindrücke auf der Prismenfläche (10$\bar{1}$0) eines Einkristalls aus Jodidtitan (Knoophärte 0,1 kp Belastung) [*G 17*].
Eindruck *A*: Lange Achse || zur *c*-Achse
Eindruck *B*: Lange Achse ⊥ zur *c*-Achse
Eindruck *C*: Lange Achse 45° zur *c*-Achse
Umschmelzhärte HB 30 : 64 kp/mm^2.

pyramide zusätzlich eine starke Richtungsabhängigkeit der Meßwerte verursacht, wie derartige Härteeindrücke auf der Prismenfläche eines Einkristalls (Abb. 10.1) und Meßwerte der Knoophärte auf verschiedenen Kristallflächen von Einkristallen in Tab. 10.1 zeigen [*G 17*]. Auf der

Tabelle 10.1. *Knoophärte*[1] *von Titan-Einkristallen* (HB 30 = 64 kp/mm²) [*G 17*]

Kristall	Kristallfläche		
	(0001)	(10$\bar{1}$0) Lange Achse des Prüfdiamanten ∥ *c*-Achse	(10$\bar{1}$0) Lange Achse des Prüfdiamanten ⊥ *c*-Achse
A	71,6	30,9	86,4
B	90,0	31,5	94,4
C	92,0	30,0	104,8

[1] 100 g Belastung

Basisebene wirkt sich eine Drehung des Diamanten auf den Meßwert nicht aus, dagegen treten auf den Prismenflächen Unterschiede bei Prüfung in verschiedenen Richtungen auf. Der niedrigste Meßwert wird bei der Prüfung parallel zur *c*-Achse, der höchste senkrecht zur *c*-Achse gefunden. Die kritische Schubspannung liegt bei Titan hoher Reinheit ebenfalls für die Basisebene höher als für die Prismen- oder Pyramiden-

Tabelle 10.2. *Mechanische Eigenschaften von Titan hoher Reinheit*

Eigenschaften	Literatur 1949 [*L 38*]	1950 [*J 12*]	1953 [*H 61a*]	1954 [*J 10*]	1960 [*R 5*]
Streckgrenze $\sigma_{0,2}$ [kp/mm²]	12,4	19,0	10,6	12,8	10,5
Zugfestigkeit σ_B [kp/mm²]	22,5	30,2	25,8	25,0	23,4
Dehnung [%]	55[1]	40[1]	72[2]	82[2]	55[1]
Einschnürung [%]	60	61	86	89	n.b.
Vickershärte	n.b.	105	83,4	n.b.	81
Herstellung	Jodidtitan				Elektrolyttitan
Verarbeitung	50% kaltgewalzt	umgeschmolzen/geschmiedet/kaltverarbeitet			umgeschmolzen/gewalzt
Wärmebehandlung	1/2 h 850°/Vakuum	2 h 850°/Argon			1/2 h 700°/Vakuum

[1] 1″ Meßlänge. [2] 1/2″ Meßlänge.

flächen $\{10\bar{1}0\}$ bzw. $\{10\bar{1}1\}$ (vgl. Tab. 6.1, S. 116) [*A 32, C 28, S 71b*]. Durch Messung der Richtungsabhängigkeit der Knoophärte kann deshalb eine Textur festgestellt werden [*W 38a, F 29a*]. Mit zunehmendem Sauerstoffgehalt nimmt die Knoophärte in den verschiedenen Richtungen fast gleichmäßig zu [*F 11k*].

Titan, das nach dem Jodidverfahren hergestellt wird, schwankt je nach Reinheit und Prüfmethode in der Härte zwischen 50 und über 90 kp/mm² [*C 4*]. Auch bei der technischen Herstellung nach dem Kroll-Verfahren oder durch elektrolytische Raffination ist es gelungen, Titan einer Umschmelzhärte von $\sim$60 kp/mm² herzustellen [*D 6, R 4, R 5, A 11*]. Durch Zonenschmelzen in einem sehr guten Vakuum kann die Härte von Titan ebenfalls vermindert werden [*R 94*].

Titan hoher Reinheit hat eine Zugfestigkeit von 20–30 kp/mm² bei sehr hoher Bruchdehnung und Brucheinschnürung (Tab. 10.2). Für Titan mit einer Härte von 50 kp/mm² ist eine Festigkeit von etwa 15 kp/mm² zu erwarten [*M 55c*]. An zonengeschmolzenem Titan hoher Reinheit wurde bei Raumtemperatur eine sehr niedrige Proportionalitätsgrenze von nur 2,1 kp/mm² ermittelt [*S 112*].

Während bei ersten Untersuchungen [*C 4, L 38, G 36*] die Eigenschaften an Jodidtitan (kaltverformt und geglüht) bestimmt wurden, erfolgten spätere Messungen an Jodidtitan, Schwammtitan oder Elektrolyttitan, das im Lichtbogenofen umgeschmolzen und anschließend verarbeitet worden war. Tab. 10.3 gibt die Gehalte der Beimengungen der Proben von Tab. 10.2 wieder. Ein Vergleich mit Tab. 10.2 zeigt, daß die niedrig-

Tabelle 10.3. *Ergebnisse der analytischen Untersuchung von Titan hoher Reinheit*
Angaben in Gew.-%. (n.b. = nicht oder unsicher bestimmt)

Element	Literatur			
	1950 [*J 12*]	1953 [*H 61a*]	1954 [*J 10*]	1960 [*R 5*]
Sauerstoff	<0,01	n.b.	0,025	0,021
Stickstoff	0,002	0,004–0,008	n.b.	0,004
Kohlenstoff	<0,03	n.b.	0,02	0,015
Wasserstoff	n.b.	0,0091	n.b.	n.b.
Eisen	<0,02	0,0035–0,025	n.b.	<0,005
Aluminium	<0,03	0,013 –0,015	n.b.	<0,04

sten Werte der Zugfestigkeit bei den geringsten Gehalten an Sauerstoff und Stickstoff und die niedrigsten Werte der Streckgrenze $\sigma_{0,2}$ bei den geringsten Gehalten an Eisen gefunden werden [*J 12, H 61a, J 10, R 5, R 4*].

Gefügeaufbau und Wärmebehandlung haben bei Titan hoher Reinheit nur einen geringen Einfluß auf die mechanischen Eigenschaften (Tab. 10.4). Durch Glühung im α-Gebiet wird eine geringe Abnahme von Härte, Zugfestigkeit und Streckgrenze mit wachsender Korngröße festgestellt, während Bruchdehnung und Brucheinschnürung erhöht werden. Nach rascher Abkühlung liegt die Streckgrenze und Zugfestigkeit etwas höher als nach langsamer Abkühlung [*H 61a, J 28f*]. Im Bereich eines Korndmr. (d) von etwa 0,25–100 μm nimmt die Vickershärte von etwa 220 kp/mm² auf etwa 100 kp/mm² entsprechend der Hall-Petch-Beziehung $HV = HV_0 + d^{-1/2}$ ab [*P 17, A 37a, H 78a, A 37b, R 77f*]. Dieselbe Abhängigkeit wurde auch für die Streckgrenze festgestellt [*J 28f, J 28d*]. Die Dauerfestigkeit σ_{zD} von Titan mit einer Festigkeit von 29,5 kp/mm² beträgt etwa 10 kp/mm² [*L 35*] (vgl. σ_{bW} Abb. 10.26, S. 242).

Tabelle 10.4.
Einfluß unterschiedlicher Wärmebehandlung auf die mechanischen Eigenschaften von Titan hoher Reinheit [*H 61a*]

Wärmebehandlung	Mittl. Korndurchmesser [mm]	HV5 [kp/mm²]	$\sigma_{0,2}$ [kp/mm²]	σ_B [kp/mm²]	$\delta_{1/2''}$ [1] [%]	ψ [%]
2 h 875°/Argonstrom	0,10	94,7	13,7	25,9	62	87
100 h 875°/Argonstrom	0,20–0,25	83,4	10,6	25,7	72	86,2
100 h 875°/Wasser	0,20–0,25	87,9	15,0	27,0	55	86,5
1 h 800°/Argonstrom	0,05	98,2	12,8	23,4	70	88,2
1 h 800°/Ofen	0,05	100,6	11,6	23,8	74	87,1
1 h 1000°/Wasser	0,20–0,30	94,5	18,7	28,6	58	86
1 h 1000°/Ofen	0,20	93,7	14,6	26,0	64	86

[1] Die hohe Bruchdehnung ist auf die geringe Meßlänge von 1/2″ zurückzuführen.

Oberhalb Raumtemperatur vermindert sich die Zugfestigkeit z.B. bei Titan mit einer Festigkeit von 24 kp/mm² bei 20 °C auf etwa 14 kp/mm² bei 200 °C. Die Bruchdehnung nimmt in diesem Temperaturbereich nur geringfügig zu. Im Temperaturgebiet zwischen 400 und 500 °C fällt die Bruchdehnung stärker ab und durchläuft bei etwa 500 °C ein Minimum [*S 157*] (vgl. Abb. 10.13, S. 231).

Die Festigkeit steigt mit fallender Temperatur an [*J 11, S23a, S 23c*]. Untersuchungen an zonengeschmolzenem Titan zeigten, daß bei tiefen Temperaturen das Formänderungsvermögen in erster Linie von den noch geringen Gehalten an Beimengungen abhängig ist. Im Temperaturbereich zwischen Raumtemperatur und −269 °C wurde z.B. bis −210 °C eine Zunahme und bei noch tieferen Temperaturen eine Abnahme des Formänderungsvermögens gefunden. Die Brucheinschnürung betrug bei −198 °C noch 93 %. Da die Verformung bei tiefen Temperaturen vorwiegend durch Zwillingsbildung erfolgt (vgl. Abb. 6.18–6.20), wird im Spannungs-Dehnungs-Diagramm dadurch im plastischen Bereich ein mehrmaliges Absinken der Last beobachtet [*R 93, R 94*]. Die Meßwerte der Zugfestigkeit werden mit zunehmender Verformungsgeschwindigkeit etwas erhöht. Abb. 10.2 und 10.3 geben den Einfluß der Prüftemperatur auf mechanische Eigenschaften von ungekerbten und gekerbten Proben für unterschiedliche Verformungsgeschwindigkeit wieder. Das Verhältnis von σ_{BK}/σ_B beträgt auch bei -196 °C >1 [*J 11*]. Die Kerbschlagzähigkeit von kleinen Proben nimmt mit der Korngröße zu und ändert sich zwischen $+20$ und -196 °C nicht [*J 10*].

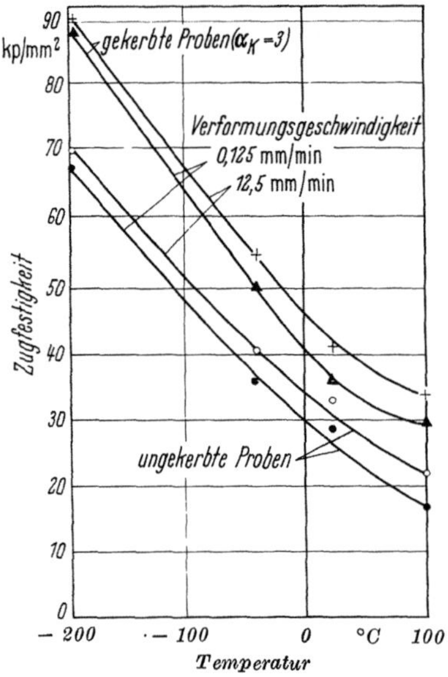

Abb. 10.2 Temperaturabhängigkeit der Zugfestigkeit von Jodidtitan bei unterschiedlicher Verformungsgeschwindigkeit im ungekerbten und gekerbten Zustand [*J 11, J 7*]

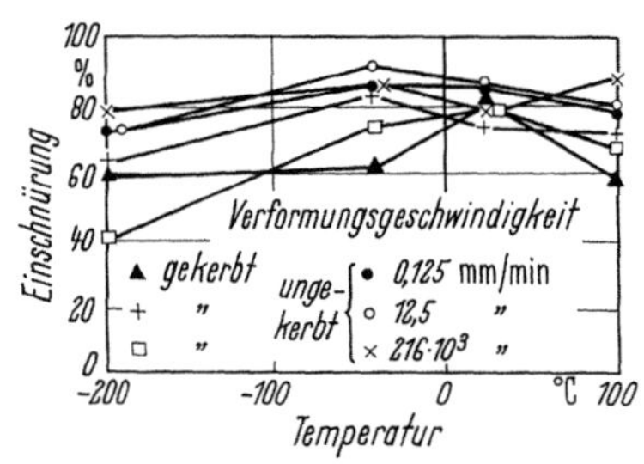

Abb. 10.3 Temperaturabhängigkeit der Brucheinschnürung von Jodidtitan bei unterschiedlicher Verformungsgeschwindigkeit [*J 11, J 7*].

Mit zunehmender Kaltverformung nehmen Härte, Streckgrenze und Zugfestigkeit zu. Nach einem Umformgrad von etwa 40 % ist die Festigkeit annähernd doppelt so hoch wie im weichgeglühten Zustand. Die Bruchdehnung sinkt dabei auf etwa 10 %. Bei höherem Umformgrad wird der Einfluß auf die mechanischen Eigenschaften vermindert [*C 4, R 4, A 11*]. Der Einfluß der Korngröße ist beim Umformen bei -196 °C gegenüber einem Umformen bei 20 °C größer [*B 72b*].

10.2 Einfluß von Beimengungen auf die mechanischen Eigenschaften von Titan

Die Festigkeit von Titan kann durch Gehalte an Beimengungen von Fremdelementen auf eine Zugfestigkeit, die etwa unlegiertem Stahl entspricht, erhöht werden [*K 71*]. Zu hohe Gehalte an Fremdelementen, hauptsächlich Sauerstoff, waren der Grund dafür, daß das Formänderungsvermögen stark vermindert wurde und Titan bis 1925 als nicht kaltumformbar gegolten hat (vgl. Kap. 1.1, S. 5). Erst die Kenntnis der Wirkung dieser Beimengungen auf die mechanischen Eigenschaften hat es ermöglicht, die technologischen Eigenschaften des Titans sicher zu beherrschen.

Die Beimengungen, die im Titan technischer Reinheit enthalten sind, bestehen teils aus Elementen, die als Einlagerungsmischkristall im Titan gelöst sind, teils aus solchen – und zwar vorwiegend metallischen Beimengungen –, die mit Titan Substitutionsmischkristalle bilden. Die ersteren haben den größten Einfluß auf die mechanischen Eigenschaften. Es sind die Elemente Sauerstoff, Stickstoff, Kohlenstoff und Wasserstoff. Sauerstoff und Stickstoff besitzen die höchste Löslichkeit dieser Elemente im α-Titan (vgl. Abb. 8.9 und 8.10, S. 162 und S. 163) und können demzufolge am stärksten die Zugfestigkeit erhöhen und das Formänderungsvermögen vermindern. Wasserstoff vermindert das Formänderungsvermögen durch die Bildung von Hydridplatten (vgl. Kap. 12.5, S. 356). Von den metallischen Beimengungen spielt Eisen im Titan eine wichtige Rolle. Sein Einfluß auf die mechanischen Eigenschaften tritt jedoch bei Gehalten von $<0{,}5\,\%$ gegenüber dem von Sauerstoff und Stickstoff zurück (vgl. Kap. 7, S. 141). Spuren von Beimengungen anderer metallischer Elemente haben keinen meßbaren Einfluß auf die mechanischen Eigenschaften.

10.2.1 Einfluß von Sauerstoff, Stickstoff, Kohlenstoff und Eisen auf die mechanischen Eigenschaften

Ausgehend von Titan hoher Reinheit wurde der Einfluß von Sauerstoff, Stickstoff und Kohlenstoff auf die mechanischen Eigenschaften von Titan bei Raumtemperatur eingehend geprüft (Abb. 10.4 und 10.5) [*J 10, F 21, J 12, R 5, G 68, O 19g, A 38a*]. Die Festigkeit wird mit steigendem Gehalt bei Stickstoff in stärkerem Maße als bei Sauerstoff erhöht unter gleichzeitiger Abnahme des Formänderungsvermögens. Die Bruchdehnung bei Raumtemperatur sinkt durch Gehalte oberhalb etwa 0,7 % O bzw. 0,5 % N auf niedrige Werte ab. Bei Kohlenstoff (Abb. 10.5) wird die Festigkeitssteigerung durch die geringe Löslichkeit von Kohlenstoff in α-Titan (vgl. Abb. 8.8, S. 161) begrenzt. Bezogen auf gleiche Gewichtsanteile wird durch Eisenzusatz etwa 1/3 der Härtesteigerung hervorgerufen wie durch Sauerstoff [*M 43*] (vgl. Abb 11.1, S. 250). Bei $TiO_{0,5}$ erfolgt der Bruch bei 20 °C auf der $\{12\bar{3}2\}$-, bei -173 °C auf der $\{12\bar{3}0\}$-Ebene [*F 11l*].

Die im Titan technischer Reinheit enthaltenen Gehalte an Sauerstoff und Stickstoff liegen zwischen $\approx 0{,}10$ und $\approx 0{,}30\,\%$ O und bei max. 0,05–0,07 % N (DIN 17850). Bis zu diesen Gehalten findet näherungsweise eine lineare Zunahme der Festigkeitseigenschaften statt [*O 15*]. Jeweils 0,01 % N, 0,02 % O oder 0,03 % C bewirken etwa die gleiche Änderung der mechanischen Eigenschaften. Die Wirkung dieser Beimengungen kann daher in Sauerstoffäquivalenten entsprechend Gl. (1) dargestellt werden:

$$2/3\,x\,\%\ \mathrm{C} + 2\,x\,\%\ \mathrm{N} + 1\,x\,\%\ \mathrm{O} = \text{Sauerstoffäquivalent.} \qquad (1)$$

Unter Benutzung dieses Zusammenhanges ergibt sich eine in Abb. 10.6 dargestellte Abhängigkeit von Zugfestigkeit, Streckgrenze, Härte und Einschnürung von dem äquivalenten Sauerstoffgehalt [*M 16*]. Statistische Untersuchungen ergaben einen Streubereich, der bei etwa 0,08 % O zu niedrigeren und bei 0,18 % O zu höheren Härtewerten tendiert [*K98a*].

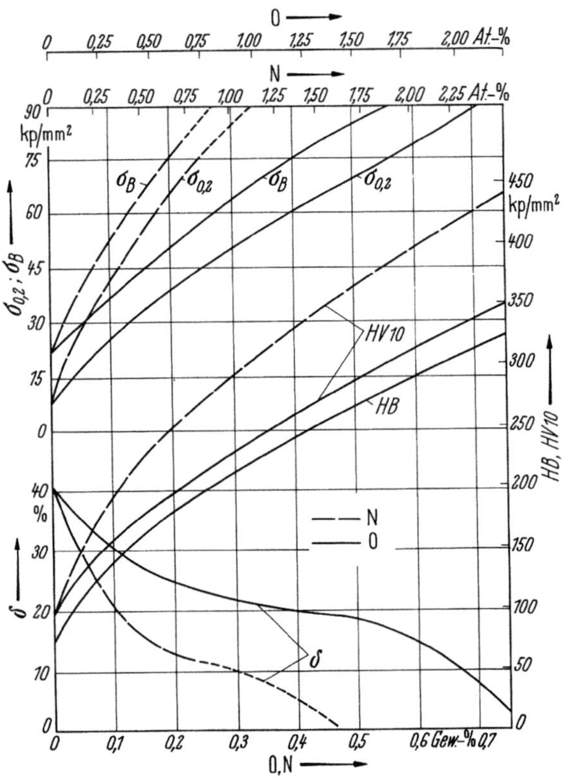

Abb. 10.4 Einfluß von Sauerstoff und Stickstoff auf die mechanischen Eigenschaften von Titan bei Raumtemperatur (Mittelwerte, 0-Wert extrapoliert) [*J 12*, *R 5*]. Brinellhärtewerte aus HV10-Werten umgerechnet [*T 16*].

Die einfachste Qualitätskontrolle zur Bestimmung des Gehaltes an Beimengungen ist die Härtemessung, aus der unter Zugrundelegung der unterschiedlichen Wirksamkeit der einzelnen Elemente der Gehalt an Sauerstoffäquivalenten bestimmt werden kann. Es wurde folgende Näherungsgleichung für den Zusammenhang zwischen Härte und Gehalt an Beimengungen ermittelt:

$$\mathrm{HB} = 45\sqrt{\%\,\mathrm{C}} + 158\sqrt{\%\,\mathrm{O}} + 196\sqrt{\%\,\mathrm{N}} + 20\sqrt{\%\,\mathrm{Fe}} + 57\,. \tag{2}$$

Die Härte für reinstes Titan von 57 kp/mm² ist jedoch zu hoch und extrapoliert sich bei Berechnung aus Mittelwerten in Abb. 10.6 auf etwa 45 kp/mm².

Die analytische Bestimmung des Sauerstoffs mit der erforderlichen Genauigkeit ist aufwendig und bei kleinen Gehalten schwierig, während

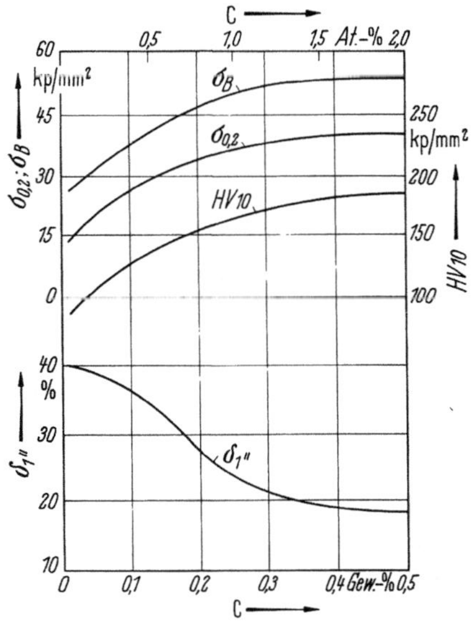

Abb. 10.5 Einfluß von Kohlenstoff auf die mechanischen Eigenschaften von Titan bei Raumtemperatur [*J 12, R 5*].

die Bestimmung der übrigen Beimengungen einfacher durchgeführt werden kann. Durch Härtemessungen ist es möglich, mit Hilfe der obigen Beziehungen Angaben über den Sauerstoffgehalt zu erhalten, wenn man die übrigen Gehalte an Beimengungen kennt.

Mit zunehmender Korngröße fallen bei sauerstoff- und/oder stickstoffhaltigem Titan Streckgrenze und Zugfestigkeit in ähnlicher Weise wie bei Titan hoher Reinheit (vgl. S. 216ff.) ab. Die Brucheinschnürung bleibt innerhalb der Gehalte technischer Titansorten annähernd konstant, bei höheren Gehalten, die jedoch keine technische Bedeutung haben, wird sie mit zunehmender Korngröße vermindert. Durch eine Glühung im Temperaturgebiet der β-Phase werden Festigkeit und Brucheinschnürung vermindert. Bei Titan-Kohlenstoff-Legierungen ist dagegen wegen der Löslichkeitsänderung des Kohlenstoffs im α-Titan mit steigender Glühtemperatur eine Härtesteigerung von etwa 20 Härteeinheiten abgeschreckter Proben durch Anlassen möglich [*J 10, O 16, O 15, J 28f*].

Streckgrenze und Fließspannung sind wie die kritische Schubspannung [*L 25c*] von Korngröße und -orientierung, Beimengungen, Temperatur und Beanspruchungsgeschwindigkeit abhängig. Bei dem Hauptgleitvorgang {10$\bar{1}$0} ⟨11$\bar{2}$0⟩ wird der thermische Anteil der Fließspannung (vgl. Abb. 6.7 und 6.8, S. 120) von den in Aktion tretenden Gleitebenen und vom Gehalt an Einlagerungselementen beeinflußt. Eine starke Abhängigkeit von $\sigma_{0,5}$ von der Beanspruchungsgeschwindigkeit wird bei Titan technischer Reinheit ($\sigma_{0,1} = 78$ kp/mm²) erst oberhalb Raumtemperatur gefunden [*O 21i*, *C 48a*, *C 48b*]. Bei Titanblech technischer Reinheit mit 0,35 % O und 0,34 % Fe wurde im Bereich zwischen einer

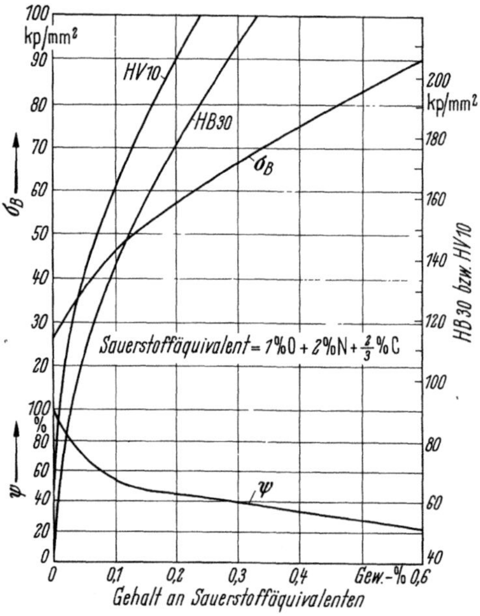

Abb. 10.6 Mittelwerte der mechanischen Eigenschaften von Titan bei Raumtemperatur in Abhängigkeit vom Gehalt an Sauerstoffäquivalenten [*M 16*].

Korngröße von 15–65 μm keine Veränderung von $\sigma_{1,0}$ (58,4 kp/mm²) dagegen bei $\sigma_{0,2}$ und $\sigma_{0,04}$ eine Verminderung von 56,1 auf 54,0 bzw. von 54,9 auf 51,4 kp/mm² mit zunehmender Korngröße beobachtet [*K 13d*].

Beimengungen können sich auch auf die Ausbildung der Streckgrenze auswirken. Bei hochreinem Jodidtitan wird keine ausgeprägte Streckgrenze gefunden. Titan technischer Reinheit mit ausreichend großem Korn zeigt bei Raumtemperatur meist ebenfalls keine ausgeprägte Streckgrenze, dagegen wird bei geringer Korngröße z.B. < 20 μm im weichgeglühten Zustand bei ausreichendem Gehalt an Beimengungen z.B. 0,1–0,3 % O und 0,1–0,3 % Fe ein deutlicher Streckgrenzeneffekt meist mit oberer und unterer Streckgrenze beobachtet [*R 70*, *W 11b*, *S 9h*, *J 28e*, *R 77f*, *T 29l*, *J 28f*]. Auch bei binären Titan-Stickstoff- [*J 10*] und -Kohlenstoff-Legierungen [*O 16*] bei Raumtemperatur wurden

Andeutungen einer Streckgrenze festgestellt. Ähnlich wie bei Stahl kann bei Titan technischer Reinheit mit ~0,09 % O, 0,08 % N und 0,1 % Fe bei einer Korngröße von etwa 25 μm nach einer Kaltverformung mit anschließender Auslagerung im Temperaturbereich zwischen 200 und 400 °C eine Reckalterung und die Bildung von Fließfiguren auftreten [*R 70*]. Bei Einkristallen aus Jodidtitan mit unterschiedlichem Gehalt an Sauerstoff und Stickstoff wurde bei 0,01 % O + N keine Streckgrenze beobachtet, dagegen zeigten Einkristalle mit 0,1 % O + N eine solche bei Raumtemperatur. Auch hier wurde an gereckten und bei 18 °C geglühten Proben eine Reckalterung gefunden [*C 30*].

10.3 Mechanische Eigenschaften und Normvorschriften von Titan technischer Reinheit

Für die technische Anwendung wird unlegiertes Titan mit steigender Festigkeit entsprechend einem zunehmenden Sauerstoffgehalt in verschiedene Gruppen eingeteilt. Chemische Zusammensetzung und mechanische Eigenschaften sind in Tab. 10.5 zusammengefaßt. Die Abgrenzung in diese Gruppen hat sich als zweckmäßig erwiesen, und ihre genormte Bezeichnung erfolgt in den verschiedenen Ländern meist nach Stoffnummern, die ebenfalls in Tab. 10.5 eingetragen sind.

Durch die verschiedenen Titansorten wird ein Festigkeitsbereich von 30–75 kp/mm² überdeckt. Im unteren Festigkeitsbereich weist das Titan ein hohes Formänderungsvermögen auf, das mit steigender Festigkeit abnimmt. Die in Tab. 10.5 angegebenen Werte von Bruchdehnung sind garantierte Mindestwerte, die von der Halbzeugform abhängen. Die Festigkeit kann sowohl durch höhere Sauerstoffgehalte allein, als auch durch Erhöhung der Gehalte sämtlicher Beimengungen erzielt werden. In diesem Fall liegt der Sauerstoffgehalt niedriger. Die Festigkeitssteigerung durch Sauerstoff allein wird bevorzugt, da Stickstoff zu einer zusätzlichen Verminderung des Formänderungsvermögens und Eisen zu einer stärkeren Korrosionsanfälligkeit führen kann. Als Sonderqualität für korrosionsbeständige Teile (vgl. Kap. 13.3, S. 401) wird Titan mit einem Palladiumgehalt von etwa 0,2 % Pd verwendet. Durch geringen Palladiumzusatz werden die mechanischen Eigenschaften des Titans kaum verändert [*M 70d*]. Der Wasserstoffgehalt wird durch das Lichtbogenschmelzverfahren im Vakuum auf Gehalte von etwa 0,001 % gesenkt (vgl. Kap. 2.3, S. 44). Bei der Weiterverarbeitung muß jedoch dafür Sorge getragen werden, daß der Wasserstoffgehalt nicht über die zulässige Toleranzgrenze gemäß Tab. 10.5 ansteigt. Sein Einfluß auf die Festigkeitseigenschaften ist gering, die Kerbschlagzähigkeit sinkt aber bei einem Wasserstoffgehalt von $>$ 200 ppm auf sehr niedrige Werte ab (vgl. Kap. 12.5, S. 356).

Tabelle 10.5. *Zusammensetzung, mechanische Eigenschaften und Normvorschriften*[1] *von Titan technischer Reinheit*

Be-zeich-nung	Zusammensetzung [Gew.-%] Fe max	C max	N max	O max	O etwa	H* max	Mechanische Eigenschaften ** Streckgrenze $\sigma_{0,2}$ [kp/mm²]	Zugfestigkeit σ_B [kp/mm²]	Bruchdehnung δ_5 [%]	Biegeradius 105° Biege-∢ a = Probendicke < 2 mm	2–5 mm	Land und vergleichbare internationale Normen
Ti99,8	0,20	0,08	0,05	(0,20)	0,10	0,013	18	30–42	30[2]	1 · *a*	1,5 · *a*	A.I.C.M.A.[7] Ti-P 01 und
–	0,20	0,08	0,05	–	0,10	0,013	18	30–42	25[3]	–	–	BRD: 3,7025[4]; 3,7024[5]; 230-1,68/I[6]
T 35	0,12	0,08	0,05	–	–	0,015	–	≦45	30	1,5 · *a*	(180°-Biege-∢)	Frankreich: Afnor[8] AIR 9182 T 35
	–	–	–	–	–	–	24	max. 47	25	1 · *a*	–	Großbritannien: DTD[9] 5013 A, 5033 A
(99,5)	0,20	0,10	0,05	(0,25)	–	0,015	21–38,5	28	22	1,5 · *a*	2,0 · *a*	USA: ASTM[10] Grade 1
Ti99,7	0,25	0,08	0,06	(0,25)	0,20	0,013	25	40–55	22[2]	1,5 · *a*	2,0 · *a*	A.I.C.M.A.[7]: Ti-P 02 und
–	0,25	0,08	0,06	–	0,20	0,013	25	40–55	20[3]			BRD: 3,7035[4]; 3,7034;[5] 230-1,68/II[6]
	–	–	–	–	–	–	30	40–55	28	1,5 · *a*	(180°-Biege-∢)	Frankreich: Afnor[8] AIR 9182: T 40
T 40	0,20	–	–	–	–	0,013	28	39–55	22	1 · *a*	(180°-Biege-∢)	Großbritannien: DTD[9] 5023 A
	0,15	0,04	0,13	0,15	–	0,010	25–45	35–49	30–45	–	–	Japan
(99,2)	0,20	0,10	0,05	0,25	–	0,015	28–45	35	20	1,5 · *a*	2,0 · *a*	USA: ASTM[10] Grade 2 AMS[11] 4902 A, 4941, 4942, 4951 A
	0,50	0,08	0,05	0,20	–	0,015	28–45	35	20	2 · *a*	2,5 · *a*	MIL-T 9046 F[12] Type I Comp. A
Ti99,6	0,30	0,10	0,06	(0,30)	0,25	0,013	33	47–60	18[2]	2 · *a*	2,5 · *a*	A.I.C.M.A.[7]: Ti-P 03
–	0,30	0,10	0,06	–	0,25	0,013	33	47–60	16[3]	–	–	BRD: 3,7055[4]; 230-1,68/III[6]
T 50	0,25	0,08	0,07	–	–	0,015	40	50–65	24	2 · *a*	(180°-Biege-∢)	Frankreich: Afnor[8] AIR 9182: T 50
	0,20	–	–	–	–	0,013	35	47–63	20	1 · *a*	(180°-Biege-∢)	Großbritannien: DTD[9]: 5003 A, 5023 A, 5073

	0,30	0,04	0,05	0,25	–	0,010	35–60	49–70	20–35	–	–	Japan
	–	–	–	–	–	–	38–50	45–60	25	–	–	UdSSR: VT 1–1
(99,0)	0,30	0,10	0,07	0,35	–	0,015	35–52	42	18	$2 \cdot a$	$2{,}5 \cdot a$	USA: ASTM[10] Grade 3
												AMS[11]: 4900 A, 4900 B, 4941
	0,50	0,08	0,05	0,30	–	0,015	38–56	45	18	$2 \cdot a$	$2{,}5 \cdot a$	MIL-T 9046 F[12] Type I Comp. C
Ti99,5	0,35	0,10	0,07	(0,40)	0,30	0,013	40	55–75	16[2]	$2{,}5 \cdot a$	$3{,}0 \cdot a$	A.I.C.M.A.[7]: Ti-P 04 und
–	0,35	0,10	0,07	–	0,30	0,013	40	55–75	15[3]	–	–	BRD: 3,7065[4]; 3,7064[5]; 230-1,68[6]
T 60	0,30	0,08	0,08	–	–	0,015	48	60–75	20	$2 \cdot a$	(180°-Biege-∢)	Frankreich: Afnor[8] AIR 9182: T 60
	0,20	–	–	–	–	0,013	47	63–79	15	$2 \cdot a$	(180°-Biege-∢)	Großbritannien: DTD[9]: 5063
	–	–	–	–	–	–	46–60	55–70	20	–	–	UdSSR: VT 1–2
(99,0)	0,50	0,15	0,07	0,45	–	0,015	49–67	56	15	$2 \cdot a$	$2{,}5 \cdot a$	USA: ASTM[10] Grade 4
												AMS[11]: 4901 B, 4901 C, 4921 A, 4921
	0,50	0,08	0,05	0,40	–	0,015	49–66	56	15	$2{,}5 \cdot a$	$3{,}0 \cdot a$	MIT-L-9046 F[12] Type I, Comp. B
	0,50	0,15	0,07	0,40	–	0,0125	49	56	15	–	–	MIL-T-9047 D[13] Type I

* Bei Blechen <2 mm Dicke und anderem Halbzeug <2 mm Durchmesser oder vergleichbarem Querschnitt sind Gehalte bis 0,015% H zulässig.

** Einzelwerte, wenn nicht anders angegeben Mindestwerte.

[1] Zahlreiche Spezifikationen sind getrennt für verschiedene Halbzeugformen aufgestellt. Die garantierten Festigkeitswerte sind dabei für gleiche Grundzusammensetzung meist identisch. Die Werte für Bruchdehnung und Brucheinschnürung weichen geringfügig voneinander ab.

[2] Garantiewerte für Bleche (Längs- und Querproben).

[3] Garantiewerte für Stäbe und Schmiedestücke (Querproben).

[4] Normen des Fachnormen-Ausschusses Nichteisenmetalle im DNA (DIN 17850, 17860, 17862–64 vom März 1970).

[5] Werkstoff-Leistungsblatt der deutschen Luftfahrt.

[6] Vorläufiges Werkstoffblatt 230 – 1.68 – Titan unlegiert – des Vereins der Techn. Überwachungsvereine (Januar 1968).

[7] Association International des Constructeurs de Material Aeronautic.

[8] Association Française de Normalisation.

[9] Ministry of Aviation. Director of Technical Development.

[10] American Society for Testing and Materials:
ASTM B 265 – 58T Sheet, strip and plate, titanium and titanium alloys.
ASTM B 348 – 59T Bars and billets, titanium and titanium alloys.
ASTM B 381 – 61T Forgings, titanium and titanium alloys.
ASTM B 337 – 58T Pipe-seamless and welded, unalloyed titanium.
ASTM B 338 – 61T Tubing-seamless and welded, unalloyed titanium.
ASTM B 338 – 64T Welded fittings, seamless and welded, unalloyed titanium.

[11] Aerospace (Aeronautical) Material Specifications. Society of Automotive Engineers.

[12] MIL-T-9046 F Military Specification. Titanium and Titanium Alloy Sheet, Strip and Plate.

[13] MIL-T-9047 D Military Specification. Titanium and Titanium Alloy Bars, Forgings and Forging Stock.

Die Abb. 10.7 und 10.8 geben den Einfluß einer Umformung durch Kaltwalzen auf die mechanischen Eigenschaften von Titan mit einer Ausgangszugfestigkeit von 29 bzw. 43 kp/mm² wieder. Die Zugfestigkeit wird bei dem Titan niedriger Ausgangsfestigkeit durch eine 80%ige Kaltverformung annähernd verdreifacht, bei dem Titan höherer Ausgangsfestig-

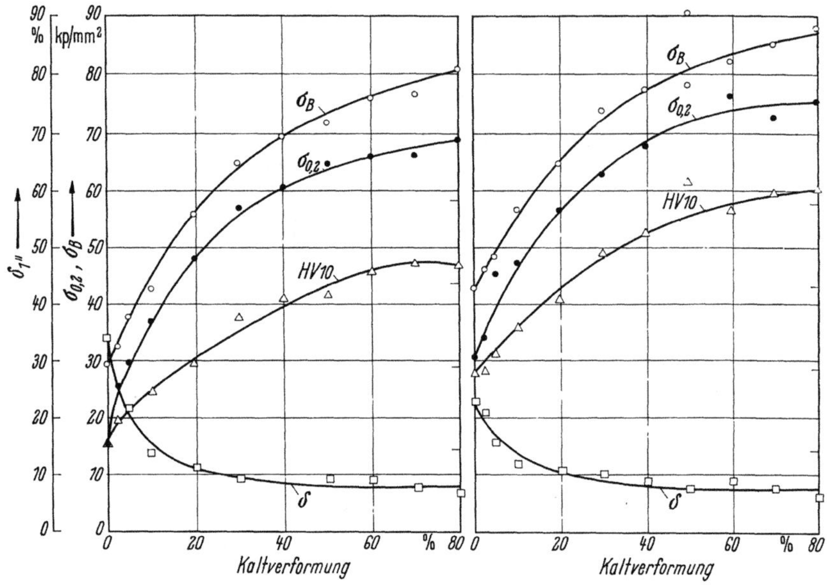

Abb. 10.7 und 10.8 Einfluß des Kaltwalzens auf die mechanischen Eigenschaften von weichgeglühtem Titanblech unterschiedlicher Festigkeit [*R 4*].
10.7 (links) Zugfestigkeit: 29 kp/mm²; 10.8 (rechts) Zugfestigkeit: 43 kp/mm².

keit etwa verdoppelt. Die stärkste Zunahme der Festigkeit tritt im Bereich bis etwa 40% Kaltverformung auf. Das Streckgrenzenverhältnis $\sigma_{0,2}/\sigma_B$ wird bei geringer Kaltverformung erhöht, bleibt anschließend über einen größeren Verformungsbereich annähernd konstant und fällt bei einer Verformung von über 40% wieder etwas ab [*C 4*, *R 4*]. Die Abnahme der Dehnung ist nicht gleichlaufend mit der Zunahme der Festigkeit. Nach einer Kaltverformung von etwa 40% ist die Vorzugslage der Walztextur eingestellt und die Bruchdehnung um etwa 75 bzw. 66% gegenüber dem geglühten Zustand verringert. Sie nimmt bei weiterer Verformung nur noch wenig ab, so daß auch nach 80% Kaltverformung die Bruchdehnung noch über 5% beträgt. Wie Abb. 10.9 zeigt, ist die Verfestigung auch durch Kaltziehen bei geringer Verformung besonders hoch, bleibt anschließend über einen größeren Bereich annähernd konstant, um bei einem Umformgrad von über 70% wieder stärker zuzunehmen. Während die Streckgrenze $\sigma_{0,2}$ bei geringer Verformung auch hier stärker ansteigt als die Zugfestigkeit, nimmt die Dehngrenze $\sigma_{0,01}$ mit steigendem Kaltziehgrad nur in geringem Ausmaß zu. Die Bruchdehnung und Brucheinschnürung wird durch Kaltziehen in etwa gleichem Maße wie beim Kaltwalzen vermindert. Die Änderung von weiteren technologischen Eigenschaften ist aus Abb. 10.10 ersichtlich [*P 25*,

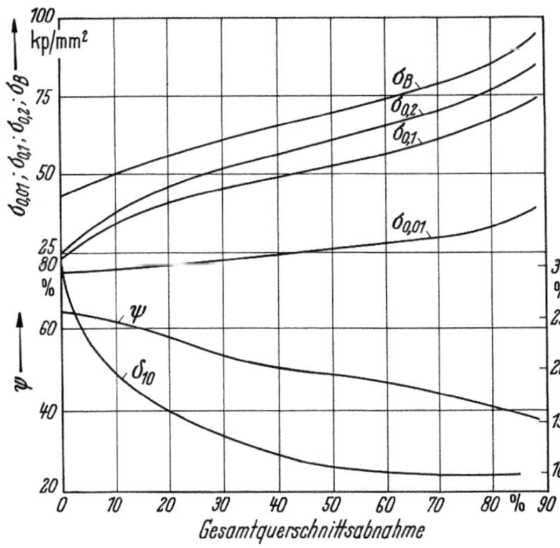

Abb. 10.9 Einfluß der Kaltverformung durch Ziehen auf die mechanischen Eigenschaften von Titan technischer Reinheit (weich geglüht σ_B = 42 kp/mm²) [*P 25*].

L 7a]. Der Elastizitätsmodul kann durch eine Kaltverformung verringert werden. Die Verminderung ist bei geringer Verformung am größten [*B 58b*] und dürfte durch die Anisotropie der Eigenspannungen (vgl. Kap. 4.6, S. 97) entstehen. Bei dünnen Blechen und Bändern zeigen sich die Vorzugslagen in der Abhängigkeit der Art der Rißbildung vom Winkel der Probennahme zur Walzrichtung [*W 16*] (vgl. Kap. 17, S. 484ff.).

Ein Weichglühen von Titan erfolgt im allgemeinen im Temperaturbereich zwischen 600 und 700 °C, wobei eine Erweichung nach Glühzeiten von 1 h für alle Umformgrade erreicht wird (vgl. Kap. 7, S. 138). Wie bei anderen Metallen kann auch bei Titan die Rekristallisationstemperatur mit steigendem Gehalt an Beimengungen erhöht werden [*R 4*]. In Abb. 10.11 sind isochrone Erweichungskurven für Titan mit verschiedener Kaltverformung wiedergegeben. Bei geringer Kaltverformung treten zwei Erweichungsstadien auf, wobei der erste Härteabfall (Erholung) mit keiner Gefügeänderung verknüpft ist. Er zeichnet sich röntgenographisch in einer Linienverschärfung ab. Die oberhalb 400 °C einsetzende Rekristallisation verursacht eine weitere Verminderung der Härte. Bei hohem Umformgrad werden diese zwei Stufen nicht beobachtet [*O 1, P 25*]. Die mit der Erholung und Rekristallisation einsetzende Härteabnahme hat eine entsprechende Verminderung von Streckgrenze und Zugfestigkeit zur Folge, während die Bruchdehnung und Brucheinschnürung ansteigen.

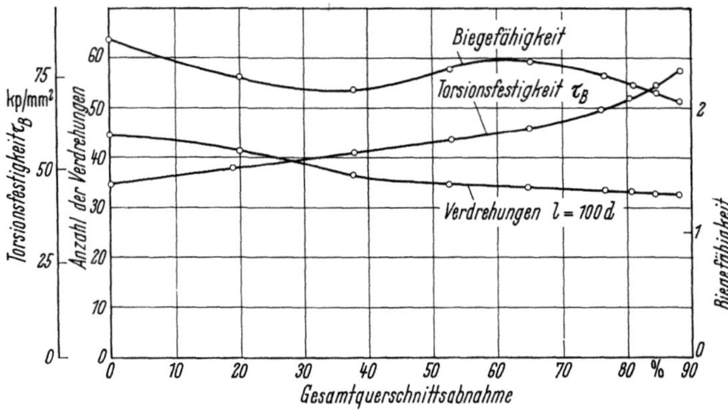

Abb. 10.10 Änderung der Verdrehzahl, der Biegefähigkeit und der Torsionsfestigkeit τ_B bei der Kaltverformung von Titan technischer Reinheit (wie Abb. 10.9, HV 30 = 150 kp/mm² [*P 25*]). (Für die Biegefähigkeit B_f gilt die Beziehung $B_f = 10\ B_z/B^2{}_{qd}$; B_z = Biegezahl, $B_{qd} = 2R/d + 0{,}05d + 1{,}65$ mit R = Biegeradius und d = Durchmesser).

In Abb. 10.12 sind für drei Glühzeiten und Temperaturen zwischen 300 und 950 °C mechanische Eigenschaften und das Streckgrenzenverhältnis für verschieden stark kaltverformtes Titan (Ausgangsfestigkeit σ_B = 45 kp/mm²) wiedergegeben. Der Bereich der Entfestigung wird mit zunehmender Kaltverformung zu kürzeren Zeiten und niedrigeren Tem-

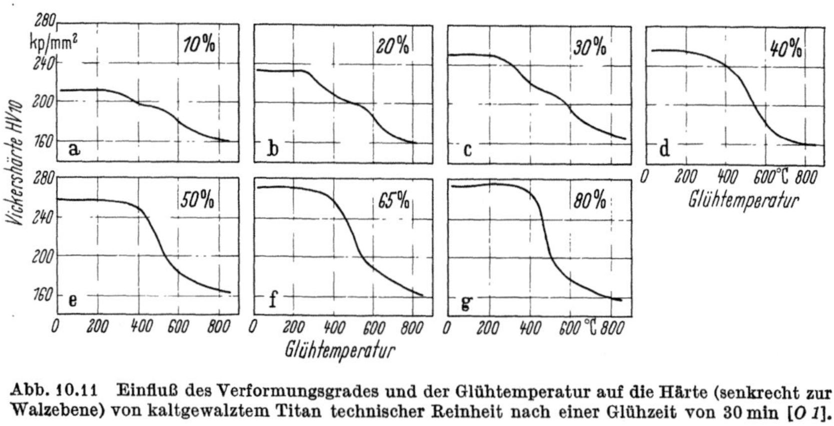

Abb. 10.11 Einfluß des Verformungsgrades und der Glühtemperatur auf die Härte (senkrecht zur Walzebene) von kaltgewalztem Titan technischer Reinheit nach einer Glühzeit von 30 min [*O 1*].

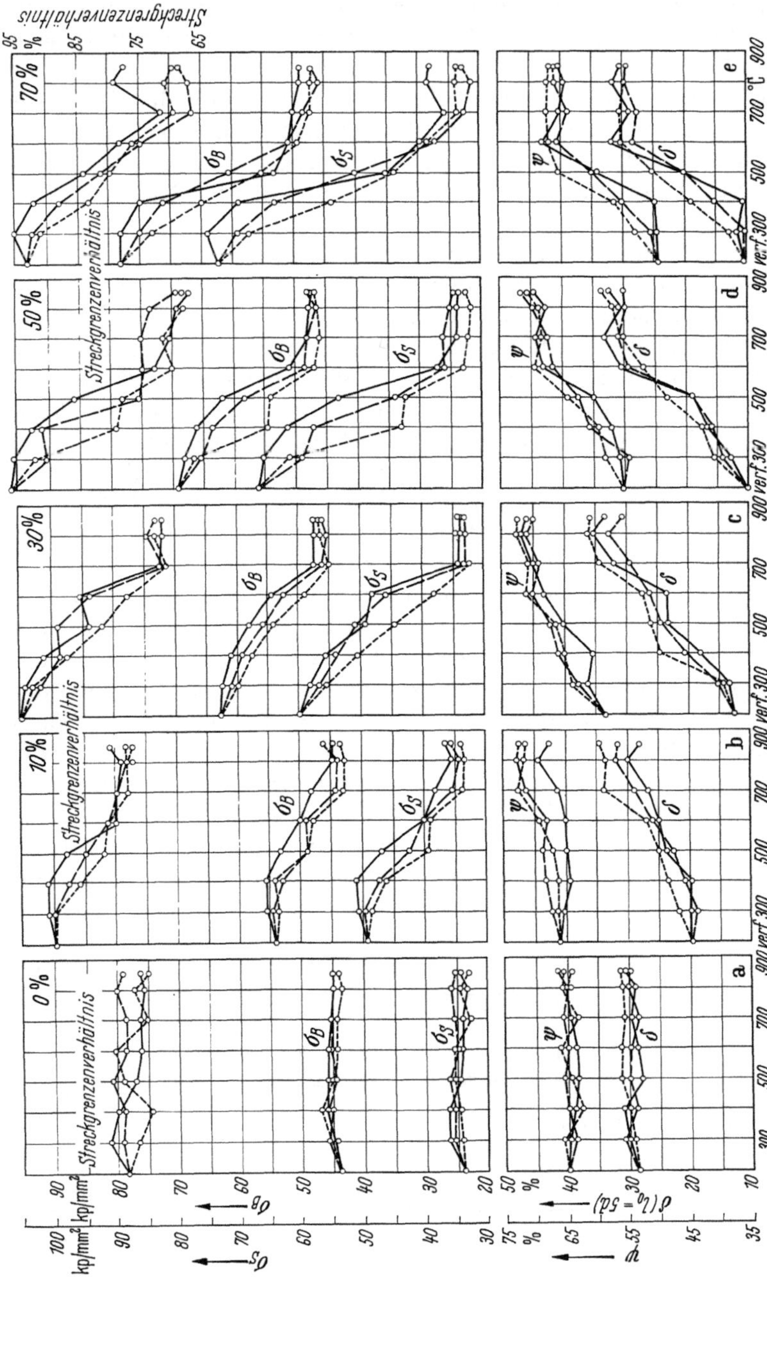

Abb. 10.12 Einfluß von Glühdauer und Glühtemperatur auf mechanische Eigenschaften von durch Ziehen kaltverformtem Titan technischer Reinheit. Glühdauer: —— 5 min, --- 30 min, — — — 120 min, (Verformungsgrad: 0, 10, 30, 50 und 70%) [*B 112*].

peraturen verschoben. Wie zusätzliche Messungen zeigten, erfolgt nach einer Kaltumformung von 70% die Rekristallisation bei 500 °C nach einer Glühdauer von 16 h in etwa demselben Ausmaß wie nach einer Rekristallisation von 5 min bei 700 °C. Bei 400 °C wird die Festigkeit des weichgeglühten Zustandes jedoch auch nach 200 h noch nicht erreicht [*K 26a*, *B 112*]. Mit zunehmender Korngröße nimmt die Streckgrenze und Zugfestigkeit um so mehr ab, je höher die Gehalte an Beimengungen sind [*J 9*, *J 10*, *O 15*, *B 112*, *K 13d*].

Eine Verminderung der Gleichmaßdehnung tritt oberhalb einer Korngröße von etwa 0,04 mm auf. Sie wird mit einer bevorzugten Neigung zur Zwillingsbildung in Zusammenhang gebracht. Aus diesem Grunde hat sich für die Verarbeitung von Titan, z.B. durch Tiefziehen, eine Korngröße von unter 40 μm als zweckmäßig erwiesen [*B 54*]. Da eine Glühung im β-Gebiet zu einem grobkörnigen Umwandlungsgefüge führt, verursacht eine derartige Glühung ebenfalls bei der Bruchdehnung und Brucheinschnürung eine Verminderung, die mit dem Gehalt an Beimengungen zunimmt [*R 85*, *M 95*] (vgl. Abb. 9.2 bis 9.5, S. 211).

Bleche zeigen bei niedrigen Gehalten an Beimengungen nur eine geringe Richtungsabhängigkeit der Festigkeitseigenschaften in der Walzebene. Die Richtungsabhängigkeit nimmt mit der Festigkeit und dem Umformgrad zu. Sie ist in erster Linie auf die sich bei der Verformung einstellenden Vorzugslagen (vgl. Kap. 6.2, S. 126ff.) zurückzuführen. Zum Beispiel wurde in der 45°-Richtung zur Walzrichtung ein Minimum der Zugfestigkeit mit 47,6 kp/mm² gegenüber etwa 51,5 kp/mm² in Walzrichtung bzw. 90° zur Walzrichtung gefunden. Das Streckgrenzenverhältnis zeigte maximale Werte in der 60°- und 90°-Richtung. Der E-Modul stieg von 10100 auf 12460 kp/mm² von der Walzrichtung zur 90°-Richtung an [*L 5a*]. Die Anisotropie der elastischen Eigenschaften beträgt bei Titan technischer Reinheit in Blechebene (90% Umformgrad) etwa 10% und sinkt durch Rekristallisation oberhalb 650 °C auf etwa 5% ab [*Z 1*] (vgl. Kap. 17, S. 484ff.).

Zwischen −196 und 20 °C nimmt die Richtungsabhängigkeit der plastischen Verformung im Zugversuch bei Proben aus Titanplatten mit

Tabelle 10.6. *Einfluß einer Neutronenbestrahlung* (5×10^{19} *Neutronen/cm²*) *auf die mechanischen Eigenschaften von Titan technischer Reinheit* [*M 11*]

Prüftemperatur [°C]	$\sigma_{0,2}$ [kp/mm²] ohne Bestrahlung	$\sigma_{0,2}$ [kp/mm²] mit Bestrahlung	σ_B [kp/mm²] ohne Bestrahlung	σ_B [kp/mm²] mit Bestrahlung	δ [%] ohne Bestrahlung	δ [%] mit Bestrahlung
−195	n.b.	n.b.	106	116	n.b.	n.b.
− 78	71	76,5	75	79	10,6	4,8
20	56	62	58,5	64,5	10,4	8,3
200	26	32,5	37	38,5	9,4	8,4

0,14% O, 0,01% N und 0,16% Fe stark zu, während bis 700 °C keine Änderung dieser Anisotropie mehr erfolgt [*L 34a*] (vgl. Kap. 17, S. 484ff.). Bei höheren Eisengehalten sind zeilenförmige Ausscheidungen von durch Eisen stabilisiertem β-Titan häufig zusätzlich für die Anisotropie der mechanischen Eigenschaften verantwortlich [*I 8b*].

Wie Tab. 10.6 zeigt, werden durch eine Neutronenbestrahlung Streckgrenze und Zugfestigkeit erhöht, die Dehnung vermindert. Während die relative Erhöhung der Streckgrenze durch die Neutronenbestrahlung mit der Prüftemperatur zunimmt, werden die Erhöhung der Zugfestigkeit und Verminderung der Dehnung geringer [*M 12, M 11*].

10.4 Temperaturabhängigkeit der mechanischen Eigenschaften

In Abb. 10.13 ist die Temperaturabhängigkeit mechanischer Eigenschaften von Jodidtitan, von Titan technischer Reinheit und von Titan-Sauerstoff-Legierungen einander gegenübergestellt (vgl. Abb. 10.2, S. 218). Die Festigkeit vermindert sich insbesondere zwischen Raumtemperatur

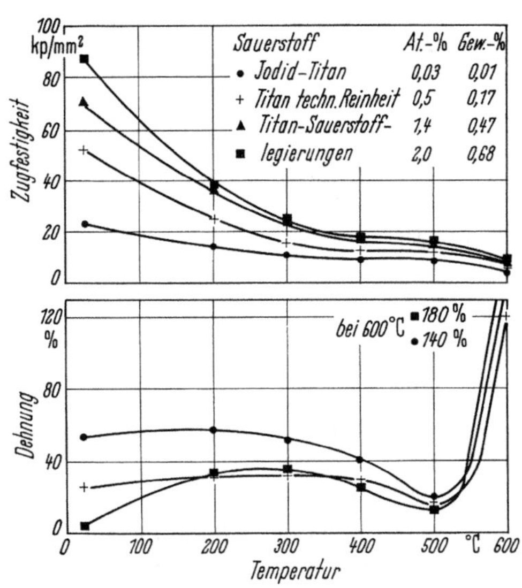

Abb. 10.13 Einfluß von Sauerstoff auf die Temperaturabhängigkeit der Zugfestigkeit und Dehnung von Titan (Verformungsgeschwindigkeit: 1,5 %/min) [*S 157*].

und 350 °C um so stärker, je höher die Zugfestigkeit bei Raumtemperatur ist. Die durch die Einlagerungselemente bewirkte Festigkeitserhöhung tritt somit mit zunehmender Temperatur zurück. Im Bereich zwischen 350 und 500 °C ist die Abnahme der Festigkeit, unabhängig vom Gehalt an Einlagerungsatomen, geringer als bei niedrigeren oder höheren Temperaturen [*S 157, B 58b, G 0b*]. Die Bruchdehnung nimmt bis etwa 250 °C etwas zu und zeigt ein Minimum bei 500 °C [*S 157*], das mit abnehmender Verformungsgeschwindigkeit stärker wird und einen größeren Temperaturbereich umfaßt als mit zunehmender Verformungsgeschwindigkeit [*K 26a, M 90*]. Porenbildung wird insbesondere durch die plastische Verformung zwischen 150 °C und 450 °C beobachtet [*W 69*].

Unterhalb Raumtemperatur steigt die Festigkeit von Titan um so stärker an, je geringer der Gehalt an Beimengungen ist und kann bei −196 °C mehr als den doppelten Wert gegenüber der Festigkeit bei Raumtemperatur erreichen (vgl. Abb. 10.2, S. 218 und Tab. 10.7). Die Bruchdehnung bei tiefen Temperaturen ist ebenfalls abhängig vom Gehalt an Fremdelementen. Während bei Titan hoher Reinheit meist eine Zunahme der Werte der Bruchdehnung und Brucheinschnürung mit sinkender Temperatur festgestellt wird, werden sie bei Titan technischer Reinheit mit einem Gehalt von $>0,2\,\%$ an Fremdelementen, wie Tab. 10.7 zeigt, mit fallender Temperatur vermindert. Bei grobkörnigem Werkstoff (Korndurchmesser bis 1 mm) und 0,25 % O enthaltendem Titan wird bei tiefen Temperaturen eine Rißbildung beobachtet, die von Mikrorissen, die sich an Zwillingen bilden, ausgeht [*A 28a*].

Durch Kerben mit zunehmender Kerbschärfe kann die Kerbzugfestigkeit mit sinkender Temperatur bis −196 °C erhöht werden [*G 6, G 7*]. Sie sinkt aber erst (wie Tab. 10.7 zeigt) bei −268 °C unter die Festigkeit von ungekerbten Proben ab [*C 24, C 24a*]. Untersuchungen über die Verfestigung von Titan im Temperaturbereich zwischen −196 °C und +100 °C haben ergeben, daß diese bei geringer Verformung temperaturunabhängig ist und bei starker Verformung mit sinkender Temperatur zunimmt [*G 7*].

Die Änderung des Wertes der Streckgrenze ($\sigma_{0,2}$) mit steigender Verformungsgeschwindigkeit (z. B. 0,05–50 mm/min) ist temperaturabhängig. Bei Proben, die in Walzrichtung aus Titanplatten ($\sigma_{0,2}$ 0,5 mm/min, 27 °C = 37 kp/mm^2) entnommen wurden, betrug die Zunahme etwa 10 % bei −196 °C, etwa 25 % bei 27 °C und etwa 90 % bei 200 °C. Oberhalb 200 °C ging der Einfluß der Verformungsgeschwindigkeit auf etwa 20 % Zunahme des Wertes von $\sigma_{0,2}$ zurück, um dann wieder auf über 100 % bei etwa 500 °C anzusteigen. Das Minimum bei etwa 400 °C liegt im Temperaturbereich eines Maximums der inneren Reibung (vgl. Kap. 4.6, S. 101) der Einlagerungselemente Sauerstoff, Stickstoff und Kohlenstoff [*M 89d*]. Auch bei kleineren Dehngrenzen ($\sigma_{0,05}$) wurde bei Titan technischer Reinheit ($\sigma_{0,1}$ = 78 kp/mm^2) bei 200 °C und oberhalb 400 °C eine starke Abhängigkeit von der Verformungsgeschwindigkeit gefunden [*O 21i*]. Bei einem Titan mit 0,14 % O und 0,16 % Fe war die Differenz zwischen σ_5 und $\sigma_{0,5}$ bei 20 und 450 °C am größten [*S 9n*]. Im Temperaturbereich von über 525 °C wird bei Titan technischer Reinheit mit Korngrößen zwischen 0,8 und 18 μm keine zusätzliche Verfestigung

Tabelle 10.7. *Mechanische Eigenschaften von Titan, geschmiedet, geglüht (650°C/Luft), bei tiefen Temperaturen [K 84b, C 24 (Werte in Klammer)]*

Sauerstoffäquivalent [%]	Prüftemperatur [°C]	$\sigma_{0,2}$ [kp/mm²]	σ_B [kp/mm²]	δ_5 [%]	ψ [%]	$\frac{\sigma_B\,(-196\,°C)}{\sigma_B(RT)}$	$\frac{\sigma_B \text{ gekerbt}}{\sigma_B \text{ ungekerbt}}$
0,05	20	25	32	41	82	–	–
	– 80	36	46	58	84	1,4	–
	–196	43	72	68	75	2,2	–
0,10	20	29	38	36	75	–	–
	– 80	40	56	46	77	1,5	–
	–196	53	83	48	66	2,2	–
0,18	20	40	53	27	59	–	–
	– 80	52	68	30	68	1,3	–
	–196	77	103	46	62	1,9	–
0,23	20	48 (47,4)	60 (59,2)	26 (26)	61	–	(1,35)
	– 80	60 (62,8)	72 (76,6)	18 (25)	53	1,2	(1,19)
	–196	82 (95,6)	97 (107)	19 (18)	20	1,6	(1,05)
	(–268)	(121)	(131)	(7,9)			(0,68)
0,32	20	50	65	25	59	–	–
	– 80	77	84	20	54	1,3	–
	–196	107	112	23	62	1,7	–

durch diese Zunahme der Verformungsgeschwindigkeit mehr beobachtet [*J 28c*] (vgl. Abb. 10.17, S. 236).

Eine Verminderung der Verformungsgeschwindigkeit von 0,5 auf 0,05 mm/min macht sich bei Titan technischer Reinheit bei 450–600 °C und unter 130 °C in einer stärkeren Verminderung der Spannung im Span-

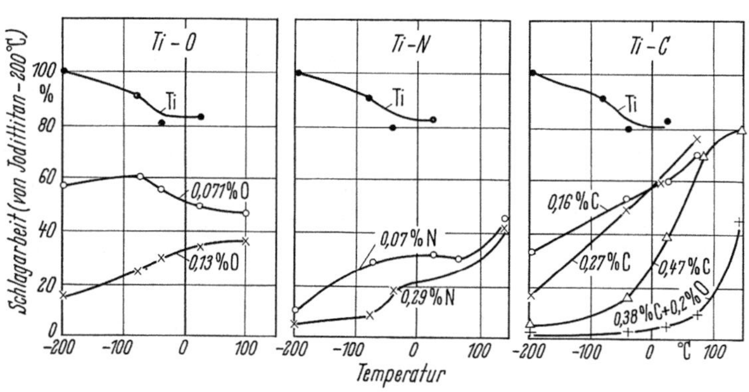

Abb. 10.14 Temperaturabhängigkeit der Kerbschlagzähigkeit von Jodidtitan (Ti) und von Jodidtitan mit verschiedenen Gehalten an Einlagerungselementen (Korndurchmesser: 0,01–0,05 mm) [*O 15, J 10*].

nungs-Dehnungs-Schaubild bemerkbar als bei 130–450 °C und bei 700 °C [*O 21i, M 89d*]. Ein Absinken der Spannung nach einer vorgegebenen Verformung tritt bei 25 °C bei um so niedrigerer Spannung für die Verformung ein, je kleiner das Korn ist [*S 9o*]. Durch wechselndes Absenken und Erhöhen der Spannung im Fließbereich kann die Verfestigung abgeschätzt werden. Sie nimmt mit zunehmender Korngröße bei Titan mit 0,03 % O ab [*S 10a*]. Die Rückfederung verformter Proben nimmt zwischen 250 °C und Raumtemperatur um etwa 80 % zu [*T 29e*].

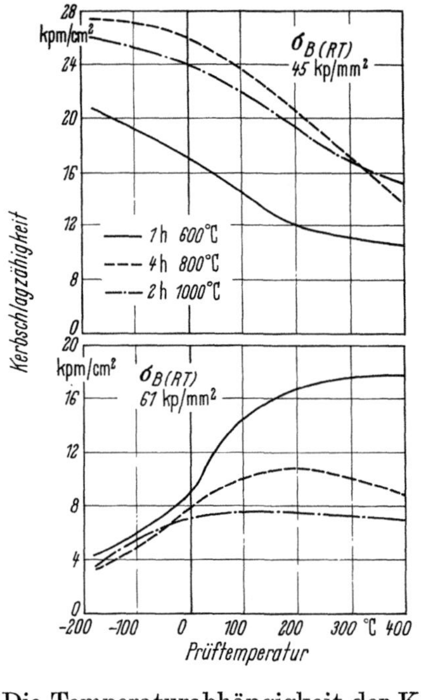

Abb. 10.15 und Abb. 10.16 Temperaturabhängigkeit der Kerbschlagzähigkeit von Titan technischer Reinheit, verschiedener Festigkeit und Wärmebehandlung [*R 86*]. Abb. 10.15 (oben) $\sigma_B = 45$ kp/mm², $\sigma_{0,2} = 36$ kp/mm²; Abb. 10.16 (unten) $\sigma_B = 61$ kp/mm², $\sigma_{0,2} = 55$ kp/mm².

Die Temperaturabhängigkeit der Kerbschlagzähigkeit wird insbesondere durch Gehalte an Wasserstoff (vgl. Kap. 12.5, S. 359) beeinflußt. Titan hoher Reinheit besitzt bei Raumtemperatur eine Kerbschlagzähigkeit von > 20 kpm/cm² (DVM-Probe), die mit fallender Temperatur ansteigt [*O 15, R 86*]. Mit zunehmendem Gehalt an Beimengungen nimmt die Kerbschlagzähigkeit mit fallender Temperatur ab. Abb. 10.14 zeigt die Temperaturabhängigkeit der Kerbschlagzähigkeit bei Stickstoff-, Sauerstoff- und Kohlenstoffzusatz. Die Verminderung ist stetig, ohne scharfen Übergang von einer Hoch- zu einer Tieflage und bei Stickstoffzusatz am größten [*J 10, O 15, O 16*].

Bei Titan mit höheren Gehalten an Beimengungen nimmt die Kerbschlagzähigkeit mit zunehmender Korngröße ab. Abb. 10.15 und 10.16 zeigen die Temperaturabhängigkeit von zwei Titansorten technischer

Reinheit unterschiedlicher Festigkeit nach verschiedener Wärmebehandlung. Bei dem Titan niedriger Festigkeit und niedrigem Sauerstoff- und Eisengehalt liegt im ganzen untersuchten Temperaturbereich die Kerbschlagzähigkeit des grobkörnigen Gefüges (800- und 1000-°C-Glühung) über der Kerbschlagzähigkeit des feinkörnigen Gefüges und steigt mit sinkender Temperatur an. Bei dem Titan höherer Festigkeit und höherem Sauerstoff- und Eisengehalt wird neben einer Abnahme mit fallender Temperatur auch eine Verminderung der Kerbschlagzähigkeit durch die Kornvergröberung, insbesondere bei erhöhter Temperatur beobachtet [*R 86*]. Nach fünfjähriger Lagerung wurde bei grobkörnigem Titan eine Verminderung der Kerbschlagzähigkeit festgestellt, die wahrscheinlich durch Hydridbildung verursacht wurde [*L 45a*] (vgl. Kap. 12.5, S. 355ff.).

10.5 Kriechverhalten

Unlegiertes Titan verformt sich unter Langzeitbeanspruchung durch Kriechvorgänge. In der Temperaturabhängigkeit des Kriechverhaltens zeigen sich verschiedene Abschnitte. Unterhalb 200 °C kann die Beanspruchung für eine bestimmte Kriechgeschwindigkeit abnehmen und unter 18 °C wieder ansteigen [*S 103a*], da sich bei 18 °C die kritische Schubspannung stark verändert (vgl. Abb. 6.7 und 6.8, S. 120). Zwischen Raumtemperatur und etwa 150 °C ist eine starke Zeitabhängigkeit der Dehngrenzen (Abb. 10.17), im Temperaturbereich zwischen 200 und 350 °C über einen längeren Zeitraum ein annähernd zeitunabhängiges, bei höheren Temperaturen dagegen wieder ein zeitabhängiges Kriechverhalten zu beobachten [*C 77a, L 57*].

Bei Raumtemperatur kann schon bei Spannungen von weniger als 50% der Streckgrenze insbesondere bei Titan hoher Reinheit Kriechen auftreten [*A 13*]. Nach einer mit steigender Spannung zunehmenden plastischen Verformung (Übergangskriechen) schließt sich ein Bereich mit abnehmender Kriechgeschwindigkeit (stationäres oder sekundäres Kriechen) an. Kurz vor Eintreten des Bruches nimmt die Kriechgeschwindigkeit infolge der Einschnürung wieder zu [*L 57*]. Im Temperaturgebiet zwischen Raumtemperatur und 350 °C wurde im Verlauf der Zeitdehnkurven von Titan technischer Reinheit, insbesondere bei niedriger Spannung, das Auftreten eines Maximums der Kriechgeschwindigkeit beobachtet. Dieses Maximum wurde bei konstanter Spannung mit steigender Prüftemperatur, bei konstanter Prüftemperatur mit steigender Spannung zu kürzeren Zeiten verschoben. Abb. 10.18 und 10.19 zeigen Zeitdehnkurven bei 150 °C für Titan verschiedener Festigkeit. Bei den bei Titan höherer Festigkeit bei niedriger Spannung aufgenommenen Kriechkurven (Abb. 10.19) wird zunächst nur geringes Kriechen beobachtet. Dann folgt ein Bereich bei dem die Kriechgeschwindigkeit ein Maximum durchläuft und schließlich ein Bereich mit sehr kleiner, teilweise nicht mehr meßbarer Kriechgeschwindigkeit. Die im zweiten Bereich auftretende bleibende Verformung wird durch zunehmenden Gehalt an Sauerstoff und anderer Beimengungen vergrößert, wie der

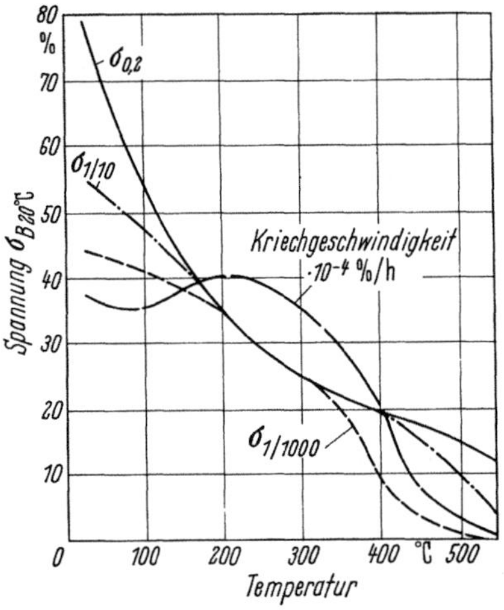

Abb. 10.17 Temperaturabhängigkeit von Kriechgeschwindigkeit und Dehngrenzen in % $\sigma_{B\ 20°C}$ bei Titanblech technischer Reinheit (σ_B = 46 kp/mm²) [*C 77a*].

Vergleich mit Abb. 10.18 zeigt [*K 46*]. Die Besonderheit des Kriechverhaltens von Titan in diesem Temperatur- und Spannungsbereich wird auf die Diffusion der Einlagerungselemente und deren Wechselwirkung mit Versetzungen zurückgeführt [*S 45, G 68, S 103a*].

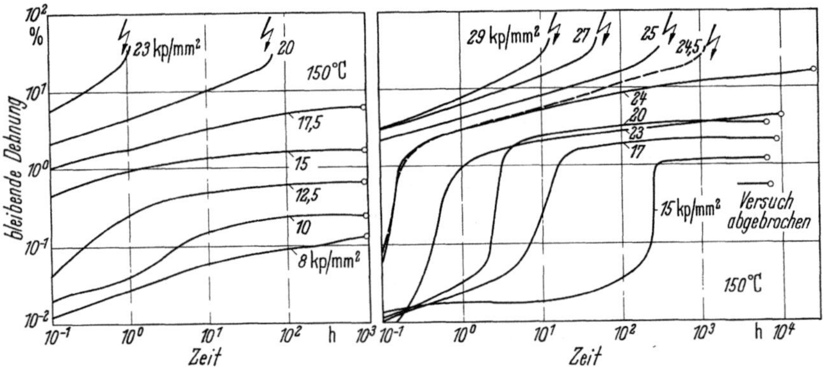

Abb. 10.18 und 10.19 Zeitdehnkurven von Titan technischer Reinheit verschiedener Festigkeit bei 150 °C [*K 46, K 47*].
Abb. 10.18 (links) σ_B = 43 kp/mm²; Abb. 10.19 (rechts) σ_B = 60 kp/mm².

Bei Temperaturen zwischen 200 und 300 °C wird nach einer mit steigender Spannung zunehmenden Anfangsdehnung ein Bereich mit abnehmender Kriechgeschwindigkeit gefunden. Das Spannungsintervall, zwischen dem der Bruch entweder sofort nach der Belastung einsetzt

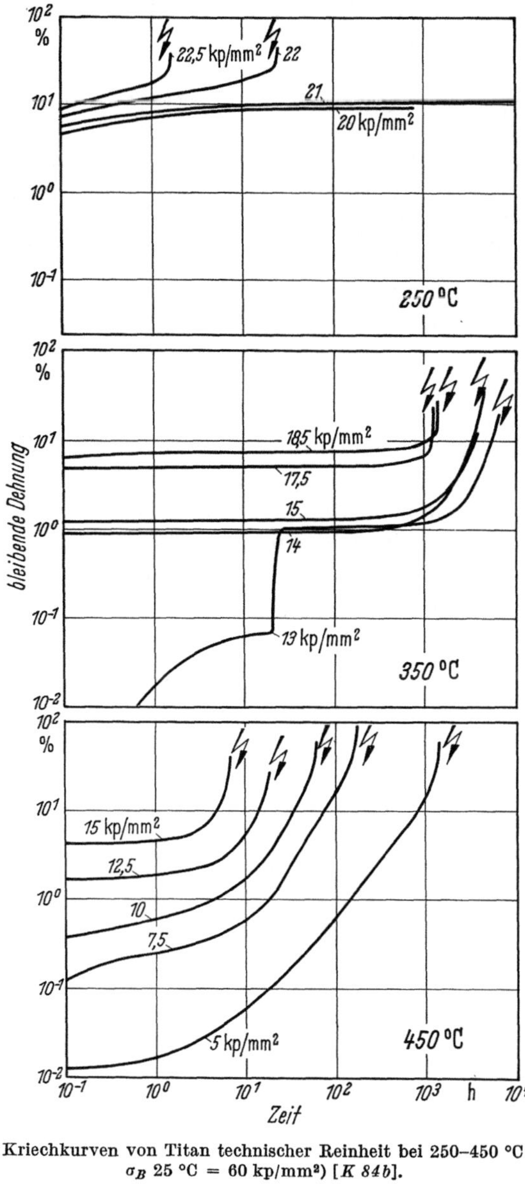

Abb. 10.20 Kriechkurven von Titan technischer Reinheit bei 250–450 °C (Rundproben, σ_B 25 °C = 60 kp/mm²) [*K 84b*].

bzw. in dem zunächst nach der Anfangsdehnung keine zusätzliche Kriechdehnung auftritt, ist sehr gering. So ist z.B. Titan technischer Reinheit ($\sigma_B = 60$ kp/mm²) bei einer Spannung von 22,5 kp/mm² bei 250 °C nach 10 h gebrochen, während bei einer Spannung von 21 kp/mm² nach einer Anfangsdehnung von 10% sich auch nach 500 h die Dehnung noch nicht merkbar geändert hat [*K 84b*] (Abb. 10.20). Für die Beanspruchung bei Temperaturen oberhalb 400 °C findet man dagegen wieder ein stark

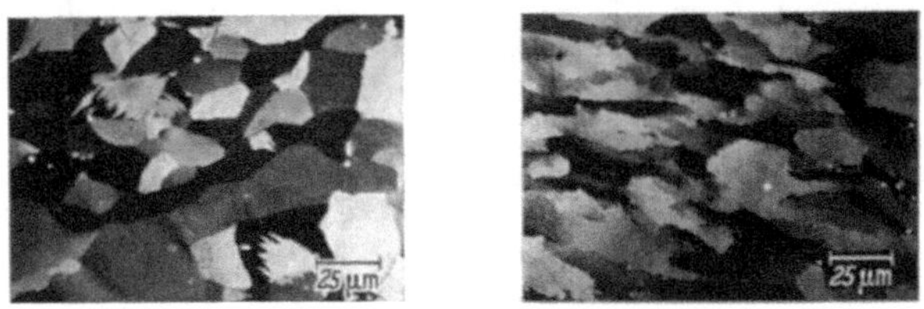

Abb. 10.21 a u. b Gefüge von Zeitstandproben aus Titan technischer Reinheit ($\sigma_B = 60$ kp/mm²) in Bruchnähe (links: Gleitung und Zwillingsbildung 150 °C, 25,5 kp/mm², 1087 h, $\delta = 35\%$, $\psi = 67\%$; rechts: Rekristallisation 450 °C, 7,5 kp/mm², 195 h, $\delta = 93\%$, $\psi = 97\%$) [*K 47*].

zeitabhängiges Kriechen. Die für die verschiedenen Temperaturbereiche festgestellte unterschiedliche Kriechgeschwindigkeit führt zu der in Abb. 10.17 wiedergegebenen Abhängigkeit der Kriechgeschwindigkeit von der Prüftemperatur [*C 77a, L 57, K 26a, A 14*].

Der Übergang vom Tieftemperaturkriechen zum Hochtemperaturkriechen liegt zwischen 300 und 400 °C. Bei 350 °C aufgenommene Kriechkurven (Abb. 10.20) können deshalb meist nach zunächst abnehmender Kriechgeschwindigkeit nach etwa 20 h wieder eine Zunahme des Kriechens zeigen. Zunehmende Erholung und Rekristallisation der

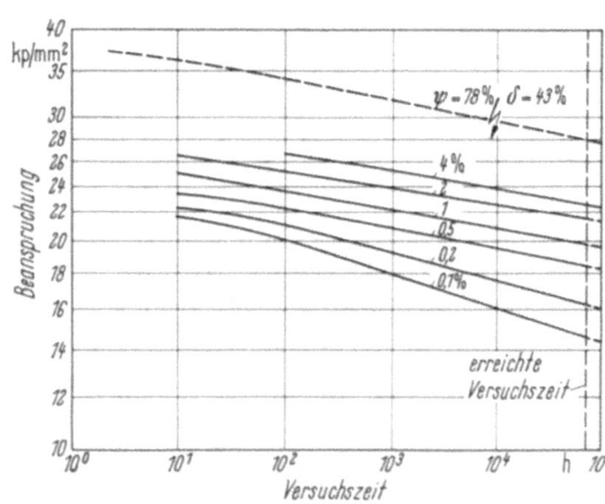

Abb. 10.22 Zeitstandfestigkeit und Zeitdehngrenzen von Titan technischer Reinheit bei Raumtemperatur (stranggepreßt, 1 h 650 °C, $\sigma_B = 39$ kp/mm², $\delta = 40\%$, $\psi = 70\%$, $\alpha_K = 15{,}5$ cm kp/mm², HB 30/2,5 = 128 kp/mm² [*Z 8a*]).

sich verformenden Kristallite verursachen eine Zunahme der Kriechgeschwindigkeit. Eine bei 150 °C bei einer Spannung von 24,5 kp/mm² geprüfte Probe, die nach einer Versuchdauer von 1087 h gebrochen war, zeigt lediglich eine Streckung der Körner und teilweise Zwillingsbildung (Abb. 10.21 a). Im Gegensatz dazu wird bei 450 °C eine beginnende Kornneubildung (Abb. 10.21 b) während des Zeitstandversuches gefunden. In diesem Temperaturbereich wird ebenfalls eine höhere Einschnürung gemessen als im Bereich des Tieftemperaturkriechens [*K 46*]. Die durch Kriechvorgänge erfolgte plastische Verformung kann durch eine mit der Zeit abnehmende Rückdehnung nach der Entlastung teilweise wieder aufgehoben werden. Bei Drähten aus Titan technischer Reinheit tritt Rückdehnung bereits bei Temperaturen zwischen −50 und +50 °C auf [*K 0c*].

Abb. 10.22 zeigt die Zeitbruchlinie und Zeitdehngrenzen bei Raumtemperatur von Titan technischer Reinheit mit einer Zugfestigkeit von 39 kp/mm². Im Bereich der Streckgrenze ($\sigma_{0,2}$) entsprechend 75% der Zugfestigkeit ist nach 10000 h mit einem Bruch zu rechnen. Die Spannung für die Dehngrenze $\sigma_{0,1/1000}$ liegt bei etwa 50% und die für die Dehngrenze $\sigma_{0,1/10\,000}$ bei etwa 40% der Zugfestigkeit [*Z 8a, M 70a*]. Bei Titan mit einer Festigkeit von 60 kp/mm² wurde die Dehngrenze $\sigma_{0,1/10\,000}$ bei einer Spannung von 25 kp/mm² bestimmt [*I 2, L 57*]. Der Übergang vom Tieftemperaturkriechen zum Hochtemperaturkriechen wurde bei Untersuchungen im Temperaturbereich zwischen 370 und 760 °C (Versuchszeiten unter 1000 h) durch einen Knick in den Zeitbruchlinien festgestellt [*C 84*].

In Abb. 10.23 sind Zeitbruchlinien zwischen 24 und 450 °C für Titan mit einer Zugfestigkeit von 56 und 60 kp/mm² wiedergegeben. Ihr Verlauf ist von der Temperatur abhängig. Bei Prüfungen unter 100 °C zeigt sich eine starke Abnahme der Zeitstandfestigkeit mit zunehmender Prüfdauer, zwischen 150 und 250 °C ein über längere Zeiten annähernd zeitunabhängiger Verlauf, bei 350 °C ab 1000 h verminderte Zeitstandfestigkeit infolge einsetzender Erholung und Rekristallisation, die bei 450 °C nach kürzeren Zeiten beginnt. Aus dem Verlauf der Zeitstandkurven ergibt sich die in Abb. 10.24 wiedergegebene Temperaturabhängigkeit der Zeitstandfestigkeit für verschiedene Bruchzeiten. Im Bereich von 250 °C liegt die Warmstreckgrenze unter $\sigma_{B/20\,000}$ [*K 46, K 42b*].

Der Einfluß von Beimengungen auf das Verhalten bei Langzeitbeanspruchung ist im Bereich des Tieftemperaturkriechens bei gleicher Korngröße analog dem bei Kurzzeitbeanspruchung. Die Zeitstandfestigkeit steigt annähernd linear mit der Festigkeit an. Das Verhältnis $\sigma_{B/1000}:\sigma_B$ vermindert sich. Zwischen 100 und 200 °C wird eine größere Streuung der Meßwerte beobachtet als bei Raumtemperatur, jedoch bleibt die durch den Sauerstoff bewirkte Festigkeitserhöhung in diesem

Temperaturbereich auch im Langzeitversuch erhalten. Bei Temperaturen oberhalb 400 °C vermindert sich die Wirkung des Sauerstoffs auf die Zeitstandfestigkeit [*L 57*]. Durch die Gefügeausbildung wird das Zeitstandverhalten von Titan technischer Reinheit ebenfalls beeinflußt. Mit

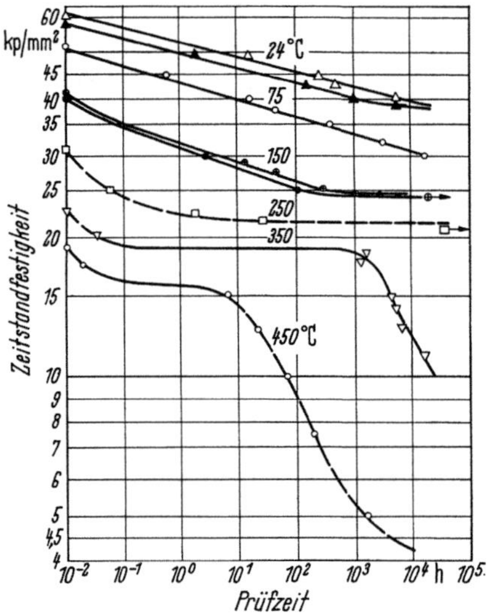

Abb. 10.23 Zeitstandfestigkeit von Rundproben aus Titan technischer Reinheit $\sigma_B = 56$ (volle Zeichen) und 60 kp/mm² [*K 47, K 42b*].

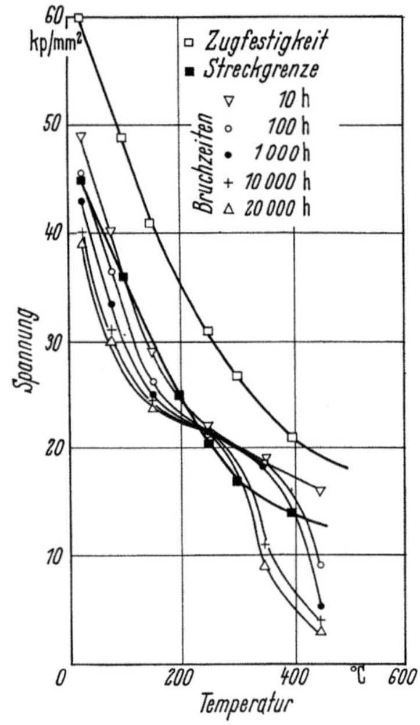

Abb. 10.24 Zeitstandfestigkeit von Titan technischer Reinheit (Zugfestigkeit 60 kp/mm²) [*K 42b*].

steigender polygonaler α-Korngröße vermindert sich die Zeitstandfestigkeit zwischen 20 und 300 °C, während sie durch ein Umwandlungsgefüge erhöht wird. Dieses Verhalten ist für die Bewertung von Schweißnähten (vgl. Kap. 19.4.1, S. 521 ff.) unter Langzeitbeanspruchung wichtig [*K 46*].

Durch eine Kaltverformung wird die Zeitstandfestigkeit unterhalb der Temperatur der beginnenden Rekristallisation erhöht [*K 26a*]. So kann z.B. die Zeitstandfestigkeit $\sigma_{B/1000}$ durch eine vorhergehende 64%ige Kaltverformung bei 150 °C um über 100% ansteigen. Der Anstieg geht mit zunehmender Prüftemperatur stark zurück. Bei längeren Prüfzeiten und erhöhter Temperatur ist durch eine beginnende Erholung und Rekristallisation mit einer stärkeren Abnahme der Zeitstandfestigkeit zu rechnen [*B 56, B 58b*], da durch die angelegte Spannung die Rekristallisationstemperatur des verformten Titans noch weiter vermindert wird [*L 55*].

Die Warmfestigkeit der hexagonalen α-Phase liegt über der Warmfestigkeit der kubischen β-Phase, wie aus Abb. 10.25 hervorgeht, in der die Temperaturabhängigkeit der Zeitstandfestigkeit für 0,1 h für beide Modifikationen wiedergegeben ist. Messungen der Warmhärte ergeben ebenfalls eine höhere Festigkeit der α-Phase [*C 25, L 55*]. Auch sauerstoffhaltiges Titan zeigt eine höhere Festigkeit und besseres Kriechverhalten in der α-Phase als in der β-Phase [*R 46*].

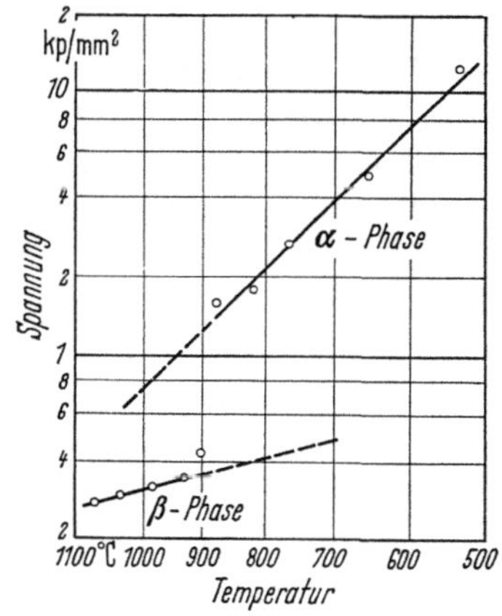

Abb. 10.25 Temperaturabhängigkeit der $\sigma_{B/0,1}$-Zeitstandfestigkeit für α- und β-Jodidtitan [*L 55*].

In dem Temperaturbereich in dem die Kriechgeschwindigkeit z.B. von 10^{-4}/h (Abb. 10.17, S. 236) über der Warmstreckgrenze liegt, liefert

Tabelle 10.8. *Vorläufiger Berechnungskennwert für Titan technischer Reinheit in kp/mm² [V 1f]*

Werkstoff Nr. BRD	20 °C		75 °C		150 °C		200 °C		250 °C	
	10^4 h	10^5 h	10^4 h	10^5 h	10^4 h	10^5 h	10^4 h	10^5 h	10^4 h	10^5 h
3,7035	25	22	20	17	17	15	16	14	12	11
3,7055	30	26	23	20	18,5	17	17	16	14	13
3,7065	33	29	25	22	20	18	18,5	17	16	14

nicht die Kriechgeschwindigkeit, sondern die Anfangsdehnung (z.B. σ_1) meist die maßgebenden Spannungswerte für die zulässige Beanspruchung von Bauteilen. Für den Druckbehälterbau wurden z.B. die in Tab. 10.8 wiedergegebenen Berechnungsgrundlagen für Temperaturen von 20 bis 250 °C vorgeschlagen [*V 1f*].

10.6 Dauerfestigkeit von Titan technischer Reinheit

Das Verhältnis der Dauerfestigkeit (Zug-Druck-Versuch) zur Zugfestigkeit (σ_{zdW}/σ_B) ist bei Titan technischer Reinheit wesentlich größer als bei Titan hoher Reinheit (vgl. S. 217 und Abb. 10.26), und beim Umlaufbiegeversuch (σ_{bW}) bei Raumtemperatur von ungekerbten Proben wurden für σ_{bW}/σ_B Werte zwischen 0,45 und 0,85 gefunden. Dieser Streubereich ist darauf zurückzuführen, daß die Dauerfestigkeit durch Gehalte

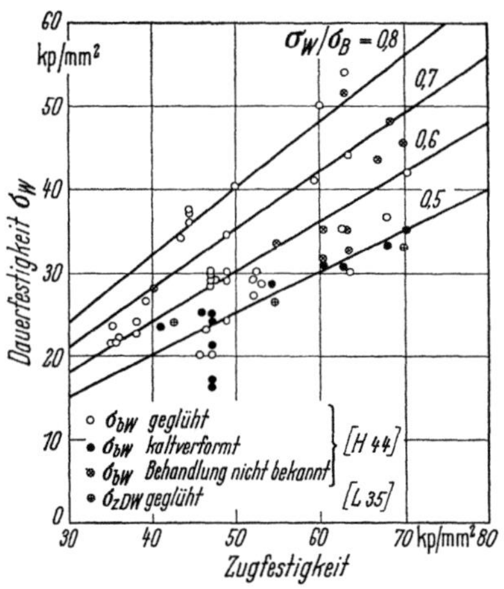

Abb. 10.26 Abhängigkeit der Dauerfestigkeit von Titan bei Raumtemperatur von der Zugfestigkeit (Rundproben).

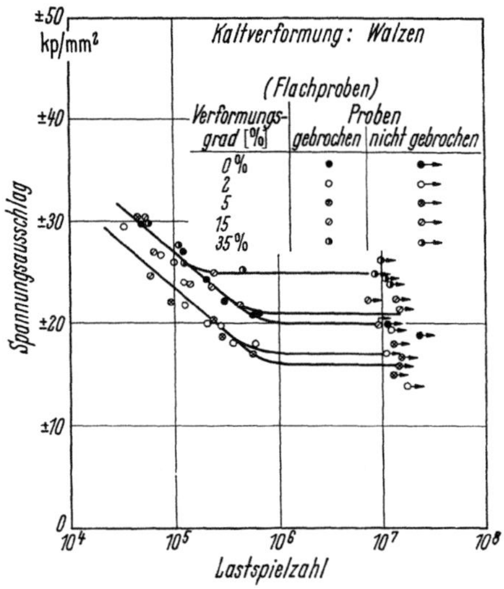

Abb. 10.27 Einfluß einer Kaltverformung auf die Dauerfestigkeit elektrolytisch polierter Proben bei Flachbiegebeanspruchung (Zugfestigkeit im geglühten Zustand 47 kp/mm²) [H 44].

und Art der Beimengungen, durch die Probenoberfläche, Prüfmethode und Wärmebehandlung beeinflußt wird. Einen Überblick über das Ausmaß der Streuung bei der Prüfung verschiedenartiger Proben gibt Abb. 10.26 wieder. Bei geglühten Proben mit einer Festigkeit zwischen 35 und 70 kp/mm² wurden Werte für die Dauerfestigkeit zwischen $\pm$ 20 und $\pm$ 54 kp/mm² gemessen. Bei kaltverformten Proben liegt das Verhältnis σ_{bW}/σ_B meist an der unteren Grenze des Streubereiches, d.h., daß nach einer genügend hohen Kaltverformung die statischen Festigkeitswerte stark, die Dauerfestigkeitswerte dagegen nur wenig ansteigen. Aus diesem Grunde ergibt sich ein kleiner Verhältniswert für σ_{bW}/σ_B. Gemäß Abb. 10.27 wird nach geringer Kaltverformung eine Verminderung, bei höherer Verformung dagegen wieder ein Anstieg der Dauerfestigkeit gefunden [*W 27, H 4, B 56, H 44, R 75a*]. Die Verminderung ist bei grobkörnigem Werkstoff stärker als bei feinkörnigem [*T 29m*] und kann durch den thermischen Anteil der Fließspannung [*M 105a*] und durch Zwillingsbildung [*O 35*] erklärt werden.

Für verschiedene Beanspruchungsarten wurden teilweise übereinstimmende Werte der Dauerfestigkeit gemessen [*H 44*]. Die im Zug-Druck-Versuch ermittelte Dauerfestigkeit lag unter den Werten der Flach- und Umlaufbiegung [*H 4*]. Beim Verdrehversuch sind Werte von 56–70 % von σ_{bW} gemessen worden [*R 86, H 44*]. Bei hoher Prüffrequenz macht sich die geringe Wärmeleitfähigkeit des Titans bemerkbar. So zeigen Vergleichsversuche, daß die Dauerfestigkeit bei gekühlten Proben um etwa 7 kp/mm² höher liegen kann als ohne Kühlung [*R 63, W 27*]. Flachproben zeigen meist in Walzrichtung eine kürzere Lebensdauer als senkrecht zur Walzrichtung. Ein Einfluß der Prüffrequenz (2500 und 9000/min) auf die Dauerfestigkeit wurde nicht festgestellt [*W 32, H 44*] dagegen auf die Bildung von Gleitbändern und den Rißbeginn [*M 105b*].

Die Oberflächenbearbeitung wirkt sich sehr auf die Dauerfestigkeit aus. Die wahre Dauerfestigkeit wird am ehesten bei einer elektrolytisch polierten Oberfläche gefunden. Durch eine mechanische Bearbeitung kann die Dauerfestigkeit sowohl erhöht als auch vermindert werden, je nachdem, ob die Bearbeitung mehr eine verfestigende Wirkung oder mehr eine Kerbwirkung verursacht. Abb. 10.28 gibt Ergebnisse für Titan

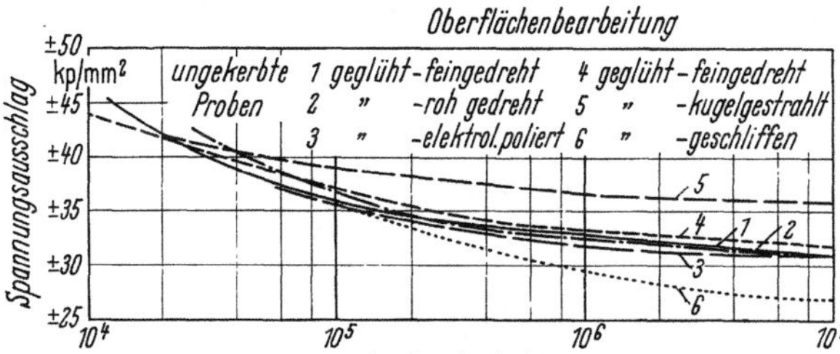

Abb. 10.28 **Einfluß der Oberflächenbearbeitung auf die Biegewechselfestigkeit σ_{bW} von Titan technischer Reinheit (σ_B = 63 kp/mm²) [*T 10*].**

technischer Reinheit ($\sigma_B = 63$ kp/mm²) mit unterschiedlicher Oberflächenbearbeitung wieder. Der niedrigste Wert der Dauerfestigkeit wird an Proben mit überschliffener Oberfläche gefunden, was auf eine Wirkung von Mikrokerben zurückzuführen ist. Durch eine Oberflächenverfestigung, z.B. Kugelstrahlen, wird die Dauerfestigkeit erhöht, während bei elektrolytisch polierter und feingedrehter Oberfläche annähernd dieselben Werte festgestellt werden. Offenbar gleichen sich hier Kerbwirkung und Verfestigung weitgehend aus [*T 10*]. Bei geschliffenen Proben, z.B. Flachbiegeproben, können sogar 10–20% höhere Dauerfestigkeitswerte als bei elektrolytisch polierten Proben gefunden werden. Der Einfluß der Oberflächenverfestigung überwiegt demnach dann, wenn auftretende Schleifriefen günstig zur Beanspruchungsrichtung liegen [*H 44*]. Eine Verformung vermindert bei TiO0,3 die Dauerfestigkeit [*O 35a*].

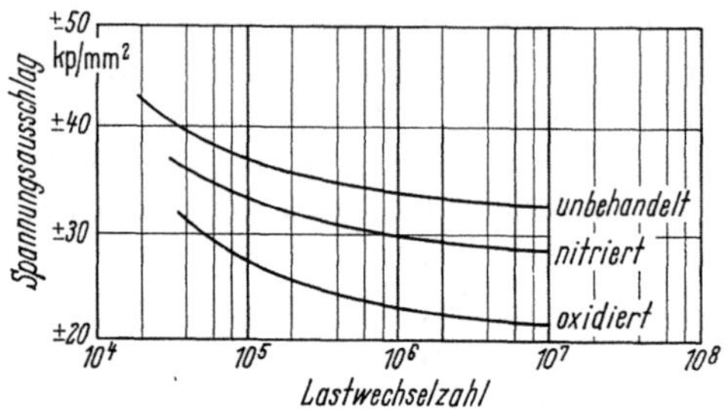

Abb. 10.29 Einfluß der Oberflächenbehandlung auf die Biegewechselfestigkeit σ_{bW} von Titan technischer Reinheit (σ_B = 63 kp/mm²) [*T 10*].

Durch Aufbringen von Oxid- oder Nitridschichten wird die Dauerfestigkeit von Titan im Gegensatz zu Stahl vermindert. Eine Oberflächenhärtung durch gelöste Fremdatome hat demnach gegenüber mechanischer Verfestigung der Oberfläche eine entgegengesetzte Wirkung (Abb. 10.29) [*T* 10] (vgl. Abb. 18.3, S. 494).

Die Dauerfestigkeit fällt mit zunehmender Kerbschärfe (Formzahl α_k, siehe S. 319) ab [*S 119*]. In Abb. 10.30 sind Wöhlerlinien von Titan

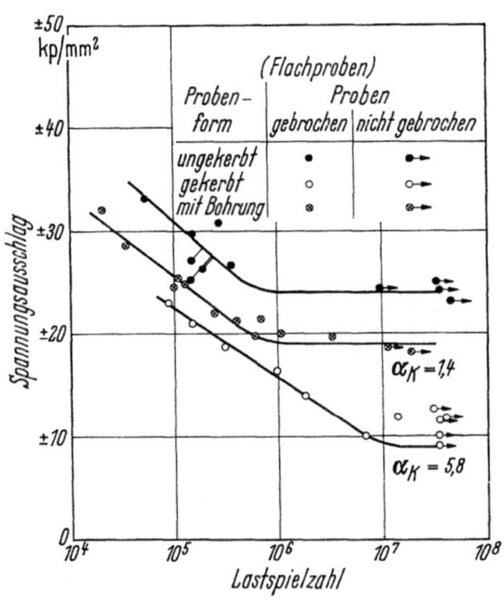

Abb. 10.30 Einfluß der Probenformung auf die Dauerfestigkeit (Flachbiegeversuch) von Titan technischer Reinheit (σ_B = 47 kp/mm²) [*H 44*].

technischer Reinheit ($\sigma_B = 47$ kp/mm²) im ungekerbten Zustand und mit verschiedener Kerbschärfe gegenübergestellt. Der Knickpunkt in der Wöhlerlinie für Spitzkerbproben ist gegenüber demjenigen für ungekerbte Proben zu höheren Lastspielzahlen verschoben. Teilweise wurden bei gekerbten Proben noch Brüche nach >10 Millionen Lastwechseln beobachtet. Dies ist auf Dauerbruchanrisse im Kerbgrund zurückzuführen, die schon nach kurzer Beanspruchung vorhanden sein können und noch nach sehr langer Prüfdauer zum Bruch führen [*H 44*].

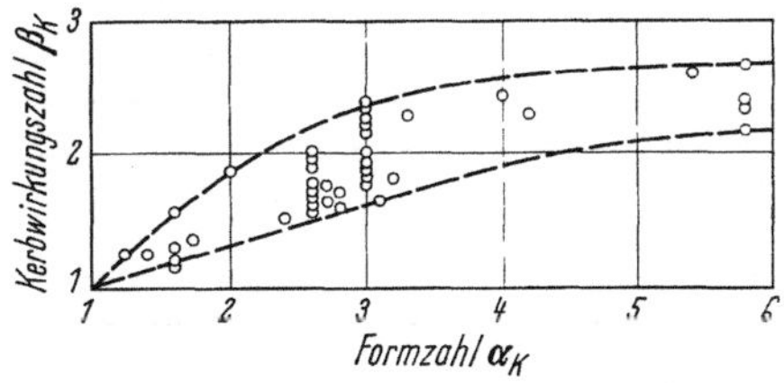

Abb. 10.31 Streubereich der Abhängigkeit der Kerbwirkungszahl β_K von der Formzahl α_K bei Titan unterschiedlicher Festigkeit (Angaben aus dem Schrifttum) [*H 44*].

Die als Kennwert für die Beurteilung der Kerbwirkung unter Wechselbeanspruchung eingeführte Kerbwirkungszahl β_K (Verhältnis der Dauerfestigkeit der ungekerbten zu der gekerbten Probe) ist in Abb. 10.31 in Abhängigkeit von der Formzahl α_K [*N 7* (siehe S. 319)] für Raumtemperatur-Schwingungsversuche zusammengestellt. Auch für schwach ge-

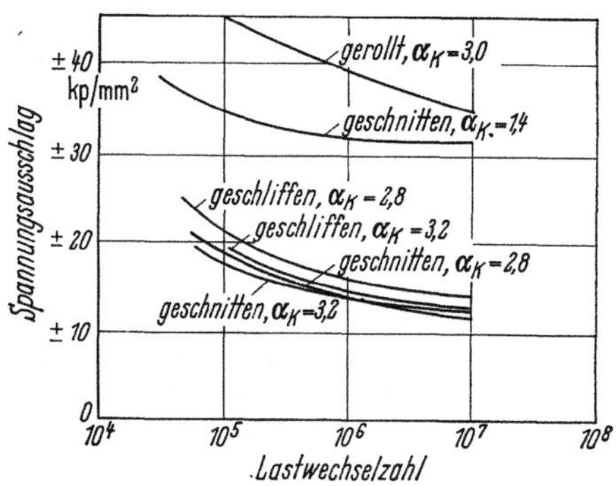

Abb. 10.32 Einfluß der Herstellungsart von Kerben und der Formzahl α_K auf die Dauerfestigkeit σ_{bW} von Titan technischer Reinheit ($\sigma_B = 63$ kp/mm²) [*T 10*].

kerbte Proben mit $\alpha_K < 2$ steigt die Kerbwirkungszahl bereits an. Bei zunehmender Kerbschärfe nimmt der Anstieg ab. Die Kerbempfindlichkeit von Titan bei Wechselbeanspruchung entspricht damit etwa derjenigen eines Stahles gleicher Zugfestigkeit [*H 44*]. Ähnlich wie bei glatten Proben hat auch die Bearbeitung der Kerben einen Einfluß auf die Dauerfestigkeit. Wie Abb. 10.32 zeigt, wird im Bereich gleicher Formzahl durch Rollen der Kerben eine wesentlich höhere Dauerfestigkeit erreicht als bei geschnittenen oder geschliffenen Kerben [*T 10*]. Um eine möglichst hohe Dauerfestigkeit zu erzielen, sollten deshalb Gewinde gerollt werden.

In Tab. 10.9 sind Ergebnisse über den Einfluß von Einlagerungselementen unter einheitlichen Versuchsbedingungen wiedergegeben. Bei etwa gleicher Zugfestigkeit ist die Dauerfestigkeit stickstoffhaltiger Proben niedriger als die von Proben mit Sauerstoff oder Kohlenstoff. Das Verhältnis σ_{bW}/σ_B nimmt in der angegebenen Reihenfolge zu und erreicht

Tabelle 10.9 *Wirkung von Einlagerungselementen auf die Dauerfestigkeit von Titan technischer Reinheit [D 24]*

Zusammensetzung Wärmebehandlung	σ_B [kp/mm²]	σ_{bW} [kp/mm²] ungekerbt	gekerbt ($\alpha_K = 3$)	Kerbwirkungszahl β_K $\frac{\sigma_{bW}\text{ ungekerbt}}{\sigma_{bW}\text{ gekerbt}}$	Verhältnis σ_{bW}/σ_B
(Titan techn. Reinheit* 1 h 700°/Luft)	40,6	28	12	2,33	0,69
+0,07% N (1 h 760°/Luft)	58,0	31,5	14	2,24	0,54
+0,20% O (1 h 760°/Luft)	57,5	35	15,5	2,25	0,61
+0,20% C (1 h 760°/Luft)	59,8	40	14	2,86	0,67
+0,07 N+0,20 O+0,20 C	85,0	38,5	17	2,26	0,45

*Chemische Zusammensetzung: 0,02% C, 0,001% N, 0,11% Fe, 0,082% O, 0,0036% H.

im Falle von Kohlenstoff nahezu den Wert des Ausgangswerkstoffes. Bei weiterer Festigkeitserhöhung durch Kombination der Zusatzelemente kann dagegen die Dauerfestigkeit wieder vermindert werden. Kohlenstoffhaltige Proben besitzen eine hohe Kerbempfindlichkeit, während sich stickstoff- und sauerstoffhaltige Proben in der Kerbempfindlichkeit nur wenig von den Proben mit geringen Gehalten an Beimengungen unterscheiden. Da bei Titan technischer Reinheit eine Festigkeitserhöhung überwiegend durch Sauerstoff erreicht wird, ist deshalb die Abnahme des Verhältnisses σ_{bW}/σ_B mit steigender Zugfestigkeit meist gering [*D 24*]. Durch einen Wasserstoffgehalt von 0,039% wird bei ungekerbten Proben die Dauerfestigkeit etwas erhöht, während bei gekerbten Proben die Dauerfestigkeit nicht beeinflußt wird [*L 22, B 32*].

Zwischen −196 und 150 °C entstehen Schwingungsrisse bei Titan an den $\{11\bar{2}1\}$-Zwillingen [*G 33a*]. Es wird angenommen, daß bei wasserstoffhaltigen Proben durch Hydridausscheidungen die Bildung von $\{11\bar{2}1\}$-Zwillingen behindert wird [*B 25b, P 7b*]. Zwischen −196 und 20 °C verminderte sich die Zugfestigkeit von Titanblech technischer Reinheit von 130 auf 63 kp/mm². Das Verhältnis σ_{bW}/σ_B erhöhte sich von 0,64 auf 0,82, und die Kerbwirkungszahl β_K fiel von 0,40 auf 0,37 ab [*S 119*]. Während eines Dauerschwingversuches können Versetzungen an Gleitebenen, z.B. $\{10\bar{1}0\}$-Ebenen, an die Oberfläche wandern [*H 44, P 7b*] und eine Elektronenemission anregen [*K 70d*]. Transkristalline Risse treten an Gleitbändern auf [*M 1a, R 58f*].

Eine Erhöhung der Glühtemperatur von 700 auf 900 °C vermindert die Dauerfestigkeit von Titan technischer Reinheit ($\sigma_B = 45$ kp/mm²), sowohl bei ungekerbten als auch bei gekerbten Proben nur wenig [*H 62*] ebenfalls eine Zunahme der Korngröße von 33 auf 110 µm bei $\sigma_B = 39$ kp/mm² gemäß Tab. 10.10 [*T 29m*]. An geschweißten Proben,

Tabelle 10.10. *Einfluß der Zugfestigkeit, Streckgrenze, Korngröße und Temperatur auf die Dauerfestigkeit von elektrolytisch poliertem Titan technischer Reinheit* [*T 29m*]

σ_B kp/mm²	$\sigma_{0,2}$ kp/mm²	mittl. Korn-∅ µm	σ_{zD} ± kp/mm² *RT*	σ_{zD}/σ_B *RT*	σ_{zD} ± kp/mm² − 60 °C	σ_{zD}/σ_B − 60 °C	σ_{zD} ± kp/mm² − 196 °C	σ_{zD}/σ_B − 196 °C
39,2	19,5	110	18,2	0,47	n.b.	n.b.	n.b.	n.b.
39,4	25,7[1]	33	19,6	0,50	28,8	0,53	n.b.	n.b.
41,7	30,6	9	18,7	0,45	24,4	0,51	48,0	0,56
45,6	32,5	9	24,4	0,53	31,8	0,56	n.b.	n.b.
64,0	47,0	33	33,6	0,53	n.b.	n.b.	n.b.	b.n.

[1] Proportionalitätsgrenze

die eine sehr grobkörnige Umwandlungsstruktur aufweisen, wird dagegen eine stärkere Verminderung der Dauerfestigkeit bei Raumtemperatur gegenüber dem feinkörnigen Grundwerkstoff beobachtet, die auch durch eine nachfolgende Glühbehandlung zur Beseitigung der Schweißspannungen nicht beseitigt werden kann (vgl. Kap. 19.4.1, S. 521ff.).

Oberhalb Raumtemperatur nimmt die Dauerfestigkeit von Titan ab [*B 43, T 29l*]. Die Verminderung ist bei Titan hoher Reinheit geringer als bei Titan technischer Reinheit. So wurde bei Titan mit einer Zugfestigkeit von 55 kp/mm² bei Raumtemperatur eine Dauerfestigkeit von $\sigma_{bW} =$ 28 kp/mm² gemessen, die sich bei 260 °C um 48% vermindert, gegenüber einer Verminderung bei $\sigma_{bW} = 10$ kp/mm² (20 °C) um 20% bei 260 °C bei Titan hoher Reinheit ($\sigma_{B/20\,°C} = 28$ kp/mm²). Im Temperaturbereich zwischen 150 und 260 °C wird bei höheren Gehalten an Einlagerungselementen (z.B. 0,25% O) eine Verzögerung in der Verminderung der Dauerfestigkeit oder sogar ein geringer Anstieg bei 0,29% C bzw. 0,20% N beobachtet [*L 34g*]. Eine Rißbildung im Dauerschwingversuch zwischen 200 und 500 °C erfolgt an der Oberfläche und die Rißfortpflanzung transkristallin. Oberhalb 600 °C wurde ein Übergang zur interkristallinen Rißbildung und oberhalb 700 °C eine Rißbildung und Rißfortpflanzung auf den Korn- und Zwillingsgrenzen [*B 25e, B 25d, G 33a*] gefunden.

11. Mechanische Eigenschaften von Titanlegierungen und von Verbundwerkstoffen

In allen Fällen, in denen die durch Sauerstoff erreichbare Festigkeitssteigerung in Titan technischer Reinheit bei ausreichendem Formänderungsvermögen ungenügend ist und aus wirtschaftlichen oder konstruktiven Gründen ein Werkstoff höherer Festigkeit bei entsprechendem Formänderungsvermögen gefordert wird, können Titanlegierungen Verwendung finden. Bereits kurze Zeit nach der Entdeckung der Reduktionsverfahren für Titan mit Calcium oder Magnesium hat man deshalb versucht, durch metallische Legierungselemente die Festigkeitswerte des Titans zu erhöhen [*K 75*]. Gegenüber Titan technischer Reinheit, bei dem die Festigkeitssteigerung fast ausschließlich durch eine Mischkristallhärtung des α-Mischkristalls durch das Einlagerungselement Sauerstoff verursacht wird, kann bei bestimmten Titanlegierungen, die Substitutionselemente als Zusatz enthalten, neben der Mischkristallhärtung eine zusätzliche Festigkeitssteigerung durch eine α-Ausscheidung aus dem β-Mischkristall und durch die Bildung von Zwischenphasen erzielt werden (vgl. Kap. 8.1.5, S. 168ff. und Kap. 8.2, S. 170ff.). Eine durch β-stabilisierende Zusätze (vgl. Kap. 8.1.4., S. 164ff.) bei tieferen Temperaturen als bei zusatzfreiem Titan auftretende $\beta/(\alpha + \beta)$-Umwandlung verursacht eine verzögerte α-Ausscheidung und die Bildung der Zwischenphasen. In diesen Fällen ermöglicht erst die Kenntnis der Umwandlungsvorgänge eine sichere Aussage über optimale Eigenschaften hinsichtlich Festigkeit, Formänderungsvermögen und Langzeitverhalten. Bei ungünstigen Abkühlungs- oder Auslagerungsbedingungen können sich z.B. zu hohe Anteile instabiler Zwischenphasen oder spröder intermetallischer Phasen bilden, die das Formänderungsvermögen sehr stark vermindern. Durch Legieren kann eine Festigkeitssteigerung bei kleinen Abmessungen auch in technischen Legierungen bis zu einer Streckgrenze ($\sigma_{0,2}$) von $\geqq 140$ kp/mm^2 bei einer Bruchdehnung von $\geqq 5$% erreicht werden [*M 70d*].

Die Einteilung der Titanlegierungen erfolgt im allgemeinen nach dem Gefüge, das nach der am häufigsten üblichen Umformung und Wärmebehandlung vorliegt [*F 17, F 22*]. Man unterscheidet:

1. α-Legierungen, mit weit überwiegendem Anteil des α-Mischkristalls,
2. $(\alpha + \beta)$-Legierungen, mit Anteilen des α- und β-Mischkristalls,
3. β-Legierungen, mit weit überwiegendem Anteil des β-Mischkristalls.

Die einzelnen Legierungsarten besitzen folgende kennzeichnende Merkmale:

α-Legierungen enthalten Zusätze, die sich hauptsächlich im α-Mischkristall lösen und den Temperaturbereich der Umwandlung des Titans verbreitern. Nach der oben angegebenen Definition für die Legierungsgruppen würde Titan technischer Reinheit, dessen Festigkeit vorwiegend durch einen Gehalt an Sauerstoff beeinflußt wird, zu den α-Legierungen gehören. Als α-Legierungen werden aber im folgenden nur solche Legierungen bezeichnet, die metallische Zusatzelemente enthalten. Die α-Legierungen zeichnen sich durch eine gute Warmfestigkeit aus, sind schweißbar und in bestimmten Legierungsbereichen auch bei langen Glühzeiten thermisch stabil. In Legierungsbereichen, in denen sich eine Ordnungsphase wie z.B. Ti_3Al bilden kann, tritt bei Raumtemperatur und bei erhöhter Temperatur eine Verminderung des Formänderungsvermögens auf. Mit wenigen Ausnahmen sind α-Legierungen nicht aushärtbar. Die Kaltumformbarkeit dieser Legierungen ist geringer als die von Titan technischer Reinheit und von β-Legierungen.

(α + β)-Legierungen enthalten Zusätze, die sich im α- und/oder β-Mischkristall lösen und ebenfalls den Temperaturbereich der Umwandlung des Titans verbreitern. Sie sind aushärtbar. Dadurch kann die Festigkeit bei Raumtemperatur und erhöhter Temperatur wesentlich gesteigert werden. Wegen meist nur teilweise ablaufender Phasenumwandlungen und einer Kornvergröberung beim Schweißen weisen diese Legierungen in den meisten Fällen im geschweißten Zustand ein geringes Formänderungsvermögen auf.

β-Legierungen enthalten Zusätze, die sich hauptsächlich im β-Mischkristall lösen. Der Temperaturbereich der Umwandlung des Titans wird zu wesentlich tieferen Temperaturen gegenüber Titan technischer Reinheit verschoben. Bedingt durch ihr kubisches Kristallgitter sind β-Legierungen leichter kalt umformbar als die α- und (α + β)-Legierungen, die Gefügebestandteile mit hexagonaler Struktur enthalten. Die Schweißbarkeit ist von der Stabilität des β-Mischkristalls und dem Schweißverfahren abhängig. Instabile β-Legierungen sind aushärtbar. Ihre Warmfestigkeit ist hoch, wird aber wie die Kriechbeständigkeit und die thermische Stabilität bei höheren Temperaturen von den α-Legierungen übertroffen.

Einige (α + β)- und β-Legierungen sind thermisch instabil. Sie zeigen ein gutes Zeitstandverhalten, eine hohe Kriechbeständigkeit und auch gutes Formänderungsvermögen bei der Prüftemperatur, können aber in einigen Fällen nach einer Abkühlung auf Raumtemperatur einen Teil ihres Formänderungsvermögens verlieren. Jede Legierungsgruppe, deren kennzeichnende Eigenschaften in Tab. 11.1 im Vergleich mit Titan technischer Reinheit wiedergegeben sind, besitzt daher bestimmte Vor- und Nachteile, die für den jeweiligen Anwendungsfall in Betracht gezogen werden müssen. Außer durch die zulässige Toleranz der bewußt zulegierten Elemente werden bei technischen Legierungen auch durch die im Schwammtitan, im Schrott- oder im Legierungszuschlag vorhandenen oder bei der Verarbeitung aufgenommenen Beimengungen die mechanischen Eigenschaften verändert.

Tabelle 11.1 *Eigenschaften von α-, (α + β)- und β-Legierungen (Temperaturen in °C)* [*R 88g*]

Eigenschaften	Titan technischer Reinheit	α-Titan-legierungen	(α + β)-Titanlegierungen	β-Titanlegierungen
Festigkeit bei 20° in kp/mm² (weichgeglüht)	30–75	70–85	85–105	90–100
Warmfestigkeit	niedrig bis 300°	gut bis 600°	gut bis 500°	gut bis 500°
Zeitstandverhalten/Kriechbeständigkeit	niedrig bis 250°	gut bis 600°	gut bis 450°	gut bis 480°
Thermische Stabilität	gut	gut bis 500–600°	gut bis 300–500°	gut bis 300°
Aushärtbarkeit	keine	meist keine	ja	meist ja
Umformbarkeit	20° gut bis mäßig 300° gut	20° schwierig 600–700° gut	20° schwierig 500–650° gut	20° mäßig 500° gut
Schweißbarkeit	gut	gut	gut bis nicht schweißbar	gut
Maximale Einsatztemperatur unter Langzeitbeanspruchung	bis 300°	bis 450–600°	bis 300–450°	bis 300°

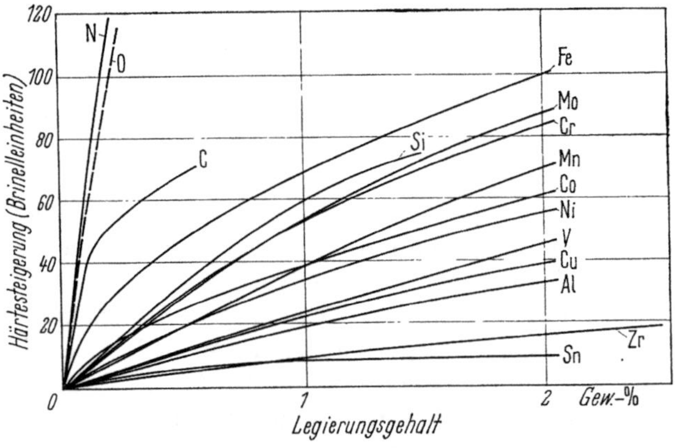

Abb. 11.1 Einfluß von Legierungszusätzen auf die Härte von Titan (100 g Schmelzknopf, Gußhärte) [*M 43*].

Die Abb. 11.1 zeigt bei binären Legierungen mit Legierungsgehalten bis zu 2 % den viel geringeren Einfluß von metallischen Legierungszusätzen auf die Härte von Titan im Vergleich mit dem von nichtmetallischen Einlagerungselementen. Bei den β-stabilisierenden Legierungszusätzen mit geringer Löslichkeit im α-Titan ist der Anstieg der Härte und Festigkeit am größten; α-stabilisierende Substitutionselemente erhöhen in diesem Bereich die Härte am wenigsten [*M 43, C 65*]. Besonders bewährt haben sich kombinierte Legierungszusätze, die neben den β-stabilisierenden noch solche von α-stabilisierenden Metallen enthalten, wodurch nicht nur die Festigkeit erhöht wird, sondern auch das Formänderungsvermögen weitgehend erhalten bleibt [*A 14, M 70d*].

11.1 Wirkung von Legierungszusätzen mit Löslichkeit in der α-Phase

Neben Aluminium sind Zinn und Zirkonium wichtige, Hafnium, Gallium und Indium technisch weniger bedeutende metallische Legierungszusätze mit hoher Löslichkeit in der α-Phase. Einige β-stabilisierende Zusätze, z.B. Vanadin, Niob, Tantal und Silber, besitzen ebenfalls eine Löslichkeit von ≧ 2,5 % im α-Mischkristall und erhöhen die Festigkeit [*C 65, B 15f, W 26b*]. Eine Warmumformung von Titan-Aluminium-Legierungen ist noch bis zu 13 % Al möglich [*S 8*]; bei höheren Gehalten verhindert die Bildung der Ordnungsphase α_2 (Ti_3Al = 15,8 % Al) eine Umformung. Der Einfluß von Aluminium auf die mechanischen Eigen-

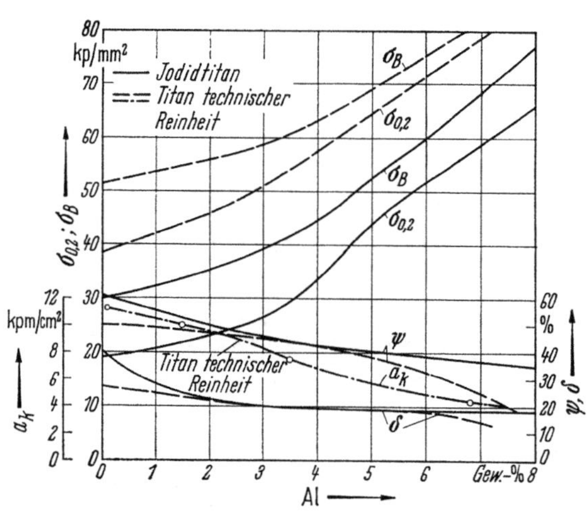

Abb. 11.2 Einfluß von Aluminium auf die mechanischen Eigenschaften von Titan (Ausgangswerkstoff: ——— [*G 17*] Jodidtitan; – – – [*O 17, C 71, J 7*]; ·—·— [*C 19*] Titan technischer Reinheit).

schaften bei Raumtemperatur von Titan mit unterschiedlichen Gehalten an Beimengungen ist in Abb. 11.2 wiedergegeben. Im Konzentrationsbereich bis etwa 7 % Al steigt die Festigkeit mit zunehmendem Aluminiumgehalt an und wird bei Jodidtitan annähernd verdoppelt. Ein verstärkter Festigkeitsanstieg wird bei Gehalten oberhalb 4 % beobachtet. Dies kann mit einer beginnenden Ordnung in der α-Phase zusammenhängen (vgl. Abb. 8.3, S. 146). Bruchdehnung, -einschnürung und die Kaltumformbarkeit werden mit steigendem Aluminiumgehalt vermindert. So tritt z.B. bei Titan-Aluminium-Legierungen aus Jodidtitan nach 30 %iger Kaltumformung bei Gehalten von 7,5 % Al Kantenrissigkeit auf [*O 17*]. Die Kerbschlagzähigkeit wird durch Aluminiumzusatz zu Titan technischer Reinheit erheblich, mit sinkender Temperatur jedoch nur wenig vermindert [*C 19*]. Die Härte steigt mit zunehmendem Aluminiumgehalt an und zeigt an der Phasengrenze zwischen α und $(\alpha + \alpha_2)$ eine starke Verminderung bei abgeschreckten und zuvor homogenisierten Proben [*L 53b*].

Der Einfluß der Korngröße und Gefügeausbildung auf die mechanischen Eigenschaften ist ähnlich wie bei Jodidtitan auch bei Titan-Alu-

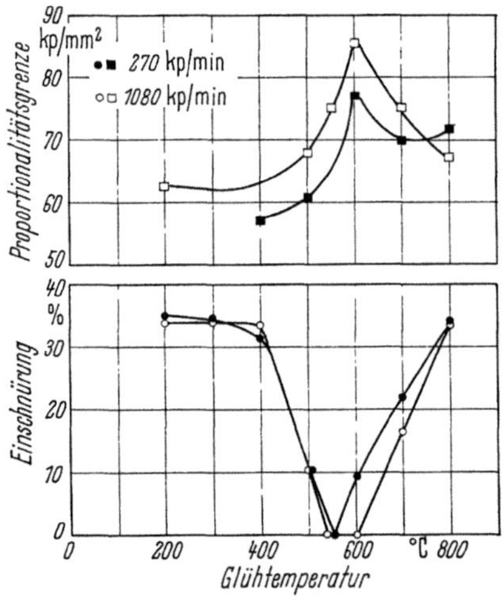

Abb. 11.3 **Einfluß der Wärmebehandlung und Beanspruchungsgeschwindigkeit auf Proportionalitätsgrenze und Einschnürung von TiAl8 [*C 71*].**
Glühzeiten: 800 °C 1 h; 700 °C 1 h; 600 °C 2 h; 550 °C 16 h; 500 °C 8 h; 400 °C 48 h; 300 °C 137 h; 200 °C 120 h.

minium-Legierungen bis etwa 6 % Al gering. Mit steigender polygonaler α-Korngröße nehmen Festigkeit und Formänderungsvermögen etwas ab. Abschrecken aus dem β-Gebiet beeinflußt die mechanischen Eigenschaften nur wenig [*J 10*]. Durch Aluminiumgehalte von >5 % wird die Proportionalitätsgrenze abgeschreckter Legierungen beim Anlassen erhöht und die Brucheinschnürung stark vermindert [*J 7, C 71, Z 6, Z 10, L 21, M 88*]. Abb. 11.3 zeigt den Einfluß der Wärmebehandlung und der Geschwindigkeit der Beanspruchung auf Proportionalitätsgrenze und Brucheinschnürung bei einer Legierung mit 8% Al. Zwischen 500 und 600 °C tritt bei der vorgegebenen Zeit (2–16 h) eine starke Verminderung der Brucheinschnürung auf, die mit zunehmender Geschwindigkeit der Beanspruchung ansteigt, bei höherer Temperatur der Wärmebehandlung zurückgeht [*C 71, E 18a*], was mit der Teilchengröße der sich ausscheidenden Ordnungsphase α_2 (Ti_3Al) zusammenhängt. Die Teilchengröße der sich ausscheidenden Ordnungsphase α_2 nimmt mit zunehmender Temperatur der Wärmebehandlung zu [*B 42b*]. Kleine Volumenanteile und größere α_2-Teilchen werden von Versetzungen umgangen [*L 53b*], während die Teilchen bei größeren Volumenanteilen von α_2 geschnitten werden [*B 42k*]. Abb. 11.4 gibt den Einfluß der Auslagerungszeit bei 500 und 550 °C auf Streckgrenze und Brucheinschnürung abgeschreckter Legierungen mit 6–12% Al wieder. Bei Gehalten von über 6% Al tritt bei allen Legierungen eine starke Verminderung des Formänderungsvermögens bei einer Auslagerungstemperatur von ~550 °C auf [*C 71, Z 6, Z 10, E 18, E 18a*].

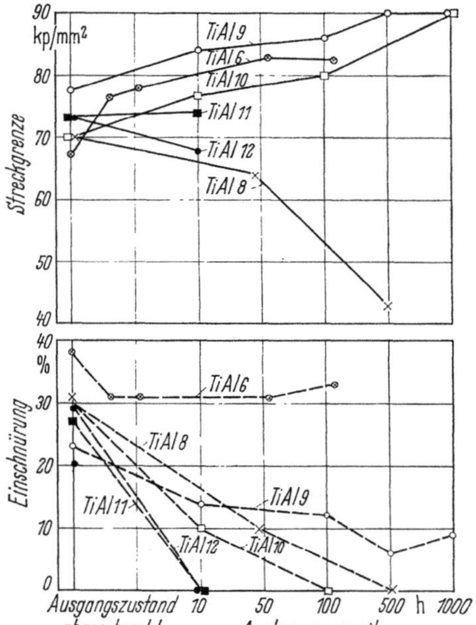

Abb. 11.4 Einfluß der Auslagerungszeit bei 500 °C (TiAl6) und 500 °C (übrige Legierungen auf die Streckgrenze und Brucheinschnürung von Ti-Al-Legierungen nach Abschrecken von 950 °C (TiAl11 und TiAl12) bzw. 900 °C (TiAl6, TiAl9, TiAl10) bzw. 850 °C (TiAl8), Ausgangsmaterial Umschmelzhärte HB30/10 = 105 kp/mm² [*C 71, Z 6, Z 10*].

Die festigkeitssteigernde Wirkung von Zinn in binären Titan-Zinn-Legierungen ist wegen der hohen Dichte des Zinns oberhalb 5% bei Auftragung in Gew.-% (Abb. 11.5) kleiner, bei Auftragung in At.-% (vgl. Abb. 11.7) jedoch über den ganzen Bereich größer als die des Aluminiums. Abb. 11.5 zeigt, daß bis zu 5% Sn Bruchdehnung und -einschnürung zunächst sinken, oberhalb 5% Sn bis etwa 20% an-

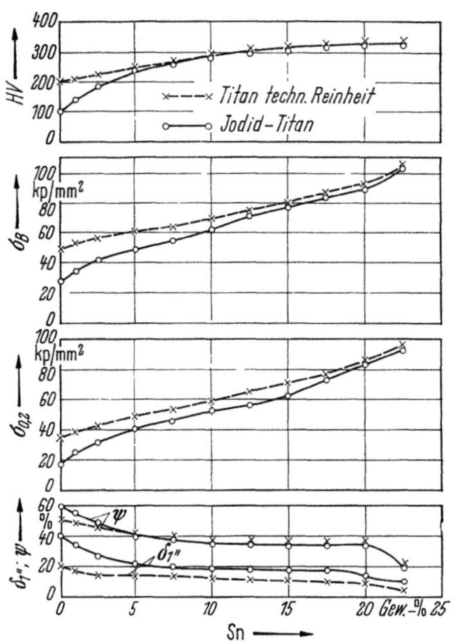

Abb. 11.5 Einfluß von Zinn auf die mechanischen Eigenschaften von Titan [*F 18*].

nähernd konstant bleiben und sich mit Auftreten der geordneten Struktur Ti_3Sn oberhalb 20% Sn stark vermindern [*F 18, S 157, S 95, B 116*]. Die Kerbschlagzähigkeit nimmt mit steigendem Zinngehalt ab. Bis zu Gehalten von etwa 5% zeigt die Temperaturabhängigkeit der Kerbschlagzähigkeit eine gleichmäßige Abnahme mit sinkender Temperatur. Bei 10% Sn tritt dagegen ein Übergang von einer Hoch- zur Tieflage oberhalb Raumtemperatur auf. Die Dauerfestigkeit nimmt bis zu 10% Sn etwa linear von 19 auf 35 kp/mm² zu [*B 116*].

Auch Legierungsgehalte an Zirkonium (Abb. 11.6) oder Hafnium (Abb. 11.7) erhöhen die Festigkeit von Titan. Die vollkommene Mischbarkeit im festen Zustand läßt in beiden Fällen hohe Legierungszusätze zu, ohne daß die Bruchdehnung (Meßlänge 1,25 cm) auf unter 15% bei aus dem β-Gebiet langsam abgekühlten Proben abnimmt. Bis 40% Zr ergibt ein Zusatz von jeweils 1% Zr eine Festigkeitssteigerung von etwa

0,7 kp/mm² je Prozent Legierungszusatz [*H 38, D 28, I 4, S 108a*]. Die Festigkeit wird durch Hafnium bis zu etwa 5 % nur wenig beeinflußt und nimmt dann etwa in demselben Ausmaß zu wie bei Zirkonium. Bei aus dem β-Gebiet abgeschreckten Proben erhöht sich die Festigkeit gegenüber geglühten Proben mit steigendem Legierungsgehalt stärker als bei Aluminium enthaltenden Legierungen. Gleichzeitig wird die Bruchdehnung

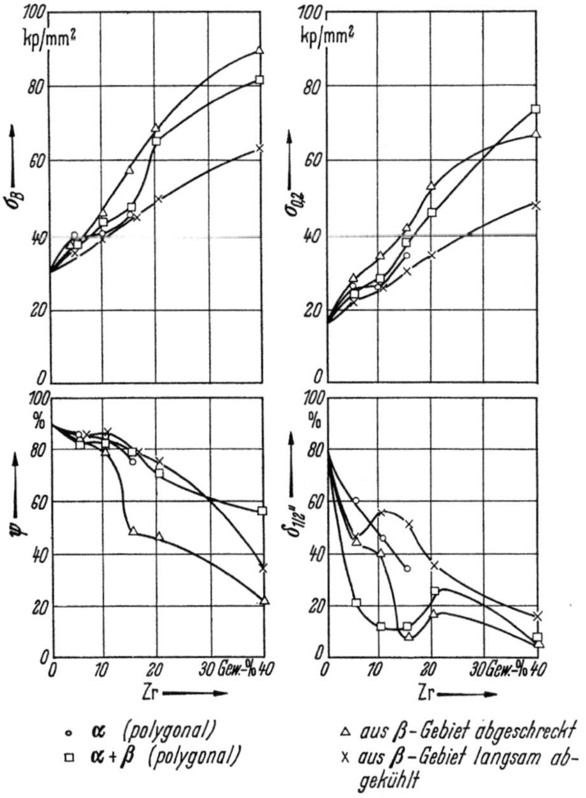

Abb. 11.6 **Einfluß von Zirkonium auf die mechanischen Eigenschaften von Titan nach verschiedener Wärmebehandlung, Ausgangswerkstoff Jodidtitan [*I 4*].**

vermindert. Der Unterschied der Festigkeit zwischen langsam abgekühlten und abgeschreckten Proben beträgt bei einem Legierungsgehalt von 40 % Zr 28 kp/mm², bei 40 % Hf 50 kp/mm² [*I 4*].

Einen Vergleich der Festigkeitssteigerung der beschriebenen vier Legierungselemente mit hoher Löslichkeit in der α-Phase in Abhängigkeit vom Legierungsgehalt zeigt die Abb. 11.7a und b. In der Darstellung in Atomprozent wird die stärkere Festigkeitssteigerung durch Zinn gegenüber Aluminium, Hafnium und Zirkonium sichtbar, die bis etwa 7 At.-% in gleichem Maße an Festigkeit zunehmen. Bei der Wiedergabe in Gewichtsprozent sind die Meßwerte für Zinn- und Aluminiumzusätze fast identisch [*O 17, J 13, I 4*].

Durch gleichzeitigen Zusatz mehrerer, als Substitutionselement im α-Mischkristall gelöster Legierungspartner, läßt sich die Festigkeit ohne wesentliche Verminderung des Formänderungsvermögens weiter erhöhen.

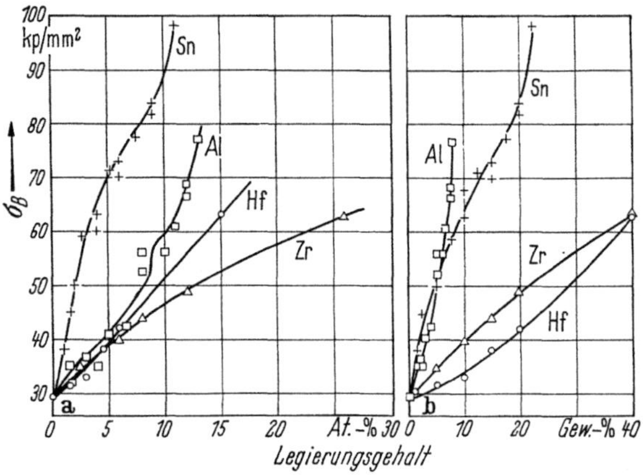

Abb. 11.7 a u. b Einfluß von Aluminium, Hafnium, Zinn und Zirkonium auf die Zugfestigkeit von Titan technischer Reinheit. Sn: [*F 10*]; Hf + Zr: [*I 4*]; Al: [*O 17*]. a) Atomprozent; b) Gewichtsprozent.

Ein wichtiges Legierungselement als Zusatz zu Titan-Aluminium-Legierungen ist Zinn. Abb. 11.8 gibt den Einfluß des Zinns auf die Eigenschaften von binären Titan-Aluminium-Legierungen technischer Reinheit wieder [*F 18, F 19, J 13*]. Durch einen Zusatz von 2,5% Sn wird die Festigkeit der Legierung TiAl5 um etwa 5 kp/mm^2 erhöht, ohne daß sich Bruchdehnung und Biegeradius wesentlich vermindern. Die Legierung TiAl5Sn2,5 wird deshalb als technische α-Legierung mit mittlerer Festigkeit verwendet. Zirkonium- und Hafniumzusätze zu Titan-Aluminium-Legierungen haben eine ähnliche Wirkung. Ein Zusatz von 10% Zr erhöht die Festigkeit um 10–15 kp/mm^2 und erhöht die Bruchdehnung gegenüber einer binären Ti-Al-Legierung entsprechender Festigkeit. Gegenüber Zirkonium sind höhere Anteile von Hafnium notwendig, um das Formänderungsvermögen zu erhöhen. Bei Gehalten über 8% Al ist das Formänderungsvermögen auch zirkonium- und hafniumhaltiger Legierungen stark vermindert [*I 5, W 60, B 66b*]. Zusätze von Vanadin, Niob und Tantal verbessern ebenfalls die Festigkeit und das Formänderungsvermögen. Sie werden deshalb technischen aluminiumhaltigen Legierungen zulegiert (vgl. Kap. 11.4, S. 277ff.).

Durch Gehalte an Kupfer, das eine mit fallender Temperatur abnehmende Löslichkeit im α-Titan besitzt (vgl. Abb. 21.3, S. 566), können α-Titanlegierungen aushärtbar werden [*H 69, H 78, W 59, L 53a*] (vgl. Kap. 8.3, S. 191 und Kap. 11.5.1, S. 288).

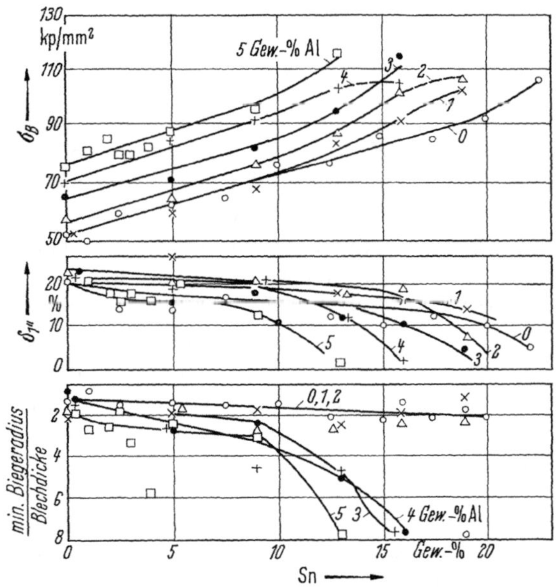

Abb. 11.8 Einfluß von Zinn auf die Zugfestigkeit, Dehnung mit dem Biegeradius von Titan-Aluminium-Legierungen technischer Reinheit (Blechproben, Biegeradius = Faktor × Blechdicke) [*F 18, J 10*].

11.2 Wirkung von β-stabilisierenden Legierungselementen

Die meisten Legierungen mit β-stabilisierenden Zusätzen werden in ihren mechanischen Eigenschaften nicht nur durch den Legierungsgehalt, sondern auch durch Wärmebehandlung verändert. Bereits in den ersten Jahren der Untersuchungen über die Wirkung solcher Legierungszusätze auf die mechanischen Eigenschaften wurde der Einfluß der β/(α + β)-Umwandlung auf die mechanischen Eigenschaften geprüft [*C 65, F 17, H 17*]. Später wurde auch der Einfluß von instabilen Gefügezuständen auf die mechanischen Eigenschaften festgestellt und damit weitere Zusammenhänge zwischen Wärmebehandlung und Verhalten unter Beanspruchung gefunden [*F 42, J 2, F 43, H 13b, J 7, Z 9, H 23, Z 12, M 56, M 68a, W 60h*].

11.2.1 Mechanische Eigenschaften und Wärmebehandlung von β- und (α + β)-Legierungen

Die kubisch-raumzentrierte β-Phase kann durch genügend hohe Zusätze bestimmter Legierungselemente bis Raumtemperatur stabilisiert werden. So läßt sich durch einen Vanadingehalt von etwa 20% der β-Mischkristall bis Raumtemperatur unterkühlen. Die Härte (HV 10) beträgt dabei etwa 220 kp/mm² [*A 16*], die Festigkeit etwa 65 kp/mm². Sie nimmt mit weiter steigendem Vanadingehalt nur wenig zu [*D 32*]. Niob und Tantal erhöhen Härte und Festigkeit des bei Raumtemperatur vorliegenden β-Mischkristalls ebenfalls nur wenig [*M 28, B 33*]. Eine stärkere Zunahme der Festigkeit wird durch Molybdän erzielt [*C 75*]. Die Grenzkonzentrationen an Legierungselementen, bei denen es möglich ist, die β-Phase durch rasches Abkühlen aus dem β-Gebiet bei Raumtemperatur zu erhalten, sind zusammen mit den mechanischen Eigenschaften in Tab. 11.2 für binäre Legierungen wiedergegeben. Bei diesen Legierungsgehalten beginnt bei Auslagerung unterhalb der Phasengrenze β/(α + β) ein Zerfall der β-Phase, der zu einer Steigerung der Festigkeit führen kann. Während β-Legierungen mit Zusätzen von Vanadin, Niob, Tantal, Molybdän, Chrom und Mangan im Bereich der β-Phase, wenn keine Überlagerung von Zwischenzuständen stattfindet, eine hohe Bruchdehnung aufweisen [*M 70d*], kann durch andere β-stabilisierende Zusätze, z.B. Ruthenium und Rhodium, das Formänderungsvermögen der β-Phase auf sehr geringe Werte absinken [*R 15e, R 15f*].

Tabelle 11.2. *β-stabilisierende Grenzkonzentrationen in binären Systemen und mechanische Eigenschaften der β-Phase* (n.b. = nicht bestimmt)

Zusatzelement	Legierungsgehalt Gew.-%	Legierungsgehalt At.-%	Mechanische Eigenschaften σ_B [kp/mm²]	$\sigma_{0,2}$ [kp/mm²]	δ_5 [%]	ψ [%]	Literatur	Temperatur der Wärmebehandlung vor dem Abschrecken in Wasser
Eisen	12	14	97[1]	n.b.	n.b.	n.b.	[*H 64*]	650 °C
Chrom	14	13	88	80	32	63	[*D 32*]	750 °C
Mangan	16	14	98	94	20	44	[*D 32*]	650 °C
Molybdän	24	15	73	75	30	75	[*H 65*]	650 °C
Vanadin	30	28	64	58	24	58	[*D 32*]	650 °C
Niob	40	26	49	28	12	40	[*B 33*]	650 °C
Tantal	44	17	77	60	14[2]	17[2]	[*M 28, I 8b*]	900 °C

[1] Berechnet unter der Annahme von $\sigma_B = 28$ kp/mm² für den α-Mischkristall aus einer Legierung mit 7,8 Gew.-% Fe mit $\sigma_B = 87$ kp/mm² mit 20% α-Anteil und einer kontinuierlichen Zunahme der Festigkeit des β-Mischkristalls.

[2] Kleinstprobe 3 mm ∅, Meßlänge 15 mm.

Der übersättigte β-Mischkristall neigt bei der Abkühlung zur Ausscheidung der Gleichgewichtsphase α sowie von Zwischenphasen (vgl. Kap. 8.1.5 und Kap. 8.2, S. 168ff.) und verändert damit seine mechanischen Eigenschaften. Deshalb ist bei der Beurteilung der Wirksamkeit β-stabilisierender Zusätze auf die mechanischen Eigenschaften bei vielen Legierungen das insbesondere bei höheren Temperaturen mögliche instabile Verhalten verbunden mit Aushärtungseffekten durch einen Zerfall der β-Phase zu berücksichtigen. Die in Tab. 11.2 für verschiedene β-stabilisierende Zusätze wiedergegebenen Legierungskonzentrationen entsprechen etwa einer bei 650–700 °C im Gleichgewicht stehenden β-Phase. Die Festigkeit der β-Phase bestimmt neben der im Gleichgewicht befindlichen α-Phase die Festigkeit einer (α + β)-Legierung. Die höchste Festigkeit ist durch Zusätze von Mangan, Eisen und Chrom zu erreichen, weil sich bei diesen Zusätzen bereits festigkeitssteigernde Zwischenzustände beim Abkühlen gebildet haben. Die Elemente Molybdän, Vanadin, Niob und Tantal erhöhen die Festigkeit des β-Titan-Mischkristalls in geringerem Maße. Bei Tantal muß über 40% zugesetzt werden, um bei 650 °C die homogene β-Phase zu erreichen. Legierungen mit den meisten der übrigen β-stabilisierenden Elemente weisen eine hohe eutektoide Zerfallstemperatur auf. Ein Unterkühlen der β-Phase ist dann nicht oder

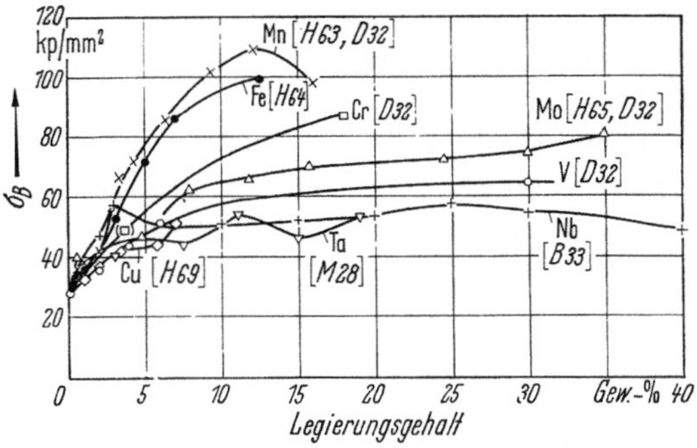

Abb. 11.9 Einfluß β-stabilisierender Legierungszusätze auf die Zugfestigkeit von Titan. Mn: [*H 63, D 32*]; V: [*D 32*]; Mo: [*H 65, D 32*]; Cr: [*D 32*]; Fe: [*H 64*]; Nb: [*B 33*]; Ta: [*M 28*]; Cu: [*H 69*] (Wärmebehandlung 650 °C/H_2O mit Ausnahme von TiCr3,6 und TiCr18,5 mit 550 °C/H_2O).

nur bei sehr hoher Abkühlgeschwindigkeit möglich. Dies ist z.B. bei Legierungen mit Zusätzen der Elemente Nickel, Kupfer und Kobalt der Fall. Die Abhängigkeit der Festigkeit von Zweistofflegierungen mit β-stabilisierenden Zusätzen entsprechend dem β-isomorphen Typ (vgl. Abb. 8.1, S. 143) und dem eutektoiden Typ (vgl. Abb. 8.2, S. 145) von der Konzentration nach einer Gleichgewichtsglühung bei 650–700 °C ist in Abb. 11.9 wiedergegeben (vgl. auch Abb. 11.10 und 11.11). Durch Zusätze ternärer und weiterer Legierungselemente kann eine weitere Festigkeitszunahme des β-Mischkristalls gegenüber den binären Legierungen erreicht werden.

Der mit einer α-Phase mittlerer Korngröße im Gleichgewicht befindliche β-Mischkristall kann bei $(\alpha + \beta)$-Legierungen bis über 90 kp/mm² zur Festigkeit beitragen. Im α-Mischkristall erreicht (vgl. Abb. 11.7a u. b, S. 256) die Festigkeit durch Legierungszusätze etwa denselben Wert. Bei im Gleichgewicht befindlichen $(\alpha + \beta)$-Legierungen stellt sich eine Festigkeit ein, die entweder zwischen der des anteiligen α- und β-Mischkristalls liegt, oder bei entsprechender Größe und Form der Phasen über die Festigkeit der reinen Mischkristalle hinausgehen kann [*H 17, I 7, B 93a*].

Die höchste Festigkeit von $(\alpha + \beta)$-Legierungen läßt sich durch Einstellen von Zwischenzuständen bei der β/α-Umwandlung erzielen, wovon bei technischen Legierungen, die eine hohe Festigkeit erreichen sollen, Gebrauch gemacht wird. Da die Vorstufe der ω-Phase wegen der anschließend bei erhöhter Temperatur oder bei Verformung sich ausscheidenden ω-Phase und diese selbst wegen der Verminderung des Formänderungsvermögens oft nicht erwünscht ist, wird meist bis zum Beginn der α-Ausscheidung ausgelagert, da dann keine Bildung dieser Zwischenphasen mehr zu erwarten ist. Außerdem wird durch die Aushärtung mit Hilfe der α-Phase meist ein ausreichendes Formänderungsvermögen erzielt, während dies bei der Aushärtung durch die ω-Phase oft nicht der Fall ist.

Die Erhöhung der Festigkeit erfolgt dann durch die Ausscheidung der α-Phase aus der β-Phase, wobei sich die Bildung von Anteilen der ω-Phase überlagern kann. Diese α-Ausscheidung kann durch eine entsprechende Warmumformung und/oder Wärmebehandlung so gesteuert

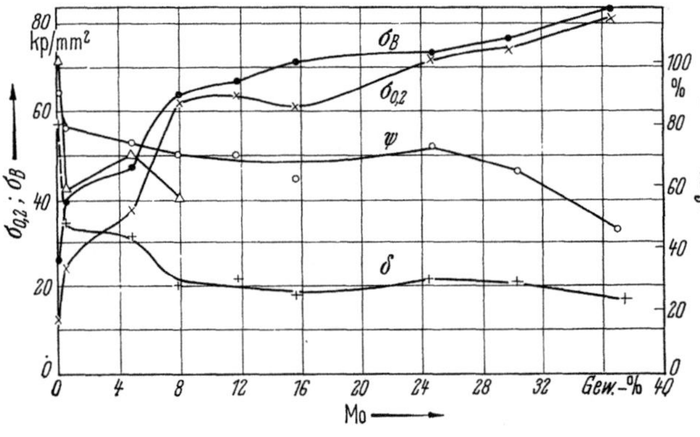

Abb. 11.10 Mechanische Eigenschaften von Ti-Mo-Legierungen (Wärmebehandlung 650 °C, Probendurchmesser 3 mm, Meßlänge 12,5 mm, Ausgangsmaterial: Jodidtitan) [*H 65, D 32*].

werden, daß optimale Eigenschaften für Festigkeit, Formänderungsvermögen und/oder Kriechverhalten erreicht werden. Eine Martensitbildung (vgl. Kap. 8.2.1, S. 173ff.), die beim Abschrecken oder beim Verformen auftreten kann, führt nur zu einer geringen Zunahme der Festigkeit. E-Modul und Streckgrenze werden bei Ausbildung von reinem Martensit mit Anteilen von Rest-β stark vermindert.

Eine kritische Beurteilung von ($\alpha + \beta$)-Legierungen wird durch die oft nicht mitgeteilten Beimengungen, durch unterschiedliche Verfahren der Herstellung, Umformung und Wärmebehandlung erschwert. Für eine Übersicht sollen deshalb im folgenden hauptsächlich an meist gleichartig untersuchten Titan-Molybdän- und Titan-Mangan-Legierungen mechanische Eigenschaften des β-isomorphen und des β-eutektoiden Legierungstyps beschrieben werden (Abb. 11.10–11.15). Das ($\alpha + \beta$)-Gleichgewicht ist durch eine Glühung bei 650 °C annähernd erreicht worden (Abb. 11.10 und 11.11). Die Festigkeit steigt bis zur Grenze des homogenen β-Misch-

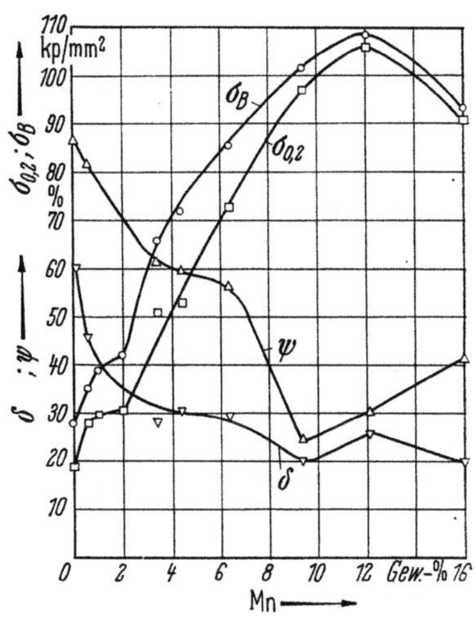

Abb. 11.11 Mechanische Eigenschaften von Titan-Mangan-Legierungen (Ausgangswerkstoff Jodidtitan, Glühtemperatur 650 °C, Probendurchmesser 6 mm, Meßlänge 12,5 mm) [*D 32*].

kristalls in zwei überhöhten Bereichen an, entsprechend vermindern sich Bruchdehnung und Brucheinschnürung. Schreckt man diese Legierungen aus dem β-Gebiet ab, so erhält man den in Abb. 11.12 und 11.13 wiedergegebenen Verlauf der mechanischen Eigenschaften. Bei den Titan-Mangan-Legierungen wird bei Gehalten von über 8%, bei den Titan-Molybdän-Legierungen bei 5% eine Verminderung der Festigkeit beobachtet. Wegen der Ausbildung der Zwischenphase ω und u. U. der Vorstufe einer intermetallischen Phase (vgl. Abb. 21.5, S. 568) bei den Titan-Mangan-Legierungen vermindern sich aber im Gegensatz zu den Titan-Molybdän-Legierungen bei den vorgegebenen Abkühlbedingungen in diesem Bereich die Bruchdehnung und die Brucheinschnürung auf nicht mehr meßbare Werte. Bei Titan-Chrom-Legierungen wurde beobachtet, daß diese Verminderung des Formänderungsvermögens durch die Verwendung von sehr reinem Titan und Chrom verringert werden kann [*D 32*]. Bei den Titan-Molybdän-Legierungen (Abb. 11.12) wird oberhalb 5%

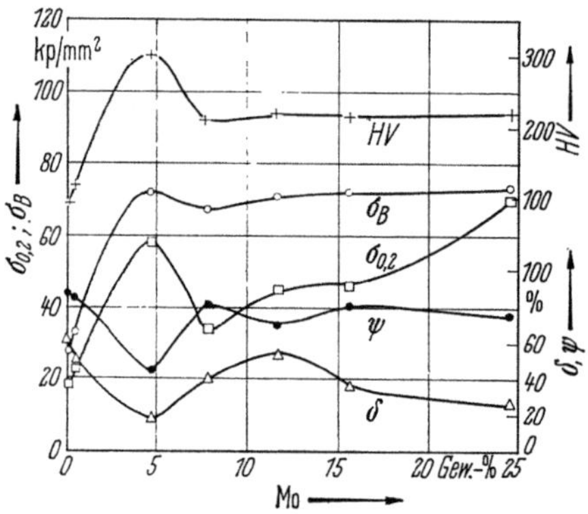

Abb. 11.12 Mechanische Eigenschaften von Titan-Molybdän-Legierungen nach Abschrecken aus dem β-Gebiet, Ausgangswerkstoff Jodidtitan (Meßlänge 12,5 mm) [*H 65*].

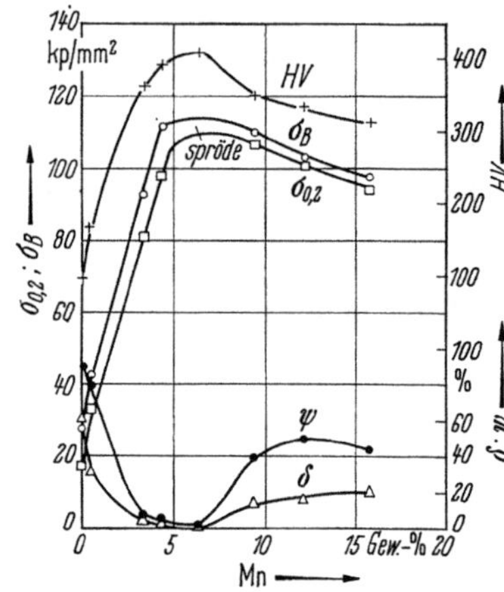

Abb. 11.13 Mechanische Eigenschaften von Titan-Mangan-Legierungen nach Abschrecken aus dem β-Gebiet, Ausgangswerkstoff Jodidtitan (Meßlänge 12,5 mm) [*D 32*].

Mo ein Minimum in der Streckgrenze beobachtet, das durch die Bildung von Martensit beim Zerreißversuch verursacht wird. Die kritische Schubspannung zur Auslösung eines Umklappvorganges für eine Martensitbildung ist in diesem Bereich geringer als diejenige, die für eine Verformung durch Gleiten benötigt wird. Derartige Vorgänge sind auch von Eisen-Nickel-Legierungen bekannt [*S 28, W 58a*]. Dieser Bereich zwischen 6 und 20% Mo zeichnet sich weiterhin durch ein niedriges Streckgrenzenverhältnis, dessen Minimum bei etwa 8% Mo liegt, durch eine hohe Gleichmaßdehnung, eine Zunahme der Kerbschlagzähigkeit und wie Abb. 11.14 zeigt, durch ein Minimum des E-Moduls, das bei verschiedenen Meßmethoden gefunden wurde, aus. Bei einer Verformung wird durch eine zusätzliche Martensitbildung der E-Modul weiter vermindert [*Z 9, K 44, B 113*]. Zur Erzielung einer für eine Verformung günstigen niedrigen Streckgrenze kann eine $(\alpha + \beta)$-Legierung von einer Temperatur abgeschreckt werden, bei der die Konzentration des im Gleichgewicht befindlichen β-Mischkristalls einer Zusammensetzung entspricht, die nach dem Abschrecken in mechanisch instabiler Form vorliegt. Dieser Zustand wird, wie Abb. 11.15 zeigt, z.B. bei TiMo4,5 und TiMo6Al3 nach Abschrecken von 820 °C erreicht. Der β-Mischkristall enthält dann etwa 9% Mo (vgl. Abb. 8.13, S. 165) [*H 65, G 50, K 41a*].

Legierungen mit Anteilen der ω-Phase besitzen eine oft unerwünschte niedrige Kerbschlagzähigkeit. Die Abkühlungsbedingungen nach der Warmverarbeitung und die Wärmebehandlung müssen daher so geführt

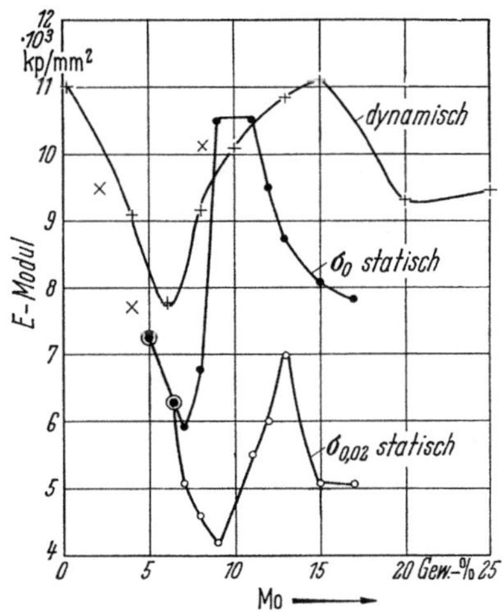

Abb. 11.14 E-Modul von Titan-Molybdän-Legierungen, Einfluß der Meßmethode, Proben 10 mm ∅, 120 mm lang. Ausgangswerkstoff Umschmelzhärte HB30/10 = 105 kp/mm². ● ○ statische Messungen 900–950 °C/NaOH [*Z 9*]; + dynamische Messungen 900 °C/H_2O [*B 113*]

werden, daß nur geringe Anteile der ω-Phase, und diese in einem überalterten Zustand vorliegen, so daß keine zusätzliche ω-Bildung durch Kaltverformung oder Auslagerung bei erhöhter Temperatur mehr erfolgen kann. Dies ist entweder durch eine langsame Abkühlung, wobei sich der $(\alpha + \beta)$-Gleichgewichtszustand weitgehend einstellt, oder eine anschließende Anlaßbehandlung oberhalb des Bereiches der Bildung der ω-Phase zu erreichen.

Intermetallische Phasen und ihre Vorstufen sollen sich oft ebenfalls nicht bilden, wenn das Formänderungsvermögen nicht stark vermindert werden darf. Bei Legierungen mit eutektoidbildenden Zusätzen wird als Auslagerungstemperatur deshalb eine Temperatur oberhalb der Eutektoidalen gewählt, damit keine intermetallische Phase im Gleichgewicht auftritt (vgl. Kap. 8.3, S. 189ff.). Bei eutektoidbildenden Zusätzen, z.B. Silizium [*E 12a*], Nickel [*B 15*], Kupfer [*H 69*], Chrom [*G 29, B 117*], Kobalt [*R 74, Y 4*], Eisen [*H 64*], kann durch die Ausscheidung von Anteilen intermetallischer Phasen eine Verminderung des Formänderungsvermögens verursacht werden. Diese Ausscheidung kann um so rascher stattfinden, je höher die eutektoide Temperatur ist. Während z.B. bei TiNi5 nach 100 min bei 650 °C sich Ti_2Ni ausgeschieden hat (eutektoide Temperatur 770 °C) [*B 15*], wird bei TiCr4,5 nach 100 h bei 550 °C (eutektoide Temperatur 665 °C) [*B 117*] und bei TiFe5 nach 24 h bei 550 °C erst bei einer zusätzlichen Spannung von 14 kp/mm² (eutektoide Temperatur 585 °C) die entsprechende intermetallische Phase gebildet [*H 64*]. Bei manganhaltigen Legierungen (eutektoide Temperatur 550 °C) sind unter gleichen Bedingungen noch längere Zeiten erforderlich [*H 63*]. In allen Fällen wird die Umwandlung durch eine zusätzliche Spannung beschleunigt. Technische Legierungen enthalten häufig zur Erhöhung der Feinkörnigkeit und der Festigkeit und/oder zur Verbesserung des Kriechverhaltens nur so kleine Gehalte an Zusätzen, die intermetallische Verbindungen bilden daß sie noch ein ausreichendes Formänderungsvermögen zulassen, z.B. 0,01 % B, 0,1–0,25 % Si, 1–2 % Cu oder 1 % Fe (vgl. Tab. 11.4–11.6, S. 278ff.).

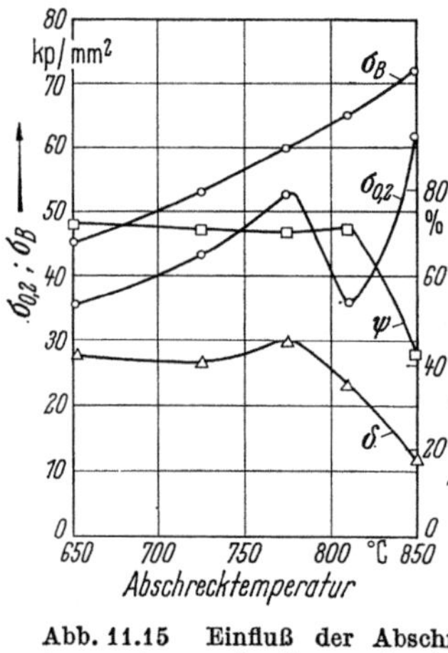

Abb. 11.15 Einfluß der Abschrecktemperatur auf die mechanischen Eigenschaften einer Legierung mit 4,7 % Mo (Meßlänge 12,5 mm) [*H 66*].

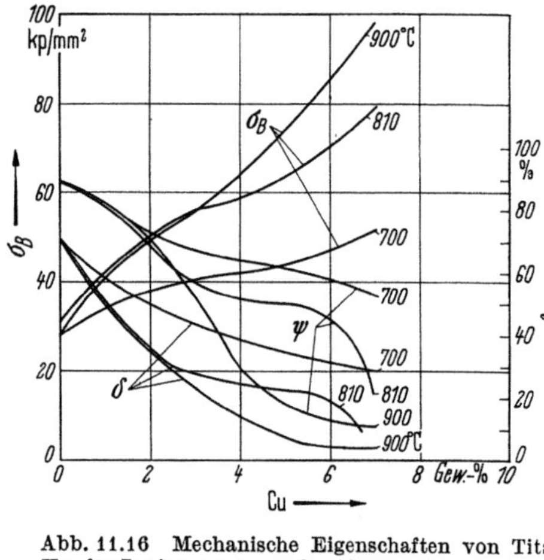

Abb. 11.16 Mechanische Eigenschaften von Titan-Kupfer-Legierungen nach Abschrecken von verschiedenen Temperaturen (Ausgangswerkstoff Jodidtitan, Meßlänge 12,5 mm) [*H 69*].

Abb. 11.16 zeigt den Einfluß von Kupfer auf die mechanischen Eigenschaften nach Abschrecken aus dem β- und $(\alpha + \beta)$-Gebiet. Bei höheren Kupfergehalten besitzen langsam abgekühlte Proben eine niedrigere Festigkeit, bei einer lamellaren perlitartigen Struktur (vgl. Abb. 8.34, S. 189) und entsprechend höherem Formänderungsvermögen als rasch abgekühlte Proben. Die eutektoide Legierung mit 7 % Cu erreicht in einem abgeschreckten Zustand die höchste Zugfestigkeit mit etwa 95 kp/mm². Gleichzeitig vermindern sich Bruchdehnung und Brucheinschnürung auf <5 bzw. <20 % [*H 69*]. Das Gefüge homogenisierter und abgeschreckter Proben zerfällt bei der Auslagerung lamellar (vgl. Abb. 8.34, S. 189). Bei Ti-Ni- und Ti-Co-Al-Legierungen werden ähnliche Eigenschaften beobachtet [*B 118, R 15 c, B 15, Y 4, K 26b*].

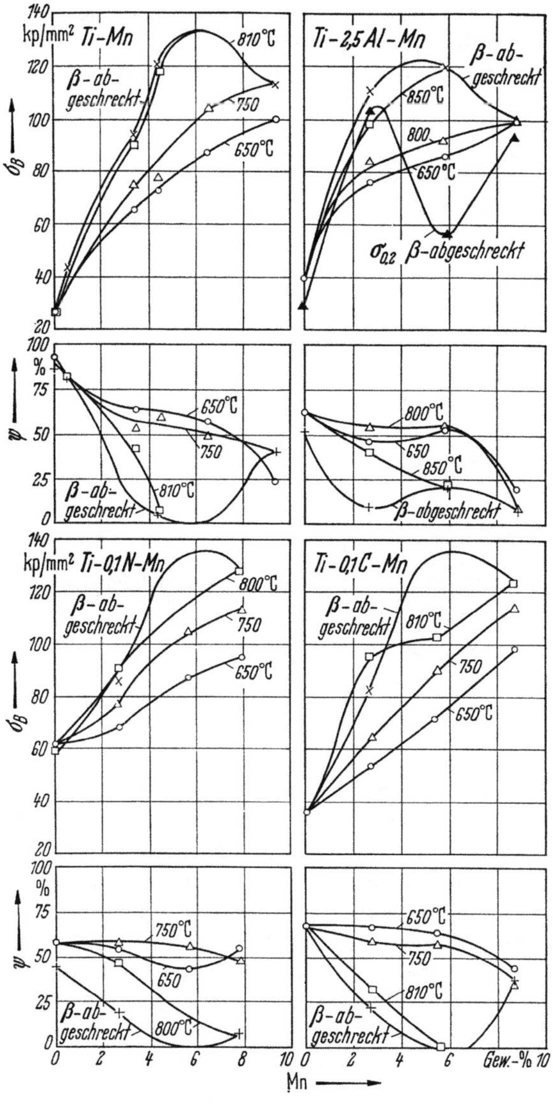

Abb. 11.17 Einfluß von Aluminium, Stickstoff oder Kohlenstoff auf mechanische Eigenschaften von Ti-Mn-Legierungen nach Abschrecken von verschiedenen Temperaturen (Ausgangswerkstoff Jodidtitan) [*O 13*].

Durch α-stabilisierende Zusätze zu Legierungen mit vorwiegend β-stabilisierenden Elementen, kann das Umwandlungsverhalten der β-Phase merklich beeinflußt und durch zusätzliche Mischkristallhärtung eine Festigkeitserhöhung erzielt werden. Einlagerungselemente wie Sauerstoff beschleunigen die Umwandlungsgeschwindigkeit der β-Phase (vgl. Abb. 8.39, S. 195), während durch den Zusatz geeigneter Substitutionselemente wie Aluminium sich die Umwandlungsgeschwindigkeit verringert. In Abb. 11.17 wird der Einfluß von Aluminium, Stickstoff und

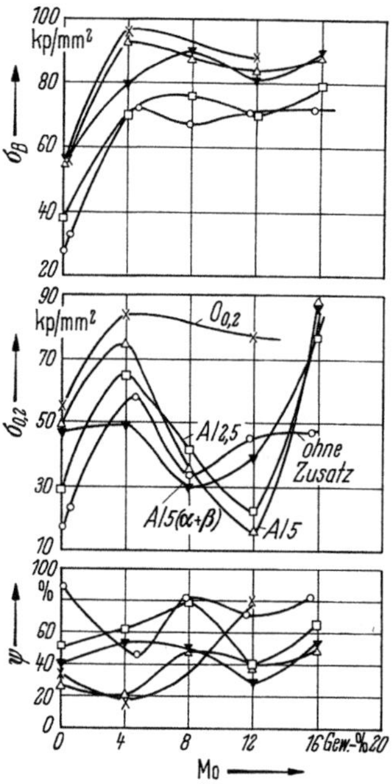

Abb. 11.18 Einfluß von Aluminium und Sauerstoff auf die mechanischen Eigenschaften von Titan-Molybdän-Legierungen nach Abschrecken aus dem β-Gebiet (mit Ausnahme von TiAl5Mo aus dem ($\alpha + \beta$)-Gebiet abgeschreckt). Ausgangswerkstoff Elektrolyttitan, HB $\cong$ 65 kp/mm² [*H 66*].

Kohlenstoff auf die mechanischen Eigenschaften von Titan-Mangan-Legierungen nach verschiedener Wärmebehandlung wiedergegeben. Die stickstoffhaltigen Legierungen weisen die höchste Festigkeit und die geringste Brucheinschnürung auf. Der Aluminiumzusatz beeinflußt die Festigkeit in geringerem Maße und verzögert die Bildung der ω-Phase. Durch einen Aluminiumzusatz von 2,5% ist es deshalb möglich, in Legierungen mit 4–6% Mn noch ein gutes Formänderungsvermögen bei niedriger Streckgrenze nach Abschrecken aus dem β-Gebiet zu erreichen.

In Legierungen mit ($\alpha + \beta$)-Gefüge wird durch α-stabilisierende Zusätze von Substitutions- oder Einlagerungselementen die Festigkeit des α-Anteils stärker erhöht, da diese Elemente sich bevorzugt in der α-Phase lösen, während der β-Anteil weitgehend frei von diesen Legierungselementen bleibt [*O 13*]. In Abb. 11.18 ist für Titan-Molybdän-Legierungen die Änderung der mechanischen Eigenschaften von aus dem β-Gebiet abgeschreckten Legierungen durch Zusätze von Sauerstoff und Aluminium wiedergegeben. Die Festigkeit wird durch 0,1 % Mo ebenso stark erhöht wie durch 5 % Al. Die Streckgrenze durchläuft ein Minimum, das bei Al-Zusatz zu höheren Mo-Gehalten verschoben wird. Durch den Zusatz von 0,2 % O wird besonders die Streckgrenze stark erhöht. Die Verminderung der Brucheinschnürung ist bei Zusatz von 2,5 % Al wesentlich geringer [*H 66*] als bei den in Abb. 11.17 wiedergegebenen Ti-Mn-Legierungen. Bei hohen Mo- und Al-Gehalten bildet sich eine CsCl-Überstruktur (vgl. Abb. 22.6, S. 582), die eine starke Verminderung des Formänderungsvermögens verursacht [*B 52, C 22a*]. Kohlenstoffgehalte im Bereich der Löslichkeit haben fast keinen Einfluß auf die mechanischen Eigenschaften von Titan-Molybdän-Legierungen. Höhere Gehalte bewirken eine feindisperse Karbidausscheidung. Bei einer Rekristallisation wird das Kornwachstum durch die Anwesenheit dieser Karbidausscheidungen vermindert [*L 27*]. Zr-Zusätze unterdrücken die ω-Bildung bei TiMo15 [*O 28a, O 28b*]. Durch hohe Gehalte an die α-Phase stabilisierenden Elementen wie bei TiAl6Mo6Zr4Sn2, TiMo15Zr5, TiMo15Zr5Al3V2 und TiAl6Cr2Mo2Sn2Zr2Si0,25 kann eine Streckgrenze $\sigma_{0,2}$ von 120 kp/mm² bei guter Bruchzähigkeit erreicht werden [*H 10e, O 28d, O 28b, O 28c, H 10c*].

Den für technische Legierungen wichtigen Einfluß von Aluminium auf die mechanischen Eigenschaften von aus dem β-Gebiet abgeschreckten Ti-V-Legierungen zeigt Abb. 11.19. Er ist bei verschiedenen V-Gehalten unterschiedlich und hängt von dem nach dem Abschrecken vorliegenden Zustand ab. Bei 8 % V steigt mit zunehmendem Al-Gehalt die Festigkeit, während die Brucheinschnürung fällt. Bei 12 und 16 % V sinkt die Festigkeit bei kleinen Zusätzen und steigt erst oberhalb 2,5 % Al an, während bei 40 % V die Festigkeit mit zunehmendem Al-Gehalt stetig ansteigt. Das Gefüge von TiV8 ist nach dem Abschrecken aus dem β-Gebiet weitgehend in die α-Phase umgewandelt. Da der Al-Zusatz die Umwandlungsgeschwindigkeit verzögert, kommt es beim Abschrecken zur Bildung der Zwischenphasen, die die Festigkeit erhöhen. Diese Zwischenphasen liegen bei den Legierungen mit 12 und 16 % V bereits im abgeschreckten Zustand vor. Durch den Al-Zusatz wird ihre Bildung verzögert, so daß zunächst die Festigkeit durch zunehmende Stabilisierung der β-Phase vermindert wird. Bei 5 % Al führt der höhere Legierungsgehalt im Mischkristall erneut zu einem Festigkeitsanstieg. Dieser wird bei den Legierungen mit 30 und 40 % V nur noch gefunden, da bei diesen Legierungen nach dem Abschrecken die β-Phase stabilisiert ist [*D 32*].

Die Kerbschlagzähigkeit von Legierungen mit β-stabilisierenden Zusätzen ist vom jeweiligen Gehalt des Zusatzelementes abhängig. Wie bei anderen Werkstoffen, nimmt auch bei Titanlegierungen die Kerbschlagzähigkeit etwa im selben Maße ab, wie die Festigkeit zunimmt. Aus diesem Grunde ist z.B. die Zähigkeit von Ti-Mo-Legierungen bei gleichem Legierungsgehalt wesentlich höher als die von Ti-Mn-Legierungen. Bei Legierungen mit die α-Phase stabilisierenden Zusätzen verhal-

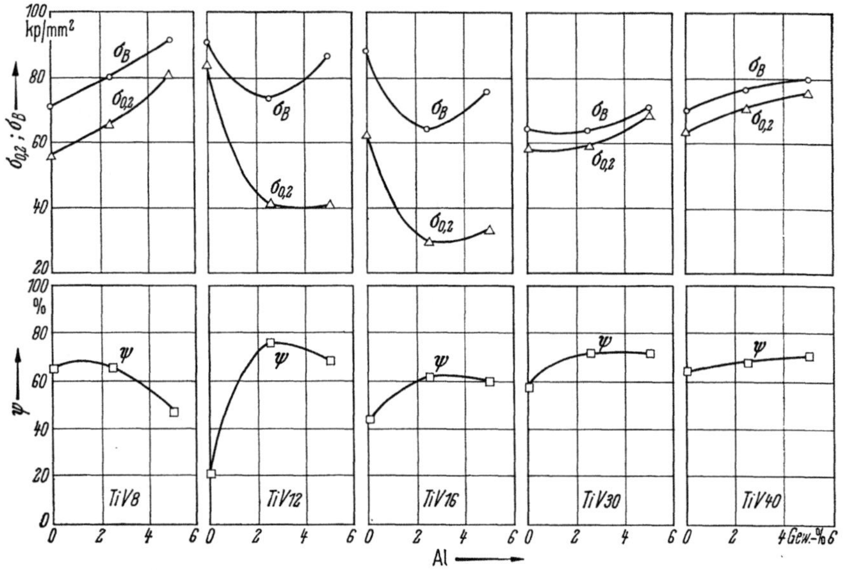

Abb. 11.19 Einfluß von Aluminium auf die mechanischen Eigenschaften von Ti-V-Legierungen nach Glühen und Abschrecken aus dem β-Gebiet, Ausgangsmaterial Elektrolyttitan, HB = 65 kp/mm² [*D 32*].

ten sich wie bei den α-Legierungen diejenigen Zusatzelemente, die Substitutionsmischkristalle bilden, günstiger für die Kerbschlagzähigkeit, als solche, die Einlagerungsmischkristalle bilden [*D 32*].

Auch durch eine Änderung der Gefügeausbildung können die mechanischen Eigenschaften von ($\alpha + \beta$)-Legierungen beeinflußt werden. Bei isothermer Umwandlung oder Abkühlung aus dem β-Gebiet bildet sich im allgemeinen die α-Phase plattenförmig in der β-Matrix (vgl. Abb. 8.17b, S. 169 und Abb. 11.38a–c, S. 304). Bei Verarbeitung und Wärmebehandlung im Zweiphasengebiet entsteht dagegen ein zumindest im Querschnitt polygonales ($\alpha + \beta$)-Gefüge (vgl. Abb. 11.26b und c, S. 293). Während sich die Festigkeit durch die unterschiedliche Gefügeform nur wenig ändert, vermindert sich meist das Formänderungsvermögen bei Proben mit grobkörnigem, plattenförmigem Umwandlungsgefüge gegenüber den Proben mit meist feinkörnigem polygonalem Gefügeaufbau. Der Unterschied im Formänderungsvermögen durch die verschiedene Gefügeausbildung nimmt mit zunehmendem Legierungsgehalt zu. Während sich bei Ti-Mn-Legierungen kein merklicher Unterschied in der Kerbschlagzähigkeit zwischen feinkörnigem polygonalem und grobkörnigem Umwandlungsgefüge zeigt, wurde z.B. bei TiMo2,5Cr2,5 im feinkörnigen Zustand eine höhere Kerbschlagzähigkeit und ein stärkerer Anstieg der Werte mit steigender Temperatur als im grobkörnigen Zustand beobachtet [*H 63, G 30, O 14, G 31, D 32*]. Während die Bruchzähigkeit bei polygonalem α-Gefüge von der Korngrenzenfläche abhängen kann, wird sie z.B. bei TiAl5V5Fe1Cu0,5 von der Dicke der α-Partikel beeinflußt [*G 44c, M 15a*]. Risse entstehen meist an der Grenze zwischen α- und β-Körnern [*M 14a, R 61a*] und bei TiAl6Mo6Zr4Sn2 auf $\{11\bar{2}2\}$- und $\{10\bar{1}2\}$-Zwillingsebenen [*H 26a*] (vgl. Kap. 10.6, S. 246–247).

11.2.2 Wärmebehandlung von instabilen β- und $(\alpha + \beta)$-Legierungen

Für eine Wärmebehandlung instabiler β- und $(\alpha + \beta)$-Titanlegierungen zur Erzielung optimaler mechanischer Eigenschaften ergeben sich aufgrund der oben beschriebenen Zusammenhänge folgende Möglichkeiten:

Durch Abschrecken aus dem β-Gebiet nach dem Lösungsglühen kann zunächst bei genügend hohem Legierungsgehalt ein instabiler β-Mischkristall oder ein martensitischer Zustand hergestellt werden. Die Lösungsglühtemperatur sollte unterhalb der Temperatur liegen, die zu einer Grobkornbildung und damit zu einer Verminderung des Formänderungsvermögens führt. Gegebenenfalls wird innerhalb des $(\alpha + \beta)$-Gebietes eine für die jeweilige Legierung vorteilhafte Phasenverteilung eingestellt. Grobkörniges Gefüge kann durch eine Wärmebehandlung nicht mehr gefeint werden. Eine Kornfeinung kann dann nur durch einen hohen Umformgrad, z.B. durch eine Warmumformung, im $(\alpha + \beta)$-Temperaturgebiet erfolgen. Die Lösungsglühtemperatur soll bei Legierungen mit bis 4% Al 900 °C, bei Legierungen mit mehr als 4% Al 1000 °C nicht überschreiten und hängt von den geforderten Eigenschaften ab. Durch eine Erhöhung der Lösungsglühtemperatur bis zur $\beta/(\alpha + \beta)$-Gleichgewichtstemperatur bei gleichzeitig zunehmender Abkühlgeschwindigkeit kann bei vielen $(\alpha + \beta)$-Legierungen die Aushärtbarkeit infolge Zunahme des Rest-β-Anteiles gesteigert werden. In gleicher Richtung können höhere Gehalte an β-stabilisierenden Legierungselementen wirken. Nach dem Lösungsglühen und Abschrecken liegt dann entweder die homogene β-Phase, eine heterogene Struktur aus α-Martensit und Rest-β oder ein $(\alpha + \beta)$-Gefüge mit instabilem β-Anteil vor. Wenn Legierungskonzentration, Abschrecktemperatur und -geschwindigkeit so gewählt werden, daß sich keine oder nur geringe Anteile der ω-Phase bilden, weisen die

Legierungen in diesem Zustand im allgemeinen ein gutes Formänderungsvermögen und ein niedriges Streckengrenzenverhältnis (vgl. Abb. 8.41 a, S. 196 und Abb. 11.15, S. 264) auf.

Beim Aushärten von β- und $(\alpha + \beta)$-Legierungen, z. B. TiM015 mit Zusätzen, werden Anlaßtemperatur und -zeit so gewählt, daß die ω-Phase als versprödender Legierungsbestandteil nicht auftreten kann. Wird nach dem ZTU-Schaubild (vgl. Abb. 8.43, S. 198 und Abb. 8.27, S. 180) bei der betreffenden Legierung beim Anlassen noch das ω-Gebiet erreicht, so muß so lange geglüht werden, bis der Übergang von ω zu α erfolgt, wodurch das Formänderungsvermögen zunimmt [*F 42*, *F 43*, *F 45*, *G 48*, *O 28c*]. Bei Legierungen mit Zusätzen, die eine intermetallische Verbindung ausscheiden, wie z.B. Chrom, bildet sich häufig die intermetallische Phase erst nach langen Glühzeiten, z.B. mehreren hundert Stunden bei 500 °C, wodurch das Formänderungsvermögen vermindert wird [*F 43*, *Z 4*, *B 117*] (vgl. Abb. 8.44, S. 198; Abb. 11.44, S. 307 und Abb. 11.45, S. 308). Durch eine zusätzliche Spannung kann auch hier dieser Vorgang beschleunigt werden [*G 29*]. Eine niedrige Glühtemperatur z. B. 700 °C bei TiCr11V7Mo4Al3 ergibt nach einer Kaltverformung bis 40 % Höchstwerte von Festigkeit und Bruchdehnung [*L 25b*]. Neben α kann sich z.B. bei einer 0,1 % Fe enthaltenden β-Legierung TiV11Zr11Al2Sn2 auch $ZrFe_2$ bei einer Auslagerung bei 590 °C bilden und zur Festigkeitssteigerung beitragen [*C 75a*]. In manchen Fällen ist es vorteilhaft, nicht auf Raumtemperatur abzuschrecken, sondern die α-Ausscheidung isotherm durchzuführen, da dann bei der Abkühlung und Erwärmung der Temperaturbereich der Bildung der ω-Phase nicht oder nur im oberen Bereich (vgl. Abb. 8.41 b, S. 196) durchlaufen wird. Deshalb kann bei der isothermen Umwandlung in vielen Fällen ein höheres Formänderungsvermögen erzielt werden als nach Abschrecken auf Raumtemperatur und Anlassen [*D 14*, *J 2*, *J 3*]. Weitere Einzelheiten über den Einfluß einer Wärmebehandlung werden bei den mechanischen Eigenschaften der technischen Titanlegierungen in Kap. 11.4, S. 277ff. beschrieben (vgl. auch Kap. 11.5.2, S. 289ff. und Kap. 11.5.3, S. 298ff.).

11.3 Einfluß von Legierungszusätzen auf die mechanischen Eigenschaften und das Kriechverhalten bei höheren Temperaturen

Da bei Titan die Festigkeit mit zunehmenden Temperaturen rasch abnimmt, führte der Wunsch nach Werkstoffen mit möglichst geringem spezifischem Gewicht und hoher Festigkeit unter Kurz- und Langzeitbeanspruchung bei erhöhter Temperatur zur Entwicklung von warmfesten Titanlegierungen. Die Basis für die Entwicklung solcher Legierungen bildet die Kenntnis des Einflusses verschiedenartiger Legierungszusätze auf die mechanischen Eigenschaften bei höheren Temperaturen.

Im Bereich der α/β-Umwandlungstemperatur ist die Warmfestigkeit der hexagonalen α-Phase höher als die der kubischen β-Phase wie durch Warmhärtemessungen [*C 25*] und Zeitstanduntersuchungen an Titan [*L 55*] und einigen Aluminium oder Sauerstoff enthaltenden Legierungen [*R 46*] festgestellt wurde. Zusätze verschiedener Elemente mit hoher Löslichkeit in der α-Phase, wie Aluminium [*O 17*], Gallium, Indium [*J 22b*], Hafnium und Zirkonium [*G 53a, N 3e*] erhöhen die Warmfestigkeit der α-Phase.

Titan-Aluminium-Legierungen mit $\geqq 6$ % Al besitzen eine hohe Warmhärte bis zu Temperaturen von über 500 °C [*O 17*]. Bei Legierungen mit nur β-stabilisierenden Legierungselementen wird dagegen die Warmhärte oberhalb 400 °C stark vermindert. Diese Erkenntnis und das geringe

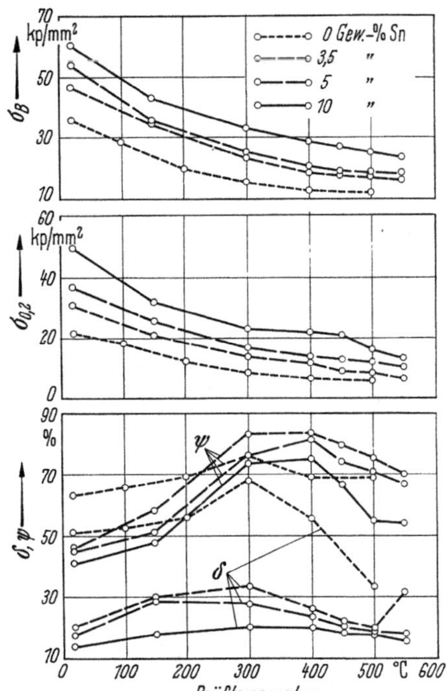

Abb. 11.20 Mechanische Eigenschaften von Titan-Zinn-Legierungen in der Wärme. Ausgangsmaterial Umschmelzhärte HB = 110 kp/mm² [*B 116*].

spezifische Gewicht des Aluminiums führten dazu, daß als warmfeste Legierungen zunächst solche mit Aluminiumzusätzen geprüft wurden. Durch weitere Zusätze β-stabilisierender Elemente kann zwar die Warmhärte bis etwa 500 °C, jedoch die Temperatur des Steilabfalles der Warmhärte nicht über 500 °C erhöht werden [*H 17, C 9, C 74*].

Für eine Kurzzeitbeanspruchung bei erhöhter Temperatur sind Angaben über die Warmfestigkeit in manchen Fällen ausreichend. Die

Warmfestigkeit von Ti-Al-Legierungen hängt jedoch auch von Beimengungen, von der Verarbeitung und der Wärmebehandlung ab. Erste Untersuchungen [*H 17*], ergaben deshalb höhere Werte als spätere Untersuchungen [*S 157*, *J 7*, *J 8a*]. Außer Aluminium erhöhen auch Zusätze von Zinn, Zirkonium [*S 157*] oder Gallium [*S 63f*] die Warmfestigkeit. Abb. 11.20 gibt die Temperaturabhängigkeit der mechanischen Eigenschaften von binären Titan-Zinn-Legierungen wieder. Wie bei Titan technischer

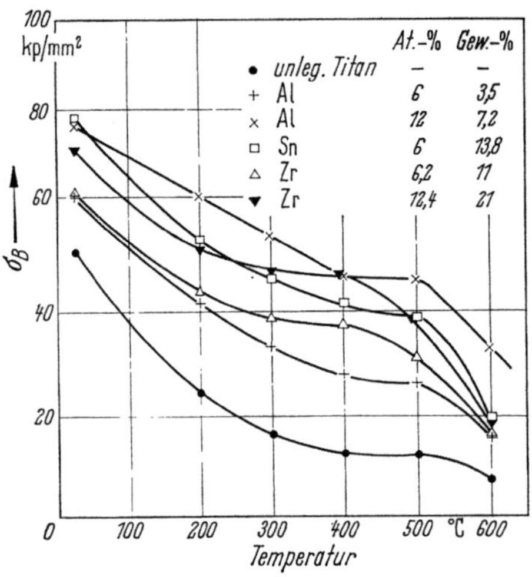

Abb. 11.21 Temperaturabhängigkeit der Festigkeit binärer α-Titanlegierungen im Vergleich mit Titan technischer Reinheit [*S 157*].

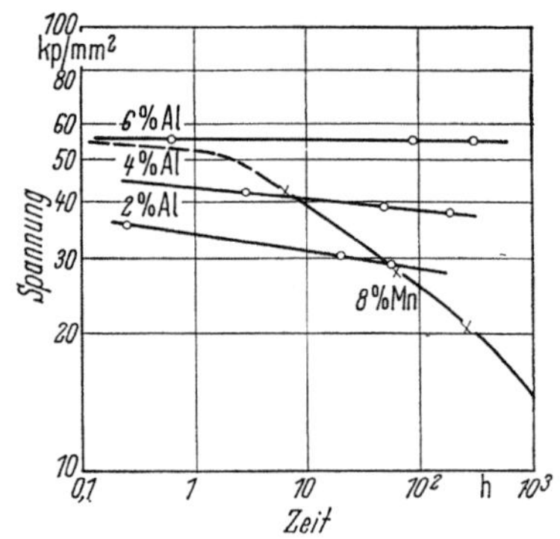

Abb. 11.22 Zeitstandfestigkeit verschiedener Titanlegierungen bei 425 °C [*C 6*, *S 53*].

Reinheit fällt auch bei den drei zinnhaltigen Legierungen oberhalb 300 °C die Bruchdehnung ab [*B 116*]. Den Einfluß von Gehalten an Zinn, bzw. Zirkonium, bzw. Aluminium auf die Warmfestigkeit zeigt Abb. 11.21. Die vergleichbaren Legierungsgehalte beziehen sich auf Atomprozent. Danach ist die Festigkeitssteigerung durch jeweils 6 At.-% bei Zinn am größten. Bei 12 At.-% Al wird eine hohe Festigkeit oberhalb 500 °C [*S 157*, *S 158*] durch die Bildung von Anteilen der Überstrukturphase Ti_3Al (vgl. Kap. 8.4, S. 191 ff.) beobachtet. Wegen des Anstieges des spezifischen Gewichtes durch höhere Zinngehalte sind zu hohe Zinnzusätze in vielen Fällen nicht vorteilhaft. Ein Zirkoniumzusatz von 12 At.-% erhöht, wie die Abb. 11.21 zeigt, die Warmfestigkeit in geringerem Maße als ein entsprechender Aluminiumzusatz [*S 157*]. Ein Vergleich der Temperaturabhängigkeit der Verformbarkeit von aluminiumfreien ternären Titan-Zirkonium-Zinn-Legierungen mit binären Titan-Zinn- bzw. Titan-Zirkonium-Legierungen gleicher Festigkeit ergab einen höheren Verformungswiderstand der ternären Legierungen, so daß die Warmfestigkeit gegenüber den binären Legierungen verbessert wird [*G 19*]. Eine ω-Bildung kann zwischen 200 und 400 °C zu einer Ungleichmäßigkeit im Spannungs-Dehnungs-Diagramm führen [*O 28d*].

Die Warmfestigkeit von Titanlegierungen mit β-stabilisierenden Legierungszusätzen hängt von der Wärmebehandlung und von den während der Beanspruchung ablaufenden Umwandlungsvorgängen ab. Durch Zusätze von β-stabilisierenden Elementen zu α-Titanlegierungen, wird sowohl die Festigkeit bei Raumtemperatur als auch die Warmfestigkeit erhöht. Auch durch eine Aushärtung wird bei $(\alpha + \beta)$-Legierungen die Warmfestigkeit bis zu Temperaturen von etwa 450 °C verbessert. Molybdän- und Chromzusätze wirken in stärkerem Maße als z.B. Vanadin [*J 7, B 114, S 85, J 8a*]. Legierungszusätze mit geringer Löslichkeit in der α-Phase, die eine Ausscheidung von intermetallischen Phasen verursachen, wie z.B. Wismut [*R 92a*], Silizium oder Bor, erhöhen die Warmfestigkeit aluminiumhaltiger Legierungen ebenfalls [*S 158, B 114, K 67a, K 12, T 13b*], können jedoch die Bruchzähigkeit vermindern [*H 10d*].

Im Zeitstandverhalten zeigt sich ebenfalls eine günstige Wirkung von Aluminiumzusätzen. In Abb. 11.22 sind Zeitbruchlinien von verschiedenen Titan-Aluminium-Legierungen im Vergleich mit der einer Titan-Mangan-Legierung für eine Prüftemperatur von 425 °C wiedergegeben. Sie zeigen, daß bei den aluminiumhaltigen Legierungen nur eine geringe Zeitabhängigkeit bei dieser Temperatur besteht, während bei der manganhaltigen Legierung mit zunehmender Prüfdauer eine starke Abnahme der einen Bruch verursachenden Spannung auftritt. Bei höheren Temperaturen wird dieses Verhalten noch ausgeprägter [*C 6, A 14, C 9, S 53, F 40 d*].

Untersuchungen über den Einfluß dritter Elemente auf das Kriechverhalten aluminiumhaltiger Legierungen bei erhöhter Temperatur haben ergeben, daß geringe Gehalte an Eisen die Kriechfestigkeit vermindern [*K 64a*], Elemente mit hoher Löslichkeit in der α-Phase, z.B. Gallium, Zinn, Zirkonium oder Hafnium, das Kriechverhalten verbessern [*C 9, C 74, I 5, G 4b, G 24a*], ohne daß sich das Formänderungsvermögen vermindert. Aufgrund dieser Befunde sind α-Legierungen mit Al- + Sn-, Al- + Zr- und Al- + Sn- + Zr-Zusätzen als technische Legierungen entwickelt [*F 19, S 95, W 60*] und durch β-stabilisierende Molybdänzusätze, z.B. TiAl6Zr4Mo2Sn2, weiter verbessert worden [*R 65b*].

Einige Zeitstandfestigkeitswerte ($\sigma_{B/500}$) von binären und ternären Legierungen bei 425 und 540 °C sind in Tab. 11.3 gegenübergestellt. Bei den Legierungen mit nur β-stabilisierenden Zusätzen sind die Zeitstandfestigkeit zwischen 425 und 540 °C stärker vermindert als bei den aluminiumhaltigen Legierungen. Lediglich bei TiMo30 wird auch bei 550 °C noch eine hohe Zeitstandfestigkeit gefunden [*C 75, C 55, C 74, K 6*].

Ein Vergleich von Legierungen mit jeweils 5 At.-% Al, Ga und

Tabelle 11.3. *Einfluß von Legierungszusätzen auf das Zeitstandverhalten von Titan bei 425 und 540 °C*

Legierungs-zusammensetzung (Gew.-%)	Wärmebehandlung Temperatur in °C W = Wasserabschreckung L = Luftabkühlung	$\sigma_{B/500}$ (kp/mm²)		Literatur
		425 °C	540 °C	
Titan techn. Reinheit	1/2 h 750/L $\sigma_B = 39$ kp/mm²	7	3	[S 53]
	$\sigma_B \cong 49$ kp/mm²	12	4	
TiAl2	1 h 650/L	26	7	
TiAl4		37	–	[C 9]
TiAl6		52	18	
TiAl8		62	26	
TiMo3	24 h 800/L + 48 h 425/L	27	–	[C 9]
TiMo15	24 h 700/L + 24 h 550/L	42	8,5	[C 9]
TiMo30	1 h 650/L	~70	18	[C 75]
TiV30	48 h 550/L	28	6	[C 9]
TiAl5Sn2,5	1 h 650(800)/L	33	14	[S 53]
TiAl5Sn5		–	24,5	[C 74]
TiAl5Ag2		45	–	[C 74]
TiAl5Ag7		45	–	[C 74]
TiAl6Si0,5	3 h 850/L	60	19	[C 75]
TiAl6Mo3Si0,5	24 h 900/L + 48 h 550/L	–	30	[C 9]
TiAl6Mo3Zr4	6 h 800/L + 12 h 540/L	–	21	[C 72]
TiAl6Ta3	2 h 750/L	–	21	[C 74]
TiAl6Mo4	24 h 600/L	86,5	20	[S 53]
TiAl6V4	24 h 600/L	–	10[1,4]	[C 9]
	2 h 700/L	50[2]	13[5,4]	[Z 7, Z 8]
TiAl6Zr4Mo2Sn2	1 h 955/L + 8 h 595/L	66	36	[C 48c]
TiAl6Zr5Mo0,5				[G 39c]
Si0,2	1050/Öl + 24 h 500/L	–	>31	[I 6d]
TiSn6Al5Zr2Mo1				
Si0,25	1 h 980/L + 2 h 600/L	~60	44	[B 14a]
TiAl7Mo3	24 h 875/L + 24 h 550/L[1]	–	24,5	[C 69]
	24 h 875/W + 48 h 550/L[2]	–	32	[C 69]
	1 h 850/L	~66	~22	[R 89]
TiAl7V3	1 h 900/L	–	22	[C 74]
TiAl8Mo1V1	geglüht	–	27[4]	[C 74]
TiAl8Nb2Ta1	1 h 900/L	62	26	[S 53]
TiAl8Ta3	2 h 750/L	–	29	[C 74]
TiAl8Mo4	1 h 1050/W + 24 h 700/L	86,5	30	[C 9]
TiAl8V4	24 h 900/W + 48 h 550/L	–	27	[C 74]
TiAl8Zr4	1 h 750/W	80	28[3]	[C 9]
TiAl8Zr8(NbTa)1	1 h 800/L	64[4]	35	[R 89]
TiAl9V3[2]	1 h 700/L	60	29	[Z 10]

[1] Korngefüge; – [2] Umwandlungsstruktur; – [3] bei 650 °C 10 kp/mm²; [4] $\sigma_{B/1000}$; – [5] Umwandlungsstruktur 30% kalt verformt.

In ergab bei der Zeitstandfestigkeit $\sigma_{B/100}$ bei 500 °C Werte von 15,7 kp/mm², 32,2 kp/mm² und 12,3 kp/mm², wobei mit zunehmender Gitterkonstante der a-Achse die Zeitstandfestigkeit auch bei anderen ternären Legierungen abnahm [*J 22b*]. Bei Untersuchungen an Legierungen mit Gehalten bis zu 40 % Zr bzw. Hf wurde gefunden, daß Legierungen mit etwa 20 % Zr [*G 53a*] bzw. 40 % Hf die besten Kriecheigenschaften aufwiesen [*N 3e*].

Durch Zusätze, die feindisperse Ausscheidungen von intermetallischen Verbindungen durch geringe Löslichkeit in der α-Phase verursachen, kann die Kriechfestigkeit ebenfalls verbessert werden. Bei zu hohen Zusätzen, z.B. 1 % Si zu TiAl8, wird jedoch das Formänderungsvermögen zu stark vermindert [*A 14*]. Silizium wird aus diesem Grund technischen Legierungen nur bis ~0,3 % zugesetzt [*H 25, D 1a, C 22, W 81a, A 35a, S 61b, R 18a, I 6, F 30b*]. Während durch den verbindungsbildenden Zusatz von Silizium die Zeitstandfestigkeit erhöht wird, konnte sie durch Zusätze von Bor und Kohlenstoff nicht verbessert werden [*C 74, B 114, R 87*].

Außer durch den Legierungsgehalt wird das Zeitstandverhalten auch durch die Gefügeausbildung und damit durch den Verarbeitungszustand und die Wärmebehandlung der Legierungen beeinflußt. In vielen Fällen ist die Kriechbeständigkeit bei hohen Temperaturen bei Vorliegen eines groben Umwandlungsgefüges besser als bei feinkörnigem polygonalem Gefüge [*C 73, C 76, Z 7, K 41, I 5*]. Beimengungen können ebenfalls das Kriech- und Zeitstandverhalten ungünstig beeinflussen. Insbesondere bei hoher Temperatur, z.B. 500 °C, kann durch einen höheren Sauerstoff-, Stickstoff- und/oder Eisengehalt, z.B. bei TiAl6V4, die Kriechbeständigkeit abnehmen [*Z 7, I 8b*].

Die Wirkung von Legierungszusätzen auf das Zeitstandverhalten darf nicht allein nach dem Kriech- und Zeitstandverhalten beurteilt werden, sondern die Legierungen dürfen auch unter dem Einfluß von Temperatur und Beanspruchung keine Eigenschaftsänderungen, die eine Verminderung des Formänderungsvermögens verursachen, erfahren, müssen also eine ausreichende thermische Stabilität besitzen. Die bereits beschriebene (vgl. Kap. 8.4, S. 191ff.) Ausbildung der Ordnungsphase α_2 (Ti_3Al) begrenzt den Aluminiumgehalt warmfester Titanlegierungen. Während Legierungen mit 6,5 % Al mit Zusätzen von 5 % Hf oder Zr noch keine Verminderung des Formänderungsvermögens trotz Verbesserung der Kriechbeständigkeit bei 540 °C aufweisen, ist dies bei Legierungen mit 8 % Al auch bei Zirkoniumzusatz der Fall [*I 5*]. Die maximalen Legierungsgehalte an Aluminium, Zinn und Zirkonium für technische α-Legierungen hoher Kriechbeständigkeit und einem Sauerstoffgehalt von $\leqq 0{,}1$ % können angenähert durch folgenden Zusammenhang bestimmt werden [*R 65b*]:

$$\% \text{ Al} + 1/3 \times \% \text{ Sn} + 1/6 \times \% \text{ Zr} + 10 \times \% \text{ O} = < 9$$

Bei Legierungen mit 8–9 % Al, mit Molybdän-, Vanadin-, Niob- oder Tantalzusatz wird bei 550 °C keine vollständige thermische Stabilität erreicht. Die Verminderung des Formänderungsvermögens macht sich mit fallender Temperatur erst nach längerer Beanspruchungszeit bemerkbar, so daß unter entsprechenden Bedingungen eine technische Anwendung möglich ist [*Z 10*, *R 89*]. Legierungen mit nur β-stabilisierenden Zusätzen, wie TiMn8, sind meist thermisch instabil. Die Legierung TiMo30 besitzt zwar eine gute Warm- und Zeitstandfestigkeit bei kurzer Beanspruchungsdauer. Ihr Formänderungsvermögen wird jedoch ebenfalls nach langzeitiger Beanspruchung vermindert [*C 75*]. Auch durch Chromzusätze zu Titan-Aluminium-Legierungen, die eine Erhöhung der Zeitstandfestigkeit bewirken, erfolgt eine Verminderung der Bruchdehnung und -einschnürung bei langzeitiger Beanspruchung bei erhöhter Temperatur [*B 114*]. Die Legierung TiCr2Fe2 z.B. weist bereits nach Auslagerung von über 500 h bei 420 °C keine Brucheinschnürung bei Raumtemperatur mehr auf [*S 53*].

Die Prüfung der thermischen Stabilität erfolgt meist an Proben, die zuvor bestimmte Zeiten im Kriechversuch geprüft wurden (vgl. Tab. 11.9, S. 316). Einen Hinweis für eine Verminderung des Formänderungsvermögens erhält man bereits nach langzeitiger Auslagerung im spannungsfreien Zustand durch die Prüfung von Bruchdehnung und -einschnürung nach einer solchen Wärmebehandlung. Durch eine Prüfung nach einer Beanspruchung im Zeitstandversuch wird die Verminderung des Formänderungsvermögens bereits nach kürzeren Zeiten beobachtet [*W 80*, *Z 10*, *B 114*, *R 89*]. Die bei Langzeitauslagerung zwischen 425–580 °C (5000 h) durch Ti_3(Al,Sn-)Ausscheidungen verminderte Bruchzähigkeit der Legierungen TiAl6Zr4Mo2Sn2 und TiSn6Al5Zr2Mo1Si0,25 kann durch eine Homogenisierungsglühung (8 h 800 °C) zumindest teilweise wiederhergestellt werden [*S 63d*]. Die thermische Stabilität ist bei konstanter Prüftemperatur bei manchen Legierungen von der Höhe der aufgebrachten Spannung abhängig. Legierungen, die bei geringer Spannung noch thermisch stabil sind, können bei höherer Spannung ihr Formänderungsvermögen vermindern. Bei derartigen Legierungen wird deshalb die maximale zulässige Spannung und Temperatur nicht allein von ihrer Kriechbeständigkeit, sondern auch vom Bereich der Temperatur, der Spannung und der Zeit, die zu einer Verminderung des Formänderungsvermögens führen, bestimmt.

Verschiedene Legierungen zeigen bei höheren Temperaturen unter Spannung zusätzlich Spannungskorrosion, die durch salzartige Verbindungen beschleunigt wird und von der Oberfläche ausgehend zu einem interkristallinen Angriff führen kann. Diese Art von Spannungsrißkorrosion (vgl. Kap. 13.5, S. 407ff.) kann bei einer geringen plastischen Verformung im Kriechversuch stattfinden und z.B. durch salzhaltige Rückstände, die durch Fingerabdrücke entstehen, verursacht werden. Sie läßt sich durch Änderung des Gefüges und der Oberfläche beeinflussen. Hochaluminiumhaltige Legierungen oder solche, deren Korngrenzen hohe Aluminiumgehalte aufweisen, sind besonders anfällig gegen diese Art der Verminderung des Formänderungsvermögens [*Z 7*, *K 41*, *W 60*, *C 22*, *R 87*, *W 25*, *B 15f*] (vgl. Kap. 13.5, S. 407ff.).

Außer durch Legierungszusätze läßt sich die Warm- und Zeitstandfestigkeit von Titan und Titanlegierungen auch durch Dispersion unlöslicher, hochschmelzender Oxide erhöhen. Die Dispersionshärtung durch Oxide ist bei Titan nur mit sehr stabilen Oxiden möglich. So erhöhen Zusätze von 0,7 % CeO_2 bei unlegiertem Titan die Zeitstandfestigkeit bei 550 °C [*H 54*, *H 73*]. Durch innere Oxydation von Ti-Ce- oder Ti-La-Legierungen kann ebenfalls die Warmstreckgrenze erhöht werden [*K 8b*].

11.4 Technische Legierungen (Normvorschriften und Empfehlungen zur Wärmebehandlung)

Von den vielen untersuchten Titanlegierungen hat nur eine begrenzte Anzahl eine technische Anwendung gefunden. Die zunehmenden Anforderungen der Werkstoffabnehmer und der rasche Fortschritt der Legierungsentwicklung haben außerdem einen Teil der anfangs verwendeten Legierungen verdrängt und durch neue Legierungen ersetzt. Verschiedene Legierungen sind genormt und neben anderen in Tab. 11.4 zusammengestellt, in der die hauptsächlichen Legierungszusätze durch das chemische Symbol gefolgt von dem Gewichtsanteil in Prozent wiedergegeben sind. Die Einteilung erfolgte in die drei Gruppen α-, $(\alpha + \beta)$- und β-Legierungen. Diese Einteilung ist nicht streng durchgeführt. So werden Legierungen mit geringen β-Anteilen teilweise noch zu den α-Legierungen gerechnet. Die Gefügebeurteilung erfolgt im verarbeiteten oder lösungsgeglühten Zustand.

Auch die Aufteilung zwischen $(\alpha + \beta)$- und β-Legierungen erfolgt nach den im verarbeiteten oder lösungsgeglühten Zustand vorliegenden Phasen. Die instabilen β-Legierungen können zwar nach einer zusätzlichen Wärmebehandlung ein $(\alpha + \beta)$-Gefüge aufweisen, die Einteilung der Legierungen in Tab. 11.4 gibt aber solche Legierungen im Bereich der β-Legierungen wieder.

In der Tab. 11.5 sind Angaben über die Wärmebehandlung der technischen Legierungen mitgeteilt. Auf einzelne Legierungen, deren technische Anwendung nicht mehr erfolgt oder sehr stark vermindert ist, und auf neu entwickelte Legierungen wird im Text hingewiesen.

Tabelle 11.4. *Technische Legierungen und Normvorschriften* [*A 28, I 2, L 45a, W 66a, M 70d, K 62, G 20b, S 23c, G 20a, G 39c, I 6b, C 48k*]

Legierungs-typ	Bezeichnung[1]	A.I.C.M.A. Europ. Norm[2]	Bundesrepublik Deutschland[3]	Frankreich[4] Afnor	Großbritannien[5] D.T.D.	UdSSR	USA[6 7] AMS
α	TiAl5	–	–	–	–	VT 5	–
	TiAl5Sn2,5	–	3,7114	TA 5 E	DTD 5083, 5093	VT 5-1	4910, 4926, 4953, 4966
	TiAl5Sn2,5 (geringer O-Gehalt)	–	–	–	–	–	4909, 4924
	TiAl6Zr5Mo0,5Si0,2	–	3,7154	–	–	–	–
	TiAl8Mo1V1	–	–	TA 8 DV	–	–	4915, 4916, 4955, 4972, 4973
	TiCu2,5	Ti-P11	3,7124	–	DTD 5123, 5133	–	–
	TiSn6Al5Zr2Mo1Si0,25	–	–	–	–	–	–
$\alpha + \beta$	TiAl2Mn2	–	–	–	DTD 5043 A	OT 4-1	–
	TiAl3V2,5	–	–	–	–	–	–
	TiAl4Mn1,5	–	–	–	–	VT 4	–
	TiAl4Mn4	Ti-P 62	–	TA 4 M	DTD 5053 B	VT 6S	4925
	TiAl4Mo3V1	–	–	–	–	VT 14	4912, 4913
	TiAl4Mo4Sn2Si0,5	–	–	–	DTD 5153	–	–
	TiAl5Cr1Fe0,4Si0,3B0,01	–	–	–	–	AT 4	–
	TiAl5Cr2,5	–	–	–	–	VT 3	–
	TiAl6Cr2Mo2 (Fe0,4Si0,2)	–	–	–	–	VT 3-1	–
	TiAl6Nb2Mo1Ta1	–	–	–	–	–	–
	TiAl6V4	Ti-P 63	3,7164	–	DTD 5163, 5173	VT 6	4911, 4928, 4935, 4954, 4965, 4967
	TiAl6V4 (geringer O-Gehalt)	–	–	–	–	–	4907, 4930
	TiAl6V6Sn2Cu1Fe1	Ti-P 64	3,7174	–	–	–	4918, 4971

	TiAl6Zr4Mo2Sn2	–	3,7144	–	–	–	4975, 4976
	TiAl6Zr5Mo4Cu1Si0,2	–	–	–	–	–	–
	TiAl6,5Mo3,5(Si0,3)	–	–	–	–	VT 8	–
	TiAl7Mo4	–	–	–	–	–	4970
	TiMn8	–	–	–	–	–	4908
	TiSn11Zr5Al2,5Mo1Si0,2	–	–	–	DTD 5113	–	4974
β	TiCr11Mo7,5Al3,5	–	–	–	–	VT 15	–
	TiMo11,5Zr6Sn4,5	–	–	–	–	–	–
	TiV8Cr6Mo4Zr4Al3	–	–	–	–	–	–
	TiV8Fe5Al1	–	–	–	–	–	–
	TiV13Cr11Al3	–	–	–	–	–	4917
	TiV16Al2,5	–	–	–	–	–	–

[1] Ziffer hinter dem chemischen Symbol bedeutet Legierungsgehalt in Gew.-% (Reihenfolge mit fallendem Legierungsgehalt).
[2] Association International des Constructeurs de Material Aeronautic.
[3] Werkstoff-Leistungsblatt der Deutschen Luftfahrt.
[4] Association Française de Normalisation.
[5] Ministry of Aviation, Director of Technical Development.
[6] Aeronautical Material Specification.
[7] Military specification, Titanium and Titanium alloys, MIL-T-9046, F = sheet, strip plate; 9047 D = bars, forgings,
TiAl5Sn2,5, 9046, II/F; geringer O-Gehalt, 9046 II/B, 9047,3
TiAl8Mo1V1 9046, II/F, 9047,5
TiAl6V4, 9046, III/C, 9047,6; geringer O-Gehalt 9046/III D, 9047,7;
TiAl6V6Sn2Cu1Fe1, 9046, III/E; 9047,8;
TiAl6Zr4Mo2Sn2, 9046, III/G; 9047,11;
TiAl7Mo4, 9047,9
TiV13Cr11Al3, 9046, IV/A, 9047,12.

Tabelle 11.5. *Wärmebehandlung technischer Legierungen*
W = Wasserabschreckung, L = Luftabkühlung, O = Ofenabkühlung bzw. stabilisieren

Legierungstyp	Zusammensetzung*	Spannungsfreiglühen [°C]	Weichglühen [°C]	Lösungsglühen + Aushärten [°C]	Literatur
α	TiAl5	1 h 600/L	10 h 750/L	–	[*L 45a*]
	TiAl5Sn2,5	1/4 -2 h 550–650/L	10 min bis 4 h 725–850/L	–	[*A 28, W 66a*]
	TiAl6Zr5Mo0,5Si0,2	24 h 550/L	–	1/4 h 1050/Ölabschrekkung + 24 h 500/L	[*G 39c, I 6*]
	TiAl8Mo1V1	1 h 600–650/L	8 h 800/O + 1/4 h 800/L[1]	1 h 900–1000/L + 8 h 600/L[2]	[*W 66a, S 39a, M 70d*]
	TiCu2,5	a) 24 h 400 + 8 h 475/L b) 1 h 600/L	1 h 790/L	1 h 800/W + 24 h 400/L + 8 h 475/L	[*M 60, G 39a, B 47a, M 70d*]
	TiSn6Al5Zr2Mo1Si0,25	1–4 h 600–650/L	–	1/4–1 h 980/L + 2 h 600/L	[*R 18a*]
$\alpha + \beta$	TiAl2Mn2	1/2-2 h 450–600/L	1/2 h 700/L	–	[*A 28, W 66a, M 70d*]
	TiAl3V2,5	2 h 450–650/L	1–2 h 680–760/L	–	[*S 39a, R 18a*]
	TiAl4Mn4	2 h 700/L	2–4 h 700/O	1/2–2 h 760–810/W + 8–24 h 430–540/L	[*W 66a*]
	TiAl4Mo3V1	1 h 540–600/L	4 h 660/0 → 550/L	1/4 h 840–900/W + 8–12 h 500/L	[*W 66a, M 70d*]
	TiAl4Mo4Sn2Si0,5	1 h 600/L	1 h 900/L	1 h 900/L + 24 h 500/L	[*H 26*]
	TiAl5Cr1Fe0,4Si0,3B0,01	–	1 h 850/L	–	[*K 62*]
	TiAl5Cr2,5	1 h 600/L	1 h 750/L	–	[*L 45a*]
	TiAl5Cr2,75Fe1,25Mo1,2	2 h 650/L	4–24 h 650/L	1 h 875–885/W + 24 h 540/L	[*W 66a*]
	TiAl6Cr2Mo2	1 h 650/L	1 h 870/L	1 h 870/Ofenabk. 650/L + 1 h 650/L	[*L 45a*]

	TiAl6Sn6Zr2Mo1Si0,2	2 h 600/L	1/2 h 985/L	1/2 h 985/L + 2 h 600/L	[B 14a]
	TiAl6V4	1–4 h 480–650/L	1–8 h 700–800/O → 550/L	5 min bis 1 h 820 bis 950/W + 4–8 h 480 bis 550/L	[W 66a]
	TiAl6V6Sn2Cu1Fe1	2–4 h 480–600/L	1–2 h 700/L	1 h 850–920/W + 4–8 h 480–600/L	[M 70d]
	TiAl6Zr4Mo2Sn2	8 h 600/L	1 h 890–950/L	1 h 890–950/L + 8 h 600/L	[T 19c] [G 39c]
	TiAl6Zr5Mo4Cu1Si0,2	24 h 500/L	1 h 900/L	1 h 900/L + 24 h 500/L	[L 45a]
	TiAl6,5Mo3,5(Si0,3)	1 h 590/L	1 h 880/L	1 h 880/L + 1 h 590/L	[W 66a, S 39a]
	TiAl7Mo4	1–8 h 480–700/L	1–8 h 775–800/O → 550/L	1/2–1 $^{1}/_{2}$ h 900–950 W + 4–16 h 480–600/L	[W 66a, A 28, S 39a]
	TiMn8	1/2–2 h 480–600/L	1 h 675–700/O → 540/L	–	
	TiSn11Zr5Al2,5Mo1Si0,2	10 h 500/L	1 h 900/L	1 h 900/L + 24 h 500/L	[M 70d]
β	TiCr11Mo7,5Al3,5	1 h 700/L	1/4 h 730/L	1/4–1 h 760–800/W + 8–24 h 450–480/L	[L 45a]
	TiMo11,5Zr6Sn4,5	1/2 h 650/L	1 h 730/L	1/2 h 730–790/W + 8 h 480/L	[M 70d]
	TiV8Cr6Mo4Tr4Al3	1–4 h 680–760/L	1/4–1 h 815/L	1/4–1 h 815/L + 4–12 h 480–650/L	[R 18a]
	TiV8Fe5Al1	1 h 540–600/L	1 h 675/O → 480/L	1 h 750–775/W + 2 h 500–540/L	[M 70d]
	TiV13Cr11Al3	1/4–1/2 h 730/L; ausgehärtet; 4 h 800/L	1/4–1 h 790/L	a) 15 min 790/W + 16 h 480/L b) 20 min 790/L + Kaltumformung + 24 h 430/L	[A 28, W 66a, S 39a, M 70d]
	TiV16Al2,5	1/2 h 750/L	1/2 h 750/L	10–30 min 740–760/W + 4 h 510–530/L	[W 66a]

* Ziffer hinter dem chemischen Symbol bedeutet Legierungsgehalt in Gew.-% (Reihenfolge mit fallendem Legierungsgehalt).
[1] Wärmebehandlung für Bleche. – [2] Wärmebehandlung für Schmiedestücke.

Tabelle 11.6. *Richtwerte der mechanischen Eigenschaften und Halbzeug technischer Legierungen verschiedener Wärmebehandlung bei Raumtemperatur* [*L 45a, W 66a, M 70d, S 39a, T 19a, I 6, R 18a*]

S = Stäbe, Knüppel, Barren; Bd = Band; D = Draht; B = Blech, Platten; R = Rohr; P = Strangpreßteile
g = geglüht; a = ausgehärtet; k = kalt umgeformt; st = stabilisiert

Legierungstyp	Bezeichnung[1]	Herstellbare Halbzeugformen	Mechanische Eigenschaften				Kaltumformbarkeit Biegeradius × Blechdicke Biegewinkel 105°	
			Zustand	σ_B [kp/mm²]	$\sigma_{0,2}$ [kp/mm²]	δ [%]	ungeschweißt	geschweißt[2]
α	TiAl5	S, D, B	S, B, g	75–90	65	12 (min)	3–4	4–6
	TiAl5Sn2,5	S, D, B, Bd, P	B, g	88	84	15	3–4	4–6
	TiAl5Sn2,5 (niedriger O-Gehalt)	S, D, B, Bd, P	B, g	77	67	18	3–4	4
	TiAl5,5Sn2,5Cu3	S, B, P	S, g	100–117	90	9 (min)	–	–
	TiAl6Zr5Mo0,5Si0,2	S	S, a	105	93	10	–	–
	TiAl8Mo1V1	S, D, B, P	B, g	103	95	13	3–5	7–8
			S, st	97	88	15	–	–
	TiCu2,5	S, D, B, P	S, B, g	63	54	24	2	3
			S, B, a	79	63	20	3	3
	TiSn6Al5Zr2Mo1Si0,25	S, B	S, B, g	102	89	12	4–5	8–10
$\alpha + \beta$	TiAl2Mn2	S	S, g	81	67	28	–	–
	TiAl3V2,5	B, R	B, R, g	67	58	22	2–3	4–6
	TiAl4Mn2	S	S, g	85	70	12 (min)	–	–
	TiAl4Mn4	S, P	S, g	104	94	16	–	–
			S, a	114	98	10	–	–
	TiAl4Mo3V1	B	Bd, g	95	84	13	3–4	n.s.
			B, a	133	117	6	–	–
	TiAl4Mo4Sn2Si0,5	S	S, a	126	112	15	–	–
	TiAl5Cr1Fe0,4Si0,3B0,01	S	S, g	90	80	13	–	–
	TiAl5Cr2,5	S, B	S, g	95–115	85	10	–	–
	TiAl5Cr2,75Fe1,25Mo1,2	S, B	S, a	135	128	9	–	n.s.

	TiAl6Cr2Mo2	S, B	S, g	95	87	12	–	–
	TiAl6Nb2Mo1Ta1	S, B	S, B, g	88	81	10	–	–
	TiAl6Sn6Zr2Mo1Si0,2	S, B	S, st	103	98	15	–	–
	TiAl6V4	S, B, Bd, D, P	B, S, g	97	89	12	3–5	9–12
			B, S, a	119	108	8	–	–
	TiAl6V4 (niedriger O-Gehalt)		B, S, g	94	88	15	3–5	6–10
	TiAl6V6Sn2Cu1Fe1	S, D, B, P	S, B, g	109	102	13	3–5	8–10
			S, a	130	123	8	–	–
	TiAl6Zr4Mo2Sn2	S, D, B, P	S, B, st	93	84	12	4–5	6–10
	TiAl6Zr5Mo4Cu1Si0,2	S	S, a	140	128	13	–	–
	TiAl6,5Mo3,5(Si0,3)	S	S, a	105–120	95	9	–	–
	TiAl7Mo4	S, B, D, P	S, g	108	100	13	–	n.s.
			S, a	128	122	8	–	–
	TiMn8	B, Bd, P	B, g	90	85	15	3–4	n.s.
	TiSn11Zr5Al2,5Mo1SiO,2	S	S, a	118	103	12	–	–
β	TiCr11Mo7,5Al3,5	S	S, g	85–95	80	20	–	–
			S, a	130–150	125	3–6	–	–
	TiMo11,5Zr6Sn4,5	S, B, D, P	B, g, a	141	134	11	–	–
	TiV8Cr6Mo4Zr4Al3	S, B, R	S, B, g	88	84	15	–	–
	TiV8Fe5Al1		S, g	125	120	8	–	–
			S, a	147	140	6	–	–
	TiV13Cr11Al3		B, g	95	91	14	2,5–3	3
		S, B, Bd, D	B, a	130	123	6	–	–
			B, k, a	183	172	4	–	–
	TiV16Al2,5	S, B, D, P	S, B, g	74	32	16	2	n.s.
			S, a	126	116	6	–	–

[1] Ziffer hinter dem chemischen Symbol bedeutet Legierungsgehalt in Gew.-% (Reihenfolge mit fallendem Legierungsgehalt).
[2] n.s. = nicht schweißbar.

11.5 Mechanische Eigenschaften von technischen Legierungen bei Raumtemperatur (ohne Dauerfestigkeit)

Einen Überblick über die Werte der mechanischen Eigenschaften von technischen Legierungen gibt die Tab. 11.6 für Raumtemperatur wieder. In dieser Tabelle sind ebenfalls die herstellbaren Halbzeugformen mitgeteilt. Die besonderen Eigenschaften der einzelnen Legierungsgruppen werden in den folgenden Abschnitten besprochen. Der Einfluß von Kerben wird in Kap. 11.62, S. 319ff. und die Dauerfestigkeit in Kap. 11.7, S. 327ff. mitgeteilt.

11.5.1 α-Legierungen

Technische α-Legierungen enthalten vorzugsweise Zusätze, die sich vollständig oder weitgehend im α-Mischkristall des Titans lösen, mit Ausnahme des Molybdäns, das nur eine sehr geringe Löslichkeit im α-Mischkristall besitzt. Hauptlegierungselemente sind die Metalle Aluminium, Zinn und Zirkonium neben weiteren Zusatzmetallen wie Vanadin und Silizium, die in den zugesetzten Anteilen in der α-Phase ganz oder weitgehend löslich sind. 2,5% Cu bei TiCu2,5 sind auch bei der Temperatur der maximalen Löslichkeit (vgl. Abb. 21.3, S. 566) nicht vollständig im α-Mischkristall löslich. Es tritt im Gleichgewicht die intermetallische Verbindung Ti_2Cu auf. Die abnehmende Löslichkeit des Kupfers im α-Mischkristall ermöglicht eine Aushärtung der kupferhaltigen Legierungen. Da Molybdän im α-Mischkristall kaum löslich ist, führen bereits geringe Anteile dieses Elementes zur Bildung von Anteilen des β-Mischkristalls. Trotz dieser Anteile werden Legierungen mit Gehalten bis zu 1% Molybdän noch zu den technischen α-Legierungen gerechnet. Die β/α-Umwandlung bei Molybdänzusätzen (vgl. Abb. 11.12, S. 262) und die Bildung der Überstrukturphase Ti_3Al bei hohen Gehalten an Aluminium (vgl. Abb. 11.3, S. 252 und 11.4, S. 253) können ebenfalls eine Aushärtung der Legierungen verursachen, wenn auch in nur geringem Ausmaß.

Die Streckgrenze von technischen α-Legierungen liegt im geglühten oder ausgehärteten Zustand zwischen 63 und 95 kp/mm^2, die Bruchdehnung meist über 10%, der Biegeradius für Bleche zwischen 2 und 5 (bezogen auf die Blechdicke), der im geschweißten Zustand für molybdänfreie Legierungen nur wenig erhöht wird (vgl. Tab. 11.6). Die Rekristallisationstemperatur ist mit 700–800 °C höher als bei Titan technischer Reinheit.

Die nur α-stabilisierende Elemente enthaltenden Legierungen TiAl5 [*L 45a*, *G 20a*] und TiAl5Sn2,5 [*J 13*] werden als Blech- und Schmiedelegierungen verwendet. Sie sind gut schweißbar. Da nach dem Abkühlen aus der Schweißhitze der Gleichgewichtszustand rasch erreicht wird, tritt im geschweißten Zustand nur eine geringe Verminderung des Formänderungsvermögens auf (vgl. Kap. 19.4.2, S. 524). Eine Legierung mit 4,2% Aluminium zeigt im Bereich einer Korngröße zwischen 3,5 und 10 μm, die durch 96%iges Kalthämmern und einstündiges Glühen bei 700, 750 und 800 °C erhalten wurde, für den Beginn der plastischen Verformung eine Zunahme der kritischen Schubspannung von 49 auf 57 kp/mm² mit fallender Korngröße [*S 9p*]. Die Legierung TiAl5Sn2,5 (vgl. Tab. 11.7) besitzt eine gute Warm- und Kriechfestigkeit bis zu Temperaturen von 500 °C (vgl. Kap. 11.6, S. 308ff.). Oberhalb dieser Temperatur sinkt die Festigkeit stark ab. Bei 600 °C können, wie die Abb. 11.23

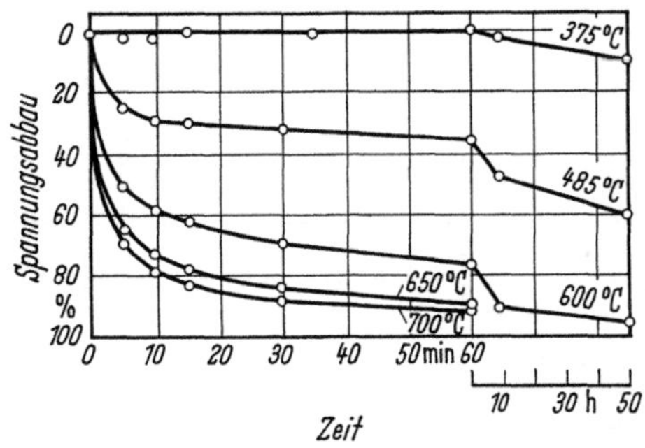

Abb. 11.23 Einfluß der Auslagerungstemperatur auf den Spannungsabbau von TiAl5Sn2,5 [*B 15f*].

zeigt, die inneren Spannungen der kaltverformten Legierung bereits nach einer Stunde um 75% abgebaut werden. Bei 650 °C sind sie nach der gleichen Glühzeit bereits um 90% und damit weitgehend abgebaut. Dieser Temperaturbereich dient deshalb für das Spannungsfreiglühen von TiAl5Sn2,5 [*B 15f, K 25a*]. Die Überschreitung der $\beta/(\alpha + \beta)$-Phasengrenze bei einer Glühung führt zu einer Kornvergröberung und damit zu einer Verminderung des Formänderungsvermögens und der Festigkeit [*F 18, F 19, I 2, E 0a*].

Der hexagonale Kristallaufbau der Legierung mit oder ohne Zinnzusatz kann durch Kaltumformen und Rekristallisation oder durch Warmumformen im α-Temperaturbereich in eine Vorzugslage gebracht werden, in der die Basisebene parallel zur Walzebene liegt, während bei einer Warmumformung im Temperaturbereich des β- oder $(\alpha + \beta)$-Gebietes eine Aufspaltung der Vorzugslagen auftritt (vgl. Abb. 6.21, S. 132). Die Vorzugslage mit der Basisebene in Walzebene führt zu einer starken Texturverfestigung, die sich in einer Zunahme der Festigkeit bei zweiachsiger Beanspruchung äußert. Der *R*-Wert, gemessen durch das Verhältnis der Abnahme der Breite zur Abnahme der Dicke bei Blechproben

Tabelle 11.7. *β/(α + β)-Umwandlungstemperatur, Bereich der Gehalte an Zusatzelementen und max. Gehalte von Beimengungen einiger technischer Legierungen*

Legierungs-gruppe	Legierungs-bezeichnung	β/(α + β)-Umw.temp. ±10 °C	Bereich der Zusatzelemente								Max. Gehalte an Beimengungen					Literatur
			Al	Cr	Cu	Mn	Mo	Sn	V	Zr	C	Fe	H[1]	N	O	
α	TiAl5Sn2,5	1040	4,0 bis 6,0	–	–	–	–	1,5 bis 3,0	–	–	0,08	0,5	0,020	0,05	0,2	[*C 48e*, *R 18a*]
	TiAl5Sn2,5 (niedr. Geh. an Beimeng.)	1030	4,7 bis 5,6	–	–	–	–	2,0 bis 3,0	–	–	0,08	0,15	0,015	0,05	0,12	[*C 48e*]
	TiAl8Mo1V1	1040	7,5 bis 8,5	–	–	–	0,75 bis 1,25	–	0,75 bis 1,25	–	0,08	0,30	0,015	0,05	0,12	[*C 48e*]
α + β	TiAl3V2,5	935	2,5 bis 3,5	–	–	–	–	–	2,0 bis 3,0	–	0,05	0,30	0,015	0,02	0,12	[*R 18a*]
	TiAl4Mn4	950	3,5 bis 4,5	–	–	3,5 bis 4,5	–	–	–	–	0,08	0,40	0,0125	0,04	0,20	[*R 18a*]
	TiAl4Mo3V1	955	3,75 bis 4,75	–	–	–	2,3 bis 3,5	–	–	–	0,08	0,25	0,015	0,05	0,20	[*R 18a*]
	TiAl5Cr2,5	910	4,0 bis 6,2	2–3	–	–	–	–	–	–	0,1	0,8	0,015	0,05	0,20	[*Z 4*, *F 14d*]
	TiAl6V4	990	5,5 bis 6,75	–	–	–	–	–	3,5 bis 4,5	–	0,08	0,25	0,015	0,05	0,20	[*C 48e*, *R 18a*]

	TiAl6V4 (niedr. Geh. an Beimeng.)	980	5,5 bis 6,5	–	–	–	–	–	3,5 bis 4,5	–	0,08	0,15	0,015	0,05	0,13	[*C 48 e*, *R 18 a*]
	TiAl6V6Sn2Fe1Cu1	945	5,0 bis 6,0	–	0,35 bis 1,0	–	–	1,5 bis 2,5	5,0 bis 6,0	–	0,05	0,35 bis 1,0²	0,015	0,04	0,20	[*K 90*, *C 48 e*, *R 18 a*]
	TiAl6Zr4Mo2Sn2	995	5,5 bis 6,5	–	–	–	1,8 bis 2,2	1,8 bis 2,2	–	3,6 bis 4,4	0,05	0,25	0,015	0,05	0,12	[*K 90*, *C 48 e*]
	TiAl7Mo4	1010	6,5 bis 7,5	–	–	–	3,5 bis 4,5	–	–	–	0,08	0,25	0,013	0,05	0,20	[*K 90*, *C 48 e*, *R 18 a*]
	TiMn8	800	6,5 bis 9,0	–	–	–	–	–	–	–	0,08	0,30	0,015	0,05	0,20	[*R 18 a*]
β	TiV8Fe5Al1	830	0,8 bis 1,8	–	–	–	–	–	7,5 bis 8,5	–	0,05	4,5 bis 5,5²	0,0125	0,08	0,3 bis 0,5²	[*R 18 a*]
	TiV13Cr11Al3	720	2,5 bis 4,0	10,0 bis 12,0	–	–	–	–	12,5 bis 14,5	–	0,05	0,30	0,020	0,05	0,20	[*K 90*, *C 48e*, *R 18 a*]
	TiV16Al2,5	760	2,0 bis 3,0	–	–	–	–	–	15,5 bis 16,5	–	0,06	0,30	0,015	0,02	0,12	[*R 18 a*]

[1] Die maximalen Gehalte für Wasserstoff sind für Bleche, Stangen und Band teilweise höher und bei Schmiedestücken und Platten teilweise niedriger.

[2] Sollgehalte

bei einachsiger Zugverformung, kann bei TiAl5Sn2,5 Werte von über 5 erreichen, während bei einer Aufspaltung der Vorzugslagen gemäß Abb. 6.21k, S. 132 der *R*-Wert auf etwa 2 sinkt [*H 33*]. Bei einem *R*-Wert größer als 1 tritt eine Zunahme der Festigkeit bei zweiachsiger Beanspruchung auf. Eine derartige Zunahme wird z.B. bei einer Innendruckprüfung von Druckbehältern aus TiAl5Sn2,5, die durch Texturverfestigung eine um 25–30% erhöhte Streckgrenze besitzen, gefunden [*S 94a*]. Die Härte HV 30 der stranggepreßten Legierung steigt durch Kalthämmern mit einem Umformgrad von 15% auf 335, von 58% auf 365 und von 86% auf 380 kp/mm². Eine vollständige Rekristallisation wird nach 30 min bei 700 °C mit einer Härte von 320 kp/mm² erreicht [*A 8a*]. Es wird vermutet, daß die Legierung TiAl5Sn2,5 bei Ofenabkühlung Anteile der Überstrukturphase Ti_3Al bilden kann, wodurch sich im Verhältnis zu an Luft abgekühlten Proben die Bruchzähigkeit bei −253 °C stark vermindert. Bei sehr dünnen Querschnitten, für die eine andere Vorzugslage angenommen wird, zeigt sich in beiden Fällen der Wärmebehandlung ein niedrigerer Wert [*S 61a*].

Bei geringen Eisen- und Stickstoffgehalten (vgl. Tab. 11.7) besitzt die Legierung TiAl5Sn2,5 bis zu Temperaturen von −253 °C ein gutes Formänderungsvermögen. Die verminderten Gehalte an Beimengungen ergeben bei Raumtemperatur eine um etwa 17 kp/mm² niedrigere Streckgrenze (vgl. Tab. 11.6). Die durch Eisengehalte verursachten Anteile der β-Phase verschwinden und es liegt ein reines α-Gefüge vor. Testversuche zeigten, daß bei dieser Zusammensetzung bei kalt gerollten Formkörpern, die mit künstlichen durchgehenden Rissen versehen worden waren, die Festigkeit bei 20 und 77 °K durch Spannungsfreiglühen zunahm. Diese Zunahme entsprach etwa 20–30% der Entfestigung durch das Glühen [*C 3*]. Bei Raumtemperatur und einer Beanspruchung von 75% der Streckgrenze zeigt diese Sonderlegierung nach etwa 500 h bei Schmiedestücken und Platten eine plastische Verformung von 0,2%; bei Blechen wird dieser Wert nach derselben Zeit bei etwa 85% der Streckgrenze erreicht [*E 0b*].

Ein Zusatz von Kupfer ermöglicht eine Aushärtung bei der Legierung TiCu2,5, wie auch bei der Legierung TiAl5Sn2,5Cu3. Nur kleine Abmessungen lassen sich bei TiCu2,5 durch eine Übersättigung des α-Mischkristalls an Kupfer mit einer anschließenden Auslagerung aushärten. Im lösungsgeglühten Zustand beträgt die Festigkeit je nach Abkühlungsgeschwindigkeit (vgl. Abb. 11.16, S. 264) etwa 50–70 kp/mm². Sie kann bei geringer Wanddicke durch die Auslagerung auf etwa 80 kp/mm² erhöht werden. Die Festigkeitssteigerung erfolgt durch die Ausscheidung der Phase Ti_2Cu und deren Vorstufe [*M 60, W 60m, B 47a, G 39a, I 8b*]. Eine Teilchengröße der ausgeschiedenen Phasen von ungefähr 3 µm bewirkt eine hohe Festigkeit bei gutem Formänderungsvermögen

[*W 59*]. Die Legierung ist schweißbar und weist einen kleinen Biegeradius von nur 2 × Blechdicke im geglühten Zustand auf (vgl. Tab. 11.6). Ein Höchstwert der Härte wird bei einer Partikelgröße von etwa 0,1 µm nach einer Auslagerung von 140 h bei 400 °C oder 24 h bei 400 °C +15 h bei 475 °C erreicht [*B 47a*]. Die Festigkeit kann durch 1% Zr erhöht werden [*N 18*] (vgl. Kap. 8.3, S. 191 ff.).

Die Legierung TiAl8Mo1V1 ist [*A 5*] ebenfalls schweißbar. Infolge des hohen Aluminiumgehaltes kann sich die Ordnungsphase Ti_3Al bei Temperaturen unter 600 °C und infolge des Molybdängehaltes können sich Zwischenstufen, wie Martensit u.a., bei der β/α-Umwandlung bilden [*B 42b*]. Beim Abschrecken von 930 °C wird ein Minimum von $\sigma_{0,2}$ erreicht [*F 37c*]. Die Wärmebehandlung ist bei Blechen und Schmiedestücken unterschiedlich, und die Schlußglühung liegt in allen Fällen über 600 °C. Durch eine doppelte Wärmebehandlung gemäß Tab. 11.5 kann die Rißfortpflanzungsgeschwindigkeit unter Korrosionseinfluß vermindert [*B 42a, B 42c*] (vgl. Abb. 13.24, S. 413) und bei geringerer Festigkeit ein erhöhtes Formänderungsvermögen auch bei tiefer Temperatur [*B 86*] erreicht werden. Eine einfache Wärmebehandlung von 8 h bei 800 °C und Ofenabkühlung führt bei Blechen zu höheren mechanischen Eigenschaften bei Raumtemperatur als bei doppelter Wärmebehandlung und weiterhin zu einer guten Kriechbeständigkeit bis etwa 380 °C. Eine dreifache Wärmebehandlung mit Glühung bei 800 °C, anschließend 5 min bei 1000 °C und Luftabkühlung und zusätzlich 15 min 750 °C/Luftabkühlung, verbessert die Kriechbeständigkeit und Zähigkeit im Temperaturbereich von 400–540 °C [*R 18a*]. Eine ansteigende Warmverarbeitungstemperatur (900–1200 °C) und zunehmende Abkühlungsgeschwindigkeit führen zu einer Verminderung der Festigkeit und des Formänderungsvermögens [*S 61a*]. Die Bruchzähigkeit von geschmiedeten Teilen wird durch eine Umformung im β-Gebiet (oberhalb 1050 °C) und anschließender Wärmebehandlung 1 h 1010 °C/Wasser + 8 h 600 °C/Luftabkühlung gegenüber Teilen, die im $(\alpha + \beta)$-Gebiet umgeformt wurden, erhöht [*H 42a*]. Phasengleichgewichte und Phasenumwandlung dieser Legierung sind in Kap. 11.5.5, S. 306 wiedergegeben.

11.5.2 $(\alpha + \beta)$-Legierungen

Die ersten technischen Titanlegierungen enthielten Zusatzelemente durch die die β-Phase nur in einem instabilen Zustand bei Raumtemperatur auftreten konnte. Im Gleichgewicht bildete sich neben der α-Phase eine intermetallische Phase. Beim Übergang in diesen stabilen Zustand kann eine Verminderung des Formänderungsvermögens auftreten, die insbesondere bei erhöhter Temperatur und unter Spannung zu beobachten ist. Trotz der nur instabilen β-Phase werden diese Legierungen, die Mangan, Chrom oder Eisen enthalten können, zu den ($\alpha + \beta$)-Legierungen gerechnet. Der eutektoide Zerfall der β-Phase in α und die intermetallische Verbindung findet bei den stabilen ($\alpha + \beta$)-Legierungen nicht statt, da der β-Mischkristall auch bei Raumtemperatur im Gleichgewicht mit der α-Phase ist. Diese Legierungen können auch bei erhöhter Temperatur unter Spannung eingesetzt werden und sind, insbesondere wenn sie Aluminium enthalten, auch meist weniger empfindlich gegen Wasserstoff als die eutektoid zerfallenden Legierungen (vgl. Kap. 12.6, S. 363). Bei den meisten ($\alpha + \beta$)-Legierungen wird sowohl die Festigkeit der α-Phase als auch die der β-Phase durch Mischkristallhärtung erhöht. Der in Tab. 11.6 wiedergegebene Richtwert der Streckgrenze der ($\alpha + \beta$)-Legierungen liegt deshalb bei etwa der Hälfte der Legierungen über 95 kp/mm² und damit über der Streckgrenze der festesten α-Legierung TiAl8Mo1V1. Infolge der meist höheren Anteile an β-stabilisierenden Zusatzelementen gegenüber den α-Legierungen können die ($\alpha + \beta$)-Legierungen in vielen Fällen stärker ausgehärtet werden als die α-Legierungen. Andererseits wird bei ($\alpha + \beta$)-Legierungen die Schweißbarkeit und das Formänderungsvermögen gegenüber den meisten α-Legierungen beeinträchtigt.

Die Legierung TiMn8 (früher TiMn7) war eine der ersten technischen Legierungen. Sie wurde hauptsächlich als Blechlegierung im weichgeglühten und langsam abgekühlten Zustand verwendet da in diesem Falle die β-Phase sich stark mit Mangan anreichert und dadurch eine größere Stabilität erreicht. Die Streckgrenze beträgt dann etwa 85 kp/mm². Bei der Anwendung dieser Legierung muß die Temperatur- und Spannungsbeanspruchung so niedrig sein, daß keine zur Verminderung des Formänderungsvermögens führenden Umwandlungsvorgänge durch den Übergang der instabilen β-Phase in die stabile α- und die intermetallische Phase auftreten können. Ein Weichglühen nach einer Kaltverformung darf deshalb nicht im Temperaturgebiet des oberen (α+ β)-Phasenbereiches stattfinden. Die niedrige Mangankonzentration des im Gleichgewicht befindlichen β-Mischkristalls würde beim Abkühlen eine ω-Bildung und geringes Formänderungsvermögen verursachen (vgl. Abb. 11.13, S. 262 und Abb. 21.5, S. 568). Aus diesem Grunde und wegen des starken Kornwachstums im β-Gebiet kann TiMn8 nicht geschweißt werden [*M 100, W 66a*]. Wegen des hohen Dampfdruckes des Mangans ist beim Schweißen und beim Schmelzen mit Manganverlusten zu rechnen. Deshalb und wegen der thermischen Instabilität und der Empfindlichkeit gegenüber Wasserstoff wurde diese Legierung von neu entwikkelten Legierungen verdrängt.

Bereits ein geringer Zusatz von Aluminium wirkt sich günstig auf die mechanischen Eigenschaften der manganhaltigen Legierungen aus und vermindert die Wasserstoffempfindlichkeit (vgl. Kap. 12.6, S. 363). Wie Abb. 11.17, S. 265 zeigt, wird die Festigkeit erhöht, ohne daß sich das Formänderungsvermögen stark vermindert. Legierungen mit verschiedenen Gehalten an Aluminium und Mangan werden technisch verwendet. Die Legierung TiAl2Mn2 mit den niedrigsten Gehalten an Zusatzelementen kann wegen ihres guten Formänderungsvermögens zu Rohren verarbeitet werden. Die Festigkeit ist wegen des niedrigen Mangan- und Aluminiumgehaltes geringer als die der Legierung TiMn8. Durch einen Zusatz von 4% Mangan und 4% Aluminium wird bei der Legierung TiAl4Mn4 eine weitere Erhöhung der Festigkeit erzielt, ohne daß das Formänderungsvermögen stark abnimmt. Da TiAl4Mn4 im Bereich der β-Phase, z.B. bei ungefähr 950 °C, zu Grobkornbildung neigt, ist diese Legierung gegen Überhitzung sehr empfindlich. Ein Schweißen ist deshalb nicht möglich. Eine Auslagerungstemperatur von über 540 °C bewirkt nach kurzen Zeiten eine Verminderung der Festigkeit [*L 54, C 77d*].

Auch bei der bereits bei Beginn der Legierungsentwicklung eingesetzten Schmiedelegierung TiCr5Al3 wird eine Verminderung des Formänderungsvermögens bei Raumtemperatur durch Bildung der intermetallischen Phase $TiCr_2$ nach Auslagerung z.B. bei 500 °C beobachtet. Bei der Prüftemperatur selbst ist diese Verminderung noch nicht vorhanden [*Z 4, W 42*]. Die Phasenumwandlung dieser Legierung wird in Abb. 11.44, S. 307 beschrieben. Durch tiefe Temperaturen wird das Formänderungsvermögen der Legierungen mit Zusätzen, die intermetallische Verbindungen bilden können, z.B. TiMn8 und TiAl5Cr2Fe1, ebenfalls stark vermindert [*M 34b, T 3b*] (vgl. Abb. 11.53, S. 321). Alle diese Legierungen können deshalb meist nur bei Raumtemperatur und wenig erhöhten Temperaturen beansprucht werden [*G 47a*].

Von den ($\alpha + \beta$)-Legierungen, die keine Zusätze enthalten, durch die intermetallische Verbindungen im Gleichgewichtszustand auftreten können, ist die Legierung TiAl6V4 die bisher am meisten verwendete Legierung [*S 70a, W 66*]. Sie wird als Schmiede- und Blechlegierung auch bei erhöhter Temperatur eingesetzt. Die Streckgrenze im weichgeglühten Zustand liegt trotz des höheren Aluminiumgehaltes niedriger als bei der Legierung TiAl4Mn4. Dies ist auf den geringeren Festigkeitsanstieg durch den Vanadinzusatz (vgl. Tab. 11.2, S. 258) zurückzuführen. Die Legierung wird zu fast allen Halbzeugformen verarbeitet und kann im weichgeglühten Zustand über 60% kaltverformt werden [*B 81c*]. Neben einer guten Warmumformbarkeit besitzt sie eine gute Warm- und Kriechfestigkeit bis zu etwa 450 °C und eine vergleichsweise geringe Empfindlichkeit gegenüber Wasserstoff (vgl. Kap. 12.6, S. 365). Die α-Ausscheidung erfolgt sehr rasch (vgl. Abb. 8.42, S. 197, Abb. 11.31, S. 298 und Abb. 11.43, S. 307), so daß nur bei Abmessungen, die unter 25 mm $\varnothing$ liegen, eine ausreichend hohe Abkühlungsgeschwindigkeit für ein teilweises Stabilisieren des β-Mischkristalls erzielt werden kann [*S 70a, R 16*]. Wie die Abb. 11.24 zeigt, steigt im Bereich zwischen 750 und 850 °C bei einer

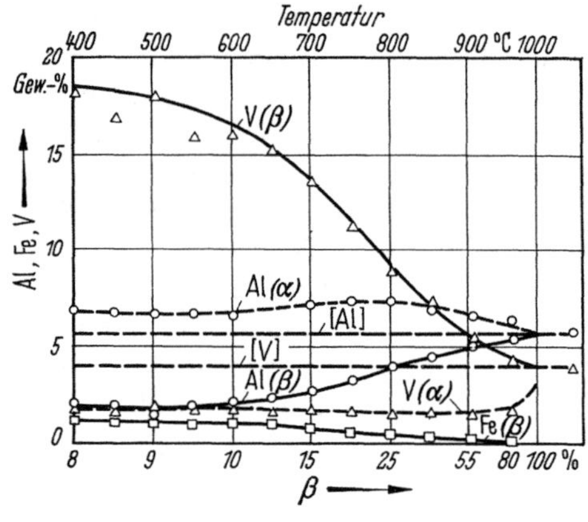

Abb. 11.24 Chemische Zusammensetzung der α- und β-Phase von TiAl6V4 mit Beimengungen von Eisen in Abhängigkeit von der Temperatur, die Anteil der β-Gleichgewichtsphase bestimmt [*C 14d*].

Glühung die Aluminiumkonzentration in der α-Phase auf über 7 %, so daß sich die Überstrukturphase Ti_3Al bilden kann. Der Vanadingehalt der β-Phase erhöht sich mit fallender Temperatur bis auf 18 % und der der Beimengung Eisen von 0,15 auf 1,2 % Fe [*C 14d*]. Infolge der unterschiedlichen Vanadinkonzentration im β-Mischkristall ändern sich auch die mechanischen Eigenschaften im abgeschreckten Zustand wie das

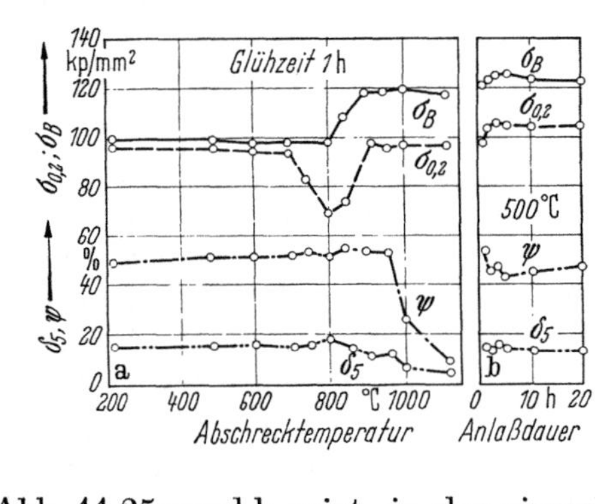

Abb. 11.25a und b Einfluß der Abschrecktemperatur (a) und Anlaßdauer bei 500 °C nach Abschrecken von 930 °C (b) auf die mechanischen Eigenschaften von TiAl6V4 (Probenabmessungen: 12 mm ∅, 120 mm lang) [*K 38a, K 40*].

Abb. 11.25a und b zeigt, in der einmal der Einfluß einer unterschiedlichen Abschrecktemperatur auf die Festigkeit und das Formänderungsvermögen und zum anderen der Einfluß der Anlaßzeit bei 500 °C auf bei 930 °C abgeschreckte Proben wiedergegeben ist.

Die Gleichgewichte im System Titan–Aluminium–Vanadin werden in Abb. 22.8, S. 573 für verschiedene Temperaturen beschrieben. Eine zu hohe Abschrecktemperatur und zu lange Glühzeit führen auch hier zu einer Grobkornbildung und dadurch zu vermindertem Formänderungsvermögen [*Z 4, K 38a, K 40*]. In der Abb. 11.26a–c sind Gefügebilder von Proben, die unterschiedlich wärmebehandelt wurden, und deren mechanische Eigenschaften wiedergegeben. Beim Abschrecken von etwa 980 °C, d.h. von einer Temperatur wenig oberhalb der $\beta/(\alpha + \beta)$-Grenztemperatur wird ein Umwandlungsgefüge beobachtet (Abb. 11.26a). Das Gefüge

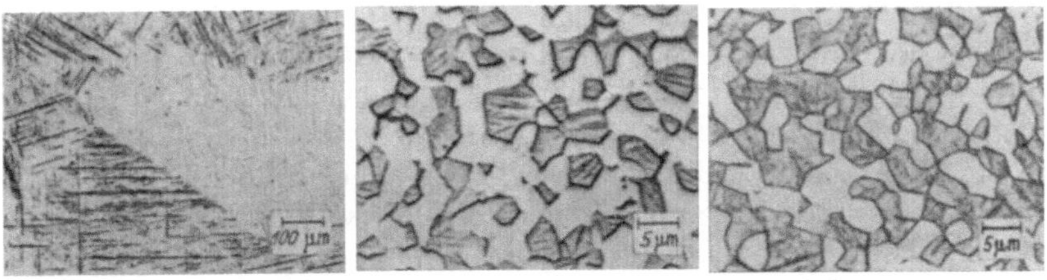

Abb. 11.26a–c Einfluß einer Wärmebehandlung auf die Gefügeausbildung und die mechanischen Eigenschaften von TiAl6V4 (bei 850 °C warmgewalztes Rundmaterial 8 mm ∅) [*I 8b*].
a) 1/4 h 1050 °C/H_2O; $\sigma_B = 111$ kp/mm², $\sigma_{0,2} = 107$ kp/mm², $\delta = 7\%$, $\psi = 2\%$, HV30 längs 354 kp/mm², quer 350 kp/mm²
b) 1/2 h 880 °C/H_2O; $\sigma_B = 102$ kp/mm², $\sigma_{0,2} = 80{,}5$ kp/mm², $\delta = 18\%$, $\psi = 45\%$, HV30 längs 340 kp/mm², quer 334 kp/mm²
c) wie b) + 6 h 515 °C; $\sigma_B = 122$ kp/mm², $\sigma_{0,2} = 114$ kp/mm², $\delta = 10\%$, $\psi = 23\%$, HV30 längs 380 kp/mm², quer 369 kp/mm²

einer bei 850 °C warmgewalzten und bei 880 °C (der mittleren vorgeschlagenen Lösungsglühtemperatur von Tab. 11.5) abgeschreckten Probe zeigt Abb. 11.26b. Der β-Mischkristall ist beim Abschrecken teilweise martensitartig umgewandelt worden. Die Streckgrenze ist niedrig, da sich bei der Verformung der β-Phase der Martensitanteil erhöhen kann. Nach einem Anlassen von 6 h bei 515 °C gemäß Tab. 11.5, ist die β-Phase zerfallen, und die für den ausgehärteten Zustand geforderten Richtwerte der Tab. 11.6 werden erreicht [*I 8b*]. Die Umwandlung von Rest-β in α wird durch Temperaturerhöhung, isotherme Umwandlung und Verformung beschleunigt [*K 13c, R 57a*].

Die Vorbehandlung spielt für die zu erwartenden mechanischen Eigenschaften eine wichtige Rolle. So zeigt TiAl6V4, im $(\alpha + \beta)$-Temperaturbereich geschmiedet, eine etwas höhere Festigkeit und ein besseres Formänderungsvermögen nach der Aushärtung, jedoch eine geringere Bruchzähigkeit als nach einem Schmieden im β-Gebiet. Eine Verbesserung der Bruchzähigkeit durch β-Umformung wurde auch bei der α-Legierung TiAl8Mo1V1, den $(\alpha + \beta)$-Legierungen TiAl6Zr4Mo2Sn2, TiAl4Mo3V1, TiAl7Mo4, TiAl6V6Sn2Cu1Fe1 und TiSn11Zr5Al2,5Mo1Si0,2 gefunden, wobei der Wert für die Bruchzähigkeit in der wiedergegebenen Reihenfolge abnahm [*H 42a*]. Das in Tab. 11.5 empfohlene Weichglühen mit Ofenabkühlung kann z.B. bei TiAl8Mo1V1 zur Bildung der Überstrukturphase Ti_3Al führen, wodurch sich die Empfindlichkeit gegen

Spannungsrißkorrosion in Seewasser (vgl. Kap. 13.5, S. 402ff.) erhöht, während sie sich durch β-Schmieden (Platinen) bei TiAl6V4 vermindert [*S 61a*].

Im allgemeinen liegt bei Blechen der Legierung TiAl6V4 nach einem Warmwalzen im oberen $(\alpha + \beta)$-Gebiet eine Textur vor, die der der Abb. 6.21l, S. 132 entspricht. Es tritt keine Texturverfestigung auf, der R-Wert ist gering und schwankt zwischen 0,5 und 1,2, wobei der höhere Wert in 45°-Richtung zur Walzrichtung gefunden wird [*H 33*]. Durch Walzen im unteren $(\alpha + \beta)$-Gebiet unter 700 °C mit α-Anteilen von über 85% (vgl. Abb. 11.25), was eine schwache Abnahme je Stich bedingt und nach einer Verformung um 90%, wobei die Bleche nach jedem Stich um 45° gedreht wurden, konnte nach Glühen bei 760 °C eine weitgehende {0001}-Textur entsprechend etwa der Abb. 6.21g und h, S. 132, erzielt werden. Dadurch wurden R-Werte zwischen 5 und 6 erreicht, die bei Versuchen an kugelförmigen Hohlkörpern unter zweiachsiger Beanspruchung zu einer Zunahme der Festigkeit um über 40% führten. $\sigma_{0,2}$ betrug im einachsigen Zugversuch jedoch nur etwa 80 kp/mm². Beim Walzen in einer Richtung ohne Drehung der Bleche entstand eine Textur ähnlich der Abb. 6.18i mit vier weiteren schwachen Vorzugslagen. Mit zunehmender Glühtemperatur wurde der R-Wert stark vermindert und erreichte nach einer viertelstündigen Glühung bei 940 °C/H_2O

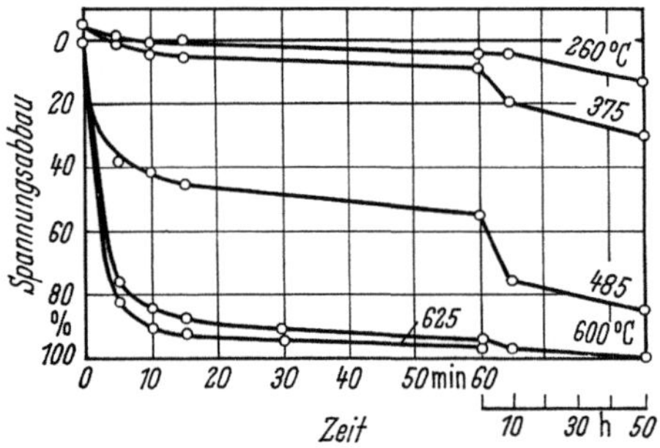

Abb. 11.27 Einfluß der Auslagerungstemperatur auf den Spannungsabbau von TiAl6V4 [*B 15 f*].

den Wert 1,5. Die Streckgrenze stieg dabei auf 117 kp/mm² an [*F 29d*]. Durch Kaltverformung entstandene innere Spannungen können, wie die Abb. 11.27 zeigt, durch Glühen bei 600 °C weitgehend abgebaut werden. Nach 1 h sind sie um 75% und bei 650 °C um 90% verringert [*B 15f*].

Eine Bildung von Zwischenstufen beim Anlassen aus dem β-Gebiet abgeschreckter Proben konnte wahrscheinlich wegen ihrer geringen Anteile und der geringen Röntgenstreuung der Aluminium- und Vanadinatome nicht durch Röntgenuntersuchungen, sondern nur durch Härtemessungen nachgewiesen werden. Bei Temperaturen von $\geqq 500$ °C wird die Festigkeitssteigerung hauptsächlich durch Ausscheidung der Gleichgewichtsphase α bedingt [*Z 4, G 47, A 42*]. Beim Anlassen von bei verschiedenen Temperaturen abgeschreckten Proben zwischen 400 und 600 °C werden teilweise mehrere von der Auslagerungszeit abhängende Höchstwerte der Festigkeit und Härte gefunden. Sie werden mit unterschiedlichen Umwandlungsvorgängen erklärt. Bei diesen Temperaturen kann die α-Phase teilweise in den geordneten Zustand Ti_3Al (α_2) übergehen und Restanteile der β-Phase können die ω- und α-Phase ausscheiden [*Z 4, S 17, D 35, C 14d, F 37a, F 37b, B 7a*]. Die Gleichgewichtsphasen und der Umwandlungsmechanismus werden in Kap. 11.5.5, S. 305ff., beschrieben.

Insbesondere für eine Verwendung bei tiefen Temperaturen wird die Legierung TiAl6V4 auch mit verminderten Gehalten an Sauerstoff und Eisen hergestellt (vgl. Tab. 11.7) [*K 83a*]. Die Streckgrenze vermindert sich dadurch, wie Tab. 11.6, S. 288ff. zeigt, nur wenig. Das Formänderungsvermögen im geschweißten Zustand wird erhöht. Bei Raumtemperatur erreichen die sauerstoffarme und die sauerstoffreiche Legierung im weichgeglühten Zustand unter einer Spannung von 90% der Streckgrenze nach 700 h eine bleibende Dehnung von über 1 %; im ausgehärteten Zustand beträgt die entsprechende Dehnung etwa 0,2% [*K 25a*].

Das gute Formänderungsvermögen von TiAl3V2,5 ermöglicht aus dieser Legierung (vgl. Tab. 11.6, S. 282) z.B. die Herstellung von Rohren [*B 16, A 28, W 66a, M 70d*]. Durch eine Aushärtung kann die Streckgrenze von Band auf etwa 70 kp/mm² erhöht werden. Die Bruchdehnung sinkt auf 7% ab. Eine Kaltumformung von Rohr um 70% erhöht die Streckgrenze bis zu etwa 84 kp/mm². Durch ein zweistündiges Spannungsfreiglühen bei 430 °C wird sie wieder auf 77 kp/mm² vermindert. Die Bruchdehnung steigt auf 20% an. Ein derartiges Rohr läßt sich um den dreifachen Rohrdurchmesser biegen. Die Legierung ist gut schweißbar, und der Biegeradius geschweißter Rohre liegt zwischen 4 und 6 des Rohrdurchmessers [*M 70d, R 18a*]. Eine andere Legierung TiV8Cr6Mo4Zr4Al3 ist ebenfalls gut kaltverformbar [*O 20a*].

Ein Zusatz von 2% Sn, 1%Cu, 1% Fe und eine Erhöhung des V-Gehaltes auf 6% verbessert die Durchhärtbarkeit der Legierung TiAl6V4 (vgl. Abb. 11.31, S. 298 und Abb. 11.43, S. 307), die Festigkeit bei Raumtemperatur, die Warmfestigkeit, Bruchzähigkeit und das Kriechverhalten bis etwa 300 °C. Die Kaltumformbarkeit entspricht etwa der der Legierung TiAl6V4 [*M 100, H 49a, M 89c, D 17a, A 8b*]. TiAl6V6Sn2Cu1Fe1 wird als Schmiede- und Blechlegierung vielfach im ausgehärteten Zustand verwendet. Ein Minimum in der Streckgrenze tritt bei einer Abschrecktemperatur von 825 °C auf [*D 33a, A 26b, M 89b, M 89a, A 26c*]. Gegenüber anderen Legierungen ist das Kriechverhalten bei 20 °C günstiger [*H 33a*]. Schweißnähte besitzen nur geringes Formänderungsvermögen [*C 48e*].

Die Legierung TiAl7Mo4 besitzt wegen des höheren Aluminiumgehaltes und des den Mischkristall stärker härtenden (vgl. Tab. 11.2, S. 258) Molybdäns eine höhere Festigkeit im weichgeglühten Zustand als die Legierung TiAl6V4. Im ausgehärteten Zustand erreicht sie etwa die Festigkeit der ausgehärteten Legierung TiAl6V6Sn2Fe1Cu1. Die Durchhärtbarkeit (vgl. Abb. 11.31, S. 298) ist jedoch geringer als die von TiAl6V6Sn2Fe1Cu1, aber höher als die von TiAl6V4. Ihre Warmfestigkeit ist höher als die der übrigen ($\alpha + \beta$)-Legierungen, ihr Formänderungsvermögen jedoch vermindert [*C 6, C 75, C 74, C 76*]. Auch bei dieser Legierung kann sich die Überstrukturphase Ti_3Al bilden [*W 23*]. TiAl7Mo4 ist nicht schweißbar.

Die Abb. 11.28 zeigt die Abhängigkeit der mechanischen Eigenschaften von TiAl7Mo4 von der Anlaßtemperatur nach einstündigem Anlassen von bei 900 °C in Wasser abgeschreckten Proben. Beim Abschrecken von 900 °C tritt gegenüber anderen Abschrecktemperaturen ein Mindestwert

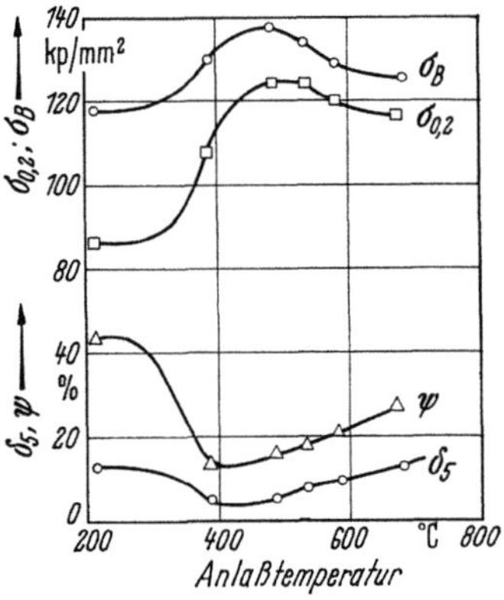

Abb. 11.28 Abhängigkeit der mechanischen Eigenschaften von TiAl7Mo4 von der Anlaßtemperatur nach einstündigem Anlassen nach Abschrecken von 900 °C in Wasser; Probendurchmesser 6 mm [*K 41*].

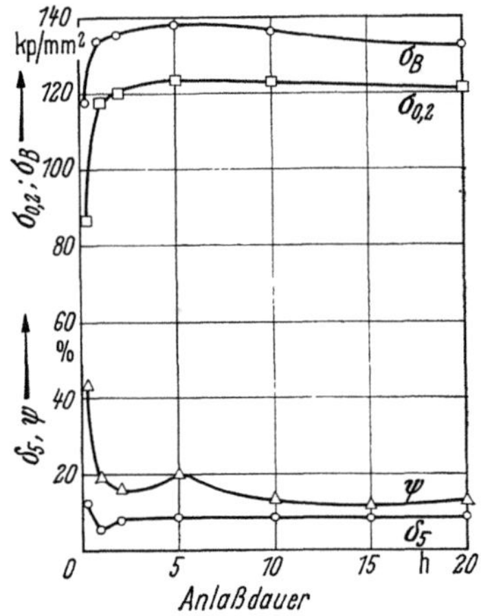

Abb. 11.29 Einfluß der Anlaßdauer bei 550 °C auf die mechanischen Eigenschaften von TiAl7Mo4 (Vorbehandlung 1 h 900 °C/Wasser); Probendurchmesser 6 mm [*K 41*].

in der Streckgrenze auf. Ein Höchstwert der Festigkeit wird bei einer Anlaßtemperatur von etwa 500 °C gefunden. Die Abb. 11.29 zeigt, daß bei einer Anlaßtemperatur von 550 °C nach spätestens 5 h der Höchstwert der Festigkeit erreicht wird und bei längeren Anlaßzeiten die Festigkeit nur langsam fällt. Die feinkörnige (~0,1 µm) bzw. gröbere (~0,5 µm) Ausscheidung des α-Mischkristalls aus dem übersättigten β-Mischkristall bei 500 bzw. 700 °C zeigen die elektronenmikroskopischen Aufnahmen der Abb. 11.30a–c. Im von 900 °C abgeschreckten Zustand zeigt die β-Phase keine Martensitbildung. Diese tritt wahrscheinlich erst bei einer Verformung auf. Der Abstand zwischen Streckgrenze und Zugfestigkeit ist deshalb groß. Durch die Auslagerung bei 500 °C werden Festigkeit und Streckgrenze stark erhöht, aber bei einer Auslagerung bei 700 °C vermindert. Das Formänderungsvermögen wird durch die

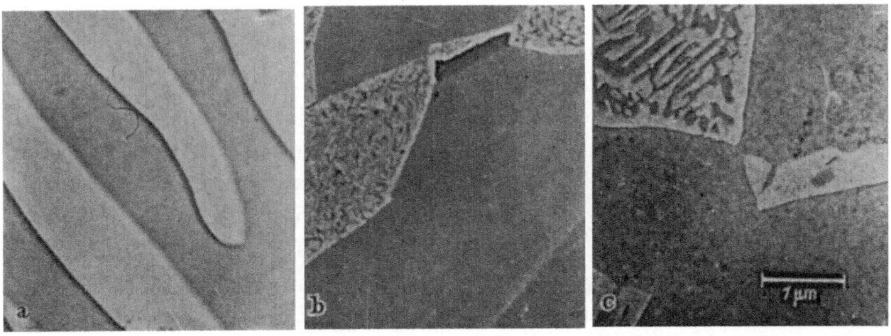

Abb. 11.30 a–c Elektronenmikroskopische Aufnahmen (Lackabdruck) der Legierung TiAl7Mo4 [*K 41*]. a) 1/2 h 900 °C/Wasser (σ_B = 118; $\sigma_{0,2}$ = 87; δ_5 = 13 %; ψ = 42 %); b) 1 h 900 °C/Wasser + 5 h 500 °C (σ_B = 138; $\sigma_{0,2}$ = 122; δ = 8 %; ψ = 19 %); c) 1 h 900 °C/Wasser + 1 h 700 °C (σ_B = 126; $\sigma_{0,2}$ = 115; δ = 12 %; ψ = 28 %).

Auslagerung bei 700 °C gegenüber der bei 500 °C verbessert. Infolge der geringen Diffusionsgeschwindigkeit des Molybdäns sind die mechanischen Eigenschaften sehr stark von der Formgebungstemperatur, vom Umformgrad und von der Vorwärmzeit abhängig, da zunächst Seigerungen ausgeglichen werden müssen. Die Festigkeit ist deshalb bei einem kleinen Umformgrad meist geringer als bei einem hohen Umformgrad und das Formänderungsvermögen im feinkörnigen Zustand besser als bei einem Gefüge mit grobkörniger Umwandlungsstruktur [*C 6, K 41, C 76, B 58a*].

Blechlegierungen sollen im lösungsgeglühten Zustand meist ein gutes Formänderungsvermögen besitzen und nach einer Umformung sich auf eine hohe Festigkeit von über 120 kp/mm² aushärten lassen. Der Biegeradius soll dabei die doppelte Blechdicke nicht übersteigen und die Bruchdehnung nicht unter 10 % sinken. Weiterhin soll die Warmfestigkeit bei 430 °C noch 80 kp/mm² betragen und eine Zeitdehngrenze von $\sigma_{1/300}$ von 25 kp/mm² bei dieser Temperatur erreicht werden [*H 26b*]. Die $(\alpha + \beta)$-Legierung TiAl4Mo3V1 hat diese Bedingungen erfüllt. Der Mindestwert der Streckgrenze liegt bei dieser Legierung bei einer Abschrecktemperatur von etwa 850 °C, wobei auch das größte Formänderungsvermögen erreicht wird. Um bei TiAl4Mo3V1 nach dem Aushärten die geforderte Festigkeit zu erreichen, muß die Abschrecktemperatur je nach Blechdicke bis zu 900 °C erhöht werden [*H 23, T 5*]. Die Festigkeit wird durch Anlassen im Temperaturbereich zwischen 450 und 540 °C erzielt. In diesem Temperaturbereich scheidet sich die α-Phase aus, und die Festigkeit ergibt Werte von 105–140 kp/mm². Trotz der zweiphasigen Struktur der Legierung ist die Richtungsabhängigkeit der mechanischen Eigenschaften bei geeignetem Walzverfahren (vgl. Kap. 16, S. 468ff.) nur wenig ausgeprägt. Eine geringe Kaltumformung vor der Aushärtung beeinflußt die Festigkeit im ausgehärteten Zustand nur wenig [*R 43, M 100*]. Eine Texturverfestigung (vgl. Kap. 17, S. 484ff.) ist möglich. Es werden *R*-Werte zwischen 0,79 und 7,2 gefunden [*L 5a, B 0a*]. Die Legierung TiAl4Mo3V1 weist im β-geschmiedeten Zustand etwa dieselbe Kerbempfindlichkeit und Bruchzähigkeit auf wie andere ($\alpha + \beta$)-Legierungen [*H 42a*]. Diese Tatsache und die Schwierigkeiten, die bei der Halbzeugherstellung planer abgeschreckter Bleche entstanden sind, haben eine weitgehende Anwendung dieser Legierung bisher verhindert.

Die Legierungen TiAl4Mo4Sn2Si0,5 und TiAl6Zr5Mo4Cu1Si0,2 wurden in erster Linie als warmfeste Legierungen mit guter Durchhärtung entwickelt. Die Legierungen TiAl6Zr4Mo2Sn2 und TiAl6Mo6Zr4Sn2 zeichnen sich durch ein gutes Kriechverhalten bei erhöhter Temperatur aus [*K 41, D 33c, D 33b*]. Die Bruchzähigkeit von TiAl6Mo6Zr4Sn2 ist niedrig [*G 44e*]. Diese Legierungen sind wie die Legierung TiAl7Mo4 nicht schweißbar.

11.5.3 β-Legierungen

Von den β-Legierungen, die nach einer Warmverarbeitung oder nach einer Lösungsglühung im β-Zustand vorliegen, können die instabilen β-Legierungen ausgehärtet und dadurch in ihren mechanischen Eigenschaften verändert werden.

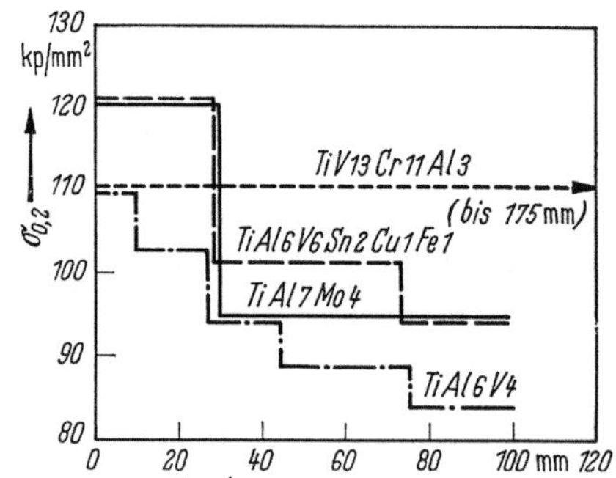

Abb. 11.31 Einfluß des Durchmessers in Rundstangen auf die Streckgrenze von im β-Gebiet lösungsgeglühten, in Wasser abgeschreckten und ausgehärteten Legierungen [*R 88 g*].

Die $\beta/(\alpha + \beta)$-Phasengrenze z.B. der β-Legierung TiV13Cr11Al3 liegt bei etwa 700 °C und wird bei der Warmverarbeitung und beim Lösungsglühen überschritten. Die β-Phase zerfällt träge, so daß auch nach langsamer Abkühlung der β-Zustand erhalten bleibt. Durch eine Anlaßbehandlung im Temperaturbereich um 500 °C werden die α-Phase (vgl. Abb. 11.45, S. 308), bei sehr langer Anlaßdauer auch die intermetallische Phase $TiCr_2$ und deren Vorstufen ausgeschieden. Durch die Ausscheidung der α-Phase kann die Festigkeit, insbesondere wenn eine Kaltumformung vorausgegangen ist, auf über 150 kp/mm² gesteigert werden. Da die Legierung im lösungsgeglühten Zustand ein sehr gutes Formänderungsvermögen besitzt, kann durch Kaltwalzen dünnes Band hergestellt werden [*W 67, T 17, W 24, R 18a, N 3c*]. Unterhalb 500 °C bildet sich vor der α-Ausscheidung die ω-Phase, die dilatometrisch durch eine Volumenkontraktion und elektronenmikroskopisch durch eine Aufrauhung der β-Phase festgestellt werden kann [*W 24*], aber röntgenographisch nicht gefunden wurde (vgl. Kap. 8.2, S. 170ff.).

In der Abb. 11.31 wird gezeigt, daß eine Änderung der Abkühlgeschwindigkeit, wie sie beim Abschrecken von Rundmaterial unterschiedlichen Durchmessers auftritt, keinen Einfluß auf die Festigkeit der Legierung TiV13Cr11Al3 bis zu einem Durchmesser von 175 mm aufweist. Durch Kaltumformung von 80 % nach Lösungsglühen kann, wie die Abb. 11.32 zeigt, die Streckgrenze von 92 auf 150 kp/mm² erhöht werden, wobei die Brucheinschnürung von 50 auf 15 % vermindert wird [*A 28*]. Eine fast ebenso hohe Zunahme der Festigkeit wird durch eine Langzeitauslagerung von lösungsgeglühten Proben erzielt. In Abb. 11.33 sind Isochronen der Festigkeit bei einer 10-, 24- und 100stündigen Auslagerungszeit wiedergegeben. Die höchste Festigkeit wird bei einer Auslagerungszeit von 100 h bei etwa 480 °C erzielt [*W 67*]. Wie die Abb. 11.34 zeigt, macht sich ein zunehmender Korndurchmesser nur wenig bei den Festigkeitseigenschaften bemerkbar. Das Formänderungsvermögen wird jedoch

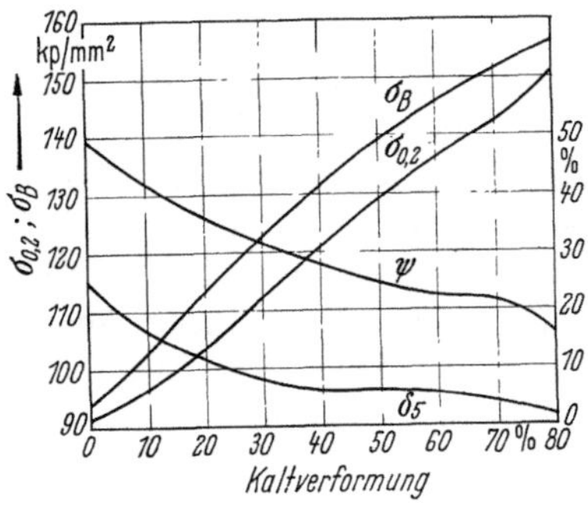

Abb. 11.32 Einfluß einer Kaltumformung auf die mechanischen Eigenschaften von TiV13Cr11Al3 (Vorbehandlung 1/2 h 750 °C/Luftabkühlung) [*A 28*].

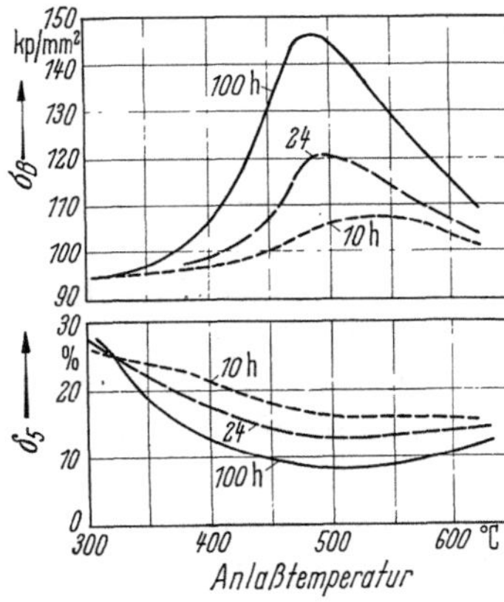

Abb. 11.33 Einfluß der Anlaßtemperatur auf die mechanischen Eigenschaften von TiV13Cr11Al3 (Glühbehandlung 1/2 h 750 °C/Luftabkühlung) [*W 67*].

mit zunehmender Korngröße bereits oberhalb 0,02 mm mittlerem Korndurchmesser vermindert [*S 65, B 54*]. Zur Verbesserung des Formänderungsvermögens auch von Schweißverbindungen kann eine Doppelwärmebehandlung dienen, wobei 60 h bei 480 °C vor- und 1 h bei 570 °C ausgelagert wird (vgl. Tabelle 19.7, S. 528) [*K 20, K 18*]. Feinkörnige geglühte Proben können nach Vorverformung und Auslagerung einen Alterungseffekt und Ausbildung einer ausgeprägten Streckgrenze zeigen [*N 3d*].

Die höchste Festigkeit wird durch Kaltumformen vor dem Auslagern erzielt. Dabei wird die Auslagerungstemperatur gegenüber dem unverformten Zustand gesenkt, da die entsprechende Umwandlung mit zunehmender Kaltumformung bei niedrigerer Temperatur erfolgt. Die

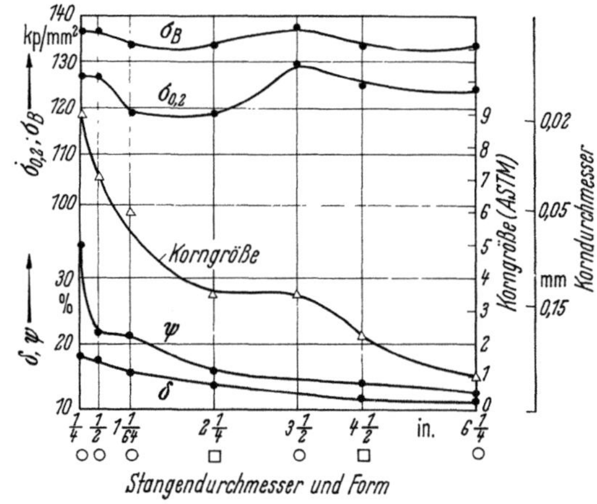

Abb. 11.34 Vergleich der mechanischen Eigenschaften von TiV13Cr11Al3 im ausgehärteten Zustand (1/2 h 750 °C/Wasser oder Luft + 48 h 480 °C/Luft) bei verschiedenen Querschnitten, Abmessungen und Einfluß der Korngröße [*B 54*].

Abb. 11.35 zeigt die Abhängigkeit der Änderung der mechanischen Eigenschaften von der Glühzeit bei einer Auslagerungstemperatur von 320 °C. Dabei sind sehr lange Glühzeiten (bis zu 1000 h) erforderlich, um die Höchstwerte der Festigkeit zu erreichen. Im allgemeinen wird für die technischen Legierungen deshalb eine kürzere Auslagerungszeit (24 h) bei einer höheren Temperatur (430 °C) entsprechend der Tab. 11.6, S. 282 ff. angewandt [*W 67, R 17, W 66a, M 70d*]. Da bei 320 °C nach Auslagerungszeiten von über 100 h wegen der Bildung der Phase $TiCr_2$ bereits eine starke Verminderung des Formänderungsvermögens auftritt, die mit noch längerer Auslagerungszeit zunimmt, ist der Einsatz der Legierung für Langzeitbeanspruchung auf Temperaturen unter 300 °C beschränkt [*P 6, B 72l*]. Eine Überalterung ist wegen der Ausscheidung von $TiCr_2$ ebenfalls nicht möglich (vgl. Abb. 11.45, S. 308).

Auch die Legierung TiV16Al2,5 wird zu den β-Legierungen gerechnet, da sie bei nicht zu langsamer Abkühlung im β-Zustand vorliegt. Die $\beta/(\alpha + \beta)$-Phasengrenze dieser Legierung liegt bei etwa 760 °C und damit bei höherer Temperatur als die der Legierung TiV13Cr11Al3 [*A 5, H 23, T 5, Z 14*]. Der Stickstoff- und Sauerstoffgehalt muß bei TiV16Al2,5 niedrig gehalten werden (vgl. Tab. 11.7, S. 286ff.), wenn ein

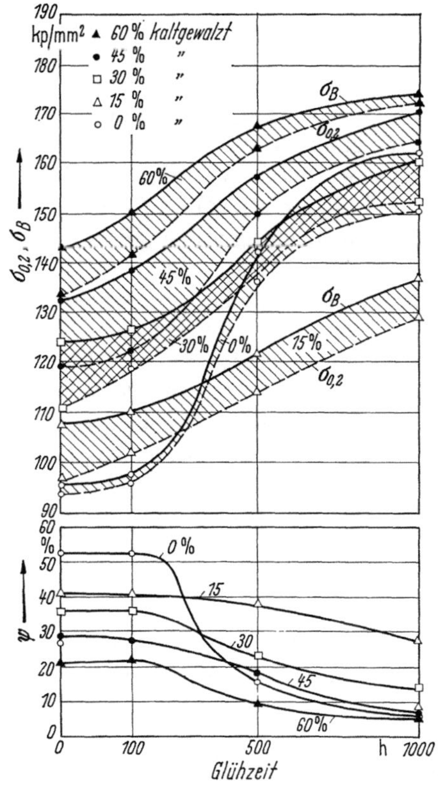

Abb. 11.35 Einfluß der Anlaßzeit bei 320 °C auf die mechanischen Eigenschaften von aus dem β-Gebiet (750 °C) rasch abgekühlten und verschieden stark verformten Proben aus TiV13Cr11Al3 [*W* 67].

ausreichendes Formänderungsvermögen der auf hohe Festigkeit ausgehärteten Proben erreicht werden soll. Eine Streckgrenze von über 175 kp/mm² kann z.B. nach einer Warmverformung bei 850 °C, einer Kaltumformung um 24% und nach einer Auslagerung von 50 h bei 450 °C erzielt werden. Die Bruchdehnung und -einschnürung fällt jedoch auf 3,3 bzw. 9,8% ab [*Z 14*]. Die Schweißbarkeit ist wegen des ungünstigen Einflusses geringer Gehalte von Sauerstoff und Stickstoff bei dieser Legierung begrenzt. Eine Grobkornbildung wirkt sich ungünstig aus [*I 8b*].

Ebenso wenig schweißbar sind die übrigen β-Legierungen, die hauptsächlich Molybdän, z.B. TiMo11,5Zr6Sn4,5 [*P 22e*, *R 2a*], bzw. Chrom- und Molybdänzusätze, z.B. TiCr11Mo7,5 Al3 und TiV8Cr6Mo4Zr4Al3 [*K 22b*, *H 4b*] enthalten. Bei diesen Legierungen lassen sich durch feine plattenförmige α-Ausscheidungen bei 400–600 °C [*P 39c*, *G 64d*, *F 41c*, *G 64c*] hohe Festigkeitswerte, die nach einer Kaltverformung β-geglühter Proben durch anschließende Auslagerung auftreten, erzielen. Ein besonders niedriger Wasserstoffgehalt ist die Voraussetzung für ein ausreichendes Formänderungsvermögen [*M 100*, *G 64c*, *G 64b*, *K 0f*, *K 0b*, *R 58b*, *P 22d*, *K 13f*] (vgl. Kap. 12.6, S. 361 ff.). Durch eine Vorauslagerung im $(\omega + \beta)$-Temperaturbereich und eine kurzzeitige Nachauslagerung im $(\alpha + \beta)$-Temperaturgebiet lassen sich ebenfalls hohe Festigkeitswerte mit guter Bruchzähigkeit bei TiMo11,5Zr6Sn4,5 und TiMo15 [*K 0e*, *S 108d*] bzw. bei TiAl5Sn2,5, TiAl6V4 und TiV13Cr11Al3 (stranggepreßt und abgeschreckt) [*A 9*] erreichen. Diese hochfesten Legierungen können jedoch empfindlich gegen Spannungsrißkorrosion in Salzwasser sein [*F 11d*] (vgl. Kap. 13.5, S. 407 ff.).

Die Bruchzähigkeit der β-Legierungen mit ~3 % Al wird bei einer Streckgrenze im Bereich zwischen 120 und 140 kp/mm^2 durch eine Verminderung der Gehalte der Eutektoidbildner Eisen und Chrom erhöht [*W 81a*]. Die Legierungen TiV13Cr11Al3 und TiV10Al3Fe2 weisen, wenn sie nach dem Abschrecken 50 % kaltgewalzt und dann ausgelagert wurden, eine bessere Bruchzähigkeit auf als im nur ausgelagerten Zustand bei derselben Festigkeit [*S 130c*, *B 55*]. TiMo8V8Al3Fe2 und TiV11Zr11Al2Sn2 weisen eine bessere Bruchzähigkeit auf als TiV13Cr11Al3 [*H 85b*, *C 70c*].

11.5.4 Übersicht über den Einfluß von Beimengungen, den Einfluß der Phasenumwandlung und der Gefügeausbildung auf die mechanischen Eigenschaften von technischen Legierungen

Die mechanischen Eigenschaften technischer Titanlegierungen werden durch die Gehalte an Beimengungen beeinflußt. Aus diesem Grunde sind Angaben über Festigkeitswerte von Titanlegierungen oft unterschiedlich. Im allgemeinen werden die Legierungen aus Titanschwamm mit einer Umschmelzhärte von 100–130 kp/mm^2 hergestellt. Für besondere Anwendungsfälle, die einen niedrigen Gehalt an Beimengungen erfordern (vgl. Tab. 11.7, S. 286 ff.), müssen Titanschwamm mit niedriger Umschmelzhärte und reine Zusatzstoffe eingesetzt werden. Werden höhere Gehalte an Sauerstoff verlangt, um die geforderten mechanischen Eigenschaften zu erreichen, wird Sauerstoff in Form von TiO_2 in Zusatzelementen oder Vorlegierungen oder mit Hilfe von oxidiertem Titanschwamm zugesetzt. Beimengungen können auch bei einer Wärmebehandlung aufgenommen werden. Einlagerungselemente wie Sauerstoff und Stickstoff erhöhen meist die Umwandlungstemperatur der Legierungen und die Umwandlungsgeschwindigkeit, so daß bei gleicher Wärmebehandlung unterschiedliche mechanische Eigenschaften auftreten. Im allgemeinen sinkt das Formänderungsvermögen mit zunehmendem Gehalt an Beimengungen [*C 74, C 16, B 118a, A 42b, S 104a*].

Die Aushärtbarkeit und die Durchhärtbarkeit der technischen Legierungen wird im wesentlichen durch die Art und Menge des β-stabilisierenden Zusatzelementes bestimmt. Mit zunehmendem Gehalt oder mit stärker stabilisierender Wirkung des Zusatzelementes können größere Querschnitte gleichmäßig ausgehärtet werden, wie das die Abb. 11.31, S. 298 zeigt [*W 81, H 48, S 62k, R 88g*]. Die bei der Aushärtung von Titanlegierungen ablaufenden Vorgänge werden durch die Diffusionsgeschwindigkeit der Legierungselemente gesteuert. Diffusionsbedingte Eigenschaftsänderungen lassen die Anwendung eines Parametergesetzes der Form $P = T\,(C + \log t)$ zu. Für bestimmte Lösungsglühtemperaturen können mit Hilfe dieses Gesetzes entsprechende Aushärtungshauptkurven für technische Legierungen aufgestellt werden. Die Anlaßzeit läßt sich für bestimmte Werte von Festigkeit und Formänderungsvermögen aus diesen Hauptkurven entnehmen [*E 16, W 21*].

Die Temperatur für ein Spannungsfreiglühen (vgl. Tab. 11.5, S. 280ff.) liegt bei Titanlegierungen ähnlich wie bei anderen Werkstoffen niedriger als die Rekristallisationstemperatur. Sie ist abhängig vom Legierungsgehalt und der Struktur der Legierung und beträgt für aluminiumfreie ($\alpha + \beta$)-Legierungen 550–600 °C, für aluminiumhaltige ($\alpha + \beta$)-Legierungen 650 °C, während bei α-Legierungen Temperaturen zwischen etwa 700 und 750 °C notwendig sind (vgl. Abb. 11.23 und 11.27). In der Abb. 11.36 ist die Rückfederung von Biegeproben der Legierung TiAl8Mo1V1 nach unterschiedlicher Wärmebehandlung wiedergegeben. Bei dieser und anderen Legierungen sind Temperaturen von über 650 °C bei Glühzeiten von unter 1 h für das Vermeiden einer Rückfederung

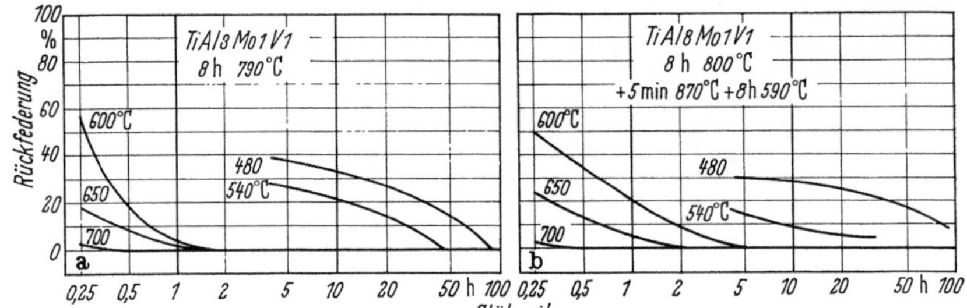

Abb. 11.36 Einfluß der Glühzeit und Temperatur auf die Rückfederung (1,5 mm Blech) von Biegeproben aus TiAl8Mo1V1 nach unterschiedlicher Wärmebehandlung [*M 85*].

nach einer Biegeverformung notwendig [*G 15*, *M 85*, *B 15f*]. Da die Druckfließgrenze durch vorhergehende Zugbeanspruchung auch bei Titanlegierungen vermindert wird (Bauschingereffekt), ist ein Spannungsfreiglühen bei druckbeanspruchten Bauteilen zweckmäßig [*I 8b*].

Das Formänderungsvermögen von Titanlegierungen kann von der Korngröße beeinflußt werden. Bruchdehnung und -einschnürung er-

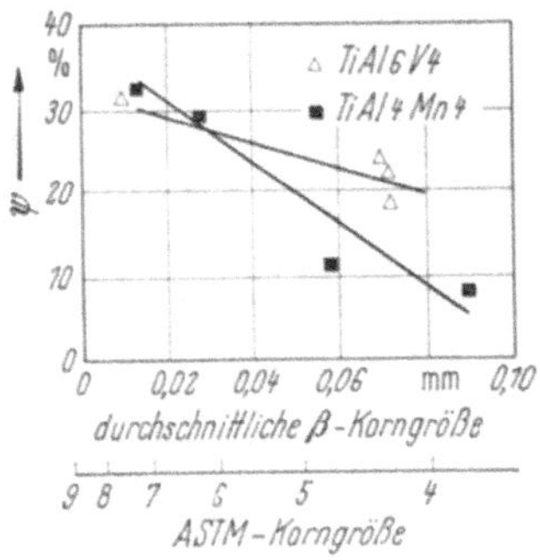

Abb. 11.37 Einfluß der mittleren β-Korngröße auf die Einschnürung der Legierung TiAl6V4 und TiAl4Mn4, die auf etwa 125 kp/mm² Zugfestigkeit ausgehärtet wurden [*G 52*].

reichen meist Höchstwerte beim Vorliegen einer feinkörnigen polygonalen Struktur. Wird bei der Verarbeitung durch sehr hohe Temperaturen ein zu grobes Korn erzeugt, so wird das Formänderungsvermögen, wie Abb. 11.37 anhand der Brucheinschnürung zeigt, auch nach einer Auslagerung mit zunehmender Korngröße z.B. bei TiAl6V4 und TiAl4Mn4 vermindert [*G 52*]. Mit abnehmender Abkühlungsgeschwindigkeit aus dem Temperaturgebiet der β-Phase können sich bei TiAl6V4 grobe β-Körner durch die langsamer entstehenden α-Platten stärker einformen (Abb. 11.38a–c), wodurch sich das Formänderungsvermögen erhöht [*K 84b*].

Bei Titanlegierungen, bei denen die Streckgrenze nur wenig unter der Zugfestigkeit liegt, wird bei einer Verformung meist nach kurzer Zeit im Spannungs-Dehnungs-Diagramm die Höchstlast erreicht, und die

Abb. 11.38a–c Einfluß der Abkühlgeschwindigkeit aus dem β-Gebiet und einer Wärmebehandlung auf die Gefügebildung und die mechanischen Eigenschaften von TiAl6V4 (V = 200×) [*K 84b*].

a) 1 h 1000 °C/Wasser + 8 h 540 °C/Luft, σ_B: 122 kp/mm², δ 5: 4%, ψ: 8%;
b) 1 h 1000 °C/Wasser + 8 h 940 °C/Wasser → 8 h 540 °C/Luft, σ_B: 113 kp/mm², δ 5: 7%, ψ: 10%;
c) 1 h 1000 °C/Ofen + 8 h 540 °C/Luft, σ_B: 95 kp/mm², δ 5: 11%, ψ: 25%.

Einschnürung beginnt. Die Verteilung der Querschnittsabnahme nach verschiedener Gesamtdehnung im Probestab entspricht der Abb. 11.39. Für eine Kaltumformung ist die geringe Gleichmaßdehnung ungünstig. Sie nimmt mit zunehmender Prüfgeschwindigkeit ab [*S 130a*, *W 33*]. Erste Hohlräume bilden sich meist zwischen α- und β-Körnern [*G 44d*].

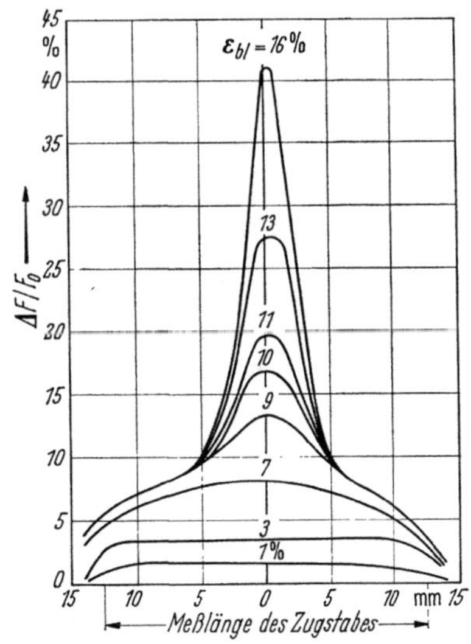

Abb. 11.39 Verteilung der Querschnittsabnahme über die Probenlänge einer Zerreißprobe der Titanlegierung TiAl6V4 [*W 33*].

Mit zunehmendem Gehalt an Aluminium, z.B. bei den Legierungen TiAl4Mo3V1, TiAl6V4 und TiAl8Mo1V1, nimmt bei der $\beta/(\alpha + \beta)$-Umwandlung die Größe der α-Platten zu, die Menge der Rest-β-Phase ab, die Dichte der Stapelfehler und ihre Breite zu, die Zahl der Subkorngrenzen in den α-Platten ab [*W 60e*]. Durch isotherme Umwandlung in Salzbädern kann bei Blechen aus TiAl6V4 der Verzug, der beim Abschrecken in Wasser auftritt, vermieden und bis 2,5 mm Dicke eine Aushärtung erreicht werden [*K 13c*].

11.5.5 Zeit-Temperatur-Umwandlungsschaubilder technischer Legierungen

Einen guten Überblick über mögliche Phasenänderungen ergeben Schnitte durch Mehrstoffsysteme und Zeit-Temperatur-Umwandlungsschaubilder. Die α-Legierung TiAl8Mo1V1 weist durch die geringen Gehalte β-stabilisierender Elemente eine Verminderung der Ausscheidungsgeschwindigkeit der α-Phase aus der β-Phase gegenüber anderen α-Legierungen auf. Einen schematischen Temperaturschnitt durch das quarternäre System Ti–Al–Mo–V zeigt die Abb. 11.40. Je nach Abschrecktemperatur und Abschreckgeschwindigkeit können in dem im Gleichgewicht befindlichen β-Mischkristall bei der Abkühlung unterschiedliche Umwandlungsprozesse vor oder nach einer martensitischen Umwandlung ablaufen. Bei Temperaturen unter 600 °C tritt die Überstrukturphase Ti_3Al auf [*B 42a*]. Isotherme Schnitte durch die ternären Systeme Ti–Al–Mo und Ti–Al–V sind in den Abb. 22.6–22.8, S. 582ff. wieder-

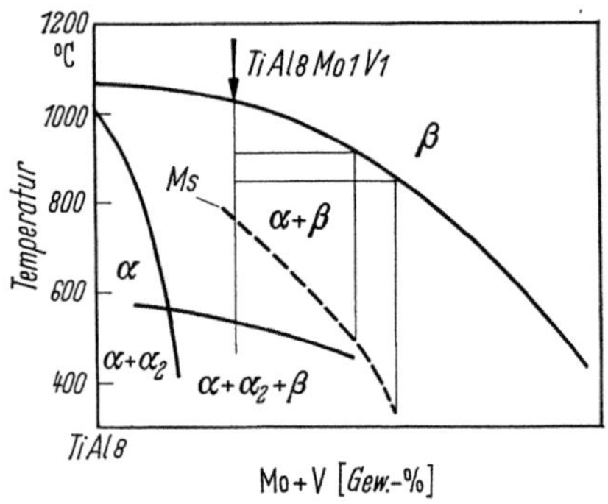

Abb. 11.40 Schematischer Konzentrationsschnitt durch das System Ti-Al-Mo-V bei 8 % Al [*B42 b*].

gegeben. Das schematische ZTU-Schaubild von TiAl8Mo1V1 der Abb. 11.41 zeigt, daß sich Anteile der α-Phase bereits nach sehr kurzen Zeiten gebildet haben [*W 24a*, *W 81b*]. Die Bildung der Überstrukturphase erfolgt erst nach langen Zeiten. Das in Abb. 11.41 mit eingetragene ZTU-Schaubild der Legierung TiAl6Zr4Mo2Sn2 zeigt eine höhere Ms-Temperatur als TiAl8Mo1V1 [*W 81b*]. Abb. 11.42 zeigt einen Konzentrationsschnitt bei 6 % Al durch das ternäre System Ti–Al–V in dem die Legierung TiAl6V4 eingetragen ist. Auch hier tritt die Phase Ti_3Al noch im Gleichgewicht auf. Im isothermen ZTU-Schaubild, Abb. 11.43 (vgl. Abb. 8.42, S. 197), verläuft die β/α-Umwandlung wegen der um etwa 60 °C niedrigeren

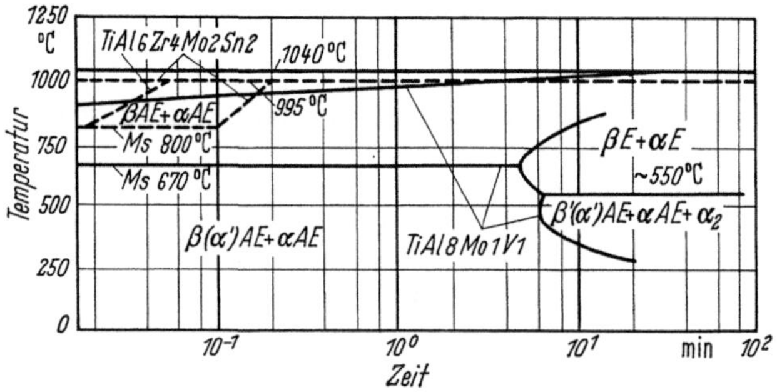

Abb. 11.41 Schematische ZTU-Schaubilder für die Legierungen TiAl8Mo1V1 (——) [*W 24a*, *W 81b*] und TiAl6Zr4Mo2Sn2 (– – – –) [*C 48e*].

$\beta/(\alpha + \beta)$-Umwandlungstemperatur etwas langsamer [*G 30, Z 4, T 4a, W 22a*] als bei der Legierung TiAl8Mo1V1, obwohl durch die langsame Diffusion des Molybdäns auch dort eine Hemmung der Ausscheidung auftritt. Bei der Legierung TiAl6V6Sn2Cu1Fe1, deren ZTU-Schaubild ebenfalls in Abb. 11.43 wiedergegeben ist, wird die Umwandlungs-

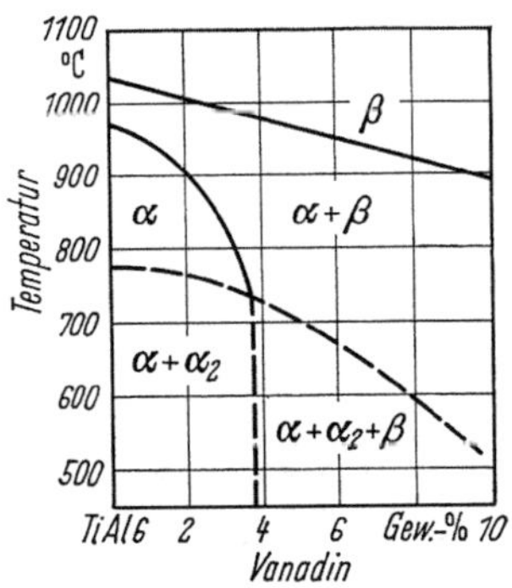

Abb. 11.42 Schnitt durch das System Titan-Aluminium-Vanadin bei 6% Al ($\alpha_2 = Ti_3Al$) [*Z 4*].

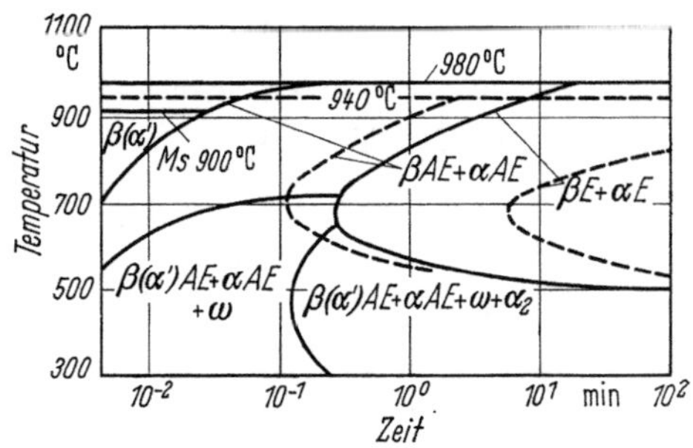

Abb. 11.43 Schematische ZTU-Schaubilder der Legierungen TiAl6V4 (——) [*Z 4*] und TiAl6V6Sn2Cu1Fe1 (– – –) [*C 48 e*].

temperatur um 45 °C weiter vermindert und das Ende der $\beta \rightarrow (\alpha + \beta)$-Umwandlung zu wesentlich längeren Zeiten verschoben [*C 48e*]. Glühen bei 850 °C reichert die β-Phase an Vanadin an und die Ms-Temperatur wird auf 650 °C vermindert [*H 57b*]. Bei TiCr5Al2,5 bzw. TiCr5Al3 (Abb. 11.44) liegt die Temperatur des Umwandlungsbeginns noch tiefer. Der geringere

Abb. 11.44 ZTU-Schaubild für TiCr5Al3 [*Z 4*].

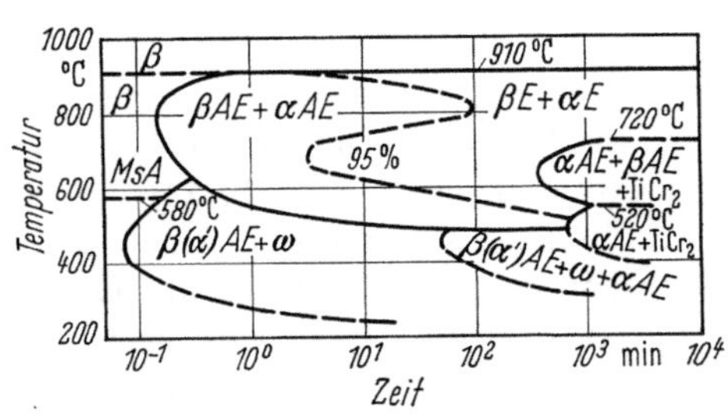

Anteil an β-stabilisierendem Zusatzelement und an Aluminium lassen die $\beta \rightarrow (\alpha + \beta)$-Umwandlung schneller ablaufen als bei der Legierung TiAl6V6Sn2Cu1Fe1. Nach längeren Zeiten tritt die intermetallische Verbindung $TiCr_2$ auf [*Z 4*]. Das ZTU-Schaubild der β-Legierung TiV16Al3 ist in Abb. 8.43, S. 198, wiedergegeben und Abb. 11.45 zeigt das ZTU-Schaubild der Legierung TiV13Cr11Al3. Auch bei dieser Legierung kann nach längeren Auslagerungszeiten $TiCr_2$ auftreten. Die Beschleunigung der $\beta \rightarrow (\alpha + \beta)$-Umwandlung durch eine 25%ige Kaltumformung ist in Abb. 11.45 ebenfalls eingetragen [*W 67*, *R 17*].

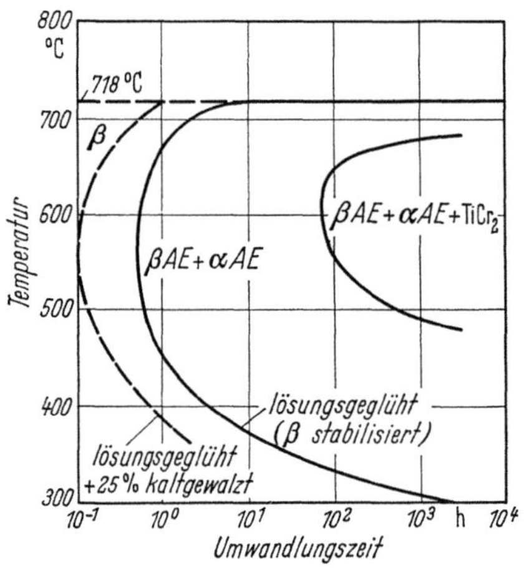

Abb. 11.45 Zeit-Temperatur-Umwandlungsschaubild der Legierung TiV13Cr11Al3 [*W 67*].

11.6 Temperaturabhängigkeit der mechanischen Eigenschaften von technischen Legierungen (ohne Dauerfestigkeit)

Unterhalb Raumtemperatur besitzen technische Titanlegierungen, vorausgesetzt daß der Gehalt an Beimengungen nicht zu hoch ist, bei hoher Festigkeit ein gutes Formänderungsvermögen. Besonders bei Temperaturen von etwa −250 °C wirken sich zu hohe Gehalte an Beimengungen ungünstig auf Bruchdehnung und Brucheinschnürung aus. Deshalb werden für eine Anwendung in diesem Temperaturbereich Legierungen wie TiAl5Sn2,5 und TiAl6V4 mit besonders niedrigem Sauerstoffgehalt erschmolzen (vgl. Tab. 11.7, S. 286ff.). Da die Festigkeit mit fallender Temperatur stark ansteigt, spielt sie bei tiefen Temperaturen meist nicht so eine entscheidende Rolle wie Formänderungsvermögen und Bruchzähigkeit. Die Art der Verformung ändert sich [*P 34d*, *P 34b*].

Eine kurzzeitige Beanspruchung kann bei technischen Legierungen in vielen Fällen bis zu sehr hohen Temperaturen erfolgen. Wegen der geringen Wärmeleitfähigkeit des Titans ist deshalb eine Anwendung, z.B. als Brandschott möglich. Eine Langzeitbeanspruchung ist auf ein Temperaturgebiet von maximal etwa 550 °C auch bei warmfesten Titanlegierungen beschränkt, da bei dieser Temperatur und insbesondere bei hohen Temperaturen bei langen Auslagerungszeiten eine Reaktion mit der Titanoberfläche durch Sauerstoff einsetzt und dadurch eine örtliche

Aufhärtung und Volumenänderung, die meist zu Rißbildung führt, auftritt (vgl. Kap. 13.6, S. 425ff.). Neben dem Kriechverhalten spielt auch die thermische Stabilität, d.h. eine nur möglichst geringe Änderung der mechanischen Eigenschaften, insbesondere des Formänderungsvermögens, auch nach langen Zeiten unter Spannung bei erhöhter Temperatur eine wichtige Rolle.

11.6.1 Mechanische Eigenschaften, Kriechverhalten und thermische Stabilität von technischen Legierungen oberhalb Raumtemperatur

Bei den meisten Legierungen fällt die Festigkeit zwischen Raumtemperatur und 250 °C zunächst verhältnismäßig rasch, zwischen 250 und 400 °C weniger stark ab. Oberhalb 450 °C wird wieder eine verstärkte Verminderung der Festigkeit beobachtet, die bei aluminiumfreien Legierungen bei tieferen Temperaturen liegt, als bei aluminiumhaltigen Legie-

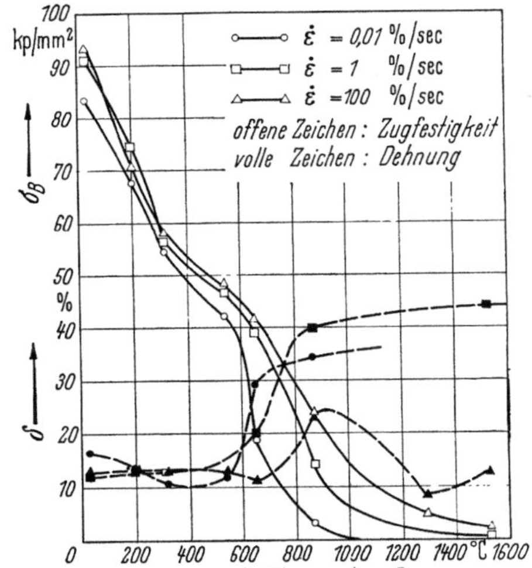

Abb. 11.46 Einfluß der Prüftemperatur und Verformungsgeschwindigkeit $\dot{\varepsilon}$ auf mechanische Eigenschaften von TiAl5Sn2,5 [*S 52*].

rungen oder solchen mit einem hohen Zusatz an anderen α-Substitutionselementen. Das Formänderungsvermögen nimmt oberhalb Raumtemperatur zunächst zu, bleibt dann über einen größeren Temperaturbereich annähernd konstant und steigt bei Temperaturen oberhalb etwa 450 °C verstärkt an. Bei einigen Legierungen, z.B. bei der Legierung TiAl5Sn2,5 spielt die Vorschubgeschwindigkeit eine Rolle. Bei einer Verformungsgeschwindigkeit von 5%/min tritt ein Mindestwert der Einschnürung bei 370 °C auf, während dieser Mindestwert bei 540 °C erst bei einer Verformungsgeschwindigkeit von 10000%/min festgestellt wird. Man nimmt an, daß diese Erscheinung, ähnlich wie bei Stahl, durch die Diffusion von Fremdatomen bedingt wird [*M 13, G 69*]. In Abb. 11.46 ist der Einfluß der Prüftemperatur und der Verformungsgeschwindigkeit auf die mechanischen Eigenschaften von TiAl5Sn2,5 einer anderen Untersuchung wiedergegeben. Die Mindestwerte der Dehnung werden mit zunehmender Geschwindigkeit ebenfalls zu höheren Temperaturen verschoben [*S 52*]. Die Warmfestigkeit hängt meist von der Art des Umformprozesses in der Wärme und der Wärmebehandlung ab, da sich Vorzugslagen, Korngrößen und Gefüge ausbilden können, die die Eigenschaften der Legierung in der Wärme beeinflussen. So kann z.B. bei TiAl6V4 oder TiAl4Mo3V1 die Warmfestigkeit senkrecht zur Walzrichtung höher liegen als parallel zur Walzrichtung [*H 40b, M 100*].

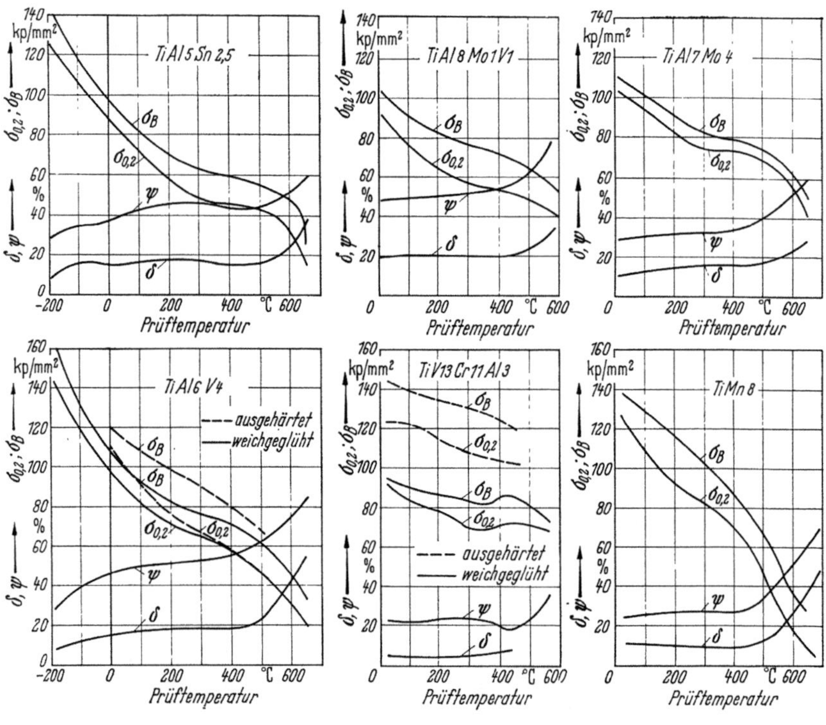

Abb. 11.47 Temperaturabhängigkeit der mechanischen Eigenschaften verschiedener Titanlegierungen (Rundproben).

TiAl5Sn2,5 (1 h 800 °C/Luft) [*I 2*] oben links; TiAl8Mo1V1 (1 h 900 °C/Luft + 8 h 595 °C) [*S 53*] oben Mitte; TiAl7Mo4 (770 °C/Ofen → 550 °C/Luft) [*A 28, K 41*] oben rechts; TiAl6V4 —— (2 h 700 °C/Luft) [*S 53, B 85*], – – – 1 h 950 °C/H_2O + 8 h 500 °C/Luft [*K 38 a*] unten links; TiV13Cr11Al3 (1,5 mm Blech) weich geglüht —— (760 °C/Luft), ausgehärtet – – – (60 h 480 °C) [*W 67, T 17*]; unten Mitte; TiMn8 gewalzt (1 h 700 °C/Ofen → 540 °C/Luft) [*S 53*] unten rechts.

Die Temperaturabhängigkeit der mechanischen Eigenschaften verschiedener technischer Titanlegierungen ist in Abb. 11.47 wiedergegeben. Die α-Legierung TiAl5Sn2,5 weist eine geringere Festigkeit als die α-Legierung mit höheren Legierungsanteilen (TiAl8Mo1V1) auf. Auch die Legierung TiAl7Mo4 zeigt, wie die beiden α-Legierungen, eine hohe Warmfestigkeit bis zu Temperaturen von 450 °C. Wie das Beispiel der Legierung TiAl6V4 zeigt, hängt die Warmfestigkeit weitgehend von der Wärmebehandlung ab. Der ausgehärtete Zustand zeigt eine wesentlich höhere Warmfestigkeit als der weichgeglühte. Diese Warmfestigkeit bleibt allerdings nur bei kurzen Beanspruchungszeiten und niedrigen Temperaturen erhalten. Bei höheren Temperaturen und langen Beanspruchungszeiten zeigen die weichgeglühten Legierungen im allgemeinen ein besseres Kriechverhalten als die ausgehärteten. Auch die β-Legierung TiV13Cr11Al3 zeigt im ausgehärteten Zustand eine wesentlich höhere Warmfestigkeit als im weichgeglühten Zustand, neigt aber bei langen Beanspruchungszeiten und erhöhten Temperaturen zu einer Verminderung des Formänderungsvermögens ebenso wie die Legierung TiMn8, bei der sich die Warmfestigkeit mit zunehmender Temperatur stärker vermindert als bei den übrigen Legierungen. In der Abb. 11.48 ist der Einfluß einer unterschiedlichen Glühbehandlung bei der Legierung TiAl6Zr4Mo2Sn2 für Blech, für eine geschmiedete Stange von 6,6 cm ∅ und für ein geschmiedetes Kompressorrad wiedergegeben. Es geht daraus hervor, daß durch keine oder nur kurzzeitige Auslagerung bei 590 °C die Temperaturabhängigkeit der Festigkeit Höchstwerte und die des Formänderungsvermögens Tiefstwerte ergibt [*C 48 e*].

Die Korngröße und die Gefügeausbildung kann durch eine Behandlung im β-Gebiet oder im Bereich der $\beta/(\alpha + \beta)$-Umwandlungstemperatur beeinflußt werden. Bei sehr kleiner Korngröße (1–5 µm) und geringer Umformgeschwindigkeit (unter 10^{-1} %/sec) kann im Temperaturbereich kurz unterhalb der $\beta(\alpha + \beta)$-Umwandlungstemperatur eine Superplastizität beim Verformen mit einer Bruchdehnung von über 500 % bei den Legierungen TiAl5Sn2,5 und TiAl6V4 erreicht werden [*L 13 a*, *G 43 a*]. Ein Widmannstättengefüge, das sich beim raschen Abkühlen aus dem β-Bereich, z.B. bei den Legierungen TiAl8Mo1V1 und TiAl6V4, bilden kann, ergibt im Vergleich zu einem polygonalen Gefüge bei annähernd gleicher Festigkeit bei Raumtemperatur eine Verminderung der Festigkeit oberhalb Raumtemperatur [*A 28*].

Das Verhalten unter einer langzeitigen Beanspruchung interessiert in erster Linie bei Temperaturen oberhalb 300 °C, da bei niedrigeren Temperaturen im allgemeinen mit einem Sicherheitsfaktor von etwa 75 % für die Streckgrenze auch über lange Zeiten gerechnet werden kann. Zwar tritt zwischen Raumtemperatur und 150 °C bei einer Beanspruchung nicht weit unterhalb der Streckgrenze auch bei Titanlegierungen ein Kriechen ein [*H 33a, C 24c*], jedoch sind die für die Zeitdehngrenzen im Verhältnis zur Streckgrenze oder Zugfestigkeit ermittelten Werte im allgemeinen wesentlich höher als bei unlegiertem Titan technischer Reinheit. So wird z.B. bei der Legierung TiAl6V4 für $\sigma_{1/1000}$ bei Raumtemperatur eine zulässige Beanspruchung von über 80 % der Zugfestigkeit ge-

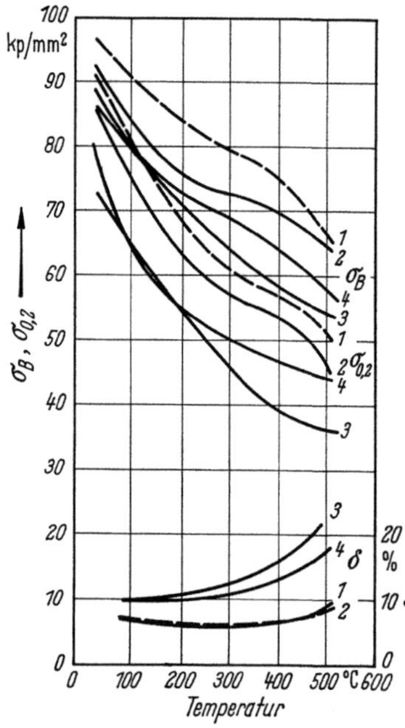

Abb. 11.48 Einfluß der Vorbehandlung und Probenabmessung auf die Temperaturabhängigkeit der mechanischen Eigenschaften von TiAl6Zr4Mo2Sn2 [*C 48e*].

1. Blech. 1/2 h 900 °C/Luft + 1/4 h 790 °C
2. Blech. Wärmebehandlung wie bei 1., zusätzlich + 2 h 590 °C/Luft
3. Rundstangen geschmiedet (6,6 cm ∅), 1 h 950 °C/Luft + 8 h 590 °C/Luft
4. Kompressorrad geschmiedet, 1 h 900 °C/Luft + 8 h 590 °C/Luft

funden. Im Temperaturbereich zwischen 150 und 300 °C zeigen die Titanlegierungen ähnlich wie das unlegierte Titan technischer Reinheit nach einer Anfangsverformung keine zusätzliche Kriechdehnung. Für diesen Temperaturbereich liegen deshalb die Zeitdehngrenzen im Bereich der entsprechenden Warmstreckgrenze [*M 100, R 92, R 20a*]. Erst bei Temperaturen ab etwa 300 °C spielen für eine Langzeitbeanspruchung die Zeitdehngrenzen der Legierungen eine entscheidende Rolle.

Bei der Bestimmung der Dehngrenzen gelten die bei der Ermittlung der Warmfestigkeit zu beobachtenden Einflüsse der Textur und der Gefügeausbildung in noch stärkerem Maße. Während der Beanspruchung ablaufende Umwandlungsvorgänge führen in vielen Fällen zu einem stärkeren Kriechen als bei vorher weitgehend stabilisiertem Gefügezustand. Wie bei anderen Legierungen zeigen auch die Titanlegierungen bei grobem Korn, das meist in Form eines Umwandlungs-(Widmannstätten-) Gefüges vorliegt, bei hohen Temperaturen ein besseres Kriechverhalten als bei einem feinkörnigen polygonalen Gefüge. Bei Temperaturen bis etwa 300 °C weist in vielen Fällen das grobkörnige ein ungünstigeres Kriechverhalten als das feinkörnige Gefüge auf.

In der Tab. 11.8 ist der Einfluß der Schwammsorte, der Legierungszusammensetzung und der Vorbehandlung auf die bleibende Dehnung nach 1000 h bei der Legierung TiAl6V4 bei 450 °C unter zwei Spannungen wiedergegeben. Durch eine höhere Umschmelzhärte des Schwammtitans

Tabelle 11.8. *Einfluß der zum Schmelzen verwendeten Schwammsorte, der Legierungszusammensetzung und des Gefügezustandes von* TiAl6V4 *auf die bleibende Dehnung nach* 1000 h *bei* 450 °C *bei einer Spannung von* 22 *bzw.* 14 kp/mm² [*Z 7*]. *Vorbehandlung stranggepreßt, Widmannstätten-Gefüge mit Ausnahme der mit 2 bezeichneten Probe*

Schwammsorte Umschmelzhärte HB 30/10 [kp/mm²]	Al %	V %	Fe %	H %	Wärmebehandlung	Spannung [kp/mm²]	bleib. Dehnung nach 1000 h [%]
119	6	4	0,03	0,002	2 h 700 °/Luft-	22	0,19
135	6	4	0,08	0,002	abkühlung	22	0,42
150	6	4	0,15	0,002		22	0,48
130[1]	5,6	4	0,03	0,005		14	0,13
130[1,2]	5,6	4	0,03	0,005	1 h 700°/Luftabkühlung	14	0,41
119	7	4	0,03	0,002	2 h 700 °/Luft-	22	0,13
119	6	5	0,03	0,002	abkühlung	22	0,44
150	6	4	0,15	0,002		14	0,21
150	6	4	0,15	0,054		14	0,25
150	6	4	0,15	0,103		14	0,36
130[1]	5,6	4	0,03	0,005	1/2 h 950°/H_2O	14	0,40
130[1]	5,6	4	0,03	0,005	1 h 850°/H_2O	14	0,27
130[1]	5,6	4	0,03	0,005	1/2 h 1000 °C→ 1 h 900°/Luftabkühlung	14	0,18
130[1]	5,6	4	0,03	0,005	1/4 h 1000 °C→ 1 h 925°/Luftabkühlung	14	0,15

[1] 0,06% O, 0,019% N

[2] Warmgewalzt und warmgezogen, feinkörniges polygonales Gefüge.

und damit höherem Gehalt an Beimengungen Sauerstoff und Eisen nimmt die bleibende Dehnung unter einer Beanspruchung von 22 kp/mm² bei Proben mit Widmannstätten-Umwandlungs-Gefüge ab. Ein Vergleich mit einer gewalzten Probe, mit polygonalem feinkörnigem $(\alpha + \beta)$-Gefüge zeigt, daß die bleibende Dehnung dieser Probe bei gleichem Gehalt an Beimengungen wesentlich größer ist. Eine Zunahme des Vanadingehaltes verursacht ebenfalls eine Zunahme der Kriechdehnung. Im Gegensatz dazu führt eine Erhöhung des Aluminiumgehaltes zu einer geringeren bleibenden Dehnung. Mit dem Wasserstoffgehalt nimmt bei einer Spannung von 14 kp/mm² nach 1000 h die Kriechdehnung zu (vgl. Abb. 12.31, S. 366). Eine Probe, die rasch von 950 °C in Natronlauge abgekühlt wurde, weist die größte Kriechdehnung auf, während eine Stabilisierungsglühung von 2 h 700 °C/Luftabkühlung die geringste Kriechdehnung ergibt. Eine Wärmebehandlung zwischen 700 und 800 °C (vgl. Tab. 11.5, S. 281) wird deshalb auch für die Legierung TiAl6V4 als Stabilisierungsglühung für eine Langzeitbeanspruchung bei erhöhter Temperatur empfohlen. Nach der Entlastung der gedehnten Proben wurde festgestellt, daß sich diese bei der Prüftemperatur wieder verkürzen. Diese Rückdehnung hält auch nach mehreren 100 h noch an. Der Betrag der Rückdehnung ist in den ersten 100 h um so größer, je größer die Gesamtdehnung war (bei $\delta = 0{,}4\,\%$, 0,08 % und bei $\delta = 0{,}13\,\%$, 0,02 % in 100 h). 500 h nach der Entlastung unterscheidet sich die Geschwindigkeit der Rückdehnung bei den verschiedenen Proben nur wenig. Sie beträgt etwa 0,02 % nach 1000 h. Nach Abkühlen auf Raumtemperatur wird eine meßbare Rückdehnung nur bei den aus dem β-Gebiet abgekühlten Proben beobachtet [*Z 7*].

In der Abb. 11.49 wird anhand der Legierung TiAl8Mo1V1 gezeigt, wie die Wärmebehandlung in der Nähe der $\beta/(\alpha + \beta)$-Phasenumwandlung den Gefügeaufbau und das Kriechverhalten bei einer Beanspruchung von 30 kp/mm² bei 500 °C beeinflußt. Das feinkörnige Gefüge, das nach einer Wärmebehandlung bei 900 °C entstanden ist, weist bei 500 °C ein ungünstigeres Kriechverhalten auf, als das grobkörnige Umwandlungsgefüge, das durch eine Wärmebehandlung bei 1050 °C im β-Gebiet mit anschließender Ofenabkühlung entstanden ist [*R 87*]. Während bei der Legierung TiAl6V4 durch eine Aushärtung feinkörniger polygonaler Proben keine Verbesserung des Kriechverhaltens bei Temperaturen über 400 °C und längeren Zeiten gefunden wird, kann bei der Legierung TiAl7Mo4 eine Verbesserung erreicht werden. Der Umwandlungsmechanismus erfolgt bei dieser Legierung wesentlich träger, als bei TiAl6V4. Deshalb wird durch eine Aushärtung bis zu Beanspruchungszeiten von 1000 h noch eine Erhöhung der Werte der Zeitstandfestigkeit und der Dehngrenzen bis zu etwa 500 °C erzielt, jedoch werden nicht die Werte von Proben mit grobkörnigem Umwandlungsgefüge erreicht [*P 7, S 53, M 100, G 40b, B 58a*]. Bei TiAl6V4 ist eine Verbesserung des Kriechverhaltens durch Kaltverfestigung bis zu etwa 300 °C möglich [*B 81c*]. Bei zyklischer Temperaturbeanspruchung bei vorgegebener Spannung wird bei dieser Legierung keine Zunahme der Dehnung gegenüber isothermer Beanspruchung beobachtet [*W 40c, W 42a*]. Das Formänderungsvermögen bei Raumtemperatur wird nach einer Langzeitbeanspruchung bei Temperaturen bis zu 500 °C mit einer bleibenden Dehnung bei TiAl6V4 bis 5 % und bei TiAl7Mo4 bis etwa 1 % von unterschiedlichen Umformungsbedingungen und Gefügezuständen nur wenig beeinflußt [*Z 7, K 41, W 25, R 87, B 58a, T 29g*]. Risse können im Kerbgrund ausheilen. So wurde bei einer Beanspruchung von 12 kp/mm² über 12000 h bei 500 °C und einer Vorbeanspruchung mit 4 kp/mm² eine

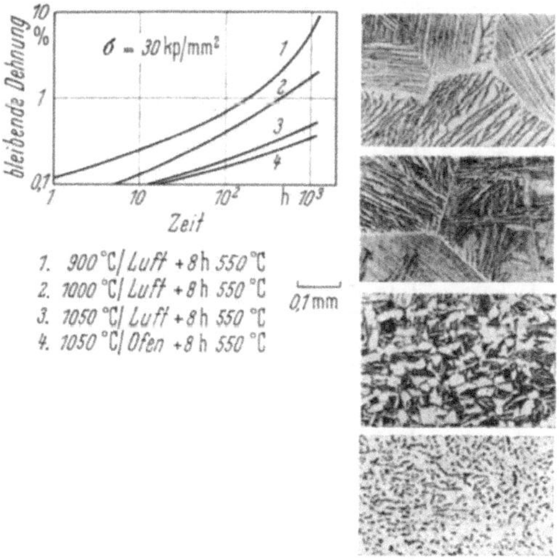

Abb. 11.49 Einfluß der Wärmebehandlung auf das Kriechverhalten von TiAl8Mo1V1 (Prüftemperatur 500 °C) [*R 87*].

Ausheilung einer Rißbildung bei TiAl6V4 mit Widmannstättengefüge (Vorglühung 2 h 700 °C/Luftabkühlung) gefunden [*I 8b*]. Bei ($\alpha + \beta$)-Gefüge kann die Rißbildung von Mikrolunkern, die von α-Körnern umgeben sind, ausgehen [*G 41c*].

In Abb. 11.50 sind das Zeitstandverhalten ($\sigma_{B/1000}$) und die Dehngrenzen $\sigma_{0,2/1000}$ bzw. $\sigma_{0,1/1000}$ in Abhängigkeit von der Temperatur aufgetragen. Bei Raumtemperatur wurden 90% der σ_B-Werte bzw. 80% der $\sigma_{0,2}$-Werte als Ersatz für die 1000-h-Werte eingesetzt. Da die zeitliche Abhängigkeit der Dehngrenzen insbesondere bei Temperaturen im Bereich von 500 °C durch Rekristallisation und Umwandlungsvorgänge beeinflußt werden kann, ist eine Übertragung der Meßwerte von kurzen auf lange Zeiten [*L 6*] in den meisten Fällen nicht möglich. Dies gilt hauptsächlich für die Dehngrenzen, da hier zusätzlich auch eine Volumenänderung durch Bildung und Auflösung von Ordnungszuständen auftreten kann (vgl. Abb. 8.28, S. 181 und Abb. 8.32d, S. 185). Während die Legierung TiAl5Sn2,5 weitgehend stabil ist, können solche Änderungen bei den Legierungen TiAl6V4 (Tab. 11.9), TiAl7Mo4 und TiAl8Mo1V1 auftreten. Bei Blechen werden bei gleicher Beanspruchung in Walz-

Tabelle 11.9. *Einfluß einer Vorbehandlung und Wärmebehandlung auf das Kriechverhalten unter einer Spannung um* 14 kp/mm² *bei* 450 °C *und die Änderung der mechanischen Eigenschaften von* TiAl6V4 *bei Raumtemperatur durch Kriechversuche* [*Z 7*]

(Werte ohne Klammer mechanische Eigenschaften vor dem Kriechversuch, Werte in Klammer mechanische Eigenschaften nach dem Kriechversuch bei 450 °C; Legierungszusammensetzung: 5,8% Al, 3,52% V, 0,09% Fe, 0,06% O, 0,008% N, 0,002% H)

Vorbehandlung	Wärmebehandlung	σ_B RT [kp/mm²]	$\sigma_{0,2}$ RT [kp/mm²]	δ %	ψ %	Härte HV 30 auf Mantelfläche	$\delta_{bl.}$ nach 1000 h Beanspruchung bei 450 °C
Stranggepreßt	1/2 h 950 °C/H_2O	106,5 (111)	94,5 (100)	1,3 (7,3)	27,5 (13,5)	348^{+4}_{-5} (361^{+5}_{-9})	0,40
Stranggepreßt	1/2 h 850 °C	88,5 (95,5)	74,5 (86,0)	17,7 (14,7)	41,0 (26,0)	283^{+7}_{-6} (335^{+5}_{-2})	0,27
Stranggepreßt	1/2 h 1000 °C + 1 h 900 °C/Luft	85 (89)	78 (82)	12,7 (12,7)	27,0 (24,0)	298^{+1}_{-2} (327^{+4}_{-8})	0,18
Stranggepreßt	1/4 h 1000 °C + 1/2 h 925 °C/Luft	88,5 (91)	86,5 (83)	15,0 (11,0)	27,0 (16,0)	296^{+5}_{-2} (325^{+1}_{-2})	0,15
Stranggepreßt	2 h 700 °C/Luft	89 (90)	84 (83)	15,0 (16,7)	38,5 (38,0)	295^{+4}_{-5} (318^{+4}_{-3})	0,13
Gewalzt	1 h 700 °C/Luft	88,5 (98)	80 (88)	16,0 (15,7)	46,0 (40,0)	285^{+2}_{-4} (317^{+4}_{-2})	0,41

richtung meist höhere Dehnwerte als in Querrichtung gefunden. Die für Betriebsbeanspruchung vorgeschlagenen Werte z. B. für TiAl6V4 40 kp/mm² bei 350 °C für $\sigma_{B/1000}$ [*S 24b*] enthalten deshalb einen hohen Sicherheitsfaktor. Vergleichsweise wurde in Abb. 11.50 die Dauerfestigkeit mit eingetragen. Sie fällt bei Titanlegierungen weniger stark ab als die Zeitdehngrenzen. Der Schnittpunkt zwischen Zeitdehngrenze und

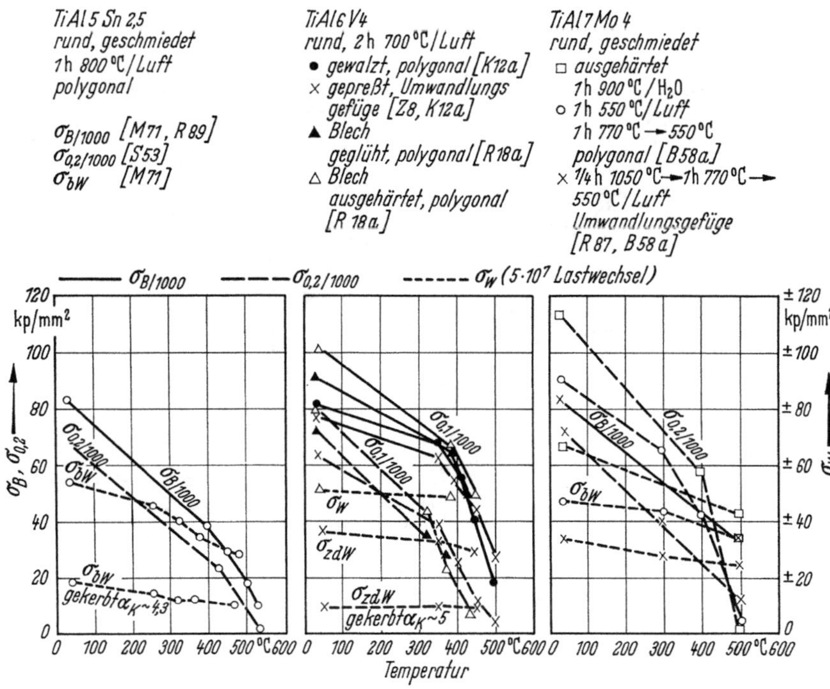

Abb. 11.50 Temperaturabhängigkeit von $\sigma_{B/1000}$, $\sigma_{0,2/1000}$ (TiAl5Sn2,5 und TiAl7Mo4) und $\sigma_{0,1/1000}$ (TiAl6V4) im Vergleich mit σ_W (bei Raumtemperatur sind 90 % σ_B bzw. 80 % $\sigma_{0,2}$ angegeben).

Dauerfestigkeit gibt meist die Temperatur an, oberhalb der bei Proben, die gleichzeitig statisch und dynamisch geprüft werden, die für die entsprechende Zeitdehngrenze zulässige Beanspruchung der in erster Linie maßgebende Faktor ist. Mit zunehmender Kriechfestigkeit wird dieser Schnittpunkt meist zu höheren Temperaturen verschoben.

Bei verschiedenen warmfesten Legierungen sind noch keine Langzeitversuche bekannt. Andererseits interessieren für bestimmte Anwendungsgebiete auch Kurzzeitwerte. Deshalb sind in Abb. 11.51 $\sigma_{0,1/100}$- bzw. $\sigma_{0,2/300}$-Werte für verschiedene Legierungen in Abhängigkeit von der Temperatur aufgetragen. Auch in diesem Zeitbereich sind Proben mit

Umwandlungsgefüge bei höherer Temperatur solchen mit feinkörnigem polygonalem Gefüge im Kriechverhalten überlegen. Das bessere Kriechverhalten von Proben mit grobkörnigem Umwandlungsgefüge bleibt bei TiAl6V4 bis zu Temperaturen von 900 °C erhalten [*G 43a*, *B 81b*]. Bei

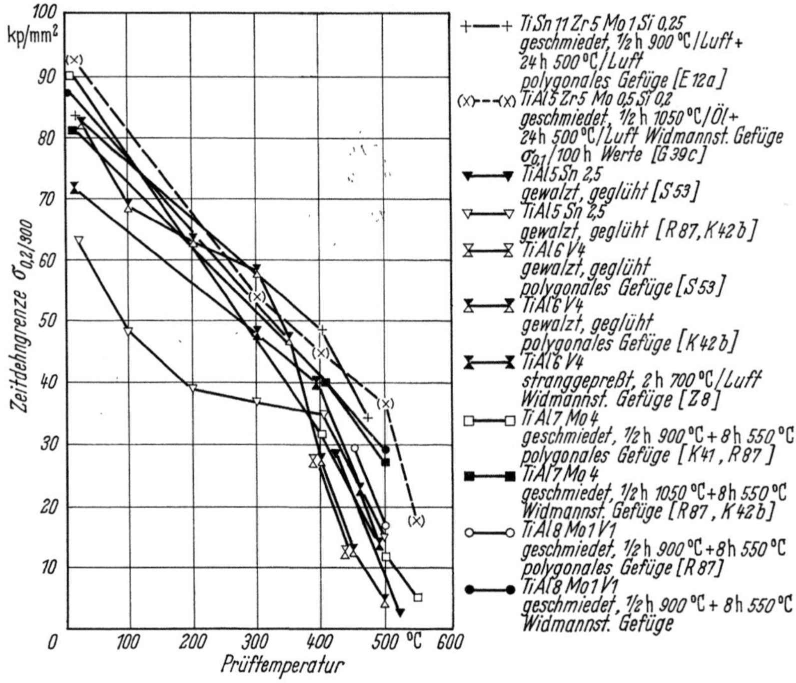

Abb. 11.51 Temperaturabhängigkeit der Dehngrenze $\sigma_{0,2/300}$ verschieden vorbehandelter Legierungen (Rundproben).

der Legierung TiAl8Mo1V1 und bei den Legierungen TiAl6Mo6Zr4Sn2 und TiAl6V4Mo2Sn2 kann nach dem Kriechen bei erhöhter Temperatur eine Verminderung des Formänderungsvermögens bei Raumtemperatur, insbesondere bei Vorliegen einer grobkörnigen Umwandlungsstruktur, auftreten [*T 29g*, *C 61d*].

Außer der maximal zulässigen Beanspruchung begrenzt die Anfälligkeit gegen Oxydation, gegen Spannungsrißkorrosion und Salzkorrosion unter bestimmten Bedingungen die Verwendung von Titanlegierungen unter Langzeitbeanspruchung bei erhöhten Temperaturen (vgl. Kap. 13.8, S. 410ff.). Die ($\alpha + \beta$)-Legierung TiSn11Zr5Mo1Si0,25 zeigt nach 15000 h bei 400 °C eine sauerstoffhaltige Diffusionszone an der Oberfläche von 1 μm, bei 500 °C nach derselben Zeit von 8 μm (vgl. Kap.

13.6.4, S. 431 ff.). Die Brucheinschnürung bei Raumtemperatur fällt nach einer Kriechdehnung von 0,13–0,44 % bei 400–500 °C, die nach 15000 h erreicht wird, um 30 % im Ausgangszustand auf 12 % im gedehnten Zustand wegen der Oberflächenreaktion und wegen Silizidausscheidung ab [*E 12a*]. Die Kriechfestigkeit dieser Legierung mit feinkörnigem polygonalem Gefüge wird, wie Abb. 11.51 zeigt, von der α-Legierung TiAl5Zr5Mo0,5Si0,2 mit grobkörnigem Widmannstätten-Umwandlungsgefüge bei Temperaturen über 400 °C übertroffen [*G 39c*]. TiAl5Sn5Zr2-Mo0,8Si0,5, TiAl6Zr4Mo2Sn2, TiSn11Zr5Al2,5Mo1Si0,25 und TiAl6Zr5-Mo0,5Si0,25 weisen ein ähnliches Kriechverhalten auf [*F 12a, H 10b*].

Bei kleinem Umformgrad, wie bei scheibenförmigen Schmiedeteilen, können sich die Zeitdehngrenzen bei 370 °C gegenüber stärker umgeformten Teilen vermindern. So wurden z.B. bei TiAl6V4 für geschmiedete Stangen für die Dehngrenze $\sigma_{0,1/300}$ Werte von 35 bis etwa 42 kp/mm² gefunden, während in einer Scheibe mit geringerem Umformgrad die Werte bei etwa 21 kp/mm² lagen [*M 71*].

Gekerbte Proben zeigen unabhängig von der Wärmebehandlung bei der warmfesten Titanlegierung TiAl6V4 keine Verminderung der Zeitstandfestigkeit gegenüber ungekerbten Proben bei Temperaturen von 500 °C und Zeiten bis 2000 h. In allen Fällen liegen die Werte der gekerbten Proben bei gleicher Wärmebehandlung über denen der nicht gekerbten Proben [*P 7*]. (Siehe auch das folgende Kapitel.)

11.6.2 Einfluß von Kerben und mechanische Eigenschaften bei tiefen Temperaturen (ohne Dauerfestigkeit)

Die Festigkeit und Kerbschlagzähigkeit gekerbter Proben kann bei Titanlegierungen durch Kerbschärfe (Formzahl $\alpha_k \cong \sqrt{a/\varrho + 1}$ für Rundmaterial und $\cong \sqrt{1{,}6a/\varrho + 1}$ für Blech, wobei a = Halbmesser im Kerbgrund und ϱ = Kerbradius ist), durch Legierungszusammensetzung, durch Umformgeschwindigkeit, durch Prüftemperatur, durch den Gefügezustand, Orientierung (Textur) und durch Wärmebehandlung sowie durch Gehalte an Beimengungen, wie Eisen, Sauerstoff und Stickstoff verändert werden. Der Einfluß des Wasserstoffs ist in Kap. 12, S. 355ff. beschrieben. In der Abb. 11.52 ist der Einfluß der Kerbschärfe, die durch Veränderung des Kerbradius variiert wurde, auf die Festigkeit und das Kerbfestigkeitsverhalten $\sigma_{B\,\text{gekerbt}}/\sigma_{B\,\text{ungekerbt}}$ von drei Blechproben bei Raumtemperatur nach verschiedener Wärmebehandlung für TiAl6V4 (zwei Proben) und TiV13Cr11Al3 (eine Probe) wiedergegeben. TiAl6V4 zeigt bei einer Festigkeit der ungekerbten Probe von 100 kp/mm² eine hohe Festigkeit der gekerbten Probe auch bei hoher Formzahl α_k.

Das Verhältnis der Kerbzugfestigkeit zur Zugfestigkeit liegt bei dieser Probe im Gegensatz zu den anderen Proben bis zur Formzahl $\alpha_k = 12$ über dem Wert eins. Bei der hochfesten Legierung TiV13Cr11Al3, die zur Bildung von $TiCr_2$ neigt, sinkt er auf unter 0,5. Die Bruchspannung bei $\alpha_k = 12$ erreicht den niedrigsten Meßwert [*S 6a*]. Auch andere Legierungen, die zur Bildung von intermetallischen Phasen neigen, können ein geringes Verhältnis zwischen der Zugfestigkeit der gekerbten und der ungekerbten Proben aufweisen [*G 45*]. Der Spaltbruch erfolgte auf den {100}-Ebenen [*G 41d*] (vgl. auch Kap. 13.5, S. 422ff.).

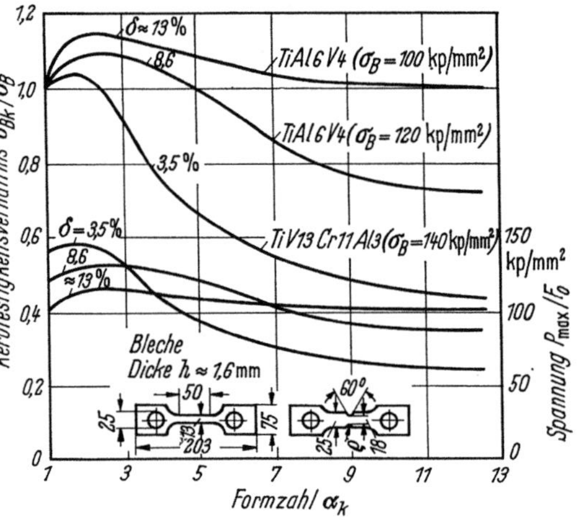

Abb. 11.52 Einfluß der Formzahl auf das Kerbfestigkeitsverhältnis (links) und die Bruchspannung (rechts) von 3 Titanlegierungen unterschiedlicher Festigkeit [*S 6a*].

Den Einfluß der Prüftemperatur auf die mechanischen Eigenschaften von gekerbten und ungekerbten Proben aus TiAl5Sn2,5, TiAl6V4 und TiFe2Cr2Mo2 nach verschiedener Wärmebehandlung gibt die Abb. 11.53 a und b wieder. Im feinkörnigen Zustand mit polygonaler Gefügeausbildung steigen mit sinkender Temperatur sowohl die Zugfestigkeit als auch die Kerbzugfestigkeit bei TiAl5Sn2,5 und TiAl6V4 an, während bei TiFe2Cr2Mo2 die Kerbzugfestigkeit bei tiefen Temperaturen unterhalb der Zugfestigkeit des ungekerbten Zustandes liegt. Diese Kerbempfindlichkeit ist einer der Gründe dafür, daß diese Legierung durch andere Legierungen ersetzt wurde. Bei grobkörnigem Widmannstättschem Umwandlungsgefüge zeigen alle Legierungen bei Raumtemperatur eine Verminderung der Kerbzugfestigkeit unter die des polygonalen Gefügezustandes [*O 11, C 24b*]. TiAl5Sn2,5 weist auch bei 20 °K noch eine hohe Kerbzugfestigkeit auf [*S 63h, G 64, F 40c*]. Bei höherer Festigkeit, z.B. nach Abschrecken von 900–950 °C in Wasser mit nachfolgendem Anlassen, kann bei TiAl6V4 bei Vorliegen eines Widmannstättenschen Umwandlungsgefüges die Kerbzugfestigkeit unterhalb

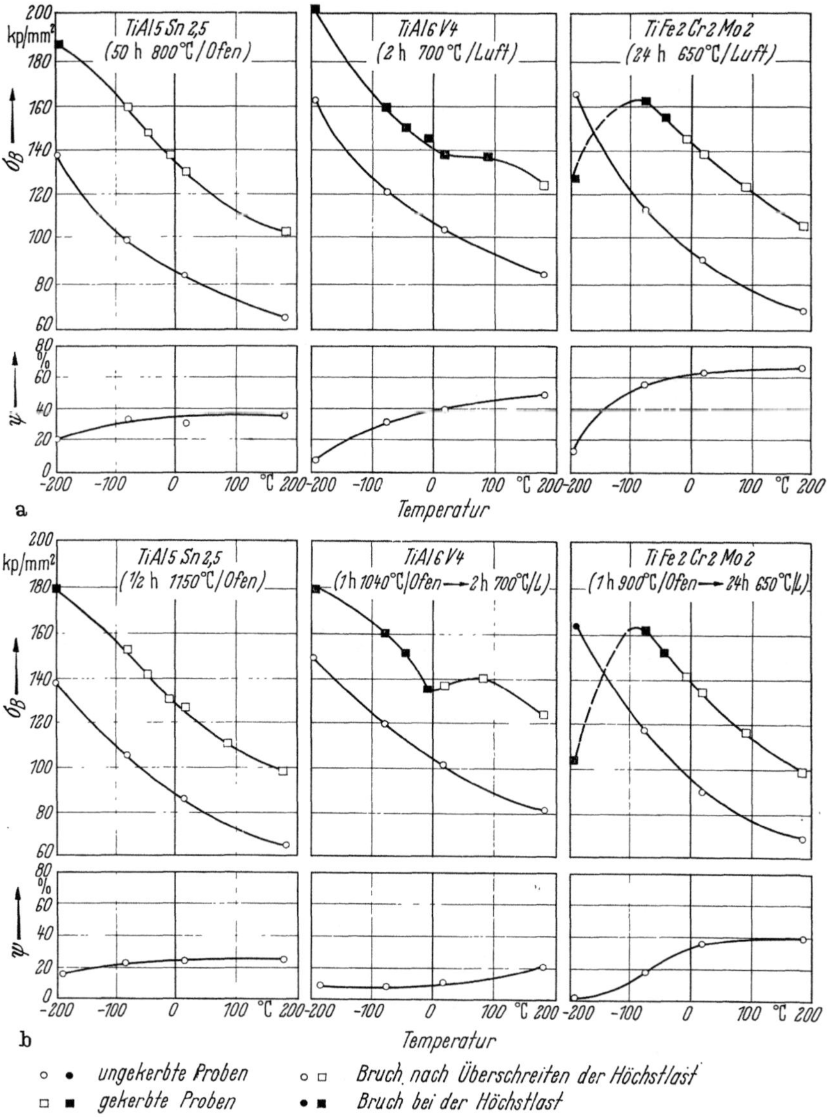

Abb. 11.53 a u. b Einfluß der Prüftemperatur, Festigkeit und Brucheinschnürung von gekerbten (Zerreißgeschwindigkeit 0,15 mm/min, ∢ 60°, 6 auf 3 mm ∅, Radius 0,05 mm, $\alpha_K = 6{,}3$) und ungekerbten (Zerreißgeschwindigkeit 0,25 mm/min) Proben der Legierungen TiAl5Sn2,5, TiAl6V4 und TiCr2Fe2Mo2 [O 11]
a) polygonales Gefüge; b) Umwandlungsgefüge.

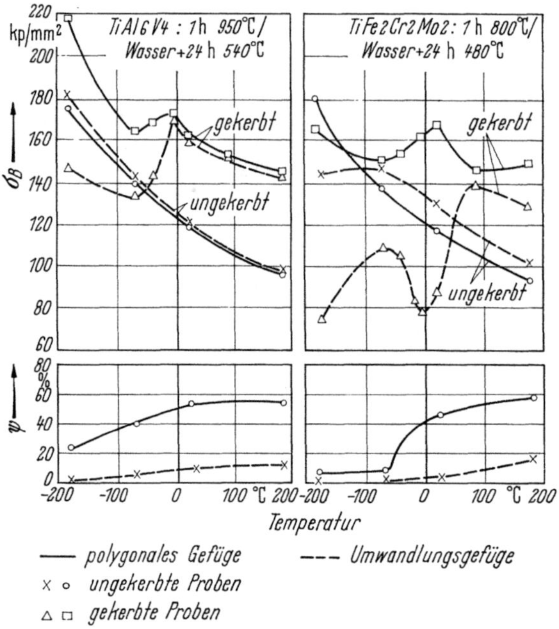

Abb. 11.54 Einfluß der Temperatur auf die mechanischen Eigenschaften von gekerbten und ungekerbten Proben (wie Abb. 11.53) der Legierungen TiAl6V4 und TiCr2Fe2Mo2 im ausgehärteten Zustand [*O 11*].

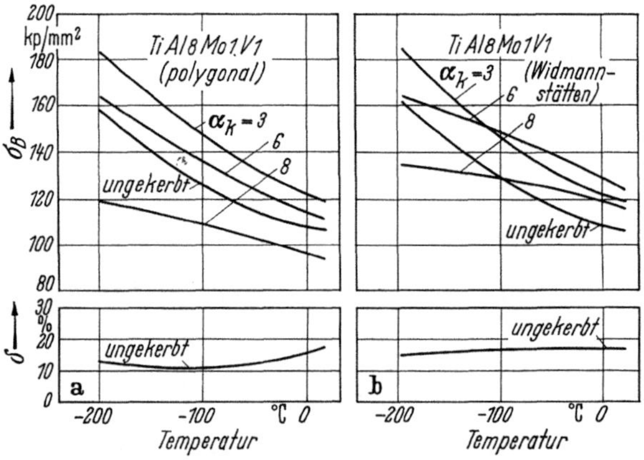

Abb. 11.55a u. b Mechanische Eigenschaften von gekerbten und ungekerbten Proben der Legierung TiAl8Mo1V1 bei tiefen Temperaturen (Blech 1,5 mm dick) [*M 85*].
a) TiAl8Mo1V1 (geglüht/polygonal, 8 h 730 °C); b) TiAl8Mo1V1 (Widmannstättensches Gefüge, 5 Min. 980 °C/Ofenabk. 8 h 600 °C).

Raumtemperatur unter der Festigkeit der ungekerbten Proben liegen, wie das die Abb. 11.54 zeigt. Bei TiFe2Cr2Mo2 tritt diese Verminderung von σ_{Bk} unter den Wert σ_B bereits bei Raumtemperatur auf [*O 11*]. Die Kerbschlagzähigkeit von TiAl6V4 (Platine) kann bei unterschiedlicher Probennahme um 100 % schwanken [*Z 1b*].

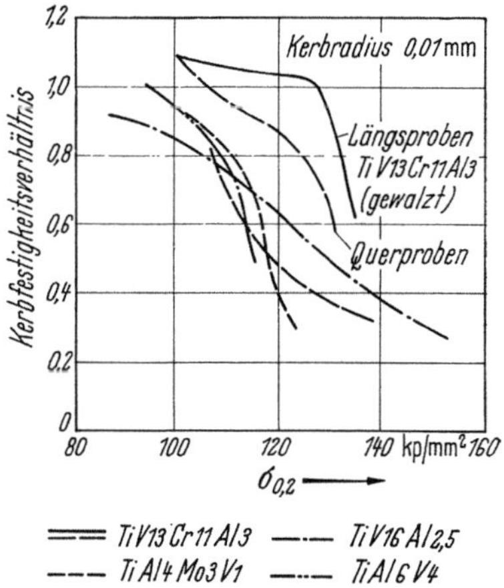

Abb. 11.56 Kerbfestigkeitsverhältnis (σ_B gekerbt/σ_B ungekerbt) bei Raumtemperatur verschiedener Titanlegierungen in Abhängigkeit von der Streckgrenze [*R 37*].

Den Einfluß der Kerbschärfe auf die Temperaturabhängigkeit der Zugfestigkeit der Legierung TiAl8Mo1V1 in verschiedenen Gefügezuständen zeigen die Abb. 11.55a und b. Bei einer Kerbe mit $\alpha_k = 8$ liegt bei polygonalem Gefüge die Festigkeit σ_{Bk} bei und unterhalb Raum-

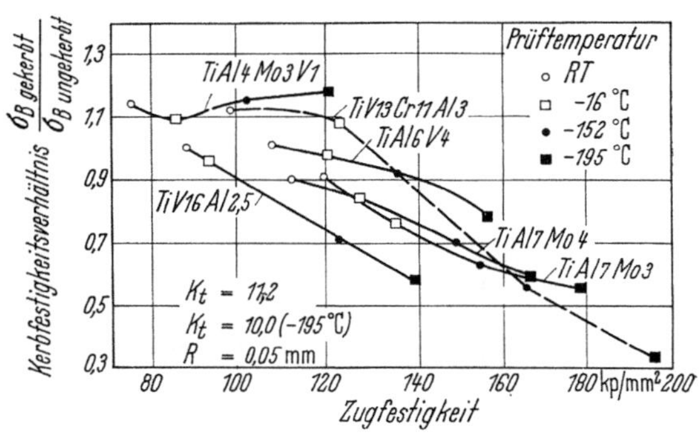

Abb. 11.57 Einfluß der Zugfestigkeit und Prüftemperatur auf das Kerbfestigkeitsverhältnis σ_{Bk}/σ_B von Titanlegierungen (K_t = theoretischer Spannungskonzentrationsfaktor, R = Kerbradius) [*H 49*].

temperatur unter der der ungekerbten Probe. Bei der ausgehärteten Probe mit Widmannstättengefüge ist dies erst unterhalb -100 °C der Fall. Geschweißte Proben verhalten sich ähnlich, jedoch liegt der Übergang $\sigma_{Bk} \rightarrow \sigma_B$ bei gleicher Kerbschärfe bei etwas höherer Temperatur [*M 85*]. In Abb. 11.56 ist die Abhängigkeit des Verhältnisses von σ_B von gekerbten und ungekerbten Blechproben bei Raumtemperatur von

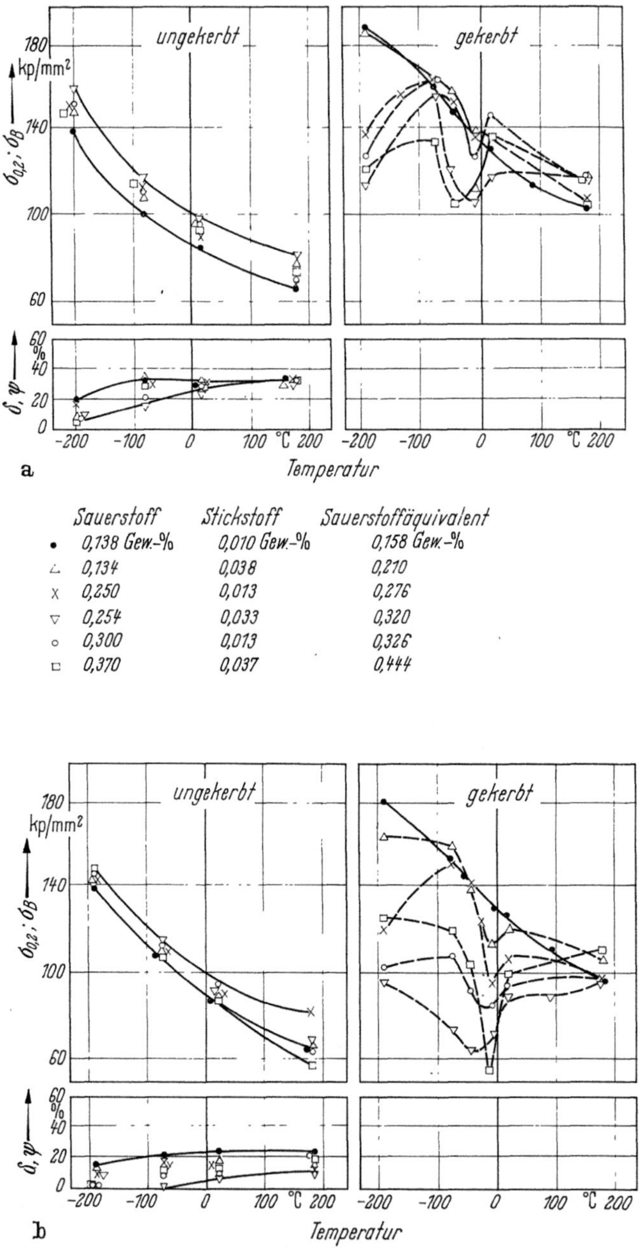

Abb. 11.58 a u. b Einfluß der Temperatur auf mechanische Eigenschaften (ungekerbt und gekerbt, wie Abb. 11.53) der Legierung TiAl5Sn2,5 bei verschiedenen Sauerstoffgehalten [*O 11*]. a) Polygonales Gefüge (50 h 800 °C/Ofen); b) Umwandlungsgefüge (1/2 h 1150 °C/Ofen).

der Streckgrenze bei verschiedenen Titanlegierungen wiedergegeben. Hier zeigt die β-Legierung TiV13Cr11Al3 sowohl bei Längs- als auch bei Querproben ein höheres Kerbfestigkeitsverhältnis als die übrigen Legierungen [*R 37*]. Wie die Abb. 11.57 zeigt, kann jedoch das Kerbfestigkeitsverhältnis der Legierung TiV13Cr11Al3 bei niedrigen Temperaturen und entsprechend hoher Festigkeit unter das der Legierung TiAl6V4 fallen. In dieser Abbildung sind für verschiedene Legierungen Werte des Kerbfestigkeitsverhältnisses in Abhängigkeit von der Zugfestigkeit und der Prüftemperatur wiedergegeben [*H 49*]. Bei unterschiedlicher Verarbeitung und Wärmebehandlung wird bei gleicher Streckgrenze im Bereich zwischen 100 und 120 kp/mm² ein höherer Wert für das Kerbfestigkeitsverhältnis dann erreicht, wenn diese Festigkeit durch eine hohe Kaltumformung erzielt wurde. Eine geringere Kaltumformung mit nachfolgendem Anlassen vermindert bei gleicher Festigkeit das Kerbfestigkeitsverhältnis [*R 37*]. Die Kerbzugfestigkeit wird insbesondere bei tiefen Temperaturen durch die Gehalte von Sauerstoff und Stickstoff vermindert. Während im ungekerbten Zustand mit steigendem Sauerstoffgehalt die Festigkeit zunimmt, wird bei gekerbten Proben unter gleichen Bedingungen eine Verminderung der Festigkeit gefunden, deren Ausmaß von der Prüftemperatur abhängt und durch ein grobkörniges Gefüge sowie durch eine vorhergehende Aushärtung verstärkt wird. In den Abb. 11.58 a und b wird dieser Einfluß an der Legierung TiAl5Sn2,5 gezeigt. Ein polygonales Gefüge bewirkt auch bei TiAl6V4 (Abb. 11.59) im gekerbten Zustand bei fast allen Temperaturen und Sauerstoffgehalten eine höhere Kerbfestigkeit als ein Umwandlungsgefüge [*K 35, O 11, B 86, S 63i, G 64a*]. Zur Anwendung bei tiefen Temperaturen werden deshalb die Legierungen mit niedrigem Gehalt an Sauerstoff und sonstigen Beimengungen (vgl. Tab. 11.7, S. 286ff.) hergestellt [*H 68, W 30, H 49, B 86*]. Eine Erhöhung der Zerreißgeschwindigkeit von 0,4 auf 400 mm/min erhöht bei der Legierung TiAl6V4 bei Raumtemperatur die Kerbzugfestigkeit von Flachstäben ($\alpha_K = 6{,}6$) von 142 auf wenig über 150 kp/mm². Bei −193 °C ergab sich ein Mindestwert bei einer Geschwindigkeit von etwa 10 mm/min [*W 33a*]. Nach einer Auslagerung bis zu 22000 h bei 290 °C wurde nur eine sehr geringe Änderung der mechanischen Eigenschaften glatter und gekerbter Proben der Legierungen TiAl8Mo1V1, TiAl6V4 und TiAl4Mo3V1 bei unterschiedlicher Umformgeschwindigkeit gefunden [*B 15g*].

Die Bruchzähigkeit von TiAl6V4-Blech vermindert sich zwischen Raumtemperatur und − 60 °C nur wenig, liegt aber niedriger als die von TiAl6V4 mit niedrigem Gehalt an Beimengungen [*F 37d*]. Die Bruchzähigkeit K_{IC} von TiAl6V4 (geglüht) wurde mit 175 kp/mm$^{3/2}$ bestimmt [*L 20a*] (vgl. Tab. 13.13, S. 423), liegt bei Proben mit natürlichen Kerben um 30 % niedriger [*L 34e*] und ist sehr von der Blechdicke abhängig [*S 159b*].

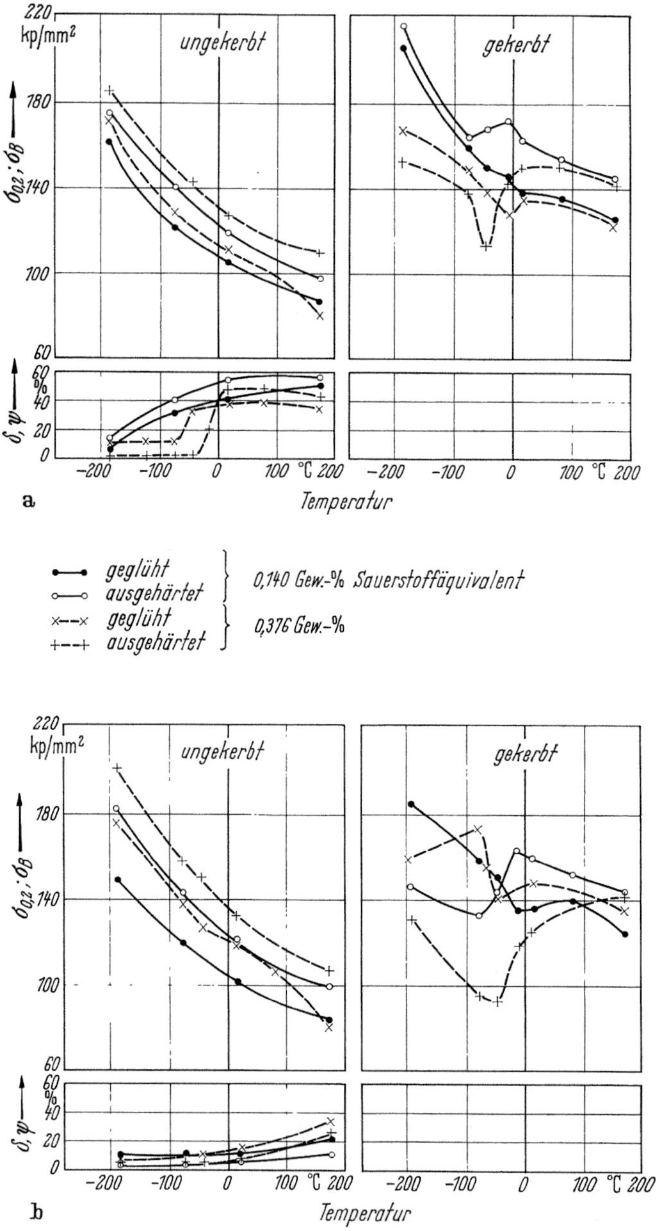

Abb. 11.59a u. b Einfluß der Temperatur auf die mechanischen Eigenschaften (gekerbt und ungekerbt wie Abb. 11.53) der Legierung TiAl6V4 (geglüht: 2 h 700 °C; ausgehärtet: 950 °C/Wasser + 24 h 540 °C) bei zwei verschiedenen Sauerstoffäquivalenten [*O 11*]. a) Polygonales Gefüge; b) Umwandlungsgefüge.

11.7 Dauer- und Betriebsfestigkeit

Die Dauerfestigkeit von Titanlegierungen wird, ähnlich wie bei Titan (vgl. Kap. 10.6, S. 242ff.), durch die Oberflächenbearbeitung, die Gefügeausbildung, die Vorbehandlung und durch Kerben beeinflußt. In Tab. 11.10 sind für drei Titanlegierungen Werte der Umlaufbiegefestigkeit

Tabelle 11.10.

Wirkung einer Oberflächenbearbeitung auf die Dauerfestigkeit von TiAl5Sn2,5, TiAl4Mn4 und TiAl6V4

(Umlaufbiegefestigkeit; 10^7 Lastwechsel)

Legierung	Oberflächenbearbeitung	Kerbfaktor [α_K]	σ_{bW} [kp/mm²] 10^7 Lastwechsel	Literatur
TiAl5Sn2,5	sandgestrahlt	ungekerbt	55	[*W 27*]
Mechanische Eigenschaften	handpoliert	ungekerbt	54	
Zugfestigkeit: 88 kp/mm²	geschliffen	ungekerbt	44	[*T 10*]
Bruchdehnung: 18%	geschliffene Kerbe	2,4	30	
Brucheinschnürung: 43%	geschliffene Kerbe	3,2	19	
TiAl4Mn4	mechanisch poliert	ungekerbt	61	[*T 10*]
Mechanische Eigenschaften	elektrolytisch poliert	ungekerbt	55	[*S 90*]
Zugfestigkeit: 98 kp/mm²	geschliffen	ungekerbt	47	[*W 27*]
Bruchdehnung: 18%	mechanisch poliert und	ungekerbt	72	
Brucheinschnürung: 40%	kalt nachgerollt (7 kp)			
	gerollte Kerbe	2,02	45	
	geschliffene Kerbe	2,02	25	
	geschliffene Kerbe	2,7	19	
TiAl6V4	mechanisch poliert	ungekerbt	62	[*L 39*]
Mechanische Eigenschaften	geschliffen	ungekerbt	54	[*W 27*]
Zugfestigkeit: 104 kp/mm²	mechanisch poliert,	ungekerbt	66	
Bruchdehnung: 16%	kalt nachgerollt (18 kp)	2,02	33	
Brucheinschnürung: 48%	mechanisch poliert,			
	gekerbt			

nach verschiedener Oberflächenbearbeitung zusammengestellt. In allen Fällen wird bei Proben, bei denen die Oberfläche geschliffen wurde, die niedrigste Dauerfestigkeit gefunden, während bei Proben, die eine mechanisch oder elektrolytisch polierte Oberfläche aufwiesen, eine höhere Dauerfestigkeit erreicht wird (vgl. Kap. 18.2.1, S. 494). Eine Kaltverfestigung der Oberfläche erhöht wie bei anderen Werkstoffen auch bei Titanlegierungen die Dauerfestigkeit. Diese Kaltverfestigung kann durch Sand- oder Kugelstrahlen und bei Kerben durch Nachrollen erzielt werden [*T 10, S 90, L 39, R 40, W 27, M 100, W 41, H 43a, T 13d*]. Auch örtliche

Anschmelzungen [*B 88b*] oder Oberflächenschichten, wie sie durch Oxydation oder Nitrierung [*T 10, D 19, A 20c*] oder Verchromung oder Auftragen von Lotschichten (Ag–Cu–Pd) oder Aufbringen von Wolframkarbid (Plasmaspritzen) entstehen können, setzen die Dauerfestigkeit meist um mehr als die Hälfte des Ausgangswertes herab [*M 78g, J 31c*]. Dieser beträgt für einen Festigkeitsbereich zwischen 80 und 140 kp/mm^2 etwa 40–60 % der Zugfestigkeit. Für das Verhältnis der Verdrehwechselfestigkeit zur Umlaufbiegefestigkeit ($\sigma_{\tau w}/\sigma_{b W}$) wurden Werte von 60–70 % gefunden. Ähnlich wie bei anderen Werkstoffen liegt auch bei Titanlegierungen die Umlaufbiegefestigkeit höher als die Zug-Druck-Wechselfestigkeit. Durch Kerben wird die Dauerfestigkeit vermindert. Die Verminderung ist jedoch geringer als sie aufgrund der theoretischen Kerbwirkung zu erwarten wäre. Die Kerbwirkungszahl β_K (Verhältnis der Dauerfestigkeit von ungekerbten zu der von gekerbten Proben) ist, wie Tab. 11.11 an TiAl6V4, TiAl8Mo1V1 und TiAl5Sn2,5 zeigt, im untersuchten Bereich kleiner als die Formziffer α_K [*W 27, I 2, M 100, A 28, W 67, M 71, W 32, W 33d*] (vgl. auch Tab. 11.12).

Der Einfluß der Gefügeausbildung wird in der Abb. 11.60 anhand der Legierung TiAl7Mo4 wiedergegeben. Er läßt sich in gleicher Weise auf die Legierung TiAl6V4 übertragen. Im feinkörnigen Zustand mit polygonalem Gefüge ist die Dauerfestigkeit höher als bei der grobkörni-

Tabelle 11.11. *Einfluß von Temperatur und Formzahl* α_k *auf die Dauerfestigkeit* σ_{zdW} *und Kerbwirkungszahl* β_k *bei* TiAl6V4 *(5 × 10^8 Lastwechsel, 5,2%* Al, *4%* V, *0,5%* Fe, *0,08%* O, *0,02%* V, *0,005%* H) *stranggepreßt, Rundprobe, 2 h 700 °C/Luft,* σ_B = *85 kp/mm², δ = 15%* [*W 33a*] *und* TiAl8Mo1V1, *Flachprobe,* σ_B = *101 kp/mm², δ = 16% und* TiAl5Sn2,5, σ_B = *100 kp/mm², δ = 18%* [*S 48b*]

	Temperatur °C	α_k	σ_W $\pm kp/mm^2$	β_k
	20	1	40	–
	20	1,7	30	1,3
	20	3,7	15	2,65
	20	6,0	10	4,0
TiAl6V4	−76	1	40	–
	−76	1,7	30	1,3
Rundprobe	−76	3,7	15	2,65
σ_{zdW}	−155	1	47	–
	−193	1	65	–
	−193	1,7	40	1,6
	−193	3,7	19	3,4
	−193	6	~11	5,9
TiAl8Mo1V1	20	1	48	–
Flachprobe		3,1	~18	2,7
TiAl5Sn2,5	20	1	46	–
Flachprobe		3,1	~16	2,9

gen widmannstättenartigen Umwandlungsstruktur. Die Werte bei den Proben mit Widmannstättengefüge fallen bis zu hohen Lastspielzahlen. Durch eine Aushärtung wird bei beiden Gefügezuständen die Dauerfestigkeit zwar erhöht, jedoch ist in diesem Fall der Wert σ_{bW}/σ_B niedriger als im geglühten Zustand [*W 27*, *M 100*, *K 41*, *B 58*, *G 20b*,

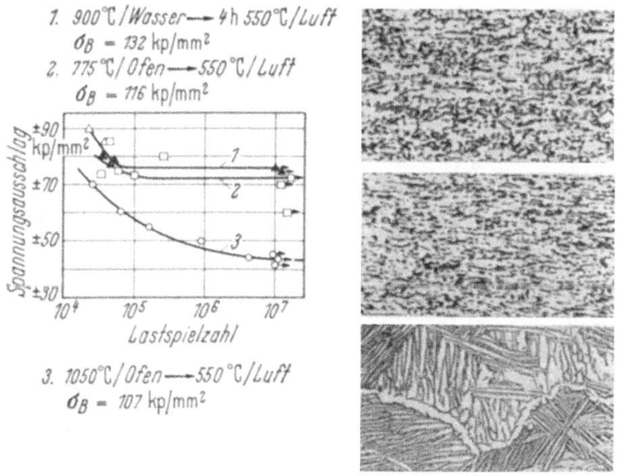

Abb. 11.60 Einfluß der Wärmebehandlung und Gefügeausbildung auf die Dauerfestigkeit $\sigma/_{bW}$ von TiAl7Mo4 [*K 41*, *K 42c*].

B 14b, *B 72c*, *L52b*, *A 41a*, *S62l*]. Durch Einlagerungselemente wird, wie Tab. 11.12 zeigt, bei der Legierung TiAl5Sn2,5 sowohl die Zugfestigkeit als auch die Dauerfestigkeit bei Raumtemperatur im ungekerbten Zustand erhöht, während bei den gekerbten Proben keine Erhöhung der Dauerfestigkeit gefunden wird, was bedeutet, daß die Kerbempfindlichkeit ansteigt. Dies ist bei TiAl6V4 bei ungünstigeren Werten nicht der Fall [*D 24*, *H 44a*]. Bei im $(\alpha + \beta)$-Bereich geschmiedeten Proben wurde keine Anisotropie und höhere σ_{zdW}-Werte für TiAl6V4 gefunden als bei im β-Gebiet geschmiedeten Proben [*B 88b*]. Die Dauerfestigkeit von Schmiedeteilen nimmt mit zunehmender Wandstärke ab [*S 155*]. Durch einen unterschiedlichen Wasserstoffgehalt wird die Dauerfestigkeit von Titanlegierungen nicht wesentlich beeinflußt [*W 27*] (vgl. Kap. 12.6, S. 366ff.).

Bei geringer Lastspielzahl kann die Rißfortpflanzungsgeschwindigkeit bei einer vergleichenden Prüfung in Luft und wäßrigen Lösungen unterschiedlich sein. Bei der 7 % Al enthaltenden Legierung TiAl7Nb2Ta1 wurde eine stärkere Empfindlichkeit gegen wäßrige Lösungen gefunden, als bei der Legierung TiAl6V4 [*J 31*] (vgl. Kap. 13.5, S. 407ff.). Bei Proben aus geschmiedeten Kompressorscheiben aus TiAl6V4 wird die Rißfortpflanzungsgeschwindigkeit bei 12 Lastwechseln/min an Luft und in

Tabelle 11.12. *Einfluß von Einlagerungselementen auf die Dauerfestigkeit von* TiAl5Sn2,5[1] *und* TiAl6V4[2] [*D 24*]

Zusammensetzung	Wärmebehandlung	σ_B [kp/mm²]	σ_{bW} [kp/mm²] ungekerbt	σ_{bW} [kp/mm²] gekerbt $\alpha_k = 3$	Verhältnis $\frac{\sigma_{bW}\text{ ungekerbt}}{\sigma_B}$	Verhältnis $\frac{\sigma_{bW}\text{ ungekerbt}}{\sigma_{bW}\text{ gekerbt}}$
TiAl5Sn2,5[1]	1 h 870°/Ofen → 600°/Luft	91	39	21	0,43	1,86
Basislegierung + 0,07% N	1 h 870°/Ofen → 600°/Luft	95	49	21	0,52	2,33
Basislegierung + 0,20% O	1 h 870°/Ofen → 600°/Luft	93	46	20	0,50	2,30
Basislegierung + 0,20% C	1 h 870°/Ofen → 600°/Luft	101	42	21	0,42	2,00
Basislegierung + 0,07% N + 2,0% O + 0,20% C	1 h 870°/Ofen → 600°/Luft	111	46	21	0,41	2,19
TiAl6V4[2]	1 h 815°/Ofen → 600°/Luft	105	61	21	0,58	2,90
Basislegierung + 0,07% N	1 h 855°/Ofen → 600°/Luft	114	51	18	0,45	2,84
Basislegierung + 0,20% O	1 h 870°/Ofen → 600°/Luft	113	55	21	0,49	2,62
Basislegierung + 0,20% C	1 h 840°/Ofen → 600°/Luft	117	56	23	0,48	2,44
Basislegierung + 0,07% N + 0,20% O + 0,20% C	1 h 930°/Ofen → 600°/Luft	121	58	24	0,48	2,42

[1] Basislegierung TiAl5Sn2,5: 5,37% Al, 2,72% Sn. Beimengungen: 0,12% Fe, 0,02% C, 0,013% N, 0,13% O, 0,004% H.

[2] Basislegierung TiAl6V4: 6,03% Al, 3,97% V. Beimengungen: 0,10% Fe, 0,02% C, 0,009% N, 0,10% O, 0,005% H.

Salzlösungen durch die Gefügeausbildung nicht beeinflußt [*S 12b*]. Im Bereich von 0–2 Wechseln/min wurde bei TiAl6,5Mo3,5Si0,3 (Wärmebehandlung: 1 h 920 °C + 1 h 590 °C) bei Raumtemperatur gefunden, daß bei Wechselbeanspruchung zwischen 100 und 105 kp/mm² und beim Kriechen im statischen Kriechversuch (107 kp/mm²) hauptsächlich Vorgänge der Gleitung und Gitterdrehung die plastische Deformation verursachen [*K 99a*]. Die Rißfortpflanzung bei Mikrorissen, die an der Oberfläche von TiAl6V4 (bei 940 °C geschmiedet, 1 h 970 °C/H_2O + 2 h 700 °C/L) an der Grenze zwischen α- und β-Phase und in den Gleitbändern bei einer Beanspruchung von 1–2 Lastwechseln/min entstanden, wurde nicht durch Temperatur (20 °C–315 °C) oder Salzlösung beeinflußt [*W 33c*]. Im $(\alpha + \beta)$-Gefüge beginnen die Risse in α-Körnern [*B 30a*].

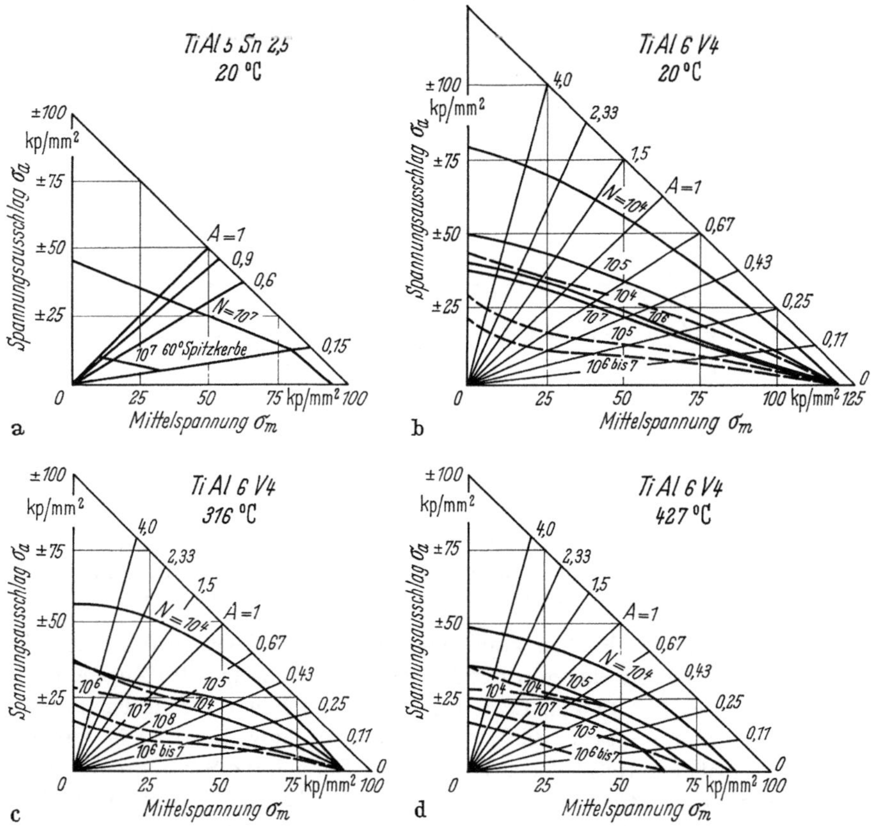

Abb. 11.61 a–d Dauerfestigkeits-Schaubilder nach Goodman (modifiziert) für TiAl5Sn2,5 Blech geglüht (ungekerbt und 60° Spitzkerbe) [*H 43a, T 18*] und TiAl6V4 Blech ausgehärtet (ungekerbt und gekerbt; Kerbfaktor 2,82; Lochkerbe 1,56 mm) [*R 18a*] (verschiedene Grenzlastspielzahlen).

Wie die Abb. 11.50, S. 317 zeigt, nimmt die Dauerfestigkeit glatter oder gekerbter Proben der weichgeglühten Legierungen TiAl5Sn2,5, TiAl6V4 und TiAl7Mo4 durch Erhöhung der Temperatur bis 500 °C nur wenig ab. In Abb. 11.61 ist der Einfluß von Kerben auf die Dauerfestigkeit von ausgehärteten Blechproben mit polygonalem Gefüge aus TiAl6V4 bei unterschiedlichen Lastspielzahlen für drei Temperaturen wiedergegeben.

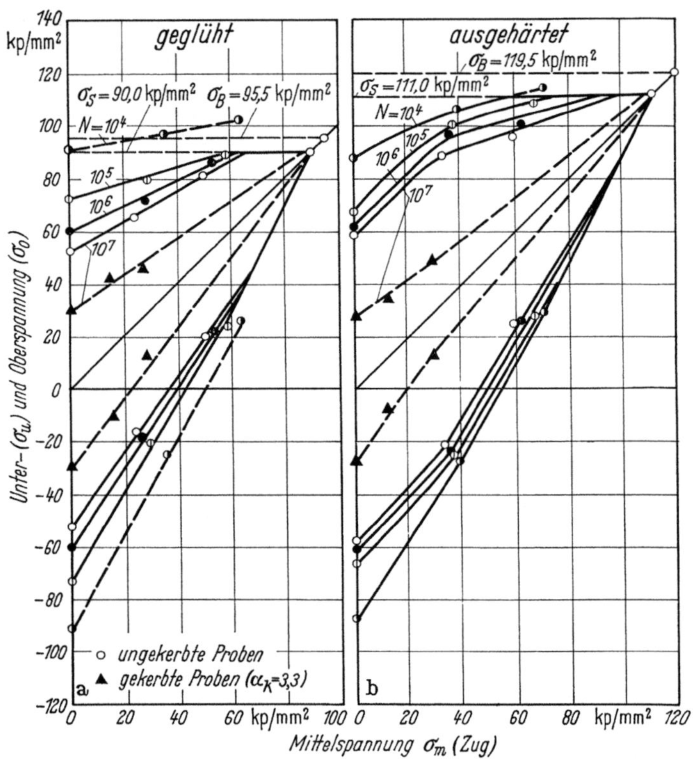

Abb. 11.62 Dauerfestigkeits-Schaubilder von TiAl6V4 (Rundproben) verschiedener Wärmebehandlung für eine Grenzlastspielzahl von $N = 10^7$ [*M 71*, *H 43a*].

Bei den gekerbten Proben kann ein Minimum im Bereich der Schwellfestigkeit auftreten, das von der Lastspielzahl abhängt. Im Zugschwellbereich findet bei kleinen Lastspielzahlen und hoher Wechselspannung eine Verformung statt, die zu einer Verfestigung führt. Die Grenzspannung überschreitet deshalb in diesem Bereich die Streckgrenze. Das Absinken der Werte bei hoher Oberspannung bei 425 °C wird durch die Verminderung der Dehngrenzen mit zunehmender Beanspruchungszeit verursacht. Längsproben ergeben niedrigere Werte als Querproben [*B 72a*].

Wie Abb. 11.62 zeigt, ist die Zunahme der Grenzspannung bei geglühten Rundproben mit polygonalem Gefüge größer als bei ausgehärteten Proben. Die gekerbten Proben zeigen gegenüber den glatten Proben im ausgehärteten Zustand eine stärkere Verminderung der Dauerfestigkeit als im geglühten Zustand. Die gekerbten Proben ergeben in beiden Fällen etwa dieselben Werte.

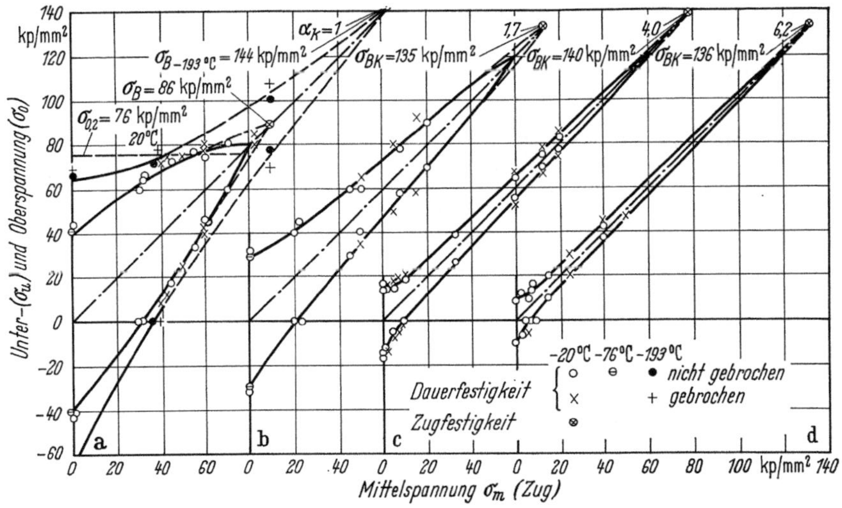

Abb. 11.63 Einfluß von Temperatur (−193 °C bis −20 °C) und Formzahl α_K auf das Dauerfestigkeitsschaubild nach Smith von TiAl6V4 (stranggepreßt, 2 h 700 °C/Luft, Rundstäbe, Umwandlungsgefüge) [*Z 8*, *K 12a*, *W 33a*]

Bei −196 °C ist der Unterschied zwischen gekerbten und glatten Proben aus TiAl4Mn4 geringer als bei 20 °C [*B 41a*]. In der Abb. 11.63 ist die Dauerfestigkeit von ungekerbten Rundproben bei Raumtemperatur und bei −193 °C und von unterschiedlich gekerbten Proben bei Raumtemperatur der Legierung TiAl6V4 mit Widmannstätten-Gefüge (stranggepreßt + 2 h 700 °C/Luftabkühlung) wiedergegeben. Die Dauerfestigkeit ist niedriger als bei den Blech- und Rundproben mit polygonalem Gefüge in Abb. 11.61 und 11.62. Im Bereich der Schwellfestigkeit tritt ein Minimum im zulässigen Spannungsausschlag bei ungekerbten Proben auf wenn die Prüftemperatur −193 °C beträgt. Dieses Minimum wird auch bei den gekerbten Proben mit Formzahlen zwischen α_k = 1,7 und 6,2 beobachtet. Der Bereich des Spannungsausschlages wird mit zunehmender Formzahl geringer [*Z 8*, *K 12a*, *W 33a*]. Für dieselben Proben zeigt Abb. 11.64 die Dauerfestigkeit bei 350 und 500 °C nach 100 und 1000 h. 1000 h entsprechen etwa einer Lastspielzahl von $5 \cdot 10^8$ Lastspielen. Bei 350 °C werden höhere Werte der Mittelspannung gegenüber der Streckgrenze gefunden, bei 500 °C nicht mehr. Zwischen 100 und 1000 h wird bei dieser Temperatur die Mittelspannung durch Kriechvorgänge stark vermindert. In den übrigen Bereichen sinken die Werte wesentlich weniger ab [*K 12a*]. Wie aus der Abb. 11.50, S. 317 hervorgeht, können bei weichgeglühten Legierungen mit hoher Warmfestigkeit die Schnittpunkte zwischen Dauerfestigkeit und Dehngrenzen bis zu Temperaturen von über 400 °C verschoben werden. Mit zunehmender Vorspannung und Temperatur und niedriger

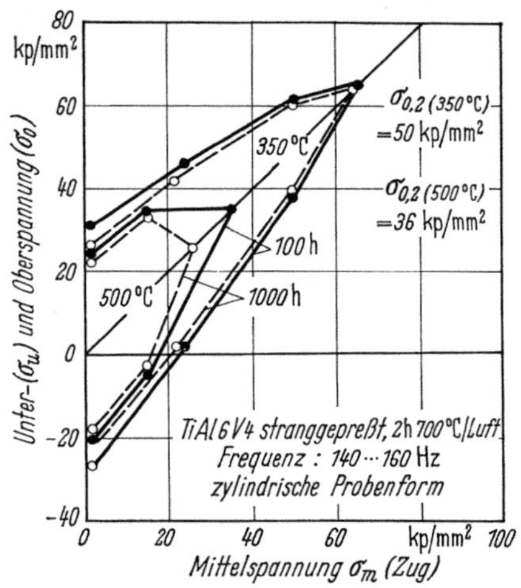

Abb. 11.64 Zeit-Schwingungs-Schaubild für TiAl6V4 (stranggepreßt, 2 h 700 °C/Luft, Umwandlungsgefüge) bei 350 und 500 °C [*K 12a*].

Frequenz ist mit einem Einfluß von Kriechvorgängen zu rechnen, so daß eine Verminderung der Dauerfestigkeit auch nach hohen Lastspielzahlen auftreten kann [*W 29a, S 117b, I 8b*]. Die Legierung TiAl6V6Sn2 weist eine höhere Dauerfestigkeit, die durch geringe Sauerstoffgehalte vermindert wird, auf als TiAl6V4 [*A 28c*].

Eine Prüfung der Betriebsfestigkeit erfolgte z.B. durch Versuche mit Lastkollektiven zur Ermittlung der Werte für die prozentuale Wahrscheinlichkeit, daß die Umlaufbiege- oder Zug-Druck-Proben bei einer bestimmten Lastspielzahl nicht zu Bruch gingen (z.B. Lebensdauerlinie für Überlebenswahrscheinlichkeit $P_ü = 50\%$). Untersuchungen an Umlaufbiegeproben von TiAl6V4 bei Raumtemperatur gaben Hinweise auf ein günstiges Verhalten im oberen Zeitfestigkeitsbereich bei 10^4 Lastspielen [*H 5*]. Für TiAl8Mo1V1 und TiAl5Sn2,5 zeigten Zug-Druck-Versuche an gekerbten Blechproben mit einem Kerbfaktor von $\alpha_K = 3{,}1$ für beide Legierungen bei einem Kollektiv von sieben Proben eine Betriebsfestigkeit bei Raumtemperatur für $P_ü = 50\%$ bei reiner Wechselspannung von etwa ± 45 kp/mm² bei $5 \cdot 10^5$ und etwa ± 28 kp/mm² bei 10^7 Lastspielen und bei der Zugschwellfestigkeit von etwa 27 bzw. 17 kp/mm² bei den gleichen Lastspielzahlen [*S 48b*]. Bei gekerbten Proben ($\alpha_K = 3{,}6$) von TiAl6V4 liegen die Betriebsfestigkeitskennlinien bei 246 und 350 °C zwischen denen von TiAl8Mo1V1 und TiAl5Sn2,5 [*A 36a*]. An Rotorköpfen für Hubschrauber aus TiAl6V4 wurde die Betriebsfestigkeit unter statistisch ermittelter Wechselbeanspruchung mit $\pm$ 29,5 kp/mm² gefunden und eine Sicherheitsgrenze bei $\pm$ 17,4 kp/mm² festgelegt [*S 63a*]. Simulierte, den Flugbedingungen entsprechende Versuche bei Raumtemperatur und 288 °C an TiAl8Mo1V1 zeigten einen großen Einfluß der Mittelspannung, des Boden-Luft-Boden-Zyklus und der erhöhten Temperatur, während eine thermische Beanspruchung die Meßwerte der Dauerfestigkeit nur wenig veränderte [*I 6e*, *C 66a*, *G 43e*]. Im Luftstrom hoher Geschwindigkeit wird infolge Korrosion, Erosion und Vibration die Bruchzeit auf 1/10 bis 1/30 vermindert und die Verformung auf den doppelten bis dreifachen Wert erhöht [*B 53f*]. Bei $(\alpha + \beta)$-Legierungen erfolgt die Rißbildung in α-Körnern, wenn keine ω-Bildung in der β-Phase erfolgt [*B 53e*]. Durch Fressen während des Betriebs können z.B. an Laufrädern Dauerbrüche entstehen [*C 44a*]. Trockene Schmierfilme vermindern die Freßneigung beim Dauerschwingversuch.

Gegossene und wärmebehandelte Proben weisen eine niedrigere Dauerfestigkeit bei glatten Proben, aber eine höhere Dauerfestigkeit bei gekerbten Proben auf als entsprechende Proben aus geschmiedeten Teilen der Legierung TiAl6V4 [*B 15a*]. Bei höheren Temperaturen spielt wie beim Kriechverhalten auch bei der Dauerfestigkeit die Sauerstoffaufnahme für die Rißbildung eine wichtige Rolle. Legierungen, die nur eine dünne gashaltige Oberflächenschicht bilden (vgl. Kap. 13.6.4, S. 431 ff.), verhalten sich günstiger hinsichtlich der Rißbildung als Legierungen, bei denen eine tiefere gashaltige Schicht entsteht [*P 50*]. Durch Wasserstoff wird die Rißfortpflanzung z.B. bei TiAl8Mo1V1 beschleunigt und die Spaltebene vom Bereich {0001} in den Bereich $\{10\bar{1}0\}$ verschoben [*M 78b*]. Bei TiAl6V4 verursacht ein Vakuum $\leqq 4{,}4 \cdot 10^{-7}$ Torr keine Änderung der Art des Dauerbruchs [*R 55a*]. In 3,5 % NaCl-Lösung wurde beim Dauerbruch eine geringe Rißfortpflanzungsgeschwindigkeit von Titanlegierungen mit $\sigma_{0,2} \leqq 88$ kp/mm² mit Ausnahme der Legierung TiAl7Nb2V1 gefunden [*V 1a*]. Sie wird auch durch Tempern bis ~290 °C nicht erhöht, jedoch durch geringe Gehalte an Wasserdampf [*W 20b*].

11.8 Mechanische Eigenschaften einiger titanreicher intermetallischer Phasen

Im System Titan–Aluminium wurde im Bereich der Phase TiAl ein Mindestwert der Härte bei Raumtemperatur festgestellt. Gleichzeitig besitzt diese intermetallische Phase eine sehr hohe Warmhärte. Legierungen dieser Zusammensetzung lassen sich allerdings weder kalt noch warm verformen. Die Zugfestigkeit einer Legierung mit 36% Al beträgt bei Raumtemperatur 28 kp/mm^2 ohne meßbares Formänderungsvermögen. Die Probe geht bereits im elastischen Bereich zu Bruch. Bei 1000 °C wurde noch eine ähnliche, für diese Temperatur sehr hohe Festigkeit gefunden. Außerdem besitzt diese Legierung in diesem Temperaturbereich auch eine hohe Zeitstandfestigkeit. Sie wäre deshalb in Verbindung mit ihrer geringen Dichte ein idealer Werkstoff für hohe Temperaturen, sofern die Bearbeitung und Verarbeitung verbessert werden könnten [*O 17, M 33*]. Die Phase TiAl ist bei geringen Molybdänzusätzen auch im ternären System Titan–Aluminium–Molybdän beständig [*B 52*]. Gegenüber den binären Legierungen zeigen die Legierungen mit Molybdängehalten eine höhere Warmhärte [*M 80 b*].

Die intermetallischen Phasen TiAg und Ti_3Ag besitzen ebenfalls eine niedrige Härte (HV = 100 kp/mm^2), jedoch ein gutes Formänderungsvermögen. Mit Silberloten lassen sich deshalb Lötverbindungen mit gutem Formänderungsvermögen herstellen [*T 13, M 57*]. Nach einer Verformung von über 30% kann bei der sehr reinen intermetallischen Verbindung TiNi stöchiometrischer Zusammensetzung noch eine Dehnung von über 10% bei entsprechender Zunahme der Festigkeit auf über 140 kp/mm^2 erreicht werden [*R 77 d, R 77 e*]. Legierungen ähnlicher Zusammensetzung zeigen bei Raumtemperatur eine Festigkeit zwischen 55 und 100 kp/mm^2 bei einer Bruchdehnung von über 10% [*S 129, B 106, B 105*]. Durch eine martensitische Umwandlung zwischen 45 und 100 °C wird eine starke Hysterese im Spannungs-Dehnungs-Diagramm verursacht, wodurch eine Formänderung, die z.B. bei 20 °C stattgefunden hat, durch Erhitzen wieder aufgehoben wird (Legierung mit Gedächtnis) [*O 28g*]. Infolge einer durch Martensitbildung stark ansteigenden Versetzungsdichte kann die Dauerfestigkeit Werte um ± 49 kp/mm^2 erreichen [*W 11c–g*].

Ausgehend von hochreinem Titan und reinsten Legierungszusätzen, sind Titanlegierungen mit Aluminiumgehalten bis zu 20%, entsprechend etwa der Zusammensetzung Ti_3Al, mit Warmverarbeitbarkeit hergestellt worden. Bei einer Legierung TiAl20V2 soll z.B. im warmgewalzten Zustand eine Festigkeit von 126 kp/mm^2 bei einer Streckgrenze von 119 kp/mm^2 und einer Bruchdehnung von 19% erreicht werden. Zusätzlich soll diese Legierung eine ausheilende Oxidschicht bis zu Temperaturen von 1200 °C besitzen. Bei Ti_3Al wird durch Ofenabkühlung von 1270 °C eine wesentlich höhere Härte erzielt als durch Abschrecken in Wasser [*H 57*]. Weitere Legierungen, wie z.B. TiNb15Al10 oder TiAl15Nb7,5, können durch Verwendung sehr reiner Ausgangsstoffe eine gute Warmfestigkeit jedoch ein geringes Formänderungsvermögen besitzen [*M 34*]. Auch Legierungen auf Basis Ti_7NbAl_3 [*P 48*] eignen sich für eine Verwendung bei erhöhten Temperaturen.

11.9 Mechanische Eigenschaften von Verbundwerkstoffen

Bei Ermüdungsrissen an mit Titan explosionsplattiertem Stahlblech wurde im Grenzgebiet Titan–Stahl eine starke Verminderung der Rißfortpflanzungsgeschwindigkeit bei Wechselbeanspruchung beobachtet [*W 29a*].

Wegen der geringen Diffusionsgeschwindigkeit von Molybdän in Titan (vgl. Abb. 5.6d, S. 109) können Verbundwerkstoffe aus Titan- und Molybdändrähten hergestellt werden. Die Zeitstandfestigkeit bei 10 bis 20 Vol.-% Mo wird dadurch gegenüber Titan technischer Reinheit wesentlich erhöht [*P 13*]. Bei Ti-W-Verbundwerkstoffen diffundiert das Wolfram rascher in das Titan als umgekehrt [*K 14a*]. Ti-Al-, Ti-Fe-, Ti-Ni-, Ti-Cu-, Ti-Nb- und Ti-V-Verbundwerkstoffe können durch Explosionsplattieren hergestellt und bei erhöhter Temperatur durch Diffusion verschweißt werden [*R 77b*]. Bei 870 bzw. 700 °C bilden sich bei Ti-Al-Verbundwerkstoffen Zwischenschichten von Ti_3Al-TiAl-$TiAl_2$-$TiAl_3$ und bei Ti-Ni-Verbundwerkstoffen solche von Ti_2Ni-TiNi-$TiNi_3$ [*R 48c*]. Verbundwerkstoffe aus Titanlegierungen z.B. aus TiAl3V2,5-Bienenwabenfolien und TiAl6V4-Deckblechen werden durch Diffusionsschweißen hergestellt (vgl. Kap. 19.3.4, S. 517ff.) und weisen sehr gute mechanische Eigenschaften, insbesondere Scherfestigkeit, Dauerfestigkeit und Bruchzähigkeit auf [*I 8b*].

Von den eutektischen Verbundwerkstoffen Ti–TiB und Ti–Ti_5Si_3, die in einer Richtung zur Erstarrung gebracht wurden, zeigt der Verbundwerkstoff Ti–Ti_5Si_3 ein wesentlich besseres Kriechverhalten bei Temperaturen von über 550 °C als der Verbundwerkstoff Ti–TiB. Die Kriechbeständigkeit ist höher als bei den technischen Legierungen; das Formänderungsvermögen ist gering (Bruchdehnung 1–2%) [*C 76a*]. Verbundwerkstoffe zwischen Al_2O_3 und Titan zeigen bei erhöhter Temperatur eine Reaktion, die zu Ti_3Al- und Titanoxidbildung führt. Bei einem Gehalt von 22% Al_2O_3 wurde ein E-Modul von etwa 10000 kp/mm^2 bestimmt. Die Festigkeit verminderte sich von 70 kp/mm^2 durch eine Glühung von 69 h bei 820 °C auf 17 kp/mm^2 [*T 26a*]. Aus Folien der β-Legierung TiMo11,5Zr6Sn4,5 und mit Siliziumkarbid überzogene Borfäden hergestellte Verbundwerkstoffe erreichen eine Festigkeit von 133 kp/mm^2 [*D 2a*]. Bei Titan-Bor-Verbundwerkstoffen sinkt die Bruchfestigkeit mit zunehmender TiB_2-Dicke auf den halben Wert [*M 74*]. Titan mit 48% eingelagerten B_4C-Fäden kann einen E-Modul von etwa 24000 kp/mm^2 erreichen bei einer Festigkeit von 80 kp/mm^2 in Längs- und 25 kp/mm^2 in Querrichtung zur Faserrichtung [*H 75a, P 46a*].

12. Wasserstoff in Titan und Titanlegierungen

Wegen der sehr geringen Löslichkeit des Wasserstoffs bei Raumtemperatur als Einlagerungselement in Titan und seinen Legierungen führen Wasserstoffgehalte zu einer Hydridausscheidung oder zumindest zu einer Ansammlung von Wasserstoff auf den für die Verformung wichtigen Gleit- und Zwillingsebenen, wodurch das Formänderungsvermögen sich bei rascher oder langsamer Verformung sehr stark verringern kann. Der Wasserstoffgehalt muß deshalb überwacht werden. Die maximal zulässigen Wasserstoffgehalte sind festgestellt und entsprechende Toleranzgrenzen festgelegt worden. Sie betragen für Titan technischer Reinheit 100–150 ppm, für TiAl6V4 125 ppm und für TiV13Cr11Al3 200 ppm (vgl. Tab. 10.5, S. 224ff. und 11.7, S. 286ff.) [*B 15e*].

Im Gegensatz zu den ebenfalls als Einlagerungselement gelösten Atomen des Sauerstoffs und Stickstoffs stabilisiert Wasserstoff die β-Phase des Titans, wobei angenommen wird, daß der Wasserstoff als Proton in Lösung geht und sein Elektron an das Valenzband des Titans abgibt [*M 55e*]. Im β-Titan wird sehr viel mehr Wasserstoff als im α-Titan gelöst. Er löst sich bis zu Gehalten von fast 2,1 (50 At.-%) in der kubisch-raumzentrierten β-Phase. Mit Hilfe von Messungen des Gleichgewichtsdruckes bei Wasserstoffgehalten unter 0,025 (1 At.-%) wurde festgestellt, daß das Sievertssche Gesetz in diesem Bereich teilweise nicht

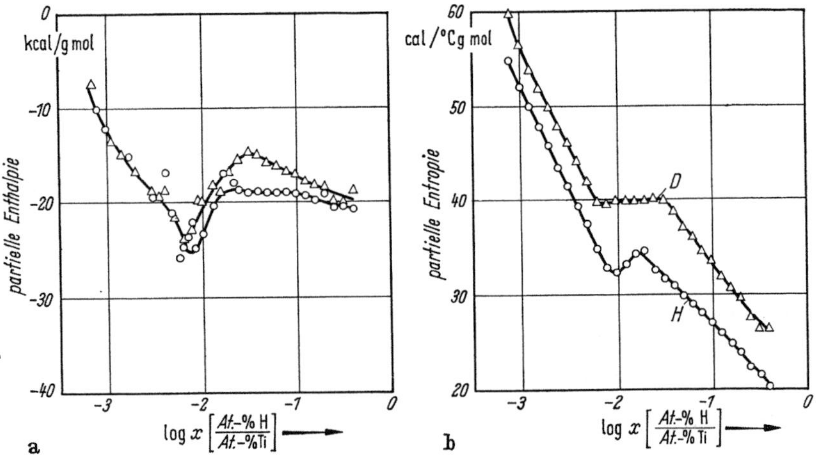

Abb. 12.0a u. b Änderung der partiellen Enthalpie (a) und Entropie (b) von Ti-H- und Ti-D-Legierungen mit der Konzentration bei 917 °C [*M 55e*].

erfüllt ist. Die aus den Gleichgewichtsdrücken berechnete partielle Enthalpie und Entropie in Abhängigkeit vom Verhältnis von Wasserstoff- zu Titanatomen bei 917 °C geben die Abb. 12.0a und b wieder. Sie zeigen, daß bei etwa 2 ppm = 0,0002 (0,01 At.-%) H eine starke Abweichung von der zu erwartenden Konzentrationsabhängigkeit für ideale Lösungen auftritt. Der starke Anstieg der Bildungswärme oberhalb $\log x = -2$ weist auf einen anderen Bindungsmechanismus hin [*M 55e*]. Es wird angenommen, daß es sich um eine Paarbildung zwischen den Wasserstoffatomen handelt [*M 55a*]. Aufgrund der starken Gitteraufweitung der β-Phase bis zu 4,4 Å wurde vermutet, daß die Wasserstoffatome in den Tetraederlücken des kubisch-raumzentrierten Titangitters eingelagert werden, was bei einem Gehalt von 2,1 (50 At.-%) H dem C1-(CaF_2)-Typ entsprechen würde [*H 2*]. Untersuchungen mit Hilfe von Neutronenbeugung haben diese Vermutung bestätigt [*S 75*].

Die Aufnahme des Wasserstoffs in fester Lösung ist ein exothermer Vorgang [*K 31*]. Die Bildungswärme von Titanhydrid liegt je nach Wasserstoffgehalt, der vom Druck und von der Temperatur abhängt, zwischen 19 und 40 kcal/mol [*S 107*]. Für $TiH_{1,61}$–$TiH_{1,97}$ wurden Werte von 27,3–29,5 kcal/mol für Raumtemperatur bestimmt [*S 82*]. Im Temperaturgefälle von Proben aus Titan, TiAl6V4 und TiAl8Mo1V1, wandert der Wasserstoff bei Gehalten von über 35 ppm zur Seite der tieferen Temperatur [*M 17a, K 31a*]. Die Transportwärme von Wasserstoff im β-Titan wurde mit $Q_\beta = 630 \pm 200$ cal/mol zwischen 320 und 590 °C und für α-Titan mit $Q_\alpha = 4500 \pm 250$ cal/mol zwischen 275 und 650 °C [*S 23c*] bzw. $Q_\alpha = 7200 \pm 600$ cal/mol zwischen 100 und 300 °C [*K 31a*] bestimmt.

Die gute Verformbarkeit des mit Wasserstoff beladenen β-Titanmischkristalls bis zu etwa 0,2 (10 At.-%) H [*S 36*] und die Verschiebung der β/α-Umwandlung zu tieferen Temperaturen, läßt vermuten, daß Wasserstoff sich im β-Mischkristall zumindest bei niedrigen Konzentrationen ähnlich wie ein Metall verhält und eine weitgehend metallische Bindung vorliegt. Wie durch metallische Zusätze steigt der elektrische Widerstand des Titans im Gebiet des β-Mischkristalls mit zunehmendem Wasserstoffgehalt zunächst an, sinkt aber mit weiter zunehmendem Wasserstoffgehalt unter den Wert des unlegierten β-Titans ab (Abb. 12.1) [*A 29a*]. Die Verminderung des Widerstandes beginnt bei einem Gehalt von etwa 0,4 (15 At-%) H, bei dem auch das Sievertssche $\sqrt{P}$-Gesetz (vgl. Abb. 12.3) nicht mehr erfüllt ist, und wird möglicherweise durch den Ordnungsvorgang beim Übergang des β-Gitters in das des CaF_2-Typs verursacht [*M 55*].

Bereits unter 400 °C stellt sich bei wasserstoffhaltigem Titan ein meßbares reversibles Gleichgewicht zwischen dem Innendruck der festen Lösung und dem Außendruck des Wasserstoffgases der Atmosphäre wegen der hohen Diffusionsgeschwindigkeit verhältnismäßig rasch ein [*K 31*]. Man kann deshalb durch Variation des Druckes der Wasserstoffatmosphäre auch den Wasserstoffgehalt des Titans verändern. Bei tiefen Temperaturen dauert die Gleichgewichtseinstellung bei kompakten Proben relativ lange, da die Diffusion des Wasserstoffs in der festen Lösung mit fallender Temperatur und damit die Geschwindigkeit der Gleichgewichtseinstellung abnimmt.

Die Temperaturabhängigkeit der Diffusionskonstanten ist in Abb. 5.5, S. 106 wiedergegeben, und ein Vergleich mit der von Stickstoff und Sauer-

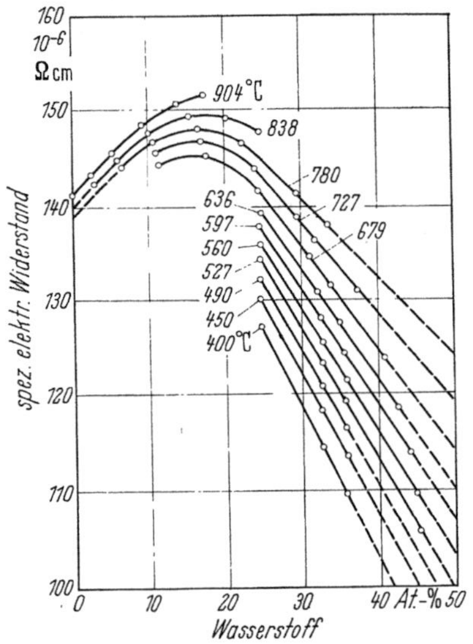

Abb. 12.1 Änderung des elektrischen Widerstandes von Jodidtitan bei verschiedenen Temperaturen im β-Gebiet durch Wasserstoffzusatz [*A 29a*].

stoff (Abb. 5.3 und 5.4) zeigt, daß die Beweglichkeit des Wasserstoffs um eine Größenordnung höher ist, als die des Sauerstoffs und Stickstoffs. Die Diffusionsgeschwindigkeit kann durch Beimengungen beeinflußt werden. Sie ist z.B. bei Titan technischer Reinheit bei 800 °C nur etwa halb so groß wie bei Jodidtitan [*L 1*]. Bei niedrigem Wasserstoffaußendruck und hoher Temperatur geben wasserstoffhaltige Proben ohne Oberflächenschicht Wasserstoff rasch an eine sie umgebende inerte Atmosphäre ab. Abb. 12.2 zeigt die Abhängigkeit des Gleichgewichtsdruckes eines wasserstoffhaltigen Titans mit 10 ppm (0,05 At.-%) H von der Temperatur. Durch diesen Wasserstoffgehalt wird der Umwandlungspunkt um weniger als 0,3 °C vermindert. Mit zunehmender Temperatur nimmt der Gleichgewichtsdruck des Wasserstoffs zu. Bei Erreichung der α/β-Umwandlungstemperatur fällt der Druck stark ab, um bei Beginn des Bereiches der homogenen β-Phase wieder anzusteigen. Bei Jodidtitan ist der Knick schärfer ausgeprägt als bei Titan technischer Reinheit [*M 49*]. Unter einem Gleichgewichtsdruck von einer Atmosphäre Wasserstoffgas lassen sich bei 1000 °C etwa 0,5 (20 At.-%) H in Titan lösen, während bei 600 °C das stöchiometrische Hydrid TiH gebildet werden kann und wenigstens 2,1 (50 At.-%) H aufgenommen werden. Bei Erhöhung der Temperatur auf über 600 °C wird beim stöchiometri-

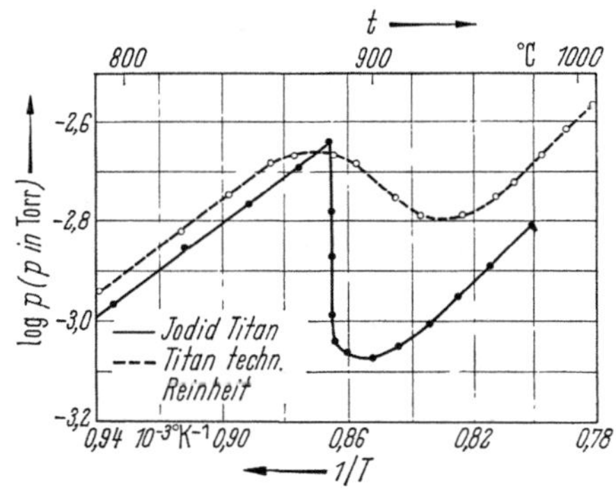

Abb. 12.2 Abhängigkeit des Gleichgewichtsdruckes von Titan mit 10 ppm (0,05 At-%) H von der Temperatur im Bereich der α/β Umwandlung [*M 49*].

schen Titanhydrid unter Normaldruck ein Teil des Wasserstoffs wieder abgegeben. Diese unterschiedliche Aufnahme des Wasserstoffs in Titan bei verschiedenen Temperaturen wird im Laboratoriumsmaßstab benutzt, um durch Erhitzen von bei tieferen Temperaturen mit Wasserstoff gesättigtem Titan sehr reinen Wasserstoff herzustellen (vgl. Abb. 12.13, S. 351).

Auch bei Raumtemperatur ist noch eine merkliche Beweglichkeit des Wasserstoffs im Titanwirtgitter vorhanden. So wurde durch langzeitige Lagerung und bei Dauerschwingversuchen wasserstoffhaltiger Proben ein Abwandern des Wasserstoffs aus globularem Hydrid in eine plattenförmige Ausscheidung beobachtet [*L 23, H 44*]. Die Kerbschlagzähigkeit wird ebenfalls, wenn Titan von höherer Temperatur abgeschreckt worden ist, durch Diffusion des Wasserstoffs bei Raumtemperatur im Laufe der Auslagerungszeit vermindert (vgl. Abb. 12.20, S. 356). Auch eine Verminderung der Zeitstandfestigkeit gekerbter Proben von wasserstoffhaltigen $(\alpha + \beta)$-Legierungen wird auf eine Diffusion des Wasserstoffs zurückgeführt, die unter der aufgegebenen Spannung beschleunigt wird [*W 55*].

12.1 Wasserstoffaufnahme

Die Aufnahmegeschwindigkeit des Wasserstoffs ist außer von der Temperatur auch von der Oberflächenbeschaffenheit des Titans und den Legierungsgehalten abhängig. Im Temperaturbereich des β-Mischkristalls ist die Wasserstoffaufnahme bei Titan technischer Reinheit bis etwa

0,284 (12 At.-%) H der Quadratwurzel des Wasserstoffdruckes proportional und entspricht damit dem Gesetz von SIEVERTS. Abb. 12.3 zeigt die Abweichung bei höheren Wasserstoffgehalten [*M 54*]. Dieses Gesetz gilt auch bei den Titanlegierungen TiAl5Sn2,5 und TiAl4Mn4 von 1000 bis etwa 600 °C bis zu Drücken von $<10^{-2}$ Torr [*A 22*]. Bei tieferen Temperaturen und höherem Wasserstoffpartialdruck tritt eine zweite Phase auf. Beim Erreichen des Zweiphasengebietes bleibt der Druck über dem entsprechenden Konzentrationsbereich konstant [*K 31*] (vgl. Abb. 12.13, S. 351).

Jodidtitandraht, der in heißer Salzsäure gebeizt wird, kann in 16 min durch TiH-Bildung 5 cm^3 H/mg Ti aufnehmen [*S 143*]. In H_2SO_4-Lösungen erfolgt ebenfalls eine Wasserstoffaufnahme, die durch Palladium

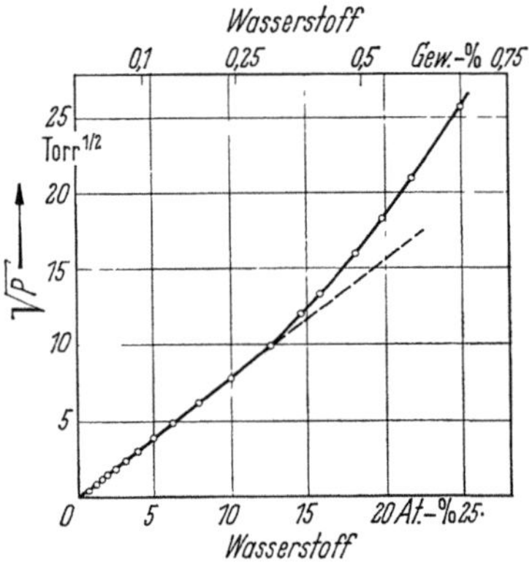

Abb. 12.3 Abhängigkeit des Wasserstoff-Partialdruckes vom Wasserstoffgehalt von Jodidtitan bei 977°C [*M 54*].

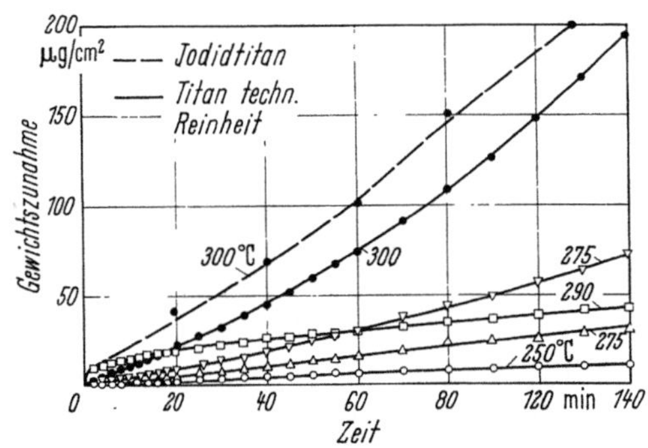

Abb. 12.4 Aufnahme von Wasserstoff durch Titan technischer Reinheit bei 250–300 °C (bei 300 °C Vergleich mit Jodidtitan) [*G 66*].

in Kontakt oder als Überzug bei Titan verhindert werden kann [*T 20b*] (vgl. Kap. 13.3, S. 399ff.). Aus Wasserstoffgas kann der Wasserstoff bis zu sehr tiefen Temperaturen (unter −240 °C) aufgenommen werden, wobei die Aufnahme bevorzugt an neu gebildeten Oberflächen z.B. in Mikrorissen, die durch Temperaturwechsel entstehen, erfolgt [*W 40a*].

Der Wasserstoff kann nicht nur aus Wasserstoffgas, sondern auch aus wasserstoffhaltigen Verbindungen, wie Wasserdampf, Kohlenwasserstoffen oder Hydriden, wie sie z.B. in Form von Natriumhydrid in Salzbädern (vgl. Kap. 15.1.2, S. 445ff.) vorkommen, aufgenommen werden. Abb. 12.4 zeigt die Aufnahme von Wasserstoff durch Jodidtitan bei 300 °C im Vergleich mit Titan technischer Reinheit, bei dem die Aufnahmegeschwindigkeit geringer ist. Bei 250 °C wird bei oxidfreier Oberfläche noch eine deutliche Wasserstoffaufnahme beobachtet [*G 66*].

Der Einfluß von Legierungszusätzen auf die Geschwindigkeit der

Wasserstoffaufnahme aus Wasserstoffgas oder Wasserdampf wurde geprüft, indem eine Probe unter einem bestimmten Wasserstoffdruck rasch auf eine vorgegebene Temperatur erhitzt und die Abnahme des Wasserstoffdruckes über die Zeit bestimmt wurde. Die Ergebnisse derartiger

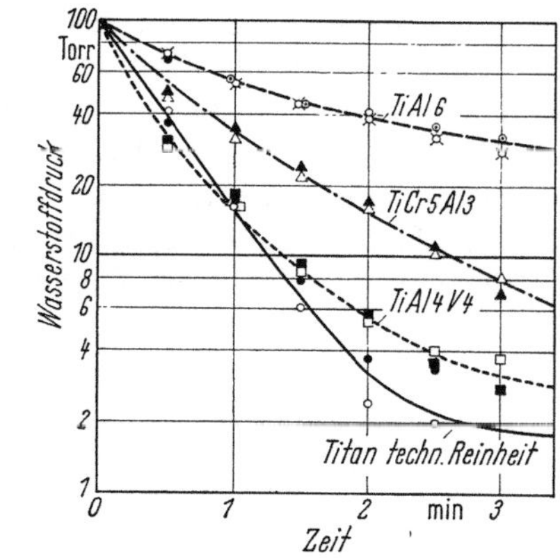

Abb. 12.5 Aufnahme von Wasserstoff bei 600 °C durch Titan technischer Reinheit und verschiedene Titanlegierungen aus Wasserstoffgas [*S 38*].

Versuche in einer Wasserstoffatmosphäre bzw. in Wasserdampf unterhalb des Taupunktes sind in den Abb. 12.5 und 12.6 wiedergegeben. Die größte Aufnahmegeschwindigkeit im Wasserstoffgas zeigen bei 600 und 700 °C das Titan [*S 143*] und in Wasserdampf bei 750 °C Legie-

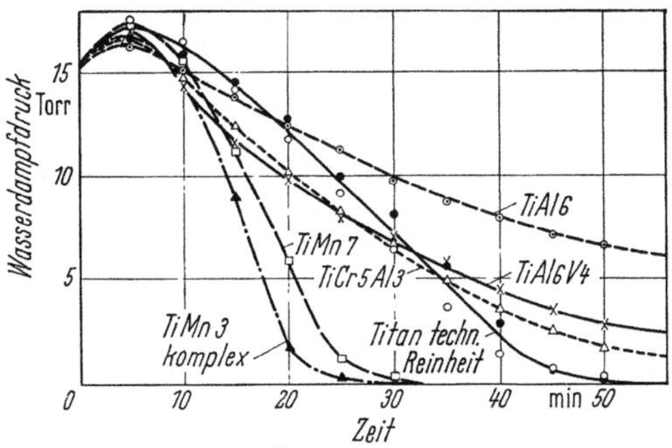

Abb. 12.6 Aufnahme von Wasserstoff bei 700 °C durch Titan technischer Reinheit und verschiedene Titanlegierungen aus Wasserdampf (TiMn3 komplex = TiMn3Cr1Fe1Mo1V1) [*S 38*].

rungen, die β-stabilisierende Zusätze enthalten. Die Legierung TiAl6, die nur den α-stabilisierenden Zusatz Aluminium enthält, weist in beiden Fällen die geringste Aufnahmegeschwindigkeit auf. Nach 2,5 min ist im reinen Wasserstoff bei 600 °C der Druck von etwa 100 Torr auf 2 Torr bei Titan technischer Reinheit abgefallen, während im Wasserdampf die etwa 20fache Zeit vergeht, bis von einem Ausgangsdruck von 15 Torr der Dampfdruck des Wassers auf 2 Torr gesunken ist [*S 38*]. Bei der Reaktion mit Wasserdampf bildet sich eine sauerstoffhaltige Schicht auf Titan aus, die die Eindiffusion des Wasserstoffs in das Titan bzw. in die Titanlegierungen verlangsamt [*G 65*, *W 12*, *S 143*]. Aus Salzbädern wurde ebenfalls bei Legierungen, die β-stabilisierende Zusätze enthielten, eine stärkere Aufnahme von Wasserstoff beobachtet als bei Titan [*O 27*].

Bei Raumtemperatur können Legierungen, z.B. beim Beizen in wasserstoffabgebenden Lösungen, rascher Wasserstoff aufnehmen als Titan [*B 62*]. Beim Beizen mit Flußsäure kann so viel Wasserstoff eingebaut werden, daß eine Gitteraufweitung, z.B. bei der Legierung TiV16Al3, von 3,22 Å auf 3,30 Å erfolgt [*Z 14*]. Bei Titan-Zinn-Legierungen wird eine Abnahme der Gitterkonstanten beobachtet [*C 59*].

Der Einfluß einer Oxidschicht auf die Wasserstoffaufnahme wurde dadurch geprüft, daß durch Glühen von Proben bei 700 °C zunächst

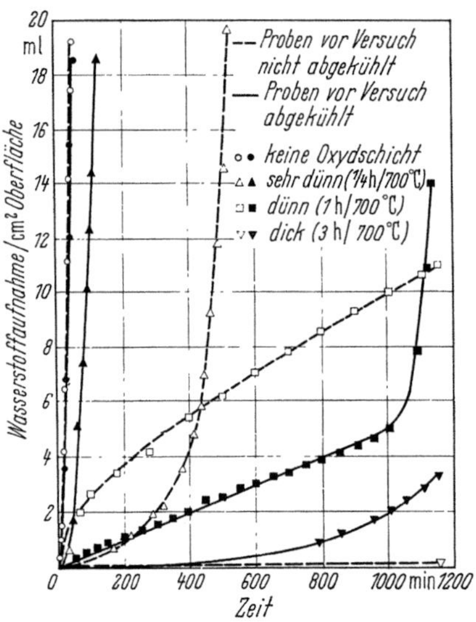

Abb. 12.7 Wasserstoffaufnahme von Titan mit verschieden dicken Oxidschichten bei 700 °C und 100 Torr Wasserstoffdruck [*W 58*].

an Luft Oxidschichten hergestellt und die Proben erst dann dem Wasserstoff ausgesetzt wurden. Ein Teil der Proben wurde auf Raumtemperatur abgekühlt und ein anderer Teil direkt nach der Oxidation bei gleicher Temperatur unter einem Druck von 100 Torr mit Wasserstoff beladen. Abb. 12.7 zeigt das Ergebnis derartiger Versuche. Die abgekühlten Proben zeigen deutlich eine stärkere Wasserstoffaufnahme als die nichtabgekühlten Proben, deren Oxidschicht dichter geblieben ist. Bei einer ausreichend dicken Oxidschicht wird, wenn sie nicht auf Raumtemperatur abkühlt, auch nach 20 h noch keine Wasserstoffaufnahme beobachtet. In Tab. 12.1 sind Angaben über die Wasserstoffaufnahme von zylinderförmigen Proben und von Blechen zusammengestellt. Während nach Glühzeiten von 4 h bei 700 °C die Wasserstoffaufnahme bei oxidierender

Atmosphäre nicht meßbar ist, beträgt sie in reduzierender Atmosphäre bei Blech 52 ppm [*W 58*]. Die Bildung der Oxidschichten bietet erst die Möglichkeit, Titan und seine Legierungen mehrere Stunden bei Temperaturen unter 700 °C oder kürzere Zeiten bei höheren Temperaturen zu

Tabelle 12.1. *Wasserstoffaufnahme von Rund- und Flachproben aus Titan technischer Reinheit bei 700 °C in oxidierender und reduzierender[1] Atmosphäre* [*W 58*]

Proben	Durchmesser bzw. Dicke mm	Zeitdauer der Wärmebehandlung in h	Ofen Atmosphäre	Wasserstoffgehalt in ppm
Rund	9,4	0	Kontrollprobe	10
Rund	9,4	4	oxidierend	10
Rund	9,4	1	reduzierend	11
Rund	9,4	2	reduzierend	13
Rund	9,4	4	reduzierend	26
Blech	1,5	0	Kontrollprobe	8
Blech	1,5	4	oxidierend	8
Blech	1,5	1	reduzierend	30
Blech	1,5	4	reduzierend	60

[1] Zusammensetzung der reduzierenden Atmosphäre in Vol %: 1% CO_2; 32% CO; 2% H; 0,5% CH_4 und 64,5% N.

glühen, ohne daß unzulässig hohe Gehalte an Wasserstoff aus der Atmosphäre aufgenommen werden. Während bei 590 °C nach 6 h eine Wasserstoffaufnahme aus der Luft noch nicht nachweisbar war [*H 81a*], wurde nach Kriechversuchen (450 °C, 50000 h) an aluminiumhaltigen warmfesten Titanlegierungen eine Wasserstoffaufnahme aus dem Wasserdampfgehalt der Luft von etwa 50 ppm beobachtet [*S 78*]. Die Oxidschichten bilden auch bei dieser Temperatur eine wirksame Schutzschicht gegen die Wasserstoffaufnahme. Von oxidfreien Proben kann bei 450 °C wesentlich mehr Wasserstoff aufgenommen werden als bei 600 °C. Gehalte an Aluminium vermindern die Wasserstoffaufnahme bei beiden Temperaturen [*K 99, K 98, O 28*]. Eine starke Wasserstoffaufnahme kann während des Entzunderns bei Verwendung solcher wasserstoffhaltiger Salzbäder entstehen, die eine blanke Oberfläche erzeugen (vgl. Kap. 15.1.2, S. 445 ff.). Auch durch Kontakt mit Metallen z.B. Eisenfeilspänen wird durch eine katalytische Reaktion insbesondere bei erhöhten Temperaturen (200–300 °C) und Druckbeanspruchung die Oxidschicht durchbrochen und Wasserstoff kann aufgenommen werden [*C 58*].

In Wasserstoff bilden sich rasch Hydridschichten, aus denen Wasserstoff in Titan und Titanlegierungen eindiffundiert. Schichten von 10 μm Stärke werden, wie Abb. 12.8a–c zeigt, bei 200 °C in 24 h vollständig gelöst. Bei grobkörnigem Gefüge z. B. Widmannstätten-Struktur und unter Spannung in Rissen erfolgt die Wasserstoffaufnahme rascher als bei feinkörnigem Gefüge oder ohne Spannung [*M 45, L 34g, M 78b, N 4b, W 60a*]. Bei ($\alpha + \beta$)-Legierungen wird der Wasserstoff einer elektrolytischen Beladung in erster Linie von der β-Phase aufgenommen [*M 96*]. Titanpulver hoher Oberflächenaktivität zeigt bei niedrigen Wasserstoffdrücken von 10^{-3}–10^{-7} Torr bereits bei Raumtemperatur eine Wasserstoffaufnahme. Ein Höchstwert der Aufnahmegeschwindigkeit wurde bei derartigen Pulvern zwischen 150 und 200 °C beobachtet [*A 3*].

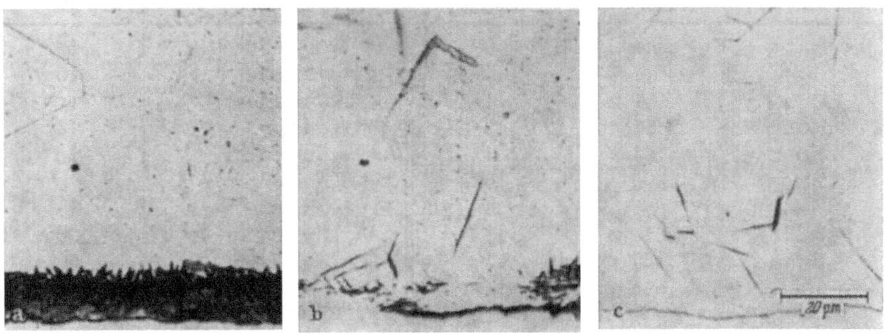

Abb. 12.8a–c Lösung einer Hydridschicht aus Titan technischer Reinheit nach 24 h bei 100 °C (a), 200 °C (b) und 300 °C (c) [*M 45*].

Durch Zusatz von die Oberfläche oxidierenden Mitteln z. B. von Salpetersäure zu 2 %iger Flußsäure kann eine Wasserstoffaufnahme bei Titan und bei Legierungen verhindert werden (vgl. Abb. 15.2, S. 449). Die Salpetersäure bildet eine passive Oxidschicht, so daß keine Hydridschicht entstehen kann. Je nach Legierung ist eine Konzentration von 10–30 % Salpetersäure notwendig, um diese schützende Oxidschicht zu erzeugen. Im allgemeinen arbeiten deshalb die Beizbäder mit einer entsprechenden Salpetersäurekonzentration [*L 24, C 78e*]. Aus wasserstoffhaltigen Salzbädern diffundiert der Wasserstoff nach der Entzunderung sofort ein, wodurch unzulässig hohe Gehalte aufgenommen werden können. Man kann auch bei den Salzbädern durch Zugabe von Oxiden – z. B. TiO_2 – die Wasserstoffaufnahme vermindern. Auch hierbei dürfte sich eine schützende Oxidschicht ausbilden. Bei 375 °C und bei einem Sauerstoffgehalt von 0,3 % werden z. B. innerhalb von 20 min aus einem natriumhydridhaltigen Salzbad nur 18 ppm H von 1 mm dicken Blechen aufgenommen [*A 22b*]. Bei Verwendung von Salzbädern aus NaOH wird durch Nitratzusatz die Wasserstoffaufnahme ebenfalls verringert (vgl. Tab. 15.1, S. 447).

12.2 Entfernung des Wasserstoffs

Aus Titanschwamm und Schrott wird Wasserstoff beim Lichtbogenschmelzen mit Abschmelzelektrode unter Vakuum (vgl. Kap. 2.3, S. 44 und 45) entfernt. Ist ein zu hoher Gehalt an Wasserstoff vom Titan aufgenommen worden, so kann er durch Glühung in möglichst hohem Vakuum wieder entfernt werden. Im allgemeinen verwendet man Temperaturen von wenigstens 680 °C. Bei größeren Wanddicken sind höhere Temperaturen notwendig. Oberflächliche Oxidschichten hemmen wie bei der Wasserstoffaufnahme auch bei der Wasserstoffabgabe die Diffusion des Wasserstoffs an die Oberfläche. Vor einer Vakuumglühung müssen deshalb zur Entfernung des Wasserstoffs Oxidschichten entfernt werden.

In Abb. 12.9 ist das Gleichgewicht des Wasserstoffs zwischen dem Wasserstoffgehalt und dem Außendruck bei 1000 °C für Titan und verschiedene Titanlegierungen innerhalb des Gehaltes an Wasserstoff, in

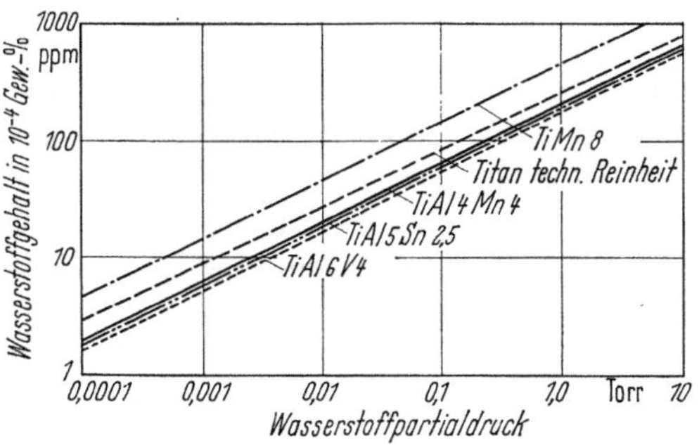

Abb. 12.9 Abhängigkeit des Wasserstoffgehaltes vom Wasserstoffpartialdruck bei 1000 °C zwischen 10^{-4} und 10 Torr bei Titan technischer Reinheit und verschiedenen Titanlegierungen [*M 42, A 22*].

dem noch das Sievertssche $\sqrt{P}$-Gesetz gilt, wiedergegeben. Will man den Wasserstoffgehalt des Titans auf 10 ppm senken, so ist bei dieser Temperatur ein Vakuum von $\leq 10^{-3}$ Torr notwendig. Der Gleichgewichtspartialdruck des Wasserstoffs der drei aluminiumhaltigen Legierungen ist fast gleich. Er liegt höher als der des Titans technischer Reinheit. Nur β-stabilisierende Zusätze wie Mangan verursachen gegenüber Titan einen wesentlich niedrigeren Wasserstoffpartialdruck [*M 42, M 44*]. Da der Wasserstoffpartialdruck in verschiedenen Phasen unterschiedlich ist, kann er als Indikator für Phasenumwandlungen im festen Zustand bei Titanlegierungen dienen [*M 51*] (vgl. Abb. 12.2, S. 341).

Während Temperaturen von etwa 1000 °C und darüber in erster Linie für die analytische Bestimmung des Wasserstoffs zum Entgasen verwendet werden, zieht man bei der Entgasung von Titanhalbzeug tiefere Temperaturen vor, um Grobkornbildung zu vermeiden. In Abb. 12.10 sind

Gleichgewichtsdrücke für 700 °C wiedergegeben. Auch hier liegt bei gleichem Wasserstoffgehalt der Gleichgewichtsdruck der Legierung mit nur β-stabilisierendem Zusatz niedriger als der der Legierung mit Aluminiumzusätzen und der des Titans technischer Reinheit. Durch höhere Gehalte an Sauerstoff und Stickstoff wird der Wasserstoffgleichgewichtsdruck ebenfalls erhöht und die $\beta/(\alpha + \beta)$-Phasengrenze zu höheren Tempera-

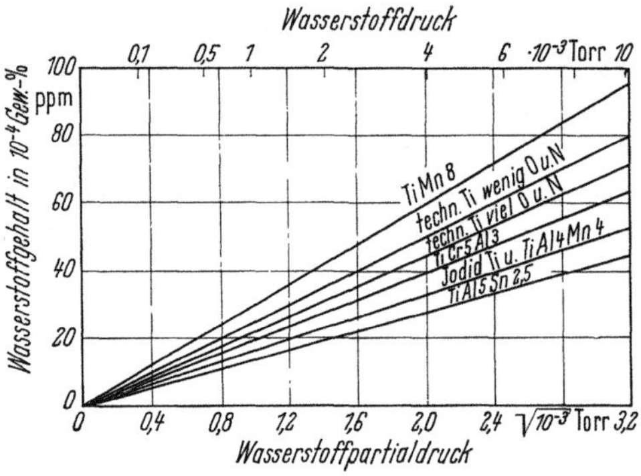

Abb. 12.10 Gleichgewichtsdruck von Wasserstoff in verschiedenen Titansorten und -legierungen bei 700 °C im Bereich unter 10^{-2} Torr [*A 22*].

turen verschoben [*M 42, A 22, J 30a*]. Während die Entgasungskoeffizienten für Titan bei höheren Temperaturen in erster Linie dem Diffusionskoeffizienten entsprechen, wird bei tieferen Temperaturen infolge der stärker auftretenden Absorption von Wasserstoff an der Oberfläche eine kleinere Entgasungsgeschwindigkeit beobachtet. In der Tab. 12.2 sind Entgasungskonstanten für Titan und Titanlegierungen wiedergegeben. Nach der Gleichung $\log_{10} C/C_0 = -0{,}252 - (4{,}28/l^2 + 2{,}25/a^2)\,Dt$ kann der Wasserstoff von zu entgasendem Rundmaterial mit einem Durchmesser von > 3 mm nach einer bestimmten Zeit (t in Sekunden) errechnet

Tabelle 12.2. *Entgasungskoeffizienten für Titan und verschiedene Titanlegierungen bei verschiedenen Temperaturen* [*A 22*]

Legierung	Entgasungskoeffizient D 10^{-5}/cm²/sec Temperatur			
	600 °C	700 °C	800 °C	900 °C
Jodidtitan	n. b.	2,0	3,5	10
Titan technischer Reinheit hoher O- und N-Gehalt	0,7	1,4	2,6	7,2
Titan technischer Reinheit niedriger O- und N-Gehalt	–	1,0	–	–
TiAl4Mn4	1,0	1,6	2,6	–
TiAl5Sn2,5	0,8	1,7	–	–
TiCr5Al3	–	1,0	–	–
TiCr2Fe2Mo2	–	1,2	–	–
TiMn8	0,7	0,9	1,5	–

werden. Dabei ist C/C_0 der Anteil des im Werkstoff verbleibenden Wasserstoffgehaltes, a = Halbmesser, l = Länge und D = Entgasungskoeffizient. In den Abb. 12.11a und 12.11b sind die nach bestimmten Zeiten in Rund- und Blechmaterial sich einstellenden Wasserstoffgehalte für verschiedene Wanddicken eingezeichnet. Bei Blechen findet die Gleichung $\log C/C_0 = -0{,}0913 - 1{,}07\, Dt/a^2$ (a = Blechdicke in cm) Anwendung

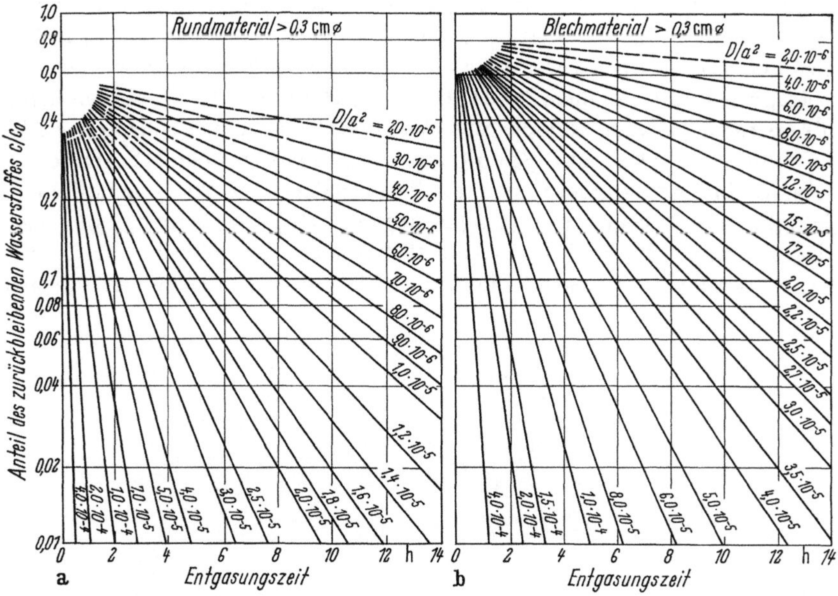

Abb. 12.11a u. b Entgasungszeiten für Rund- (a) und Blechmaterial (b) (Durchmesser und Dicke > 3 mm) aus Titan technischer Reinheit [*A 22*].
D Entgasungskoeffizient, vgl. Tab. 12.2; *a* Halbmesser des Rundmaterials bzw. Blechdicke.

[*A 22*]. Bei 680 – 750 °C werden Entgasungszeiten von etwa 4–24 h benötigt [*J 6*]. Beim Entgasen unter vorgegebenem Druck nimmt die Entgasungsrate zunächst stark zu, um dann über eine bestimmte Zeit konstant zu bleiben. Ni-Cr-Schichten verringern die Entgasungsgeschwindigkeit [*K 84f*].

In der Industrie erfolgt die Entfernung von Wasserstoff meist in Vakuumglühöfen, die gestatten, ein Vakuum von $\leq 10^{-3}$ Torr aufrechtzuerhalten, wobei sich dann der dem äußeren Wasserstoffpartialdruck entsprechende Wasserstoffgehalt in dem zu entgasenden Werkstoff aus Titan oder Titanlegierung nach der in der oben wiedergegebenen Gleichung zur berechnenden Zeit einstellt.

12.3 Zustandsschaubild Titan–Wasserstoff und Eigenschaften von Titanhydrid

Die Löslichkeit des Wasserstoffs in α-Titan bei Raumtemperatur und einem Druck von 760 Torr ist sehr gering und beträgt etwa 0,001 % (0,05 At.-%) H. Sie ist bereits bei 60 °C etwa sechsmal so hoch und beträgt bei 319 °C, der Temperatur der Eutektoidalen, 0,18 (7,9 At.-%) H [*L 23, K 53, V 3*]. Im β-Titan löst sich bis zu 2% (48 At.-%) H [*M 48*]. Bei höheren Temperaturen sinkt die Wasserstofflöslichkeit wieder. Sie beträgt bei 1500 °C noch 0,134 (6 At.-%) H [*T 3d*]. Da die bei höherer Temperatur gelösten Gehalte des Wasserstoffs auch bei sehr hoher Abkühlgeschwindigkeit auf Raumtemperatur nicht in übersättigter fester Lösung bleiben, sondern sich als Titanhydrid, bei 20 °C gemäß Leitfähigkeitsmessungen in etwa 20 Minuten [*S 9a*] ausscheiden, kann man das Zustandsschaubild (vgl. Abb. 12.14) metallographisch nur in wenigen Bereichen festlegen. Die Abb. 12.12a und 12.12b zeigen, daß bei

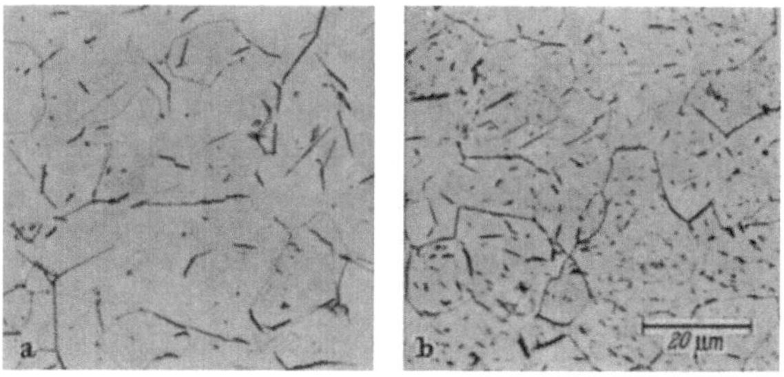

Abb. 12.12a u. b Gefüge von Titan technischer Reinheit, 60% verformt und 1/2 h bei 650 °C geglüht mit 0,015 Gew.-% Wasserstoff [*M 70a*]. a) Im Ofen abgekühlt; b) in Wasser abgeschreckt.

rascher Abkühlung das Hydrid feiner ausgeschieden wird als bei langsamer Abkühlung. Die größeren Hydridplatten in den langsam abgekühlten Proben [*J 9*] zeigen einen stärkeren Farbumschlag im polarisierten Licht als die ebenfalls polarisierenden Titankörner (vgl. Abb. 12.16a–d, S. 352). Unter mechanischer Spannung werden Hydridplatten senkrecht zur Spannungsrichtung ausgeschieden [*L 51a*].

Durch metallographische Untersuchungen wurde die Löslichkeit des Wasserstoffs im α-Mischkristall bestimmt. Dabei wurde gefunden, daß die Löslichkeit bei der Temperatur der Eutektoidalen in Titan technischer Reinheit mit 0,32% Fe kleiner und bei 100 °C größer ist als in Jodidtitan. Die eutektoide Temperatur kann, wie dilatometrische Untersuchungen gezeigt haben, um 80 °C unterkühlt werden [*L 23*].

Die Lage der so bestimmten Löslichkeitslinie des α-Mischkristalls konnte durch Dämpfungsmessungen, bei denen eine Zunahme der inneren Reibung an der Löslichkeitsgrenze beim Aufheizen und Abkühlen von Ti-H-Proben auftritt, bestätigt werden [*K 53*].

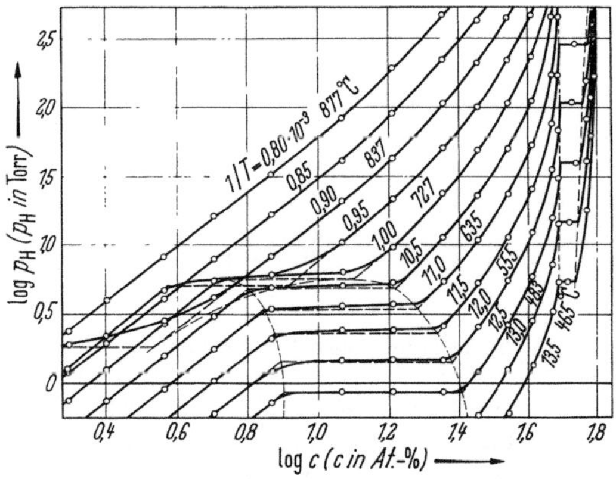

Abb. 12.13 Isotherme Druck-Konzentrationskurven für das System Titan–Wasserstoff [*M 48*].

Aufgrund von Messungen des Wasserstoffgleichgewichtsdruckes ist die Löslichkeit oberhalb der Eutektoidalen bestimmt worden. Im heterogenen Gebiet bleibt die Druckkonzentrationsisotherme konstant, während im Einphasengebiet ein Anstieg des Wasserstoffpartialdruckes mit steigender Wasserstoffkonzentration beobachtet wird. Abb. 12.13 zeigt die Ergebnisse derartiger Untersuchungen an Jodidtitan [*M 48*] und

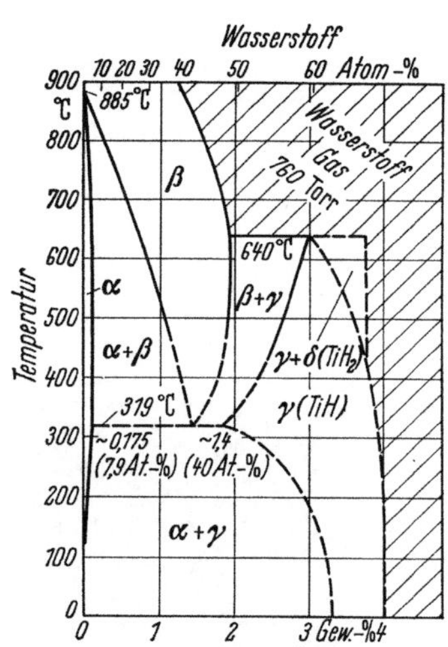

Abb. 12.14 Zustandsschaubild Titan–Wasserstoff [*M 48, L 45a*].

Abb. 12.14 das Gleichgewichtssystem, das oberhalb 400 °C aus dieser Druckabhängigkeit von der Konzentration aufgestellt und durch Messungen der thermischen Diffusion [*S 23b*] bestätigt wurde. Bei Titan technischer Reinheit wird abhängig von β-Anteilen der H-Gleichgewichts-

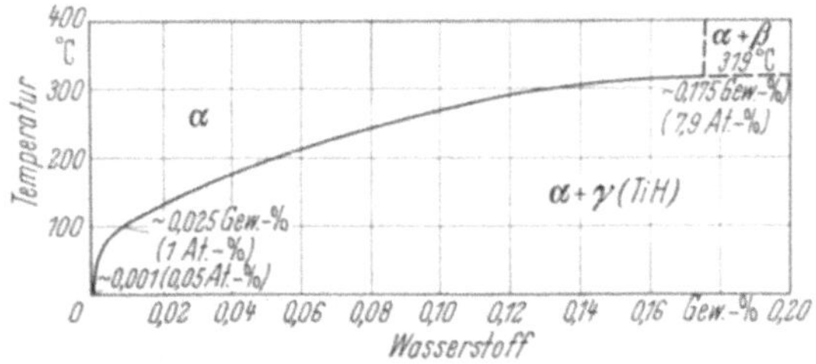

Abb. 12.15 Temperaturabhängigkeit der Löslichkeit von Wasserstoff in Jodidtitan [*L 23, K 53*].

druck proportional zum O-Gehalt erhöht [*M 50, M 55b*]. Das Zweiphasengebiet γ (TiH) + β zeigt eine Anomalie der Abhängigkeit der maximalen Löslichkeit des Wasserstoffs in Titan von der Temperatur bei einem Druck von 760 Torr und etwa 620 °C [*K 58*], die möglicherweise durch eine weitere Phase TiH_2 (δ) entsteht [*L 45a*]. Die Temperaturabhängigkeit der Löslichkeit von Wasserstoff in α-Jodidtitan zeigt Abb. 12.15 [*L 23, K 53*].

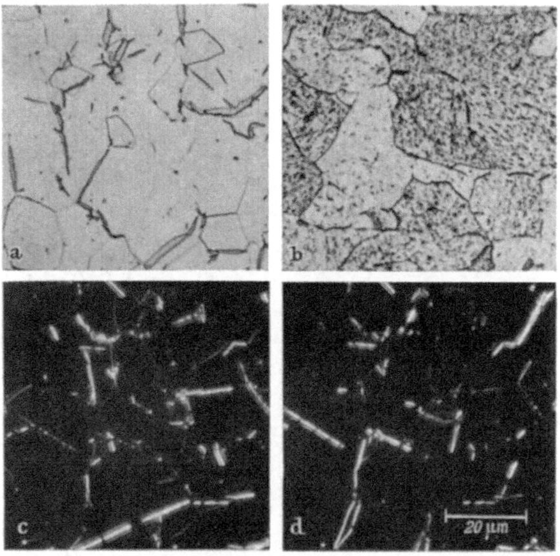

Abb. 12.16a–d Wie Abb. 12.12, mit 0,047 Gew.-% Wasserstoff.
a) Im Ofen abgekühlt; b) in Wasser abgeschreckt; c) wie a) Aufnahme im polarisierten Licht; d) dieselbe Stelle wie c), Schliff um 45° gedreht [*M 70a*].

Erste Untersuchungen der Struktur des Titanhydrids ergaben ein kubisch-flächenzentriertes Gitter mit einer Gitterkonstanten von $a =$ 4,40 Å bei 50 At.-% H und 4,46 Å bei 62,4 At.-% H [*H 2*]. An frisch hergestelltem Titanhydrid wurden bei einer röntgenographischen Prüfung zwei zusätzliche Linien gefunden, die bei einer längeren Lagerung wieder verschwanden [*G 11*]. Da das mit α-Titan im Gleichgewicht stehende Titanhydrid (Abb. 12.16a–d) im polarisierten Licht einen wesentlich stärkeren Farbumschlag zeigt als das reine Titan, kann es nicht eine einfache kubische Struktur besitzen [*C 23*]. In der Nähe der Zusammensetzung TiH_2 (δ) bildet sich eine tetragonale Aufspaltung [*S 106*]. Unter-

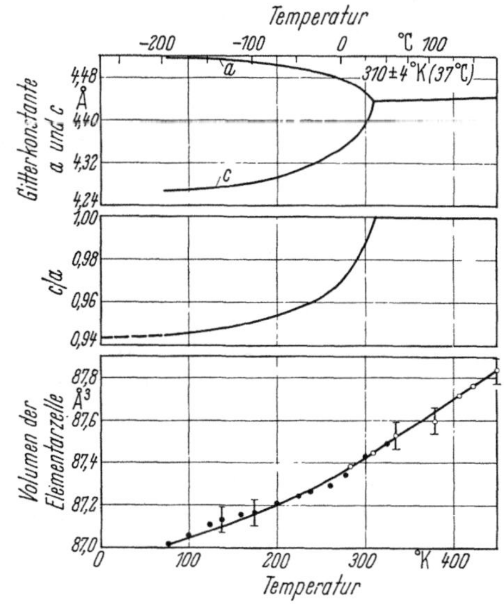

Abb. 12.17 Gitterkonstanten, Achsverhältnis und Volumen der Elementarzelle von $TiD_{1,98}$ in Abhängigkeit von der Temperatur [*Y 3*].

suchungen mit MoKα-Röntgenstrahlung und 1109-Å-Neutronenstrahlung an mit Deuterium beladenem Titan zeigten, daß das Deuterid wahrscheinlich in einer großen Strukturzelle kristallisiert, dessen kleine Zellen entweder kubisch-raumzentriert tetragonal mit $a = 3{,}12$ Å und $c/a = 1{,}34$ oder kubisch-flächenzentriert tetragonal mit $a = 4{,}42$ Å und $c/a = 0{,}946$ aufgebaut sind. Dabei wurde gefunden, daß dieses Deuterid bei von 100, 225 und 400 °C abgeschreckten Proben zusammen mit α-Titan auftritt und die Deuteriumkonzentration etwa 62 At.-% D beträgt [*J 4*]. Die Überprüfung der Temperaturabhängigkeit der Gitterkonstanten an einem Deuterid $TiD_{1,98}$ hat gezeigt, daß unterhalb einer Temperatur von etwa 40 °C ein Übergang des kubischen Gitters in ein tetragonales Gitter erfolgt. Abb. 12.17 gibt die Größenordnung dieser Aufspaltung wieder [*Y 3*]. Dadurch wurde die bei Raumtemperatur sich bildende tetragonale

Modifikation neben der bei hoher Temperatur auftretenden kubischen Modifikation des Deuterids im System Titan–Deuterium bestätigt. Auch eine Anomalie in der magnetischen Suszeptibilität, die bei 27 °C bei Legierungen mit hohem Wasserstoffgehalt gefunden wurde [*T 28*, *W 62*], könnte mit dieser Umwandlung zusammenhängen. Die magnetische Suszeptibilität nimmt bis zu einem Gehalt entsprechend der Zusammensetzung TiH zu, um bei höheren Gehalten wieder abzufallen [*J 27*]. Aus $TiH_{1,53}$ und $TiH_{1,58}$ scheidet sich der α-Titanmischkristall parallel zu den $\{110\}$-Ebenen des Hydrids aus. Die bei $TiH_{1,53}$ bis $TiH_{1,90}$ von $a = 4{,}407$ Å auf $a = 4{,}434$ Å kubisch-flächenzentrierten Gitter spalten ab $TiH_{1,90}$ zunehmend stärker tetragonal auf. Der Konzentrationsbereich dieser Aufspaltung kann durch Beimengungen im Titan verändert werden [*I 8d*]. Die tetragonale Verzerrung wird auf eine Ordnung der Wasserstoffatome, die in den Tetraederlücken des Titangitters eingebaut sind, zurückgeführt [*A 43*].

Bei einem hohen Wasserstoffdruck von etwa 10^5 Torr lassen die Druckkonzentrationsisothermen ebenfalls ein Zweiphasengebiet vermuten, das bei Wasserstoffgehalten oberhalb der stöchiometrischen Zusammensetzung TiH auftreten würde [*G 12*]. Ob dieses Zweiphasengebiet den beiden Strukturen des Titanhydrids zuzuschreiben ist oder ob ein neues Hydrid bei diesen hohen Drücken stabil ist, wurde noch nicht festgestellt. Ein Zusatz von Zirkoniumdihydrid verursacht eine Gitteraufweitung des Titanhydrids auf $a = 4{,}465$ und $c = 4{,}453$ Å [*M 55d*].

12.4 Einfluß von Legierungselementen auf die Wasserstofflöslichkeit und den Wasserstoffpartialdruck des Titans

Mit zunehmendem Sauerstoffgehalt nimmt die Löslichkeit des Wasserstoffs in der α-Phase zu, in der β-Phase ab [*H 45*, *Y 3b*]. Die Wasserstoffatome besetzen die von den Sauerstoffatomen am meisten entfernten Gitterplätze [*G 41a*]. In TiO ist Wasserstoff nicht löslich [*G 41c*]. Metallographische Untersuchungen an mit Wasserstoff beladenen Titan-Aluminium-Legierungen zeigten, daß mit zunehmendem Aluminiumgehalt die Löslichkeit des Wasserstoffs in der α-Phase erhöht wird. Abb. 12.18 gibt die Titanecke des Dreistoffsystems Titan-Aluminium-Wasserstoff bei Raumtemperatur wieder. Bei aluminiumfreiem Jodidtitan werden etwa 10 ppm Wasserstoff gelöst, dagegen bei einem Gehalt von 7 % Al mehr als 300 ppm. Während bei Titan bei Temperaturen von über 200 °C eine starke Zunahme der Löslichkeit beobachtet wird, ist das bei den aluminiumhaltigen Legierungen nicht der Fall [*L 25*, *B 32*, *P 7e*, *M 16b*]. Sn oder Fe lassen die Löslichkeit bei Raumtemperatur ebenfalls ansteigen [*L 22*, *L 23*, *J 28a*].

In der β-Phase wird durch einen Zusatz von 2,5 At.-% V, Cr, Mn, Fe, Ni, Cu und Mo die Löslichkeit für Wasserstoff verringert. Bei Nb- oder Mo-Zusatz, der einer Valenzelektronenkonzentration von 5,6 entspricht, wird kein Wasserstoff mehr aufgenommen [*J 28*]. Durch Vanadinzusätze wird die Aufnahme des Wasserstoffs bei 850 °C und langsamer Abkühlung auf Raumtemperatur zunächst erhöht und erst bei

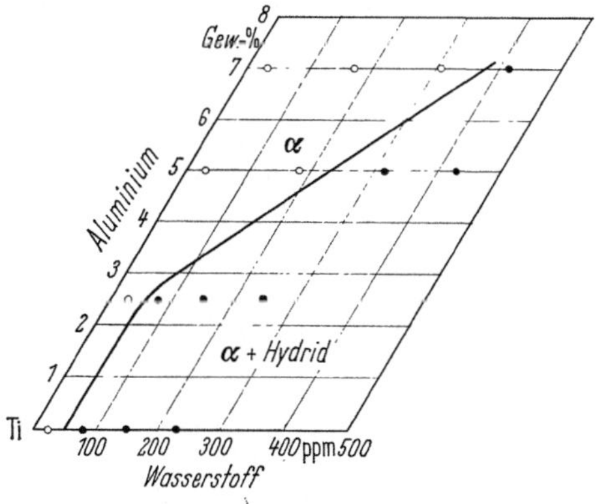

Abb. 12.18 Titanecke des Systems Titan–Aluminium–Wasserstoff (Titan HB = 110 kp/mm²) [*B 32*].

Gehalten von über 69 At.-% (70 Gew.-%) V fällt der Wasserstoffgehalt sehr rasch von $Ti(V)H_{1,96}$ auf $V(Ti)H_{0,98}$ ab. Durch Chrom-, Mangan-, Molybdän-, Niob- und Zirkoniumzusätze nimmt ebenfalls die Löslichkeit bis zu Gehalten von 11 bzw. 7 bzw. 30 bzw. 40 bzw. 60% zu. Bei einem Zusatz von >11% Chrom sinkt die Löslichkeit wieder ab. Bei diesen Gehalten an Legierungselementen findet in allen Fällen noch eine Hydridbildung statt. Es bilden sich Titanhydride mit einem Wasserstoffgehalt, der mindestens einer Zusammensetzung von $Ti(X)H_{1,61}$ entspricht [*T 28a*]. Seltene Erden können eine höhere Affinität zu Wasserstoff besitzen als Titan. In der Legierung TiGd20 wird deshalb Wasserstoff als $GdH_{1,6}$ aufgenommen [*B 23b, M 103b*].

12.5 Wirkung des Wasserstoffs auf die mechanischen Eigenschaften von Titan und α-Titanlegierungen

Etwa im Jahre 1953 wurde zum erstenmal die Auswirkung von kleinen Gehalten an Wasserstoff auf die mechanischen Eigenschaften des Titans erkannt. Bleche aus Titan technischer Reinheit zeigten ein geringes Formänderungsvermögen, Neigung zu Rißbildung und eine sehr große Kerbempfindlichkeit, so daß sie, wenn sie eingekerbt waren, wie Papier in zwei Teile zerrissen werden konnten [*J 6*].

Titanhydrid scheidet sich in Form von Platten bei Titan und TiV2, hauptsächlich auf den $\{1\bar{1}00\}$- und $\{1\bar{1}01\}$-Ebenen des hexagonalen α-Titangitters aus. In Abb. 12.19 sind die in einem Winkel von jeweils 60° ausgeschiedenen Hydridplatten, die sich senkrecht zur Basisebene eines Elektrolyseeinkristalls ausgeschieden haben, deutlich zu sehen. An der $(10\bar{1}2)$-Ebene eines Zwillings hat sich die Richtung geändert. Bei α-Legierungen mit 10 % Zr bzw. 3 % Ta bzw. 3 % Al wurde in allen Fällen die $\{10\bar{1}1\}$-Ebene für die Hydridausscheidung gefunden. Zusätzlich treten die Ebenen $\{10\bar{1}2\}$, $\{10\bar{2}1\}$ und $\{10\bar{2}2\}$ als Habitusebenen auf [*L 42*].

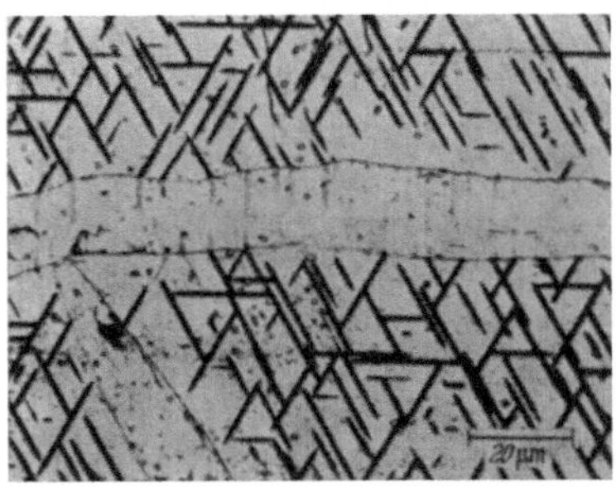

Abb. 12.19 Titanhydridausscheidungen in einem Titankristall mit $(10\bar{1}0)$-Zwillingen; (0001)-Ebene parallel zur Bildebene [*L 42*].

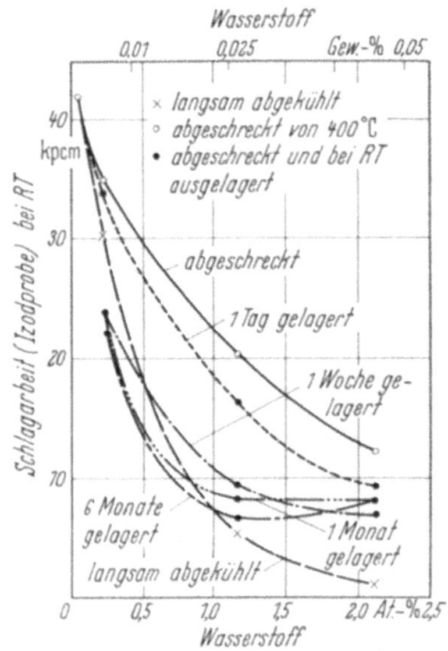

Abb. 12.20 Kerbschlagzähigkeit von Titan technischer Reinheit (σ_B = 50 kp/mm²) mit verschiedenen Gehalten an Wasserstoff nach verschieden langer Lagerzeit bei Raumtemperatur [*L 23, W 55*].

Bei Folien aus TiAl5Sn2,5 und nur aluminiumhaltigen Legierungen wurde für die Hydridausscheidung $\{010\} \parallel \{0001\}$; $\langle 110 \rangle \parallel \langle 11\bar{2}0 \rangle$ und $\{112\} \parallel \{0001\}$; $\langle 110 \rangle \parallel \langle \bar{1}210 \rangle$ gefunden [*S 9b*]. In Abb. 6.3, S. 117, sind die beiden Ebenen $\{1\bar{1}00\}$ und $\{1\bar{1}01\}$ zusammen mit anderen Gleitebenen des Titans wiedergegeben. Da diese beiden Ebenen die wichtigsten Gleitebenen bei der Verformung des Titans sind, ist es verständlich, daß durch eine Hydridausscheidung auf diesen Ebenen das Formänderungsvermögen des Titans sehr stark vermindert wird. Bei TiAl6V4 und TiAl8Mo1V1 kann, wie Untersuchungen mit Tritium zeigten, bei einem Gesamtgehalt von 50 ppm Tritium in der β-Phase eine Anreicherung auf bis 300 ppm erfolgen. Bei der Legierung TiAl5Sn2,5 findet eine Anreicherung auf den Korngrenzen statt, und bei der β-Legierung TiV13Cr11Al3 wird eine gleichmäßige Verteilung des Tritiums gefunden

[*T 14a*]. Phasengleichgewichte (z.B. Verhältnis $\alpha : \beta$) und Korngröße spielen deshalb eine wichtige Rolle. Die Hydridbildung ist vermutlich auch dann mit einer Volumenzunahme verbunden, wenn wie bei Titan-Aluminium-Legierungen die Wasserstoffatome, z.B. beim Ätzen von Proben, von den Oktaederlücken in Tetraederlücken der Ti_3Al-Phase diffundieren [*M 16b*].

Während bei der üblichen Beanspruchungsgeschwindigkeit (0,3 bis 0,7 %/min) die Beweglichkeit der Wasserstoffatome im Titangitter noch ausreicht, um eine Formänderung noch zuzulassen, ist das bei einer höheren Beanspruchungsgeschwindigkeit häufig nicht mehr der Fall. Wie Abb. 12.20 zeigt, kann z.B. die Kerbschlagzähigkeit von Titan technischer Reinheit bereits durch Wasserstoffgehalte von < 100 ppm vermindert werden. Von 400 °C abgeschreckte und zusätzlich ausgelagerte Proben zeigen bei Raumtemperatur eine stärkere Verminderung der Kerbschlagzähigkeit mit zunehmendem Wasserstoffgehalt als die Proben, die direkt nach dem Abschrecken geprüft wurden [*L 23, W 68, B 25c*], so daß die im Halbzeug maximal zulässigen Gehalte von 100–150 ppm H (vgl. Tab. 10.5, S. 224ff.) bei Titan technischer Reinheit eine deutliche Verminderung der Kerbschlagzähigkeit verursachen können [*R 86*]. Da die Kerbschlagzähigkeit von Jodidtitan wesentlich höher ist als die des Titans technischer Reinheit, vermindern dort bereits Gehalte von 5 ppm H die Kerbschlagzähigkeit [*B 39*]. Bei Temperaturen von über 100 °C wird das Absinken der Kerbschlagzähigkeit infolge der stark zunehmenden Löslichkeit des Wasserstoffs im α-Titan erst bei wesentlich höheren Wasserstoffgehalten beobachtet.

Die übrigen mechanischen Eigenschaften des Titans bei Raumtemperatur werden durch den Wasserstoff nur wenig beeinflußt. Bei einer Verformungsgeschwindigkeit von 1 oder 100% je Minute wird bei Jodidtitan selbst bei Gehalten an Wasserstoff von etwa 400 ppm die Bruchdehnung bei Raumtemperatur nicht verringert. Bei tieferen Temperaturen wird dagegen auch bei niedrigen Gehalten bei einer langsamen Verformungsgeschwindigkeit eine Verminderung des Formänderungsvermögens gefunden [*J 11, B 25f, B 50a*]. Bei Wasserstoffgehalten von über 400 ppm sinkt infolge des hohen Hydridanteils auch bei einer Verformungsgeschwindigkeit von 1 %/min die Bruchdehnung und -einschnürung [*R 86*]. Bei Zugversuchen an TiAl5Sn2,5 mit Gehalten an Wasserstoff hat sich gezeigt, daß eine Änderung der Verformungsgeschwindigkeit die Zugfestigkeit nur wenig verändert. Bei Proben, die einen Wasserstoffgehalt aufwiesen, der innerhalb der Löslichkeit lag, wurde bei den warmgewalzten und 20 h bei 800 °C geglühten Stangen (Entgasung und Wasserstoffbeladung) eine Streckgrenze beobachtet. Bei höheren Gehalten, die eine Ausscheidung von Hydridplatten verursachte, trat keine Streckgrenze mehr auf. Bei einer beginnenden Ausscheidung der

Hydridplatten auf den Korngrenzen wurde ein Übergang von trans- zu interkristalliner Rißbildung beobachtet. Gehalte an Wasserstoff bis 150 ppm hatten noch keinen Einfluß auf die mechanischen Eigenschaften [*H 40*]. Der E-Modul von Titan wird durch Gehalte an Wasserstoff erst bei Temperaturen oberhalb etwa 200 °C vermindert [*K 60a*]. Die Dämpfung, mit Torsionspendel gemessen, zeigt bei wasserstoffhaltigem Titan je nach Wärmebehandlung Maxima bei verschiedenen Temperaturen, die auf eine Bewegung der Wasserstoffatome innerhalb des Gitters der Tetraederlücken des Titans zurückgeführt werden [*K 53, B 30c, P 40c*].

Aluminiumhaltige Legierungen mit über 2,5 % Al zeigen infolge der Löslichkeit des Wasserstoffs ein Absinken der Kerbschlagzähigkeit erst bei Wasserstoffgehalten >200 ppm (Abb. 12.21), während dies bis zu 2,5 % Al, ähnlich wie bei Titan, bereits bei weniger als 200 ppm H der Fall ist.

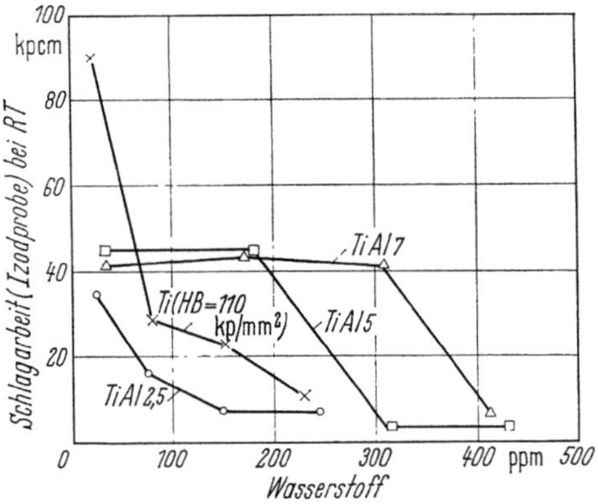

Abb. 12.21 Einfluß von Aluminium auf die Kerbschlagzähigkeit wasserstoffhaltiger Proben aus Jodidtitan [*B 32*].

Die Ausscheidung des Hydrids erfolgt bei Legierungen mit Gehalten von über 5 % Al mehr an den Korngrenzen und weniger in Form von plattenförmigen Ausscheidungen in den Körnern [*B 32*]. Bei −196 °C wird kein Einfluß des Wasserstoffs auf die Kerbschlagzähigkeit von TiAl5 mit 0,1 % O beobachtet, dagegen bei höheren Sauerstoffgehalten [*Y 3a*]. Da Zinngehalte ebenfalls die Wasserstofflöslichkeit im α-Mischkristall erhöhen, ist anzunehmen, daß deshalb auch bei der Legierung TiAl5Sn2,5 erst bei Gehalten von über 200 ppm ein Absinken der Kerbschlagzähigkeit auftritt. Bei Gehalten von 225 ppm Wasserstoff wird bei dieser Legierung allerdings eine Verminderung des Formänderungsvermögens bei langsamer Verformungsgeschwindigkeit auch an ungekerbten Proben beobachtet [*L 56*]. Nach einer anderen Untersuchung wird die Kerbschlagzähigkeit bei Raumtemperatur bei dieser Legierung erst bei einem Gehalt von 400 ppm H vermindert [*H 92*]. Die unterschiedlichen Ergebnisse können durch unterschiedliche Korngröße oder unterschiedliche Gehalte an Sauerstoff und Stickstoff verursacht sein. Gehalte an Sauerstoff vermindern auch bei aluminiumhaltigen Legierungen die Kerbschlagzähigkeit wasserstoffhaltiger Proben. Die Temperaturabhängigkeit der Kerbschlagzähigkeit zwischen −200 und +100 °C von mit Wasserstoff beladenen Legierungen mit 0,2 % O oder 0,2 % N oder 10 % Sn oder 5 % Al zeigt nur bei den sauerstoffhaltigen Proben mit 50 und 190 ppm H einen Steilabfall der Kerbschlagzähigkeit [*L 25*].

Bei der Prüfung des Kriechverhaltens von wasserstoffhaltigem Titan (HB = 140 kp/mm²) wurde festgestellt, daß die Ausscheidung des Wasserstoffs durch das Anlegen der Zugspannung beschleunigt wird. Bei niedriger Spannung läßt sich die Wirkung der Ausscheidung besser beobachten als bei hoher Spannung. Während der Hydridausscheidung tritt ein verstärktes Kriechen der Proben auf, das durch die Platzwechselplastizität während der Ausscheidung verursacht wird. Diese Platzwechselplastizität erfolgt wegen der längeren Zeitdauer der Ausscheidung bei einer geringeren Spannung über einen längeren Zeitraum hinweg als bei einer höheren Spannung. Auch durch Bildung des Hydrids wird die Kriechgeschwindigkeit der Proben vermindert (Abb. 12.22).

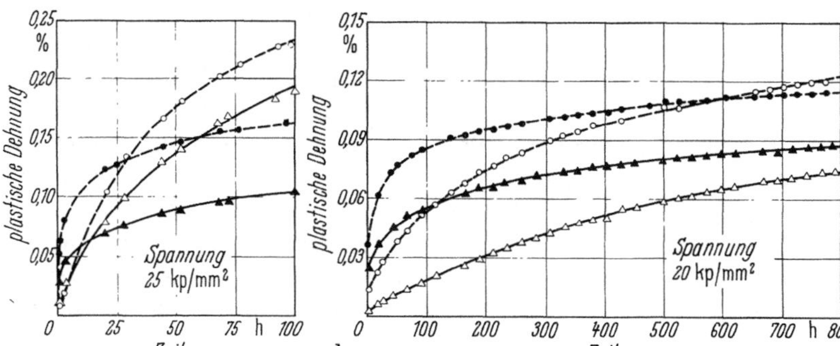

Abb. 12.22 Einfluß des Wasserstoffs und der Auslagerungszeit auf Zeitdehnlinien bei 23 °C von Titan technischer Reinheit, HB = 140 kp/mm² bei 25 und 20 kp/mm² Belastung [*C 40*].

Während die Überschneidung der Zeitdehnlinien bei der höheren Spannung nach kurzer Zeit erfolgt, tritt sie bei der niedrigeren Spannung erst nach einem längeren Zeitraum ein. Die Zeitstandfestigkeit von gekerbten Proben bei Raumtemperatur nimmt mit wachsendem Wasserstoffgehalt zu. Eine Erhöhung des Wasserstoffgehaltes von 50 auf 550 ppm verdoppelt die Zeit bis zum Bruch unter einer Spannung von 55 kp/mm²

[*C 40*]. Bei Gehalten oberhalb 600 ppm wird dagegen, wie Abb. 12.23 zeigt, ein Steilabfall der Zeitstandfestigkeit gekerbter Proben beobachtet [*R 86*]. Bei Temperaturen über der Eutektoidalen, also über 319 °C, ist infolge der mit zunehmendem Gehalt an Wasserstoff stärker auftretenden leicht verformbaren β-Phase mit einer Zunahme der Kriechgeschwindigkeit wasserstoffhaltiger Proben mit β-Anteilen zu rechnen.

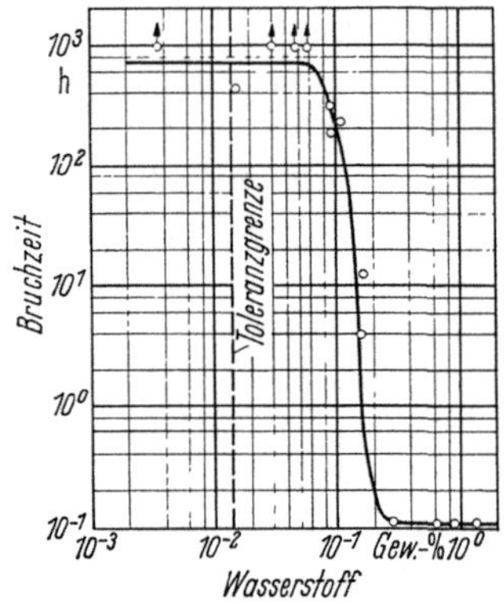

Abb. 12.23 Einfluß des Wasserstoffgehaltes in Titan technischer Reinheit auf die Zeit bis zum Bruch bei gekerbten Proben unter einer Zugspannung von 60 kp/mm² Raumtemperatur (Zugfestigkeit der ungekerbten Probe σ_B = 53 kp/mm²) [*R 86*].

Bei TiAl8Zr8Nb0,5Ta0,5 wurde festgestellt, daß durch eine Verminderung des Wasserstoffgehaltes von 100 auf 20 ppm im geglühten Zustand zwar keine Veränderung der Zeitstandfestigkeit bei erhöhter Temperatur auftrat, daß aber die Bruchdehnung von 6 auf 18 % anstieg. Eine Zunahme der Bruchdehnung wurde schon beim normalen Zerreißversuch auch dann beobachtet, wenn die Proben ohne Spannung bei erhöhter Temperatur ausgelagert wurden [*S 61*]. Ein Wasserstoffgehalt von 390 ppm kann die Dauerfestigkeit in Titan technischer Reinheit bei Raumtemperatur erhöhen [*B 31, B 25b*]. Bei der Legierung TiAl8Mo1V1 tritt bei Gehalten von $\geqq$800 ppm H eine spontane Bildung von Hydrid ein. Bei niedrigen Gehalten kann durch eine plastische Verformung die Hydridbildung auf den $\{10\bar{1}0\}\langle 1\bar{2}10\rangle$ Gleitbändern einsetzen [*B 72f*]. An Rissen, die im Kriechversuch (35 kp/mm², 427 °C, 115 h) entstanden waren, wurde ein Wasserstoffgehalt von $\sim$10000 ppm beobachtet bei einem Grundgehalt dieser Legierung von 100 ppm [*G 43c*].

12.6 Einfluß von Wasserstoff auf die mechanischen Eigenschaften von $(\alpha+\beta)$- und β-Legierungen

Etwa 1953 hat man um die gleiche Zeit wie bei Titan auch den schädlichen Einfluß des Wasserstoffs bei $(\alpha + \beta)$-Legierungen festgestellt. Der Kompressor eines Triebwerkes ging bei einer Dauerprüfung zu Bruch.

Obwohl der Werkstoff die normale mechanische Prüfung durchlaufen hatte, die erforderliche Festigkeit und Bruchdehnung aufwies, hielt er die Beanspruchung nicht aus. Zeitstandversuche an gekerbten Proben bei Raumtemperatur ergaben, daß die Zeitstandfestigkeit sehr stark abgenommen hatte. Die Legierung TiAl4Mn4 enthielt 250–600 ppm H [*B 124, J 8a*].

Wenn $(\alpha + \beta)$-Legierungen nicht so hohe Wasserstoffgehalte aufweisen, daß in größerem Maße Hydridbildung auftritt, ist im Gegensatz zum Titan bei rascher Verformung keine Verminderung des Formänderungsvermögens und der Festigkeit zu beobachten. Dagegen kann bei einer sehr langsamen Beanspruchung insbesondere dann sich die Festigkeit vermindern, wenn die Proben gekerbt sind. Wie bei Titan ist auch hier die Kerbschlagzähigkeit von der Temperatur und der Verformungsge-

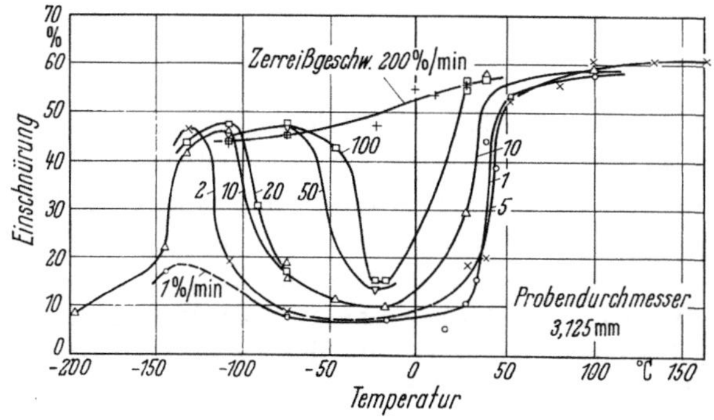

Abb. 12.24 Abhängigkeit der Brucheinschnürung von Temperatur und Zerreißgeschwindigkeit bei der Legierung TiCr2Fe2Mo2 mit 375 ppm Wasserstoff (polygonales Korn); $\alpha : \beta = 65 : 35$ [*W 57*].

schwindigkeit abhängig. Der Temperaturbereich, in dem z.B. die Brucheinschnürung vermindert wird, nimmt mit Abnahme der Verformungsgeschwindigkeit zu [*K 66, R 52*]. Die Versetzungen und sonstige Fehlstellen können wahrscheinlich H-Atome mitführen und so den Bruchmechanismus ändern [*L 45b, S 72a*]. Abb. 12.24 zeigt den Temperaturbereich, in dem die Verminderung der Brucheinschnürung bei verschiedener Verformungsgeschwindigkeit bei der Legierung TiCr2Fe2Mo2 mit 375 ppm H stattfindet. Oberhalb von 40 °C hat die Zerreißgeschwindigkeit zwischen 1 und 100%/min keinen Einfluß auf die Brucheinschnürung. Bei tieferen Temperaturen ist sie dagegen sehr stark von der Zerreißgeschwindigkeit abhängig. Bei gleicher Geschwindigkeit von 0,10% je Minute (Abb. 12.25) wird der Übergang dieser Legierung in einen Zustand mit hoher Brucheinschnürung mit zunehmendem Wasserstoffgehalt zu höheren Temperaturen verschoben. Bei einem Gehalt von 250 ppm H liegt dieser Übergang bereits bei Raumtemperatur [*W 57*]. Auch bei wasserstoffhaltigen β-Legierungen wie TiCr10Mo8Al3 wird eine bei einer bestimmten Zerreißgeschwindigkeit und Temperatur (6 mm/min bei −70 °C und 0,4 mm/min bei +10 °C) auftretende Verminderung der Bruchfestigkeit beobachtet [*K 60b*].

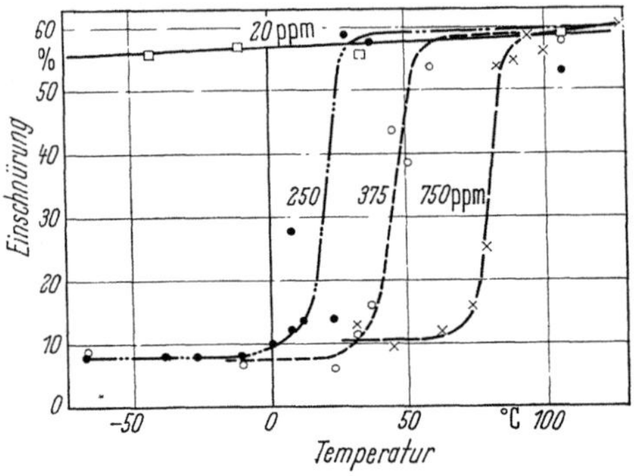

Abb. 12.25 Einfluß des Wasserstoffgehaltes auf die Übergangstemperatur der Brucheinschnürung bei TiCr2Fe2Mo2 (Zerreißgeschwindigkeit 1,25 mm/min bei 250 ppm H 71% α-; bei 375 ppm H 64% α- und bei 750 ppm H 60% α-, Rest β-Phase) [*W 57*].

Gekerbte Proben aus TiCr2Fe2Mo2 zeigen (Abb. 12.26) nach einer Wärmebehandlung von 22 h bei 650 °C und Ofenabkühlung mit zunehmendem Wasserstoffgehalt ein Absinken der zulässigen Beanspruchung, die nach einer bestimmten Zeit die Probe zu Bruch bringt [*B 124*]. Diese Methode, den Einfluß des Wasserstoffs mit Hilfe von gekerbten Proben im Zeitstandversuch bei Raumtemperatur zu messen, wird deshalb für die Prüfung der Wasserstoffverträglichkeit von ($\alpha + \beta$)-Legierungen angewandt (vgl. Kap. 9.1.2, S. 201).

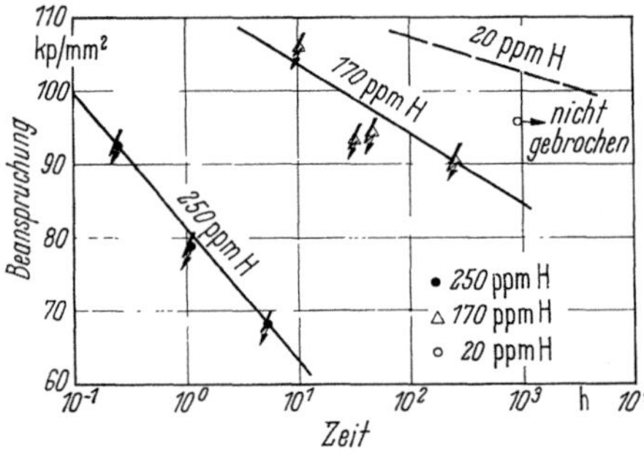

Abb. 12.26 Zeitstandverhalten gekerbter Proben aus TiCr2Fe2Mo2 mit verschiedenem Wasserstoffgehalt bei Raumtemperatur [*B 124*].

Ein feines Korn kann die zulässigen Gehalte an Wasserstoff erhöhen. So wurde an der Legierung TiMn8 bei Zeitstandversuchen gekerbter Proben an feinkörnigem Blech eine wesentlich höhere Toleranzgrenze gefunden [*F 30*], als bei anderen Untersuchungen, bei denen die Legierung grobkörniger war [*C 64*]. Ein ähnliches Verhalten wurde auch bei der Legierung TiMn3Cr1Fe1Mo1V1 beobachtet [*E 12*]. Aus dem β-

Gebiet abgeschreckte Legierungen mit 13 und 20% Mo ergaben bei der Prüfung im langsamen Zerreißversuch, daß auch bei Wasserstoffgehalten von 2000 ppm noch keine Verminderung des Formänderungsvermögens stattfindet. Bei höheren Wasserstoffgehalten zeigen jedoch auch diese Legierungen infolge der Bildung eines Hydrids eine Verminderung des Formänderungsvermögens unabhängig von der Verformungsgeschwindigkeit [*W 49*].

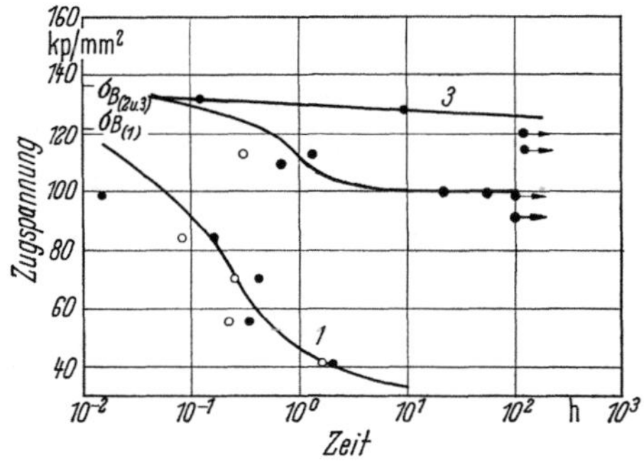

Abb. 12.27 Einfluß eines unterschiedlichen Wasserstoffgehaltes auf das Zeitstandverhalten von gekerbten Proben aus TiAl4Mn4 bei Raumtemperatur: 1 = 800 ppm H; 2 = 450 ppm H; 3 = 50 ppm H ○ = Beginn der Rißbildung; ● = Bruch [*D* 2].

Durch Aluminiumzusatz, der, wie bereits oben erwähnt wurde, die Löslichkeit für Wasserstoff erhöht, sinkt z.B. bei der Legierung TiAl2Mn2 bei einem Gehalt von 300 ppm Wasserstoff [*S 100*] und bei TiAl4Mn4 von 1000 ppm nach geeigneter Wärmebehandlung das Formänderungsvermögen noch nicht ab [*C 64*]. Die Kerbschlagzähigkeit wird

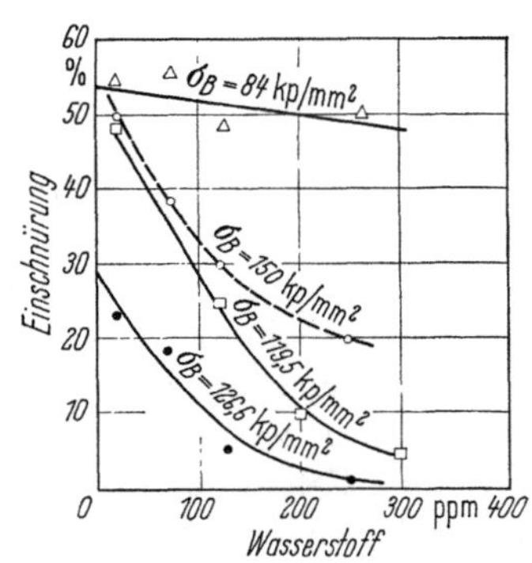

Abb. 12.28 Einfluß des Wasserstoffgehaltes auf die Verminderung der Brucheinschnürung von TiMn3Cr1Mo1V1 bei glatten Proben; Zerreißgeschwindigkeit 1,25 mm/min. Die unterschiedliche Festigkeit wurde durch verschiedene Auslagerung abgeschreckter Proben erreicht [*B 124*].

durch niedrige Wasserstoffgehalte mit zunehmendem Gehalt von Martensit und Mangan weniger stark vermindert, so daß sie bei hohen Wasserstoffgehalten bei TiAl2,5Mn2,5 über der der Probe mit niedrigem Wasserstoffgehalt liegt [*H 39*]. Unterschiede in den Versuchsergebnissen an gleichen Legierungen dürften teilweise durch einen unterschiedlichen Sauerstoffgehalt der geprüften Proben verursacht worden sein, da ein zusätzlicher Sauerstoffgehalt das Formänderungsvermögen vermindert [*J 14*], wie das auch geschweißte Biegeproben zeigen [*M 78f*]. Abb. 12.27 zeigt den Einfluß des Wasserstoffgehaltes auf das Zeitstandverhalten geglühter (Ofenabkühlung 820–580 °C/Luftabkühlung) und gekerbter Proben der Legierung TiAl4Mn4. Auch die Vorbehandlung spielt für die zulässigen Wasserstoffgehalte bei vielen ($\alpha + \beta$)-Legierungen eine Rolle. So ist in Abb. 12.28 der Einfluß des Wasserstoffs auf die Brucheinschnürung der Legierung TiMn3Cr1Fe1Mo1V1, deren Festigkeit durch Wärmebehandlung variiert wurde, wiedergegeben. Je höher die Festigkeit ist, desto stärker nimmt die Brucheinschnürung durch den Wasserstoffzusatz ab.

Das Zeitstandverhalten gekerbter Proben bei verschiedenen Temperaturen der Legierung TiAl4Mn4 mit einem Wasserstoffgehalt von 800 ppm und einem α-Anteil von 75% zeigt die Abb. 12.29. Bei +150

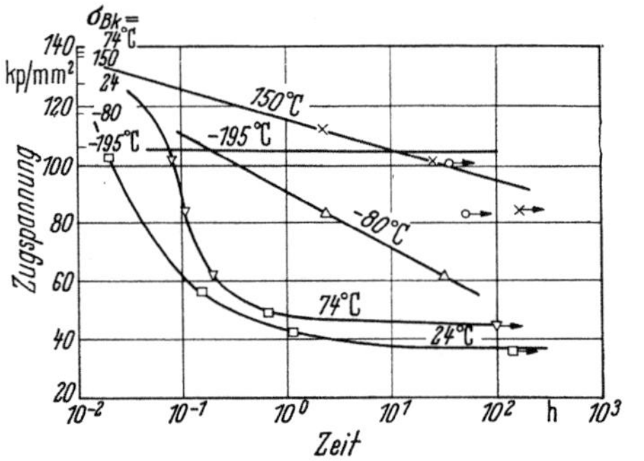

Abb. 12.29 Einfluß der Prüftemperatur auf das Zeitstandverhalten gekerbter Proben von TiAl4Mn4 mit 0,08 Gew.-% Wasserstoff (Ofenabkühlung von 820–580 °C/Luft, σ_B = 115 kp/mm²) [*D 2*].

und −195 °C wird eine wesentlich geringere Zeitabhängigkeit der Zugspannung gefunden, als bei den dazwischenliegenden Temperaturen. Die Aktivierungsenergie für die Verminderung des Formänderungsvermögens wurde für die Legierung TiCr2Fe2Mo2 mit etwa 3100 cal/mol berechnet. Es kann sich demnach um einen von der Diffusion des Wasserstoffs geschwindigkeitskontrollierten Vorgang handeln. Der niedrige Wert dürfte sich auf die Diffusion des Wasserstoffs in der β-Phase beziehen [*R 40a, S 54*].

In allen Fällen findet man bei ausreichend hohem Gehalt an Wasserstoff bei der metallographischen Untersuchung eine Hydridausscheidung. So kann bereits bei einem Gehalt von 100 ppm H über der zulässigen Toleranzgrenze die nadelförmige Hydridausscheidung in der Nähe der Bruchstelle langsam verformter Proben beobachtet werden [*W 55*]. Auch durch Härteeindrücke können für Hydridausscheidung notwendige Spannungen hervorgerufen werden. An den Stellen, an denen Spannungsspitzen auftreten, scheidet sich dann Hydrid aus [*K 22, B 72e*]. Bei der Legierung TiCr2Fe2Mo2 treten bereits bei einem Gehalt von 200 ppm H an der Grenze zwischen der α- und β-Phase zahlreiche Hydridplatten auf (Abb. 12.30) [*W 56, W 50a*]. In den Korngrenzen zwischen α und β wird die Ausscheidung des Hydrids begünstigt, [*B 55b, M 8*], während intermetallische Verbindungen die Ausscheidungen im Korninnern fördern, wie Versuche an kupferhaltigen Legierungen gezeigt haben [*W 55*].

Bei den technischen Titanlegierungen wurde der maximal zulässige Wasserstoffgehalt wegen der verschiedenartigen Auswirkung auf 125 bis

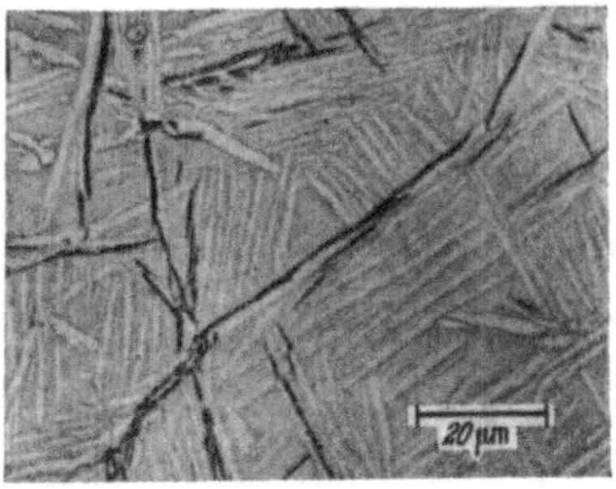

Abb. 12.30 Hydridausscheidung an der α/β-Phasengrenze in der Legierung TiCr2Fe2Mo2 mit 200 ppm Wasserstoff [*W 56, W 50a*].

250 ppm (vgl. Tab. 11.7, S. 286 ff.) beschränkt. Als Prüfung für die Wasserstoffanfälligkeit wird ein Zeitstandversuch mit gekerbter Probe vorgeschrieben, bei dem die in Kap. 9.1.2, S. 201 beschriebene Probenform verwendet wird. Es soll dabei eine Spannung von 10% über der Zugfestigkeit des ungekerbten Werkstoffes mindestens 5 h ohne Bruch ausgehalten werden. Bei der Legierung TiAl6V4 wurde z.B. diese Prüfung in einem Normvorschlag (AICMA – Ti-P63) mit einer Beanspruchung von 118 bzw. 124 kp/mm^2 und einer Bruchzeit von $\geqq 5$ h vorgeschlagen.

Bei der Legierung TiAl6V4 ist nach einer Wärmebehandlung von 30 min 900 °C und anschließend 1 h 700 °C bei 700 ppm Wasserstoff noch keine dieser Norm entsprechende Verminderung der Zeitstandfestigkeit gekerbter Proben beobachtet worden [*S 38*]. Durch eine andere Wärmebehandlung und Korngröße kann jedoch das Formänderungsvermögen dieser Legierung bei Gehalten von etwa 300 ppm bei Dauerbeanspruchung vermindert werden [*S 91*]. Auch die Legierungen TiAl4Mo3V1 und TiAl5Cr1,3Fe1,3Mo1,2 ertragen im weichgeglühten Zustand Wasserstoffgehalte von über 800 ppm [*N 1*] und Legierungen mit noch höheren Aluminiumgehalten, wie z.B. die Legierung TiAl9V3, zeigen sogar durch Gehalte an Wasserstoff bis zu 500 ppm im weichgeglühten Zustand eine Erhöhung der Zeitstandfestigkeit von gekerbten Proben bei Raumtemperatur. Erst bei höheren Gehalten fällt die Zeitstandfestigkeit auch hier wieder ab [*Z 10*]. Der Einfluß des Gefüges und der Wärmebehandlung auf die Wasserstoffempfindlichkeit verschiedener technischer ($\alpha + \beta$)-Legierungen ist in Tab. 12.3 zusammengefaßt [*W 56*].

Tabelle 12.3. *Einfluß des Gefüges und der Endwärmebehandlungstemperatur auf die Wasserstoffanfälligkeit gekerbter Proben verschiedener Titanlegierungen bei Raumtemperatur* [*W 56*]

Gefüge	Endglüh-temperatur [°C]	Legierung und Grenzgehalt in ppm			
		TiCr2Fe2Mo2	TiMn8	TiAl4Mn4	TiAl6V4
Polygonal lösungsgeglüht	700	300–400	600–800	>800	>800
Polygonal stabilisiert	600	100–200	200–300	400–600	>800
Polygonal ausgelagert	480	20–100	100–200	100–200	400–600
Widmannstätten lösungsgeglüht	700	200–300	600-800	>800	>800
Widmannstätten stabilisiert	600	100–200	200–300	100–200	>800
Widmannstätten ausgelagert	480	20–100	20–100	20–100	200–300

Das Kriechverhalten der $(\alpha + \beta)$-Titanlegierungen bei erhöhter Temperatur wird durch einen Gehalt an Wasserstoff ungünstig beeinflußt. Abb. 12.31 gibt Zeitdehnlinien von Proben der Legierung TiAl6V4 mit verschiedenen Gehalten an Wasserstoff wieder, die nach derselben Vor-

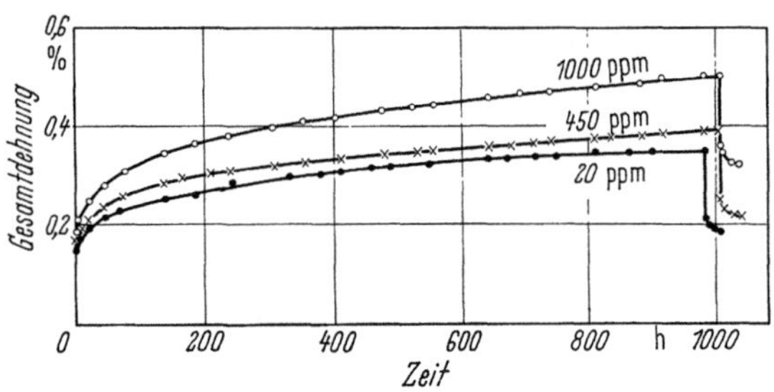

Abb. 12.31 Einfluß von Wasserstoff auf die Zeitdehnlinien der Legierung TiAl6V4 bei 450 °C [*Z 7*] (Vorbehandlung stranggepreßt, 1/2 h 800 °C/Ofenabk. 700 °C, 2 h 700 °C/Luftabk.).

behandlung unter einer Spannung von 14 kp/mm² bei 450 °C aufgenommen wurden. Die wasserstoffhaltigen Legierungen zeigen eine stärkere plastische Verformung als die wasserstoffarme Probe [*Z 7*]. Diese Zunahme der Kriechgeschwindigkeit durch Gehalte an Wasserstoff wurde auch bei TiAl2Mn2 bei 300 und 350 °C [*S 100*] und bei TiAl6Mo3 mit einem Sauerstoffgehalt von 0,1 % beobachtet, während bei einem Sauerstoffgehalt von 0,2 % der Einfluß des Wasserstoffs geringer war [*K 63a*]. Für die stärkere Verformung sind zumindest teilweise die durch den Wasserstoff erhöhten Gehalte der β-Phase verantwortlich. Werte der Dauerfestigkeit von TiMn8 und TiAl4Mn4 bei Raumtemperatur wurden durch 368 bzw. 500 ppm Wasserstoff nicht geändert [*B 31, H 40a*]. Die Dauerfestigkeit von mit Anrissen versehenen Blechproben aus TiAl6V4 wird in hochreiner Wasserstoffatmosphäre im Gegensatz zu Sauerstoff- oder Stickstoffatmosphäre oberhalb −70 °C vermindert [*P 34a*]. Unter Wasserstoff angerissene Proben zeigten in Wasserstoffatmosphäre eine raschere Rißfortpflanzung als an Luft angerissene Proben [*P 34e, P 34c*].

Bei Legierungen durch Wasserstoffgehalte auftretende Dämpfungsmaxima, die mit einem Torsionspendel bestimmt werden, liegen bei anderen Temperaturen und Frequenzen als bei Titan technischer Reinheit [*B 108a, S 108b, S 108c*]. Bei der β-Legierung TiCr11Mo7Al3 wurde kein Einfluß des Wasserstoffgehaltes auf den E-Modul gefunden [*K 60a*].

12.7 Einfluß des Wasserstoffs auf die Umformbarkeit

Die hexagonale α-Phase des Titans läßt sich bei Gehalten von 200 ppm H noch kalt umformen. Mit zunehmender Vergröberung der Hydridplatten oberhalb etwa 400 ppm H wird das Formveränderungsvermögen gering. Ein deutlicher Härteunterschied zwischen wasserstofffreien und wasserstoffhaltigen Proben bis zu Gehalten von 200 ppm H vor und nach Kaltumformung wird nicht gefunden [*J 9*].

Da die kubische β-Phase des Titans leichter umformbar ist als die hexagonale α-Phase (vgl. Abb. 10.25, S. 241) und Wasserstoff die Umwandlungstemperatur herabsetzt, kann eine Warmumformung bei Titan oder Titanlegierungen mit Gehalten an Wasserstoff bei tieferen Temperaturen im β-Gebiet erfolgen, als bei wasserstofffreien Legierungen. Wie Abb. 12.32 zeigt, sinkt z.B. der β/α-Umwandlungsbereich der Legierung

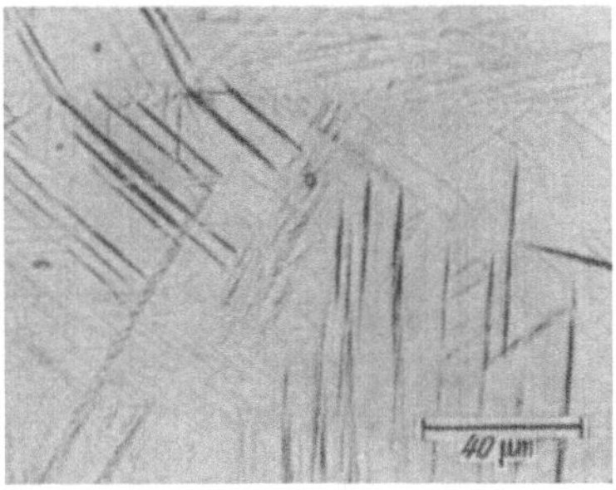

Abb. 12.32 Gefüge der Legierung TiAl7 mit einem Gehalt von 0,6 Gew.-% Wasserstoff von 900 °C abgeschreckt [*M 70a*].

TiAl7 durch 0,6 % H von etwa 1030 °C auf unter 900 °C, wie aus der martensitischen Umwandlung der β-Phase in der von 900 °C abgeschreckten Probe geschlossen werden kann. Diese Legierung kann bei dieser Temperatur wesentlich leichter umgeformt werden als eine wasserstofffreie Legierung. Während die Höhenabnahme bei einer Stauchung mit einem Fallhammer bei 900 °C ohne Wasserstoffzusatz nur 30 % betrug, ist sie durch den Wasserstoffzusatz auf über 50 % angestiegen [*S 37*]. Durch noch höhere Zusätze an Wasserstoff, die über den zur Bildung der β-Phase notwendigen Bereich hinausgehen, wird die Warmumformbarkeit wieder vermindert [*S 36*]. Wasserstoff muß anschließend durch eine entsprechende Glühung im Vakuum wieder entfernt werden (vgl. Kap. 12.2, S. 347ff.).

12.8 Wirkung des Wasserstoffs auf Aushärtung und Gefügeausbildung

Im Gegensatz zu Titan, bei dem die β-Phase durch Wasserstoffzusatz nicht stabilisiert werden kann, wird bei Gegenwart genügend hoher Anteile β-stabilisierender metallischer Zusätze durch weitere Zusätze von Wasserstoff eine Stabilisierung der β-Phase auf Raumtemperatur beim Abschrecken möglich. Die β/α-Umwandlungs- und die Martensittemperatur wird durch den Wasserstoffzusatz zu entsprechend niedrigeren Temperaturen verschoben und der α-Anteil im $(\alpha + \beta)$-Gleichgewicht vermindert [*L 23*].

Gehalte an Wasserstoff wirken sich deshalb, wie Abb. 12.33 anhand der Legierung TiAl4Mn4 zeigt, auf die Gefügebildung und die Härte

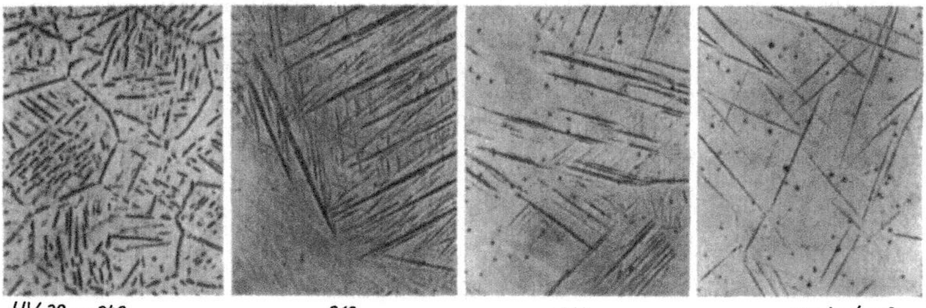

Abb. 12.33 Gefüge und Härtewerte der Legierung TiAl4Mn4 mit verschiedenen Gehalten an Wasserstoff von 900 °C abgeschreckt [*S 38*].

von 900 °C abgeschreckter Proben aus. In Abb. 12.34 ist die 400 °C-Aushärtung der Legierung TiCr5Al3 mit verschiedenen Wasserstoffgehalten nach Abschrecken von 950 °C wiedergegeben. Erst bei Gehalten von 0,1 % Wasserstoff wird der Verlauf der Aushärtung merklich beeinflußt. Bei höheren Gehalten ist die maximale Härte wesentlich niedriger als bei den kleineren Wasserstoffgehalten, wenn man gleiche Versuchszeiten voraussetzt. Die Bildung der härtenden ω-Phase wird demnach durch den Wasserstoffgehalt der β-Phase verhindert oder zumindest stark zurückgedrängt. Bei anderen ($\alpha + \beta$)-Legierungen werden ähnliche Auswirkungen des Wasserstoffs beobachtet [*S 38*].

Plattenförmige Ausscheidungen von Titanhydrid aus Titan und α-Titanlegierungen, die im Gefügebild meist wie Nadeln aussehen, wurden erstmals 1949 beobachtet [*J 9*]. Auch bei ($\alpha + \beta$)-Legierungen wurden

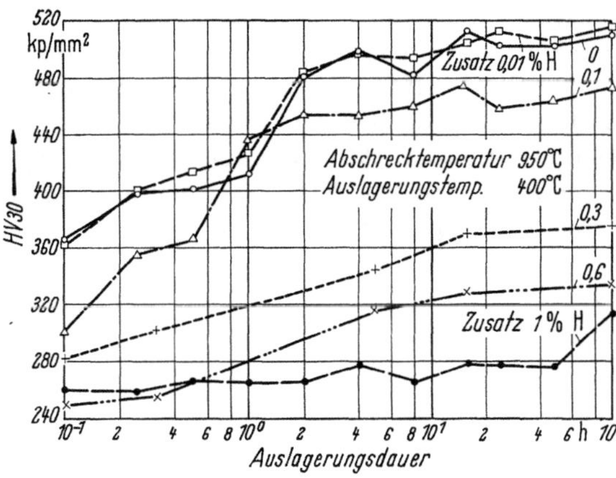

Abb. 12.34 Einfluß des Wasserstoffs auf die Aushärtung der Legierung TiCr5Al3 [*S 38*].

bei Gehalten an Wasserstoff dunkle Ausscheidungen gefunden [*W 73a, P 28*], von denen man später annahm, daß es sich um Titanhydrid handelt [*C 63, P 5, W 54*]. Bei niedrigen Wasserstoffgehalten oder bei abgeschreckten Proben treten diese Ausscheidungen erst nach einer Verformung auf [*W 54*].

Mit Hilfe einer elektrolytischen Abtrennung der verschiedenen Phasen gelang es durch Röntgenfeinstrukturanalyse nachzuweisen, daß bei der Legierung TiAl4,5Cr1,5Fe0,2 bei kleinen Wasserstoffgehalten der Zerfall von β in α + $TiCr_2$ gefördert wird, während bei höheren Wasserstoffgehalten das Hydrid auftritt. Bei sehr hohen Gehalten an Wasserstoff wird die β-Phase neben dem Hydrid stabilisiert. Bei der Legierung TiAl5Cr2Mo1,5Fe0,2 wurde dagegen kein Zerfall des β-Anteils beobachtet, auch wenn der Wasserstoffgehalt bis auf 0,12 % erhöht wurde [*B 49*]. Die Legierung TiAl8Mo1V1 mit 200 ppm H zeigt eine Bildung von plattenförmigen Hydridausscheidungen ohne Verformung noch nicht, dagegen nach einer Verformung von 2 %. Für eine spontane Keimbildung für grobe Hydridplatten sind etwa 800 ppm H notwendig [*B 72f*].

Bei aluminiumfreien Titan-Chrom-Legierungen wird bei wesentlich geringeren Wasserstoffgehalten die Ausbildung einer plattenförmigen Hydridphase beobachtet als bei aluminiumhaltigen Legierungen. Bei aluminiumfreien Legierungen genügen bereits Gehalte von 180–360 ppm H.

Von 420 °C abgeschreckte, mit Wasserstoff beladene Proben können durch einen Vickers-Härteeindruck zur Bildung der Hydridausscheidung bei Raumtemperatur veranlaßt werden. Dabei tritt die nadelförmig aussehende Hydridausscheidung nicht sofort ein, sondern erst im Laufe einer längeren Auslagerungszeit [*P 27*, *K 22*]. Autoradiographische Untersuchungen mit Tritium als Spurenelement haben gezeigt, daß diese plattenförmigen Ausscheidungen in $(\alpha + \beta)$-Legierungen tritiumhaltig sind und sich besonders leicht an der α/β-Grenze (vgl. auch Abb. 12.30, S. 365) bilden [*H 80*]. Art der Verteilung und Ort der Hydridbildung können die mechanischen Eigenschaften beeinflussen. Eine weitgehend isotrope Hydridausscheidung, z.B. bei Titan technischer Reinheit ($\varrho_D = 66\,\mathrm{kp/mm^2}$, 70 ppm H), kann durch eine plastische Verformung von über 10% und Abschrecken von 450 °C erreicht werden [*M 45b*].

13. Korrosion in Flüssigkeiten und Reaktion mit Gasen

Titan zeichnet sich durch Korrosionsbeständigkeit gegenüber einer Reihe von Angriffsmitteln, besonders gegenüber oxidierenden und chloridhaltigen Medien aus. Die Beständigkeit ist auf einen Passivierungsvorgang infolge Bildung einer dünnen Schutzschicht, z.B. durch Oxydationsmittel, auf der Oberfläche des Metalles zurückzuführen. Dadurch kann oft durch geringe inhibierende Zusätze in normalerweise angreifenden Medien ein Angriff vermindert oder ganz verhindert werden. Die Reaktion mit Gasen kann z.B. die Anwendung von Titanlegierungen bei hohen Temperaturen begrenzen und spielt auch bei der Warmverarbeitung eine wichtige Rolle. Die Reaktion mit Wasserstoff wird in Kap. 12, S. 338ff. beschrieben, die Korrosion von Lötverbindungen in Kap. 19.6, S. 535.

13.1 Korrosion von Titan und Titanlegierungen

Während in stark reduzierenden Medien Titan oft eine geringe Korrosionsbeständigkeit aufweist, besitzt es, wie die Tab. 13.1 zeigt, besonders gegenüber oxidierenden Medien zum Teil auch unter Temperatur- und Druckbeanspruchung meist eine ausgezeichnete Beständigkeit.

So ist Titan gegenüber technischer Salpetersäure im ganzen Konzentrationsbereich – mit Ausnahme von roter rauchender Salpetersäure – bis 100 °C beständig. Bei höheren Temperaturen ist bei Anwesenheit bestimmter Inhibitoren, z.B. siliziumhaltiger Verbindungen, auch unter Druckbeanspruchung noch eine Beständigkeit gewährleistet, während in reiner Salpetersäure ein verstärkter Angriff mit einem Maximum bei ~50 % HNO_3 auftritt. Bei Raumtemperatur wird Titan durch Königswasser nicht, in siedenden Lösungen nur wenig angegriffen [*G 28*, *F 36*, *B 25*, *B 15b*, *B 77*, *B 41*, *R 53*, *K 13a*, *W 26c*].

Die Anwesenheit von Chlorionen in einer oxidierenden Lösung, wie z.B. im Falle von $FeCl_3$ oder $CuCl_2$ verursacht auch in Siedehitze weder gleichmäßige Abtragung noch Lochfraß. In Abwesenheit eines Oxydationsmittels findet dann in chlorionenhaltigen Medien kein Angriff statt, wenn die Wasserstoffionenkonzentration gering ist. Dies gilt z.B. für Salzlösungen einschließlich physiologischer Salzlösungen mit NaCl, $CaCl_2$ und $MgCl_2$ und für Seewasser [*S 34 C 77b*, *L 29b*,]. Es bildet sich eine Deckschicht aus TiO und Ti_2O_3 [*F 40a*]. In konzentrierten Seewasserlösungen wird Titan auch bei Eindampfungstemperatur nicht an-

Tabelle 13.1. *Korrosion von Titan in Flüssigkeiten und Gasen* [*S 142, S 32a, R 53, H 56a, T 19, K 84, I 6a*]

Agens	Konzentration in Gew.-%	Temperatur in °C s = siedend	Abtragungs-geschwindigkeit[1]
Äthylalkohol	95	s	A
Aluminiumchlorid	5, 10	100	A[3]
	10	150	A
	20, 30	150	C
	25	60	A
	25	100	C
	40	122	C
Ameisensäure	50	20	A–C
Ameisensäure, belüftet	10, 25, 50, 90	100	A
Ameisensäure, nicht belüftet	10	s	A
	25, 50, 90	s	C
Ammoniak, gasförmig (wasserfrei) [14 atü]	100	40	A
Ammoniumchlorid	1, 10, gesättigt	100	A
Ammoniumhydroxid	28	20, 60, 100	A
Ammoniummolybdat	gesättigt	100	A
Ammoniumnitrat	gesättigt	s	A
Anilinchlorhydrat	5, 20	100	A
Antimontrichlorid	20	75	A
Apfelsäure	50	90	A
Bariumchlorid	5, 20	100	A[3]
Benzoesäure	gesättigt	20, 60	A
Benzol		20	A
Borsäure	10	20	A
Brom	flüssig	30	C
	gasförmig trocken	Rt	C
	gasförmig feucht	20	A
Bromwasser	gesättigt	20	A
Bromwasserstoffsäure	30	20	A
Calciumbisulfatlösung	gesättigt	25, 60	A
Calciumchlorid	5, 10, 25, 28	100	A[3]
	62	154	A–C
	73	177	C
Calciumhypochlorit	2, 6	100	A
Calciumsulfat	gesättigt	20, 60	A
Chlordioxid		80	A

[1] Es bedeuten: A: Abtragungsgeschwindigkeit bis 0,125 mm/Jahr, beständig; B: Abtragungsgeschwindigkeit zwischen 0,125 und 1,25 mm/Jahr, geringer Angriff; unter Umständen verwendbar. C: Abtragungsgeschwindigkeit größer als 1,25 mm/Jahr, nicht verwendbar.

[2] Angriff abhängig von Korrosionsbedingungen. Vgl. Abb. 13.32, S. 435.

[3] Spannungsrißkorrosionsgefahr in Gegenwart von Chlor-, Brom- oder Jod-Ionen (vgl. Tab. 13.11, S. 409).

Tabelle 13.1 (Fortsetzung)

Agens	Konzentration in Gew.-%	Temperatur in °C s = siedend	Abtragungs-geschwindigkeit[1]
Chlorgas, trocken, <etwa 0,3% H_2O, bei Verletzung der Oxidschicht durch z.B. mech. Beanspruchung Entflammungsgefahr		20–100	C[2]
Chlorgas, feucht, 0,013–0,6% H_2O		20–100	A[2]
Chlorwasser	gesättigt	20	A
Chlorwasser + HCl (feuchte Lösung)		5–25	A
Chlorsulfonsäure		20	C
Chromsäure	10, 50	s	A
	36,5	90	A
Dichloräthan	100	s	A
Dichloressigsäure	100	100	A
Eisen(III)-chlorid	1 30	100	A[3]
	10	s	A[3]
Eisen(III)-chlorid	50	113, 150	A
Essigsäure, belüftet	5, 25, 50, 75, 99, 5	s	A
Essigsäure, nicht belüftet	99, 5	s	A[3]
Essigsäureanhydrid	98	20, s	A[3]
Essigsäureanhydrid, wasserfrei	>98	s	C
Flußsäure	1	20	C
Flußsäure, wasserfrei	100	20	B
Formaldehyd	37	s	A
Gerbsäure	25	100	A
Glykolsäure	100	40	A
Isopropylnitrat		20	A
Jod		130	C
Jodwasserstoffsäure	gesättigt	20	A
Kalilauge	10	s	A
	50	27	A
Kaliumchlorid	36	111	A[3]
Kaliumsulfat	gesättigt	20, 60	A
Kesselspeisewassser, alkalisch		500	A
Kupfer(I)-chlorid	50	90	A[3]
Kupfer(I)-chlorid, geschmolzen	100	450	C
Kupfer(II)-chlorid	1, 20	100	A[3]
	40	s	A
	55	118	A
Magnesiumchlorid	5, 20, 42	s	A[3]
Magnesiumsulfat	gesättigt	20, 60	A
Maleinsäure	100	s	A
Mangan(II)chlorid	5, 20	100	A
Methylalkohol	99	60	[3]
Milchsäure, belüftet	10, 25, 50, 85	100	A
Milchsäure, nicht belüftet	10, 25, 50, 85, 100	s	A
Monochloressigsäure	30	80	A
	>99	115	C

Tabelle 13.1 (Fortsetzung)

Agens	Konzentration in Gew.-%	Temperatur in °C s = siedend	Abtragungs-geschwindigkeit[1]
Natriumarsenat	gesättigt	20	A
Natriumbichromat	gesättigt	20	A
Natriumbisulfat	gesättigt	20	A
Natriumchlorat	(5,6% Cl_2)	20	A
Natriumchlorid	gesättigt	20, 111	A[3]
Natriumhydroxid (Ätznatron)	10	s	A
	40	80	A
	73	113	B
Natriumhypochlorit	10 g/l Cl_2	s	A
Natriumhypochlorit	20 g/l, pH = 3	130–150	A
Natriumkarbonat	20	s	A
Natriumnitrat	gesättigt	20	A
Natriumphosphat	gesättigt	20	A
Natriumsilikat (d = 1,37 g/cm³)		20, 60	A
Natriumsulfat	gesättigt	20, 60	A
Natriumsulfid	10	s	A
Natriumsulfit	gesättigt	20	A
Natriumzyanid	gesättigt	20	A
Nickelchlorid	20	100	A
Oxalsäure, belüftet	10	35	A
	0,5	60	C
Oxyessigsäure		40	A
Phenol, wassergesättigt		20	A
Phosphorpentachlorid, wasserfrei	100	20, 60	B
Phosphorsäure	5, 10, 20, 30	35	A
	85	20	B
	35–85	35	B
	5–35	60	B
	5	100	B
	10	80	C
Physiologische NaCl-Lösung	3,5	37	A
Propionsäure	Dampf	190	C
Pyridin	50, 100	20, 60	A
Quecksilber(II)-chlorid	gesättigt	100	A
Salpetersäure, belüftet	69, 5	100	A
	20	290	B–C
	40	200	B–C
Salpetersäure, belüftet	65	175	A–B
	70	270	B–C
Salpetersäure, nicht belüftet	65	s	A
	90	20	A
Salpetersäure, rot rauchend mit 20% NO_2, <2% H_2O (vgl. Abb. 13.31., S. 434)		20	Explosionsgefahr
do., >2% H_2O		20	A
Salpetersäure, weiß rauchend		20, 160	A

Tabelle 13.1 (Fortsetzung)

Agens	Konzentration in Gew.-%	Temperatur in °C s = siedend	Abtragungs-geschwindigkeit [1]
Salznebel (3% und 20%)		20	A
Salzsäure, belüftet	0,5	35	A
	1	100	B
	2	100	C
	3	60	A
	3	100	C
	4	60	B
	5	20	A
	5	60	B
	7,5	35	B
	10	35	B
	15	35	C
	20	20	B
	37	35	C
	1	60	A
Salzsäure, nicht belüftet	1	70	A
	1	s	C[3]
	5	20	A
	3,5	70	B[3]
	3,5	s	C[3]
	5	50	C[3]
	10–18	20	B[3]
	10	70	C
	20, 37	20	C
Schwefel, geschmolzen	100	240	A
Schwefeldioxid, trocken	100	60	A
Schwefeldioxid in Wasser (gesättigt)		70	A
Schweflige Säure	6	20	A
Schwefelsäure, belüftet	10, 65, 75	35	B
(vgl. Abb. 13.2., S. 377)	25, 40, 50,		
	96, 5	35	C
Schwefelsäure, nicht belüftet	5	20	A
	10	20	B
	40	20	B
	65	20	B
	78	20	C
	5	35	A
	10	35	B
	20–50	35	C
	60–70	35	B
	>70	35	C
	1,5	s	C
	10	50	C
Schwefelkohlenstoff		20	A
Schwefelwasserstoff, wassergesättigt		70	A
		20	A
Seewasser		20, s	A[3]

Tabelle 13.1 (Fortsetzung)

Agens	Konzentration in Gew.-%	Temperatur in °C s = siedend	Abtragungs-geschwindigkeit [1]
Silbernitrat	20	60	A
Stearinsäure	100	180	A
Sulfaminsäure	20	90	C
Terephthalsäure	75	100	A
Trichloräthylen (stabilisiert) H_2O-haltig		s	A[3]
Trichloräthylen (nichtstabil.) H_2O-haltig		s	A[3]
Trichloressigsäure	100	100	C
Wasserstoffsuperoxid	30	20	A, B
Weinsäure	50	100	A
Zinkchlorid	20	s	A[3]
	75	150	A[3]
	75	200	B[3]
	80	173	C[3]
Zinn(IV)-chlorid	24	100	A[3]
Zitronensäure, belüftet	50	100	A
Zitronensäure, nicht belüftet	50	s	B[3]

gegriffen, während einzelne Chloridlösungen bei höheren Konzentrationen, z. B. Aluminiumchlorid (>10%), Calciumchlorid (>30%) oder Zinkchlorid (>75%), bei erhöhter Temperatur eine Korrosion verursachen können [*D 7, H 90, B 61b, J 30, B 77*].

Weiterhin ist Titan beständig gegen wäßrige Lösungen, die Natriumhypochlorit, Chlordioxid oder Chlor enthalten, ferner gegen feuchtes Chlor oder Brom, dagegen reagiert es schon bei Raumtemperatur unter Aufflammen spontan mit diesen beiden Elementen unter Bildung von Titanchlorid oder -bromid, wenn der Wassergehalt unter etwa 0,01% absinkt [*H 90*]. Auch niedrige Titanchloride können mit Titan zu $TiCl_4$ reagieren [*K 32a*]. Gegenüber wasserfreiem, flüssigem oder gasförmigem Fluor ist Titan zwischen −200 und +100 °C beständig, während es bei höheren Temperaturen angegriffen wird. Die Beständigkeit wird auf die Bildung einer Titanfluoriddeckschicht zurückgeführt [*H 3, E 15*].

Im Erdreich mit unterschiedlichem pH-Wert erfolgt keine Korrosion [*S 9e*]. Durch schwache Alkalilaugen wird Titan weder in der Kälte noch in der Wärme angegriffen. Laugen höherer Konzentration und Temperatur, z.B. 40% NaOH-Lösung bei 80 °C, greifen jedoch das Metall an [*H 90, A 14*].

Gegenüber einer Reihe nichtoxidierender Mineralsäuren, wie Fluß-, Salz-, Schwefel- oder Phosphorsäure, ist Titan bei höheren Temperaturen und Konzentrationen nicht beständig. Auch durch einige organische Säuren, wie Oxalsäure, Ameisensäure und Trichloressigsäure, wird es teilweise beträchtlich angegriffen. Vielfach wird in diesen Medien die Abtragungsgeschwindigkeit durch den Luftsauerstoffgehalt der Lösung beeinflußt. In technischen Lösungen kann durch geringe Gehalte an inhibierenden Beimengungen die Abtragungsgeschwindigkeit vermindert werden.

Durch Flußsäure wird Titan im ganzen Konzentrationsgebiet stark angegriffen, der Angriff kann durch oxidierende Zusätze nicht vollkommen unterdrückt werden [*S 144*]. Das Korrosionsverhalten von Titan in Salzsäure verschiedener Konzentration bei 35 °C ist in Abb. 13.1 wiedergegeben. Bis 5 % HCl steigt die Abtragungsgeschwindigkeit in belüfteten Lösungen nur langsam an und erreicht noch nicht eine Abtragungsgeschwindigkeit von 0,1 mm/Jahr. Bei höherer Konzentration wird Titan

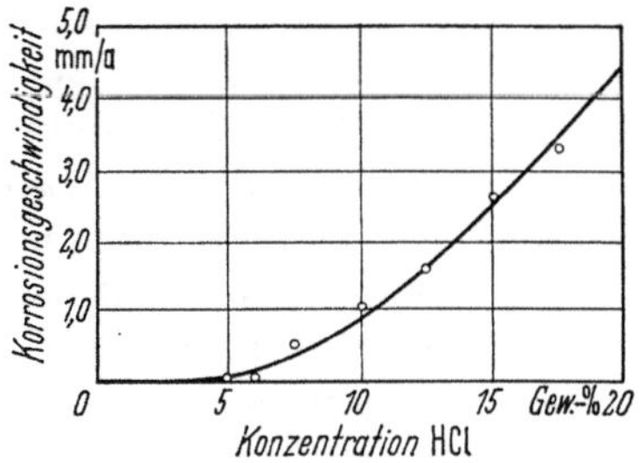

Abb. 13.1 Korrosionsgeschwindigkeit von Titan bei 35 °C in belüfteter Salzsäure [*G 28*].

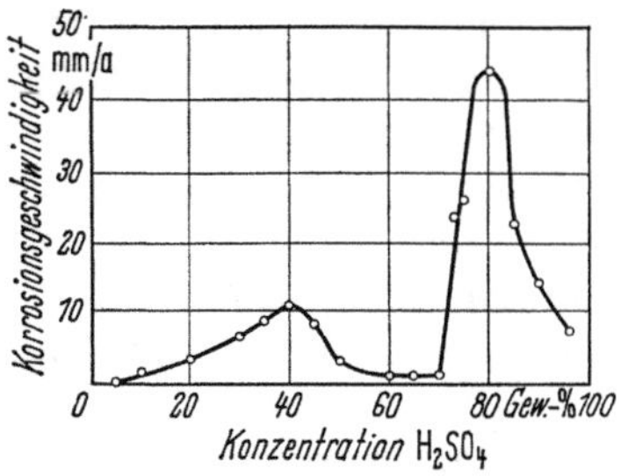

Abb. 13.2 Korrosionsgeschwindigkeit von Titan bei 35 °C in belüfteter Schwefelsäure [*G 28*].

schon bei Raumtemperatur angegriffen. Bei 60 °C ist nur noch bis zu einer Konzentration von etwa 3 % eine ausreichende Beständigkeit vorhanden, bei 100 °C findet schon bei Gehalten von etwa 1 % HCl ein starker Angriff statt. Durch Schwefelsäure von 35 °C wird Titan bei Konzentrationen von über 5 % rasch angegriffen (Abb. 13.2). Die Korrosionsgeschwindigkeit durchläuft ein erstes Maximum bei etwa 40 % H_2SO_4, sinkt dann ab und weist ein zweites Maximum bei etwa 80 % H_2SO_4 auf. Bei höheren Temperaturen wird auch in Schwefelsäure die Beständigkeit zu geringeren Gehalten verschoben [*G 4, G 28*]. Die hohe Abtragungsgeschwindigkeit bei 40 % H_2SO_4 wird auf die Bildung von Komplexionen mit hoher Löslichkeit zurückgeführt, die bei höheren Säuregehalten nicht mehr beständig sind [*C 26*]. Gegen Phosphorsäure ist Titan bei Raumtemperatur bis zu Gehalten von 30 % beständig. Bei höherer Konzentration und Temperatur steigt die Korrosionsgeschwindigkeit auch hier an [*G 4, G 28, K 24*].

Die Titansorten technischer Reinheit unterscheiden sich in ihrem Korrosionsverhalten in Medien, in denen Titan eine gute Beständigkeit besitzt, im allgemeinen nicht [*T 3a*]. Ebenso zeigen Titanlegierungen im allgemeinen in solchen Medien die gleiche Beständigkeit wie Titan technischer Reinheit. Auch durch eine Kaltverformung wird die Korrosionsbeständigkeit nur wenig vermindert [*J 30, T 7b*]. In angreifenden Medien wird die Korrosionsbeständigkeit von Titan und Titanlegierungen durch einen Eisen- und Nickelgehalt von über 0,075% Fe oder Ni verringert, während Gehalte an Sauerstoff, Stickstoff oder Kohlenstoff bis 0,5% das Korrosionsverhalten nicht wesentlich beeinflussen [*Z 5, F 29, C 57e, C 58*]. Bei Lochfraß und Spaltkorrosion können jedoch Zusätze von z.B. 2% Ni [*F 11i, M 107, S 62d*] günstig wirken (vgl. Kap. 13.2.4, S. 396 und 397).

Lochfraß kann bei Titan in stark salzsauren Chloriden, z.B. in einer Lösung mit 75% $ZnCl_2$, 5% HCl und 1% $FeCl_3$, auftreten. Die Neigung zur Lochfraßbildung in solchen Lösungen wird durch mechanische Beschädigung und Verunreinigungen der Oberfläche verstärkt, durch vorhergehendes Beizen oder Glühen vermindert [*F 28*]. Verkrustungen in salzsauren oxidierenden Lösungen können bei erhöhten Temperaturen und/oder Anreicherung von HCl im Dampfraum oberhalb der Lösung oder in Kerben und Spalten zum Durchbruch der passiven Oxidschicht und dadurch zu Lochfraß führen [*R 53a*]. In chlor- oder chloridhaltigen Medien wurde in verschiedenen Fällen Spaltkorrosion beobachtet. Sie wird vermindert, wenn die Spalten entsprechend verbreitert werden, damit das Agens die Spaltstelle gut bespülen kann [*S 70, T 21e*]. Die aus reduzierenden Medien, z.B. aus Wasser von 200 °C, auftretende Wasserstoffaufnahme kann durch Kontakt mit Eisen katalytisch beschleunigt werden [*C 58*].

Schweißverbindungen von unlegiertem Titan, die sich nur durch eine grobkörnige Gefügestruktur vom Grundwerkstoff unterscheiden, stehen diesem an Korrosionsbeständigkeit nicht nach, wenn Titan in dem betreffenden Medium eine ausreichende Beständigkeit aufweist. In angreifenden Medien wurde dagegen eine verstärkte Korrosion und Wasserstoffaufnahme der Schweißnaht und der Übergangszone insbesondere bei Eisengehalten von $>0{,}07\%$ im Vergleich zum Grundwerkstoff festgestellt [*J 15, F 29, C 58, V 1c*].

13.2 Passivierung

Titan liegt in der elektrochemischen Spannungsreihe zwischen den Elementen Beryllium und Magnesium. Das Normalpotential $Ti \rightarrow Ti^{++} + 2\,\Theta$ bezogen auf die Normalwasserstoffelektrode beträgt $-1{,}75$ V [*G 24*]. Die gute Korrosionsbeständigkeit des an sich unedlen Titans wird durch die Bildung von Deckschichten hervorgerufen, die das Metall vor weiterem Angriff schützen. Die Art und Wirksamkeit der gebildeten Deckschichten ist vom jeweiligen Angriffsmittel abhängig. Aufgrund von Potentialkurven kann man annehmen, daß sich zunächst vor der Passivierung eine Adsorptionsschicht bildet, aus der dann die oxidische Passivschicht entsteht. Sie besitzt eine niedrige Elektronenleitfähigkeit und hemmt oder verhindert dadurch die Auflösung.

Theoretische Voraussagen über das Korrosionsverhalten von Titan können anhand eines Potential-pH-Gleichgewichts-Diagrammes für das System Ti–TiO_2–H_2O, das mit Hilfe thermodynamischer Daten aufgestellt worden ist [*S 39*], und mit schematischen Strom-Spannungs-

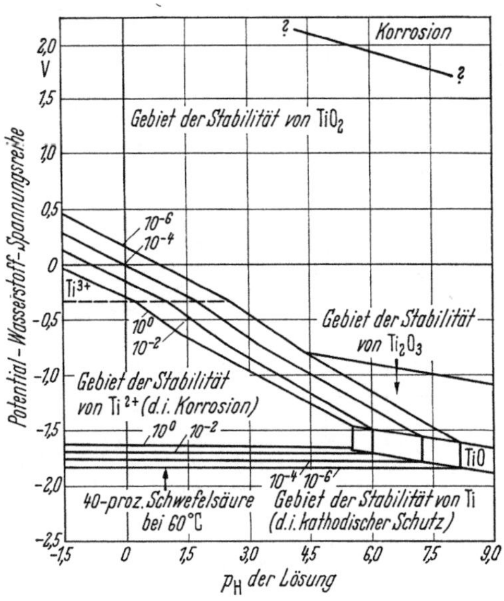

Abb. 13.3a Potential-pH-Gleichgewichtsdiagramm für das System Ti–TiO_2–H_2O bei verschiedener Titanionenkonzentration (10^0–10^{-6}) bei 25 °C [*S 39*, *F 27*].

Kurven, die den reaktionskinetischen Ablauf der Korrosion von Titan in wäßrigen Lösungen wiedergeben sollen, erfolgen [*F 24*]. Unterhalb −1,75 V ist aus thermodynamischen Gründen Korrosion nicht möglich. Bei höherem Potential wird gemäß Abb. 13.3a zunächst das Gebiet der Stabilität von Ti^{++} erreicht, d.h. Titan geht in Lösung; es tritt Korrosion ein.

So löst sich z.B. Titan in einer Lösung mit dem pH-Wert 0 bei einem negativen Potential unterhalb etwa −0,3 V auf, während durch Erhöhung des Potentials auf etwa +0,2 V die Bildung des stabilen Titanoxides einsetzt. Diese Deckschicht kann das Metall, wenn sie porenfrei ist und eine geringe Ionenleitfähigkeit besitzt, vor Korrosion schützen.

Bei pH-Werten oberhalb 8 existiert kein Potentialbereich, in dem Korrosion stattfinden kann. Bei einem Potential oberhalb etwa 1,5 V, insbesondere bei hohen pH-Werten, kann das Korrosionsverhalten unterschiedlich sein [*S 39*, *N 15*, *C 57*, *P 40b*]. Die Oxiddeckschicht kann sich in stark alkalischen oxidierenden Medien lösen [*W 26c*, *S 71g*]. Bei Anwesenheit von Wasserstoff gilt das Diagramm der Abb. 13.3b. Die Grenz-

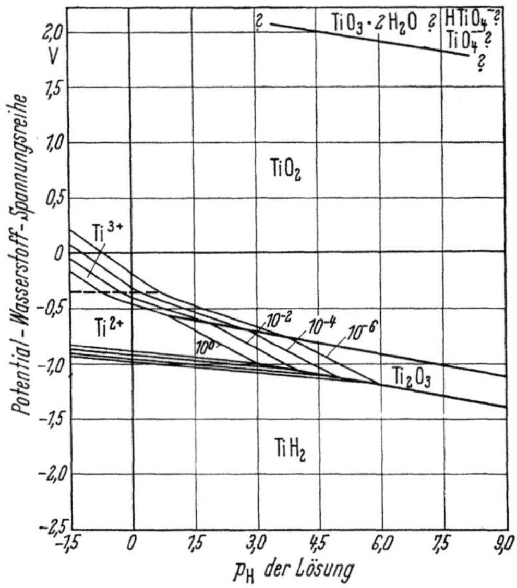

Abb. 13.3b Potential-pH-Gleichgewichtsdiagramme für das System TiH_2-Ti_2O_3-TiO_2 bei verschiedener Titanionenkonzentration [*P 40b*].

potentiale der Hydridbildung liegen wesentlich niedriger als die der Oxidbildung. Wie im System Ti–TiO_2–H_2O (Abb. 13.3a) muß bei hohen Potentialwerten mit Komplexbildung gerechnet werden [*P 40b*]. Die Hydridfilme werden wahrscheinlich bis zur Sättigung mit Wasserstoff angereichert [*I 8d*] und können bei anodischer Polarisierung die Zwischenphasen $TiO_{1,75}$, $TiO_{1,83}$, $TiO_{1,9}$ bilden [*S 156a*].

Ein Potential-pH-Diagramm kann die thermodynamischen, nicht dagegen die kinetischen Verhältnisse bei der Korrosion wiedergeben. Änderungen in den Abgrenzungslinien zwischen dem Gebiet der Korrosion, dem der Immunität und dem der Oxidpassivität sind dann zu erwarten, wenn Substanzen wie Flußsäure, Oxalsäure u.ä. zugegen sind, die mit Titan Komplexverbindungen bilden [*F 27*]. In 60% H_2SO_4 von 70 °C wird z.B. $Ti_2(SO_4)_3H_2SO_4 \cdot 8H_2O$ gebildet [*Z 1c*].

Mit Hilfe der in Abb. 13.4 wiedergegebenen schematischen Strom-Spannungs-Kurve kann das Korrosionsverhalten von Titan beschrieben werden. Im aktiven Zustand stellt sich das Korrosionspotential U_K^A ein. Hier ist die anodische Auflösungsgeschwindigkeit des Titans I_K^A gleich der Geschwindigkeit der kathodischen Wasserstoffabscheidung. Dieser Fall ist z. B. in nichtoxidierenden Säuren verwirklicht. Wird stärker kathodisch polarisiert, so nimmt die Geschwindigkeit der Wasserstoffentwicklung entsprechend der Steilheit der kathodischen Teilstrom-Spannungs-Kurve zu.

In Richtung positiver Potentiale wächst zunächst die Abtragungsgeschwindigkeit. Nach Überschreiten des Maximums der Aktivität beim

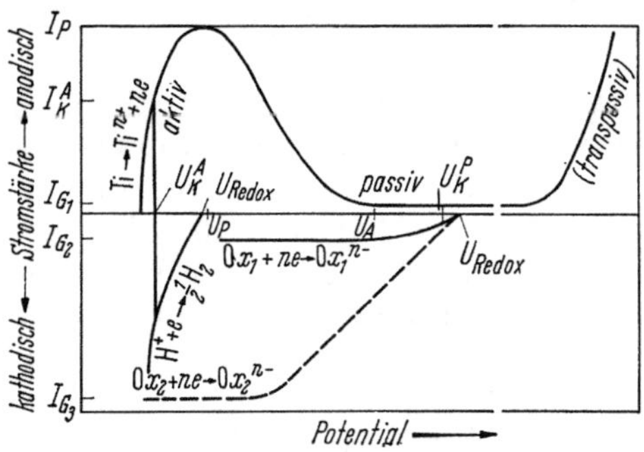

Abb. 13.4 Schematische Strom-Spannungs-Kurven zur Erklärung des Korrosionsverhaltens von Titan [*F 27*]. Wie aus Abb. 13.21, S. 403 hervorgeht, liegt das linke Potential U_{Redox} bei höheren Werten. Im transpassiven Bereich ist der Angriff ungleichmäßig (Lochfraß).

Passivierungspotential U_p und der kritischen Passivierungsstromstärke I_p, fällt die Korrosionsgeschwindigkeit allmählich ab. Beim Aktivierungspotential U_A fließt nur noch der Passivstrom I_{G1}, der einer sehr kleinen Auflösungsgeschwindigkeit des Metalles entspricht. Das Metall wird von einer korrosionsschützenden Oxidschicht bedeckt, deren Dicke mit steigendem Potential und pH-Wert wächst [*G 44a*]. Bei sehr hohen positiven Potentialen kann ein erneuter Anstieg der Stromdichte eintreten, wobei die oxidische Passivschicht zerstört wird und ein Angriff auf das Metall wieder einsetzen kann. Dieses kritische Grenzpotential wird als Transpassivitäts- oder Durchbruchpotential bezeichnet. Es liegt in 20% NaCl-Lösung von 20 °C bei Titan bei 7–8 V und bei Legierungen bei 3–7,6 V. In konzentrierter NaCl-Lösung von 200 °C sinkt es auf 1,6 V ab [*M 31a, M 107*]. Bei TiV13Cr11Al3 wird die Passivierungsstromdichte in 20% H_2SO_4 von 65 °C wenig und bei TiAl6V6Sn2 stark gegenüber Titan technischer Reinheit erhöht [*L 29a*]. Während im allgemeinen bei Chloridlösungen von 20 °C der passive Zustand bis zu den hohen Spannungen erhalten bleibt, kann bei konzentrierten NaCl-Lösungen nach lang andauernder Polarisation der Übergang in den transpassiven Bereich bei ~6 V eintreten [*M 31a*]. Unter den üblichen

Angriffsbedingungen spielt vor allem das Potentialgebiet zwischen U_K^A und dem erneuten Anstieg der anodischen Teilstrom-Spannungs-Kurve eine Rolle. Da sich der oxidpassive Zustand sehr leicht einstellt und sich über einen breiten Potential- und pH-Bereich hinzieht, ist Titan in vielen Medien beständig. Die Form der anodischen als auch der kathodischen Strom-Spannungs-Kurven und die Lage der Grenzpotentiale ist u.a. von der Temperatur, dem pH-Wert der Lösung, der Konzentration des Angriffsmittels, dem Bewegungszustand des Elektrolyten und dem Oberflächenzustand des Metalles, abhängig.

13.2.1 Passivierung in wäßrigen und anderen Lösungen und Wirkung von Inhibitoren

Bei einer experimentellen Bestimmung von Stromdichte-Potential-Kurven kann meist nur die Gesamtstromdichte gemessen werden. Das im stromlosen Zustand gemessene Potential entspricht dem aktiven Korrosionspotential U_K^A in Abb. 13.4. Bei Korrosion geht das Metall unter Wasserstoffentwicklung mit der der Stromstärke I_K^A entsprechenden Geschwindigkeit in Lösung, bei Anwesenheit von Oxydationsmitteln, z.B. von Sauerstoff, höherwertigen Metallionen, Nitrat oder Chromat, stellen sich andere Ruhepotentiale ein. Ist dabei die beim Passivierungspotential U_p herrschende Stromstärke des kathodischen Vorganges größer als die kritische Passivierungsstromstärke I_p, so tritt Passivierung ein, wobei sich das Korrosionspotential U_K^P einstellt. Dies ist z.B. in Abb. 13.4 für das Oxydationsmittel Ox_2 der Fall. Es handelt sich um ein passivitätserzeugendes und -erhaltendes Oxydationsmittel, während bei Ox_1 die kathodische Stromstärke bei U_p kleiner als die kritische Passivierungsstromstärke ist, so daß zwar keine Passivierung eintreten kann, eine bereits vorhandene Passivität des Metalls jedoch erhalten bleibt (passivitätserhaltendes aber nicht -erzeugendes Oxydationsmittel). In allen Fällen muß die Voraussetzung erfüllt sein, daß das Redoxpotential der Lösung höher ist als das Passivierungspotential, wenn eine Passivierung erreicht werden soll [*F 24*].

Das Ruhepotential, das sich bei Titan in einem wasserhaltigen Medium einstellt, ist zeitabhängig und wird durch den jeweiligen Oberflächenzustand der Probe beeinflußt. Wird das Metall im aktiven Zustand in eine nichtangreifende Lösung eingesetzt, so stellt sich zunächst ein negatives Potential gegen gesättigte Kalomelelektrode ein. Abb. 13.5 zeigt den zeitlichen Potentialverlauf von vor der Messung aktiviertem Titan in 0,01 n Natriumchloridlösungen sowie in Wasser mit verschiedenem Sauerstoffangebot. Das Potential wird mit zunehmender Haltezeit edler, wobei in sämtlichen untersuchten Lösungen ein annähernd gleicher Potentialverlauf auftritt. Auch in sauerstofffreiem Wasser findet eine Passivierung statt. Die zeitliche Potentialänderung ist von der Vorbehandlung abhängig. So läuft die Passivierung nach einer Vorlagerung

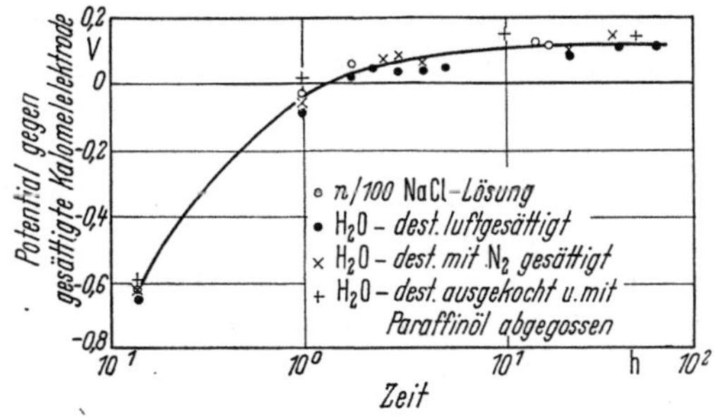

Abb. 13.5 Passivierung von Titan technischer Reinheit in 0,01 n NaCl und destilliertem Wasser [*R 36, R 84*].

in Gegenwart von Feuchtigkeit rascher als bei Ausschluß von Feuchtigkeit [*R 36, R 84*] ab. In 0,1 und 1 n KOH-Lösungen wird fast derselbe Kurvenverlauf beobachtet [*F 1d*].

In einem angreifenden Medium nimmt das Potential einer Titanoberfläche mit der Zeit ab. Durch den Angriff wird die bei Lagerung an Luft gebildete Deckschicht gelöst und das Potential zu negativen Werten verschoben. In nicht belüfteter Salzsäure setzt dann bei vorpassivierten Proben der Übergang in den aktiven Zustand rascher ein (Abb. 13.6) [*S 32*]. Die Korrosionsgeschwindigkeit wird in diesen Medien durch die Auflösungs- und Bildungsgeschwindigkeit der Deck-

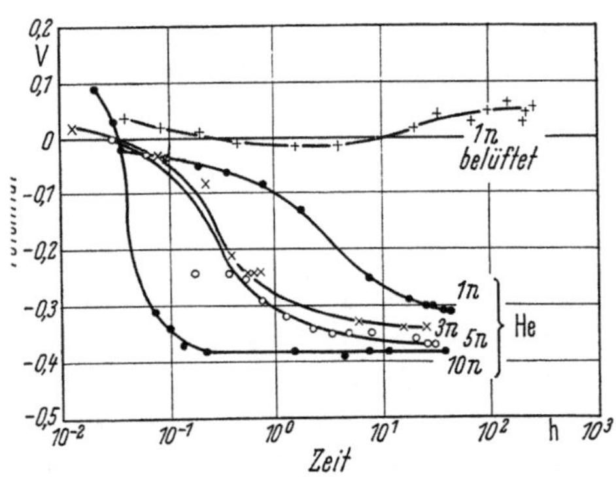

Abb. 13.6 Potential-Zeit-Kurven von Titan in Salzsäure von verschiedener Konzentration bei 25 °C (Helium-Atmosphäre und belüftet) [*S 32*].

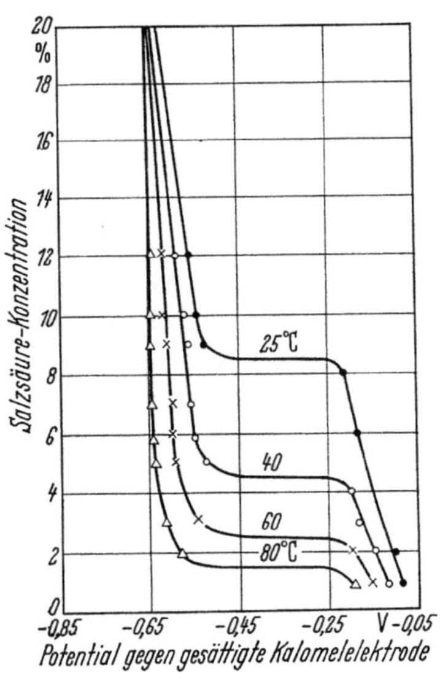

Abb. 13.7 Ruhe-Potentiale von Titan in belüfteter Salzsäure (Eintauchen des Titans in aktivem Zustand) [*R 84*].

schichten bestimmt. Durch im Elektrolyt gelösten Sauerstoff wird der Abbau der Deckschichten verzögert oder ganz unterbunden. Bei höherer Säurekonzentration ist eine Passivierung durch im Elektrolyt gelösten Sauerstoff nicht mehr möglich. Die Ruhepotentiale von Titan in belüfteter Salzsäure verschiedener Konzentration und Temperatur sind in Abb. 13.7 wiedergegeben. Die Grenzkonzentration für den Übergang vom passiven zum aktiven Bereich (horizontaler Kurvenverlauf) ist temperaturabhängig. Mit steigender Temperatur wird die Grenzkonzentration zu niedrigeren Salzsäuregehalten verschoben [*R 84*]. Ähnlich lassen sich die Grenzkonzentrationen für den Übergang aktiv–passiv in anderen Medien bestimmen. Sie sind jedoch nicht immer so scharf abgegrenzt wie bei Salzsäure [*H 24*].

Die schon durch den Sauerstoffgehalt der Lösung in verschiedenen Angriffsmitteln mögliche Passivierung kann durch die Bewegung des

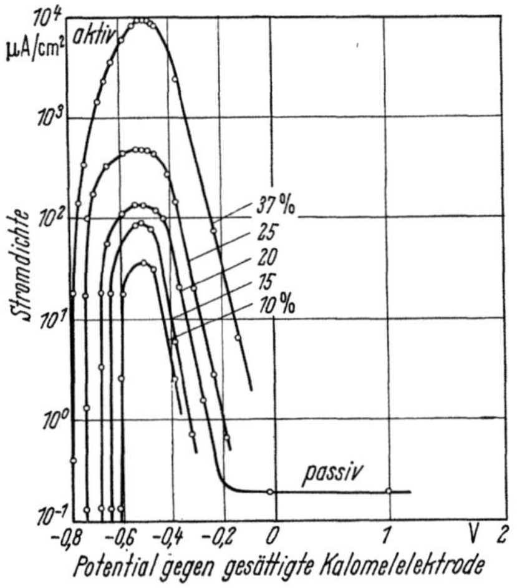

Abb. 13.8 Anodische Stromdichte-Potential-Kurven von Titan in belüfteter Salzsäure verschiedener Konzentration bei Raumtemperatur [*O 31*].

Elektrolyten verbessert werden. So geht z.B. Titan in ungerührter 50 %iger Ameisensäure bei 100 °C aktiv in Lösung, während es bei einer Rührung des Elektrolyten passiv wird. Das Ruhepotential der Lösung steigt dabei schnell von etwa $-0{,}4$ auf etwa $+0{,}2$ V an [*L 3, F 24*]. In 3 % NaCl-Lösung kann bei Temperaturen über 100 °C das Potential durch Sauerstoff von $-0{,}2$ auf $+0{,}4$ V angehoben werden [*K 59a*]. Die β-Phase von TiAl6V4 kann edler sein als die α-Phase [*O 34*].

Die Lage des Passivierungspotentials ist von der Art und Konzentration sowie der Temperatur des Angriffsmittels wenig abhängig. Es liegt bei etwa $-0{,}2$ bis $-0{,}4$ V bezogen auf die Normalwasserstoffelektrode. Erst bei starken Angriffsmitteln hoher Konzentration wird es zu positiveren Potentialen verschoben [*R 84, R 83, C 56, S 136*]. In Abb. 13.8 sind Stromdichte-Potential-Kurven von Titan in Salzsäure verschiedener Konzentration bei Raumtemperatur wiedergegeben. Das Passivierungspotential ist über den gemessenen Konzentrationsbereich mit $-0{,}5$ V konstant, die Passivierungsstromdichte steigt mit zunehmender

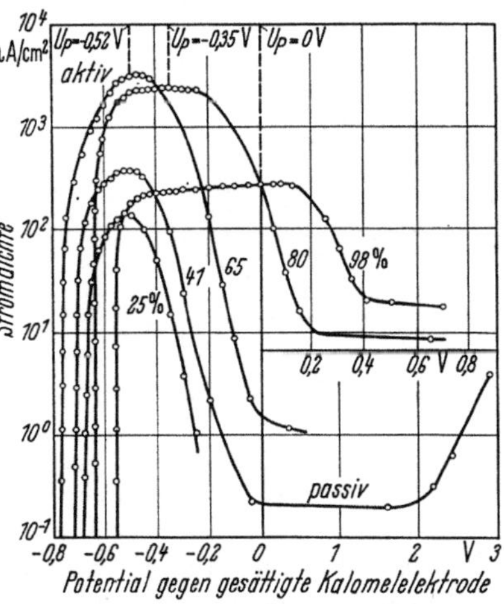

Abb. 13.9 Anodische Stromdichte-Potential-Kurven von Titan in belüfteter Schwefelsäure verschiedener Konzentration bei Raumtemperatur [*O 31*].

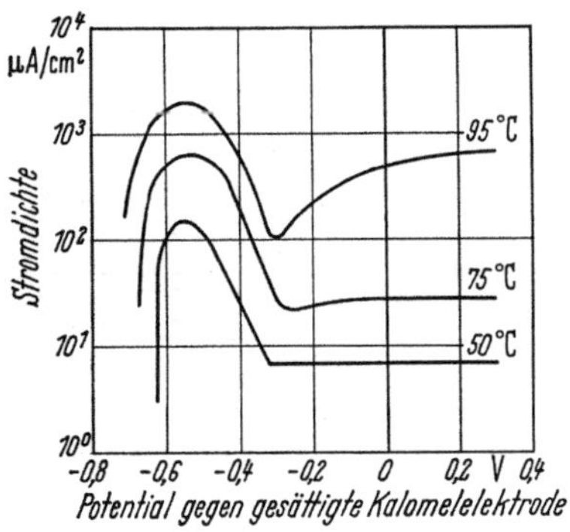

Abb. 13.10 Stromdichte-Potential-Kurven von Titan in 5%iger Schwefelsäure mit einem Zusatz von 5% Na_2SO_4 bei verschiedenen Temperaturen [*S 136*].

Säurekonzentration an. In Schwefelsäure ist bis zu einer Konzentration von 65% H_2SO_4 das Passivierungspotential ebenfalls weitgehend konzentrationsunabhängig, bei 80 und 98% H_2SO_4 wird es zu positiveren Potentialen verschoben (Abb. 13.9) [*O 31*]. Durch höhere Temperaturen (Abb. 13.10) nimmt die Stromdichte im oxidpassiven Bereich zu, wodurch die Abtragungsgeschwindigkeit im Passivbereich erhöht wird [*S 136*]. Auch in flußsäurehaltigen Medien kann Titan passiviert werden, jedoch steigt in diesem Fall mit zunehmendem Flußsäuregehalt die Stromdichte im Passivzustand durch die Gegenwart von komplexbildenden Anionen stark an [*M 94, R 83, F 24*]. Durch einen zunehmenden Sauerstoffgehalt im Titan wird die Passivierungsstromdichte vermindert und damit die Passivierung erleichtert, die Reststromdichte ist dagegen vom Sauerstoffgehalt unabhängig [*F 29*].

Durch geringe Zusätze bestimmter Metallionen zu nichtoxidierenden Angriffsmitteln kann Titan passiviert werden. Abb. 13.11 zeigt den Einfluß von Zusätzen mehrwertiger Metallionen auf den Potentialverlauf in 1 n Salzsäure. Insbesondere durch Gold-, Kupfer-, Platin- und Eisen(II)-Ionen tritt eine Potentialveredlung ein. Während bei Gold-, Kupfer- und

Platinionenzusatz die zeitliche Änderung des Potentials gering ist, steigt es bei Eisenionen im Laufe der Zeit an. Dies ist auf die Oxydation der zweiwertigen Eisenionen durch Luftsauerstoff zurückzuführen [*S 32*].

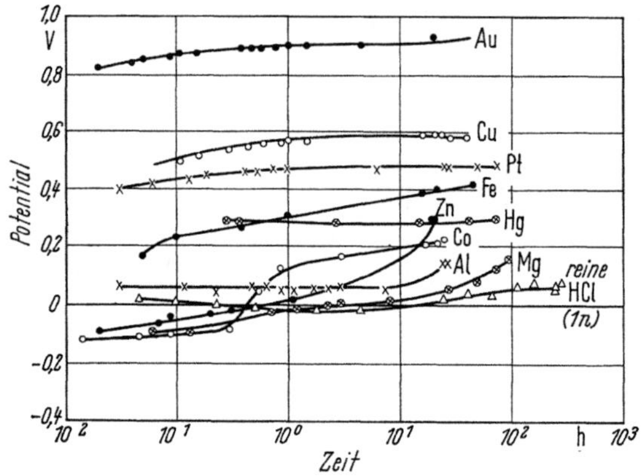

Abb. 13.11 Einfluß geringer Beimengungen mehrwertiger Metallionen auf den Potentialverlauf in 1 n belüfteter Salzsäure bei 25 °C (Konzentration der Metallionen: 0,0032 mol/l) [*S 32*].

Den Einfluß der Konzentration solcher Zusätze auf die Abtragungsgeschwindigkeit in siedender 10%iger Schwefelsäure zeigt Abb. 13.12. Bereits 0,002 mol/l Cu^{++}-Ionen bzw. 0,005 mol/l Fe^{+++}-Ionen vermindern die Abtragungsgeschwindigkeit auf unter 0,1 mm/Jahr. In Salzsäure höherer Konzentration wurde derselbe Effekt gefunden [*C 43*,

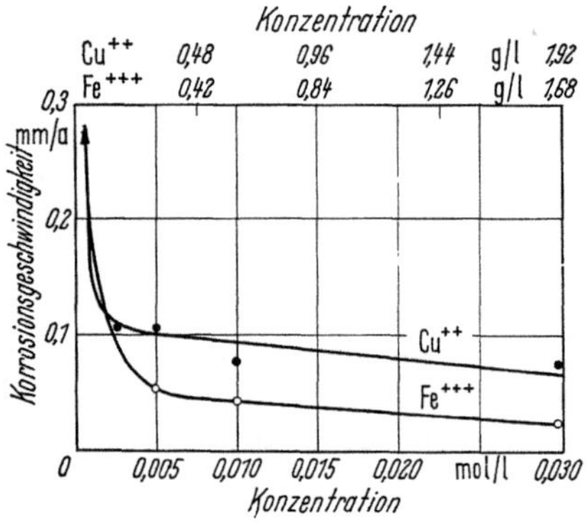

Abb. 13.12 Abhängigkeit der Korrosionsgeschwindigkeit von Titan in siedender 10%iger Schwefelsäure von der zugesetzten Menge an Fe^{+++}- bzw. Cu^{++}-Ionen [*C 43*].

T 20b]. Für einige andere Oxydationsmittel ist die Korrosionsverminderung durch verschiedene Zusätze in Tab. 13.2 wiedergegeben [*R 36*, *F 27*]. Bei Zusätzen von Edelmetallionen, wie z.B. Ruthenium, Rhodium, Palladium, Platin und Iridium, wird schon bei Konzentrationen ab 10^{-7} bis 10^{-5} mol/l eine inhibierende Wirkung beobachtet. In 2n Salzsäure

Tabelle 13.2.
Einfluß von Inhibitoren (Metallionen) auf das Korrosionsverhalten von Titan [*R 36, F 27*]

Angriffs-mittel	Tem-peratur [°C]	Konzen-tration [%]	Inhibitor-gehalt [%]	Abtragungsgeschwindigkeit [1] [mm/Jahr]		
				Kupfer-sulfat	Chrom-säure	Salpeter-säure
HCl	94	5	0	6,9	6,9	6,9
HCl	94	5	0,05	0,09	n. b.	n. b.
HCl	94	5	0,5	0,06	0,03	n. b.
HCl	94	5	1,0	0,06	0,03	0,09
HCl	94	5	5,0	0,06	0,03	0,09
HCl	siedend	10	0	60	60	60
HCl	siedend	10	5,0	n. b.	n. b.	0,11
H_2SO_4	siedend	15	0	90	90	90
H_2SO_4	siedend	15	5,0	n. b.	n. b.	0,08
H_3PO_4	siedend	50	0	60	60	60
H_3PO_4	siedend	50	5,0	n. b.	0,18	0,5

[1] Die Abtragungsgeschwindigkeit gilt für den Zusatz jeweils eines Inhibitors.

wird z.B. ab einem Gehalt von 10^{-5} mol/l Platin- oder Rhodiumionen die Korrosion weitgehend verhindert [*B 101*].

Die sich durch die Zusätze auf der Metalloberfläche bildende Oxidschicht bleibt erhalten, solange in der Lösung genügend Oxydationsmittel vorhanden sind. Sinkt jedoch durch Reduktion des Oxydationsmittels dessen Konzentration unterhalb des zur Aufrechterhaltung der Passivität notwendigen Gehaltes, dann setzt im Laufe der Zeit ein Korrosionsangriff ein. So wurde in 10n Salzsäure mit einem Gehalt von 200 mg/l Cu^{++} bei 25 °C mit der Zeit eine Abnahme der Passivität beobachtet [*S 34*]. Aus demselben Grund nimmt auch bei einem zu geringen Zusatz von Salpetersäure (<0,5%) zu 20%iger Salzsäure nach einiger Zeit der Korrosionsangriff zu, während bei höheren Salpetersäuregehalten (1,3% HNO_3) die Passivität und Korrosionsbeständigkeit über längere Zeit erhalten bleibt [*Z 5*].

In 20%iger siedender Schwefelsäure ist wegen des niedrigen Passivierungspotentials durch Zusätze von Salpetersäure, Nitrat oder Kupfer(II)-Chlorid noch eine Passivierung möglich [*S 133*]. In 30%iger siedender Schwefelsäure erreicht man dagegen durch diese Zusätze selbst bei größeren Mengen keine ausreichende Korrosionsverminderung. Die Schutzwirkung wird dagegen für die meisten Anwendungsfälle ausreichend, wenn man die stärkeren Oxydationsmittel Chromsäure oder Cerisulfat zusetzt (Abb. 13.13). Mit steigender Temperatur oder steigender Säurekonzentration nimmt die zur Passivierung erforderliche Inhibitorkonzentration zu. In siedender Schwefelsäure mit einer Konzentration von

$>30\,\%$ kann jedoch auch mit Cerisulfat keine ausreichende Korrosionsverminderung erzielt werden [*F 24*, *S 137*]. Zur Passivierung, insbesondere in Salzsäure, dürfen keine Oxydationsmittel zugesetzt werden, die mit dem Angriffsmittel reagieren können. So wird in 5n siedender Salzsäure durch Ceri- und Chromationen der Angriff auf Titan nicht verhindert, da diese in kurzer Zeit durch die Salzsäure unter Chlorentwicklung

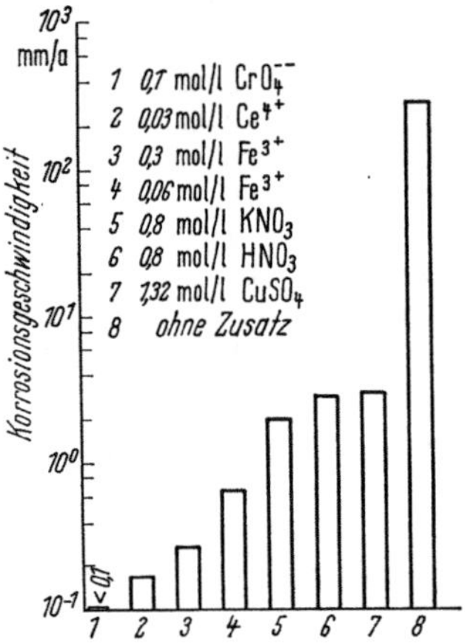

Abb. 13.13 Einfluß von Zusätzen auf die Korrosionsgeschwindigkeit von Titan in siedender 30%iger Schwefelsäure [*F 27*].

reduziert werden, so daß infolge Fehlens eines Inhibitors eine Korrosion stattfindet. Auch bei Salpetersäurezusatz wird in stark konzentrierten Salzsäurelösungen infolge Nitrosylchloridbildung Salpetersäure verbraucht, da dieses im Laufe der Zeit verdampfen kann [*F 24*]. Auch Pikrinsäure, Nitrobenzol, n- und o-Nitrotoluol, o-Nitrophenyl und andere Nitroverbindungen [*T 29a*] und Na-β-Naphthalinsulfat [*B 98a*] können als Inhibitoren wirken und eine Korrosion von Titan in Salzsäure verhindern. In 5n Schwefelsäure können diese Inhibitoren in Mengen von 3–5 mmol/l ebenfalls eine Passivierung verursachen [*B 98b*]. 5,5m Phosphorsäure kann in 6,2m Salzsäure bzw. in 5,3m Schwefelsäure den Angriff vermindern, wobei die Wirkung mit zunehmendem H_3PO_4-Gehalt ein Maximum durchläuft. Zusätze von HCl oder H_2SO_4 zu H_3PO_4 verstärken dagegen den Korrosionsangriff [*B 98*].

Die im passiven Zustand auf Titan gebildeten Schutzschichten haben nicht immer eine einheitliche Struktur. Eine in Salpetersäure oder Königswasser entstehende goldfarbene Oxidschicht weist z.B. die Struktur des Anatas auf, während nach längerer Behandlung in 10%iger, siedender Chromsäurelösung Rutil neben Anatas nachgewiesen wurde [*O 8*, *R 84*]. Bei genügend negativen Potentialen kann sich auf Titan eine Schutzschicht aus Titanhydrid bilden, wodurch je nach Dicke und Porosität die Abtragungsgeschwindigkeit und Spannungsrißkorrosion (vgl. S. 416ff.) vermindert werden kann. Die Spannung muß mindestens 1,2 V z.B. bei TiAl8Mo1V1 betragen [*H 45c*].

In Salzsäure mittlerer Konzentration wird Titan bei Raumtemperatur unter Wasserstoffentwicklung angegriffen. Auf der Titanoberfläche bildet sich dabei ein mattgrauer Niederschlag, wodurch der Korrosionsangriff mit zunehmender Zeit absinkt. Durch Elektronenbeugungsaufnahmen konnte diese Schutzschicht als Titanhydrid identifiziert werden. Sie entspricht einer sich bei kathodischer Beladung mit Wasserstoff bildenden Hydridschicht [*O 8, O 29*]. Durch eine kathodische Vorbehandlung von Titan kann deshalb die Abtragungsgeschwindigkeit bei nachfolgender Beanspruchung in Schwefel- oder Salzsäure gegenüber nicht vorbehandelten Proben vermindert werden. Der Korrosionsangriff wird auch vermindert, wenn die Säurekonzentration nach bestimmter Zeit stufenweise erhöht wird. Bei niedriger Säurekonzentration kann sich eine schützende Hydridschicht leichter ausbilden als beim Einbringen des Titans in eine stärkere Säure, die von vornherein durch größere Angriffsgeschwindigkeit die Bildung einer dichten Hydridschicht verhindert [*O 29a, O 30, O 31*]. Der Wasserstoff aus der Hydridschicht kann oberhalb Raumtemperatur, insbesondere bei grobkörnigem Titan, rasch in das Titan eindiffundieren [*R 84*] und sich dort wieder als Hydridplatten ausscheiden, wodurch das Formänderungsvermögen vermindert wird (vgl. Kap. 12.5, S. 355ff.).

In flußsäurehaltigen Medien wird durch zunehmende Fluorionenkonzentration der passive Zustand leichter ausgebildet. So ist z.B. der Angriff in 60–70%iger Flußsäure schwächer als in 40%iger Flußsäure. Auch bei Zusatz von Ammoniumfluorid zu Flußsäure vermindert sich die Abtragungsgeschwindigkeit, und das Potential wird zu negativeren Werten verschoben. Allerdings ist die Schutzwirkung auch in flußsäurehaltigen Medien nicht ausreichend [*S 146, M 94*]. In weitgehend wasserfreien Chloriden, organischen Lösungsmitteln und Säuren kann eine örtlich z.B. durch erhöhte Temperatur oder mechanische Beanspruchung durchbrochene Passivschicht nicht mehr nachgebildet werden, wodurch Spannungsrißkorrosionen (vgl. Kap. 13.5, S. 407ff.) auftreten kann. In den meisten Fällen wirken bereits Spuren von Wasser inhibierend.

13.2.2 Passivierung durch vorhergehende Oxydation oder durch Fremdstrom

Wenn dem angreifenden Medium keine oxidierende Inhibitoren zugesetzt werden können, besteht die Möglichkeit, durch eine vorher aufgebrachte Oxidschicht die Korrosion zu verringern. Durch eine anodisch erzeugte Passivschicht (vgl. Kap. 15.2.2, S. 389ff.) wird z.B. Titan in

Schwefelsäure bei 35 °C bis zu Konzentrationen von etwa 40% im Wechseltauchversuch im Gegensatz zu unbehandeltem Titan nicht angegriffen. In Salzsäure wird dagegen die Korrosionsbeständigkeit durch diese Schichten nicht verbessert, da die Oxidschicht zu schnell aufgelöst wird [*C 26*].

Die Schutzwirkung hält nur solange an, bis die Oxidschicht durch das Angriffsmittel abgetragen ist. Die Korrosion wurde z.B. in konzentrierter Schwefelsäure durch eine anodische Oxydation von 10 min in 10%iger Chromsäure bei 90 °C vermindert. Ein verstärkter Angriff setzte jedoch mit gleicher Geschwindigkeit wie bei nichtoxidierten Proben nach einer Korrosionsdauer von 65 h ein. In Flußsäure ist keine Verminderung der Korrosion durch anodische Oxydation möglich, da die Oxidschichten rasch gelöst werden [*B 51*].

Durch eine anodische Passivierung mit Hilfe eines Fremdstromes während der Korrosionsbeanspruchung wird die oxidische Passivschicht laufend erneuert und an der Phasengrenze Titan/Lösung ein genügend hohes Potential aufrechterhalten. In Abb. 13.14 ist die Abtragungsgeschwindigkeit von Titan in 40%iger Schwefelsäure bei 60 °C in Abhängigkeit vom angelegten Anodenpotential wiedergegeben. Ohne Schutzpotential zeigt Titan eine sehr hohe Abtragungsgeschwindigkeit; das sich einstellende Korrosionspotential liegt bei −450 mV. Durch Erhöhung des

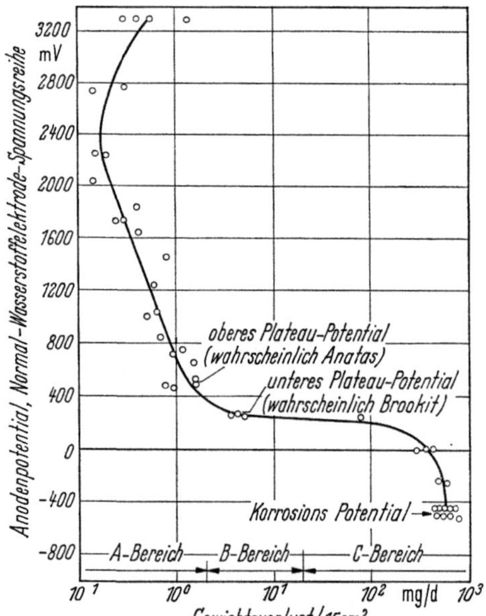

Abb. 13.14 Einfluß des Anodenpotentials auf die Angriffsgeschwindigkeit von Titan in 40%iger Schwefelsäure bei 60 °C [*C 57*].

Potentials wird bis etwa +100 mV die Abtragungsgeschwindigkeit nur wenig vermindert. Oberhalb eines Potentials von 100 mV nimmt der Gewichtsverlust des Titans rasch ab. Das sich bildende Oxid auf der Titanoberfläche besteht zunächst aus Brookit. Bei einem Potentialanstieg wächst die Dicke des Schutzfilmes, als Oxid tritt Anatas auf. Die geringste

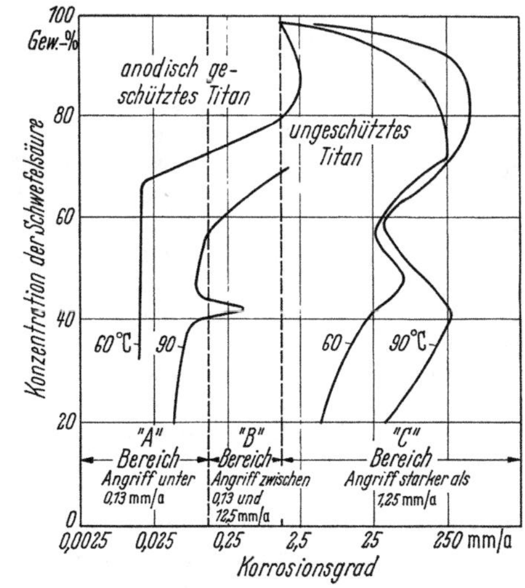

Abb. 13.15 Korrosion von Titan in Schwefelsäure mit und ohne anodischem Schutz bei 60 °C und 90 °C [*C 57*].

Abtragungsgeschwindigkeit wird bei einem Potential von +2,5 V gegen Wasserstoffelektrode erreicht, wobei sich während eines Zeitraumes von 4 Tagen eine 1,75 μm dicke Schicht aus Anatas bildet. Die Korrosionsgeschwindigkeit liegt im Potentialbereich zwischen +2 und +5 V unter 0,025 mm/Jahr [*C 56, C 57*]. Die Abhängigkeit der Abtragungsgeschwindigkeit von durch Fremdstrom anodisch geschütztem Titan von der Schwefelsäurekonzentration bei 60 und 90 °C ist in Abb. 13.15 im Vergleich zu ungeschütztem Titan wiedergegeben. Durch die anodische Schutzwirkung wird z.B. ein Abtrag von 0,13 mm/Jahr bei 60 °C erst bei einer Säurekonzentration von 70%, bei 90 °C jedoch schon bei etwa 40% H_2SO_4 erreicht.

In 15- und 20%iger Salzsäure kann bei 20 °C durch ständige anodische Polarisation bei +500 bis 1000 mV die Abtragungsgeschwindigkeit unter 0,1 mm/Jahr gehalten werden. Die notwendige Stromdichte liegt in diesem Fall für eine Säurekonzentration von 15% bei 0,5–1 $\mu A/cm^2$ und für 25% bei 1–2 $\mu A/cm^2$ [*T 20c, T 23, T 21a*]. Für weitere nichtoxidierende Angriffsmittel ist in Tab. 13.3 die Korrosionsverminderung durch Anwendung eines Schutzpotentials wiedergegeben. Das für die Ausbildung des passiven Oxidfilmes günstigste Potential liegt je nach Elektrolyt zwischen 700 und 3000 mV. Auch in konzentrierter Salzsäure kann

Tabelle 13.3 *Abtragungsgeschwindigkeit bei durch ein Schutzpotential anodisch geschützem Titan* [*C 57*]

Angriffsmittel	Konzentration [%]	Temperatur [°C]	Angelegtes Schutzpotential gegen H_2-Elektrode [V]	Abtragungsgeschwindigkeit [mm/Jahr]	Korrosionsverminderungsfaktor gegenüber ungeschütztem Titan
H_2SO_4	40	60	2,1	0,005	11000
H_2SO_4	40	90	1,4	0,070	896
H_2SO_4	40	114	2,6	1,80	189
H_2SO_4	60	60	1,7	0,085	662
H_2SO_4	60	90	3,0	0,10	163
H_2SO_4	80	60	1,0	1,03	140
H_2SO_4	98	60	1,0	1,33	–
HCl	37	60	1,7	0,068	2080
H_3PO_4	60	60	2,7	0,018	307
H_3PO_4	60	90	2,0	0,50	100
H_3PO_4	60	siedend	2,7	1,30	124
Ameisensäure	50	siedend	1,4	0,083	70
Oxalsäure	25	90	1,6	0,038	1000
Oxalsäure	25	siedend	1,6	0,250	350
Sulfaminsäure	20	90	0,7	0,005	2710

durch Anlegen eines anodischen Schutzpotentials eine Verminderung der Korrosionsgeschwindigkeit um den Faktor $2 \cdot 10^3$ bei Raumtemperatur erreicht werden. Bei höheren Temperaturen steigt auch bei anodischer Polarisation die Abtragungsgeschwindigkeit auf über 1 mm/Jahr an [*C 57, F 27*].

Durch ein Schutzpotential von 2,3 V zwischen einem Titanbehälter und einer isoliert im Boden des Behälters eingebauten Kathode aus Tantal wird bei 40%iger Schwefelsäure eine Korrosion verhindert. Der Leistungsaufwand ist gering, er beträgt z.B. für dieses System etwa 3 W/m². Nach Abschalten des Stromes wird durch den gebildeten Oberflächenfilm der Angriff zunächst noch verhindert (Abb. 13.16a). Erst nachdem durch die Säure der Oxidfilm nach etwa 30 h abgelöst ist, fällt das Korrosionspotential auf das des Titans mit −0,72 V ab und Korrosion beginnt. Durch einen neuerlichen Stromstoß kann die Korrosion innerhalb weniger Sekunden wieder abgestoppt werden. Durch einen kurzzeitigen Stromausfall ist daher noch kein merklicher Korrosionsangriff zu befürchten. Eine örtlich beschädigte Stelle, die durch Ankratzen der Oxidschicht entstehen kann, heilt rasch aus [*C 57*]. Auch in Säureverdampfern und in Spinnbadgefäßen hat sich eine anodische Passivierung durch Fremdstrom bei 12–15 V bewährt [*E 18b*]. In fluorhaltigen Medien ist die Bildung einer schützenden Oxidschicht durch Fremdstrom nicht möglich, da die Oxidschicht durch die Fluorionen gelöst wird.

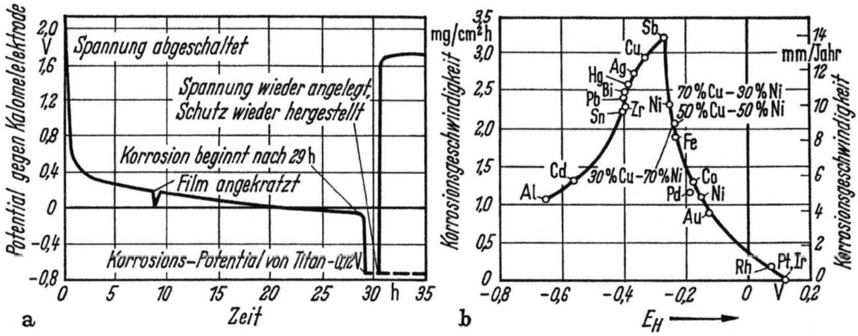

Abb. 13.16a Absinken des Potentials von passiviertem Titan nach Abschalten des Schutzpotentials mit der Zeit in 40 %iger Schwefelsäure und Anstieg durch Schutzpotential bei 60 °C [*C 57*].
Abb. 13.16b Potential gegen die Wasserstoffelektrode und Korrosionsgeschwindigkeit von Titan in Kontakt mit Metallen und Legierungen in 7,5 % siedender Salzsäure [*S 63g*].

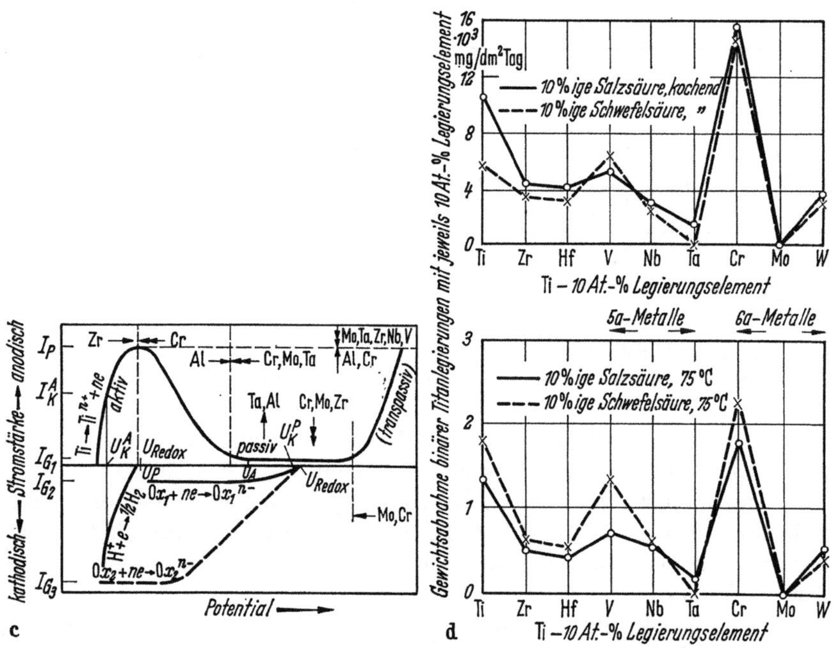

Abb. 13.16c Einfluß von Legierungselementen auf die schematische Strom-Spannungs-Kurve des Titans (Doppelpfeil = besseres, Einfachpfeil = ungünstigeres Korrosionsverhalten) [*T 20a*] (vgl. Unterschrift Abb. 13.4, S. 381).
Abb. 13.16d Korrosionsverhalten binärer Titanlegierungen [*K 25b*].

13.2.3 Passivierung durch Elementbildung und Kontaktkorrosion

Durch eine galvanische Kopplung mit einem edleren Werkstoff kann bei Titan eine anodische Schutzwirkung in elektrisch leitenden Angriffsmitteln erzielt werden. Das Korrosionspotential des Kontaktwerkstoffes oder das sich einstellende Mischpotential im Korrosionsmedium muß dabei edler sein als das kritische Passivierungspotential des Titans. Große Kathodenflächen begünstigen die Passivierung [*T 20, C 56*]. Kohlenstoff und Platin eignen sich als Kontaktwerkstoff [*B 101, R 72a, S 137, O 31*]. Gemäß den in Tab. 13.4 wiedergegebenen Versuchsergebnissen kann in Salz- und Schwefelsäure durch Kontakt mit Kohlenstoff oder Platin

Tabelle 13.4. *Abtragungsgeschwindigkeit bei im galvanischen Kontakt mit Kohlenstoff bzw. Platin stehendem Titan in natürlich belüfteter Salz- und Schwefelsäure* [*O 31*]

Angriffs-mittel	Konzen-tration [%]	Tempera-tur [°C]	Versuchs-dauer [h]	Galv. Kathode (Oberfläche) [cm²] [1]	Abtragungs-geschwindigkeit [mm/Jahr]
HCl	20	17	48	Kohlenstoff	<0,008
HCl	37	17	24	(11,3)	<0,008
HCl	15	60	72	Platin	<0,008
HCl	15	80	48	(2,5)	0,06
HCl	15	96	24		1,01
H_2SO_4	41	20	24	Platin	0,008
H_2SO_4	65	20	24	(2,5)	<0,008
H_2SO_4	81	20	48		0,008 [2]

[1] Titanoberfläche: 9,1 cm².

[2] Angelegte Spannung zwischen Titan und Platin 0,75 V.

der Korrosionsangriff auf sehr niedrige Werte vermindert werden. Wie bei allen Kontaktkorrosionssystemen spielt das Oberflächenverhältnis von Anode zu Kathode eine Rolle. Eine zu kleine Kathodenoberfläche, z.B. unter 1/4 bei Platin in 5% H_2SO_4 + 5% Na_2SO_4, kann die Wirkung vermindern, da dann eine ausreichende Passivierung nicht mehr möglich ist [*S 136*].

Ein inniger Kontakt zwischen Platin und Titan wird durch einen dünnen Platinüberzug erreicht, der galvanisch oder chemisch aufgebracht werden kann. Neben der Verminderung der Korrosion in nichtoxidierenden Angriffsmitteln kann eine bessere Beständigkeit bei starker anodischer Strombelastung erzielt werden. Die Werte der Transpassivitätspotentiale sind in Tab. 13.5 den Normalpotentialen für die Halogenionen an Platin gegenübergestellt. Ungeschütztes Titan kann z.B. im

Tabelle 13.5.
Normalpotentiale für die Entladung von Halogenionen an Platin bei Raumtemperatur und Transpassivitätspotentiale von Titan in halogenhaltigen Lösungen [R 83]

Reaktion	Normalpotential [V]	Transpassivitätspotential [V]
$F' \leftrightarrow 1/2\, F_2 + \Theta$	+1,9	+ 50–55
$Cl' \leftrightarrow 1/2\, Cl_2 + \Theta$	+1,36	+ 8–15
$Br' \leftrightarrow 1/2\, Br_2 + \Theta$	+1,07	+1,3–3,3
$J' \leftrightarrow 1/2\, J_2 + \Theta$	+0,56	+0,8–3,3

transpassiven Bereich in halogenionenhaltigen Lösungen bei hoher anodischer Strombelastung aktiv in Lösung gehen. Der Angriff erfolgte dabei bevorzugt narbenartig [*R 83, F 24*]. Bei anodisch polarisiertem Titan ist es dagegen möglich, bei sehr viel niedrigeren Potentialen als dem Transpassivitätspotential entsprechen würde, Halogenionen zu entladen. Die Höhe dieser Entladungspotentiale liegt etwa bei den in Tab. 13.5 angeführten Normalpotentialen. Das platinierte Titan verhält sich somit ähnlich wie eine reine Platinelektrode [*F 26*], und es können hohe anodische Stromdichten bei niederen Spannungen aufgebracht werden, ohne daß Korrosion zu befürchten ist. Titan ist z. B. bei einer Stromdichte von $\sim 3\ A/dm^2$ in Seewasser nicht mehr beständig. Bei dieser Stromdichte wird bereits das Transpassivitätspotential überschritten. Eine platinierte Titanelektrode ist dagegen in Meerwasser bei einer Strombelastung bis $\sim 12\ A/dm^2$ noch beständig. Deshalb können platinierte Titananoden für den kathodischen Schutz von Stahl in Seewasser und für die Chlor-Alkali-Elektrolyse verwendet werden [*C 55, R 47, B 60*].

Eine Kontaktkorrosion zwischen Titan und rostfreiem Stahl in Meerwasser oder -atmosphäre wurde nicht gefunden. Ebenso wurde zwischen den beiden Metallen in Schwefelsäure keine bzw. nur eine geringe Kontaktkorrosion beobachtet [*B 78, S 33*]. In Kontakt mit rostfreiem Stahl wird Titan in reduzierenden Mineralsäuren passiv und dadurch die Abtragungsgeschwindigkeit vermindert [*T 3c*]. In Meerwasser und Chloridlösungen kann bei galvanischem Kontakt von Titan mit Magnesium, Aluminium, Kupfer und deren Legierungen eine verstärkte Abtragung auf dem mit dem Titan verbundenen Metall einsetzen [*P 1, S 63c*]. Magnesium wird schon in feuchter Meeresluft unter Wasserstoffentwicklung verstärkt angegriffen [*R 26*]. In schwefelsaurer Lösung kann auch zwischen Titan und Aluminiumlegierungen Kontaktkorrosion auftreten. Bei geringer Schwefelsäurekonzentration und in Gegenwart von Luftsauerstoff wird dabei Aluminium Lösungsanode. Bei höherer Konzentration tritt im Laufe der Zeit eine Umkehr der Stromrichtung auf und Titan geht verstärkt in Lösung [*S 33*].

Zwischen Titan und Kupfer wird in 4,48n Salzsäure die sich einstellende Potentialdifferenz zwischen beiden Metallen durch den Vorpassivierungsgrad und die Gegenwart von Sauerstoff beeinflußt. Titan kann je nach dem Grad der Passivität edler oder unedler gegenüber Kupfer sein. In belüfteten Lösungen ist Kupfer Lösungsanode. Es wird rasch aufgelöst. Durch die in Lösung gehenden Kupfer-II-Ionen erfolgt eine zusätzliche Passivierung der Titanoberfläche. Bei Abwesenheit von Luftsauerstoff wird dagegen die Passivität des Titans aufgehoben. Titan geht in Lösung, während der Angriff auf Kupfer aufhört [*S 32*]. In siedender 7,5% HCl-Lösung wird die in Abb. 13.16b wiedergegebene Korrosionsgeschwindigkeit gefunden [*S 63g*, *T 21a*]. Der Kurvenverlauf ist ähnlich der in Abb. 13.16c wiedergegebenen Strom-Spannungs-Kurve.

Bei Kontaktkorrosion in sauren fluoridhaltigen Lösungen ist Titan auch in Gegenwart von oxidierenden Substanzen, wie z.B. Salpetersäure, stets sehr unedel. Es bildet bei Kontakt mit den Metallen Zink, Aluminium und Eisen die Lösungsanode. Dagegen bilden in neutralen Fluoridlösungen diese Elemente die Lösungsanode. Die Auflösungsgeschwindigkeit des Titans durch Kontakt mit anderen Metallen wird in sauren Fluoridlösungen beschleunigt, bei den Kontaktmetallen dagegen verzögert. In chlorid- und sulfidhaltigen Lösungsmitteln bleibt Titan in Kombination mit anderen Metallen passiv. Kadmium und Zink werden dadurch verstärkt aufgelöst, während Silber, Kupfer und rostfreier Stahl nicht rascher in Lösung gehen [*R 15d*].

13.2.4 Spaltkorrosion

Eine Spaltkorrosion kann durch Konzentrationsänderung des angreifenden Mediums in Spalten auftreten. So kann in Spalten der Sauerstoffgehalt von Meerwasser von 8,6 auf unter 0,1 mg/l fallen [*G 33b*]. In chloridhaltigen Lösungen bis pH 9 wurde unterhalb 200 °C Spaltkorrosion beobachtet [*J 0*]. Unter einer Spannung von 6–7 V findet nach längerer Beanspruchung in 29% NaCl-Lösung von 80 °C besonders in Spalten und Rissen ein Durchbruch der Oxiddeckschicht und eine starke Korrosion statt [*M 31a*]. Auch in wäßrigen Lösungen von Jodiden, Bromiden und Sulfaten tritt Spaltkorrosion auf, wobei der pH-Wert in den Spalten von 3–6 bis etwa 1 sinkt. Durch Pd-, Ni- und Mo-Zusatz zu Titan wird diese Art der Korrosion vermindert [*G 46a*, *M 107*, *F 11i*, *C 60c*]. Aus Beobachtungen von Spaltkorrosion in siedender Ammoniumchloridlösung wird angenommen, daß die Korrosion durch Bildung eines löslichen Ti-III-Komplexsalzes in saurer Lösung bei Sauerstoffmangel verursacht wird [*A 42a*, *S 71d*]. Durch Hydrolyse in $MgCl_2$-Lösung (115 °C) wird der pH-Wert verändert und die Korrosion geht von Lochfraß in aktive Korrosion über [*S 71e, S 71f*]. Bei 7,5 % Salzsäure bei Raumtemperatur kann die Korrosionsrate in Spalten von 0,01 auf 1 mm/Jahr steigen [*R 91b*]. Auch in H_2SO_4 [*R 91c*] und feuchtem Chlorgas [*M 21*] kann Spaltkorrosion auftreten. Eine Vergrößerung der Spaltbreite von 0,1 auf 1,0 mm zwischen gleichen oder als 2. Komponente nicht elektrisch leitenden Werkstoffen in 1,5–7,5 % Salz- oder Schwefelsäure hat ergeben, daß dadurch die Korrosionsgeschwindigkeit etwa um den Faktor 100–350 vermindert werden kann [*R 91b*]. Auch durch Ni-Gehalte im Titan [*S 62d*] und Überzüge aus Edelmetallen oder durch ihre Verwendung als Legierungsbestandteil (vgl. Tab. 13.8, S. 400) ebenfalls z.B. in H_2SO_4-Lösung durch eine Überspannung von 6 V kann die Spaltkorrosion vermindert werden [*G 21a, C 57c, R 53b*].

13.3 Einfluß von Legierungszusätzen auf die Korrosionsbeständigkeit

Durch Zusätze von Legierungselementen z.B. durch Molybdän kann die Korrosionsbeständigkeit von Titan günstig oder z.B. durch in Titan technischer Reinheit zugelassene Beimengungen von Eisen ungünstig

Tabelle 13.6. *Korrosionsverhalten von Titanlegierungen* [*R 84*]

Legierungszusätze Gew.-%	Näherungswerte für die Abtragungsgeschwindigkeit in mm/Jahr	
	10 %ige HCl, siedend	15 %ige H_2SO_4, siedend
	60	95
2–10 Cu	230 bis > 250	95–20
1–10 Ag	70–190	130–180
6Ag,3Al	140	180
4Ag,6Al	115	160
2–10 Be	> 200	> 200
1–10 Al	70 bis > 150	120 bis > 150
4Al,4V	–	90
6Al,4V	–	70
1–50 Zr	50–5	90–8
1–50 V	65–20	100–15
2–10 Nb	80–200	105–230
2–10 Ta	60–50	95–50
1–10 Cr	90–165	130–215
5Cr,3Al	140	200
20 Mo	0,2	0,2
30 Mo	< 0,1	< 0,1
2–10 Fe	> 200	> 200
2–10 Co	235 bis > 300	> 200 bis > 270
2–10 Ni	170 bis > 200	> 200

beeinflußt werden [*Y 8a, R 84, A 33, T 20d, K 98a, T 3, M 107*]. Ein Schema, das den Einfluß von Legierungselementen auf die Strom-Spannungs-Kurve gemäß Abb. 13.4 wiedergibt, zeigt die Abb. 13.16c, S. 393 [*T 20a*]. Wie aus dieser Abbildung und aus den Werten der Korrosionsgeschwindigkeit der Tab. 13.6 hervorgeht, wird durch die meisten Legierungszusätze der Korrosionsangriff in 10%iger siedender Schwefelsäure erhöht, so insbesondere durch Zusätze von Aluminium, Beryllium, Chrom, Eisen, Kobalt, Kupfer oder Nickel [*R 84*]. In 2,5% Schwefelsäure bei 20 °C wird erst oberhalb etwa 0,6% Sauerstoff und Stickstoff eine Zunahme der Korrosion beobachtet [*F 29*]. Bei den Legierungen TiAl4 und TiAl7 mit Sauerstoffgehalten von 0,1–0,43% in 30% H_2SO_4 und in technischer Weinsäure nimmt jedoch die Abtragung mit dem Sauerstoffgehalt bereits in diesem Konzentrationsbereich zu [*T 7c*]. Eine Verbesserung der Korrosionsbeständigkeit kann durch Zusätze von Zirkonium, Hafnium, Vanadin, Niob, Tantal, Molybdän und Wolfram erreicht werden. Die Verminderung des Korrosionsangriffes zeigt die Abb. 13.16d, S. 393 bei Zusatz von jeweils 10 At.-% des Legierungselementes in 10%iger Salzsäure und 10%iger Schwefelsäure bei 75 °C und bei Siedetemperatur. Bei Tantalzusätzen genügen 6 Gew.-%, um den Angriff in kochender 40–65% HNO_3 auf $<0{,}1$ mm/Jahr zu senken [*T 3, T 21c*]. In Abb. 13.17 ist die Korrosionsgeschwindigkeit von Titan-Molybdän-Legierungen in 15%iger Schwefelsäure und 10%iger Salz-

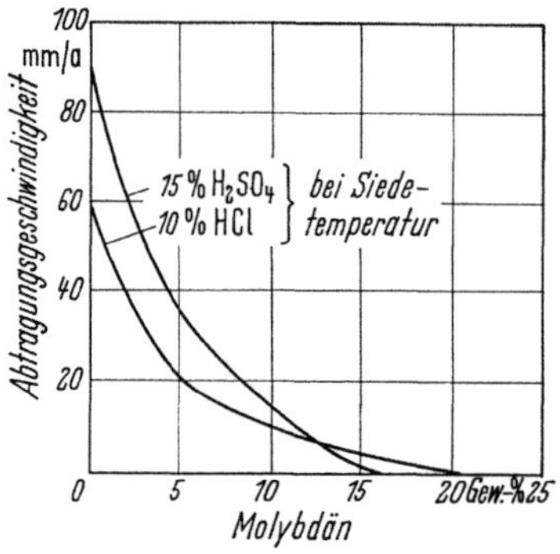

Abb. 13.17 Korrosionsverhalten von Titan-Molybdän-Legierungen [*R 84*].

säure bei Siedetemperatur in Abhängigkeit vom Molybdängehalt aufgetragen. Eine ausreichende Korrosionsbeständigkeit ist für diese nichtoxidierenden Angriffsmittel erst bei einem Zusatz von 20% Mo zu erreichen [*K 72, F 15, R 84, B 62a*]. Wie Tab. 13.7 zeigt, ist eine Legierung mit 30% Mo gegenüber Salzsäure aller Konzentrationen beständig. Von siedender Schwefelsäure wird sie erst oberhalb einer Konzentration von 50% angegriffen. Ferner ist die Legierung gegenüber siedender Phosphorsäure bis zu einem Gehalt von 70% sowie gegen 10%ige sie-

Tabelle 13.7. *Korrosionsverhalten einer* TiMo30-*Legierung [R 83]*

Angriffsmittel	Temperatur [°C]	Mittlere Abtragungsgeschwindigkeit [mm/Jahr]
HCl 10%ig	siedend	0,1
HCl 20%ig	siedend	0,25
HCl konz.	20°	0,1
H_2SO_4 15%ig	siedend	$<0,1$
H_2SO_4 50%ig	siedend	0,2–0,4
H_2SO_4 60%ig	siedend	0,8–19
H_2SO_4 60%ig	100°	0,2
H_2SO_4 70%ig	siedend	≈ 5–20
H_2SO_4 70%ig	100°	0,2
H_2SO_4 80%ig	siedend	≈ 30
H_2SO_4 konz.	siedend	>1000
H_3PO_4 50%ig	siedend	0,1
H_3PO_4 60%ig	siedend	0,15
H_3PO_4 70%ig	siedend	0,15
H_3PO_4 80%ig	siedend	0,8 (Lochfraß)
HNO_3 25%ig	siedend	≈ 10
HNO_3 25%ig	20°	0,1
Oxalsäure 10%ig	siedend	0,7
$CuCl_2 \cdot 2H_2O$ 10%ig	siedend	$<0,01$
$FeCl_3$ 40%ig	siedend	0,02
$AlCl_3$ 30%ig	siedend	0,08
$AlCl_3$ heißgesättigt	siedend	0,1

dende Oxalsäure beständig. Alle vier genannten Säuren greifen unlegiertes Titan stark an. Von Flußsäure wird TiMo30 dagegen angegriffen, ebenso von Salpetersäure bei höherer Temperatur und Konzentration. Stromdichte-Potential-Messungen zeigten, daß eine Aktivierung nur in flußsäurehaltigen Medien auftritt, wobei die Legierung unter Wasserstoffentwicklung in Lösung geht. Das Aktivierungspotential (vgl. Abb. 13.16c, S. 393) wird gegenüber Titan zu niedrigeren Werten verschoben. Dies erklärt die höhere Korrosionsbeständigkeit der Titan-Molybdän-Legierungen in nichtoxidierenden Medien. Das Transpassivitätspotential liegt jedoch ebenfalls bei negativeren Potentialen, so daß in oxidierenden Medien, wie im Falle der siedenden Salpetersäure, das Ruhepotential schon im transpassiven Bereich liegen kann. Die Beständigkeit dieser Legierung gegenüber starken Oxydationsmitteln ist deshalb geringer als die von Titan technischer Reinheit [*R 83*].

Eine Verbesserung der Korrosionsbeständigkeit von passivierbaren Metallen durch Zulegieren geringer Mengen kathodisch wirksamer Edelmetalle wurde 1949 bei rostfreiem Stahl gefunden [*T 22, T 20*]. Sie wird durch eine anodische Polarisation des im galvanischen Kontakt mit den edlen Metallen stehenden Grundmetalls hervorgerufen (vgl. Abb. 13.16a, S. 393). Die Wirkung solcher Legierungszusätze ist auch bei Titan erprobt worden und ist ähnlich der von passivierenden Zusätzen im Angriffsmittel oder der einer anodischen Polarisation durch Elementbildung oder der eines Schutzpotentials [*N 15, H 56, S 137*].

In Tab. 13.8 ist der Einfluß verschiedener Edelmetallzusätze auf die Korrosion von Titan in siedender Salz- und Schwefelsäure verschiedener Konzentration wiedergegeben. Den stärksten Einfluß haben wegen der

Tabelle 13.8.
Einfluß verschiedener Legierungszusätze auf den Korrosionswiderstand von Titan
(Laufzeit 24 h) [*S 137*]

Zusammensetzung	Abtragung in 10^{-4} mm/Jahr			
	Siedende H_2SO_4		Siedende HCl	
[Gew.-%]	[1%]	[10%]	[3%]	[10%]
Ti	1150	9875	605	11250
Ti + 0,064% Pt	<5	382,5	<5	320
Ti + 0,54% Pt	<5	120	7,5	300
Ti + 0,08% Pd	<5	425	7,5	250
Ti + 0,44% Pd	<5	112,5	<5	167,5
Ti + 0,1% Rh	<5	65	12,5	240
Ti + 0,5% Rh	7,5	120	<5	137,5
Ti + 0,1% Ru	7,5	467,5	12,5	700
Ti + 0,5% Ru	<5	120	<5	282,5
Ti + 0,11% Ir	<5	897,5	7,5	300
Ti + 0,60% Ir	<5	112,5	7,5	220
Ti + 0,10% Os	12,5	1200	7,5	4550
Ti + 0,48% Os	<5	205	7,5	520
Ti + 0,11% Re	587,5	–	862,5	–
Ti + 0,36% Re	22,5	–	75	–
Ti + 0,11% Au	2625	–	3750	–
Ti + 0,48% Au	7,5	–	22,5	365
Ti + 0,04% Ag	1250	–	835	–
Ti + 0,34% Ag	–	–	–	12150
Ti + 0,17% Cu	11750	–	850	–
Ti + 0,44% Cu	1650	–	1375	–

geringen Wasserstoffüberspannung Zusätze von Platin, Palladium, Rhodium und Ruthenium, weniger wirksam sind Osmium, Iridium und Gold, während Kupfer und Silber sich ungünstig auf das Korrosionsverhalten auswirken [*S 137*]. Der Einfluß des Legierungsgehaltes an Platin und Palladium auf die Korrosionsbeständigkeit in siedender Salz- und Schwefelsäure verschiedener Konzentration ist in Abb. 13.18a und b wiedergegeben. Durch Gehalte von <0,15% sinkt die Abtragungsgeschwindigkeit auf einen Endwert, der durch Erhöhung des Legierungsgehaltes nicht weiter vermindert werden kann. In Schwefelsäure liegt der notwendige Legierungsgehalt höher als in Salzsäure gleicher Konzentration. Allerdings ist bei den 5- und 10%igen kochenden Säuren die Abtragungsgeschwindigkeit für eine technische Anwendung noch zu hoch [*S 137, R 88d*].

Durch die Legierung TiPd0,2 wird der Anwendungsbereich von Titan in Salz- und Schwefelsäure erweitert. Wird eine Abtragungsgeschwindigkeit von 0,1 mm/Jahr toleriert, so können Titan-Palladium-Legierungen

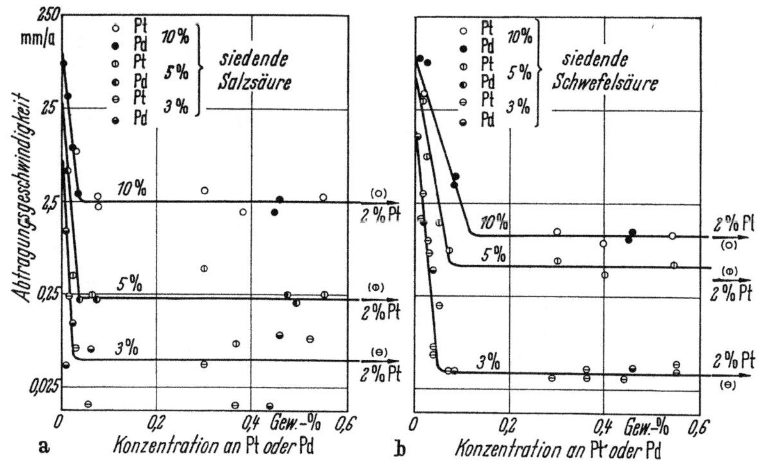

Abb. 13.18a u. b Einfluß verschiedener Gehalte an Platin oder Palladium auf die Korrosionsgeschwindigkeit von Titan in siedender Salz- (a) und Schwefelsäure (b) [*S 136*].

auch im geschweißten Zustand bis zu einer Salz- oder Schwefelsäurekonzentration von etwa 2,5% in siedenden Lösungen verwendet werden (Abb. 13.19), während unlegiertes Titan eine Abtragung von 8 bzw. 20 mm/Jahr aufweisen würde. Wird eine höhere Abtragungsgeschwindigkeit, etwa zwischen 0,1 und 1 mm/Jahr toleriert, dann kann die Säurekonzentration 10% bei Siedetemperatur betragen. Bei einem Legierungsgehalt von 0,1% ist insbesondere bei höheren Temperaturen und Konzentrationen nicht in allen Fällen mehr eine ausreichende Passivierung zu erreichen, so daß als Legierungsgehalt 0,13–0,2% Pd üblich ist [*R 88d, T 2b*]. Das in der Legierung enthaltene Ti_2Pd wird von dem angreifenden Medium gelöst und Palladiummetall auf dem Titan wieder abgeschieden. Edelmetallgehalte in nichtoxidierenden Säuren können deshalb ebenfalls eine Korrosion verhindern [*C 57a*]. Bei einer möglichen Abtragung des Palladiums bei Korrosionsbeanspruchung unter dynamischen Strömungsverhältnissen ist es deshalb zweckmäßig, den Palladiumgehalt auf etwa 0,5% Pd zu erhöhen [*C 57a*]. Auch pulvermetallurgisch eingebrachtes Palladium verbessert die Korrosionsbeständigkeit des Titans [*M 26a*]. Die Beständigkeit gegenüber oxidierenden Medien wird durch den Zusatz von Palladium nicht beeinträchtigt. Für eine Reihe nichtoxidierender Medien ist das Korrosionsverhalten von TiPd0,2 in Tab. 13.9 zusammengestellt [*S 134*].

Die Wirkung des Palladiums auf das Ruhepotential geht aus Abb. 13.20 hervor. Es wird mit fallender Temperatur und zunehmendem

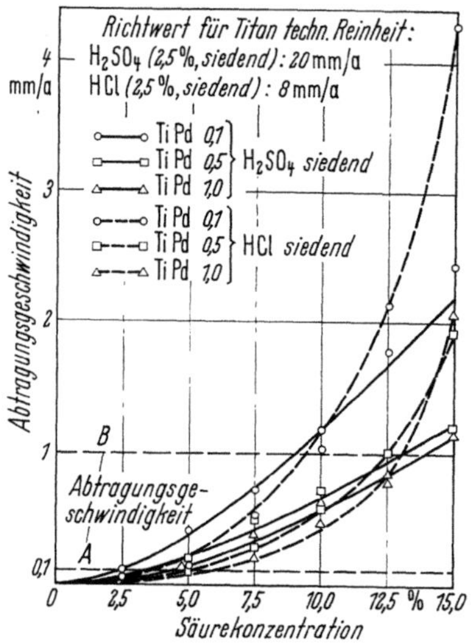

Abb. 13.19 Korrosionsverhalten von Ti-Pd-Legierungen (geschweißte Proben) in siedender Salz- und Schwefelsäure [*F 29*].

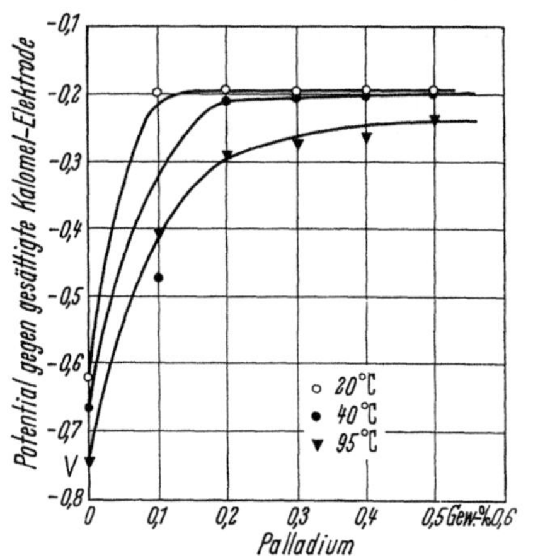

Abb. 13.20 Ruhepotentiale von Ti-Pd-Legierungen (Schmelzknöpfe) in 10%iger Schwefelsäure (Elektrolyt unter N_2 umgewälzt) (Werte nach 30 min gemessen) [*F 29*].

Pd-Gehalt zu edleren Werten verschoben. Eine ausreichende Passivierung, insbesondere bei höheren Temperaturen wird ab etwa 0,2% Pd erreicht.

Die Einstellung des passiven Zustandes ist zeitabhängig. Während der aktiven Periode steigt die Belegung der Oberfläche durch Palladium an, bis die Bedeckung ausreicht, um ein genügend edles Mischpotential zu erzielen. Dabei entsteht auf der Titanoberfläche ein braunschwarzer Film, der bei palladiumhaltigen Legierungen als kubisch-flächenzentrierter Palladiummischkristall, möglicherweise mit Wasserstoff und Titan, mit einer Gitterkonstanten von 3,92 kX (Pd = 3,88 kX) identifiziert wurde. Bei einem Legierungsgehalt von etwa 0,1% Pd ist ein längerer Zeitraum für die Ausbildung der Palladiumschutzschicht notwendig, als bei den Legierungen mit höheren Zusätzen an Palladium oder Platin [*F 29*]. Durch die an Platinmetallen angereicherte Oberflächenschicht wird, wie Abb. 13.21 an Platin zeigt, die Wasserstoffüberspannung verringert. Die kathodischen Äste der Strom-Spannungs-Kurven

Tabelle 13.9. *Korrosionsverhalten einer Titan-Palladium-Legierung mit 0,2%* Pd *im Vergleich zu unlegiertem Titan in verschiedenen nichtoxydierenden Medien* [*S 134*]

Angriffsmittel	Konzentration [%]	Temperatur [°C]	Abtragungsgeschwindigkeit [mm/Jahr]	
			Ti techn. Reinheit	TiPd0,2
$AlCl_3$	10	siedend	0,03 [1]	0,03 [1]
$AlCl_3$	25	siedend	51 [1]	0,03 [1]
Zitronensäure	50	siedend	0,4 [2]	0,03 [2]
Ameisensäure	50	siedend	3,6 [1]	0,08 [1]
HCl	5	siedend	28 [1]	0,2 [4]
Oxalsäure	1	siedend	46 [2]	1,1 [3]
H_3PO_4, belüftet	50	70	11 [2]	1,8 [2]
H_3PO_4	10	siedend	11 [3]	3,2 [3]
H_2SO_4	5	siedend	49 [1]	0,5 [4]

[1] Ein 48 bis 65-h-Versuch.
[2] Durchschnitt von zwei 48-h-Versuchen.
[3] Durchschnitt von drei 48-h-Versuchen.
[4] Durchschnitt von fünf 48-h-Versuchen.

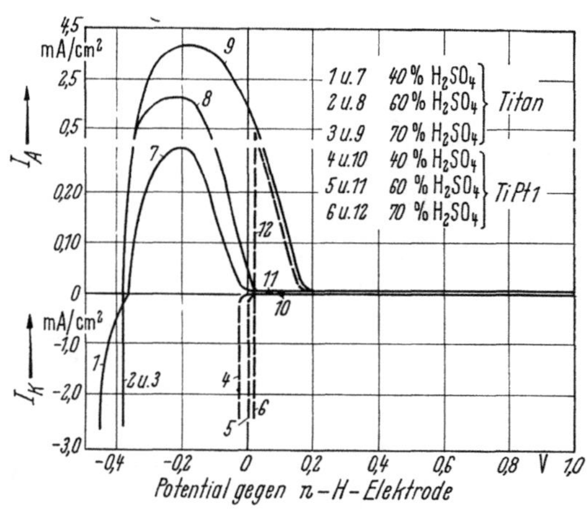

Abb. 13.21 Stromdichte-Potential-Kurven für Ti und TiPt1 in Schwefelsäure verschiedener Konzentration bei 25 °C [*T 23*].

sind bei der platinhaltigen Legierung gegenüber Titan (vgl. Abb. 13.9, S. 385) um etwa 0,4 V zu edleren Werten verschoben. Dadurch wird das Passivierungspotential von Titan erreicht. Als Oxydationsmittel treten die Wasserstoffionen selbst auf, deren Abscheidungspotential am Platin oder Palladium edler ist als das Passivierungspotential des Titans. Wegen der weit höheren Überspannung der Wasserstoffabscheidung an reinem Titan kann durch diese kathodische Reaktion eine Passivierung des un-

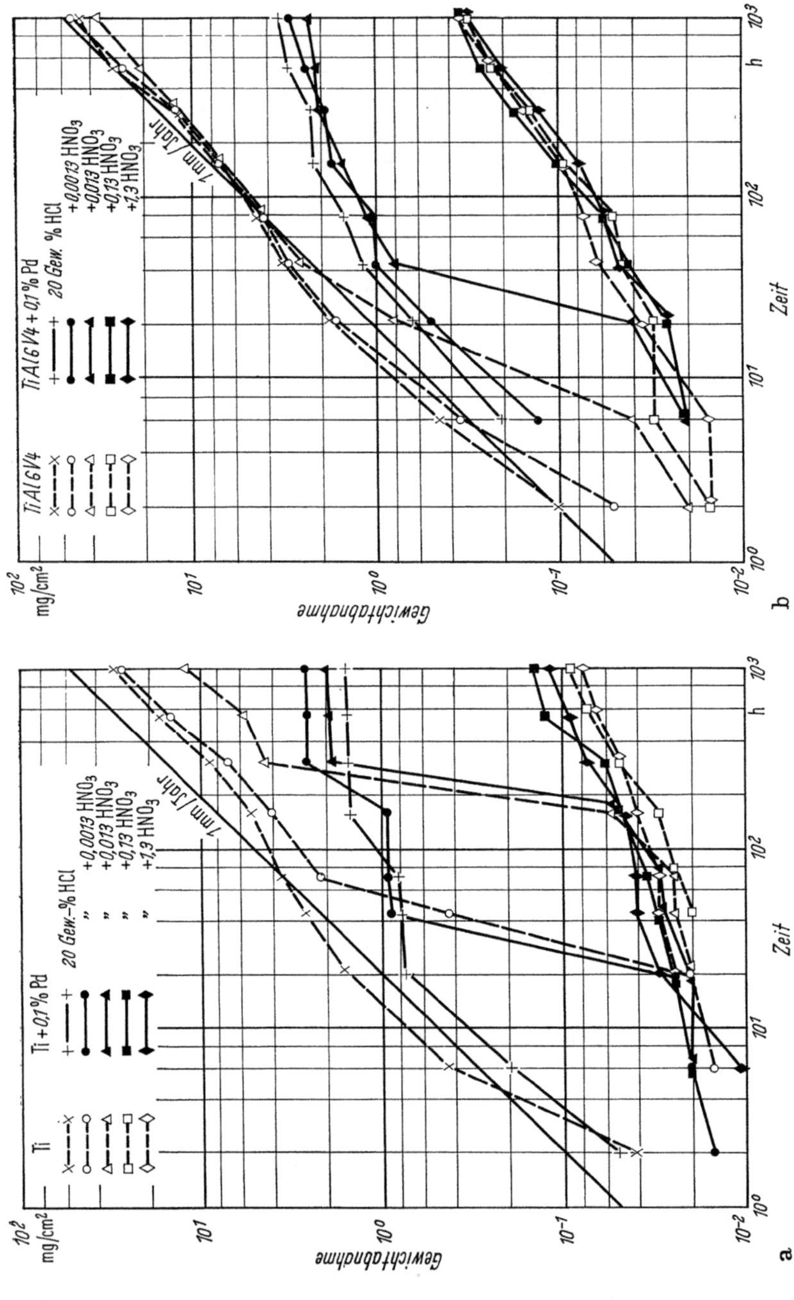

Abb. 13.22a u. b Zeitabhängigkeit des Gewichtsverlustes (40 × 20 × 1,2 mm-Probe, nach jeder Messung die 50 cm³ Korrosionsflüssigkeit erneuert) von warmgewalztem vanadiumfreiem und palladiumhaltigem a) Titan technischer Reinheit (HB30 = 125 kp/mm²) und b) TiAl6V4 in 20%iger HCl-Lösung mit unterschiedlichen Gehalten an HNO_3 bei 20 °C [*Z 11*].

legierten Titans nicht eintreten [*T 23, T 21b, T 21d, T 21f*]. Durch Ni-gehalte von 1–5 % wird das Durchbruchpotential in 20 % NaCl-Lösung bei Raumtemperatur von 8,2 auf über 10 V erhöht und eine Anfälligkeit gegen Lochfraß vermindert [*F 11i, M 107, S 62e*]. In Lösungen, in denen Titan nicht passivierbar ist, z.B. in Fluorionen enthaltenden Medien, kann das Zulegieren von Edelmetallen zu einer verstärkten Korrosion führen [*S 146*].

Bei Titan-Molybdän-Legierungen, die bei genügend hohen Molybdängehalten eine bessere Korrosionsbeständigkeit in reduzierenden Medien aufweisen als Titan, aber gegenüber oxydierenden Medien stärker korrosionsanfällig sind, können durch geringe Palladiumzusätze die sonst notwendigen Molybdängehalte vermindert werden. Dadurch kann eine bessere Beständigkeit sowohl gegenüber reduzierenden als auch oxydierenden Medien erreicht werden [*S 135*]. Auch bei technischen Legierungen findet wie bei Titan durch Palladiumzusatz eine Verbesserung der Korrosionsbeständigkeit in reduzierenden Medien statt, während bei einem Zusatz von oxydierenden Medien keine Änderung gegenüber den palladiumfreien Legierungen beobachtet wird. In Abb. 13.22a und b ist als Beispiel das Korrosionsverhalten von Titan technischer Reinheit und von TiAl6V4 mit und ohne Palladiumzusatz in 20 %iger HCl mit und ohne HNO_3-Zusätzen in Abhängigkeit von der Zeit wiedergegeben [*Z 11*]. Die Korrosionsanfälligkeit von Schweißnähten aus Titan, das Gehalte an Eisen enthält, in oxydierenden Säuren kann durch einen Palladiumzusatz nicht vermindert werden [*C 57f*]. In physiologischer NaCl-Lösung wird durch Pd-Zusatz das Potential erhöht [*F 40b*].

13.4 Verhalten in Metall- und Salzschmelzen und Metalldämpfen

Das Verhalten von Titan in verschiedenen Metallschmelzen ist in Tab. 13.10 zusammengestellt. Die Beständigkeit wird auch hier entscheidend durch die Anwesenheit einer Oxidschicht beeinflußt, die durch die meisten Metalle nicht benetzt wird. Gegenüber schmelzflüssigen Alkalimetallen ist Titan bis 600 °C, desgleichen in Magnesium bis 750 °C, in Wismutlegierungen bis 300 °C und in Gallium bis 400 °C beständig, während bei höheren Temperaturen der Angriff zunimmt. Von Aluminium wird Titan angegriffen [*W 45*]. Oberhalb 500 °C wird Titan von sauerstoffhaltigem strömenden Natrium gelöst. Bei einem Sauerstoffgehalt von etwa 0,005 % im Natrium betrug der Gewichtsverlust nach 1000 h 20 mg/cm² [*B 66a*].

Die Beständigkeit in geschmolzenem Zink wird durch eine vorhergehende Behandlung in einer Lösung von Zinkammoniumchlorid bei 90 °C verbessert [*R 38*]. Gegenüber Quecksilber ist Titan bis 150 °C beständig. Eine Benetzung tritt bei höheren Temperaturen ein, wenn durch vorhergehende Vakuumglühung eine oxidfreie Oberfläche hergestellt wurde. Proben mit durch Vakuumglühen und Tauchen oder durch Verformung benetzten Oberflächen zeigten Anrisse beim Biegen [*W 76a*, *L 18*]. Durch Nitridschichten wird Titan gegen Quecksilberdampf bis über 500 °C beständig, während Titanlegierungen mit derartigen Überzügen weniger beständig sind [*W 7a*].

Durch flüssiges Kadmium wurden bei den technischen Legierungen TiAl4Mn4 und TiMn8 an einer Kompressorscheibe radial verlaufende Risse in der Nähe von Bohrungen verursacht. Sie traten bei Verwendung von verkadmierten Bolzen auf. Während einer Dauerfestigkeitsprüfung unter Betriebsbedingungen wurde der Schmelzpunkt des Kadmiums überschritten. Dieses diffundierte entlang der Korngrenzen ein und verursachte die Rißbildung [*J 23*]. Ein Brechen der Oxidschicht durch plastische oder elastische Verformung führt zu einer Verminderung der mechanischen Eigenschaften in festem und flüssigem Kadmium [*R 58c*, *F 1c*] (vgl. auch Kap. 15.4.7, S. 464). Ähnliche Erscheinungen nach Art von Spannungsrißkorrosion werden auch in demselben Temperaturbe-

Tabelle 13.10. *Verhalten von Titan in geschmolzenen Metallen*

Metall	Temperatur [°C]	Beständigkeitsstufe [1]	Literatur
Blei	600	A	[*S 140*]
	1000	C	[*W 45*]
Gallium	400	A	[*W 45*]
	450	C	[*W 45*]
Kalium	600	A	[*W 45*]
	800	B	[*W 45*]
Lithium	800–900	B	[*W 45*]
Magnesium	750	A	[*W 45*]
	850	B	[*W 45*]
Natrium	600	A	[*W 45*]
	800	B	[*W 45*]
Natrium-Kalium-Legierungen	600	A	[*W 45*]
	800	B	[*W 45*]
Quecksilber	150	A	[*W 76a*]
	150–300	A bis C	[*L 18*]
Wismut-Zinn-Legierungen	300	A	[*W 45*]
	600	B	[*W 45*]
Wismut-Zinn-Blei-Legierungen	300	A	[*W 45*]
Zinn	300	A	[*T 11*]
	600	B	[*T 11*]
Zink	450	A	[*R 38*, *I 1a*]

[1] Abtragungsgeschwindigkeit
A: <0,1 mm/Jahr; B: 0,1–1 mm/Jahr; C: >1 mm/Jahr.

reich bei Silberüberzug und bei 20 °C bei Quecksilber beobachtet [*J 0a*]. Von flüssigem Zinn wird Titan bei Anwesenheit von Sauerstoff nicht angegriffen. Deshalb kann es zu Leitungen und Armaturen verwendet werden, die mit flüssigem Zinn in Berührung kommen. In einem Zinnbad von 700 °C unter Argonatmosphäre tritt jedoch nach einigen Stunden Verzinnung auf, wobei sich intermetallische Verbindungen bilden [*T 11*].

In Salzbädern, die zur Entzunderung von Titanblechen verwendet werden, wird bei niederen Temperaturen bevorzugt die Oxidschicht, bei höheren Temperaturen jedoch metallische Oberflächenschichten abgetragen und Reaktionsprodukte, z.B. Wasserstoff von Titan aufgenommen. Natriumhydroxid und/oder Natriumnitrat greifen bei Temperaturen unterhalb 450 °C sowohl Metall als auch Oxid nur langsam an [*D 36*]. In einer zum Beizen verwendeten Salzschmelze aus Natriumhydroxid mit Zusätzen von etwa 15% oxydierenden Salzen findet unterhalb 500 °C ebenfalls nur eine geringe Abtragung der metallischen Oberfläche und damit nur geringe Wasserstoffaufnahme statt, während die Oxidschicht rasch abgelöst wird. Dagegen besteht bei Temperaturen ab 550 °C Gefahr einer explosionsartigen Reaktion zwischen Titan und der Salzschmelze und einer starken Wasserstoffaufnahme. Auch in einem Natriumhydridbeizbad (vgl. Kap. 15.1.2, S. 445ff.) wird bei der üblichen Arbeitstemperatur von 370 °C nur eine geringe Auflösung von Titanmetall beobachtet, während die Oxidschicht abgelöst wird. Bei höheren Temperaturen kann auch hier eine Wasserstoffaufnahme stattfinden [*S 92, C 62*].

NaCl-, KCl-, LiCl- und besonders stark NaCl + NaF-Schmelzen greifen Titan bei Temperaturen oberhalb 375 °C an Luft an [*G 14*]. In Natriumbisulfat wird Titan in wenigen Stunden angegriffen. Dagegen findet in Schmelzen von Natriumkarbonat nur ein geringer Angriff statt. Es bildet sich eine dunkle korrosionshemmende Deckschicht aus [*Y 9*]. Geschmolzenes Natriumperoxid reagiert heftig mit Titan. Eine stark exotherme Reaktion von Titan mit Chromoxid und einem Flußmittel aus Natriumperoxid und Natriumkarbonat wurde ebenfalls beobachtet [*A 37*].

13.5 Spannungsrißkorrosion

Da bei der Spannungsrißkorrosion sich unter dem Einfluß von inneren oder äußeren Spannungen in einem angreifenden Medium Risse bilden, besteht ein enger Zusammenhang mit der Spaltkorrosion. Die Vorgänge am Rißgrund sind auch hier wegen des kleinen Bereiches schwer zu erfassen und deshalb meist nur aus indirekten Beobachtungen zu erklären. Da bei Spannungsrißkorrosion eine zumindest örtliche Spannung und meist auch Verformung notwendig ist, um eine aktive Oberfläche freizulegen, hängt die Spannung, die dazu aufgebracht werden muß, weitgehend von der Zusammensetzung und dem Gefügeaufbau der zu prüfenden Probe ab. Die kritische Beanspruchung, die zu dieser örtlichen Spannung oder plastischen Verformung führt, kann sehr unterschiedlich sein. Da im Rißgrund, abhängig von der Form des Risses, die Spannung hoch sein kann, erfolgt ein örtlicher Durchbruch der Oberfläche im Rißgrund durch eine plastische Verformung früher als an anderen Stellen. Zudem kann sich die Konzentration des angreifenden Mediums im Rißgrund wie bei der Spaltkorrosion verändern. Ein Spannungsabbau, z.B. durch Abtragung und Abrundung im Bereich des Rißgrundes bei vorhandenen oder im Laufe der Beanspruchung entstandenen Rissen, kann ebenfalls durch das angreifende Medium erfolgen. Der Einfluß eines Angriffsmittels auf die Spannungsintensität, die zur Rißfortpflanzung eines vorgegebenen natürlichen Anrisses überschritten werden muß, wird durch den K_{ISRK}-Wert gekennzeichnet. Im Vergleich mit der entsprechenden Spannungsintensität ohne Angriffsmittel, dem K_{IC}-Wert, dient er als Maß für die Empfindlichkeit (K_{ISRK}/K_{IC}) gegen eine Rißfortpflanzung in gegenüber der Metalloberfläche korrosiven Medien. Bei Versuchen mit Proben ohne natürliche Anrisse z.B. bei Schlaufen- und Biegeproben spielt die Inkubationszeit für die Rißbildung oft die entscheidende Rolle. Da in geschweißten Proben meist Restspannungen oder Konzentrationsschwankungen vorhanden sind, tritt eine Spannungsrißkorrosion meist verstärkt neben den Schweißnähten auf.

Wie bei der normalen Korrosion können auch hier inhibierende Gehalte von Beimengungen oder von Zusätzen in den agressiven Medien oder im Titan bzw. die Anwendung eines Fremdstromes die Spannungsrißkorrosion vermindern oder verhindern, ebenfalls kann dies durch ein Aufbringen von Druckspannungen auf der Oberfläche, z.B. durch Kugelstrahlen, wie bei anderen Metallen und Legierungen geschehen. Die unter dem Einfluß von Metallen, wie Kadmium, Silber oder Quecksilber, entstehende Spannungsrißkorrosion wird in Kap. 13.4, S. 405 beschrieben.

Die gute Korrosionsbeständigkeit von Titan bleibt in den meisten Fällen bei einer zusätzlichen mechanischen Spannung erhalten. Auch in angreifenden Medien wird unter Spannung oder bei Vorliegen eines kaltverformten Zustandes die Angriffsgeschwindigkeit häufig nicht erhöht, jedoch wurde in verschiedenen Medien bei Titan technischer Reinheit, hauptsächlich in roter rauchender Salpetersäure und bei Titanlegierungen in chloridhaltigen Salzen und Lösungen, aber auch in organischen Lösungsmitteln und anderen Medien bevorzugt bei erhöhter Temperatur (Tab. 13.11) eine Spannungsrißkorrosion beobachtet.

Die bei Titan technischer Reinheit in roter rauchender Salpetersäure auftretende Spannungsrißkorrosion kann z.B. durch 1 % Natriumbromid inhibiert werden [*K 25*]. Sie wird sehr stark vom NO_2- und vom Wassergehalt beeinflußt und tritt bereits bei Gehalten, die unter 10 % NO_2

liegen, bevorzugt interkristallin auf. Bei einem Wassergehalt von 1 und 2 % wird sie bei Titan technischer Reinheit und bei der Legierung TiMn8 sowie bei Jodidtitan auch bei niedrigeren Gehalten nicht beobachtet [*R 53c*]. Bei den niedrigen Wassergehalten bis etwa 0,9 % H_2O und bei 2–20 % NO_2 kann durch Stoß oder Reibung eine explosionsartige Verbrennung eingeleitet werden. Der Konzentrationsbereich, in dem diese Reaktion auftreten kann, wird in Kap. 13.6.5, S. 433ff. beschrieben.

Tabelle 13.11. *Medien, Temperaturen und Titanlegierungen, bei denen Spannungsrißkorrosion beobachtet wurde [S 62h, J 0a, R 48b, R 47c, B 13a, B 93e, C 57b]*

Angreifendes Medium	Temperatur °C	Titanlegierung
Äthylalkohol	20	TiAl8Mo1V1
Äthylenglykol	20	TiAl8Mo1V1
Chlor	285	TiAl8Mo1V1
Chlordiphenyl	315	TiAl5Sn2,5
Chloridhaltige Salze (ohne Zinnchlorid)	290–430	viele technische aluminiumhaltige Legierungen
Freon, Fluorchlor-Methan(Äthan) Siedepunkt 25 °C	20–25	TiAl5Sn2,5, TiAl6V4, TiAl8Mo1V1, TiV16Cr11Al3
Methylalkohol	20	TiO0,2, TiAl4Mo3V1, TiAl5Sn2,5, TiAl6V4 TiAl8Mo1V1
Methylenchloroform (inhibiert)	100–370	TiAl4Mo3V1, TiAl5Sn2,5, TiAl6V4, TiAl8Mo1V1, TiV16Cr11Al3
Orthodichlorbenzen	179	TiAl5Sn2,5
Quecksilber	20	TiAl8Mo1V1
Salpetersäure rot, rauchend $<2\%$ H_2O	20	Ti technischer Reinheit, TiAl5Sn2,5, TiAl6V4, TiMn8
Dest. Wasser und Chlorid-, Bromid- und Jodidlösungen einschl. Meerwasser (vgl. Tab. 13.12 und 13.13)	20	TiO0,32 und viele Legierungen
Salzsäure 10%	25	TiAl5
	95	TiAl5Sn2,5
Schwefelsäure 6–60%	20	TiAl5
Schwefelkohlenstoff	20	TiAl5Sn2,5
Stickstofftetroxid	30–70	TiAl5Sn2,5, TiAl6V4
Tetrachlorkohlenstoff	76	TiAl5Sn2,5
Trichloräthylen (nicht mit H_2O stabilisiert)	88–370	TiAl4Mn4, TiAl5Sn2,5, TiAl8Mo1V1
Viton (Fluorelastomer, bis 200 °C beständiges Mischpolymerisat aus Hexafluorpropylen und Vinylidenfluorid z.B. mit Hexamethylendiamin vernetzt)	175	alle technischen Legierungen
Zinnchlorid	340	viele technische Legierungen

Ein Sauerstoffüberschuß in Stickstofftetroxid kann bei TiAl6V4 Spannungsrißkorrosion verursachen. Liegt der Sauerstoffgehalt unterhalb der stöchiometrischen Zusammensetzung, so wird er nach der Reaktion $2NO + O_2 = N_2O_4$ gebunden. Ist Sauerstoff im Überschuß vorhanden, so kann er mit Wasser nach $N_2O_4 + 1/2\,O_2 + H_2O \leftrightarrows 2\,HNO_3 - 4{,}22$ kcal bei 25 °C reagieren. Dadurch tritt freie Salpetersäure auf. Wie bei roter rauchender Salpetersäure kann auch hier das Verhältnis der Salpetersäure zu Wasser das Auftreten der Spannungsrißkorrosion bestimmen. Liegt der Sauerstoffgehalt unterhalb der stöchiometrischen Zusammensetzung, so kann das dann freie NO nach $NO + 2\,HNO_3 \rightleftarrows 3/2\,N_2O_4 + H_2O - 4{,}43$ kcal bei 25 °C reagieren, wobei Wasser freigesetzt wird. Dadurch steigt das Verhältnis von Wasser zu HNO_3 an, und die Gefahr einer Spannungsrißkorrosion wird vermindert [*K 0e, J 0a*]. Die Rißbildung erfolgt bei TiAl5Sn2,5 und anderen α-Legierungen und in $(\alpha + \beta)$-Legierungen diskontinuierlich interkristallin und transkristallin, hauptsächlich entlang der Gleitebenen, wobei auf der Rißoberfläche Oxid aufwächst [*S 56, S 62h, M 90b*]. Eine Kaltumformung der Oberfläche durch Strahlen mit Glasperlen vermindert die Anfälligkeit gegen Spannungsrißkorrosion in N_2O_4 [*L 35b*]. Während bei 20 ppm HNO bereits Spannungsrißkorrosion beobachtet wird, tritt oberhalb 2 % HNO eine Verminderung der Anfälligkeit auf [*C 46b*].

Weitgehend wasserfreie Halogene wie Chlor, Brom oder Jod können wie rote rauchende Salpetersäure zu einer spontanen Reaktion mit Titan führen (vgl. Abschn. 13.6.5, S. 433ff.). Bei Temperaturen von über 250 °C können die Halogene Chlor, Brom und Jod als Halogenid an Metall gebunden eine katalytische Beschleunigung der Oxydation verursachen, die von LiCl, NaCl, $BaCl_2$, KCl, $CuCl_2$, $SrCl_2$ nach $MgCl_2$ bzw. von $SnCl_2 \cdot 2\,H_2O$, CuCl, NaCl, NaBr nach NaJ abnimmt, und dadurch bei einer äußeren Spannung zu Spannungsrißkorrosion führen. Der Angriff erfolgt hauptsächlich entlang der Korngrenzen bzw. bei $(\alpha + \beta)$-Legierungen zwischen der α- und der β-Phase. Bereits geringe Gehalte dieser Halogenide, wie sie z.B. durch Fingerabdrücke auf die Proben aufgebracht werden, können genügen, um diese Erscheinung hervorzurufen [*B 15c, Z 10, K 41, Z 8, B 72k, P 33a, L 49, R 48a, O 21h*]. Im Falle von NaCl kann die Reaktion z.B. wie folgt [*L 50*] ablaufen:

Reaktion	δF (kcal) 250 °C	δF (kcal) 750 °C
1. Ti(fest) + 2NaCl(fest) + $1/2\,O_2$(gasförmig) → $TiCl_2$(fest) + Na_2O(fest)	−11,04	+9,01
2. $TiCl_2$(fest) + Na_2O(fest) → TiO(fest) + 2NaCl(fest)	−101,41	−110,26
3. = Summe aus 1 und 2 Ti(fest) + $1/2\,O_2$(gasförmig) → TiO(fest)	−112,45	−101,25

In Nebenreaktionen kann sich TiO_2 nach der Reaktion $TiO + 1/2\,O_2 = TiO_2$ und Chlor nach der Reaktion $TiCl_2 + O_2 = TiO_2 + Cl_2$ bzw. Salzsäure und Wasserstoff nach der Reaktion $TiCl_2 + 2\,H_2O = TiO_2 + 2\,HCl + 2\,H$ bilden, wobei im letzteren Falle Wasserdampf anwesend sein muß. Chlor und HCl können mit Titan zu $TiCl_2$ reagieren. Wasserstoff kann vom Titan aufgenommen werden. Weiterhin kann $TiCl_2$ mit NaCl Komplexsalze bilden (vgl. Kap. 1, S. 19) [*H 33b, P 22c, R 48, R 48a, G 43d, B 24f, K 0*]. Bei 427 °C unter einer Spannung von 34,5 kp/mm nach 115 h in TiAl8Mo1V1 unter Salz entstandene Spannungskorrosionsbruchflächen enthielten 4000 ppm H gegenüber 70 ppm H im Grundwerkstoff [*G 43c*].

Die Spannungsrißkorrosion in heißem Salz z.B. von 343 °C tritt bei Metallfluoriden nicht auf. Es wird nur Lochfraß beobachtet [*R 47d*]. Dagegen wurde eine Spannungsrißkorrosion bei Kontakt mit warmfesten fluoridhaltigen Kunststoffen (Viton) [*B 13a*] gefunden. Bei einem Angriff durch NaCl wurde festgestellt, daß bei 667 Temperaturwechseln, z.B. bei TiAl8Mo1V1 (2000 h unter 42 kp/mm² Spannung je 10 min Aufheizen bzw. Abkühlen und 2,5 h Haltezeit bei 290 °C) im Gegensatz zu isothermen Versuchen keine Spannungsrißkorrosion auftritt. Bei TiAl6Zr4Mo2Sn2 wurde bei einer Spannung von 35 kp/mm² und ähnlichen Temperaturwechseln bis 482 °C nach 38 Wechseln eine Spannungsrißkorrosion beobachtet [*B 72, P 33a*].

Bei 257 °C zeigt die Legierung TiAl4Mo3V1 in Kontakt mit heißem Salz noch keine Neigung zur Spannungsrißkorrosion bei Schlaufenproben unter Druckbeanspruchung, während die Legierungen mit höherem Aluminiumgehalt bereits eine starke Anfälligkeit aufweisen, wie das Abb. 13.23a zeigt. Bei TiAl8Mo1V1 findet bei einer Beanspruchung von 22 kp/mm² bereits kurz oberhalb 200 °C eine Spannungsrißkorrosion bei Biegeproben statt (Abb. 13.23b) [*H 40e*]. Bei dieser Legierung wurde eine Anreicherung von Molybdän am Rißrand gefunden, da Aluminium

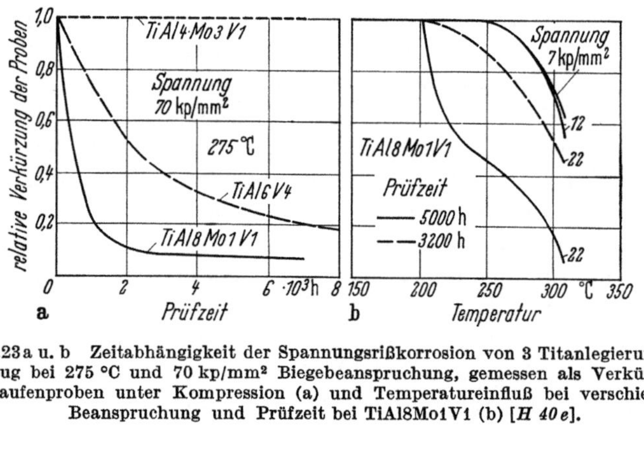

Abb. 13.23a u. b Zeitabhängigkeit der Spannungsrißkorrosion von 3 Titanlegierungen mit Salzüberzug bei 275 °C und 70 kp/mm² Biegebeanspruchung, gemessen als Verkürzung von Schlaufenproben unter Kompression (a) und Temperatureinfluß bei verschiedener Beanspruchung und Prüfzeit bei TiAl8Mo1V1 (b) [*H 40e*].

bevorzugt abgebaut wird [*M 18a*]. Die Tatsache, daß bei den aluminiumhaltigen Legierungen eine höhere Empfindlichkeit gegen Spannungsrißkorrosion gefunden wird, kann teilweise dadurch erklärt werden, daß bei diesen und bei sauerstoffhaltigen Legierungen infolge niedriger Stapelfehlerenergie eine koplanare Versetzungsanordnung (vgl. Abb. 8.38, S. 194) und die Ausscheidung von Ti_3Al auftritt. Dadurch können hohe innere Spannungen und hohe Abgleitstufen entstehen [*B 42g, B 42k*]. Legierungen ohne Aluminium wie TiMo11Zr6,5Sn4,5 [*P 22b*] oder mit niedrigen Gehalten an Aluminium wie TiSn10Zr5Al2,5Mo1 [*D 31a*] und TiMo4Zr4Al2 [*H 33b*] sind deshalb gegen heißes Salz insbesondere unterhalb einer Temperatur von 430 °C besser beständig als Legierungen mit höheren Gehalten an Aluminium. Auch Sauerstoffgehalte vermindern deshalb die Beständigkeit gegen Spannungsrißkorrosion [*S 9i, S 9k, B 72h*]. Stranggepreßte Proben zeigten in der Reihenfolge TiAl6V4, TiAl6V6Sn2, TiAl8Mo1V1 und TiAl7Mo4 eine zunehmende Spannungsrißkorrosion oberhalb 250 °C bei Natriumchlorid- oder Meersalzüberzug; dünne Überzüge (durch Tauchen aufgebrachte Schichten) waren wirksamer als dicke Überzüge [*S 82a*]. Die Oxidschichtdicke hat bei TiAl6V4 nur einen geringen Einfluß [*M 10a*].

Zusätze von $MgCl_2$ zu NaCl, wie sie in Meerwasser enthalten sind, vermindern die Spannungsrißkorrosion im Vergleich zu reinem NaCl bei TiAl8Mo1V1-Blech, das doppelt wärmebehandelt worden war. Die Temperaturabhängigkeit der zulässigen Beanspruchung für einen Bruch nach 100 h bei Meersalzüberzug im Vergleich mit der $\sigma_{0,2/100}$-Dehngrenze ohne Überzug an 5 Legierungen, die aus 10–40 ungekerbten Längs- und Querproben von 0,6 mm Blech ermittelt wurden, gibt die Abb. 13.24 wieder. Die Legierungen TiAl8Mo1V1 und TiAl6V4 zeigen dabei etwa dieselbe Zeitstandfestigkeit. Die Verminderung des Wertes gegenüber der $\sigma_{0,2/100}$-Dehngrenze ist jedoch bei der Legierung TiAl8Mo1V1 größer. Die geringste Zeitstandfestigkeit unter dieser Beanspruchung besitzt die Legierung TiAl5Sn2,5, während TiAl5Zr2,5Fe1,25 und TiAl4Mo1V1 die höchsten Werte aufweisen [*T 29i*]. TiAl6V4 ist unter einer NaCl-Schicht unempfindlicher als die Legierungen TiAl8Mo1V1 und TiAl6V6Sn2. Nach einer Beanspruchung bei 290 °C unter einer Schicht von reinem NaCl wird eine Verminderung der Zugfestigkeit nach dem Versuch festgestellt, während dies bei einem Überzug mit Meersalz nach denselben Vorbedingungen noch nicht der Fall ist [*P 33a*]. Geschweißte Proben sind besonders stark anfällig [*W 20a*]. Auch Silberchlorid kann zur Spannungsrißkorrosion bei erhöhter Temperatur führen. Es kann am Silberlot bei Anwesenheit von Salz bei erhöhter Temperatur entstehen [*M 18a*]. Mit Silberchlorid behaftete oder silberplattierte Proben der Legierung TiAl7Mo4 zeigen gegenüber nicht überzogenen Proben einen verstärkten Angriff durch Spannungsrißkorrosion bei und

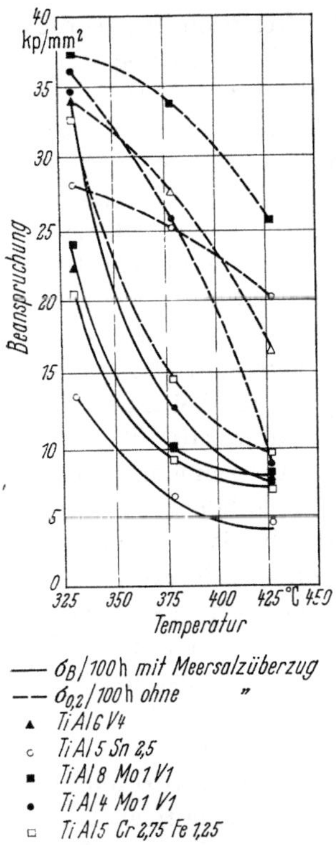

Abb. 13.24 Temperaturabhängigkeit von $\sigma_B/100$ h bei Spannungsrißkorrosion mit Meersalzüberzug (——) im Vergleich mit der $\sigma_{0,2/100}$-Dehngrenze ohne Überzug (- - -) bei 5 Titanlegierungen [*T 29i*].

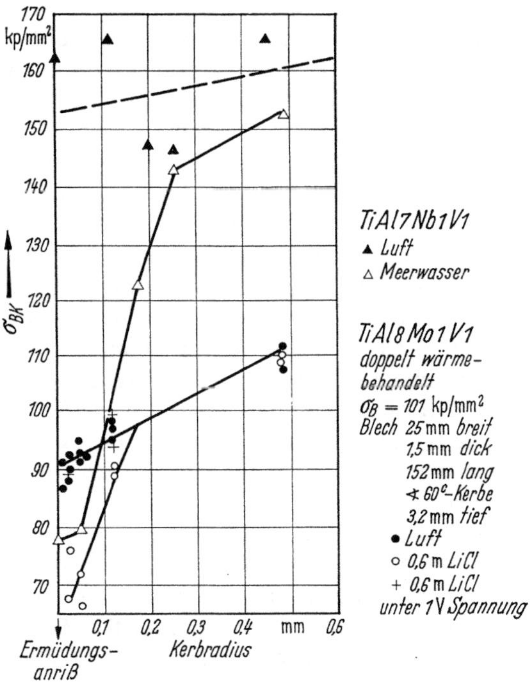

Abb. 13.25 Einfluß der Abrundung im Kerbgrund auf die Bruchfestigkeit von TiAl7Nb1V1 [*L 2b*] und von TiAl8Mo1V1 (Blech 8 h 790 °C, Ofenabkühlung + 15 Minuten 790 °C, Luftabkülung) bei einer Verformungsgeschwindigkeit von 0,05 mm/min [*B 24*] in verschiedenen Medien und unterschiedlicher Spannung.

oberhalb 375 °C [*D 37a*]. Bei 430 °C wurde nur bei TiAl8Mo1V1 eine Schwingungsrißkorrosion durch Heißsalz gefunden [*T 29c*].

Die Kinetik der Rißbildung unter der Einwirkung von heißem Salz wurde an TiAl8Mo1V1 mit Hilfe eines Heiztischmikroskopes neben NaCl-Kristallen, die auf der Legierung lagen, verfolgt. Die Rißbildung setzt im Bereich der Reaktionsschicht auf der Oberfläche ein und die Rißausbreitung erfolgt schubweise. Die Reaktionsschicht löst sich in Wasser ab. Die ersten Risse können sich bereits bilden bevor die Reaktionsschicht die ganze Oberfläche bedeckt hat. Die Inkubationszeit für die Rißbildung nahm von 96 h bei 235 °C über 20 h bei 260 °C auf etwa 1 h bei 370 °C ab. Oberhalb 370 °C verlangsamt sie sich im Verhältnis zur Temperaturerhöhung, und zwar von 45 min bei 450 °C auf nur 6 min bei 510 °C. Diese stärkere Abnahme der Inkubationszeit in diesem Temperaturbereich weist auf einen anderen Mechanismus der Reaktion hin als dies bei den tieferen Temperaturen der Fall sein dürfte [*R 47c*]. Risse, die in heißem Salz oder in Salzsäure entstanden sind, zeigen denselben Bruchmechanismus (mechanischer Bruch mit kleiner örtlicher Verformung, meist interkristallin, bei transkristallinen Bereichen Aufspaltung der Risse). Eine durch die Spannung verursachte Sorption von atomarem Wasserstoff wird in diesen Fällen als Ursache für die Rißfortpflanzung vermutet [*O 21h*]. Eine ähnliche Form der Rißbildung wird auch beim Einschießen von Protonen in Titanlegierungen beobachtet [*O 21a*]. Bei Versuchen in salzhaltigem Luftstrom mit 0,7 Mach Geschwindigkeit trat eine Spannungsrißkorrosion bei chemisch gefrästen Proben aus TiAl8Mo1V1 bei wesentlich geringerer Spannung auf als bei maschinell bearbeiteten Proben [*G 43f*]. Durch Glühen im Vakuum (10^{-3} Torr 24 h bei 650 °C) wurde das durch Spannungsrißkorrosion verminderte Formänderungsvermögen von Titanlegierungen nur wenig erhöht [*G 43d*].

Ein Fremdmetallüberzug z.B. aus Zink, der die Oberfläche nicht vollständig abdecken muß, kann die Heißsalzspannungsrißkorrosion verhindern [*P 22c*] und ein Zusatz von NaOH zum Salzüberzug sie vermindern [*O 21i*]. An Titan technischer Reinheit und an aluminiumfreien Legierungen, z.B. TiMn8, wurde ebenfalls keine Heißsalzspannungsrißkorrosion festgestellt [*A 11a, R 48b, B 6a*].

Verschiedene starke Säuren wie z.B. Salzsäure führen bei höheren Konzentrationen zu einem Angriff auf Titan und zu einer Hydridbildung auf der Oberfläche, die besonders leicht bei aluminiumhaltigen Legierungen und sauerstoffhaltigem Titan erfolgt. Da sich Wasserstoff besonders leicht an den aktiven Zonen der Rißbildung anlagert, trägt er in diesen Fällen wahrscheinlich maßgeblich zur Rißbildung bei. Obwohl die Abnahme des Formänderungsvermögens durch Hydridbildung entsteht, wird diese Erscheinung, da sie unter Spannung bevorzugt auftritt, zur Spannungsrißkorrosion gerechnet. Derartige Risse treten z.B. bei der Legierung TiAl5Sn2,5 in 10%iger Salzsäurelösung bei einer Spannung von 90% der Proportionalitätsgrenze auf. Der Angriff setzt an Stellen ein, an denen Anteile der β-Phase, die sich durch geringe Eisengehalte bilden, vorhanden sind. Die Risse verlaufen transkristallin, bevorzugt in der Walzrichtung. Die Versuche erfolgten bei 35 °C [*F 37, T 21g*].

In organischen Lösungsmitteln können deshalb Wasser, Salz- und Schwefelsäuregehalte eine entscheidende Rolle für das Auftreten von Spannungsrißkorrosionen spielen. Im Gegensatz zu der Heißsalzspannungsrißkorrosion, wird in diesem Fall auch Titan technischer Reinheit anfällig gegen Spannungsrißkorrosion. Die Rißbildung erfolgt bevorzugt interkristallin. Die Anfälligkeit von Titan und TiAl5Sn2,5 insbesondere an Schweißnähten [*C 17d*] wird z.B. in HCl-haltiger Methanollösung mit zunehmendem Wassergehalt, sinkender Säurekonzentration und Temperatur vermindert. In einer 0,4 % HCl enthaltenden Methanollösung sind z. B. Wassergehalte von 1,5 Vol.-% notwendig, um eine Spannungsrißkorrosion zu vermeiden [*S 62i, M 90c, B 72i, S 9l, S 9m, P 41a, P 41b, S 62c, S 119a*]. Bei TiAl6V4 wird in sehr reinem soweit als möglich wasserfreiem Methanol Spannungsrißkorrosion bei einer langsamen Verformung unter Zugbeanspruchung beobachtet [*K 29a*]. Durch eine kathodische Polarisierung kann die Spannungsrißkorrosion in einer 0,6 % HCl und 1 % H_2O enthaltenden Methanollösung vermieden werden. Durch anodische Polarisation nimmt sie zu [*S 62g, S 62f*]. In Methanollösungen, die Jodwasserstoffsäure enthalten, nimmt die Anfälligkeit gegen Spannungsrißkorrosion mit dem Aluminiumgehalt zu, wenn die Zeit bis zum Bruch in Abhängigkeit von der Beanspruchung in Prozent der Streckgrenze als Maß für die Anfälligkeit dient [*S 62f*]. In geschlossenen Systemen wird in reinem Methanoldampf Titan technischer Reinheit und TiAl8Mo1V1 besonders stark gegen Spannungsrißkorrosion anfällig [*A 28d*]. In den meisten Fällen konnten geringe Gehalte an Salzsäure nachgewiesen werden. Bei 0,1–2 % H_2O im Methanol tritt bei Zusätzen von NaF und NaJ noch keine Spannungsrißkorrosion bei Biegeproben aus Titan technischer Reinheit auf, dagegen bei entsprechenden Zusätzen von NaCl und NaBr, wenn der H_2O-Gehalt innerhalb der Versuchsreihe am niedrigsten (0,1 %) war. Bei einem H_2O-Gehalt von 130 ppm trat eine Rißbildung auch ohne Zusätze auf [*M 31b*]. Weitere Untersuchungen zeigten, daß bei 0,01 Vol.-% H_2O auch Zusätze von NaJ zu einer Spannungsrißkorrosion in Methanol führen können [*H 13a*]. Auch in konzentrierter siedender Essigsäure besteht bei geringem Wassergehalt durch Überschuß an Anhydrid die Gefahr einer Spannungsrißkorrosion, die durch Sauerstoffgehalte und Eisenionen verstärkt wird [*R 53a*], so daß die Art des Halogenids, sein Mengenverhältnis zu dem vorhandenen Wasser und die Legierungszusammensetzung die Empfindlichkeit gegen Spannungsrißkorrosion beeinflussen. Bei TiAl6V4 wurden auf der Bruchoberfläche harte Partikel gefunden, die mit Ti_3Al

$$\{1000\}\alpha \parallel \{11\bar{2}0\}\,Ti_3Al; \quad \{0001\}\alpha \parallel \{1\bar{1}0\}\beta;$$
$$\langle 10\bar{1}0\rangle\alpha \parallel \langle 0001\rangle\,Ti_3Al; \quad \langle 10\bar{1}0\rangle \parallel \langle 001\rangle\beta;$$

und Titanhydrid

$$\{11\bar{2}2\}\alpha \parallel \{110\}\,TiH;$$
$$\langle 10\bar{1}0\rangle\alpha \parallel \langle 1\bar{1}0\rangle\,TiH$$

identifiziert werden konnten [*G 4a*]. Die Spaltflächen der Bruchebene werden bei den meisten Angriffsmitteln bei TiAl8MoV1 etwa 15° zur Basisebene geneigt gefunden [*M 78c*]. Die Anteile und Martensit vermindern die Anfälligkeit [*F 1a*], auch Wasserstoffversprödung wird als Ursache vermutet [*G 4c*].

Die größte Empfindlichkeit gegen Spannungsrißkorrosion in Methanol mit 0,9% NaCl wurde bei TiV13Cr11Al3 bei einem Wassergehalt von 0,35% festgestellt [*H 13a*]. Auch bei Äthylalkohol wird z.B. bei TiAl8Mo1V1 und TiAl6V4 eine Spannungsrißkorrosion in Anwesenheit von Wasser und Halogenionen gefunden [*J 0a*]. Chlorierte Kohlenwasserstoffe, in denen man ebenfalls geringe Anteile freier Salzsäure annimmt, können z.B. an Titanschweißnähten und bei TiAl5Sn2,5 bei erhöhter Temperatur Spannungsrißkorrosion verursachen [*M 69a, B 96*], wie auch ein Trichlorfluormethan (Freon) mit einem Gehalt von 8 ppm Chlor bei TiAl6V4 [*K 0d, R 27c*]. Eine Zunahme der CH_2-Gruppen bei den Alkoholen führt bei gleicher Konzentration an Jod zu einer Abnahme der Rißbildung und Rißfortpflanzungsgeschwindigkeit [*S 62a*]. Zusätze an Oxydationsmitteln verhindern die Spannungsrißkorrosion nicht [*S 62b*].

Da Titan und seine Legierungen in Wasser und in Salzlösungen bei Raumtemperatur beständig gegen Korrosion, insbesondere gegen Lochfraß sind, wird in diesen Medien bei einer mechanischen Beanspruchung keine Rißbildung durch Spannungsrißkorrosion beobachtet wenn keine Risse oder Kerben bereits vorliegen. Sind dagegen Kerben oder Risse vorhanden, so können Titanproben mit höherem Sauerstoffgehalt oder Titanlegierungsproben bestimmter Zusammensetzung und Wärmebehandlung in destilliertem Wasser oder in wäßrigen Lösungen, die Chlor-, Brom- oder Jodsalze enthalten, infolge höherer Rißfortpflanzungsgeschwindigkeit bei geringerer Beanspruchung zu Bruch gehen als dies bei einer entsprechenden Prüfung an Luft der Fall ist. Eine derartige Spannungsrißkorrosion wurde zuerst bei der Prüfung gekerbter Proben der Legierung TiAl8Mo1V1 in Meerwasser gefunden [*B 93b, B 93c, B 93d, B 93f*], dann bei TiAl5Sn2,5 in angesäuerter 3% NaCl-Lösung [*S 9g*].

In der Abb. 13.25 wird gezeigt wie sich der Kerbradius im Kerbgrund auf die Bruchfestigkeit bei TiAl7Nb1V1 und bei einer 3,2 mm tiefen 60° Spitzkerbe bei der Legierung TiAl8Mo1V1 (Wärmebehandlung des 1,5 mm dicken Bleches: 788 °C 8 h Ofenabkühlung auf 20 °C + 15 min 788 °C Luftabkühlung) im Meerwasser bzw. in einer 0,6molaren LiCl-Lösung auswirkt. Die Zerreißgeschwindigkeit betrug 0,05 mm/min, da sich bei höherer Geschwindigkeit keine Spannungsrißkorrosion mehr nachweisen läßt und die Bruchfestigkeit der an Luft geprüften Proben erreicht wird. Bei der Zerreißgeschwindigkeit von 0,05 mm/min kann, wie die Abb. 13.25 ebenfalls zeigt, durch eine anodische Polarisation mit Hilfe einer Spannung von 1 V eine Verminderung der Bruchfestigkeit in dieser Lösung gegenüber den an Luft gefundenen Werten vermieden werden. In Abb. 13.26 ist die Bruchfestigkeit derselben Legierung und Probenart in wäßrigen Lösungen (0,6 molar) der Halogenide des Fluors, Chlors, Broms und des Jods in Abhängigkeit vom aufgegebenen Fremdpotential wiedergegeben. Bei der chlorid- und bromidhaltigen Lösung tritt bei -500 mV gegen die gesättigte Kalomelelektrode der geringste Wert der Bruchfestigkeit auf. Bei negativeren Werten erfolgt in allen Fällen ein kathodischer Schutz, während ein anodischer Schutz nur in der chloridhaltigen, nur begrenzt in der bromidhaltigen und gar nicht in der jodidhaltigen Lösung möglich ist. In der fluoridhaltigen Lösung tritt keine Spannungsrißkorrosion auf. Die Werte entsprechen denen, die an Luft gefunden wurden. Bei den Proben, die im Bereich zwischen

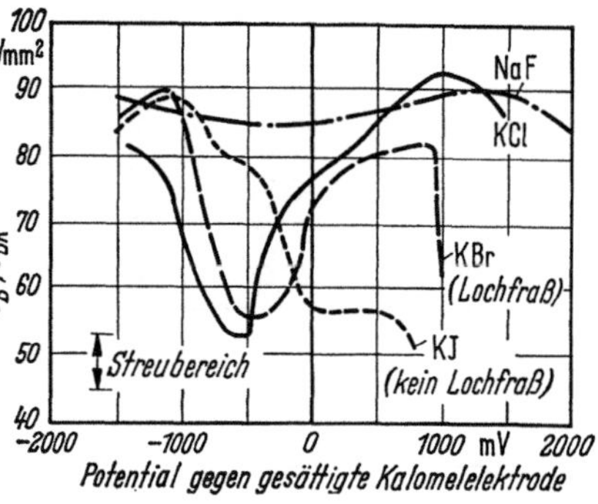

Abb. 13.26

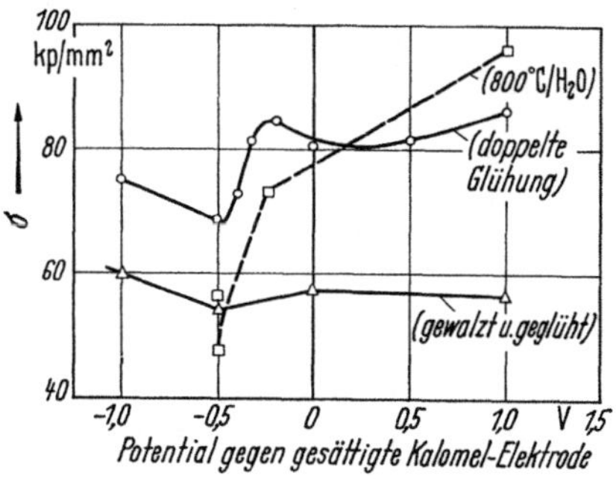

Abb. 13.27

Abb. 13.26 Einfluß des Potentials auf die Bruchfestigkeit von TiAl8Mo1V1-Blech (doppeltwärmebehandelt) in verschiedenen 0,6 m Lösungen [*B 24*]. (Prüfverfahren wie in Abb. 13.25 Kerbradius 0,025 mm).

Abb. 13.27 Kerbzugfestigkeit von verschiedenen wärmebehandelten Blechproben aus TiAl8Mo1V1 in LiCl-Lösung bei unterschiedlichem Potential [*B 42 f*] (1,27–1,5 mm dick, 152 mm lang, 25 mm breit, 60°-Kerbe, 3,2 mm tief, Kerbradius 0,025 mm, Verformungsgeschwindigkeit 0,05 mm/min.) σ_{BK}-Werte an Luft: 800 °C/H_2O = 110 kp/mm², doppelte Glühung = 84 kp/mm², gewalzt und geglüht = 54 kp/mm²

-800 und $+500$ mV bei einer Beanspruchung von unter 63 kp/mm² zu Bruch gingen, nahm die Rißfortpflanzungsgeschwindigkeit proportional zum angelegten Potential zu.

Durch einen anderen Gefügezustand derselben Legierung kann sich dieses Verhalten ändern, wie das aus Abb. 13.27 hervorgeht, in der dieselbe Abhängigkeit nach einer unterschiedlichen Wärmebehandlung wiedergegeben ist. Während wegen der schon an Luft niedrigen Kerbzugfestigkeit die nur einfach wärmebehandelten Proben (788 °C 8 h Ofenabkühlung) keine oder nur eine geringe Abhängigkeit der Bruchfestigkeit von der Spannung aufweisen, zeigen die von 800 °C abgeschreckten Proben eine starke Abhängigkeit, aber einen anderen Verlauf als die doppelt wärmebehandelten Proben, die zum Vergleich in diese Abbildung noch einmal mit aufgenommen wurden. Es wird deshalb angenommen, daß elektrochemische Prozesse und die Diffusionsgeschwindigkeit der Reaktionsteilnehmer

Tabelle 13.12. *Verhalten von Titan und Legierungen in wässerigen Salzlösungen bei verschiedenartiger Beanspruchung bei Raumtemperatur* (EAR = natürlicher Ermüdungsriß; k = maschinell hergestellte Kerbe; SRK = Spannungsrißkorrosion)

Legierung	Lösung	Kerbe	Beanspruchung	SRK	Bemerkung	Literatur
Ti (0,3 % O; 0,08 % Fe; 30 ppm H)	H_2O dest.; 0,01 ppm Cl; 3 % NaCl	glatt	Biegepr., statisch, dynamisch	– –		[*P 41a*]
Ti (0,06 % O)	Meerwasser	EAR	statisch	–		[*S 61c*]
Ti (0,2 % O)	Meerwasser	EAR	statisch	–		
Ti (0,3 % O; 30 ppm H)	$MgCl_2$; 154 °C	glatt	Biegepr., statisch, dynamisch	–	Lochfraß	[*S 9f*]
Ti(0,3 % O)	Meerwasser	EAR	statisch	+		[*L 2a*]
Ti (0,38 % O)	3,5 % NaCl	EAR	statisch	+		[*C 86*]
Ti (0,4 % O)	Meerwasser	EAR	statisch	+		[*S 61c*]
TiAl2–8,6	$MgCl_2$; 154 °C	glatt	statisch, Biegepr., dynamisch	+		[*S 9f*]
TiAl3O0,2	Meerwasser	EAR	statisch	(+)		[*S 61c*]
TiAl3	Meerwasser	EAR	statisch	–		[*L 2a*]
	Meerwasser	EAR	dynamisch	–	980°/H_2O oder ausgelagert	[*L 2b*]
TiAl4 (150 ppm H)	dest. Wasser	k	dynamisch	–		[*M 8a*]
TiAl4Mo3V1	Meerwasser	EAR	statisch	–		[*L 2a*]
	3,5 % NaCl	EAR	statisch	+	Erhöhung des β-Anteils vermindert Anfälligkeit	[*C 85, C 86*]
	3,5 % NaCl	EAR				
			statisch	–		[*W 60b*]

TiAl5	Meerwasser	EAR	dynamisch	–	980°/H_2O	[*L 2b*]
				+	ausgelagert	
TiAl5,5O0,2	Meerwasser	EAR	statisch	+		[*S 61c*]
TiAl5Sn2,5	3%NaCl	glatt	statisch Biegepr. dynamisch	+		[*S 9f*]
	3% NaCl	EAR	statisch	+		[*L 2a*]
	3,5% NaCl	EAR	statisch	+		[*P41a, A11a, C86*]
	$MgCl_2$	glatt	statisch Biegepr. dynamisch	+		[*S 9f*]
TiAl5Sn5Zr5	3,5% NaCl	EAR	statisch	+		[*C 86*]
TiAl6	Meerwasser	EAR	dynamisch	–	980°/H_2O	[*L 2b*]
				+	ausgelagert	
TiAl6V4	Meerwasser	EAR	statisch	–	geglüht/Luftabkühlung	[*S 61c*]
				+	788 °C/H_2O + Auslagerung	
	3,5% NaCl	EAR	statisch	–	durch Erhöhung des β-Anteils	[*C 85, C 86, L 2a*]
	3,5% NaCl	EAR	statisch	+		[*W 60*]
	3,5% NaCl	EAR	statisch	+	40 ppm H	[*H 77b*]
				–	30 ppm H	
	3% NaCl	glatt	statisch Biegepr. dynamisch	–		[*S 9f*]
	Meerwasser (pH 0–13)	k	statisch	–	dünne Folien 0,05 mm dick	[*H 13a*]
TiAl6V6Sn2 (Cu0,7; Fe0,7)	3,5% NaCl	EAR	statisch	+		[*L 2a*]

Tabelle 13.12 (Fortsetzung)

Legierung	Lösung	Kerbe	Beanspruchung	SRK	Bemerkung	Literatur
TiAl6Sn2Mo1V1	Meerwasser	EAR	statisch	+		[*L 2a*]
TiAl6Sn2Mo1V3	Meerwasser	EAR	statisch	+		[*L 2a*]
TiAl6,5Zr5V1	Meerwasser	EAR	statisch	−		[*L 2a*]
TiAl7Nb2Ta1	Meerwasser	EAR	statisch	+		[*L 2a*]
TiAl7Mo3	3,5% NaCl	EAR	statisch	+		[*H 77b*]
	Meerwasser	EAR	dynamisch	−		[*L 2b*]
				+	980°/H_2O ausgelagert	
TiAl8	3,5% NaCl	k	dynamisch	+		[*M 8a*]
	Meerwasser	k	dynamisch	+		*B 42f*]
TiAl8Mo1V1	Meerwasser	EAR	statisch,	+		[*H 77b, W 60g, S 61c, M 8a, C 86, B 93b*]
	0,6 m NaCl, KCl, KJ, KBr	k	dynamisch	+		[*B 24a, B 24d, B 24g, B 24*]
	0,6 m NaF	k	dynamisch	−		[*B 24*]
	Hydroxide, Sulfide, Sulfate, Nitrate, Nitrite, Perchlorate, Cyanide, Thiocyanate	k	dynamisch	−		[*B 24c, B 24b*]
	Meerwasser	EAR	statisch	+	Probe transversal aus Blech	[*F 1b*]
				−	Probe longitudinal aus Blech	
	3,5% NaCl	EAR	statisch	+	1 h/800 °C/Luftabk.	[*S 63b*]

TiCu2	$MgCl_2$	glatt	statisch, dynamisch	–	Lochfraß	[*S 9f*]
TiSn3	$MgCl_2$	glatt	statisch, dynamisch	+	(elektropoliert) Lochfraß	
TiSn8	$MgCl_2$	glatt	statisch, dynamisch	(+)	Bruch nur in angesäuerter Lösung	
TiV13Cr11Al3	Meerwasser in verschiedenen Tiefen	glatt	statisch	+	geschweißt	[*R 26a*]
	Meerwasser (pH 0–13)	k	statisch	–		[*H 13a*]
	3,5% NaCl	EAR	statisch	+		[*F 1b*]
	3,5% NaCl	EAR	statisch	+		[*A 11a*]
TiMo11Zr5Sn5	3,5% NaCl	EAR	statisch	–	5 min/760°/Ofen + 16 h/538°C/Ofen	[*A 11a*]
TiZr10Sn4	3,5% NaCl	EAR	statisch	–	24 h/598°C/Ofen	[*A 11a*]

eine maßgebliche Rolle bei dieser Art von Spannungsrißkorrosion spielen können [*B 24, F 11h, P 22a, B 24a, L 12a, T 21h, B 24c, B 14b, S 59b*]. Durch Abschrecken von Proben während der Rißfortpflanzung in flüssigem Stickstoff und durch eine Prüfung der freigelegten Oberfläche mit Hilfe von pH-Indikatoren wurde im Bereich der Rißspitze bei sonst neutralen Lösungen eine Anreicherung von H^+-Ionen auf einen pH-Wert von 1,7 bei der Legierung TiAl8Mo1V1 gefunden [*B 94, B 93e*]. Demnach würde sich die Rißspitze gemäß dem in Abb. 13.3a, S. 379 wiedergegebenen Diagramm im Bereich der aktiven Auflösung befinden.

Die Risse bei Spannungsrißkorrosion in Salzwasser bilden sich bei β-Legierungen z.B. bei der Legierung TiV16Cr11Al3 in der Nähe der $\{100\}$-Ebene durch Spaltbruch aus [*F 1b*]. In α- oder $(\alpha + \beta)$-Legierungen erfolgt die Rißbildung in der α-Phase z.B. bei TiAl8 oder TiAl8Mo1V1 in KCl-Lösung auf Ebenen, die etwa 15° zur Basisebene geneigt sind und mit $\{10\bar{1}7\}$ oder $\{10\bar{1}8\}$ indiziert werden können [*B 42g*]. Sie tritt bei abgeschreckten Proben schwächer auf als bei ausgelagerten [*B 72g*]. In alkalischen Chloridlösungen liegt die Rißfortpflanzungsgeschwindigkeit bei interkristalliner Rißbildung unter $1{,}5 \cdot 10^{-3}$ cm/sec und erreicht bei transkristalliner Rißbildung 10^{-2} cm/sec in der α- und β-Phase [*H 49c*].

In der Tab. 13.12 ist eine Zusammenstellung über das Verhalten verschiedener Titansorten und -legierungen in wäßrigen Salzlösungen bei verschiedenartiger Beanspruchung hinsichtlich der Spannungsrißkorrosion wiedergegeben. Auch aus dieser Tabelle ist ersichtlich, daß höhere Gehalte an Einlagerungselementen z.B. über 0,2% Sauerstoff in Titan technischer Reinheit und Gehalte von >5% Al bei den Legierungen die Anfälligkeit gegenüber der Spannungsrißkorrosion erhöhen [*W 66b*]. Legierungen mit Anteilen der β-Phase z.B. TiAl6V4 [*L 2a, G 44a*] und TiAl8Mo1V1 [*B 42g*] können durch entsprechende Glühung nach dem Walzen, insbesondere wenn dann die für einen Bruch günstigen Spaltebenen in einem ungünstigen Winkel zur Beanspruchungsrichtung liegen [*F 1b*], keine Spannungsrißkorrosionsanfälligkeit zeigen. Dagegen führt eine derartige Wärmebehandlung bei der α-Legierung TiAl5Sn2,5 nicht zu einer Verminderung der Anfälligkeit gegen Spannungsrißkorrosion [*L 2a*]. In der Tab. 13.13 sind Ergebnisse von Untersuchungen in wäßriger 3,5%iger NaCl-Lösung wiedergegeben, die mit Hilfe von einseitig eingespannten Biegeproben mit Ermüdungsanrissen ermittelt worden sind. In dieser Tabelle wird die Spannungsintensität, die zu einer Rißfortpflanzung an Luft (K_{IC}) und in der Lösung (K_{ISRK}) geführt hat, neben weiteren Werten der mechanischen Eigenschaften mitgeteilt. Die Werte wurden in fast allen Fällen an 2,5 cm hohen und 1,875 cm breiten, oben mit dem natürlichen Anriß versehenen Proben ermittelt. Der K_{IC}-Wert hängt sehr stark von der Vorbehandlung der Proben ab und wird z.B. durch eine Umformung von $(\alpha + \beta)$-Legierungen im Temperaturbereich

Tabelle 13.13. *Streckgrenze, Bruchwiderstand in Luft* (K_{IC}) *und in wässeriger 3,5%* NaCl-*Lösung* (K_{ISRK}) *in Titan technischer Reinheit und verschiedenen Legierungen* [*J 31b*]

Titan und -legierungen	$\sigma_{0,2}$ [kp/mm²]	K_{IC} $\left[\frac{kp/mm^2}{\sqrt{mm}}\right]$	K_{ISRK} $\left[\frac{kp/mm^2}{\sqrt{mm}}\right]$	Höhe [mm]	Breite [mm]	Kerbtiefe [mm]	Bemerkungen
Ti techn. Reinheit	58,3	244,5	141,7	25,4	19,05	0,79	hohe Gehalte an Beimengungen
Ti techn. Reinheit	54,8/59,0	230,3	155,9	12,7	6,35	–	hohe Gehalte an Beimengungen
TiAl3	50,1	286,9	226,7	25,4	12,7	1,58	
TiAl3,5	52,0	318,8	283,4	25,4	12,7	0,79	
TiAl3,5	49,8	357,8	283,4	25,4	12,7	0,79	1 h 900 °C/He-gekühlt
TiAl5Sn2,5	78,7	460,5	177,1	25,4	19,05	2,54	
TiAl5Sn2,5	88,2	421,6	177,1	25,4	19,05	3,17	
TiAl5Sn2,5	–	396,8	177,1	25,4	19,05	2,54	
TiAl5Sn2,5	80,6	453,5	255,1	25,4	17,4	3,17	
TiAl5Sn2,5	79,8	396,8	138,1	12,7	12,7	–	
TiAl6V4	84,3	311,8	237,4	25,4	17,4	0,79	
TiAl6V4	85,0	357,8	283,4	25,4	19,05	2,54	
TiAl6V4	73,7	418,0	318,8	25,4	19,05	2,54	
TiAl6V4	–	333,0	240,9	25,4	12,7	0,79	<0,12% O_2
TiAl6V4	–	396,8	297,6	25,4	19,05	0,79	1 h 1010 °C/He-gekühlt
TiAl6V4	–	379,1	354,3	25,4	12,7	0,79	
TiAl6V4	115,9	226,7	194,8	19,05	2,54	–	
TiAl6V4	86,9	410,9	336,6	12,7	12,7	–	
TiAl6V6Sn2,5	126,2	194,8	74,4	25,4	19,05	–	1 h 845 °C/H_2O
TiAl6V6Sn2Cu1Fe0,5	85,8	393,2	340,1	25,4	19,05	2,54	
TiAl6V6Sn2Cu1Fe0,5	84,4	361,3	276,3	25,4	19,05	0,79	1 h 900 °C/He-gekühlt
TiAl6Zr6Mo1	71,7	375,5	361,4	25,4	12,7	1,58	
TiAl7Mo3	73,0	453,5	159,4	25,4	–	–	
TiAl7Nb2Ta1	71,9	389,7	223,2	25,4	12,7	–	dest. Wasser
TiAl7Nb2Ta1	74,5	372,0	152,3	25,4	17,4	–	
TiAl7Nb2Ta1	70,8	418,0	141,7	25,4	17,4	–	Meerwasser
TiAl7Nb2Ta1	72,3	474,7	159,4	25,4	15,8	2,54	1210 °C/hoher Umformgrad Luft
TiAl7Nb2Ta1	72,4	460,6	198,4	25,4	15,8	2,54	
TiAl8Mo1V1	91,4	191,3	63,7	3,17	–	–	
TiAl8Mo1V1	84,6	311,8	81,5	25,4	12,7	–	1 h 925 °C/Luft + 2 h 650 °C/H_2O
TiAl8Mo1V1	75,8	396,8	99,2	25,4	12,7	–	1 h 1000 °C/H_2O
TiMo10Sn5,4	80,8	457,0	453,5	25,4	12,7	1,58	48 h 650 °C/H_2O
TiV13Cr11Al3	90,3	311,8	99,2	25,4	19,05	3,17	

der homogenen β-Phase, gegenüber einer Umformung im Bereich des Phasengleichgewichts zwischen der α- und der β-Phase bei tieferen Temperaturen, erhöht (vgl. Kap. 16.1, S. 469ff.) [*W 50b*]. Die von der Bruchmechanik vorgegebene Bedingung, daß die Probendicke $\geqq 2{,}5 \times (K_{ISKR}/\sigma_{0,2})^2$ betragen soll, [*A 39b*] ist in vielen Fällen wegen der aufzubringenden Kräfte nicht zu erfüllen [*W 50c*].

Die bisherigen Untersuchungen zeigen, daß eine Spannungsrißkorrosion in wäßrigen Lösungen bei Titan hauptsächlich dann auftreten kann, wenn α-stabilisierende Zusätze bestimmte Gehalte übersteigen. Bei verschiedenen Legierungen wie z.B. TiAl6V4, TiAl7Mo3, TiAl7Mo1V1 und TiAl8Mo1V1 wird in wäßrigen Salzlösungen der Bruchwiderstand durch Gehalte von über 30 ppm Wasserstoff noch weiter vermindert. Andere Untersuchungen zeigen keinen Einfluß des H-Gehalts [*M 8b*]. Zusätze, die mit der β-Phase des Titans isomorph sind, wie z.B. Niob, Molybdän, Tantal und Vanadin, erhöhen die Beständigkeit gegen Spannungsrißkorrosion unter diesen Bedingungen [*H 77b*]. Eine Wärmebehandlung, die eine Ausscheidung der Überstrukturphase $Ti_3Al(Sn)$ in der α-Phase bzw. die Ausscheidung von Anteilen der ω-Phase in der β-Phase vermeidet, erhöht ebenfalls die Beständigkeit gegen Spannungsrißkorrosion [*L 2a*]. Je höher der Volumenanteil von β gegenüber α ist und je feiner die β-Phase, z.B. in martensitischer α-Phase umgewandelt, verteilt ist, desto widerstandsfähiger sind die $(\alpha + \beta)$-Legierungen gegen eine Rißfortpflanzung. Bei Schwingungsrißkorrosion wurde mit Ausnahme von TiAl7Nb2Ta1 keine Veränderung beobachtet [*V 1a, C 86*]. Keine Spannungsrißkorrosion wurde in fluorid-, hydroxid-, sulfid-, sulfat-, nitrit-, nitrat-, perchlorat-, cyanid- und thiozyanathaltigen wäßrigen Lösungen gefunden [*B 24c*]. Bei brom- oder jodhaltigen Lösungen können Zusätze, die sauerstoffhaltige Anionen enthalten, wie Phosphate, Nitrate, Chromate oder Karbonate, die Spannungsrißkorrosion verhindern [*B 24e*].

Untersuchungen über den Einfluß von destilliertem Wasser und wäßrigen Salzlösungen auf die Dauerfestigkeit der Titanlegierungen TiAl6V4, TiAl4Mo3V1 und TiAl6V6Sn2 haben ergeben, daß die Spannungsintensität für eine Rißfortpflanzung durch destilliertes Wasser und noch stärker durch 3,5 % NaCl-Lösung vermindert wird. Eine hohe Mittelspannung und eine niedrige Spannungsamplitude führten zu einer verstärkten Anfälligkeit gegen die ebenfalls durch Spannungen verursachte Schwingungsrißkorrosion. Die Legierung TiAl6V4 zeigte das beste Verhalten unter derartiger Beanspruchung im aus dem Temperaturbereich der β-Phase abgeschreckten Zustand [*P 33b*]. Bei TiAl8Mo1V1 wurde im Bereich von 1/2–30 Hz eine Schwingungsrißkorrosion beobachtet, die mit zunehmender Frequenz abnahm. Die dabei entstehende Streifung der Bruchfläche wurde bei Versuchen im Vakuum nicht beobachtet [*M 78a*]. Bei niedriger Frequenz erfolgt die Rißbildung bei TiAl6V4 entlang der

Gleitbänder und entlang der β/α-Phasengrenze [*W 33c*] und ist vom angelegten Potential abhängig [*L 34b*]. Bei der β-Legierung TiMo11,5Zr6Sn4,5 wird ein besonders niedriger K_{ISRK}-Wert gefunden, wenn die Partikelgröße der ω-Phase $\geqq$ 100 Å beträgt [*F 11d*]. Durch kathodischen Schutz ($\leqq -1{,}2$ V gegen gesättigte Kalomelelektrode bei TiAl8Mo1V1) oder Anstriche aus Aluminiumpulver + lösliche Fluoride und Sulfate oder Zinkpulver + lösliche Hydroxide läßt sich ein kathodisch wirksamer Schutz erreichen [*H 45c, W 60i*].

13.6 Reaktion von Titan mit sauerstoff- und stickstoffhaltigen Gasen

Die maximale Löslichkeit bei der entsprechenden Temperatur begrenzt die Aufnahme von Sauerstoff oder Stickstoff in metallischer Lösung im α-Mischkristall wobei Ordnungsphasen auftreten (vgl. Abb. 8.9 und 8.10, S. 162 und 163). Die Gasaufnahme ist von der Diffusionsgeschwindigkeit im Metall und Oxid abhängig und kann durch Beimengungen im Gas oder im Metall behindert oder beschleunigt werden. Da die Affinität des Sauerstoffs zu Titan größer ist als die des Stickstoffs wird z.B. in Luft von Titan wesentlich mehr Sauerstoff als Stickstoff aufgenommen. Bei Temperaturen bis etwa 500 °C ist die Oxydationsgeschwindigkeit des Titans und der meisten technischen Titanlegierungen noch so gering, daß auch nach langen Expositionszeiten, wenn kein Spannungszustand oder kein sehr dünnwandiger Werkstoff vorliegt, die mechanischen Eigenschaften durch die Sauerstoffaufnahme nur wenig beeinflußt werden. Bei sehr großen Wanddicken besteht auch bei hohen Temperaturen keine Gefahr einer Selbstentzündung, da sich sofort eine schützende Oxidschicht bildet. Durch Legierungszusätze kann die Oxydationsbeständigkeit des Titans erhöht oder vermindert werden.

13.6.1 Reaktion von Titan mit Sauerstoff

Eine sich mit Sauerstoff auf der Oberfläche bildende Oxidschicht verhindert im allgemeinen eine spontane Reaktion, die aufgrund der hohen Bildungswärme des Oxides zu erwarten wäre. Durch optische Messungen wurde festgestellt, daß sich auf Titan an Luft bei Raumtemperatur ein Oxidfilm ausbildet, der nach 2 h eine Dicke von 17 Å, nach 40 Tagen etwa 35 Å, nach 70 Tagen 50 Å, nach 545 Tagen 75 Å und nach 4 Jahren ~250 Å erreicht [*H 31, K 90, A 33a, M 80a*]. Auf der Basisebene bildet sich bei Gegenwart von Sauerstoff durch Chemisorption zunächst eine einatomare Schicht von Sauerstoff mit gleicher hexagonaler Symmetrie, aber größerem Netzebenenabstand zwischen Titan- und Sauerstoffschicht, als im α-Titangitter. In ähnlicher Weise verhält sich Stickstoff [*G 9*].

Aus thermodynamischen Gründen sollte man bei der Oxydation von Titan die Folge Ti + O → Ti(O) → Ti_6O → Ti_3O → Ti_2O → Ti_3O_2 → TiO → Ti_2O_3 → Ti_3O_5 im Bereich zwischen Metall und TiO_2 erwarten [*B 107, Y 4b, K 62a*]. Die Mengenanteile der einzelnen Phasen sollten von der Bildungsgeschwindigkeit abhängig sein, d.h. von der Fehlordnungsstruktur der Phasen und der Diffusionsgeschwindigkeit der Ionen durch die betreffende Schicht [*K 57*]. Bis zu Temperaturen von etwa 800 °C besteht die Oxidschicht ausschließlich aus TiO_2 mit Rutilstruktur, während das Metall an der Phasengrenze Titan/Oxid mit Sauerstoff angereichert ist [*H 50, J 20, S 139a, K 28, K 98, H 88, L 11b*]. Oberhalb 800 °C wird eine zusätzliche Bildung sowohl von TiO als auch Ti_2O_3 beobachtet [*D 5, M 99, R 45, K 28*].

Die Farbe der Oxidschicht wird durch die Oxydationsdauer und durch die Oxydationstemperatur sowie durch die Beimengungen des Titans beeinflußt. Bei Oxydation bei tiefen Temperaturen bilden sich zunächst Anlaufschichten mit gelber, blauer oder violetter Farbe. Zwischen 500 und 700 °C entsteht eine Oxidschicht mit metallisch dunkelgrauer Farbe, die noch eine gute Haftfestigkeit aufweist. Bei höheren Temperaturen und längeren Oxydationszeiten bildet sich dagegen eine dünne graue Schicht, die hauptsächlich bei Abkühlung infolge von Eigenspannungen zum Abplatzen neigt [*W 30a*]. Bei weiter zunehmender Temperatur entsteht eine weißgelbe bis gelbbraune poröse und nicht festhaftende Oxidschicht, während das darunterliegende Metall mit einer dünnen schwarzen Schicht überzogen ist [*D 5, J 20*]. Die dünne äußere Rutilschicht wächst, wie Durchstrahlungsaufnahmen mit Elektronenstrahlen zeigen, zunächst pseudo- oder polykristallin mit Kleinwinkelkorngrenzen und Subkörnern auf. Dann erst bilden sich Kristallkeime für die dickeren Oxidschichten [*D 32a*]. Nach längerer Oxydationsdauer bei Temperaturen oberhalb 800 °C entsteht eine Zunderschicht, die sich leicht vom metallischen Kern abheben läßt. Zwischen der äußeren Schicht und dem Metallkern bilden sich Hohlräume, die mit pulverigem Ti_2O_3 und TiO, das meist blau gefärbt ist, ausgefüllt sind [*D 5, K 28*]. Die Oxidschicht ist nach Oxydation bei 650–850 °C aus einer kompakten äußeren Zone mit orientierter Wachstumsrichtung und einer dünnen inneren texturfreien Schicht mit starkem Sauerstoffunterschuß aufgebaut. Die Farbe der äußeren Oxidschicht wird durch die Reinheit des Titans beeinflußt. Bei Jodidtitan bilden sich weiße Oberflächenschichten. Die Farbänderung von Titanlegierungen bei der Oxydation wird nicht allein durch den Einbau von Fremdoxiden in die Zunderschicht, sondern auch durch die unterschiedliche Fehlordnungsstruktur des gebildeten Rutils verursacht. TiO_2 besitzt bei durch Oxydation gewachsenen Oxidschichten einen gegenüber der stöchiometrischen Zusammensetzung geringeren Sauerstoffgehalt. Infolge der Anionenfehlstellen ist die Schicht ein n-Typ-Halbleiter, in der die Sauerstoffionen beweglich sind [*W 6*, *K 57*, *K 58*].

Bis zu Temperaturen von etwa 500 °C ist die Gewichtszunahme von Titan bei der Oxydation noch gering. Eine mit der Temperatur steigende Gewichtszunahme tritt dagegen bei Temperaturen oberhalb 500 °C auf. Ein Anteil des Sauerstoffs wird im Metall gelöst, z.B. bei einer Oxydationsdauer von 36 h bei 800 °C etwa 20% des aufgenommenen Sauerstoffes, während die restlichen 80% in der Oxidschicht eingebaut sind [*J 20*, *H 88*]. Zu Beginn der Oxydation kann der Anteil des gelösten Sauerstoffes im Metall höher liegen [*W 6*, *K 56*].

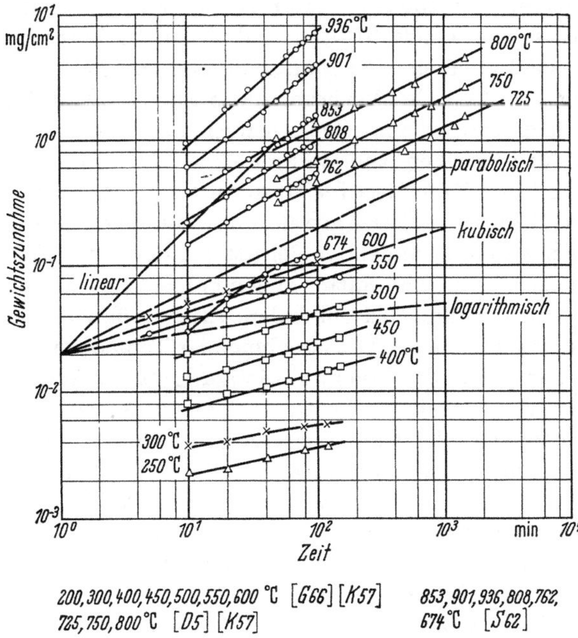

Abb. 13.28 Gewichtszunahme – Zeitkurven der Oxydation von Titan.

Für verschiedene Temperaturbereiche sowie bei unterschiedlichen Zeitspannen wird bei der Oxydation ein anderer Verlauf der Zeitabhängigkeit gefunden. Bis etwa 350 °C läßt sich die Gewichtszunahme, wie Abb. 13.28 zeigt, etwa durch ein logarithmisches Zeitgesetz beschreiben [*A 24*, *W 1*, *G 65*, *K 57*]. Zwischen 350 und etwa 650 °C liegt der zeitliche Verlauf der Oxydation im Bereich eines logarithmischen [*H 88*] oder kubischen Zeitgesetzes, während ein parabolisches Zeitgesetz bis etwa 850 °C beobachtet wird [*M 99*, *R 45*, *S 88*, *K 57*]. Zwischen 850 und 950 °C wird, mit einer anfänglich parabolischen Abweichung, in einem bestimmten Zeitbereich eine lineare Abhängigkeit gefunden. In diesem Bereich ist der zeitliche Verlauf der Oxydation oft sehr unregelmäßig. Oberhalb 1050 °C findet die Gewichtszunahme wieder nach einem parabolischen Zeitgesetz, insbesondere nach längeren Oxydationszeiten, statt [*K 57, S 151, K 56, S 62*]. Für sämtliche Oxydationsbereiche existiert keine festliegende Grenze, innerhalb der nur eine bestimmte zeitliche Abhängigkeit des Schichtwachstums gültig ist. In allen Fällen treten Übergangsbereiche auf, in denen sich der Oxydationsmechanismus und damit die zeitliche Abhängigkeit des Schichtwachstums ändern können.

Die Deutung der verschiedenen Oxydationsmechanismen wird durch die hohe Sauerstofflöslichkeit im Titan erschwert. Es muß deshalb nicht nur die Bildung der Oxidschichten und der Diffusionsvorgang in der Oxidschicht, sondern auch der Lösungsvorgang von Sauerstoff im Metall berücksichtigt werden. Der Verbrauch von Sauerstoff dürfte bei tiefen Temperaturen und logarithmischem Zeitgesetz überwiegend der Titanoxidbildung zuzuschreiben sein, während die Lösungs- und Diffusionsgeschwindigkeit von Sauerstoff im Titan im Vergleich zur Oxidbildungsgeschwindigkeit klein ist. Bei Auftreten des kubischen Zeitgesetzes wird als geschwindigkeitsbestimmender Schritt bei der Oxydation die Diffusion des Sauerstoffes im Titangitter angenommen. Die Sauerstoffkonzentration steigt in der zunächst schmalen, sauerstoffangereicherten Zone bis zur Sättigungsgrenze an. Mit zunehmender Temperatur nimmt dabei die Zeit bis zur partiellen Sauerstoffsättigung in der äußeren Zone ab. Die Dicke der Oxidschicht ist im Gebiet des kubischen Zeitgesetzes gering. Im allgemeinen folgt nach längeren Oxydationszeiten auf das kubische das parabolische Zeitgesetz, wobei der Übergang mit steigender Temperatur zu kürzeren Zeiten verlagert wird. Der Übergang tritt bei höherem Sauerstoffgehalt des Metalls zeitlich früher ein [*H 36*]. Sauerstoffhaltiges Titan zeigt deshalb eine geringere Gewichtszunahme bei der Oxydation als sauerstoffarmes Titan [*K 57*].

Im parabolischen Bereich wird die Oxydation im wesentlichen durch die Geschwindigkeit der Diffusion der Ionen durch die Oxidschicht bestimmt. Die Oxydationsgeschwindigkeit ist in diesem Temperaturgebiet oberhalb eines Druckes von 20 Torr Sauerstoff unabhängig vom Sauerstoffdruck, ändert sich aber bei 10^{-2} Torr [*K 28, H 88*]. Die Dicke der Oxidschicht nimmt rasch zu. Aufgrund von Markierungsexperimenten wurde festgestellt, daß die Oxidbildung an der Phasengrenze Metall/Metalloxid stattfindet und die Diffusion der Sauerstoffionen geschwindigkeitsbestimmend ist [*D 5, W 6*]. Bei höheren Temperaturen (1200 °C) muß dagegen auch eine Diffusion von Titan durch die Oxidschicht angenommen werden [*K 28, J 21*]. Das parabolische Zeitgesetz setzt sich aus zwei Anteilen zusammen: Der Bildung der Rutilschicht durch

Tabelle 13.14.

Zusammenstellung einiger Werte der Aktivierungsenergie der Oxydation von Titan in verschiedenen Temperatur- und Zeitbereichen

Literatur und Veröffentlichungsjahr	Temperatur [°C]	Zeitgesetz der Oxydation	Oxydationsdauer [h]	Titanqualität	Aktivierungsenergie [kcal/mol]
[*G 66*] 1949	350– 600	parabolisch, kubisch	2 2	Jodidtitan Titan techn. Reinheit (0,8% C)	26 (nach Auswertung 28 [*K 57*])
[*D 5*] 1951	650– 830	linear und parabolisch	24	Titan techn. Reinheit	40
	830– 950	linear	15	Titan techn. Reinheit	47
[*R 45*] 1954	700–1050	parabolisch	1		47,4
[*J 20*] 1953/54	600– 925	linear	72	Jodidtitan und Titan techn. Reinheit	30,5
[*S 88*] 1955	800–1200	parabolisch	1,5	Jodidtitan	32
	800–1200	parabolisch	1,5	Jodidtitan (sauerstoffgesättigt)	25
[*J 21*] 1955	550– 850	parabolisch			45
[*H 88*] 1960	300– 550	logarithmisch			
	550– 700	parabolisch	0,1–20	Titan techn. Reinheit	50
[*S 151*] 1960	850–1000	parabolisch	3	Titan techn. Reinheit (HV 30 = 120 kp/mm²)	25,4[1] 61,8[2]
[*S 62*] 1961	674– 936	parabolisch, linear	1,7	Titan techn. Reinheit (HV 30 = 150 kp/mm²)	37,2 46,2[2] 48,5
[*K 56*] 1961	800–1200	parabolisch, linear	2–67	elektronenstrahlgeschmolzenes Ti (HV 10 = 90 kp/mm²)	51 49

[1] Bildung der Rutilschicht durch Wanderung von Anionen.

[2] Zwischengitterdiffusion von Sauerstoff im Metall.

Wanderung von Anionenleerstellen mit einer Aktivierungsenergie von 25,4 ± 1 kcal/Mol und der Lösung von Sauerstoff im Metall durch Zwischengitterdiffusion mit einer Aktivierungsenergie von 61,8 ± 2 kcal/Mol (vgl. Tab. 13.14) [*S 151*].

Die Oxydation nach dem linearen Zeitgesetz, das sich oberhalb 825 °C an das anfänglich parabolische Wachstum anschließt, ist gekennzeichnet durch eine sehr poröse Oxidschicht, die sich unter Blasenbildung vom Metall abhebt [*S 151*]. Die Dichte dieser Schicht liegt zwischen 3,5 und 4 g/cm^3 gegenüber einem theoretisch zu erwartenden Wert von 4,25 g/cm^3 [*J 20, K 56*]. Oft treten größere Hohlräume im Innern der Zunderschicht parallel zur Metalloberfläche auf. Dadurch lassen sich die in diesem Bereich beobachteten starken Streuungen in den Werten der Oxydationsgeschwindigkeit erklären. Die Abnahme der Oxydationsgeschwindigkeit bei sehr hohen Temperaturen (>1050 °C) wird durch das Zusammensintern der Oxidschicht bedingt. In diesem Temperaturbereich ist die Oxydationsgeschwindigkeit vom Sauerstoffdruck abhängig [*S 152, K 56*]. Der Dampfdruck von sauerstoffhaltigem Titan ist bei etwa Ti_3O am geringsten [*E 2a*]. Durch Einbau von Li_2O in die Oxidschicht kann die Oxydationsgeschwindigkeit vermindert werden [*M 13b, M 87a*].

Die Werte der Aktivierungsenergie verschiedener Autoren weichen, da eine einzige Aktivierungsenergie für den Gesamtvorgang bei der Oxydation nur eine begrenzte Gültigkeit besitzt, wie Tab. 13.14 zeigt, voneinander ab. Teilweise wurden Werte ermittelt, die mit den für die Diffusion von Sauerstoff in α- und β-Titan bekannten Werten übereinstimmen (vgl. S. 104). O-Gehalte vermindern die Oxydationsgeschwindigkeit. Ti_3O ist beständiger als Ti_6O [*K 63*].

13.6.2 Reaktion von Titan mit Stickstoff

Die Reaktionsgeschwindigkeit von Titan mit Stickstoff ist langsamer als die mit Sauerstoff. In einem weiten Temperaturbereich findet man ein parabolisches Zeitgesetz, wobei die Gasaufnahme unabhängig vom Stickstoffpartialdruck ist (vgl. Kap. 5.2, S. 103ff. und Kap. 15.21, S. 453ff.). Als Werte der Aktivierungsenergie für die Aufnahme von Stickstoff in Titan wurden 36–54 kcal/mol bestimmt [*G 65, R 45, W 13, K 98*]. Die auf der Oberfläche sich bildende Titannitridschicht besitzt metallischen Charakter mit guter elektrischer Leitfähigkeit. Obgleich Titannitrid eines der stabilsten Metallnitride ist, weisen sämtliche Titanoxide eine größere Bildungswärme als Titannitrid auf [*H 85*]. Insbesondere oberhalb 700 °C setzt sich Titannitrid mit Sauerstoff rasch zu Titanoxid und freiem Stickstoff um [*P 36, M 104*].

13.6.3 Reaktion von Titan mit Luft und anderen Gasen

Wegen der geringen Reaktionsgeschwindigkeit von Titan mit Stickstoff und der größeren Stabilität der Titanoxide spielt Stickstoff bei der Verzunderung von Titan an Luft nur eine untergeordnete Rolle. Bei Reaktion mit Wasserdampf wird zusätzlich Wasserstoff aufgenommen (vgl. Kap. 12.1, S. 341 ff.). In allen Fällen entsteht als Hauptreaktionsprodukt wiederum Titanoxid mit Rutilstruktur.

Bei der Oxydation in Luft bis zu etwa 1000 °C tritt eine zeitlich ähnliche Gewichtszunahme auf wie bei der Oxydation in reinem Sauerstoff, die auf einen Einbau von Stickstoffatomen in den sich bildenden Rutil zurückgeführt wird [*K 28*, *B 65*]. Die Wachstumsgeschwindigkeit der Rutilschicht wird durch die Gegenwart von Stickstoff verringert. Schon bei Temperaturen von 800 °C treten bei Anwesenheit von Stickstoff dickere Zwischenschichten von Titanmonoxid auf [*D 5*, *M 99*]. Wasserdampf wie auch CO oder CO_2 führen zu einer verstärkten Gewichtszunahme bei der Verzunderung. Die Diffusion von Titan bzw. Sauerstoff durch die Zunderschicht wird dabei offenbar erhöht [*L 9*]. Bei 1200 °C wurde dagegen stärkere Oxydation in Sauerstoff als in Luft gefunden [*K 28*]. Bei der Oxydation von Titan in Wasserdampf im Temperaturbereich zwischen 600 und 1200 °C bildet sich ebenfalls Rutil als Oxydationsprodukt. Die Gewichtszunahme mit der Zeit ist geringer als dem parabolischen Zeitgesetz entspricht [*L 58*, *L 46*].

13.6.4 Reaktion von Titanlegierungen und von Titanverbindungen mit Gasen

Sauerstoffhaltiges Titan weist eine geringere Oxydation auf als sauerstofffreies Titan [*K 63*]. Geringe Gehalte von Elementen höherer Wertigkeit (Niob, Tantal, Molybdän, Wolfram) bewirken bei bestimmten Legierungsgehalten und Temperaturen teilweise eine Verbesserung der Oxydationsbeständigkeit (Abb. 13.29) [*M 31*, *J 21*, *K 28*]. Möglicherweise ist dieser Effekt auf Verringerung der Zahl der Sauerstoffleerstellen zurückzuführen. Andere Metalle, z.B. Kupfer, Chrom, Vanadin, Mangan und Nickel, haben keinen merklichen Einfluß oder vermindern die Oxydationsgeschwindigkeit insbesondere bei höheren Legierungsgehalten [*S 77*, *M 47*, *S 139a*, *M 91*, *K 28*, *A 35*]. Ein Zusatz von nur 1 % Al erhöht die Oxydationsgeschwindigkeit. Durch Aluminiumgehalte zwischen 2 und 8 % Al wird die Oxydationsgeschwindigkeit dagegen mit zunehmendem Aluminiumgehalt verringert [*I 3*, *O 9*, *A 8*, *R 89a*]. Ebenfalls kann durch geringe Siliziumzusätze bis 1,5 % [*S 77*, *M 31*, *K 58*, *N 1a*] oder durch Zusätze von Wolfram [*L 11a*] oder Zinn unter 1 % die Oxydationsbeständigkeit von Titan verbessert werden, während höhere Zinnzusätze die Oxydationsbeständigkeit stark vermindern [*L 10*]. Abb. 13.30

zeigt Gewichtszunahme-Zeit-Kurven von technischen Titanlegierungen bei verschiedenen Temperaturen. Die Legierungen mit einem Aluminiumgehalt >6% zeigen die geringste Gewichtszunahme [*Z 10*]. Ein Zusatz von Zirkonium verringert die Oxydationsbeständigkeit, insbesondere bei Temperaturen oberhalb 600 °C, wobei ein Maximum der Gewichtszunahme bei 35% Zr gefunden wird [*V 8*]. Dabei kann eine spontane Reaktion zur Entflammung führen (vgl. Kap. 13.6.5, S. 433ff.). Bei β-Titanlegierungen erfolgt die Oxydation bevorzugt an den Korngrenzen. Die Gewichtszunahme kann den Wert von $(\alpha + \beta)$-Legierungen um ein mehrfaches übersteigen [*M 14*]. Die Ausdehnung durch die Oxydation von TiAl6V4 (60 min 950 °C) kann 0,7% betragen und bei einseitiger Oxydation zu einer Verbiegung von Blechen führen [*K 13h*]. Die isolierende Wirkung der Oxidschicht, die sich z.B. unter Wasserdampf bei 1000 °C bildet, wird durch Einpacken des Titans in TiO_2 vermindert. Die Oxidschicht wird gleichmäßiger [*D 31b*].

Als Oxydationsprodukt wird auch bei den Legierungen im wesentlichen Titandioxid mit Rutilstruktur gefunden. Bei TiMo15 wurde in der Randzone eine Mo-Anreicherung und im Oxid MoO_3 festgestellt. Letzteres verdampft bei hohen Temperaturen [*S 154*]. Auch bei wolfram-, zirkonium- und aluminiumhaltigen Legierungen wurden Oxide des Legierungsmetalls in den Zunderschichten beobachtet [*L 11, L 11a*]. Auf der Oberfläche der Legierung TiV16Al3 wächst bei 600 °C eine dicke Zunderschicht in Luft auf, die Anteile von Vanadin und Aluminium

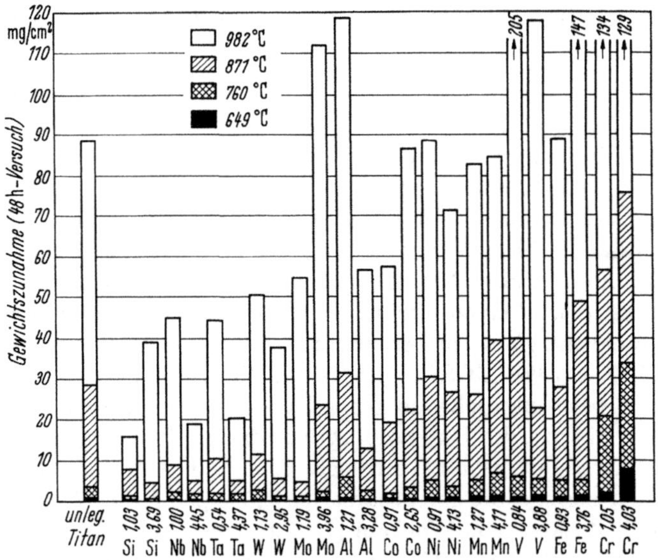

Abb. 13.29 Oxydation verschiedener binärer Titanlegierungen an Luft [*M 31*].

enthält. Bei den Legierungen TiAl5Sn2,5, TiAl6V4, TiAl7Mo4 und TiAl9V3 nimmt der Aluminiumgehalt in der metallischen Oberfläche bei einer Oxydation bei ≧ 550 °C zu [*Z 18, I 3*]. Bei siliziumhaltigen Legierungen wird angenommen, daß die günstige Wirkung auf eine Silikatbildung zurückzuführen ist [*K 90, O 9*]. In bestimmten Zeit- und Temperaturbereichen werden bei verschiedenen Legierungen, z.B. bei Titan-Eisen-Legierungen [*M 91, S 153*] und bei Titan-Molybdän-Legierungen [*S 154*], parabolische Wachstumsgesetze mit späterem Übergang zu einer linearen Form gefunden. Der Bildung der Oxidschicht geht meist eine Aufhärtung in der Oberflächenzone der Legierung parallel, die durch Eindiffusion von Sauerstoff und Ausdiffusion von Legierungsbestandteilen bedingt ist [*R 40b, S 63e, S 63d*] (vgl. Abb. 16.2, S. 470). Von den Verbindungen des Titans mit anderen Metallen ist insbesondere die Verbindung TiAl sehr oxydationsbeständig [*M 34*]. Die Oxydation von TiC und TiB_2 wurde im Bereich von 600 bis 950 °C bzw. 700–1100 °C [*M 103c*] bei Atmosphärendruck und bei TiC auch unter vermindertem Druck [*S 138a*] untersucht. Es bilden sich TiO_2- bzw. $TiO_2 + B_2O_3$-Schichten.

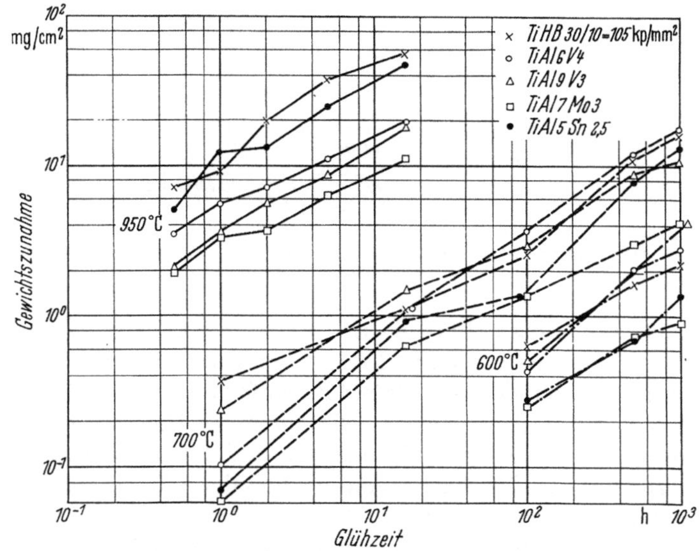

Abb. 13.30 Verzunderung verschiedener Titanlegierungen bei 600, 700, 900 °C [*Z 10*].

13.6.5 Spontane Reaktion mit Gasen und Flüssigkeiten

In feinverteilter Form kann Titan schon bei niedrigen Temperaturen zur Entzündung gebracht werden. So werden für feinen Titanstaub je nach Beschaffenheit Entzündungstemperaturen zwischen 330 und 600 °C angegeben [*H 29b*]. Die niedrigste Entzündungstemperatur an Luft wurde an trockenen Proben, die zuvor unter Argon aufbewahrt wurden, gefunden. Entzündungsgefahr, ähnlich wie bei Titanpulver, besteht auch bei Titanhydrid [*B 8*]. Bei einer spangebenden Arbeit, z.B. beim Sägen, anfallende feine Teile können sich ebenfalls entzünden und verglühen [*B 97*]. Feine Drehspäne können durch ein Zündholz, Titanschwamm mittels eines Bunsenbrenners in Brand gesetzt werden. Die Verbrennung läuft nach Entfernen der Initialflamme weiter und kann sich weiter ausbreiten [*P 18*].

Gröbere Drehspäne wie auch Titanhalbzeugteile können dagegen nur unter ungünstigen Umständen, z.B. in überhitzten Salzbädern, zur Entzündung gebracht werden. Auch bei der Warmverarbeitung besteht keine

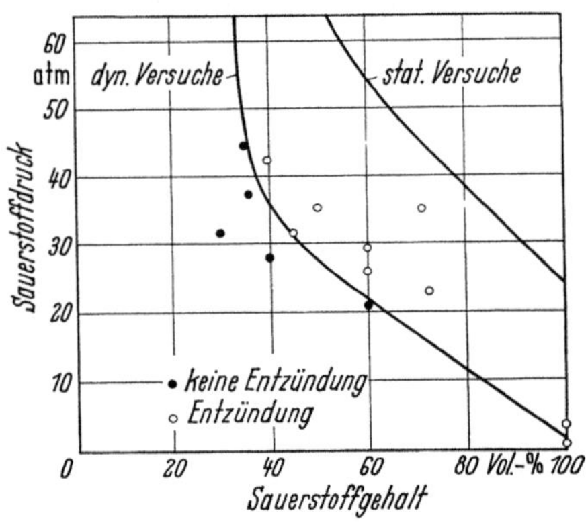

Abb. 13.31 Abhängigkeit der spontanen Reaktion von Titan in Sauerstoff-Helium-Mischungen vom Sauerstoffdruck [*L 37*].

Gefahr, daß eine Entzündung eintritt. Bei sehr dünnem Draht oder bei Folien kann dagegen bei einer Erhitzung in sauerstoffhaltiger Atmosphäre auf über 500 °C eine Entzündung auftreten [*K 73*]. Bei der Entnahme aus Salzschmelzen nach dem Beizen kann, insbesondere wenn die Temperatur der Salzschmelze überhöht ist und 450 °C überschreitet, die blanke, zunderfreie Oberfläche von Draht oder dünnen Blechen entflammen und zu einer pyrophoren Reaktion führen [*S 125*].

Während bei Titan in kompakter Form auch bei höherer Temperatur in Gegenwart von Sauerstoff bei Atmosphärendruck keine Entzündungsgefahr besteht, kann unter hohem Sauerstoffdruck bereits bei Raumtemperatur eine explosionsartige Verbrennung auftreten [*L 36*], vorausgesetzt, daß eine oxidfreie Oberfläche der Sauerstoffatmosphäre ausgesetzt wird. Solche Oberflächen können sich beim Bruch von Zerreißproben bilden. Während im Zugversuch bei einem Sauerstoffdruck von >25 atm spontane Entzündung eintritt, sinkt bei einem Bruch bei vorhergehender Wechselbeanspruchung der zur Entzündung erforderliche Sauerstoffdruck auf < 2 atm ab [*L 37*]. In Sauerstoff-Helium- bzw. Sauerstoff-Dampf-Mischung ist dagegen der zu einer Entzündung erforderliche Gesamtdruck beträchtlich höher. Mit steigender Temperatur wird der zu einer Entzündung erforderliche Sauerstoffdruck vermindert. Er fällt z.B. von ~25 atm bei Raumtemperatur auf etwa 7,5 atm bei 500 °C. Bisweilen wird in der Nähe der Grenzkurve von Abb. 13.31 lediglich eine kurzzeitige Verbrennung beobachtet, die wieder zum Abschluß kommt, während sie sich bei höherem Druck weiter ausbreitet. Man nimmt an, daß eine Selbstentzündung dann auftritt, wenn die entstehende Wärmemenge ausreicht, um das Metall an der Oberfläche aufzuschmelzen. Das entstehende Oxid wird dann im flüssigen Metall gelöst, die Verbrennung

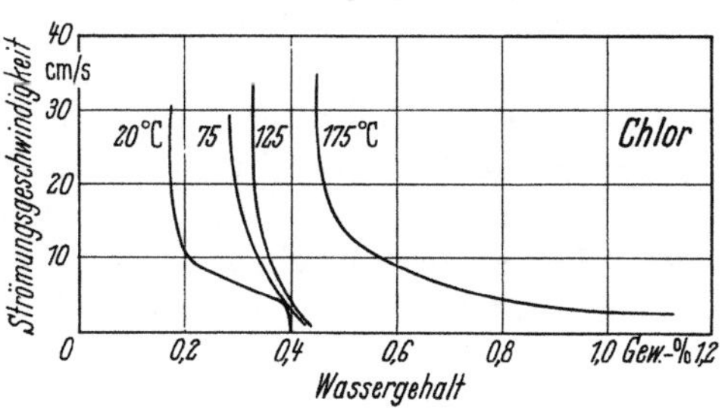

Abb. 13.32 Einfluß von Strömungsgeschwindigkeit und Wassergehalt auf die Passivierung von Titan in Chlorgas bei verschiedenen Temperaturen [*M 78i*].

breitet sich weiter aus. Dagegen hemmt eine auf der Oberfläche gebildete Oxidschicht die weitere Verbrennung, wenn die bei der Initialentzündung entstehende Temperatur kein Aufschmelzen gestattete. Bei Titan-Zirkonium-Legierungen mit 50–90 % Zr wird bei Temperaturen bei und oberhalb 700 °C bereits an Luft eine rasche spontane pyrophore Reaktion beobachtet [*N 3a*]. Auch in Chlor, Brom oder Jod kann eine pyrophore Reaktion insbesondere bei erhöhter Temperatur auftreten. In trockenem Chlorgas kann Titan nach etwa 24 h bei Raumtemperatur, in trockenem Jod bei 100 °C nach etwa 15 min und in flüssigem Brom nach etwa 10 min bei Raumtemperatur entflammen. Der Wassergehalt im Chlorgas und dessen Strömungsgeschwindigkeit bestimmen, wie Abb. 13.32 zeigt, den Bereich, in dem noch eine Passivierung stattfinden kann und eine Entzündung unterbleibt [*M 78h, M 78i*]. Auch in konzentrierter Salpetersäure bestimmt der Wassergehalt neben dem Gehalt an NO_2 entsprechend dem in Abb. 13.33 wiedergegebenen Diagramm die Bereiche, in denen eine pyrophore Reaktion stattfinden kann. Da insbesondere an Rissen oder Spalten Konzentrationsunterschiede entstehen können und dadurch unter Umständen kritische Gehalte örtlich überschritten wer-

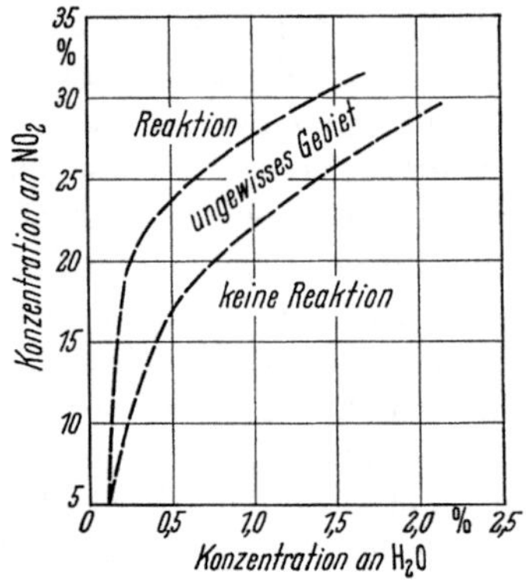

Abb. 13.33 Einfluß der Wasserkonzentration in hochkonzentrierter Salpetersäure auf die pyrophore Reaktion bei Titan [*G 13c*].

den, ist der Bereich, in dem eine spontane Reaktion einsetzt, häufig von der Oberflächenbeschaffenheit des Titans und der Titanlegierungen abhängig. Eine explosionsartige Verbrennung kann durch Stoß oder Reibung in rauchender Salpetersäure mit einem Gehalt bis etwa 0,9 % H_2O und 2–20 % NO_2 eingeleitet werden [*R 55*, *G 13c*, *B 61*, *S 140*, *B 15c*, *R 54*, *R 53c*].

14. Verschleißverhalten

Über das Verschleißverhalten[1] von Titan und seinen Legierungen sind nur begrenzte Aussagen möglich, da der Verschleiß stark von der Beanspruchung abhängig ist und meist nur spezielle Versuche vorliegen.

14.1 Gleitverschleiß

Einen wesentlichen Anteil am Gleitverschleiß bei Titan und seinen Legierungen hat die Neigung der an der Gleitung beteiligten Werkstoffpaare zum Verschweißen und zur Legierungsbildung.

Beim Gleiten von Titan gegen Titan ist der Abrieb bis etwa 400 °C wenig von der Temperatur abhängig. Oberhalb 200 °C tritt jedoch eine Neigung zum Fressen auf [*K 27*]. Der Reibungskoeffizient zwischen mono- und polykristallinem Titan ist bei niedriger Beanspruchung in der Prismenebene $\{10\bar{1}0\}$ niedriger als in der Basisebene $\{0001\}$. Bei höherer Beanspruchung gleichen sich die Reibungskoeffizienten einander an [*B 103*].

Durch Erhitzen der Metalloberfläche an Luft auf Temperaturen von 500 bis 800 °C (meist $^1/_2$ h 550 °C) kann sich eine sauerstoffhaltige Schicht (vgl. Kap. 15.2.2, S. 456ff.) bilden, deren hohe Härte den Verschleißwiderstand erhöht und die Gleiteigenschaften durch Verminderung des Reibungskoeffizienten verbessert. Auch eine stickstoffhaltige Schicht (vgl. Kap. 15.2.1, S. 453ff.) verbessert die Gleiteigenschaften. In Abb. 14.1a und b ist die Abhängigkeit des Reibungskoeffizienten von Titan vom Sauerstoffgehalt bzw. Stickstoffgehalt in der Probenoberfläche beim Gleiten gegen Kupfer wiedergegeben. Bei einem Gehalt von etwa 0,8% Sauerstoff bzw. von 0,6% Stickstoff wird der Reibungskoeffizient im Falle von Sauerstoff von 1,1 auf 0,45, im Falle von Stickstoff auf 0,5 vermindert [*J 16*]. Auch bei Titanlegierungen wird durch eine Nitrierung der Oberfläche eine Verbesserung der Gleiteigenschaften erzielt [*W 19*].

Da infolge der hohen Affinität zu Sauerstoff in normaler Atmosphäre Titan und seine Legierungen immer mit einem sehr dünnen und glatten Oxidfilm überzogen sind, auf dem Öl nicht haftet, können Mineralöle nicht als Schmiermittel dienen. Dies ist u.a. der Anlaß für das Auftreten

[1] Unter Verschleiß wird in der Technik die unerwünschte Veränderung der Oberfläche von Gebrauchsgegenständen durch Lostrennen kleiner Teilchen infolge mechanischer Ursachen verstanden (DIN 50320, Vornorm).

eines hohen Reibungskoeffizienten (meist $\geqq 0{,}5$) beim Gleiten von Titan oder Titanlegierungen gegeneinander, der das Auftreten von Freßerscheinungen und die ungünstigen Gleiteigenschaften von Titan widerspiegelt. Bei Verwendung von anderen metallischen Gegenwerkstoffen bildet sich auf diesen nach kurzer Zeit eine Schicht aus Titan, die wieder ein Festfressen bewirkt [*R 1*]. Durch das Aufbringen poröser Schichten, z.B. von

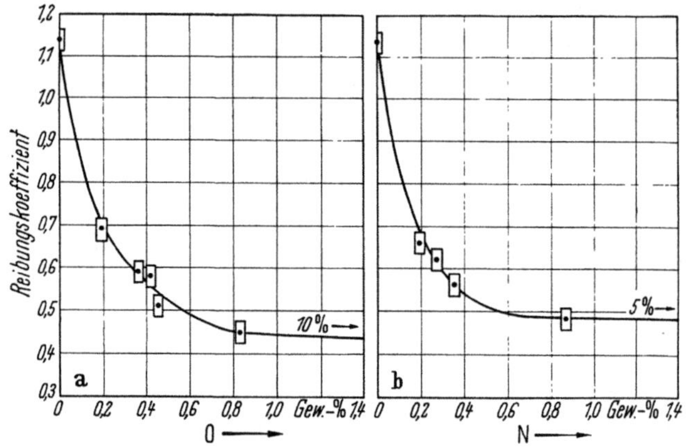

Abb. 14.1 a u. b Einfluß eines Sauerstoff- (a) und Stickstoffgehaltes (b) von Titan technischer Reinheit auf den Reibungskoeffizienten (Gegenwerkstoff: Kupfer) [*J 16*].

Oxidschichten an Luft oder durch anodische Oxydation, Hydridschichten durch Beizen oder von Phosphatschichten (vgl. Kap. 15.2–15.4, S. 456ff.), haften, wie die Tab. 14.1a und 14.1b zeigen, die Ölfilme besser und der Reibungskoeffizient wird vermindert. Durch das Aufbringen von metallischen Überzügen kann die Haftung des Schmiermittels ebenfalls verbessert werden [*W 40, F 1, L 0, P 0*].

Bei der Untersuchung der Wirkung von festen Schmiermitteln hat sich gezeigt, daß Graphit und MoS_2 verhältnismäßig rasch zu einer Annäherung des Reibungskoeffizienten an den des schmiermittelfreien Laufes führen. Mit Hilfe von Kadmiumjodid (CdJ_2), Kadmiumchlorid ($CdCl_2$) und Bleijodid (PbJ_2) ist es jedoch gelungen, bei niedriger Gleitgeschwindigkeit (etwa 2 m/min) bis zu relativ hoher Beanspruchung die Gleiteigenschaften zu verbessern. Auch Jod und andere Halogene enthaltende Öle trennen die Gleitflächen besser als reine Kohlenwasserstoffe [*P 22, R 2, M 79a*] und bewirken eine wesentliche Verminderung des Reibungswiderstandes. Der Reibungskoeffizient, der im Hochvakuum den Wert von 1,5 erreichen kann, wird bereits durch Jodkristalle, die an der Oberfläche des Titans TiJ_2 bilden, auf 0,3 und beim Einreiben von Kadmiumjodid in die Titanoberfläche sogar auf 0,04 vermindert [*R 75a*]. Bei Temperaturen oberhalb 400 °C entstehen jedoch flüchtige Halogenide, so daß

Tabelle 14.1 a. *Einfluß der Oberfläche und des Schmiermittels auf den Reibwert* TiAl6V4/TiAl6V4 [*K 13 i*]

Oberflächenzustand der TiAl6V4-Schraube	Oberflächenzustand der TiAl6V4-Mutter	Schmierzustand	Reibwert μ
Metallisch blank	metallisch blank	geölt	0,50–0,60
		MoS_2-Spray	0,35–0,51
		MoS_2-Paste	0,35–0,44
Phosphatiert		geölt	0,55–0,58
		MoS_2-Spray	0,25–0,37
Gebeizt	gebeizt	MoS_2-Paste	0,31–0,47

Tabelle 14.1 b. *Einfluß des Oberflächenzustandes und der Schmierung auf den Reibwert* TiAl6V4/*Stahl* [*K 13 i*]

Oberflächenzustand der TiAl6V4-Schraube	Oberflächenzustand der Stahlmutter	Schmierzustand	Reibwert μ
Metallisch blank	metallisch blank	geölt	0,26–0,44
		MoS_2-Spray	0,26–0,34
		MoS_2-Paste	0,29–0,42
	galvanisch ver-	ungeschmiert	0,12–0,14
	kadmet	geölt	0,12–0,15
	12 µm passiviert	MoS_2-Spray	0,18–0,21
		MoS_2-Paste	0,16–0,19
Metallisch blank	phosphatiert	geölt	0,14–0,17
	(Zinkphosphat)	MoS_2-Spray	0,17–0,21
		MoS_2-Paste	0,135–0,19
	(Manganphosphat)	MoS_2-Paste	0,24–0,34
Anodisch oxydiert	metallisch blank	ungeschmiert	0,30–0,65
Anodisch oxydiert, MoS_2-Spray	metallisch blank	MoS_2-Spray	0,09–0,14

der Reibungskoeffizient sich wieder erhöht und sich dem des reinen Titans nähert [*B 7*]. Auch beim Kaltwalzen von Titan haben sich halogenhaltige, z.B. fluorhaltige Schmiermittel, gut bewährt [*W 43*]. In trockener Luft steigt der Reibungskoeffizient nach örtlichen Beschädigungen wesentlich stärker an als in feuchter [*L 14*].

Bessere Gleiteigenschaften bei unbehandeltem Titan werden, wie aus Tab. 14.2 im Vergleich mit einer Gußbronze zu entnehmen ist, auch bei Titanlegierungen erzielt, wenn auf der Oberfläche eine Nitridschicht aufgebracht und als Gegenwerkstoff Stahl verwendet wird. Mit steigendem Aluminiumgehalt in den Legierungen wird das Gleitverhalten ungünstiger, die Schädigung des Gegenwerkstoffes größer und der Verschleißwiderstand geringer. Ungünstig verhält sich auch eine Titannitridschicht, die gegen eine Titannitridschicht läuft [*W 19*]. Bei der Prüfung der Freßneigung von Titan technischer Reinheit mit und ohne Salzbadbehandlung

Tabelle 14.2. *Gleiteigenschaften von Titan und -legierungen mit nitrierter Oberfläche*[1] [*Bewertung in abnehmender Güte von 6–0 Titan oder nitriertes Titan mit TiCr5Al3 (unbehandelt) als Gegenwerkstoff: Bewertung 0*] [*W 19*]

Werkstoff	Gleit-verhalten[2]	Schädigung des Gegenwerkstoffs	Verschleiß-widerstand
Titan unbehandelt	0	0	0
Titan nitriert	5	6	3
TiCr5Al3 nitriert	2	6	6
TiAl4V4 nitriert	1	4	3
TiAl6V4 nitriert	1	1	2
G SnPbBz 22	6	5	4

[1] Klötzchenprüfmaschinenöl, $v = 7$ m/sec; $p = 100$ kp/cm²; Polsterschmierung Maschinenlaufzeit 7 h. Gegenwerkstoff StC 45.61, geh.
[2] Einlauffähigkeit und Verhalten gegenüber Störungen.

(2 h 800 °C) zum Aufbringen von sauerstoff- und stickstoffhaltigen Schichten (vgl. Kap. 15.2, S. 453ff.) haben sich bei der Prüfmethode nach DIN 57354 folgende Meßwerte ergeben: Titan (geglüht) gegen Titan (geglüht) = 0,3 mkp Titan (oberflächenbehandelt) gegen Titan (oberflächenbehandelt) = 8,0 mkp. Titan (oberflächenbehandelt) gegen Stahl (unbehandelt) = 30 mkp [*R 88v*].

14.2 Erosion, Kavitation und Tropfenschlagverschleiß

Bei Erosionsversuchen in Seewasser, das eine Strömungsgeschwindigkeit von 0,9 m/sec hatte, hat sich nach 5 Jahren noch keine Pittingbildung auf der Oberfläche von Titan technischer Reinheit gezeigt [*C 77b*]. Auch bei Kavitation, die durch Absinken der Druckhöhe in einer Flüssigkeit auf die Höhe des Dampfdruckes der Flüssigkeit bei der betreffenden Temperatur (z. B. infolge örtlich erhöhter Geschwindigkeit) und die dabei auftretenden Implosionen entsteht, sind das Titan und seine Legierungen relativ gut beständig. Dies ist darauf zurückzuführen, daß sich bei sauerstoffabgebenden Mitteln dünne, harte Oxidschichten bilden, die eine Zerstörung der Oberfläche weitgehend verhindern. Diese Oxidschichten haben außerdem die Neigung, sich nicht mit Flüssigkeiten zu benetzen, – sofern diese keine Halogene enthalten – so daß kein direkter Angriff stattfinden kann.

Auch bei Tropfenschlag, einer Erscheinung, bei der in einem Gas- oder Dampfstrom mitgeführte Flüssigkeitstropfen infolge Aufprallens auf die Werkstückoberfläche Auskolkungen hervorrufen, haben sich Titanlegierungen bewährt. Ein Vergleich verschiedener Werkstoffe mit

Titan hinsichtlich ihrer Kavitationsbeständigkeit mit Hilfe eines mit Magnetostriktion arbeitenden Gerätes ergab, daß Titan bei dieser Beanspruchung den austenitischen Chrom-Nickel-Stählen gleichkam und sich besser verhielt als die untersuchten Sondermessinge und Bronzen [*W 60n*]. In Seewasser zeigte sich gemäß Abb. 14.2a unter ähnlichen Versuchsbedingungen dasselbe Verhalten. Besonders günstig verhielt sich dabei gesintertes Titan. Vergleichende Untersuchungen (Abb. 14.2a und 14.2b) mit Magnetostriktion und mit Tropfenschlag ergaben etwa die

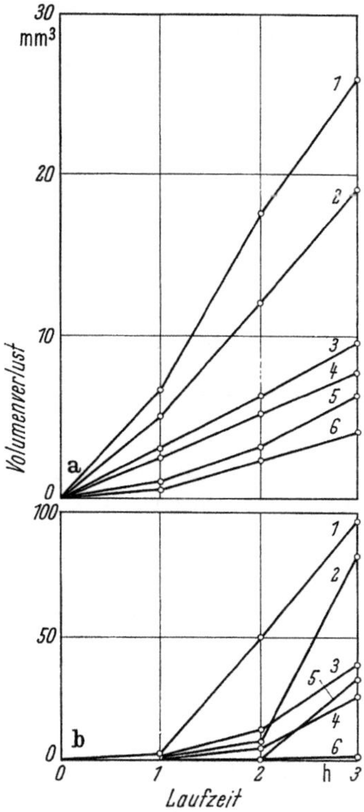

Abb. 14.2a u. b Einfluß der Prüfmethode [Magnetostriktion (a) und Tropfenschlag (b)] auf den Volumenverlust von Titan technischer Reinheit im Vergleich mit anderen Werkstoffen. (*1* Armcoeisen; *2* Sondermessing, eisen- und manganhaltig; *3* ferritischer Chromstahl X20Cr13; *4* Titan technischer Reinheit; *5* Chrom-Nickel-Stahl, 18/8; *6* gesintertes Titan) [*M 95*].

gleiche Reihenfolge in der Volumenabnahme [*M 95*]. Vergleicht man die Schlagzahl, die zur Erreichung einer bestimmten Gewichtsabnahme notwendig ist, mit der Härte verschiedener Werkstoffe im Vergleich mit Titan, so zeigt sich, daß ein Übergang von Titan technischer Reinheit (HV = 250 kp/mm²) zu einer Titanlegierung (HV = 380 kp/mm²) eine Steigerung der Schlagzahl von $9 \cdot 10^4$ auf $54 \cdot 10^4$ ergibt, während bei anderen Werkstoffen keine so hohe Zunahme bei einer entsprechenden Härtesteigerung beobachtet wird [*K 13*]. Das Ergebnis einer Prüfung von Titan technischer Reinheit, von Titanlegierungen mit unterschiedlicher Vorbehand-

Tabelle 14.3. *Werkstoffe für Tropfenschlagversuch* (*Abb. 14.3 a und b*) [*E 13*]

Werkstoff	Richtanalyse	Werkstoffzustand [°C]	Vickershärte [kp/mm²]	Versuch-Nr. der Abb.
Ti technischer Reinheit	etwa 99,2% Ti Rest Fe, O, N	5 h/750°/Ofenabk.	192	1
		etwa 5–7% kaltverformt	201	2
TiAl3	3% Al Rest Ti	3 h 800°/Ofenabk.	258	3
		etwa 5–7% kaltverformt	294	4
TiAl5Sn2,5	5% Al, 2,5% Sn, Rest Ti	3 h 800°/Ofenabk.	278	5
		etwa 5–7% kaltverformt	315	6
TiAl6V4	6% Al, 4% V, Rest Ti	4 h/700°/Ofenabk.	337	7
		etwa 5–7% kaltverformt	384	8
		2 h/895°/Wasser	347	9
		2 h/965°/Wasser	384	10
		1 h/1050°/Wasser	393	11
		1 h/1050°/Wasser 5 h/500°	449	12
		1 h/1050°/Wasser 5 h/400°	478	13
So-GMS 57 F 45	56% Cu, 39% Zn, 2% Ni, 1% Mn, 1% Fe, 1% Al	Guß	157	20
So-Ms 58	57% Cu, 37% Zn 3% Mn, 2% Al, 0,5% Fe, 0,5% Ni	gezogen	154	21
AlBz4	96% Cu, 4% Al	geschmiedet	130	22
AlBz10	90% Cu, 10% Al	geschmiedet	151	23
AlBz10Ni	80% Cu, 10% Al, 5% Fe, 5% Ni	geschmiedet	178	24
AlBz11Ni	78% Cu, 11,5% Al 5% Fe, 5,5% Ni	geschmiedet	270	25
BeBz	98% Cu, 2% Be	ausgehärtet 4 h, 500°	350	26
		ausgehärtet 1,5 h, 300°	395	27
CrMn-Stahl	71% Fe, 18% Mn, 10% Cr, 1% Ni, 0,15% C	1085°/H_2O	255	28
18-8-CrNi-Stahl	74% Fe, 18% Cr, 8% Ni	1100°/H_2O	148	29
NiBe2Ti	97% Ni, 2% Be, 1% Ti	1000°/H_2O	153	30
	–	ausgehärtet 1 h 500°C	440	31
Stellit	1% C, 0,5% Si, 0,4% Mn, 20% W, 2–3% V, 4,3% Cr, 1,0% Mo, 7,1% Cr Rest Fe	Guß	610	32

lung (Abb. 14.3a) und von anderen Werkstoffen (Abb. 14.3b) – gemäß Tab. 14.3 – unter gleichen Versuchsbedingungen zeigt, daß die am stärksten ausgehärtete Titanlegierung den geringsten Verschleiß von den Titanwerkstoffen aufweist. Eine Kaltverfestigung muß nicht zu einer Verbesserung der Kavitationsfestigkeit führen, wie das Beispiel der Legierung TiAl3 gegenüber Titan technischer Reinheit zeigt. Besser als

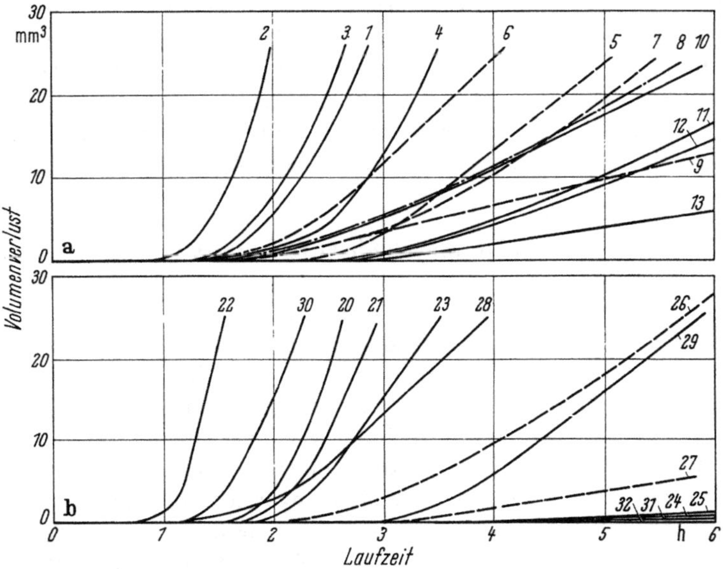

Abb. 14.3a u. b Volumenverlust-Laufzeitkurven für Titan und Titanlegierungen (a) im Vergleich mit anderen Werkstoffen (b) im Tropfenschlagversuch [*E 13*]. (Die Zusammensetzung, Wärmebehandlung und Härte der Werkstoffe ist in Tab. 14.3 wiedergegeben.)

Ti-Legierungen verhielten sich gemäß Abb. 14.3b nur Al-Sonderbronzen, NiBe2Ti und Stellit [*E 13*]. ($\alpha + \beta$)-Legierungen zeigen auch bei Regenerosion mit einem Tropfendurchmesser von 1,2 mm, einer Geschwindigkeit von 410 m/sec, einer Regendichte von 10^{-5} g/cm³ mit zunehmender Härte eine verminderte Gewichtsabnahme [*D 31d*]. Die Ausscheidung intermetallischer Verbindungen kann die Kavitationsbeständigkeit, z.B. bei der Legierung TiCr11Mo8Al3, gegenüber anderen Titanlegierungen weiterhin verbessern [*B 53d*]. Titan technischer Reinheit ist weniger beständig als TiAl5Sn2,5 [*D 10a, R 49*]. Eine qualitative Prüfung des Verschleißes auf der letzten Stufe einer Dampfturbine durch Prüfung der Oberflächenabtragung nach gleicher Laufzeit ergab folgende Reihenfolge der geprüften Materialien: Stellit, TiAl2Mn2, nur wenig größeren Verschleiß TiAl6V4, Titan technischer Reinheit, und wenig höherer Verschleiß 18/8-Stahl, wesentlich stärkerer Verschleiß Monel und ferritischer Chromstahl mit 13 % Cr [*C 57d*].

15. Oberflächenbehandlung

Eine Oberflächenbehandlung ist meist zwischen und nach einer Warmverarbeitung erforderlich, ferner zur Metallabtragung und Verminderung der Oberflächenrauhigkeit metallisch blanker Oberflächen, sowie vor und bei der Herstellung von Schutz- und sonstigen Schichten auf der Oberfläche des Titans und seiner Legierungen für ein verbessertes Verhalten z.B. gegen Korrosion, Oxydation oder Verschleiß.

15.1 Entzundern und Beizen

Die Beizbedingungen bei Titan und Titanlegierungen sind abhängig von der Art der vorhandenen Zunder- und Reaktionsschichten, deren Wachstum von der Temperatur des Glüh- und Verarbeitungvorganges beeinflußt wird. Bei niederen Verarbeitungs- oder Glühtemperaturen bis etwa 600 °C wird nur eine dünne Schicht gebildet (vgl. Kap. 13.6, S. 425ff.), bei höheren Temperaturen bildet sich dagegen neben einer dikkeren Oxidschicht eine an Sauerstoff angereicherte Diffusionszone, die ebenfalls durch das Beizen entfernt werden muß. Es finden verschiedene Entzunderungsverfahren Anwendung: Mechanische Verfahren zur Entfernung dicker Oxidschichten und aufgehärteter Oberflächenzonen, Entzundern in geschmolzenen Salzbädern sowie Beizen in Säurelösungen. In vielen Fällen werden mehrere Verfahren kombiniert, z.B. mechanisches Entzundern mit anschließendem Säurebeizen oder Entzundern in Salzbädern und anschließendes Säurebeizen, insbesondere bei Zunder- und Diffusionsschichten, die bei höherer Temperatur gebildet wurden. Bei Glühtemperaturen bis 600 °C entstandene Schichten können meist durch alleiniges Säurebeizen abgelöst werden.

15.1.1 Mechanisches Entzundern

Mechanische Entzunderungsverfahren wie Sandstrahlen, Schleifen und Bürsten werden häufig dem Säurebeizen vorangestellt, um dicke Zunderschichten, die bei hohen Temperaturen gebildet wurden, abzutragen. In jedem Falle muß eine Aufnahme von Fremdstoffen bei der mechanischen Bearbeitung durch die Metalloberfläche vermieden werden, da bei einer nachfolgenden weiteren Warmverarbeitung oder Wärmebehandlung dadurch eine Verminderung des Formänderungsvermögens und Rißbildung eintreten kann.

Bei Schmiedeteilen wird im allgemeinen Strahlen mit Korund-, Quarz- oder Stahlkies angewandt. Auch bei Blechen wird teilweise der Zunder durch Strahlen gebrochen. Zur Erzielung einer hohen Oberflächengüte muß anschließend noch kalt gewalzt oder überschliffen werden. Bei Temperaturen oberhalb 750 °C können dicke festhaftende Zunderschichten entstehen, die durch Salzbad- oder Säurebeizen ungleichmäßig abgetragen und nur durch Schleifen einwandfrei entfernt werden können. In diesen Fällen ist eine niedrige Schleifgeschwindigkeit (5–10 m/sec, vgl. Kap. 18.3, S. 504) erforderlich. Eine Überhitzung der zu schleifenden Oberfläche muß vermieden werden, da dies zu einer Sauerstoffaufnahme und Aufhärtung an der überhitzten Stelle führt.

15.1.2 Entzundern in Salzschmelzen

Bei Entzundern im Salzbad soll die Oxidschicht möglichst rasch abgetragen werden, ohne daß das darunterliegende Metall angegriffen oder verunreinigt wird. Für diesen Zweck haben sich Schmelzen auf Basis Natriumhydroxid mit reduzierenden und oxydierenden Zusätzen bewährt. Ohne Zusätze greift Natriumhydroxid unterhalb etwa 450 °C die Oxidschicht nur langsam an, während bei höheren Temperaturen zwar die Oxidschicht abgetragen, gleichzeitig aber auch das Metall angegriffen und durch Aufnahme von Wasserstoff sein Formänderungsvermögen vermindert wird [*D 36*].

In einem reduzierenden Bad ist in geschmolzenem Natriumhydroxid 1,5–2 % Natriumhydrid gelöst. Natriumhydrid wird durch Reaktion von metallischem Natrium mit Wasserstoff in einem Behälter innerhalb des Salzbades hergestellt und gelangt von dort durch Diffusion und Konvektion in die Salzschmelze [*S 92*]. Durch das reduzierende Natriumhydrid wird die Zunderschicht in niedere Oxide überführt. Diese haften teilweise noch auf der Metalloberfläche, springen jedoch beim Abschrecken in Wasser ab. Der verbleibende Rest wird durch kurzes Beizen in wäßriger Säurelösung beseitigt. Das Salzbad arbeitet bei einer Temperatur von etwa 370 °C. Eine Wasserstoffaufnahme ist bei dem eigentlichen Entzunderungsvorgang – der Reaktion von Titandioxid mit Natriumhydrid unter Bildung niederer Titanoxide – gering und setzt erst merklich ein, wenn das Metall angegriffen wird. Bei konstanter Badtemperatur ist daher die Wasserstoffaufnahme annähernd proportional der Metallabtragung sowie der Hydridkonzentration im Salzbad (vgl. Kap. 12.1, S. 346). Aus diesem Grunde ist es notwendig, die Beizzeit so zu begrenzen, daß lediglich das Oxid abgetragen und noch kein Metall gelöst wird [*B 13, L 25*]. Durch Zusätze von Titandioxid zur Salzschmelze können, wie die Abb. 15.1a und b zeigen, Wasserstoffaufnahme und Metallabtragung vermindert werden. Wenn die Salzschmelze mindestens 0,3% TiO_2 enthält, dann ist sie mit dem durch Reaktion von Titandioxid mit Natriumhydroxid gebildeten Natriumtitanat gesättigt [*W 38, A 22b*].

Verschiedene Beizbäder enthalten Natriumhydroxid mit oxidierenden Zusätzen von Natriumnitrat und Natriumnitrit [*D 36*]. Dünnwandige Teile werden während einer Tauchzeit von 1–10 min bei einer Badtemperatur zwischen 425 und 440 °C gebeizt. Bei dickwandigeren Teilen beträgt die Badtemperatur 460–480 °C. Schmiedeteile von komplizierter Form benötigen Beizzeiten zwischen 5 und 60 min. Die Bad-

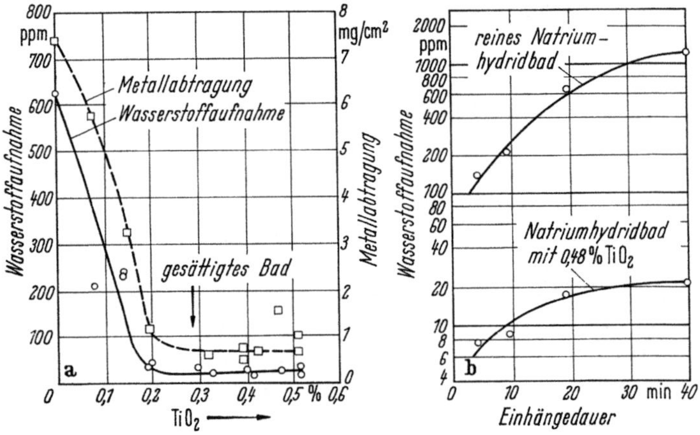

Abb. 15.1 a u. b Einfluß von Titandioxidzusätzen auf die Wasserstoffaufnahme beim Beizen im Natriumhydroxid-Natriumhydridbad.
a) Wasserstoffaufnahme in Abhängigkeit vom Oxidgehalt des Bades (Einhängedauer 20 Min. Temp. 370–400 °C, 1,0–2,0% NaH); b) Wasserstoffaufnahme in Abhängigkeit von der Einhängezeit in reinem und TiO_2-haltigem Natriumhydroxid-Natriumhydridbad [*A 22b*].

temperatur kann dabei 460–510 °C betragen und muß mit zunehmender Warmverarbeitungstemperatur erhöht werden. Sie darf jedoch in keinem Fall 550 °C überschreiten, da bei diesen Temperaturen – insbesondere dünnwandige Teile – spontan mit dem Salzbad reagieren und explosionsartig verbrennen können. Die Wasserstoffaufnahme ist bei Temperaturen unter 500 °C gering, nimmt aber mit steigender Badtemperatur zu [*H 75*], wie Tab. 15.1 zeigt, in der Badzusammensetzung, Arbeitstemperatur, Metallabtragung und Wasserstoffaufnahme für verschiedene Salzbäder zusammengestellt wurde. Während bei einer Beiztemperatur von 470 bzw. 540 °C eine sehr geringe Metallabtragung und Wasserstoffaufnahme in den oxydierenden Bädern gegenüber der reinen Natriumhydroxidschmelze stattfindet, setzt bei 600 °C eine starke Wasserstoffaufnahme und Selbstentzündung ein [*B 12, S 141*].

Durch Elektrolyse in einer oxydierenden Salzschmelze wird bei einem

Tabelle 15.1. *Metallabtragung und Wasserstoffaufnahme von Titan in verschiedenen oxydierenden Salzschmelzen* [*B 12*]

Badzusammensetzung [Gew.-%]	Mindest-entzunderungszeit 500 °C [Minuten]	Einhängedraht	Metallabtragung in 15 Minuten [g/cm²]			Wasserstoffaufnahme 15 Minuten Angriffsdauer [ppm]		
			470 °C	540 °C	600 °C	470 °C	540 °C	600 °C
00 NaOH	0,5	Fe	0,103	–	–	4000	–	–
		Ti	0,057	–	–	3400	–	–
6 NaOH, 2 $NaNO_3$, 2 $NaNO_2$	0,75	Fe	0,0071	0,026	Entzündung[1]	0	25	–
		Ti	0,0051	0,023		0	25	–
0 NaOH, 5 $NaNO_3$, 5 $NaNO_2$	1,25	Fe	0,0071	0,022	0,049	0	–	280
		Ti	0,0077	0,022	0,047	10	–	350
0 NaOH, 10 $NaNO_3$, 10 $NaNO_2$	1,75–2	Fe	0,0043	0,013	0,027	5	–	240
		Ti	0,0042	0,013	0,021	3	–	130
0 NaOH, 10 $NaNO_3$, 10 $NaNO_2$, 20 NaCl	2,75	Fe	0,0036	0,007	0,014	4	45	140
		Ti	0,0036	0,007	0,015	0	35	120
0 NaOH, 10 $NaNO_3$, 10 $NaNO_2$, 20 Na_3PO_4	2,25	Fe	0,0051	0,018	0,017	0	–	150
		Ti	0,0055	0,019	0,016	0	–	150
0 NaOH, 10 $NaNO_3$, 10 $NaNO_2$, 20 Na_2SO_4	2,25	Fe	0,0031	0,008	0,012	5	–	100
		Ti	0,0033	0,006	0,012	0	–	100

[1] Das Titan entzündet sich unter diesen Bedingungen bei 600 °C.

weiteren Verfahren bei Temperaturen zwischen 430 und 540 °C das zu beizende Teil bei einer Spannung von 6 V zunächst als Kathode geschaltet, wobei reduzierende Agenzien gebildet werden, die den Zunder formieren oder ganz ablösen. Später wird umgepolt, wobei durch entstehende oxydierende Substanzen z.B. Natriumperoxid die Metalloberfläche blank gebeizt wird. Das Verfahren ist für ein kontinuierliches Entzundern von Bändern geeignet [*N 21, S 141*]. Im oxydierenden Salzbad ist die Gefahr einer Entzündung von oxidfreien, dünnwandigen Teilen bei geringer Temperaturüberschreitung der schon hohen Badtemperatur besonders groß. Die Temperatur dieser Salzbäder sollte deshalb möglichst niedrig gehalten werden. Im reduzierenden Salzbad wird die Oberfläche meist gleichmäßiger abgetragen als im oxydierenden Salzbad. Trotz der niedrigeren Arbeitstemperatur des Hydridsalzbades ist in diesem jedoch meist die Wasserstoffaufnahme höher als in den oxydierenden Salzbädern [*K 17*].

15.1.3 Säurebeizen

Anlaufschichten, die bei Temperaturen bis etwa 600 °C gebildet werden, können in vielen Fällen durch alleiniges Säurebeizen entfernt werden. Auch nach einer Entzunderung in Salzschmelzen müssen meist die

Reste der durch die Schmelze modifizierten Oxidschicht in einem Säurebad abgelöst werden. Nach einer Warmverarbeitung können Zunderschichten durch Säurebeizen nur dann entfernt werden, wenn der Zunder zuvor durch mechanische Verfahren, z. B. durch Strahlen oder Kaltverformung, gebrochen wurde. Bei unvollständiger Zunderbrechung erfolgt jedoch eine ungleichmäßige Metallabtragung. Deshalb hat es sich als zweckmäßig erwiesen, nach der Warmverarbeitung zunächst im Salzbad zu entzundern und anschließend noch in Säure zu beizen. Ein Säurebeizen nach dem Salzbadentzundern ist meist auch deshalb notwendig, weil die durch eindiffundierten Sauerstoff gebildete Diffusionsschicht nur durch Säurebeizen ohne zu hohe Wasserstoffaufnahme abgetragen werden kann. Ein häufig verwendetes Beizbad ist eine wäßrige Flußsäure-Salpetersäure-Lösung. Die Zusammensetzung der Lösung kann in weiten Grenzen variiert werden. Die Reaktion mit dem Metall findet je nach Salpetersäurekonzentration gemäß folgender Reaktionsgleichungen statt:

$$3\,Ti + 4\,HNO_3 + 12\,HF \rightarrow 3\,TiF_4 + 8\,H_2O + 4\,NO \qquad (1)$$

$$2\,Ti + 6\,HF \rightarrow 2\,TiF_3 + 3\,H_2 \qquad (2)$$

Ist genügend Salpetersäure im Beizbad vorhanden, erfolgt der Angriff gemäß (1) unter Entwicklung von Stickoxiden, bei geringen Gehalten oder bei Abwesenheit von Salpetersäure erfolgt der Angriff dagegen nach Gl. (2) unter gleichzeitiger Wasserstoffentwicklung. Bei Abwesenheit von Salpetersäure wird der Wasserstoff zunächst an der Oberfläche des Titans adsorbiert und reagiert dort unter Bildung von Titanhydrid. Bei höherer Temperatur kann das Hydrid disproportionieren und der Wasserstoff in das Grundmetall eindiffundieren (vgl. Abb. 12.8a–c, S. 346), so daß insbesondere bei dünnwandigen Teilen der Wasserstoffgehalt über die Toleranzgrenze (125 ppm) ansteigt [*M 45*]. Der nach dem Säurebeizen bestimmte Gesamtwasserstoff befindet sich zunächst größtenteils an der Oberfläche und in oberflächennahen Zonen und kann nicht die gleiche Wirkung auf die mechanischen Eigenschaften ausüben wie bei einer homogenen Verteilung [*S 141*] (vgl. Kap. 12.5 bis 12.8, S. 355ff.).

Auch anderen Angriffsmitteln, die Titan unter Wasserstoffentwicklung angreifen, muß ein Oxydationsmittel zugegeben werden, damit kein Angriff unter Wasserstoffentwicklung und damit Wasserstoffaufnahme eintreten kann. Jedoch wird durch viele Oxydationsmittel die Angriffsgeschwindigkeit der Säure so stark vermindert, daß für eine ausreichende Metallabtragung zu lange Beizzeiten erforderlich sind. Abb. 15.2 zeigt die Wasserstoffaufnahme von Titan und verschiedenen Titanlegierungen für konstante Metallabtragung bei ~50 °C bei verschiedener Salpetersäurekonzentration in 2 %iger HF. Die Wasserstoffaufnahme der Legierungen mit Anteilen der β-Phase ist größer als die der α-Legierungen und des Titans technischer Reinheit. Bei einem Salpetersäuregehalt von $>20\%$ beträgt in allen Fällen die Wasserstoffaufnahme ≤ 30 ppm. Um die Wasserstoffaufnahme niedrig zu halten, soll deshalb die Salpetersäurekonzentration etwa 10mal höher sein als die Flußsäurekonzentration [*B 64*, *C 78e*]. Da die Metallabtragung vom Gehalt an Flußsäure abhängig ist, kann eine gewünschte Metallabtragung/Zeiteinheit eingestellt werden [*B 62*]. In den meisten Fällen wird ein Salpetersäuregehalt von

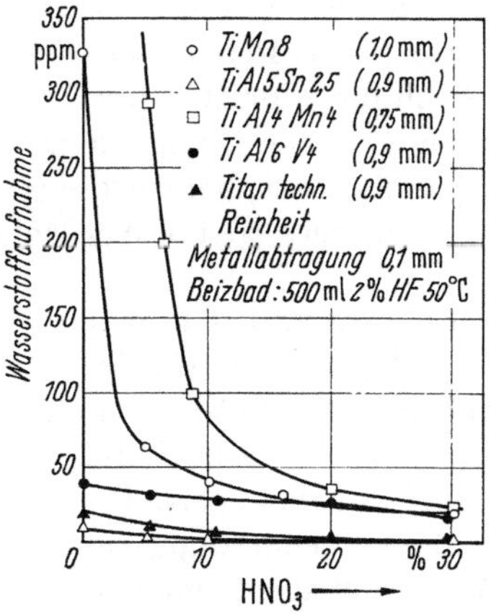

Abb. 15.2 Einfluß des Salpetersäuregehaltes auf die Wasserstoffaufnahme von Titan und Titanlegierungen [*C 78e*].

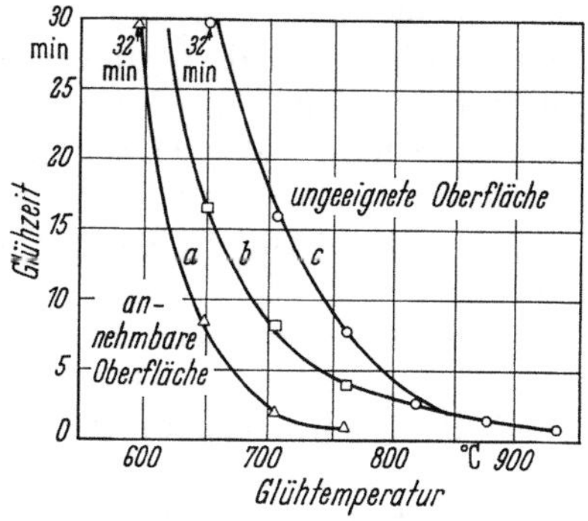

Abb. 15.3 Maximale Glühtemperatur und Haltezeiten für das anschließende Säurebeizen von TiAl6V4 in einer 3,5% HF-35% HNO_3-Lösung. Zunderbildung a) offene Gasflamme, b) Widerstandserhitzung, c) Ofenerhitzung [*K 9*].

mindestens 30% in der Lösung von $\sim 2{,}5\%$ HF eingestellt. Mit einem Beizbad von 3,5% HF und 35% HNO_3 können z.B. bei der Legierung TiAl6V4 Oxidschichten, die unterhalb der in Abb. 15.3 wiedergegebenen Glühtemperaturen und Haltezeiten für die Wärmebehandlung entstanden sind, mit ausreichender Oberflächengüte abgebeizt werden [*K 9*].

Der Flußsäuregehalt kann durch Alkalifluoridzusätze ersetzt werden. In einer 3% NaF + 40% HNO_3-Lösung wird die Metallabtragung/Zeiteinheit gegenüber einer Flußsäure-Salpetersäure-Beizlösung nicht wesentlich geändert [*S 124*]. Ein anderes Beizverfahren beizt die bei der Verarbeitung oder Wärmebehandlung von Titan oder Titanlegierungen im Temperaturgebiet zwischen 230 und 540 °C entstandene Oxidschicht zunächst in einer Lösung von Calciumfluorid in Schwefelsäure ab. Ein auf Titan sich bildender grauer Hydridfilm kann dann leicht in einer 2% HF + 10% HNO_3-haltigen Lösung gebeizt werden, wobei eine glänzende

Metalloberfläche erzielt wird [*S 132*]. Eine ebenfalls glänzende Oberfläche bildet sich durch 0,15–5% oxydierender Zusätze, wie z.B. Alkalihypochlorit oder -chlorat oder Wasserstoffsuperoxid, zu einem Flußsäure-Salpetersäure-Gemisch [*O 32*]. Auch Zusätze von Phosphorsäure zu einer Lösung von Salpetersäure, Wasserstoffsuperoxid und Fluoridionen verbessern die Beizwirkung bei Oxidschichten, die sich bei 500–650 °C gebildet haben, wobei die Metalloberfläche ein mattweißes Aussehen erhält [*B 63*]. Oxidschichten, die bei Warmverarbeitungstemperaturen $\leqq$650 °C gebildet wurden, können durch Vorbehandlung in heißen Alkalilösungen so modifiziert werden, daß die Beizzeiten im Säurebad verkürzt werden [*S 141*]. Andere Lösungen zum Beizen enthalten neben Flußsäure noch Salzsäure oder Schwefelsäure. Auch diese Beizlösungen führen zu einer hohen Wasserstoffaufnahme, wenn nicht genügend Oxydationsmittel den Angriff abschwächen. Auch heiße Phosphorsäure eignet sich zum Entzundern von Titan, wobei eine glänzende Metalloberfläche entsteht [*W 76*, *F 49*].

Bei einem elektrolytischen Säurebeizverfahren wird Titan, das bei Temperaturen unterhalb 680 °C oxydiert wurde, in einer wäßrigen Lösung mit 20% Schwefelsäure, 4% Salpetersäure, 1% Flußsäure und 2% Ferro- oder Aluminiumsulfat bei einer Spannung von 6–36 V zunächst 1–3 min als Kathode geschaltet und anschließend umgepolt. Das Verfahren arbeitet bei Raumtemperatur. Nach dieser Behandlung kann das Metall in der Beizlösung über längere Zeit verbleiben, ohne daß ein zusätzlicher Angriff stattfindet [*S 141*]. Legierungen können von Walzzunder durch kathodisches Vorbeizen in 70% wäßriger H_3PO_4-Lösung (0,31 A/cm^2, 95 °C, 10 min) und durch anodisches Nachbeizen (0,21 A/cm^2 20–365 °C, 5 min) in einer wäßrigen Lösung von 33 g/l Ammoniumsulfat, 25 g/l Natriumdichromat und 25 ml/l HF (48%) befreit werden [*C 60b*].

15.1.4 Ätzen, Glanzbeizen, elektrolytisches Polieren

Vielfach ist zur Verbesserung der Oberflächengüte ein Ätzen oder Polieren von bereits entzunderten Oberflächen erforderlich. Vor der Behandlung wird die Oberfläche entfettet. Dies kann in organischen Lösungsmitteln, die, um einer möglichen Spannungsrißkorrosion (vgl. Abschn. 13.5, S. 407ff.) vorzubeugen, keine chlorierten oder ähnlich wirkenden Kohlenwasserstoffe enthalten sollen, oder in wäßrigen alkalischen Lösungen erfolgen. Da Titan gegen diese Medien beständig ist, werden nur oberflächlich haftende Verunreinigungen abgelöst, die Titanoberfläche jedoch selbst nicht angegriffen [*G 3a*].

Ein Ätzen kann in den zum Abbeizen dünner Oxidschichten verwendeten Säurelösungen erfolgen. Die Zusammensetzung von Beizbädern wird nach der geforderten Oberflächenbeschaffenheit eingestellt. Sie enthalten in den meisten Fällen als Grundsubstanz Flußsäure, in einzelnen Fällen auch Salz- oder Schwefelsäure.

Tabelle 15.2. *Wässerige Lösungen zum Glanzbeizen von Titan*

Zusammensetzung [Vol.-%]	Temperatur [°C]	Bemerkungen	Literatur
8–10 Vol.-% Flußsäure (48%ig) 60 Vol.-% Wasserstoffsuperoxid (30%ig) Rest Wasser	Raumtemperatur	Beizdauer: 30–60 sec Die Oberfläche wird mit der Lösung bespült etwa 5–10 sec, nachdem sich braungelbe Dämpfe entwickeln	[*C 2*]
50% Phosphorsäure (90%ig) 50% Wasser	heiß	–	[*F 19*]
Phosphorsäure verdünnt Phosphorsäure konzentriert	270 Raumtemperatur	–	[*W 76*]
30–60 Vol.-% Salpetersäure (70%ig) 10–50 Vol.-% Schwefelsäure (95%ig) 20–45 Vol.-% Wasser	20–90	keine kritische Beizzeit, kein Überätzen	[*G 8*]
5% Salpetersäure (70%ig) 5% Flußsäure (48%ig) 1% Bleinitrat	100	60 sec	[*F 25*]
6% Flußsäure (48%ig) 23% Salpetersäure (75%ig) Rest Wasser	45	Lösung für chemisches Fräsen Metallabtragung: 0,01 mm/min	[*S 89*]
50% Salpetersäure (70%ig) 10 g/l Ammoniumtrifluorid 20% Kieselfluorwasserstoffsäure (48%ig) 0,2 g/l gelöstes Titan oder Zirkonium Rest Wasser	Raumtemperatur	die einzelnen Komponenten sollen in der angeführten Reihenfolge gelöst werden	[*B 17*]
1–6% Flußsäure 10–50% Salpetersäure 0,15–5% Oxydationsmittel (Alkalichloride, -chlorate und -hypochloride sowie Wasserstoffsuperoxid)	Raumtemperatur	verminderter Metallangriff beim Beizen	[*O 32*]

Chemisches Glänzen von Titan kann in den in Tab. 15.2 aufgeführten Lösungen erreicht werden. Die glänzende Metalloberfläche wird dabei je nach Lösung entweder direkt beim Abbeizen dünner Oxidschichten [*F 49, W 76*] oder aber durch Glanzbeizen nach einem vorhergehenden mechanischen Entzundern erreicht [*G 8, F 25*],

Die für metallographische Untersuchungen (vgl. Tab. 9.1, S. 207) entwickelten Elektrolyte zum elektrolytischen Polieren eignen sich nicht oder nur begrenzt zum Polieren größerer Flächen. Bei höherem Perchlorsäuregehalt, z.B. in einem Perchlorsäure-Essigsäureanhydrid-Elektrolyten, kann man eine gute Polierfläche auch bei größeren Teilen erhalten. Die Anwendung dieses Elektrolyten sollte jedoch nur unter Beachtung entsprechender Sicherheitsmaßnahmen erfolgen. Einige Elektrolyte auf der Basis Chromsäure–Flußsäure bzw. Phosphorsäure–Flußsäure werden für elektrolytisches Polieren größerer Teile empfohlen und sind sicherer in der Handhabung; z.B. in einem Elektrolyten, der etwa 400 ml/l Chromsäure und 100 ml/l Flußsäure (48%ig) enthält wird bei 15–20 °C bei einer Spannung von 5–7 V und einer Stromdichte von 20–50 A/dm² poliert [*T 1, G 70*].

15.1.5 Chemisches Fräsen

Chemisches Fräsen oder Nacharbeiten von Titan und Titanlegierungen kann bei komplizierten Formteilen wirtschaftlicher sein als eine mechanische Bearbeitung. Das Werkstück wird gereinigt, der nicht zu bearbeitende Teil des Werkstückes mit Kunststoffmasken, Lack oder durch photographische Verfahren abgedeckt und an der zu bearbeitenden Stelle das Metall mit einer Ätzlösung abgetragen. Eine Mischung von Chromsäure und Flußsäure bis etwa 50 °C hat sich z.B. als Ätzmittel bewährt [*R 59, S 68b*]. Eine andere Lösung für das chemische Fräsen der Legierung TiAl6V4 hat folgende Zusammensetzung: 18,8% Salpetersäure (2,3n), 2,1% Eisessig (0,4n), 15,1% Salzsäure (1,8n), 8% Flußsäure (2,65n), 0,8% Zitronensäure, 0,3% Na_2HPO_4, Rest Wasser. Bei dieser Lösung beträgt bei einer Arbeitstemperatur von 57 °C die Metallabtragung ~0,1 mm/min [*S 105*], mit einer Lösung von 6% Flußsäure und 23% Salpetersäure bei einer Arbeitstemperatur von 45 °C ~0,01 mm/min bei geringer Oberflächenrauhigkeit [*G 70*].

Die Oberflächengüte ist von der Legierung und Wärmebehandlung, der Oberfläche des Ausgangszustandes und der Bearbeitungstiefe abhängig. Die mechanischen Eigenschaften werden bei der Legierung TiAl6V4 durch das chemische Fräsen nicht beeinflußt, dagegen wurde bei der Legierung TiAl5Sn2,5 eine Verminderung der Werte der Dauerfestigkeit und bei der Legierung TiV13Cr11Al3 eine Wasserstoffaufnahme beobachtet [*F 40*].

15.2 Oberflächenbehandlung mit Einlagerungselementen

Durch Reaktion mit den Elementen Stickstoff, Sauerstoff, Kohlenstoff und Bor können auf Titan und Titanlegierungen harte Oberflächen- und Diffusionsschichten gebildet werden, die eine bessere Verschleißfestigkeit besitzen als der Grundwerkstoff. Auf der Metalloberfläche bildet sich durch Reaktion mit dem entsprechenden Element eine Verbindung, während in der angrenzenden Metallschicht durch Diffusion und Mischkristallbildung je nach Löslichkeit und Diffusionsgeschwindigkeit des Elementes an der Oberfläche des Grundmetalls eine Aufhärtungszone mit unterschiedlicher Schichtdicke entstehen kann.

15.2.1 Stickstoff

Titannitrid ist hart und elektrisch leitend. Die hohe Bildungswärme des Titannitrids wird von sämtlichen Titanoxiden übertroffen. Es ist deshalb notwendig, eine Nitrierbehandlung unter vollständigem Ausschluß von Sauerstoff durchzuführen [*H 74*]. Die Oberflächenreaktion von Titan mit Stickstoff erfolgt nach einem parabolischen Zeitgesetz (vgl. Kap. 13.6.2, S. 430). Die Nitriergeschwindigkeit nimmt deshalb mit zunehmender Nitrierzeit ab. Da die Diffusionsgeschwindigkeit von Stickstoff in der äußeren Titannitridschicht geringer ist als in der darunterliegenden Zone des Titanmischkristalles, können sich keine dicken Nitridschichten bilden [*G 66, R 45, W 13, T 2*]. Stickstoff oder Ammoniak müssen von hoher Reinheit sein, da Sauerstoff nicht nur die Bildung der Nitridschichten verhindern, sondern auch bei höheren Temperaturen ein Abblättern der Oberflächenschichten verursachen kann. Der Feuchtigkeitsgehalt soll wenigstens so gering sein, daß ein Taupunkt von -60 °C erreicht wird [*H 74*].

Mit steigender Temperatur steigt die Dicke der Nitrierschicht an und erreicht nach 16–24 h bei etwa 850 °C eine Tiefe von 0,05–0,1 mm mit HV $\geqq$ 300 kp/mm². Längere Nitrierzeiten bringen keine wesentliche Zunahme der Einhärtetiefe. Höhere Temperaturen führen zu einer Kornvergröberung des Grundwerkstoffs und zu einer von der gehärteten Randzone durch Kerbwirkung und Eigenspannung verursachten Verminderung des Formänderungsvermögens [*H 19, W 40, B 110, T 2*]. Bei TiAl5Sn2,5 wird bei 950 °C nach 16 h ebenfalls eine Einhärtetiefe von etwa 0,05 mm mit HV $\geqq$ 500 kp/mm² gefunden [*M 87*]. Bei der Nitrierung mit Ammoniak wird unter gleichen Bedingungen wie bei der Nitrierung mit Stickstoff eine höhere Oberflächenhärte und eine größere Einhärtetiefe erreicht. Gleichzeitig erfolgt aber eine Aufnahme von

Wasserstoff, der durch eine Glühung im Vakuum (vgl. Kap. 12,2, S. 347 ff.) wieder entfernt werden muß [*W 84, B 110*].

Bei der Nitrierung können sich verschiedene Zonen bilden. Eine äußere Zone aus Titannitrid, die, wenn der Sauerstoffgehalt nicht zu hoch wird, eine goldgelbe Farbe und eine Härte von 1400–1700 kp/mm² besitzt. Diese Titannitridschicht ist jedoch sehr dünn ($<5\,\mu m$). Bei niedrigen Nitriertemperaturen oder bei nachfolgender Vakuumglühung wird der

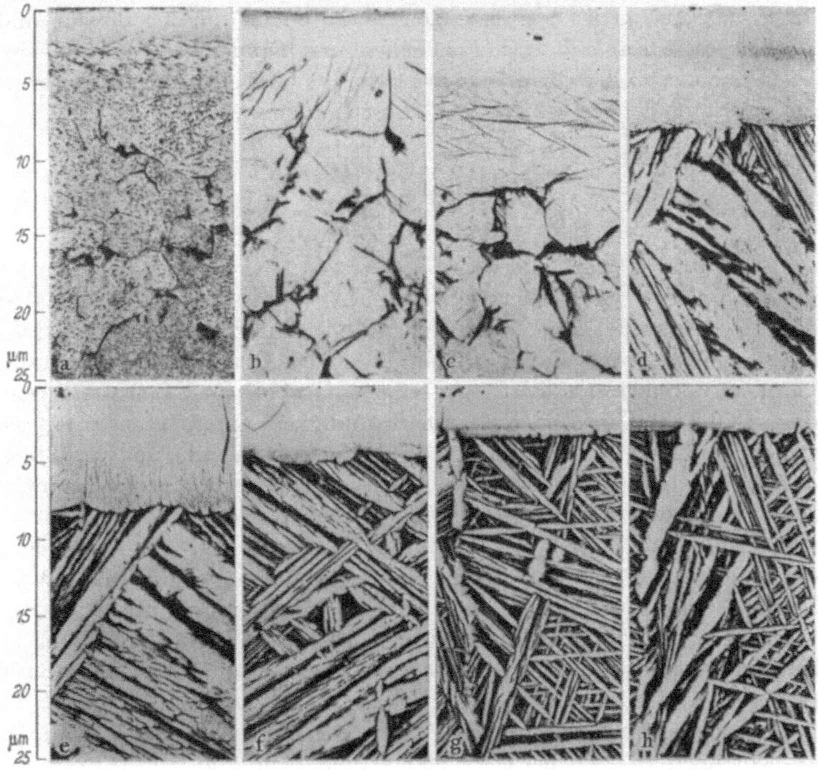

Abb. 15.4a–h Gefügeausbildung an der Oberfläche von mit Ammoniak bei 840 °C nitriertem Titan technischer Reinheit [*W 84*].
a) 4 Std.; b) 9 Std.; c) 18 Std.; d) 24 Std.; e) 32 Std.; f) 48 Std.; g) 72 Std.; h) 96 Std.

Stickstoff vollständig im Titanmischkristall der Metalloberfläche gelöst, die Titannitridschicht tritt dann nicht auf oder verschwindet bei einer Wärmebehandlung. Unter der Titannitridschicht befindet sich deshalb eine Schicht des α-Titanmischkristalls, in der Stickstoff gelöst ist. Auch diese Schicht besitzt eine hohe Härte, die zum Kern hin abfällt. Beim Nitrieren mit Ammoniak wird durch den eindiffundierenden Wasserstoff eine zusätzliche Gefügeänderung gefunden (Abb. 15.4a–h). Wegen der entgegengesetzten Wirkung von Wasserstoff und Stickstoff auf die Umwandlungstemperatur wird bei 840 °C zunächst mit steigender Nitrierzeit eine zunehmende Schichtdicke (Abb. 15.4a–d) einer an Stickstoff angereicherten Schicht von α-Titan beobachtet. Nach längeren Nitrierzeiten nimmt die Breite dieser Schicht wieder ab, da durch den zunehmenden Wasserstoffgehalt der Probe größere Bereiche vom Kern her in die β-Phase umgewandelt werden (Abb. 15.4c–h). Wie aus Abb. 15.5 hervorgeht, wird die Einhärtetiefe dadurch nicht beeinflußt.

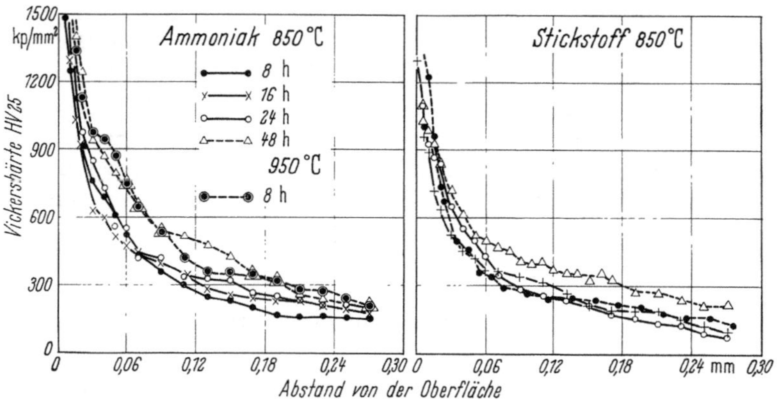

Abb. 15.5 Verlauf der Einhärtung von Titan bei der Oberflächenhärtung mit Ammoniak und Stickstoff [*B 110*].

Eine durch Stickstoff unter denselben Bedingungen aufgehärtete Zone zeigt einen steileren Härteabfall. Es werden Härten von HV $\geqq \sim 300$ kp/mm² bei den oben angegebenen Nitrierbedingungen bis zu einer Tiefe von etwa 0,1 mm erreicht [*W 84, B 110*]. Titanlegierungen können unter ähnlichen Bedingungen wie Titan nitriert werden. Die Schichtdicke der Diffusionszone unter der Nitridschicht schwankt bei den $(\alpha + \beta)$-Legierungen wegen der unterschiedlichen Löslichkeit und Diffusionsgeschwindigkeit von Stickstoff im α- und β-Titanmischkristall [*H 74*].

Beim Einsatzhärten von Titan in cyanidhaltigen Salzbädern mit 30 bis 100% NaCN wird nach 1 – 2 h bei 800 °C eine Oberflächenhärte von HV ~ 600 kp/mm² (HRC 60) erreicht. Das Verschleißverhalten wird dadurch verbessert, die Dauerfestigkeit aber meist um mehr als 1/3 gegenüber dem nicht behandelten Werkstoff vermindert. Diese Verminderung der Dauerfestigkeit kann durch Strahlen der Oberfläche mit Glas z.B. bei TiAl6V4 wieder auf den Ausgangswert erhöht werden. Bei Gehalten von 35–40% Cyanid und einer Behandlungszeit von 2 h bei 800 °C hat sich z.B. bei TiAl4Mn4 eine gleichmäßige Schicht des α-Titanmischkristalls gebildet. In cyanathaltigen Bädern erfolgt eine Aufhärtung auf höhere Randhärtewerte durch bevorzugte Aufnahme von Sauerstoff [*W 84*, *G 49*, *W 40*, *M 87*, *S 72*]. Durch eine Beschießung einer Titanoberfläche mit Stickstoffionen ist ebenfalls eine Oberflächenhärtung von Titan und Titanlegierungen möglich [*M 78d*].

In Verschleißversuchen wurde bei nitriertem Titan ein verbessertes Verschleißverhalten gegenüber nichtbehandeltem Titan festgestellt. Unter anderem zeigten nitriertes Titan und nitrierte Titanlegierungen gegen weiche Metalle, aber auch gegen Gußeisen, Hartverchromung und gegen nitriertes Titan im nichtgeschmierten Zustand sowie gegen zahlreiche weitere Werkstoffe mit zusätzlicher Schmierung befriedigende Laufeigenschaften [*W 84*, *N 3*, *M 87*] (vgl. Kap. 14.1, S. 437ff.). Unter verschärften Bedingungen kann die sehr dünne Nitridschicht entweder mit der Zeit abgetragen werden oder unter Druck- bzw. Schlagbeanspruchung abplatzen. Eine nur an Stickstoff angereicherte Schicht zeigt ebenfalls eine bessere Verschleißfestigkeit als der Grundwerkstoff [*H 74*]. Durch eine Nitridschicht kann die Korrosionsbeständigkeit von Titan in reduzierenden Medien erhöht werden [*W 84*, *N 3*].

15.2.2 Sauerstoff und anodische Oxydation

Während sich unter einer bei der Oxydation von Titan und Titanlegierungen bei erhöhter Temperatur entstandene Oxidschicht eine Diffusionszone gebildet hat, ist dies bei einer anodisch aufgebrachten Oxidschicht nicht der Fall. Eine bei hohen Oxydationstemperaturen (>650 °C) entstandene Oxidschicht haftet jedoch nicht fest und blättert leicht ab, was zur Ausbildung von ungleichmäßigen rauhen Oberflächen führt. Gleichzeitig wird in der darunter liegenden Zone der Gehalt an Sauerstoff und dadurch die Härte erhöht und der Reibungskoeffizient vermindert. Ähnlich wie beim Nitrieren ist jedoch diese Diffusionszone nicht ausreichend dick, um über längere Zeiten bei hoher Beanspruchung eine ausreichende Verbesserung der Gleit- und Verschleißeigenschaften zu ermöglichen [*M 6*, *W 40*]. Ein dünner Oxidfilm, der bei Temperaturen von <650 °C gebildet wird oder durch anodische Oxydation entsteht, kann dagegen die Gleiteigenschaften wesentlich verbessern. Diese Oxidschichten haften fest und wirken als gute Schmiermittelträger, so daß bei der Kaltumformung, z.B. beim Ziehen von Stangen, Rohren oder Drähten, kein Verschweißen mit dem Werkzeug eintreten kann.

Zum anodischen Oxydieren haben sich schwefel- [*L 29a*] oder phosphorsäurehaltige Lösungen oder Mischungen der beiden Säuren bewährt. Durch anodische Behandlung in 20%iger H_2SO_4 bei 20 ± 2 °C erhält man bei einer Anfangsspannung von 15–18 V bei einer Stromdichte von 0,2 A/dm^2 nach einer Behandlungsdauer von 15 min eine blauviolette

Oberflächenschicht. Diese Oberflächenbehandlung erfolgt z.B. bei Titanschrauben, um einen widerstandsfähigen Schmiermittelträger zu erhalten [*K 13i*]. Nach einem anderen Verfahren wird in einer Lösung von 80% H_3PO_4, 10% H_2SO_4, Rest Wasser, beginnend bei einer Spannung von 115 V mit einer Stromdichte von 5 A/dm² bei Raumtemperatur anodisch behandelt, bis der Strom auf kleinste Werte abgesunken ist [*W 72, W 40, H 13*]. Auch durch anodische Oxydation in ameisensaueren Lösungen oder in alkalischen Lösungen bilden sich Oxidschichten mit guter Haftfestigkeit [*P 32, C 21, G 3a*]. Die anodische Behandlung z.B. in 10%iger Na_2SO_4-Lösung kann in einem Stahlgefäß erfolgen. Als Kathode dient ein Blech aus rostfreiem Stahl. Bei 25 V beträgt die Anfangsstromdichte 1 A/cm². Mit zunehmender Oxidschichtdicke fällt der Strom ab. Bei etwa 10 mA/cm² hat sich eine ausreichend dicke Oxidschicht gebildet. Chlorionen dürfen im Bad nicht anwesend sein, da sonst ein poröser Oxidfilm entsteht [*M 13c*]. In alkalischen Bädern (mit z.B. 215 g/l NaOH, 19 g/l Na_2SiO_3, 3,7 g/l Aktivkohle, 15 g/l Titandioxid, pH = 13,5–14, ~40 V, 4–0,3 A/dm², 15 min) werden auf 10 Kathoden aus Blei je eine Hilfskathode aus Stahl eingesetzt. Ni und Nb können in die Schicht, die kein Isolator ist, eingebaut werden [*R 77c*]. Das Relexionsvermögen der Schichten ist weitgehend unabhängig vom Verfahren [*M 13a*]. Die anodisch gebildeten Oxidschichten verbessern die Korrosionsbeständigkeit des Titans [*T 29k*] und können durch Fremdstrom laufend erneuert werden [*H 38a, H 18*] (vgl Kap. 13.2.2., S. 389ff.). Die Dauerfestigkeit wird bei TiAl6V4 nicht vermindert [*P 34f*].

In cyanathaltigen Salzbädern werden ebenfalls dünne verschleißfeste sauerstoffhaltige Schichten aufgebracht [*P 45*]. Auch eine kontrollierte Oxydation in geschmolzenem Lithiumkarbonat ergibt nach einer Behandlung von 2 h 750 °C festhaftende Oberflächenschichten guter Verschleißfestigkeit mit einer Härte von HV = 650 kp/mm² und einer Aufhärtungstiefe von 0,025 mm [*M 87*]. In Schmelzen, die aus 50% SiO_2, 25% Na_2O, 20% B_2O_3, 5% K_2O oder CaO oder BaO bestehen, erfolgt bei 850 °C ebenfalls eine gleichmäßige Härtung der Randschicht. Die Oberflächenhärte beträgt nach 48 h HV 0,25 = 1000 kp/mm² und die Einhärtungstiefe bei HV 0,25 ~300 kp/mm² etwa 0,25 mm [*T 2a*].

15.2.3 Kohlenstoff

Titan bildet mit Kohlenstoff ein stabiles Karbid hoher Härte. Das Wachstum der Karbidschicht zwischen β-Titan und Kohlenstoff wird durch die Diffusionsgeschwindigkeit des Titans in der Karbidschicht bestimmt. Der Diffusionskoeffizient im Karbid liegt bei 1288 °C bei $D = 2{,}0 \cdot 10^{-10}$ cm²/sec und bei 1488 °C bei $D = 2{,}0 \cdot 10^{-9}$ cm²/sec [*V 1e*]. Die

Löslichkeit von Kohlenstoff in α-Titan ist gering, sie beträgt bei 850 °C etwa 0,3 % und fällt auf ~0,1 % bei 600 °C ab. Wegen der geringen Löslichkeit des Kohlenstoffs in Titan (vgl. Abb. 8.8, S. 161) kann eine Oberflächenhärtung im wesentlichen nur durch eine Schicht aus Titankarbid und Ausscheidungen von Titankarbid in der darunterliegenden Zone erzielt werden. Die Aufkohlung muß unter Ausschluß von Sauerstoff erfolgen, da z.B. in den für Stahl gebräuchlichen Aufkohlungspulvern in Gegenwart von Kohlenmonoxid oder Kohlendioxid sauerstoffhaltige Oberflächenschichten entstehen, die Härten zwischen 1270 und 850 kp/mm² erreichen und leicht abblättern [*G 49*]. Bei Aufkohlen in Holzkohle unter Ausschluß von Sauerstoff oder Stickstoff entsteht dagegen eine dünne Titankarbidschicht. Die Härte dieser Schicht beträgt HV = 3200 kp/mm², was der Härte von Titankarbid entspricht. Die Einhärtetiefe ist etwas größer als bei einer Nitrierung mit Stickstoff unter gleichen Bedingungen. Bei Anwesenheit von Spuren von Sauerstoff muß damit gerechnet werden, daß eine Aufnahme von Sauerstoff die Einhärtetiefe beeinflußt [*B 110*]. Eine Zementation in Kohlepulver im Vakuum oder in Argon-Methan-Atmosphäre ermöglicht nur bei sehr geringen Schichtdicken eine ausreichende Haftfestigkeit [*S 97*]. Sehr harte, gut haftende Titankarbidschichten können sich dagegen mit gasförmigen Aufkohlungsmitteln bilden. Bei Temperaturen zwischen 950 und 1020 °C entstehen dabei Schichtdicken zwischen 50 und 200 μm. Mit zunehmender Schichtdicke werden die Titankarbidschichten spröder und neigen zum Abblättern. Um Kohlenstoffeinlagerungen in der Titankarbidschicht durch Zerfall von Propan zu vermeiden, sollte die Gasaufkohlung unter Edelgas mit dosierten Zusätzen von etwa 2 Vol.-% Propan erfolgen. Mit Methan entsteht eine niedrigere Oberflächenhärte als mit Propan [*W 84, G 49*]. Das beste Verschleißverhalten bei Anpreßdrücken bis zu 90 kp/cm² wurde an gasaufgekohlten Proben, trotz der geringen Schichtdicke, gemessen [*G 49*]. Bei gasförmigen Aufkohlungsmitteln wird Wasserstoff aufgenommen, der durch eine Vakuumglühung (vgl. Kap. 12.2, S. 347ff.) wieder entfernt werden muß.

15.2.4 Bor

Titanboridschichten sind sehr hart und verschleißfest. Sie können durch Elektrolyse von geschmolzenem Borax auf einer Titankathode abgeschieden werden. Für die Bildung der Boridschichten sind hohe Stromdichten erforderlich, außerdem sind lange Abscheidungszeiten notwendig und kleine Temperaturintervalle für die Elektrolyse einzuhalten. Bei zu geringen Stromdichten bilden sich auf der Titanoberfläche Oxidschichten, bei zu hohen Elektrolysetemperaturen ist die abgeschiedene

Boridschicht porös. Eine ausreichende Haftfestigkeit tritt nur bei sehr dünnen Titanboridschichten auf. Die Oberflächenhärte liegt zwischen HV = 1000 und 1600 kp/mm², während Titanborid eine Härte von über 2500 besitzt [*H 20*, *S 97*]. Auf TiCr5 wurden in Borax unter Vakuum bei 1000–1150 °C harte borhaltige Schichten aufgebracht [*M 80c*]. Aus sauerstofffreiem Borpulver können sauerstofffreie Boridschichten aufgebracht werden [*K 95a*].

15.3 Sonstige nichtmetallische Oberflächenschichten

Durch verschiedene chemische Behandlungsverfahren können Oberflächenschichten einer chemischen Verbindung von Titan gebildet werden, durch die das Verschleiß- und Korrosionsverhalten sowie der Haftgrund von Titan verbessert wird. Andere Verfahren dienen dazu, die Zunderschichten, die bei Warmverarbeitungstemperaturen entstehen, durch eine Vorbehandlung zu modifizieren, damit sie leichter entfernt werden können.

Durch Behandlung von Titan in wäßrigen Lösungen von Salzen, die mit Titan schwer lösliche und gleichzeitig fest haftende Verbindungen bilden, lassen sich Oberflächenschichten z.B. als Schmiermittelträger herstellen. In Tab. 15.3 ist die Zusammensetzung einiger Lösungen, die Behandlungszeit und -temperatur zusammengestellt, durch die sich Fluorid-Phosphat-, Fluorid-Borat- oder Fluorid-Oxalat-Schichten herstellen lassen.

Die Fluorid-Phosphat-Schichten sind in bezug auf ihr Verschleiß-

Tabelle 15.3. *Lösung zur Oberflächenbehandlung von Titan*

Oberflächenschicht	Zusammensetzung	Behandlung	Literatur
Fluorid-Phosphat	50 g/l $Na_3PO_4 \cdot 12\,H_2O$ 20 g/l $KF \cdot 2\,H_2O$ 23 ml/l HF (50%ig)	2 min, 25 °C	[*S 3*]
Fluorid-Phosphat	100 g/l Zinkphosphat 100 g/l Kalziumfluorid + Kalziumfluortitanat bis zur Sättigung	3 min, Raumtemperatur bis 93 °C	[*J 22*]
Fluorid-Borat	40 g/l $Na_2B_4O_7 \cdot 10\,H_2O$ 18 g/l $KF \cdot 2\,H_2O$ 16 ml/l HF (50%ig) pH 6,3–6,6	20 min, 85 °C	[*P 45*]
Fluorid-Oxalat	30 g/l $Na_2C_2O_4$ 20 g/l $KF \cdot 2\,H_2O$ 1 ml/l HF (50%ig) pH 4,1	30 min, 60 °C	[*P 45*]

verhalten etwa den bei niedrigen Temperaturen oder elektrolytisch aufgebrachten Oxidschichten gleichwertig, teilweise sogar überlegen. Die Schichten sind als Schmierstoffträger bei der Kaltverarbeitung von Vorteil und verhindern gleichzeitig ein Verschweißen mit dem Verformungswerkzeug. Bei langzeitiger Verschleißbeanspruchung und bei hoher Geschwindigkeit bringen die Schichten jedoch keine ausreichende Verbesserung im Verschleißverhalten und müssen, z.B. bei der Kaltverformung, öfters erneuert werden [*S 3, P 46, J 22, B 72d*]. Auch mit Fluorkohlenstoff können günstige Oberflächenschichten erzeugt werden [*R 76*]. Ähnliche Grundierungsmittel für Farbanstriche enthalten neben Phosphorsäure, Zinkchromat, Polyvinylbutral, Harz und Magnesiumsilikat [*B 30b*].

Um die Bildung dicker Oxidschichten bei der Wärmebehandlung und Warmverarbeitung zu verhindern, kann durch eine Oberflächenbehandlung der zu verarbeitenden Teile vor dem Erhitzen die beim Erhitzen sich bildende Oxidschicht modifiziert werden. Die Teile werden mit einer karbonat- und nitrathaltigen Schutzschicht überzogen, durch die die sonst bei der Oxydation sich bildende Titanoxidschicht in eine Titanatschicht überführt wird. Diese besitzt einen vom Metall sehr verschiedenen Ausdehnungskoeffizienten, so daß sie leicht abplatzt und mechanisch abgerieben werden kann. Noch verbleibende Reste können durch kurzes Säurebeizen entfernt werden [*B 53a*]. Auch durch eine Schutzschicht aus Glas, wobei Alkaliborosilikate mit Titandioxid verwendet werden, kann die starke Oxydation im Bereich von 700–1000 °C weitgehend verhindert werden. In der Glasschmelze werden zusätzlich auf der Metalloberfläche vorhandene Oxide gelöst [*N 4*]. Auf diese Weise erfolgt auch eine Beschichtung mit Emaille. Dünne Wolframkarbidschichten können durch Flammspritzen aufgebracht werden und z.B. bei Kompressorschaufeln aus TiAl6V4 den Verschleiß vermindern [*U 2*].

15.4 Metallische Oberflächenschichten

Metallische Überzüge können mit den auch bei anderen Metallen üblichen Methoden aufgebracht werden. Durch chemische oder elektrolytische Abscheidungen werden Metalle wie Kupfer, Nickel, Platin oder Chrom abgeschieden. Durch Aufdampfen werden dünne Schichten z.B. von Nickel, Molybdän erzeugt. Andere Verfahren, wie Spritzen-, Tauch- oder Diffusionsverfahren, können bei Titan unter Edelgas oder Vakuum ebenfalls angewandt werden [*C 45g, W 40, M 13a*].

Bei der Abscheidung von Metallen auf Titan dürfte die im nicht aktivierten Zustand immer vorhandene dünne Oxidschicht häufig die Hauptursache für eine zuweilen beobachtete schlechte Bindung sein. Hydridschichten sind meist kein Hindernis für eine gute Metallabscheidung und werden durch verschiedene Vorbehandlungsverfahren vor der Metallabscheidung aufgebracht. Die Vorbehandlungsverfahren sind deshalb bei den Angaben über Metallabscheidung besonders wichtig.

In den meisten Fällen erfolgt eine Aktivierung der Oberfläche vor der Metallabscheidung in Lösungen von Flußsäure, Salzsäure, Schwefelsäure sowie Mischungen derselben und Zusätzen von Salpetersäure und Phosphorsäure. Durch den chemischen Angriff wird die Oxidschicht aufgelöst, gleichzeitig wird die Oberfläche aufgerauht, wodurch eine bessere Haftfestigkeit der abgeschiedenen Metallschicht erreicht wird. Ein Ätzen in einer Lösung von 20% HF und 1% HNO_3 wird für elektrochemische Abscheidungen von vielen Metallen empfohlen. Durch den geringen HNO_3-Zusatz wird die Bildung von Titanhydrid zumindest teilweise verhindert [*S 104*]. Auch Essigsäurezusätze modifizieren die Hydridschicht [*L 51c*]. In einigen Fällen soll die beim Beizen in nichtoxidierenden Medien gebildete Hydridschicht die Haftfestigkeit der nachfolgenden Abscheidung begünstigen; Teilweise wird sogar die Hydridschicht im Anschluß an das Beizen durch Glühung in Wasserstoffatmosphäre formiert [*I 1, C 42*]. Eine besonders gleichmäßige Hydridschicht wird neben vorheriger mechanischer Entfernung der Oxidschicht, z.B. durch Sandstrahlen [*L 28*], und durch Beizen in Flußsäure erzielt. Die dünne Hydridschicht verhindert eine Oxydation und kann als Grundlage für die Abscheidung von Kupfer, Nickel, Platin und anderen Metallen dienen. Auch nach einer vorhergehenden Verformung des Titans haften die galvanischen Schichten auf der Metalloberfläche. Eine Verformung der Schichten ist ebenfalls möglich [*H 3a*]. Eine verbesserte Aktivierung der Oberfläche soll durch eine Nachbehandlung nach dem Beizen in gasförmigem Chlorwasserstoff bei 60 °C erreicht werden [*T 25*]. Auch Oxidschichten werden durch chemische oder elektrolytische Behandlung verstärkt, wobei z.B. eine anodische Oxydation in einer Lösung, welche eine Verbindung des abzuscheidenden Metalls und ein Reduktionsmittel enthält, erfolgt. Bei Schichtdicken von 0,2–2 μm wurde eine gute Haftfestigkeit von anschließend abgeschiedenen galvanischen Überzügen erreicht [*P 12*]. Eine Aktivierung wird auch in verschiedenen flußsäurehaltigen Chromsäurelösungen erzielt, die als Lösungen für die Vorbehandlung bei einer Verchromung angegeben werden [*M 84, M 83*]. In manchen Fällen werden metallische Schichten nach dem oder während des Beizens abgeschieden, z.B. Zinküberzüge, die als Schutzschichten dienen und weitgehend im Galvanisierungsbad vor der eigentlichen Metallabscheidung wieder abgelöst werden [*M 84, S 104*]. Bei Titanlegierungen ist die Abscheidung z.B. von Nickel schwieriger als bei Titan. Eine Beschichtung durch Sprengplattieren ist einfacher [*E 6b*] (vgl. Kap. 19.7, S. 536ff.).

15.4.1 Chrom

Es sind mehrere Verfahren für eine direkte Abscheidung von Chrom auf Titan beschrieben worden [*L 28, L 29*], wobei z.B. für eine direkte Abscheidung die üblichen Chrombäder mit Gehalten von 50–250 ml/l Chromsäure, 0,5–2,5 ml/l Schwefelsäure bei Badtemperaturen zwischen 55 und 100 °C verwendet wurden. Die Stromdichte betrug dabei 0,3 bis 40 A/dm² [*W 40, T 24, T 25*]. Eine Abscheidung von besonders dikken Chromschichten ermöglicht eine zwischengeschaltete Wärmebehandlung bei 500–900 °C. Eine Vorbehandlung durch Tauchen in eine Zinksalzlösung oder in eine Lösung von Flußsäure und Natriumbichromat verbessert das Haften und erleichtern die Abscheidung [*M 84, L 28, S 104*]. Die Vorbehandlungs- und Abscheidungsbedingungen sind für die einzelnen Legierungen verschieden. Ein besseres Haften der Chromschichten wird durch Aufbringen von Zwischenschichten erzielt, wobei Nickel- und Kupferschichten von ~0,02–0,05 mm Dicke ausreichend sind [*D 20*].

15.4.2 Kupfer

Elektrolytische Kupferüberzüge werden z.B. in alkalischen Kupfercyanidbädern bei Stromdichten von 0,5–2 A/dm² sowie in sauren Kupfersulfatbädern hergestellt. Durch vorhergehende anodische Oxydation (Flußsäure–Äthylalkohol), kathodische Vorbehandlung (Flußsäure, Essigsäure) sowie durch nachfolgende Diffusionsglühung kann die Haftfestigkeit der Kupferabscheidung verbessert werden [*W 40*]. Auch durch Ionenaustausch aus wäßrigen kupferhaltigen Lösungen kann Kupfer auf Titan abgeschieden werden. Die Stücke werden mit einer schwach sauren Zinnchloridlösung vorbehandelt und anschließend in üblicher Verkupferungslösung verkupfert [*W 61c*].

15.4.3 Nickel

Nickelüberzüge auf Titan können durch elektrolytische Abscheidung aus Nickelsulfatlösungen mit Zusätzen von Nickelchlorid und Borsäure (pH ~ 3,5) bei einer Temperatur von 60 °C und einer Stromdichte von ~2 A/dm² aufgebracht werden. Durch stromlose Abscheidung aus einer alkalischen Nickelchloridlösung mit Zusätzen von Natriumcitrat und Natriumhypophosphit (pH ~ 10) wird Nickel durch katalytische Reduktion abgeschieden. Zur Erzielung einer verschleißfesten Diffusionsschicht wird nach der Abscheidung bei 850 °C geglüht mit anschließendem Abschrecken und Anlassen von 4 h bei 480 °C (*R 50, B 18*]. Eine

Zwischenschicht aus Zink begünstigt die Haftfestigkeit einer elektrolytischen Nickelabscheidung aus einer borsäurehaltigen Nickelsulfatlösung (pH 5,6–5,8; Badtemperatur 18–23 °C, Stromdichte 0,25 A/dm²). Es wird anschließend eine Wärmebehandlung von 30–40 min bei 250–300 °C empfohlen [*K 5*]. Die stromlose Abscheidung wird für Zwischenschichten für eine anschließende Verchromung bevorzugt [*W 40, D 20, K 70a, L 29c*].

15.4.4 Aluminium

Titan kann mit Aluminium durch Tauchen im geschmolzenen Aluminium, durch Plattieren, durch elektrolytische Abscheidung, Vakuumbedampfung und Aufspritzen überzogen werden. Beim Tauchveraluminieren wird die Oberfläche des Werkstückes zunächst in einem Flußmittel aus Natrium-Kaliumchlorid und Aluminiumfluorid aktiviert und dann in eine Aluminiumschmelze getaucht. Beide Vorgänge können zu einem Arbeitsgang zusammengefaßt sein. Als Betriebstemperatur wird ein Bereich zwischen 725 und 900 °C angegeben. Die Tauchzeiten betragen 15–90 sec bei 900 °C und 1–8 min bei 725 °C [*F 16*]. Die Tauchveraluminierung wurde z.B. für eine Warmumformung zur Verminderung des Werkzeugverschleißes und der Oxydation angewandt [*M 3, W 40*].

15.4.5 Silber, Gold

Silber- und Goldschichten können auf Titan durch Elektroplattieren, Löten und Aufdampfen aufgebracht werden. In vielen Fällen wird die Haftfestigkeit durch anschließende Diffusionsglühung erhöht. Eine elektrolytische Abscheidung von Silber kann aus alkalischen Silbercyanidlösungen bei Temperaturen von 15–30 °C und Stromdichten von 0,4 bis 2 A/dm² erfolgen. Silberschichten von ~0,05 mm werden auch auf Zwischenschichten von Nickel und Kupfer abgeschieden. Diese Schichten sind für die Raumfahrt von Interesse, wenn dünnste Oberflächenzonen mit hoher Leitfähigkeit erforderlich sind. Zur Verhinderung der Oxydation werden diese Silberschichten mit einer sehr dünnen, ~1 µm dikken Goldschicht durch Aufspritzen und Eintrocknen einer goldhaltigen Lösung überdeckt [*W 40, D 20, L 59*].

15.4.6 Platin

Die Herstellung eines gut haftenden Platinüberzuges auf Titan ist für die Anwendung platinierter Titananoden (vgl. Kap. 20.4, S. 559ff.) für den kathodischen Schutz erforderlich. Die Aktivierung der Titanoberfläche wird durch Beizen in Salzsäure erreicht. Auch durch Vorbehandlung in Wasserstoff entsteht eine poröse, mattgraue Oberfläche, auf der guthaftende Platinschichten aufwachsen [*L 15*]. Bei einer Abscheidungstemperatur von 50 °C werden porenfreie, glänzende Schichten in Dicken bis 25 μm bei Oberflächenhärten von 400–450 kp/mm² durch chemische Abscheidungen aus Lösungen mit komplexen Platinsalzen [z. B. $H_2Pt(NO_2)_2SO_4$] erzeugt [*B 84a, C 65a*]. Nach einem anderen Verfahren werden platinhaltige Verbindungen in organischer Trägersubstanz auf die gebeizte Titanoberfläche aufgetragen und mit ultraroten Strahlen eingetrocknet. Durch Erwärmung bei 500 °C erfolgt die Reduktion zu Platin. Das Verfahren wird so oft wiederholt, bis eine ausreichende Schichtdicke erreicht ist [*A 34*]. Eine elektrolytische Abscheidung im Cyanidsalzbad bei ~500 °C ergibt dichte Schichten [*R 42*].

15.4.7 Zink, Kadmium

Zinküberzüge werden meist als Zwischenschichten für eine weitere galvanische Abscheidung abgeschieden. Das Verzinken kann elektrolytisch oder chemisch erfolgen. In einer Lösung von Flußsäure, Äthylenglykol und Zinkionen wird bei einer Stromdichte von 0,25–1 A/dm² in 2–3 min Zink abgeschieden. Die gleiche Zeit wird bei einer stromlosen Verzinkung in derselben Lösung getaucht [*S 104*]. Auch aus Fluor-Borsäure und Fluor-Chromsäure enthaltenden Lösungen werden Zinküberzüge auf Titan abgeschieden [*M 84*]. Zinküberzüge finden auch bei Titanschrauben und -bolzen Anwendung, um eine Kontaktkorrosion bei Verbindung von Titan und Aluminium zu verhindern [*M 73*]. Kadmiumüberzüge werden für ähnliche Zwecke auf einer Zwischenschicht aus Nickel aufgebracht [*B 18*].

15.4.8 Molybdän

Durch Aufspritzen von Molybdän werden dicke, jedoch ungleichmäßige Oberflächenschichten mit guter Verschleißfestigkeit erzeugt. Sie müssen meist anschließend überschliffen werden. Auf diese Weise wurden Schichten bis 0,5 mm Dicke mit guter Haftfestigkeit hergestellt [*S 50, M 87*]. Gleichmäßige und dünne Molybdänüberzüge können durch Zersetzung von Molybdänhexakarbonyl aufgebracht werden. Die Abscheidung erfolgt im Vakuum von ~0,1 Torr, als Trägergas findet Wasserstoff Verwendung. Die Überzüge entstehen im Temperaturbereich zwischen 500 und 900 °C. Um eine gute Haftfestigkeit zu erreichen erfolgt zunächst bei etwa 900 °C eine Abscheidung, wobei eine gute Haftung und gleichzeitig eine Diffusion in das Grundmetall erzielt wird. Nach wenigen Minuten wird die Temperatur auf 500 °C gesenkt. Nach 1–2 h bei dieser Temperatur werden Molybdänüberzüge mit Schichtdicken zwischen 7 und 25 µm gebildet. Bei direkter Abscheidung bei 500 °C entsteht dagegen nur eine spröde und wenig haftfeste Schicht. Die Schicht besteht aus Molybdän mit Einlagerungen von Molybdänkarbid [*T 26*].

15.4.9 Sonstige Metalle

Verschiedene Metalle sind als Zwischenschichten für das Walzplattieren (vgl. Kap. 19.7, S. 536) elektrolytisch auf Titan abgeschieden worden, z.B. Kobalt, Eisen u.a. Zur Verminderung des Werkzeugverschleißes bei der Kaltumformung wurden Blei und Zinn ebenfalls elektrolytisch auf Titan abgeschieden. Auch durch Tauchverbleiung in einem flüssigen Bleibad bei 870–925 °C und anschließender Abkühlung im Bad bis 350–650 °C und durch Verzinnung bei ~780 °C kann Blei oder Zinn aufgebracht werden [*F 16, T 11*].

Zur Verbesserung des Verschleißverhaltens wurde das Aufspritzen von Hartmetallen erprobt. Die Schichtdicken betrugen 0,005–0,5 mm. Da die Oberfläche nur auf 200 °C erwärmt wird, findet nur eine mechanische Bindung statt. Siliziumschichten können entweder durch Aufspritzen oder durch Auftragen von Siliziumpulver aufgebracht werden. Durch anschließende Vakuumglühung bei Temperaturen von >1200 °C bildet sich Titansilizid, das eine hohe Härte besitzt. Allerdings können die mechanischen Eigenschaften des Grundwerkstoffes durch die hohe Glühtemperatur ungünstig beeinflußt werden [*W 40*].

15.5 Oberflächenschichten aus Titan auf anderen Werkstoffen

Als Schutz gegen Korrosion dienen dünne Titanüberzüge auf anderen Metallen. Teile, die mit derartigen Schichten überzogen werden, können im Vergleich zu einer Fertigung aus kompaktem Titan häufig wirtschaftlicher hergestellt werden. Es sind verschiedene Verfahren erprobt worden, um Titanschichten auf anderen Metallen abzuscheiden. Man kann die Verfahren in solche einteilen, bei denen Titanschichten physikalisch oder mechanisch aufgebracht werden, z.B. durch Aufdampfen oder durch Aufspritzen, und in solche, bei denen Titan chemisch aus einer Salzschmelze oder durch Elektrolyse auf einer Fremdmetalloberfläche abgeschieden wird. Bei den mechanischen Verfahren ist es schwierig, eine vollkommen porenfreie Titanschicht mit ausreichender Dicke auf einem anderen Metall aufzubringen. Bei einer chemischen Beanspruchung tritt in den Poren ein verstärkter Korrosionsangriff auf, der zu einem frühzeitigen Ausfall des entsprechenden Teiles führen würde. Ein Aufdampfen von Titan im Hochvakuum kann bei kleinen Teilen Anwendung finden. Nach diesen Verfahren bilden sich Titanschichten guter Haftung z.B. auf niedrig legiertem Stahl. Es wurden dabei durch mehrmaliges Bedampfen Schichtdicken von 0,5–30 µm erzeugt [*H 77*]. Bei einer Aufdampfgeschwindigkeit von 10000–100000 Å/min findet ein Wachstum {0001} parallel zur Aufdampffläche statt [*M 17*]. Abb. 15.6 zeigt eine derartige Schicht, die unter einem Vakuum von 10^{-5} Torr entstanden

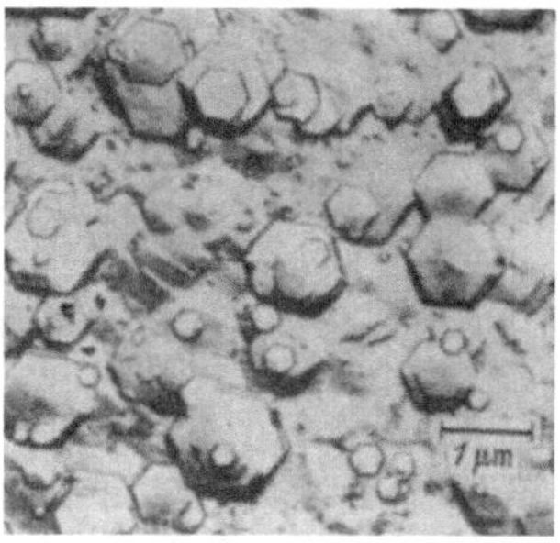

Abb. 15.6 Aufdampfschicht aus Titan mit einer Wachstumsgeschwindigkeit von 85000 Å/min bei 10^{-5} Torr aufgedampft, {0001}||Aufdampffläche [*T 29 h*].

ist. Die Streckgrenze der Schicht ist gegenüber dem Ausgangstitan angestiegen [*T 29h*]. Rostfreier Stahl kann durch solche Schichten gegen Wasserstoffversprödung geschützt werden [*L 51b*]. Unter einem Vakuum von 10^{-6} Torr wurde bei einer Temperatur der Aufdampffläche von 840 °C eine dichte Ausbildung von Whiskern beobachtet. Bei höheren Temperaturen traten grobe und bei niedrigeren Temperaturen feine Stengelkristalle auf [*B 117b*].

Eine chemische Abscheidung findet z.B. durch Reaktion von Eisen in Schmelzen mit Kaliumchlorid und Titanchlorid, in Gegenwart von metallischem Titan statt. Es sind Reaktionstemperaturen von 900 bis 1000 °C erforderlich. Auf dem Eisenkörper bildet sich eine Diffusionszone von Titan in α- und γ-Eisen, daran anschließend zwei intermetallische Phasen sowie eine titanreiche eisenhaltige Zone. Die äußere titanreiche Zone erreicht bei einer Reaktionstemperatur von 1000 °C nach 20–80 h eine Dicke von etwa 0,4 mm. Sie besitzt einen mittleren Titangehalt von 70–80 % und besteht aus dem β-Titan-Mischkristall, der Eisen enthält. Die Korrosionsbeständigkeit von Eisen in verschiedenen Medien kann durch solche Schichten erheblich verbessert werden [*S 148, B 44*]. Der Reaktionsmechanismus für die Abscheidung von Titan aus Salzschmelzen auf metallischem Eisen wurde verschiedenartig gedeutet. In ersten Arbeiten wird angenommen, daß sich Titan in Gegenwart von Sauerstoff in der Salzschmelze auflöst und auf dem Eisenkörper wieder abscheidet [*S 149*]. Untersuchungen in Abwesenheit von Sauerstoff ergaben jedoch, daß in Titandichlorid eine Löslichkeit von 2–11 % Ti im Temperaturbereich von 700–1000 °C vorhanden ist. Diese Löslichkeit dürfte zusammen mit einer möglichen Disproportionierung von $2\,TiCl_2 \rightarrow Ti +$

$TiCl_4$ die Titanisierungsreaktion auf Eisenkörpern bei Anwesenheit von metallischem Titan unter Luftabschluß ermöglichen [*O 10*, *B 45*].

Bei einer elektrolytischen Abscheidung von dünnen Titanschichten muß neben den bereits bei der Schmelzelektrolyse von reinem Titan geschilderten Schwierigkeiten auch die Abscheidung in glatten porenfreien Schichten erfolgen. Abscheidungen dünner, dichter und festhaftender Titanschichten sollen auf verschiedenen Metallen durch Elektrolyse in Alkalihalogenidsalzschmelzen bei Temperaturen von ~950 °C möglich sein [*F 38*, *S 138*]. Auch aus organischen Lösungsmitteln mit darin gelösten titanhaltigen organischen Komplexverbindungen sind metallische Schichten abgeschieden worden, deren Zusammensetzung jedoch nicht angegeben wurde [*C 66*, *R 20*].

16. Halbzeugherstellung

Titan und Titanlegierungen können durch Formgebungsverfahren, wie Schmieden, Walzen, Strangpressen, Ziehen u.a. zu entsprechendem Halbzeug verarbeitet werden. Häufig erfolgt die Umformung auf für Stahl oder für Nichteisenmetalle vorhandenen Einrichtungen. Die Formgebungsverfahren müssen den Eigenschaften des Titans und der Titanlegierungen angepaßt und folgende Punkte besonders beachtet werden:

1. Die Möglichkeit einer Verminderung des Formänderungsvermögens infolge einer Aufnahme von Sauerstoff, Stickstoff und/oder Wasserstoff durch Erwärmung auf zu hohe Temperatur oder über zu lange Zeit an Luft, in wasserstoffhaltigem Gas oder im Salzbad.

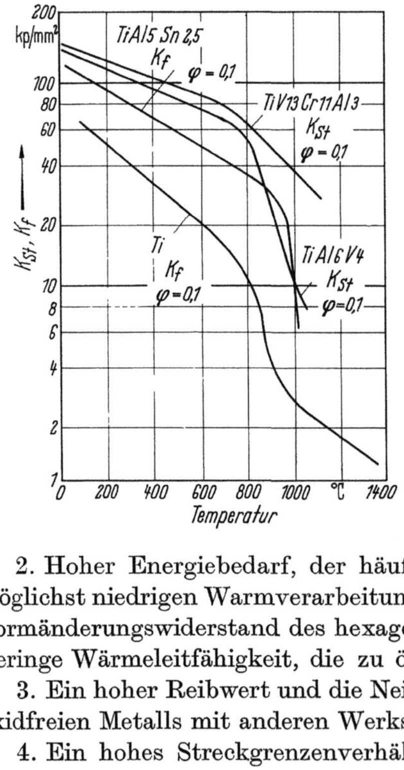

Abb. 16.1 Formänderungsfestigkeit K_f und Stauchwiderstand K_{St} bei Titan technischer Reinheit $\sigma_B = 60$ kp/mm² und 3 Titanlegierungen, Formänderungsgeschwindigkeit $\dot{\varphi} = 16 \cdot s^{-1}$ [*B 104*].

2. Hoher Energiebedarf, der häufig durch die Notwendigkeit einer möglichst niedrigen Warmverarbeitungstemperatur und durch den hohen Formänderungswiderstand des hexagonalen α-Mischkristalls bedingt ist. Geringe Wärmeleitfähigkeit, die zu örtlicher Überhitzung führen kann.

3. Ein hoher Reibwert und die Neigung zum Fressen bei Kontakt des oxidfreien Metalls mit anderen Werkstoffen.

4. Ein hohes Streckgrenzenverhältnis und eine geringe Gleichmaßdehnung erlauben bei bestimmten Umformvorgängen nur eine begrenzte Umformung, insbesondere Kaltumformung [*A 14*, *B 125*, *K 17*, *S 24*].

Mit zunehmender Temperatur nimmt der Formänderungswiderstand ab [*G 51*]. Beim Übergang vom schwer umformbaren, hexagonalen α-Mischkristall in den kubisch-raumzentrierten, leichter umformbaren β-Mischkritall tritt eine besonders starke Abnahme des Formänderungswiderstandes auf, wie das Abb. 16.1 zeigt, in der der Formänderungswiderstand bzw. der Stauchwiderstand von Titan technischer Reinheit und von drei Titanlegierungen in Abhängigkeit von der Temperatur wiedergegeben ist [*K 26, B 104, J 25b, A 40a*]. Die Umwandlungsplastizität ist z.B. bei Titan technischer Reinheit und bei TiAl6V4 direkt proportional zur angelegten Spannung und kann >300 % Dehnung erreichen, wodurch eine Drahtherstellung ohne Matrize möglich wird [*K 65a*]. Im System Titan–Zirkonium wird dieser Bereich des Übergangs zur leichteren Verformbarkeit entsprechend dem Zustandsschaubild (Abb. 8.12, S. 164) bis auf ~545 °C vermindert [*G 19*].

16.1 Warmumformung

Eine Warmumformung findet oberhalb der Rekristallisationstemperatur statt und kann insbesondere bei großen Querschnitten und langen Anwärmzeiten zu einer Sauerstoffaufnahme in der Oberflächenschicht des Werkstoffes führen, die dadurch ein geringeres Formänderungsvermögen aufweist als der Grundwerkstoff. Auf der Oberfläche vorhandene Fremdeinschlüsse, Poren, Kerben, Riefen und Risse werden beim Umformungsvorgang vergrößert und müssen vorher entfernt werden. Deshalb werden Schmelzblöcke (vgl. Abb. 2.11, S. 43) zur Entfernung solcher Schichten im allgemeinen bis auf eine poren- und rißfreie Oberfläche abgedreht. Warmumgeformte Teile werden vor einer weiteren Umformung durch Strahlen, Schleifen und Beizen entzundert und Narben oder Anrisse auf der Oberfläche sorgfältig entfernt und möglichst wenige Umformoperationen angestrebt.

Das Erwärmen auf die Umformtemperatur kann in elektrischen Öfen, induktiv oder durch direkten Stromdurchgang oder auch in öl- oder gasbeheizten Öfen erfolgen. Je nach Ofenart muß die Ofenatmosphäre wenigstens neutral oder schwach bis stark oxydierend sein, damit kein elementarer Wasserstoff, der sehr rasch (vgl. Kap. 12.1, S. 341ff.) in die umzuformenden Teile eindiffundieren kann, vorhanden ist. Sauerstoff und Stickstoff besitzen eine wesentlich geringere Diffusionsgeschwindigkeit (vgl. Abb. 5.3, 5.4 und 5.5, S. 105 und 106) als der Wasserstoff und bilden deshalb vorzugsweise erst bei hohen Temperaturen eine rasch wachsende Oxidschicht, in die Stickstoff eingebaut ist (vgl. Kap. 13.6, S. 425ff.), unter der die Dicke der durch Sauerstoff und Stickstoff aufgehärteten Diffusionszone beim Warmumformen von Schmelzblöcken im allgemeinen 1 mm nicht übersteigt, während beim Umformen kleiner Querschnitte durch Walzen, Schmieden oder Pressen, wobei niedrigere Verarbeitungstemperaturen angewandt werden können, diese Diffusionsschicht wesentlich dünner ist. Um die Bildung einer Zunder- und Diffusionsschicht und die Aufnahme von Wasserstoff niedrig zu halten, sollen die Anwärmzeiten möglichst kurz sein. Schutzschichten können die Sauerstoffeindiffusion in der Oberflächenschicht vermindern. Zu diesem Zweck werden Schichten aus niedrigschmelzenden Gläsern bzw. Salzen oder metallische Schutzschichten aufgebracht. Die Abb. 16.2a und b zeigen anhand von Titan technischer Reinheit und der Legierung TiAl6V4 wie durch eine zu lange Glühung bei hohen Temperaturen der Sauerstoff eindiffundiert. Die Härte steigt in dieser Randzone, wie das für Titan technischer Reinheit in Abb. 16.2a gezeigt wird, stark an. Die Randzone wurde durch den Sauerstoffgehalt bei 1000 °C in der α-Phase stabilisiert. Die Diffusionszone in TiAl6V4 enthält größere Anteile von mit Sauerstoff angereicherter

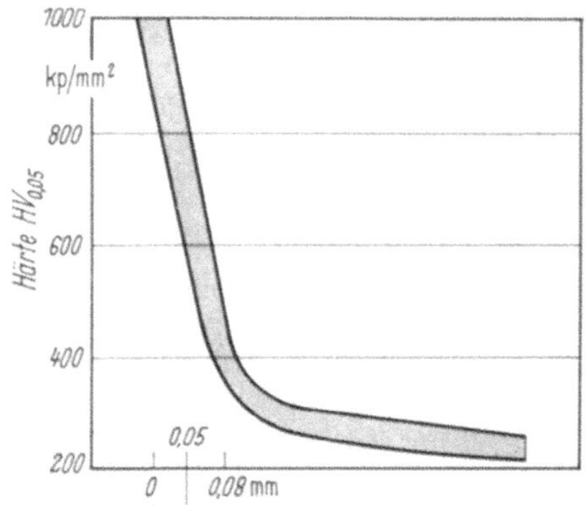

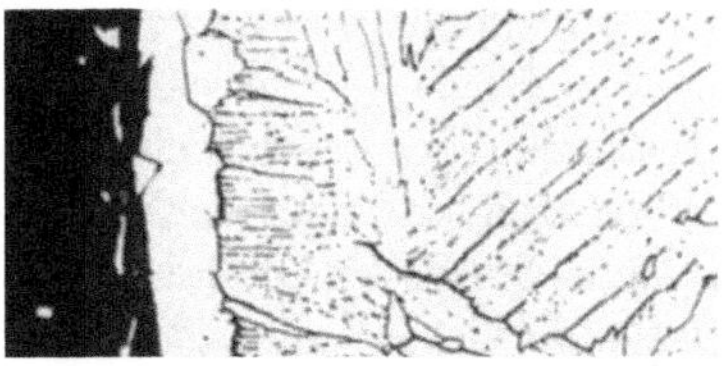

a

Abb. 16.2a Eindiffusion von Sauerstoff und Stickstoff aus der Luft nach 2 h bei 1000 °C in Titan technischer Reinheit [*C 48c*].

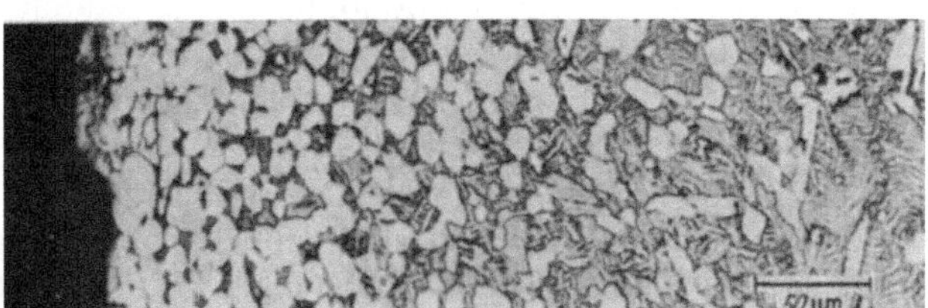

b

Abb. 16.2b Durch zu langes Erhitzen verursachte Zone verstärkter Sauerstoffaufnahme in geschmiedeter Titanlegierung TiAl6V4 [*K 84b*]

α-Phase, die ebenfalls aufgehärtet ist. Um eine möglichst gleichmäßige Durchwärmung zu erzielen ist es oft zweckmäßig, die zu verarbeitenden Teile bei etwa 700 °C durchzuwärmen und erst dann auf die höhere Umformtemperatur zu erhitzen. Eine Berührung mit Eisenzunder sowie starkes Reiben zwischen dem Verarbeitungsgut und einer Eisenunterlage kann oberhalb 1000 °C zu Anschmelzungen unter Bildung niedrigschmelzender Ti-Fe-Legierungen führen. Bei kleinen Teilen und Serienfertigung erfolgt die Erwärmung oft induktiv, insbesondere in solchen Fällen, in denen nur eine partielle Erwärmung notwendig ist. Auch bei der Erwärmung von Strangpreßbolzen ist eine Oxidschicht unerwünscht, da diese mit dem Schmiermittel reagieren kann und den Rezipienten und die Oberfläche der Werkzeuge und Profile aufrauht. Die Oxidschicht muß deshalb vor dem Pressen entfernt werden, oder die Erwärmung erfolgt nur über kurze Zeit induktiv bzw. in einem Salzbad [*C 16a*]. Als Schmierung dient kolloidaler Graphit oder Glas, das in Aufschlämmung z.B. in Methanol [*K 26*, *B 118a*] aufgebracht wird. Durch ein feinkörniges Gefüge wird insbesondere im Bereich der $\beta/(\alpha + \beta)$-Umwandlungstemperatur und bei langsamer Umformung, z.B. bei TiAl6V4, der Formänderungswiderstand vermindert [*G 43a*].

16.1.1 Schmieden (einschließlich Schmieden im Gesenk)

Ein Schmieden kann sowohl unter einer Schmiedepresse als auch unter einem Hammer erfolgen. Größere Blöcke werden wegen ihrer hohen Wärmekapazität, die eine geringe Umformungsgeschwindigkeit zuläßt, vielfach mit Hilfe von Schmiedepressen umgeformt, kleinere Abmessungen wegen der schnelleren Abkühlung bevorzugt unter einem Hammer [*W 78*, *W 31*]. Bei der Verformung der Gußstruktur muß bei Schmiedebeginn bei hoher Temperatur und mit geringer Abnahme gearbeitet werden, um eine Rißbildung durch Abgleiten der grobkristallinen Körner entlang den Korngrenzen zu vermeiden. Runde Schmiedeteile können in entsprechenden Rundschmiedemaschinen [*K 84e*] geschmiedet werden.

Titan technischer Reinheit kann, abhängig vom Querschnitt, im Temperaturbereich zwischen etwa 950 und 650 °C geschmiedet werden. Bei Titanlegierungen wird vielfach zur Bildung eines möglichst feinkörnigen Gefüges eine hohe Schlußverformung bei einer Schmiedetemperatur angestrebt, die möglichst weit unterhalb der Temperatur der $\beta/(\alpha + \beta)$-Phasengrenze liegen soll. Im allgemeinen wird zur Vermeidung einer Rißbildung für die erste Umformung der Schmelzblöcke eine höhere Schmiedetemperatur benötigt, als bei der Umformung bereits vorgeschmiedeter Teile [*G 37*, *B 126*, *S 24*].

Die Gefahr eines Aufreißens der Schmiedeteile z.B. von TiAl5 wird durch Zusätze β-stabilisierender Elemente vermindert [*O 28f*]. Eine längere Erwärmung von $(\alpha + \beta)$- oder von α-Legierungen im Temperaturbereich des β-Gebietes wird im allgemeinen vermieden, da dann eine Grobkornbildung stattfindet. Die Korngrenzen der groben Körner der β-Phase bleiben beim Abkühlen erhalten. An diesen Korngrenzen beginnt die α-Ausscheidung, wodurch das Formänderungsvermögen vermindert wird. Um ein grobkörniges Gefüge in ein feinkörniges $(\alpha + \beta)$-Gefüge umzuwandeln, muß bei jeder Umformtemperatur ein bestimmter Umformgrad erreicht werden. So wird bei der Legierung TiAl6V4 eine Kornfeinung bei einer Schmiedetemperatur von 950 °C erst nach einer Umformung von etwa 80%, bei 800 °C dagegen schon nach 30 bis 50%iger Umformung erzielt. Bei einer niedrigen Schmiedetemperatur ist jedoch ein erhöhter Kraftbedarf für die Umformung notwendig und ein starkes Erwärmen der Werkzeuge zweckmäßig [*L 52a*]. Außerdem tritt bei verschiedenen Titanlegierungen eine verstärkte Richtungsabhängigkeit der mechanischen Eigenschaften mit zunehmendem Umformgrad auf, was zu einer Kornporosität oder Rißbildung an der Oberfläche führen kann. Durch die Entstehung einer zeilenförmigen Zweiphasenstruktur, z.B. der α- und β-Phase bei Titanlegierungen, wird das Formänderungsvermögen senkrecht zur Faserrichtung gegenüber dem parallel zur Faserrichtung vermindert [*A 14, S 163, R 88, W 44, K 3, K 0a, A 38b, K 18c*].

In manchen Fällen wird, weil die Umformkraft der Maschine sonst nicht ausreicht oder weil bewußt eine grobkörnige β-Umwandlungsstruktur eingestellt werden soll, im β-Temperaturgebiet umgeformt. Zusätzlich wird in diesem Fall eine hohe Kriechfestigkeit bei höheren Temperaturen durch die sich bildende Widmannstättenstruktur erreicht. Durch eine Endschmiedetemperatur im β-Gebiet wird weiterhin die für eine Rißfortpflanzung notwendige Spannungsintensität und dadurch der K_{IC}-Wert, z.B. bei TiAl6V4, TiAl6Zr4Mo2Sn2 und TiAl8Mo1V1, erhöht [*C 67, G 37, C 61b, G 44b, C 61*] (vgl. Tab. 13.13, S. 423). Soll keine zu starke Verminderung des Formänderungsvermögens einzelner Bereiche durch Abkühlen der Teile während des Schmiedens stattfinden, so muß die Umformung im β-Gebiet mit einem hohen Umformgrad und rasch erfolgen. Dieses Verfahren hat den Vorteil, daß kleine Schmiedeaggregate eingesetzt, dünne Teile geschmiedet werden können und daß ein geringer Werkzeugverschleiß beim Gesenkschmieden auftritt [*I 8c*]. Die Gefügeausbildung, die bei einer hohen Schlußverformung im $(\alpha + \beta)$-Gebiet bei niedriger Schmiedetemperatur bei TiAl6V4 auftreten kann, ist in Abb. 16.3a und b wiedergegeben und das Widmannstätten-Gefüge, das sich bei einer geringen Schlußverformung und hohen Schmiedetemperatur im β-Gebiet bildet, in Abb. 16.3c und d. Die Gefügeausbildung hängt von der Dicke der Teile, die die Abkühlungsbedingungen verändert ab [*A 38b*], und beeinflußt z.B. die Dauerfestigkeit [*S 155, B 88c*].

Unter gleichen Umformbedingungen ist bei Titan eine höhere Energie für die Umformung notwendig, als bei rostfreiem Stahl. Obgleich Titan technischer Reinheit und Titanlegierungen oberhalb 400 bzw. 550 °C eine stark verminderte Warmfestigkeit besitzen, ist ihr Formänderungswiderstand bei der Warmverarbeitung, insbesondere bei hoher Umform-

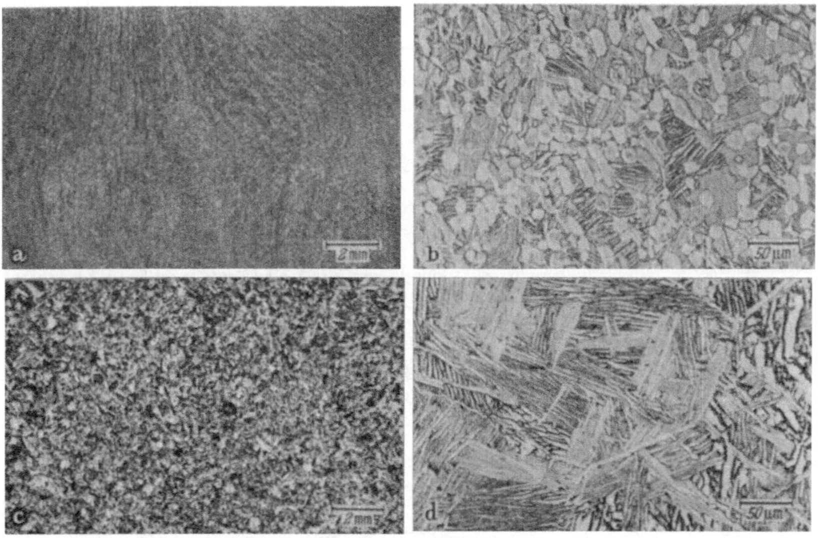

Abb. 16.3 a–d Makro- und Mikrogefüge bei der Titanlegierung TiAl6V4 bei unterschiedlicher Verformung [*K 84b*].
a und b: hohe Schlußverformung im $(\alpha + \beta)$-Gebiet (polygonales); $(\alpha + \beta)$-Korngefüge bei niedriger Schmiedetemperatur;
c und d: geringe Schlußverformung bei hoher Schmiedetemperatur (Widmannstättensches β-Umwandlungsgefüge)

geschwindigkeit groß. In Abb. 16.4a ist die Druckfließspannung für Titan bei 790 und 870 °C und für verschiedene Titanlegierungen bei 870 und 940 °C bei unterschiedlicher Umformgeschwindigkeit wiedergegeben. Die kritische Fließspannung steigt bei TiAl6V4 insbesondere bei 870 °C mit zunehmender Geschwindigkeit der Umformung stark an. Bei höheren Umformtemperaturen nimmt der Einfluß der Umformgeschwindigkeit und des Umformgrades auf den Umformwiderstand, wie das Abb. 16.4b an der Legierung TiAl5Sn2,5 zeigt, ab [*G 47, B 104, B 104a, S 24*]. Bei der Legierung TiA6V6Sn2 können, wenn Seigerungen an Vanadin aufgetreten sind, sich beim Schmieden β-Zonen ausbilden, die die Eigenschaften ungünstig beeinflussen [*C 61a*].

Beim Gesenkschmieden muß die geringere Schrumpfung des Titans im Vergleich zu Stahl bei der Gesenkauslegung berücksichtigt werden. Wegen des hohen Formänderungswiderstandes und des geringeren Steigvermögens ist zum Gesenkschmieden von Titan eine höhere Energie im

Vergleich zu Stahl erforderlich, insbesondere dann, wenn dünne Stege oder Zapfen ausgefüllt werden müssen. Um das Fließen des Metalles zu erleichtern, müssen die Arbeitsflächen der Gesenke gut poliert sein. Die zulässigen Mindestradien sind größer als bei Stahl. Für komplizierte Gesenkschmiedeteile ist eine größere Zahl von Gesenkstufen als bei Stahl von Vorteil. Das Entgraten nach dem Schmieden erfolgt meist

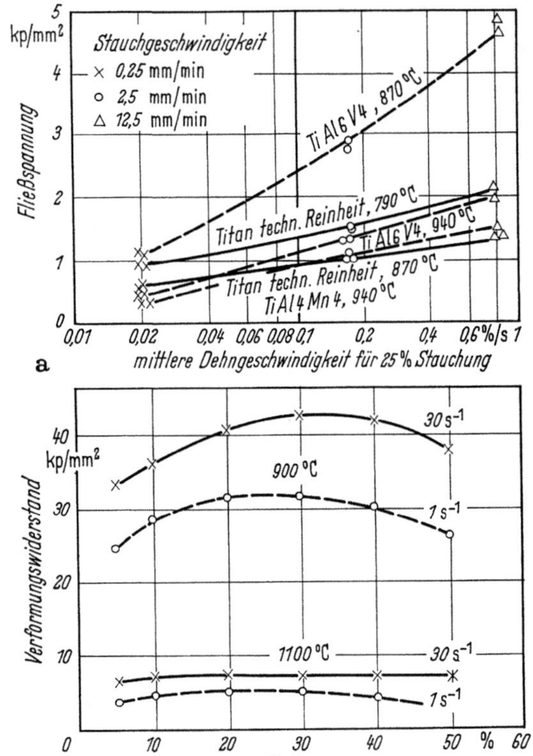

Abb. 16.4a u. b a: Einfluß der Umformgeschwindigkeit auf die Druckfließspannung von Titan technischer Reinheit σ_B = 60 kp/mm² und von Titanlegierungen bei verschiedenen Temperaturen [*G 51*]; b: Einfluß von Umformgrad und -geschwindigkeit auf den Umformwiderstand von TiAl5Sn2,5 [*S 24*].

direkt im Anschluß an das Schmieden in der Wärme [*E 20a, C 16*]. Der Ausgangswerkstoff sollte durch Strecken und Stauchen wenigstens um etwa 33 % umgeformt sein und ein feinkörniges Gefüge, frei von grobmaschigem α-Netzwerk, besitzen [*R 88i*]. Die Schmiedetemperatur, der Kraftbedarf und die Neigung zur Rißbildung beim Gesenkschmieden von Titan und Titanlegierungen sind in der Tab. 16.1 wiedergegeben. Risse können bei Legierungen besonders leicht an den Stellen auftreten,

Tabelle 16.1. *Umwandlungstemperatur, Schmiedetemperatur und Preßdruck beim Gesenkschmieden für Titan und Titanlegierungen* [*W 66 a, W 24 a, M 70 d, M 72, S 115, S 24, T 19 d*]

Zusammensetzung[1]	Umwandlungstemperatur [°C]		Freiformschmieden Temperaturbereich [°C]		Gesenkschmieden		Neigung zur Rißbildung
	$(\alpha+\beta)/\beta$	$(\alpha+\beta)/\alpha$	Anfang	Ende	Temperaturbereich [°C]	Preßdruck[2] [kp/mm²]	
Titan Ti99,5	~900	~885	925– 825	825–650			
technischer Ti99,4	~920	~890	925– 825	825–650	920–840	45–55	sehr gering
Reinheit Ti99,3	~940	~900	925– 875	875–700			
Ti99,2	~960	~910	950– 925	875–700			
TiPd0,2	~910	~900	925	850	920–840	45–55	sehr gering
$TiCu_2$	~875	~850	900	850	900–850	45–35	sehr gering
TiAl5Sn2,5	1040	955	1070– 875	950–750	1010–960	55–60	mittel
TiAl5Sn5Zr5	990	930	1050– 980	980	980–920	55–60	sehr stark
TiZr12Al7	1000	930	1050–1000	980	980–920	55–60	mittel
TiAl7Nb2Ta1	1040	~930	1070	1010	~1000–960	~55–60	etwa mittel
TiAl8Mo1V1	1040	–	1070	1010	1010–960	55–60	stark
TiSn11Zr5Al2,5Mo1 Si0,25	~1000	–	~1000	~900	945–900	55–60	mittel
TiMn8	800	–	~920	700	900–700	45–55	gering
TiAl4Mn4	925	–	960– 875	875–700	900–820	45–55	gering
TiAl6V4	990	–	1040– 950	950–760	980–900	55–60	gering
TiAl7Mo4	1010	–	1070– 980	980–840	1000–915	55–60	mittel
TiAl6V6Sn2 (Fe, Cu)	945	–	940	840	910–850	45–55	gering
TiAl4Mo3V1	960	–	955	900	~950–900	~55–60	gering
TiV16Al2,5	760	–	760	730	~880–750	~45–60	gering
TiV13Cr11Al3	720	–	1180– 980	980–760	980–870	60–70	gering
TiV8Fe5Al1	830	–	820	790	~980–870	~45–55	gering

[1] Ziffer hinter dem chemischen Symbol: Legierungsgehalt in Gew.-%. [2] Beim Schmieden mit einer hydraulischen Presse.

an denen der Werkstoff durch das Gesenk stark abgekühlt wird [*W 44, F 14a*]. Große Gesenkschmiedeteile, z. B. aus der Legierung TiV13Cr11Al3, die als Raketenbrennstoffgehäuse dienten, wurden durch Formschmieden einer Kugelhalbschale mit 900 mm Durchmesser auf einer 35000 Mp-Schmiedepresse und durch anschließendes Gesenkschmieden auf einer 50000 Mp-Presse hergestellt [*C 61c, O 22*]. Für dünnwandige Teile mit hoher Oberflächenqualität haben sich Gegenschlaghämmer bewährt [*M 106b*].

16.1.2 Strangpressen

Beim Warmstrangpressen von Titan und Titanlegierungen tritt leicht Festfressen an der Werkzeugoberfläche auf. Ohne die Anwendung eines geeigneten Schmiermittels oder einer Oberflächenbehandlung ist es daher nicht möglich, längere Teile auszupressen. Die zwischen der oxidfreien Werkstoff- und Matrizenoberfläche auftretende Reaktion führt zu einer kurzen Standzeit der Werkzeuge und zu einer unbefriedigenden Oberfläche des Preßprofils.

Als Schmierung kann Glas verwendet werden. Das Glas wird als Pulver, dessen Schmelzpunkt auf die Umformtemperatur abgestimmt und dessen Erweichungspunkt niedriger als die Rezipiententemperatur ist, auf den Preßling aufgebracht oder dieser heiß in Glaswolle eingewickelt. Die Umformgeschwindigkeit ist hoch. Dadurch tritt eine Temperaturerhöhung des Preßbolzens während des Preßvorganges auf, was u. U. zu einer grobkörnigen Gefügeausbildung führen kann. Die Oberflächenbeschaffenheit insbesondere am Preßende ist bei Glasschmierung meist ungenügend, außerdem bereitet die Entfernung des Glases von der Oberfläche des Profils Schwierigkeiten [*C 16a, M 82a*]. Enge Toleranzen und eine gute Oberflächenqualität können auch mit Emulsionen von Mineralölen, wie Hochdruckzylinderöl oder Fetten mit festen Substanzen, wie z. B. Graphit, erreicht werden. Auch Zusätze von Salz werden verwendet. Das Schmiermittel enthält etwa bis zu 50% feste Stoffe. Eine hohe Preßgeschwindigkeit verbessert die Oberfläche eines Profils [*S 5*]. Auch Email kann für die Schmierung verwendet werden und führt zu günstigen Preßbedingungen [*Z 1f*]. Ein Einhüllen der Preßbolzen in Kupfer oder andere Metalle führt bei niedriger Preßtemperatur ebenfalls zu einer guten Oberfläche der gepreßten Profile. Bei Titanlegierungen, die bei Temperaturen von über 850 °C gepreßt werden müssen, kann eine Zwischenlage aus einer dünnen Eisenfolie eine Reaktion zwischen Kupfer und Titan bis etwa 950 °C verhindern. Eine zu dicke Auflage von Kupfer führt zu einer Faltenbildung an der Titanoberfläche. Bei richtiger Abmessung des Kupfermantels ist nach dem Pressen der Strang mit einer gleichmäßig dünnen Kupferschicht überzogen, die anschließend mit Salpetersäure abgeätzt werden kann. Auch durch eine aufgespritze dünne

Aluminiumschicht wurde bei einigen Titanlegierungen die Verpreßbarkeit mit üblichen Schmiermitteln verbessert [*H 7*].

Durch Verpressen von Schmelzblöcken mit einem Durchmesser von 220 mm auf einer 4000 Mp-Horizontalpresse konnten die Umarbeitungskosten gegenüber geschmiedeten Teilen erheblich vermindert werden [*F 14*]. Die Umformtemperatur beim Strangpressen entspricht etwa der des Schmiedens. Bei Titan technischer Reinheit wird im Temperaturbereich zwischen 870 und 930 °C gepreßt. Bei den Titanlegierungen sind häufig Temperaturen von über 1000 °C erforderlich. Da bei Titan und α-Legierungen sich an das Pressen meist noch eine Kaltumformung anschließt und

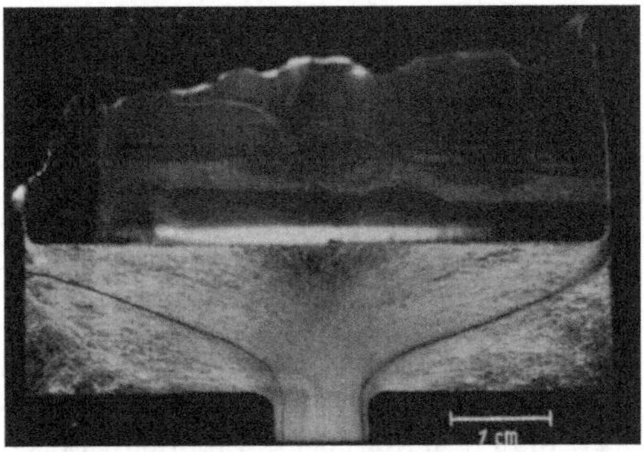

Abb. 16.5 Ausbildung des Einlaufwinkels von 120 °C im Preßrest bei ungünstiger Werkzeugform [*K 84b*].

zudem die Eigenschaften durch die Gefügeausbildung nur geringfügig beeinflußt werden, ist eine Überschreitung der β/α-Umwandlungstemperatur zulässig. Bei $(\alpha + \beta)$-Legierungen kann, wenn keine weitere Umformung erfolgt und eine feinkörnige Gefügeausbildung vorliegen soll, ein Pressen unterhalb der $\beta/(\alpha + \beta)$-Umwandlungstemperatur notwendig werden. Bei hohem Umformgrad müssen jedoch in den meisten Fällen hohe Preßtemperaturen im Bereich der β-Phase gewählt werden [*P 29, G 70a*].

Als Matrizenwerkstoff können Warmarbeitsstähle, z.B. ein 5–11 %iger Wolframstahl sowie mit Stellit durch Flammspritzen überzogene Chromstähle, verwendet werden. Ein günstiges Fließverhalten wird bei einem natürlichen Einlaufwinkel von etwa 120° erreicht. Bei größerem Winkel bleibt der Werkstoff, wie Abb. 16.5 zeigt, an der Ecke der Düse stehen und bildet den natürlichen Einlaufwinkel von 120° aus [*P 23, H 7, G 71*]. Auch Einsätze aus Keramik (Al_2O_3) in die Matrizen oder Überzüge aus Zirkoniumoxid [*M 70e*] haben sich bewährt.

Mit abnehmendem Querschnitt nimmt die erreichbare Preßlänge ab. Bei einem Profil-∅ von 4 mm konnten z.B. nur Längen von 4–5 m, bei kleineren Durchmessern nur von etwa 3 m gepreßt werden [*C 16*]. Bei Doppel-T-Profilen konnten Längen bis 6 m aus TiAl6V4 und TiAl8Mo1V1 mit Stegen von 1,6 mm Dicke, jedoch nicht mit ausreichender Oberflächengüte hergestellt werden [*W 34*]. Der Anpreßdruck hängt von der Preßtemperatur ab und ist bei 1100 °C z.B. bei der warmfesten Legierung TiAl9V3 wie Abb. 16.6a und b zeigen, etwa 1/4 höher als bei der Legierung TiAl6V4 bei sonst gleichen Umformbedingungen [*Z 10*]. Im Anschluß an das Strangpressen können die Strangpreßteile z.B. mit direkter Widerstandserhitzung bei 480–650 °C gerichtet werden [*P 23*].

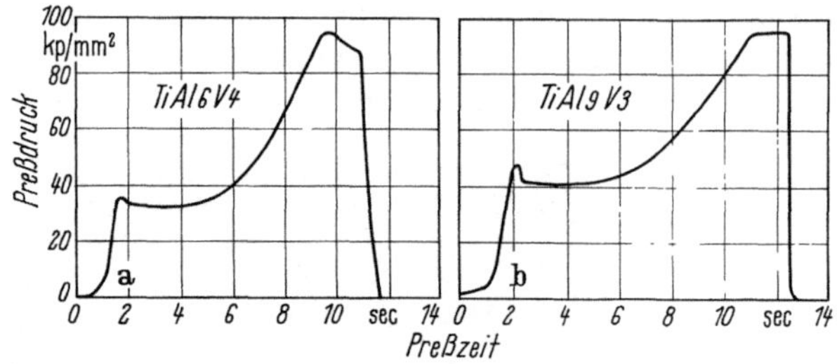

Abb. 16.6a u. b Druckverlauf beim Strangpressen von a) TiAl6V4 Barrenlänge 130 mm, b) TiAl9V3 Barrenlänge 110 mm (75 mm ⌀, Preßstange 12 mm ⌀, Preßtemperatur 1100 °C, Rezipiententemperatur 320 °C) [*Z 10*].

Für die Herstellung von nahtlosen Rohren werden die Preßbolzen zunächst in einem zusätzlichen Arbeitsgang gelocht. Die Preßbedingungen entsprechen bei Verwendung von Glas als Schmiermittel und der z.B. für TiAl6V4 erforderlichen Preßtemperatur von $\geqq$925 °C denen von rostfreiem, austenitischem Stahl bei einer Preßtemperatur von etwa 1150 °C [*K 70*]. Wegen der starken Neigung insbesondere der bei hohen Temperaturen zu verpressenden Titanlegierungen zur Reaktion mit den Werkzeugen, ist das Rohrpressen ein besonders schwieriges Verfahren bei der Halbzeugherstellung. Für TiAl6V6Sn2 wird eine Wärmebehandlung mit langsamer Abkühlung von 850 °C auf 20 °C empfohlen [*S 9c*].

16.1.3 Warmwalzen

Ähnlich wie beim Schmieden wirkt sich auch beim Warmwalzen von Titan und Titanlegierungen der mit zunehmender Umformgeschwindigkeit ansteigende Formänderungswiderstand auf den Kraftbedarf aus. Das Warmwalzen erfolgt meist 50–100 °C unter der Schmiedetemperatur. Die Umformtemperaturen für das Walzen von Schmelzblöcken, Knüppeln und Brammen entsprechen beim Beginn der Umformung etwa denen des Schmiedens. Mit abnehmendem Querschnitt wird beim Walzen die Umformtemperatur stärker als beim Schmieden gesenkt. Walzgeschwindigkeit, Stichfolge und Stichabnahme bestimmen bei vorverformten Teilen die Walztemperatur. Sie kann sich deshalb bei gleichen Querschnittabnahmen bei verschiedenen Walzstraßen unterscheiden. Die Walztemperatur muß jedoch in allen Fällen, wenn ein bestimmter Gefügezustand erreicht werden soll, dieselbe sein.

Untersuchungen über den Einfluß der Walzbedingungen auf die Walzkraft ergaben, wie die Abb. 16.7 zeigt, eine starke Zunahme der erforderlichen Walzkraft mit sinkender Temperatur, insbesondere beim Übergang von der β-Phase in die α-Phase. Da jedoch das Walzen zur Vermeidung von starkem Kornwachstum mit Ausnahme der β-Legierungen

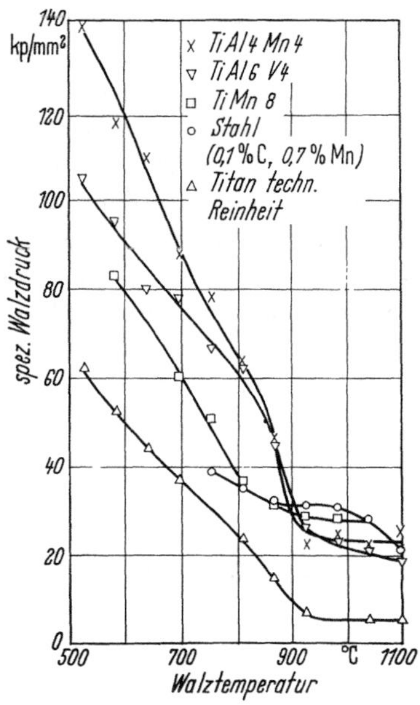

Abb. 16.7 Einfluß der Temperatur auf den spezifischen Walzdruck für verschiedene Titansorten im Vergleich zu Stahl, Dickenabnahme: 15 %, Walzgeschwindigkeit: 60 m/Min. [*L 7*].

meist im ($\alpha + \beta$)-Gebiet oder im α-Gebiet erfolgen muß, ist ein entsprechend hoher Walzdruck erforderlich. Der Kraftbedarf ist bei Titanlegierungen wesentlich höher als bei Titan technischer Reinheit. Die Walzkraft steigt mit dem Verformungsgrad annähernd linear an und wird mit zunehmender Walzgeschwindigkeit weiter erhöht. Die Längung und Breitung ist fast unabhängig von der Walztemperatur. Mit zunehmender Breite des Walzgutes wird die Breitung geringer, während die Längung zunimmt [*L 7*]. Die geringste Blechdicke, die durch Warmwalzen von Breitband oder von tafelgewalzten Blechen erreicht wird, richtet sich nach der gewünschten Oberflächenbeschaffenheit und beträgt im allgemeinen etwa 2 mm. Um die Zahl der Zwischenerwärmungen zu verringern und die Stichzahl herabzusetzen, werden Bleche aus Titan technischer Reinheit und aus Titanlegierungen bei Abmessungen unter 2 mm im Paket gewalzt. Während des Walzens kann die Walzrichtung variiert werden, um annähernd richtungsunabhängige Festigkeitswerte zu erhalten [*B 125*]. Die Pakete können, um eine Oxydation zu verhindern, in Stahlblechhüllen eingeschweißt werden. Bei der β-Legierung TiCr11Mo8Al3 wird durch Walzen bei etwa 700 °C eine hohe Zahl von Versetzungen erzeugt, die durch eine martensitische Umwandlung um eine Größenordnung erhöht wird [*V 2c*]. Je niedriger die Walztemperatur ist, desto stärker werden insbesondere bei Titanlegierungen z. B. TiAl6V4 die Vorzugslagen der Kristallite (Textur) und damit die Anisotropie der mechanischen Eigenschaften ausgebildet [*A 28b*] (vgl. Kap. 11.5, S. 294 und Kap. 16.1.2, S. 478). Das Warmwalzen von plattiertem Blech ist wegen der sich bildenden intermetallischen Verbindungen nur bei niedrigen Walztemperaturen möglich [*R 19b*].

Das Walzen von Stangen, Draht und sonstigen Profilen erfolgt in Kaliberwalzwerken. Es darf kein reibender Kontakt des heißen Walzgutes mit anderen Metallen auftreten, da bei der hohen Temperatur und Geschwindigkeit die vorhandene Oxidhaut abgerieben wird und ein Verschweißen zwischen den verschiedenen Metallen auftreten kann. Bei kontinuierlichem Walzen soll deshalb keine feststehende Umlenkung oder Einführung, sondern Rollenführung verwendet werden [*M 80*]. Beim Rohrwalzen im β-Temperaturgebiet kann Talkum und Heißdampfzylinderöl das Verschweißen verhindern [*O 26a*].

16.2 Kaltumformung

Zur Herstellung von Feinblechen, Draht, Profilen, nahtlosen Rohren, oder anderen Halbzeugformen wird Titan technischer Reinheit kalt verformt. Eine Kaltumformung der höherlegierten Titanlegierungen ist dagegen nur begrenzt möglich. Von Legierungen lassen sich diejenigen, deren β-Phase bei der Warmverarbeitung oder durch Wärmebehandlung erhalten bleibt wie TiV13Cr11Al3, oder die nur geringe Legierungsgehalte aufweisen, wie TiCu2 oder TiAl3V2,5, bis zu über 60% kalt umformen [*I 6f, R 18a*], während TiAl6V4 und TiAl5Sn2,5 sich nur etwa 40% kalt umformen lassen [*B 81c, I 8b*]. Bei einer Kaltumformung von Blech wird die Vorzugslage der Kristallite besonders groß und deshalb die Anisotropie der mechanischen Eigenschaften, z. B. der R-Wert, sehr stark beeinflußt [*A 28b*] (vgl. Kap. 11.5, S. 294 und Kap. 17, S. 484ff.).

16.2.1 Walzen

Die Herstellung von Feinblechen und Folien erfolgt im Anschluß an die Warmumformung durch zusätzliches Kaltwalzen. Titan technischer Reinheit wird sowohl als Band als auch in Tafeln kaltgewalzt, wobei Voraussetzung für eine fehlerfreie Oberfläche des Endbleches eine einwandfreie Oberfläche des vorgewalzten Bleches ist. Die bis zu einer Zwischenglühung, die häufig im Hochvakuum erfolgt [*G 40a*], erreichbare Kaltumformung ist vom möglichen Walzdruck und von der zu verarbeitenden Titansorte abhängig. Bei Titanband mit niedriger Festigkeit kann die Abwalzung über 95 % betragen. Im allgemeinen beträgt die Endumformung 20–30 %, um bei einer anschließenden Weichglühung eine Grobkornbildung zu vermeiden (vgl. Kap. 7, S. 137ff.). Beim Kaltwalzen ist ein hoher Walzdruck erforderlich, so daß bei Titanlegierungen und bei Titan technischer Reinheit bei großer Blechbreite meist ein hoher Abwalzgrad nur durch eine Vielzahl von Stichen aufgebracht werden kann. Viele Titanlegierungen sind wegen des erforderlichen hohen Druckes nicht walzbar. Auch tritt bei Titanlegierungen bei hohen Abwalzgraden wesentlich früher eine Rißbildung auf als bei Titan technischer Reinheit. Sie müssen deshalb meist warmgewalzt werden. Bei den Titanlegierungen ist deshalb eine Planheit der Bleche schwieriger zu erreichen als bei Titan technischer Reinheit. Ein nachträgliches Richten in Streck-, Dressier- oder Rollenrichtmaschinen im kalten Zustand ist meist mit zunehmender Festigkeit und steigendem Streckgrenzenverhältnis nicht möglich. Eine ausreichende Planheit kann dann nur durch entsprechende Werkzeuge unter Druck bei erhöhter Temperatur erzielt werden. So können Legierungsbleche z.B. durch Kriechverformung im Vakuum unter schweren Platten bei erhöhter Temperatur gerichtet werden, wobei eine geringe plastische Verformung erfolgt und die Planheit der Oberfläche verbessert wird [*S 128, K 18c*]. Legierungsbänder, aus TiAl5Cr1Fe0,4Si0,3B0,01 konnten bei einer Breite von 70–80 mm bis auf eine Dicke von 0,07 mm unter einer Vorspannung von 30–60 kp/mm^2, entsprechend 30–50 % der Streckgrenze, unter einem Walzendruck von 200 bis 450 kp/mm^2 mit Hilfe von Walzen mit einer Härte von HB $\cong$ 680 kp/mm^2 mit Maschinenöl als Schmierung abgewalzt werden. In 8–13 Stichen wurde dabei eine Dickenabnahme von 30–40 % erzielt, wobei der Walzendruck von etwa 130 bis auf 375 kp/mm^2 zunahm [*K 62*]. Die β-Legierung TiV13Cr11Al3 wird als Schmalband bis zu Dicken von 0,03 mm kaltgewalzt. Die Legierungen TiAl6V4 und TiAl5Sn2,5 werden als Breitband bis 0,4 mm Dicke abgewalzt.

Beim Kaltwalzen von Stangen und von Draht kann zur Verminderung der Reibung zwischen den Walzen und dem Werkstoff ebenfalls eine Oxydation oder Phosphatierung ein Verschweißen mit dem Werkzeug verhindern und gleichzeitig als Schmierstoffträger dienen. Als Schmierstoffe haben sich graphitisierte Pflanzenöle oder fluorierte bzw. chlorierte Kohlenwasserstoffe mit Graphitzusatz bewährt [*W 43*] (vgl. Kap. 14, S. 437ff.).

Rohre werden außer durch Strangpressen auch mit Hilfe von Rollenwalzwerken in der Wärme hergestellt [*K 62*]. Die Kaltumformung erfolgt meist bis zu Abmessungen von etwa 10 mm im Pilgerwalzwerk, wobei ähnliche Abwalzbedingungen gelten wie beim Blechwalzen.

16.2.2 Ziehen

Beim Ziehen tritt ein besonders starker Gleitverschleiß zwischen dem zu ziehenden Teil und dem Werkzeug auf, so daß gut haftende Zwischenschichten aufgebracht werden müssen. Meist genügt die bei einer Wärmebehandlung gebildete Oxidschicht, jedoch haben sich auch Phosphatschichten oder elektrolytisch aufgebrachte Oxidschichten als Trägerschicht für das Schmiermittel bewährt. Elektrolytisch aufgebrachte Oxidschichten müssen nach zwei bis drei Zügen erneuert werden, während die anderen Schichten noch weitere Züge aushalten [*W 72*, *A 14*]. Als zusätzlicher Schmierstoffträger kann auf die Oxid- oder Phosphatschicht z.B. Kalk oder Kalk mit Zusätzen von niedrigschmelzenden Salzgemischen aufgebracht werden. Auch dünne Kupferschichten (vgl. Kap. 15.4.2, S. 462) haben sich beim Ziehen bewährt, wenn sie festhaftend aufgebracht wurden. Als Schmierstoffe dienen Öl, Seife, Graphit, Graphitdispersionen oder Molybdändisulfid, wobei Seife den niedrigsten Reibungswert erreicht. Bei Verwendung von Molybdändisulfid bildet sich eine dunkle, schwarz glänzende Oberfläche, die sich durch Beizen nicht entfernen läßt, so daß sie bei dünnen Abmessungen, die nicht mehr mechanisch überarbeitet werden können, stören kann. Nach einer Oxydation ist beim ersten Zug der Reibwert zwischen dem zu ziehenden Werkstoff und der Matrize wegen der noch rauhen Titanoxidschicht hoch. Bei den nachfolgenden Zügen fällt er jedoch ab, solange die Schmiermittelschicht geschlossen bleibt und kein Fressen zwischen dem zu ziehenden Werkstoff und der Matrize auftritt [*L 53*]. Der Reibwert selbst hängt weitgehend vom verwendeten Schmierstoff ab und beeinflußt die notwendige Ziehkraft. Mit zunehmender Querschnittsabnahme steigt sie entsprechend dem Verhältnis der Oberfläche zum verformenden Werkstoff an. Mit zunehmender Querschnittsabnahme tritt eine zusätzliche Zunahme der Ziehkraft wegen der Verfestigung des Titans oder der Titanlegierung auf. Die Ziehkraft nimmt mit zunehmender Ziehgeschwindigkeit bei sehr kleinen Geschwindigkeiten unterhalb 0,05 m/min zu, je nach Ziehgutdurchmesser oberhalb 0,05–0,5 m/min, fällt sie mit steigender Geschwindigkeit wieder ab [*L 5*]. Die Querschnittsabnahme je Zug kann bei Titan technischer Reinheit etwa 12 % bei Ziehgeschwindigkeiten zwischen 10 und 30 m/min betragen. Bei höherer Geschwindigkeit besteht die Gefahr einer zu starken Erwärmung und eines Fressens zwischen Ziehgut und Werkzeug. Die Gesamtquerschnittsabnahme kann bei Titan technischer Reinheit über 90 % betragen, ohne daß eine Zwischenglühung notwendig ist. Im allgemeinen wird jedoch nach 3–4 Zügen zwischengeglüht [*P 25*, *K 37*]. Ein Ziehen von Rohren ist wegen der Gefahr des Festfressens des Dornes besonders schwierig. Phosphat- und Oxidschichten müssen deshalb häufig erneuert werden. Titanlegierungen erfordern einen hohen Kraftbedarf beim Ziehen und da das Streckgrenzenverhältnis hoch und die Gleichmaßdehnung gering ist, liegt die Querschnittsabnahme durch Ziehen in der Regel weit unter 50 %. Durch eine Temperaturerhöhung auf 550–650 °C wird das Formänderungsvermögen erhöht und die Ziehkraft vermindert [*A 14*] (vgl. Abb. 16.1, S. 468).

Als Ziehdüsen werden meist Hartmetallziehsteine, für sehr geringe Durchmesser Diamantdüsen verwendet. Um die Berührungszone zwischen Werkstoff und Werkzeug gering zu halten, werden die Ziehsteine mit möglichst kurzem, zylindrischem Kaliberteil hergestellt.

16.2.3 Pressen

Das Pressen von Titan technischer Reinheit dient in erster Linie zur Herstellung von Profilpreßteilen und Hohlkörpern mit engen Toleranzen. Die Teile werden mit einem fluoridphosphathaltigen Lösungsmittel oberflächenbehandelt und mit einem festen Schmiermittel (Graphit, Molybdändisulfid und Harzzusätzen) geschmiert. Bei Preßdrucken von ungefähr 120 kp/mm^2 können Querschnittsverminderungen bis zu etwa 60 % bei einer Preßgeschwindigkeit von 2 m/min erreicht werden [*S 3, S 6, Q 1, S 4*]. Auf diese Weise können auch Rohre mit sehr geringer Wanddicke hergestellt werden. Beim hydrostatischen Pressen hat sich ein Winkel am Werkzeug von 45° bewährt [*P 49*]. Mit einem Druck von etwa 11 kbar kann TiAl6V4 (Rundstange, weichgeglüht) hydrostatisch um 60 % kaltumgeformt werden [*I 8b*].

17. Umformung von Halbzeug

Für eine Umformung von Titan- oder Titanlegierungsblech sind wegen der hohen Streckgrenze bei Raumtemperatur insbesondere bei Titanlegierungen sehr hohe Umformkräfte erforderlich. Die durch die hohe Streckgrenze und den niedrigen Elastizitätsmodul verursachte starke Rückfederung muß bei der Auslegung der Umformungswerkzeuge berücksichtigt werden. Bei den Titanlegierungen steht für die Formänderung meist nur ein begrenzter plastischer Umformbereich zur Verfügung, der durch niedrige Umformgeschwindigkeit, stufenweises Umformen in kleinen Schritten, rekristallisierende Zwischenglühungen erweitert werden kann. Die Umformung erfolgt weiterhin meist bei erhöhter Temperatur, wodurch dieser Bereich größer wird, die Verfestigung und die Rückfederung vermindert werden (vgl. Abb. 16.1, S. 468) und kleinere

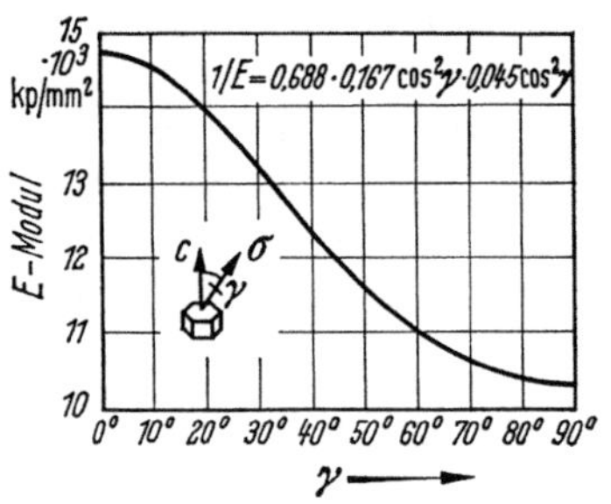

Abb. 17.1 Änderung des E-Moduls im Titaneinkristall mit dem Winkel zur Basisebene γ [*F 29c, Z 1a*].

Biegeradien möglich sind. Der Rücksprungwinkel beträgt bei Titan technischer Reinheit, abhängig von der Art des Halbzeuges, der Dicke und Festigkeit bei Raumtemperatur zwischen 5 und 8° und kann bei Titanlegierungen 12° erreichen. Die Härte und die Verformbarkeit der einzelnen Körner sind von der Orientierung und damit von der Textur abhängig [*A 14, L 12, L 59, B 84, K 65, Z 19*]. Besonders stark kann sich diese Textur, die bei den meisten Blechen vorhanden ist, auf die Richtungsabhängigkeit des Formänderungsvermögens, auswirken. In der Abb. 17.1 ist die Orientierungsabhängigkeit des Elastizitätsmoduls eines Einkristalls in Abhängigkeit vom Winkel der Beanspruchungsrichtung zur Basisfläche wiedergegeben. Der E-Modul fällt von 14,7 auf etwa 10,1 · 1000 kp/mm² beim Übergang von der Messung in Richtung senkrecht zur Messung in Richtung parallel zur Basisebene ab [*F 30 e, F 29c, Z 1a*]. Die richtungsabhängige Verfestigung, die Texturverfestigung (vgl. Kap. 10.3, S. 230ff.), die durch den R-Wert charakterisiert wird, kann zu ungleichmäßiger Verformung bei der Kaltumformung führen. Der R-Wert kann nach der Gleichung:

$$\mu p\ (\text{Querkontraktion}) = \frac{1}{1/R + 1}$$

aus der Querkontraktionszahl (Poissonsche Konstante) errechnet werden [*B 1b, L 5a*]. Der R-Wertbereich des Titans wird im einachsigen Zug mit zunehmendem Gehalt an Einlagerungselementen kleiner, wie das aus Tab. 17.1 hervorgeht. Für Titan technischer Reinheit mit einer Festig-

Tabelle 17.1. *R-Wert-Bereiche für Bleche aus Titan und Titanlegierungen bei einachsiger Zugbeanspruchung*

Material	Blechdicke mm	σ_B kp/mm²	$\sigma_{0,2}$ kp/mm²	R-Wert-Bereich	Literatur
Titan technischer Reinheit	1–3	~46	~39	0,72– 6,7	[*L 5a*]
		~56	~48	0,40– 2,9	[*L12d, L13*]
		~69	~50	1,3 – 4,9	[*L 5a*]
		~70	~63	0,92– 2,3	[*L 5a*]
TiAl4O0,25	1,5–4,5	~80	~70	1,8 –10,10	[*L 13*]
TiAl5Sn2,5	1,2	~88	~84	1,8 – 3,3	[*H33, L13*]
TiAl4Mo3V1	1,2–1,5	~95	~84	0,79– 2,0	[*L 5a*]
TiAl6V4	1,3–2,0	~97	~89	0,5–1,2	[*H 33*]

keit von $\sigma_B = 60$ kp/mm², für TiAl5Sn2,5 und zwei weitere Titanlegierungen ist die Winkelabhängigkeit des R-Wertes und die Textur der Bleche in Abb. 17.2a–e wiedergegeben. Zeigt die Polfigur der Bleche keine stark ausgeprägte Textur, sondern wie bei Titan technischer Reinheit (Abb. 17.2b) und TiAl5Sn2,5 (Abb. 17.2c) eine Streuung, so wird nur eine geringe Winkelabhängigkeit gefunden, während bei einer Zentrierung der Orientierung in der Mitte der Polfigur (Basisebene fast parallel zur Walzebene gemäß Abb. 17.2d und e) die Winkelabhängigkeit des R-Wertes wesentlich stärker ausgeprägt ist [*L 13, B 0, B 0a, H 30*]. Bei Titan technischer Reinheit mit einer Festigkeit von $\sigma_B = 46$ kp/mm² wurde bei zweiachsiger Beanspruchung im Vergleich mit einachsiger Beanspruchung ein Verhältnis der Werte ($\sigma_{0,2}$ zweiachsig : $\sigma_{0,2}$ einachsig) von 0,70–0,90 gefunden. Der berechnete Wert für dieses Streckgrenzenverhältnis lag zwischen 0,03 und 0,62 [*L 12d, L 13, B 0*]. Der $\bar{R}$-Wert wird durch diskontinuierliche, stufenweise Zunahme der Beanspruchung ermittelt und spricht empfindlicher auf eine Textur an als der ohne Zwischenmessung ermittelte R-Wert. Wie Abb. 17.3a zeigt, ändert sich der $\bar{R}$-Wert von Titan technischer Reinheit mit einer Festigkeit von $\sigma_B = 60$ kp/mm² mit zunehmender Temperatur bis 800 °C nicht. Der $\bar{R}$-Wert von TiAl5Sn2,5 nimmt bereits bei 200 °C ab, um sich dann bis 800 °C wenig zu ändern. Der $\bar{R}$-Wert der sauerstoffhaltigen Legierung TiAl4 mit weniger stark ausgeprägter Textur (Blechdicke 4,5 mm) zeigt eine stärkere Verminderung bis zu 800 °C als die Legierung mit stärker ausgeprägter Textur (Blechdicke 1,5 mm).

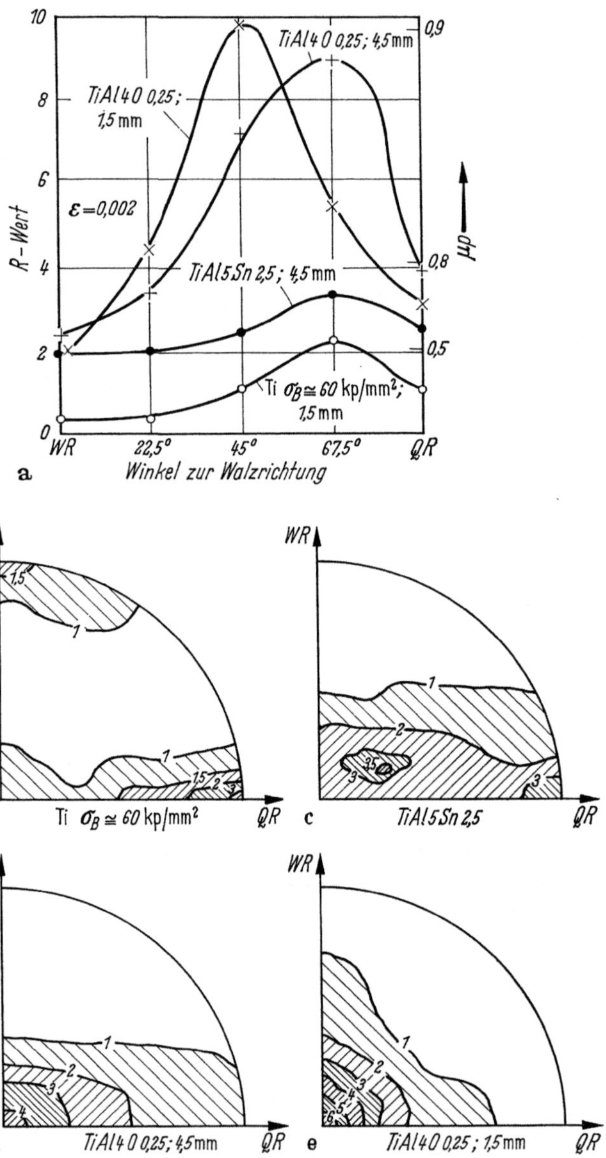

Abb. 17.2a–e Abhängigkeit des R-Wertes von der Beanspruchungsrichtung (Winkel zur Walzrichtung) bei Titan- und Titanlegierungsblech (mittlerer Korn-Ø 0,03 mm, Beanspruchungsgeschwindigkeit 0,025 %/min) und entsprechende {0001}-Polfigur [*L 13*].

Oberhalb 800 °C nimmt der $\bar{R}$-Wert und oberhalb Raumtemperatur der $\sigma_{0,002}$-Wert (Abb. 17.3b) der Legierungen stark ab [*L 13*].

Die Biegeradien von Titan-Blechen nehmen (vgl. Tab. 10.5, S. 224ff.) mit der Blechdicke und der Festigkeit zu. Auch mit zunehmender Breite muß der Biegeradius erhöht werden. Die Lage der Biegung zur Walzrichtung wirkt sich auf den Biegeradius aus. Liegt die Achse der Umbiegung in Walzrichtung, so muß der Biegewinkel größer sein als wenn

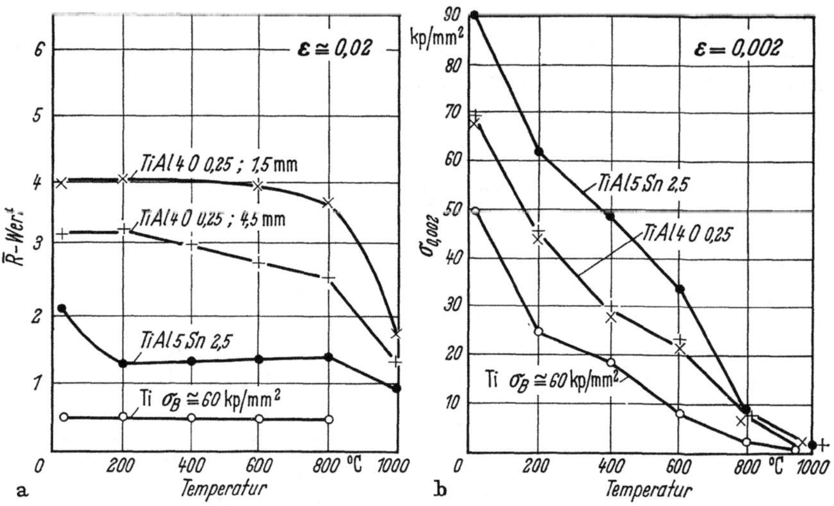

Abb. 17.3a u. b Temperaturabhängigkeit des $\bar{R}$-Wertes und der $\sigma_{0,002}$-Grenze von Titan (σ_B = 60 kp/mm²) und Titanlegierungen [*L 13*].

sie senkrecht zu ihr liegt [*R 88*]. Die Biegeradien für verschiedene Sorten von Titan technischer Reinheit und von Titanlegierungen sind in der Tab. 11.6, S. 282ff. wiedergegeben. Ein Verschweißen des Titans mit dem Werkzeug muß durch gute Schmierung verhindert werden. Dazu werden je nach Temperatur flüssige oder feste Schmierstoffe verwendet. Öl-Graphit- oder Öl-Molybdändisulfid-Dispersionen haben sich bis 350 °C, bei höheren Temperaturen ölfreie, kolloidale Graphite oder Molybdändisulfid bewährt. Oxydation oder Phosphatierung sowie Filme oder Folien aus Kunststoffen sind zur Verbesserung der Gleitung bei der Umformung, beim Tief- oder Streckziehen ebenfalls von Vorteil [*K 97*]. Titan höherer Festigkeit und insbesondere Titanlegierungen werden meist bei erhöhter Temperatur umgeformt. Für Titan höherer Festigkeit liegen die Temperaturen vorzugsweise zwischen 200 und 400 °C und für Titanlegierungen etwa bis 650 °C [*C 14*]. Durch Widerstands- oder Strahlungserhitzung direkt über dem Untergesenk sind kurze Erhitzungszeiten für die Erwärmung des Zuschnitts möglich. Meist wird nicht nur der Zuschnitt, sondern auch das Werkzeug vorgewärmt oder warmfesten Legierungen z.B. FeNi28W20Al1Ti1C0,25 [*H 29a*] eingesetzt. Anstelle von Stahlwerkzeugen werden häufig beheizte keramische Matrizen verwendet, da mit solchen Werkzeugen die umzuformenden Teile längere Zeit auf Temperatur gehalten werden können. Die Abkühlung erfolgt dann im geschlossenen Gesenk, wodurch die Rückfederung vermieden werden kann [*L 52, K 4, K 97, K 97a, L 20b, L 0a*]. Wenn die Matrize unter Vakuum gesetzt wird, so kann das Blech durch den Atmosphärendruck in die Konturen der Matrize gedrückt werden [*F 41d*]. Titan technischer Reinheit kann mit Hilfe einer Gummipresse aus warmfestem Silikongummi verformt werden. Um den Silikongummi vor Hitze zu schützen, wird der Zuschnitt mit Asbestpulver eingestreut [*A 14*].

17.1 Tiefziehen

Bleche aus Titan technischer Reinheit mit einer Festigkeit von unter 40 kp/mm² lassen sich bei Raumtemperatur im Tiefziehgesenk um 25% in einem Zug umformen. Für eine weitere Kaltumformung muß zwischengeglüht werden. Bei höherer Temperatur z.B. 400 °C kann auch ein höherer Umformgrad erreicht werden, z.B. 0,6-mm-Blech mit einer

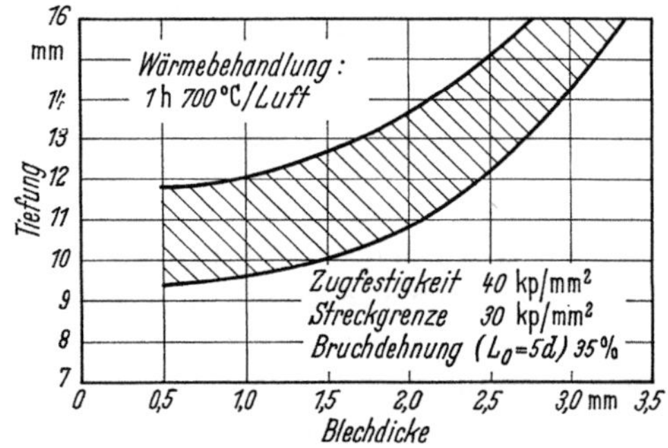

Abb. 17.4 Einfluß der Blechdicke auf die Erichsen-Tiefziehfähigkeit von Titan [*K 29*].

Zugfestigkeit von 45 kp/mm² zu einem Topf von 75 mm Durchmesser und 125 mm Tiefe bei einem Abrundungsradius von 6 mm in einem Zug. Die Abhängigkeit der möglichen Tiefung von der Blechdicke ist in Abb. 17.4 wiedergegeben. Die Tiefung nimmt mit der Blechdicke zu [*K 29, R 88*]. Um eine Faltung im Übergang zur Ronde zu vermeiden, sind die Niederhalterkräfte höher als bei Stahl. Die Ziehronden sind abgerundet [*C 14*]. Beim Vorrichten der Zuschnitte für die Umformung sollen alle Schnittkanten entgratet, befeilt und geglättet werden. Die Neigung zur Bildung von Anrissen ist bei Legierungen größer als bei Titan technischer Reinheit [*A 14*]. Es ist eine hohe Umformgeschwindigkeit möglich. Bei niedriger Umformungsgeschwindigkeit ist jedoch die Gefahr einer örtlichen Überhitzung und eines Festfressens geringer. Im Temperaturbereich der Superplastizität (vgl. Kap. 11.6.1, S. 311) kann Blech z.B. aus TiAl6V4 bei 925 °C durch einen entsprechend hohen Argondruck in eine Matrize gepreßt werden, ohne daß auch bei starken Konturen Risse auftreten [*C 53a*].

17.2 Streckziehen und andere Umformungsverfahren

Auch beim Streckziehen wird nicht nur der Zuschnitt, sondern auch das Werkzeug erwärmt. Das Verfahren eignet sich hauptsächlich zur Herstellung komplizierter gezogener Teile, wobei eine unterschiedliche Verformung in einzelnen Zonen aufgebracht werden kann. Zur Erzielung einer hohen Maßgenauigkeit werden häufig vorgeformte Teile über längere Zeiten und bei höheren Temperaturen in die Fertigform eingespannt, wodurch sich die Eigenspannungen rasch abbauen können und so eine Rückfederung vermieden wird. Bei Titan technischer Reinheit kann bereits bei Raumtemperatur hydraulisch der notwendige Umformgrad aufgebracht werden. Bei Titanlegierungen werden auch hier Temperaturen bis 650 °C angewandt, wobei gleichzeitig ein Spannungsfreiglühen und eine Aushärtung erzielt werden kann [*L 59, C 14, K 97, C 17b*]. Für die Herstellung von Kugelhalbschalen und ähnlichen Formteilen, besonders aus Titanlegierungen, hat sich neben einer raschen Umformung unter einer schweren Presse eine Umformung auf einer Drückbank bei Temperaturen von 400–500 °C bewährt [*R 65*]. Auf eine gute Schmierung muß geachtet werden [*B 37b*]. Die Formklötze sind zu fetten; die Ziehöle enthalten die Reibung vermindernde Zusätze. Das Beizen erfolgt in üblichen Beizbädern, z.B. 47 Teile Wasser, 47 Teile HNO_3 (70%ig), 0,1% Flußsäure und Zusätze von Aktivierungsmitteln, bei 32 °C über 15–30 sec. Titanbleche bis zu einer Festigkeit von über 56 kp/mm² können bis zu einer Dicke von $\leq$1 mm bei Raumtemperatur umgeformt werden. Bleche mit einer Dicke von über 1 mm lassen sich ohne Erwärmung auf wenigstens 120 °C, auch wenn es sich um abwickelbare Formen handelt, nicht umformen. Mit Hilfe einer 160-t-Streckziehpresse können z.B. 1,3 mm dicke Bleche bei etwa 120 °C zu Halbschalen gezogen werden, wobei auf eine kerbfreie Einspannung der Bleche zwischen Spannbacken und Ziehteil zu achten ist. Dies kann durch das Beilegen von 3 mm dicken Aluminiumstreifen erreicht werden, die die Kerben zwischen den Blechen und den Spannbacken teilweise ausgleichen [*H 35a*]. Eine Umformung von Blechen oder rotationssymmetrischen Teilen durch Schockwellenverformung ist möglich [*K 97, I 8a*]. Ein geringer Umformgrad kann bei Plattierungen erreicht werden [*I 8a*] (vgl. Kap. 19.7, S. 536).

18. Spanabhebende und sonstige Bearbeitungsverfahren

Die spanabhebende, chemische und sonstige Bearbeitung von Titan und Titanlegierungen kann in fast allen Fällen nach denselben Bearbeitungsverfahren erfolgen wie bei anderen Metallen und Legierungen. Die Formgebung der Werkzeuge, die Schnittgeschwindigkeit und die Tiefe der Spanabnahme muß aber häufig wegen der Neigung des Titans, an den Werkzeugen zu haften und dadurch zu einem verstärkten Verschweißen und Fressen zu führen, geändert werden. Die geringe Wärmeleitfähigkeit des Titans und der geringe Kontakt, der sich zwischen der Schneide und dem ablaufenden Span bildet, führen ferner dazu, daß die Schneide stärker überhitzt wird als bei der Bearbeitung vieler anderer Werkstoffe. Bei Titan technischer Reinheit und insbesondere bei den Titanlegierungen ist deshalb eine niedrige Schnittgeschwindigkeit, die von der Werkstoffoberfläche und dem Wärmebehandlungszustand des zu bearbeitenden Teiles, dem Werkstoff des Werkzeuges, den Schnittbedingungen und der geforderten Oberflächengüte des bearbeiteten Zustandes abhängt, und bei Titan technischer Reinheit etwa zwischen 5 und 125 m/min und bei Titanlegierungen zwischen 1 und 90 m/min liegt, erforderlich. Die Schnittgeschwindigkeit ist bei Schnelldrehstählen um ein Mehrfaches geringer als bei der Verwendung von Werkzeugen aus Hartmetall, bei denen sich titankarbidfreie Sorten mit möglichst hohem Wolframkarbidgehalt (DIN-Normbezeichnung K 20 und K 30) bewährt haben [*S 68, F 14, C 48d, K 70c*]. α-Legierungen lassen sich meist besser bearbeiten als β-Legierungen [*Z 1e*]. Die durch die geringere Schnittgeschwindigkeit verminderte Volumenabtragung kann meist durch eine größere Spantiefe wieder ausgeglichen werden. Die größere Schnittiefe und langsame Schnittgeschwindigkeit verursacht einen Span mit kleinerer Oberfläche und niedrigerer Temperatur, so daß mit einer geringeren Sauerstoffaufnahme zu rechnen ist als bei Spänen, die mit hoher Schnittgeschwindigkeit hergestellt werden und die eine größere Oberfläche besitzen.

Durch geeignete Kühlmittel kann die gute Standzeit der Werkzeuge aus Schnelldrehstahl weiter erhöht werden. Wegen der Neigung zum Fressen müssen die Werkzeuge besonders glatt und sorgfältig bearbeitet sein, damit keine zu große Reibung an der Oberfläche der Schneidkanten entsteht. Infolge des ungleichmäßigen Spanablaufes ist mit einer starken Vibration zu rechnen, weshalb die Teile fest eingespannt sein müssen und gut dimensionierte Maschinen zweckmäßig sind, die die notwendige Steifheit des Werkzeuges und einen ruhigen Ablauf des Bearbeitungsvorgangs gewährleisten. Ungünstig wirkt sich der niedrige Elastizitätsmodul des Titans aus, der dazu führt, daß der zu bearbeitende Werkstoff nachgeben kann. Er ist deshalb, wenn hohe Meßgenauigkeit gefordert wird, bei der Bearbeitungszugabe zu berücksichtigen.

Der Reibwert zwischen Schnelldrehstahl und Titan technischer Reinheit bzw. Titanlegierungen ist geringer als der zwischen Schnelldrehstahl und den meisten Stahlsorten. Bei den wolframkarbidhaltigen Werkzeugen wird ein etwas höherer Reibwert bei Titan gegenüber Stahl beobachtet. Wenn sich keine Aufbauschneide bildet, kann auf den Werkstücken eine sehr glatte Oberfläche erzielt werden.

18.1 Spanbildung

Der von der Schneidkante ablaufende Span hat bei Titan ein anderes Aussehen als bei Stahl und besitzt meist eine Lamellenstruktur. In Abb. 18.1 ist ein Schnitt durch einen Span wiedergegeben, der bei einer Schnittgeschwindigkeit von 45 m/min entstanden ist. Man sieht deutlich schuppenförmig geformte Teile im Oberteil des Spanes, die gegeneinander durch

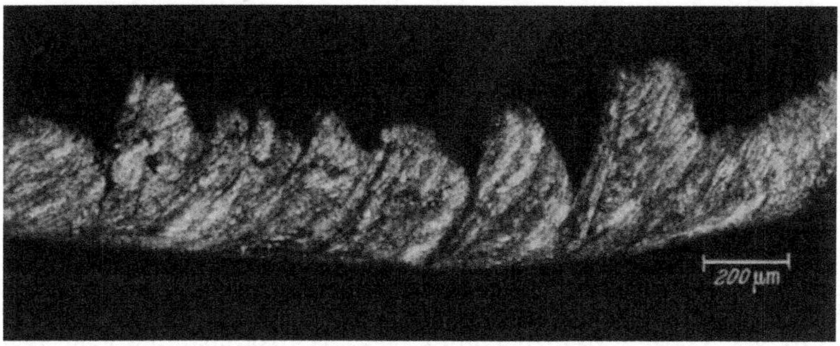

Abb. 18.1 Titan-Drehspan mit 45 m/min abgedreht [*M 70 a*].

Risse abgetrennt und wenig verformt sind, während der Unterteil und auch der Zwischenbereich eine starke Verformung aufweist. Die Ursache für diese Spanbildung dürfte die geringe Scherfestigkeit und die geringe Wärmeleitfähigkeit sein, die zu starker örtlicher Überhitzung führen kann, zum anderen die Neigung des Titans in kurzer Zeit zu verschweißen. Durch das Werkzeug wird zunächst entlang dem Werkstück ein Teil des Titans vorgeschoben und komprimiert, wodurch sich eine hohe Temperatur entwickelt, die in diesem Bereich die Neigung zur Verformung und zum Abscheren fördert. Das abgescherte Stück schweißt dann mit dem nächsten Teil zusammen. Durch Filmaufnahmen bei langsamer Schnittgeschwindigkeit konnte gezeigt werden, daß aufgrund dieser Art der Spanbildung für kurze Zeit fast keine Relativbewegung des Spanes zum Werkzeug erfolgt, nämlich in dem Zeitpunkt, während dem der Werkstoff abgeschert wird. Aufgrund dieser Entstehung des Spanes ändert sich die Kraft für das Ablösen des Werkstoffs bei der Bildung der einzelnen Spanabschnitte über einen Höchstwert, der dann erreicht wird, wenn der Druck bei der Kompression des Titans vor dem Abheben am größten ist. Durch Erhöhung der Temperatur des Werkstückes oder auch durch sehr starke Erhöhung der Schnittgeschwindigkeit kann die Temperatur an der Stelle der Spanbildung so stark ansteigen, daß ein mehr gleichmäßig ablaufender Span entsteht und der schuppenförmige Aufbau weniger stark ausgeprägt ist [*C 51a, M 77*].

18.2 Spanabhebende Bearbeitungsverfahren

Bei einem spanabhebenden Verfahren ist die Oberflächenverfestigung bei Titan und Titanlegierungen zwar nicht so tief wie das bei Edelstahl der Fall ist, jedoch kann sich auf der Oberfläche eine sehr harte Titandioxidschicht bilden. Deshalb sollte man bei der Titanbearbeitung zur Abführung der Wärme in den Span bestimmte Abmaße der Werkzeuge einhalten und nicht über einen bestimmten Verschleiß des Werkzeuges, z.B. beim Drehen von etwa 0,1–0,2 mm, hinausgehen. Infolge der Neigung zur Legierungsbildung mit dem Werkzeug, insbesondere bei höheren Temperaturen, wird die Schnittkante verhältnismäßig stark abgetragen. Besonders ungünstig sind dabei unstetige Bearbeitungsverfahren, da bei jedem Schnitt die Gefahr besteht, daß Titanspäne, die an der heißen Schnittkante des Werkzeuges haftenbleiben, mit dieser verschweißen und eine Aufbauschneide bilden, die beim nächsten Schnitt zu einem Ausbrechen der Schnittkante führen kann. Eine fortlaufende Bearbeitung ist deshalb bei Titan wesentlich günstiger als diskontinuierliche Bearbeitungsverfahren, wie z.B. Sägen, Fräsen und Hobeln. Bei diesen Verfahren müssen entsprechende Arbeitsbedingungen eingehalten werden. Bei Verfahren mit gleichmäßiger Abtragung, wie beim Drehen oder Bohren, sollte die spanabhebende Bearbeitung möglichst nicht unterbrochen werden, weil sonst die Gefahr der Bildung einer Aufbauschneide und eines vorzeitigen Werkzeugverschleißes erhöht wird.

18.2.1 Drehen

Beim Abdrehen von Schmiedeteilen, die eine starke Zunderschicht besitzen oder von Schmelzblöcken, die eine poröse Spritzschicht aufweisen, muß die Schnittgeschwindigkeit gegenüber dem Abdrehen von glatten Flächen, soweit es sich um Fein- und Fertigdrehen handelt, auf etwa die Hälfte vermindert werden. Bei kontinuierlichen Schnitten wird mit Hartmetallwerkzeugen gearbeitet, wobei Sorten wie K 20 bzw. P 25 bis P 40 für Schrupparbeiten und mit Zunder behafteten Oberflächen verwendet werden. Zum Feindrehen hat sich die Sorte K 10, und beim Fertigdrehen haben sich die Sorten K 03 und K 05 bewährt. Für unterbrochene Schnitte wird Schnelldrehstahl vorgezogen. Die Schnelldrehstähle enthalten Kobaltgehalte von 7% und mehr entsprechend z.B. Werkstoff-Nr. 3265. Angaben über Schnittbedingungen, die Form des

Tabelle 18.1. *Schnittbedingungen und Werkzeugform* für das Drehen von Titan technischer Reinheit und von Titanlegierungen* [*C 45h, Z 1d, V 5, B 79, R 88, M 77, R 18*]

Werkzeugform DIN 768		Schnelldrehstahl	Hartmetall
Spanwinkel	∢°	15–0	−6 bis +8
Neigungswinkel	∢°	0–15	−5 bis +6
Einstellwinkel	∢°	75–85	60–85
Freiwinkel	∢°	5–10	5–10
Keilwinkel	∢°	60–70	60–70
Halbmesser der Schneidspitze[1]	mm	0,8–0,25	0,7–1,5

Schnittbedingungen		Titan techn. Reinheit		Titanlegierungen TiAl6V4 usw.	
Werkzeugstoff		Schnell-drehstahl	Hart-metall	Schnell-drehstahl	Hart-metall[2]
Schnittgeschwindigkeit (glatte Flächen)	m/min	30–80	80–13	7–20	20–50
für Entfernung von Zunder, Walzhaut usw.	m/min	5	10	5	10
Vorschub[2]	mm/U	0,1–0,2	0,2–0,5	0,1–0,2	0,2–0,5
für Entfernung von Zunder und zum Schlichten	mm/U		0,1–0,2		0,1–0,2
Schnittiefe[3]	mm	bis 5		bis 5	
für Entfernung von Zunder	mm	0,5		0,5	

* Die ersten Werte gelten bei hochfesten Legierungen und Titansorten höherer Festigkeit.

[1] Günstiger als eine runde Spitze ist eine sehr schmale Fase an der Schnittkante (Fasenspanwinkel 6°).

[2] Bei größerem Vorschub zwar kürzere Standzeit, das bis zum Nachschleifen zerspante Volumen ist aber gleich groß; darum ist großer Vorschub günstiger.

[3] Die Schnittiefe ist hauptsächlich durch die Maschinenleistung begrenzt. Auf die Standzeit hat sie wenig Einfluß.

Werkzeuges und die anzuschleifenden Winkel für einen Schnelldrehstahl und für Hartmetall sind in Tab. 18.1 wiedergegeben. Die Schnittbedingungen gelten für den weichen Zustand. Bei Titanlegierungen im ausgehärteten Zustand muß die Schnittgeschwindigkeit bis um die Hälfte vermindert werden [*B 71a, R 88, C 48d*].

Die Abb. 18.2a–d zeigt, daß mit zunehmender Schnittgeschwindigkeit die Dicke der Härtezone abnimmt, daß diese aber mit zunehmendem Vorschub ansteigt, während die Spantiefe selbst fast keinen Einfluß auf diese Schicht ausübt. Dagegen führt eine zunehmende Abnutzung der

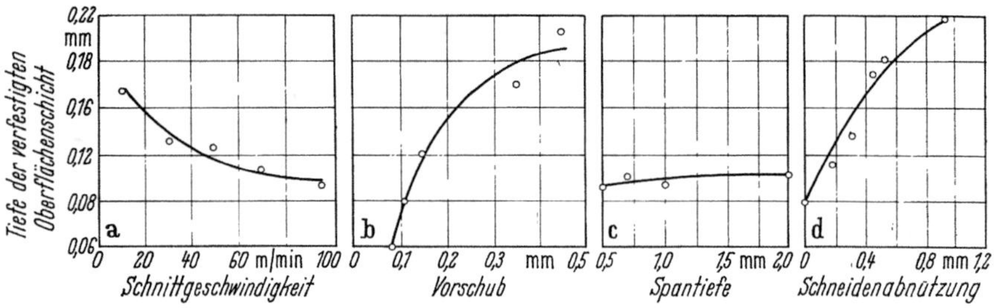

Abb. 18.2a–d Dicke der verfestigten Oberflächenschicht beim Drehen einer Titanlegierung mit Hartmetall in Abhängigkeit von der Schnittgeschwindigkeit (a), dem Vorschub (b), der Spantiefe (c) und der Schneidenabnutzung (d) [*T 29*].

Schneidkante zu einer dickeren harten Oberflächenschicht. Diese harte Oberflächenschicht sollte weitgehend vermieden werden, da sie eine Verringerung der Dauerfestigkeit des Werkstückes verursachen kann (vgl. Kap. 11.7, S. 327). Neben einer Verfestigung kann dabei auch eine Gasaufnahme von Einfluß sein. Abb. 18.3 zeigt, wie sich der Verlauf der Mikrohärte in der Oberflächenschicht einer Titanlegierung nach dem Drehen mit Hartmetall, einmal unter Luftzutritt und zum anderen unter Argon, verändert. Unter Edelgas ist die Härte der Oberflächenschicht

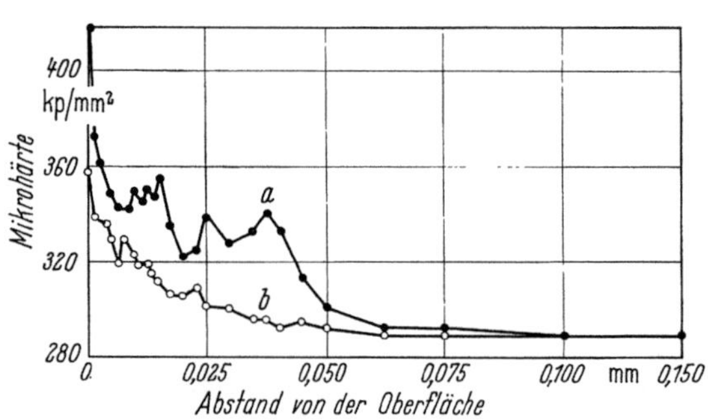

Abb. 18.3 Abhängigkeit der Mikrohärte in der Oberflächenschicht einer Titanlegierung nach dem Drehen mit Hartmetall unter Luftzutritt (a) und unter Argon (b) [*T 29*].

geringer und die Eindringtiefe nicht so hoch wie bei einer an Luft gedrehten Oberfläche [*T 29*]. Beim Drehen empfiehlt sich, eine mitlaufende Körnerspitze zu verwenden, da sonst leicht durch ein Ansetzen ein Festfressen der Körnerspitze eintreten kann.

Da die Scherfestigkeit des Titans gering ist, kann beim Drehen von Titan technischer Reinheit und von Titanlegierungen die notwendige Schnittkraft leicht aufgebracht werden. Die Abnutzung des Werkzeuges, die durch Fressen und Verschweißen verursacht wird, muß dagegen sorgfältig überwacht werden. Die Geschwindigkeit der Werkzeugabnutzung ist nicht gleichbleibend. Das Werkzeug nützt sich anfangs verhältnismäßig wenig ab, nachdem jedoch ein merklicher Abriebbereich überschritten ist, kann der weitere Verschleiß schnell bis zu einem vollständigen Ausbruch der Schneide fortschreiten. Bei der Bearbeitung von Titan durch Drehen ist es deshalb besonders wichtig, das Werkzeug sorgfältig zu überwachen und nach bestimmter Zeit auszuwechseln, bevor eine Verletzung der Schneide aufgetreten ist.

Der Verschleiß wird in erster Linie durch die hohe Temperatur, die an der Werkzeugspitze auftritt, verursacht. Da die Härte von Schnelldrehstählen bei etwa 550 °C sehr stark fällt und eine Temperatur von 600 °C als oberste Grenze für die praktische Anwendung gilt, muß dies bei der Drehbearbeitung beachtet werden. Mit zunehmender Schnittgeschwindigkeit nimmt deshalb der Werkzeugverschleiß auch bei Hartmetall zu (vgl. Abb. 18.2d). Bei Hartmetallwerkzeugen können Temperaturen von etwa 700–750 °C an der Schneidkante auftreten, ohne daß eine zu starke Verminderung der Härte an der Schneidkante erfolgt. In Abb. 18.4a und b ist die Abhängigkeit der Temperatur der Schneidkante von der Schnittgeschwindigkeit bei einem Schnelldrehstahl und bei einem Hartmetallwerkzeug beim Drehen von Titan technischer Reinheit und einer Titanlegierung wiedergegeben. Bei einer Schnittgeschwindigkeit von etwa 20 m/min bei Schnelldrehstahl und bei etwa 30 m/min beim Hartmetallwerkzeug ist die maximal zulässige Temperatur an der Oberflächenschneide bei der vorgegebenen Schnittiefe von 2,5 mm und dem Vorschub von 0,25 mm/Umdrehung erreicht. Neben der Schnittgeschwindigkeit erhöht auch ein zunehmender Vorschub die Temperatur der Schneidkante. Die Zunahme ist bei Hartmetallwerkzeugen größer als bei Schnelldrehstählen. Man muß damit rechnen, daß mit Verdopplung des Vorschubs eine Temperatursteigerung von etwa 110 °C auftritt [*C 45h*, *V 5*]. Der Einfluß der Schnittiefe auf die Temperatur der Werkzeugschneidkante ist damit geringer als der der Schnittgeschwindigkeit. Bei weichem Titan sind wesentlich niedrigere Temperaturen an den Schneidkanten zu erwarten als bei den in den beiden letzten Abbildungen wiedergegebenen harten Titanlegierungen und Titansorten technischer Reinheit.

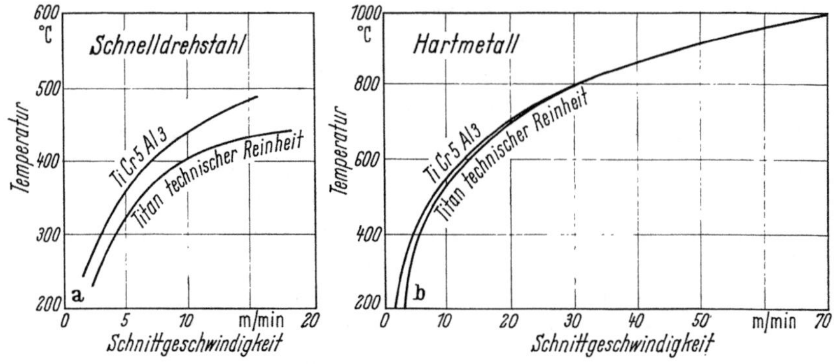

Abb. 18.4a u. b Einfluß der Schnittgeschwindigkeit auf die Temperatur der Schneidkante von Schnelldrehstahl (a) und Hartmetallwerkzeug (b) beim Drehen von Titan und Titanlegierungen [*V 5*].

Insbesondere bei höherer Schnittgeschwindigkeit ist es notwendig, Werkzeuge aus Schnelldrehstahl, hauptsächlich die Schneidkante, gut zu kühlen, da bei einer Schnittgeschwindigkeit von über 50 m/min örtlich Temperaturen von 600 °C und mehr auftreten können. Am besten hat sich dabei eine Lösung von 5% Natriumnitrit ($NaNO_2$) in Wasser erwiesen. Dadurch konnte z.B. die Standzeit von Werkzeugen um über 33% erhöht werden [*B 71a, V 5*]. Während bei glatten Schnittflächen eine hohe Schnittgeschwindigkeit angewandt werden kann, insbesondere wenn eine Endbearbeitung mit geringer Spanabnahme vorliegt, ist dies bei der Bearbeitung von sehr rauhen Oberflächen, wie von Schmiedestücken oder von Schmelzblöcken, nicht möglich. Hier muß eine sehr niedrige Schnittgeschwindigkeit mit möglichst großer Schnittiefe angewandt werden. Im allgemeinen werden dazu zunächst Schnelldrehstähle eingesetzt und erst nachdem die größte Oberflächenrauhigkeit beseitigt ist, verwendet man Hartmetallwerkzeuge (vgl. Tab. 18.1). Mit titankarbidfreien Hartmetallwerkzeugen lassen sich beim Feindrehen von Titan Rauhtiefen von 1 μm und kleiner bei Vorschüben erreichen, die auch bei Stahl unter entsprechenden Bedingungen angewandt werden. Die Rauhtiefe hängt in erster Linie von der Form der Ansätze ab, die an der Meißelspitze auftreten und eine Höhe von 0,04–0,18 mm erreichen können. Auch bei langer Standzeit ändert sich die Form dieses Ansatzes nicht [*B 79*]. Es wird angenommen, daß diese Schneidkante aus TiO_2 besteht, das sehr verschleißfest ist und durch den ablaufenden Span nur wenig abgebaut wird. Da die Oxide von Emulsionsölen nicht benetzt werden, tragen diese nicht zur Schmierung, sondern nur zur Kühlung bei [*S 68, S 68a*]. Diamantwerkzeuge ergeben ebenfalls eine sehr gute Oberflächenqualität. Es besteht jedoch auch hier bei zu großer Schnittgeschwindigkeit die Gefahr einer Überhitzung der Schneide.

18.2.2 Bohren

Die Schneidkanten der Bohrer müssen möglichst scharfkantig sein, um ein Fressen und Schweißen zu vermeiden. Wenn der Span sich verformt und ungleichmäßig ausläuft, muß das Werkzeug sofort sorgfältig nachgeschliffen werden. Als Werkstoff für das Werkzeug wird Schnellarbeitsstahl, z.B. Werkstoff-Nr. 1.3355, verwendet. In Tab. 18.2 sind die Arbeitsbedingungen und die Schleifwinkel für das Bohren angegeben. Bei ausgehärteten Titanlegierungen ist die Schnittgeschwindigkeit um die Hälfte zu verringern. In der Konstruktion sollen möglichst kurze und breite Bohrlöcher angestrebt werden und die Bohrer kurz sein, um ein Rattern zu vermeiden. Notfalls verwendet man einen Bohrer mit leerem Schaft, aber kürzerer Spannut. Die Schnittgeschwindigkeit darf nicht zu hoch sein. Bei einem Bohrloch von etwa 6 mm Durchmesser sollte die Drehzahl etwa 450–750 U/min betragen. Es muß genügend hohe Vorschubkraft aufgebracht werden, um ein Reiben zu vermeiden.

Tabelle 18.2. *Werkzeugform und Arbeitsbedingungen für das Bohren von Titan technischer Reinheit und von Titanlegierungen* [*V 5, R 88*]

Werkzeugform/Arbeitsbedingungen		Titan techn. Reinheit	Titanlegierungen
Spitzenwinkel bei großen Lochdurchmessern	(∢°)	90–110	
bei kleinen Lochdurchmessern (ein kleiner Winkel scheint im allgemeinen günstiger zu sein)	(∢°)	Doppelwinkelspitze 90 und 120–140	
Drallwinkel	(∢°)	28–35	
Hinterschliffwinkel		10–12[1])	
Schmieröl bei kleinen Löchern		Schneidöl (geschwefeltes Öl)	
bei großen Löchern		Kühlmittelöl (Emulsion, $NaNO_2$-Lösung)	
Schnittgeschwindigkeit	(m/min)	12–18	9–15
		(bei einem Loch von 6 mm Durchmesser etwa 450–700 U/min)	
Vorschub bei Lochdurchmessern			
< 6 mm	(mm/U)	0,05–0,1	
> 6 mm	(mm/U)	0,1 –0,2	

[1] Wegen des großen Hinterschliffwinkels kann der Bohrer leicht „rattern“. Man hilft sich, indem man den Hinterschliff leicht gewölbt ausführt.

Bei tiefen Bohrlöchern muß das Ein- und Ausführen zur Spanentfernung ruckartig erfolgen, damit der Bohrer nicht an den Wandungen mit den Spänen reibt und dadurch stumpf wird. Als Emulsion verwendet man geschwefeltes Bohröl, insbesondere bei kleinen Bohrlöchern, bei größeren Bohrlöchern eine 5%ige Natriumnitritlösung. Das Anschleifen eines zusätzlichen Winkels von 90° (Doppelwinkelspitze) ergibt wegen des besseren Abfließens der Späne eine Verbesserung der Lebensdauer des Bohrers um etwa 25%. In Abb. 18.5 ist eine derartige Bohrerspitze wiedergegeben [*V 5*]. Mit Hilfe einer der Drehrichtung des Bohrers gegensinnigen Ultraschallvibration kann die Absenkgeschwindigkeit z.B. bei TiAl6V4 wesentlich erhöht werden [*M 70h*].

Ein Hohlbohren von Titan ist bei der Herstellung von Preßluppen für die Rohrfertigung wichtig. Man kann dadurch einen Bohrkern erhalten, den man wieder einschmelzen oder anderweitig verwenden kann.

Abb. 18.5 Anschliff der Bohrerspitze zum Bohren von Titan [*V 5*].

Abb. 18.6 Gewindebohrer für durchgängige Gewinde (links Vorbohrer, rechts Nachbohrer) [*V5*].

Die Bolzenhalterung erfolgt durch gehärtete Stahlkugeln, der Hohlsenker kann mit 3 Zähnen aus Schnelldrehstahl arbeiten, wobei der Vorschub 0,15 mm je Umdrehung beträgt. Bei einer Kühlung von 45 l Öl/min unter einem Druck von etwa 2 atm kann man mit 20–30 U/min bei einem Durchmesser der Bohrung von 150 mm arbeiten [*S 77a*]. Für das Bohren und Senken von Nietlöchern in Blechen für Paßnieten, die nicht gestaucht werden, sind Spiralbohrer mit Rückenfase notwendig, um eine ausreichende Führung des Bohrers und Schneidgenauigkeit zu erreichen [*H 35a*].

Beim Gewindebohren muß ebenfalls auf die Eigenheiten des Titans, insbesondere auf die Neigung zum Kaltschweißen, Rücksicht genommen werden. Dabei ist besonders darauf zu achten, daß sich kein Titan auf den Schneiden festsetzt. Es muß vor dem nächsten Schnitt entfernt werden, da sonst die Gefahr eines Festfressens und Abbrechens des Gewindebohrers besteht. Für kleine Gewinde bis etwa 6 mm Durchmesser genügen zweinutige Bohrer, für größere Gewinde sind für die bessere Zentrierung dreinutige Bohrer erforderlich. Die Gewindetiefe sollte den

1,5fachen Durchmesser nicht übersteigen. Für durchgängige Gewinde benutzt man Gewindebohrer entsprechend der Abb. 18.6. Zur Spanentfernung wird ein Neigungswinkel an den ersten Zähnen angeschliffen. Das Gewindeschneiden in Sacklöchern muß besonders langsam und vorsichtig geschehen, damit kein Span eingeklemmt wird. Die Bohrung soll möglichst tiefer als das Gewinde sein, damit die Späne vor dem Gewinde herausgeschoben werden können. Man kann, wie Abb. 18.6 links zeigt, auch in der Weise verfahren, daß man beim Vorbohren jeden zweiten Zahn wegläßt, und so die Oberflächenreibung vermindert. Erst beim Nachbohren (Abb. 18.6 rechts) sind alle Zähne im Werkzeug vorhanden. Bei Titan technischer Reinheit kann etwa mit der doppelten Schnittgeschwindigkeit wie bei Titanlegierungen gearbeitet werden. Abgebrochene Bohrer werden mit Salpetersäure herausgelöst [*V 5, W 36, C 48d*].

18.2.3 Sägen

Das Sägen mit der Kreissäge ist ein häufiges Trennverfahren für Titan und Titanlegierungen und auch für größere Blockdurchmesser anwendbar. Wie bei den anderen Bearbeitungsverfahren ist die Voraussetzung ein ruhiger und sicherer Lauf und eine erschütterungsfreie Halterung und Führung des Werkstückes sowie scharfe Werkzeuge. Stumpfe Sägeblätter neigen zum Schieflaufen. Beim Ansetzen des Sägeblattes soll der Anpreßdruck niedrig sein und erst erhöht werden, wenn das Blatt im Schnitt sicher geführt wird. Die Sägeblätter aus Schnellarbeitsstahl, z.B. Werkstoff-Nr. 1.3343, sind mit Segmenten, meist aus Werkstoff-Nr. 1.3243, bestückt, wobei für kleinere Abmessungen 4 Zähne und für Durchmesser über 250 mm 3 Zähne je Segment zum Einsatz kommen [*G 32, R 88, C 48d*]. Insbesondere Hartmetallzähne sind sehr stoßempfindlich und müssen gleichmäßig am Schnitt gehalten werden. Gute Erfahrungen liegen mit Sägen vor, die abwechslungsweise Vor- und Nachschneidezähne mit Spanwinkeln von 5° hatten, wobei der Höhenunterschied der Zähne etwa 4 mm beträgt. Die Umlaufgeschwindigkeit soll zwischen 10–18 m je Minute bei Titan technischer Reinheit und zwischen 6 und 10 m/min bei Titanlegierungen im weichen Zustand liegen; als Schmiermittel kann geschwefeltes Schmieröl dienen. Besonders günstig haben sich selbsttätige Spanentferner erwiesen, da dadurch die Haltbarkeit der Sägen vergrößert und die Gefahr eines Ausbrechens der Zähne durch das Einklemmen eines Spanes vermindert wird. Der Vorschub beträgt je nach Werkstoff und Abmessung zwischen 1,5 und 5 mm/min, der Schnittwinkel zwischen 10 und 15° und der Freiwinkel 15°.

Beim Sägen mit einer Bügelsäge können die üblichen Sägen verwendet werden, wobei allerdings die Standzeit der Sägeblätter nur halb so groß ist wie beim Sägen von Stählen gleicher Härte. Die Bügelsäge muß bei Beginn mit vermindertem und dann mit hohem spezifischem Druck arbeiten und eine feste gleichmäßige Führung mit möglichst selbsttätigem Vorschub, ferner ein Kühlsystem besitzen. Als Kühlmittel kann geschwefelte Ölemulsion dienen. Molybdänhaltige Sägeblätter haben sich besser bewährt als wolframhaltige [*C 46*]. Die Schnittgeschwindigkeit bei Titan ist etwa 25–50 % geringer als bei Stählen derselben Härte. Bei Titan technischer Reinheit kann mit etwa 30–50 Zügen/min geschnitten werden, während bei Titanlegierungen mit einer Härte von über 300 kp/mm² nur etwa 20–30 Züge/min erreichbar sind. Der Vorschub beträgt mit zunehmender Werkstückgröße etwa 0,05–0,6 mm/Zug. Der Zahnabstand soll etwa 4 mm betragen. Die Säge darf nicht gleiten ohne zu fassen, da sonst ein starker Verschleiß auftritt. Die Lebensdauer eines Sägeblattes hängt von der Schnittgeschwindigkeit und von der Härte des zu sägenden Materials ab. Die Schnittleistung beträgt etwa 10–20 cm² je Minute. Eine Oxidhaut muß erst entfernt werden, da sonst ein beschleunigter Verschleiß der Zähne auftritt [*W 36, R 88, C 48d*].

Beim Bandsägen haben die Abmessungen des Werkstückes Einfluß auf die Lebensdauer der Säge. Senkrecht arbeitende Sägen sind solchen mit waagerecht laufenden Bandsägen vorzuziehen. Bei Rohren und bei Profilen ist mit einer kürzeren Lebensdauer zu rechnen als bei gleichmäßig dicken Blechen und Platinen. Der Abstand der Zähne sollte sich nach der Dicke des Werkstückes richten. Bei einer Platine von über 25 mm Dicke sollte er größer als 2,5 mm sein, bei einer Dicke von 5 mm und bei einer Dicke von 2,5 mm etwa 1,2 mm betragen. Rohre mit 2 cm Wanddicke können mit etwa der doppelten Geschwindigkeit geschnitten werden wie solche mit 1 cm Wandstärke. Bei großem Zahnabstand kann mit höherem Vorschub gearbeitet werden als bei geringerem Zahnabstand. Weiterhin richtet sich der Vorschub nach der Bandgeschwindigkeit, wobei eine lineare Abhängigkeit vorhanden ist [*O 21*]. Bimetallsägeblätter ergaben längere Standzeiten als solche aus Schnellarbeitsstahl. Bei Abmessungen über 5 mm Dicke ist die Verwendung von Kühlmitteln zu empfehlen. Bandsägen können auch nur für Teile bis 25 mm Dicke angewandt werden [*C 48d*].

18.2.4 Fräsen

Bei dem unstetigen Schneidvorgang des Fräsens wirkt sich die Neigung des Titans zum Verschweißen besonders unangenehm aus. Jeder Span nimmt beim Verlassen der Werkstoffoberfläche einen anhaftenden Span mit, der zu Beginn des nächsten Schnittes von der Schneide abgebrochen wird. Deshalb wird das Werkzeug sehr stark beansprucht und

Werkstoffe ohne Formänderungsvermögen sind nicht geeignet. Man verwendet in erster Linie Fräser mit hohem Kobaltgehalt, entsprechend den Werkstoffen 1.3243, 1.3255 und 1.3264, oder auch die zäheren Hartmetallsorten, entsprechend K 20 bis K 40. Wenn möglich, sollte im Gleichlauf gefräst werden, wobei ein möglichst ruhiger gleichmäßiger Lauf und ein für hohe Leistung ausgelegter Antrieb notwendig ist. Eine Zunderschicht muß vorher entfernt werden und Werkstück und Werkzeug sollen er-

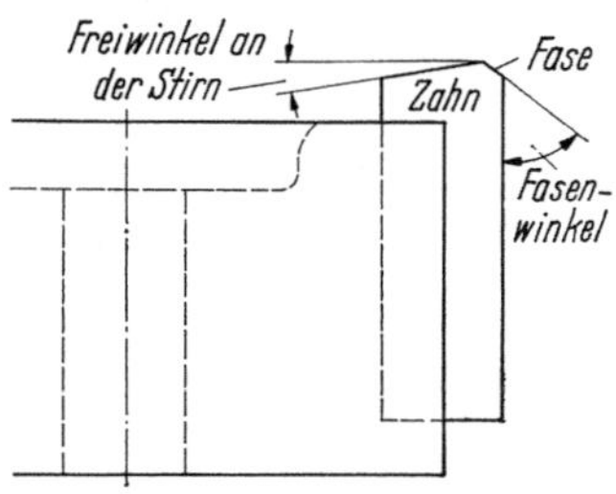

Abb. 18.7 Walzenstirnfräser für Titan [V 5].

Tabelle 18.3. *Werkzeugform und Arbeitsbedingungen beim Fräsen von Titan und Titanlegierungen* [*B 71a, V 5, W 19a, R 18, C 48d*]

Werkzeugform[1]		Werkstoff HSS-Stahl[3]	Hartmetall
Drallwinkel[2]	∢°	0	0
Spanwinkel	∢°	0	0 bis −10
Freiwinkel an der Stirn	∢°	6–12	6–12
Freiwinkel	∢°	12	12
Fasenwinkel	∢°	30	60
Spitzenradius	mm	1–3	1–3

Arbeitsbedingungen		Titan techn. Reinheit		Titanlegierungen	
Werkstoff		HSS-Stahl[3]	Hart-metall	HSS-Stahl[3]	Hart-metall
Schnittgeschwindigkeit	m/min	24–40	40–60	15–29	20–35
Vorschub	mm/Zahn	0,1–0,2	0,1–0,2	0,1–0,2	0,1–0,2

[1] Zur Bezeichnung s. Abb. 18.7.

[2] Gilt für den Gebrauch als Stirnfräser. Zum Walzenfräsen sollen die Zähne auf der Walze einen Drall haben, damit die Beanspruchung nicht ruckartig auftritt. Für den Walzenstirnfräser ist es am günstigsten, wenn die Zähne an der Stirn gesondert eingelassen sind. Dann kann auf der Walzenseite der Drallwinkel die üblichen Werte haben, während an der Stirn ein Drallwinkel von 0° besteht.

[3] Hochkobalthaltige Schnelldrehstähle, Vanadin-Kobalt-Stähle oder Chromstähle mit Kobaltzusatz.

schütterungsfrei und ohne Spiel in einer Führung aneinander vorbeigleiten. Schnellarbeitsstähle stellen nicht so hohe Anforderungen an die Steifigkeit der Maschine wie Hartmetalle. Beim Gleichlauffräsen verlassen die Schneidezähne das Werkstück immer in Richtung des Vorschubs. Gegenlauffräsen wird vorzugsweise bei harten, verzunderten Werkstückoberflächen angewandt. Der Span wird auf dem letzten Teil

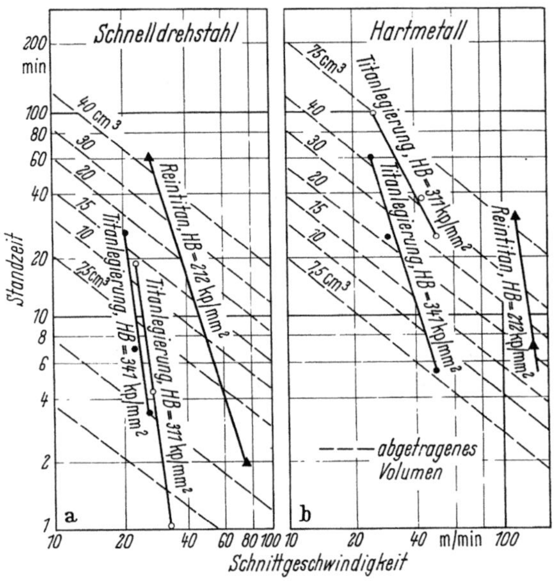

Abb. 18.8a u. b **Einfluß der Schnittgeschwindigkeit beim Fräsen auf die Standzeit und das abgetragene Volumen (Vorschub 0,125 mm/Umdrehung, Schnittiefe 1,25 mm) [*V 5*].**
a) Schnelldrehstahl; b) Hartmetall.

des Schnittweges so dünn, daß er leicht abbricht, wenn der Zahn erneut in den Schnitt eintritt. Damit wird der Verschleiß des Fräsers erheblich vermindert. Ähnlich wie beim Drehen hat sich auch beim Fräsen das Anschleifen einer Fase an der Schneidspitze als günstig erwiesen. Um das Rattern auf ein Mindestmaß herabzusetzen, sind unabhängig von der Art des Werkzeuges möglichst kleine Fräserdurchmesser bei großer Bohrung und hoher Zähnezahl zu verwenden. Abb. 18.7 gibt das Bild eines derartigen Zahnes eines Fräsers wieder, und in Tab. 18.3 sind ferner die Winkel und die Arbeitsbedingungen, die an Walzenstirnfräsern eingehalten werden sollen, angegeben. Auch hier haben sich Kühlmittelöle oder 5 %ige Natriumnitritlösung als günstig für eine Kühlung und Schmierung erwiesen. Ein starker Vorschub führt eher zu einem Brechen der Schneidkante als ein geringerer Vorschub, deshalb beträgt im allgemeinen der Vorschub 0,075–0,15 mm je Umdrehung. Die Schnittgeschwindigkeit kann sehr hoch sein und bei Hartmetallwerkzeugen bei 30 m/min oder noch höher liegen. Abb. 18.8a und b zeigen die Abhängigkeit der Lebensdauer eines Profilfräsers von der Schnittgeschwindigkeit bei der Verwendung von Schnelldrehstahl und bei Verwendung von Hartmetall bei Titan technischer Reinheit und verschiedenen Titanlegierungen. Gleichzeitig ist die Menge des während der Laufzeit abgetragenen Werkstoffes angegeben. Es zeigt sich die starke Abhängigkeit von der Schnittgeschwindigkeit. Die mehrfache Schnittgeschwindigkeit der Hartmetallwerkzeuge wird unter Umständen durch häufiges Ausbrechen der Zähne wieder ausgeglichen, so daß die günstigste Arbeitsweise am besten durch entsprechende Versuche erprobt wird [*V 5*].

18.2.5 Räumen

Für das Räumen müssen andere Winkel als bei den üblichen Räumnadeln angeschliffen werden. In Abb. 18.9 sind die Maße der Winkel eingetragen. Der Freiwinkel ist mit 5° höher als sonst üblich und der Spanwinkel, der ebenfalls 5° beträgt, ist wesentlich kleiner als bei den Räum-

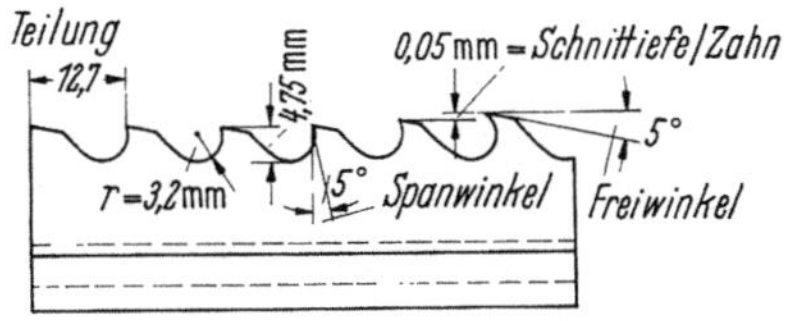

Abb. 18.9 Maße und Winkel einer Räumnadel für Titan [*C 60, V 5*].

nadeln für Stahl. Die Schnittiefe je Zahn soll 0,1–1 mm bei Schnelldrehstahl und 0,1–0,2 mm bei Hartmetall betragen. Bei geringerer Schnittiefe erhält man wegen der besseren Druckverteilung eine höhere Standzeit des Werkzeuges. Die Schnittgeschwindigkeit beträgt etwa 6 m/min, bei Hartmetallwerkzeugen 12–60 m/min.

Räumnadeln zum Innenräumen sollen drei Vorschneidezähne der gleichen Form wie bei den Nadeln für das Außenräumen besitzen, die Schnittiefe/Zahn soll 0,5 mm betragen. Hinter diesen 3 Vorschneidezähnen sollen Schlichtzähne derselben Form, aber mit nur 0,1 mm Schnittiefe je Zahn folgen. Beim Räumen von Titan erhält man eine bessere Oberfläche als beim Räumen von Stahl. Die Schnittleistung ist etwa dieselbe. Als Schmier- und Kühlmittel kann man geschwefeltes Öl verwenden, das die Oberfläche ständig bespülen soll. Auch mit Kohlensäure aus einer Druckflasche kann gekühlt werden [*C 60, B 71a*].

18.2.6 Reiben, Feilen, Hobeln und Gewindeschneiden

Bei Reibahlen mit Hartmetallschneiden kann man zu Beginn mit einer Umdrehungsgeschwindigkeit von 15 m/min und zum Schlichten mit 60 m/min arbeiten. Für kleine Durchmesser beträgt der Vorschub etwa 0,1 mm/U und für größere Durchmesser etwa 0,2 mm/U. Als Kühl- und Gleitmittel dienen Kohlendioxid oder schwefelhaltige Öle [*A 4*]. Titan und seine Legierungen lassen sich feilen, wobei allerdings mit einem raschen Verschleiß und einem Zusetzen der Feile in kurzer Zeit gerechnet werden muß. Da durch Kaltschweißen eine sehr starke Haftung erfolgt, ist das Abtrennen des angeschweißten Titans von der Feile oft nur schwer möglich. Die übrigen spanabhebenden Bearbeitungsverfahren sind deshalb besser für eine Oberflächenabtragung geeignet. Titan läßt sich mit etwa der halben Schnittgeschwindigkeit wie Edelstahl hobeln [*W 36*]. Gewinde werden, soweit sie nicht kalt gerollt werden, meist auf einer Drehbank geschnitten, da sich die Schneideisen leicht festfressen [*A 4*].

18.3 Schleifen

Die Umdrehungszahl der Schleifscheiben ist im allgemeinen für Titan zu hoch. Die Umfangsgeschwindigkeit soll etwa 7–10 m/sec betragen und unter Rostschutzöl, Kühlmittelöl oder 5%iger Nitritlösung geschliffen werden. Wasser ist ungeeignet. Als Schleifscheibenmaterial kann Korund in keramischer Bindung dienen. Als zulässiger Tischvorschub wird 0,025 mm/min (senkrecht) und 1,25 mm/min (waagerecht) bei einer Tischgeschwindigkeit von 8–10 m/min angegeben. Für Innen- und Rundschleifen gelten dieselben Arbeitsbedingungen. Das Bandschleifen erfolgt mit einem Band, das mit Karborund (SiC) belegt ist. Die Schleifgeschwindigkeit beträgt 450 m/min bei einem Anpreßdruck von 70 p/mm^2. Als Kühlmittel dienen geschwefelte Öle [*T 7a, V 5, B 76*].

Ein Trennschleifen muß ebenfalls mit etwa der Hälfte der Tourenzahl, die bei Stahl üblich ist, erfolgen. Die Schnittgeschwindigkeit soll nicht mehr als 50 m/sec betragen. Es muß naß geschliffen werden, da sonst die Gefahr besteht, daß der zu bearbeitende Werkstoff sich örtlich überhitzt und die Scheibe zerspringt. Trennscheiben mit Gummi- oder besser Nylonbindung haben sich gut bewährt [*V 5*].

18.4 Funkenerosion, chemische Abtragung

Ein für komplizierte Einfräsungen entwickeltes Verfahren, die Funkenerosion, kann auch nach entsprechender Einstellung für Titan verwendet werden. Es lassen sich dabei relativ glatte Oberflächen erzielen.

Durch chemische Abtragung ähnlich wie bei der makroskopischen Ätzung (vgl. Kap. 9.3.2, S. 208) kann ebenfalls eine gleichmäßige Abtragung bei Titan und Titanlegierungen erfolgen [*R 59*, *K 97b*, *G 0*, *F 14c*]. Voraussetzung ist, daß von der Oberfläche Zunder und sauerstoffhaltige Schichten abgearbeitet werden, so daß eine gleichmäßige Abtragung erfolgen kann. Wasserstoffbildung sollte vermieden werden [*W 69a*] (vgl. Kap. 15.1.5, S. 452).

18.5 Gefahr der Selbstentzündung

Die Gefahr einer Entzündung von Titanspänen oder Schleifpulver besteht, wenn die Entzündungstemperatur an einer Stelle überschritten wird. Die Entflammtemperatur hängt von der Feinheit des Pulvers bzw. von der Oberfläche der Späne ab. Sehr feines Pulver kann bereits bei Temperaturen von etwa 250 °C zum Entflammen kommen. In Brand geratene Titanspäne oder -pulver können nicht mit Wasser oder Kohlensäure gelöscht werden, sondern müssen mit Sand zugedeckt werden. Bei kompaktem Titan liegt die Entflammtemperatur an Luft so hoch, daß keine Gefahr eines Abbrennens besteht. Bei höherem Druck von reinem Sauerstoff kann jedoch eine Zündung an frisch gebildeten blanken Oberflächen auftreten [*L 37*], so daß Sauerstoff bei der Bearbeitung von Titan vermieden werden sollte (vgl. Kap. 13.6.5, S. 433).

19. Verbindungs- und Brennschneidverfahren

Die Fügetechnik der Verbindungsverfahren und die Brennschneidverfahren müssen den besonderen Eigenschaften des Titans und der Titanlegierungen angepaßt werden. Die Aufnahme besonders bei Temperaturen ab 500 °C von Sauerstoff, Stickstoff und Wasserstoff, die zu einer unerwünschten Verminderung des Formänderungsvermögens führt, begrenzt die Anzahl der Verbindungsverfahren auf solche, die entweder unter Ausschluß dieser Gase arbeiten (Schmelzschweiß- und Lötverfahren unter Salz, Edelgas oder im Vakuum) oder auf solche, die nur mit einer kurzen Erwärmungszeit arbeiten (Preßschweißverfahren, wie Punkten, Rollennahtschweißen, Abbrennstumpfschweißen u. ä.). Bei Preßschweißverfahren muß die hohe Festigkeit insbesondere der Legierungen bei niedrigen Temperaturen, die eine hohe Preßkraft beim Schweißen erfordert, berücksichtigt werden. Eine weitere charakteristische Eigenschaft des Titans und der Titanlegierungen ist die Neigung zur Bildung von spröden intermetallischen Verbindungen mit der Mehrzahl der Metalle, was besonders bei der Auswahl geeigneter Lote und beim Plattieren beachtet werden muß. Schließlich erfolgen bei der Abkühlung von der Schweiß-, Brennschneid- oder Löttemperatur meist eine oder mehrere Phasenumwandlungen, wobei sich vielfach Zwischenphasen bilden können, die zu einer Verminderung des Formänderungsvermögens führen. Insbesondere wenn sich gleichzeitig ein sehr grobes Korn gebildet hat, kann das Formänderungsvermögen meist nur teilweise durch eine nachträgliche Wärmebehandlung wieder verbessert werden. Nach entsprechender Anpassung können jedoch viele der bei anderen Metallen und Legierungen üblichen Verbindungs- und Brennschneidverfahren auch bei Titan und seinen Legierungen angewandt werden.

19.1 Schweißvorbereitung

Für eine gleichmäßige Durchschweißung ist eine konstante Spaltbreite erforderlich, die Nahtkanten müssen deshalb sauber geschnitten und bei dickeren Blechen entsprechend bearbeitet sein. Die Oberfläche der zu verschweißenden Stücke soll in der Schweiß- und Wärmezone sorgfältig von Verunreinigungen befreit werden und Schweißbereich und Zusatzwerkstoff eine blanke Oberfläche haben. Bei der Verwendung von organischen Lösungsmitteln zur Entfettung sind insbesondere halogenhaltige Lösungsmittelrückstände sorgfältig zu entfernen, da diese bei

Titanlegierungen sonst Spannungsrißkorrosion in der Schweißnaht oder in der wärmebeeinflußten Zone verursachen können (vgl. Kap. 13.5, S. 407ff.). Oxidschichten, die vor allem bei einer Schweißunterbrechung, bei einer Mehrlagenschweißung sowie beim Schweißen mit Zusatzdraht, wenn dieser während des Schweißens kurzzeitig aus dem Schutzgasschleier heraustritt und dabei oxydiert, entstehen können, müssen sorgfältig abgetragen werden. Dünnbleche bis etwa 2 mm Dicke schweißt man deshalb nach Möglichkeit ohne Zusatzdraht oder bei Blechstößen durch Bördelnähte, die den Zusatzwerkstoff liefern. Allerdings müssen dabei Lufttaschen, über die Gase aufgenommen werden können, durch eine Beilage von schmalen Blechstreifen auf der Blechunterseite vermieden werden. Bei der Vorbereitung von Reparaturschweißungen an Titan darf sich beim Ausschleifen kein Oxid durch örtliches Überhitzen bilden, da derartige Zonen beim anschließenden Schweißen zu einer Sauerstoffaufnahme führen [*K 1*, *R 87b*, *F 11*].

19.2 Schmelzschweißverfahren

Die meisten Schweißverbindungen bei Titan und Titanlegierungen werden durch die Schutzgasverfahren WIG (Wolfram-Inert-Gas) und MIG (Metall-Inert-Gas) hergestellt, wobei durch einen Edelgasschleier der Zutritt der umgebenden Luftatmosphäre in den erhitzten Schweißbereich verhindert wird [*K 1*, *B 11a*, *F 11*, *R 88a*]. Ein Unterpulverschweißen ist ebenfalls möglich. Ähnlich wie das Schmelzen erfolgt das Schweißen unter Salz, z.B. $CaF_2 + BaCl_2 + BaF_2$ [*G 69a*, *R 65e*] und kann z.B. bei 5 mm dicken Titanblechen angewandt werden, wobei das Salz vollkommen frei von Sauerstoff sein muß [*B 107c*]. 200–250 mm dicke Platten aus Titan und Titanlegierungen können durch eine Elektroschlackeschweißung verbunden werden [*G 69a*]. Der zulässige Höchstgehalt der Elemente Sauerstoff, Stickstoff und Wasserstoff richtet sich nach dem gewünschten Formänderungsvermögen in der Schweißnaht, nach der Wanddicke und dem zu schweißenden Titan technischer Reinheit oder nach der Legierung. Die Gehalte im Grundwerkstoff sollen 0,15% C, 0,15% O und 0,05% N nicht überschreiten [*M 77a*, *J 8a*]. In besonderen Fällen, insbesondere bei großer Wanddicke, können bei Titan technischer Reinheit in der Schweißnaht noch bis 0,3% O oder 0,15% N zulässig sein, wenn eine Brinellhärte von etwa 250 kp/mm^2 und eine Verminderung des Formänderungsvermögens in Kauf genommen werden [*H 82*]. Im allgemeinen ist in der Schweißnaht ein dem Grundwerkstoff entsprechender Gehalt an Beimengungen anzustreben [*R 88a*].

Ähnlich wie bei Titan technischer Reinheit treten bei α-Titanlegierungen und insbesondere bei Dünnblechschweißungen einiger β-Titanlegierungen (wie TiV13Cr11Al3 oder TiV16Al2,5) mit hohem Anteil an die β-Phase stabilisierenden Elementen keine das Formänderungsvermögen vermindernde Zwischenphasen beim Abkühlen von der Schweißtemperatur auf. Diese Legierungen sind deshalb schweißbar, vorausgesetzt, daß ein niedriger Gehalt an Beimengungen eingehalten und insbesondere bei den β-Legierungen eine Grobkornbildung vermieden wird. Bei den $(\alpha + \beta)$-Legierungen werden die mechanischen Eigenschaften durch Gefügeumwandlungen beim Schweißen in und neben der Schweißnaht verändert. Durch Legierungsgehalte, die unter den Abkühlungsbedingungen nach dem Schweißen die Bildung der ω-Phase fördern und/oder ein starkes Kornwachstum der β-Phase verursachen, kann das Formänderungsvermögen sehr stark vermindert werden, wie z.B. bei Legierungen mit Gehalten an Chrom, Eisen, Mangan oder Molybdän von $\geqq 3$ % oder von $\geqq 4$ % Vanadin. Eine Verwendung von Schweißzusatzmaterial aus unlegiertem Titan oder aus α-Titanlegierungen verringert den Legierungsgehalt in der Schweißnaht, so daß nach der Abkühlung ein gutes Formänderungsvermögen in der Schweißnaht erhalten bleibt. Die angrenzende wärmebeeinflußte Zone wird aber in ihrer Zusammensetzung und ihrer Neigung zur Bildung von Zwischenphasen bei der Abkühlung nicht beeinflußt [*M 77a, F 11*].

Wegen der Bildung von versprödenden intermetallischen Phasen kann Titan mit Stahl-, Kupfer-, Nickel -oder Aluminiumlegierungen nicht unmittelbar verschweißt werden. Ein Verschweißen von 1,5 mm dicken Blechen der Legierung TiAl4Mn4 unter Argon mit austenitischem Stahl war möglich, wenn der Stahl zunächst mit CuSn2, dieses mit Niob oder Tantal und dieser Bereich schließlich mit der Legierung verschweißt wurde. Die Härte von Stahl mit HV = 200 kp/mm² verminderte sich auf 180 kp/mm² in der Zinnbronze und stieg dann auf 300 kp/mm² in der Titanlegierung an. Das Formänderungsvermögen blieb erhalten [*G 69b*]. Intermetallische Phasen treten nicht beim Schweißen von Titan mit Niob, Molybdän, Tantal, Vanadin oder Zirkonium auf. Jedoch können auch hier bei Legierungsgehalten von $\geqq 3$ % Zwischenphasen und Grobkornbildung eine Verminderung des Formänderungsvermögens bewirken.

19.2.1 WIG-(Wolfram-Inertgas-) und MIG-(Metall-Inertgas-)Schweißen

Das WIG-Verfahren arbeitet mit Wolframhilfselektroden, das MIG-Verfahren mit einer Abschmelzelektrode des Zusatzwerkstoffes. Die Schweißelektrode dient als Kathode. Schweißen mit Wechselstrom ergibt eine ungleichmäßige Qualität der Schweißnaht. Deshalb wird mit Gleichstrom geschweißt [*K 1, B 109, H 60*]. Sowohl die Nahtseite als auch die Wurzelseite müssen vor Luftzutritt geschützt werden. Das Werkstück kann mit Kupfereinspannleisten fest auf eine Kupferunterlage aufgespannt werden. Durch das satte Anliegen wird bei Dünnblechschweißungen die Luft auf der Unterseite verdrängt, so daß keine Möglichkeit für die Aufnahme von Gasen an der Wurzelseite der Schweißnaht besteht [*K 1, B 109*] (vgl. Abb. 19.6, S. 521). Für die Herstellung längerer

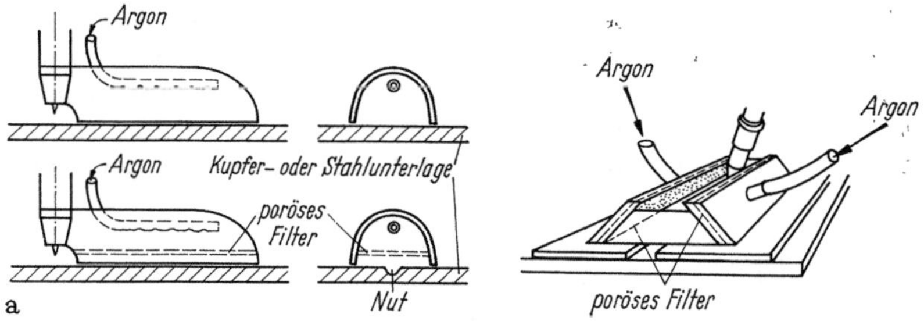

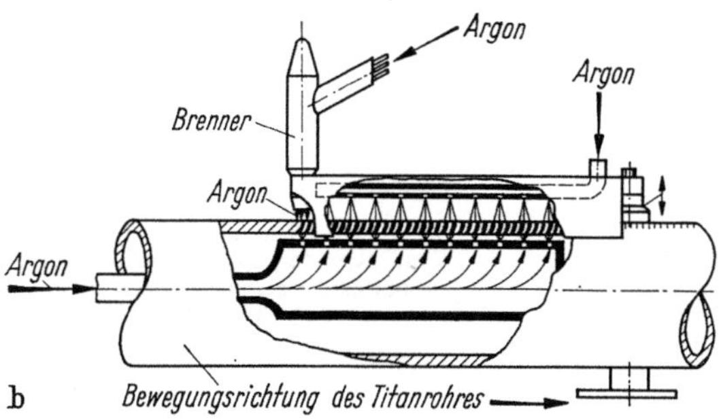

Abb. 19.0a Vorrichtungen zum Schweißen von Titan unter Edelgasschutz [*R 88 a, L 34c*].

Abb. 19.0b Vorrichtung zum Schweißen von Titanrohren unter Edelgasschutz [*R 87a*].

Schweißnähte ist es zweckmäßig, die Unterlage, die vielfach aus Kupfer besteht, mit einer Nut zu versehen, durch die Edelgas geleitet wird. Für komplizierte Nähte müssen entsprechende Vorrichtungen sowohl für die Wurzel- als auch für die Oberseite der Schweißnaht geschaffen werden, damit der erforderliche Schutz vor dem Zutritt der Atmosphäre gewährleistet wird. Die Wirkung der Schutzvorrichtung ist ausschlaggebend für das Formänderungsvermögen der Schweißverbindung. Die Ausbildung der Schutzvorrichtungen wird dem Verlauf der Schweißnähte angepaßt. Ihre Form berücksichtigt außer einem ausreichenden Argonschutz die Wirtschaftlichkeit hinsichtlich Wiederverwendbarkeit, Einfachheit der Ausführung bei höchstmöglicher Sicherheit und möglichst geringem Argonverbrauch trotz ausreichender Schutzwirkung. Die Abb. 19.0a und 19.0b zeigen derartige Vorrichtungen für das Schweißen von Blechen (Abb. 19.0a) [*R 88a*] und Rohren (Abb. 19.0b) [*R 87a*].

Kleinere komplizierte Teile werden auch in geschlossenen Schweißkammern unter Edelgasschutz geschweißt. Der Behälter wird nach dem Einlegen der zu schweißenden Werkstücke evakuiert und anschließend mit dem Edelgas auf etwa Atmosphärendruck gefüllt [*B 11b*]. Bei Titangußteilen wird eine Vorwärmung auf 100 °C empfohlen [*W 40b*].

Da Helium eine größere Wärmeleitfähigkeit als Argon besitzt, kann unter diesem Edelgas mit größerer Geschwindigkeit oder mit gegenüber Argon verminderter Stromstärke geschweißt werden. Argon als das spezifisch schwerere der beiden Edelgase bietet dagegen einen besseren und länger anhaltenden Schutz. Außerdem brennt der Lichtbogen stabiler.

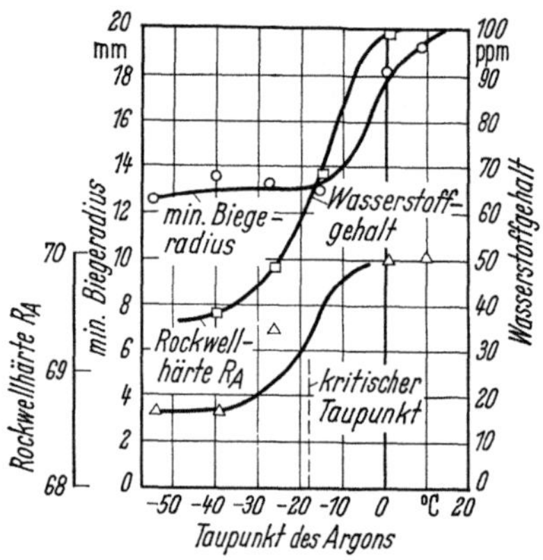

Abb. 19.1 Einfluß des Taupunktes von Reinstargon auf einige Eigenschaften der geschweißten Titanlegierung TiAl6V4 [*F 11*].

Für Handschweißungen wird deshalb Argon bevorzugt. Auch Mischungen von Argon und Helium können verwendet werden [*B 11b, N 13, C 31, B 109*]. Besondere Anforderungen müssen an die Reinheit der Edelgase gestellt werden. Bereits geringe Verunreinigungen werden von der Schweißnaht aufgenommen und vermindern das Formänderungsvermögen. Die Reinheit des Edelgases sollte wenigstens 99,95% betragen. Der Feuchtigkeitsgehalt des Schutzgases muß niedrig sein und darf nicht durch Kondenswasser in den Zuleitungen oder im Brenner erhöht werden. Der Taupunkt des Argons sollte unter −45 °C liegen. Abb. 19.1 zeigt den Einfluß des Taupunktes auf Härte und Biegeradius von TiAl6V4. Mit zunehmendem Taupunkt des Argons werden größere Mengen an dissoziiertem Wasserstoff und Sauerstoff aufgenommen, wodurch das Formänderungsvermögen vermindert wird und die Härte ansteigt [*B 11a, F 11, H 82a*].

Um einen ausreichenden Argonschleier zu erreichen, muß die Schweißgeschwindigkeit und damit die Schweißstromstärke so eingestellt werden, daß die gezogene Naht erst den Argonschleier verläßt, wenn sie unter

500 °C abgekühlt ist, so daß keine Gase aus der Luft mehr aufgenommen werden können. Oberflächliche Anlaufschichten bewirken bei dicken Blechen keine Änderung des Formänderungsvermögens. Um eine hohe Schweißgeschwindigkeit anwenden zu können, besitzen die Düsen größere Öffnungen als beim Schweißen von Aluminium oder Edelstahl. Auch eine dem Brenner nachgeführte Zusatzdüse kann bei gleichzeitig verbesserter Schutzwirkung (vgl. Abb. 19.0a und 19.0b) die Schweißgeschwindigkeit erhöhen. Durch die Auflage des Werkstückes auf eine Kupferunterlage und durch Einspannen in Kupferhalter, die zusätzlich mit Wasser gekühlt werden können, wird die Wärmeabfuhr beim Schweißen vergrößert, so daß sich die Schweißgeschwindigkeit noch weiter erhöhen läßt. Trotz dieser Maßnahmen ist sie jedoch nur etwa halb so hoch wie beim Schweißen von Edelstahl [*B 109*]. Bei Kehlnahtschweißung kann durch direkte Wasserkühlung der Bleche von unten und oder von der Seite die wärmebeeinflußte Zone wesentlich verringert und dadurch bis zu 90% Schutzgas eingespart werden [*B 55a*]. Die Strömungsgeschwindigkeit des Edelgases wird durch die Größe der verwendeten Schutzgasdüsen verändert. Sie soll in jedem Falle so eingestellt werden, daß eine laminare Strömung vorliegt. Durch eine zu hohe Strömungsgeschwindigkeit kann infolge turbulenter Strömung eine Vermischung des Edelgases mit Luft am Austritt der Düse auftreten. Bei Verwendung von Argon ist meist eine Strömungsgeschwindigkeit von etwa 5–10 l/min ausreichend.

Bis zu einer Blechdicke von etwa 2 mm kann ohne Zusatzdraht geschweißt werden. Bei einer Blechdicke von über 3 mm ist beim WIG-Verfahren Mehrlagenschweißung zweckmäßig. Nach jeder Lage sind gebildete Anlaufschichten sorgfältig zu entfernen, bevor eine weitere Schweißraupe gelegt wird. Um die Anzahl der Schweißlagen herabzusetzen, ist bei größeren Dicken das MIG-Verfahren mit Abschmelzelektrode vorzuziehen. Als Zusatzdraht für das Schweißen von Titan technischer Reinheit sollte keine Titansorte mit höherer Festigkeit als der des Grundwerkstoffes verwendet und beim Schweißen von zwei Titanblechen unterschiedlicher Festigkeit ein Zusatzdraht der jeweils weicheren Sorte gewählt werden. Wenn eine Aufhärtung einer Titanschweißnaht gegenüber dem Grundwerkstoff sicher vermieden werden soll, verwendet man Titanzusatzdraht mit etwas geringerer Festigkeit als der des Grundwerkstoffes, um eine geringe Sauerstoffaufnahme, die eine Härtesteigerung verursacht, auszugleichen. Die Härte in der Schweißverbindungszone von Titan technischer Reinheit sollte weniger als 60 Härteeinheiten höher und nicht mehr als 30 Härteeinheiten niedriger sein als die des Grundwerkstoffes [*F 10, K 4, H 82, R 88a*]. Angaben über die Schweißbedingungen für maschinelles Schutzgasschweißen sind in Tab. 19.1 und 19.2 wiedergegeben [*F 11, R 88*].

Tabelle 19.1. *Schweißbedingungen für die maschinelle Schutzgasschweißung mit Wolframelektrode (WIG-Verfahren)* [*F 11, R 88*]

Schweißbedingungen	Ohne Zusatzdraht			Mit Zusatzdraht		
Blechdicke [mm]	0,75	1,50	2,25	1,50	2,25	3,1
Elektrodendurchmesser [mm]	1,6	1,6	1,6–2,3	1,6	1,6–2,3	2,3–3,1
Zusatzdraht ∅ [mm]	–	–	–	1,5–1,6	1,5–3,6	1,5–3,6
Spannung [V]	10	10	12	10	12	12
Stromstärke [A]	25–30	90–100	190–200	120–200	200–210	220–230
Düsendurchmesser [mm]	14–16	14– 16	16– 18	14– 16	16– 19	16– 19
Strömungsgeschwindigkeit [l/min] und Schutzgas						
a) Brennerdüse	7 Argon	7 Argon	9 Argon	9 Argon	9 Argon	9 Argon
b) Nachschleppdüse	9 Argon	14 Argon	23 Argon	9 Argon	10–12 Argon	12 Argon
c) Rückseitiger Edelgasschutz	2 Helium	2 Helium	2 Helium	2 Helium	3 Helium	3 Helium
Werkstoff der Unterlage	Kupfer	Kupfer	Kupfer	Kupfer	Kupfer	Kupfer
Nutstärke für rückseitigen Edelgasschutz	6 × 2,5	6 × 1,5	10 × 1,5	6 × 1,5	10 × 1,5	10 × 1,5
Schweißgeschwindigkeit [mm/min]	250	250	250	300	300	250
Zuführungsgeschwindigkeit des Zusatzdrahtes [mm/min]	500	500	500	500	500	450

Tabelle 19.2. *Schweißbedingungen für die maschinelle Schutzgasschweißung mit Abschmelzelektrode (MIG-Verfahren)* [*F 11*]

Blechdicke [mm]	3	6	12	16
Zusatzdraht [mm]	1,6	1,6	1,6	1,6
Zusatzdrahtvorschub [cm/min]	5–6	7,5–8	9,5–10	10–10,5
Spannung [V]	20	30	40	45
Stromstärke [A]	250–260	301–320	340–360	350–370
Düsendurchmesser [mm]	18–25	18–25	18–25	18–25
Strömungsgeschwindigkeit [l/min]				
Brennerdüse	23 Argon/ 7 Helium	23 Argon/ 7 Helium	23 Argon/ 7 Helium	23 Argon/ 7 Helium
Nachschleppdüse	23 Argon	23 Argon	28 Argon	28 Argon
Rückseitiger Edelgasschutz	14 Helium	23 Helium	28 Helium	28 Helium
Rückseitige Unterlage	Kupfer	Kupfer	Kupfer	Kupfer
Nutstärke für rückseitigen Edelgasschutz	5–10 × 1,5	6–12 × 1,5–3	6–15 × 1,5–3	6–15 × 1,5–3
Schweißgeschwindigkeit [mm/min]	375	375	375	375

Durch die Schrumpfung der Schweißnaht bei der Abkühlung treten Eigenspannungen in Längs- und Querrichtung zur Naht auf. Bei WIG-geschweißten 5 mm dicken Blechen aus TiAl6V4 wurden Zuglängsspannungen in der Blechmitte mit Hilfe von Dehnmeßstreifen in der Größenordnung von 40 kp/mm^2 gemessen. Die Querspannungen wurden in der Blechmitte ebenfalls als Zugspannungen von ungefähr 4 kp/mm^2 berechnet [*R 55b*].

Bei einer Aufhärtung können in der Schweißnaht oder in der angrenzenden Wärmeeinflußzone bei der Schrumpfung Risse in den durch Sauerstoff aufgehärteten Zonen auftreten. Die Risse werden auf das sich durch die Aufnahme vom Sauerstoff bildende Erstarrungsintervall und auf bei der β/α-Umwandlung durch Entmischung auftretende Seigerungen dieses Elementes zurückgeführt. Ein unterschiedliches Formänderungsvermögen in Verbindung mit dem dreiachsigen Spannungszustand führt dann zu einer Rißbildung, meist im Übergang zur Wärmeeinflußzone an der Grenze zwischen aufgehärtetem und nicht aufgehärtetem Werkstoff [*M 18*].

Titan technischer Reinheit wurde versuchsweise auch mit Zusatzdraht aus Titanlegierungen geschweißt. Dadurch entsteht in der Schweißnaht eine Legierung, die eine höhere Festigkeit als eine Naht mit Zusatzdraht aus Titan besitzt. Bei Schweißnähten mit Zusatzdraht aus Legierung hat die Wärmeeinflußzone die geringste Festigkeit und Kerbschlagzähigkeit [*H 27, H 28*].

Nach dem Lichtbogenschweißen, insbesondere von Blechdicken ab etwa 2 mm, werden vielfach Poren mit meist rundem Querschnitt beobachtet, die eine glatte Oberfläche besitzen [*M 18*, *B 90*, *D 1b*]. Es handelt sich um Erstarrungslunker und Gasporen. Die Anfälligkeit gegen diese Porenbildung nimmt durch scharfe Kanten, durch abnehmende Schweißgeschwindigkeit und abnehmende Schweißenergie zu [*T 7d*, *T 7e*]. Durch entsprechende Vorbereitung der Schweißkanten sowie durch Mehrlagenschweißung kann die Porenbildung vermieden werden. Die Festigkeit der Schweißnähte wird durch eine geringe Porenbildung nur wenig beeinträchtigt [*B 109*, *H 58*, *A 28*, *B 60*, *K 4*, *R 88a*, *E 18d*].

19.2.2 Elektronenstrahlschweißen

Das Elektronenstrahlschweißen erfordert einen hohen apparativen Aufwand, da das Schweißen in einem Vakuum von etwa 10^{-5} Torr stattfinden muß, wenn nicht noch aufwendigere Durchführungen des Elektronenstrahls verwendet werden (s. u.). Die Schweißwärme wird durch einen fokussierten Elektronenstrahl erzeugt, der aus einer thorierten Wolfram- oder Tantalkathode austritt und durch eine Spannung von 5–140 kV

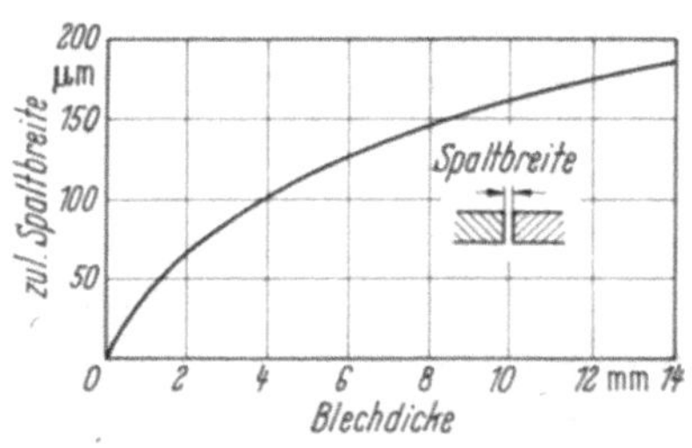

Abb. 19.2 Zulässige Spaltbreite von Schweißstoßfugen beim Elektronenstrahlschweißen von TiV13Cr11Al3 in Abhängigkeit von der Blechdicke [*W 1a*].

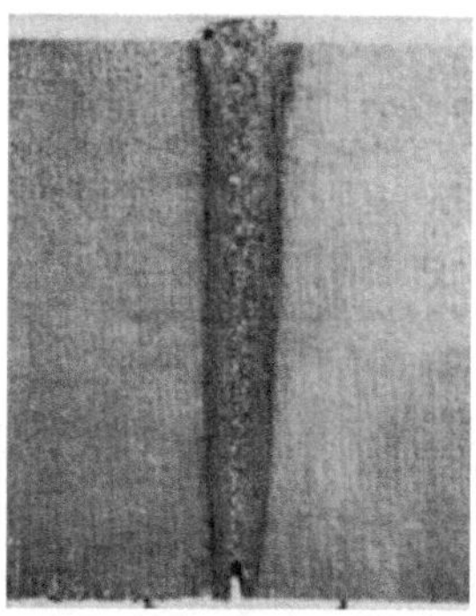

Abb. 19.3 Makrogefüge einer Elektronenstrahlschweißnaht durch 3,5 mm Blech aus TiAl6V4 (50 Imp/min, 25 kV, ringförmige Strahlablenkung) [*B 29a*]

beschleunigt wird. Die Vorteile des Verfahrens bestehen darin, daß wegen des hohen Vakuums keine Gase in der Schweißnaht aufgenommen werden und daß die in die Schweißnaht einzubringende Gesamtwärmemenge wesentlich niedriger ist als beim WIG-Verfahren. Infolge der Wärmekonzentration ist die Schweißzone und die wärmebeeinflußte Zone schmal und sonst auftretende Bereiche mit geringem Formänderungsvermögen z.B. durch Umwandlungsvorgänge oder Kornvergröberung werden verringert oder ganz vermieden. Auf diese Weise lassen sich Schweißverbindungen auch von solchen Titanlegierungen herstellen, die mit Hilfe anderer Schweißverfahren nicht oder nur in dünnen Abmessungen schweißbar sind. Bei dünnwandigen komplizierten Teilen wirkt sich die geringe Schrumpfung für die Maßhaltigkeit günstig aus [*H 1*, *L 2*, *D 31c*, *C 17c*]. Komplizierte hochbeanspruchte Behälter, z.B. aus der Legierung TiV13Cr11Al3 wurden deshalb nach diesem Verfahren geschweißt. In Abb. 19.2 ist die zulässige Breite von Schweißstoßfugen in Abhängigkeit von der Blechdicke wiedergegeben [*W 1a*]. Durch eine entsprechende Ausführung des Elektronenstrahls aus dem Schweißgerät können Titanlegierungen auch unter einem Vakuum von 10^{-2} Torr geschweißt werden [*B 29a*]. Der Elektronenstrahl muß genau fokussiert sein, wenn eine optimale Tiefe der Schweißnaht erreicht werden soll. Durch die Möglichkeit einer Tiefenwirkung des Elektronenstrahles beim Schweißen lassen sich durch Tiefschweißung auch dickwandige Teile verbinden. Die Abb. 19.3 zeigt eine Tiefschweißung an TiAl6V4 (22-mm-Blech, Spannung 150 kV, Stromstärke 19 mA, Vorschub 9 mm/sec, Arbeitsabstand 6 cm, 2800 Hz, Impulslänge 0,15 msec) aus der die starke Tiefenwirkung des Elektronenstrahles hervorgeht [*S 154a*].

19.3 Preßschweißen

Bei den Kaltpreßschweißverfahren findet, wenn überhaupt, meist nur örtlich und während einer sehr kurzen Zeit ein Aufschmelzen statt. Bei guter Probenvorbereitung (planparallele Stöße) wird ein Luftzutritt weitgehend unterbunden. Wegen der niedrigen Temperatur ist die Eindiffusion von Sauerstoff gering. Er wird auch beim Warmpreßschweißen in der Regel nicht aufgenommen, da durch die angewandte Preßkraft die Schmelze von der Verbindungsstelle weggedrückt wird. Auf eine Schutzgasatmosphäre oder auf ein Vakuum kann deshalb während des Schweißvorganges meist verzichtet werden.

19.3.1 Punkt- und Rollennahtschweißen

Punkt- und Rollennahtschweißen kann bei Titan und Titanlegierungen unter ähnlichen Bedingungen wie bei rostfreiem Stahl erfolgen und wird erleichtert durch die niedrige thermische und elektrische Leitfähigkeit und die geringe thermische Ausdehnung des Titans. Edelgasschutz ist bei kurzer Schweißdauer und sehr geringem Abstand der zu verschweißenden Fläche meist nicht erforderlich. Durch Zunahme der Schweißstromstärke und der Schweißzeit kann die Festigkeit wegen der Vergrößerung der Schweißzone erhöht werden. Die Güte der Schweißverbindung wird außer von der Stromstärke auch vom Elektrodendurchmesser und vom Anpreßdruck beeinflußt (vgl. Abschn. 19.4.1, S. 521 und Tab. 19.4, S. 523).

Titan technischer Reinheit und die Legierung TiAl6V4 (Abb. 19.4) zeigen z.B. fest haftende Schweißverbindungen nach einem Punktschweißen von 1,25-mm-Blech. Infolge der geringen Wärmeleitfähigkeit

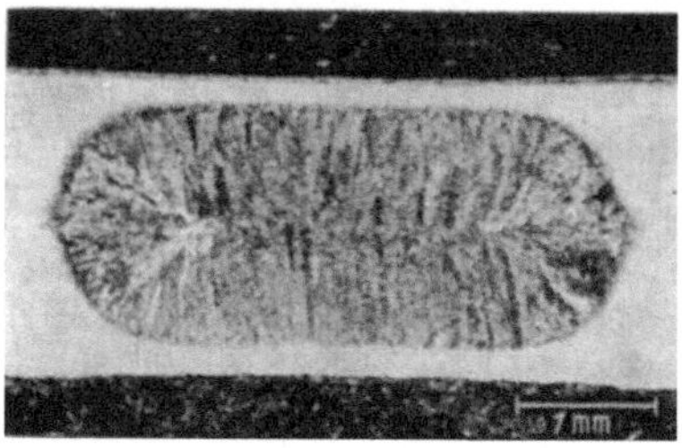

Abb. 19.4 Punktschweißverbindung von zwei 1,25-mm-Blechen der Legierung TiAl6V4 [*O 12*].

und des hohen elektrischen Widerstandes wird eine tiefe Schweißzone beim Punktschweißen erzeugt. Die Scherfestigkeit von Punktschweißverbindungen nimmt mit zunehmender Dicke der Verbindungszone zu. Bei verschiedenen $(\alpha + \beta)$-Legierungen kann das Formänderungsvermögen durch eine nachträgliche Wärmebehandlung verbessert werden [*B 26, B 27, B 28, F 48, K 9a, F 10, N 21a, F 11*].

19.3.2 Widerstandsstumpfschweißen

Bei kleinen Querschnitten ist bei Widerstandsstumpfschweißung kein Argonschutz erforderlich. Bei größeren Querschnitten schützt eine Edelgasringdüse die Schweißstelle vor Luftzutritt. Das Verfahren ist in bestimmten Fällen zur Verbindung von $(\alpha + \beta)$-Legierungen besser als ein Schmelzschweißen geeignet. Dies ist darauf zurückzuführen, daß durch den Anpreßdruck geschmolzenes Metall aus der Schweißzone herausgepreßt wird, so daß keine grobkörnige Gefügeausbildung entstehen kann. Außerdem findet zusätzlich eine Verformung der erwärmten Zonen statt, wodurch deren Formänderungsvermögen nach dem Abkühlen verbessert wird. Der Anpreßdruck ist meist niedriger als bei Stahl und liegt im Bereich von 5–15 kp/mm². Es soll mit schnellen und kurzen Intervallen geschweißt werden [*O 7, F 11, K 4*].

19.3.3 Hochfrequenzschweißen

Dieses Verfahren kann z.B. für die Herstellung von dünnwandigen Rohren eingesetzt werden. 0,9 mm dicke Bleche aus Titan technischer Reinheit wurden zu Rohren von 25 mm ∅ und 10 m Länge gebogen

(Schlitzbreite 1 mm). Wechselstrom (100 V, 6000 A) sehr hoher Frequenz (450 kHz) diente zur Erwärmung der Stoßkanten. Die Erhitzung erfolgte unter einem Argonstrom von 28 l/min. Die beiden Kanten wurden mit zwei Druckrollen gegeneinandergepreßt, wodurch eine kontinuierliche Schweißverbindung erzielt wurde. Die Schweißgeschwindigkeit betrug 20–30 m/min [*W 63*].

19.3.4 Kaltpreß-, Warmpreß-, Reib- und Diffusionsschweißen

Bei diesen Verfahren tritt meist kein Aufschmelzen der zu verbindenden Teile auf. Während beim Kaltpreßschweißen von Titan und Titanlegierungen sehr hohe Drücke notwendig sind, ist ein Preßschweißen bei erhöhter Temperatur (400–1200 °C) mit wesentlich niedrigeren Anpreßdrücken möglich. Ein Edelgasschutz ist bei der Erwärmung der vorbereiteten und eng verbundenen Kontaktstellen nicht erforderlich, wenn der Druck während des gesamten Erhitzungszyklus aufrechterhalten wird. Proben aus der Titanlegierung TiAl6V4 können z. B. nach diesem Verfahren mit guter Bindung zusammengefügt werden [*F 11*].

Das Reibschweißen hat den Vorteil eines niedrigen Energieverbrauches bei geringem Materialverlust beim Anpreßvorgang. Außerdem können ungleiche Werkstoffe verbunden werden. Das Verfahren eignet sich für Titan und Titanlegierungen wegen deren niedriger Wärmeleitfähigkeit. Beim Verschweißen von Stäben aus TiAl6V4 und TiV13Cr11Al3 mit Durchmessern von 19 mm wurden Drehzahlen von 10000 U/min bei einem Anpreßdruck von 600 kp/cm^2 während einer Schweißzeit von 20 sec angewandt. Das Verschweißen erfolgte nach einer Vorwärmung, wobei der Anpreßdruck 30 kp/cm^2 betrug [*S 117a*]. Beim Reibschweißen von Titan mit Aluminium bilden sich Ti_3Al- und von Titan mit Nickel TiNi-Zwischenschichten [*H 40c*]. Ein Diffusionsschweißen kann unter Anpreßdrücken etwa 0,7 kp/mm^2 bei 750 °C bei Titan und von etwa 1,5 kp/mm^2 bei 925–1025 °C bei Titanlegierungen unter einem Vakuum von 10^{-5}–10^{-6} Torr erfolgen. Die Preßkraft wird über Zeiten von 0,5 bis 100 h aufrechterhalten. Es wurden auf diese Weise Verbindungen von Titan technischer Reinheit mit einer Festigkeit im Bereich der Festigkeit des Grundwerkstoffes und von der Legierung TiAl6V4 mit einer Scherzugfestigkeit von 63 kp/mm^2 hergestellt [*C 42a, K 26d, K 26e, O 33, N 4c*]. Beim Diffusionsschweißen von Titan technischer Reinheit kann in einer ersten Stufe bei 750 °C ein Druck von 0,7 kp/mm^2 aufgebracht (5–30 min) und in einer zweiten Stufe der Druck entfernt werden. Wegen der starken Kornvergröberung bei Temperaturen oberhalb 975 °C wird bei TiAl6V4 ebenfalls ein Zweistufenverfahren vorgeschlagen, bei dem bei 950 °C die erste Kontaktierung erfolgt und dann die Temperatur für eine stärkere Diffusion erhöht wird [*K 13g*, *K 13e*]. In einem anderen Verfahren wurden die TiAl6V4-Teile mit glatter Oberfläche bei 980 °C unter Reinstargon mit 0,07 kp/m² 3 h lang zusammengedrückt. Die Dauerfestigkeit der Bindung entspricht bei ausreichend hohem Vakuum [*G 67*] der des Grundwerkstoffes [*R 19a*, *K 13g*, *H 11a*]. Titan technischer Reinheit konnte mit einem X12CrNi18.8-Stahl und mit Aluminium verbunden werden, wobei die Festigkeit in der Zwischenschicht in beiden Fällen bei 23 kp/mm² lag [*P 16a*, *G 67*]. Auch größere Teile, z.B. Rotornaben bei Hubschraubern aus TiAl6V4, können durch das Diffusionsschweißverfahren verbunden werden [*M 70g*, *W 61b*].

19.3.5 Schweißen mit Ultraschall und mit Schockwellen

Durch Ultraschallpunkt- und Rollnahtschweißen lassen sich in dünnen Abmessungen nicht schmelzschweißbare Titanlegierungen oder Titan technischer Reinheit untereinander oder mit anderen Metallen verbinden. Ultraschallschwingungen, deren Schwingungsvektor parallel zu den Flächen liegt, die verschweißt werden sollen, erzeugen Reibung, die sich in Wärme umsetzt. Durch den senkrecht zur Schweißfläche wirkenden

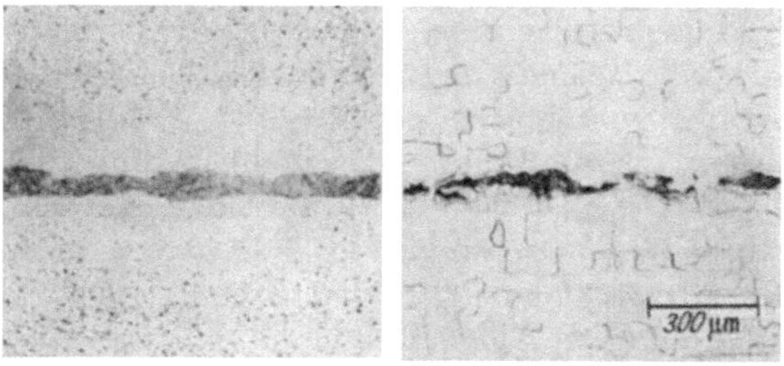

Abb. 19.5 Gefüge von Ultraschallschweißnähten der Legierungen TiAl6V4 und TiV13Cr11Al3 mit einer 75 µ Titanzwischenlage (TiAl6V4 links; TiV13Cr11Al3 rechts) [*C 82*].

Anpreßdruck werden die oxidfreien Metallflächen verschweißt [*L 16*]. Die Schweißdauer ist sehr kurz. Das Verfahren eignet sich nur zum Verschweißen von Teilen mit geringer Wanddicke. Mit Ultraschallschweißmaschinen mit einer Leistung von 1–3 kW können Bleche bis zu 1 mm Dicke verschweißt werden, wobei der Leistungsbedarf von den einzelnen Legierungen abhängt. Wegen der kurzen Schweißdauer findet in der Schweißzone keine sichtbare Gefügeänderung statt. Titanlegierungen können im ausgehärteten Zustand verschweißt werden, ohne daß die Festigkeit sich meßbar verringert. Abb. 19.5 zeigt Gefügebilder von Ultraschallschweißungen der Legierungen TiAl6V4 und TiV13Cr11Al3. Beide Legierungen wurden mit Zwischenlage einer dünnen 75 µm starken Titanfolie verschweißt, wodurch der Leistungsbedarf vermindert und die Festigkeit der Schweißverbindungen nicht beeinflußt wurde [*C 82*] und einer Widerstandspunktschweißung entsprach [*W 17*]. Beim Ultraschallschweißen mit fremden Metallen erfolgt nur eine geringe Diffusion und keine sichtbare Verbindungsbildung. Dadurch kann Titan z.B. mit Aluminium, Beryllium, Eisen, Kupfer, Molybdän und Nickel verbunden werden [*C 82*].

Beim Schweißen mit Schockwellen, z.B. mit Hilfe einer Sprengladung (Explosionsschweißen) konnte eine gute Bindung beim überlappenden Schweißen an einem Blech aus Titan technischer Reinheit oder an TiAl6V4-Blech mit Stahl erzielt werden, während dies bei anderen Titanlegierungen nicht gelang [*P 26*] (vgl. auch Kap. 19.7, S. 536). Im Explosionskern ist die Verformung groß (Dickenabnahme $\geqq$ 10%) und die Bindekraft geringer als außerhalb dieses Bereiches [*S 139*].

19.4 Wärmebehandlung, Prüfung und Eigenschaften von Schweißverbindungen

Eine Wärmebehandlung nach dem Schweißen trägt meist zur Verbesserung der mechanischen Eigenschaften von Titan und Titanlegierungen sowie zum Abbau von Schweißspannungen (vgl. Kap. 19.3, S. 516) bei. Ein Spannungsfreiglühen (vgl. Tab. 11.5, S. 280ff.) ist insbesondere bei komplizierten Schweißkonstruktionen erforderlich. Eine derartige Wärmebehandlung kann nach Beendigung oder während des Schweißens erfolgen, z.B. durch örtliches Spannungsfreiglühen durch Erhitzen mit einem Schweißbrenner auf etwa 650 °C [*T 17, H 82, B 88*]. Die sägezahnartige Gefügeausbildung oder nach Art eines Widmannstättengefüges (vgl. Abb. 19.7a und b, S. 523) von Titan, wie sie beim Abkühlen einer Schweißnaht auftreten kann, wird z.B. durch eine Wärmebehandlung von 1 h bei 700–800 °C teilweise beseitigt. Die Härte, das Formänderungsvermögen und das Korrosionsverhalten erreichen günstigere Werte. Eine Aufhärtung der Schweißnaht durch Gasaufnahme verhindert weitgehend diese Möglichkeit der Verbesserung der mechanischen Eigenschaften und der Korrosionsbeständigkeit durch eine Wärmebehandlung [*B 109, A 21*]. Die gegenüber dem Grundwerkstoff niedrigere Dauerfestigkeit von schmelzgeschweißten Proben von Titan technischer Reinheit kann durch eine Wärmebehandlung nicht erhöht werden [*B 111*]. Mit sauerstofffreiem Salz hergestellte Unterpulverschweißungen zeigen gegenüber WIG-Schweißung nur wenig verminderte Werte des Formänderungsvermögens [*B 107c*].

Nach einwandfreiem Schweißen besitzt eine Schmelzschweißnaht eine glänzende, metallisch blanke Oberfläche. Tritt bei nur kurzzeitiger Argonbedeckung die Naht schon bei Temperaturen von oberhalb 200 °C aus dem Schutzgasschleier heraus, so findet eine Oxydation der Oberfläche statt. Diese Oxidschichten sind gewöhnlich sehr dünn und erzeugen Interferenzfarben, die mit steigender Dicke von goldfarben auf blau und violett übergehen. Sofern die Naht im schmelzflüssigen Zustand durch Edelgas vollkommen bedeckt war, besitzen diese Anlaufschichten nur einen geringen Einfluß auf die Eigenschaften der Naht. Bei dünner Blechdicke empfiehlt es sich, die Anlaufschichten mechanisch abzuarbeiten oder abzuätzen. So wurden bei einem 0,7-mm-Blech Bruchdehnung und Biegefähigkeit durch diese Oyidschicht vermindert. Nach Entfernen einer dünnen Oberflächenschicht von ~0,05 mm wurde dagegen unabhängig von den aufgetretenen Anlauffarben das Formänderungsvermögen des Ausgangszustandes erreicht [*H 82*]. Andererseits ist es möglich, daß durch mangelhaften Edelgasschutz während des Schweißens, durch vorhandene Zunderschichten oder sonstige Schichten auf der Blechoberfläche oder durch Sauerstoff- oder Stickstoffgehalte im Edelgas diese Elemente in die Schmelze gelangen können, durch eine gute Abdeckung der abkühlenden Naht jedoch eine Schichtbildung verhindert wurde, so daß die Naht nach dem Schweißen ein blankes Aussehen besitzt, obwohl sie aufgehärtet ist. Da die Güte der Schweißverbindung nicht sicher nach dem Aussehen beurteilt werden kann, ist eine Werkstoffprüfung, z.B. durch Härtemessung, notwendig. Eine Biegeprobe ergibt ebenfalls eine sichere qualitative Prüfung. Während bei einer guten Schweißnaht, die bei Titan technischer Reinheit etwa dieselbe Härte aufweist wie der Grundwerkstoff, annähernd das Formänderungsvermögen des Grundwerkstoffes erreicht wird, findet bei einer Aufhärtung der Anriß bei einer geringeren Biegung statt als bei der nichtgeschweißten Probe.

Durch Härtemeßreihen können Schweißnähte, insbesondere von Titan technischer Reinheit, geprüft werden. Es ist dabei allerdings notwendig, daß Anlaufschichten vorher abgeschliffen werden, da diese eine zu hohe Härte vortäuschen können. Den Härteverlauf über verschieden stark aufgehärtete Schweißnähte zeigt Abb. 19.6. Auch Potentialsondenmessungen in 0,05n HF können Aufschluß über die Sauerstoffverteilung in der Schweißnaht geben [*F 29*]. Bei einer zu hohen Härte fällt das Formänderungsvermögen auf zu geringe Werte ab. Eine Dünnblechschweißung von Titan technischer Reinheit soll ohne merkliche Aufhärtung der Schweißnaht gegenüber dem Grundwerkstoff erfolgen, während bei dikkeren Abmessungen, insbesondere bei einer Mehrlagenschweißung im allgemeinen eine geringe Härtesteigerung gegenüber dem Grundwerkstoff nicht zu vermeiden ist. Eine Zunahme der Härte in der Schweißnaht von etwa 30–50 kp/mm^2 gegenüber dem Grundwerkstoff wird deshalb meist bei dicken Blechen noch zugelassen [*A 40, R 88a*]. Bei dünnwandigen Auskleidungen kann eine Aufhärtung um 30 Einheiten zu einer Rißbildung bei nachfolgender Beanspruchung führen. Die mechanischen Eigenschaften von Schweißverbindungen werden bei Titan technischer Reinheit in erster Linie von der Menge der aufgenommenen Einlagerungselemente in der Schweißnaht beeinflußt, während bei Titanlegierungen, und zwar insbesondere bei $(\alpha + \beta)$-Legierungen eine Änderung der mechanischen Eigenschaften durch die Umwandlungsvorgänge sowohl im Bereich der Schweißnaht als auch in der wärmebeeinflußten Zone stattfinden kann. Dieser Einfluß ist meist um so größer, je dicker die Schweißverbindung und je fester der Grundwerkstoff ist. Zur Feststellung von

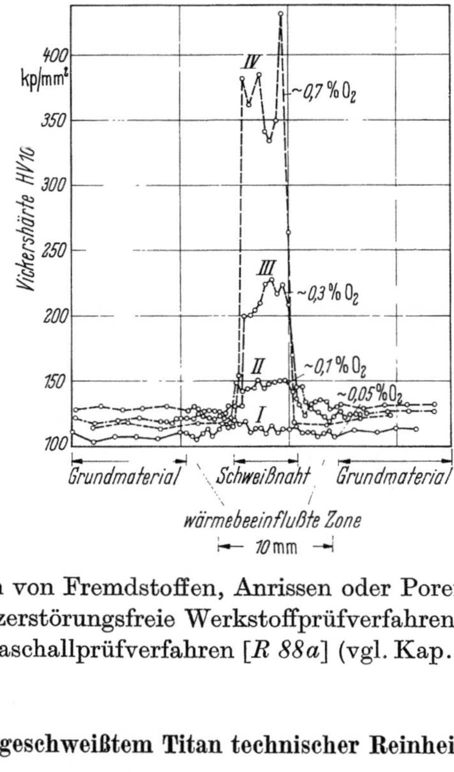

Abb. 19.6 Härteverlauf über eine Titanschweißnaht bei verschiedener Sauerstoffaufnahme
I Gute Schweißnaht (hohes Formänderungsvermögen);
II leicht aufgehärtete Schweißnaht (noch hohes Formänderungsvermögen);
III aufgehärtete Schweißnaht (vermindertes Formänderungsvermögen);
IV stark aufgehärtete Schweißnaht (unzureichendes Formänderungsvermögen)
[*F 29*, *K 68*].

Schweißfehlern, Einschlüssen von Fremdstoffen, Anrissen oder Poren in der Schweißnaht dienen als zerstörungsfreie Werkstoffprüfverfahren die üblichen Röntgen- oder Ultraschallprüfverfahren [*R 88a*] (vgl. Kap. 9.2, S. 204).

19.4.1 Eigenschaften von geschweißtem Titan technischer Reinheit

Beim Schutzgasschweißen von dünnen Blechen aus Titan technischer Reinheit entsprechen die Werte der Festigkeit (mit Ausnahme der Dauerfestigkeit) und des Formänderungsvermögens der Schweißnaht meist denjenigen des Grundwerkstoffs, wenn die Schweißung weitgehend ohne Aufnahme von Sauerstoff, Stickstoff oder Wasserstoff durchgeführt werden konnte. Wie Tab. 19.3 zeigt, wird dies sowohl für eine Schweißung ohne als auch mit Zusatzdraht bei Blechdicken bis zu wenigstens 3 mm erreicht [*B 109*, *K 2*, *K 47*]. Die Kerbschlagzähigkeit wird wie bei anderen

Tabelle 19.3.
Vergleich der mechanischen Eigenschaften von geschweißtem und ungeschweißtem Titan (Mittelwerte aus 4 Messungen) [*K 2, K 47*]

Probematerial	Probenahme	$\sigma_{0,2}$ [kp/mm²]	σ_B [kp/mm²]	δ [%]	ψ [%]
1,5 mm Titanblech	Grundwerkstoff (‖ Walzrichtung)	36	48	43	58
Schweißung ohne Zusatzdraht	Schweißnaht längs Schweißnaht quer	41 38	46 47	28 25	46 42
1,5 mm Titanblech	Grundwerkstoff (⊥ Walzrichtung)	41	51	46	65
Schweißung ohne Zusatzdraht	Schweißnaht längs Schweißnaht quer	41 42	48 48	29 37	50 62
3 mm Titanblech	Grundwerkstoff (‖ Walzrichtung)	46	59	34	54
Schweißung mit Zusatzdraht	Schweißnaht längs Schweißnaht quer	46 45	62 60	20 24	32 48

Werkstoffen meist stark vermindert [*R 87b*]. Im Apparatebau wird üblicherweise mit einem Schweißsicherheitsfaktor von 0,8 für Titan gerechnet [*K 68*]. Eine Kaltumformung von schmelzgeschweißtem Titanblech ($\sigma_B = 43$ kp/mm²) von 90 % ist möglich [*B 111*]. Eine Kaltumformung von Schweißnähten durch Rollen verbessert das Formänderungsvermögen, da Eigenspannungen abgebaut werden [*A 21*].

Die Verminderung des Formänderungsvermögens der Schweißnaht von Titan technischer Reinheit ist auf die Ausbildung eines grobkörnigen Umwandlungsgefüges (vgl. Abb. 19.7a) und auf die Aufnahme von Gasen und Fremdstoffen beim Schweißen zurückzuführen. Die Bruchdehnung und Kerbzugfestigkeit wird dadurch in der Schweißnaht und in der Wärmeeinflußzone verringert [*K 2*]. Aus denselben Gründen wird die Dauerfestigkeit und Kerbschlagzähigkeit der Schweißzone gegenüber dem Grundwerkstoff vermindert [*B 111, H 60, B 67*]. Abb. 19.7a zeigt, wie beim Schweißen von Titan technischer Reinheit mit 0,11 % Fe an der Grenze des Bereiches, an dem durch die Wärmeeinwirkung die β/α-Umwandlung erfolgt ist, eine Grobkornbildung stattgefunden hat. Die Schliffebene ist parallel zur Blechebene. Das Umwandlungsgefüge ähnelt einem Widmannstättengefüge. Auch bei Gehalten an Sauerstoff bis herab zu einem Gehalt von 0,09 % wurde ein derartiges Gefüge beobachtet, während bei Verwendung von Jodidtitan auch bei Gehalten bis zu 0,2 % N oder 0,2 % O (vgl. Abb. 19.7 b) unter den gleichen Schweißbedingungen kein Widmannstättengefüge gebildet wird. Es tritt lediglich eine Kornvergröberung nach Art der Sägezahnstruktur auf. Die Ursache für das Umwandlungsgefüge nach Art der Widmannstättenstruktur dürfte bei dieser Titansorte technischer Reinheit der Eisengehalt von 0,11 % sein.

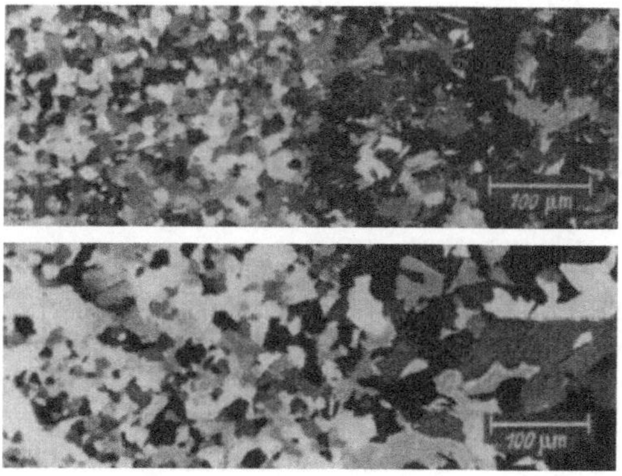

Abb. 19.7 a u. b Gefügeausbildung bei WIG-geschweißtem 2-mm-Blech aus Reintitan (links Grundwerkstoff, rechts Schweißnaht, parallel Blechoberfläche) [*I 8b*]. Schweißbedingungen: U = 11 V, I = 150 A, 10 l Argon/min, Schweißgeschwindigkeit 250 mm/min auf Kupferunterlage. oben: Titan technischer Reinheit mit 0,11 % Eisen und 0,2 % Sauerstoff. unten: Jodidtitan mit 0,2 % Sauerstoff.

Beide Aufnahmen erfolgten im polarisierten Licht [*I 8b*]. In Medien, in denen Titan technischer Reinheit oder TiPd0,2 beständig sind, wurden Schmelzschweißnähte nicht korrosionsanfälliger als der Grundwerkstoff [*R 88e*] (vgl. Kap. 13.1, S. 378).

Bei punktgeschweißten Proben aus Titan technischer Reinheit hängen die mechanischen Eigenschaften von den Schweißbedingungen, wie Stromstärke, Schweißzeit und Elektrodendruck, ab. Während mit zunehmendem Anpreßdruck die Scherzugkraft nur wenig ansteigt, kann sie durch eine Steigerung der Schweißzeit oder der Stromstärke, z.B. von 7000 auf 16000 A, von 40 auf 68 kp beim Schweißen von 0,6 mm dicken Blechen aus Titan technischer Reinheit mit einer Festigkeit von 55 kp/mm² erhöht werden [*B 26, B 27, B 28, M 13d*]. Für die Legierung TiAl6V4 sind derartige Ergebnisse an Punktschweißverbindungen in Tab. 19.4 zusammengefaßt [*N 21a*].

Tabelle 19.4.
Schweißbedingungen zum Punktschweißen der Legierung TiAl6V4 [*N 21a*]

Blechdicke [mm]		0,9	1,65	1,8	2,35
Schweißdauer	Impulse, Anzahl	7	10	12	16
Schweißstromstärke	Ampere	5500	10600	11500	12500
Elektrodendruck	kp	270	860	770	1090
Scherfestigkeit	kp	790	3300	4250	5600
Linsendurchmesser	mm	–	8,4	–	–
Elektrodeneindrucktiefe	%	–	3,1	–	–

Bei schwingender Beanspruchung fällt die Dauerfestigkeit gegenüber dem nicht punktgeschweißten Grundwerkstoff ab, was zum Teil auf die Umlenkung der Beanspruchungsrichtung infolge der Überlappungen und der örtlichen Kerbwirkung durch den Schweißpunkt zurückzuführen ist. Bei 1 mm dicken Blechen aus Titan technischer Reinheit mit einer Festigkeit von 60 kp/mm², die auf einer Breite von 12 mm durch sechs Schweißpunkte überlappt geschweißt waren, trat nach 10^7 Lastspielen bereits bei einer Last von $> +200$ kp im Zugschwellversuch ein Bruch auf. Eine Wärmebehandlung nach dem Schweißen erhöht zwar die Scherzugkraft, jedoch nicht die Dauerfestigkeit [*K 9a*, *B 25a*].

19.4.2 Eigenschaften von geschweißten α-Legierungen

α-Legierungen können geschweißt werden, ohne daß die Festigkeit gegenüber dem Grundwerkstoff durch das Schweißen merklich verändert wird. Durch Sauerstoff oder Stickstoff werden bei TiAl5Sn2,5 Bruchdehnung und Brucheinschnürung in der Schweißnaht wie bei Titan technischer Reinheit vermindert und der Biegeradius vergrößert. Die Festigkeit bei höheren Temperaturen und die Kriechbeständigkeit bei Langzeitbeanspruchung können im geschweißten Zustand gegenüber einem feinkörnigen Grundwerkstoff erhöht werden. Dagegen wird die Dauerfestigkeit ähnlich wie bei Titan technischer Reinheit verringert [*M 69*, *H 89*, *H 29*, *F 11*, *D 23a*]. Für technische α-Legierungen ist der Biegeradius vor und nach der Schweißung in Tab. 11.6, S. 282ff. zusammengestellt und der Einfluß der Art des Schweißens und einer Nachbehandlung auf die mechanischen Eigenschaften der α-Legierungen TiAl5Sn2,5 und TiAl8Mo1V1 und der $(\alpha + \beta)$-Legierung TiAl6Zr4Mo2Sn2 in Tab. 19.5 wiedergegeben [*B 109*, *B 69*, *M 85*, *T 19c*]. Bei der Legierung TiAl8Mo1V1 kann durch eine Wärmebehandlung 5 min 985 °C/Luftabk. + 8 h 600 °C/Luftabk. die thermische Stabilität und das Kriechverhalten verbessert [*C 48c*] und durch Abschrecken aus dem Temperaturbereich der β-Phase (1070 °C) eine Bruchdehnung von $\geqq 7$ % erreicht werden [*S 123a*]. Die Dauerfestigkeit wird auch hier, jedoch im Gegensatz zu TiCu2 vermindert [*S 57a*].

19.4.3 $(\alpha + \beta)$-Legierungen

Beim Abkühlen von $(\alpha + \beta)$-Legierungen nach dem Schweißen können sich Zwischenphasen bei der $\beta/(\alpha + \beta)$-Umwandlung bilden (vgl. Kap. 8.1.2, S. 153ff. und Kap. 8.6, S. 195ff.), die zu einer Verminderung des Formänderungsvermögens führen. Mit steigendem Gehalt an β-stabilisierenden Legierungselementen nimmt z.B. die Neigung zur Bildung der Zwischenphase ω zu. Das Formänderungsvermögen und auch die Dauerfestigkeit können durch Aufnahme von Gasen aus der Atmosphäre

Tabelle 19.5. *Mechanische Eigenschaften von* TiAl5Sn2,5, TiAl8Mo1V1 *und* TiAl6Zr4Mo2Sn2 *im ungeschweißten und geschweißten Zustand und Einfluß einer Nachbehandlung*

Legierung	Werkstoffzustand vor dem Schweißen	Schweißart	Nachbehandlung	$\sigma_{0,2}$ (kp/mm²)	σ_B (kp/mm²)	δ (%)
TiAl5Sn2,5 (3-mm-Blech, Prüfrichtung senkrecht zur Schweißrichtung, Meßlänge 5 cm, Zusatzdraht 2,5 mm ∅, 120 A) [*B 109*]	1 h 900 °C/Luftabk.	nicht geschweißt	keine	85	88	15
		geschweißt mit Zusatz	keine	n. b.	80,6	2,8
			1 h 900 °C/Luft	n. b.	76,9	3,5
TiAl8Mo1V1 (1,4-mm-Blech, Prüfrichtung parallel zur Schweißrichtung, Meßlänge 2,5 cm) [*M 85*]	8 h 790 °C	nicht geschweißt	keine	103	112	19,5
		nicht geschweißt	2 h 700 °C/Luftabk.	98	113	17,5
	5 min 980 °C/Luftabk. 8 h 600 °C	nicht geschweißt	keine	101	111	17,5
		nicht geschweißt	1/2 h 700 °C/Luftabk.	91	103	12,0
	8 h 790 °C/Luftabk.	geschweißt ohne Zusatz	keine	87	105	8,5
		geschweißt ohne Zusatz	1/2 h 700 °C/Luftabk.	95	105	9,5
	5 min 980 °C/Luftabk. 8 h 600 °C	geschweißt ohne Zusatz	keine	85	105	6,0
		geschweißt ohne Zusatz	1/2 h 700 °C/Luftabk.	93	103	7,0
TiAl6Zr4Mo2Sn2 (1-mm-Blech, Prüfrichtung parallel zur Schweißrichtung, Meßlänge 5 cm) [*T 19c*]	1 h 900 °C/Luftabk.	nicht geschweißt	keine	102	112	12
	+ 1/4 h 790 °C/Luftabk. + 2 h 590 °C/Luftabk.	geschweißt ohne Zusatz	keine	101	113	4,5
		geschweißt ohne Zusatz	2 h 600 °C/Luftabk.	108	119	5

weiter vermindert werden. Beim Schmelzschweißen von Legierungen mit β-stabilisierenden Zusätzen verändert ein Aluminiumzusatz bis zu 5% die mechanischen Eigenschaften nicht. Bei höheren Gehalten kann sich in aluminiumreichen Seigerungszonen die Überstrukturphase Ti_3Al (vgl. Kap. 8.4, S. 191ff. und Kap. 11.1, S. 251ff. und Tab. 11.6, 19.5 und 19.6) bilden, wodurch das Formänderungsvermögen und die Dauerfestigkeit verringert wird [*F 9, F 8, F 10, S 57a, I 3b*].

Von technischen $(\alpha + \beta)$-Legierungen weisen nach dem Schweißen die Legierungen TiAl3V2,5 und TiAl6V4 wegen des geringen Anteils der β-Phase noch einen Biegeradius von $\leqq 12{,}5 \times d$ (d = Blechdicke, vgl. Tab. 11.6, S. 282ff.) bei 1 mm Blechdicke auf. Weitere Legierungen, z.B. TiAl4Mo3V1 und TiV16Al2,5 können noch geschweißt werden, wenn keine zu hohen Forderungen an den Biegeradius oder die Festigkeit der Schweißverbindung gestellt werden. Andere Legierungen sind wegen des geringen Formänderungsvermögens der Schweißnaht und der von der Wärme beeinflußten Zone als nicht schweißbar zu betrachten. Mechanische Eigenschaften der Legierung TiAl6V4 mit verschiedener Blechdicke vor und nach dem Schmelzschweißen sind in Tab. 19.6 zusammengestellt. Ein Biegeradius von $7 \times d$ bei einer Festigkeit, die dem geglühten Ausgangszustand entspricht, kann durch eine nachfolgende Wärmebehandlung bei 1-mm-Blech erreicht werden [*D 1, F 11*]. Durch Verminderung der Gehalte an Sauerstoff wird bei TiAl6V4 der Biegeradius im geschweißten Zustand auf etwa $10 \times d$ gesenkt (vgl. Tab. 11.6, S. 283). Bei anderen $(\alpha + \beta)$-Legierungen, z.B. TiAl7Mo4 wird bereits durch geringe Gehalte an Sauerstoff das Formänderungsvermögen sehr stark vermindert [*R 81*]. Die Legierung gilt deshalb als nicht schweißbar.

Tabelle 19.6. *Mechanische Eigenschaften der Legierung* TiAl6V4 *im geschweißten Zustand (Schweißzusatzdraht:* TiAl6V4*)* [*F 11*]

Zustand	Blechdicke [mm]	$\sigma_{0,2}$ [kp/mm²]	σ_B [kp/mm²]	δ [%]	Bruch	Biegeradius [mm]
Grundwerkstoff						
geglüht	1	97	108	12	–	$3{,}6 \cdot d$[3]
geschweißt[1]	1	104	107	12	Grundwerkstoff	$11–12{,}5 \cdot d$
Grundwerkstoff 1 h 700°/Luft	1	81	115	11,5	–	$6 \cdot d$
geschweißt und geglüht[1]	1	84	111	4,0	Schweißnaht	$7 \cdot d$
Grundwerkstoff	6	95	105	12,5	–	–
geschweißt[1]	6	93	107	9,3	Schweißnaht	–
geschweißt[2]	6	91	104	6,3	Schweißnaht	–

[1] Schweißnaht quer. [2] Schweißnaht längs. [3] d = Blechdicke.

Durch Verwendung von Zusatzdrähten aus Titan technischer Reinheit oder aus TiAl5Sn2,5 kann z.B. bei TiAl6V4 der Biegeradius im Bereich der Schmelzschweißnaht von $10 \times d$ auf $6 \times d$ vermindert werden. Die Festigkeit in der Schweißnaht erreicht über 90% der Zugfestigkeit des geglühten Grundwerkstoffs und ist auch bei Verwendung von TiAl5Sn2,5 als Zusatzdraht bei höheren Temperaturen der des Grundwerkstoffes gleichwertig [*K 59, H 29*]. TiAl6V6Sn2-Schweißnähte können durch 4 h 760 °C (Ofenabkühlung) im Formänderungsvermögen von 2 auf 7% Bruchdehnung verbessert werden [*B 7a, S 89a*].

19.4.4 β-Legierungen

Da bei hohen Gehalten an β-stabilisierenden Legierungselementen bei genügend rascher Abkühlung keine Ausscheidungs- und Umwandlungsvorgänge ablaufen, besitzen dünne Bleche von Legierungen mit 15–30% Mo, 13–15% Cr und 20–30% V ein hohes Formänderungsvermögen. Beim Schweißen von dickeren Blechen und bei Mehrlagenschweißung wird jedoch das Formänderungsvermögen durch Grobkornbildung stark vermindert [*F 9, M 78, F 8*].

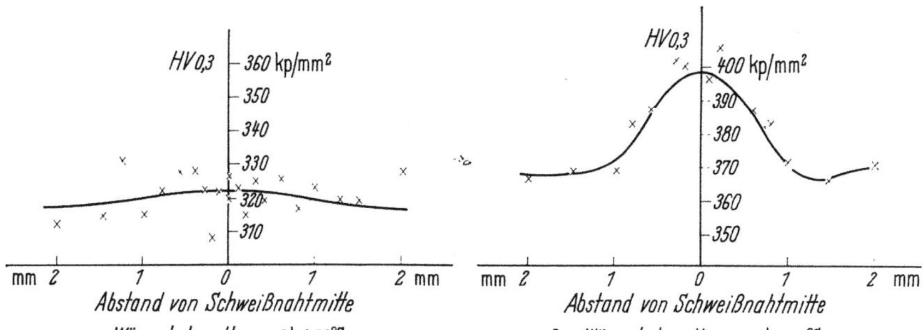

Abb. 19.8a u. b Härteverlauf in 1,5 mm dicken mit Elektronenstrahl geschweißten Blechen aus TiV13Cr11Al3 nach unterschiedlicher Wärmebehandlung a) 2 h 450 °C; b) 10 h 450 °C [*W 1a*].

Auch durch Sauerstoffaufnahme beim Schweißen wird das Formänderungsvermögen z.B. von TiV13Cr11Al3 vermindert. Das Schweißen dieser Legierung erfolgt deshalb vorteilhaft mit Hilfe des Elektronenstrahls. Bei entsprechend hoher Schweißgeschwindigkeit, z.B. 5 cm/sec bei 1,3-mm-Blech, wird das Korn in der Schweißnaht ausreichend fein, so daß eine Bruchdehnung im Bereich der Schweißnaht von 15% erreicht werden kann. Da die Legierung meist auf hohe Festigkeit ausgehärtet wird, die Aushärtung jedoch von der Homogenisierungstemperatur abhängt, ist eine gleichmäßige Aushärtung von Schweißnaht und

Grundwerkstoff vielfach nicht möglich, wie das Abb. 19.8a und b zeigt, in der der Härteverlauf über eine durch Elektronenstrahlschweißen erzeugte Schweißnaht bei einem 1,3-mm-Blech nach 2 und 10 h Anlaßzeit bei 450 °C wiedergegeben ist. Die Ausscheidung der α-Phase und die Bildung der ω-Phase setzt in der Schweißnaht schneller ein als im Grundwerkstoff. Dies bewirkt – bei gleicher Aushärtungsbehandlung – eine um etwa 50 % geringere Bruchdehnung im Vergleich zum Grundwerkstoff wegen der Verdampfung und inhomogenen Verteilung des

Tabelle 19.7. *Einfluß von Kaltverformung (25% Kaltwalzen) und Wärmebehandlung auf die Eigenschaften von geschweißtem* TiV13Cr11Al3 *(1,5-mm-Blech)* [*K 18*]

Zustand	$\sigma_{0,2}$ [kp/mm²]	σ_B [kp/mm²]	δ [%]
Geschweißt	95	99,5	16
Geschweißt – 25% kaltgewalzt	102	111	10
Geschweißt – 60 h 480°/Luftabk.	spröde		–
Geschweißt – 25% kaltgewalzt 60 h 480°/Luftabk.	143	149	3
Geschweißt – 60 h 480°/Luftabk. 1 h 540°/Luftabk.	133	138	6
Geschweißt – 25% kaltgewalzt 60 h 480°/Luftabk. – 1 h 540°/ Luftabk.	137	147	6
Geschweißt – 60 h 480°/Luftabk. 1 h 570°/Luftabk.	119	125	10
Geschweißt – 25% kaltgewalzt 60 h 480°/Luftabk. – 1 h 570°/ Luftabk.	126	131	6
Geschweißt – 60 h 480°/Luftabk. 10 min 600°/Luftabk.	120	126	8
Geschweißt – 25% kaltgewalzt 60 h 480°/Luftabk. – 10 min 600°/ Luftabk.	123	130	6

Chroms in der Schweißnaht [*W 1a*]. Günstigere mechanische Eigenschaften im geschweißten Zustand können durch eine Doppelwärmebehandlung oder eine zusätzliche Kaltverformung der Naht erzielt werden. In Tab. 19.7 sind derartige Werte für verschiedene Wärmebehandlungen mit und ohne zusätzliche Kaltverformung wiedergegeben. Während nach Anlaßbehandlung von 60 h 480 °C/Luft, die sonst zur Aushärtung nicht geschweißter Proben angewandt wird (vgl. Kap. 11.5.3, S. 298), das Formänderungsvermögen der Schweißnaht auf sehr niedrige Werte vermindert wird, kann durch kurzzeitige Nachauslagerung bei etwas höherer Temperatur auch im geschweißten Zustand eine hohe Bruchdehnung und Festigkeit erzielt werden. Eine vorhergehende Kaltverformung ergibt bei gleicher Anlaßbehandlung eine höhere Festigkeit.

Auch beim WIG-Schweißen ist eine rasche Abkühlung für ein hohes Formänderungsvermögen notwendig. Spannungsfreiglühen über 15 min bei 600 °C/Luftabk. ändert das Formänderungsvermögen nur wenig. Bei längerer Glühzeit und höherer Temperatur wird es jedoch stark vermindert [*W 67, K 18, K 20, R 80*].

Bei der Legierung TiV16Al2,5 (Wärmebehandlung 1/2 h 700 °C/H_2O) wird im geschweißten Zustand nach einem zusätzlichen Lösungsglühen ein Biegeradius von $r = 2 \times d$ erreicht. Er nimmt, ähnlich wie bei TiV13Cr11Al3, im ausgehärteten Zustand stark zu, da der Aushärtungsvorgang in der Schweißzone anders abläuft als im Grundwerkstoff (vgl. Abb. 19.8a und b).

19.4.5 Eigenschaften von Stumpfschweißverbindungen

Die Festigkeit und Bruchdehnung von widerstandsstumpfgeschweißten Verbindungen von Titan und Titanlegierungen im Vergleich mit dem Grundwerkstoff sind in Tab. 19.8 zusammengestellt. Die Festigkeit der Schweißverbindungen entspricht in allen Fällen annähernd der Festigkeit des Ausgangswerkstoffes, ohne daß die Bruchdehnung abgesunken ist [*F 11*].

Tabelle 19.8. *Festigkeitseigenschaften von widerstandsstumpfgeschweißtem Titan technischer Reinheit und von Titanlegierungen* [*F 11*]

Legierungs-zusammensetzung	Ausgangszustand	Probenahme	σ_B [kp/mm²]	δ [%]
Titan techn. Reinheit	geglüht	Grundwerkstoff geschweißt – 1 h 540°/Luft	82 81	21–23 19–23
TiAl5Sn2,5	geglüht	Grundwerkstoff geschweißt – 2 h 650°/Luft	93– 95 89– 96	14–31 11–28
TiAl4Mn4	geglüht	Grundwerkstoff geschweißt – 2 h 760°/Ofen	91– 99 89– 97	15–19 11–17
TiAl6V4	geglüht	Grundwerkstoff geschweißt – 2 h 700°/Luft	93– 96 91–102	12–19 10–15
TiAl6V4	1 h 850°/Wasser 24 h 510°/Luft	Grundwerkstoff geschweißt – 1 h 820°/Wasser 24 h 540°/Luft	101–104 101	9–10 8–10

19.5 Weichlöten

Ein Weichlöten von Titan mit den üblichen Lötverfahren ist nur möglich, wenn dieses zuvor mit einer Schicht eines lötfähigen Metalles überzogen wird, z.B. mit einer elektrolytisch aufgebrachten Kupferschicht. Die mechanische Festigkeit solcher Verbindungen ist begrenzt und wird durch die Haftfestigkeit der Überzugsschicht auf dem Grundmetall bestimmt [*R 85*]. Zum Verbinden von Titan mit Messing hat sich ein bleifreies Zinn-Silber-Lot mit einem Schmelzpunkt von 220 bis 235 °C bewährt [*R 88r*]. Durch Ultraschallöten können die Metalle Indium und/oder Zinn mit guter Haftfähigkeit direkt auf Titan und seine Legierungen aufgebracht werden.

19.6 Hartlöten

Eine feste Verbindung von Titan mit anderen Werkstoffen kann vielfach nur durch Hartlöten erfolgen. Auf diese Weise werden Verbindungen mit Stahl, z.B. im Maschinen- und Apparatebau, mit Aluminium, z.B. im Flugzeugbau, insbesondere dort, wo Verfahren wie Kleben, Schrauben oder Nieten nicht geeignet sind, ferner beim Zusammenfügen nichtschweißbarer Titanlegierungen hergestellt. Titan und seine Legierungen können auch mit Glas und keramischen Werkstoffen verlötet werden. Dieses Verfahren wird z.B. bei Teilen in der Röhrenindustrie angewandt, in denen Titan als Getter für Gase dient.

19.6.1 Vorbereitungen der Verbindungsstelle und Flußmittel

Die Oberfläche der zu verbindenden Teile muß frei von Schmutz, Staub, Öl, Fett und anderen Rückständen und von Anlaufschichten sein. Wenn möglich, soll die zu lötende Fläche abgebeizt oder überschliffen werden. Die Lötstelle ist möglichst klein zu halten, damit Einschlüsse von Flußmitteln vermieden werden.

Vor dem Löten soll das Flußmittel zunächst den auf der Metalloberfläche gebildeten Oxidfilm lösen und beim anschließenden Löten das Metall vor Oxydation schützen. Flußmittel auf Alkalichlorid und Alkalifluoridbasis lösen die Titanoxidschichten auf und schaffen dadurch eine blanke, aktive Oberfläche. Durch Zusätze von Schwermetallchloriden edlerer Metalle kann auf der Oberfläche des Titans durch elektrochemische Reaktion eine Schutzschicht des edleren Metalles abgeschieden werden. Geeignete Flußmittel dieser Art sind Kombinationen von Alkalichloriden und Alkalifluoriden und Silber-I-Chlorid, Kupfer-I-Chlorid sowie Mangan-II-Chlorid. Die Zusammensetzung derartiger Flußmittel ist in Tab. 19.9 wiedergegeben [*D 10*] (vgl. Kap. 19.6.3, S. 533). Die Benetzbarkeit und Haftung kann durch Überzüge der Lötflächen mit Silber, Kupfer oder Nickel verbessert werden. Bei Lötverbindungen des Titans mit einem artfremden Werkstoff, wie z.B. Stahl wird jedoch die Bildung von titanhaltigen intermetallischen Phasen nicht beseitigt [*F 9a*].

Tabelle 19.9. *Zusammensetzung von Flußmitteln zum Löten von Titan mit Silberloten.* [*D 10*]

AgCl [%]	Cu_2Cl_2 [%]	$MnCl_2$ [%]	KF [%]	KCl [%]	LiF [%]	LiCl [%]	NaCl [%]
10	–	–	–	36	9,0	–	45
5	–	–	–	38	9,5	–	47,5
3	–	–	–	38,8	9,7		48,5
4	1	–	50	–	45	–	–
4	–	–	50	–	46	–	–
–	–	25	25	–	–	50	–

19.6.2 Lote

Lote sollen nicht zu hohe Schmelzpunkte, eine ausreichende Benetzungsfähigkeit für die zu lötenden Flächen und eine gute, jedoch nicht zu hohe Viskosität im geschmolzenen Zustand besitzen. Die beim Löten gebildeten Legierungsschichten müssen eine ausreichende Festigkeit mit entsprechendem Formänderungsvermögen aufweisen. Der Schmelzpunkt des Lotes soll so hoch sein, daß eine haftfeste Legierungsbildung zwischen Grundwerkstoff und Lot möglich ist, ohne daß merkliche Gefügeänderungen im Grundwerkstoff auftreten. Bei vielen Loten ist eine Überhitzung wegen der Bildung von spröden intermetallischen Verbindungen zu vermeiden.

Von den intermetallischen Verbindungen der Metalle Kupfer, Silber, Gold und Aluminium mit Titan sind nur die Titan-Silber-Verbindungen verhältnismäßig weich und umformbar, so daß Silber als Basismetall in der Lotlegierung am geeignetsten zum Hartlöten von Titan und Titanlegierungen ist und damit die günstigsten mechanischen Eigenschaften bei Hartlötverbindungen zu erreichen sind [*T 13, D 9, D 10, S 71c, R 88r, T 29d*].

Die Löttemperatur bei Verwendung von Reinsilber beträgt über 1000 °C und wird durch Zusätze herabgesetzt. Abb. 19.9 zeigt das Gefüge einer Lötverbindung Titan/Titan mit Silberlot [*O 12*]. Die Lote auf Silberbasis benetzen allerdings die Titanoberfläche weniger gut als Reinsilber. Bewährt hat sich die Legierung AgMn15, die eine höhere

Festigkeit als Silberlot aufweist. Bei dieser Legierung liegt die Löttemperatur bei 960–1000 °C. Die erreichbare Scherzugfestigkeit beträgt etwa 26 kp/mm². Durch Zusätze von Kupfer, Zink und Kadmium mit Gehalten bis 55 % können die Löttemperaturen bis auf 650 und 750 °C gesenkt werden. Durch Kupferzusätze wird jedoch die Bildung intermetallischer Phasen, die das Formänderungsvermögen vermindert, begünstigt. Der Kupfergehalt von Silberhartloten soll deshalb weniger als

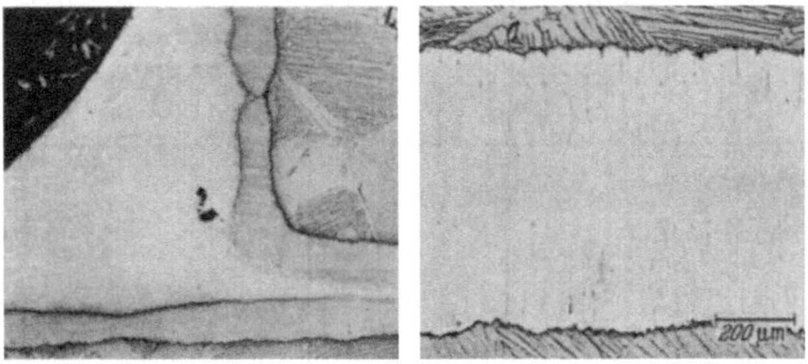

Abb. 19.9 Gefüge einer Lötverbindung von Titan mit Silberlot [*O 12*].

20 % betragen [*D 10*, *L 30*]. Für das Löten von Wabenbaukonstruktionen werden kupferreiche Silberlote oder AlSi5Cu2-Lote verwendet. Weiterhin wurde mit lithiumhaltigen Silberlegierungen sowie mit Silber-Aluminium-Legierungen eine gute Lötverbindung erreicht [*R 82*, *C 15*, *R 88r*, *M 18b*]. Für die Verbindung von Titan mit Aluminium scheiden Lote mit hohem Schmelzpunkt aus. Festhaftende Lötverbindungen können mit einem Silberlot mit 33 % Al bzw. einem Aluminiumlot mit 50 % Zn (Schmelzpunkt ~570 °C) hergestellt werden [*M 76*].

Für Widerstandslötungen werden meist dünne Kupferfolien verwendet. Titan bildet mit Kupfer tiefschmelzende Eutektika (~870 °C), die sich mit dem Grundwerkstoff bei Überhitzung besonders rasch legieren. Für das Löten von Titan mit keramischen Werkstoffen haben sich Lote aus Kupfer oder Kupfer-Titan-Legierungen ebenfalls bewährt. Kupfer legiert sich dabei mit dem Titan und das Titan wiederum bildet mit dem keramischen Werkstoff eine Reihe von Oxiden [*S 102a*, *W 81c*].

Einige Hartlote zum Löten von Titan wurden auf der Basis niedrigschmelzender Titan-Nickel-Legierungen entwickelt. Durch Zusätze von Kupfer und Kobalt kann deren Schmelzpunkt noch weiter vermindert und die Benetzungsfähigkeit verbessert werden. Die Legierungen TiNi28Cu15 Co5 (Löttemperatur 950 °C) bzw. TiNi26Cu10 (Löttemperatur 925 °C) ergeben gute Lötverbindungen mit hoher Festigkeit. Auch bei kupfer-, silber- oder manganhaltigen Titanlegierungen wurde eine Scherfestigkeit von etwa 30 kp/mm² der Lotverbindungen gemessen [*L 51*], die korrosionsfest sind. Für das Löten dünnwandiger Teile werden Lote mit Zirkonium-, Nickel- und Berylliumzusatz z.B. TiZr43Ni12Be2 entwickelt und im Salzkorrosionsversuch bis 200 °C keine Verminderung der Scherfestigkeit gefunden [*C 46a, H 77*a]. Da Lote, die intermetallische Phasen enthalten, nicht verformbar sind, werden Plattierungen z.B. aus Nickel und Kupfer mit Titan oder solche aus Zirkonium mit Eisen oder Kupfer oder Plattierungen aus drei verschiedenen Werkstoffen hergestellt und z.B. auf 0,1 mm Dicke ausgewalzt. Erst beim Erhitzen vor dem Löten bilden sich dann die niedrigschmelzenden Eutektika aus diesen Lotverbundwerkstoffen [*T 3e*]. Für das Hartlöten von Titan mit rostfreiem Stahl kann ein Lot mit 81 % Pd, 14 % Ag und 5 % Si verwendet werden. Das Formänderungsvermögen der Naht ist für viele Fälle ausreichend. Die Lötverbindung ist gegen Salpetersäure beständig. Auch das Lot AgCd24Zn16Cu15 verbindet Titan mit rostfreiem oder unlegiertem Stahl mit einer Scherfestigkeit von 6–11 kp/mm² [*F 9a, R 88r*].

19.6.3 Verfahren zum Hartlöten

Die im Vergleich zum Schweißen wesentlich niedrigere Löttemperatur ermöglicht die Verwendung von Autogenbrennern für die Verflüssigung der Lote und vermindert die Gefahr einer Sauerstoffaufnahme im Grundwerkstoff. Geeignete, meist fluoridhaltige Flußmittel lösen die oxidische Oberflächenschicht und verhindern weitgehend den Zutritt von Luft. Andere Halogene im Flußmittel erhöhen die Gefahr einer Spannungsrißkorrosion insbesondere bei höheren Temperaturen (vgl. Kap. 13.5, S. 407ff.). Eine Überhitzung oder zu lange Erwärmung kann beim Löten mit Brenner zu einer zu hohen Sauerstoffaufnahme führen und sollte deshalb vermieden werden. Eine Ofenlötung kann im Hochvakuum oder unter Schutzgas erfolgen. Durch Gefügeänderungen infolge dieser Wärmebehandlung können die mechanischen Eigenschaften insbesondere bei Legierungen in diesem Fall auch im Grundwerkstoff verändert werden [*S 102a, D 10, R 82, C 15*]. Das Vakuum muß z.B. bei Silberlot etwa 10^{-4} Torr oder das Edelgas sehr rein sein wenn eine gute Haftung erzielt werden soll [*C 15, C 38a*]. Hartlotverbindungen zwischen Titan und Aluminium können z.B. mit einem Silber-Aluminium-Lot in einem Salzbad des Flußmittels hergestellt werden [*M 76*].

Die Erwärmung der Lötstelle kann auch durch infrarotstrahlende Quarzlampen erfolgen [*R 82*]. Eine Induktionserhitzung ermöglicht eine schnelle Erwärmung und kurze Lötzeit, so daß die Schichtdicke von sich beim Lötvorgang bei verschiedenen Loten bildenden intermetallischen Verbindungen gering bleibt. Die Werte der Scherfestigkeit induktiv gelöteter Teile sind deshalb hoch und weisen nur eine geringe Streuung auf.

Bei einer Widerstandslötung unter Druck ist wegen der geringen thermischen und elektrischen Leitfähigkeit des Titans eine gleichmäßige Erwärmung meist nicht möglich, so daß in manchen Fällen das Lot am Rand der Lötzone nicht schmelzen kann, während es in der Mitte überhitzt und durch den Elektrodendruck aus dem Lötspalt herausgepreßt wird. Abnehmende Stromstärke, längere Erhitzungszeit sowie mehrere Erhitzungszyklen erhöhen die Scherfestigkeit und vermindern die Streuung der Meßwerte der Lötverbindungen. Die Verfahren der Widerstandspunkt- und Rollennahtschweißung können mit einer Lötfolie als Zwischenlage auch zur Verbindung von Titan mit Stahl ohne Flußmittel oder inerte Atmosphäre angewandt werden [*D 10, T 14, L 30*] (vgl. auch Kap. 19.3, S. 515 ff.).

19.6.4 Eigenschaften hartgelöteter Teile

Die Scherfestigkeit von überlappten hartgelöteten Blech- oder Einsteckproben ist bei Verwendung von Silber oder Silber-Mangan-Legierungen höher als bei Silberlegierungen mit Kupfer-, Zink- und Kadmiumzusätzen [*L 30*]. Induktionslötungen besitzen bei gleichem Lot eine höhere

Tabelle 19.10. *Scherfestigkeit hartgelöteter Proben von Titan technischer Reinheit* [*M 76*]

Erhitzungs-art	Lot	σ_B [kp/mm²]
Ofen	Silber	10
	Silberlegierung	8
	Aluminiumlegierung	9
Brenner	Silber	15–22
	Silberlegierung	5–23
	Aluminiumlegierung	4–12
Induktion	Silber	16–26
	Silberlegierung	14–25
	Aluminiumlegierung	15

Festigkeit als Brenner- oder Ofenlötungen. Für verschiedene Lotwerkstoffe und Lötmethoden ist die Scherfestigkeit hartgelöteter Proben aus Titan technischer Reinheit in Tab. 19.10 zusammengestellt [*M 76*]. Die Scherfestigkeit von mit Titan-Nickel-Legierungen induktionsgelöteten Proben erreicht 28–35 kp/mm². Bei 400 °C betrug die Scherfestigkeit von mit 0,1 mm dicken walzplattierten Verbundloten (Cu, Ti, Zr, Fe) induktionsgelöteten Titanproben 20 kp/mm² gegenüber 10 kp/mm² bei der Verwendung von Silberlot [*T 3e*].

Tabelle 19.11. *Scherfestigkeit von überlappt gelöteten Blechproben aus verschiedenen Titanlegierungen* [*R 88 r*]

Lot	Arbeits-temperatur °C	Scherfestigkeit kp/mm²			
		TiAl5Sn2,5 (1,6 mm)	TiAl8Mo1V1 (1,63 mm)	TiAl6V4 (1,42 mm)	TiV13Cr11Al3 (1,6 mm)
AgLi2	790	13,3; 9,8	7,2; 3,2	10,6; 11,5	16,6
AgAl5	900	3,3; 10,0	8,3	n. b.	16,6; 15,2
AgCu28Li0,2	790	16,2; 9,6	11,4; 10,5	10,3; 6,8	11,3
AgCu7Li0,2	900	1,2; 10,7	15,5; 12,7	10,1; 12,0	14,7; 16,0
AgCu30Sn10	760	11,0	6,0; 10,5	6,5	5,0; 6,1
AgCu16Zn4	840	8,9; 12,1	8,8; 7,0	8,9; 12,9	6,0; 13,2

Für Lötverbindungen an Titanlegierungen vom α-, ($\alpha + \beta$)-, und β-Typ, die mit verschiedenen Lotwerkstoffen auf der Basis Silber–Lithium, Silber–Aluminium sowie Silber–Kupfer mit Zusätzen von Lithium, Zinn oder Zink an 5 mm einseitig überlappten Blechproben unter Argon im Muffelofen gelötet waren, sind Werte der Scherfestigkeit bei Raumtemperatur in Tab. 19.11 zusammengefaßt. Trotz der teilweise sehr stark streuenden Werte ergibt sich eine im Mittel höhere Scherfestigkeit bei lithiumhaltigen gegenüber lithiumfreien Loten [*R 88r*]. An einer Lötverbindung zwischen Titan und Aluminium wurden beim Löten mit Lot AgAl33 bzw. AlZn50 eine Scherzugfestigkeit gemessen, die höher war als die des Aluminiumgrundwerkstoffes. Auch bei einer schlagartigen Beanspruchung trat der Bruch im Aluminiumteil auf [*M 76*].

Durch eine Diffusionsglühung vakuumgelöteter Titan- oder Titanlegierungsproben können bei der Lötung entstandene intermetallische Phasen im Titan gelöst werden, wodurch die Festigkeit der Lötverbindung zunimmt. So stieg z. B. die Scherfestigkeit einer Lötverbindung bei der Legierung TiAl5Sn2,5 durch eine Nachglühung von 1 h bei 1000 °C von 15 kp/mm² auf 45–50 kp/mm² an und die Zugfestigkeit erreichte etwa die Werte des Grundwerkstoffes TiAl5Sn2,5 [*C 38a*].

Die Korrosionsbeständigkeit von gelöteten Titanproben mit Silber oder Silberlegierungen als Lotwerkstoff gegenüber versprühter Salzlösung, Seeluft oder normaler Atmosphäre bei 400 °C ist geringer als die von lotfreiem Titan [*L 30, R 82*]. Bei einer Beanspruchung durch Korrosion kann deshalb auch die Festigkeit der Lötverbindung vermindert werden [*C 44*]. In Industrieatmosphäre wurde nach Lagerung von einem Jahr bei der Verbindung von Titan mit Aluminium durch Silber-Aluminium- bzw. Silber-Zinn-Lote noch keine merkliche Korrosion und deshalb keine Verminderung der Festigkeit der Lötverbindungen festgestellt [*M 76*]. Lötverbindungen mit den Loten ZrFe16, ZrCu37 oder ZrFe12Cu8 waren gegen 50% HNO_3-Lösung beständiger als solche, die mit Silberlot hergestellt waren [*T 3e*].

19.7 Auskleidungen und Plattierungen

Für eine unterdruckfeste Auskleidung des Mantelwerkstoffes Stahl mit Titan kann eine Widerstandslötung mit einer Lötfolie aus silberhaltigen Lotmetallen, z.B. Silber-Mangan-Legierungen, als Zwischenlage dienen, die durch Punkt- oder Rollennahtverfahren erzeugt wird. Auch Zwischenlagen von Folien aus Molybdän oder Vanadin ergeben eine gute Bindung, wobei bei der Verwendung von Vanadinfolien die höchste Scherfestigkeit erreicht wurde. Die Verbindungsarbeiten können an Luft oder in inerter Atmosphäre erfolgen [*M 86*]. Bei der Verwendung des Ultraschallötverfahrens hat sich Aluminium als Zwischenlage bewährt [*N 18b*].

Da sich beim direkten Plattieren von Stahl mit Titan durch Walzplattieren spröde intermetallische Verbindungen und niedrig schmelzende Eutektika bilden können, erfolgten Walzplattierversuche mit Zwischenschichten von dünnen Folien aus Aluminium, Kupfer, Nickel, Silber oder Vanadin oder von elektrolytisch aufgebrachten Schichten [*M 20, B 108, B 117a*]. Auch Mehrschichtenverfahren, z.B. Aufbringen einer dünnen Schicht von Kupfer oder Nickel auf Stahl und einer Schicht aus Silber oder Silber-Mangan-Legierung auf Titan, sind vorgeschlagen worden [*J 17*]. In ähnlicher Weise wird eine gute Haftfestigkeit von Titan auf Eisen erzielt indem die Eisenoberfläche verkupfert wird und eine Vanadinfolie als weitere Zwischenschicht dient. Durch Einschweißen des Plattierungspaketes in einen Stahlmantel wird der Zutritt von Sauerstoff bei der Erwärmung und Umformung während der Plattierung im Temperaturbereich von 850–1000 °C verhindert. Die Scherfestigkeit des gewalzten Verbundes bei Raumtemperatur betrug 14 kp/mm² [*D 29*]. Ein Verschweißen von Titan mit dem Stahl wird durch dazwischengestreutes Magnesiumoxidpulver vermieden. Die Anwärmzeit muß kurz sein und die Walztemperatur darf 950 °C nicht überschreiten, sonst bilden sich zu dicke Zonen von intermetallischen Verbindungen [*M 1, K 48*]. Beim beidseitigen Plattieren von Titan im Vakuum von 10^{-4}–10^{-5} waren Walztemperaturen von 1000–1050 °C am günstigsten [*S 97a*].

Eine direkte Verbindung von Titan mit Stahl, ohne daß die zu verbindenden Teile vorher auf erhöhte Temperatur gebracht werden müssen, ist mit Hilfe von Schockwellen möglich. Diese werden meist durch eine entsprechend angepaßte Sprengladung erzeugt (Sprengplattieren). Der Druck der Schockwellen erreicht dabei etwa 50000 atm [*K 84a*], die Haftfläche $\geqq 95\,\%$, die Abscherfestigkeit $\geqq 14$ kp/mm² [*C 48h*]. Für das Sprengplattieren, das für plane, zylinderförmige, gekümpelte u.a. Teile angewandt werden kann, werden die zu verbindenden Teile in einem bestimmten Abstand, der sich nach der Blechdicke richtet, angeordnet. Die Oberflächenrauhigkeit der Teile beeinflußt die erreichbare Scherfestigkeit. Bei einer Rauhigkeit von über 0,6 μm fällt sie stark ab. Durch die sich bei der Explosion gleichmäßig ausbreitende Schockwelle werden die Teile an der Berührungsstelle verformt, verfestigt und verschweißt (Abb. 19.10). Mit zunehmendem Kollisionswinkel der zu verbindenden Teile und abnehmender Geschwindigkeit

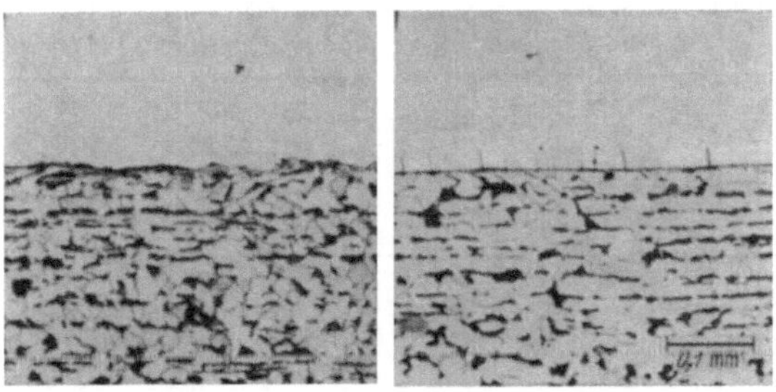

Abb. 19.10 Gefüge von explosionsgeschweißten Titan-Stahl-Plattierungen, links: Plattierung mit guter Haftung, Grenzfläche ohne Schmelzzone, Scherzugfestigkeit etwa 30 kp/mm², rechts: Plattierung mit schlechter Haftung, Grenzfläche mit intermetallischer Phase durch breite Schmelzzone entstanden, Scherzugfestigkeit etwa 10 kp/mm² [*K 42b*].

der Schockwelle wird ein Übergang von unregelmäßiger Wirbelbildung an den Grenzflächen zu einer mehr regelmäßigen Wirbelbildung und zu einer laminaren Ausbildung der Grenzschicht beobachtet. Bei zu niedriger Geschwindigkeit der Schockwelle und zu starker Wirbelbildung findet keine Bindung mehr statt. Selbst sehr dickwandige Stahlteile können mit dem Schockwellenverfahren mit Titan plattiert werden [*Z 1g, K 32b, K 13b, R 47a, I 8a, R 88n, R 88p, K 32d*]. Durch die Verfestigung kann z.B. die Streckgrenze des Titans von 8,4 auf 25 kp/mm² bei 70 kbar und auf 52 kp/mm² bei 200 kbar ansteigen [*K 67b*]. Eine Erwärmung sprengplattierter Stahl-Titan-Bleche auf 500 °C ändert die mechanischen Eigenschaften nur wenig. Oberhalb 500 °C findet Rekristallisation des Titans statt. Oberhalb 550 °C wird mit der Zeit die Scherfestigkeit durch Diffusionsvorgänge des Kohlenstoffs im Eisen vermindert [*R 88n*]. Auch die Legierung TiAl6V4 konnte mit Hilfe von Schockwellen mit Stahl überlappend verbunden werden, während dies mit anderen Legierungen nicht gelang [*P 26*].

Sollen plattierte Teile miteinander durch Schmelzschweißen verbunden werden, so müssen die beiden Werkstoffe unabhängig voneinander geschweißt werden, da sich sonst intermetallische Verbindungen und niedrigschmelzende Eutektika bilden, die das Formänderungsvermögen der Schweißnaht verringern [*K 32c, K 42b*] (vgl. Kap. 19.2, S. 508).

19.8 Kleben

Voraussetzung für eine hohe Scherzugfestigkeit geklebter Titanproben ist eine ausreichende Haftgrundvorbereitung durch die die Adhäsion des Klebers auf der Oberfläche der zu verbindenden Teile erhöht wird. Die Haftgrundvorbereitung kann durch mechanische oder durch chemische Vorbehandlung oder durch dünne Überzüge erfolgen. Wie die Tab. 19.12 zeigt, besitzen Proben mit anodisch aufgebrachten Oxidschichten, sowie Metallüberzügen eine höhere Scherfestigkeit bei Raumtemperatur und bei 260 °C (Prüfung sofort oder nach 500 h) als die entsprechende unbehandelte Probe [*M 102, E 5, P 8, M 26, S 9d*]. Durch eine Vorbehandlung in einer salzsäurewasserstoffsuperoxid- und formalinhaltigen Lösung bei 65 °C und einer Nachbehandlung in warmer Chromschwefelsäurelösung wurde eine Scherfestigkeit bei Raumtemperatur von 565 kp/cm², bei −75 °C von 565 kp/cm² und bei −250 °C von 157 kp/cm² erreicht [*H 46*].

Tabelle 19.12. *Scherfestigkeit von Klebverbindungen bei* TiAl6V4 *bei verschiedener Oberflächenvorbereitung* [*P 8*]

Vorbehandlung	Scherfestigkeit [kp/cm²] 25 °C	260 °C Prüfung sofort	260 °C Prüfung nach 500 h Lagerung
Titanoberfläche (blank)	137	42	28
Al bedampft	232	125	63
Au bedampft	218	116	56
Al aufgespritzt	186	95	81
Ni aufgespritzt	228	105	58
anodisch oxydiert	156	98	56

19.9 Brenn- und Plasmaschneiden

Unter sorgfältig überwachten Bedingungen kann man Titan technischer Reinheit autogen brennschneiden. Die Schnittgeschwindigkeit ist dabei hoch und beträgt etwa das fünffache der bei Stahl üblichen Geschwindigkeit [*B 68*]. Durch die geringe Wärmeleitfähigkeit des Titans wird die Oxydation der Oberfläche auf diese Weise auf eine etwa 0,3 mm dicke Zone begrenzt. Diese Zone muß, insbesondere wenn eine Schweißkante vorbereitet wird, ausreichend tief mechanisch abgearbeitet werden [*K 4*]. Bei Titanlegierungen kann eine zusätzliche Zone der Kornvergröberung und Phasenumwandlung noch wesentlich breiter sein.

20. Anwendung

Wenn Titan und Titanlegierungen nicht Werkstoffe ersetzen können, die in den Herstellungskosten wesentlich teurer als Titan sind, wie z.B. die Edelmetalle oder Tantal, so muß der Vorteil einer längeren Haltbarkeit, die Möglichkeit einer Erhöhung des Durchsatzes oder eine Gewichtsersparnis bei gleicher Festigkeit, die sich z.B. für Nutzlasten günstig auswirkt, die höheren Kosten aufwiegen.

Mit sinkendem Preis für das Rohmetall, den Titanschwamm (vgl. Abb. 0.1, S. 2), haben sich für Titan immer neue Anwendungsgebiete erschlossen, die sich bei den zunehmenden Lohnkosten noch erweitern werden, da häufig die größeren Anteile der Aufwendungen in die Verarbeitung gehen. Da deshalb z.B. auch bei Betriebsunterbrechung für Reparatur und Arbeitsausfall laufend höhere Kosten entstehen, fallen die Kosten für einen im Betrieb sicheren Werkstoff immer weniger ins Gewicht. Auch dürfte mit zunehmender Erfahrung in der Halbzeugproduktion und zunehmender Kenntnis in der Umform-, der Verarbeitungstechnik und im Schrottumlauf die Preisspanne zwischen Titanschwamm und Halbzeug bzw. Fertigteil abnehmen.

In vielen Fällen, wie z.B. in der chemischen Industrie, sind oft Langzeitversuche notwendig, bei denen die Lebensdauer geprüft und die Konstruktion dem Werkstoff angepaßt werden muß, bevor eine industrielle Anwendung in großem Maßstab erfolgen kann. Wenn sich nicht große wirtschaftliche Vorteile ergeben, bleibt man meist aus Sicherheitsgründen bei den herkömmlichen Konstruktionswerkstoffen, so daß sich das Titan und seine Legierungen, wie auch die anderen in den letzten Jahrzehnten zur großtechnischen Reife gelangten metallischen Werkstoffe, auf diesem Gebiet erst allmählich entfalten konnten. Die zunächst auf dem militärischen Sektor vorangetriebenen Anwendungsgebiete entwickelten sich deshalb wesentlich rascher als die des zivilen Bereiches.

Bei den meisten Anwendungsgebieten macht man sich die Korrosionsbeständigkeit und/oder die hohe Festigkeit bei niedrigem spezifischem Gewicht des Titans zunutze. In vielen Medien waren bisher nur wesentlich seltenere und teurere Metalle beständig oder die Werkstoffe, wie z.B. rostfreier Stahl, hielten nur eine bestimmte Zeit die Korrosionsbeanspruchung aus, wodurch Reparaturkosten anfielen, die höher waren als die Kosten, die zusätzlich durch eine Verwendung von Titan oder Titanlegierungen mit höherer Korrosionsbeständigkeit entstanden wären. Die festeren Titansorten sind bei Temperaturen über 150 °C dem Aluminium und seinen Legierungen im Kriechverhalten überlegen. Titanreiche Legierungen können bis zu Temperaturen von 550 °C im Kriechverhalten insbesondere unter Berücksichtigung ihres niedrigen spezifischen Gewichtes gegenüber anderen Werkstoffen Vorteile bieten und finden deshalb, ebenso wie die festeren Titansorten, im Flugzeug- und Flugkörperbau Anwendung. Die Getterwirkung des Titans gegenüber verschiedenen Gasen nutzt man in der Hochvakuumtechnik für Vakua von $<10^{-5}$ Torr und die Neigung zur Mischkristallbildung von titanhaltigen Loten sowohl mit Metallen als auch mit Sauerstoff für eine Verbindung zwischen metallischen und keramischen Werkstoffen aus.

Sowohl in der Luft- und Raumfahrt als auch in der chemischen Industrie und anderen Anwendungsgebieten werden hohe Anforderungen an das Halbzeug und Fertigteil aus Titan oder Titanlegierungen gestellt. Die Kosten für die Entwicklung für Prüf- und Überwachungseinrichtungen sind deshalb besonders hoch und wirken sich auf den Preis für das Fertigteil aus [*C 11, K 15, I 5a, R 88b, V 1, R 88f, S 23c, L 34f, H 57c, J 15a, G 43b, R 88s, K 42b, G 0*].

Das Hauptanwendungsgebiet für Titan und seine Legierungen lag in vielen Ländern bisher im Flugzeug- und Flugkörperbau, wobei, wie die Tab. 20.1 zeigt, zunächst die Rüstungsindustrie der Hauptabnehmer für

Tabelle 20.1. *Marktanteil von Titanhalbzeug in den USA* [*J 8, R 88f, R 88g, R 77a, M 80e*]

	1955 [%]	1961 [%]	1966 [%]	1971 [%]
Triebwerkbau (militärisch)	60	36	47	20
Triebwerkbau (zivil)	–	10		31
Zellenbau (militärisch)	33	26	28	10
Zellenbau (zivil)	3	4		15
Flugkörperbau	1	16	15	7
Chemische Industrie	–	3	10	17 % übrige, einschließl. chem. Ind.
Verschiedene sonstige Anwendung	3	5		

das Titanhalbzeug war. Die Gesamtproduktion an Titanhalbzeug in den USA in den Jahren 1955, 1961 und 1971 betrug 1800 bzw. 5300 bzw. etwa 10300 jato, und der Preis für das Halbzeug sank in diesem Zeitraum von 13,45 Dollar/lb auf 6,1 Dollar/lb und der Preis des Titanschwamms von 4,5 Dollar/lb auf 1,5 Dollar/lb (vgl. Abb. 0.1, S. 2). 1969 stieg der Bedarf an Titanhalbzeug in den USA auf 14500 t. Durch das Fallen der Kosten für das Rohmetall und Halbzeug eröffneten sich weitere Anwendungsgebiete und die zunehmende Kenntnis der Verarbeitung, insbesondere des Schweißens und des Umformens in den Fertigungsstätten, ergab auch, wie Tab. 20.1 zeigt, eine Zunahme des Anteils auf dem zivilen Sektor in dem vorgegebenen Zeitraum [*J 8, R 88f, S 39b*]. 1969 und 1971 betrug der Marktanteil der Luft- und Raumfahrt in den USA 90 bzw. 84 % vom

Gesamttitanbedarf. Für Verkehrsflugzeuge wurden davon etwa 50 bzw. 46% gegenüber 40 bzw. 30% für militärische Zwecke verwendet [*M 80d*, *M 80e*]. In der UdSSR hat sich die Titanschwammproduktion zwischen 1961 und 1965 verdreifacht [*S 23c*]. In Westeuropa betrug der Verbrauch 1970 etwa 3000 t [*T 9a*]; 1968 der Anteil der Luftfahrt in Großbritannien etwa 88%, auf dem Kontinent etwa 65% [*H 57c*]. Der japanische Markt hatte 1970 einen Bedarf von etwa 2000 t [*T 9a*]. Die großen Anwendungsgebiete der Titanverbindungen, insbesondere des Titandioxids, das für die Farben- und Pigmentindustrie eine mengenmäßig noch größere Rolle spielt als das metallische Titan und seine Legierungen, werden hier nicht besprochen.

20.1 Apparate und Geräte für die chemische und verwandte Industrie

Die gute Korrosionsbeständigkeit von Titan gegenüber oxydierenden Medien, Chlorionen enthaltenden Angriffsmitteln und inhibierende Beimengungen enthaltende reduzierende Säuren in Verbindung mit seiner weitgehenden Unempfindlichkeit gegen Lochfraß, gegen interkristalline und Spannungsrißkorrosion führten zu vielseitiger Verwendung im chemischen Apparate- und Armaturenbau. Unter diesen Betriebsbedingungen wird durch Titan als Konstruktionswerkstoff die Lebensdauer der Apparaturen erhöht und damit ein Produktionsausfall bedingt durch Reparaturen vermindert. Schädliche Beimengungen, z.B. Eisen, in den Produkten können vermieden und damit Verfahrenskosten gesenkt werden.

Da die mechanischen und korrosionschemischen Eigenschaften von Titan technischer Reinheit von den Beimengungen wie Sauerstoff, Stickstoff und Eisen abhängen, werden die verschiedenen Titansorten mit unterschiedlichen Festigkeitseigenschaften entsprechend den mechanischen und korrosionschemischen Anforderungen ausgewählt. Titanlegierungen höherer Festigkeit finden im chemischen Apparatebau, wenn hohe Festigkeitswerte verlangt werden und die notwendige Verarbeitung erfolgen kann, Anwendung. Außer Titan technischer Reinheit verwendet man in der chemischen Industrie das in saueren Medien korrosionsbeständige Titan mit einem Zusatz von 0,15% Palladium (vgl. Kap. 13.3, S. 397ff.).

Das Formänderungsvermögen bei der Verarbeitung oder Anwendung der einzelnen Titansorten wird durch deren Festigkeit, d.h. durch den Anteil an Beimengungen beeinflußt. Für Druckbehälter werden deshalb Titansorten höherer Festigkeit, für Auskleidungen und Teile, die eine hohe Umformung erfahren, Titansorten mit geringeren Anteilen an Beimengungen und damit niedrigerer Festigkeit aber hohem Formänderungsvermögen ausgewählt (vgl. Tab. 10.5, S. 224ff.).

Da bei Titan technischer Reinheit unter langzeitiger statischer Beanspruchung bereits bei Raumtemperatur und verstärkt bei erhöhter

Temperatur, insbesondere oberhalb 250 °C, ein Kriechen auftreten kann, liegt die zulässige, temperaturbezogene Beanspruchungsgrenze für den Druckbehälter- und chemischen Apparatebau wesentlich unterhalb der Streckgrenze (vgl. Tab. 10.8, S. 241). Es gelten Berechnungskennwerte, die die Verwendung von Druckapparaturen aus Titan technischer Reinheit meist auf 250 °C beschränken. Nur bei kleinen Reaktoren und in Sonderfällen beträgt die Wanddicke von Titanbehältern über 10 mm. Meist werden Stahlapparaturen mit Titan ausgekleidet. Im allgemeinen beträgt die Dicke der Auskleidungsbleche je nach Beanspruchung und Größe der Apparatur zwischen 1 und 2 mm. Für Auskleidungen von Behälterböden werden meist größere Blechdicken gewählt. Bei einer Beanspruchung der Auskleidung bei erhöhter Temperatur muß berücksichtigt werden, daß die Auskleidung nicht unmittelbar mit dem Stahl verschweißt und daß das Titan einen wesentlich geringeren Wärmeausdehnungsbeiwert als der Stahl besitzt. Für kleinere, vakuumfreie, drucklose Apparaturen werden Auskleidungen, die in Stahlbehälter lose eingelassen und nur an den Flanschen befestigt sind, verwendet. Größere Behälterabmessungen, wechselnde Druck- und Temperaturbeanspruchung verlangen eine Befestigung der Titanauskleidung am Stahlbehälter, z.B. durch Schockwellenschweißen mit Hilfe des Sprengplattierens (vgl. Kap. 19.7, S. 536). Eine Befestigung der Titanauskleidung kann auch in der Weise erfolgen, daß zunächst Titanbänder auf die Innenwand des Behälters durch Punktschweißen oder durch Verschrauben befestigt werden. Diese Bänder werden dann mit dem Titanhemd durch Punkt-, Rollnaht- oder Schmelzschweißen verbunden. Ein Durchschweißen auf die Unterlage aus Stahl oder Gußeisen muß aber in jedem Fall vermieden werden, da das sich bildende niedrigschmelzende Eutektikum zwischen der eisenreichsten intermetallischen Verbindung und dem Titan sehr unbeständig gegen Korrosion ist. Sprengplattierte Bleche der Paarung Titan–Stahl werden in Druckreaktoren oder in außenbeheizten Behältern bis etwa 500 °C und teilweise sprengplattierte Rohrplatten der Paarung Titan–Titan, die anschließend aufgeblasen werden, für Wärmeaustauscher in zunehmendem Maße eingesetzt.

Behälter mit Auskleidungen können z.B. für das Eindampfen oder für die Destillation oder für Umsetzungen in schwach salzsäure- oder anderen chloridhaltigen Lösungen verwendet werden, weiterhin für das Nitrieren organischer Stoffe mit Hilfe von Salpetersäure und für andere Umsetzungen mit oxidierenden Medien. Auch chromsäurehaltige Lösungen und solche mit Sulfidionen können in derartigen mit Titan ausgekleideten Behältern auf Reaktionstemperatur gebracht werden.

Ventileinsätze werden meist aus Titanblechen geschweißt oder aus gesenkgeschmiedeten Teilen hergestellt. Ventile aus Titan haben sich bei großer Dampfgeschwindigkeit und Rührer bei hoher Umlaufgeschwindigkeit als sehr beständig gegen Erosion erwiesen. Ebenso werden Pumpen in geschweißter Ausführung, Pumpenlaufräder auch als Guß, in großem Umfang verwendet. Wärmeaustauscher aus nahtlosen oder geschweißten Rohren oder in Form von Platten haben große Anwendung gefunden, z.B. für das Abkühlen von heißem feuchtem Chlorgas, von chloridhaltigen und schwefelsauren Medien oder von salpetersäurehaltigen Dämpfen, plattenförmige Wärmeaustauscher für den flüssig-flüssig-

Abb. 20.1a–c Azetaldehydanlage mit Titan technischer Reinheit ausgelegt.
Abb. 20.1a Gesamtansicht [*G 40a*].

Wärmetransport [*G 4d*, *K 4*, *C 47*, *C 48*, *K 47*, *R 88d*, *F 41a*, *K 42b*, *R 88h*]. Die Wände von durch Kaltpreßschweißung hergestellten Plattenwärmeaustauschern halten einen Oberflächendruck von 9 kp/cm^2 bei einer Durchflußmenge von 2250 l/min aus [*C 47*]. Die geringe Wärmeleitung des Titans wird in vielen Fällen durch die festhaftende Oxidschicht, die bei Tropfenbildung abstoßend wirkt und so eine Zwischenschichtbildung verhindert, wieder ausgeglichen. Die Wärmedurchgangszahl des Titans entspricht der von Kupfer-Nickel-Legierungen. Deshalb und wegen seiner guten Korrosionsbeständigkeit ist Titan auch besonders für eine Kühlung mit Meer- oder Brackwasser, z.B. bei Süßwassergewinnungsanlagen, geeignet [*F 11f*, *H 18a*].

Ein Anwendungsgebiet innerhalb der chemischen Grundstoffindustrie hat sich bei der katalytischen Oxydation von Kohlenwasserstoffen mit Hilfe von Kupfer und anderen chloridhaltigen Lösungen, die bei einem bestimmten pH-Wert als Katalysator dienen, ergeben. Die Katalyse erfolgt bei Temperaturen von etwa 150–200 °C, so daß die Apparaturen entsprechend ausgelegt sein müssen. In der Abb. 20.1a ist eine Anlage für die Gewinnung von Acetaldehyd, die weitgehend aus Titan gebaut wurde, wiedergegeben. Die Kolonnenteile (Abb. 20.1b) sind mit Titan ausgekleidet, die Rohre, Ventile und bei den Säurepumpen (Abb. 20.1c)

Abb. 20.1b Mit Titan ausgekleidete Kolonnenteile [*K 4*].

Abb. 20.1c Säurepumpe aus Titanteilen und Titanauskleidung bei der Montage [*K 4*].

der Rotor und der Stator bestehen aus Titan technischer Reinheit [*K 31b, K 68, G 40, K 32*]. Die Essigsäurereinigung erfolgt vielfach in Destillationskolonnen (Abb. 20.2), die in den meisten Fraktionsstufen einschließlich der Einbauteile aus Titan bestehen [*R 88a*]. Zwischenschichten, Böden und Einsätze bei Kolonnenteilen für Destillationsanlagen werden oft aus Gründen der Korrosion und Erosion aus Titan hergestellt. Dichtungen, insbesondere bei Anlagen, die einen erhöhten Druck aushalten müssen, können durch das Titan selbst erfolgen, so daß der Korrosionsschutz gewährleistet ist und keine Lokalelementbildung auftreten kann. Die Dichtung kann durch Zwischenringe oder einfaches Umbördeln der

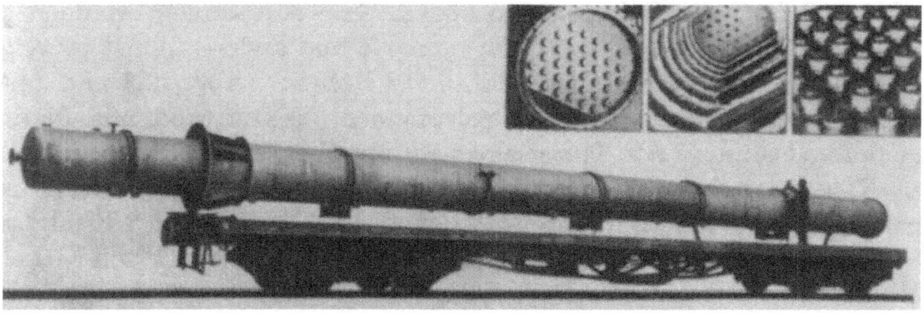

Abb. 20.2 Essigsäuredestillierkolonne von 1 m ∅ und 21,6 m Länge. Drei Schüsse von 9 m Länge sind in Titan, 3 mm dick, ausgeführt. Die restlichen 4 Kolonnenschüsse in rostfreiem Stahl CrNi 18-8. Die 58 Glockenböden und 2146 Glocken der Kolonne bestehen ebenfalls aus Titan [*R 88 a*].

Auskleidung in der Wärme (vgl. Kap. 17, S. 484ff.) hergestellt werden. Bei der Titanweißproduktion haben sich Heizschlangen aus Titan in 30%iger Schwefelsäure von 90 °C, die inhibierende Metallsulfate enthält, bewährt und den Wärmedurchgang gegenüber verbleiten Kupferschlangen um 30% erhöht. Für Harnstoffreaktoren, für die Rußgewinnung, für Entspannungstürme, z.B. mit 3 m ∅ und 8,2 m Länge für 120 °C und

Abb. 20.3 Röhrenaustauscher aus Titanrohren in Titanplatten eingeschweißt [*I 6b*].

Abb. 20.4 Hochdruckwärmeaustauscher aus nahtlosen Titanrohren von Titan technischer Reinheit ($\sigma_B \geq 47$ kp/mm²) der Abmessung 32 × 3 mm für 225 °C, 60 atü Rohrinnendruck und 25 atü Rohraußendruck (korrosives Medium in den Rohren) [*C 48f*].

13 atü [*C 48f*], die Chlorgas und andere Gase entspannen, werden Anlagen aus Titan gebaut. Die Chlorindustrie und andere Industriezweige verwenden in großem Umfang Titan für Röhren- (Abb. 20.3 und 20.4) und Plattenwärmeaustauscher, Solepumpen, Ventile und mit Platinmetalloxid ummantelte Titanelektroden für Quecksilberzellen.

Neben der chemischen Grundstoffindustrie wenden auch andere mit chemischen Verfahren arbeitende Industriezweige Titan mit Erfolg an. So hat sich z.B. ein Anwendungsgebiet bei der Aufarbeitung von Nickel-, Kupfer- und anderen Erzen ergeben, bei der salzsäurehaltige, erwärmte Lösungen zur Extraktion dienen. Dabei haben sich Pumpen und Rohrleitungen und Wärmeaustauscher aus geschweißten Rohren des Titans bewährt. Bei der Kupferelektrolyse dient Titanblech zur Herstellung von feinkörnigen Mutterblechen für die Kathoden.

In der Papier- und Bleichindustrie werden häufig Teile von Behältern, Kaskadengefäße, Temperaturmeßfühler, Heizrohre, Filterpressen und Pumpenteile, die mit Hypochlorit-, Chloritlösungen oder Chlordioxid in Kontakt kommen, aus Titan hergestellt. Auch Behälter, die Chlorat- oder Chlordioxidlösungen aufnehmen, sind – wenn sie aus Titan gebaut oder ausgekleidet sind – beständig. Zum Bleichen von Textilien mit Kupferchlorit und Chlorit haben sich Wannen, Heizschächte und titanummantelte Walzen von Bleichanlagen bewährt. Auch in der Lebensmittelindustrie macht man sich die Korrosionsbeständigkeit des Titans zunutze. Besonders bei stark salz- und säurehaltigen Konzentraten, die z.B. beim Eindampfen anfallen und bei denen 18/8-Edelstähle nicht mehr korrosionsbeständig sind, findet Titan Anwendung. Geschmack und Farbe der Produkte werden nicht verändert.

Weitere Anwendungsgebiete finden sich in der Rohöl und Petroleum verarbeitenden Industrie und bei Entsalzungsanlagen zur Herstellung von Süßwasser aus Meerwasser oder von Anlagen zur Herstellung von organischen Säuren. Dabei werden z.B. durch Plattierung mit Titan hergestellte Dünnschichtverdampfer (Abb. 20.5) verwendet [*B 61a*, *S 127*, *R 87c*, *K 49*, *M 64*, *R 88b*, *R 88c*, *K 4a*, *V 2a*, *S 71a*, *K 18a*, *T 19c*, *R 88m*, *W 77a*] (vgl. auch Kap. 13, S. 371 ff.).

Abb. 20.5 Dünnschichtverdampfer mit Mantel aus mit Titan sprengplattiertem Stahl der Paarung Kesselblech HI/Titan der Abmessung 15 + 5 mm von 940 mm ∅, 5500 mm Länge für 180 °C Anschlußteile rechts und links nicht plattiertes Titan [*R 88n*].

In den Bereichen der Oberflächentechnik, die mit wässerigen Elektrolyten arbeiten, wird Titan als Halterungs- und Elektrodenwerkstoff, als Badauskleidung und als Schutz für Heizkörper, z.B. in Entfettungs-, Entzunderungs-, Polier- und Glanzbädern, beim anodischen Oxydieren von Aluminium, bei Verchromen, Vernickeln, Verkupfern, Verkadmen, Versilbern, Vergolden u.a. Verfahren, sofern keine Fluorionen vorhanden sind, verwendet. Für das anodische Oxydieren von Aluminium werden die Kontakte der Aluminiumgestelle oder die gesamten Gestelle aus Titan hergestellt. Die Kontaktspitzen aus Titan verschleißen während der anodischen Oxydation nicht. Dadurch wird eine bessere Stromausbeute gewährleistet und es treten weniger Betriebsstörungen auf. Die Kontaktflächen müssen allerdings dem zu übertragenden Strom entsprechen und dürfen nicht zu klein sein. Titanfederhalterungen können wegen des höheren Elastizitätsmoduls des Titans um etwa 50% kleiner gehalten werden, als die bisher verwendeten Aluminiumfedern, sofern es die Strombelastung zuläßt. Halterungen aus Titan werden auch bei anderen Oberflächenbehandlungsverfahren angewandt. Beizbäder oder Glanzbäder haben, da kein Metall aus der Halterung gelöst wird, eine längere Lebensdauer. In diesen Fällen hat sich Titan besonders in chromat- und salpetersäurehaltigen Bädern, mit Ausnahme von rauchender Salpetersäure, in Phosphorsäurebädern und in Salzsäure- und Schwefelsäurebädern niedriger Konzentration (vgl. Tab. 13.1, S. 372ff.) z.B. als Haken oder Korb für die Anode und gleichzeitig als Stromleitung beim Vernickeln oder bei der Herstellung von MnO_2 bewährt. Darf das Bad keinen Anodenschlamm oder Fremdionen aus einer löslichen Anode enthalten, so kann man dies durch Verwendung von Titankörben in Anodenbeuteln aus Baumwolle oder synthetischen Fasern, welche die Körbe stramm umschließen oder durch eine unlösliche platinierte Titananode erreichen.

Bei sehr hohen Stromdichten, wie sie hauptsächlich beim elektrolytischen Polieren auftreten können, werden leitende Kupferteile mit Titan überzogen, wodurch der elektrische Widerstand vermindert wird und keine Überhitzung des leitenden Materials aus Titan auftritt. Auch Trommeln aus Titan zum anodischen Polieren von Kleinteilen haben sich bewährt. Sie sollten im Bad ständig unter Strom stehen, damit keine kathodische Polarisation auftreten kann [*K 69*, *K 68*, *W 28*, *R 88u*, *R 88q*].

Bei der Feuerverzinkung kann Titan als Gestellwerkstoff anstelle von Eisen verwendet werden. Titan wird von geschmolzenem Zink bei den üblichen Badtemperaturen nicht benetzt (vgl. Kap. 13.4, S. 405).

Platiniertes Titan dient in sauren Edelmetallbädern als unlösliche Anode, ebenso in Verchromungsbädern, sauren Kupfer- und Aktivierungsbädern für die Stromzuführung, als Kathode bei der Chloralkalielektrolyse. Platinierte Titanelektroden werden weiterhin bei der elektrolytischen

Chloraterzeugung und zum kathodischen Korrosionsschutz von Erdöl- und Wasserleitungen, Tankern, Warmwasseranlagen und in der chemischen Industrie eingesetzt. Das platinierte Titan weist nur etwa 1/4 der Durchbruchsspannung des nichtplatinierten Titans auf. Von diesen Anoden können sehr hohe Ströme zum Schützen großer Oberflächen, z.B. an Schiffen oder Häfen, ausgeschickt werden. Die Anoden haben in stark korrodierenden Medien, z.B. in Seewasser, eine sehr hohe Beständigkeit, so daß der Schutz gewährleistet bleibt. Die Abb. 20.6 zeigt einen Schnitt

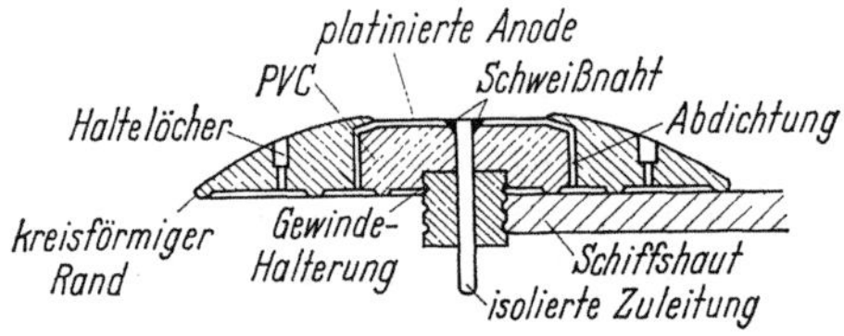

Abb. 20.6 Schema eines Querschnitts durch eine platinierte Titananode für den kathodischen Schutz von Schiffen [*P 46*].

durch eine derartige Titananode. Die Stromstärken für den kathodischen Schutz betragen bei gestrichenen Eisenflächen ~30 mA/m² für stillliegende, ~40 mA/m² für fahrende Schiffe und 50–70 mA/m² bei Bauteilen in Brackwasser, Flußmündungen und anderen Gewässern mit einer gegenüber Meerwasser geringeren Leitfähigkeit [*S 117, C 55, R 62a, P 46, K 7, K 33, R 88c, K 92b, H 11b, T 33*].

20.2 Anwendung von Titan im Flugzeug- und Flugkörperbau

Wegen der zunehmenden Geschwindigkeit der Flugzeuge und Flugkörper bis weit über die Schallgrenze hinaus, mußten die vorher meist verwendeten Aluminiumlegierungen infolge der durch die stärkere Luftreibung erhöhten Temperatur im Flugzeug- und Flugkörperbau vielfach durch andere Werkstoffe, insbesondere auch durch Titan und Titanlegierungen ersetzt werden. Das niedrige spezifische Gewicht dieser Werkstoffe von etwa 4,5 g/cm³ verbunden mit der hohen Warm- und Dauerfestigkeit, einer guten Kriechbeständigkeit bis zu Temperaturen von etwa 550 °C, der geringen Anfälligkeit gegen Rißfortpflanzung bei Schlag- und Stoßbeanspruchung sowie dem ausgezeichneten Korrosions- und Erosionsverhalten, haben die Verwendung von Titansorten technischer Reinheit höherer Festigkeit und von Titanlegierungen im Triebwerks- und Zellenbau begünstigt.

Die große strategische und wirtschaftliche Bedeutung der Luft- und Raumfahrt führte in einem entscheidenden Anteil zur Verwendung von Titan und Titanlegierungen in allen Ländern mit eigener Luftfahrtindustrie. So war auch der Produktionsrückgang im Jahre 1958 (vgl. Abb. 0.1, S. 2) um rund 50% in den USA, dem führenden herstellenden Land, der Entscheidung zuzuschreiben, den Schwerpunkt vom Bau bemannter Flugzeuge auf den Bau unbemannter Flugkörper und von Raumfahrzeugen zu verlagern. Die Einschränkung der Serie des strategischen Bombers B 52, der mit 8 Triebwerken Pratt & Whitney J 57 ausgerüstet war, die jeweils 1,6 t Titanhalbzeug benötigten, zusammen mit dem Bedarf von 630 kg Titanhalbzeug für die Zelle, bewirkte einen Produktionsausfall von 13,4 t Titanhalbzeug für jedes annullierte Flugzeug, was mehr als 0,3% der damaligen Jahresproduktion von Titanhalbzeug in den USA entsprach [*T 30*]. Infolge der Entwicklung im Raketen- und Raumfahrzeugbau, der zunehmenden Anwendung in anderen Triebwerken höherer Leistung sowie im Flugzeugzellenbau, stieg der Verbrauch von Titan in den nachfolgenden Jahren im Flugzeug- und Flugkörperbau erneut schnell wieder an [*L 34f*].

Wie die Tab. 20.1, S. 540, zeigt, wird ein großer Anteil des Titanhalbzeuges für den Bau von Flugtriebwerken verwendet. Der Anteil im Triebwerk hängt von dessen Größe und Leistung ab. Er erreicht in Unterschalltriebwerken bis zu 30% des Triebwerkgewichtes. Bei diesen Triebwerken kann eine Gewichtsverminderung im Triebwerk (je nach Lage des Triebwerkes im Flugzeug) eine 4- bis 8fache Gewichtsverminderung in der Zelle verursachen. So ermöglicht z.B. eine Verminderung des Gewichtes eines Triebwerkes um 600 kg durch Verwendung von Titan und Titanlegierungen bei vier Triebwerken eines großen Unterschallflugzeuges eine zusätzliche Beförderung von 120 Passagieren oder einer entsprechenden Menge Treibstoff [*G 0, J 15a*].

In die Triebwerke werden hauptsächlich Gesenkschmiedeteile und Blechkonstruktionen im Verdichterteil eingebaut [*P 16, S 66, J 15a*]. Im Triebwerk PW J 57 (Abb. 20.7), einem der ersten mit Werkstoffen

Abb. 20.7 Schnitt durch das Triebwerk Pratt und Whitney *J 57* mit neunstufigem Vorverdichter aus Titanlegierung und Triebwerksverkleidung aus Titan technischer Reinheit [*S 64*].

des Titans ausgestatteten Triebwerke, bestanden bereits die Schaufeln und Scheiben des neunstufigen Vorverdichters aus TiAl6V4, die Distanzringe und Gehäuseteile aus Blech der Legierung TiAl5Sn2,5. Von den vielen Flugtriebwerken, die seither in den USA von Pratt & Whitney [*S 64, L 59, T 18, B 77a, B 77b*], von General Electric [*G 0*] und in

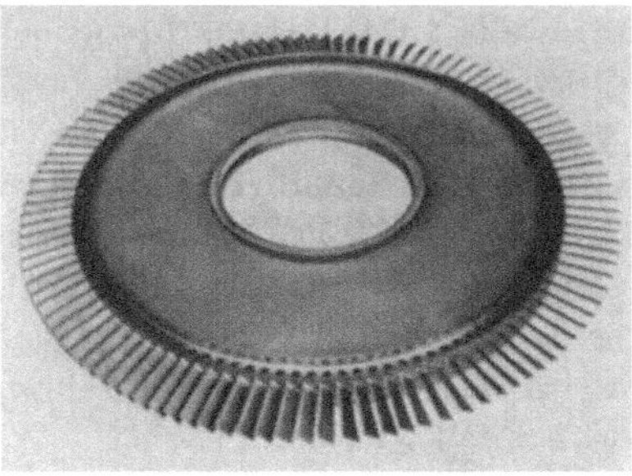

Abb. 20.8 Kompressorstufe, Rad und Schaufeln aus Titanlegierung (Rolls-Royce-Triebwerk Avon) [*C 39, I 5a*].

Europa von Rolls Royce mit Titan und Titanlegierungen bestückt wurden, ist in Abb. 20.8 eine Kompressorstufe aus Titanlegierung des Rolls-Royce-Triebwerkes Avon wiedergegeben, bei dem die Stufen 9–12 aus Titanlegierungen bestehen [*C 39*]. In dem Olympus-593-Triebwerk für das Überschallflugzeug Concorde werden 11 Statoren und 10 Rotoren aus Titanlegierungen gefertigt, wobei die ersten Stufen aus TiAl6V4 und

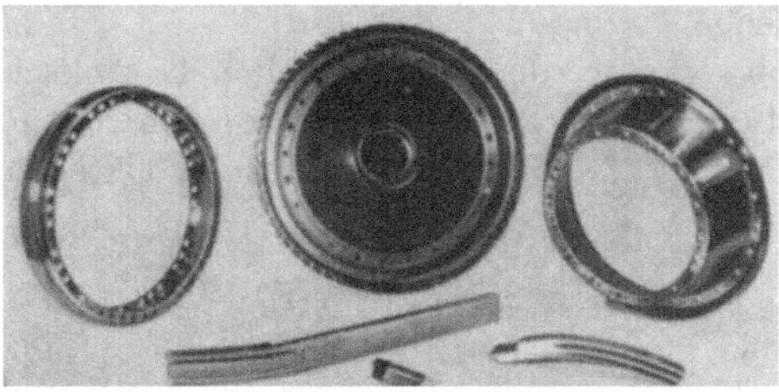

Abb. 20.9 Schmiedeteile: Verdichterscheibe aus TiAl6V4, Verdichterschaufel aus TiAl8Mo1V1, Distanzringe aus TiAl5Sn2,5 und Stellhebel aus TiAl6V4 für Svenska-Flygmotor RM 8 [*R 88k*].

die weiteren Stufen aus TiAl6Zr5Mo0,5Si0,2 bestehen [*M 65a*]. Abb. 20.9 zeigt Teile des von Svenska Flygmotors mit Nachbrenner weiterentwickelten Pratt & Whitney-Triebwerkes RM 8, dessen Verdichterscheiben und Niederdruckverdichterschaufeln mit TiAl6V4, dessen Hochdruckverdichterschaufeln mit TiAl8Mo1V1 und dessen Distanzringe und Triebwerksummantelung mit TiAl5Sn2,5 und Titan technischer Reinheit ausgelegt worden sind [*R 88k*].

Die Tab. 20.2 gibt die Abhängigkeit der Lufteinlaß- und -auslaßtemperatur des Verdichters von Axialturbinen von der Fluggeschwindigkeit wieder. Bei einer Geschwindigkeit von über Mach 2 können bei einer Verdichtung höher als 1:9 Titanlegierungen wegen der auftretenden

Tabelle 20.2. *Einfluß der Fluggeschwindigkeit auf die Lufteintritts- und Luftaustrittstemperaturen von Verdichtern mit unterschiedlicher Kompression von Triebwerken (Axialturbinen)* [*G 1*]

Geschwindigkeit in Mach	Eintritts-temperatur [°C]	Austrittstemperatur bei Verdichtung [°C]		
		1 : 6	1 : 9	1 : 12
1,5	60	330	405	475
2,0	130	430	500	575
2,5	210	500	560	640
3,0	320	540	595	665

Temperaturen nicht mehr verwendet werden [*G 1*]. Für die im Triebwerkbau in wärmeren Bereichen eingesetzten Titanlegierungen gelten maximale Auslegungstemperaturen, die für TiAl5Sn2,5 bei 315 °C, für TiAl6V4 bei 350 °C, für TiAl8Mo1V1 bei 400 °C, für TiAl6Zr4Sn2Mo2 und TiAl6Zr5Mo0,5Si0,2 bei 450 °C liegen, wobei die Legierungen kurzfristige Überhitzungen von 80 °C aushalten können [*W 43a, I 10*]. Die maximal zugelassene Betriebstemperatur für Titanlegierungen im Triebwerkbau lag 1955 bei 315 °C, 1970 bei etwa 400 °C und soll bis 1980 auf über 480 °C gebracht werden [*D 31, W 43a*].

Die großen Bläsertriebwerke mit 20 Mp und höherem Schub, wie Pratt & Whitney JT 9 D (Abb. 20.10), General Electric TF 39 (Abb.

Abb. 20.10 Bläser und Verdichter des JT9D-Triebwerkes, das zu 28% des Fluggewichtes aus Titan und Titanlegierungen besteht. Bläser aus TiAl6V4, Verdichter mit zunehmender Temperatur aus TiAl6V4, TiAl8Mo1V1 und TiAl6Zr4Sn2Mo2 [*T 19b*].

20.11) oder Rolls Royce RB 211, haben Bläserschaufeln bis über 750 mm Schaufellänge und über 180 mm Schaufelbreite aus TiAl6V4 mit 30 bis 40 Einheiten je Satz. Während im Mitteldruckverdichter dieser Triebwerke wie in vielen kleineren Triebwerken der Schaufel- und Scheibenwerkstoff überwiegend aus TiAl6V4 besteht, werden im Hochdruckverdichter wegen der hohen Temperaturbeanspruchung die Titanlegierungen TiAl6Zr4Sn2Mo2 oder TiAl6Zr5Mo0,5Si0,2 verwendet [*J 15a*, *T 19b*, *R 88k*]. Tab. 20.3 enthält weitere Angaben über die Anwendung von Titan und Titanlegierungen im Triebwerkbau.

Abb. 20.11 Teile aus Titan und Titanlegierungen für das TF39-Bläsertriebwerk.
1. Stufe 1 des Bläserrotors, 2. Stufe 1 des Bläserstators, 3. Stufe 2 des Bläserrotors, 4. Stufe 2 des Bläserstators, 5. Bläserverkleidung, 6. Hochdruckverdichter Rotor, 7. Hochdruckverdichter Stator [*J 15a*].

Im Flugzeugzellenbau liegen die im allgemeinen auftretenden Temperaturen weit niedriger. Deshalb genügt häufig Titan technischer Reinheit für die Herstellung des notwendigen Halbzeuges, das bis zu 40% des Anteiles des Titans aus Schmiedeteilen bestehen kann. Es handelt sich meist um Verbindungselemente, Beschläge, Spantteile, Holme, Hebel, Bremsbacken, Fahrwerkteile und Schrauben, Landeklappenführungsteile oder um Teile für die Hydraulik, die bis etwa 300 °C beansprucht werden. In den Bereichen hoher Luftreibung bei Machzahlen bis etwa 2,5 an Rumpfspitze, Leitwerk- und Flügelkanten und im Bereich der Triebwerke erfolgt die Beplankung ebenfalls durch Titan technischer Reinheit ($\sigma_B \sim 55$ kp/mm²) oder durch Titanlegierungen, wobei der niedrige E-Modul beim Übergang in eine Aluminiumbeplankung von Vorteil ist. Bei Machzahlen > etwa 2,5 wurden z.B. bei dem Raketenflugzeug X 15 oder dem Triebwerkflugzeug A 11 die gesamte Beplankung aus Titan oder Titanlegierungen hergestellt. Neben Titan technischer Reinheit aller Festigkeitsstufen wurde vorzugsweise die Legierung TiAl6V4, z.B. für die gesamte Beplankung des Aufklärungsflugzeuges A 11 (Abb. 20.12), mit einer Fluggeschwindigkeit von über 2,5 Mach als

Tabelle 20.3. *Anwendung von Titan und Titanlegierungen in der Luft- und Raumfahrt* [*S 64, C 9a, D 24a, M 65a, W 43a, J 15a, J 25, G 0, W 37, M 70f, C 22b, I 6c, R 88k*]

Anwendungen	Werkstoff								
	Ti (σ_B = 55 kp/mm^2)	TiCu2	TiAl5Sn2,5	TiAl8Mo1V1	TiAl6V4	TiAl6V6Sn2	TiAl7Mo4	TiAl6Zr4Mo2Sn2	TiAl6Zr5Mo0,5SiO0,25
Triebwerk									
Verdichterlaufschaufeln		×		×	×			×	×
Verdichterleitschaufeln		×	×						
Verdichterscheiben				×	×		×	×	×
Ringe		×	×					×	×
Einlaufapparat		×	×						
Beschläge		×	×	×	×			×	×
Schrauben					×				
Öltank	×								
Verkleidung	×	×	×						
Nachbrennerverkleidung			×						
Brandschotte	×		×						
Zelle und Fahrwerk									
Spanten, Holme			×	×	×	×			
Beschläge					×	×	×		
Anschlußbeschläge					×	×	×		
Fahrwerksteile					×	×	×		
Schrauben					×	×			
Beplankung	×		×	×	×	×			
Heißwindleitungen	×	×	×						
Hubschrauber									
Blattanschlußbeschläge					×				
Kabinenboden		×	×						
Antriebswelle					×	×			
Getriebeteile					×				
Triebwerksaufhängung					×	×			
Rotorkopf					×	×			
Brandschotte	×		×						
Raketenbau									
Düsen und Düsenschürze			×					×	
Brennkammergehäuse					×				
Treibstoffdruckbehälter			×		×	×			
Beschläge					×	×	×		
Strukturteile			×				×		
Raumfahrt									
Strukturteile					×	×			
Traggestell			×		×				
Ringe			×						
Druckbehälter			×		×				

Werkstoffe eingebaut. Die Legierung TiAl6V6Sn2 dient u. a. für Schmiedeteile des Fahrwerks des Unterschallflugzeuges Boeing 747 [*C 45, R 27, R 6, C 9a, J 22c, T 19c, W 37, L 24a, R 88k, R 27a*].

Auch die Teile, die durch das Triebwerk oder die heißen Auspuffgase erwärmt werden, sind häufig aus Titan oder werden mit Titan verstärkt.

Abb. 20.12 Aufklärungsflugzeug A 11 für eine Geschwindigkeit von 2,5 Mach mit Beplankung aus TiAl6V4 [*J 22c*].

Bei Brandschotten und Triebwerksgehäusen haben sich die niedrige Wärmeleitfähigkeit und die hohe Entflammungstemperatur als vorteilhaft erwiesen [*C 80, S 66, T 18*]. Auch für hydraulische Anlagen [*C 45*], Enteisungsvorrichtungen, Heißwindleitungen und für andere Teile werden Titan und Titanlegierungen z. T. als Gußstücke [*S 105a*] verwendet (vgl. Tab. 20.3).

Abb. 20.13 Spanabhebend verarbeitetes Schmiedestück für einen Sikorsky-Hochleitungshubschrauber aus Titanlegierung [*B 81*].

Beim Bau von Hubschraubern und beim Bau von Senkrechtstartern finden in zunehmendem Maße neben Titan technischer Reinheit für Blechkonstruktionen ebenfalls die Legierungen TiAl6V4 und TiAl6V6Sn2 für Schmiedestücke Anwendung, z. B. als Blech für Brandschotten und Kabinenböden, als Schmiedestücke für Flanschwellen, Rotorblattanschlüsse, Haupt- und Heckrotorköpfe sowie für Planetenträger und für

Verbindungselemente, Nieten und Schrauben. Abb. 20.13 zeigt z.B. einen Rotorkopf des Hubschraubers Sikorski CH 53a mit einem Schmiedegewicht von 350 kg und 1,50 m Durchmesser (vgl. auch Tab. 20.3) [*B 81, M 41a, A 26a, W 20*].

Im Flugkörperbau macht man sich neben dem niedrigen spezifischen Gewicht hauptsächlich die geringe Empfindlichkeit der mechanischen

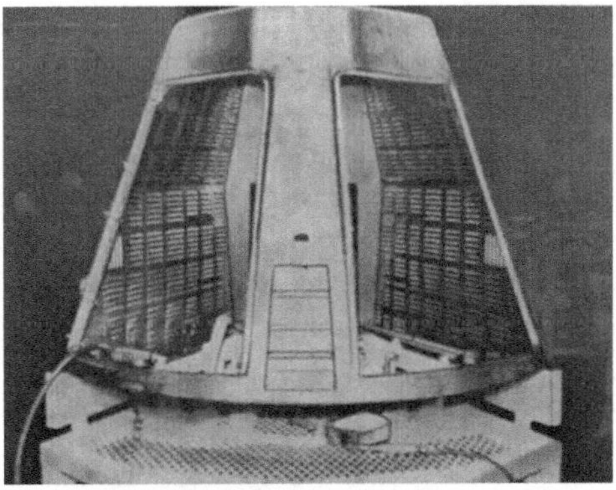

Abb. 20.14 Schnitt durch eine Gemini-Raumkapsel aus Titanblechen und geschmiedeter Titanlegierung TiAl5Sn2,5 [*C 82b*].

Abb. 20.15 Außenhaut aus TiV13Cr11Al3 der dritten Stufe der ELDO-A-Rakete [*B 53c*].

Eigenschaften gegenüber einer Temperaturwechselbeanspruchung, die günstigen mechanischen Eigenschaften bei sehr tiefen Temperaturen und die geringe Wärmeleitfähigkeit neben dem guten Dämpfungsvermögen zunutze [*F 23*]. So bestand z.B. die Außenhaut eines NASA-Satelliten, der ein 36-inch-Teleskop trug und etwa 1,6 t wog, aus Titan [*B 89*]. Wesentliche Teile der Mercurykapsel wie Rippen und Verkleidung mit einem Anteil von 320 kg bei einem Gesamtgewicht von 1 t bestanden ebenfalls aus TiAl5Sn2,5 und Titan [*C 82a, J 8, R 88k*]. Auch bei der größeren Weltraumkapsel des Geminiprojektes (Abb. 20.14) und des Apolloprojektes wurde der Haupttragering und die Spanten aus TiAl5Sn2,5 und die Verkleidung aus Titan hergestellt [*C 82b, V 1a*]. Die Außenhaut der ELDO-Rakete Europa I (Abb. 20.15) bestand aus der Legierung TiV13Cr11Al3 [*K 65*]. Titanlegierungen, vorzugsweise TiAl6V4, werden weiterhin zum Bau von Druckgas- oder Brennstoffbehältern, die z.B.

Abb. 20.16 Druckbehälter aus TiAl6V4, sowie Düsenende aus Titan in einer Ablestar-Rakete [*T 18*].

Helium oder Wasserstoff aufnehmen sollen, verwendet. Die Sicherheitsfaktoren müssen wegen der erforderlichen Gewichtsersparnis sehr niedrig gehalten werden, so daß die Beanspruchung z.B. nur 10% unter der Streckgrenze liegt. Infolge des geringen Sicherheitsbereiches ist neben einer genauen Erprobung eine sehr präzise Herstellung der dünnwandigen Behälter notwendig. Bei der Fertigung sorgen Stützringe dafür, daß die Wandungen nicht einknicken. In der Abb. 20.16 sind derartige Druckgasbehälter aus TiAl6V4 der Rakete Ablestar wiedergegeben. Das Düsenende besteht aus Titan. Im Apolloraumschiff sind z.B. 13 als Halbschalen geschmiedete und geschweißte Druckbehälter aus TiAl6V4 (mit niedrigem Sauerstoffgehalt) für das oxydierende Medium des Treibstoffes enthalten [*C 81, T 18, J 25*].

20.3 Titan als Gettermetall

Die Neigung des Titans mit Gasen zu reagieren, kann man zur Entfernung derartiger Gase verwenden. Das Titan dient in diesem Fall als Getter. So werden zum Beispiel bei Getter- oder Ionengetterpumpen zur Erzeugung eines Hoch- oder Höchstvakuums die Gase mit Titan gegettert. Gehalte an Kohlenstoff, Wasserstoff und Chlor im Titan können dabei stören, da sie Salzsäure oder Methan bilden oder elementar frei werden und dadurch den Gesamtgasdruck herabsetzen [*K 36, C 13a*].

In der Tab. 20.4 ist die Getterkapazität von Titan in µl/mg und in Tab. 20.5 im Atomverhältnis Titan zu Gas wiedergegeben. Mit zunehmender Temperatur wird die Getterkapazität erhöht und weniger Titanatome

Tabelle 20.4.
Getterkapazität von Titan in µl/mg in Abhängigkeit von der Temperatur [*K 36*]
(*— nicht gemessen, + qualitativ nachgewiesen*)

Gas	20 °C	300 °C	700 °C	1000 °C
H_2	600	+	+	+
O_2	45	+	+	+
N_2	5,1	23	60	150
Co_2	7,5	—	30	120
CO	10	—	40	113
H_2O	5	+	—	—

Tabelle 20.5. *Getterkapazität von Titan in Atomverhältnissen*

Gas	20 °C	300 °C	700 °C	1000 °C
Ti:H	0,3:1	+	+	+
Ti:O	4:1	+	+	+
Ti:N	36:1	7,7:1	3:1	1,2:1
Ti:CO_2	50:1	—	12:1	3:1
Ti:CO	36:1	—	9:1	3,3:1
Ti:H_2O	72:1	+	—	—

für die Abgetterung von jeweils einem Atom oder Molekül Gas notwendig. Bei der Getterung von Wasserstoff treten dadurch Schwierigkeiten auf, daß der Wasserstoff einen hohen Gleichgewichtspartialdruck aufweist (vgl. Kap. 12.1, S. 342), so daß bei einer bestimmten Temperatur das Endvakuum durch den Wasserstoffgehalt des Titangetters bestimmt wird.

Während bei den Getterpumpen nur die aktiven Gase, die im Titan sich lösen oder mit ihm reagieren, entfernt werden können, ist mit Hilfe der Ionengetterpumpen auch eine Entfernung der inerten Gase möglich. Der Getterspiegel dient bei diesen Pumpen gleichzeitig als Ioneneinfangfläche, die laufend erneuert werden kann, indem neues Titan aufgedampft wird. Abb. 20.17 zeigt eine Ionengetterpumpe, bei der die in der Mitte stehende Ionisierungselektrode von 9 Titanverdampfern umgeben ist. Die Pumpgeschwindigkeit dieser Pumpe beträgt z.B. für Stickstoff 1000 l/sec bei 10^{-5}–10^{-8} Torr [*A 10*]. Die guten Gettereigenschaften des Titans neben der Verbindungsmöglichkeit mit keramischen Werkstoffen wird beim Bau von kleinen Röhren, bei denen das Titan gleichzeitig zur Getterung und als Anode dient, ausgenützt. In Abb. 20.18 wird ein Schnitt durch eine derartige Miniaturröhre, die eine Höhe von 9 mm

Abb. 20.17 Ionengetterpumpe mit Titan als Gettermaterial [*L 30a*].

und einen Durchmesser von 8 mm aufweist, wiedergegeben. Derartige Röhren können z. B. in Empfangs-, Sende-, Bild-, Kamera-, photoelektrischen Zähler-, Schalt-, Spannungsregler- und Kathodenstrahlröhren Verwendung finden [*C 78c, R 90*]. Um den Ausdehnungskoeffizienten der Keramik gegenüber dem Titan möglichst klein zu halten, verwendet man speziell Forsteritsorten. Aus diesen Werkstoffen hergestellte Dioden arbeiten auch bei hohen Temperaturen, so z. B. über 2000 h bei 600 °C, 200 h bei 700 °C und mehrere Stunden bei 900 °C [*B 29*].

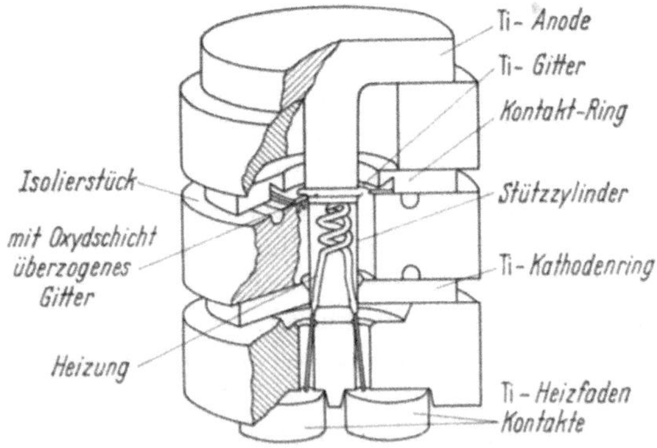

Abb. 20.18 Metallkeramik-Mikroröhre bis 900 MHz. Bandbreite 10 MHz (9 mm hoch, 8 mm breit) mit Teilen aus Titan [*C 78c, R 90*].

20.4 Sonstige Anwendungsgebiete

Das niedrige spezifische Gewicht und das gute Verhalten gegen Erosion, besonders gegen Tropfenschlag, läßt die Verwendung von Titanlegierungen erfolgreich in den Endstufen von Dampfturbinen zu. Dort werden Schaufeln bis über 1000 mm Blattlänge benötigt, bei denen das niedrige spezifische Gewicht infolge der hohen Fliehkraft von Vorteil ist. Der aus dem kondensierenden Dampf sich bildende Tropfenschlag verursacht bei den bisher üblichen Schaufelwerkstoffen eine starke Erosion. Aus dem gleichen Grund kann Titan auch die Leistung von Hochleistungszentrifugen erhöhen [*C 78d*]. In pharmazeutischen und technischen Laboratorien haben Ultrazentrifugen aus Titanlegierungen, meist aus TiAl6V4, Eingang gefunden. Dadurch läßt sich die Nenndrehzahl gegenüber Stahl oder Aluminium z. B. um etwa 75 % auf 70000 U/min erhöhen.

Ein weiteres Anwendungsgebiet sind Sonotroden für das Ultraschallschweißen von Folien aus thermoplastischem Kunststoff, z. B. in der Verpackungsindustrie, die aus Titanlegierungen, vorzugsweise TiAl6V4 und TiAl7Mo4, hergestellt werden. Das günstige Dämpfungsverhalten und die hohe Festigkeit verursachen eine kontrollierte Umwandlung von Schallenergie in Wärme zum Schweißen der Thermoplaste [*C 48g, I 6c*].

Bei Navigations- und Standortbestimmungsgeräten höchster Genauigkeit wird Titan u. a. für Kreiselbauteile und Trägheitsplattformen wegen seines unmagnetischen Verhaltens und seiner Seeluft- und Wasserbeständigkeit in der Schiffahrt, im Flugzeug- und Satellitenbau verwendet. Auch Gehäuse für γ-Strahlen-Meßsonden wurden für Forschungszwecke zur Messung der Radioaktivität in bis zu 6000 m Meerestiefe aus TiAl6V4 wegen der hohen Festigkeit bei geringer Wanddicke und damit niedriger Massenabsorption sowie dem unmagnetischen Verhalten gebaut [*C 48g*].

In Rennwagen, Rennmotorrädern sowie auch Sportwagen werden die Gewichtsvorteile von Titan technischer Reinheit und von Titanlegierungen überall dort, wo große Massenkräfte und starke dynamische Belastungen auftreten, ausgenutzt. Pleuelstangen aus TiAl6V4 und TiAl7Mo4 ermöglichen höhere Drehzahlen und damit höhere Motorleistung. Das Verhältnis von Leistung zu Gewicht konnte außerdem durch Verwendung von Titanlegierungen in Nockenwellen, Gestängen, Auspuffanlagen, Federtellern, Fahrgestellfedern, Schrauben, Muttern und anderen Teilen gegenüber Stahl erhöht werden. Bei reibungsbeanspruchten Teilen kann die Oberfläche durch Eindiffusion von Sauerstoff und/oder Stickstoff gehärtet werden [*W 84, G 49, R 88v, R 88t*]. Titan wird auch für Rennfahrräder, für Rennschuhspikes und in Verbindung mit seiner Seewasserbeständigkeit in Rennbooten und Segeljachten verwendet. In der Kernreaktorindustrie macht man sich die während und nach einer selbst starken Bestrahlung nur sehr gering auftretende Strahlungsaktivität mit zudem nur kurzer Halbwertszeit neben der guten Korrosionsbeständigkeit zunutze und baut Wärmeaustauscher, Rohrleitungen und sonstige wichtige Teile, die der Bestrahlung ausgesetzt werden, und die fester als Aluminium sein müssen, aus Titan.

In der Medizin wird die Verträglichkeit des Titans mit Gewebe beim Einsetzen von Implantaten ausgenützt, um Knochenverbindungen durch Nägel, Schrauben oder Zwischenstücke herzustellen [*C 79, H 52b, H 56a, R 38b, F 40b*]. Abb. 20.19 gibt Teile von künstlichen Hüftgelenken und anderen Implantaten, die aus Titan hergestellt werden, wieder [*I 6b*].

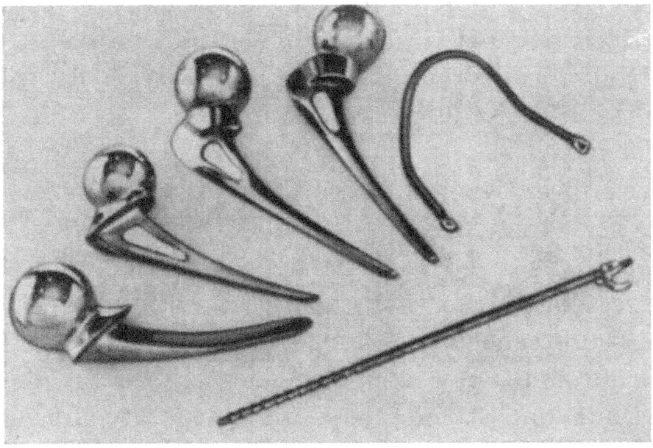

Abb. 20.19 Teile von künstlichen Hüftgelenken und andere Implantate aus Titan [*I 6b*].

Auch werden künstliche Glieder und Aortaventile aus Titan hergestellt, da diese leichtbeweglich, gegen Blutflüssigkeit korrosionsbeständig [*T 19*] und mit Blut verträglich sind [*S 43a*]. Das niedrige spezifische Gewicht hat die Hersteller von Photoapparaten dazu veranlaßt, schnell bewegliche Verschlüsse aus Titan zu verwenden. Auch für die Textilindustrie werden schnell zu bewegende Teile aus Titan oder Titanlegierungen gefertigt.

Auf verschiedenen Gebieten der militärischen Ausrüstung des Heeres hat man versucht, das zu transportierende Gewicht durch Verwendung von Titan und Titanlegierungen zu verringern, nachdem sich bei Beschußproben auch Schweißnähte als zäh und nicht splitternd erwiesen [*C 78b, K 26c*]. In der Marine wird die gute Korrosionsbeständigkeit auch unter pflanzlichem oder tierischem Bewuchs und die hohe Dauerfestigkeit in Seewasser, z.B. für tragende Teile von Hüllen für Tieftauchboote, für Federn, Schiffsschrauben u.a. Teile ausgenutzt [*F 11e, W 60o, F 11g, E 0c*].

Auf der Suche nach supraleitenden Werkstoffen, die auch bei hohem elektrischem Strom und in einem starken Magnetfeld ihre Supraleitfähigkeit nicht verlieren, hat man in den Titan-Niob-Legierungen (vgl. Kap. 4.22, S. 78ff.) Werkstoffe gefunden, die z.B. bei der Zusammensetzung TiNb50 im supraleitenden Zustand Magnetfelder von 10 Tesla erzeugen können [*J 26*]. Die Abb. 20.20 zeigt ein Bauteil eines durch Kupferumhüllung von TiNb50-Drähten vollstabilisierten Magneten für ein Feld von 5 Tesla für eine große Wasserstoffblasenkammer der CERN.

Abb. 20.20 Montage einer vollstabilen supraleitenden Spulenhälfte für große europäische Wasserstoffblasenkammer. Abmessung des Mehrfachleiters 8,8 × 3 mm aus Kupfer mit 32 Drähten zu je 0,2 ∅ aus TiNb50 (Aufnahme durch CERN, Genf).

21. Binäre Systeme

Die im folgenden wiedergegebene Übersicht über binäre Systeme des Titans soll als Ergänzung zu der Zusammenfassung von M. HANSEN und K. ANDERKO „Constitution of Binary Alloys", 1958 [*H 14*], R. P. ELLIOTT, First Supplement 1965 [*E 6*], F. A. SHUNK, Second Supplement 1969 [*S 72b*] und E. K. MOLČANOVA „Phasendiagramme von Titanlegierungen", 1964 [*M 89*], dienen. Dort bereits beschriebene Untersuchungen sind nicht aufgeführt. Technisch wichtige, im bisherigen Text noch nicht mitgeteilte und neu aufgestellte Zustandsschaubilder, ferner wichtige Phasengleichgewichte und -umwandlungen, sind wiedergegeben.

Ti–Ag

Das Zustandsschaubild Titan–Silber ist insbesondere für die Untersuchung von Lotverbindungen mit Silberlot wichtig und in Abb. 21.1 zusammengefaßt worden.

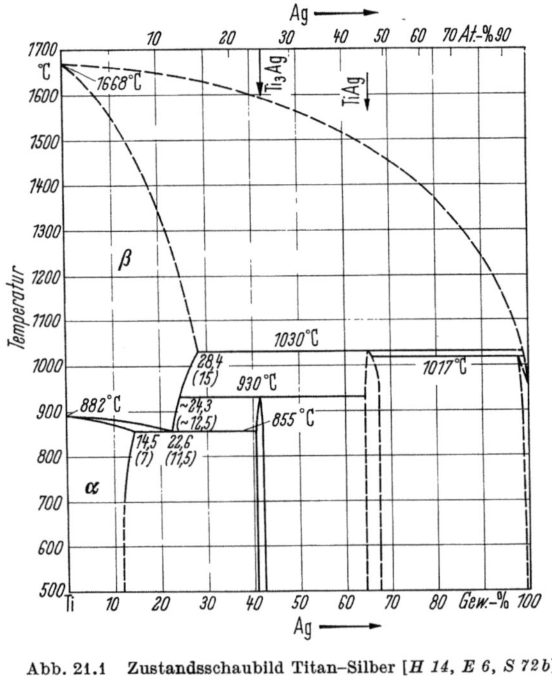

Abb. 21.1 Zustandsschaubild Titan–Silber [*H 14, E 6, S 72b*].

Ti–Al

Die gemäß Abb. 8.3e und f, S. 147 gefundenen Unterschiede in der Löslichkeit des Aluminiums im α-Mischkristall von 4,0% (6,9 At.-%) [*C 70*] und 6,5% (11 At.-%) Al [*B 42b*] bei 500 °C konnten durch weitere Untersuchungen [*T 29b, G 5a*] noch nicht geklärt werden. Infolge der Trägheit der Gleichgewichtseinstellung des Einflusses von Gehalten an Sauerstoff und Wasserstoff und der Vorbehandlung und aufgrund der Tatsache, daß die Röntgenstreuung des Aluminiums gegenüber dem Titan nur geringe Unterschiede aufweist, so daß eine auftretende Ordnung nur schwach sichtbar wird, sind bei den verschiedenen Untersuchungen unterschiedliche Ergebnisse aufgetreten.

Die Kristallstruktur von Ti_3Al (α_2), an Einkristallen bestimmt, zeigt eine geringe Verschiebung der Plätze der Titanatome im Überstrukturgitter DO_{19} (Mg_3Cd-Typ), wodurch sich die Intensität der Überstrukturreflexe stark ändern kann [*G 5*]. Die a-Achse nimmt mit steigender Temperatur stärker zu als die c-Achse. Es wird angenommen, daß eine starke Bindung der Titan- und Aluminiumatome in Tetraedern bei der Zusammensetzung Ti_3Al zu der dort gefundenen starken Verminderung der Werte für die Suszeptibilität [*C 45a*] führt. Eine durch die Überstrukturbildung hervorgerufene Längenänderung wurde bei der Legierung TiAl8 beobachtet [*Y 9a, Y 9b*]. Die α_2-Phase Ti_3Al bildet eine kontinuierliche Mischkristallreihe mit der röntgenographisch leichter bestimmbaren Phase Ti_3In [*A 31*]. Dieselbe Mischbarkeit besteht offenbar auch mit der ebenfalls geordnet im DO_{19}-Typ kristallisierenden Verbindung Ti_3Sn [*F 12*]. An möglicherweise sauerstoffhaltigen Legierungen wurde für eine Phase Ti_5Al_3 die Bildung bei $\sim$780 °C aus Ti_3Al und $TiAl_2$ abgeschätzt und bei 950 °C ein eutektoider Zerfall einer Phase Ti_5Al_{11} vermutet [*R 3c*].

Ti–Au

Legierungen von Titan mit Gold können bei der Kontaktierung von Titan mit Gold auftreten. In der Abb. 21.2 sind die Phasengleichgewichte nach dem bisherigen Stand der Untersuchungen im System Titan–Gold wiedergegeben.

Ti–B

Die geringe Löslichkeit von Bor in α-Ti $<$0,05% (0,2 At.-%) B wurde erneut bestätigt. Das Eutektikum TiB + Ti wurde bei einer Konzentration von etwa 2% (8,3 At.-%) B bei einer niedrigeren Konzentration gefunden als bei früheren Untersuchungen [*B 93*]. Zwischen den Verbindungen TiB und TiB_2 wurde eine neue Verbindung Ti_3B_4 gefunden (orthorhombisch V_h^{25} (Immm), $a = 13{,}73$ Å, $b = 3{,}04$ Å, $c = 3{,}259$ Å) [*F 11m*].

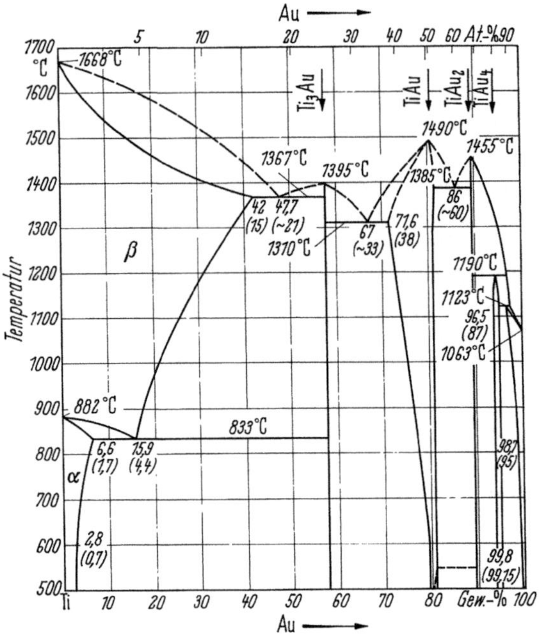

Abb. 21.2 Zustandsschaubild Titan–Gold [*H 14, E 6, S 72b*].

Ti–Be

Der titanreiche Teil des Systems wurde mehrfach untersucht. Die maximale Löslichkeit von Beryllium in β-Titan beträgt etwa 1 % (5 At.-%) Be bei der eutektischen Temperatur von 1015 ± 10 °C. Ein eutektoider Zerfall des β-Titan-Mischkristalls findet bei etwa 0,5 % (2,6 At.-%) Be und 815 °C statt [*H 85a*]. Die eutektische Konzentration zwischen β-Titan-Mischkristall und der ersten intermetallischen Phase $TiBe_2$ liegt bei etwa 6,27 % (25 At.-%) Be und 1030 °C. Der β-Titan-Mischkristall zerfällt bei 815 °C eutektoid in den α-Titan-Mischkristall mit 0,1–0,15 % (0,5–0,75 At.-%) Be und $TiBe_2$ [*B 40a*]. Eine peritektische Umsetzung $S + TiBe_3 = TiBe_2$ findet bei 1390 ± 10 °C statt [*A 22a*].

Ti–C

Bei der Zusammensetzung Ti_2C wurde Überstrukturbildung gefunden [*G 41b*]. Das Zustandsschaubild ist in Abb. 8.8, S. 141, wiedergegeben. Die energetischen Zusammenhänge für die Bildung der Strukturen von $TiC_{0,54}$, $TiC_{0,65}$, $TiC_{0,88}$, $TiC_{0,94}$ und TiC wurden untersucht [*Z 1h*].

Ti–Cd

Eine Gitterkonstantenvergrößerung, die auf eine Eindiffusion von Kadmium in Titan zurückgeführt wurde [*S 147*], und Diffusion über die Gasphase, zeigte eine Löslichkeit der β-Phase für Cd. Die eutektoide Temperatur liegt bei etwa 785 °C, die α-Löslichkeit bei etwa 14 % (6,5 At.-%) Cd, die Gleichgewichtsphase ist Ti_2Cd [*R 58d*].

Ti–Co

Auf der titanreichen Seite erfolgten verschiedene Untersuchungen, die bestätigen, daß je nach Abschreckgeschwindigkeit 8–10 % (6,6–8,3 At.-%) Co notwendig sind, um die Bildung von martensitischem α zu unterdrücken. Die Zwischenstufen der Ausscheidung von Ti_2Co gehen nach der einen Arbeit [*S 162*], bei der nur eine Legierung mit 10 % (8,3 At.-%) Co genauer untersucht wurde, direkt über die ω-Phase, während nach einer anderen Arbeit bei martensitischen Proben mit 5 % (4,1 At.-%) Co eine weitere Zwischenstufe gefunden wurde, die bei den nicht martensitischen Proben offenbar nicht auftritt. Bei der Ausscheidung der ω-Phase wurde eine deutliche Verschiebung der Zusammensetzung des β-Mischkristalls zu höheren Kobaltgehalten festgestellt. Das Maximum der Härte abgeschreckter Proben wird zwischen 4 und 7 % (3,3 und 5,8 At.-%) Co beobachtet, wobei eine Härte von HV 30 von 500 kp/mm² auftreten kann [*R 15c*]. Die Phasengrenze der Verbindung TiCo ist auf der kobaltreichen Seite bei 60 % (55 At.-%) Co nicht und auf der titanreichen Seite von 54 % (49 At.-%) Co bei 1050 °C und 51 % (46 At.-%) Co bei 600 °C temperaturabhängig [*I 0*]. TiCo bildet ein Schmelzpunktsmaximum, eine peritektische Bildung von fünf weiteren Phasen wird festgestellt [*P 22f*].

Ti–Cr

Unregelmäßigkeiten in der Konzentrationsabhängigkeit des Chromdampfdruckes weisen auf eine mit der Konzentration sich ändernde Bindung des Titans an das Chrom hin [*P 39d*]. Das Zustandsschaubild ist in Abb. 8.2, S. 145 wiedergegeben.

Ti–Cu

Die Aktivität von Cu im β-Ti-Mischkristall wurde aus Dampfdruckmessungen bestimmt [*H 1a*]. Geringe Gehalte an Sauerstoff ändern die Phase Ti_2Cu_7, die mit dem Cu-Mischkristall im Gleichgewicht steht, zu höheren Ti-Gehalten, wodurch die Löslichkeit verändert und die Unstimmigkeit früherer Untersuchungen erklärt wird. Zwei Hochtemperaturphasen $TiCu_2$ und Ti_3Cu_7 zerfallen bei 883 bzw. 865 °C zum Gleichgewicht zwischen Ti_2Cu_3 und Ti_2Cu_7 [*Z 20*]. Ti_3Cu wurde mit einer tetragonal verzerrten *A*2-Struktur (a = 3,13 Å; c = 19,94 Å), ebenfalls Ti_2Cu_3 (a = 3,13 Å; c = 13,95 Å) und Ti_2Cu mit dem VAu_2-Typ (a = 4,38 Å; b = 7,97 Å; c = 4,49 Å) indiziert [*S 46*]. Das Zustandsschaubild ist in Abb. 21.3 wiedergegeben.

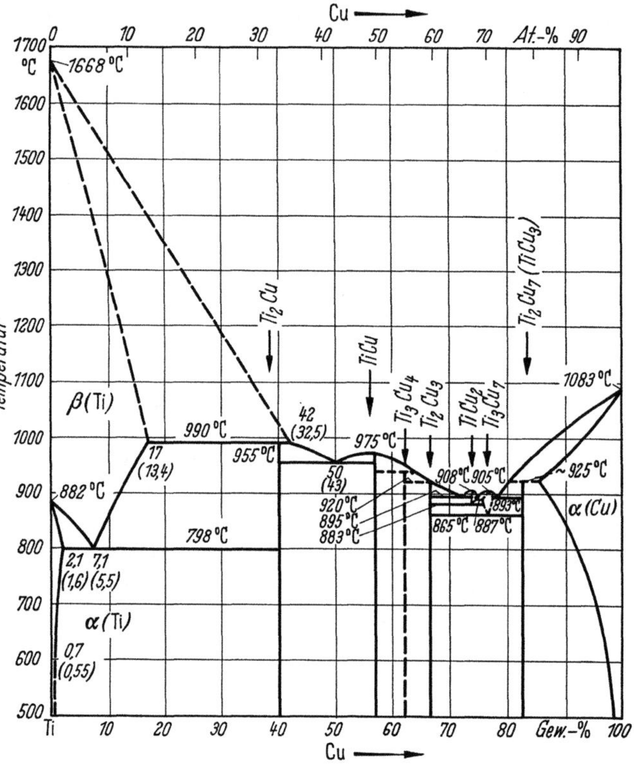

Abb. 21.3 Zustandsschaubild Titan–Kupfer [*H 14*, *E 6*, *S 72b*, *Z 20*].

Ti–Fe

Die Löslichkeit von Eisen in α-Titan wurde bei 850 °C mit etwa 0,035 At.-%, bei 700 °C mit 0,05 At.-% und bei 500 °C mit unter 0,01 At.-% bestimmt [*R 15h*]. Das Zustandsschaubild ist in Abb. 21.4 wiedergegeben. Durch rasches Abkühlen aus der Schmelze wird bis zu 40 % Fe die β- und bis 53 % Fe eine teilweise ungeordnete TiFe-Phase erhalten [*R 17a*].

Ti–Ga

Bei einer Anzahl von Legierungen wurde die Abhängigkeit der Gitterkonstanten von der Konzentration bestimmt und im Bereich zwischen

0 und 4% Ga eine Zunahme der Gitterkonstante der c-Achse gefunden, während bei höheren Konzentrationen beide Gitterkonstanten sich verringern [*D 16*].

Wie in den Systemen mit Aluminium, Indium und Zinn tritt auch hier eine Überstruktur DO_{19} der α-Titan-Phase (α_2, Mg_3Cd-Typ) auf.

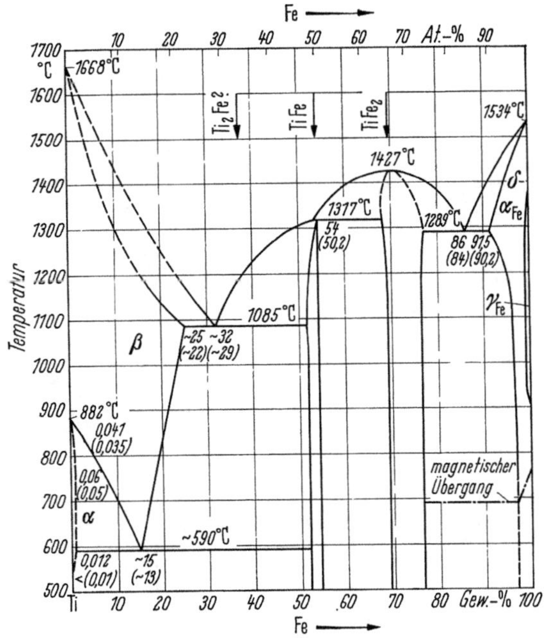

Abb. 21.4 Zustandsschaubild Titan–Eisen [*H 14, E 6, R 15 h*].

Ti–Hf

Das Zustandsschaubild ist in Abb. 8.11, S. 163 wiedergegeben.

Ti–In

Wie in den Systemen mit Aluminium, Gallium und Zinn tritt auch hier eine Überstruktur DO_{19} der α-Titan-Phase (α_2, Mg_3Cu-Typ) auf, die mit der entsprechenden Überstrukturphase im System Titan–Aluminium mischbar ist [*A 31*].

Ti–Mg

Aufgrund von Versuchen, unter hohem Druck Magnesium in Titan einzulegieren, wird angenommen, daß die Löslichkeit von Magnesium in α-Titan größer ist als in β-Titan. Die Löslichkeit wird mit etwa 1%

(2 At.-%) Mg angegeben [*O 23a*]. Die Löslichkeit von Titan in Magnesium wurde bei 700 °C mit 0,018% (0,009 At.-%), bei 1000 °C mit 0,12% (0,06 At.-%) und bei 1500 °C mit 1,035% (0,52 At.-%) Ti bei ähnlichen Konzentrationen, wie frühere Untersuchungen ergeben hatten, gefunden [*F 14d*].

Ti–Mn

Das Zustandsschaubild Titan–Mangan ist in Abb. 21.5 wiedergegeben.

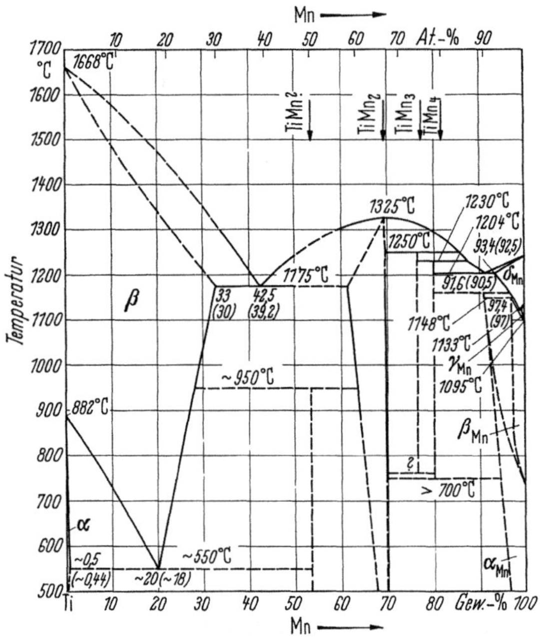

Abb. 21.5 Zustandsschaubild Titan–Mangan [*H 14, E 6, S 72b*].

Ti–Mo

Die Zwischenphase ω, die sich beim Übergang von β in α bei einer Legierung mit 13% (7 At.-%) Mo bildet, wurde mit und ohne vorhergegangener Kaltverformung untersucht und das Gitter hexagonal indiziert. Die Atomlagen vor und während der Bildung der Zwischenphase wurden festgelegt. Die Unebenheit der Atomlagen der Mittelebene beträgt weniger als etwa 0,005 bei den Atomlagen selbst (000); (1/2, 2/3, 0,495) und (2/3, 1/3, 0,505). Die Bildung von α bei Auslagerung bei erhöhter Temperatur wird durch Kaltverformung beschleunigt und die Bildung von ω verzögert [*S 83*]. Messungen der Hallkonstanten zeigten, daß bei 33, 40 und 57% Mo entsprechend den Zusammensetzungen Ti_4Mo, Ti_3Mo und $TiMo_4$ Maxima auftreten, die auf eine Anomalie im Bindungszustand hinweisen [*G 62*]. Die durch Verformung des β-Mischkristalls mit entsprechendem Molybdängehalt entstehende Martensitphase kann kubisch raumzentriert bzw. raumzentriert tetragonal indiziert werden. Die Zwillingsbildung entsteht an den {112}-Ebenen. Die lange Achse der sich ellipsoid ausscheidenden ω-Phase liegt parallel zu $\langle 111 \rangle \beta$ bzw. $\langle 0001 \rangle \omega$ [*B 42i*]. Bei Messungen des Widerstandes in Abhängigkeit von der Konzentration bei 1,2 °K, wobei ein Magnetfeld aufgebracht werden mußte, um die Supraleitung zu unterdrücken, wurde ein Minimum bei etwa 57% (40 At.-%) Mo beobachtet [*B 37*]. Das Zustandsschaubild ist in Abb. 8.13, S. 165 wiedergegeben.

Ti–N

Das Zustandsschaubild ist in Abb. 8.16, S. 163 wiedergegeben. Die Zersetzungstemperatur von Ti_2N wurde mit 1110 ± 10 °C bestimmt [*M 34a*].

Ti–Nb

Im Bereich bis 10% (5,4 At.-%) Nb wurde die ω-Phase nicht gefunden [*B 71*]. Messungen der Temperaturabhängigkeit der Leitfähigkeit ergaben eine Änderung des Temperaturkoeffizienten in negative Werte bei β-abgeschreckten Legierungen mit 33 und 39% (20 und 25 At.-%) Nb [*A 29*]. Bei Untersuchungen der mechanischen Eigenschaften wurden die früher aufgestellten Phasengleichgewichte bestätigt [*B 33, V 4*]. Aufgrund von Messungen der Kleinwinkelstreuung wird in Entmischungszonen ein Auftreten eines Ordnungszustandes bei Legierungen mit 66 und 85% (50 und 75 At.-%) Nb angenommen [*R 78*]. Das Zustandsschaubild ist in Abb. 8.14, S. 165 wiedergegeben.

Ti–Ni

Eine Untersuchung des isothermen Zerfalles des β-Titan-Mischkristalls zeigte, daß unterhalb 525 °C die Phase Ti_2Ni plattenförmig und oberhalb 520 °C kugelförmig ausgeschieden wird [*P 39*].

Die Ti_2Ni-Phase kann bis 15 At.-% Sauerstoff in fester Lösung aufnehmen. Die Gitterkonstante steigt dabei von a = 11,366 auf 11,358 Å [*N 9*]. Die Löslichkeit der Phase TiNi für Ni und Ti beträgt etwa 2%, die Gitterkonstante bei 57% (52 At.-%) Ni a = ~3,00 Å und bei 55% (50 At.-%) Ni a = ~3,01 Å [*S 156*]. Das Schmelzpunktsmaximum von TiNi liegt bei 54,5% (49,4 At.-%) Ni. Bei etwa 625 °C bildet sich aus TiNi und $TiNi_3$ die Phase Ti_2Ni_3 [*W 11g*] mit A 10-Struktur [*P 23a*]. Zwei

Arten der Atombewegung werden bei der martensitischen Umwandlung von TiNi (*B* 2 → monoklin) beschrieben [*S 10d*].

Ti–O

Gitterkonstanten an Mischungen zwischen Titan und TiO_2 wurden für Ti_2O_3 mit verschiedenen Titangehalten wie folgt bestimmt [*S 145*]:

Gehalt an Ti in Ti_2O_3	*a* kX	*c* kX
0	5,1620	13,6519
1,45	5,1590	13,6595
3,67	5,1506	13,6871

Im Bereich der Zusammensetzung Ti_3O, der durch ein Maximum des Schmelzpunktes gekennzeichnet ist (vgl. Zustandsschaubild Titan–Sauerstoff, Abb. 8.9, S. 162), wurden Überstrukturen entsprechend Ti_6O [*Y 4b, G 41a, W 30a*] mit Antikadmiumgitter [*G 41a*] gefunden und die Überstrukturphasen bei der Zusammensetzung Ti_3O [*J 30b, J 30c*] und Ti_2O [*K 62a*] mittels Neutronenbeugung [*K 64b*], Elektronenbeugung und mittels kalorimetrischer Messungen [*H 55a*] bestätigt. Messungen des Sauerstoffpartialdruckes lassen eine Zwischenphase $Ti_{11}O_{20}$ vermuten, die sich zwischen den Oxiden Ti_5O_9 und Ti_6O_{11} in der Nähe von TiO_2 (Rutil) bilden kann [*W 3a, A 32b*]. Das System ist in Abb. 8.9, S. 162 wiedergegeben.

Ti–Os

Osmium stabilisiert β-Ti, so daß bei einem Gehalt von 13 Gew.-% Os die β-Phase abgeschreckt werden kann [*C 53*]. Oberhalb etwa 20 Gew.-% Os sollen osmiumhaltige Legierungen nicht mehr verformbar sein [*W 35*].

Ti–P

Die orthorhombische Phase TiP_2 ($PbCl_2$-Typ) $a = 6{,}1812$ Å, $b = 3{,}3455$ Å, $c = 8{,}2578$ Å, wurde bestätigt und eine weitere orthorhombische Phase bei der Zusammensetzung $Ti_{1,7}P$ mit $a = 7{,}438$ Å, $b = 9{,}752$ Å und $c = 6{,}505$ Å gefunden [*S 104b, L 54a*].

Ti–Pd

Die Phase TiPd wurde mit einem B19-Gitter ($a = 4{,}57$, $b = 2{,}82$ und $c = 4{,}90$ Å) gefunden [*D 43*]. Weiterhin treten die Phasen Ti_4Pd, Ti_2Pd, wahrscheinlich Ti_3Pd_2 als Hochtemperaturphase, und die Phasen der ungefähren Zusammensetzung Ti_2Pd_3, $TiPd_3$ und $TiPd_4$ auf. Die Ergebnisse dieser Untersuchungen sind in Abb. 21.6 zusammengefaßt [*R 15g*]. Zwischen Ti_2Pd und TiPd wurde eine Phase mit Ti_2Ni-Struktur (a = 11,65 Å) gefunden [*R 65c, K 69a*].

Ti–Pt

Die Phase Ti_3Pt_5 wurde bestätigt und ihre Struktur bestimmt [*K69a*].

Ti–Pu

Die in Tab. 8.1, S. 158 wiedergegebenen Gleichgewichte wurden gegenüber früheren Untersuchungen genauer bestimmt [*L 3a*].

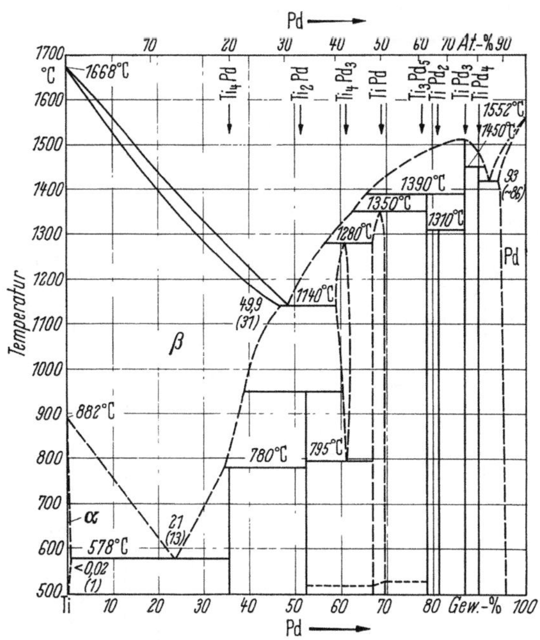

Abb. 21.6 Zustandsschaubild Titan–Palladium [*R 15g, R 65c*].

Ti–Re

Das Umwandlungsverhalten von titanreichen Titan-Aluminium-Legierungen bis zu 19,9% (5,5 At.-%) Re wurde untersucht und festgestellt, daß sich die Übergangsphase ω bei der β/α-Umwandlung bei 400 °C bildet. Das Maximum der Härtesteigerung soll sich vor der Entstehung der ω-Phase ausbilden [*A 18*].

Ti–Rh

Die Löslichkeit des Rhodiums im α-Mischkristall liegt bei 0,16% (0,075 At.-%) Rh, während im β-Mischkristall wesentlich höhere Gehalte löslich sind [*R 12*]. Die maximale Löslichkeit im β-Ti-Mischkristall beträgt etwa 43% (26 At.-%) Rh bei 1100 °C. Der β-Mischkristall, der bei höheren Konzentrationen an Rhodium sehr spröde ist, bei dem aber keine Überstruktur nachgewiesen werden konnte, bildet ein Schmelzpunktsmaximum bei Ti_3Rh und mit der Phase Ti_3Rh_2 ein Eutektikum. Bei etwa 665 °C zerfällt Ti_3Rh_2 in Ti_2Rh und eine rhodiumreichere Phase, wahrscheinlich TiRh. TiRh und Ti_3Rh_5 erstarren in Schmelzpunktsmaxima bei etwa 1800 °C, $TiRh_3$ bei etwa 1750 °C und 80% (65 At.-%) Rh. Die Phase $TiRh_5$ bildet sich aus dem Rh-Mischkristall und $TiRh_3$ bei etwa 1100 °C. Die maximale Löslichkeit des Ti im Rh-Mischkristall beträgt etwa 8% (16 At.-%) Ti [*R 15f*] (Abb. 21.7). Ti_3Rh_5 kristallisiert orthorhombisch [*G 13b*].

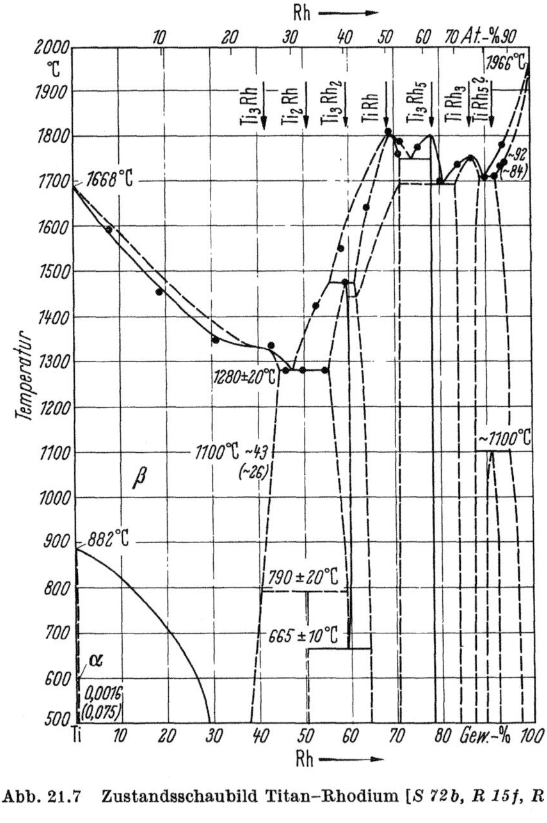

Abb. 21.7 Zustandsschaubild Titan–Rhodium [*S 72b, R 15f, R 12*].

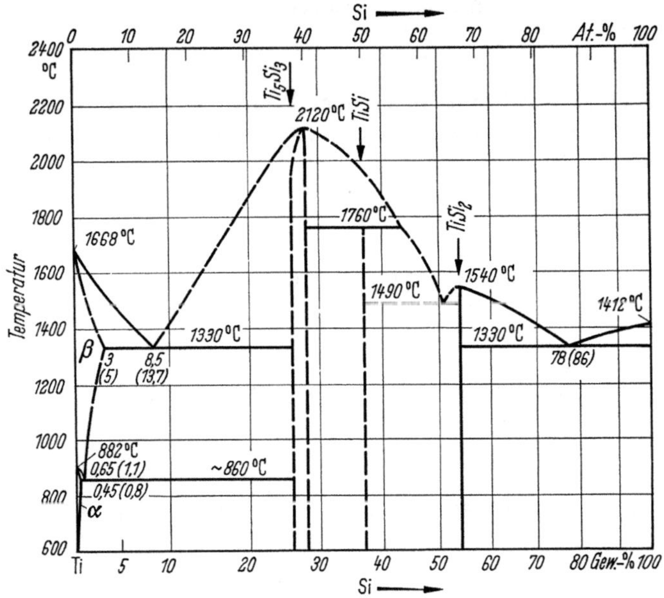

Abb. 21.8 Zustandsschaubild Titan–Silizium [*H 14, E 6, S 72b*].

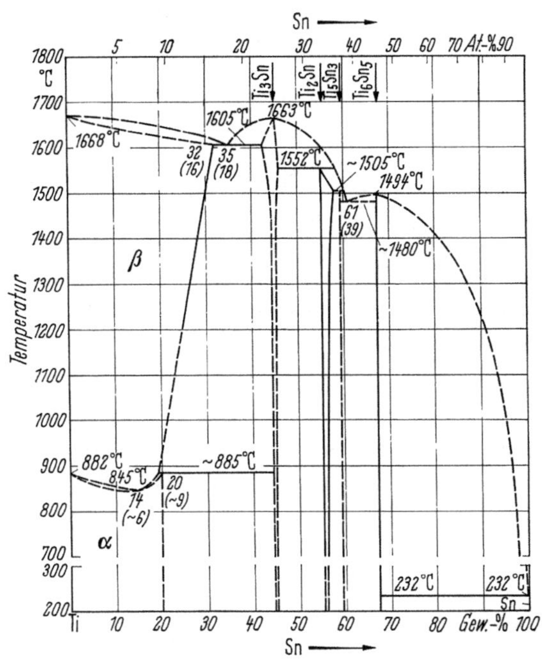

Abb. 21.9 Zustandsschaubild Titan–Zinn [*H 14, E 6*].

Ti–Se

Die Phase $TiSe_2$ wurde mit hexagonal P_3ml; $a = 3{,}5386$ Å und $c = 6{,}0041$ Å und die Phase Ti_5Se_8 monoklin $a = 3{,}608$ Å, $c = 6{,}19$ Å indiziert [*B 37a*].

Ti–Si

Das Zustandsschaubild ist in Abb. 21.8 wiedergegeben.

Ti–Sn

Das Zustandsschaubild ist in Abb. 21.9 wiedergegeben.

Ti–Ta

Die Löslichkeit bei 600 °C wurde mit 11% Ta bestimmt [*N 12a*]. Das Zustandsschaubild ist in Abb. 8.15, S. 166, wiedergegeben.

Ti–U

Bei Untersuchungen über die Umwandlung uranreicher Legierungen wurde gefunden, daß die Löslichkeit von Ti bei der eutektoiden Temperatur im β-Uran etwa 7% (1,5 At.-%) U beträgt und im α-Uran sehr gering ist [*D 33*].

Ti–V

Die Zwischenphase ω im System Ti–V, durch Abschrecken von Legierungen mit 16 und 29% (15 und 25 At.-%) V aus der β-Phase entstanden, wurde hexagonal mit den Atomlagen (000, 1/3, 2/3, 1/2, 2/3, 1/3, 1/2) bestimmt [*S 83*]. Die Ausscheidung der ω-Phase erfolgt in Würfelform, wobei die Würfelfläche parallel zu $\{100\}\beta$ oder $\{20\bar{2}1\}\omega$ liegen [*B 42i*]. Das Zustandsschaubild ist in Abb. 8.1, S. 143, wiedergegeben.

Ti–W

Ausreichend homogenisierte Proben zeigten eine vollkommene Mischbarkeit zwischen β-Titan und Wolfram. Die Abb. 21.10 gibt das Zustandsschaubild wieder [*R 78a*].

Ti–Zn

Der eutektische Punkt zwischen Zink und $TiZn_{15}$ wurde bei etwa 0,19% (0,14 At.-%) Ti und 418,6 °C und drei peritektische Reaktionen bei 446, 468 und 486 °C gefunden. Die Legierungen wurden als 180-g-Proben aus Reinstzink und Jodidtitan in Aluminiumoxidtiegeln erschmolzen. Die thermische Analyse erfolgte unter gereinigtem Argon [*R 28*].

Ti–Zr

Untersuchungen der Neutronenbeugung an Ti-Zr-Legierungen (das Zustandsschaubild ist in Abb. 8.12, S. 164 wiedergegeben) haben ergeben, daß es bei einer Konzentration von 76% (62 At.-%) Ti möglich ist, die Streuamplituden für thermische Neutronen, die sich bei Zirkonium in entgegengesetzter Richtung verhalten als bei Titan (bZr = 0,64 · 10^{-12} cm, bTi = 0,38 · 10^{-12} cm) auszugleichen [*S 76*]. Die β-Phase konnte bei aus Jodidtitan hergestellten Legierungen 65,5% (50 At.-%) Zr nicht abgeschreckt werden. Dagegen war es möglich, bei Proben mit Gehalten an Sauerstoff und Stickstoff, Anteile der β-Phase auf Raumtemperatur abzuschrecken. Bei 400 °C wandelte sich dieser Anteil über die ω-Phase in α um [*H 35, F 30a*]. An Legierungen aus Titanschwamm (Umschmelzhärte HB = 71 kp/mm²) und Jodidzirkonium wurde das Minimum der β/α-Umwandlung bei 535 °C und 65,5% (50 At.-%) Zr gefunden [*F 1e*].

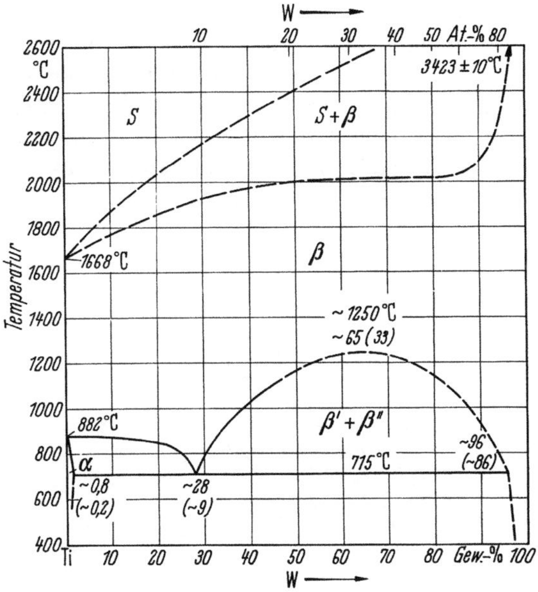

Abb. 21.10 Zustandsschaubild Titan–Wolfram [*R 78a*].

22. Technisch wichtige ternäre Systeme

Bis 1963 untersuchte, technisch wichtige ternäre Systeme [*M 89*] sind weitgehend in der Zusammenfassung wiedergegeben. Die meisten technischen Legierungen enthalten mehr als ein Legierungselement und einige Legierungen zwei Zusatzelemente, so daß in diesen Fällen die Gleichgewichtszustände durch ternäre Systeme beschrieben werden können. Neben den gewollten Zusätzen enthalten Legierungen häufig Einlagerungselemente wie Sauerstoff, Stickstoff oder Wasserstoff. Diese verändern auch in kleinen Mengen die Gleichgewichtstemperaturen. So können bei sauerstoff- oder stickstoffhaltigen Legierungen bei Gehalten von etwa 0,1 % die $\beta(\alpha + \beta)$-Gleichgewichtstemperaturen um etwa 100 °C zu höheren Temperaturen verschoben (vgl. Abb. 8.9, S. 162 und Abb. 8.10, S. 163) und durch entsprechende Gehalte an Wasserstoff um die gleiche Temperaturspanne gesenkt werden (vgl. Abb. 12.14, S. 351). Ein Gehalt an derartigen Beimengungen verändert deshalb die Gleichgewichtstemperaturen. Da Silber, Kupfer und Aluminium in Loten für Titan und Titanlegierungen verwendet werden, sind auch die entsprechenden Systeme mit aufgenommen worden. Homogene Legierungen sind mit einem offenen Kreis, zweiphasige Legierungen mit einem halb ausgefüllten Kreis und dreiphasige Legierungen mit einem offenen Dreieck gekennzeichnet.

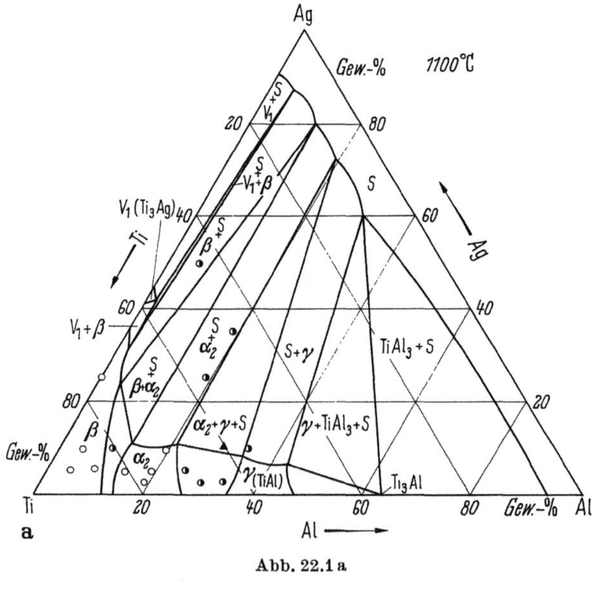

a

Abb. 22.1 a

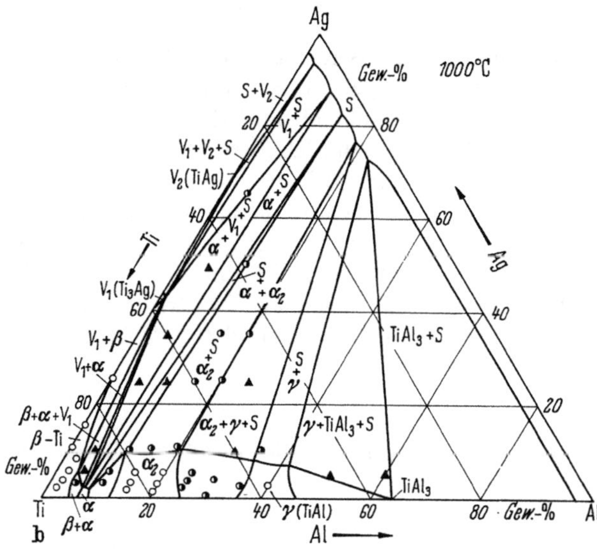

Abb. 22.1 b

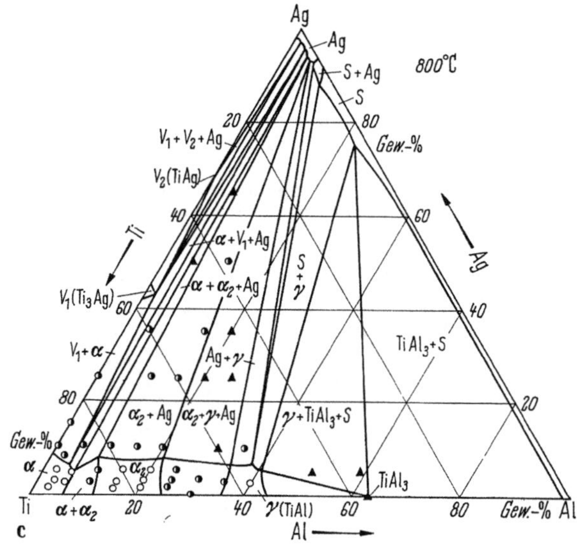

Abb. 22.1 c

Abb. 22.1 a–c Isotherme Schnitte durch das System Titan–Silber–Aluminium [*K 55*].
a) 1100 °C; b) 1000 °C; c) 800 °C.

Ti–Ag–Al

10-g-Proben wurden aus Schwammtitan (0,5% Fe, 0,01% Mn, 0,007% N, 0,076% O und 0,001% H) und den Legierungselementen unter Argon im Lichtbogen erschmolzen. Glühung von 1,5 h bei 1100 °C, 4 h bei 1000 °C oder 220 h bei 800 °C. Metallographische und röntgenographische Untersuchungen an 56 Legierungen. Die Ti-Al-Phasen lösen mit Ausnahme von $TiAl_3$ 8–10 Gew.-% Ag, während die Ti-Ag-Phasen nur wenig Aluminium in fester Lösung aufnehmen. Mit der flüssigen Phase steht bei 1000 °C noch der α-Titanmischkristall und bei 800 °C der γ-(TiAl)-Mischkristall im Gleichgewicht. In der Abb. 22.1a–c sind die Gleichgewichte bei 1100 °C, 1000 °C und 800 °C wiedergegeben [*K 55*].

Ti-Al-Be

Im System Ti–Al–Be wurden die ternären Phasen TiAlBe und $Ti_5Al_8Be_2$ gefunden [*W 33b*].

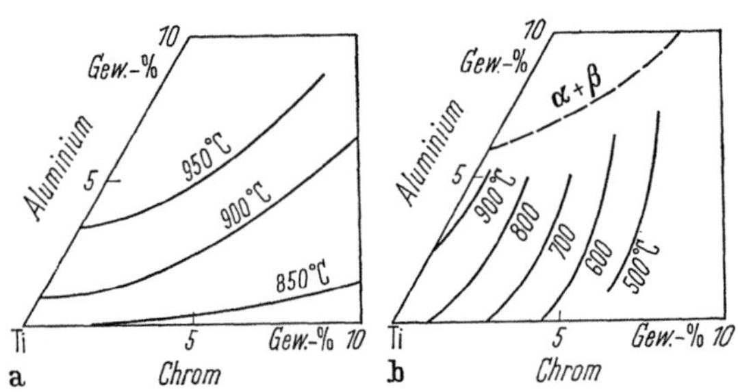

Abb. 22.2a u. b System Titan–Aluminium–Chrom, β/(α + β)-Grenztemperaturen (a) [*N 11*] und Temperaturen des Beginns der β/α-Umwandlung bei rascher Abkühlung (b) [*D 42*].

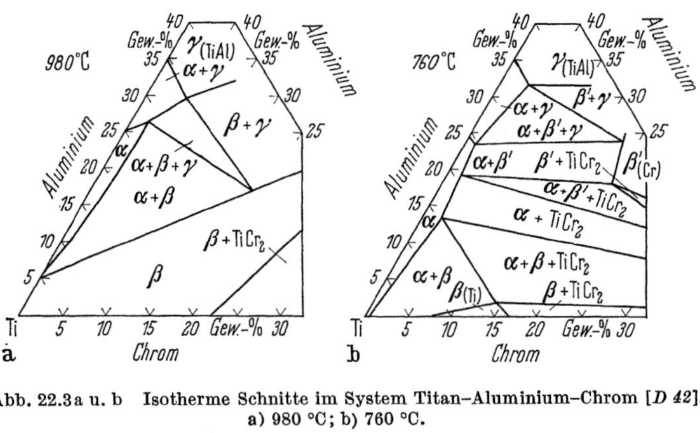

Abb. 22.3a u. b Isotherme Schnitte im System Titan–Aluminium–Chrom [*D 42*]. a) 980 °C; b) 760 °C.

Ti–Al–Cr

In einer ersten Untersuchung [*N 11*] wurde Titanschwamm als Ausgangsmaterial für die Herstellung von etwa 36 Legierungen verwendet, in einer weiteren Untersuchung [*D 42*] Jodidtitan und mit Wasserstoff

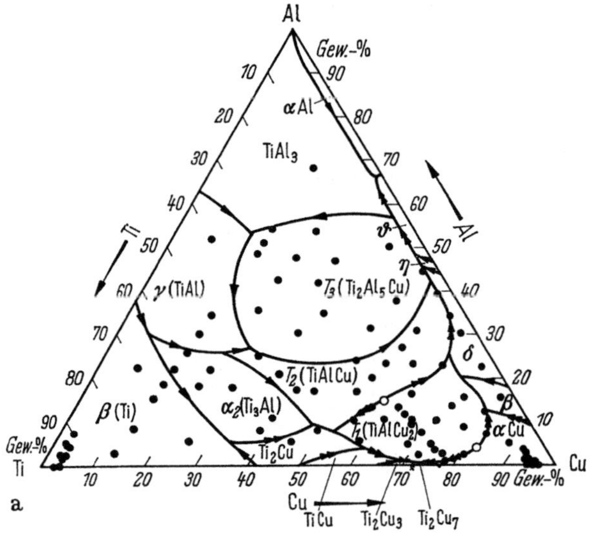

a

Abb. 22.4a Schmelzgleichgewichte im System Titan–Aluminium–Kupfer [*V 2 b*].

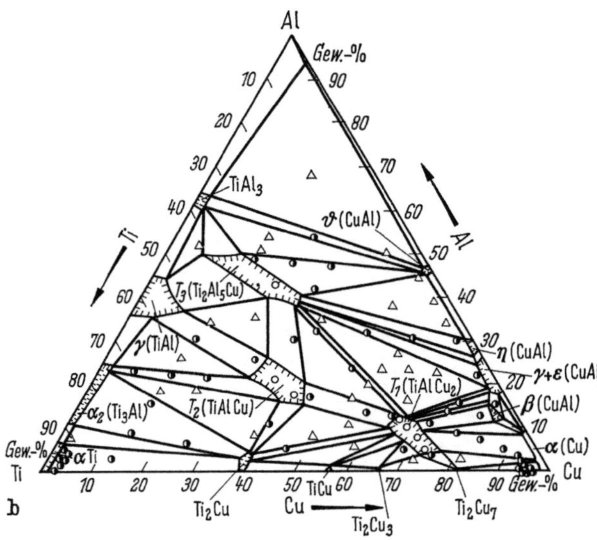

b

Abb. 22.4b System Titan–Aluminium–Kupfer, Gleichgewichte im festen Zustand [*V 2 b*].

reduziertes Elektrolytchrom. Die Glühzeit betrug 4 h bei 980 °C und 10 Tage bei 760 °C. In der Abb. 22.2a sind $\beta/(\alpha + \beta)$-Gleichgewichtstemperaturen gemäß der ersten Untersuchung wiedergegeben, während Abb. 22.2b die Temperatur des Beginns der durch dilatometrische Messungen festgestellten β/α-Umwandlung beim raschen Abkühlen von 980 °C gemäß der zweiten Untersuchung zeigt. Die isothermen Schnitte dieser Untersuchung geben die Abb. 22.3a und b wieder.

Ti–Al–Cu

Als Ausgangsmaterial diente im Elektronenstrahl umgeschmolzener Titanschwamm (HV = 120 kp/mm²). Die Schmelzgleichgewichte und die

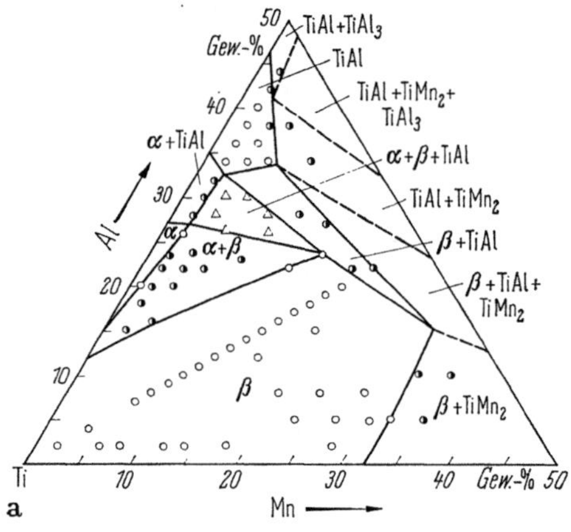

Abb. 22.5a

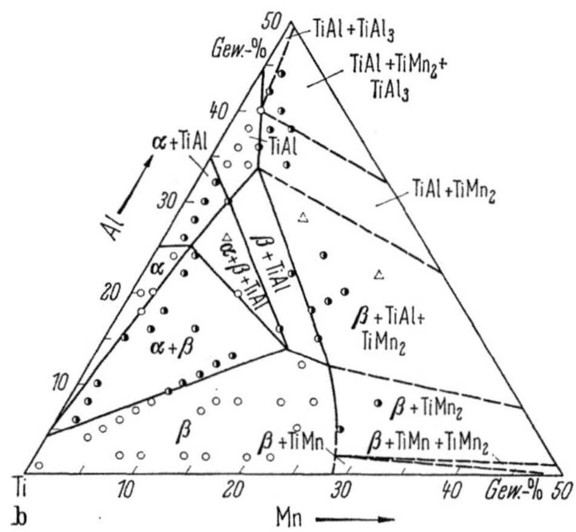

Abb. 22.5b

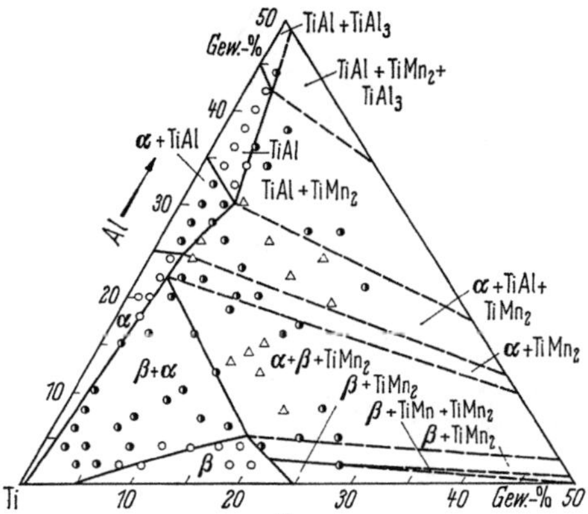

c

Abb. 22.5 c

Abb. 22.5a–c Isotherme Schnitte durch das System Titan–Aluminium–Mangan [*D 30*]. a) bei 1100 °C; b) bei 950 °C; c) bei 800 °C.

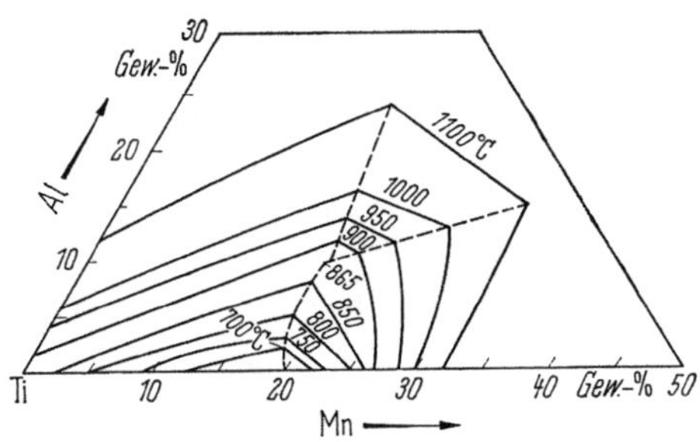

Abb. 22.5d β-Isothermen im System Titan–Aluminium–Mangan [*D 30*].

Gleichgewichte im festen Zustand sind in Abb. 22.4a und b wiedergegeben [*V 2b*].

Ti–Al–Mn

Die Legierungen wurden aus Jodidtitan erschmolzen. Durch Analyse wurde bei einer Anzahl Proben die durch Verdampfen entstandenen Manganverluste mit etwa 1 % bestimmt. Die Glühzeiten lagen zwischen 2 h bei 1300 °C und 400 h bei 700 °C. In den Abb. 22.5a–c und in Abb. 22.5d ist die Begrenzung des β-Raumes bei verschiedenen Temperaturen wiedergegeben [*D 30*].

Ti–Al–Mo

Durch Zusatz von > 5 % Al zu Ti-Mo-Legierungen kann sich eine spröde Überstruktur der β-Phase (CsCl-Typ) bilden. Die Abb. 22.6a und b

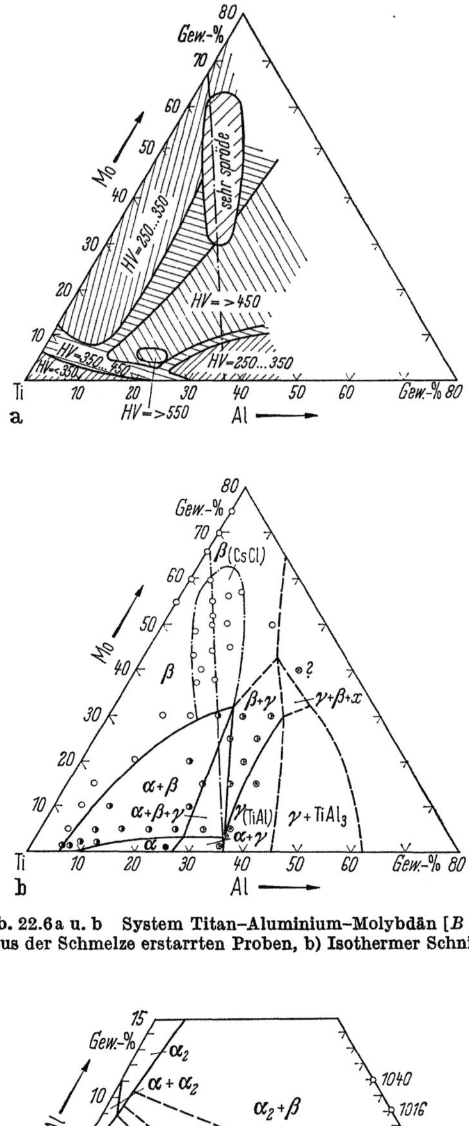

Abb. 22.6a u. b System Titan–Aluminium–Molybdän [*B 52*].
a) Härte von aus der Schmelze erstarrten Proben, b) Isothermer Schnitt bei 1000 °C.

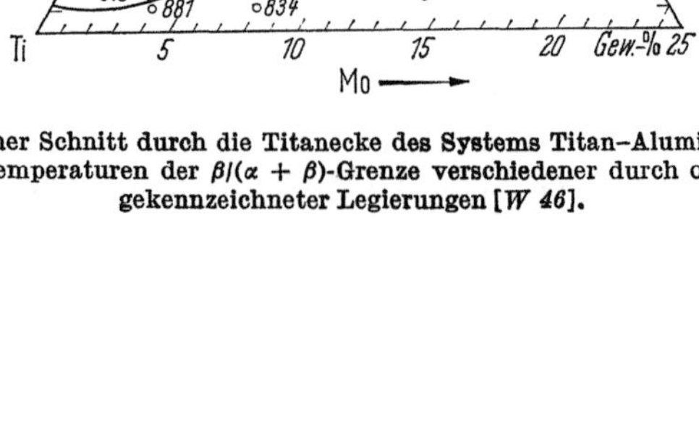

Abb. 22.7 Isothermer Schnitt durch die Titanecke des Systems Titan–Aluminium–Molybdän bei 900 °C und Temperaturen der $\beta/(\alpha + \beta)$-Grenze verschiedener durch offene Kreise gekennzeichneter Legierungen [*W 46*].

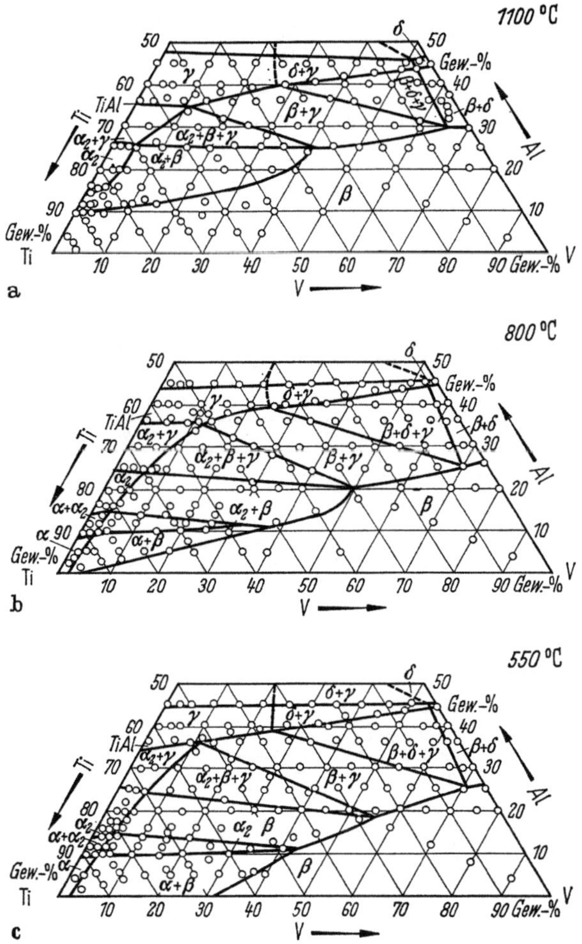

Abb. 22.8a–c Isotherme Schnitte durch das System Titan–Aluminium–Vanadin bei 1100 °C (a); 800 °C (b) und 550 °C (c) [*K 64 c*].

zeigen diesen Bereich bei Legierungen, die aus Schwammtitan (Umschmelzhärte HB = 125 kp/mm²) erschmolzen worden waren [*B 52*]. In weiteren Untersuchungen wurden die Gleichgewichte bei 900 °C und die Übergangstemperaturen $\beta/(\alpha + \beta)$ verschiedener Legierungen im titanreichen Gebiet bestimmt (Abb. 22.7) [*C 7*, *W 46*]. Ein Zusatz von nur 3 % Al zu TiMo30 ermöglicht noch eine gute Kaltumformbarkeit [*K 22a*].

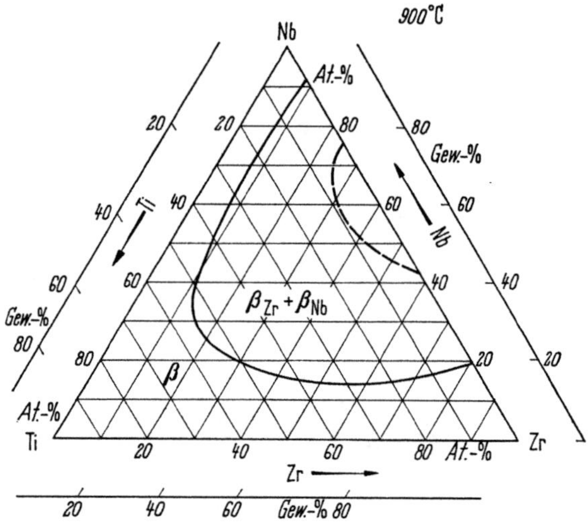

Abb. 22.9 Gleichgewichte im System Titan–Niob–Zirkonium bei 900 °C ohne Vorverformung (– – –) [*D 27a*] und mit Vorverformung (——) [*Z 21*].

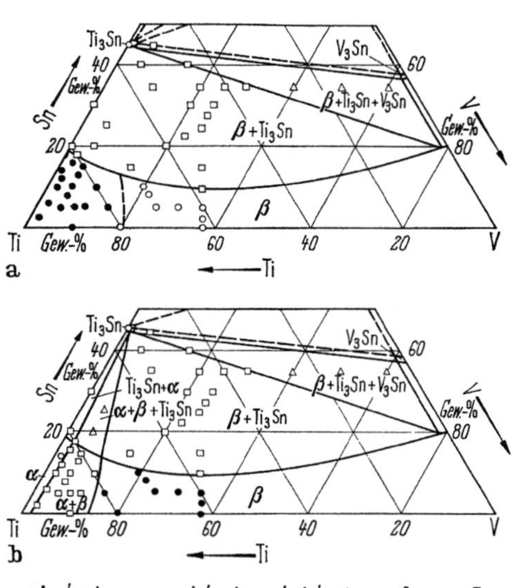

Abb. 22.10a u. b Isotherme Schnitte durch das Dreistoffsystem Titan–Zinn–Vanadin [*K 54*]. bei a) 1100 °C; b) 700 °C.

Ti–Al–V

$TiAl_3$ und VAl_3 bilden eine Mischkristallreihe [*J 29*, *K 91*]. Die für die technischen Legierungen wichtigen Gleichgewichtszustände mit der Überstrukturphase des α-Mischkristalls sind in Abb. 22.8a–c in isothermen Schnitten bei 1000, 800 und 550 °C wiedergegeben [*K 64c*]. Bei 700 °C ist noch 2% V bei 10% Al im α-Mischkristall löslich [*C 70a*].

Ti–Nb–Zr

Legierungen aus Schwammtitan ergaben die in Abb. 22.9 wiedergegebenen Gleichgewichte bei 900 °C. Die an vorverformten Proben gemessene Entmischung (ausgezogene Linie) dürfte wahrscheinlicher sein [*D 27a*, *Z 21*].

Ti–Sn–V

Die Legierungen wurden aus demselben Schwammtitan wie bei dem System Ti–Ag–Al, aus Vanadin (99,5% V) und aus Reinstaluminium hergestellt. Die Glühdauer betrug 5 h bei 1100 °C und 220 h bei 700 °C. In Abb. 22.10a und b sind die isothermen Schnitte bis zum quasibinären Schnitt Ti_3Sn–V_3Sn wiedergegeben [*K 54*].

Literaturverzeichnis

Im Literaturverzeichnis häufig gebrauchte Kurzbezeichnungen

AIME	Institute of Mining, Metallurgical and Petroleum Engineering
ASTM	Am. Society of Testing Materials
Corrosion	wenn nicht anders angegeben – Corrosion Houston
DMIC	Defense Metal Information Center, Wahington 2. Int. Konf. Ti (1972) Vorabdruck wurde inzwischen in „Titanium Science and Technology" durch R. I. Jaffee, H. M. Burte in 4 Bänden, Plenum Press, New York–London 1973 veröffentlicht.
ICI	Imperial Chemical Industries, England
IMI	Imperial Metals Industries (Kynoch) Limited, England (New Metals Division), Birmingham
J	Journal
M	Memorandum
MIT	Massachusetts Institute of Technology Cambridge, Mass., USA
NASA	National Aeronautics and Space Administration
RemCru	jetzt Crucible Steel Company America
RMI	Reactive Metals Inc. Niles Ohio, USA
T.M.L.	Titanium Metallurgical Laboratory Battelle, Columbus, Ohio
TMS	The Metallurgical Society in AIME
T.R.	Technical Report
WADC	Wright Air Development Center, Springfield, Ohio
Z	Zeitschrift

Die am Schluß eines Zitates in Klammern stehenden Seitenzahlen beziehen sich auf das vorliegende Buch

A 1 Aaronson, H. I.; Tiplett, W. B.; Andes, G. M.: Phase transformations in hypoeutectoid Ti-Cr-alloys, J. Metals 9 (1957) 1227–1235. (S. 189, 190)

A 2 Aaronson, H. I.; Tiplett, W. B.; Andes, G. M.: Effects of composition on transformation in Ti-Cr-alloys, Trans. AIME 212 (1958) 624–626. (S. 189, 190)

A 2a Aaronson, H. I.; Tiplett, W. B.; Andes, G. M.: Transformation mechanisms in a hypereutectoid Ti-Cr-alloy, Trans. AIME 218 (1960) 331–339. (S. 189)

A 3 Ab, E. A.; Platnikov, R. I.; Khutsishvili, L. A.: Die Absorption von Wasserstoff durch Ti und Zr bei niedrigen Drücken (Zhurnal Tekhnicheskoi Fiziki 29 (1959) 1146–1151. (S. 346)

A 3a Abkowitz, St.: Potentials of as-sintered and forged Ti parts, Metal Progress 101 (Mai 1972) 88–89. (S. 59)

A 4 Abkowitz, St.; Burke, J. J.; Hiltz, R. H.: Ti in industry, D. van Norstrand Comp. Inc. Toronto-Amsterdam (1955). (S. 504)

A 5 Abkowitz, St.; Evers, D.: Two promising new Ti-alloys, Metal Progress 72 (Sept. 1957) 97–102. (S. 289, 301)

A 6 Abkowitz, St.; Siergiej, J. M.; Regan, R. D.: Titanium powder metallurgy preforms, parts and composites, Mod. developm. in p. m., Vol. 4, Proc. of the Int. Powder Metallurgy Conf., New York, N.Y. 12.–16. 7. 1970, Plenum Press (1971) 501–511 und 2. Int. Konf. Titan, 4. Sitzung, 2. 5. 1972, MIT Cambridge, Mass. USA. (S. 40, 58, 59)

A 7 Academy of Sciences of the Ukrainian SSR Paton B. E.; Lakomsky,, V. I.: Melting in plasma arc furnaces with cooled molds, 2. Int. Konf. Ti, 4. Sitzung, 2. 5. 72 MIT, Cambridge, Mass., USA (S. 54)

A 8 Adachi, M.; Tsujimoto, T.: On the oxidation of Ti and Ti-Al-alloys, J. Jap. Inst. Metals 22 (1958) 379–382. (S. 431)

A 8a Adair, A. M.: Influence of processing variables on the microstructure of extruded TiAl5Sn2,5-alloy, Trans. ASM 62 (1969) 345–352. (S. 288)

A 8b Adair, A. M.; Gurney, F. J.; Male, A. T.: The influence of controlled processing on the yield strength and toughness properties of Titanium alloy extrusions, 2. Int. Konf. Ti, 9. Sitzung, 4. 5. 1972, Cambridge, Mass. USA. (S. 295)

A 9 Adair, A. M.; Reimann, W. H.; Klinger, R. F.: The influence thermomechanical processing on the fatigue behavior of extruded beta III Titanium, 2. Int. Konf. Ti, 9. Sitzung, 4. 5. 1972, Cambridge, Mass. USA. (S. 302)

A 10 Adam, N.; Meurer, E.: Ionengetterpumpen, Z. Instrumentenkde. 70 (1962) 134–139. (S. 557).

A 11 Adams, C. N.; Hull, E. D.: Physical and mechanical properties of Sodium-reduced and electrofined Ti, US-Bureau of Mines, Rep. of Inv. 5772 (1961) 12. (S. 90, 93, 216, 218)

A 11a Adams, R. E.; v. Tiesenhausen, E.: Study of stress corrosion cracking of commercial Ti-alloys, Conference on Fundamental aspects of stress corrosion cracking, Ohio State University, Ohio 1967. (S. 414, 419, 421)

A 12 Adda, Y.; Philibert, J.: Bestimmung des Diffusionskoeffizienten und des Kirkendalleffektes bei der Diffusion von U in Ti, Comp. Rend. 247 (1958) 80–83. (S. 111, 112)

A 13 Adenstedt, H. K.: Creep of Ti at room temperature, Metal Progress 56 (Nov. 1949) 658–660. (S. 235)

A 13a Adenstedt, H. K.: Physical, thermal and electrical properties of Hf and high purity Zr, Trans. ASM 44 (1952) 949–967. (S. 75)

A 14 Adenstedt, H. K.: Handbook on Ti, Wright Air Development Center Techn. Report 54-305 Part I (Aug. 1954) 220, Part II (Sept. 1955) 158. (S. 91, 200, 208, 238, 251, 273, 275, 376, 468, 472, 482, 483, 484, 488)

A 16 Adenstedt, H. K.; Pequinot, I. R.; Raymer, I. M.: The Ti-V-system, Trans. ASM 44 (1952) 890–1003. (S. 68, 168, 258)

A 17 Ageev, N. V.; Babareko, A. A.: Walz- und Rekristallisationstexturen von Ti, Izvestiya Akad. Nauk. SSSR 8 (Aug. 1955) 100–106. (S. 128, 130)

A 18 Ageev, N. V.; Karpinskii, O. G.; Petrova, L. A.: Zerfallsmechanismus des β-Mischkristalls in Ti-Re-Legierungen, Zhur. Neorg. Khim. 6 (1961) 251 bis 252. (S. 571)

A 18a Ageev, N. V.; Karpinskii, O. G.; Petrova, L. A.: Zerfallsmechanismus des β-Mischkristalls in Ti-Cr-Legierungen, Zhur. Neorg. Khim. 6 (1961) 1976ff. (S. 190)

A 18b Ageev, N. V.; Model, M. S.: Stability of ω in a Ti-Zr-O-system, 2. Int. Konf. Ti, 8. Sitzung, 2. 5. 72, MIT, Cambridge, Mass., USA (S. 197)

A 19 Ageev, N. V.; Petrova, L. A.: Die Stabilität der β-Phase in Legierungen des Ti mit Fe und Ni, Zhur. Neorg. Khim. 4 (1959) 1092–1099. (S. 191)

A 20 Ageev, N. V.; Petrova, L. A.: Allgemeine Gesetzmäßigkeiten der Stabilisierung des β-Mischkristalls in Ti-Legierungen, Dokl. Akad. Nauk. SSSR 138 (1961) 359–360. (S. 167)

A 20a Ageev, N. V.; Petrova, L. A.: The theoretical bases of the development of the high-strength metastable β-alloys of Ti, International Conference on Ti, Inst. of Metals, London, 21.–24. 5. 1968, Ref. R.I. Jaffee, N.E. Promisel, Pergamon Press (1970) 809–814. (S. 167)

A 20b Ageev, N. V.; Petrova, L. A.; Grankova, L. P.: The decomposition of the β-solid solution in β-Titanium alloys on aging, 2. Int. Konf. Ti, 8. Sitzung, 3. 5. 1972. Cambridge, Mass., USA (S. 187)

A 20c Agne, H.: Die statische und dynamische Festigkeit von TiAl6V4 und TiSn11Mo4Al2,5Si0,2 unter Berücksichtigung der beim Glühen an Luft entstandenen Diffusionsschicht, Dissertation TU Stuttgart (19. 6. 1969). (S. 328)

A 20d Akers, R. R.: Lichtbogenschmelzen mit nicht-abschmelzender Elektrode, Elektroanzeiger 24 (1971) 263–264. (S 30, 35, 37)

A 21 Albertin, L.: Effects of planishing and thermal treatment on welded TiAl6V4-alloy, Welding Res., Suppl. (1969) 34s–45s. (S. 519, 522)

A 22 Albrecht, W. M.; Mallett, M. W.: Hydrogen solubility and removal for Ti and Ti-alloys, Trans. AIME 212 (1958) 204–210. (S. 104, 106, 342, 347, 348, 349)

A 22a Aldinger, F.; Wellner, P.: Schmelzflächen und nonvariante Gleichgewichte im System Ti-Al-Be, Zeitschrift Metallkunde 61 (1970) 344–349. (S. 564)

A 22b Alexander, H. L.; Farell, H.; Wheatley, Q. D.: Hydrogen contamination of Ti minimized by modified descaling bath, Metal Progress 69 (1956) Nr. 2, 78–80. (S. 346, 446)

A 23 Alexander, P. P.: US-Pat. 2038402 (1936), US-Pat. 2427338 (1947). (S. 29)

A 24 Alexander, W. A.; Pigeon, L. M.: Kinetics of the oxidation of Ti, Canad. J. Res. (B) 28 (1950) 60. (S. 427)

A 26 Alexeeva, K.: Long period radioactivity in Ag, Cr and In activated by slow neutron bombardement, C.R. Akad. Nauk. SSSR 18/8 (1938) 553–555. (S. 63)

A 26a Alheritiere, E.; Drapier, C.; Molinier, R.; Syre, R.: Developments of cold headable Ti alloys for the „Concorde" supersonic jet, 2. Int. Konf. Ti, 10. Sitzung, 4. 5. 1972, Cambridge, Mass. USA. (S. 555)

A 26b Alheritiere, E.; Moisan, J.; Molinier, R.: Besonderheiten der Wärmebehandlung von TiAl6V6Sn2, Rev. Metal., 67 (1970) 964–971 (S. 295)

A 26c Alheritiere, E.; Molinier, R.; Syre, R.: Some aspects of the heat treatment of the Ti-base alloy TiAl6V6Sn2, steels and special alloys for aircraft, Symposium 3. 6. 71, Le Bourget, Paris, 1–19. (S. 295)

A 27 Allen, J. S. V.; Pool, M. I.; Kurbatov, J. D.; Quill, L. L.: Artificial radioactivity of Ti^{45}, Phys. Rev. 60 (1941) 415–429. (S. 63)

A 28 Alloy Digest 1953–1964, Filing code Ti1-Ti36, Engineering Alloys Digest, Inc., Upper Montclair, New Jersey. (S. 96, 97, 278, 280, 281, 295, 299, 310, 311, 328)

A 28a Amateau, M. F.; Burrier, H. I.; Ebert, L. J.: Brittle fracture in α-Titanium, Trans. ASM 59 (1966) 920–929. (S. 232)

A 28b Amateau, M. F.; Dull, D. L.; Raymond, L.: The effects of processing on plastic strain anisotropy of TiAl6V4, Ref. in STAR 9 (1971) Nr. 6, 871. (S. 840)

A 28c Amateau, M. F.; Kendall, E. G.: A review of TiAl6V6Sn2 fatigue behavior, Aerospace Rep. Nr. TR-0059(6250-10)-6, 15. 7. 1970. (S. 334)

A 28d Ambrose, J. R.; Krüger, J.: Stress corrosion of Ti and TiAl8Mo1V1 in methanol vapor, Corr. Science 8 (1968) 119–124 (S. 415)

A 28e American Machinist: Fusion welding of Ti, I, II, III (1958) Nr. 6, 131, 133, 135. (S. 514)

A 29 Ames, S. L.; McQuillan, A. D.: The resitivity-temperature-concentration relationships in the system Nb–Ti, Acta Met. 2 (1954) 831–835. (S. 75, 76, 77, 569)

A 29a Ames, S. L.; McQuillan, A. D.: The resistivity-temperature relationships in β-phase Ti-H-alloys, Acta Met. 4 (1956) 602–610. (S. 75, 339, 340)

A 29b Ames, S. L., McQuillan, A. D.: The effect of addition elements on the electrical resistivity of α-Ti, Acta Met. 4 (1956) 619–625. (S. 75, 76)

A 30 Anderko, K.: Beitrag zu den binären Systemen des Titans mit Gallium, Indium und Germanium und des Zirkoniums mit Gallium und Indium, Z. Metallkunde 49 (1958) 165–172. (S. 67)

A 31 Anderko, K.; Sagel, K.; Zwicker, U.: Hexagonale Ordnungsphasen in den Systemen Ti–Al und Ti–In, Z. Metallkde. 48 (1957) 57–58. (S. 192, 563, 567)

A 32 Anderson, E. A.; Jillson, D. C.; Dunbar, R. S.: Deformation mechanism in α-Ti, Trans. AIME 197 (1953) 1191–1197. (S. 116, 118, 121, 124, 216)

A 32a Anderson, J. S.: Phase analysis studies on the Ti-O-system, Acta Chemica Scandinavica 13 (1959) 415–419. (S. 162)

A 32b Anderson, J. S.; Khan, A. S.: Equilibria of intermediate oxides in the Ti-O-system, J. Less Common Metals 22 (1970) 219–223. (S. 570)

A 33 Andreeva, V. V.: Influence of alloying elements on corrosive and electrochemical properties of Ti, Dokl. Akad. Nauk. SSSR 128 (1959) 748–751 (S. 398)

A 33a Andreeva, V. V.: Behaviour and nature of thin oxide films on some metals in gaseous media and in electrolyte solutions, Corrosion 20, Nr. 2 (1964) 35t–46t. (S. 425)

A 34 Angell, C. H.; Deriaz, M. G.: ICI, Belg. Pat. 590159 (26. 4. 1960). (S. 464)

A 35 Antony, K. C.: Aircontamination in Ti-alloys, J. of Materials 1 (1966) 456 bis 477. (S. 431)

A 35a Antony, K. C.: Composition and structure of silizide-precipitate complex TiAl6Sn3Zr3Si-alloys, Trans. AIME 242 (1968) 1454–1456. (S. 275)

A 36 Anufrieva, N. I.; Ivanov, A. I.: Electrolysis of Ti-dioxide in molten salts, Russian Metallurgy on Fuels (1960) 11–20. (S. 22)

A 36a Argyris, J. H.; Aicher, W.; Kierner, G.: Schwingungsfestigkeit von TiAl8Mo1V1, TiAl5Sn2,5 und TiAl6V4 bei hohen Temperaturen, Univ. Stuttgart, ISD-Bericht Nr. 114 (1971). (S. 335)

A 36b Armantrout, C. E.; Durham, I. T.; Beall, R. A.: Properties of wrought shapes formed from electroslag melted Ti, Internat. Conf. on Ti, Inst. of Metals, London, 21.–24. 5. 68, Ref. R. I. Jaffee, N. E. Promisel, Pergamon Press, 1970, 67–74. (S. 50)

A 37 Armantrout, C. E.; Hauger, I. R.: Explosion of a Ti-crucible, Metal Progress 72/3 (1957) 94–95. (S. 407)

A 37a Armstrong, R. W.: The influence of polycrystal grain size on several mechanical properties of materials, Met. Trans. 1 (1970) 1169–1173. (S. 217)

A 37b Armstrong, R. W.; Jindal, P. C.: On the hardness and recrystallized grain size of α-Ti, Met. Trans. 242 (1968) 2513. (S. 217)

A 38 Arkel, van A. E.; de Boer, J. H.: Darstellung von reinem Ti-, Zr-, Hf- und Th-Metall, Z. Anorg. Chem. 148 (1925) 345–350. (S. 5)

A 38a Arunachalam, V. S.; Pattanaik, K. S.; Monteiro, S. A.; Reed-Hill, R. E.: The effects of temperature and purity on the second stage of hardening in polycrystalline α-Titanium, Met. Trans. 3 (1972) 1009–1011. (S. 219)

A 38b Ashton, S. J.; Chambers, L. H.: The influence of microstructure on the mechanical properties of forged ($\alpha + \beta$)-Ti-alloys, Internat. Conf. on Ti, Inst. of Metals, London, 21.–24. 5. 1968, Ref. R. I. Jaffee, N. E. Promisel, Pergamon Press (1970) 879–889. (S. 472)

A 38c Askill, J.: Tracer diffusion of Ag and Sc in β-Ti, Phys. stat. sol. 43b (1971) K1–K2. (S. 108)

A 38d Askill, J.; Gibbs, G. B.: Tracer diffusion in β-Ti, Phys. stat. sol. 11 (1965) 557–565. (S. 102, 108)

A 38e Askill, J.; Lundy, T. S.: Environmental effect of diffusion of Ta^{182} in b.c.c. Ti, J. Metals 17 (1965) 1054. (S. 108)

A 38f ASTM: Techn. Publ. No. 381, Fracture toughness and its applications (1964). (S. 203)

A 39 ASTM: Tentative specification for iodide Titanium, ASTM Designation B 266-52 T (1952). (S. 8)

A 39a ASTM: Stress-corrosion cracking of Ti, ASTM Techn. Publ. No. 397 (1966). (S. 203)

A 39b ASTM: Standards on physical and mechanical testing of metals, Nondestructive testing Part 31 (May 1965) 1018–1030, Fracture toughness testing. (S. 424)

A 40 Ates, F. F.: The lining of a steel pressure vessel with Ti, International Institute of Welding 1958, Annual Assembly Vienna, 30. Juni 1958, Public Session „Welding in the Chemical Industry", 1–6. (S. 520)

A 40a Atrosenko, A. P.; Bogojavlenskij, K. N.; Uskor, S. S.: Untersuchung der technologischen Plastizität von Ti-Al- und Ti-Al-V-Legierungen, Obrobotka metalov davlenian v masinostronii 6 (1970) 46–53. (S. 469)

A 40b Ausmus, S. L.; Wood, F. W.; Beall, R. A.: Molds for scull castings, Report of Bureau of Mines 646 (1968) 102–127. (S. 56)

A 41 Austin, A. E., Doig, J. A.: Structure of the transition phase ω in Ti-Cr-alloys, J. Metals 9 (1957) 27–30. (S. 72)

A 41a Auvinet, R.: Mechanical properties of TiAl6V4 and TiAl6V6Sn2, Symposium, Materials for aviation, Le Bourget, Paris, 3. 6. 71. (S. 329)

A 42 Averbach, B. L.; Comerford, M. F.; Bever, M. B.: An X-ray method for the determination of β-phase in a Ti-alloy, Trans. AIME 215 (1959) 682–685. (S. 295)

A 42a Awaya, H.; Yoshimatsu, H.; Kujiyama, Y.; Tomoguchi, S.: Spaltkorrosion von Ti in Ammoniumchloridlösung, Boshoku Gijutsu 16 (1967) 107–114, Ref. Werkst. u. Korr. 20 (1969) 254. (S. 396)

A 42b Ayvazian, A.; Colton, R.: Influence of C and O in some exploratory ultrahigh strength ($\alpha + \beta$)-Ti-alloys, J. Metals 20 (1968) 65a, Internat. Conf. on Ti, Inst. of Metals, London, 21.–24. 5. 1968, Ref. R. I. Jaffee, N. E. Promisel, Pergamon Press (1970) 897–899. (S. 303)

A 43 Azarkh, Z. M.; Gavrilov, P. I.: Structural changes in Ti-H at large H-concentrations, Soviet physics crystallography 15 (1970) 268–275 (S. 354)

B 0 Babel, H. W.; Corn, D. L.: A comparison of methods for correlating texturing with the biaxial strength of Ti-alloys, Met. Eng. Quart. (Febr. 1967) 36–44. (S. 485)

B 0a Babel, H. W.; Frederick, S. F.: A review of texture strengthening of Ti-alloys, J. of Metals 20 (1968) 32–38. (S. 298, 485)

B 1 Bachmann, D.; Hedrich, D.; Kalsch, E.; Raub, E.; Röschel, G; Zwicker, U.: Über den Einfluß von Zusätzen auf Verarbeitbarkeit, Gefüge, elektrische und supraleitende Eigenschaften der Legierungen TiNb33 und TiNb40, Z. Metallkde. 59 (1968) 426–432. (S. 82, 84)

B 1a Backhurst, I.: Adiabatic vacuum-calorimeter from 600 to 1600 °C, J. Iron Steel Inst. 189 (1958) 124–134. (S. 94)

B 1b Backofen, W. A.; Hosford jr., W. F.; Burke, J. J.: Texture hardening, Trans, ASM 55 (1962) 264–267. (S. 131, 485)

B 2 Bagaryatskij, J. A.; Nosova, G. I.: Gitterkonstanten der ω-Phase in Ti-Cr-Legierungen, Soviet Physics Crystallography 3 (1958) 15–26. (S. 70)

B 2a Bagaryatskij, J. A.; Nosova, G. I.: The β-ω-transformation in Ti-alloys during quenching (A singular kind of martensitic transformation), Fiz. metallov. metalloved. 13 (1962) Nr. 13, 415–425. (S. 171)

B 3 Bagaryatskij, J. A.; Nosova, G. I.; Tagunowa, T. W.: Die Kristallstruktur und Natur der ω-Phase in Ti-Cr-Legierungen, Dokl. Akad. Nauk. SSSR, 105 (1955) 1225–1228, (S. 70, 71)

B 3a Bagaryatskij, J. A.; Nosova, G. I.; Tagunowa, T. W.: Gesetzmäßigkeiten der Entstehung von instabilen Phasen in Ti-Legierungen, Dokl. Akad. Nauk. SSSR 122 (1958) 593–596. (S. 69, 70, 171, 187, 188)

B 4 Bagaryatskij, J. A.; Nosova, G. I.; Tagunowa, T. W.: Die ω-Phase in abgeschreckten Ti-Legierungen, Acta Cryst. 14 (1961) 1087–1088. (S. 179)

B 4a Baggerly, R. G.: Particle size line broadening resulting from Ti_3Al precipitation in Ti-Al-alloys, Siemens Review, Vol. 19 (1968) 96. (S. 194)

B 6 Baker, D. H. jr.: Hardness testing of Ti-sponge equipment and procedure, Bureau of Mines, Report of Investigations 5440 (1959). (S. 31)

B 6a Bakker, D.: Hot salt stress corrosion cracking of Ti-alloys, Int. Congr. on Metallic corrosion 1969, Amsterdam, NACE, Houston (S. 414)

B 6b Bakker, D.: The effect of heat treatment and N-addition on the critical current density of worked TiNb66 superconducting alloy, J. Materials Science 5 (1970) 40–52. (S. 82)

B 6c Balcerzak, A. T.; Sass, S. L.: The initial stages of ω-phase transformation in Ti-Nb-alloys, 1971 TMS, Spring meeting ,Atlanta, Georgia, 17.–20. 5. 1971, (S. 171, 182, 183)

B 6d Balcerzak, A. T.; Sass, S. L.: The formation of the ω-phase in Ti-Nb-alloys, Met. Trans. 3 (1972) 1601–1605. (S. 72, 183)

B 7 Baldwin, D. J.; Rowe, G. W.: Lubrication at high temp. with vapour-deposited surface coatings, Trans. ASM 83 (1961) 133–138. (S. 439)

B 7a Ball, M. J.: Factors affecting the ductility and microstructure of Ti Al6 V6Sn2-alloy weldments, 2. Internat. Konf. Titan, 5. Sitzung, 2. 5. 1972, MIT Cambridge, Mass. USA. (S. 295, 527)

B 8 Banus, M. D.: Safe handling of metal hydrides, Chemical and Engineering News 32 (24) (14. Juni 1954) 2424. (S. 434)

B 9 Bardin, I. P.: Titan und Titanlegierungen, Band 2, Titanmetallurgie, Akademia Nauk. Inst. Metallurgii A. A. Baikowa, Moskau (1959). (S. 9)

B 10 Barksdale, W.: Titanium, Ronald Press Co. New York (1947). (S. 1)

B 11 Baroch, C. T.; Kaczmarck, T. B.; Barnes, W. D.; Galloway, L. W.; Mark, W. M.; Lee, G. A.: Titanium plant at Boulder City, Nev., its design and operation, US-Bureau of Mines, Report 5141 (1955). (S. 13)

B 11a Barrett, J. C.; Lane, I. R.: Effect of atmospheric contaminants on arc welds in Titanium, Welding Journal Research Supplement 33 (1954) 127 s–128 s. (S. 507, 510)

B 11b Barrett, J. C.; Lane, I. R.; Huber, R. W.: Effect of atmospheric contaminants on arc welds in Ti, Welding Journal Research Supplement 32 (1953) 283–291. (S. 510)

B 12 Barth, W. J.: The descaling of Ti in fused oxidizing caustic baths, unveröffentlichter Bericht, zitiert in: Stough u. a, 1958, siehe S. 141. (S. 446, 447)

B 13 Barth, W. J., Feild, A. L.: Sodium hydrid descaling of Titanium, Metal Progress 68 (August 1955) 114–116. (S. 445)

B 13a Barth, C. F.; Steigerwald, E. A.: Ti-alloys stress corrosion susceptibility to fuel tank sealants, Materials protection 8 (April 1969) 33–37. (S. 409, 411)

B 14 Bartholomew, E. L.: Grain growth and recrystallization studies on commercial Ti RC-55 and alloy Ti-100A, Trans. ASM 50 (1958) 370–381. (S. 139, 140)

B 14a Bartlo, L. J.: Ti-5621-S, a new high temperature Ti-alloy, Ref. ASM News Quarterly (Summer 1969) Mat. Eng. Congress 13.–16. Okt. 1969, RMI Preliminary Data Report TiSn6Al5Zr2Mo1Si0,25. (S. 274, 281)

B 14b Bartlo, L. J.: Effect of microstructure on the fatigue properties of the TiAl6V4-bar, ASTM STP 459 (1969) 144–154. (S. 329, 422)

B 15 Barton, J. W., Purdy, G. R.; Taggart, R.; Parr, J. G.: Structure and properties of Ti-rich Ti-Ni-alloys, Trans. AIME 218 (1960) 844–849. (S. 189, 263, 264, 265)

B 15a Bass, C. D.; Harmsworth, C. L.: Fatigue behaviour of Ti castings, ASME publ. 69-4T-22 (1969) Paper gasturbine Conference, Cleveland, Ohio, USA, (März 1969). (S. 335)

B 15b Battelle Mem. Inst.: The corrosion of Ti, TML-Report 57 (Okt. 1956). (S. 371)

B 15c Battelle Mem. Inst.: Stress-corrosion and pyrophoric behavior of Ti, TML-Report 84 (Sept. 1957). (S. 410, 436)

B 15d Battelle Mem. Inst. TML-Report Nr. 88: Salt corrosion of Ti-alloys at elevated temperature and stress (20. 11. 1957). (S. 201)

B 15e Battelle Mem. Inst.: Hydrogen in Ti and Ti-alloys, TML-Report 100 (Mai 1958). (S. 338)

B 15f Battelle Mem. Inst. Report AD 468635: Aircraft designers, Handbook for Titanium and Titanium-alloys (August 1965) (S. 251, 277, 285, 294, 304)

B 15g Baucom, R. M.: Strain rate sensivity of three Titanium alloy sheet materials after prolonged exposure at 550 °F (561 °K), NASA-TN-D 4981 (Jan. 1969). (S. 325)

B 16 Bauer, G.; Abkowitz, S.; Dickinson, C.: Verwendung einer schweißbaren Titanlegierung zur Herstellung von geschweißten, rohrförmigen Körpern und Verfahren zur Wärmebehandlung, DAS 1175887, 26. 9. 1958 (13. 8. 1964), US-Pat. 688131, 4. 10. 1957. (S. 295)

B 17 Beach, J. G.: Polishing metals and composition therefore, US. Pat. 2711364 (21. 6. 1955). (S. 451)

B 18 Beach, J. G.; Gurklis, J. A.: Procedures for electroplating coatings on refractory metals, DMIC Memorandum 35 (9. Okt. 1959) Defense Metals Inform. Center, Battelle Mem. Inst. Columbus. (S. 462, 464)

B 18a Beall, R. A.: Cold mold arc melting in production, US Bureau of Mines Report 646 (1968) 15–19. (S. 30)

B 19 Beall, R. A.; Borg, J. O.; Gilbert, H. L.: Production of Zr-alloys by consumable electrode melting, J. Electrochem. Soc. 102 (1955) 187–192. (S. 40, 47, 50)

B 20 Beall, R. A.; Borg, J. O.; Wood, F. W.: A study of consumable electrode arc melting, US Bureau of Mines, Report of Investigations Nr. 5144 (Aug. 1955). (S. 37, 40, 47, 50)

B 21 Beall, R. A.; Capato, F.; Hayes, E. T.: Homogeneous alloy ingots produced by consumable arc melting, J. Electrochem. Soc. 102 (1955) 187–192. (S. 40, 47, 50)

B 22 Beall, R. A.; Wood, F. W.; Roberson, A. H.: Large Ti-castings produced successfully, J. Metals 7 (1965) 801–804. (S. 40, 47, 50, 55, 56)

B 23 Beall, R. A.; Wood, F. W.; Borg, J. O.; Gilbert, H. C.: Production of Ti-castings, Bureau of Mines, Rep. of Inv. 5265 (1965). (S. 42)

B 23a Beall, R. A.; Wood, F. W.; Magnusson, P. C.: Fabrication of consumable electrodes, Mines Report 646 (1968) 66–75. (S. 39)

B 23b Beck, R. L.: Research and development of metal hydrides, Summary Report, USAEC-Report LAR-10, (Nov. 1960), 60–65 und 77–80, Ref. in M 103b. (S. 355)

B 24 Beck, T. R.: Stress corrosion of Ti-alloys, Boeing Solid State Phys. Lab., Seattle, Report D 1-82-0554 (Juli 1966) AD 640229, (S. 413, 417, 420, 422)

B 24a Beck, T. R.: Electrochemical aspects of Ti stress corrosion cracking, Proc. Fundamental Aspects of Stress Corrosion Cracking, Ohio State Univ., 11. bis 15. Sept. 1967. (S. 420, 422)

B 24b Beck, T. R.: Stress corrosion cracking of Ti-alloys, I., J. Electrochem. Soc. 114 (1967) 551–556. (S. 420)

B 24c Beck, T. R.: Stress corrosion cracking of Ti-alloys, II. An electrochemical mechanism, J. Electrochem. Soc. 115 (1968) 890–896 (S. 420, 422, 424)

B 24d Beck, T. R.: Electrochemical mechanism in the stress-corrosion cracking of Ti-alloys, International Conference on Ti, Inst. of Metals, 21.–24. 5. 1968, London, Ref. R. I. Jaffee, N. E. Promisel, Pergamon Press (1970) 239–245. (S. 420, 422)

B 24e Beck, T. R.: Method of inhibiting stress corrosion cracks on Ti-alloys, USA-Patent 3529928 vom 20. 9. 1970. (S. 424)

B 24f Beck, T. R.: Electrochemical models for SCC of Titanium, The theory of stress corrosion cracking in alloys, edited by J. C. Scully, NATO Science Comittee (1971). (S. 411)

B 24g Beck, T. R.; Blackburn, M. J.: Stress-corrosion cracking of Ti-alloys, J. American Institute of Aeronautics and Astronautics 6 (1968) 326–332. (S. 420)

B 25 Beck, F. H.; Fontana, M. G.: Korrosion durch wäßrige Lösungen bei erhöhten Temperaturen und Drücken, Corrosion 9 (1953) 287–293. (S. 371)

B 25a Beemer, R. D.: High fatigue life results from Ti spot welding innovations, Welding Res. Suppl. (1970) 89s–94s. (S. 524)

B 25b Beevers, C. J.: Fatigue behaviour of α-Ti and α-Ti-H-alloys, Int. Conf. on Ti, Inst. of Metals, London, 21.–24. 5. 1968, Ref. R. I. Jaffee, N. E. Promisel, Pergamon Press, 535–543. (S. 246, 360)

B 25c Beevers, C. J.; Edmonds, B. V.: The deformation and fracture of Ti-O-H-alloys, Trans. AIME 245 (1969) 2391–2398. (S. 357)

B 25d Beevers, C. J.; Halliday, M. D.: The role of twinning in the fatigue behaviour of α-Ti, Czechosl. J. of Physics B 19 (1969) 343–346. (S. 247)

B 25e Beevers, C. J.; Robinson, J. L.: On the influence of O-content on the fatigue behaviour of α-Ti, J. Less Common Metals 17 (1969) 345–352 (S. 247)

B 25f Beevers, C. J.; Warren, M. R.; Edmonds, D. V.: Fracture of Titanium-Hydrogen alloys, J. Less Common Metals 14 (1968) 387–396. (S. 357)

B 26 Begeman, M. L.; McBee jr., F. W.; Fontana, J. C.: The physical and metallurgical characteristics of spot welded Ti, Welding Journal 30 (1951 Supplement) 429s–435s. (S. 516, 523)

B 27 Begeman, M. L.; Block, E. H.; McBee, jr., F. W.: Spot Welding of Ti-alloy sheets, Welding Journal 31 (1952 Supplement) 469s–474s. (S. 516, 523)

B 28 Begeman, M. L.; Block jr., E. H.; McBee jr., F. W.: Tension, shear and impact strength of spot welded Ti, Welding Journal 32 (1953 Supplement) 599s–604s. (S. 516, 523)

B 29 Beggi, J. E.: The use of Ti-metal in vacuum devices, Trans. Inst. of Radio Engr., Electron devices (April 1956) 93–96. (S. 558)

B 29a Bennett, M. G.: High voltage electron beam welding of Ti-alloys in partial vacuum, International Conference on Ti, Inst. of Metals, London, 21. bis 24. 5. 1968, Ref. R. I. Jaffee, N. E. Promisel, Pergamon Press (1970) 1023 bis 1035. (S. 514, 515)

B 30 Bennett, W. D.: The microstructure of various grades of Ti and their rates of formation, Canadian Journal of Technology 32 (1954) 167–173. (S. 207)

B 30a Benson, P. K.; Großkreutz, J. C.; Shaw, G. G.: Mechanisms of fatigue in mill-annealed TiAl6V4 at room temperature and 600 °F, Met. Trans. 3 (1972) 1239–1248. (S. 331)

B 30b Bentinck, G. F.; Hohmann, A. E.: Finishing high performance naval aircraft, Metal Finishing 58 (1960) Okt., 46–50. (S. 460)

B 30c Bentini, G. G.; Donolato, C.; Strocchi, P. M.: Influence of Hydrogen content on the relaxation spectrum of α-Titanium, Scripta Metallurg. 2 (1968) 405–410. (S. 358)

B 31 Berger, L. W.; Hyler, W. S.; Jaffee, R. I.: Effect of Hydrogen on the fatigue properties of Ti and TiMn8-alloy, Trans. AIME 212 (1958) 41–45. (S. 360, 367)

B 32 Berger, L. W.; Williams, D. N; Jaffee, R. I.: The effect of Hydrogen on the mechanical properties of Ti-Al-alloys, Trans. AIME 212 (1958) 509–513. (S. 246, 354, 355, 358)

B 33 Berger, L. W.; Williams, D. N.; Jaffee, R. I.: Mechanical properties and heat treatment of Ti-Nb-alloys, Trans. ASM 50 (1958) 364–385. (S. 258, 259, 569)

B 34 Bergholm, A.: Chlorination of Rutile, Trans. AIME 221 (1961) 1121–1129. (S. 12)

B 35 Berlincourt, T. G.: Hall-effect, resistivity and magnetic resistivity for Th, V, Zr, Ti and Nb, Phys. Rev. 114 (1959) 969–977. (S. 74, 84)

B 36 Berlincourt, T. G.: Pulsed-magnetic-field studies of superconducting transition metal alloys at high and low current densities, Proceedings 8. International conference on low temp. Physics, London (Sept. 1962) 249–253. (S. 82, 83)

B 37 Berlincourt, T. G.; Hake, R. R.: Superconductivity at high magnetic fields, Phys. Rev. 131 (1963) 140–157. (S. 77, 83, 569)

B 37a Berrusset, P.: The Ti-Se-System, Chim. Mod. 10 (1965) 277–278. (S. 574)

B 37b Berry, J. T.; Pope, M. H.; Misra, N.: Lubrication of Titanium alloys under conditions of bulk plastic deformation, 2. Int. Konf. Titan, 4. Sitzung, 2. 5. 1972, MIT Cambridge, Mass., USA. (S. 489)

B 38 Berry, R. L. P.; Raynor, G. V.: A note on the lattice spacings of Ti at elevated temperatures, Research London, 6/4 (1953) 21–23. (S. 64, 89)

B 39 Beton, R. H.: The effect of Hydrogen in quantities of up to 0,009% on the room temperature izod and tensile strength of commercially pure Ti, J. Inst. Metals 88 (1959) 93–95. (S. 357)

B 39a Betterton, J. O.; Frye, J. H.: Factors affecting the α/β-phase boundaries of Zr-Ti-alloys, Acta Met. 6 (1958) 205–211. (S. 160)

B 40 Bibby, M. J.; Parr, J. G.: The β-α-transformation in Ti, J. Inst. of Metals 92 (1963/64) 341–342. (S. 149)

B 40a Bidwell, L. R.: The Ti-Be-system, Abstract Bulletin, Spring meeting AIME, 1970, Las Vegas. (S. 564)

B 40b Billmann, F. R.; Rudolph, F. F.: Effects of TiAl6V4 alloy metallurgical structure upon ultrasonic response characteristics, 2. Internat. Konf. Titan, 5. Sitzung, 2. 5. 1972, MIT Cambridge, Mass., USA. (S. 205)

B 41 Bishop, C. R.: Corrosion tests at elevated temperature and pressure, Corrosion 19 (1963) 308–314. (S. 371)

B 41a Bishop, S. M.; Spretnak, J. W.; Fontana, M. G.: Mechanical properties, including fatigue of Ti-base alloys RC-130-B and Ti-150-A at very low temperatures, Trans. ASM 45 (1953) 993–1007. (S. 333)

B 42 Blackburn, M. J.: Ti-Al, Boeing Sc. Lab. T.R. (Jan.–Juni 1965). (S. 146)

B 42a Blackburn, M. J.: Phase transformation in TiAl8Mo1V1-alloys Boeing OA-82-0402, Solid State Physics 1966 und Trans. ASM 59 (1966) 694–708 und 876–889. (S. 70, 178, 187, 289, 306)

B 42b Blackburn, M. J.: The ordering transformation in Ti-Al-alloys containing up to 25 at.% Al, Trans. AIME 239 (1967) 1200–1208; 242 (1968) 726–730. (S. 146, 147, 253, 289, 306, 563)

B 42c Blackburn, M. J.: Relationship of microstructure for some mechanical properties of TiAl8Mo1V1, Trans. ASM 59 (1966) 694–708. (S. 289)

B 42e Blackburn, M. J.: Some aspects of phase-transformations in Ti-alloys, International Conference on Ti, Inst. of Metals, London, 21.–24. 5. 1968, Ref. R. I. Jaffee, N. E. Promisel, Pergamon Press (1970) 633–643. (S. 72, 178, 183)

B 42f Blackburn, M. J.; Beck, T. R.: Stress corrosion cracking in Ti-alloys, compositional and heat treatment effects, Boeing OA-82-0402, Juli–Dez. 1965. (S. 417, 420)

B 42g Blackburn, M. J.; Williams, J. C.: Metallurgical aspects of the stress corrosion cracking of Ti-alloys, Report Boeing Sc. Res. Lab., Presented at: Fundamental Aspects of stress-corrosion cracking, Ohio State Univ. 11.–15. 9. 67. (S. 194, 195, 213, 412, 422)

B 42h Blackburn, M. J.; Williams, J. C.: The preparation of thin foils of Ti-alloys, Trans. AIME 239 (1967) 287–288. (S. 207, 213)

B 42i Blackburn, M. J.; Williams, J. C.: Phase transformations in TiMo- and Ti-alloys, Trans. AIME 242, II (1968) 2461–2469. (S. 183, 184, 569, 574)

B 42k Blackburn, M. J.; Williams, J. C.: Strength, deformation modes and fracture in Ti-Al-alloys, Trans. ASM 62 (1969) 398–409. (S. 194, 213, 253, 412)

B 43 Blank, A. J.; Port, J. H.: Fatigue characteristics of Ti-alloy rod at − 40 °F, room temperature and 600 °F, Titanium symposium on diffusion and mechanical behaviour, Columbia University (New York, N.Y.) 9.–10.6.1954. (S. 247)

B 44 Blankenstein, K.: Über die Reaktion von Fe mit KCl-$TiCl_2$-Schmelzen im Ti-Gefäß, Tech. Mitt. Krupp 18 (1960) 9–18. (S. 466)

B 45 Blankenstein, K.: Über das Reaktionsgeschehen in KCl-$TiCl_2$-Salzschmelzen, Tech. Mitt. Krupp 20 (1962) 10–17. (S. 467)

B 46 Blaugher, R. D.; Chandrasekhar, B. S.; Hulm, J. K.; Corenzwit, E.; Matthias, B. T.: Superconducting Ti-Mo-alloys, J. Phys. Chem. of Solids 21 (1961) 252–255. (S. 81)

B 47 Blaugher, R. D.; Joiner, W. H. C.: Superconductivity in the Ti-Ta-system, Bull. Am. Phys. Soc. 8 (1963) 192. (S. 81, 82)

B 47a Blenkinsop, P. A., Goosey, R. E.: A study of age hardening reaction in TiCu 2,5 in: The Science, Technology and Application of Ti, Proc. Int. Conf. on Ti, Ref. R. I. Jaffee, N. E. Promisel, Pergamon Press (1970) 783–793. (S. 191, 280, 288, 289)

B 48 Blocher, J. M.; Campbell, I. E.: Vapor pressure of Ti, J. Amer. Chem. Soc. 71 (1949) 4040–4042. (S. 94, 95, 96)

B 49 Block, N. I.; Glazova, A. I.; Lashko, N. F.; Yakimova, A. M.: Der Einfluß des Wasserstoffs auf die Phasenumwandlung in Titanlegierungen, Izv. Akad. Nauk. SSSR, Otedelnie, Tekhnicheskikh Nauk. Nr. 12 (1958) 96–99. (S. 369)

B 50 Blumenthal, W. B.; Smith, H.: Titanium tetrajodide preparation and refining, Ind. Eng. Chem. 42 (1950) 249–251. (S. 6)

B 50a Bodunova, M. B.; Gorini, I. V.; Chechulin, B. B.: H-embrittlement of Ti as a part of the problem of the brittle/ductile transition temperature of metals, Int. Conf. on Ti, 21–.24. 5. 1968, London, Ref. R. I. Jaffee, N. E. Promisel, Pergamon Press (1970) 577–581. (S. 357)

B 51 Böhm, H.: Untersuchungen über die anodische Oxydation des Titans, Metalloberfläche 11 (1957) B 93–96. (S. 390)

B 51a Böhm, H.: Untersuchungen von Auslagerungsvorgängen in einem konstanten Temperaturgefälle, Z. Metallkde. 49 (1958) 190–194. (S. 203)

B 52 Böhm, H.; Löhberg, K.: Über eine Überstrukturphase vom CsCl-Typ im System Ti–Mo–Al, Z. Metallkde. 49 (1958) 173–178. (S. 195, 267, 336, 582, 583)

B 53 Böhm, H.; Westphal, H.: Übergang von β in ω und α in Ti-Legierungen, Z. Metallkde. 47 (1956) 558–563. (S. 169, 170, 196, 197)

B 53a Boeing develops promising descaling process for Titanium and stainless steel, Western Metals 12, No. 9 (1954) 64–65. (S. 460)

B 53b Boeing materials specification Ti-alloys sheet strip and plate XBMS 7–174. (S. 203)

B 53c Bölkow GmbH, München und Vereinigte Flugtechnische Werke Bremen, Werkaufnahme. (S. 555)

B 53d Bogachev, I. N.; Dyakova, M. A.: Kavitationsbeständigkeit von Titanlegierungen, Tsvet, Metal. 39 (1966) 80–82, Ref. in Werkst. u. Korr. 19 (1968) 59. (S. 443)

B 53e Bogachev, I. N.; Dyakova, M. A.: Ti-alloys behavior under various loading conditions, 2. Internat. Konf. Titan, 7a. Sitzung, 3. 5. 1972, MIT Cambridge, Mass., USA. (S. 335)

B 53f Bogachev, I. N.; Veksler, U. G.; Sorokin, V. G.: Dynamic creep of Titanium alloy in high-speed air flow, 2. Int. Konf. Titan, 9. Sitzung, 4. 5. 1972, MIT Cambridge, Mass., USA. (S. 335)

B 54 Bohanek, E.: Effect of structure on the properties of Ti-alloys, Metals Engineering Quarterly 1 (1961) 70–88. (S. 230, 300)

B 55 Bohanek, E.: Deep hardenable Titanium-alloys for large airframe elements, 2. Int. Konf. Titan, 10. Sitzung, 4. 5. 1972, MIT Cambridge, Mass., USA. (S. 302)

B 55a Bohlen, C.: WIG-Schweißen von Ti unter Abführen der Wärme mit Wasser, Schweißen und Schneiden 22 (1970) 386–388 (S. 511)

B 55b Bokshtein, S. Z.; Emelyanova, T. A.; Kishkin, S. T.; Mirsky, L. M.: Chemical and structural microinhomogeneity diffusion and mechanical properties of Ti-alloys in connection with phase transformation characteristics, Int. Conf. on Ti, Inst. of Metals, London, 21.–24. 5. 1968, Ref. R. I. Jaffee, N. E. Promisel, Pergamon Press (1970) 43–57. (S. 52, 365)

B 56 Bollenrath, F.: Entwicklung von Titanlegierungen mit besonders guten Schwingungseigenschaften bei normalen und erhöhten Temperaturen, Forschungsauftrag BWM, Abschlußbericht 14. 3. 1962. (S. 101, 240, 243)

B 58 Bollenrath, F.; Domick, G.; Feldmann, H.: Über das Verhalten einiger $(\alpha + \beta)$-Titanlegierungen bei statischer und dynamischer Beanspruchung in der Wärme, Metall 20 (1966) 1256–1262. (S. 329)

B 58a Bollenrath, F.; Domick, G.; Feldmann, H.: Kriechverhalten einiger $(\alpha + \beta)$-Titanlegierungen, Metall 22 (1968) 25–32. (S. 297, 314, 315, 317)

B 58b Bollenrath, F.; Feldmann, H.: Einfluß der Verformung, Temperatur und Zeit auf mechanische Eigenschaften von unlegiertem Titan, Forschungsberichte des Landes Nordrhein-Westfalen Nr. 1578 (1966), Maschinenmarkt 71 (1965) 157–170. (S. 227, 231, 240)

B 58c Bollenrath, F.; Fröhlich, W.; Hauk, V.; Schlieper, P.: Röntgenographisch ermittelte Eigenverformungen nach bleibenden Dehnungen im einachsigen Zugversuch von Titan und TiAl6V4, Zeitschrift Metallkunde 63 (1972) 794–796. (S. 101)

B 58d Bollenrath, F.; Fröhlich, W.; Hauk, V.; Sesemann, H.: Röntgenographische Elastizitätskonstanten von Ti und TiAl6V4, Zeitschrift Metallkunde 63 (1972) 790–793. (S. 101)

B 59 Bolton, W. von: Tantal, seine Herstellung und Eigenschaften, Z. Electrochem. 11 (1905) 45–51. (S. 30)

B 60 Bombara, G.; Gherardi, D.: Titanium-platinum electrodes for cathodic protection in seawater, Eng. Dig. 21 (1960) 81–82. (S. 395, 514)

B 61 Bomberger, H. B.: Titanium corrosion and inhibition in fuming nitric acid, Corrosion 13/5 (1957) 17–21. (S. 436)

B 61a Bomberger, H. B.: Titanium, Ind. Eng. Chem. 49 (1957) 1658, 50 (1958) 1493–1495, 55 (1962) 67–70. (S. 546)

B 61b Bomberger, H. B.; Cumbourelis, P. J.; Hutchinson, G. E.: Corrosion properties of Ti in marine environments, J. Electrochem. Soc. 131 (1954) 442 bis 447. (S. 376)

B 62 Bomberger, H. B., Knapek, E. E.: The acid pickling of Ti, Reactive Metals, AIME Metallurgical Society Conferences 2 (1959) 509–521. (S. 344, 449)

B 62a Bomberger, H. B.; Plock, L. F.: Methods used to improve corrosion resistance of Titanium, Mat. Protection 8 (Juni 1969), 45–48. (S. 398)

B 63 Bomberger, H. B.; Vordahl, M. B.: Metal pickling solutions and methods, US. Pat. 2876144 (24. 2. 1956). (S. 450)

B 64 Bomberger, H. B.; Vordahl, M. B.; Finlay, W. L.: How to avoid Ti-embrittlement during pickling, Materials and Methods 40 (Dez. 1954) 105. (S. 449)

B 65 Borbunov, S. A.; Morolev, N. V.; Tikhomirov, V. I.: The role of N in the oxidation of Ti in air at elevated temperatures, Soviet Materials Science 2 (1966) Nr. 2, 200–203. (S. 431)

B 66 Borchers, W.; Huppertz, W.: Brit. Patent 13759 (1904). (S. 22)

B 66a Borgstedt, H. U.; Frees, G.; Drechsler, G.: Korrosionsreaktionen sauerstoffempfindlicher Metalle in flüssigem Natrium mit Oxidgehalten, II. Reaktionen von Ti, Werkstoffe und Korrosion 22 (1971) 46–49. (S. 405)

B 66b Borisova, Ye. A.; Shashenkova, I. I.: Study of the properties of alloys of the systems Ti-Zr and Ti-Zr-Al, Titanium alloys for new technology, Nauka Press (1968) 171–207. (S. 256)

B 67 Borland, J. C.: Effect of Oxygen and Nitrogen on properties of welds in unalloyed Ti, Brit. Welding J. 812 (1961) 60–67. (S. 522)

B 68 Borland, J. C.; Hull, W. G.: Metallurgical examination of Oxygen-cut Ti, British Welding J. 6 (1959) 225–229. (S. 538)

B 69 Borland, J. C.; Hull, W. G.: Properties of fusion welds in unalloyed Ti and TiAl5Sn2,5-alloy sheet, Brit. Welding J. 5 (1958) 374–380. (S. 524)

B 70 Borok, B. A.; Golubeva, L. S.; Shchegoleva, R. P.; Ruch'eva, N. A.: Mechanical properties and microstructures of sintered Titanium, Poroshkovaya Met. 3 (1963) 88–98. (S. 29)

B 71 Borok, B. A.; Novikova, E. K.; Golubeva, L. S.; Shchegoleva, R. P.; Ruch'eva, N. A.: Dilatometric investigation of binary Ti-base alloys: Metallovedenie i. Term. Obrabot. Metallov 2 (1963) 32–36. (S. 569)

B 71a Boston, O. W.: How does Ti machine? Iron Age 173 (1954) Nr. 3, 100–103, Nr. 4, 120–122; Nr. 5, 146–149. (S. 494, 496, 501, 503)

B 72 Boudreau, J. S.; Green, H. M.; Puffer, D. W.: Stress corrosion behavior of TiAl6Zr2Mo4Sn2 as related to engines operation, American Inst. of Astronautics and Aeronautics Inc., A 69-11056 (Oct. 1968). (S. 411)

B 72a Bowen, A. W.: The effect of testing direction on the fatigue and tensile properties of a TiAl6V4 bar, 2. Int. Konf. Titan, 7b. Sitzung, 3. 5. 1972, MIT Cambridge, Mass., USA. (S. 332)

B 72b Bowen, A. W.; Partridge, P. G.: Tensile stress-strain curves of polycrystalline Titanium, 2. Int. Konf. Titan, 7a. Sitzung, 3. 5. 1972, MIT Cambridge, Mass., USA. (S. 218)

B 72c Bowen, A. W.; Stubbington, C. A.: The effect of α-β working on the fatigue and tensile properties of TiAl6V4 bars, 2. Int. Konf. Titan, 10. Sitzung, 4. 5. 1972, MIT, Cambridge, Mass., USA. (S. 329)

B 72d Bowers, J. E.; Finch, N. J.; Burberry, M. G.: The production and properties of some wear resistant coatings on TiMo4Al4Sn2-alloys (Hylite 50), Internat. Conf. on Ti, Inst. of Metals, London, 21.–24. 5. 1968, Ref. R. I. Jaffee, N. E. Promisel, Pergamon Press (1970) 1081–1096. (S. 460)

B 72e Boyd, J. D.: Deformation-assisted nucleation of Ti-hydride in an $(\alpha + \beta)$-Ti-alloy, Internat. Conf. on Ti, Inst. of Metals, London, 21.–24, 5. 1968, Ref. R. I. Jaffee, N. E. Promisel, Pergamon Press (1970) 545–555. (S. 364)

B 72f Boyd, J. D.: Precipitation of Hydrides in Ti-alloys (TiAl8Mo1V1), Trans. ASM 62 (1969) 977–988. (S. 360, 369)

B 72g Boyd, J. D.; Hoagland, R. G.: Slip in Titanium-Aluminium alloys containing small Ti_3Al precipitates, 2. Int. Konf. Titan, 7a. Sitzung, 3. 5. 1972, MIT Cambridge, Mass., USA. (S. 422)

B 72h Boyd, J. D.; Moreland, P. J.; Boyd, W. K.; Wood, R. A.; Williams, D. N.; Jaffee, R. I.: Effect of composition on the mechanism of stress corrosion cracking of Ti-alloys in N_2O_4 and aqueous and hot salt environment, NASA CR-1525 (Febr. 1970). (S. 412)

B 72i Boyd, W. K.: Stress-corrosion cracking of Ti and its alloys, Proceedings: Conference on fundamental aspects of stress corrosion cracking, Ohio State University, Ohio (1967). (S. 415)

B 72k Boyd, W. K.; Fink, F. W.: The phenomenon of hot salt stress-corrosion cracking of Ti-alloys, Battelle Mem. Inst., NASA CR-117 (Okt. 1964). (S. 410)

B 72l Boyer, R. R., Finden, P. T.: An elevated temperature exposure study of beta-III Titanium alloy, Met. Trans. 3 (1972) 744–747. (S. 300)

B 73 Brace, P. H.: Reaction of Ti with certain refractory oxides, Trans. Electrochem. Soc. 94 (1948) 170–176. (S. 30)

B 74 Brace, P. H.; Cochardt, A. W.; Comenetz, G.: Westinghouse purifies Ti by zone refining, Industrial Heating 22 (1955) 2260–2262. (S. 55)

B 75 Brace, P. H.; Hurford, J. W.; Gray, T. H.: Preparation and properties of Ti-base-alloys, Ind. and Eng. Chem. 42 (1950) 227–236. (S. 30)

B 76 Bradford, C. L.: How to grind Ti, Steel 4 (1954) 118–120. (S. 504)

B 77 Bradford, C. L.; Catlin, J. P.; Wemple, E. L.: Properties of wrought commercially pure Ti prepared by arc melting and casting, Metal Progr. 55 (1959) 348–350. (S. 371, 376)

B 77a Bradley, E. F.: Hard facing upgrades turbine engine components, Metal Progress 88 (Nov. 1965) 79–82. (S. 550)

B 77b Bradley, E. F.; Phinney, D. G.; Donachie, M. J.: The Pratt and Whitney gas turbine story, Metal Progress 97 (1970) Nr. 3, 68–75. (S. 550)

B 78 Braithwaite, C.: Corrosion at Titanium joints with steel and Al-alloys, Metal Ind. 85 (1954) 314. (S. 395)

B 78a Brammer, W. G.; Rhodes, C. G.: Determination of ω-phase morphology in TiNb35, Phil. Mag. 15 (1967) 477. (S. 72, 183)

B 79 Brammertz, P. H.: Feindrehen von Ti, Industrieanzeiger Essen Nr. 89 (1963) 269–272. (S. 493, 496)

B 79a Brandt, N. B.; Ginzburg, N. J.: Supraleitung im Ti unter Druck, Soviet Phys. JETR 22 (Juni 1966). (S. 78)

B 80 Bredig, M. A.; Johnson, J. W.; Smith, W. T.: System Na–NaCl, J. Amer. Chem. Soc. 77 (1955) 307–309. (S. 18)

B 81 Bredin, H. W.: Sykorsky turns to Ti-forgings for high-performance helicopters, Machinery 70 (1964) 11, 83–93. (S. 554, 555)

B 81a Brehm, D.; Lehr, P.: Prismagleitung in Ti-Einkristallen, Mem. Sc. Rev. met. 68 (1971) 277–285. (S. 121)

B 81b Breme, J.: Einfluß der Umform- und Wärmebehandlungsbedingungen auf die mechanischen Eigenschaften und das Kriechverhalten von TiAl6V4, Diss. Universität Erlg.-Nbg., Technische Fakultät (1971), Metall 27 (1973) 127–133. (S. 318)

B 81c Breme, J.; Zwicker, U.: Einfluß einer Verformung und Auslagerung auf die mechanischen Eigenschaften und das Kriechverhalten von TiAl6V4, Metall 23 (1969) 560–563. (S. 291, 314, 480)

B 82 Brenner, H.: Preparation and electrolysis of Ti- and Zr-compounds in nonaqueous media, WADC Techn. Rep. 54-485 (1955), J. Electrochem. Soc. 104 (1957) 21–29. (S. 21)

B 83 Bridgman, P. W.: The electric resistance up to 30,000 kp/cm^2 of twentynine metals and intermetallic compounds, Proc. Amer. Acad. Arts Sci., 79/3 (1951) 149–179. (S. 74)

B 84 Bringewald, R. A.: Forming of Ti, Ti-metallurgy-course, ASM, New York University, Sep. 1957. (S. 484)

B 84a British Chemical Engineering 5, N.N.: Platinum plating (Juli 1960) Nr. 7, 518. (S. 464)

B 85 Broadwell, R. G.: Recent development in Ti-alloys, Metals Engineering Quarterly 3 (1963) 26–32. (S. 310)

B 86 Broadwell, R. G.; Wood, R. A.: Titanium-alloys for cryogenic service, Materials Research a. Standards (Okt. 1964) 549–554. (S. 289, 325)

B 87 Brock, E. G.: Fieldemission microscopy of the allotropic transformation of Ti, Phys. Rev. 100 (1955) 1619–1626. (S. 152)

B 88 Brody, R. D.; Taylor, A. A.: Stress-relieving Ti-alloy weldments, Metal Progress 75, Nr. 5 (1959) 67–71. (S. 519)

B 88a Brody, H. D.; David, S. A.: Application of solidification theory to Ti-alloys, Int. Conf. on Ti, London, 21.–24. 5. 1968, Ref. R. I. Jaffee, N. E. Promisel, Pergamon Press (1970) 21–35. (S. 51)

B 88b Broichhausen, J.: Beeinflussung der Dauerhaltbarkeit von Stiftschrauben aus TiAl6V4 durch Beschriftung mit einem Elektroschreiber, Z. Maschinenschaden 42 (1969) Nr. 1, 12–13. (S. 328, 329)

B 88c Broichhausen, J.; van Kann, H.: Influence of forging temperature on fatigue behaviour of TiAl6V4 material, 2. Int. Konf. Titan, 9. Sitzung, 4. 5. 1972, MIT Cambridge, Mass., USA. (S. 472)

B 89 Brooks and Perkins: Ti usage increases, Metalscope (Mai 1961) 4–8. (S. 555)

B 89a Brooks and Perkins: Electrical resistivity of Ti-alloys, Metalscope (Nov. 1964) 8a–b. (S. 74, 75, 88)

B 90 Brosheer, B. C.: Ti-alloys arc welded in open air, Amer. Mach. 100 (15) (1956) 141–144. (S. 514)

B 90a Brotzen, F. R.; Harmon, E. C.: Metallurgical advisory committee on Ti, 9.–10. Juni 1963, Ref. in „Titanium in industry" Abkowitz St., Burke, J.J. Hiltz, R. H. von Norstrand Corp. Inc. (1955). (S. 67)

B 91 Brotzen, F. R.; Harmon, E. C.; Troiano, A. R.: Decomposition of β-Ti, Trans. AIME 203 (1955) 413–419. (S. 77, 91, 171, 180, 182, 187)

B 92 Brotzen, F. R.; Harmon, E. E.; Troiano, A. R.: Nature and decomposition kinetics of α-prime in Ti-V-alloys, Trans. ASM 48 (1956) 774–782. (S. 69, 187)

B 92a Brown, A. R. G.; Clark, R. G.; Eastabrook, J.; Jepson, K. S.: The Ti-Nb-system, Nature (London) 201 (1964) 914–915. (S. 70, 166)

B 93 Brown, A. R. G.; Brooks, H.; Jepson, K. S.; Lewis, G. I.: High modulus Ti-alloys containing B and Al, J. Inst. Metals 91 (1962/63) 161–166. (S. 563)

B 93a Brown, A. R. G.; Jepson, K. S.: Metallurgische und mechanische Eigenschaften von Ti-Nb-Legierungen, Rev. Mét. 563, Nr. 6 (1966) 576–584. (S.260)

B 93b Brown, B. F.: Progress in the development on test concepts for stress-corrosion cracking, Naval. Res. Lab., Techn. Memo 6320-44(1964). (S.416,420)

B 93c Brown, B. F.: Stress-corrosion of Ti-alloys in room temperature aqueous environment, Annual Meeting of Am. Soc. for Testing and Materials, Lafayette, Ind., 13.–18. Juni 1965. (S. 416)

B 93d Brown, B. F.: A new stress-corrosion cracking test for high strength alloys, Materials Research and Standards 6 (März 1966) 26–41. (S. 416)

B 93e Brown, B. F.: Solution chemistry within stress corrosion cracks in Titanium alloys, ASM Metals Engineering Congress, 15. Okt. 1969, Philadelphia. (S. 409, 422)

B 93f Brown, B. F.: On the existence of a threshold stress for corrosion cracking in Ti-alloys in salt water, J. of Materials 5 (1970) 786–791. (S. 416)

B 94 Brown, B. F.; Fujii, C. T.; Dahlberg, E. P.: Methods for studying the solution chemistry within stress corrosion cracks, J. Electrochem. Soc. 116 (1969) 218–219. (S. 422)

B 95 Brown, D. I.: More Ti-oxide now available, Teil 1: Iron Age (1. Nov. 1951) 119–123; Teil 2: Iron Age (8. Nov. 1951) 129–132. (S. 10)

B 96 Brown, H.: Stress-corrosion cracking of TiAl5Sn2,5, Light Metal Age (Dec. 1960) 4–7. (S. 416)

B 97 Brown, T.: Ti-safety-report, The American Welding Manufacturing Co., Ohio (27. Jan. 1955). (S. 434)

B 98 Brynza, A. P.; Gerasyutina, L. I.; Zhivotovskij, E. A.: Korrosion und elektrochemisches Verhalten von Titan in Mineralsäuregemischen, Metallschutz (Moskau) 4, (1968), Nr. 5, 488–494, Werkstoffe und Korr. 20 (1969) 548. (S. 388)

B 98a Brynza, A. P.; Khmelovskaja, S. A.; Gerasyutina, L. I.: Wirkung des Natriumsalzes der β-Naphthalinsulfonsäure auf die Korrosion von Ti in HCl, Werkstoffe und Korrosion 19 (1968) 820. (S. 388)

B 98b Brynza, A. P.; Sotnikova, V. I.; Kokhtenko, L. A.: Inhibitoren der Titankorrosion in Schwefelsäure, Ref. Werkstoffe und Korrosion 20, 4 (1969) 358. (S. 388)

B 99 Bucher, E.; Müller, J.: Supraleitung in hexagonalen Ti-V- und Ti-Nb-Legierungen, Helv. Phys. Acta 34 (1961) 410–414. (S. 81, 82)

B 100 Bucher, E.; Müller, J.: Anomalies in the superconducting transition of H.C.P.Ti-alloys 9. Intern. Conf. Low Temperature Physics, Columbus, Ohio (Sept. 1964). (S. 81)

B 101 Buck, W. R.; Leidheiser, H.: The activation and inhibition of metals by metallic cations, Corrosion 14 (1958) 308–312. (S. 387, 394)

B 102 Buckel, W.; Dummer, G.; Gey, W.: Untersuchung zur Supraleitung des Legierungssystems Zr–Rh, Phys. Kondens. Materie 1 (1963) 67. (S. 81)

B 103 Buckley, D. H.: The influence of various physical properties of metals on their fracture and wear behaviour in vacuum, Metals Eng. Quarterly (Mai 1967) 44–53. (S. 437)

B 104 Bühler, H.; Wagener, H. W.: Umformeigenschaften von Titan und Titanlegierungen; Bänder, Bleche, Rohre (1965) 625–630, 677–684. (S. 468, 469, 473)

B 104a Bühler, H.; Wagener, H. W.: Umformeigenschaften von TiAl8Mo1V1, Bänder, Bleche, Rohre 7 (1966) Nr. 8, 467–471. (S. 473)
B 105 Buehler, W. J.; Gilfrich J. V.; Wiley, R. C.: Effect of low-temperature phase changes on the mechanical properties near composition Ti–Ni, J. Appl. Phys. 34 (1963) 1475–1477. (S. 336)
B 106 Buehler, W. J.; Wiley, R. C.: Ti-Ni-ductile intermetallic compound, Trans. ASM Quarterly 55, 2 (1962) 269–276. (S. 336)
B 107 Bumps, E. S.; Kessler, H. D.; Hansen, M.: The Ti-O-system, Trans. ASM 45 (1953) 1008–1025. (S. 66, 426)
B 107a Bundy, F. D.: Titanium phase diagram at high pressures, ASTM, Materials Science Series 7 (1964) 52–67. (S. 93, 152)
B 107b Bundy, F. P.: Formation of new materials and structures by high pressure treatment, ASTM, STP 374 (1965) 52–67. (S. 152, 153)
B 107c Buneß, G.: Entwicklung der UP-Schweißung für Bauteile aus Titan, ZIS-Mitteilungen 6 (1964) 1013–1034. (S. 507, 519)
B 108 Bungardt, K.; Lange, K. H.: Continental Titanium Metals Corp., Verfahren zum Aufplattieren von Titan und Titanlegierungen auf einen Grundwerkstoff aus Eisen oder Stahl, D.P. 1083099 (4. Aug. 1954). (S. 536)
B 108a Bungardt, K.; Preisendanz, H.; Dorst, H. G.: Wasserstoffaufnahme und elastomechanische Eigenschaften von unlegiertem Ti und Ti-Legierungen, DEW Tech. Berichte 6 (1966) 54–71. (S. 367)
B 109 Bungardt, K.; Rüdinger, K.: Beitrag zur Frage des Schweißens von Titan und Titanlegierungen, Z. Metallkde. 47 (1956) 585–593. (S. 508, 509, 510, 511, 514, 519, 521, 524, 525)
B 110 Bungardt, K.; Rüdinger, K.: Untersuchungen zur Oberflächenhärtung von Titan mit Stickstoff und Kohlenstoff, Z. Metallkde. 47 (1956) 577–583. (S. 453, 454, 455, 458)
B 111 Bungardt, K.; Rüdinger, K.: Festigkeitseigenschaften von Titanschweißverbindungen, Z. Metallkde. 48 (1957) 335–340. (S. 519, 522)
B 112 Bungardt, K.; Rüdinger, K.: Rekristallisationsverhalten von Titan, Metall 14 (1960) 988–994. (S. 100, 229, 230)
B 113 Bungardt, K.; Rüdinger, K.: Über das Umwandlungsverhalten von Ti-Mo-Legierungen, Z. Metallkde. 52 (1961) 120–135. (S. 168, 169, 171, 179, 262, 263)
B 114 Bungardt, K.; Rüdinger, K.; Weigand, H. H.: Einfluß von V, Mo und Cr auf die Eigenschaften von ($\alpha + \beta$)-Titanlegierungen bei erhöhter Temperatur, Z. Metallkde. 51 (1960) 466–476. (S. 273, 275, 276)
B 116 Bungardt, K.; Weigand, H. H.: Beitrag zum Einfluß von Zinn auf einige Eigenschaften von Titan, Z. Metallkde. 51 (1960) 181–185. (S. 99, 254, 271, 272)
B 117 Bungardt, K.; Weigand, H. H.: Zur Umwandlungskinetik untereutektoidischer Ti-Cr-Legierungen, DEW Techn. Berichte 2 (1962) 127–143. (S. 171, 190, 191, 198, 263, 264, 270)
B 117a Bungardt, K.; Weigand, H.; Rüdinger, K.: Walzplattieren von Stahl mit Titan oder Ti-Legierungen, Fr. Pat., Nr. 1268949 v. 4. 10. 1960, DEW und Contimet GmbH, Krefeld. (S. 536)
B 117b Bunshah, R. F.; Junk, R. S.: Influence of condensation temperature on the microstructure of high rate massive Ti-desposits, J. Metals 20 (1968) 88A. (S. 466)
B 118 Bunshah, R. F.; Margolin, H.: Properties of active eutectoid Ti-alloys, WADC, Techn. Rep. (Juni 1956) 56–146. (S. 265)
B 118a Burger, J. A.; Hanink, D. K.: Heat treating Titanium and its alloys, Metal Progress 91 (Juni 1967) 70–75. (S. 303, 471)

B 119 Burgers, W. G.: Die Kristallstruktur des β-Zr, Z. Anorg. Allgem. Chem. 205 (1932) 81–86. (S. 149)

B 120 Burgers, W. G.: On the process of transition of the cubic-body-centred modification into the hexagonal-close-packed modification of Zr, Physica 1 (1934) 561–586. (S. 150, 151, 152)

B 121 Burgers, W. G.; Jacobs, F. M.: Crystal structure of β-Ti, Z. Kristallogr. (1936) 299–300. (S. 64, 96)

B 122 Burgers, W. G.; van Amstel, J. J. A.: Electronoptical observation of metal surfaces, Physica 5 (1938) 305–312. (S. 151)

B 123 Burk, D. L.; Estermann, I.; Friedberg, S. A.: The low temperature specific heat of Ti, Zr and Hf, Z. Physik. Chem. Frankfurt (Main) (1958) 183–193. (S. 91, 92)

B 123a Burrier, H. I.; Amateau, M. F.; Steigerwald, E. A.: The relationship between plastic deformation and fracture in α-Ti, AFML-TR-65-239 (Juli 1965). (S. 118, 120, 121)

B 124 Burte, H. M.; Erbin, E. F.; Hahn, G. T.; Kotfila, R. J.; Seeger, W. J.; Wruck, D. A.: Hydrogen embrittlement of Ti-alloys, Metal Progress 67 (1955) Nr. 5, 115–120. (S. 361, 362, 363)

B 125 Busch, L. S.: Forging, rolling and mill practice, Ti-metallurgy-course, New-York University, Sept. 1956, Lecture 21. (S. 468, 480)

B 126 Byrer, T. G.; Boulger, F. W.: Heavy press forging of large Ti-alloy parts for aircraft und aerospace applications, International Conference on Ti, Inst. of Metals, London, 21.–24. 5. 1968, Ref. R. I. Jaffee, N. E. Promisel, Pergamon Press (1970) 121–131. (S. 471)

B 127 Bywater, K. A.; Christian, J. W.: Precipitation reactions in Ti-Ta-alloys, Philosophical Mag. 8th series 25 (June 1972) 1275–1289. (S. 183)

C 1 Cadoff, I.; Nielsen, J. P.: Ti-C-phase-diagram, Trans. AIME 197 (1953) 248–252. (S. 65)

C 2 Cain, F. M.: Simplified metallography for Zr, Metal Progress 63 (1953) Nr. 5, 174, 176, 178. (S. 451)

C 3 Calvo, D. F.: Effect of residual stress on fracture strength of AlSi 301, stainless steel and TiAl5Sn2,5 cracked thin wall cylinders, NASA Techn. Note D-4777 (Sept. 1968). (S. 288)

C 4 Campbell, I. E.; Jaffee, R. I.; Blocher, J. M.; Gurland, J.; Gonser, B. W.: The preparation and properties of pure Ti, J. Electrochem. Soc. 93 (1948) 271–285. (S. 6, 7, 216, 218, 226)

C 5 Cape, J. A.: Superconductivity and localized magnetic states in Ti-Mn-alloys, Phys. Rev. 132 (1963) 1486–1492. (S. 81)

C 6 Carew, W. F.; Crossley, F. A.; Kessler, H. D.; Hansen, M.: Titanium-alloys for elevated temperature application, WADC-Techn. Report (1953) 53–177. (S. 272, 273, 296, 297)

C 7 Carew, W. F.; Crossley, F. A.; Kessler, H. D.: Evaluation of the structural stability of Ti-Mo-V-alloys, Trans. AIME 206 (1956) 491–496. (S. 583)

C 9 Carew, W. F.; Crossley, F. A.; McPherson, D. J.: Development of Ti-base-alloys for elevated temperature application, WADC – Techn. Report 54–278, I. und II. (1955), III. (1956). (S. 271, 273, 274)

C 9a Carter, R. V.: Ti applications for supersonic airplanes, International Conference on Ti, Inst. of Metals, London, 21.–24. 5. 1968, Ref. R. I. Jaffee, N. E. Promisel, Pergamon Press (1970) 1143–1147. (S. 553, 554)

C 10 Carlson, O. N.; Dickinson, J. M.; Lant, H. E.; Wilhelm, H. A.: Thorium-Columbium- and Thorium-Titanium alloy-system, J. Metals 8 (1956) 132 bis 136. (S. 64)

C 11 Carmichael, R. C.: Industrial potential of Ti, Battelle Mem. Inst. Techn. Rev. 5 (1956) Nr. 12, 9–13. (S. 540)

C 13 Carpenter, L. G.; Mair, W. N.: The evaporation of Ti, Proc. Phys. Soc. B London 64 (1951) 57–66. (S. 94, 95)

C 13a Carpenter, L. G.; Mair, W. N.: The sorption by Ti of Oxygen and Nitrogen at low pressures, J. Inst. Metals 88 (1959/60) 38–43. (S. 557)

C 14 Carse, A. T.; Ardis, W. T.: The development of production processes for use with Ti sheet, Welding and Metal Fabrication 29, Nr. 2 (1961) 50–56. (S. 487, 488, 489)

C 14a Cass, T. R.: Dislocation etching for Ti, Trans. AIME 239 (1967) 1864–1866. (S. 209)

C 14b Cass, T. R.: Slip modes and dislocation sub-structures in Ti and Ti-Al single crystals, International Conference on Ti, Inst. of Metals, London, 21. 24. 5. 1968, Ref. R. I. Jaffee, N. E. Promisel, Pergamon Press (1970) 459–477. (S. 194)

C 14c Cass, T. R.: Metallographische Untersuchung der Legierung TiAl6V4Co3 unter dem Elektronenmikroskop, Cobalt Nr. 47 (1970) 53–61. (S. 70)

C 14d Castro, R.; Séraphin, L.: Beitrag zur Metallographie und Struktur der Legierung TiAl6V4, Rev. Mét. 58, No. 12 (1966) 1025–1055. (S. 292, 295)

C 15 Cavis, H. C.: Silver-Aluminium alloys for brazing Ti and its alloys, Metallurgia 60 (1959) 205–211. (S. 532, 533)

C 16 Cawthorne, E. W.; Lyman, S. W.: Recent advances in Titanium technology, DMIC Memorandum 3 (24. Okt. 1958) Battelle Memorial Institute, Columbus/Ohio. (S. 303, 474, 477)

C 16a Chadwick, R.: The hot extrusion of non-ferrous metals, Metallurgical Rev. 4 (1959) 189–255. (S. 471, 476)

C 17 Chait, R.; DeSisto, T. S.: The fracture toughness of 3 Ti-alloys, 2. Int. Konf. Ti, 7b-Sitzung, 3. 5. 1972, MIT, Cambridge/Mass., USA (S. 325)

C 17a Chandrasekaran, V.; Taggart, R.; Polonis, D. H.: Phase separation in the β-Phase of Ti-Mo-alloys, Metallography 5 (1972) 393–398. (S. 184)

C 17b Chang, J. C.: Formed sheet metal parts of TiAl6V4 in four heat treated couditions, Int. Conf. on Ti, Inst. of Metals, London, 21.–24. 5. 1968, Ref. R. I. Jaffee, N. E. Promisel, Pergamon Press (1970) 1053–1063. (S. 489)

C 17c Chang, J. C.: Electron beam welding of TiAl6V6Sn2 plate, 2. Int. Konf. Ti, 5. Sitzung, 2. 5. 1972, MIT, Cambridge, Mass., USA. (S. 515)

C 17d Chassain, C.; Krahe, P. R.: Surface contamination and stress corrosion cracking of weldments in 5% Al, 2,5% Sn type Ti-alloys, 2. Int. Konf. Ti, 14. Sitzung, 5. 5. 1972, MIT, Cambridge, Mass., USA. (S. 414)

C 17e Chemical Engineering: NN: Sodium proves cheap key to unlock Ti, 74 (1967) Nr. 21, Oktober, 126–128. (S. 12, 19, 21)

C 17f Chemical Week, Titanium flies high (23. Juli 1966); Iron curtain Titanium (17. Sept. 1966). (S. 2, 25)

C 18 Cheng, C. H.; Gapta, K. P.; van Reuth, E. C.; Beck, P. A.: Low temperature specific heat of body centred cubic Ti-V-alloys, Phys. Rev. 126 (1962) 2030–2033. (S. 81, 82)

C 19 Chernetsov, V. I.: Notch sensitivity of α-alloys of Ti, Metallov i Term. Obrabodka Metallov (1959) Nr. 10, 27–32. (S. 251, 252)

C 21 Cheseldine, D. M.: Anodic oxidation of Ti in formic acid solutions, J. Electrochem. Soc. (1964) 111, 1005–1007. (S. 457)

C 21a Chiao, W. F.; Bruggeman, G. A.: The dynamic elastic and anelastic properties of dilute Ti-Al-alloys, 2. Internat. Konf. Titan, 6. Sitzung, 3. 5. 1972, MIT Cambridge, Mass., USA. (S. 99)

C 22 Child, H. C.: Alloys in Britain, Metal Progress 83/6 (1963) 90–94. (S. 275, 277)
C 22a Ching-Ming, K.; Kornilov, I. I.; Pylaeva, E. N.: Investigation and properties of Ti-Al-Mo-alloys, Izv. Acad. Nauk. SSSR, OTN, Metallurgiya Toplivo Nr. 4 (1962) 114–118. (S. 267)
C 22b Chivers, A. J.: Future possibilities for Ti in primary aircraft structures, Internat. Conf. on Ti, Inst. of Metals, London, 21.–24. 5. 1968, Ref. R. I. Jaffee, N. E. Promisel, Pergamon Press (1970) 1149–1151. (S. 553)
C 23 Chretien, A.; Freundlich, W.; Bichara, M.: Untersuchung am System Ti–H; Herstellung von TiH_2, Compt. rend. 238 (1954) 1423–1424. (S. 353)
C 24 Christian, J. L.; Chatey, J. E.; Harlich, H.; Watson, J.; Witzek, W. E.: Mechanical properties at low temperatures, Metal Progress 83 (1963) Nr. 3, 101–109 und 138 und 142. (S. 232, 233)
C 24a Christian, J. L.; Hurlich, A.: Physical and mechanical properties of pressure vessel materials for applicational cryogenic temperatures, ASD-TDR-62-258, Pr. II General Dynamics/Astronautics (1963) in S 63i. (S. 232)
C 24b Christian, J. L.; Hurlich, A.; Chafey, J. E.: Effect of impurity elements and cold rolling on the mechanical properties of TiAl5Sn2,5 at room and cryogenic temperatures, Proc. ASTM 63 (1963) 578–597. (S. 320)
C 24c Chu, H. P.: Room temperature creep and stress relaxation of a Ti-alloy, J. of Materials 5 (1970) 633–642 (S. 312)
C 25 Chubb, W.: Contribution of crystal structure to the hardness of Metals, Trans. AIME 203 (1955) 189–192. (S. 241, 271)
C 26 Chuk-Ching, M., Peres, E. M.: Corrosion resistance of anodized and unanodized Ti effect of common mineral acid solutions, Ind. Eng. Chem. 43 (1951) 675–679. (S. 377, 390)
C 27 Churchman, A. T.: Preparation of single crystals of Ti and their mode of deformation, Nature London 171 (1953) 706. (S. 116, 117, 118)
C 28 Churchman, A. T.: The slip modes of Ti and the effect of purity on their occurence during tensile deformation of single crystals, Proc. Roy. Soc., A (London) 226 (1954) 216–226. (S. 114, 116, 117, 119, 121, 139, 214, 216)
C 29 Churchman, A. T.: The formation and removal of twins in Ti during deformation, J. Inst. Metals 83 (1954/55) 39–40. (S. 125)
C 30 Churchman, A. T.: The yield phenomena, kinkbands and geometric softening in Ti-crystals, Acta Metallurgica 3 (1955) 22–29. (S. 120, 223)
C 31 Chyle, J. J.; Kutuchieff, I.: Practical aspects of welding Ti alloys, Welding Journal 32 (1953) 659–735. (S. 510)
C 32 Cizeron, G.; Lacombe, P.: Vergleichende Dilatometerversuche an Ti und Zr, Mem. Sci. Rev. Metallurg. 57 (1960) 179–193. (S. 90)
C 33 Claisse, F.; Koenig, H. P.: Thermal and forced diffusion of Oxygen in α-Titanium, Acta Met. 4 (1956) 650. (S. 103, 104, 105)
C 34 Clark, H. T.: The lattice parameters of high purity Ti and the effects of Oxygen and Nitrogen on them, Trans. AIME 185 (1949) 588–589. (S. 64, 65, 96)
C 37 Clark, D., Jepson, K. J.; Lewis, G. I.: A study of the Ti-Al-system up to 40 At.-% Al, J. Inst. Metals 91 (1962/63) 197–203. (S. 146, 147)
C 38 Clark, D.; Terry, J. O.: Superlattice formation in the α-Ti-Al solid solutions, Letter, Bull. Inst. Metals 3 (1956) 2013. (S. 146)
C 38a Clark, E. J.: Vacuum diffusion joining of Ti, Welding Journal 38 (1959) 251–258. (S. 533, 535)
C 38b siehe C 34.
C 38c Clark, H. T., jr.: The textures of cold-rolled and annealed Ti, Trans. AIME 188 (1950) 1154–1156. (S. 126, 130)

C 39 Clark, J. H.: The 200 series Rolls-Royce avon turbojet, The Aeroplane (11. 10. 1957). (S. 550)
C 39a Clauer, A. H.; Wilcox, B. A.: Creep of β-Titanium alloys, 2. Int. Konf. Titan, 9. Sitzung, 4. 5. 1972, MIT Cambridge, Mass., USA. (S. 276)
C 40 Claus, K.: Einfluß von Wasserstoff auf das Dauerstandverhalten von Titan, Z. Metallkde. 49 (1958) 201–205. (S. 359, 360)
C 41 Clausner, H. R.: Alloys made by electric ingot process have improved properties, Material and Methods 27 (1948) 57–61. (S. 30)
C 42 The Cleveland Pneumatic Tool Co. (England): Vorbehandlung von Titan, Engl. Pat. Nr. 814326 (1959). (S. 461)
C 42a Cline, C. L.: An analytical and experimental study of diffusion bonding, Welding Res. Suppl. (1966) 481s–489s. (S. 517)
C 42b Clites, P. G.; Beall, R. A.: Heat tranfer to water cooled copper crucibles during vacuum arc melting, U.S. Bureau of Mines report 646 (1968) 50–65. (S. 45)
C 42c Clites, P. G.; Beall, R. A.: Inductionslag melting of Ti, U.S. Bureau of Mines Report 7268 (1969). (S. 52)
C 43 Cobb, J.; Uhlig, H. H.: Resistance of Ti to sulfuric and hydrochloric acids inhibited by ferric and cupric ions, J. Electrochem. Soc. (1952) 99, 13–15. (S. 386)
C 44 Cochran, J. F.: New inert gas barrier aids brazing of Ti-honeycomb, American Machinist 105, Nr. 19 (Sept. 1961) 124–125. (S. 535)
C 44a Cohen, B.; Forney, D. M.; Burte, H. M. u. Jr.: Failure experience with and failure anticipation in Titanium components, 2. Internat. Konf. Titan, 5. Sitzung, 2. 5. 1972, MIT Cambridge, Mass., USA. (S. 335)
C 45 Colline, J.: What's Titanium's future in aircraft hydraulic systems, Applied Hydraulics 9 (1956) Nr. 5, 124–128. (S. 554)
C 45a Collings, E. W.; Ho, J. C.: Physical properties of Ti-alloys, J. Metals 20 (1968) 101 A, Internat. Conf. on Ti, Inst. of Metals, London, 21.–24. 5. 1968, Ref. R. I. Jaffee, N. E. Promisel, Pergamon Press (1970) 331–347. (S. 87, 92, 563)
C 45b Collings, E. W.; Ho, J. C.: Enhancement of superconducting transition temperatures in martensitic Ti-Mo-alloys, Phys. Letters 29 A (1969) 306–307. (S. 82)
C 45c Collings, E. W.; Ho, J. C.: Experimental determination of the orbital contribution to the magnetic susceptibilities of α- and β-Ti., Phys. letters 31 A, Nr. 4 (1970) 193–194. (S. 85)
C 45d Collings, E. W.; Ho, J. C.: Influence of microstructure on the superconductivity of a Ti-Mo-alloy, Phys. Rev. 11 B (1970) 4289–4294. (S. 82)
C 45e Collings, E. W.; Ho, J. C.: Magnetic susceptibility and low temperature specific heat of high purity Ti, Phys. Review B2 (1970) 235–244. (S. 85)
C 45f Collings, E. W.; Ho, J. C.; Jaffee, R. I.: Interdependences of electronic, lattice-vibrational, elastic, and microstructural properties if Ti-Mo-alloys – II. α- and β-phase stability in Ti-based alloys, 2. Internat. Konf. Titan, 6. Sitzung, 3. 5. 1972, MIT Cambridge, Mass., USA. (S. 82)
C 45g Colner, W. H.; Feinleib, M.; Reding, J. H.: Electroplating on Ti, J. Electrochem. Soc. 100 (1953) 485–489. (S. 460)
C 45h Colwell, L. V.: Machining of Ti, Symposium: Machining and grinding of Ti, Watertown Arsenal, 31. 3. 53, P.B. 111375, Report 4 and 5: Effect of size of cut on tool life in turning Ti, Nr. 111298 and 111299. (S. 493, 495)
C 46 Colwell, L. V.; Sowa, F.: Power hacksaw operations on Ti and Ti-alloys, University of Michigan Engr. Res. Inst. Nr. 11300 (Jan. 1953). (S. 500)

C 46a Compton, W. A.; Smeltzer, C. E.; Malik, R. K.; Hammer, A. N.: Braze alloys for Ti foil structures, Met. Eng. Quart. 8 (1968) 27–32. (S. 533)

C 46b Conner, A. Z.: Stress corrosion cracking of TiAl6V4 in liquid N_2O_4. Symposium stress corrosion of Ti-alloys, Atlanta, Georgia (Jan. 1971). (S. 410)

C 47 Connolloy, B. J.: Titanium and its alloys for chemical plant, Light Metals 23 (1962) 235–237 und 286–288. (S. 543)

C 48 Connolloy, B. J.; Watkins, R. J.: Materials of construction for chemical plant, Chemical and Process Enginnering 42 (1961) Nr. 2, 83–89. (S. 543)

C 48a Conrad, H.: The rate controlling mechanism during yielding and flow of α-Ti at temperatures below $0.4\,T_M$, Acta Met. 14 (1966) 1631–1633. (S. 222)

C 48b Conrad, H.; Jones, R.; Hull, J.; Cooke, F.: Effects of interstitial content and grain size on the mechanical behaviour of α-Ti below 0,4 T, International Conference on Ti, Inst. of Metals, London, 21.–24. 5. 1968, Ref. R. I. Jaffee, N. E. Promisel, Pergamon Press (1970) 489–501. (S. 222)

C 48c Contimet GmbH, Krefeld: unveröffentlichte Meßwerte, Leg. TiAl6Zr4Mo2Sn2 und Schweißversuch TiAl8Mo1V1. (S. 274, 470, 524)

C 48d Contimet Druckschrift Technische Mitteilung Nr. 35.01: Drehen von Ti- und Ti-Leg. Nr. 35.05: Gewindebohren und Schneiden von Ti, Krefeld 1965, Nr. 35.02: Das Fräsen von Titan und Ti-Leg. (1966), Nr. 35.08: Sägen von Titan und Ti-Leg. (1970). (S. 490, 494, 499, 500)

C 48e Contimet Firmenkatalog K 11: Eigenschaften von Ti und Ti-Legierungen (April 1967) und Ti Eng. Bulletin 1/2 (1966) TiAl6V4 CT 30 (1966) TiAl6Zr4-Mo2Sn2 und 10/2 (1967) TiAl6V6Sn2. (S. 286, 287, 295, 306, 307, 311, 312)

C 48f Contimet GmbH, Krefeld: Messe-Information ACHEMA 1967 (S. 545, 546)

C 48g Contimet GmbH, Krefeld: Presseinformation Messe Hannover (1969). (S. 559)

C 48h Contimet Druckschrift: Technische Mitteilung Nr. 58.02 (1970) Titan-Sprengplattierungen. (S. 536)

C 48i Contimet, Neue Titanschmelze in Krefeld; Titaninformation, Ausgabe Le Bourget (1971). (S. 39, 47)

C 48k Contimet, Firmenschrift Titan und Titanlegierungen (1972). (S. 278)

C 50 Cook, M.; Swainson, E.: Arc melting of reactive and refractory metals, J. Inst. Metals 87 (1958/59) 161–173. (S. 35, 44, 47, 49)

C 51 Cook, M. A.; Wartmann, F. S.: Purifying Ti-sponge by vacuum destillation, US Bureau of Mines, Report of Investigations Nr. 4837 (1952); Light Metals 15 (1952) 276–277. (S. 15)

C 51a Cook, N. H.: Chip formation in machining Ti, Symposium machining and grinding of Ti, Watertown Arsenal (31. 3. 1953) PB 111375. (S. 492)

C 52 Cooper, D. E.; Herres, S. A.: Arc and vacuum melting of Ti, Modern Metals 12 (1957) Nr. 12, 74–80. (S. 15, 44, 48, 49)

C 52a Cordner, G. D. P.; Worner, H. W.: Electrolytic preparation of Ti, Austral. J. appl. Science 2 (1951) 358–367. (S. 23)

C 53 Corenzwit, E.; Matthias, B. T.: DPA 1061523, Western Electric (18. 4. 56). (S. 167, 570)

C 53a Cornfield, G. C.; Johason, R. H.: The forming of superplastic sheet metal, Int. J. med. Sci. 12 (1970) 479–490. (S. 489)

C 55 Cotton, J. B.: Platinum faced Ti for electrochemical anodes, Chem. Ind. (1958) 492; Platinum Metals Rev. 2 (1958) 45–48. (S. 395, 548)

C 56 Cotton, J. B.: Anodic polarization of Ti, Chem. Ind. (Jan. 1958) Nr. 3, 68–69. (S. 385, 391, 394)

C 57 Cotton, J. B.: Anodische Passivierung von Ti, Werkst. und Korrosion 11 (1960) 152–155. (S. 380, 390, 391, 392, 393)

C 57a Cotton, J. B.: The role of Pd in the improvement of corrosion resistance of Ti, Platinum Met. Rev. 11 (1967) 50–52 und IMI Symposium über Titan, 2. 2. 1966, Frankfurt/Main. (S. 401)

C 57b Cotton, J. B.: Stress corrosion of Titanium alloys, AGARD Conference Proceedings Series No. 18 (17.–20. April 1970). (S. 409)

C 57c Cotton, J. B.: Pitting corrosion of Ti, Br. Corros. J. 7 (March 1972) 59–60. (S. 397)

C 57d Cotton, J. B.; Downing, B. P.: Corrosion resistance of Ti in seawater, Trans. Inst. Marine Engr. 6 (1957) 311–319. (S. 443)

C 57e Cotton, J. B.; Green, L. B.: Das Verhalten von Titanschweißnähten in oxidierenden Säuren, Ing. digest 5 (1966) Nr. 4, 71–73, Ref. in Werkst. u. Korr. 18 (1967) 941. (S. 378)

C 57f Cotton, J. B.; Green, M. L.: Ein weiterer Beitrag über den Korrosionsmechanismus von Ti-Pd-Legierungen, IMI-Symposium über Titan und andere neue Metalle, 2. Febr. 1966, Frankfurt (Main). (S. 405)

C 58 Cotton, J. B.; Hines, J. G.: Hydriding of Ti used in chemical plant and protective measures, Int. Conf. on Ti, Inst. of Metals, London, 21.–24. 5. 1968, Ref. R. I. Jaffee, N. E. Promisel, Pergamon Press (1970) 155–170. (S. 345, 378)

C 59 Coucoulas, A.; Margolin, H.: The influence of H in the lattice parameters of TiSn-alloys, Trans. AIME 218 (1960) 958–959. (S. 344)

C 60 Coughlin, V. L.: How to tap, mill and broach Ti, Iron Age 171 (1953) Nr. 10, 186–188. (S. 503)

C 60a Courtney, T. H., Wulff, J.: ω-phase formation in superconducting Ti-alloys, Metal Science and Eng. 4 (1969) 93–97. (S. 84)

C 60b Covington, L. C.: Entzundern und Beizen von Ti und Ti-Legierungen, D.P.A. 1944388, 2. 9. 1969, Prior. USA 12. 11. 1968. (S. 450)

C 60c Covington, L. C.: The role of multi-valent metal ions in suppressing crevice corrosion of Ti, 2. Int. Konf. Ti, 13. Sitzung, 5. 5. 1972, MIT, Cambridge, Mass., USA. (S. 396)

C 61 Coyne, J. E.: The β-forging of Ti-alloys, Int. Conf. on Ti, Inst. of Metals, London, 21.–24. 5. 68, Ref. R. I. Jaffee, N. E. Promisel, Pergamon Press, 57–110. (S. 472)

C 61a Coyne, J. E.: Beta processing of Ti-alloys, Precision Metal, (Nov. 1969), 48–52, 88. (S. 473)

C 61b Coyne, J. E.; Heitmann, G. H.; McClain, J.; Sparks, R. B.: The effect of β-forging on several Ti-alloys, Metals Eng. Quart. (1968) August, 10–15. (S. 472)

C 61c Coyne, J. E.; Sharp, W. W.: Ti for rocket motor cases, Metal Progress 77/3 (1960) 80–84. (S. 476)

C 61d Coyne, J. E.; Sparks, R. B.; Rossow, J. A.: The effect of creep embrittlement on the fracture toughness of Ti 6-2-4-6 and Ti 6-2-4-2 compressor disc alloy, 2. Int. Konf. Titan, Sitzung XI, 2.–5. 5. 1972, MIT Cambridge, Mass., USA. (S. 318)

C 62 Craighead, C. M.; Jaffee, R. I.; Lenning, G. A.: Hydrogen contamination in descaling and acid pickling of Titanium, Trans. ASM 48 (1956) 726–733. (S. 407)

C 63 Craighead, C. M.; Lenning, G. A.; Jaffee, R. I.: Nature of the line markings in Ti and α-Ti-alloys, Trans. AIME 194 (1952) 1317–1319. (S. 369)

C 64 Craighead, C. M.; Lenning, G. A.; Jaffee, R. I.: H embrittlement of β-stabilized Ti-alloys, Trans. AIME 206 (1956) 923–928. (S. 362, 363)

C 65 Craighead, C. M.; Simmons, O. W.; Eastwood, L. W.: Titanium binary alloys, Trans. AIME 188 (1950) 485–513; Ternary alloys of Titanium, Trans. AIME 188 (1950) 514–538; Quarterny alloys of Titanium, Trans. AIME 188 (1950) 539–552. (S. 251, 257)

C 65a Cramer, S. P.; Kenahan, C. B.; Andrews, R. L.; Schlain, N. D.: Electrodeposition of thick coatings of Pt and Pt metals on refracting form aqueous electrolytes, Report of Bureau of Mines (Sept. 1967) 7016. (S. 464)

C 66 Creamer, R. M.; Chambers, D. H.; While, C. E.: Electrodeposition of Titanium and Zirkonium, WADC Techn. Rep. 1953, 317. (S. 467)

C 66a Chrichlow, W. I.; Lunde, T.: High cycle fatique in aircraft application, 2. Int. Konf. Ti, 7b-Sitzung, 3. 5. 1972, MIT, Cambridge/Mass., USA (S. 335)

C 67 Croan, L. S.; Rizzitano, F. J.: The influence of forging temperature on mechanical properties of Al-V-Ti-alloys, Trans, ASM 51 (1959) 999–1016. (S. 472)

C 68 Crocker, A. G.; Bevis, M.: The crystallography of deformation twinning in Ti, Internat. Conf. on Ti, Inst. for Metals, London, 21.–24. 5. 1968, Ref. R. I. Jaffee, N. E. Promisel, Pergamon Press (1970) 453–459. (S. 121)

Crooker, T. W.; Lunge, E. A.: siehe V 1a.

C 69 Crossley, F. A.: TiAl7Mo3 alloy stays strong, Iron Age 181 (1958) 76–78. (S. 274)

C 70 Crossley, F. A.: Ti-rich end of the Ti-Al equilibrium diagram, Trans. AIME 236 (1966) 1174–1184. (S. 146, 147, 563)

C 70a Crossley, F. A.: Effects of the ternary additions: O, Sn, Zr, Cb, Mo, and V on the $\alpha/\alpha + Ti_3Al$ boundary of Ti-Al-base-alloys, Trans. AIME 245 (1969) 1963–1968. (S. 585)

C 70b Crossley, F. A.: Kinetics of Ti_3-Al-grain boundary precipitation in TiAl binary and Ti-Al-x-alloys and correlation with mechanical properties, Met. Trans. 1 (1970) 1921–1929. (S. 195)

C 70c Crossley, F. A.; Boorn, R. L.; Lindberg, R. W.; Lewis, R. E.: Fracture toughness of transage 129 alloy TiV11Zr11Al2Sn2, 2. Int. Konf. Titan, 10. Sitzung, 4. 5. 1972, MIT Cambridge, Mass., USA. (S. 302)

C 71 Crossley, F. A.; Carew, W. F.: Embrittlement of Ti-Al-alloys in the 6–10% Al-range. Trans. AIME 209 (1957) 43–46. (S. 251, 252, 253)

C 72 Crossley, F. A.; Carew, W. F.: Effect of complexing on mechanical properties of Ti-Al6Mo3-alloys, Trans. AIME 212 (1958) 630–635. (S. 274)

C 73 Crossley, F. A.; Carew, W. F.: Comparison of creep, rupture properties of widmannstätten and equiaxed structures of Ti-Al7Mo3, Trans. AIME 212 (1958) 748–749. (S. 275)

C 74 Crossley, F. A.; Carew, W. F.; Kessler, H. D.: Development of Ti-base-alloys for elevated temperature application, Symposium on Titanium 17./18. 9. 1956, ASTM Spec. Techn. Publ. 204. (S. 253, 271, 273, 274, 275, 296, 303)

C 75 Crossley, F. A.; Kessler, H. D.: Ti-alloys give promise for high temperature application, J. Metals 6 (1954) 119–121. (S. 258, 273, 274, 276, 296)

C 75a Crossley, F. A.; Lindberg, R. W.: Hardening mechanism in a new type of martensitic Ti-alloy transage 129 (TiAl2V11Sn2Zr11), TSM Spring meeting, Atlanta Georgia, 17.–20. 5. 1971, USA; Microstructural analysis of a high strength martensitic-beta Titanium alloy, Second. Int. Conf. on the strength of metals and alloys (30. 8.–4. 9. 70) Paper 11.6, Asilomar, Calif., USA. (S. 70, 270)

C 76 Crossley, F. A.; Rajala, B. R.; Levinson, D. W.: Pilot production, fabrication and evaluation of promising Ti-alloys, WADC Techn. Rept. 54–546 (1958). (S. 275, 296, 297)

C 76a Crossman, F. W.; Yue, A. S.: Unindirectionally solidified Ti-TiB and Ti-Ti_5Si_3 eutectic composites, Met. Trans. 2 (1971) 1545–1555. (S. 55, 337)

C 77 Croutzeilles, M.; Mirand, P.; Saulnier, A.: Elektronenmikroskopische Untersuchungen und direkte Elektronendurchstrahlung der ω-Phase von Ti-Legierungen, Comp. Rend. Acad. Sc. 253 (1961) 2685–2687. (S. 183, 213)

C 77a Crucible: Creep of commercially pure Titanium, Ti Rev. 1 (1953) Nr. 3, 5–8. (S. 235, 236, 238)

C 77b Crucible: Corrosion rate of RC70 in seawater 0,001″ in 1250 years, Ti-Review 1 (1953) Nr. 6. (S. 371, 440)

C 77c Crucible: Ti-Review 2: Toughness of Ti (1954) Nr. 4, 5. (S. 201)

C 77d Crucible: (RemCru Titanium) DATA SHEET (130 AM, 4% Al, 4% Mn, 1. 11. 55). (S. 291)

C 78b Crucible: Watertown Arsenal demonstrates Titaniums potential in ordnance, Ti-Review 3 (1955) Nr. 1, 5–6. (S. 560)

C 78c Crucible: The General Electric microminiature 6BY4 tube, Ti-Review 4 (1956) Nr. 1, 3–5. (S. 558)

C 78d Crucible: Testing worlds first Ti-zentrifuge, Ti-Review 5 (1957) Nr. 1, 4. (S. 559)

C 78e Crucible: Research indicates nitric content of pickling baths, may be modified for more metal removal, Ti-Review 5 (1957) Nr. 2, 6–7. (S. 346, 449)

C 79 Crucible: Ti for reconstruction of damaged human hip, Ti-Review 6 (1958) Nr. 1, 6–8. (S. 560)

C 80 Crucible: Ti-manual, Crucible Steel Corp. of America, Ti-Div. (1959) Pittsburgh, Pennsylvania, USA. (S. 200, 554)

C 81 Crucible: Fabrication of Ti pressure vessels for the Atlas missile, Ti-Review 7 (1959) Nr. 1, 1–3. (S. 556, 560)

C 82 Crucible Ti-Review 8 (1960) Nr. 2, 5–7: Ultrasonic welding of Ti. (S. 518, 519)

C 82a Crucible Ti-Review 9 (1961) Nr. 1, 2: McDonnell Mercury-capsule. (S. 556)

C 82b Crucible Ti-Review 11 (1963) Nr. 1, 1–2: Large Ti-usage in Gemini. (S. 555, 556)

C 83 Cucilleron, J.; Pascand, C.: Production of Al-Ti-alloys by aluminothermy, Comp. Rend. 233 (1951) 745–747. (S. 29)

C 84 Cuff, F. B.; Grant, N. J.: Stress-rupture characteristics of unalloyed Ti plotted, The Iron Age 170 (1952) 134–139. (S. 239)

C 85 Curtis, R. E.; Spurr, W. F.: Effects of microstructure on the fracture properties of Ti-alloys in air and salt solution, Trans. ASM 61 (1968) 115–127. (S. 418, 419)

C 86 Curtis, R. E.; Boyer, R. R.; Williams, J. C.: Relationship between composition, microstructure and stress corrosion cracking (in salt solution) in Ti-alloys, Trans. ASM 62 (1969) 457–469, Disk. Met. Trans. 1 (1970) 2349–2351. (S. 418, 419, 420, 424)

D 1 Daley, D. M.; Hartbower, C. E.: Investigation of the mechanical properties of metal-arc welded TiAl6V4, Welding Journal 36 (1957) 185–191. (S. 526)

D 1a Dalton, A. L.; Webster, D.; Child, H. C.: The effect of structure on the creep properties of Ti-alloys. Symposium Inst. of Metals and Iron and Steel Inst. 3.–4. 5. 61. (S. 275)

D 1b D'Andrea, M. M.: Sources and causes of porosity in Titanium arc welds, Welding Res. Suppl. (1966) 178s–187s. (S. 514)

D 2 Daniels, R. D.; Quigg, R. J.; Troiano, A. R.: Delayed failure and Hydrogen embrittlement in Ti, Trans. ASM 51 (1959) 843–861. (S. 363, 364)

D 2a Dardi, L. E.; Friedrich, L. A.: The elastic properties of silicon carbide coasted boron fiber reinforced beta III T-alloy composite material, 2. Int. Konf. Titan, 12. Sitzung, 4. 5. 1972, MIT Cambridge, Mass., USA. Vorabdruck (S. 337)

D 3 Darnell, F. J.: Formation of large grains of α-Ti by zone melting, Trans. AIME 212 (1958) 356–357. (S. 75)

D 5 Davies, M. H.; Birchenall, C. E.: Oxidation of Ti, Trans. AIME 191 (1951) 877–880. (S. 107, 426, 427, 428, 429, 431)

D 6 Dean, R. S.: Electrolytic Ti, Met. Ind. 90 (1957) 143–146, 165–167, 193–194. (S. 26, 27, 216)

D 7 Dean, R. S.; Long, J. R.; Wartman, F. S.; Anderson, E. L.: Preparation and properties of ductile Ti, Trans. AIME 166 (1946) 369–381. (S. 15, 376)

D 8 Deardorff, D. K.; Hayes, E. T.: Melting point determination of Hf, Zr and Ti, J. Metals 8 (1956) 509–511. (S. 93)

D 9 DeCecco, N. A.; Meyer, H.: Filler material for the brazing of Ti, Trans. AIME 197 (1953) 1197–1198. (S. 531)

D 10 DeCecco, N. A.; Parks, J. M.: The brazing of Ti, Welding Journal 13 (1953) 1071–1081. (S. 531, 532, 533, 534)

D 10a DeCorso, S. M.: Erosion resistance of steam plate materials, Proc. ASTM 64 (1964) 782–796. (S. 443)

D 11 Deem, H. W.; Wood, W. D.; Lucks, C. F.: The relationship between electrical and thermal conductivities of Ti-alloys, Trans. AIME 212 (1958) 520 bis 523. (S. 88, 89)

D 12 DeLazaro, D. J.; Hansen, M.; Riley, R. E.; Rostoker, W.: Time-temperature-transformation characteristics of Ti-Mo-alloys, J. Metals 4 (1952) 265 bis 269. (S. 168, 169, 174, 195, 196, 197)

D 13 DeLazaro, D. J.; Rostoker, W.: The influence of Oxygen contents in TiMo11-alloys, Acta Met. 1 (1953) 674–678. (S. 168, 195, 196)

D 14 DeLazaro, D. J.; Rostoker, W.: Correlation between heat treatment, microstructure and mechanical properties of Ti-Mo-alloys, Trans. ASM 46 (1954) 292–311. (S. 270)

D 16 Denney, J. M.: A study of electron effects in solid solution alloys of Ti, California Institute of Technology, Physical Metallurgy Laboratory Sixth Technical Report ONR Contract N6onr-24430, Project Designation Nr. 031–355, January 1955. (S. 64, 66, 67, 85, 567)

D 17 Detemple, E.; Gerhardt, A.; Knorr, W.: Research on the quality of commercially pure Ti- and TiAl6V4-ingots, Int. Conf. on Ti, Inst. of Metals, London, 21.–24. 5. 1968, Ref. R. I. Jaffee, N. E. Promisel, Pergamon Press (1970) 35–41. (S. 50, 51)

D 17a DeSistro, T. S.; Hickey, C. F.: Low temperature mechanical properties and fracture toughness of TiAl6V6Sn2, Proc. ASTM 65 (1965) 641–653. (S. 295)

D 18 Deutsch, K.: User experience with consumable electrode vacuum arc melting furnaces in the U.K.-Ti-industry, New York University, Rep. 1960, Trans. of the Vacuum Metallurgy Conference 1959, 15–29. (S. 39, 46, 47)

D 19 Develay, R.; Richaud, H.: Einfluß der Oberflächenbehandlung auf die Dauerfestigkeit verschiedener Titanlegierungen, Revue de Métallurgie 55 (1958) 853–859. (S. 328)

D 19a Dexter, A. H.; Derrick, A. H.; Louthan, M. R.: Diffusivity and solubility of Hydrogen in Ti5Al2,5Sn alloy at 70 °C, Corrosion 27 (Nov. 1971) 466–467. (S. 105)

D 20 Dickinson, T. A.: Plating of Ti and its alloys, Metal Finish, 57 (1960) Jan. 24.–25. (S. 462, 463)

D 23 Dietrich, J.; Weyl, R.; Zwicker, U.: Untersuchungen an Drähten aus supraleitenden Legierungen der Systeme Niob-Titan und Niob-Zirkonium, Z. Metallkde. 53 (1962) 721–729. (S. 81, 82)

D 23a Dinsdale, W. O.; Scott, M. H.: Some fatigue properties of welds in two Ti-sheet-alloys, Sec. Int. Conf. on Ti, 5. Sitzung, 2.–5. 5. 1972, MIT, Cambridge, Mass., USA. (S. 524)

D 24 Dittmar, C. B.; Bauer, G. W.; Evers, D.: The effect of microstructural variables and interstitial elements on the fatigue behavior of Ti and commercial Ti-alloys, Mallory, Sharon Titanium Corp. AD-110726 WADC-TR-56-304 (1957) 95. (S. 246, 329, 330)

D 24a Dix, A.; Parkin, R.: Ti-metal fabrication in aero engines, Int. Conf. on Ti, Inst. of Metals, London, 21.–24. 5. 1968, Ref. R. I. Jaffee, N. E. Promisel, Pergamon Press (1970) 1127–1141. (S. 553)

D 25 Dobatkin, W.: Untersuchungen über die Kristallisation und das Gefüge von Titanlegierungen, 4. Int. Leichtmetalltagung, Leoben 1961, Al-Verlag, Düsseldorf, 254–256. (S. 43, 50, 51)

D 25a Dobatkin, V. I.; Anoshkin, N. F.: Choice of vacuum-arc melting parameters to ensure ingot chemical homogeneity, Int. Conference on Ti, Inst. of Metals, London, 21.–24. 5. 68, Ref. R. I. Jaffee, N. E. Promisel, Pergamon Press (1970) 57–67. (S. 51)

D 26 Dobatkin, V. I.; Anoshkin, N. F.; Musatov, M. I.: Zonal coring in ingots of Ti-alloys, Cvetnie Metally 38 (1965) 81–86. (S. 49, 51)

D 26a Dobatkin, V. I.; Musatov, M. I.: The effect of mold filling rate on the quality of Ti-alloy ingots, 2. Int. Konf. Titan, 4. Sitzung, 2. 5. 72, MIT Cambridge, Mass., USA. (S. 51, 57)

D 27 Dodds, H. W.; Davies, G. F.: Hot pressing, press forming loom as answers to Ti-fabrication, J. Metals 6 (1954) 1116–1118. (S. 58, 59)

D 27a Doi, T.; Mitani, M.; Umezawa, T.: Superconducting properties of Nb-Zr-Ti-alloys, Nippon Ginzoku Gakkai 33 (1966) 133–145, 213–225. (S.84, 584, 585)

D 28 Domagala, R. F.; Levinson, D. W.; McPherson, D. J.: Transformation kinetics and mechanical properties of Zr-Ti- and Zr-Sn-alloys, Trans. ASM 50 (1958) 323–338. (S. 255)

D 29 Domagala, R. F.; Levinson, W. W.; Rostoker, W.: Ti-clad steel better than you think, Product Engineering 28, Nr. 10 (1957) 111–113. (S. 536)

D 30 Domagala, R. F.; Rostoker, W.: The system Ti-Al-Mn, Trans. ASM 97 (1955) 565–577. (S. 581)

D 30a Domagala, R. F.; Rostoker, W.: Metallography of tempering of α-prime in Ti-alloys, Trans. ASM 48 (1956) 762–774. (S. 170)

D 30b Dominion Magnesium Ltd., Brit. P. 664061 und 675933 (1952). (S. 28)

D 31 Donachie, M. J.; Bradley, E. F.: Engine materials for the 1970's, Metal Progress 95 (1965) 61–64. (S. 551)

D 31a Donachie, M. J.; Dunesi, W. P.; Pinkowish, A. A.: Effects of salt atmosphere on crack sensitivity of commercial Ti-alloys, ASTM spec. techn. publ. Nr. 397 (1966) 179–194; Symposium stress-corrosion-cracking, Seattle 1965. (S. 412)

D 31b Dorin, V. A.; Tatakovskiy, F. M.: Effect of the Oxygen liberated on reduction Ti_2O on the oxidation of Ti, Fiz. Metalloved. 17 (1964) 536–540. (S. 432)

D 31c Dorn, L.: Erfahrungen beim Elektronenstrahlschmelzen von Titan in der Luft- und Raumfahrt, Z. Luftfahrttechnik-Raumfahrttechnik 16 (1970) 151–158. (S. 515)

D 31d Dornier System GmbH: Nach unveröffentlichten Versuchen von Dr. H. Rieger (1967) durch freundl. Vermittlung. (S. 443)

D 32 Douglass, R. W.; Holden, F. C.; Ogden, H. R.; Jaffee, R. I.: Metallurgical and mechanical characteristics of high purity Ti-base-alloys, WADC Techn. Rep. (1960) 59–595. (S. 258, 259, 260, 261, 262, 267, 268, 269)

D 32a Douglass, D. L.; Landuyt, J. van: Struktur und Morphologie dünner Oxidschichten zu Beginn der Ti-Oxydation, Acta Met. 14 (1966) 491, Ref. in Werkst. u. Korr. 18 (1967) 843. (S. 426)

D 33 Douglas, D. L.; Marsh, L. L.: Effect of heat treatment on the hardess and microstructures of Ti-U-alloys, Trans. AIME 209 (1957) 1260–1267. (S. 574)

D 33a Doyle, J. R.; Ruckle, D. L.; Sprague, R. A.: High strength Ti-alloys for aircraft gas turbine applications, Internat. Conf. on Ti, Inst. of Metals, London, 21.–24. 5. 1968, Ref. R. I. Jaffee, N. E. Promisel, Pergamon Press (1970) 969–978. (S. 295)

D 33b Duncan, R. M.; Hubbard, R. T. J.: Application of the high strength alloy Ti-Al4Mo4Sn2Si0,5 in european aircraft projects, 2. Internat. Konf. Titan, 2. Sitzung, 2. 5. 1972, MIT Cambridge, Mass., USA. (S. 298)

D 33c Duncan, R. M.; Minton, C. D. T.: The role of depth of hardenability in the selection of high strength alloys for aircraft applications, Int. Conf. on Ti, Inst. of Metals, London, 21.–24. 5. 1968, Ref. R. I. Jaffee, N. E. Promisel, Pergamon Press (1970) 945–957. (S. 298)

D 34 Dupouy, J. M.; Averbach, B. L.: Atomic arrangements in Ti-Mo-solid solutions, Acta Met. 9 (1961) 755–763. (S. 195)

D 35 Dupouy, J. M.; Bever, M. B.; Averbach, B. L.: On the aging behavior of the alloy TiAl6V4, Trans. ASM 52 (1960) 221–233. (S. 295)

D 36 Durkin, A. E.: How to descale Ti, Materials and Methods 38 (Oct. 1953) 107–109. (S. 407, 445, 446)

D 37 Durnell, F. J.: The formation of large grains of α-Ti by zone refining, Trans. AIME 212 (1958) 356–357. (S. 54)

D 37a Duttweiler, R. E.; Wagner, R. R.; Antony, K. C.: An investigation of stress-corrosion failure in Ti-compressor components, ASTM special techn. publ. Nr. 397 (1966) 152–179; Symposium stress-corrosion-cracking, Seattle 1965. (S. 412)

D 38 Duwez, P.: Effect of rate of cooling on the α/β-transformation in Ti and Ti-alloys, Trans. AIME 191 (1951) 765–771. (S. 93, 149, 165)

D 39 Duwez, P.: Allotropic transformation in Ti-Zr-alloys, J. Inst. Metals 80 (1951/52) 525–527. (S. 68, 174, 175)

D 40 Duwez, P.: The martensitic transformation temperatures in Ti-alloys. Trans. ASM 45 (1953) 934–940. (S. 143, 145, 166, 174, 175)

D 41 Duwez, P.; Taylor, J. L.: A partial Ti-Cr-phase-diagram and the crystal structure of $TiCr_2$, Trans. ASM 44 (1952) 495–513. (S. 67)

D 42 Duwez, P.; Taylor, J. L.: Constitution of Ti-rich Ti-Al-Cr-alloys at 1800° and 1400 °F, Trans. AIME 197 (1953) 253–256. (S. 578, 579)

D 43 Dwight, A. E.; Conner, B. A.; Downey, J. W.: Equiatomic compounds of the transition and Lanthanide elements with Rh, Ir, Ni and Pt, Acta Cryst. 18 (1965) 835–839. (S. 570)

D 44 Dyment, F.; Libanati, C. M.: Self-diffusion of Ti, Zr, and Hf in their hcp-phases, and diffusion of Nb^{95} in hcp-Zr, J. Materials Science 3 (1968) 349 bis 359. (S. 103)

E 0 Ebneter, A. E.; Myers, E. J.; Gegel, H. L.: Lattice parameters of Ti and two α-Ti-alloys at cryogenic temp, Vortrag ASM meeting (Okt. 1967) Cleveland, USA. (S. 64, 65)

E 0a Echer, C. J.; Cooney, J. E.; Kish, A. J.: Metallography of TiAl5Sn2,5-alloy, Met. Eng. Quarterly ASM (Febr. 1967) 59–63. (S. 208, 285)

E 0b Echo, J. A. van: Low temperature creep characteristics of TiAl5Sn2,5 and TiAl6V4 alloys, DMIC Techn. Note (8. 6. 64). (S. 288)

E 0c Eckhardt, M. K.: Ti-tubing and fittings for deep submergence hydraulic systems, 2. Int. Konf. on Ti, 2. Sitzung, 2. 5. 1972, MIT, Cambridge, Mass., USA. (S. 560)

E 1 Edwards, J. W.; Johston, H. L.; Ditmars, W. E.: Vapor pressures of inorganic substances, XI. Ti between 1587 and 1764 °K, Cu between 1143 and 1292 °K, J. Amer. Chem. Soc. 75 (1953) 2467–2470. (S. 94, 95)

E 2 Ehrlich, P.: Phasenverhältnisse und magnetisches Verhalten im System Titan-Sauerstoff, Z. Elektrochem. 45 (1939) 299–300. (S. 64)

E 2a Ehrlich, P.: Lösungen von Sauerstoff in metallischem Titan, Zeitschrift Anorg. Chemie 247 (1941) 53–64. (S. 430)

E 3 Ehrlich, P.: Zur Metallurgie des Titans, Chemie-Ingenieur-Technik 29 (1957) 557–562. (S. 21, 23)

E 4 Ehrlich, P.; Kühnl, H.: Über die schmelzelektrolytische Abscheidung von Titanmetall, Z. Anorg. allg. Chem. 298 (1959) 176–192. (S. 26)

E 5 Eichner, H. W.: Adhesive bonding of various metals by chemical and anodizing treatments of the surface, US-Force, Products Laboratory, Bericht Nr. 1892 (1956). (S. 538)

E 5a El-Guindy, M. I.; Davenport, W. G.: Kinetics and mechanism of Ilmenite reduction with Graphite, Met. Trans. 1 (1970) 1729–1734. (S. 10)

E 6 Elliot, R. P.: Constitution of binary alloys, First supplement, McGraw-Hill Book Comp. New York (1965). (S. 143, 145, 154, 161, 162, 163, 164, 165, 166, 167, 562, 564, 566, 567, 568, 573)

E 6a Elliot, R. B.; Rostoker, W.: The occurence of Laves-type phases among transition elements, Trans. ASM 50 (1958) 617–633. (S. 60)

E 6b Ells, C. E.; Taylor, G. F.; Mansey, R. C.: Joining Nickel to Ti, 2. Int. Konf. on Ti, 13. Sitzung, 5. 5. 1972, MIT, Cambridge, Mass., USA. (S. 461)

E 7 Ence, E.: Metallography of Ti and Ti-alloys, New York University, Titanium course, 10.–14. Sept. 1956, Lecture 3–4. (S. 205, 208, 209)

E 9 Ence, E.; Margolin, H.: Phases in Ti-alloys identified by cumulative etching, J. Metals 6 (1954) 346–348. (S. 210)

E 10 Ence, E.; Margolin, H.: Phase relations in the Ti-Al-system, Trans. AIME 221 (1961) 151–157. (S. 146, 147, 209)

E 11 English, J. J.; Powell, G. W.: Thermal-dilation-behaviour of Titanium-alloys during repeated cycling through the α/β-transformation, Trans. AIME 236 (1966) 1467–1473. (S. 91)

E 12 Erbin, E. F.: Hydrogen-embrittlement of a high strength Ti-alloy, WADC Techn. Report (1955) 54–616, Teil 1, 93–105. (S. 362)

E 12a Erdemann, V. J.; Ross, E. W.: Long time stability of Ti-679 after creep exposure for times to 15.000 hours, Int. Conf. on Ti, Inst. of Metals, London, 21.–24. 5. 1968, Ref. R. I. Jaffee, N. E. Promisel, Pergamon Press (1970) 829–837. (S. 263, 318, 319)

E 13 Erdmann-Jesnitzer, F., Laschimke, R.: Über das Verhalten von Ti und Ti-Legierungen bei Kavitationsbeanspruchung im Vergleich mit anderen Werkstoffen, Dechema Monographie Bd. 45 (1962) 329–352. (S. 442, 443)

E 13a Eremeer, K. S.; Ivanow, Y. O.; Panov, A. S.: Diffusion of N in Ti and Zr, Sov. Akademia Nemk. SSSR. Metal Nr. 4 (1969) 262–267. (S. 104, 105)

E 14 Erfling, H. D.: Studien zur thermischen Ausdehnung fester Stoffe bei tiefen Temperaturen, III. Ca, Nb, Th, Si, Ti, V, Ann. Phys. 41 (1942) 467–475. (S. 90)

E 15 Ericsen, G. L.; Boyd, W. K.; Miller, P. D.: Memorandum on corrosion of Ti and Ti-alloys in liquid and gaseous Fluorine, Battelle Mem. Inst. TML-Report (30. 4. 1958). (S. 376)

E 15a Ericksen, R. H.; Taggart, R.; Polonis, D. H.: The martensite transformation in Ti-Cr-binary alloys, Acta Met. 97 (1969), 553–564. (S. 169)

E 16 Erkun, N. M.: The application of rate process theory to the heat treatment of Ti-alloys, Trans. ASM (1958) Prepr. No. 90. (S. 303)

E 18 Evans, K. R.: Deformation mechanisms in Ti and Ti-Al-alloys Trans. AIME 242, I (1963) 648–653. (S. 253)

E 18a Evans, K. R.: The embrittlement and fracture of TiAl8-alloys, Trans. AIME 245 (1969) 1297–1303. (S. 253)

E 18b Evans, L. S.; Hayfield, P. C. S.; Morris, M. C.: Anodischer Schutz von Ti in der Kunstseide-Industrie, Werkstoffe und Korrosion 21 (1970) Heft 6, 449–457. (S. 392)

E 18c Evans, P.; Smith, G. C.: Some preliminary experiments on the continuous compaction of Ti, Mo and Cr, Metallurgia 59 (1959) 117–120. (S. 59)

E 18d Evans, R. M.: Porosity in Ti-welds, DMIC-Mem. 194 Battelle Mem. Inst. Columbus/Ohio (1964). (S. 514)

E 20 Evenschorr, P. D.; Fröhlich, W.; Hauk, V.: Berechnung der röntgenographischen Elastizitätskonstanten aus den Einkristallkoeffizienten hexagonal kristallisierender Metalle, Z. Metallkunde 62 (1971) 38–39. (S. 101)

E 20a Everhart, J. L.: Hot forged Ti-parts, Mat. and Meth. 45 Nr. 3 (März 1957) 135–154. (S. 474)

F 1 Factica, N.: Lubrication of Ti, WDL Techn.Rep. 57–61 II ASTIA Doc. Nr. 155564 (Dez. 1958). (S. 438)

F 1a Fager, D. N.: Short communication: Methanol cracking of TiAl8Mo1V1 Corrosion Science 10 (1970) 175–177 (S. 415)

F 1b Fager, D. N.; Spurr, W. F.: Some characteristics of aqueous stress-corrosion in Titanium alloys (summary), Int. Conf. on Ti, Inst. of Metals, London, 21.–24. 5. 1968, Ref. R. I. Jaffee, N. E. Promisel, Pergamon Press (1970) 259–261, Trans. ASM 61 (1968) 283–292. (S. 420, 421, 422)

F 1c Fager, D. N.; Spurr, W. F.: Solid Cadmium embrittlement Ti-alloys, Corrosion 26 (Nov. 1970) 10. (S. 406)

F 1d Fajsullin, F. F.; Bajtalow, D. A.: Elektrochemisches Verhalten von Ti in basischen Lösungen, Sashita Metallov 2 (1966) Nr. 4, 429–434, Ref. in Werkst. u. Korr. 21 (1968) 164. (S. 383)

F 1e Farrar, P. A.; Adler, S.: On the system Titanium-Zirconium, Trans. AIME 236 (1966) 1061–1064. (S. 575)

F 2 Fast, J. D.; Philips AG, Eindhoven: Durch freundliche Vermittlung zur Veröffentlichung überlassen. (S. 7)

F 3 Fast, J. D.: The preparation of Ti-iodides, Rec. trav. chim. Pays-Bas 58 (1939) 174–180. (S. 6)

F 4 Fast, J. D.: Das Diagramm der Übergangspunkte im System Zr-Ti, Receuil Trav. Chim. Pays-Bas 58 (1939) 973–983. (S. 66, 67, 90)

F 5 Fast, J. D.: Über die Darstellung der reinen Metalle der Titangruppe durch thermische Zersetzung ihrer Jodide, Z. Anorg. Chem. 241 (1939) 42–56. (S. 5, 6, 7, 8, 74, 90, 96)

F 6 Fast, J. D.: Moeilijk bereidbare metalen, Chem. Weekblad 44 (1948) 621 bis 628. (S. 6, 7, 8, 64)

F 7 Fast, D. J.: The allotropic transformation of Hf and a tentative equilibrium diagram of the system Zr-Hf, J. Appl. Phys. 23 (1952) 350–351. (S. 75)

F 8 Faulkner, G. E.: The effects of alloying elements on welds in Ti, Welding Journal 34 (1955) 295–321. (S. 526, 527)

F 9 Faulkner, G. E.; Grable, G. B.; Voldrich, C. B.: The effect of alloying elements on welds in Ti, Welding Journal 32 (1953) 481–497. (S. 526, 527)

F 9a Faulkner, G. E.; Lewis, W. J.: Recent developments in Ti-brazing, DMIL-Mem. (1960) Nr. 45 (Battelle Mem. Inst. Columbus, Ohio). (S. 531, 533)

F 10 Faulkner, G. E.; Lewis, W. J.; Kohn, M. L.; Riepel, P. J.: Welding of Ti and Ti-alloys, TML-Report 31 (7. 2. 1956) Battelle Mem. Inst. Columbus/Ohio. (S. 256, 511, 516, 526)

F 11 Faulkner, G. E.; Voldrich, C. B.: The welding of Ti and Ti-alloys, DMIC-Report 122 (31. 12. 1959), Battelle Mem. Inst. Columbus/Ohio. (S. 507, 508, 510, 511, 512, 513, 516, 517, 524, 526, 529)

F 11a Fedotov, S. G.; Belousov, P. K.: Elastic constants of the system Titanium-Niobium, Fiz. metal. metalloved. 17 (1964) Nr. 5, 732–736. (S. 100)

F 11b Fedotov, S. G.; Chadinov, M. G.; Konstantinov, K. M.: Mutual diffusion in the systems Ti-V, Ti-Nb, Ti-Ta and Ti-Mo, Phys. of Metals and Metallographie 27 (1969) 111–115. (S. 113)

F 11c Fedotov, S. G.; Konstantinov, K. M.; Sinodova, Ye. P.: Decomposition of Ti-V-martensite during heating, Fiz. metal. metalloved. 25, Nr. 5 (1968) 104–110 und Ti-alloys for New Technology, Nauka Press (1968) 159–164 in S 23c. (S. 100)

F 11d Feeney, J. A.; Blackburn, M. J.: Effect of microstructure on strength, toughness, and stress corrosion cracking susceptibility of a metastable Ti-alloy (TiMo11,5Zr6Sn4,5), Met. Trans. 1 (1970) 3309–3329. (S. 302, 425)

F 11e Feige, N. G.: Ti for marine applications, TSM paper OTC-4 (1970). (S. 560)

F 11f Feige, N. G.; Kane, R. L.: The application of Ti for desalination plants, Metals Eng. Quart. 7 (1967) Nr. 3, 30–37. (S. 543)

F 11g Feige, N. G.; Kane, R. L.: Experience with Ti-structures in marine service, Met. Prot. and Perf. 9 (1970) Nr. 8, 13–16. (S. 560)

F 11h Feige, N. G.; Murphy, T.: Fracture behaviour of Ti-alloys in aqueous environments, Met. Eng. Quart. ASM (Febr. 1967) 53–58. (S. 422)

F 11i Feige, N. G.; Murphy, T.: Titan-Nickel-Legierungen, Ital. Patent Nr. 853348 v. 22. 7. 69, NACE, Houston, Texas (1969). (S. 378, 396, 405)

F 11k Feng, C.; Elbaum, C.: Effect of crystallographic orientation and Oxygen content on Knoop-hardness-values of Iodide-Ti, Trans. AIME 212 (1958) 47–51. (S. 216)

F 11l Feng, C.; Elbaum, C.: The fracture of Ti containing 0,5–1 wt.-% O, Trans. AIME 212 (1958) 820–821. (S. 219)

F 11m Fenish, R. G.: A new intermediate compound in the Titanium-Boron system, Ti_3B_4, Trans. AIME 236 (1966) 804–805. (S. 564)

F 12 Fentiman, W. P.: The constitution of the Ti-Sn-System in the region of 0–25 At.-% Tin, J. Inst. of Met. 84 (1955/56) 307–312. (S. 563)

F 12a Fentiman, W. P.; Smith, M. D.; Rubbard, R. T. J.: Exploitation of a simple α-Ti alloy base in the development of alloys of diverse mechanical properties, Int. Conf. on Ti, Inst. of Metals, London, 21.–24. 5. 1968, Ref. R. I. Jaffee, N. E. Promisel, Pergamon Press (1970) 987–999. (S. 319)

F 13 Feild, A. L. jr.: Expendable molds for Ti-castings, Metal Progress 70 (1956) Nr. 4, 92–96. (S. 56)

F 14 Feola, N. J.: Ti-extrusions cut production costs, Iron Age 181/13 (27. März 1958) 96–98. (S. 477, 490)

F 14a Fickel, H. P.: Beitrag zur Frage des Warmmassivumformens der Titanlegierung TiAl6V4, Dissertation Inst. f. Maschinenwesen der Technischen Fakultät Hannover (1971). (S. 476)

F 14b Field, M.; Zlatin, N.; Jameson, R. J.: Machining Ti-alloys, Metal Progress (Febr. 1965) 84–89. (S. 490)

F 14c Fielding, J.: Manufacturing exercise involved in the redesign of trident fuselage, 2. Internat. Konf. Titan, 2. Sitzung, 2. 5. 1972, MIT Cambridge, Mass., USA. (S. 505)

F 14d Filyand, M. A.; Semonova, E. I.: Handbook of the rare elements, Bd. II. Metallurgical Institute, UdSSR, S. 93 nach Glazynov, S. G. und Sokolev, V. N.: Titanium alloys (1958). (S. 286, 568)

F 15 Finlay, W. L.: U.S. Pat. 2614041 (14. 10. 1952). (S. 398)

F 16 Finlay, W. L. (Crucible Steel Comp. of America): Reacted coating of Ti, U.S. Pat. 2992135 (11. 7. 1961). (S. 463, 465)

F 17 Finlay, W. L.; Bradford, C. I.; Fraser, G. T.: The ABC of Ti-alloys, Metal Progress 62 (1952) Nr. 5, 73–78. (S. 247, 248, 257)

F 18 Finlay, W. L.; Jaffee, R. I.; Maykuth, D. L.: U.S.-Pat. 2669514 (1954). (S. 254, 256, 257, 285)

F 19 Finlay, W. L.; Jaffee, R. I.; Parcel, R. W.; Durstein, R. C.: Tin increases strength of Ti-Al-alloys without loss in fabricability, J. Metals 6 (1954) 25–29. (S. 256, 273, 285)

F 20 Finlay, W. L.; Resketo, J.; Vordahl, M. B.: Optical metallography of Ti, Industr. Eng. Chem. 42 (1950) 218–222. (S. 115, 208, 209)

F 21 Finlay, W.L.; Snyder, J.A.: Effects of three interstitial solutes on the mechanical properties of high-purity α-Ti, Trans. AIME 188 (1950) 277–286. (S. 64, 219)

F 22 Finlay, W. L.; Vordahl, M. B.: The Ti-alloys today, Metal Progress 61 (1952) Nr. 2, 73–78. (S. 248)

F 23 Finlay, W. L.; Vordahl, M. B.; Malone, R. F.: Ti-alloys for air and spacecraft, Metal Progress 74 (1958) 134–145. (S. 555)

F 24 Fischer, W. R.: Zur Theorie der Korrosion von Titan, Werkst. u. Korrosion 10 (1959) 243–250. (S. 379, 382, 384, 385, 388, 395)

F 25 Fischer, W. R.: D.P. 1061151 (1959): Verfahren zum Glanzbeizen von Titan. (S. 451, 452)

F 26 Fischer, W. R.: Diskussionsbemerkung zu W. Katz, Anwendung platinierter Titanelektroden für den kathodischen Schutz, Schiff und Hafen, Sonderh. „Korrosionstagung 1960", 60–63. (S. 395)

F 27 Fischer, W. R.: Möglichkeiten des Korrosionsschutzes bei Titan, Techn. Mitt. Krupp 19 (1961) 61–72. (S. 379, 380, 381, 386, 387, 388, 392)

F 28 Fischer, W. R.: Zur Lochfraßkorrosion, insbesondere bei Titan, I. Korrosionsuntersuchungen, Techn. Mitt. Krupp 22 (1964) 65–81; II. Elektrochemische Untersuchungen, Techn. Mitt. Krupp 22 (1964) 125–142. (S. 378)

F 29 Fischer, W. R.; Ilschner-Gensch, Chr.; Knorr, W.: Über den Einfluß von Legierungszusätzen auf das Korrosionsverhalten von Titan, Werkst. u. Korrosion 12 (1961) 597–607. (S. 378, 385, 398, 402, 520, 521)

F 29a Fishburn, R. A.; Roberts, W. T.: Evaluation of anisotropy in Ti-sheet by knoop hardness measurements, 2. Int. Konf. Ti, 7. Sitzung, 3. 5. 1972, MIT, Cambridge, Mass., USA. (S. 216)

F 29b Fisher, E. S.; Dever, D.: The single crystal elastic moduli of β-Ti-Cr-alloys, Int. Conf. on Ti, Inst. of Metals, London, 21.–24. 5. 1968, Ref. R. I. Jaffee, N. E. Promisel, Pergamon Press (1970) 373–381. (S. 100)

F 29c Fisher, E. S.; Renken, D. J.: Single crystal elastic moduli and hcp-bbc-transformations in Ti, Zr, and Hf, Physical Review 135 (1964) 2A, 482–494. (S. 484)

F 29d Fitzpatrick, J. M.; Crossley, R. A.; Lewis, R. E.: Texture strengthening of TiAl6V4, Met. Engineering Quarterly 12 (1972) 27–31. (S. 294)

F 30 Fleitman, A. H.: Anomalous effect of H on the mechanical properties of TiMn8-alloy, Trans. ASM 52 (1960) 170–181. (S. 362)

F 30a Flower, H. M.; Swann, P. R.: The effect of Molybdenum and Oxygen on phase transformations in Titanium-Zirconium-alloys, 2. Int. Konf. Ti, 8. Sitzung, 3. 5. 1972, MIT, Cambridge, Mass., USA. (S. 168, 575)

F 30b Flower, H. M.; Swann, P. R.; West, D. R.: Silicide precipitation in the Ti-Zr-Al-Si-system, Met. Trans. 2 (1971) 3289–3297 (S. 275)

F 30c Flower, H. M.; Swann, P. R.; West, D. R. F.: The effect of Si, Zr, Al and Mo on the structure and strength of Ti-martensite, Journal of Materials Science 7 (1972) 929–938. (S. 178)

F 30d Flower, H. M.; Swann, P. R.: Effect of Molybdenum and Oxygen on phase transformations in Titanium-Zirconium-alloys, 2. Int. Conf. on Ti, 4. 5. 72, 8. Sitzung MIT, Mass., USA (S. 70)

F 30e Flowers, J. W.; O'Brien, K. C.; McEleney, P. C.: Elastic constants of α-Ti single crystals at 25 °C, J. Less-Common Metals 7 (1964) 393–395. (S. 484)

F 31 Flügge, S.; Mattauch, J.: Isotopenbericht 1942, Phys. 44 (1943) 181–201. (S. 61, 63)

F 32 Fogel, A. A.: Schmelzen von kleinen Metallproben im Vakuum oder Edelgas durch Schwebeschmelzen, Izv. Akad. Nauk. SSSR, OTN, Metall. i Topl. No. 2 (1959) 24–34. (S. 53)

F 33 Folkman, R. L.; Schussler, M.: Properties of Ti melted under high vacuum, Metal Progress 70 (1956) Dez., 111–114. (S. 44, 45)

F 34 Foner, S.: Hall-effect in pure Ti, V and Cr, Phys. Rev. 91 (1953) 447. (S. 84)

F 35 Foner, S.: Hall-effect in Ti, V, Cr and Mn, Phys. Rev. 107 (1957) 1513–1516. (S. 84)

F 35a Fontaine De D.; Paton, N. E.; Williams, J. C.: The omega phase transformation in Titanium alloys as an example of displacement controlled reactions, Acta Met. 19 (1971) 1153–1162. (S. 171)

F 36 Fontana, M. G.: Korrosionsversuche an 18/8-Stahl und Titan in Salpetersäure bei hohen Temperaturen und Drücken, Ind. Eng. Chem. 41 (1949) 77A–78B, vgl. a. Werkst. u. Korrosion 1 (1950) 153–154. (S. 371)

F 37 Fontana, M. G.: Stress corrosion in Ti and its alloys, Ind. Eng. Chem. 48/9 (1956) 59A–60A. (S. 414)

F 37a Fopiano, P. J.; Bever, M. B.; Averbach, B. L.: Phase transformations and strengthening mechanisms in the alloy TiAl6V4, Trans. ASM 62 (1969) 324–332. (S. 295)

F 37b Fopiano, P. J.; Hickey jr., C. F.: Strengthening mechanisms during the heat-treatment of three Ti-alloys, TiAl6V6Sn2, TiAl6V4 and TiAl8Mo1V1, Int. Conf. on Ti, Inst. of Metals, London 21.–24. 5. 68, Ref. R. I. Jaffee, N. E. Promisel, Pergamon Press (1970) 815–816. (S. 295)

F 37c Fopiano, P. J.; Hickey, C. F. Jr.: The effect of heat treatment on the mechanical properties of the alloy TiAl8Mo1V1, 2. Int. Konf. Titan, 10. Sitzung, 4. 5. 1972, MIT Cambridge, Mass., USA. (S. 289)

F 37d Forney, J. W.: Fracture toughness evaluation of Ti, Al and steel, D.D.D. Report AD 632926 vom März 1966, USA. (S. 325)

F 37e Forschungsinstitut für Edelmetalle und Metallchemie, Schwäbisch-Gmünd: Unveröffentlichte Untersuchungen. (S. 173, 189)

F 38 Fortin, B. J.; Wurm, J. G.; Gravel, L.; Potvin, R. J. A.: Electrodeposition of adherent Ti coatings on induction heated cathodes in fused salts, J. Electrochem. Soc. 106 (1959) 428–433. (S. 467)

F 40 Fox, G. H.; Muller, H. H.: Chemically milled structures, Machine Design 33 (1961) Nr. 9, 126–134. (S. 452)

F 40a Fraker, A. C.; Ruff, A. W.: Studies of oxyde film formation on Ti-alloys in saline water, Corrosion Science 11 (1971) 763–765. (S. 371)

F 40b Fraker, A. C.; Ruff, A. W.; Yeager, M. P.: Corrosion of Ti-alloys in physiological solutions, 2. Int. Konf. Ti, 13. Sitzung, 5. 5. 1972, MIT Cambridge, Mass., USA. (S. 405, 560)

F 40c Frederick, S. F.; Hanna, W. D.: Fracture toughness and deformation of Ti-alloys at low temperatures, Metallurg. Trans. 1 (1970) 347–352. (S. 320)

F 40d French, R. D.: Titanium for high temperature applications, 2. Int. Konf. Titan, 11. Sitzung, 4. 5. 1972, MIT Cambridge, Mass., USA. (S. 273)

F 41 Freudenberg, H.: Degussa vormals Roessler; Verfahren zur Herstellung von metallischem Titan, D.P. 658995 (1938). (S. 9, 18)

F 41a Freund, A. O.: Ti in the process industries today, Int. Conf. on Ti, Inst. of Metals, London, 21.–24. 5. 1968, Ref. R. I. Jaffee, N. E. Promisel, Pergamon Press (1970) 1169–1173. (S. 543)

F 41b Friedmann, G.: Properties of powdered Titanium alloys, NASA Technical Report CR 72469 NM 9902, Sept. 1968. (S. 58)

F 41c Froes, F. H.; Capenos, J. M.; Wells, M. G. H.: Alloy partitioning in beta III and effect on aging characteristics, 2. Int. Konf. Titan, 8. Sitzung, 3. 5. 1972, MIT Cambridge, Mass., USA. (S. 302)

F 41d Frost, L. E.: Creep forming is a production process, Met. Progress 97 (1970) Nr. 3, 86–88. (S. 488)

F 42 Frost, P. D.: Principles and practical aspects of Ti heat treatment, Battelle Mem. Inst., TMC Rep. Nr. 8 (1955). (S. 257, 270)

F 43 Frost, P. D.: Background for practical heat treatment of various Ti-alloy types, J. Metals 8 (1956) 35–39. (S. 190, 257, 270)

F 44 Frost, P. D.; Parris, W. M.; Hirsch, L. L.; Doig, J. R.; Schwartz, C. M.: Isothermal transformation of Ti-Cr-alloys, Trans. ASM 46 (1954) 231–251. (S. 70, 168, 171, 180, 190, 191, 198)

F 44a Frost, P. D.; Parris, W. M.; Hirsch, L. L.; Doig, J. R.; Schwartz, C. M.: Isothermal transformation of Ti-Mn-alloys, Trans. ASM 46 (1954) 1056–1072. (S. 171, 191, 196)

F 45 Fuhrmeister, H. E.; Parris, W. M.; Kessler, H. D.: More heat treatable Ti, Steel (23. April 1956) 118–121. (S. 270)

F 46 Fujishiro, S.; Edington, J. W.: Mechanical twinning of Ti-single crystals, AFML-Techn. Rep. 70–176 (July 1970). (S. 124)

F 47 Fuller, H. C.; Baker, D. H.; Wartman, F. S.: Recent practice at the Bureau of Mines, Boulder City, Nev., Ti-plant, Bureau of Mines Report of Inv. 4879 (June 1952). (S. 13)

F 48 Funk, E. R.: The spot welding of Ti, Welding Journal 33 (1954) 3975–4005. (S. 516)

F 49 Funk, E. R.: How to clean Ti-sheet for spot welding, Mod. Metals 10 (1954) Nr. 4/5, 70, 72–73. (S. 450, 451, 452)

G 0 Garcia, W. M.; Kiessling, M. D.: Titanium role in superjet engines, Metal Progress 95 (1969) Nr. 3, 65–68. (S. 505, 540, 549, 550, 553)

G 0a Garde, A. M.; Reed-Hill, R. E.: The importance of mechanical twinning in the stress strain behavior of swaged high purity fine grained Titanium below 424 °K, Met. Trans. 2 (1971) 2885–2888. (S. 122)

G 0b Garde, A. M.; Santhanam, A. T.; Reed-Hill, R. E.: The significance of dynamic strain aging in Titanium, Acta Met. 20 (1972) 215–220 (S. 231)

G 1 Gardener, A. J.: An introduction to the thermal problems of turbojet engines for supersonic propulsion, ASME-Paper Nr. 54-A-155. (S. 551)

G 1a Garfinkle, M.; Davis, H. M.: Reaction of liquid Titanium with some refractory compounds, Trans. ASM 58 (1965) 510–530. (S. 30)

G 2 Gazzara, C. P.; Klier, E. P.: The deformation of unalloyed Ti-sheet as function of orientation and strain rate, Trans. AIME 218 (1960) 796–798. (S. 97, 98)

G 3 Gebhardt, E.; Seghezzi, H. D.; Dürrschnabel, W.: Untersuchungen am System Zr–O, I. Der elektrische Widerstand von sauerstoffhaltigem Zirkonium, J. Nuclear Materials 4 (1961) 241–254. (S. 75)

G 3a Geduld, H.: Anodising of Ti, Metal Finish 65 (1967) Nr. 4, 62–66. (S. 450, 457)

G 4 Gee, E. A.; Golden, L. B.; Lusby, W. E.: Ti and Zr corrosion studies (common mineral acids), Ind. Eng. Chem. 41 (1949) 1668–1673. (S. 377)

G 4a Gegel, H. L.; Fujishiro, S.: On the mechanism of stress-corrosion-cracking of TiAl6V4 in anhydrous methanol, J. Less-Common Metals 17 (1969) 305–311. (S. 415)

G 4b Gegel, H. L.; Fujishiro, S.: Synthesis of a high temperature near alpha Titanium alloy, 2. Int. Konf. Titan, 11. Sitzung, 4. 5. 1972, MIT Cambridge, Mass., USA. (S. 273)

G 4c Gegel, H. L.; Kirkpatrick, H. B.; Swinning, C. M.: Correlation of TiAl6V4 fractographs with mechanical behavior in Methanol-acid, Methanol and air environments, Corrosion 25 (Mai 1969) 215–221. (S. 415)

G 4d Gegner, P. J.; Wilson, W. L.: Corrosion resistance of Ti and Zr in chemical plant exposures, Corrosion 15 (1959) 341t–350t. (S. 543)

G 5 Gehlen, P. C.: The crystallographic structure of Ti_3Al, Int. Conf. on Ti, Inst. of Metals, London, 21.–24. 5. 1968, Ref. R. I. Jaffee, N. E. Promisel, Pergamon Press (1970) 349–357. (S. 563)

G 5a Gehlen, P. C.: The lattice parameters of ordered Ti_3Al between 100° and 989 °K, Met. Trans. 2 (1971) 1249–1250. (S. 563)

G 6 Geil, G. W.; Carwile, N. L.: Some effects of low temperatures and notch depth on the mechanical behavior of an annealed commercially pure Ti, J. Res. nat. Bur. Stand. 59 (1957) 215–226. (S. 232)

G 7 Geil, G. W.; Carwile, N. L.: Effect of notch geometry on tensile properties of annealed Ti at 100, 25, – 78 und – 196 °C, Trans. ASTM 59 (1959) 985 bis 1012. (S. 232)

G 7a Geisendorfer, R. F.; Sadjak, R. J.; Harth, G. H.: Hot isostatic pressing of TiAl6V4, 2. Internat. Konf. Titan, 4. Sitzung, 2. 5. 1972, MIT Cambridge, Mass., USA. (S. 59)

G 8 General Electric Company, Brit. Pat. 754190 (1956): Improvements relating to the surface finishing of Ti and Ti-alloys. (S. 451, 452)

G 9 George, T. H., Farworth, H. E.; Schlier, R. F.: Measurements of adsorption of Nitrogen and Oxygen on a (0001)-Ti surface using low-energy electron diffraction, J. Chem. Phys. 31 (1959) 89–90. (S. 425)

G 9a Gerhardt, A., Knorr, W.: Untersuchung der Homogenität technischer Titanlegierungen vom Blockdurchmesser und mechanische Eigenschaften von verschiedenen Halbzeugen, Techn. Mitt. Krupp 29 (1971) 45–51. (S. 51)

G 9b Germann, V. N.; Bakanova, A. A.; Tarasova, L. A.; Sumulov, Yu. N.: Phase transformation of Ti and Zr in shock waves, Soviet physics solid state 12 (1970) 637–640. (S. 65, 93, 153)

G 10 Gertsriken, S. D.; Pryanishnikov, M. P.: The influence of hydrostatic compression on diffusion constants in a Titanium-Iron-alloy, The Phys. of Met. and Metallogr. 10 (1960) 134–136. (S. 113)

G 11 Gibb, Th. R. P.; Kruschwitz, H. W.: The Ti-H-system and Ti-hydride, I. Low pressure studies, J. Amer. Chem. Soc. 72 (1950) 5365–5369. (S. 353)

G 12 Gibb, T. R. P.; McSharry, J. J.; Bragdon, R. W.: The Ti-H-system and Titanium-hydride, II. Studies at high pressure, J. Amer. Chem. Soc. 72 (1951) 1751–1755. (S. 354)

G 13 Gibbs, G. B.; Graham, D.; Tomlin, D. H.: Diffusion in Ti and Ti-alloys, Phil. Mag. 8/92 (1963) 1269–1282. (S. 102, 108, 112, 113)

G 13a Gidley, J. A. F.; Richards, P. N.; Barker, A. C.: Preliminary observations on the microstructure of thin NbTi44 wire, Nature 219 (1968) 479–480. (S. 84)

G 13b Giessen, C.; Wang, R.; Grant, N. J.: New A_3B_5 phases of the Ti-group metals with Rhodium, Trans. Met. AIME 245 (1969) 1207–1210. (S. 572)

G 13c Gilbert, L. L.; Funk, C. W.: Explosions of Ti in fuming nitric acid mixtures, Metal Progress 70/11 (1956) 93–96. (S. 436)

G 14 Gill, C. B.; Straumanis, M. E.; Schlechten, A. W.: Corrosion of Ti in fused chlorides (formation of pyrosols), J. Electrochem. Soc. 102 (1955) 42–45 (S. 407)

G 15 Gillig, F. J.: Investigation of stress relief procedures for Ti and Ti-alloys, WADC Techn. Rept. 55–510 (1956). (S. 304)

G 16a Gindin, I. A.; Malik, G. N.: Influence of ultrasonic vibrations on the phase recrystallization of Ti, Fiz. Metall. metalloved. 28 (1969) 1091–1094. (S. 139)

G 17 Gissy, J. L.; Schröder, J. B.; Schippereit, G. H.: Hardness of single crystals of high purity α-Ti, Trans. AIME 212 (1958) 360–361. (S. 214, 215, 251)

G 19 Glazova, V. V.; Kurnakov, N. N.: Resistance of Ti-Zr solid solutions against plastic deformation at various temperatures, Izvestiya Akademii Nauk. SSSR, Metallurgia i Toplivo 3 (1961) 67–72. (S. 273, 469)

G 20 Glazunov, S. G.: Precision casting of Ti, Int. Conf. on Ti, Inst. of Metals, London, 21.–24. 5. 1968, Ref. R. I. Jaffee, N. E. Promisel, Pergamon Press (1970) 143–147. (S. 55, 56, 57)

G 20a Glazunov, S. G.: Titanium in the U.S.S.R., Int. Conf. on Ti, Inst. of Metals, London, 21.–24. 5. 1968, Ref. R. I. Jaffee, N. E. Promisel, Pergamon Press (1970) 75–76. (S. 278, 284)

G 20b Glazunov, S. G.: Modern Ti-alloys in S 23c 11–23. (S. 278, 329)

G 20c Glazinov, S. G.; Yassinsky, K. K.: Residual stresses in cast Ti-alloys, 2. Int. Konf. Ti, 4. Sitzung, 2. 5. 1972, MIT, Cambridge, Mass., USA (S. 57)

G 21 Gleave, W. W.; Quinn, J. P.: Brit. Pat. 724198 v. 16. 2. 1955. (S. 22)

G 21a Gleekman, L. W.: Das anormale Korrosionsverhalten von Titan in Cl_2-Gas und Cl_2-Lösung (Int. Congress on metallic corrosion, Moskau 1966, Proceedings Bd. 2 (1969). (S. 397)

G 22 Glen, J. W.; Pugh, S. F.: The effect of phase transformations on the orientation of Zr-crystals, Acta Metallurgica 2 (1954) 520–529. (S. 151)

G 23 Globus, R.: Supertough parts from Ti-powder, Precision Metal Molding (Okt. 1962) 48–49. (S. 58)

G 24 Gmelin: Handbuch der anorganischen Chemie, 8. Auflage, Bd. 41, Titan, Verlag Chemie GmbH, Weinheim/Bergstraße, (1951). (S. 1, 3, 378)

G 24a Godden, M. J.; Roberts, W. N.: Ductility of Ti-Al-Ga alloys, 2. Int. Konf. Titan, 11. Sitzung, 4. 5. 1972, MIT Cambridge, Mass., USA. (S. 273)

G 25 Godnov, I. N.; Pamfilov, A. V.: Chemistry of Ti, VII. Termodynamics of chlorination reaction, J. of Gen. Chem. USSR 7 (1937) 1264–1267. (S. 11)

G 26 Goerrig, D.; Lwoski, V.; Walaschewski, E.: Reduktion von Metalloxiden mittels Erdalkalihydriden, D.P.a. 1002529 (1955) 1.4 (3). (S. 29)

G 26a Goetzel, C. G.; de Marchi, V. S.: Electrically activated pressure-sintering (spark sintering) of Titanium-Aluminium-Vanadium alloy powders, Modern developments in powder metallurgy, Vol. 4, Proc. of the Int. Powder Metallurgy Conf., New York, N. Y., Juli 12.–16. 1970, Plenum Press (1971) 127 bis 150 und Met. Eng. Quart. 11 (1971) Mai. (S. 59)

G 26b Gokyu, I.; Suzuki, H.; Horiuchi, R.: Drawing textures in commercially pure Ti, Met. Abstr. 22 (1954/55) 196. (S. 133)

G 26c Gokyu, I.; Suzuki, H.; Seki, F.: Studies on rolled and annealed textures in commercially pure Ti, Met. abstr. 22 (1954/55) 195–196. (S. 133)

G 28 Golden, L. B.; Lane, I. R.; Acherman, W.: Korrosionswiderstand von Ti, Zr und Edelstahl in Mineralsäuren, Ind. Eng. Chem. 44 (1952) 1930–1935. (S. 371, 377)

G 29 Goldenstein, A. W.; Metcalfe, A. W.; Rostoker, W.: The effect of stress on the eutectoid decomposition of Ti-Cr-alloys, ASM Preprint 92 (1958) 18 S. (S. 263, 270)

G 30 Goldenstein, A. W.; Rostoker, W.: Development of transformation characteristics for special Ti-alloys, ARF Project B-057 Contract DA-11-022-ORD-1292 (29. 5.) 6. 5. 1955. (S. 269, 307)

G 31 Goldenstein, A. W.; Rostoker, W.: Relationship between heat treatment, structure and mechanical properties of a Ti-alloy containing 4% Cr and 2% Mo, Trans. ASM (1956) Report Nr. 13. (S. 269)

G 32 Goldhoff, R. M.; Show, H. L.; Craighead, C. M.; Jaffee, R. I.: The influence of insoluble phases on the machinability of Ti, Trans. ASM 45 (1953) 941–971. (S. 499)

G 33 Goldschmidt, V. M.: Über Atomabstände in Metallen, Z. Phys. Chemie 133 (1928) 397–419. (S. 153)

G 33a Golland, D. I.; Beevers C. J.: The effect of temperature on the fatigue response of α-Ti, Metal Science Journal 8 (1971) 174–177. (S. 246, 247)

G 33b Golubev, A. I.; Ulanovski, I. B.; Korovin, Y. M.: Korrosion von Al und Ti an Rissen, Korroziya Metal. i Splavov, Sb. Nr. 2 (1965) 351–358, Ref. in Werkst. u. Korr. 18 (1967) 934. (S. 396)

G 34 Gomez, M. P.; Polonis, P. H.: Kinetics of decomposition of α-prime in a Ti-Cu-alloy, Trans. ASM 52 (1960) 201–218. (S. 191)

G 35 Gonser, B. W.: Report on Symposium of Titanium, 16. 12. 1948, Office of Naval Research, 60. (S. 8)

G 36 Gonser, B. W.: The production of Ti by the iodide-process, Metal Progress 55 (1949) 193–194, 346–347. (S. 8, 216)

G 36a Goode, R. J.; Huber, R. W.: Fracture toughness characteristics of some Titanium-alloys for deep-diving vehicles, J. Metals 17 (1965) 841–846. (S. 203)

G 37 Goodwin, H. B.: Some metallurgical considerations in forging Mo, Ti, Zr, DMIC Memorandum 12 (25. 3. 1959), Battelle Mem. Inst. Columbus (Ohio). (S. 471, 472)

G 38 Goold, D.: Diffusion of Al, Sn, V, Mo and Ti, J. Inst. Met. 88 (1959/60) 444–448. (S. 108, 109, 110, 111)

G 39a Goosey, R. E.: The effect of fabrication variables on the properties of age-hardened TiCu2,5, Internationale Conf. on Ti, Inst. of Metals, London, 21.–24. 5. 1968, Ref. R. I. Jaffee u. N. E. Promisel, Pergamon Press (1970) 901–909. (S. 280, 288)

G 39c Goosey, R. E.: Heat treatment of Ti-alloys, ISI Preprint 124 (17.–18.12.69) 43–50. (S. 274, 278, 280, 281, 318, 319)

G 40 Goossens, H.: Anwendung von Ti im Maschinenbau, Industrieanzeiger Ausgabe Werkzeugmaschinen und Fertigungstechnik (20. 4. 1962). (S. 544)

G 40a Goossens, H.; van Kann, H.: 10 Jahre deutsche Titanentwicklung, VDI-Z. 103 (1961) 1621–1632. (S. 481, 543)

G 40b Goossens, H.; Knorr, W.: Unlegiertes und legiertes Titan im Flugzeugbau, Zeitschrift Luftfahrttechnik, Raumfahrttechnik 9 (1963) 230–236. (S. 314)

G 40c Gopenko, V. G.; Ivanov, A. I.: Electrolysis of $TiCl_4$ in fused chloride salts, Russian Metallurgy on Fuels (1960) 21–23. (S. 22)

G 41 Gordy, W.: A new method of determining electronegativity from other atomic properties, Phys. Rev. 69 (1946) 604–608. (S. 62)

G 41a Goretzki, H.: Neutronenbeugungsuntersuchungen an hydrierten und nichthydrierten α-Titan-Sauerstoff-Mischkristallen, Naturwiss. 54 (1967) 163–164. (S. 161, 195, 354, 570)

G 41b Goretzki, H.: Neutronenbeugungsuntersuchungen an binären und ternären Phasen der Systeme Ti–C–H, Zr–C–H, Ti–N–H, Zr–N–H, Ti–O–H, Zr–O–H, Bundesministerium für wiss. Forschung, Bericht FBK 68-62 (Dez. 1968). (S. 564)

G 41c Goretzki, H.; Bittner, H.; Nowotny, H.: Einfluß von Wasserstoff auf Titancarbid, Mh. Chem. 95 (1964) 1521–1526. (S. 315, 354)

G 41d Gorynin, I. V.; Chechulin, B. B.; Ushkov. S. S.; Belova, O. S.: A study of the nature of the ductile-brittle transition in beta-Titanium alloys, 2. Internat. Konf. Titan, 7. Sitzung, 3. 5. 1972, MIT Cambridge, Mass., USA. (S. 320)

G 41e Graham, D.: Summary of impurity diffusion in the β-phase of Ti, Symposium: Diffusion in body centered cubic metals, Gatlinbury, Sept. 1964, ASM. (S. 108)

G 42 Graft, W. H.; Levinson, D. W.; Rostoker, W.: The influence of alloying on the elastic modulus of Ti-alloys, Trans. ASM 49 (1957) 263–279. (S. 98, 99, 100, 181)

G 43 Graft, W. H.; Rostoker, W.: The measurement of elastic modulus of Ti-alloys, Symp. on Titanium, ASTM Special Technical Publication 209 (1956) 130–144. (S. 97, 99)

G 43a Grant, N. J.; Ioup, W.; Kane, R. H.: The hot plasticity of TiAl6V4, Int. Conf. on Ti, Inst. of Metals, London, 21.–24. 5. 1968, Ref. R. I. Jaffee, N. E. Promisel, Pergamon Press (1970) 607–613. (S. 311, 318, 471)

G 43b Gray, A. G.: A look at worldwide Titanium technology, Metal progress 95 (1968) Nr. 9, 60–71. (S. 540)

G 43c Gray, G.: Role of Hydrogen in hot-salt stress corrosion of a Titanium alloy, Vortrag Tagung S. R-Korrosion Atlanta, Georgia, 27.–29. 1. 71. (S. 360, 411)

G 43d Gray, H. R.: Hot salt stress corrosion of a Ti-alloy: Generation of Hydrogen and its embrittling effect, Corrosion-NACE 25 (Aug. 1969) 337–341. (S. 411, 414)

G 43e Gray, H. R.: Effects of hot salt-stress-corrosion on Ti-alloys as related to turbine engine operation, 2. Int. Konf. Titan, 14. Sitzung, 5. 5. 1972, MIT, Cambridge, Mass., USA, Metals Eng. Quart. 12 (Nov. 1972) 10–16. (S. 335)

G 43f Gray, H. R.; Johnston, J. R.: Hot salt stress corrosion of a Ti-alloy in a dynamic air environment, Met. Trans. 1 (1970) 3101–3105. (S. 414)

G 44 Gray, J. J.; Carter, A.: Chemistry and metallurgy of Ti-production, The Royal Institute of Chemistry, Lectures, Monographs and Reports, (1958) Nr. 1. (S. 19)

G 44a Green, J. A. S.; Sedriks, A. J.: Surface films and stress-corrosion cracking in Ti-Al-alloys, Met. Trans. 2 (July 1971) 1807–1812. (S. 381, 422)

G 44b Green, T. E.; Minton, C. D. T.: The effect of β-processing on the properties of Ti-alloys, Internat. Conf. on Ti, Inst. of Metals, London, 21.–24. 5. 1968, Ref. R. I. Jaffee, N. E. Promisel, Pergamon Press (1970) 111–119. (S. 472)

G 44c Greenfield, M. A.; Margolin, H.: Interrelationship of fracture toughness and microstructure in a TiAl5,25V5,5Fe0,9Cu0,5 alloy, Met. Trans. 2 (1971) 841–847. (S. 269)

G 44d Greenfield, M. A.; Margolin, H.: The mechanism of void formation, void growth and tensile fracture in an alloy consisting of two ductile phases, Met. Trans. 3 (Oct. 72) 2649–2659. (S. 305)

G 44e Greenfield, M. A.; Pierce, C. M.; Hall, J. A.: The effect of microstructure on the control of mechanical properties in (α + β)-Ti-alloys, 2. Int. Konf. Titan, 9. Sitzung, MIT Cambridge, Mass., USA. (S. 298)

G 45 Greenlee, M. L.; Lenning, G. A.; Parris, W. M.; Kessler, H. D.: The effect of heat treatment on the elevated temperature stress stability of Ti-alloys, Trans. ASM 51 (1959) 981–998. (S. 320)

G 45a Greenspan, J.; Rizzitano, F. J.; Scala, E.: Titanium powder metallurgy by decomposition sintering of the hydride, 2. Int. Konf. Ti, 4. Sitzung, 2. 5. 1972, MIT Cambridge, Mass., USA. (S. 58)

G 46 Greiner, E. S., Ellis, W. C.: Thermal and electrical properties of ductile Ti, Metals Tech. 15/6 (1948) TP 2466, 1–9; Trans. AIME 180 (1945) 675–685. (S. 64, 75, 85, 90)

G 46a Griess, J. C.: Spaltkorrosion von Ti in wäßrigen Salzlösungen, Corrosion 24 (1968) 96–109, Ref. Werkstoffe und Korrosion 20 (1969) 477. (S. 396)

G 47 Griest, A. J.; Doig, J. R.; Frost, P. D.: Correlation of transformation-behavior with mechanical properties of several Ti-base alloys, Trans. AIME 215 (1959) 627–632. (S. 295, 473)

G 47a Griest, A. J.; Doig, J. R.; Frost, P. D.; Schwartz, C. M.: Precipitation hardening and embrittlement of high strength Titanium-alloys, WADC Technical Report 54–355, Part 3 (1956). (S. 291)

G 48 Griest, A. J.; Frost, P. D.: Principles and application of heat treatment for Ti-alloys, THC-Rept. 87 (1957). (S. 270)

G 49 Griest, A. J.; Moorhead, P. E.; Frost, P. D.; Jackson, J. H.: Surface hardening of Ti by carburizing and induction heat treatment, Trans. ASM 46 (1959) 257–287. (S. 456, 458, 559)

G 50 Griest, A. J.; Robinson, H. A.; Frost, P. D.: Effect of composition and heat treatment on the uniform elongation and flow properties of (α + β)-Ti-alloys, Trans. AIME 212 (1958) 117–123. (S. 263)

G 51 Griest, A. J.; Sabroff, A. M.; Frost, P. D.: Effect of strain rate and temperature on the compressive flow stresses of three Ti-alloys, Trans. ASM 51 (1959) 935–945. (S. 469, 474)

G 52 Griest, A. J.; Young, A. P.; Frost, P. D.: Relation between β-grainsize and ductility of high-strength (α + β)-Ti-alloys, Trans. AIME 215 (1959) 844–848. (S. 191, 304)

G 52a Griffiths, P.; Hammond, C.: Superplasticity in large grained Titanium alloys, 2. Int. Konf. Titan, 7a. Sitzung, 3.5.1972, MIT Cambridge, Mass., USA. (S. 142)

G 53 Grigorev, G. A.; Elyutin, V. P.; Manrakh, M. A.: Viscosity of molten Ti, Izv. Akad. Nauk. SSSR OTN 8 (Aug. 1957) 95–101. (S. 97)

G 53a Grigorovich, V. K.: Mechanische Eigenschaften von Ti-Zr-Legierungen bei erhöhter Temperatur, Metallurgiya i Toplivo, Izv. An SSSR, OTN No. 5, 38/1960. (S. 271, 275)

G 54 Grimwade, M. F.: Ti-Al-Mn-alloys prepared by powder-metallurgical techniques, Powder Metallurgy 7 (1961) 285–295. (S. 59)

G 56 Gross, K. A.; Lamborn, I. R.: Allotropic modification of $TiCr_2$, J. Less Common Metals 2 (1960) 36–41. (S. 190)

G 56a Grosso, J., Nagel, D. J.: Anodizing as a technique for studying diffusion in the Ti-Cb system, Trans. AIME 236 (1966) 1377–1379. (S. 210)

G 57 Gruber, H.: Vakuumlichtbogenschmelzen mit Abschmelzelektrode, Z. Metall 12 (1958) 901–912. (S. 40, 45, 46, 47)

G 58 Gruber, H.: Das Schmelzen von Metallen mit Elektronenstrahlen, Z. Metallkunde 52 (1961) 291–309. (S. 52, 53, 54)

G 59 Gruber, H.; Scheidig, H.: Das Schmelzen von Ti und Zr im Vakuumlichtbogenofen, Z. Metallkunde 47 (1956) 149–160. (S. 35, 36, 39, 47, 49)

G 60 Grum-Grzhimailo, N. V.: Hallconstants of binary alloys of Ti with Nb, Zhurna. Neorg. Khim. 3 (1958) 1715–1716. (S. 85)

G 61 Grum-Grzhimailo, N. V.; u. a.: Metallic compounds in the α-solid solution region of the system Ti–Al; Dokl. Akad. Nauk. SSSR 137 (1961) 599–602. (S. 85)

G 62 Grum-Grzhimailo, N. V.; Gromova, N. G.: Hall effect in Ti-Mo-alloys, Zhurnal Neorganiskoi Khimii 2 (1957) 2426–2428. (S. 569)

G 63 Gruzin, P. L.; Emelyanov, V. S.; Ryabova, G. G.; Fedorov, G. B.: Study of the diffusion and distribution of the elements in Zr- and Ti-base alloys by radioactive isotope method, Proceedings of II. UN Int. Conf. on the peaceful uses of Atomic Energy, Genf 1.–13. Sept. 1958, Nr. 19, 187–192. (S. 108)

G 64 Gudkov, S. I.; Lebedev, D. V.; Ovsiannikov, B. M.: Effect of stress concentrators on the mechanical properties of Titanium and Titanium alloys at low temperature, Metallovedenie i Termicheskaia Obrabotka Metallov (April 1968) 25–27; Metal Science and Heat Treatment, März–April 1968, 273–275, Übersetzung. (S. 320)

G 64a Gudkov, S. I.; Lebedev, D. V.; Roznichenko, V. V.: Mechanical properties of oxidised Ti-alloys at low temperature, Mat. science and heat treatment UdSSR (1970) 471–473. (S. 325)

G 64b Guernsey, J. B.: Beta III Ti for fasteners, Metals Eng. Quart. 10 (Aug. 1970) 10–13. (S. 302)

G 64c Guernsey, J. B.; Petersen, V. C.; Dulis, E. J.: Beta III (TiMo11,5Zr6Sn4,5) features cold' formability, Metal Progress 96 (1969) Nov., 121–124. (S. 302)

G 64d Guernsey, J. B.; Petersen, V. C.; Froes, F. H.: Discussion of effect of microstructure on the strength, toughness, and stress-corrosion cracking susceptibility of a metastable beta Ti-alloy (Ti11,5Mo6Zr4,5Sn), Met. Trans. 3 (1972) 339–340. (S. 302)

G 65 Gulbransen, A.; Andrew, K. F.: Kinetics of the reactions of Ti with O_2, N_2 and H_2, Trans. AIME 185 (1949) 741–748. (S. 344, 427, 430)

G 66 Gulbransen, E. A.; Andrew, K. F.: Reaction of Zr, Ti, Nb and Ta with the gases Oxygen, Nitrogen and Hydrogen at elevated temperatures, J. Electrochem. Soc. 96 (1949) 363–376. (S. 107, 342, 427, 429, 453)

G 67 Gunderson, A.; Gegel, H. L.; Lyon, S. R.: Fatigue behavior of diffusion bonded Ti-6Al-4V having very small defects, 2. Int. Konf. Ti, 5. Sitzung, 2. 5. 1972, MIT, Cambridge, Mass., USA. (S. 517, 518)

G 68 Gupta, D.; Weinig, S.: The dislocation Oxygen interaction in α-Ti and its effect on the ductile-to-brittle transition, Trans. AIME 215 (1959) 209–216. (S. 101, 219, 236)

G 68a Gupta, D.; Weinig, S.: Interaction between interstitial and substitution solutes in a h.c.p.-lattice, Acta Met. 10 (1962) 292–298. (S. 104)

G 69 Gurev, H. S.; Baldwin, M. W.: Research on strain aging effects in Ti, WADC Techn. Rep. 59–223. (S. 310)

G 69a Gurewitsch, S. M.: Probleme beim Schweißen von Titan und Titanlegierungen, Titan i ego splavy dlya novoy tekhniki Nauka Press, Moskau 1968. (S. 507)

G 69b Gurewitsch, S. M.; Sam Kon, W. N.: Verschweißen von Ti mit Stahl, Automat. Swarka 15 (1962, Heft 8) 21–26. (S. 508)

G 70 Gurklis, J. A.; McGraw, L. D.; Faust, C. L.: Electropolishing and chemical polishing of high-strengths, high temperature metals and alloys, DMIC-Mem. 98 PB. 16124, Battelle Mem. Inst. (12. 4. 61). (S. 452)

G 70a Gurney, F. J.; Male, A. T.: The effects of extrusion process variables on the structure and properties of Ti-alloys, 2. Int. Konf. Ti, 9. Sitzung, 4. 5. 1972, MIT, Cambridge, Mass., USA. (S. 477)

G 71 Gurney, F. J.; Male, A. T.: The influence of process variables on the pressure requirements for the extrusion of Titanium alloy rods, 2. Internat. Konf. Titan, 4. Sitzung, 2. 5. 1972, MIT Cambridge, Mass., USA. (S 477)

G 72 Gusev, Y. V.; Lashko, N. F.; Khatsinkskaya, I. M.: Abnormal variation of the electrical resistivity of Ti-alloys of the transition class, Fiz. Metal. Metalloved. 16 (1963) Nr. 1, 65–70. (S. 77, 189)

H 1 Hablanian, M.: Electron beam welding: Emphasis on precision and freedom from contamination, Metal Progress 78 (Juli 1960) Nr. 1, 127–129. (S. 515)

H 1a Hackworth, J. V.; Hoch, M.; Gegel, H. L.: Thermodynamics of Titanium alloys: 1. Development of a Triple Knudsen Cell and its use to study the activity of Copper in the Ti-Cu-System., Met. Trans. 2 (1972) 1799–1805 (S. 565)

H 2 Hägg, G.: Röntgenuntersuchungen über die Hydride von Titan, Zirkonium, Vanadium und Tantal, Z. Phys. Chem. B 11 (1931) 433–454. (S. 64, 339, 353)

H 3 Haender, H. M.; Burtram, S. F.; Becker, W. J.; Bernard, W. J.; Bukota, S. W.: The reaction of Fluorine with Ti, Zı and V, J. Amer. Chem. Soc. 76 (1954) 2177–2178. (S. 376)

H 3a Hänsel, G.: Über die Vorbehandlung des Titans zwecks anschließender galvanischer Abscheidung, Tagung Werkstoffprobleme hochschmelzender und reaktiver Metalle II, Freiberg (Sachsen) (15.–18. 2. 1967), referiert in Z. Metallkunde 58 (1967) 356. (S. 461)

H 4 Haffer, D.: Hofmann, W.: Dauerschwingversuche an Titan, Materialprüf. 3 (1961) 5–14. (S. 243)

H 4a Hagemaier, D. J.: Nondestructive detection of hydrides and alpha-case in Titanium alloys, 2. Internat. Konf. Titan, 5. Sitzung, 2. 5. 1972, MIT Cambridge, Mass., USA. (S. 205)

H 4b Hagemeyer, J. W.: Properties of two beta Ti-alloys after aging at several different temperatures, 2. Int. Konf. Ti, 5. Sitzung, 2. 5. 1972, MIT, Cambridge, Mass., USA. (S. 302)

H 5 Haibach, E.: Zeit- und Betriebsfestigkeit von Ti-Werkstoffen im Vergleich zu Stählen und Leichtmetallen, Materialprüfung 7 (1965) 118–122. (S. 334)

H 7 Hains, R. W.; King, F.: The extrusion of Ti-alloys, Ministry of Aviation S u. T Mem. Nr. 8/60 (April 1960). (S. 477)

H 8 Hake, R. R.: Proceedings of the VIIth International Conference on Low Temperature Physics, University of Toronto Press (1961). (S. 81)

H 8a Hake, R. R.: Upper critical field limits for baulk type 4-superconductors, App. Phys. Letters 10 (1967). (S. 84)

H 9 Hake, R. R.; Berlincourt, T. G.; Leslie, D. H.: High-field superconducting characteristics of some ductile transition metal alloys in „Superconductors", Proceedings of technical sessions (18. 2. 1962) herausgegeben von M. Tanenbaum und W. V. Wright Interscience publishers, New York (1962) 53–59. (S. 82,83)

H 10 Hake, R. R.; Leslie, D. H.; Berlincourt, T. G.: Electrical resistivity, hall effect and superconductivity of some b.c.c. Ti-Mo-alloys, Phys. Chem. Solids 20 (1961) 177–185. (S. 77, 81, 85)

H 10a Hake, R. R.; Leslie, D. H.; Berlincourt, T. G.: Low temperature resistivity and minimum and negative magnetostrictivities in some dilute superconducting Ti-alloys, Phys. Rev. 127 (1962) 170–179. (S. 81)

H 10b Hall, G. S.; Seagle, S. R.; Bomberger, H. B.: Improvement in the high temperature tensile and creep properties of Ti-alloys, 2. Int. Konf. Ti, 10. Sitzung, 4. 5. 1972, MIT, Cambridge, Mass., USA. (S. 319)

H 10c Hall, G. S.; Seagle, S. R.; Bomberger, H. B.: Development of a deep-hardenable alloy for intermediate temperature applications, 2. Int. Konf. Ti, 10. Sitzung, 4. 5. 1972, MIT, Cambridge, Mass., USA. (S. 267)

H 10d Hall, I. W.; Hammond, C.: The relationship between crack propagation characteristics and fracture toughness in commercial ($\alpha + \beta$)-Ti-alloys, 2. Int. Konf. Ti, 7. Sitzung, 3. 5. 72, MIT, Cambridge, Mass., USA. (S. 273)

H 10e Hall, J. A.; Ruckle, D. L.; Pierce, C. M.; Sprague, R. A.: Property-microstructure relationships in the TiAl6Mo6Zr4Sn2-alloy, AFLC-WPAFB, Juli 1971. (S. 267)

H 11 Ham, J. L.; Sibley, C. B.: Arc melting of reactive metals, J. Metals 9 (1957) 876–980. (S. 44)

H 11a Hamilton, C. H.: Pressure requirement for diffusion bonding Titanium, 2. Internat. Konf. Titan, 5. Sitzung, 2. 5. 1972, MIT Cambridge, Mass., USA. (S. 518)

H 11b Hammer, N. E.: Applying cathodic protection to a paper making cylinder, Mat. Protection 8 (1969) 48–49. (S. 548)

H 11c Hammond, C.: The morphology of the ω-phase, Internat. Conf. on Ti, Inst. of Metals, London, 21.–24. 5. 68, Ref. R. I. Jaffee, N. E. Promisel, Pergamon Press (1970) 711–718. (S. 73, 183, 188)

H 12 Hammond, C.; Kelly, P. M.: Martensitic transformations in Ti-alloys, Int. Conf. on Ti, Inst. of Metals, London, 21.–24. 5. 1968, Ref. R. I. Jaffee, N. E. Promisel, Pergamon Press (1970) 659–676. (S. 152)

H 13 Hands, S.; Humpage, J.: Improvement of cold drawing of Ti and Ti-alloys, Engl. Pat. 776371 (1957). (S. 457)

H 13a Haney, E. G.: Investigation of stress corrosion cracking of Ti-alloys, NASA Report (1966) N68-19542 und N6R-39-008-014 (Mai 1967). (S. 415, 416, 419, 421)

H 13b Hansen, M.: Über die Metallkunde der Titanlegierungen, Berg- und Hüttenmännische Monatshefte 101 (1956) 285–291. (S. 187, 257)

H 14 Hansen, M.; Anderko, K.: Constitution of binary alloys, McGraw Hill, Book Company, New York (1958). (S. 143, 145, 154, 161, 162, 163, 164, 165, 166, 167, 562, 564, 566, 567, 568, 573)

H 16 Hansen, M.; Kamen, E. L.; Kessler, H. D.; McPherson, D. J.: Systems Ti–Mo and Ti–Nb, Trans. AIME 191 (1951) 881–888. (S. 68, 164, 165, 168)

H 17 Hansen, M.; Kessler, H. D.: Titanium alloy development, Trans. Soc. Autom. Eng. 61 (1953) 640–649 und Entwicklung von Titanlegierungen, Metall 8 (1954) 352–358. (S. 257, 260, 271, 272)

H 18 Hanson, B. H.: Anodic protection of Ti-plant, 2. Int. Konf. Ti, 13. Sitzung, 5. 5. 1972, MIT, Cambridge, Mass., USA. (S. 457)

H 18a Hanson, C. F.: Some technical considerations on the use of Titanium condenser tubing in public utility power generation turbines, 2. Internat. Konf. Titan, 2. Sitzung, 2. 5. 1972, MIT Cambridge, Mass., USA. (S. 543)

H 19 Hanzel, R. W.: Surface hardening processes for Ti and its alloys, Metal Progress 65 (März 1954) 89–96. (S. 453)

H 20 Hanzel, R. W.; Pulsifer, V.; Troy, W. C.: Surface hardening of Ti with metalloid elements, Armour Research Foundation, Contract Nr. DA-11-022-ORD-289, Fin. Techn. Rep. 31. Mai 1953. (S. 459)

H 21 Hardy, R. G.: Casting Ti-shapes, Metal Industry 99 (1961) Nr. 11, 202–206. (S. 57)

H 22 Harmon, E. L.; Kozol, J.; Troiano, A. R.: Mechanical properties correlated with transformation characteristics of Ti-V-alloys, Trans. ASM 50 (1958) 418–437. (S. 175)

H 23 Harmon, E. L.; Troiano, A. R.: β-transformation characteristics of Ti alloyed with V and Al, Trans. ASM 53 (1961) Prep. 181 (1960) 43–53. (S. 70, 179, 198, 257, 297, 301)

H 24 Harple, W. W.: Corrosion resistance of Ti, Material and Methods 40/5 (1954) 106–108. (S. 384)

H 25 Harries, G. T.; Child, H. C.: Improvement in or relating to Ti-alloys, Brit. Pat. Application 1959, No. 944954. (S. 275)

H 26 Harries, G. T.; Child, H. C.; Dalton, A. L.: The development and evaluation of a high-temperature Ti-alloy, J. Inst. Met. 88 (1959/60) 112–119. (S. 280)

H 26a Harrigan, M. J.; Sommer, A. W.; Reimers, P.; Tetelman, A. S.: Effect of rolling texture on the fatigue and fracture behavior of TiAl6Mo6Zr4Sn2-alloy sheet, 2. Int. Konf. Ti, 7. Sitzung, 3. 5. 1972, MIT, Cambridge, Mass., USA. (S. 269)

H 26b Harris, W. J.: Department of defense Ti sheet-rolling program, TML, R 46, Battelle Mem. Inst. (1956). (S. 297)

H 27 Hartbower, C. E.; Daley, D. M.: Alloy welds deposited in unalloyed Ti base metal, Welding Journal 33 (1954) 311–326, 401–414. (S. 513)

H 28 Hartbower, C. E.; Daley, D. M.: Notch toughness of weld deposits in commercial Ti-welds, Welding Journal 35 (1956) 447–456. (S. 513)

H 29 Hartbower, C. E.; Diner, G. M.; Daley, D. M. jr.: Feasibility of Ti for welded missiles, Welding Journal 38 (1959) 345–353. (S. 524, 527)

H 29a Hartland, J. B.; Breitzig, R. W.: A die material for creep forming Ti, Metal Progress 97 (1970) Nr. 4, 135–136. (S. 488)

H 29b Hartmann, I.; Nagy, J.; Jacobson, M.: Explosive characteristics of Ti, Zr, Th, V and their hydrides, U.S. Bureau of Mines Rep. of Inv. 4835 (Dez. 1951). (S. 434)

H 30 Hasegawa, A.; Nishimura, T.; Ohtani, Sh.: The texture hardening of Ti and its alloy sheets, 2. Int. Konf. Ti, 3. 5. 1972, 7b. Sitzung, MIT, Cambridge, Mass., USA. (S. 485)

H 30a Hashimoto, U.: Überblick über die Titanindustrie in Japan, 5. Int. Leichtmetalltagung Leoben (18.–22. 6. 1968) Aluminium-Verlag GmbH (1969) 185–196. (S. 2, 3)

H 31 Hass, G.: Preparation, structure and applications of thin films of Silicon monoxide and Titanium-dioxide, J. Amer. Ceram. Soc. 33 (1950) 353–360. (S. 425)

H 33 Hatch, A. J.: Texture strengthening of Ti-alloys, Trans. AIME 233 (1965) 44–50. (S. 126, 131, 132, 288, 294, 485)

H 33a Hatch, A. J.; Partridge, J. M.; Broadwell, R. G.: Room temperature creep and fatigue of Ti-alloys, J. of Materials 2 (1967) 111–119 (S. 295, 312)

H 33b Hatch, A. J.; Rosenberg, H. W.; Erkin, E. F.: Effects of environment on cracking Mn-Ti-alloys, ASTM special techn. publ. Nr. 397 (1966) 122–137; Symposium on stress corrosion cracking, Seattle 1965. (S. 411, 412)

H 34 Hatschek, R. L.: Electrolytic Ti-process, Iron Age 172 (1953) 73. (S. 22)

H 34a Hatt, B. A.; Rivlin, V. G.: Phase transformation in superconducting Ti-Nb-alloys, Brit. J. Appl. Phys. 1, Serie 2 (1968) 1145–1149. (S. 70)

H 35 Hatt, B. A.; Williams, G. I.: Some observations on the retention of the β-phase in quenched Ti-Zr-alloys, Acta Met. 7 (1959) 682–683. (S. 168, 575)

H 35a Hauber, O.: Titanverarbeitung im Flugzellenbau, Z. Blech 10 (1967) 448 bis 454. (S. 489, 498)

H 36 Hauffe, K.: Die unzureichende Oxydationsbeständigkeit von Ti, Zr, Al und Ta bei höheren Temperaturen, Z. Elektrochem. 63 (1959) 819–823. (S. 428)

H 38 Hayes, E. T.; Roberson, A. H.; Paasche, O. G.: U.S. Bureau of Mines, Rep. of Inv. 4826 (Nov. 1951). (S. 255)

H 38a Hayfield, P. C. S.: Anodic oxidation of Ti in aqueous solutions, 2. Int. Konf. Ti, 13. Sitzung, 5. 5. 1972, MIT, Cambridge, Mass., USA. (S. 457)

H 39 Haynes, R.: Effect of Hydrogen on room-temperature properties of Titanium-low-Aluminium-low-Manganese alloys, J. Inst. of Metals 89 (1960/61) 249–252. (S. 363)

H 40 Haynes, R.: Effect of Hydrogen on room-temperature mechanical properties of TiAl5Sn2,5-alloy, J. Institute of Metals 90 (1961/62) 80–84. (S. 358)

H 40a Haynes, R.: Effect of Hydrogen on the fatigue behavior of TiAl4,5Mn4,5-alloy, J. of the Inst. of Metals 100 (1971) 325 bis 329. (S. 367)

H 40b Hayward, D. C.: The mechanical properties at room and elevated temperatures of Titanium-alloy sheet, MST 6Al–4V, Royal Aircraft Establ. Techn. Note MET 270, Sept. 1958. (S. 310)

H 40c Hazlett, T. H.: Fundamentals of friction welding, Metals Eng. Quarterly 7 (1967) 1–7. (S. 517)

H 40d Hechler, K.; Saur, E.: Präparation und Supraleitungseigenschaften von reinem sowie Zr- und Ti-haltigem Nb-Nitrid, Z. Physik 205 (1967) 392–399. (S. 79)

H 40e Heimert, G. J.; Braski, D. V.; Royster, D. M.; Dexter, H. B.: Salt stress corrosion of TiAl8Mo1V1 alloy sheet at elevated temperature, ASTM special publications Nr. 397, S. 194–215; Symposium stress corrosion cracking, Seattle 1965. (S. 411)

H 41 Hein, H. J.: Überprüfung des Raffinationsverhaltens von Titan mittels Sauerstoff – 18, Chemie-Ingenieur-Technik 33 (1961) 103–105. (S. 27)

H 42a Heitman, G. H.; Coyne, J. E.; Galipeau, R. P.: The effect of $(\alpha + \beta)$ und β-forging on the fracture toughness of served high strength Ti-alloys, Metals Eng. Quart. ASM 16 (1968) Nr. 3, 15–18. (S. 289, 293, 298)

H 42b Heller, W.; Löhberg, R.; Babiskin, J.: Einfluß von Zusätzen dritter Elemente auf das kritische Magnetfeld von TiNb-Legierungen, Journal Less. Common Met. 24 (1971) 265–276. (S. 84)

H 42c Heller, W.; Löhberg, R.; Zwicker, U.: Einfluß der Verankerungskräfte für Flußfäden auf die kritische Stromdichte in Magnetfeldern bis 10 Tesla bei supraleitenden TiNb-Legierungen, Z. Metallkunde 63 (1972) Heft 11, 735 bis 739. (S. 84)

H 43a Hempel, M.: Über das Dauerschwingverhalten von Titan und seinen Legierungen, Draht 15 (1964) 502–514; 16 (1965) 209–218; 716–726; 17 (1966) 206–218, 332–337, 819–829; 18 (1967) 89–98, 154–158. (S. 327, 331, 332)

H 44 Hempel, M.; Hillnhagen, E.: Dauerfestigkeitsuntersuchungen an Reintitan, Archiv f. Eisenhüttenwesen 33 (1962) 567–581. (S. 242, 243, 244, 245, 247, 341)

H 44a Hempel, M.; Hillnhagen, E.: Dauerschwingfestigkeit der technischen Titanlegierungen TiAl5Sn2,5 und TiAl6V4, Arch. f. Eisenhüttenwesen 37 (1966) 263–277. (S. 329)

H 45 Hepworth, M. T.; Schumann, R.: Thermodynamic properties of Ti-H-O-alloys, Trans. AIME 224 (1962) 928–935. (S. 354)

H 45a Heraeus, W. C., GmbH.: Vakuumlichtbogenofen, Z. Metallkde. 34 (1963) Heft 2 Anhang. (S. 38)
H 45b Herres, S. A.; Davis, J. A.: Arc melting refractory metals, Steel 124 (May 1949) 82–86. (S. 30)
H 45c Herrigel, H. R.; Sargent, J. C.: Titanium alloys: Design can prevent stress corrosion cracking, Mat. Protection 7 (1968) 26–30. (S. 389, 425)
H 46 Hertz, J.: An evaluation of several structural adhesives in cryogenic applications, Adhesives Age 4, Nr. 8 (Aug. 1961) 30–37. (S. 538)
H 47 Hickey, C. F.: Tensile strength-hardness correlation for Ti-alloys, Trans. ASTM 61 (1961) 875–884. (S. 203)
H 48 Hickey, C. F. jr.: Mechanical properties of Ti-alloys as a function of heat treatment and section size, Trans. ASTM 61 (1961) 866–875. (S. 303)
H 49 Hickey, C. F.: Mechanical properties of Ti and Al-alloys at cryogenic temperatures, Trans. ASTM 62 (1962) Preprint 78, 1–12. (S. 323, 325)
H 49a Hickey, C. F.; Fopiano, P. J.: Some observations on the hardenability of TiAl6V6Sn2, Met. Trans. 1 (1970) 1757–1777. (S. 295)
H 49b Hickmann, B. S.: Precipitation of ω-Phase in Ti-V-alloy, J. Inst. of Met. 96 (1968) 330–338. (S. 183, 184, 188)
H 49c Hickmann, B. S.: Omega phase precipitation in alloys of titanium with transition metals, Trans. AIME 245 (1969) 1329–1336. (S. 183, 188)
H 49d Hickmann, B. S.: The formation of ω-phase in Ti- and Zr-alloys: A Review, J. materials Science 4 (1969) 554–563. (S. 183, 188)
H 49e Hickmann, B. S.; Williams, J. C.; Marcus, H. L.: Transkristalline und interkristalline Spannungsrißkorrosion von Titanlegierungen, J. Australian Inst. Metals 14 (1969) Nr. 3, 138–146. (S. 422)
H 50 Hickmann, J. W.; Gulbransen, E. A.: Oxide films formed on Ti, Zr and their alloys with Ni, Co und Cu, Analyt. Chem. 20 (1948) 158–165. (S. 426)
H 51 Hidnert, P.: Thermal expansion of Ti, J. Res. NBS 40 (1943) 101–105. (S. 90)
H 52 Hill, S.: (Peter Spence u. Sons) Brit. Pat. 713446 v. 11. 8. 1954. (S. 22)
H 52a Hill, W.; Shimmin, P. A.; Wilcox, P. A.: Elevated temperature dynamic modulus of metallic materials, Trans. ASTM Prep. 74 (1961) 6 S. (S. 99, 100)
H 52b Hille, G. H.: Ti for surgical implants, J. of Materials 1 (1966) 373–383. (S. 560)
H 52 Hillmann, H.; Hauck, D.: Relationship between defect structure, flux-line lattice and metallurgical treatment in highfield superconductor NbTi, Proceedings Int. Conf. Supraleitung, 1.–3. 5. 1972, 429–433, Annapolis, Maryland, USA. (S. 84)
H 53 Hiltz, H. R.: Stressinduced martensitic transformation of β-Ti, Trans. AIME 215 (1959) 138–143. (S. 177)
H 54 Hiltz, R. H.; Grant, N. J.: Elevated temperature characteristics of intervally oxidized Titanium-Cerium-alloys, J. Metals 9 (1957) 41. (S. 277)
H 55 Himmelstein, P.; Degussa, vormals Roessler: Verfahren zur Herstellung von Titan und Zirkonium, DP. 1090863 (1957). (S. 19)
H 55a Hirabayashi, M.; Koiwa, M.; Yamaguchi, S.: Interstitial order-disorder transformation of Ti-O-system. The mechanism of phase transformation in crystalline solids, Int. Symposium Inst. of Metals (1968) Monography 33 (S. 570)
H 55b Ho, J. C.; Collings, E. W.: The influence of ω-phase on the superconductivity of Ti-Mo-alloys, Phys. Letters 29 A (1969) 206–207. (S. 82)
H 55c Ho, J. C.; Gehlen, P. C.; Collings, E. W.: Low temperature specific heat of ordered and disordered Ti_3Al, Solid State Comm. 7 (1969) 511–514. (S. 92)

H 56 Hoar, T. P.: Increasing the acid resistance of stainless steels influence of additions of Platinum metals, Platinum Metals Rev. 2 (1958) 117–119. Erhöhung der Korrosionsbeständigkeit von Titan gegenüber nichtoxydierenden Säuren durch Legierungszusätze von Platinmetall, Platinum Metals Rev. 4 (1960) 59–64. (S. 400)

H 56a Hoar, T.; Mears, D. C.: Corrosion resistant alloys in chloride solutions, materials for surgical implants, Proc. Roy. Soc. 294A (1966) 486. (S. 372, 560)

H 57 Hoch, M.; Gegel, H. L.: Strengthening the Ti-Al-Ga system, J. of Metals (March 1969), Spring Meeting of The Metallurgical Society of AIME (12. bis 15. 5. 1969). (S. 336)

H 57a Hoch, M.; Sakai, T.; Krupowicz, J. J.; Delahanty, M.: The Ti-Al-Ga system, 2. Internat. Konf. Titan, 6. Sitzung, 3. 5. 1972, MIT Cambridge, Mass., USA. (S. 192)

H 57b Hocheid, B.; Fontailirand, C.; Beauvais, C.; Roux, C.; Poirier, J.: Transformations in isothermal conditions of TiAl6V6Sn2-alloy after preheating in the range ($\alpha + \beta$), 2. Int. Konf. Ti, 8. Sitzung, 3. 5. 1972, MIT, Cambridge, Mass., USA. (S. 199, 307)

H 57c Hodgkinson, P.: Ti in Europe, Int. Conf. on Ti, Inst. of Metals, London, 21.–24. 5. 1968, Ref. R. I. Jaffee, N. E. Promisel, Pergamon Press (1970) 11–17. (S. 3, 540, 541)

H 58 Hoefer, H. W.: Fusion welding of Ti in jet-engine applications, Welding Journal 37 (1958) 467–477. (S. 514)

H 60 Hofmann, W.; Pieper, G.; Riedel, J.: Beitrag zur Technologie des Schweißens von Titan, Schweißen und Schneiden 13 (1961) 577–580. (S. 508, 522)

H 61 Holden, F. L.; Ogden, H. R.: Metallography of Ti-alloys, Batelle Mem. Inst. TML-Report 103 (29. 5. 1958). (S. 173)

H 61a Holden, F. C.; Ogden, H. R.; Jaffee, R. I.: Microstructure and mechanical properties of iodide-Ti, Trans. AIME (1953) 238–242. (S. 201, 215, 216, 217)

H 62 Holden, F. C.; Ogden, H. R.; Jaffee, R. I.: The effect of grain size on the mechanical properties of Ti and its alloys, WADC Technical Report No. 54–487, Wright-Patterson Air Force Base (August 1954). (S. 247)

H 63 Holden, F. C.; Ogden, H. R.; Jaffee, R. I.: Heat treatment, structure and mechanical properties of Ti-Mn-alloys, Trans. AIME 202 (1954) 169–184. (S. 259, 264, 269)

H 64 Holden, F. C.; Ogden, H. R.; Jaffee, R. I.: Heat treatment, structure and mechanical properties of Ti-alloys, J. Metals 8 (1956) 521–528. (S. 100, 258, 259, 263, 264)

H 65 Holden, F. C.; Ogden, H. R.; Jaffee, R. I.: Heat treatment and mechanical properties of Ti-Mo-alloys, J. Metals 8 (1956) 1388–1393. (S. 175, 258, 259, 260, 262, 263)

H 66 Holden, F. C.; Ogden, H. R.; Jaffee, R. I.: Effect of α-soluble additions (Aluminium, Carbon, Oxygen) on the structure and properties of Ti-Mo-alloys, Trans. AIME 221 (1961) 1110–1120. (S. 259, 264, 266, 267)

H 68 Holden, F. C.; Schwartzberg, F. R.; Ogden, H. R.: Tensile properties of Ti-alloys at low temperatures, DMIC Rept. 107 (Jan. 1959). (S. 325)

H 69 Holden, F. C.; Watts, A. A.; Ogden, H. R.; Jaffee, R. I.: Heat treatment and mechanical properties of Ti-Cu-alloys, Trans. AIME 203 (1955) 117–125. (S. 189, 191, 257, 259, 263, 264)

H 69a Holden, F. C.; Williams, D. N.; Riley, W. E.; Jaffee, R. I.: Flow properties deformation textures and slip systems of Ti and Ti-alloys, Battelle Mem. Inst. TML-Report 30 (31. 1. 56). (S. 114)

H 70 Holden, F. C.; Young, A. P.; Ogden, H. R.; Schwartz, C. M.; Jaffee, R. I.: An investigation of the usefulness of electron microscopy on the study of Ti-alloy structures, WADC Techn. Report 56–269 (März 1956). (S. 213)

H 71 Holden, F. C.; Young, A. P.: Electron-micrographic study of aging in $(\alpha + \beta)$-Ti-alloy, Trans. AIME 212 (1958) 287–288. (S. 191, 213)

H 72 Holladay, J. W.: Thermal properties of Ti and Ti-alloys, Battelle Mem. Inst., DMIC Memorandum 1 (25. Aug. 1958) Columbus (Ohio). (S. 88, 92)

H 73 Holladay, J. W.: Titanium-alloys for high temperature use strengthened by fibers or dispersed particles, DMIC-Rept. 117 (1959). (S. 277)

H 74 Holladay, J. W.: Nitriding of Ti, DMIC Memorandum 29 (12. Aug. 1959). Defense Metals Information Center, Battelle Memorial Institute, Columbus (Ohio). (S. 453, 455, 456)

H 74a Holman, W. R.; Crawford, R. W.; Parades, F.: Hydrogen diffusion in a β-Ti-alloy, Trans. AIME 233 (1965) 1836–1839. (S. 106)

H 74b Holmberg, B.: Disorder and order in solid solutions of Oxygen in α-Titanium, Acta Chemica Scandinavica 16 (1962) 1245–1250. (S. 162)

H 74c Honeycutt, C. R.; Matay, I. M.; Sattler, F. J.: An ultrasonic diagnostic inspection system for Titanium billets, 2. Internat. Konf. Titan, 5. Sitzung, 2. 5. 1972, MIT Cambridge, Mass., USA. (S. 205)

H 75 Hooker Electrochemical Comp.: Entzunderung von Titan und Titanlegierungen mit Virgo(R)-Salz, Bull. Nr. 25-T (1955). (S. 446)

H 75a Hordon, M. J.: Development of Boron carbide – Ti laminar composites, 2. Int. Konf. Ti, 12. Sitzung, 4. 5. 1972, MIT, Cambridge, Mass., USA. (S. 337)

H 76 Horn, E.: Schliffvorbereitung und Gefügeentwicklung von Titan-Molybdän-Legierungen, DEW Techn. Bericht 1 (1961) 105–108. (S. 168, 207, 209, 210)

H 76a Horn, E.: Zum Ätzverhalten von Ti-Legierungen, Int. Metallographietagung 22.–24. Sept. 1971, Aalen. (S. 208)

H 76b Horn, E.; Kauder, G.; Weigand, H. H.: Untersuchungen zum Einfluß steigender Kupfergehalte in Ti, DEW Techn. Ber. 11 (1971) Heft 4, 241–250. (S. 189)

H 77 Horn, C.; Wilburn, D. K.: Vacuum evaporated Ti-coatings, J. Electrochem. Soc. 107 (1960) 192C. (S. 466)

H 77a Howden, D. G.; Monroe, R. W.: Suitable alloys for brazing Ti-heat exchangers, Welding Journal 51 (Jan. 1972) 31–36. (S. 533)

H 77b Howe, D. G.; Goode, R. J.: Effects of heat treatment environmental conditions on the stress corrosion cracking resistance of several Ti-alloys, ASTM-Techn. Publ. 432 (1968) 189–205. (S. 419, 420, 424)

H 78 Howe, L. H.; Saarema, E. S.; Parr, J. G.: Precipitation-hardening in a Ti-Cu-alloy, Trans. AIME 206 (1956) 512–513. (S. 257)

H 78a Hu, H.; Cline, R. S.: Mechanism of reorientation during recristallisation of polycriystalline Ti, Trans. AIME 242 (1968) 1013–1024. (S. 130, 137, 140, 217)

H 79 Huang, Y. C.; Suzuki, S.; Kaneko, H.; Sato, T.: Thermodynamics of the Ms-points in Ti-alloys, Int. Conf. on Ti, Inst. of Metals, London 21.–24. 5. 1968, Ref. R. I. Jaffee, N. E. Promisel, Pergamon Press (1970) 691–693. (S. 175)

H 79a Huang, Y. C.; Suzuki, S.; Kaneko, H.; Sato, T.: Continuous cooling transformation of the β-phase in binary Ti-alloys, International Conference on Ti, Inst. of Metals, London, 21.–24. 5. 1968, Ref. R. I. Jaffee, N. E. Promisel, Pergamon Press (1970) 695–698. (S. 175)

H 80 Huber, O. J.; Gates, J. E.; Young, A. P.; Poberskin, M.; Frost, P. D.: Hydrogen distribution in heat treated Ti as established by autoradiography, Trans. AIME 209 (1957) 918–923. (S. 370)

H 81 Hughes, D. J.; Schwartz, R. B.: Neutron cross sections (1958), USAEC Brookhaven National Lab. UPTON New York, BNL 325. (S. 61, 62, 63)

H 81a Hughes, P. C.; Lamborn, I. R.: Contamination of Titanium by water vapour, J. Inst. Met. 89 (1969) 165–168. (S. 345)

H 81b Hull, J. L.; Jones, R. L.: On the solution-hardening of Ti and Zr at temperatures below $0{,}25\,T_M$, J. Metals 20 (1968) 131 A. (S. 121)

H 82 Hull, W. G.: Fusion welding of Ti and its alloys, Welding and Metal Fabrication 29 (1961) 24–36, 72–75. (S. 507, 511, 519, 520)

H 82a Hull, W. G.: Titanium and Titanium alloys, Welding 29 (1961) 310–314. (S. 510)

H 83 Hulm, J. K.; Blaugher, R. D.: Superconductivity solid solution alloys of the transition elements, Physical Review 123 (1961) 1569–1580. (S. 81, 82)

H 85 Humphrey, G. L.; Aner, J.: The heats of combustion and formation of Ti-N and Ti-C, J. Amer. Chem. Soc. 73 (1951) 2261–2263. (S. 430)

H 85a Hunter, D. B.: The Titanium-Beryllium phase diagram up to 10 wt % Be, Trans. AIME 236 (1966) 900–902. (S. 564)

H 85b Hunter, D. B.; Arnold, S. V.: Metallurgical characteristics and structural properties of TiMo8V8Fe2Al3 sheet, plate and forgings, Int. Conf. on Ti, Inst. of Metals, London, 21.–24. 5. 1968, Ref. R. I. Jaffee, N. E. Promisel, Pergamon Press (1970) 959–968. (S. 302)

H 86 Hunter, H. F.: The structural damping of Ti at elevated temperature, Aeronautical Eng. Rev. 15 (1956) Nr. 8, 18–21. (S. 100)

H 87 Hunter, M. A.: Metallic Titanium, J. Amer. Chem. Soc. 32 (1910) 330–336. (S. 9)

H 88 Hurlen, T.: Oxidation of Titanium, J. Inst. Metals 89 (1960) 128–136. (S. 426, 427, 428, 429)

H 89 Hutchinson, G. E.; Kaufmann, D. W.; Durstein, R. C.: New weldable Ti-alloy, Materials and Methods 39/4 (1959) 91–93. (S. 524)

H 90 Hutchinson, G. E.; Permar, P. H.: Corrosion resistance of commercially pure Ti, Corrosion 5 (1949) 319–325. (S. 376)

H 92 Hynes, R.: Effect of Hydrogen on room temperature, mechanical properties of TiAl5Sn2,5. J. Inst. Metals 90 (1961/62) 80–85. (S. 358)

I 0 Iannucci, A.; Johnson, A. A.; Hughes, E. J.; Barton, P. W.: Study of the solubility limits of the compound TiCo using high-temperature X-ray diffractometry, J. Applied Physics 39 (1968) 2222–2224. (S. 565)

I 1 ICI Engl. Pat. 1957, Nr. 758013: Vorbehandlung von Titan und Titanlegierungen für die Galvanisierung. (S. 461)

I 1a ICI: Titanträger für die Tauchgalvanisierung (Juni 1961). (S. 406)

I 2 ICI: Titan/2, Physikalische und mechanische Eigenschaften, Metals Division Imperial Chemical Industries Ltd., Druckschrift 210/13/1260 (1957 bis 1960). (S. 239, 278, 285, 310, 328)

I 2a ICI-(Imperial-Chemical-Industries-Limited), Titanium abstract bulletin 1–7 (1955–1962). (S. 2)

I 3 Ignatov, D. V.; Kornilova, Z. I.; Lazarev, E. M.: Structural and kinetical investigation on Ti and its alloys oxidation and their protection against high temperature oxidations, 2. Int. Konf. Ti, 13. Sitzung, 5. 5. 1972, MIT, Cambridge, Mass., USA. (S. 433)

I 3a Ignatov, D. V.; Model, M. S.; Sokiryanskij, L. F.; Shinjaev, A. Ya.: Oxygen diffusion parameters in two-Ti-modifications, 2. Int. Konf. Ti, 14. Sitzung, 5. 5. 1972, MIT, Cambridge, Mass., USA. (S. 105)

I 3b Ikawa, H.: Untersuchung der ω-Phase und ω-Versprödung in geschweißten Titanlegierungen IIW-DOK.-IX-675-70, Schweißen und Schneiden 23 (1971) 152. (S. 526)

I 3c Ikawa, H.; Shin, S.; Miyagi, M.; Morikawa, M.: The effects solute elements on the morphology of ω-phase in the binary $(\alpha + \beta)$-Ti-alloys and the metastable β-Ti-alloys, Japan. Inst. of Metals 35 (1971) 628–632. (S. 183)

I 3d Ikawa, H.; Shin, S.; Morikawa, M.; Miyagi, M.: Some fundamental studies on the phase transformation from beta-phase to alpha-phase in Ti-alloys. 2. Int. Konf. Ti, 8. Sitzung, 3. 5. 1972, MIT, Cambridge, Mass., USA. (S.183)

I 4 Imgram, A. G.; Williams, D. N.; Ogden, H. R.: Tensile properties of binary Ti–Zr and Ti-Hf-alloys, J. Less Common Met. 4 (1962) 217–225. (S.255, 256)

I 5 Imgram, A. G.; Williams, D. N.; Ogden, H. R.: Effect of Zr- and Hf-ternary additions on the tensile and creep properties of Ti-Al-alloys, Trans. ASM 55 (1962) 202–213. (S. 256, 273, 275)

I 5a IMI (Imperial Metal Industries) – Titan in der Flugzeugindustrie, Druckschrift MK 65/52/364 (1962). (S. 540, 550)

I 6 IMI (Imperial Metals Industries, Birmingham): Druckschrift IMI Titanium 685 (1968) (TiAl6Zr5Mo0,5Si0,25). (S. 275, 280, 282)

I 6a IMI: Druckschrift Titan 230 (1968), Korrosionsbeständigkeit von Ti, Zr, Ta. (S. 372, 480)

I 6b IMI: Druckschrift IMI Wrought products (Halbzeug) 1969. (S. 47, 278, 545, 560)

I 6c IMI: Druckschrift IMI Titan 318 (TiAl6V4) 1970. (S. 553, 559)

I 6d IMI: unveröffentlichte Versuchsergebnisse durch frdl. Vermittlung R. E. Goosey vom 25. 3. 1970. (S. 274)

I 6e Imig, L. A.: Effect of initial loads and of moderately elevated temperature on the roomtemperature fatigue life of TiAl8Mo1V1-sheet, NASA TN D-4061, August 1967. (S. 335)

I 7 Inglis, N. P.: Ti-research and development, Metal Industry 8 (März 1957) 185–188. (S. 260)

I 8 Ingraham, T. R.; Pidgeon, L. M.: The reactions of Titaniumtetraiodide on heated Ti and Tungsten surfaces, Canad. Jour. Chem. 30 (1952) 694–697. (S. 6, 7)

I 8a Inomata, S.; Goto, A.; Yano, K.; Tsuchimoto, M.; Shibata, S.; Fujii, T.; Sakurai, T.; Kanamoto, M.: On the explosive bonding and forming of Ti, Int. Conf. on Ti, Inst. of Metals, London, 21.–24. 5. 1968, Ref. R. I. Jaffee, N. E. Promisel, Pergamon Press (1970) 1065–1080. (S. 489, 537)

I 8b Institut für Werkstoffwissenschaften II (Werkstoffkunde und Technologie der Metalle) Technische Fakultät d. Universität Erlangen-Nürnberg, unveröffentlichte Aufnahmen und Untersuchungen. (S. 4, 231, 258, 275, S. 131, 288, 293, 301, 304, 315, 334, 337, 480, 483, 523)

I 8c To Beta or not to Beta Forge; The Iron Age (17. Nov. 1966) 122. (S. 472)

I 8d Irving, P. E.; Beevers, C. J.: Metallographic and lattice parameter observations on Titanium hydride, Met. Trans. 2 (1971) 613–615. (S. 354, 380)

I 9 Ishizuka, H., Osaka special steel plant: Japanes plant to produce Ti, Ref. Eng. and Mining J. 152 (1951) Nr. 11, 104. (S. 17, 18)

I 10 Ismer, A.: Entwicklungstendenzen von Bauelementen für Flugtriebwerke und Gasturbinen. Int. Symposium DEW 21.–22. 5. 70. (S. 551)

I 10a Ismer, A.: Titan und Titanlegierungen, Herstellung, Eigenschaften und technische Anwendung, Vortrag 8, werkstoffwissenschaftliches Seminar DGM, Stuttgart (22. 2. 73). (S. 3)

I 11 Iyer, S. K.; Worrell, W. L.: Nitridation of Ti at elevated temperature, Vortrag Spring meeting TMS, Atlanta, Georgia, 18. 5. 71. (S. 104, 105)

J 0 Jackson, J. D.; Boyd, W. K.: Spaltkorrosion von Titan, Amer. Soc. Test. Met. Spec. Techn. Publ. Nr. 432 (1968) 218–226, Ref. Werkstoffe und Korrosion 20 (1969) 714. (S. 396)

J 0a Jacksen, J. D.; Boyd, W. K.: Stress corrosion cracking in Ti and Ti-alloys, Int. Conf. on Ti Inst. of Metals London, 21.–24. 5. 68, Ref. R. I. Jaffee und N. E. Promisel, Pergamon Press (1970) 267–281. (S. 407, 409, 410, 416)

J 1 Jaeger, E. M.; Rosenbohm, E.; Fonteyne, R.: The exact measurements of the specific heats of solid substance at high temperatures. XI. Specific heats, electrical resistance and their thermoelectric behaviour of Ti in their dependence on temperature, Recueil. Trav. Chim. Pays-Bas 55 (1936) 615 bis 654. (S. 91, 92)

J 2 Jaffe, L. D.: Preliminary examination of the quenching of Ti-alloys, Trans. AIME 203 (1955) 1241–1244. (S. 270)

J 3 Jaffe, L. D.: Hardenability of Ti-alloys calculated from composition, Trans. AIME 203 (1955) 1245–1249. (S. 257, 270)

J 4 Jaffe, L. D.: Metallographic identification and crystal symmetry of Titaniumhydride, J. Metals 8 (1956) 861. (S. 353)

J 4a Jaffe, L. D.; Pitler, R. K.: Production of Ti from $TiCl_4$ in an arc furnace, Trans. AIME 188 (1950) 1396. (S. 21)

J 6 Jaffee, R. I.: Hydrogen in Ti and its alloys, Titanium Metallurgy Course (10. Sept. 1957) Lecture 8, New York University. (S. 349, 355)

J 7 Jaffee, R. I.: The physical metallurgy of Ti-alloys, Progress in Metal Physics 7, Pergamon Press (1958) 65–163. (S. 153, 160, 218, 251, 253, 257, 272, 273)

J 8 Jaffee, R. I.: Titanium in 1975, J. Metals 14 (1962) 588–589. (S. 540, 556)

J 8a Jaffee, R. I.: Titanium production developments including metallurgy and alloying, TML-Report 78 (5. 8. 1967) Battelle Metallurgical Laboratory. (S. 272, 273, 361, 507)

J 9 Jaffee, R. I.; Campbell, I. E.: The effect of Oxygen, Nitrogen and Hydrogen in iodide refined Ti, Trans. AIME 185 (1949) 646–654. (S. 230, 350, 367, 369)

J 10 Jaffee, R. I.; Holden, F. C.; Ogden, H. R.: Mechanical properties of alpha Ti as affected by structure and composition, Trans. AIME (1954) 1282–1290. (S. 99, 215, 216, 218, 219, 221, 222, 230, 233, 234, 252, 257)

J 11 Jaffee, R. I.; Lenning, G. A.; Craighead, C. M.: Effect of testing variables on the Hydrogen embrittlement of Ti and a TiMn8-alloy, J. Metals 8 (1956) 907–913. (S. 217, 218, 357)

J 12 Jaffee, R. I.; Ogden, H. R.; Maykuth, D. I.: Alloys of Ti with Carbon, Oxygen and Nitrogen, Trans. AIME 188 (1950) 1261–1266. (S. 202, 215, 216, 219, 220, 221)

J 13 Jaffee, R. I.; Ogden, H. R.; Maykuth, D. J.: US-Patent 2669513 (1954). (S. 256, 284)

J 14 Jaffee, R. I.; Williams, D. N.: The effect of composition on the Hydrogen embrittlement of $(\alpha + \beta)$-Ti-alloys, Trans. ASM 51 (1959) 820–842. (S. 364)

J 15 Jagupolskaja, L. N.; Langen, N. A.; Garewitsch, S. M.: Korrosionsbeständigkeit der Titan-Schweißnähte in Salz-, Schwefel- und Salpetersäure, Awtomat. Swarka (1958) Nr. 6, 42–50. (S. 378)

J 15a Jahnke, L. P.: Titanium in jet engines, Int. Conf. on Ti, Inst. of Metals, London, 21.–24. 5. 1968, Ref. R. I. Jaffee, N. E. Promisel, Pergamon Press (1970) 1099–1115. (S. 540, 549, 552, 553)

J 15b James, D. W.; Moon, D. M.: The martensitic transformation of Ti binary alloys and its effects on mechanical properties, Int. Conf. on Ti, Inst. of Metals, London, 21.–24. 5. 1968, Ref. R. I. Jaffee, N. E. Promisel, Pergamon Press (1970) 767–778. (S. 175, 176)

J 15c Jamieson, J. C.: Crystal structures of Ti, Zr and Hf at high pressures, Science 140 (1963) 72–75. (S. 60, 65, 93, 152, 153)

J 16 Jankee, W. R.; Machlin, E. S.: Influence of Oxygen and Nitrogen in solution in α-Ti on the friction coefficient of Cu on Ti, Trans. AIME 200 (1954) 989–990. (S. 437, 438)

J 17 Janssen, H.; Riediger, B.: Phoenix Rheinrohr AG: Verfahren zum Walzschweißplattieren von Titan oder Titanlegierungen auf Stahl, D.P. 1096146 vom 23. Mai 1958. (S. 536)

J 18 Jaquet, P. A.: Electrolytic polishing, Proc. of the First Metals Congress, Am. Soc. Metals (1951) 732–751. (S. 206, 207)

J 19 Jaquet, P. A.: Electrolytic and chemical polishing, Metallurgical Rev. 1 (1956) 157–238. (S. 206, 207)

J 19a Jayarman, A.; Klement, W.; Kennedy, G. C.: Solid-solid transitions in Ti and Zr at high pressures, Phys. Rev. 131 (1963) 644–649. (S. 74, 93)

J 19b Jeffries, C. D.: The spin and magnetic moment of Ti 47 and Ti 49 and the magnetic moment of Ge 73, Phys. Rev. 92 (1953) 1262–1263. (S. 61, 63)

J 19c Jeffery, R. N.: Influence of pressure on self diffusion of Ti, Ph-Thesis, Okt. 1970. Illinoi Univ. Urbana Scientific and techn. aerospace report 9 (1971) Nr. 6, W 71-16778. (S. 103)

J 20 Jenkins, A. E.: The oxidation of Ti at high temperatures in an atmosphere of pure Oxygen, J. Inst. Met. 82 (1953/54) 213–221. (S. 107, 426, 427, 429, 430)

J 21 Jenkins, A. E.: A further study of the oxidation of Ti and its alloys at high temperatures, J. Inst. Met. 84 (1955/56) 1–9. (S. 428, 429, 431)

J 22 Jenkins, H. A. J.; Freeman, D. B, Metallgesellschaft AG: Verfahren zum Aufbringen von Überzügen auf Titan und seine Legierungen, Deutsche Patent-Anmeldung 1088312 (16. 9. 1955). (S. 459, 460)

J 22a Jepson, K. S.; Brown, A. R. G.; Gray, J. A.: The effect of cooling rate on the β-transformation in Ti-Nb- and Ti-Al-alloys, Int. Conf. on Ti, Inst. of Metals, London, 21.–24. 5. 1968, Ref. R. I. Jaffee, N. E. Promisel, Pergamon Press (1970) 677–689. (S. 174)

J 22b Jepson, K. S.; Larke, L.; Stubbington, C. A.: The effect of the group III elements Al, Ga and In on the creep and stress rupture of Ti at 500 °C, Int. Conf. on Ti, Inst. of Metals, London, 21.–24. 5. 1968, Ref. R. I. Jaffee und N. E. Promisel, Pergamon Press (1970) 861–873. (S. 271, 275)

J 22c Jepson, K. S.; Stubbington, C. A.: Recent advances in metallic aerospace materials, Metals and Materials (April 1969) 115–126. (S. 554)

J 23 Johnson, H. A.: Stress cracking of Ti, Techn. Mem. WCRT TM 56–97 WADC, Wright-Patterson Air Force Base, Ohio. (S. 406)

J 24 Johnson, L. L.: How to select an vacuum arc, Iron Age 180 (Okt. 1957) 96–99. (S. 46)

J 25 Johnson, R. E.: Ti-alloy pressure vessels in the manned space program, Int. Conf. on Ti, Inst. of Metals, London, 21.–24. 5. 1968, Ref. R. I. Jaffee, N. E. Promisel, Pergamon Press (1970) 1175–1186. (S. 553, 556)

J 25a Jon, M. Ch.; Fushimura, H.: β-phase transformation in β-III alloy, Metallography 5 (1972) 139. (S. 183)

J 25b Jonas, J. J.; Immarigeon, J. P.: The hot compression of Titanium, Uranium and Zirconium considered as a thermally-activated process, Z. Metallkunde 60 (1969) 227–231. (S. 469)

J 26 Jones, C. K.: Ti-Nb-superconductive magnet with 100 kG, Symposium Hard Superconductors London 17.–18. 3. 1964. (S. 561)

J 27 Jones, D. W.: High temperature susceptibility measurements on the Ti-H- and Nb-H-alloy systems, J. Less Common Metals 6 (1964) 100–107. (S. 354)

J 28 Jones, D. W., Pessall, N.; McQuillan, A. D.: Correlation between magnetic susceptibility and Hydrogen solubility in alloys of early transition elements, Phil. Mag. 6 (1961) 455–459. (S. 355)

J 28a Jones, P. J.; Edington, J. W.: Ordering of Hydrogen in the intermetallic compound Ti_3Sn, Met. Trans. 3 (1972) 2706–2709. (S. 354)

J 28b Jones, P. J.; Edington, J. W.: The low temperature deformation behavior of the intermetallic compound Ti_3Sn, 2. Internat. Konf. Ti, 7. Sitzung, 2. 5. 1972, MIT Cambridge, Mass., USA. (S. 195)

J 28c Jones, R. L.: The effect of strain rate temperature, and impurity content on the strain hardening of α-Ti, Scripta Met. 2 (1968) 345–349. (S. 232)

J 28d Jones, R. L.: The effects of grain size refinement on the mechanical properties of unalloyed titanium, 2. Internat. Konf. Titan, 7. Sitzung, 2. 5. 1972, MIT Cambridge, Mass., USA. (S. 217)

J 28e Jones, R. L.; Conrad, H.: Effect of temperature on yield stress of commercial purity α-Ti. Acta Met. 15 (1967) 649–650. (S. 222)

J 28f Jones, R. L.; Conrad, H.: The effect of grain size on the strength of α-Ti at room temperature, Trans. AIME 245 (1969) 779–789. (S. 217, 221, 222)

J 29 Jordan, Ch. B.; Duwez, P.: Approximate phase relationships in the Ti-Al-V-system at 1800° and 1400 °F, Trans. ASM 48 (1956) 783–794. (S. 585)

J 30 Jordan, K.; Fischer, W. R.: Ein Beitrag zum korrosionschem. Verhalten des Titans, Techn. Mitt. Krupp 13 (1955) 44–47. (S. 376, 378)

J 30a Jostons, A.; Jenkins, A. E.: Hydrogen solubility in Ti-O-alloys, Trans. AIME 239 (1967) 1318–1332. (S. 348)

J 30b Jostons, A.; Malin, A. S.: The ordered structure of Ti_3O, Acta cryst. B 24 (1968) 211–213. (S. 570)

J 30c Jostons, A.; McDougall, P.: Phase relationships in Ti-O-alloys, Int. Conf. on Ti, Inst. of Metals, London, 21.–24. 5. 1968, Ref. R. I. Jaffee, N. E. Promisel, Pergamon Press (1970) 745–763. (S. 570)

J 31 Judy, R. W.; Crooker, T. W.; Morey, R. E.; Lange, E. A.; Goode, R. J.: Low-cycle fatigue crack propagation and fractographic investigation of TiAl7Nb2Ta1 and TiAl6V4 in air and in aqueous environments, Trans. ASM 59 (1966) 195–207. (S. 329)

J 31a Judy, R. W.; Freed, C. N.; Goode, R. J.: Fracture resistance of thick-section Ti-alloys, 2. Int. Conf. Ti, 7. b-Sitzung, 3. 5. 72, MIT Cambridge, Mass. USA (S. 203)

J 31b Judy, R. W.; Goode, R. J.: Stress corrosion characteristics of alloys of Ti in salt water, NASA Rep. (1967) N67-39894. (S. 423)

J 31c Jukes, R. A.: The fatigue properties of a high strength Ti-alloy (IMI 680), Int. Conf. on Ti, Inst. of Metals London, 21.–24. 5. 1968, Ref. R. I. Jaffee, und N. E. Promisel, Pergamon Press (1970) 923–931. (S. 328)

J 32 Jumer, D. F.: Electropolishing less commonly electropolished metals, Metal Finishing 56 (Okt. 1958) 67. (S. 207)

J 34 Junker, E.: Zur Kenntnis des Verhaltens des TiO_2 beim Erhitzen und seines Verhaltens zu Fe_2O_3, Na_2O und MgO, Z. Anorg. Chemie 228 (1936) 97–111. (S. 28)

K 0 Kaesche, H.: Die Spannungsrißkorrosion der Titanwerkstoffe, Vortrag 3. Hauskolloquium, Inst. für Werkstoffwissenschaften II, Universität Erlangen-Nürnberg (11.–12. 10. 72), Z. Metallkunde 64 (1973) 593–605. (S. 411)

K 0a Kaganovich, I. N.: Aspects of the production, technology of semifinished products of Ti and its alloys, Titanium Alloys for New Technology, Nauka Press (1968) 230–243, 274–288. (S. 472)

K 0b Kalish, D.; Rack, H. J.: The structure and properties of thermomechanically treated β-III Titanium, Met. Trans. 3 (1972) 1885–1892. (S. 302)

K 0c Kalkbrenner, E.: Kriechen und elastische Nachwirkung von Reintitan, Metall 23 (1969) 424–431. (S. 98, 239)

K 0d Kamber, K.; Kendall, E. G.; Raymond, L.: Effects of halogen-containing hydrocarbons upon stressed TiAl6V4 alloy, Int. Conf. on Ti, Inst. of Metals, London, 21.–24. 5. 1968, Ref. R. I. Jaffee, N. E. Promisel, Pergamon Press (1970) 293–298. (S. 416)

K 0e Kammerer, H. G.; King, E. J.; Kappelt, G. F.: Stress-corrosion of TiAl6V4 in an environment of N_2O_4, Trans. ASM 59 (1966) 586–587. (S. 302, 410)

K 0f Kanji, O.; Rosales, L. A.; Motokura, S.; Sommer, A. W.: Mechanical behaviour of high strength β-Ti-alloys, Paper Inst. Conf. Mechanical behaviour of Materials, Kyoto, 15.–20. 8. 1971, Japan. (S. 302)

K 1 Kann, van, H.: Ein Beitrag zum Schweißen von Titan, Schweißen und Schneiden 9 (1957) 460–464. (S. 507, 508, 509)

K 2 Kann van, H.: Schweißen von Titan, Fachbuchreihe „Schweißtechnik", Band 15 (Mannheim) 2/6, Deutscher Verlag für Schweißtechnik GmbH, Düsseldorf 1958. (S. 521, 522)

K 3 Kann van, H.: Der Einfluß der Verformungsbedingungen beim Gesenkschmieden auf die mechanischen Eigenschaften von Gesenkschmiedestücken aus Titan-Legierungen, TZ f. prakt. Metallbearb. 61 (1967), Heft 6, 325–330. (S. 472)

K 4 Kann, van, H.; Pollanz, A.: Titan als Werkstoff für den chemischen Apparatebau, Werkstoffe und Korrosion 11 (1960) 465–473. (S. 204, 488, 511, 514, 516, 538, 543, 544)

K 4a Kanyuk, A. L.; Strikha, E. M.; Ivanova Stepanova, N. F.: Status and prospects of adoption of Ti in S 23c ,76–83. (S. 546)

K 4b Kanyuk, A. L.; Strikha, E. M.; Shapovalova, O. M.: Problem of utilizing Ti-scrap and application of secondary Ti in S 23c, 68–75. (S. 57)

K 4c Karagezyan, A. G.: Thermal diffusivity and electrical resistivity of α-Titanium and the Titanium-alloys T 3, T 4, VT 5, T 6 and T 8 in a wide range of temperatures. Fiz. metal. metalloved 12, Nr. 4 (1961) 507–512. (S. 88)

K 5 Karataijew, W. M.; Kudrijawtsches, N. T.: Russ. Pat. 137358 (1960). (S. 463)

K 6 Katcher, M.: Creep of Ti-alloys, Met. Eng. Quart. 8 (August 1968) 19–27. (S. 273)

K 7 Katz, W.: Anwendung platinierter Ti-Anoden für den kathodischen Schutz, Schiff und Hafen, Sonderheft 1960, 60–62. (S. 548)

K 8 Kaufmann, L.: The lattice stability of metals. I.: Ti and Zr, Acta Met. 7 (1959) 575–587. (S. 149, 175)

K 8a Kaufman, L., Bernstein, H.: Calculation of regular solution phase diagrams for Ti-base binary systems, Int. Conf. Ti, Inst. of Metals London, 21.–24. 5. 68, Ref. R. I. Jaffee, N. E. Promisel, Pergamon Press (1970) 361–372. (S. 160)

K 8b Kayano, H.; Amano, T.; Yajima, S.: The effect of the dislocation nucleation around rare earth oxides on the deformation of Ti-rare earth alloys, 2. Int. Konf. Ti, 9. Sitzung, 4. 5. 1972, MIT, Cambridge, Mass., USA. (S. 277)

K 9 Kayler, R. B.; Nelson, P. A.; Sterry, W. M.: Removal of TiAl6V4 heat treat and forming scale, Rep. by the Boeing Airplane Company, Seattle 24, Washington (16. Aug. 1957). (S. 449)

K 9a Kearns, W. H.; Hyler, W. S.; Martin, D. C.: The static and fatigue behaviour of spot-welded joints in Ti, Welding Journal (Mai 1955) 241 s–250 s. (S. 516, 524)

K 10 Keeler, J. H.; Geisler, A. H.: Preferred orientations in rolled and annealed Ti, Trans. AIME 206 (1956) 80–90. (S. 126, 130, 131)

K 11 Keeler, J. H.; Hibbard, W. R.; Decker, B. F.: Textures of rolled and annealed iodide Zirconium, Trans. AIME 197 (1953) 932–936. (S. 126, 127, 149)

K 11a Kehl, G. L.; Riccordo, A. E.: The influence of Oxygen on the transformation characteristics of some Ti-Mo-alloys, WADC-Rep. Nr. DA-30-069-Ord-1420 (31. 10. 1955). (S. 178)

K 12 Kehoe, M.; Broomfield, R. W.: The mechanisms by which certain solute elements improve the creep strength of alpha-Ti, 2. Int. Konf. Ti, 11. Sitzung, 4. 5. 1972, MIT, Cambridge, Mass., USA. (S. 273)

K 12a Keil, E.; Maier, G.: Zeitstand- und Schwingungsfestigkeit der Ti-Legierungen TiAl4V4, TiAl6V4 und TiAl9V3, bei 350 bis 500 °C, Metall 21 (1967) 447 bis 455. (S. 317, 333, 334)

K 13 Keller, A.: Cavitation and spray impact-corrosion, Schweiz. Archiv. angew. Wiss. u. Technik 23 (1957) 3–76. (S. 441)

K 13a Keller, H.; Risch, K.: Das Korrosionsverhalten von Titan in Salpetersäure hoher Temperaturen, Werkstoffe u. Korrosion 15 (1964) 741–743. (S. 371)

K 13b Keller, K.: Beiträge zum Explosionsplattieren. Z. Metallkunde 59 (1968) 298–305, 383–389, 503–514. (S. 537)

K 13c Kellerer, H.: Übersicht über die Wärmebehandlung von TiAl6V4, Härterei-techn. Mitt. 25 (1970) 242–253. (S. 293, 305)

K 13d Kellerer, H.: The influence of grain size on the deformations characteristics of commercially pure Ti. SAMPE Quarterly 2 (1971) 38–45. (S. 141, 222, 230)

K 13e Kellerer, H.: Das Diffusionsschweißen von Titanlegierungen, Z. f. Werkstofftechnik/J. of Mat. Technology, 3. Jahrg., (1972) Nr. 5, 250–258. (S. 518)

K 13f Kellerer, H.: Neuere Entwicklungen bei der Verarbeitung von Titanlegierungen, 3. Hauskolloquium, Inst. für Werkstoffwissenschaften II, Universität Erlangen-Nürnberg (11. Okt. 1972), Auszugsweise in Amann, H.; Kellerer, H.: Beta III, eine gut verformbare hochfeste Titanlegierung, Metall 27 (1973) 235–241 u. Kellerer, H.; 6 aus 6., Z. Metallkd. 64 (1973) 606–612. (S. 302)

K 13g Kellerer, H.; Milacek, L. H.: Determination of optimum diffusion welding temperatures for TiAl6V4, Welding Journal 49 (1970) Mai, 219–224. (S. 518)

K 13h Kellerer, H.; Wingert, L.: Deformation of Ti by surface oxidation, Met. Trans. 2 (1971) 113–115. (S. 432)

K 13i Kellermann, R.; Turlach, G.: Hochfeste Titanschrauben aus TiAl6V4, Techn. Rundschau Bern 59 (1967) Nr. 30, 9–15 (14. 7. 67), Nr. 31, 9–15 und 45 (21. 7. 67). (S. 439, 457)

K 14 Kelley, K. K.: The specific heats at low temperatures of Ti and TiC, Ind. Engng. Chem. 36 (1944) 865–886. (S. 91, 92)

K 14a Kennedy, J.; Geschwind, G.: Interfacial reactions in potential Ti-matrix composites, 2. Int. Konf. Ti, 12. Sitzung, 4. 5. 1972, MIT, Cambridge, Mass., USA. (S. 337)

K 15 Kennedy, A. J.; Sollars, A. R.: Ti and aircraft engineering. Aircraft Engineering 31 (1959) 292–296. (S. 540)

K 16 Kesler, G. H.; Oxley, J. H.; Dryden, C. E.: The use of heat- and mass-transfer model studies in the evaluation of the rates of deposition of metals in complex systems, Trans. AIME 221 (1961) 9–13. (S. 8)

K 17 Kessler, H. D.: Forging, rolling and millpractice, Ti-metallurgy course 9.–13. 9. 1957, New York University, Lecture 20. (S. 447, 468)

K 18 Kessler, H. D.: Welding the β-Ti base alloy Ti–13V–11Cr–3Al, Welding Jorunal 40 (1961) 359–363. (S. 300, 528, 529)

K 18a Kessler, H. D.: Ti markets, Materials today (März 1968) 15. (S. 546)

K 18b Kessler, H. D.: RMI – Titanium, Niles, Ohio, USA (1970). Durch freundliche Vermittlung. (S. 20)

K 18c Kessler, H. D.: Where Ti fabrication practices are advancing, 2. Int. Konf. Ti, 4. Sitzung, 2. 5. 72, MIT, Cambridge, Mass. USA. Met. Progress (Sept. 1972) 91–93. (S. 472, 481)

K 19 Kessler, H. D.; Hansen, M.: Transformation kinetics and mechanical properties of Ti-Al-Cr-alloys, Trans. ASM 46 (1954) 609–637. (S. 168, 178, 195)

K 20 Kessler, H. D.; Kutchera, R. F.: Welding the β-Ti base alloy, Welding Journal 40 (1961) 3–7. (S. 300, 529)

K 22 Keys, L. H.; Lamborn, I. R.; McDonald, C. G.: Hydrogen-dependent precipitates in Ti-Cr-alloys, J. Inst. Metals 88 (1959/60) 168–172. (S. 364, 370)

K 22a Khorev, A. I.; Chinenov, A. M.; Martynova, M. M.: Thermomechanical treatment of Ti-Al-Mo-system alloys, Metallov. i Termicheskaja Obrabotka Metallov. Nr. 9 (1971) 43–46. (S. 583)

K 22b Khorev, A. I.; Glazanov, S. G.; Chinenov, A. M.; Mukhina, L. G.: Wärmebehandlung von β-Ti-Legierungen. Metal Science and Heat treatment (Sept./Okt. 1968) 26–30. (S. 302)

K 24 Kiefer, G. C.: Uniform test procedures evaluate corrosion resistance of Ti, Iron Age 170-23 (1952) 170–173. (S. 377)

K 25 Kiefer, G. C.; Harple, W. W.: Stress corrosion cracking of commercially pure Ti, Metal Progress 63/2 (1953) 74–76. (S. 408)

K 25a Kiefer, T. F.; Schwarzberg, F. R.: Investigation of low temperature creep of TiAl5Sn2,5 and TiAl6V4, NASA CR 92418, MRL-87-221 (Juni 1967). (S. 285, 295)

K 25b Kieffer, R.; Binder, F.; Bach, H.: Beitrag zum physikalischen und korrosionschemischen Verhalten von IV a-Metallegierungen, Werkstoffe und Korrosion 19 (1968) 114–120. (S. 393)

K 25c Kieffer, R.; Lihl, F.; Effenberger, E.: Die karbidothermische Herstellung von hochschmelzenden Metallegierungen, insbesondere von Titanlegierungen, 5. Internat. Leichtmetalltagung, Leoben, 18.–22. 6. 1968. Z. Metallkde. 60 (1969) 94–100. (S. 28)

K 26 Kienzle, O.; Bühler, H.: Das Plastometer, eine Werkstoffprüfmaschine für die Standeigenschaften von Metallen, Z. Metallkunde 55 (1964) 668–673. (S. 469, 471)

K 26a Kiessel, W. R.; Sinnott, H. J.: Creep properties of commercially pure Ti, Trans. AIME 197 (1953) 331–338. (S. 230, 232, 238, 240)

K 26b Kimura, H.; Komori, Sh.; Sasano, H.; Nakano, O.: Heat treatment and mechanical properties of TiAl6Co2-alloy, 2. Int. Konf. Ti, 9. Sitzung, 4. 5. 1972, MIT, Cambridge, Mass., USA. (S. 265)

K 26c Kinas, E. N.: Ti application – US-Army. Int. Conf. on Ti, Inst. of Metals, London, 21.–24. 5. 68, Ref. R. I. Jaffee, N. E. Promisel, Pergamon Press (1970) 1161–1167. (S. 560)

K 26d King, W. H.; Owczarski, W. A.: Diffusion welding of commercially pure Ti, Welding Res. Suppl. (1967) 289s–298s. (S. 517)

K 26e King, W. H.; Owczarski, W. A.: Additional studies on the diffusion welding of Ti, Welding Res. Suppl. (1968) 444s–450s. (S. 517)

K 27 Kingsbury, E. P.; Rabinowicz, E.: Friction and wear of metals at 1000 °C, Trans. ASME Paper 58-Lub.-6 (1958). (S. 437)

K 28 Kinna, W.; Knorr, W.: Über die Oxydation von Ti, Z. Metallkunde 47 (1956) 594–598. (S. 426, 428, 431)

K 29 Kirkpatrick, J. S.: The drawing of Ti, Tool Eng. Conf. Pap. 1956, Paper 24 T 2. (S. 488)

K 29a Kirkpatrick, H. B.; Swinning, C. M.; Gegel, H. L.: Correlation of TiAl6V4 fractographs with mechanical behavior in methanol-acid, methanol and air environments. Corrosion 25 (1969) 215–221. (S. 415)

K 30 Kirner, K.: Über das Haften von Nb, Ti und Zr an Härteprüfdiamanten, Z. Metallkunde 52 (1961) 836–837. (S. 202)

K 31 Kirschfeld, L.; Sieverts, A.: Titan und Wasserstoff, Z. Phys. Chemie A 145 (1929) 227–240. (S. 339, 340, 342)

K 31a Kitada, M.: Relation between the applied magnetic fields vs critical current density characteristics and the microstructures for superconducting Nb-Ti-sheets, J. of the Japan Inst. of Metals 36 (1972) 1064–1069. (S. 84, 339)

K 31b Klaus, F.: Titanschweißkonstruktionen im Pumpen- und Armaturenbau, Schweißen u. Schneiden 13 (1961) 411–413. (S. 544)

K 32 Klaus, F.: Pumpen und Armaturen aus Reintitan, Galvanotechnik 55 (1964) 142–145. (S. 544)

K 32a Kleespies, E. K.; Henrie, T. A.: Reaction rate of Ti and Ti-alloys with Ti lower chlorides, Internat. Conf. on Ti, 21.–24. 5. 68, Inst. of Metals, London, Ref. R. I. Jaffee, N. E. Promisel, Pergamon Press (1970) 179–188. (S. 27, 376)

K 32b Klein, W.: Gefügeänderungen beim Explosivplattieren von Stahl mit Stahl und einigen Nichteisenmetallen, Z. Metallkunde 56 (1965) 261–267. (S. 537)

K 32c Klein, W.: Verbundmechanismus beim Explosionsschweißen, Schweißen und Schneiden 19 (1967) H. 4, 1–4. (S. 537)

K 32d Klein, W.; May, W.: Diffusionsvorgänge in der Kontaktzone von Titan/Stahl-Sprengplattierungen, Z. f. Werkstofftechnik 3 (1972) 13–17. (S. 537)

K 33 Kleinle, A.; Loebich, O.: Galvanische Edelmetallplattierungen für die Elektrotechnik, Galvanotechnik 53 (1962) 62–74. (S. 548)

K 34 Klemm, L.: Magnetochemische Untersuchungen. XXIII. Das magnetische Verhalten einiger Elemente. Z. Elektrochem. 45 (1939) 354–357. (S. 85, 86)

K 35 Klier, E. P.; Feola, N.: The effect of Cand IV on the notchtensile properties of Ti ASTM Spec. Techn. Publ. 204 (1957) 113–123. (S. 325)

K 36 Klopfer, A.; Ermrich, W.: Eigenschaften von Ionengetterpumpen, Vakuumtechnik 8 (1959) 162–167. (S. 557)

K 37 Knight, R.: Drawing Ti- and Zr-wire, Wire and Wire Products 34 (1959) 1504–1505. (S. 482)

K 38 Knoerr, A. W.: Worlds major Ti mine and smelter swing into full scale production, Eng. and Mining Journal 153 (1952) Nr. 3, 72–79. (S. 10)

K 38a Knorr, W.: Die technische Titanlegierung TiAl6V4 – ihre Eigenschaften und Wärmebehandlung, Z. Metallkunde 47 (1956) 548–557. (S. 292, 293, 310)

K 39 Knorr, W.: Zur Aushärtung von Titanlegierungen, Techn. Mitt. Krupp 15 (1957) 178–193. (S. 91, 179, 181, 182, 210)

K 40 Knorr, W.: Wärmebehandlung von Titanlegierungen, Härtereitechnische Mitteilungen 13 (1958) 1–27. (S. 292, 293)

K 41 Knorr, W.: Eigenschaften und Wärmebehandlung der Titanlegierung TiAl7Mo4, Techn. Mitt. Krupp 17 (1959) 111–123. (S. 201, 275, 277, 296, 297, 298, 310, 315, 318, 329, 410)

K 41a Knorr, W.: Eigenschaften und Wärmebehandlung der Titanlegierung TiMo6Al3, Techn. Mitt. Krupp 17 (1959) 124–130. (S. 263)

K 42b Knorr, W.: Eigenschaften von Titan und Anwendung in der chem. Industrie, Techn. Mitt. Krupp 27 (1969) 5–17 (S. 239, 240, 318, 537, 540, 543)

K 42c Knorr, W.: Eigenschaften und Anwendung von Titanlegierungen, Techn. Mitt. Krupp 27 (1969) 25–37. (S. 329)

K 43 Knorr, W.; Günzel, E.: Elektronenmikroskopische und röntgenographische Untersuchungen an β-stabilisierten Ti-Legierungen, Tagung DGM Berlin 1963. (S. 187, 188, 213)

K 44 Knorr, W.; Scholl, H.: Untersuchungen zum Umwandlungsverhalten von Ti-Mo- und Ti-V-Legierungen, Z. Metallkunde 51 (1960) 605–612. (S. 99, 100, 178, 179, 180, 181, 198, 262)

K 46 Knorr, W.; Scholl, H.: Zeitstandversuche an unlegiertem Titan, Techn. Mitt. Krupp 19 (1961) 51–60. (S. 201, 236, 239, 240)

K 47 Knorr, W.; Scholl, H.: Eigenschaften von Titan im Hinblick auf die Anwendung im Druckbehälterbau, Techn. Überwachung 2 (1961) 401–408. (S. 137, 200, 236, 238, 240, 521, 522, 543)

K 48 Kobrin, C. L.: Argon flush key to fabrication of Ti-clad steel, Iron Age 187, Nr. 17 (April 1961) 110–111. (S. 536)

K 49 Kobubu, I.; Kawai, Y.: Korrosion in Petroleumaufarbeitungsanlagen und Verwendung von Ti, Sumitomo Kinzoku 9 (1959) Nr. 1, (S. 546)

K 49a Koch, R. K.; Anable, W. E.; Calvert, E. D.; Beall, R. A.: Vapor pressures of liquid Ti and liquid Fe, Trans. 9th Ann. Vacuum Met. Conf., New York, June 27–29, 1966, Am. Vacuum Soc., Boston, Mass., 1966, 1–14. (S. 95)

K 49b Koch, R. K.; Calvert, E. D.; Thomas, C. R.; Beall, R. A.: Vapor pressures of liquid Ti (2008° to 2379 °K) and liquid Pt (2045° to 2442 °K), V.J. Bureau of Mines Rep. 7271 (Juli 1969). (S. 94, 95)

K 52 Köster, W.: Die Temperaturabhängigkeit des E-Moduls reiner Metalle, Z. Metallkunde 13 (1948) 1–9. (S. 100)

K 53 Köster, W.; Bangert, L.; Evers, M.: Über das Dämpfungsverhalten von wasserstoffbeladenem Titan, Z. Metallkunde 47 (1956) 564–570. (S. 101, 350, 351, 352, 358)

K 54 Köster, W.; Haug, K.: Das Dreistoffsystem Ti–V–Sn, Z. Metallkunde 48 (1957) 327–330. (S. 584, 585)

K 55 Köster, W.; Sampaio, A.: Das Dreistoffsystem Ti–Ag–Al, Z. Metallkunde 48 (1957) 331–334. (S. 577, 578)

K 56 Kofstad, P.; Anderson, P. B.; Krudtaa, O. J.: Oxidation of Ti in the temperature range 800–1200 °C, J. Less Common Metals 3 (1961) 89–97. (S. 427, 428, 429, 430)

K 57 Kofstad, P.; Hauffe, K.: Oxydation von Ti, Werkstoff und Korrosion 7 (1956) 642–649. (S. 427, 428, 429)

K 58 Kofstad, P.; Hauffe, K.; Kjollesdal, H.: Investigation of the oxidation mechanism of Ti, Acta Chem. Scand. 12 (1958) 239–266. (S. 352, 427, 431)

K 58b Koh, P. K.: Preferred orientation in Ti-alloy thin foils, 2. Int. Konf. Ti, 7. Sitzung, 3. 5. 1972, MIT, Cambridge, Mass., USA. (S. 131)

K 59 Kohn, M. L.; Faulkner, G. E.; Bauer, G. W.: Improved ductility in Ti-welds, Metal Progress 71/4 (1957) 82–86. (S. 527)

K 59a Koizumi, T.; Furuya, Sh.: Pitting corrosion of Ti in high temperature halide solutions, 2. Int. Konf., 13. Sitzung, 5. 5. 1972, MIT, Cambridge, Mass., USA. (S. 384)

K 60 Kojima, H.; Tebble, R. S.; Williams, D. E. G.: The variation with temperature of the magnetic suspectibility of some of the transition elements, Proc. Roy. Soc. A 260 (1961) 237–250. (S. 85, 86)

K 60a Kolachev, B. A.; Konstantinov, K. M.; Bukhanova, A. A.: Effect of hydrogen on the elasticity modulus of Titanium in the β-Titanium alloy VT 15, Fiz. metal. metalloved. 26 (1968) 572–574. (S. 358, 367)

K 60b Kolachev, B. A.; Livanov, V. A.; Guselnikov, N. Y.; Bukhanova, A. A.: Auftreten von Wasserstoffbrüchigkeit in den Legierungen VT3-1 und VT15, Tr. Sovesheh. po Metallokhim, Metalloved i Primeneniya Titana i ego Splavov, 6th (1965) 212–220, Ref. in Werkst. u. Korr. 19 (1968) 65. (S. 362)

K 60c Kolachev, B. A.; Nasimov, O. P.; Zhuravlev, L. N.: Diffusion of H in Ti and the β-Ti alloy VT15, Isv. Vyssh. Vohab. Zaved. Tsoet. Met. 12 (1969) Nr. 4, 104–109. (S. 104)

K 61 Koncz, St.; Szanto, St.; Waldhauser, H.: Der Sauerstoffgehalt von Titanjodidstäben, Naturwiss. 42 (1955) 368–369. (S. 8, 64)

K 61a Kôno, R.; Hashimoto, Y.; Kawasaki, H.; Yada, Y.; Tamura, T.; Hirai, M.: On the elctrorefining of Ti from crude Ti containing C and O, J. Jap. Inst. Metals 35 (1971) 1035–1062. (S. 27)

K 61b Korneluk, L. G.; Mirsky, L. M.; Bokshtein, B. S.: Investigation of lattice defects, electronic structure and diffusion mobility in β-titanium, 2. Internat. Konf. Titan, 6. Sitzung, 3. 5. 1972, MIT Cambr., Mass., USA. (S. 113)

K 62 Kornilov, I. I.: Ti and its alloys, Publ. No. 10, Izdatel'stvo Akademii Nauk. SSSR, Moskau 1963, Israel Program for Scientific Translation (1966). Oldbourne Press, London, 386 S., 50 Abb. (S. 278, 280, 481)

K 62a Kornilov, I. I.: Interaction of Titanium with elements of the periodic system, Int. Conf. on Ti, Inst. of Metals, London 21.–24. 5. 68, Ref. R. I. Jaffee, N. E. Promisel, Pergamon Press (1970) 407–418. (S. 153, 161, 426, 570)

K 63 Kornilov, I. I.; Glazova, V. V.: Hitzebeständigkeit von sauerstoffhaltigem Ti, Izv. Akad. Nauk. SSSR, Met. i Gorn Delo (1964) 169–172. (S. 430)

K 63a Kornilov, I. I.; Glazunov, C. G.; Yakimov, A. M.: The effect of Hydrogen on alloy VT 8 with increased creep stress, Fiz. metal. metalloved. 8 (1959) 370–377. (S. 366)

K 63b Kornilov, I. I.; Mikheyev, V. S.; Konstantinov, K. M.: Study of the volume resistivity of alloys of the system Ti-Al at temperatures ranging from room to 1200 °C, Fiz. metal. metalloved 16, Nr. 1 (1963) 57–60. (S. 75)

K 64 Kornilov, I. I; Pylaeva, E. N.; Volkava, M. A.: Phase diagram of the binary system Ti–Al, Izv. Akad. Nauk. SSSR, Otd. Khim. Nauk. Nr. 7 (1956) 74–78. (S. 146)

K 64a Kornilov, I. I.; Pylaeva, E. N.; Volhava, M. A.: Properties of Ti-Al-Fe-alloys, Fiz. metal. metalloved. 7 (1959) 182–185. (S. 273)

K 64b Kornilov, I. I.; Vavilova, V. V.; Fykin, L. E.; Ozerov, R. P.; Solowiev, S. P.; Smirnov, V. P.: Neutron diffraction investigation of ordered structures in the Titanium-Oxygen system, Met. Trans. AIME 1 (1970) 2569–2571. (S. 570)

K 64c Kornilov, I. I.; Volkova, M. A.: Phase diagram of the ternary system Ti-Al-V (up to 45% Al), Titanium Alloys for New Technology, Nauka Press, (1968) 78–89, 89–102 in S 23c. (S. 583, 585)

K 64d Koronlas, De, F.; Mory, J.; Quarl, Y.: Diffusion of U in Ti and Fe, Journal Nucl. Mater. 22 (1967) 276–284. (S. 108)

K 64e Koslikov, V. J.; Kharitonov, A. V.; Surenko, N. J.: Surface energy of solid Ti, Fiz. Metal. Metalloved. 26 (1968) 947–948 (S. 97)

K 64f Koss, D. A.; Chesnutt, J. C.: Asymmetry of slip in beta Ti-V single crystals, 2. Internat. Konf. Titan, 7. Sitzung, 3. 5. 1972, MIT Cambridge, Mass., USA. (S. 134)

K 64g Koss, P.; Tutschek, E.; Zika, J.: Diffusion of inert gases in metals, 5. Int. Leichtmetalltagung Leoben 1968 (veröff. 1969, Al-Verlag, Düsseldorf) 29–32. (S. 104)

K 65 Kossira, H.; Loechelt, E.: Verformungsverfahren bei der Verarbeitung dünner Bleche aus hochfesten Titanlegierungen, Luftfahrttechnik – Raumfahrttechnik 11 (1965) 62–68. (S. 484, 556)

K 65a Kot, R.; Krause, G.; Weiss, V.: Transformation plasticity of Ti, Int. Conf. on Ti, Inst. of Metals, London, 21.–24. 5. 1968, Ref. R. I. Jaffee, N. E. Promisel, Pergamon Press (1970) 597–605. (S. 469)

K 66 Kotfila, R. J.; Erbin, E. F.: Hydrogen embrittlement of a Ti-alloy, Metal Progress 66 (1954) Nr. 4, 128–131. (S. 361)

K 67 Kothen, C. W.; Johnston, H. L.: Low temperature heat capacities of inorganic solids. XVII. Heat capacity of Ti from 15 °K to 305 °K, J. Amer. Chem. Soc. 75 (1953) 3101–3102. (S. 91, 92)

K 67a Kotval, P. S.; Calder, R. W.: In situ identification of the silicate phase in super-α-Titanium alloys, Met. Trans. 3 (1972) 1308–1311. (S. 273)

K 67b Koul, M. K.; Breedis, J. F.: Strengthening of Ti-alloy by shock deformation, Internat. Conf. on Ti, Inst. of Metals, London, 21.–24. 5. 1968, Ref. R. I. Jaffee, N. E. Promisel, Pergamon Press (1970) 817–828. (S. 537)

K 67c Koul, M. K.; Breedis, J. F.: Omega phase embrittlement in aged Ti-V, Met. Trans. 1 (1970) 1451–1452. (S. 171, 181)

K 67d Koul, M. K.; Breedis, J. F.: Phase transformation in β-isomorphous Ti-alloys, Acta Met. 18 (1970) 579–588. (S. 70, 171)

K 67e Kovtun, S. F.; Ul'yanov, R. A.: Effect of alloying upon the thermal expansion of Ti, Fiz. metal. metalloved. 17 (1964) 263–268. (S. 90, 91)

K 68 Krainer, H.: Titan als Werkstoff des chemischen Apparatebaus, 4. Internationale Leichtmetalltagung Leoben 1961, Al-Verlag Düsseldorf (1962) 263–268. (S. 521, 522, 544, 547)

K 68a Kramer, D.; Rhodes, C. G.: ω-phase precipitation and superconducting critical transport currents in Ti-72 At.-% Nb, Trans. AIME 239 (1967) 1612 bis 1615. (S. 183)

K 69 Kraus, H.: Plating and anodising rack design, Metal Industry (18. 9. 1958). (S. 547)

K 69a Krautwasser, P.; Bhan, S.; Schubert, K.: Strukturuntersuchungen in den Systemen Ti–Pd und Ti–Pt, Z. Metallkde. 59 (1968) 724–729. (S. 571)

K 70 Krebs, T. M.: Titanium tubing ,Metal Progress 72, Nr. 1 (1957) 82–87. (S. 478)

K 70a Krienke, R. D.: Plating wear-resistant coatings on Ti, Metal Progress 95 (June 1969) 89. (S. 463)

K 70b Krisement, O.: Ausscheidung in β-Ti-V-Legierungen, Z. Metallkunde 52 (1961) 695–704. (S. 184)

K 70c Krivoichov, W. A.; Sisarov, A. D. M.: Die spanende Bearbeitung von Titanlegierungen, Maschinostroenie, Moskau (1970). (S. 490)

K 70d Krogstad, R. S.; Moss, R. W.: Electron emission during metal fatigue, Boeing Scientific Research Laboratories (Juli–Dezember 1965). (S. 247)

K 71 Kroll, W.: Verformbares Titan und Zirkon, Z. Anorg. Chem. 234 (1937) 42–50. (S. 28, 218)

K 72 Kroll, W.: Verwendung Ti-haltiger Legierungen, D.P. 718.8.22 (18. 9. 1937). (S. 398)

K 73 Kroll, W. J.: Einige Eigenschaften des reinen Titans, Metallwirtschaft 18 (1939) 77–80. (S. 30, 434)

K 74 Kroll, W. J.: DP 674625 (1939) Ca., USP 2205854 (1940) Mg. (S. 9)

K 75 Kroll, W. J.: The production of ductile Ti, Trans. El. Soc. 78 (1940) 35–47. (S. 14, 21, 29, 30, 32, 33, 209, 248)

K 76 Kroll, W. J.: Die Metallurgie des Titans und Zirkoniums, Z. Metallkunde 45 (1954) 67–75. (S. 9, 16)

K 77 Kroll, W. J.: Aktuelle Probleme der Metallurgie des Titans, Z. Metall 9 (1955) 1–6 und 366–376. (S. 9)

K 78 Kroll, W. J.: The pyrometallurgy of Halides, Metallurgical Review 31 (1956) 291–337. (S. 10, 12)

K 79 Kroll, W. J.: Das Lichtbogenschmelzen im Vakuum, Z. Metall 11 (1957) 1–7. (S. 43, 44)

K 80 Kroll, W. J.: The present state of Ti extractive metallurgy, Trans. AIME 215 (1959) 546–552. (S. 10, 18)

K 81 Kroll, W. J.: The fusion electrolysis of Ti, chemistry and industry 43 (1960) 1314–1322. (S. 23, 24, 27)

K 82 Kroll, W. J.; Gilbert, H. L.: Melting and casting Ti, Trans. Electrochem. Soc. 96 (1949) 158–169. (S. 35)

K 83 Kroll, W. J.; Schlechten, A. W.; Yerkes, L. A.: Ductile Zr from Zr-sand, Trans. Electrochem. Soc. 89 (1946) 263–276. (S. 14)

K 83a Kropp, C. J.: The development of a superior Ti-base alloy for cryogenic applications, Internat. Conf. on Ti, Inst. of Metals, London, 21.–24. 5. 1968, Ref. R. I. Jaffee, N. E. Promisel, Pergamon Press (1970) 983–985. (S. 295)

K 84 Krupp, Friedr., GmbH (Essen): Werkschrift TIKRUTAN (1968). (S. 372)

K 84a Krupp, Friedr., GmbH: Metallverbund durch Explosionsschweißen bei 50000 At. Stahl und Eisen 87 (1967) H. 20, IW 1341. (S. 536)

K 84b Krupp, Friedr., GmbH: Unveröffentlichte Werkfotos und Untersuchungen. (S. 99, 202, 211, 212, 233, 237, 238, 304, 470, 473, 477)

K 84c Krupp, Friedr., GmbH: Ofenbau durch Leybold-Heraeus GmbH, Hanau-Köln, Techn. Mitt. Krupp 27 (1969) 18. (S. 47, 48)

K 84d Krupp, Friedr., GmbH: Titanschmelzanlage, Techn. Mitt. Krupp 27 (1969) 18. (S. 39)

K 84e Krupp, Friedr., GmbH: Rationelle Schmiedetechnik, Techn. Mitt. Krupp 27 (1969) 38. (S. 471)

K 84f Krylov, B. S.: The kinetics of evolution of Hydrogen in vacuo from Titanium and its alloys, Ref. in K 62, 167–176. (S. 349)

K 85 Kubaschewski, O.: Phys. Chem. Grundlagen der Titan-Metallurgie, Z. Angew. Chemie 72 (1960) 255–263. (S. 28, 29)

K 86 Kubaschewski, O.; Cotterall, I.: Thermochemical data of alloys, Pergamon Press (1956). (S. 96)

K 87 Kubaschewski, O.; Dench, W. A.: The free energy diagram of the system Ti–O, J. Inst. Met. 82 (1953/54) 87. (S. 22, 28)

K 88 Kubaschewski, O.; Dench, W. A.: The heats of formation in the system Ti–Al and Ti–Fe, Acta Met. 3 (1955) 339–346. (S. 29, 96)
K 89 Kubaschewski, O.; Dench, W. A.: Reduction of Ti by Mg and Ca, Trans. Inst. Min. Met. 66, Part I (1956/57) 1–6. (S. 29)
K 90 Kubaschewski, O.; Hopkins, B. E.: Oxidation of metals and alloys, London Butterworths Verlag (1962). (S. 286, 287, 425, 433)
K 91 Kubaschewski, O,; Wainwright, C.; Kirby, F. J.: The heats of formation in the Ti-Al-V-system, J. Inst. of Metals 89 (1960 und 1961) 139–144. (S. 585)
K 92 Kubitschek, H. E.; Lomgacre, A.; Goldhaber, M.: Nuclear γ-radiation from positron emitters, Bull. Amer. Phys. Soc. 24/7 (1949) 8–9 (S. 63)
K 92b Kühn, J. W.; Burgsdorff, V.: Platiniertes Ti als unlöslicher Anodenwerkstoff. Zeitschrift Galvanotechnik 59 (1968) 659–666. (S. 548)
K 93 Kühnl, H.; Ehrlich, P.; Uihlein, R. D.: Die Abscheidung von Titanmetall durch Schmelzelektrolyse mit löslicher Anode, Z. Anorg. Allg. Chemie 306 (1960) 247–259. (S. 26)
K 94 Kuhn, W. E.: Production of Ti-ingots by melting sponge metal in small inert atmosphere arc furnaces, J. Electrochem. Soc. 99 (1952) 89–96. (S. 35)
K 95 Kuhn, W. E.: Development of graphit electrodes and study of heatlosses with different electrodes in single electrode-inert-atmosphere arc furnace, J. Electrochem. Soc. 99 (1952) 97–108. (S. 35, 36, 37)
K 95a Kunst, H.; Schaaber, O.: Borieren von Eisenwerkstoffen und Titan, Härterei – Techn. Mitteilungen, 26 (1971) Heft 1, 18–20. (S. 459)
K 96 Kurdjumow, G.; Sachs, G.: Über den Mechanismus der Stahlhärtung, Z. Physik 64 (1930) 325–343. (S. 151)
K 97 Kursetz, E.: Die Hochdruckenergieumformung, Luftfahrttechnik, Raumfahrttechnik 7 (1961) 132–139. (S. 487, 488, 489)
K 97a Kursetz, E.: Werkstoffe und Umformverfahren der amerikanischen Luft- und Raumfahrtindustrie; Luftfahrttechnik, Raumfahrttechnik 9 (1963) 184–191. (S. 488)
K 97b Kursetz, E.: Anwendung des Tief- und Formätzens auf die Bearbeitung von Metallen. Zeitschrift Wirt. Fertigung 62 (1967) Nr. 2, 47–52. (S. 505)
K 98 Kusamichi, H.; u.a.: Kinetics of reaction of commercial pure Ti and Ti-alloys with O_2, N_2 and H_2, Light Metals (Tokyo) 31 (Juli 1958) 55–59, Tit. Abstr. Bull. 4 (1958) 4459. (S. 345, 426, 430)
K 98a Kusamichi, H.; Tokuda, S.; Nishimura, T.; Toda, H.: Study on impurity elements contained in commercially pure Ti for the chemical industries, Kobe Steel-Works Eng. Republ. 14 (1964) Nr. 3. (S. 220, 398)
K 99 Kusamichi, H.; Yaki, Y.; Yukawa, T.; Noda, T.: Wasserstoffaufnahme von technischem Ti, J. Jap. Inst. Metals 20 (1956) 39–41. (S. 104, 345)
K 99a Kuzema, I. A.; Semirog-Orlik, V. N.; Kupak, V. I.: Crap and breakdown in VT8-Ti-alloy under conditions of low cycle tension at room temp. Problemy Prochursti 1 (1969) 66–70. (S. 331)
K 99b Kuzmenko, P. P.; Lozovoy, V. I.: Mobility of Ag in Ti, Fiz. Metal. metalloved 26, Nr. 2 (1968) 382–384. (S. 113)
K 100 Kuzmin, A. A.; Moiseyeva, T. G.: Ti vapor pressure over Ti-Nb-alloys, Fiz. metal. metalloved. 18 (1964) 925–926. (S. 95)
L 0 Laat de, F. G. A.; Adams, T.: Inhibiting the wear and galling characteristics of Ti, Metals Eng. Quarterly 8 (1968) Heft 8, 39–48. (S. 438)
L 0a Lacy, C. C.: SST Propels Ti into production era, Metal Progress 95 (März 1969) 69–74. (S. 488)
L 1 Lakomsky, V. I.: Bestimmung von Wasserstoff in Titan durch Erhitzen im Vakuum, Avtomatishexkaya Svarka (1958) Nr. 2, 81–91. (S. 340)

L 2 Lander, H. J.; Hess, W. T.; White, S. S.: Electron-beam welding of rocket casing materials, Proceedings of the 3rd Symposium on Electron-Beam Technology, Boston, Mass., März 1961, 189–211, s. a. Light Metal Age 19, Nr. 5 und 6 (Juni 1961) 19. (S. 515)

L 2a Lane, I. R.; Cavallero, J. L.; Morton, A. G. S.: Sea water embrittlement of Titanium, ASTM Special techn. publication Nr. 397 (1966) 248–258 (Symposium Stress-corrosion-cracking, Seattle 1965). (S. 203, 418, 419, 420, 422, 424)

L 2b Lane, I. R.; Cavallero, J. L.: Metallurgical and mechanical aspects of the sea-water stress corrosion of Titanium, ATSM STP 432 (1968) 147–169. (S. 413, 418, 419, 420)

L 3 Lane, I. R.; Golden, L. B.; Acherman, W. L.: Corrosion resistance of Ti, Zr and stainless steel in organic compounds, Ind. Eng. Chem. 45 (1953) 1067–1070. (S. 384)

L 3a Langnike, A.: System Ti–Pu, Rev. de mét. 68 (1971) 435–441. (S. 571)

L 5 Larson, F. R.: An experimental study of Ti wire-drawing forces, Watertown Arsenal WAL-401/277 (Juni 1957). (S. 482)

L 5a Larson, F. R.: Textures in Ti-sheet and its effects on plastic flow properties, US Department of Commerce, AMRA TR 65-24 (AD 626410) Oktober 1965, und: Anisotropy of Ti-sheet in uniaxial tension, Trans. ASM 57 (1964) 620–631. (S. 230, 298, 485)

L 6 Larson, F. R.; Miller, J.: A time-temperature relationship for rupture and creep stresses, Trans. ASME 74 (1952) 765–775. (S. 315)

L 7 Larson, F. R.; Nunes, J.: The effect of rolling variables on the hot rolling of Ti and Ti-alloys, Trans. ASM 52 (1960) 615–628. (S. 479)

L 7a Larson, F. R.; Nunes, J.: Strain hardening properties of high strength sheet materials, Trans. ASM 54 (1961) 481–503. (S. 131, 227)

L 8 Larson, F. R.; Salmas, J.: A time-temperature relationship for recrystallization and grain growth, Trans. ASM 46 (1954) 1377–1398. (S. 137)

L 8a Larson, F. R.; Zarkades, A.; Avery, D. H.: Twinning and texture transitions in Ti solid-solution alloys, 2. Int. Konf. Ti, 7. Sitzung, 3. 5. 1972, MIT, Cambridge, Mass., USA. (S. 128)

L 8b Latimer, W. M.: Oxidation Potentials New York 1958. (S. 21)

L 9 Layner, D. I.; Bai, A. S.; Tsypin, M. L.: Oxydation von Ti in verschiedenen Medien, Tr. Gos. Naudm. Issled. I Proektn. Inst. Splavov i Obrabotki Tsvetn. Met. (1963) 62–68, Ref. in Werkst. u. Korr. 19 (1968) 101. (S. 431)

L 10 Layner, D. I.; Slesareva, Ye. N.: Influence of Tin on the oxidation of Ti, Fiz. Metal. metalloved. 12 (1961) Nr. 3, 395–402. (S. 431)

L 11 Layner, D. I.; Slesareva, Y. N.: Alloying and oxidation of Ti, Tsvetuye Metally Nr. 2 (Febr. 1962) 70–76. (S. 432)

L 11a Layner, D. I.; Slesareva, Ye. N.: Influence of Tungsten on the oxidation of Ti, Fiz. Metal. metalloved. 14 (Nr. 3) (1962) 400–405. (S. 431, 432)

L 11b Layner, D. I.; Tsypi, M. I.: Struktur der Ti-Oxidschicht, Fizika Metallov i Metallovedenije 10 (1960) 543–554. (S. 426)

L 12 Leach, A. E.; Kappelt, G. E.: Aircraft fabrication of commercially pure Ti, Proceedings of the 1956 Regional Conference in Reactive Metals, IMD, Special Report Series Nr. 5 AIME. (S. 484)

L 12a Leckie, P.: Stress-corrosion of TiAl7Nb2Ta1, Corrosion 23 (1967) 187–191. (S. 422)

L 12b Lederer, M.: Ausbildung von Texturen und Eigenschaftsänderung bei TiAl6V4 und TiNb50Cu1, Diplomarbeit Inst. Werkstoffwissenschaften II, Univ. Erlangen-Nürnberg, Juni 1970. (S. 136)

L 12c Lederer, M.; Schwarz, U.; Zwicker, U.: Einfluß von Al und O auf das Gefüge und andere Eigenschaften von Ti technischer Reinheit, Leoben (1970) Sonderband Int. Leichtmetalltagung 515–525. (S. 114)

L 12d Lee, D.; Backofen, W. A.: An experimental determination of the yield locus for Ti and Ti-alloy sheet, Trans. AIME 236 (1966) 1077–1084. (S. 115, 485)

L 13 Lee, D.; Backofen, W. A.: Yielding and plastic deformation in textured sheet of Titanium and its alloys, Trans. AIME 236 (1966) 1696–1704. (S. 485, 486, 487)

L 13a Lee, D.; Backofen, W. A.: Superplasticity in some Ti- and Zr-alloys, Trans. AIME 239 (1967) 1034–1040. (S. 311)

L 13b Lee, D.; Jabara, F. S.; Backofen, W. A.: The knoop hardness yield loci for two Ti-alloys, Trans. AIME 239 (1967) 1476–1478. (S. 115)

L 13c Lee, E. V.: Crystal structure in the ω-phase of TiV30, J. of Metals 20 (1968) 126A. (S. 73)

L 14 Lee, R. O.; Fatica, N.: Lubrication of Ti, WADL Techn. Report 57–61 (Dez. 1957) IASTIA Document AD 142187. (S. 439)

L 15 Leech, H. R.; Riding, F.: Improvements in or relating to the surface of Ti or Ti-base-alloy, Brit. Pat. 871941 (17. April 1959). (S. 464)

L 16 Lehfeldt, W.: Ultraschallschweißmaschinen, Elektro-Welt 6 (1961) Bl. 13 bis 14. (S. 518)

L 18 Leighly, H. P.: Mercury embrittlement of Ti-alloy RC-130-A, Trans. AIME 221 (1961) 408–409. (S. 406)

L 19 Leighly, H. P.; Walker, H. C.: Ti sticks to intender, Metal Progress 62 (1952) 109. (S. 202)

L 20 Leighly, H. P.; Walker, H. C.: Recrystallisation and graingrowth in commercial Ti, Indian Inst. of Metals 8 (1954/55) 287–299. (S. 140)

L 20a Leis, H.; Schütz, W.: Bruchzähigkeit und Rißfortschritt von Titanlegierungen, Luftfahrttechnik-Raumfahrttechnik 15 (1969), Nr. 7, 181–184. (S. 203, 325)

L 20b Leistner, T. E.: High temperature ceramic tooling. Tooling and Mfg. Develop. Group. McDonell Aircraft Corp. St. Louis 1965. (S. 488)

L 21 Lement, B. S.; Hahn, G. T.; Kreder, K.: Investigation of the strength and ductility relationships in Ti-Al-alloys between 6 and 15% Al for application at elevated temperatures, WADC Techn. Rep. 59–342 (Nov. 1959). (S. 253)

L 22 Lenning, G. A.; Berger, L. W.; Jaffee, R. I.: The effect of Hydrogen on the mechanical properties of Ti and Ti-alloys, 4. Bericht DAI-33-019-505 ORD-(P)-1, (31. Juli 1953), REF. TML-Report Nr. 27 (Dez. 1955) (S. 246, 354)

L 23 Lenning, G. A.; Craighead, C. M.; Jaffee, R. U.: Constitution and mechanical properties of Titanium-Hydrogen-Alloys, Trans. AIME 6 (1954) 367 bis 376. (S. 96, 341, 350, 352, 354, 356, 357, 368)

L 24 Lenning, G. A.; Craighead, C. M.; Jaffee, R. I.: Hydrogen contamination in descaling and acid pickling of Ti, Trans. ASM 48 (1956) 726–733, Disk. 733 bis 741. (S. 346)

L 24a Lenning, G. A.; Heil, W. H.: Flat rolled beta Titanium alloys for airframe applications, 2. Internat. Konf. Titan, 2. Sitzung, 2. 5. 1972, MIT Cambridge, Mass., USA. (S. 554)

L 25 Lenning, G. A.; Spretnak, J. W.; Jaffee, R. I.: Effect of Hydrogen on α-Ti-alloys, Trans. AIME 206 (1956) 1235–1240. (S. 354, 359, 445)

L 25a Leone, O. Q.; Knudsen, H.; Couch, D.: High-purity Ti electrowon from $TiCl_4$, Journ. of Metals 19 (März 1967) 18–23. (S. 23)

L 25b Lerinman, R. M.; Murzayeva, G. V.: Influence of the initial state of the dislocation structure and mechanical properties of work-hardened β-Ti alloy TS 6, Fiz. metal. metalloved. 27 (1969) 524–530. (S. 270)

L 25c Levine, E. D.: Deformation mechanisms in Titanium at low temperatures, Trans. AIME 236 (1966) 1558–1565. (S. 120, 121, 221)

L 26 Levinger, B. W.: Lattice parameter of β-Ti at room temperature, Trans. AIME 197 (1953) 195. (S. 65, 67)

L 26a Levinski, Yu. V u.a.: Diffusion of N in Ti, Soviet. Akad. Nauk. SSSR Neorgan. Mater. 4 (1968) 2068–2073. (S. 104, 105)

L 27 Levinson, D. W.; Rostoker, W.; Yamamoto, A.: Effect of Carbon on some properties of Ti-Mo-alloys, J. Metals 8 (1956) 790–793. (S 267)

L 28 Levy, C.: Chromium plating on Ti-alloys, J. Electrochem. Soc. 105 (1958) 161 C, Abstr. No. 94. (S. 461, 462)

L 29 Levy, C.: Chromium plating on Ti-alloys, Metal Finish 58 (1960) Mai, 49–55. (S. 462)

L 29a Levy, M.: Anodic behavior of Ti and commercial Ti-alloys, Corrosion 23 (1967) 236–244. (S. 381, 456)

L 29b Levy, M.; Dawson, D.; Sklover, G.; Seitz, D.: The corrosion behavior of Ti-alloys in chloride solutions: Materials for surgical implants; 2. Int. Konf. Ti, 13. Sitzung, 5. 5. 1972, MIT, Cambridge, Mass., USA. (S. 371)

L 29c Levy, M.; Morrossi, J. L.: Wear and erosion-resistance coatings for Ti-alloys 2. Int. Konf. Ti, 13. Sitzung, 5. 5. 1972, MIT, Cambridge, Mass., USA. (S. 463)

L 30 Lewis, W. J.; Faulkner, G. E.; Rieppel, P. J.: Brazing and soldering of Ti, Battelle Memorial Inst. TML Report 45 (1956). (S. 532, 534, 535)

L 30a Leybold-Heräus-Vakuumtechnik, Köln-Hanau: Werksaufnahme. (S. 558)

L 32 Libanati, C. M.; Dyment, S. F.: Selbstdiffusion in α-Ti, Acta Met. 11 (1963) 1263–1268. (S. 63, 103)

L 32a Libanati, C. M.; Reca, N. in: Adda, Y.; Philibert, J.; La diffusion dans les solides, Presses Universitaires de France, Paris 1966. (S. 103)

L 34 Lignon, R.: Über die Reinigung von Ti durch das Jodidverfahren, Rev. Metallurg. 53 (1956) 503–509. (S. 85)

L 34a Lii, Y.; Ramachandran, V.; Reed-Hill, R. E.: Some aspects of the variation of the strain anisotropy in Ti, Met. Trans. 1 (1970) 447–453. (S. 125, 231)

L 34b Lin, F. S.: Electrochemical study of stress corrosion cracking of TiAl8Mo1V1 alloy in NaCl solution, Corrosion 28 (1972) 182–185. (S. 425)

L 34c Linde, GmbH. München, DPA. G 25, G 93, 21 h, 30-12 vom 12. 11. 1958. (S. 509)

L 34d Ling, F. W.; Starke, E. A.: Thermal etching of β-Ti-V-alloys, Metallography 5 (1972) 399–407. (S. 213)

L 34e Link, F.; Munz, D.: Investigation of the fracture toughness of a Ti-alloy, Materialprüfung 13 (1971) 407–412. (S. 325)

L 34f Lippert, T. W.: Titanium in USA, Int. Conf. on Ti, Inst. of Metals, London, 21.–24. 5. 68, Ref. R. I. Jaffee, N. E. Promisel, Pergamon Press (1970) 5–9. (S. 3. 540, 549)

L 34g Lipsitt, H. A.; Roberson, J. A.; Wang, D. Y.: The effect of interstitial elements on the fatigue limit behavior of Ti, ARL 66-0052 (März 1966) Clearinghouse for Federal Scientific and Technical Information, Springfield, Pa. AD 634518. (S. 247, 346)

L 35 Lipsitt, H. A.; Wang, D. Y.: The effect of interstitial solute atoms on the fatigue limit behaviour of Ti, Trans. AIME 221 (1961) 918–923. (S. 217, 242)

L 35b Lisagor, W. B.; Manning, C. R.; Bales, T. T.: Stress corrosion cracking of TiAl6V4 in N_2O_4, NASA Techn. Note TND 4289 (1968), Ref. in Werkst. u. Korr. 20 (1969) 257. (S. 410)

L 36 Littmann, F. E.; Church, F. M.: Reactions of Ti with water and aqueous solutions, Stanford T.A. 4283 (1958). (S. 434)

L 37 Littmann, F. E.; Church, F. M.; Kindermann, E. M.: A study of metal ignition. I. The spontaneous ignition of Ti, J. Less Common Metals 3 (1961) 367–378. (S. 434, 435, 505)

L 38 Litton, F. B.; Gonser, B. W.: Composition, structure and properties of iodide-Ti, Metal Progress 55 (1949) 346–347. (S. 64, 215, 216)

L 39 Liu, H. W.: Effect of surface finish on the fatigue strength of TiAl6V4-alloy, Dept. of Theoretical and Applied Mechanics, University of Illinois, T. u. A. M. Rep. 533 (1956). (S. 327)

L 40 Liu, T. S.; Steinberg, M. A.: Twinning in single crystals of Ti, J. Metals 4 (1952) 1043–1044. (S. 118, 121, 122)

L 41 Liu, T. S.; Steinberg, M. A.: Diskussion zu „Deformation Mechanism in α-Ti“ Anderson, E. A., Jillson, D. C.; Dunbar, S. R.: Trans. AIME 197 (1953) 1191–1197 in Trans. AIME 200 (1954) 697–698. (S. 124)

L 42 Liu, T. S.; Steinberg, M. A.: The mode of hydride precipitation in α-Ti and α-Ti-alloys, Trans. ASM 50 (1958) 455–477. (S. 356)

L 43 Liu, Y. C.: Martensitic transformation in binary Ti-alloys, Trans. AIME 206 (1956) 1036–1040. (S. 174)

L 44 Liu, Y. C.; Margolin, H.: Martensite habit planes in quenched Ti-Mn-alloys, J. Metals 5 (1953) 667–670. (S. 69, 174, 178)

L 45 Liu, Y. C.; Margolin, H.: Grain size control in Ti and the effect thereon of various addition agents, US Government Research Reports 27 (April 1957) Nr. 4, 188–189. (S. 141)

L 45a Livanov, V. A.; Bukhanova, A. A.; Kolachev, B. A.: Hydrogen in Titanium. Part 1: Titanium and its alloys (Moskau 1962) Israel Program for Scientific Translations Jerusalem 1965. (S. 235, 278, 280, 281, 282, 284, 351)

L 45b Livanov, V. A.; Kolachev, B. A.; Bukhanova, A. A.: Hydrogen embrittlement in Ti and its alloys, Int. Conf. on Ti, Inst. of Metals, London 21.–24. 5. 1968, Ref. R. I. Jaffee, N. E. Promisel, Pergamon Press (1970) 561–571. (S. 361)

L 45c Löhberg, R.; Heller, W.; Zwicker, U.: Influence of pinning forces of Titanium-Niobium base alloys on the critical current up to 100 kilogauss, 2. Internat. Konf. Titan, 6. Sitzung, 3. 5. 1972, MIT Cambridge, Mass., USA und Z. Metallkunde 63 (1972) 735–739. (S. 84)

L 45d Löhberg, R.; Heller, W.; Zwicker, U.; Oswald, B.: Investigations on superconducting Ti-Nb-alloys with additions of third elements, 3. Int. Cryogenic Eng. Conf. Berlin 1970, 325–332. (S. 84)

L 46 Löhberg, K.; Schleicher, H. W.: Untersuchungen zur Kinetik der Verzunderung von Titan in Wasserdampf unter Anwendung einer neuen volumetrischen Methode, Z. Phys. Chem. (NF) 15 (1958) 223–244. (S. 431)

L 47 Löhberg, K.; Westphal, H.: Rückbildung und Neubildung der ω-Struktur in Ti-V- und Ti-Mo-Legierungen, Z. Metallkunde 49 (1958) 449–455. (S. 87, 91, 182)

L 48 Loewen, E. G.: Thermal properties of Ti-alloy and selected tool materials, Trans. ASME 78 (1956) 667–670. (S. 88)

L 49 Logan, H. L.: Studies of hot salt cracking of the TiAl8V1 alloy, Proc. Fundamental aspects of S.C.C., Ohio State Univ., 11.–15. 9. 1967, 662–672. (S. 410)

L 50 Logan, H. L.; McBee, M. J.; Bechtholdt, C. J.; Sanderson, B. T.; Ugiansky, G. M.: Chemical and physical mechanisms of salt stress-corrosion cracking in the TiAl8Mo1V1. ASTM special techn. publ. Nr. 397 (1966) S. 215–230. Symposium stress corrosion cracking, Seattle 1965. (S. 410)

L 51 Long, R. A.; Ruppender, R. R.: High-temperature alloy fusion brazing for Ti and Ti-alloys. Welding Journal 33 (1954) 1087. (S. 532)

L 51a Louthan jr., M. R.: Stress orientation of TiH in Ti, Trans. AIME 227 (1963) 1166–1170. (S. 350)

L 51b Louthan, M. R.; Caskey, G. R.; Donovan, J. A.; Rawl, D. E.: Hydrogen embrittlement of metals, Materials Science and Engineering 10 (1972) 337 bis 368. (S. 466)

L 51c Lowery, R.: Galvanische Überzüge auf Ti und Ti-Leg., Galvanotechnik 58 (1966) 395–401. (S. 461)

L 52 Lucas, A. G.: Forming TiAl6V4-alloy, Light Metal Age (Dez. 1956) 21–24. (S. 488)

L 52a Lucas, J. J.: Improvements in the fatigue strength of TiAl6V4 forgings, 2. Int. Konf. Ti, 10. Sitzung, 4. 5. 1972, MIT, Cambridge, Mass., USA. (S. 471)

L 52b Lucas, J. J.; Konieczny, P. P.: Relationship between grain size and crack initiation fatigue strength in TiAl6V4, Met. Trans. 2 (1971) 911–912. (S. 329)

L 52c Lücke, K.; Rixen, R.: Orientation relationships in the recrystallization of polycrystalline, hexagonal metals, Met. Trans. 1 (1970) 259–266. (S. 130)

L 53 Lueg, W.; Funke, P.: Über das Ziehen von Titanstangen als Beispiel für die Verarbeitbarkeit schwer umformbarer Werkstücke, Stahl und Eisen 78 (1958) 1816–1822. (S. 482)

L 53a Luetjering, G.; Weissmann, S.: Mechanical properties and structure of age-hardened Ti-Cu-alloys, Met. Trans. 1 (June 1970) 1641–1649. (S. 257)

L 53b Luetjering, G.; Weissmann, S.: Mechanical properties of age-hardened Ti-Al alloys, Acta Met. 18 (July 1970) 785–795. (S. 252, 253)

L 53c Luhmann, T. S.; Taggart, R.; Polonis, D. H.: A resistance anomaly in beta-stabilized Ti-Cr-alloys, Scripta Met. 2 (1968) 169–172. (S. 82)

L 53d Luhman, T. S.; Taggart, R.; Polonis, D. H.: Correlation of superconducting properties with the beta- to omega-phase transformation in Ti-Cr-alloys, Scripta Met. 3 (1969) 777–782. (S. 82)

L 53e Luhman, T. S.; Taggart, R.; Polonis, D. H.: The effect of omega-phase reversion on the superconducting transition in Ti-base-alloys, Scripta Met. 5 (1971) 81–86. (S. 82)

L 54 Luini, L.; Lee, E.: Investigation of the heat treatment of commercial Ti-base-alloys, Trans. AIME 200 (1954) 581–592. (S. 291)

L 54a Lundstrom, T.; Snell, P. O.: Studies of crystal structures and phase relationship in the Ti-P-System, Acta chem. Scand. 21 (1967) 1343–1352. (S. 570)

L 55 Lunsford, J.; Grant, N. J.: Relative high temperature properties of the hexagonal close-packed and body-centered cubic structures in iodide Ti, Trans. ASM 49 (1957) 328–338. (S. 115, 240, 241, 271)

L 56 Luster, D. R.: Mechanical metallurgy of Ti. II., Ductility, Titanium Course (17. Sept. 1956) New York University, Lecture Nr. 7. (S. 358)

L 57 Luster, D. R.; Wentz, W. W.; Kaufmann, D. W.: Creep properties of Ti, Mater. and Meth. 37 (1953) Nr. 6, 100–103. (S. 235, 238, 239, 240)

L 58 Lutschkin, G. P.; Iljin, G. G.: Fisika Metallow i Metallow-edenije 2 (1956) 521. (S. 431)

L 58a Luzhnikow, L. P.; Novikowa, V. M.: Reversion at the ageing of the Ti-alloys. 2. Int. Konf. Ti, 8. Sitzung, 3. 5. 72, MIT, Cambridge, Mass., USA. (S. 189)

L 59 Lyman, W. S.; Olofson, C. T.: Ti-fabrication and reliability problems in aircraft, Battelle Mem. Inst. DMIC Memorandum 33 (4. 9. 1959). (S. 463, 484, 489, 550)

L 60 Lyon, S. R.; Inouye, S.: The interaction of Ti with refractory oxides, 2. Int. Konf. Ti, 3. Sitzung, 2. 5. 1972, MIT, Cambridge, Mass., USA. (S. 30)

M 1 Ma, J. L.; Wright, C.: Cladding steel with Ti, Metal Progress 77 Nr. 5 (Mai 1960) 76–79. (S. 536)

M 1a MacDonald, D. E.; Wood, W. A.: Fatique mechanisms in Ti at ultrasonic frequency, Journal of Appl. Phys. (Dez. 1971) 5531–5533 u. 2. Int. Konf. Ti, 7. Sitzung, 2. 5. 1972, MIT Cambridge, Mass., USA. (S. 247)

M 1b MacGregor, I.: Sondermetalle und ihre Zukunftsaussichten, Metall 22 (1968) 68–71. (S. 2, 3)

M 2 MacGregor, E. R.; Peters, B. F.; Parr, J. G.: Phase transformations in Ti-rich alloys of Ti and Mn, J. Metals 8 (1956) 1324–1325. (S. 191)

M 3 N. N.: Mollerizing Iron and Steel provides Al-surfaces, Machinery 58 (1952) 181. (S. 463)

M 5 Machlin, E. S.; Weinig, S.: A chateliers principle and stress-induced displacive transformations, Acta Met. 1 (1953) 480–482. (S. 175)

M 6 Machlin, E. S.; Yankee, W. R.: Friction of clean metals and oxides with special reference to Ti, J. Appl. Phys. 25 (1954) 576–581. (S. 456)

M 7 Machu, W.; Kámel, V.: Über die elektrolytische Ausscheidung von Titan aus wäßrigen Lösungen von Kaliumtitanfluorid. Werkstoffe und Korrosion 10 (1959) 14–26. (S. 21)

M 8 Mackay, T. L.: Effect of stress on microsegregation of Hydrogen at elevated temperatures in Ti and TiAl8Mo1V1, Met. Trans. 2 (1971) 2299–2302. (S. 365)

M 8a Mackay, T. L.; Mash, D. R.: Stress corrosion cracking of Ti-alloys at ambient temperatures in aqueous solutions, NASA-Cr 99054, SM 49105-F2 (July 1968). (S. 418, 420)

M 8b Mackay, T. L.; Tiner, N. A.: Stress corrosion susceptibility of Titanium alloys in aqueous environment, Metals Engineering Quart. 9 (1969) 59–60. (S. 424)

M 9 Magel, T.; Kulin, P. A.; Kaufmann, A. R.: Approach to melting reactive metals climinates use of refractory containers, J. Metals 4 (1952) 1286–1288. (S. 52)

M 10 Mah, A. D.; Kelley, K. K.; Gellert, M. C.; King, E. G.; O'Brien, C. J.: Thermodynamic properties of Titanium-Oxygen-solutions and compounds, U.S. Bureau of Mines Report 5316 (März 1957). (S. 92)

M 10a Mahoney, M. W.; Paton, N. E.: The effect of Oxide thickness on the hot salt corrosion of TiAl6V4, Corrosion 28 (1972) 374–378. (S. 412)

M 11 Makin, M. J.; Churchman, A. T.; Harries, D. R.; Smallman, B. E.: The mechanical properties, embrittlement and metallurgical stability of irradiated metals and alloys, 2. UN Intern. Conf. on the Peaceful Uses of Atomic Energy, A/Conf. 15/P/80 (3. Juni 1958). (S. 230, 231)

M 12 Makin, M. J.; Minter, F. J.: The effect of neutron irradiation on the mechanical properties of Ti and Zr, J. Inst. Met. 85 (1956/57) 397–402. (S. 231)

M 13 Makrides, N.; Baldwin, M. W.: High temperature brittleness in Ti-alloys, WADC Techn. Rept. 57–251. (S. 310)

M 13a Mallet, M. W.: Surface treatments of Ti-alloys, US Dep. of Commerce AD 633038 (Okt. 1965). (S. 457, 460)

M 13b Maltsev, M. V.; Morozov, L. N.; Moiseev, V. N.; Efremov, Y. N.; Khorev, A. I.: Oxidierbarkeit von Ti-Legierungen beim Erhitzen an Luft, Izv. Vysshikh Uchebn. Zavedenii, Tsvet. Met. 9 (1966) 142–146; Ref. in Werkst. u. Korr. 19 (1968) 59. (S. 430)

M 13c Manton, F.; Turner, M. E. D.: Anodizing of Ti-equipment, Int. Conf. on Ti, Inst. of Metals, London, 21.–24. 5. 1968, Ref. R. I. Jaffee, N. E. Promisel, Pergamon Press (1970) 171–178. (S. 457)

M 13d Marek, P. J.; Perlman, M.; Pense, A. W.; Tell, L.: Fatique tests on a welded beam with pre-existing cracks, Weld. Res. Suppl. (1970) 2450s–2454s. (S. 523)

M 14 Margolin, H.: Die physikalische Metallurgie des Titans, Z. Metallkunde 46 (1955) 827–834. (S. 174, 432)

M 14a Margolin, H.; Farrar, P. A.; Greenfield, M. A.: Thermomechanical strengthening of high strength Ti-alloys, J. Metals 20 (1968) 127A und Int. Conf. on Ti, Inst. of Metals, London, 21.–24. 5. 1968, Ref. R. I. Jaffee, N. E. Promisel, Pergamon Press (1970) 795–808. (S. 269)

M 15 Margolin, H.; Farrar, P. M.; Kirk, W. F.: Microstructure properties in Ti-V-Fe-alloys and an investigation of some factors affecting rates of decomposition of β-Ti-alloys, Final Report to Bureau of Aeronautics on Contract 54–655-C (Mai 1955). (S. 166)

M 15a Margolin, H.; Greenfield, M. A.; Greenhut, I.: Yield strength microstructure and fracture toughness in a TiV5,5Al5,2Fe0,9Cu0,5-alloy, 2. Int. Konf. Ti, 9. Sitzung, 4. 5. 1972, MIT, Cambridge, Mass., USA. (S. 269)

M 16 Margolin, H.; Nielsen, J. P.: Titanium metallurgy, Modern materials advances in development and applications, Academic press, New York and London (1960) 2, 225–325. (S. 220, 222)

M 16b Margolin, H.; Portisch, H.: Hydrogen-induced expansion in Ti-Al-alloys, Trans. AIME 242 (1968) 1901–1915. (S. 354, 357)

M 17 Markus, H. L.; Turk, C. D.: Growth morphology of high rate physical vapor deposited Ti and Co, J. of Metals 20 (1968) 95A–96A. (S. 466)

M 17a Marshall, R. P.: The thermal diffusion of Hydrogen in Ti, Trans. AIME 233 (1965) 1449–1450. (S. 339)

M 18 Martin, D. C.: Effects of Carbon, Oxygen and Nitrogen on welds in Ti, Welding Journal 32 (1953) 139s–154s. (S. 513, 514)

M 18a Martin, G.: Investigation of long term exposure effects under stress of two Ti-structural alloys. ASTM special techn. publ. No. 397 (1966) S. 95–122, Symposium stress corrosion cracking, Seattle 1965. (S. 412)

M 18b Martin, G.: Brazing thin-gage Ti sandwich structures, Metal Progress 99 (1971) 89–90. (S. 532)

M 19 Mastin, M. G.: Solving the practical problems of Ti-production, Eng. and Mining J. 157 (1956) 78–87. (S. 10, 15)

M 20 Mataich, P. F.; Wagner, F. C.: Roll cladding of base metals with Ti, WADC Techn. Rep. (Dez. 1953) 53–502. (S. 536)

M 21 Material Protection 6 (1967) Nr. 10, 22–27, N.N.: The catastrophic corrosion behavior of Ti in chemical processes. (S. 397)

M 22 Matthias, B. T. in „Superconductors“: Proceedings of technical sessions (18. 2. 1963), herausgegeben von M. Tanenbaum und W. V. Wright, Interscience Publishers, New York (1962). (S. 80)

M 24 Matthias, B. T.; Compton, V. B.; Suhl, H.; Corenzwit, E.: Ferromagnetic solutes in superconductors, Phys. Rev. 115 (1959) 1595–1598. (S. 81)

M 24a Matthias, B. T.; Corenzwit, E.; Miller, C. E.: Transition temperatures of superconductors, Phys. Review 92 (1953) 874–876. (S. 80)

M 25 Matthias, B. T.; Geballe, T. H.; Compton, V. B.: Superconductivity, Rev. of Modern Physics 35 (1963) 1–22. (S. 79)

M 26 Matting, A.; Ulmer, K.: Untersuchungen zum Metallkleben von Titan, Metall 16 (1962) 6–10. (S. 538)

M 26a Mauer, K.; Grewe, H.; Weigand, H. H.: Pulvermetallurgisch hergestellte Titanfilter, DEW Techn. Ber. 6 (1966) 115–124. (S. 59, 401)

M 27 Maykuth, D. J.; Holden, F. C.; Williams, D. N.; Ogden, H. R.; Jaffee, R. I.: The effects of alloying elements in Ti, A. Constitution, B. Phys. and chemical properties deformation and transformation characteristics, Battelle Memorial Inst. DMIC Report 136A/B (1960/61). (S. 92, 96, 107, 113, 151, 152, 167)

M 28 Maykuth, D. J.; Ogden, H. R.; Jaffee, R. I.: Ti-Mn-, Ti-W- and Ti-Ta-systems, Trans. AIME 197 (1953) 225–237. (S. 66, 67, 258, 259)

M 30 Maykuth, D. J.; Ogden, H. R.; Jaffee, R. I.: The effects of alloying elements in Ti, A.: Constitution, DMIC Report 136A, 15. 9. 1960. (S. 146, 165)

M 31 Maynor, H. W.; Barrett, B. R.; Swift, R. E.: Scaling of Ti and Ti-alloys, WADC Techn. Rep. 34–190 (März bis Juni 1955). (S. 431, 432)

M 31a Mazza, F.: Influence of long time polarization on anodic break down of Ti in concentrated NaCl-solution, Corrosion 23 (1967) 223–230. (S. 381, 396)

M 31b Mazza, F.: Anodisches Verhalten und Korrosion von Ti in methanolischen Lösungen, Werkstoffe und Korrosion 20 (1969) Heft 3, 199–205. (S. 415)

M 33 McAndrew, J.; Kessler, H. D.: TiAl36 as a base for high temperature alloys, Trans. AIME 206 (1956) 1348–1350. (S. 336)

M 34 McAndrew, J.; Simcoe, C. R.: Development of a Ti-Al-Nb-alloy for use at 650–980 °C, US Aeronaut. Syst. Dir. Techn. Rept. (1962) TR-61-446. (S. 291, 336, 433)

M 34a McDonald, N. R.; Wallrock, G. R.: The reaction of N with Ti between 800 and 1200 °C, Oxidation of Metals 2 (1970) 263–285. (S. 569)

M 34b McGee, R. L.; Campbell, J. E.; Carlson, R. L.; Manning, G. K.: The mechanical properties of certain aircraft structural metals at very low temperatures, WADC Techn. Report No. 58–336 (1958), Material in Design Engineering (Nov. 1959) 106–107. (S. 291)

M 38 McHargue, C. J.: The crystallography of the Ti transfoımation, Acta Crystallographica 6 (1953) 520–530. (S. 151, 152)

M 39 McHargue, C. J.; Adair, S. E. jr.; Hammond, J. P.: Effects of solid solution alloying on the cold-rolled texture of Ti, Trans. AIME 197 (1953) 1199–1203. (S. 128)

M 40 McHargue, C. J.; Hammond, J. P.: Deformation mechanisms in Ti at elevated temperatures, Acta Met. 1 (1953) 700–705. (S. 117, 118, 125, 128, 130)

M 41 McHargue, J. C.; Hammond, J. P.: Preferred orientations in iodide-Ti, Trans. AIME 197 (1953) 57–61. (S. 126, 130, 133)

M 41a McKeogh, J. D.: Hydraulic press forging of large parts, Met. Eng. Quart. 8 (1968) 7–11. (S. 555)

M 42 McKinley, T. D.: Determination of Hydrogen in Ti, J. Electrochem. Soc. 102 (1955) 117–123. (S. 347, 348)

M 43 McKinley, T. D.: Effect of impurities on the hardness of Ti, J. Electrochem. Soc. 103 (1956) 561–566. (S. 219, 250, 251)

M 44 McKinley, T. D.: The determination of Hydrogen in Ti and its alloys, Trans. AIME 212 (1958) 563–571. (S. 347)

M 45 McKinsey, C. R.; Stern, M.; Perkins, R. A.: Factors affecting the absorption and distribution of Hydrogen in Ti during acid pickling, Trans. ASM 50 (1958) 438–455. (S. 346, 448)

M 45a McMillan, J. C.; Taggart, R.; Polonis, D. H.: Electronmicroscopy studies of transformations in a Ti-V-alloy, Trans. AIME 239 (1967) 739–742. (S. 170, 178, 187)

M 45b McNitt, R. P.: A method of disaliguement of Ti-hydrides, Trans. AIME 239 (1967) 1659–1661. (S. 370)

M 47 McPherson, D. J.; Fontana, M. G.: Preparation and properties of Ti-Cr-alloys, Trans. ASM 43 (1951) 1098–1125. (S. 431)

M 47a McPherson, D. J.; Hansen, D. B.: Der Aufbau binärer Legierungssysteme des Titans, Z. Metallkde. 45 (1954) 76–82. (S. 145, 165)

M 48 McQuillan, A. D.: An experimental and thermodynamic investigation of the Titanium-Hydrogen-system, Proc. Roy. Soc. A London 204 (1950) 309–323. (S. 60, 93, 94, 143, 148, 350, 351)

M 49 McQuillan, A. D.: Some observations on the α/β-transformation in Ti, J. Inst. Metals 78 (1950/51) 249–257. (S. 74, 93, 341)

M 50 McQuillan, A. D.: The Ti-H-system for Magnesium reduced Ti, J. Inst. Metals 79 (1951) 371–378. (S. 352)

M 51 McQuillan, A. D.: The application of Hydrogen equilibrium-pressure-measurements to the investigation of Ti-alloy-systems. J. Inst. Metals 79 (1951) 73–88. (S. 347)

M 52 McQuillan, A. D.: The effect of the elements of the first group period on the α/β-transformation in Ti, J. Inst. Metals 80 (1951/52) 363–368. (S. 165)

M 53 McQuillan, A. D.: Reinvestigation of a Ni-Ti-alloy and observation on $\beta(\alpha + \beta)$-boundaries in Ti-systems, J. Inst. Metals 82 (1953/54) 47–48. (S. 166, 179)

M 54 McQuillan, A. D.: Hydrogen in Ti and its alloys, New York University, Lecture 11, Titanium Metallurgy Course, 10.–14. Sept. 1956. (S. 342)

M 55 McQuillan, A. D.: The effect of dissolved Hydrogen on the physical and thermodynamic properties of Ti and Zr, J. Electrochem. Soc. 106 (1959) 68. (S. 339)

M 55a McQuillan, A. D.: Interpretation of H-solutions in bbc early transition Metals, J. of Chemical Physics 53 (1970) 156–164. (S. 339)

M 55b McQuillan, A. D.: The interaction of O and H in Ti, 2. Int. Konf. Ti, 6. Sitzung, 3. 5. 1972, MIT Cambridge, Mass., USA. (S. 352)

M 55c McQuillan, A. D.; McQuillan, M. K.: TITANIUM, Metallurgy of the rarer metals – 4, London Butterworth Scientific Publication (1956). (S. 94, 216)

M 55d McQuillan, A. D.; Pessall, N.: Lattice-parameter changes in the pseudo-binary system of Titanium and Zirkonium dihydrides, Acta Cryst. (1961) 14, 1287–1288. (S. 354)

M 55e McQuillan, A. D.; Wallbank, A. D.: Thermodynamic behavior of dilute solutions of Hydrogen and Deuterium in Ti and Zr, Journal of the Chemical Physics 51 (1969) 1026–1031. (S. 338, 339)

M 55f McQuillan, M. K.: A redetermination and interpretation of the Ti-Cr-system, J. Inst. Metals 82 (1953/54) 433–439. (S. 179)

M 55g McQuillan, M. K.: Note on the constitution of the Ti-Au-System (0–6 At.-% Au), J. Inst. Metals 82 (1953/54) 511–512. (S. 189)

M 56 McQuillan, M. K.: Phase transformation in Ti and its alloys, Institute of Metals, Metallurgical Review 8 (1963) Nr. 29, 41–104. (S. 71, 170, 257)

M 57 McQuillan, M. K.: A study of the Ti-Ag-system, J. Inst. Metals 88 (1959/60) 235–239. (S. 336)

M 58 McQuillan, M. K.: The constitution of the Ti-Sn-system in the region 0–25 At.-% Sn, J. Inst. Metals 84 (1956) 8, 307–312. (S. 195)

M 60 McQuillan, M. K.; Reynolds, J.: Heat treatment of Ti-Cu-alloys, Brit. Pat. 854809 vom 23. 11. 1960. (S. 280, 288)

M 61 Medard, L.; Jacquet, P. A.; Sartorius, B.: Über die Explosionsgefahr der Überchlorsäure enthaltenden Bäder beim elektrolytischen Polieren, Rev. Metallurgie 46 (1949) 549–560. (S. 206)

M 63 Medoff, F. J.; Cadoff, I.: Lattice expansion of Rhenium and Titanium, J. Metals 11 (1959) 581, Spalte 29/30 (AIMEfall Meeting, 1959). (S. 89)

M 64 Meier, H. B.: Use of Ti-equipment in Chlorine-dioxide bleaching (7. Juli 1960), J. Techn. Assoc. of the Pulp and Paper Ind., 144–146. (S. 546)

M 65 Meissner, W.: Messungen mit Hilfe von flüssigem Helium. VI. Die Übergangskurve zur Supraleitfähigkeit für Titan, Z. Phys. 60 (1930) 181–183. (S. 78)

M 65a Meleka, A. H.: The application of Ti-alloys in the Olympus 593 for the Concorde SST, Int. Conf. on Ti, Inst. of Metals, London, 21.–24. 5. 1968, Ref. R. I. Jaffee, N. E. Promisel, Pergamon Press (1970) 1117–1125. (S. 550, 553)

M 66 Mendelssohn, K.; Rosenberg, H. M.: The thermal conductivity of metals at low temperature, I. The elements of groups 1, 2 and 3. II. The transition elements, Proc. Phys. Soc. A, London 65 (1952) 385–388 und 388–394. (S. 88)

M 68 Mendelson, S.: Zonal dislocation for twinning and martensite formation in Ti, 2. Int. Konf. Ti, 8. Sitzung, 3. 5. 1972, MIT, Cambridge, Mass., USA. (S. 152)

M 68a Mendiratta, M. G.; Lütjering, G.; Weissmann, S.: Strength increase in TiNb35 through step-aging, Met. Trans. 2 (1971) 2599–2605. (S. 184, 257)

M 69 Meredith, A. L.; Handova, C. W.: Titanium-alloy weldability and correlated metallurgy, Welding Journal 34 (1955) 657–672. (S. 524)

M 69a Meredith, R.; Arter, W. L.: Stress corrosion of Ti-weldments, Welding J. 36 (1957) 415–418. (S. 416)

M 70 Merrien, A.: Titanium foundry adjustment and developments, Lecture le aciers et alliages speciaux on service de l'aviation. Le Bourget 3. 6. 71. (S. 55, 57)

M 70a Metallgesellschaft AG, Metall-Laboratorium, Frankfurt/M.; Werkfotos und unveröffentlichte Untersuchungen. (S. 4, 41, 122, 123, 239, 350, 352, 367, 491)

M 70b Metallurgija i dimija titana 6 (1970). Teil I: Erzeugung von Titanschlacke, 7–33; Teil II: Gewinnung und Reinigung von $TiCl_4$, 34–61; Teil III: Elektrolyse des Titans, 62–93; Teil IV: Die Herstellung von Erzeugnissen aus Ti-Pulvern, 94–116; Teil V: Titanlegierungen, 117–134; Teil VI: Verarbeitung der Abfälle der Ti-Gewinnung, 135–145; Teil VII: Analyse der Produkte der Ti-Metallurgie, 146–169. (S. 4, 10, 11, 12, 24, 41, 58, 59)

M 70d Metal Progress 1964, März 1964, S. 6, April 1964, S. 106. N.N.: Properties heat treatment fabrication, specifications and applications for wrought Titanium-alloys, (S. 223, 248, 251, 258, 278, 280, 281, 282, 295, 300, 475)

M 70e Metal Progress 95 (1968) Nr. 12, 99 N.N.; Extruded Ti-panels cut machining time and waste. (S. 477)

M 70f Metal Progress 95 (1969) März, 74–76 N.N., Materials and processes for the Boeing 747. (S. 553)

M 70g Metal Progress 96 (1969) Dez., 112 N.N., Helicopter Rotor Hub is diffusion bonded. (S. 518)

M 70h Metal Progress 98 (1970) July, 10 N.N., Drilling of Ti speeded by ultrasonic assist. (S. 498)

M 70i Metals and Materials, N.N.: Liquid metal cooled Ti-furnace 13 (1968) 161 –162. (S. 47)

M 71 Metals Handbook, 8. Auflage, Band I (1961), Properties and selection of metals, Metals Handbook Committee, edited by Taylor Lyman, The American Society for Metals. (S. 317, 319, 328, 332)

M 72 Metals Handbook (8. Auflage) Bd. II (1964), ASM Heat treating, cleaning and finishing. (S. 137, 280, 475)

M 73 Metalworking Production: Zinc-plated Titanium 104 (27. Juli 1960) Nr. 30, S. 9. (S. 464)

M 74 Metcalfe, A. G.; Klein, M. J.: Compatible alloys for Ti matrix composites, 2. Int. Konf. Ti, 12. Sitzung, 4. 5. 1972, MIT, Cambridge, Mass., USA. (S. 337)

M 75 Metrocutanit Ltd.: Brit. Pat. 761750, veröffentlicht 21. Nov. 1956, Prioritätsanmeldung Österreich, 28. Sept. 1954. (S. 31)

M 75a Metzbower, E. A.: Stacking fault probability determinations in hcp Ti-Al-alloys, Met. Trans. 2 (1971) 3099–3103. (S. 128)

M 76 Metzger, G. E.: Entwicklung eines Hartlötverfahrens für die Paarung Titan-Aluminium, Dissertation TH Aachen 1961. (S. 532, 533, 534, 535)

M 77 Meyer, F.: Die spanende Bearbeitung von Ti und Ti-Legierungen, Industrieanzeiger Essen 71 (1963) 233–236. (S. 492, 493)

M 77a Meyer, H. M.: Effects of interstitial elements on weldability of Titanium alloy sheet, Welding Journal 34 (1955) 379–393, 505–516. (S. 507, 508)

M 78 Meyer, H. M.; Rostoker, W.: Effect of alloying elements on the weldability of Ti-sheet, Welding Journal 33 (1954) 173–186. (S. 527)

M 78a Meyn, D. A.; An analysis of frequency and amplitude effects on corrosion fatique crack propagation in TiAl8Mo1V1, Met. Trans. 2 (1971) 853–865. (S. 424)

M 78b Meyn, D. A.: Cleavage in TiAl8Mo1V1 caused by Hydrogen gas, Met. Trans. 3 (1972) 2302–2303. (S. 335, 346)

M 78c Meyn, D. A.; Sandoz, G.: Fractography and crystallography of subcritical crack-propagation in high strength Ti-alloys, Trans. AIME 245 (1969) 1253 bis 1258. (S. 415)

M 78d Michel, H.; Gantois, M.: Etude de la nitruration par bombardement ionique due Titane et des alliages de Titane, Mémoires Scientifiques Rev. Métallurg. 69 (1972) 739–750. (S. 456)

M 78e Mii, S.; Yamada, Y.: Osaka Titanium Co., Japan. Pat. 853 (56) vom 11. 2. 1956. (S. 11)

M 78f Mikhailov, A. P.; Krylov, B. S.: The influence of hydrogen in the tendency of Ti for delayed cracking, Ti and Ti-alloys, Publ. Nr. 10, Izdatel'stuv Akad. Nauk. SSSR, Moskau 1963, Israel Program for Sc. Translat. (1966) 151–158. (S. 364)

M 78g Mikhailov, P. A.; Ponomarenko, E. P.; Petergerya, D. M.; Rybkin, V. V.; Filina, L. I.; Khokhlov, V. P.; Khoroshailo, G. P.: Wear resistance and fatique strength of TiAl6,5Mo3,5(Si0,3) with vacuum-diffused coatings, Fiz. Khim. Mek. Mat. 4 (1968) Nr. 2, 139–142. (S. 328)

M 78h Millaway, E. E.: Titanium: Its corrosion behaviour and passivitation. Mater. Protect. 4 (Jan. 1965) 16–21. (S. 435)

M 78i Millaway, E. E.; Kleinman, M. H.: Water content of chlorine for Ti passivation, NACE 22nd Annual Symposium (1966). (S. 435)

M 79 Miller, D. R.: Internal friction of Ti and its alloys, Trans. AIME 224 (1962) 275–281. (S. 101)

M 79a Miller, D. R.; Browne, K. M.: Stress induced diffusion of Carbon and Oxygen in Ti, Int. Conf. on Ti, Inst. of Metals, London, 21.–24. 5. 1968, Ref. R. I. Jaffee, N. E. Promisel, Pergamon Press (1970) 401–405. (S. 101)

M 79b Miller, P. D.; Holladay, J. W.: Friction and wear properties of Ti. Wear 2 (1958/59) 133–140. (S. 438)

M 80 Mills, J. F.; Griffiths, W. D.: A bar mill for Titanium and its alloys, J. Inst. Metals 89 (1960/61) 1–15. (S. 480)

M 80a Mindel, M. J.; Pollack, S. R.: The room temperature oxidation of Ti thin films, Acta Met. 17 (1969) 1441–1448. (S. 425)

M 80b Ming, K. C.; Kornilov, I. I.; Pylaeva, E. N.: Investigation of structure and properties of Ti-Al-Mo-alloys, Izv. Akad. Nauk. SSSR, OTN, Metallurgiya i Toplivo 4 (1962) 114–118. (S. 336)

M 80c Minkevich, A. N.; Sulga, Y. N.: Surface hardening of Ti in fused Borax, Metallovede i Term. Obrabotka Metal 13 (1957) (Met. Ind. 93 (1957) 67–69. (S. 459)

M 80d Minkler, W. W.: Titanium 1969, Titanium News, Titanium Metals Corporation of America, 21. 1. 70. (S. 541)

M 80e Minkler, W. W.: Current uses and future of Ti, 2. Int. Konf. Ti, 1. Sitzung 2. 5. 72, MIT, Cambridge, Mass., USA. Industrial uses hold key to Titanium's future, Metal Progress 102 (Sept. 1972) 88–89. (S. 3, 540, 541)

M 82 Mirand, P.; Saulnier, A.: Schnellverfahren zur Anfertigung metallischer Dünnschliffe für die direkte Untersuchung im Elektronenmikroskop, Comp. Rend. Acad. Soc. 246 (1956) 1588–1691. (S. 213)

M 82a Mironov, O. S.; Zakharov, M. F.; Sobelev, Y. I.; Yelagina, L. A.; Gelman, A. A.: Extrusion of Ti-alloy shapes, Ti-alloys for New Technology, Nauka Press (1968) 253–256 in S 23c. (S. 476)

M 82b Mishra, S.; Asundi, M. K.: Internal friction studies in Titanium and Titanium base alpha and beta alloys, 2. Internat. Konf. Titan, 6. Sitzung, 3. 5. 1972, MIT Cambridge, Mass., USA. (S. 99)

M 83 Missel, L.: Vorbehandlung von Titan vor einer galvanischen Veredelung, U.S. Pat. 2829091 (1958). (S. 461)

M 84 Missel, L.; Powell, J. O.: Vorbehandlung von Titan für galvanische Bearbeitung, U.S. Pat. 2825682 (1958). (S. 461, 462, 464)

M 85 Mitchell, D. R.; Day, D. L.: The cryogenic and elevated temperature properties of „Super Alpha"-Ti-alloy weldments, Welding Journal 42/3 (1963) 134 s–144 s. (S. 303, 304, 322, 323, 524, 525)

M 86 Mitchell, D. R.; Kessler, H. D.: The welding of Ti to steel, Welding Journal 40 (1961) 546–552. (S. 536)

M 87 Mitchell, E.; Brotherton, P. J.: Surface treatments for improving the wear-resistance and friction properties of Ti and its alloys. J. Inst. Metals 93 (1964/65) 381–386. (S. 453, 456, 457, 464)

M 87a Mogilewskij, J. I.; Hauffe, K.: Über die Oxidschichtbildung einer Titanlegierung während einer Li_2O-haltigen Schutzgasbehandlung bei hohen Temperaturen, Werkstoffe und Korrosion 23 (1972) 341–347. (S. 430)

M 88 Moissev, V. N.: Heat treatment and mechanical properties of Ti-alloys with 5–13% Al, Metalloved i Term. Obrabotka Metallov (1960) Nr. 6, 30–39. (S. 253)

M 89 Molčanova, E. K.: Phase diagrams of Ti-alloys, Izdatel'stvo „Mashinostronie" Moskau 1964. Übersetzung: Israel program for scientific translation, Nr. 2162 (1965) Jerusalem. (S. 562, 576)

M 89a Molinier, R.; Argenteuil, S. A.; Syre, R.: High-strength Ti-alloy TiAl6V6Sn2, Revue de Métallurgie 68 (1971) 563–577. (S. 295)

M 89b Molinier, R.; Moulin, J.; Syre, R.: A study of the metallurgical characteristics of TiAl6V6Sn2-alloy, Int. Conf. on Ti, Inst. of Metals, London, 21.–24. 5. 1968, Ref. R. I. Jaffee, N. E. Promisel, Pergamon Press (1970) 979–982. (S. 295)

M 89c Molinier, R.; Syre, R.: Eine neue Ti-Legierung hoher Festigkeit, Metall 25 (1971) 484–492. (S. 295)

M 89d Monteiro, S. N.; Santhanam, A. T.; Reed-Hill, R. E.: A thermal plastic deformations in commercial purity Ti, Int. Conf. on Ti, Inst. of Metals, London, 21.–24. 5. 1968, Ref. R. I. Jaffee, N. E. Promisel, Pergamon Press (1970) 503–516. (S. 232, 233)

M 90 Moon, D. P.; Campbell, J. E.: Effects of moderately high strain rates on tensile properties of light metals, Light Metal Age 20 (Nr. 1 und 2) (1962) 18–19. (S. 232)

M 90a Moreen, H. A.: Discussion of „Tempering behavior of orthorhombic Martensite in Ti-alloys", Met. Trans. 2 (1971) 2953–2955. (S. 70)

M 90b Moreland, P. J.; Boyd, W. K.: Corrosion and stress corrosion cracking behaviour of Ti and Ti-alloys in N_2O_4, Symposium stress corrosion in Ti-alloys, Atlanta, Georgia, USA (Jan. 1971). (S. 410)

M 90c Mori, K.; Takamura, A.: Shimose, T.: Stress corrosion cracking of Ti and Zr in HCl-methanol solutions, Corrosion 22 (Febr. 1966) 29–31. (S. 415)

M 91 Morinaga, T.; Miura, I.; Takaai, T.: Oxidation of Ti-Fe-alloys at high temperatures in air, Light Metals (Jap.) 30 (1958) Mai, 42–52. (S. 431, 433)

M 93 Morinaga, T.; Tkahashi, T.; Takaai, T.: On working and recrystallization of commercial pure Ti, Light Metals (Tokyo) 23 (März 1957) 63–70. (S. 137)

M 94 Morioka, S.; Umezono, A.: The elctrochemical properties of Ti, I. Measurements of spontaneous potential and corrosion of Ti. II. Measurement of polarization of Ti, J. Japan Inst. Metals 20 (1956) 403–407. (S. 385, 389)

M 95 Moroz, L. S.; Chechwlin, B. B.; Dolin, I. V.; Butalov, L. V.; Shul'kin, S. M.; Goryachev, A. P.: Titan und seine Legierungen, Sudpromgiz Leningrad (1960) 185–190. (S. 230, 441)

M 96 Morozov, L. S.; Khesin, I. O.: Investigation of the mechanism of Hydrogen embrittlement of Ti and its alloys, Russian Metal and Fuels 1 (1960) 81–95. (S. 346)

M 96a Morris, P. R.; Heckler, A. J.: Crystallite orientation analysis for rolled hexagonal materials, Trans. AIME 245 (1969) 1877–1881. (S. 126)

M 97 Mortlock, A. J.; Tomlin, D. H.: The diffusion of Chromium in Ti. Studied by an autoradiographic method, Proc. of the Phys. Soc. Section B 69 No. 434 (1956) 248–250. (S. 112)

M 98 Mortlock, A. J.; Tomlin, D. H.: The atomic diffusion of Chromium in the Ti–Cr-system, Phil. Mag. 4 (1959) 628–643. (S. 103, 112)

M 98a Morton, A. G. S.: Titanium castings for marine applications, 2. Internat. Konf. Titan, 2. Sitzung, 2. 5. 1972, MIT Cambridge, Mass., USA. (S. 57)

M 99 Morton, P. H.; Baldwin, W. M.: The scaling of Ti in air, Trans. ASM 44 (1952) 1004–1029. (S. 426, 427, 431)

M 100 Mote, W. M.; Hooper, R. B.; Frost, P. D.: The enginnering properties of commercial Ti-alloys, TML Rep. 92 (1958). (S 290, 295, 298, 302, 310, 312, 314, 327, 328, 329)

M 101 Moulin, J.; Molinier, R.; Syre, R.: Using of the Jominy test to compare the quench hardenabilities of Ti-alloys TiAl6V4 and TiAl6V6Sn2, Int. Conf. on Ti, Inst. of Metals, London, 21.–24. 5. 1968, Ref. R. I. Jaffee, N. E. Promisel, Pergamon Press (1970) 779–782. (S. 203)

M 102 Muchnik, S. N.: Adhesive bonding of metals, Mechanical Eng. (Jan. 1956) 19–22. (S. 538)
M 103 Muck, O.: Verfahren und Vorrichtung zum Schmelzen, insbesondere von Leitern u. dgl. durch elektrische Induktionsströme, DRP 422004 (1923). (S. 53)
M 103b Mueller, W. M.: Titanium hydrides, aus Mueller, W. M.; Blackledges, S. P.; Libowitz, G. L.: Metal hydrides, Kap. 8, Academic Press, New York (1968) (S. 355)
M 103c Münster, A.: Über die Oxydation metallischer Hartstoffe, Z. Elektrochemie 63 (1959) 807–824. (S. 433)
M 104 Münster, A.; Ruppert, W.: Oberflächenschichten aus hochschmelzenden Ti-Verbindungen, Z. Electrochem. 57 (1953) 564–571. (S. 430)
M 104a Münster, A.; Ruppert, W.: Zur Thermodynamik einiger Reaktionen des Titantetrachlorids. Z. Elektrochemie 57 (1953) 558–564. (S. 9)
M 105 Münster, A.; Sagel, K.; Zwicker, U.: Elektrische Leitfähigkeit, Suszeptibilität des Systems Ti–Al, Acta Met. 4 (1956) 559–560. (S. 75, 87)
M 105a Munz, D.: Cyclic softening in alpha-Ti, Scripta Met. 6 (1972) 815–820. (S. 243)
M 105b Munz, D.; Bachmann, V.; Rachmantio, H.: The effect of frequency of cyclic loading on the slip band formation and crack initiation of Ti, Mat. Sc. and Eng. 8 (1971) 244–245. (S. 243)
M 106 Murdock, J. F.; McHargue, C. J.: Self diffusion in body centered cubic Ti-V-alloys, Acta Met. 16 (1968) 493–501. (S. 103, 111)
M 106a Murdock, J. F.; Lundy, T. S.; Stansburg, E. E.: Diffusion of Ti^{44} and V^{48} in Ti, Acta Met. 12 (1964) 1033–1039. (S. 102, 103, 108)
M 106b Murek, J. K.; Knauss, P.: Eine neue Hochgeschwindigkeitsmaschine und ihre Anwendung, Industrieanzeiger Nr. 13, Schmiedetechn. Mitt. (14. 2. 1967). (S. 476)
M 107 Murphy, T. J.: Utilization of anodic breakdown of Ti-alloys as a method of characterization, Int. Conf. on Ti, Inst. of Metals, London, 21.–24. 5. 1968, Ref. R. I. Jaffee, N. E. Promisel, Pergamon Press (1970) 217–223. (S. 378, 381, 396, 398, 405)
M 108 Murr, L. E.: A comparison of grain boundary and matrix crystalline fracture of Ti-Mo-wires by scanning electron microscopy, J. Materials Science 5 (1970) 534–537. (S. 136)
M 109 Myhren, A. J.; Kelton, E. H.; Johnson, R. L.; Snow, G. E.; Grady, L. D.; Andrews, E. W.; Reimert, L. J.; Barnett, C. E.: The New Jersey Zinc Company electrolytic Titanium pilot plant, J. of Metals 20 (1968) Mai, 38–41. (S. 23, 25)
N 1 Nadler, R. A.; Day, D. L.: Effect of Hydrogen on the mechanical behaviour of aged $(\alpha + \beta)$-Ti-alloys, Trans. AIME 218 (1960) 841–844. (S. 365)
N 1a Nadutenko, G. P.; Gorbunov, S. A.; Anitov, I. S.; Teodorovich, V. P.: Die Wirkung von Ni, Si, Nb auf die Hochtemperaturoxydation von Ti, Tr. Soveshch. po Metallokhim., Metalloved. i. Primeneniya Titana i ego Splavov 6th (1965) 148–154, Ref. in Werkst. u. Korr. 19 (1968) 62. (S. 431)
N 2 Nagy, M. J.; Kelman, D. M.: Application of ultrasonic vibrations during solidification of vacuum arc melted ingots, Metals Engineering Quarterly 1 (1961) Nr. 4, 72–83. (S. 50)
N 3 Nakano, K.; Yamamoto, S.; Kobayashi, H.; Takamura, A.: The properties of nitrided Ti, J. Japan Inst. Metals 24 (1960) 500–504. (S. 456)
N 3a Nakayama, T.; Shoji, F.; Yagi, E.: Katastrophenoxydation von Ti-Zr-Legierungen, Trans. Japan. Inst. Metals 5 (1964) 231–234, Ref. in Werkst. u. Korr. 18 (1967) 932. (S. 435)

N 3b Narayanon, G. H.; Archbold, T. F.: Comments on phase transformations in β-isomorphous Ti-alloys, Scripta Met. 4 (1970) 873–876. (S. 70, 184)

N 3c Narayanan, G. H.; Archbold, T. F.: Decomposition of the metastable β-phase in the all-beta-alloy TiV13Cr11Al3, Met. Trans. 1 (1970) 2281–2290. (S. 77, 179, 189, 299)

N 3d Narayanan, G. H.; Archbold, T. F.: Strain aging of an all-beta-Ti-alloy, Met. Trans. 2 (1971) 1264–1267. (S. 300)

N 3e Nartova, T. T.; Andrev, O. N.: Gefüge und Kriechverhalten von Ti-Zr- und Ti-Hf-Legierungen, Izvest. Akad. Nauk. SSSR (1967) Nr. 6, 180–185. (S. 99, 271, 275)

N 3f Nartova, T. T.; Andreev, O. N.: Heat resistance and elastic properties of Ti-Mo alloys, A. A. Baikov Institute of Metallurgy, Met. Science and Heat Treatment 1 (Jan. 1970) 73–74. (S. 100)

N 4 National Lead Comp. und Lindson, J. T.: Method of treating metal, US-Pat. 2959503, Appl. (23. Mai 1958) Publ. (8. Nov. 1960). (S. 460)

N 4a Neal, B. D.; Barber, A. C.; Woolcock, A.; Gidley, J. A. F.: Structure and superconducting properties of TiNb56 wire, Acta met. 19 (1971) 143–149. (S. 84)

N 4b Nelson, H. G.; Dell, P. W.; Stein, J. E.: Environmental Hydrogen embrittlement of an $(\alpha + \beta)$-Ti alloy, effect of microstructure, Met. Trans. 3 (1972) 469–475. (S. 346)

N 4c Nessler, C. G.; Rutz, D. A.; Eng, R. D.; Vozzella, P. A.: Friction welding of Titanium alloys, Supplement to the Welding Journal (1971) 379s–385s. (S. 517)

N 5 Nettle, J. R.; Baker, D. H.; Wartmann, F. S.: Electrofining Ti-metal, Bureau of Mines Report of Inv. 5315 (Febr. 1957) 43 S. (S. 26)

N 6 Netzel, R. G.; Dillinger, J. R.: Superconducting transition temperatures of Ti and Ti-isotopes, Proceedings of the VIIth International Conference on Low Temperature Physics (USA) (1961) 389–391. (S. 78, 80)

N 7 Neuber, H.: Kerbspannungslehre (1958) Springer-Verlag, Berlin-Göttingen-Heidelberg. (S. 319)

N 9 Nevitt, M. V.: Stabilization of Ti_2Ni-type-phase by Oxygen; Trans. AIME 218 (1960) 327–331. (S. 569)

N 10 Newkirk, J. B.; Geisler, A. H.: Crystallographic aspects of the beta to alpha transformation in Ti, Acta Metallurgica 1 (1953) 370–374. (S. 151, 152)

N 11 New York University Reports on Contacts No. Noa-(S)-S1-331-C to Bureau of Aeronautics, Navy Department 1952, ref. in WADC Techn. Rep. 53–41 (1953) 129–136. (S. 578, 579)

N 12 Nier, O.: The isotopic constitution of Ca, Ti, S and Ar, Phys. Rev. 53 (1938) 282–286. (S. 61, 63)

N 12a Nikitin, P. N.; Mikheyev, V. S.: Solubility of Tantalum in alpha-Ti, Fiz. metal. metalloved, 28, Nr. 6 (1969) 1127–1129. (S. 574)

N 13 Nippes, E. F.; Gernen, J. M.; Schaaf, B. W.: Thermal cycles in the arc welding of 1/2 inch Ti-plates, Welding Journal 32 (1953) 4615–4745. (S. 510)

N 14 Nishiyama, Z.; Sato, S.; Oka, M.; Nakagawa, H.: Transmission electron microscopic studies of the martensites in TiFe3-alloy. Trans. Jap. Inst. of Metals 8 (1967) 127–132. (S. 70)

N 15 Nishimura, H.; Hiramatsu, T.: On the corrosion resistance of Ti-alloys – I. The relation between the corrosion resistance and the electrode potentials of Ti-alloys, J. Japan Inst. Metals 21 (1957) 465–469. (S. 380, 400)

N 18 Nishimura, T.; Sugimura, Y.; Ohtani, Sh.: The age hardening characteristics and mechanical properties in a Ti-alloy TiCu2Zr1, 2. Int. Konf. Ti, 9. Sitzung, 4. 5. 1972, MIT, Cambridge, Mass., USA. (S. 289)

N 18a Nishimura, T.; Zwicker, U.: Supraleitung und Phasenumwandlung bei Ti-Legierungen, III. Zusätze von Nb und Fe, Z. Metallkde. 59 (1968) 69–73. (S. 79, 82)

N 18b Nishio, Y.; Yamamoto, Y.; Fukaya, Y.; Masushige, M.: Study on lining Titanium to steel by application of the special welding method. Mitsubishi Heavy Ind. Red., Techn. Rew., Jan. 1965, 23–33; Sept. 1965, 33–40. (S. 536)

N 19 Noda, T.: Titanium from slag in Japan, J. Metals 17 (1965) 25–32. (S. 1, 2, 10)

N 20 Noesen, S. J.: Consumable electrode melting of reactive metals, J. of Metals 12 (1960) 842–849. (S. 50)

N 21 Nolan, T. G.; Bowan, G. E.: Electrolytic salt bath descale hot and cold rolled stainless strip, Trade Literature Supplied by Kolene Corp., Detroit 23, Michigan (3. März 1955). (S. 447)

N 21a Nolen, R. K.; Rudy, J. F.; Schwarzburt, H.; Kessler, H. D.: Spotwelding of TiAl6V4 alloy, Welding research supplement 37 (1958) 129s–136s. (S. 516, 523)

N 22 Nordheim, L. W.: On spins, moments and shells in Nuclei, Phys. Rev. 75 (1949) 1894–1901. (S. 63)

N 23 Nowikow, A.; Brenner, R.: Bestimmung des Badvolumens der Schmelze im Lichtbogenofen beim Schmelzen von Titan, Z. Metallkunde 49 (1958) 199–200. (S. 43)

N 24 Nowotny, H.; Balduin, H.; Piffl, L.: Ein Beitrag zur Metallurgie des Titans, Metall 14 (1960) 6–11. (S. 29)

N 25 Nurminen, J. I.; Brody, H. D.: Dendrite morphology and microsegregation in Ti-base-alloys, 2. Int. Konf. Ti, 10. Sitzung, 4. 5. 1972, MIT, Cambridge, Mass., USA. (S. 52)

O 1 Obinata, I.; Nishimura, K.: On the recrystallization of cold-rolled commercially pure Ti, J. Inst. Metals 84 (1955/56) 97–101. (S. 137, 139, 228)

O 2 Obinata, I.; Takeuchi, Y.; Kawanishi, R.: Über das System Ti–Mg, Metall 13 (1959) 392–397. (S. 18)

O 6 OEEC-Report: Titanium, Zirconium, Projekt Nr. 247 (Sept. 1956). (S. 13)

O 7 Oehler, I. A.: Flash welding of Ti-alloys, Welding and Metal Fabrication 20 (1952) 445. (S. 516)

O 8 Ogawa, S.; Watanabe, D.: Electron diffraction study on Ti attacked by various acids, Sci. Rep. Tohoku Univ. Res. Inst. 7 (1955) 184–193. (S. 388, 389)

O 9 Ogawa, S.; Watanabe, D.; Takeuchi, Y.; Kawanishi, T.: Study on the oxidation in air of Ti and Ti-alloys, J. Jap. Inst. Metals 21 (1957) 410–411. (S. 431, 433)

O 10 Ogawa, Y.; Hiramatsu, Y.; Kawamura, K.; Tatsuma, J.: Titanium coating I. and II., J. Jap. Inst. Metals 21 (1957) 597–602. (S. 467)

O 11 Ogden, H. R.; Douglass, R. W.; Holdgen, F. C.; Jaffee, R. I.: The notch sensitivity of TiAl5Sn2,5, TiAl6V4 and TiCr2Fe2Mo2, Ti-alloys, Trans. AIME 221 (1961) 1235–1240. (S. 320, 321, 322, 323, 324, 325, 326)

O 12 Ogden, H. R.; Holden, F. C.: Metallography of Ti-alloys, TML-Report 103 (29. 5. 1958) – Battelle Memorial Institute. (S. 205, 209, 516, 531, 532)

O 13 Ogden, H. R.; Holden, F. C.; Jaffee, R. I.: Effect of α-solutes on the heat treatment response of Ti-Mn-alloys, Trans. AIME (1955) 105–112. (S. 175, 265, 266)

O 14 Ogden, H. R.; Holden, F. C.; Jaffee, R. I.: Effect of microstructure on the mechanical properties of Ti-alloys, Trans. ASM 48 (1956) 652. (S. 208, 269)

O 15 Ogden, H. R.; Jaffee, R. I.: The effects of Carbon, Oxygen and Nitrogen on the mechanical properties of Ti and Ti-alloys, Battelle Memorial Inst. (1955) Titanium Metallurgical Laboratory Report Nr. 20. (S. 187, 219, 221, 230, 233, 234)

O 16 Ogden, H. R.; Jaffee, R. I.; Holden, F. C.: Structure and properties of Ti-C-alloys, Trans. AIME 203 (1955) 73–80. (S. 221, 222, 234)

O 17 Ogden, H. R.; Maykuth, D. J.; Finlay, W. L.; Jaffee, R. I.: Mechanical properties of high purity Ti-Al-alloys, Trans. AIME 197 (1953) 267–272. (S. 251, 252, 256, 271, 336)

O 18 Ogiermann, G.: Schmelzen im Elektronenstrahlofen, Vakuum 10 (1960) 454–465. (S. 54)

O 19 Ogiermann, G.; Scheibe, W.: Betrachtungen über das Schmelzen im Vakuum-Lichtbogen und Elektronenstrahlofen, Metall 15 (1961) 3–8. (S. 53)

O 19a Ogurtsov, S. V.; Olkhov, Y. N.; Savin, V. D.; Petrunko, A. N.; Pavlova, K. N.: The fundamentals and perspectives of thermal reduction of Titanium by Magnesium, 2. Internat. Konf. Titan, 3. Sitzung, 2. 5. 1972, MIT Cambridge, Mass., USA. (S. 9)

O 19b Ogurtsov, S. V.; Savin, V. D.; Nikitin, A. E.; Perfil'yev, O. V.: Sodium reduction of Ti from tetrachloride in S 23c, 264–273 und 2. Int. Konf. Titan, 3. Sitzung, 2. 5. 1972, MIT Cambridge, Mass., USA. (S. 19)

Ohtani, Sh., siehe bei Otani, Sh. O 28a–O 28e.

O 19c Oka, M.; Lee, C. S.; Shimizu, K.: Transmission electron microscopy study of face-centered orthorhombic martensite in TiV12,6-alloy, Met. Trans. 3 (1972) 37–45. (S. 70)

O 19d Okazaki, K.; Conrad, H.: Recrystallization and grain growth in Titanium: 1. Characterization of the structure, Met. Trans. 3 (1972) 2411–2421. (S. 142)

O 19e Okazaki, K.; Conrad, H.: Grain Size Distribution in recrystallized alpha-Titanium, Trans. JIM 13 (1972) 198–204. (S. 142)

O 19f Okazaki, K.; Conrad, H.: Thermal and a thermal components of the flow stress in zone-refined Ti, Trans. JIM 13 (1972) 206–213. (S. 121)

O 19g Okazaki, K.; Momochi, M.; Conrad, H.: Thermally activated deformation of Ti-N alloys, 2. Internat. Konf. Titan, 7. Sitzung, 3. 5. 1972, MIT Cambridge, Mass., USA. (S. 219)

O 19h Okazaki, K.; Momochi, M.; Conrad, H.: Grain growth kinetics in Ti-nitrogen-alloys, 2. Int. Konf. Ti, 8. Sitzung, 3. 5. 1972, MIT, Cambridge, Mass., USA. (S. 141)

O 20 Okuda, T.; Ogata, K.: Isotopic weights of S and Ti, Phys. Rev. 60 (1941) 690–691. (S. 61, 63)

O 20a Olexa, J. M.; Bartlo, L. J.; Bomberger, H. B.: The manufacturing of aircraft-quality hydraulic tubing with the TiV8Zr6Mo4Cr4Al3-alloy, 2. Internat. Konf. Titan, 4. Sitzung, 2. 5. 1972, MIT Cambridge, Mass., USA. (S. 295)

O 21 Olofson, C. T.: Hacksawing of Ti and Ti-alloys, DMIC Memorandum 24 (Battelle Memorial Inst. Columbus, 6. 7. 1959). (S. 500)

O 21a Ondrejcin, R. S.: Hydrogen in hot salt corrosion cracking of Ti-Al-alloys. Vortrag Materials Congress Philadelphia, 15. Okt. 1969. (S. 414)

O 21b Ondrejcin, R. S.; Louthan, M. R.: The role of HCl in hot salt stress corrosion of Ti-Al-alloys, US. At. Energy Comm. 1967, DP (NASA)-1130, 28 S., Ref. Werkstoffe und Korr. 20 (1969) 713; NASA-CR-1133, Aug. 1968. (S. 410, 414)

O 21i Orava, R. N.; Stone, G.; Conrad, H.: The effects of temperature and strain rate on the yield-and-flow-stresses of α-Titanium, Trans. ASM 59 (1966) 171–184. (S. 118, 121, 222, 232, 233, 414)

O 22 Orell, N. G.; Coyne, J. E.: Largest Ti forgings made in closed die, Materials in Design Engineering 53 (1961) 20–21. (S. 476)

O 23 Oriani, R. A.; Jones, T. S.: An apparatus for the determination of the solidus temperatures of high-melting alloys, Rev. Sci. Instrum. 25 (1954) 248–250. (S. 93)

O 23a Oriani, R. A.; Strong, H. M.: Exploratory experiment on feasibility of making a Ti-Mg-alloy under high pressure, Trans. AIME 236 (1966) 1508 bis 1509. (S. 567)

O 24 Osadchuk, R.; Koster, W. P.; Kahles, I. F.: Recommended techniques for polishing Ti for metallographic examination, Metal Progress 64 (Oct. 1953) 129–131, 236, 240. (S. 206, 207, 209, 210)

O 25 Osadchuk, R.; Koster, W. P.; Kahles, J. F.: Metallographic structures in commercial Ti, Metal Progress (Nov. 1953) 93–96. (S. 207, 208, 210)

O 26 Osio, E.; Yoshiga, A.; Adachi, M.: Transmission electron microscope observations of ω-phase in TiFe5-alloy. J. Jap. Inst. Met. 33 (1969) 437–445. (S. 183)

O 26a Ostrenko, V. Ya.: Production of Titanium and Ti-alloy tubes, Ti-alloys for new Technology, Nauka Press (1968) 243–253, 289–300. (S. 480)

O 27 Otake, Y.: Entzundern von Titan und Titanlegierungen in flüssigen Salzbädern, Sumitomo Metals 11 (1959) Nr. 3, 31–45. (S. 344)

O 28 Otake, Y.: Die Wasserstoffaufnahme im Titan technischer Reinheit und von Titanlegierungen, Sumitomo Light Metals, Technical Reports 1 (1960) Juli, 6–9, Ref. Tit. Abstr. Bull., Abstr. 6215 6 (1960) Nr. 3. (S. 345)

O 28a Otani, Sh; Nishigaki, M.: Effect of Zr on the stability of a TiMo15-base beta alloy, Japan Inst. of Metals 35 (1971) 97–102. (S. 184, 267)

O 28b Otani, Sh.; Nishigaki, M.: Effect of Al on the various properties of TiMo15 base beta alloys, Japan Inst. of Metals 36 (Jan. 1972) 90–95. (S. 267)

O 28c Otani, Sh.; Nishigaki, M.; Nishimura, T.: The characteristics of the beta-alloy, TiMo15Zr5, 2. Int. Konf. Ti, 10. Sitzung, 4. 5. 1972, MIT, Cambridge, Mass., USA. (S. 267, 270)

O 28d Otani, Sh.; Nishigaki, M.; Tokuda, Sh.: Anomalies in the tensile properties at elevated temperatures of metastable beta-Ti-alloys, Japan Inst. of Metals 35 (1971) 378–382. (S. 267, 273)

O 28e Otani, Sh.; Nishimura, T.; Nishigaki, M.: Recrystallization in TiMo15 base beta Ti-alloys, J. of the Japan Inst. of Metals 36 (1972) 1105–1110. (S. 142)

O 28f Otani, Sh.; Tsumori, Y.; Tokuda, S.: Forgeability of Ti alloys, Jap. Met. Sc. 11 (1970) 645–652. (S. 471)

O 28g Otsuka, K.; Sawamura, T.; Shimizu, K.; Wayman, C. M.: Characteristics of the Martensitic transformation in TiNi and the memory effect, Met. Trans. 2 (1971) 2583–2588. (S. 336)

O 29 Otsuka, R.: Schutzschichtbildung von Titan in Salzsäuren, Z. Metallkunde 47 (1956) 714–715. (S. 389)

O 29a Otsuka, R.: Protection film on Titanium in hydrochlorid acid, J. Metals 9 (1957) 75–76. (S. 389)

O 30 Otsuka, R.: Electrochem. study on passivity of Ti, I. Cathodic polarization and cathocid corrosion of Ti in dilute sulfuric acid, J. Electrochem. Soc. Japan 26 (1958) E 191–194. (S. 389)

O 31 Otsuka, R.: Application of the formation of Ti-hydride protective value of oxide films formed on Ti against HCl solutions, Scie Pap. Inst. Phys. Chem. Res., Tokyo 54 (1960), 97–123. (S. 384, 385, 389, 394)

O 31a Otte, H. M.: Mechanism of martensitic transformation in Ti and its alloys, Int. Conf. on Ti, Inst. of Metals, London, 21.–24. 5. 1968, Ref. R. I. Jaffee, N. E. Promisel, Pergamon Press (1970) 645–657. (S. 102)

O 32 Otto, G. J.: Chemische Behandlung der Oberflächen hitzebeständiger Metalle, U.S. Pat. 2856275 (1958). (S. 450, 451)

O 33 Owczarski, W. A.; King, W. H.; O'Connor, J. W.: The tensile properties and fracture characteristics of Ti diffusion welds, Welding Res. Suppl. (1969) 377s–383s. (S. 517)

O 34 Owen, E. L.; May, R. C.; Beck, F. H.; Fontana, M. G.: Dissolution of TiAl6V4 at cathodic potentials in 5nHCl, Corrosion – NACE 28, Nr. 8 (Aug. 1972) 292–295. (S. 384)

O 35 Owens, J. P.; Dickson, J. I.; Plumtree, A.: The stress response of cyclically-deformed alpha Titanium, 2. Int. Konf. Titan, 7b-Sitzung, MIT Cambridge, Mass., USA, 3. 5. 1972. (S. 243)

O 35a Owens, J. P.; Watson, P.; Plumtree, A.: The effect of prestrain on the cyclic behaviour of α-Ti, Proc. of the 1971 Int. Conf. on Mechanical Behaviour of Materials II (1972) 131–142. (S. 244)

P 0 Padberg, D. J.; Crosby, J. J.: Fretting resistant coatings for Ti-alloys, 2. Int. Konf. Ti, 13. Sitzung, 5. 5. 1972, MIT, Cambridge, Mass., USA. (S. 438)

P 1 Paige, S.; Ketchan, S. J.: Investigation on the corrosion resistance of Ti and Ti-alloys, Corrosion 8 (1952) 4134–4164. (S. 395)

P 2 Pamfilov, A. V.; Schikhev, M. G.: Chemistry of Ti. VIII. Thermodynamics of chlorination of Ti compounds with a mixture Cl_2 and CO, J. of Gen. Chem. USSR 7 (1937) 2760–2766. (S. 11)

P 2a Papazoglov, T. P.; Hepworth, M. T.: The diffusion of H in Ti, Trans. AIME 242 (1968) 682–685. (S. 104)

P 3 Parke, R. M.; Ham, J. L.: The melting of Mo in the vacuum arc, Trans. AIME 179 (1947) 416–430. (S. 30, 40)

P 5 Parris, W. M.; Frost, P. D.; Jackson, J. H.: Heat treatment of high strength Ti-base alloys, Trans. ASM 46 (1954) 568–586. (S. 179, 369)

P 6 Parris, W. M.; Schwartz, C. M.; Frost, P. D.: Precipitation hardening and embrittlement of high-strength Ti-alloys, WADC Techn. Rep. 54–355 Part II (Juni 1955). (S. 72, 188, 300)

P 7 Parris, W. M.; Sherman, R. G.; Kessler, H. D.: Elevated-temperature properties of the TiAl6V4-alloy, Symposium on Titanium 17.–18. 9. 1956, ASTM Special Technical Publication 204. (S. 314, 319)

P 7a Partridge, P. G.: The crystallography and deformation modes of hexagonal close-packed metals, Metallurgical Rev. 12 (1967) 169–194. (S. 114, 115, 124)

P 7b Partridge, P. G.; Peel, C. J.: Effect of cylic stresses on unalloyed polycrystalline Ti, Int. Conf. on Ti, Inst. of Metals, London, 21.–24. 5. 1968, Ref. R. I. Jaffee, N. E. Promisel, Pergamon Press (1970) 517–534. (S. 246, 247)

P 7c Paton, N. E.; Backofen, W. A.: Evidence for $\{10\bar{1}1\}$-deformation twinning in Ti. Trans. AIME 245 (1969) 1369–1370. (S. 114, 118, 121)

P 7d Paton, N. E.; Backofen, W. A.: Plastic deformation of Ti at elevated temperatures. Met. Trans. ASM 1 (1970) 2839–2847. (S. 121, 124, 127)

P 7e Paton, N. E.; Hickman, B. S.; Leslie, D. H.: Behavior of hydrogen in alpha-phase Ti-Al-alloys, Met. Trans. 2 (1971) 2791–2795. (S. 354)

P 7f Paton, N. E.; Williams, I. C.: The deformation of dilute Ti-O and Ti-Al-alloys, Lecture TMS – spring meeting 17.–20. 5. 1971, Atlanta, Georgia, USA. (S. 127)

P 7g Paton, N. E.; Williams, J. C.: The deformation of α-phase titanium, 2. Internat. Konf. Titan, 7. Sitzung, 3. 5. 1972, MIT Cambridge, Mass., USA. (S. 114, 127)

P 8 Pattee, H. E.; Faulkner, C. E.; Rieppel, P. J.: Adhesive bonding of Ti, Light Metal Age 16 (1958) 22–24, 27, 33, Rep. on adhesive bonding of Ti, Battelle Memorial Institute TML-Report 104 (13. 6. 1958). (S. 538)

P 9 Pauling, L.: The nature of the chemical bond and the structure of molecules and corpuscels, 2nd Ed. Ithaca, N.Y. (1958) 64. (S. 63)

P 9a Pavlinov, L. B.: Diffusion of metal impurities in Zr and Ti. Fiz. Metal. Metalloved. 24 (1967) Nr. 2, 272–277. (S. 108)

P 9b Pavlinov, L. V.: Uranium diffusion in Ti-Mo-alloys Atom Energy 25 (1968) Nr. 5, 434–435. (S. 111)

P 9c Pavlinov, L. V.; Grigorov, V., Gromyko, G. O.: Diffusion of Be in Zr and Ti, Izr. Akad. Nauk. SSSR Metal. Nr. 3 (1969) 207–209. (S. 108)

P 9d Peart, R. F.: The effect of pressure on the diffusion of Fe in Ti and TiFe12. Phys. stat. solidi 20 (1967) Nr. 2, 545–550. (S. 113)

P 10 Peart, R. F.; Graham, D.: Tracer diffusion in Nb and Mo, Acta Met. 10 (1962) 519–523. (S. 112, 113)

P 11 Peart, R. F.; Tomlin, D. H.: Diffusion of solute elements in β-Ti, Acta Met. 10 (1962) 123–134. (S. 112, 113)

P 12 Pechiney Compagnie de Produits chimiques et électrometallurgiques, Verfahren zur Behandlung metallischer Oberflächen, Belg. Pat. No. 559886 (1958). (S. 461)

P 13 Peckney, D.: New ways to strengthen metals, Materials in Design Engineering 54/4 (1961) 115–126. (S. 337)

P 16 Perlmutter, I.: High performance jet engine design dependent upon metallurgical ingenuity. J. of Metals 7 (1954) 113–118. (S. 549)

P 16a Perona, G.; Sesini, R.; Niwdemi, W.; Zoja, R.: Diffusionsschweißung von Titan mit Stahl. Z. Metallkunde 58 (1967) 125–128. (S. 518)

P 17 Petch, N. J.: The cleavage strength of polycrystals, Journal of the Iron and Steel Inst. 174 (1953) 25. (S. 217)

P 18 Peterseim, F. D.: Hazards and safety precaution in the fabrication and use of Ti, TML-Report 63 (25. Jan. 1957). (S. 434)

P 20 Petersen, A. W.; Bromley, L. A.: Preparation of metallic Ti by film boiling, J. Metals 8 (1956) 284–286. (S. 8)

P 21 Peterson, A. W.; Hikedesdy, H.; Keck, P. H.; Schwarz, E.: Surface tension of Ti, Zr and Hf, J. Appl. Physics 29 (1958) 213–216. (S. 30, 97)

P 22 Peterson, M. B.; Johnson, R. L.: Solid lubricant for Ti, Lubrication Engineering 11 (1955) 5, 297–299. (S. 438)

P 22a Petersen, M. H.; Brown, B. F.; Newbegin, R. L.; Groover, R. E.: Stress corrosion cracking of high strength steels and Ti-alloys in chloride solutions at ambient temperatures, Corrosion 23 (1967) 142–148. (S. 422)

P 22b Petersen, V. C.: Hot salt stress corrosion of Ti, a review of the problem and method for improving the resistance of Ti, J. of Metals 23 (1971) 40–47. (S. 412)

P 22c Petersen, V. C.; Bomberger, H. B.: The mechanism of salt attack on Ti-alloys, ASTM Special Publ. Nr. 397 (1966) 80–95. (S. 411, 414)

P 22d Petersen, V. C.; Froes, F. H.; Malone, R. F.: Metallurgical characteristics and mechanical properties of beta III, a heat-treatable beta Ti-alloy, 2. Int. Konf. Ti, 10. Sitzung, 4. 5. 1972, MIT, Cambridge, Mass., USA. (S. 302)

P 22e Petersen, V. C.; Guernsey, J. B.; Johnson, H. A.: Properties and applications of Beta III-Ti, American Inst. of Aeronautics and Astronautics, 21–24. 10. 68, Manual meeting paper 68–976. (S. 302)
Peterson, siehe Petersen P 21–P 22.

P 22f Pet'kov, A. K.; Kireev, M. V.: Intermediäre Phasen im System Ti–Co, Metallofizika 33 (1971) 107–115. (S. 565)

P 23 Pfanner, G. E.: The extrusion of Ti Al7 Mo4-alloy, Fifth Titanium Metallurgy Conf. New York University ,Lecture 9 (14. 9. 1959). (S. 477, 478)

P 23a Pfeifer, H. U.; Bhan, S.; Schubert, K.: Zum Aufbau des Systems Ti-Ni-Cu und einiger quasihomologer Legierungen, J. Less. Common Metals 14 (1968) 291–302. (S. 569)

P 23b Pfeiffer, I.: Aufbau eines Heiztisches für die Hochtemperatur-Metallmikroskopie und Anwendungsbeispiele, Z. Metallkunde 48 (1957) 171–175. (S. 148)

P 23c Pfeiffer, I.; Hillmann, H.: Der Einfluß der Struktur auf die supraleitenden Eigenschaften von TiNb50 und TiNb65, Acta Met. 16 (1968) 1429–1439. (S. 84, 136)

P 24 Pfeil, P. C. L.: A discussion of the factors affecting the constitution of Zr-alloys, Atomic Energy Research Establishment (Harvell) Report M/R 960, June 1952. (S. 153)

P 25 Pfützenreuther, A.: Die Änderung der mechanischen und technologischen Eigenschaften von Titandrähten beim Kaltziehen, Techn. Mitt. Krupp 14 (1956) 115–120. (S. 227, 228, 482)

P 26 Philipchuck, V.: Explosive Welding, Amer. Potash and Chem. Corp. AD 268015 ASD-TR-61-124 (15. 8. 1961) 15 Seiten. (S. 519, 537)

P 27 Philips, C. W.: Non-equilibrium structure in a Ti-base alloy, Bull. Inst. Metals 2 (1955) 233–235. (S. 370)

P 28 Philips, C. W.; Frey, D. N.: Isothermal transformation characteristics of an Ti-Cr-Fe-alloy, Trans. AIME 194 (1952) 381–385. (S. 369)

P 29 de Pierre, V.; Carnahan, D. R.; Cooper, T. D.: The effect of extrusion temperatures on the mechanical properties of TiAl6V4, Preprint, International Conference on Ti, Inst. of Metals, London, 21.–24. 5. 1968. (S. 477)

P 31 Pietrokowsky, P.; Duwez, P.: Partial Ti-V-phase-diagram, Trans. AIME 194 (1952) 627–630. (S. 68)

P 32 Piggott, R. A.; Shreir, L. L.: Mikrolochfraß an Ti bei der anodischen Oxydation in Ameisensäure, Nature 189 (1961) 216–217. (S. 457)

P 33 Pinnick, H. T.: Hall-constants and thermoelectric power of Ti-alloys, Bull. Amer. Phys. Soc. 3 (1958) 254. (S. 85)

P 33a Piper, D. E.; Fager, D. N.: The relative stress-corrosion-susceptibility of Ti-alloys in the presence of hot salt, ASTM Special Technical Publication Nr. 397 (1966) 51–53, Symposium Stress-Corrosion Cracking, Seattle (1965). (S. 410, 411, 412)

P 33b Piper, D. E.; Smith, S. H.; Carter, R. V.: Corrosion fatigue and stress-corrosion cracking in aqueous environments. Metals Engineerung Quart. 8 (1969) 50–63. (S. 424)

P 33c Pirner, M.: Pressen von Elektroden aus Titanschwamm, VEB-Verlag, Leipzig VLN 152-915 (1961) 14–20, Tschechisches Patent Nr. 985889 vom 6. 12. 1960. (S. 40)

P 34 Pirner, M.: Zur Homogenität der Blöcke aus TiAl5Sn2,5, Symp. Sondermetalle, Freiberg/Sachsen (1967). (S. 50)

P 34a Pittinato, G. F.: The reactivity of H with TiAl6V4 under fatigue cycling at ambient and cryogenic temperatures, Trans. ASM 62 (1969) 410–417. (S. 367)

P 34b Pittinato, G. F.: Deformation modes of TiAl6V4 under biaxial stress at 20 °K, J. of the Inst. of Metals 89 (1971) 289–290. (S. 121, 308)

P 34c Pittinato, G. F.: Hydrogen-enhanced fatigue crack growth in TiAl6V4 ELI weldments, Met. Trans. 3 (1972) 235–243. (S. 367)

P 34d Pittinato, G. F.; Frederick, S. F.: Deformation modes of TiAl5Sn2,5 under uniaxial and biaxial stress at 20 °K. Trans. AIME 245 (1969) 2299–2306. (S. 121, 308)

P 34e Pittinato, G. F.; Frederick, S. F.: Hydrogen induced sustained load crack growth in TiAl6V4, Met. Trans. 1 (1970) 3241–3243. (S. 367)

P 34f Pochily, T. M.: Process for anodizing Ti, AD 633986 (April 1966). (S. 457)

P 35 Poggi, D.; Charette, G. G.; Rigaud, M.: Reduction of ilmenite and ilmenite ores, 2. Internat. Konf. Titan, 3. Sitzung, 2. 5. 1972, MIT Cambridge, Mass., USA. (S. 10)

P 35a Polkin, I. S.; Kasparova, O. V.: The effect of gaseous impurities, cold strain and other factors on the nature and kinetics of beta-phase decomposition in high-alloyed Ti-alloys. 2. Int. Conf. Ti, 8. Sitzung, 3. 5. 1972, MIT, Cambridge, Mass., USA. (S. 199)

P 36 Pollard, F. H.; Woodward, P.: The stability and chemical reactivity of TiN and TiC, Trans. Faraday. Soc. 46 (1950) 190–199. (S. 430)

P 37 Polonis, D. H.; Butters, R. G.; Parr, J. G.: Some techniques for melting reactive metals, Research London 7 (1954) 273. (S. 53)

P 38 Polonis, D. H.; Parr, J. G.: Phase transformation in Ti-rich alloys of Iron and Ti, Trans. AIME 200 (1954) 1148–1154. (S. 191)

P 39 Polonis, D. H.; Parr, J. G.: Isothermal decomposition kinetics of transformed β-phase in a TiNi7,2-alloy, Acta Met. 3 (1955) 307–311. (S. 103, 191, 569)

P 39a Polonis, D. H.; Parr, J. G.: Phase transformations in Ti-rich alloys of Ni and Ti, J. of Metals 8 (1956) 531–536. (S. 191)

P 39b Polonis, D. H.; Parr, J. G.: Orientation relationships between α-prime and β-phases in Ti-Ni alloy, J. of Metals 8 (1956) 892–893. (S. 191)

P 39c Polyanskiy, V. M.: Structural features of TiCr11Mo7,5Al13,5 in the quenched and aged states, Fiz. metal. metalloved. 24 April (1967) 32–36. (S. 302)

P 39d Pool, J. M.; Speiser, R.; Pierre, G. R. St.: Activities of Cr and Ti in binary Ti-Cr-alloys, Trans. AIME 239 (1967) 1180–1186. (S. 565)

P 40 Potter, H. H.: Elektrischer Widerstand und thermoelektrische Kraft der Übergangsmetalle, Proc. Phys. Soc., London 53 (1941) 695–705. (S. 85)

P 40b Pourbaix, M.: Ergänzung der Diagramme der elektrochemischen Gleichgewichte Titan-Wasser (Stabilität der Titanhydride) CEBEICORS, rapport technique 146 (Juli 1968), Bestimmung und Anwendung von Gleichgewichtspotentialen, Werkstoffe und Korrosion 20 (1969) 772–784. (S. 380)

P 40c Povolo, F.: The influence of H content on the relaxiation spectrum of α-Ti, Sc. Metallurg. 3 (1969) 77–80. (S. 358)

P 41 Powell, R. L.: Chemical engineering aspects of Ti-metal production, Chem. Eng. Progress (Nov. 1954) 578–581. (S. 12)

P 41a Powell, P. T.; Scully, J. C.: Stress-corrosion of α-Ti-alloys at room temperature, International Conference on Ti, Inst. of Metals, London, 21.–24. 5. 1968, Ref. R. I. Jaffee, N. E. Promisel, Pergamon Press (1970) 247–258. (S. 415, 418, 419)

P 41b Powell, D. T.; Scully, J. C.: Fractographic observations of the stress corrosion cracking of Ti-alloys in methanolic environments, Corrosion – NACE 25, Nr. 12 (Dec. 1969) 483–492. (S. 415).

P 42 Powell, R. W.; Tye, R. P.: The thermal and elctrical conductivity of Ti and its alloys, J. Less Common Metals 3 (1961) 226–233. (S. 74, 75, 88)

P 44 Pratt, J. N.; Bratina, W. J.; Chalmers, B.: Internal friction in Ti and Ti-Oxygen alloys, Acta Met. 2 (1954) 203–208. (S. 101, 104)

P 44a Pratt and Whitney: Aircraft experience with Titanium, PWA-Rep. 2225 (15. Juni 1963). (S. 51, 205)

P 45 Pray, H. A.; Miller, P. D.; Yeffreys, R. A.: Chemical surface treatment of Ti, Rep. Battelle Mem. Inst. to Watertown Arsenal, Contract DA-33-B19-OBD-215 Final Rep. (30. Okt. 1953) s. a. Metal Progress 69 (1956) 61. (S. 457, 459)

P 46 Preiser, H. S.; Tytell, B. H.: Some Platinum anode designs for cathodic protection of active ships, Corrosion 15 (1959) 596 . (S. 460, 548)

P 46a Prewo, K. M.; Kreider, K. G.: The deformation and fracture of BORSIC reinforced Titanium matrix composites, 2. Int. Konf. Ti, 12. Sitzung, 4. 5. 1972, MIT, Cambridge, Mass., USA. (S. 337)

P 48 Prinzbach, F.; Winter, H.: Structure and creep properties of Ti7NbAl3-base-alloys, Int. Conf. on Ti, Inst. of Metals, London, 21.–24. 5. 1968, Ref. R. I. Jaffee, N. E. Promisel, Pergamon Press (1970) 875–878. (S. 336)

P 49 Pugh, H. L. D.: Applications of static high pressure to the forming of metals-hydrostatic extrusion, Metals Deformation Processing II, DMIC-Report 226 (7. 7. 1966), Ref. S. H. Gelles, J. of Metals 19 (1967) 35–46. (S. 483)

P 50 Pul'tsin, N. M.; Pavlov, V. Ia.; Pokrovskaia, V. B.: Mechanism of crack formation in Titanium alloys during thermal-fatigue tests, Metallovedenie i Termicheskaia Obrabotka Metallov (Sept. 1968) 36–42. (S. 335)

Q 0 Quaim, S. M.: Hyperfine structure of the 14,4 KEV Mössbauer γ-line of Fe^{57} in closed packed hexagonal metals, Inst. of Physics 2 (1969) 1434–1439. (S. 73)

Q 1 Quadt, R. A.: The cold extrusion of strong alloys, Modern Metals 15/7 (August 1959) 26, 29, 30, 32. (S. 483)

R 1 Rabinowicz, E.: Frictional properties of Ti and Ti-alloys, Metal Progress 65 (1954) 107–110. (S. 438)

R 2 Rabinowicz, E.; Kingsbury, E. P.: Lubricants for Ti, Metal Progress 67 (1955) 5, 112–114. (S. 438)

R 2a Rack, H. J.; Kalish, D.; Fike, K. D.: Stability of as quenched Beta III Ti-alloy, Metal Science and Engineering 6 (1970) 181–198. (S. 176, 302)

R 3 Radke, S. F.; Scriver, R. M.; Snyder, J. A.: Arc melting of Ti-metal, J. Metals 3 (1951) 620–624. (S. 30)

R 3a Raghunathan, V. S.; Tiwari, G. P.; Sharna, B. D.: Chemical diffusion in the β-phase of the Zr-Ti alloy system. Met. Trans. 3 (1972) 783–788. (S. 113)

R 3b Ralls, K. M.: Effect of metallurgical structure on the superconductivity of Nb-Zr- and Nb-Ti-alloys, Sc. D.-Thesis, MIT (Mai 1967). (S. 83)

R 3c Raman, A.; Schubert, K.: Über den Aufbau einiger zu $TiAl_3$ verwandter Legierungsreihen, Z. Erzbergbau und Metallhüttenwesen 18 (1965) 44–52. (S. 563)

R 4 Ramsdell, J. D.; Hull, E. D.: Characteristics of cold-rolled and annealed Ti, Bureau of Mines Rep. of Inv. 5656 (1960). (S. 216, 218, 226, 227)

R 5 Ramsdell, J. D.; Matthews, D. R.: Effect of impurities on mechanical properties of electrolytic Ti, Bureau of Mines, Rep. of Inv. 5701 (1960). (S. 215, 216, 219, 220, 221)

R 6 Raring, R. H.: SST Materials, Astronautics and Aeronautics (Sept. 1964) 54–59. (S. 554)

R 6a Raub, Ch. J.: Forschungsinstitut Edelmetalle, Schwäbisch-Gmünd, Private Mitteilung (Jan. 1968). (S. 81)

R 12 Raub, Ch. J.; Anderson, C. A.: Über die Supraleitfähigkeit von Ti- und Zr-Rh-Legierungen, Z. Physik 175 (1963) 105–114. (S. 81, 572)

R 15 Raub, Ch. J.; Röschel, E.; Zwicker, U.: Supraleitung und Phasenumwandlung bei Titanlegierungen, II. Zusätze von Chrom, Z. Metallkunde 57 (1966) 288 –295. (S. 72, 79, 81, 82)

R 15a Raub, Ch. J.; Zwicker, U.: Supraleitung und Phasenumwandlung bei Titanlegierungen, I. Zusätze von Vanadium und Aluminium, Niob und Molybdän, Z. Metallkunde 55 (1964) 711–715. (S. 82)

R 15b Raub, Ch. J.; Zwicker, U.: Superconductivity of α-Ti-solid solutions with V, Nb and Ta, Phys. Rev. 137 (1965) A 142–143. (S. 81)

R 15c Raub, E.; Beeskow, H.: Aushärtung und Phasenänderungen bei der α/β-Umwandlung in Ti-Co-Legierungen, Z. Metallkunde 49 (1958) 185–190. (S. 70, 188, 189, 191, 265, 565)

R 15d Raub, E.; Disam, A.: Kontaktkorrosion bei Titan in verschiedenen Angriffsmitteln, Metalloberfläche 14 (1960) 97–101, 129–131. (S. 396)

R 15e Raub, E.; Röschel, E.: Die Legierungen des Rutheniums mit Titan und Zirkonium, Z. Metallkunde 54 (1963) 455–462. (S. 126, 166, 167, 258)

R 15f Raub, E.; Röschel, E.: Die Ti-Rh-Legierungen, Z. Metallkunde 57 (1966) 546–551. (S. 126, 166, 167, 258, 572)

R 15g Raub, E.; Röschel, E.: Die Ti-Pd-Legierungen, Z. Metallkunde 59 (1968). 112–114. (S. 167, 571)

R 15h Raub, E.; Raub, Ch. J.; Röschel, E.; Compton, U. B.; Geballe, T. H.; Matthias, B. T.: The α-Ti-Fe-solid solution and its superconducting properties. J. of Less Common Metals 12 (1967) 36–40. (S. 566, 567)

R 15i Rauch, G. C.; Courtney, T. H.; Wulff, W.: Aging phenomena and superconductivity in Niobium-Titanium-Oxygen-alloys, Trans. AIME 242 (1968) 2263–2270. (S. 84)

R 16 Rausch, J. J.; Crossley, F. A.; Kessler, H. D.: Titanium-rich corner of the Ti-Al-V-system, J. Metals 8 (1956) 211–214. (S. 291)

R 17 Rawe, R. A.; Dupouy, J. M.; Bever, M. B.: The aging characteristics of the TiV13Cr11Al3-alloy, Trans. AIME 218 (1960) 821–825. (S. 300, 308)

R 17a Ray, R.; Giessen, B. C.; Grant, N. J.: The constitution of metastable Titanium-rich Ti-Fe-alloys: An order-disorder transition, Met. Trans. 3 (1972) 627–629. (S. 566)

R 17b Rayetskiy, V. M.: Resistivity of Titanium alloys with Aluminium at 78–373 °K, Fiz. metal. metalloved 23, Nr. 4 (1967) 749–751. (S. 75)

R 17c Raymond, L.; Usell, R. J.: Flaw-growth in TiAl6V4 in Freon environments, Corrosion 25 (Juni 1969) 251–259. (S. 416)

R 18 Reactive Metals, Inc. RMI, Titanium, facts about machining Ti, Niles, Ohio (1968). (S. 493, 501)

R 18a Reactive Metals Inc., Niles, Ohio, RMI-Titanium (1969). (S. 19, 275, 280, 281, 282, 286, 287, 289, 295, 299, 317, 331, 480)

R 18b Reca De, N. E. W.; Libanati, C. M.: Self diffusion in β-Ti and β-Hf. Acta Met. 16 (1968) 1297–1305. (S. 103)

R 19 Reekie, J.; Yao, Y. L.: Magnetic anisotropy for cold worked texture of Ti, Proc. Phys. Soc. B 69 (1956) 417–431. (S. 85, 86, 87, 133)

R 19a Rehder, R. J.; Lovell, D. T.: Process development for diffusion welding TiAl6V4 alloy, Welding Journal 49 (1970) 213–218. (S. 518)

R 19b Reich, W.: Warmverformen von Ti-plattiertem Kesselblech, Schweißen und Schmieden 20 (1968) 226–227. (S. 480)

R 20 Reid, W. E.; Bish, J. M.; Brenner, A.: Electrodeposition of Titanium, J. Electrochem. Soc. 104 (1957) 21–29. (S. 21, 467)

R 20a Reimann, W. H.: Room temperature creep in TiAl6V4, Journal of Materials 6 (1971) 926–940. (S. 312)

R 20b Reimert, L. J.: Verfahren zur Herstellung von Titan durch Schmelzfluß-elektrolyse, DAS 1179012, 2975111 und 3082159 (29. 3. 1960). (S. 25)

R 21 Reinacher, G.: Metallographische Präparation von Edelmetallproben durch elektrol. Wischpolieren, Z. Metallkunde 48 (1957) 162–170. (S. 208)

R 22 Reinbach, R.: Über die Rekristallisation von Titan und ihre Beeinflussung durch Legierungszusätze, Z. Metallkunde 51 (1960) 24–28. (S. 137, 138, 140, 141)

R 23 Reinbach, R.; Fischmann, D.: Einige Ergebnisse von Diffusionsversuchen im System Ti–Ag, Z. Metallkunde 54 (1963) 314–316. (S. 113)

R 24 Reinbach, R.; Nowikow, A.: Beeinflussung der Rekristallisation des Titans durch Legierungszusätze, Z. Metallkunde 47 (1956) 583–584. (S. 141)

R 26 Reinhart, F. M.: Corrosion behaviour of Ti and some Ti-alloys, Nat. Bur. Standards, Div. Metallurgy, Progress Rep. 1 (21. 12. 1950). (S. 395)

R 26a Reinhart, F. M.: Corrosion of materials in seewater. III Ti and Ti-alloys. US-Clearing House U.S. Dev. Rep. (1968) Nr. 7. (S. 421)

R 27 Reinsch, W. A.: Metals and fabrication methods for the B-70, Metal Progress (März 1961) 70–78. (S. 554)

R 27a Reinsch, W. A.: B-1 cost/weight trade methodology, 2. Int. Konf. Ti, 2. Sitzung, 2. 5. 1972, MIT, Cambridge, Mass., USA. (S. 554)

R 28 Rennhack, E. H.: Redetermined Zinc-rich portion of the Zn-Ti-system, Trans. AIME 236 (1966) 941–947. (S. 575)

R 36 Renshaw, W. G.; Bish, P. R.: Important advantages on Ti in chemical industries, Corrosion 11/1 (1955) 57–62. (S. 383, 386, 387)

R 37 Repko, A. J.; Brown, W. F.: Influence of cold rolling and aging on sharp-notch properties of β-Titanium sheet, Trans. ASTM (1962) Preprint 73, 19. (S. 323, 325)

R 38 Rep.-Steel Corp. und Brewer, H. R.: US-Patent 2852410, Appl. 16. 3. 1954; Publ. 16. 9. 1958. (S. 405, 406)

R 38a Reuter, F. W.; Ralls, K. M.; Wulff, J.: Microstructure and superconductivity of a 44,7 At.-% Nb and 54,3 At.-% Ti-alloy containing Oxygen, Trans. AIME 236 (1966) 1143–1151. (S. 83, 84)

R 38b Revie, R. W.; Greene, N. D.: Corrosion behaviour of surgical implant materials. I. Effects of sterilisation, Corrosion Science 9 (1969) 755–762. (S. 560)

R 40 Rey, W. K.: Elevated temperature fatigue properties of the Ti-alloys, NACA Research Mem. 56 B 07 (1956). (S. 327)

R 40a Reynolds, J. E.; Jaffee, R. I.: The diffusion of interstitial and substitutional elements in Ti, Battelle Mem. Inst. TML-21 (Okt. 1955). (S. 364)

R 40b Reynolds, J. E.; Ogden, H. R.; Jaffee, R. I.: A study of the air contamination of three Ti-alloys. Trans. ASM 49 (1957) 280–299. (S. 106, 107, 433)

R 41 Reynolds, M. B.: The determination of the elastic constants of metals by the ultrasonic pulse technique, Trans. ASM 45 (1953) 839–854. (S. 98)

R 42 Rhodan, R. N.: Deposition of several Pt-metals from molten cyanide-electrolysis, Plating 49 (1962) Nr. 1, 69. (S. 464)

R 42b Rice, L. A.; Orava, R. N.: The preparation of Titanium for transmission electron microscopy, Trans. AIME 236 (1966) 1502. (S. 213)

R 43 Richards, R. S.; Day, D. L.; Kessler, H. D.: Evaluation of a new Ti-base sheet alloy, Ti–4 Al–3 Mo–1 V, Trans. ASM 50 (1957) Nr. 45. (S. 298)

R 45 Richardson, L. S.; Grant, M. J.: Reaction of Oxygen and Nitrogen with Ti from 700 °C to 1050 °C, Trans. AIME 200 (1954) 69–70 (S. 107, 426, 427, 429, 430, 453)

R 46 Richardson, L. N.; Grant, N. J.: The effects of solid-solution alloying on the creep rupture strength of α- and β-Ti, Trans. AIME 215 (1959) 18–23. (S. 241, 271)

R 47 Richaud, H.: Use of Ti and Ti-alloy anodes for impressed-current cathodic protection, Corrosion et Anticorrosion 7 (1959) 322–324. (S. 395)

R 47a Richter, W.: Sprengverformen dickwandiger Blöcke für Druckbehälter, Techn. Überwachung 9 (1968) H. 7, 216–218. (S. 537)

R 47b Ricketts, R. L.; Courtney, T. H.; Shepard, L. A.; Wulff, J.: Correlation of structure and superconducting properties in Nb-Ti quaternary alloys, Met. Trans. 1 (1970) 1537–1544. (S. 84)

R 47c Rideout, S. P.: The imitiation of hot salt corrosion cracking of Ti-alloys. ASTM STP 432, 1968, 205–218. (S. 409, 414)

R 47d Rideout, S. P.; Louthan, M. R.; Selby, C. L.: Stress corrosion cracking of Ti alloys, NASA Report CR-67710 (1965). (S. 411)

R 48 Rideout, S. P.; Louthan, M. R.; Selby, C. L.: Basic mechanism of stress corrosion cracking of Ti, ASTM special technical publications Nr. 397 (1966) 137–152. (S. 411)

R 48a Rideout, S. P.; Ondrejcin, R. S.; Louthan, jr., M. R.; Rawl, D. E.: The role of moisture and H in hot salt cracking of Ti-alloys. Proc. Conf. on fundamental aspects on stress corrosion cracking. Ohio State University/Columbus 1967. (S. 410, 411)

R 48b Rideout, S. P.; Ondrejcin, R. S.; Louthan jr., M. R.: Hot salt stress corrosion cracking of Ti-alloys, Int. Conf. on Ti, Inst. of Metals, London, 21.–24. 5. 1968, Ref. R. I. Jaffee, N. E. Promisel, Pergamon Press (1970) 307–320. (S. 409, 414)

R 48c Rieck, G. D.; Bastin, G. F.; van Loo, F. J. J.: Reaction diffusion between two metals including Ti and Nb, 6. Plansee-Seminar, Reutte (24.–28. 6. 1968) Vortrag 4. (S: 337)

R 49 Rieger, H.: Über die Zerstörung von Metallen beim Aufprall schneller Wassertropfen. Z. Metallkde. 57 (1966) 693–699. (S. 443)

R 50 Ricks, H. E.; Westinghouse Electric Corporation: Applying protective metal coatings on refractory metals, US-Pat. 2739107 (20. 3. 1956). (S. 462)

R 51 Rigney, D. J.; Bockstrahler, L. I.: The thermal conductivity of Ti between 20 and 273 °K, Phys. Rev. 53 (1951) 220. (S. 88)

R 52 Ripling, E. J.: Hydrogen embrittlement of a commercial Ti-alloy, Trans. AIME 206 (1956) 502–503. (S. 361)

R 53 Risch, K.: Das Korrosionsverhalten von Ti in HNO_3 hoher Temperaturen, Vortrag Achema 19. 6. 1964. (S. 371, 372)

R 53a Risch, K.: Erfahrungen mit Ti-Anlagen im Chemiebetrieb, Z. Chemie Ing. Techn. 39 (1967) 385–390. (S. 378, 415)

R 53b Riskin, I. V.; Ladozhina, N. D.; Tomashov, N. D.: Crevice corrosion of Ti and its alloys with 0,2% Palladium in hydrochloric solutions, Zaščita metallov 8 (1972) 177–181. (S. 397)

R 53c Rittenhouse, J. B.: The corrosion pyrophoricity and stress-corrosion cracking of Ti-alloys in fuming nitric acid, Trans. ASM 51 (1959) 871–895. (S. 409, 436)

R 54 Rittenhouse, J. B.; Papp, C. A.: Inhibition of Ti in fuming nitric acid, Corrosion 14/6 (1958) 41–42. (S. 436)

R 55 Rittenhouse, J. B.; Stolica, N. D.; Vango, S. P.; Whittick, J. S.; Mason, D. M.: Corrosion and ignition of Ti-alloys in fuming nitric acid (1956), WADC Techn. Rep. 56–414. (S. 436)

R 55a Ritter, D. L.; Wei, R. P.: Fractographic observations of TiAl6V4 alloy fatigued in vacuum, Met. Trans. 2 (1971) 3230–3230. (S. 335)

R 55b Robellotto, R.; Lambase, J. M.; Toy, H.: Residual stresses in welded Ti and their effects on mechanical behaviour, Metals Conf. 25.–27. 9. 1968, San Francisco, Kalif., USA. (S. 513)

R 56 Roberson, A. H.; Banning, L. H.: Preparation and chlorination of titaniferous slag from Idaho Ilmenites, J. Metals 7 (1955) 1335–1342. (S. 10)

R 57 Roberts, B. W.: Superconductive materials and some of their properties, General Electric Research Laboratory, Rep. Nr. 63–R1–3252M (1963). (S. 79, 81)

R 57a Roberts, E. C.; Kellerer, H.; Walsh, F. D.: Strain induced phase transformations in TiAl6V4, Metallographie 3 (1970) 291–305. (S. 293)

R 58a Roberts, W. T.: Preferred orientation and anisotropy in Ti, J. Less Common Metals 4 (1962) 345–361. (S. 97, 98, 128, 129, 130, 131, 132, 133)

R 58b Robertson, J. A.; Adair, A. M.: Effects of combined high and low temperature deformation processing of βIII-Titanium. Met. Trans. 3 (1972) 1967 bis 1972. (S. 302)

R 58c Robertson, W. M.: Embrittlement of Ti by liquid Cd, J. of Metals 20 (1968) Nr. 8, 97A. (S. 406)

R 58d Robertson, W. M.: The Titanium-rich end of the Ti-Cd phase diagram, Met. Trans. 3 (1972) 1443–1445. (S. 154, 565)

R 58e Robins, D. A.; Pitkins, W. R.; Jenkins, J.: Powder metallurgy preparation and properties of Ti and Ti-alloys prepared by sintering, J. Iron Steel Inst. (London 1954) 12–19. (S. 58, 59)

R 58f Robinson, J. L.; Beevers, C. J.: Some observations on fatigue crack growth in α-Titanium, 2. Int. Konf. Titan, 7. Sitzung, 4. 5. 1972, MIT Cambridge, Mass., USA. (S. 247)

R 59 Rockwell, W. C.: Corrosion problems in chemical milling, Material selection in chemical mitting process, Corrosion 15/8 (1959) 105. (S. 452, 505)

R 60 Rodin, A. M.; Surenyants, V. V.: Coefficient of diffusion of Helium in Ti, The Phys. of Met. and Metallography 10 (1960) 58–64. (S. 104, 107)

R 61 Roe, W. P.; Palmer, H. R.; Opie, W. R.: Diffusion of Oxygen in alpha and beta Ti, Trans. ASM 52 (1960) 191–199. (S. 103, 104, 105)

R 61a Rogers, D. H.: The effect of compositions and microstructure on the fracture toughness of Ti-alloys, 2. Int. Konf. Ti, 9. Sitzung, 5. 4. 1972, MIT, Cambridge, Mass., USA. (S. 269)

R 62 Rogers, S. E.: Some problems in the powder metallurgy of Ti, Powder Metallurgy 7 (1961) 249–266. (S. 59)

R 62a Roggendorf, W.: Praktische Galvanotechnik, E. G. Leuce Verlag, Saulgau, 1. Auflage (1958) 285. (S. 548)

R 63 Roland, J. M.; LeMaitre, F. C.: Dauerfestigkeit von Legierungen bei niedrigen Frequenzen. Mem. Rev. Met. 67 (1970) 637–646. (S. 243)

R 64a Ronald, T. M. F.; Hall, J. A.; Pierce, C. M.: Usefulness of precracked Charpy specimens for fracture toughness screening tests of Ti-alloys, Met. Trans. 3 (1972) 813–818. (S. 203)

R 64b Rosa, C. I.: Oxygen diffusion in α- and β-Ti (932–1142 °C), Met. Trans. 1 (1970) 2517–2522. (S. 103, 104)

R 65 Rose, A. S.: Hot spinning improves workability of Ti, Iron Age 171 (19. Febr. 1953) 136–139. (S. 489)

R 65a Rose, B. R.; Courtney, T. H.; Wulff, J.: Addition agent oxide dispersions in Ti-Nb-superconductors, J. of Metals 20 (1968) 56A. (S. 84)

R 65b Rosenberg, H.: Ti-alloying in theory and practice, Int. Conf. on Ti, Inst. of Metals, London, 21.–24. 5. 1968, Ref. R. I. Jaffee, N. E. Promisel, Pergamon Press (1970) 851–859. (S. 273, 275)

R 65c Rosenberg, H. W.; Hunter, D. B.: The Ti-rich portion of the Ti-Pd-phase diagram, Trans. AIME 233 (1965) 681–685. (S. 571)

R 65d Rosenberg, H. W.; Nix, W. D.: Observation on coplanar dislocation in cross slip in Ti 15,5 At.-% Al, Metallurgical Trans. 1 (1970) 2962–2963. (S. 194)

R 65e Rosenberg, R. A.; Irons, G. S.; Pulkonik, K. J.: Submerged arc welding of Ti, Int. Conf. on Ti, Inst. of Metals, London, 21.–24. 5. 1968, Ref. R. I. Jaffee, N. E. Promisel, Pergamon Press (1970) 1047–1048. (S. 507)

R 66 Rosi, F. D.: Mechanism of plastic flow in Ti-manifestations and dynamics of glide, J. of Metals 6 (1954) 58–69. (S. 119, 120, 123)

R 67 Rosi, F. D.: Twin intersections in Ti, Acta Metallurgica 5 (1957) 337–339. (S. 124)

R 68 Rosi, F. D.; Dube, C. A.; Alexander, B. H.: Mechanism of plastic flow in Ti, J. of Metals 4 (1952) 145–146. (S. 116)

R 69 Rosi, F. D.; Dube, C. A.; Alexander, B. H.: Mechanism of plastic flow in Ti, determination of slip and twinning elements, Trans. AIME 197 (1953) 257–265. (S. 116, 117, 118, 121, 122, 123, 139)

R 70 Rosi, F. D.; Perkins, F. C.: Mechanical properties and strain aging effects in Ti, Trans. ASM 45 (1953) 972–992. (S. 222, 223)

R 71 Rosi, F. D.; Perkins, F. C.: Mechanism of plastic flow in Ti at low and high temperatures, J. of Metals 5 (1953) 1083–1084. (S. 117, 125)

R 72 Rosi, F. D.; Perkins, F. C.; Seigle, L. L.: Mechanism of plastic flow in Ti at low and high temperatures, J. of Metals 8 (1956) 115–122. (S. 114, 117, 118, 121, 125)

R 72a Ross, T. K.: Corrosion of metals connected to graphite components, Brit. Chem. Eng. 3 (1958) 368–370. (S. 394)

R 73 Rostoker, W.: Observations on the lattice parameters of the alpha- and TiO-phases in the Ti-O-system, Trans. AIME 194 (1952) 981–982. (S. 64)

R 74 Rostoker, W.; Hansen, M.: Structural changes of commercial Ti and Ti-base alloys, WADC Techn. Rep. 6686 (Nov. 1951). (S. 168, 190, 196, 197, 263)

R 75 Rostoker, W.; McPherson, D. J.: Studies of phase relationships and transformation processes in Ti-alloys, WADC Report 54-101 (Okt. 1954) (S. 70)

R 75a Rowe, G. H.: Correlation of high-cycle fatigue strength true stress, true strain behavior, J. of Materials 1 (1966). 689–710. (S. 243, 438)

R 76 Rowe, G. W.: Vapour lubrication of Ti and Zr, British Journal of Applied Physics 7 (1956) 4, 152–153. (S. 460)

R 77 Rowe, G. W.; Opie, W. R.: Production and purification of $TiCl_4$, J. Metals 7 (1955) 1189–1192. (S. 11, 12)

R 77a Rowley, E. R.: Ti, cinderella of the metals industry, J. of Metals 24 (1972) 12–14. (S. 3, 540)

R 77b Roy, U.; Reece, O. Y.; McKannan, E. C.: Interface reaction in diffusion couples prepared by shock waves, 2. Int. Konf. Ti, 12. Sitzung, 4. 5. 1972, MIT, Cambridge, Mass., USA. (S. 337)

R 77c Rozenfel'd, I. L.; Akimov, A. G.; Oše, E. K.: Der Einfluß der Legierung auf die stöchiometrische Umordnung der Oberflächenoxide und die elektrochemische Oxidierung von Ti-Nb- und Ti-Ni-Legierungen, Korrozija i zaščita mettalov (1970) 202–206. (S. 457)

R 77d Rozner, A. G.; Buehler, W. J.: Effect of cold work on room temperature tensile properties of TiNi intermetallic compounds, Trans. ASM 59 (1966) 350–352. (S. 336)

R 77e Rozner, A. G.; Heintzelman, E. F.; Buehler, W. J.; Gilfrich, J. V.: Effect of addition of oxygen, nitrogen and hydrogen on microstructure and hardness of cast TiNi intermetallic compounds, Trans. ASM 58 (1965) 415–418. (S. 336)

R 77f Ruchel, P.: Streckgrenzeneffekte bei Titan technischer Reinheit, Vortrag DGM, Aachen 1970, Dissertation, Techn. Fak. Univ. Erlangen-Nürnberg (20. 12. 71). (S. 141, 217, 222)

R 78 Rudmann, P. S.: An x-ray diffuse scattering study of the Nb-Ti-b.c.c.-solution, Acta Met. 12 (1964) 1381–1388. (S. 195, 569)

R 78a Rudy, E.; Windisch, St.: Revision of the Ti-W-system, Trans. AIME 242 (1968) 953–956. (S. 574, 575)

R 80 Rudy, J. F.; Crossley, F. A.; Schwartzbart, H.: Heat treatment and welding of TiV13Cr11Al3-sheet-alloy, Welding Journal 40 (1961) 447–458. (S. 529)

R 81 Rudy, J. F.; McAndrew, J. B.; Schwartzbart, H.: Effects of interstitial elements on weldability of TiAl7Mo3 and TiAl6V4, Welding Journal 36 (1957) 313–320. (S. 526)

R 82 Rudy, J. F.; Necheles, R. M.; Schwartzbart, H.: Quartz-lamp radiant brazing of Ti-alloy, honeycomb sandwich panels, Welding Journal Supplement 38 (1959) 202s–208s. (S. 532, 533, 535)

R 83 Rüdiger, O.; Fischer, W. R.: Elektrochem. Untersuchungen an unlegiertem Titan und der Legierung TiMo30, Techn. Mitt., Krupp 15 (1957) 194–202 und Z. Elektrochem. 62 (1958) 803–810. (S. 385, 395, 399)

R 84 Rüdiger, O.; Fischer, W. R.; Knorr, W.: Zur Korrosion von Titan und Titanlegierungen, Z. Metallkde. 47 (1956) 599–604. (S. 383, 384, 385, 388, 389, 397, 398)

R 85 Rüdiger, O.; van Kann, H.; Knorr, W.: Titan, seine Eigenschaften und Anwendungsmöglichkeiten, Techn. Mitt. Krupp B 13, Nr. 2 (1955) 23–38. (S. 230, 530)

R 86 Rüdiger, O.; Knorr, W.: Zur Kerbschlagzähigkeit des Titans, Techn. Mitt. Krupp 14 (1956) 105–114. (S. 201, 234, 235, 243, 357, 360)

R 87 Rüdiger, O.; Knorr, W.: Zeitstandverhalten und Stabilität warmfester Titanlegierungen, Techn. Mitt. Krupp 32 (1964) 1114, s. a. Mem. Sci. Rha. Metallurg. LXI (1964) 337–350. (S. 275, 277, 314, 315, 317, 318)

R 87a Rüdinger, K.: Über die Herstellung, Eigenschaften und Anwendung von geschweißten Titanrohren, Z. Blech 5 (1958) 59–60. (S. 509)

R 87b Rüdinger, K.: Schweißen von Titan, Schweißen und Schneiden 10 (1958) 79–86. (S. 507, 522)

R 87c Rüdinger, K.: Herstellung, Eigenschaften und Verwendung von Ti, Industrieanzeiger 81 (1959) 2–5. (S. 546)

R 88 Rüdinger, K.: Über die Verarbeitung von Titan und Titanlegierungen, Luftfahrttechnik 7 (1959) 249–254 (S. 472, 487, 488, 493, 494, 497, 499, 500, 511, 512)

R 88a Rüdinger, K.: Grundlagen der Titanschweißung im Behälter- und Apparatebau, Industrieanzeiger 83 (1961) 701–705. (S. 507, 509, 511, 514, 520, 521, 544, 545)

R 88b Rüdinger, K.: Ti als Werkstoff für die chemische Industrie, Werkst. u. Korr. 13 (1962) 401–405. (S. 540, 546)

R 88c Rüdinger, K.: Zum Korrosionsverhalten von Ti, Österr. Chemikerzeitung 64 (1963) 7–14. (S. 546, 548)

R 88d Rüdinger, K.: Technologische Eigenschaften und Korrosionsverhalten von TiPd0,2, Werkst. u. Korr. 16 (1965) 109–115. (S. 401, 543)

R 88e Rüdinger, K.: Technologische Eigenschaften und Korrosionsverhalten von TiPd0,2, Werkst. u. Korr. 16 (1965) 109–115. (S. 523)

R 88f Rüdinger, K.: Zur Marktentwicklung von Titan, Metall 19 (1965) 765–766. (S. 540)

R 88g Rüdinger, K.: Heutiger Stand der Ti-Legierungen, Metall 23 (1969) 226–229. (S. 250, 298, 303, 540)

R 88h Rüdinger, K.: Eigenschaften von Ti und seine Anwendung in der Galvanotechnik, Metall 24 (1970) 1303–1314. (S. 543)

R 88i Rüdinger, K.: Besonderheiten beim Schmieden von Ti-Legierungen, DEW Techn. Ber. (Symposium 21./22. 5. 70). (S. 474)

R 88k Rüdinger, K.: Schmiede- und Preßteile aus Ti-Leg. für die Luftfahrttechnik/Raumfahrttechnik 16 (1970) 278–283. (S. 550, 552, 553, 554, 556)

R 88l Rüdinger, K.: Erzeugung und Qualitätssicherung von Titanwerkstoffen, DEW Krefeld (Mai 1970) 3–10. (S. 39, 205)

R 88m Rüdinger, K.: Die Bedeutung von Ti als Konstruktionswerkstoff in Meerentsalzungsanlagen, Tagung Interocean (1970) Bd. II, VDI-Verlag Düsseldorf (1971). (S. 546)

R 88n Rüdinger, K.: Technologische Eigenschaften von Ti-Sprengplattierungen, Z. Werkstofftechnik 2 (1971) 169–224. (S. 537, 546)

R 88o Rüdinger, K.: Der Ti-Schmelzbetrieb als Grundlage eines marktgerechten Halbzeuges hoher Qualität, Vortrag Pressekonferenz, 28. 1. 71, Contimet Krefeld. (S. 47)

R 88p Rüdinger, K.: Technological parameters of explosion-bonded Ti cladding on steel, 2. Int. Konf. Ti, 12. Sitzung, 4. 5. 1972, MIT, Cambridge, Mass., USA. (S. 537)

R 88q Rüdinger, K.: The role of Ti in anodizing and electroplating, 2. Int. Konf. Ti, 2. Sitzung, 2. 5. 1972, MIT, Cambridge, Mass., USA. (S. 547)

R 88r Rüdinger, K.; Ismer, A.: Löten von Ti und Ti-Leg., Schweißen und Schneiden 19 (1967) 71–73. (S. 530, 531, 532, 533, 535)

R 88s Rüdinger, K.; Ismer, A.: Derzeitiger Stand und Entwicklungstendenzen der Ti-Werkstoffe für die Luftfahrt, DEW Techn. Berichte 9 (1969) 48–53. (S. 540)

R 88t Rüdinger, K.; Ismer, A.: Recent development in the application of Ti for motorcars, 2. Int. Konf. Ti, 2. Sitzung, 2. 5. 1972, MIT, Cambridge, Mass., USA. (S. 559)

R 88u Rüdinger, K.; Kullmann, R.: Titan in der Galvanotechnik, Jahrbuch Oberflächentechnik, Metall-Verlag Berlin Bd. 26 (1970) 313–321. (S. 547)

R 88v Rüdinger, K.; Salomen, P.: Automotive prospects for Ti, Automotive Design Engineering 9 (1970) 32–33. (S. 440, 559)

R 89 Rüdinger, K.; Weigand, H. H.: Beitrag zum Verhalten technischer Titanlegierungen bei erhöhter Temperatur, Metall 15 (1961) 857–862. (S. 274, 276, 317)

R 89a Rüdinger, K.; Weigand, H. H.: On the scaling behavior of commercial Ti-alloys, 2. Int. Konf. Ti, 13. Sitzung, 5. 5. 1972, MIT, Cambridge, Mass., USA. Metall 27 (1973) 241–249. (S. 431)

R 90 Rüdinger, K.; Wilms, P.: Verwendung von Ti als Getter in der Elektroindustrie, DEW-Techn. Berichte 4 (1964) 148–150. (S. 558)

R 90c Rühlicke, D.: Zur Auswahl der Gleitsysteme bei der Zugverformung hexagonaler Metalleinkristalle, Metall 23 (1969) 130–134. (S. 116)

R 91 Runnals, O. J. C.; Pidgeon, L. M.: Observations on the preparation of Iodide-Titanium, Trans. AIME 194 (1952) 843–847. (S. 6)

R 91a Rupp, G.: Mössbauereffektmessungen im titanreichen Fe-Ti-System, Z. Physik 230 (1970) 265–277. (S. 70, 73)

R 91b Ruskol, Y. S.; Klinov, I. Y.: Spaltkorrosion von Ti-Leg. in Säuren, Khim. i. Neft. Mashinostr. (1966) 28–30, Ref. in Werkst. u. Korr. 19 (1968) 339. (S. 397)

R 91c Ruskol, Y. S.; Klinov, I. Y.: Spaltkorrosion von Titan in H_2SO_4, Metallschutz (Moskau) 4 (1968) 495–499. (S. 397)

R 92 Russell, A. D.; Kubayashi, A. S.: Short time respunse of TiAl6V4 subjected to variable uniaxial tensile loading, Joint Int. Conf. on Creep 25.–29. 8. 1963, New York, ASME (188) 4.33–4.37. (S. 312)

R 92a Russell, H. A.: An new Ti-alloy for elevated temperature application, 2. Int. Konf. Ti, 11. Sitzung, 4. 5. 1972, MIT, Cambridge, Mass., USA. (S. 273)

R 92b Ruth, J. P.: Zukunftsreicher US-Titanmarkt, Metall 21 (1967) 265–267. (S. 3)

R 92c Ruth, J. P.: Der US-Markt für Titan, Beryllium und Magnesium, Metall 22 (1968) 270–272. (S. 3)

R 93 Rutherford, J. L.; Herman, M.; Smith, R. L.: Some mechanical properties of zone-refined Ti in the temperature range from 298° to 4,2 °K, J. Metals 10 (1958) 96. (S. 217)

R 94 Rutherford, J. L.; Smith, R. L.; Herman, M.: Properties of zone refined Ti and Zr, Pt. I. Franklin Institute Labs. for Research and Development, Philadelphia, FIL Interior Rep. I-A 1878-6 AFOSR-T-N60-694 v. 30. 7.1960. (S. 216, 217)

S 2 Sabath, H.: Beitrag zum Schmelzen von reaktiven und hochschmelzenden Metallen und Legierungen im Vakuumlichtbogenofen, Neue Hütte 5 (1960) 193–202. (S. 40)

S 3 Sabroff, A. M.; Frost, P. D.: Cold extrusion of Ti, Light Metal Age 14 Mo. 11/12 (Dez. 1956) 19–20. (S. 459, 460, 483)

S 4 Sabroff, A. M.; Frost, P. D.: The cold extrusion of Ti, WADC, Techn. Rep. 55–362, Battelle Memorial Institute, Febr. 1960. (S. 483)

S 5 Sabroff, A. M.; Parris, W. M.; Frost, P. D.: Ti extrusion, a new fabrication technique, Iron Age 176, Nr. 16 (27. Okt. 1955) 81–84, Nr. 17 (3. Nov. 1955) 101–104. (S. 476)

S 6 Sabroff, A. M.; Sannicandro, R. A.; Frost, P. D.: Cold extrusion of Ti, Tool Engineer 41, Nr. 1 (Juli 1958) 85–90. (S. 483)

S 6a Sachs, G.; Sessler, J. G.; Pray, R. F.; Yeh, T. H.: Relations between the notch tensile strength of cylindrical and prismatic specimens of Ti-alloys and heat treated steels, Trans. ASME J. of Basic Engineering (1960) 870–881. (S. 320)

S 7 Sagel, K.: Belichtungsdiagramme für Filmaufnahmen mit Röntgenstrahlen an Ti und Zr, Metall 11 (1957) 769. (S. 204)

S 8 Sagel, K.; Schulz, E.; Zwicker, U.: Untersuchungen am System Titan-Aluminium, Z. Metallkunde 46 (1956) 529–534. (S. 75, 87, 146, 147, 191, 192, 251)

S 9 Sagel, K.; Zwicker, U.: Verformungs- und Rekristallisationstexturen von Ti und Ti-Legierungen, Z. Metallkde. 46 (1955) 835–842. (S. 116, 123, 125, 128, 130, 131, 133, 134, 135, 136, 137)

S 9a Saito, H.; Someno, M.: A resistometric measurement of hydride precipitation in alpha-Ti, Japan Inst. of Metals 36 (1972) 720–721. (S. 350)

S 9b Saito, H.; Someno, M.: Effects of alloying elements on the solubility of Hydrogen in beta-Ti, Japan Inst. of Metals 36 (1972) 791–796. (S. 355, 356)

S 9c Sajdak, R. J.; Geisendorfer, R. F.; Hall, J. A.; Pierce, C. M.: Heat treatment study of beta extruded alloy TiAl6V6Sn2–, 2. Int. Konf. Titan, 10. Sitzung 4. 5. 1972, MIT Cambridge, Mass., USA. (S. 478)

S 9d Sanders, L. R.; Baxter, R. S.; Juergens, R. J.: Titanium, the bridge to composites, 2. Internat. Konf. Titan, 2. Sitzung, 2. 5. 1972, MIT Cambridge, Mass., USA. (S. 538)

S 9e Sanderson, B. T.; Romanoff, M.: Performance of commercially pure Ti in corrosive soils, Materials Protection 8 (1969) 29–32. (S. 376)

S 9f Sanderson, G.; Powell, D. T.; Scully, J. C.: Metallographic studies of the stress corrosion cracking of Ti alloys in aqueous chloride solutions, Proc. Fundamental aspects of S.C.C. Ohio State Univ., 11.–15. 9. 1967, 638–649. (S. 418, 419, 421)

S 9g Sanderson, G.; Scully, J. C.: Stress-corrosion of Ti alloys at room temperature, Nature 21 (1966) 5045; 179, Ref. in Werkst. u. Korr. 19 (1968) 253a. (S. 416)

S 9h Sanderson, G.; Scully, J. C.: Hydride formation in thin foils of dilute Ti-Al-alloys, Trans. AIME 239 (1967) 1883–1887. (S. 213, 222)

S 9i Sanderson, G.; Scully, J. C.: Stress corrosion of Ti-alloys in $MgCl_2$-solution at 154 °C, Corrosion 24 (1968) 75–82. (S. 412)

S 9k Sanderson, G.; Scully, J. C.: The hot salt cracking of Ti-alloys, Corrosion Science 8 (1968) 771–777. (S. 412)

S 9l Sandoz, G.: Subcritical crack propagation in TiAl8Mo1V1-alloy in organic environments, salt water, and inert environments, Proc. Ind. Aspects of S.C.C., Ohio State Univ. (11.–15. 9. 1967) 684–690. (S. 415)

S 9m Sandoz, G.: Spannungsrißkorrosionsempfindlichkeit einer Titanlegierung in einem Nichtelektrolyten, Nature 214 (1967) 166–167. (S. 415)

S 9n Santhanam, A. T.; Reed-Hill, R. E.: Work hardening peaks in α-Ti, Scripta Met. 4 (1970) 529–532. (S. 232)

S 9o Sargent, G. A.; Conrad, H.: Stress relaxiation and thermally activated deformation in Ti, Scripta Met. 3 (1969) 43–50. (S. 234)

S 9p Sargent, G. A.; Conrad, H.: Stress relaxation and thermally activated deformation in a TiAl4,3 alloy, Scripta Metallurgica 4 (1970) 129–133 (S. 285)

S 10 Sargent, G. A.; DeAngelis, R. J.; Agrawal, S.; Conrad, H.: Dislocation network formation during hydrostatic extrusion, 2. Int. Konf. Ti, 9. Sitzung, 4. 5. 1972, MIT, Cambridge, Mass., USA. (S. 117, 118)

S 10a Sargent, G. A.; Jones, G.; Conrad, H.: Work hardening during stress relaxation in Ti at 27 °C, Scripta Met. 3 (1969) 481–484. (S. 234)

S 10b Sasano, H.; Tsujimoto, T.; Kimura, H.: On quenched structure and aging process of Ti-8 ∼15.8% Al-alloys, 2. Int. Konf. Ti, 8. Sitzung, 3. 5. 1972, MIT, Cambridge, Mass., USA. (S. 194)

S 10c Sass, S. L.: The omega-phase in a Zr-25 At.-% Ti-alloy, Acta Met. 17 (1969) 813–820. (S. 72)

S 10d Sastri, A. S.; Macinkowski, M. J.; Koskimaki, D.: Nature of the Ti-N-Ms-transformation, Phys. state solid. 25 (1968) Nr. 2, K67–K70. (S. 570)

S 11 Sato, T.; Huang, Y.; Kondo, Y.: Equilibrium of the system Ti–Al, Sumitomo Light-metal Techn. Rep. 1 (1960) 30–35. (S. 146, 147)

S 12 Sato, T.; Hukai, S.; Huang, Y. Ch.: The Ms-points of binary Ti-alloys, J. Australian Inst. Metals 5 (1960) 149–153. (S. 165, 174, 175)

S 12b Sattar, S. A.; Kellogg, D. H.; Oberle, H. J.; Greene, B. N.: Low cycle fatigue of TiAl6V4-alloy, ASM, materials engineering exposition and congress, Detroit, Mich., 14.–17. 10. 1968, Paper D8-24.4. (S. 331)

S 13 Saulnier, A.; Croutzeilles, M.: Überstruktur in der Legierung TiAl15, Compt. Rend. 246 (1958) 3622–3625. (S. 193)

S 14 Saulnier, A.; Croutzeilles, M.: Untersuchungen des Mikrogefüges und der Elektronenbeugung der Legierungen TiAl7, TiAl10 und TiAl15, Mémoires Scientifiques Rev. Métallurg. 16 (1959) 379–387. (S. 192, 193)

S 15 Saulnier, A.; Develay, R.: Strukturen und charakteristische Eigenschaften verschiedener Titanlegierungen, Publ. Sci. et Techniques du Ministère de l'air Nr. B.S.T. 127 (1961). (S. 213)

S 17 Saulnier, A.; Syre, R.: Grain structure in relation to heat-treatment of wrought Ti-alloy T-A6V, Revue de l'aluminium 243 (1957) 505–513. (S.295)

S 18 Savitskii, E. M.; Purkhanov, G. S.: Phase diagram of Ti-La- and Ti-Ce-alloys, Zhur. Neorg. Khim. 2 (1957) 2609–2616. (S. 66)

S 22 Savitskii, E. M.; Tylkina, M. A.; Turanskaya, A. N.: Rekristallisation von Jodidtitan, Akad. Nauk. SSSR Doklady 101 (1955) Nr. 5, 857–859, Ref. Tit. Abstr. Bull. 1 (1955/56) Nr. 302. (S. 138)

S 23 Savitskii, E. M.; Tylkina, M. A.; Tsyganova, I. A.: Die Wirkung von Zusätzen auf die Rekristallisationstemperatur und mechanischen Eigenschaften von Titan, Izvestiya Akademii Nauk. SSSR Otdelenie Tekhnicheskikh. Nauk. 3 (März 1958) 96–103. (S. 141)

S 23a Savitskii, E. M.; Tylkina, M. A.; Turanskaya, A. N.: Temperaturabhängigkeit der mechanischen Eigenschaften in Jodidtitan, Svornik „Titan i ego splavy" Nr. 3, 90. ANSSSR, 1960. (S. 217)

S 23b Sawatzky, A.; Duclus, M.: Thermal diffusion above the eutectoid temperature in Titanium-Hydrogen type systems, Trans. AIME 245 (1969) 831–839. (S. 352)

S 23c Sazhin, N. P.; Kornilov, I. I.; Dobatkin, V. I.; Glazunov, S. G.; Boriskina, N. G.; Ogartsov, S. V.; Anoshkin, N. F.: Titanium alloys for modern technology, Collection of papers of the conference on metallurgy, metalworking and use of Titanium 1966, Nauka Press Moskau (1968) NASA TT F-596 (März 1970). (S. 1, 9, 217, 278, 339, 540, 541)

S 24 Scanlan, J. V.; Chambers, G. J. G.: Forgings in Ti-alloys, Int. Conf. on Ti, Inst. of Metals, London, 21.–24. 5. 1968, Ref. R. I. Jaffee, N. E. Promisel, Pergamon Press (1970) 79–95. (S. 468, 471, 473, 474, 475)

S 24b Schaar, K.: Titan im Druckbehälterbau, Techn. Überwachung 9 (1968) 9–11. (S. 317)

S 25 Schaar, K.; Gabler, E.: Die Verwendung von unlegiertem Titan im Druckbehälterbau, Techn. Überwachung 2 (1961) 447–451. (S. 200)

S 27 Scheibe, W.: Hochvakuumöfen, Z. Metallkunde 46 (1955) 242–253. (S. 37)

S 28 Scheil, E.: Über die Umwandlung des Austenits in Martensit in Fe-Ni-Legierungen unter Belastung, Z. Anorg. Chemie 207 (1932) 21–40. (S. 262)

S 29 Schelberg, A. D.; Sampson, M. B.; Mitchell, A. C. G.: A method for measuring short period activities, Phys. Rev. 74 (1948) 1239. (S. 63)

S 30 Schinke, K.: Beitrag zur Pulvermetallurgie des Titans, Dissertation TH Aachen (1958). (S. 58, 59)

S 31 Schippereit, G. H. (Battelle Institute, Columbus): Vortrag ASM Herbsttagung (1959) Chicago. (S. 52)

S 32 Schlain, D.: Galvanic corrosion studies on Ti and Zr, Rep. Invest. US-Bureau of Mines Nr. 4965 (1953). (S. 383, 386, 396)

S 32a Schlain, D.: Corrosion properties of Ti and its alloys, Bureau of Mines, Bull. 619 (1964). (S. 372)

S 33 Schlain, D.; Kenahan, C. B.; Steele, D. V.: Galvanic corrosion behaviour of Ti and Zr in sulfuric acid solutions, J. Electrochem. Soc. 102 (1955) 102 bis 109. (S. 395)

S 34 Schlain, D.; Smatko, J. S.: Passivity of Ti in hydrochloric acid solutions, J. Electrochem. Soc. 99 (1952) 417–422. S. 371, 387)

S 35 Schleicher, H. W.: Schmelzen und Gießen von Titan und Titanlegierungen, Gießerei 43 (1956) 445–450. (S. 38)

S 36 Schleicher, H. W.; Jung-König, W.: Die Beeinflussung der Warmverformbarkeit von Ti-Al-Legierungen durch Wasserstoffzusätze, Less Common Metals 1 (1959) 348–355. (S. 115, 339, 368)

S 37 Schleicher, H. W.; Zwicker, U.: Verfahren zur Verbesserung der Warmverformbarkeit von Titan und seinen Legierungen, DBP 1016451 (1956). (S. 368)

S 38 Schleicher, H. W.; Zwicker, U.: Auswirkung von Wasserstoff in Titanlegierungen, Z. Metallkunde 47 (1956) 570–576. (S. 343, 365, 368, 369)

S 38a Schlienger, M. P.: Rotary electrode non-consumable melting of Titanium, AIME Konferenz, New York, 3. 3. 71. (S. 35, 37)

S 39 Schmets, J.; Pourbaix, M.: Proceedings of the International Committee for Electrochemical Thermodynamics and Kinetics (C.I.T.C.E.), London Butterworth-Verlag (1955) 167–169. (S. 379, 380)

S 39a Schmidt, C. A.; Wood, R. A.: Heat treatment of Ti and Ti-alloys, Techn. Memorandum X-53445, Battelle Inst. Columbus (20. 4. 66). (S. 280, 281, 282)

S 39b Schmidt, K. H.: Aufschwung für Titan, Metall 27 (1973) 300–303. (S. 2, 3, 540)

S 40 Schofield, T. H.: An apparatus for heat-treatment and quenching small specimens in a vacuum from high temperatures, Proc. Phys. Soc. B London 67 (1954) 845–847. (S. 93)

S 41 Schofield, T. H.: Some experiments on the determination of the latent heats of transition of Ti and Fe, J. Inst. Metals 85 (1956) 68–70. (S. 94)

S 42 Schofield, T. H.; Bacon, A. E.: The melting point of Ti, J. Inst. Metals 82 (1953/54) 167–169. (S. 93)

S 43 Schofield, T. H.; Bacon, A. E.: A study of the recrystallisation and graingrowth of cold-rolled and annealed TiMo10-alloys, Acta Metallurgica 9 (1961) 653–669. (S. 141, 142)

S 43a Scholes, I. R.: The use of Ti as implant material, Symposium "Aspects of metal implants in the body", Inst. of Metals, London, 16. 3. 70, Ref. in Metals and Materials 4 (Mai 1970) 179. (S. 560)

S 44 Scholl, H.; Knorr, W.: Einige Besonderheiten bei der Dämpfung von unlegiertem Ti, Techn. Mitt. Krupp 18 (1960) 115–118. (S. 100)

S 45 Scholl, H.; Knorr, W.: Zum Kriechverhalten von Ti, Acta Met. 9 (1961) 61–63. (S. 236)

S 46 Schubert, K.: Zum Aufbau der Systeme Ti–Cu und Ti–Ag, Z. Metallkunde 56 (1965) 197–199. (S. 566)

S 48a Schüler, P.: Über die Temperaturabhängigkeit der elastischen Konstanten, DEW Techn. Berichte 7 (1967) 5–12. (S. 100)

S 48b Schütz, W.; Uhse, W.: Zeit- und Betriebsfestigkeit der Ti-Legierungen TiAl8Mo1V1 und TiAl5Sn2,5, Z. Luftfahrttechn. Raumfahrttechn. 15 (1968) Nr. 4, 81–85. (S. 328, 335)

S 49 Schuhmacher, G.: Belichtungsdiagramme für Röntgengrobstrukturaufnahmen an Ti, Techn. Mitt. Krupp 14 (1956) 114. (S. 204)

S 50 Schultze, H. W.; Freeman, R. R.; Briggs, J. Z.: Molybdenum coatings, Materials in Design Engineering 49, Nr. 1 (Jan. 1959) 76–81. (S. 464)

S 51 Schwarz, R.; Köster, R.: Herstellung des elementaren Titans über das Sulfid, Z. Anorg. Allgem. Chemie 285 (1956) 1–4. (S. 29)

S 51a Schwarz, U.; Breme, J.; Zwicker, U.: Metallographische Untersuchungen an Al-haltigen Ti-Leg. insbesondere TiAl6V4, Int. Metallographie-Tagung, 22.–24. Sept. 1971, Aalen. (S. 208, 209, 210)

S 52 Schwartzberg, F. R.: Memorandum on effects of high strain rates and rapid heating on the tensile properties of Ti-alloys, DMIC Memorandum 4 (29. Dezember 1958), vgl. a. Light Metal Age (Februar 1959) 11–12. (S. 309, 310)

S 53 Schwartzberg, F. R.; Holden, F. C.; Ogden, H. R.; Jaffee, R. I.: The properties of Ti-alloys at elevated temperatures, TML-Rept. 82 (1957). (S. 272, 273, 274, 276, 310, 314, 317, 318)

S 54 Schwartzberg, F. R.; Williams, D. N.; Jaffee, R. I.: Low temperature recovery of ductility in a Hydrogen-embrittled ($\alpha + \beta$)-Ti-alloy, J. Inst. Metals 88 (1960) 352–356. (S. 364)

S 55 Schwope, A. D.; Marsh, L. L.; Mangio, C. A.: Investigation of diffusion rates in Ti-base alloys, Rep. Battelle Mem. Inst. to Wright Patterson Air Force Base, Contr. No. AF 33; 616–103 (März 1953). (S. 108)

S 56 Scott, H. F.; Alley, G. W.; Gerry, H. T.; Hayford, A. W.: Impact sensitivity of metal sexposed to liquid Nitrogentetroxide, WADC Techn. Rep. 61 bis 175 (1961). (S. 410)

S 57a Scott, M. H.; Dinsdale, W. O.: The weldability, tensile and fatigue properties of some Ti-alloys, Int. Conf. on Ti, Inst. of Metals, London, 21.–24. 5. 1968, Ref. R. I. Jaffee, N. E. Promisel, Pergamon Press (1970) 911–931. (S. 524, 526)

S 57b Scott, V. D.; Owen, L. W.: Deposition by thermal evaporation of thin films of Ti and Zr for Tritium, Brit. J. Appl. Phys. 10 (1959) 91–93. (S. 107)

S 58 Scovil, G. W.: The Hall effect in Ti, J. Appl. Phys. 24 (1953) 226–227. (S. 84)

S 59 Scovil, G. W.: Physical properties of Ti, II. The Hall-coefficient and resistivity, J. Appl. Phys. 27 (1956) 1196–1198. (S. 84)

S 59a Scrawley, J. E.; Brown, W. F.: Fracture toughness testing methods, ASTM Techn. Publ. 381 "Fracture toughness and its applications" (1964) 133–198. (S. 203)

S 59b Scully, J. C.; Powell, D. T.: The stress corrosion cracking mechanism of α-Ti-alloys at room temperature, Corr. Science 10 (1970) 719–734. (S. 422)

S 60 Seaborg, G. T.; Pearlman, I.: Table of isotopes, Rev. Mod. Phys. 20 (1948) 585–667. (S. 63)

S 61 Seagle, S. R.; Abkowitz, S.: Effect of Hydrogen and other variables on the thermal stability of high Al containing Ti-alloys, J. Metals 11 (1959) 588. (S. 360)

S 61a Seagle, S. R.; Bartlo, L. J.: Physical metallurgy and metallography of Ti-alloys, Materials Eng. Quarterly (Aug. 1968) 1–10. (S. 288, 289, 294)

S 61b Seagle, S. R.; Bomberger, H. B.: Creep resistant Ti-alloys, Int. Conf. on Ti, Inst. of Metals, London, 21.–24. 5. 1968, Ref. R. I. Jaffee, N. E. Promisel, Pergamon Press (1970) 1001–1008. (S. 275)

S 61c Seagle, S. R.; Seeley, R. R.; Hall, G. S.: The influence of composition and heat treatment on the aqueous-stress corrosion of Titanium, ASTM STP 432 (1968) 170–188. (S. 418, 419, 420)

S 62 Sedlacek, V.: Oberflächenveränderung beim Glühen von Ti an der Luft, Kolloquium 26.–27. 10. 1961 Karl-Marx-Stadt, Werkstoffprobleme hochschmelzender und reaktiver Metalle, VEB Verlag für Grundstoffindustrie, Leipzig 1962. (S. 427, 428, 429)

S 62a Sedriks, A. J.: Stress corrosion cracking of Titanium in alcohol-jodine solutions, Corrosion 25 (1969) 207–208. (S. 416)

S 62b Sedriks, A. J.; Green, J. A. S.: Stress corrosion cracking and corrosion behavior of Ti in methanol solutions: Effect of metal ions in solutions, Corrosion (NACE) 25 (1969) 324–328. (S. 416)

S 62c Sedriks, A. J.; Green, J. A. S.: Stress corrosion of Ti in organic liquids, J. of Metals 23 (1971) 48–54. (S. 415)

S 62d Sedriks, A. J.; Green, J. A. S.; Novak, D. L.: The elctrochemical behavior of Ti-Ni-alloys in acidic chloride solutions, NACE Conf. on Corrosion, 20.–24. 3. 1972, St. Louis, Mo., USA, paper 30. (S. 378, 398)

S 62e Sedriks, A. J.; Green, J. A. S.; Novak, D. L.: The effect of Ni on the electrochemical behavior of Ti-Ni-alloys, 2. Int. Konf. Ti, 13. Sitzung, 5. 5. 1972, MIT, Cambridge, Mass., USA. (S. 405)

S 62f Sedriks, A. J.; Green, J. A. S.; Slattery, P. W.: Stress corrosion cracking of of Ti and Ti-Al alloys in methanol iodine solutions, Int. Conf. on Ti, Inst. of Metals, London, 21.–24. 5. 1968, Ref. R. I. Jaffee, N. E. Promisel, Pergamon Press (1970) 283–291. (S. 415)

S 62g Sedriks, A. J.; Slattery, P. W.; Green, J. A. S.: Failure of α-Ti in methanol $-HCl-H_2O$-solutions, Trans. ASM 61 (1968) 625–627. (S. 415)

S 62h Sedriks, A. J.; Slattery, P. W.; Pugh, E. N.: Stress corrosion cracking of alpha Ti in nonaqueous environments, Proc. Fundamental aspects of S. C. C., Ohio State Univ. 11.–15. 9. 1967, 673–683. (S. 409, 410)

S 62i Segawa, S.; Hori, K.; Takamura, A.; Shimose, T.: On the stress corrosion cracking of Ti and Zr in HCl-methanol-solution, Boshoku Gijutsku (Jap.) 13, Nr. 5 (1964) 214–217. (S. 415)

S 62k Séraphin, L.: Die Beeinflussung von Titanlegierungen durch Wärmebehandlung, Rev. Metallurg. 62 (1965) 291–304. (S. 303)

S 62l Séraphin, L.: Fatigue strength of Ti and its alloys, Symposium Materials for Aviation, Le Bourget, Paris, 3. 6. 71. (S. 329)

S 63 Seren, L.; Friedlander, H. N.; Turkel, S. H.: Thermal neutron activation cross sections, Phys. Rev. 72 (1947) 888–901. (S. 63)

S 63a Sertour, M.: Fatigue problems related to certain helicopter parts, Symposium, Materials for Aviation, 3. 6. 71, Le Bourget, Paris. (S. 335)

S 63b Shaffer, I. S.; Lawley, A.: Ambient temperature stress-corrosion cracking in TiAl8Mo1V1, Int. Conf. on Ti, Inst. of Metals, London, 21.–24. 5. 1968, Ref. R. I. Jaffee, N. E. Promisel, Pergamon Press (1970) 263–265. (S. 341, 420)

S 63c Shalaby, L. A.: Galvanic coupling of Ti with Cu- and Al-alloys in chloride media, Corrosion Science 11 (1971) 767–778 (S. 395)

S 63d Shamblen, C. E.: Embrittlement of Ti-alloys by long time high temperature exposure, Met. Trans. 2 (1971) 277–280. (S. 276, 433)

S 63e Shamblen, C. E.; Redden, T. K.: Air contamination and embrittlement of Ti-alloys, Int. Conf. on Ti, Inst. of Metals London, 21.–24. 5. 1968, Ref. R. I. Jaffee, N. E. Promisel, Pergamon Press (1970) 199–208. (S. 433)

S 63f Shamblen, C. E.; Redden, T. K.: Creep resistance and high temperature metallurgical stability of Titanium alloys containing Gallium, Met. Trans. 3 (1972) 1299–1305. (S. 272)

S 63g Shamin, A. A.; Shabalin, K. M.: Zh. Fiz. Khim. 36 (1962) 209, Ref. in T 20b. (S. 393, 396)

S 63h Shannon, J. L.; Brown, W. F.: Notch properties of TiAl5Sn2,5-alloy sheet at liquid Hydrogen, Proceeding of American Society for Testing and Materials 63 (1963) 809–830. (S. 320)

S 63i Shannon, J. L.; Brown, W. F.: A review of factors influencing the crack tolerance of Ti-alloys, Symposium 18.–19. 4. 1967, in ASTM STP 432 (1968) 33–64. (S. 325)

S 64 Sharp, W. H.: Alloy-Ti in the J 57 aircraft, Ti Metallurgy Course (Sept. 1957) New York University, Lecture 14. (S. 549, 550, 553)

S 65 Sharp, W. H.: Crucible Titanium Review 8/2 (1960) 1–8. (S. 300)

S 66 Shaw, H.: Besondere Anwendung von Ti und Ti-Legierungen, 4. Internationale Leichtmetalltagung in Leoben (1961), Al-Verlag Düsseldorf 1962, 269 bis 275. (S. 549, 554)

S 67 Shawinigan, Water und Power Co. Brit. Pat. 678807 v. 11. 5. 51. (S. 25)

S 68 Shaw, M.: Machining Ti, I. Machine tool division, Dep. of Mech. Engineering, Massachusetts Inst. of Techn. (Juni 1954). (S. 490, 496)

S 68a Shaw, M.: Machining Ti, II. Metalsprocessing division, Massachusetts Inst. of Techn., Febr. 1957. (S. 496)

S 68b Shenk, R. F.: Photoforming thin metal parts, Metal Progress 99 (1971) März, 112–115. (S. 452)

S 70 Sheppard, R. S.; Gegner, P. J.: Experiences with Titanium equipment, Chemical Eng. Progress 61 (3) 1965, 114–117. (S. 378)

S 70a Sherman, R. G.; Kessler, H. D.: Investigation of the heat treatability of the TiAl6V4 alloy, Trans. ASM 84 (1956) 657. (S. 291, 292)

S 71 Shewmon, P. G.; Bechtold, J. H.: Marker movements in Ti-Mo-diffusion couples and the Zener-theory of D_0, Acta Met. 3 (1955) 452–455. (S. 111)

S 71a Shimizu, K.: Ti-elctrode for the manufacture of electrolytic MnO_2, Int. Conf. on Ti, Inst. of Metals, London, 21.–24. 5. 1968, Ref. R. I. Jaffee, N. E. Promisel, Pergamon Press (1970) 233–236. (S. 546)

S 71b Shimura, M.; Izumi, O.; Shinohara, Y.: On crack propagation in pure α-Ti, J. Japan Inst. Metals 33 (1969) 391–395. (S. 216)

S 71c Shinoda, G.; Kawake, H.: Diffusion study in the Ti-Ag-system, J. Electrochem. Society 111 (1964) Nr. 8, 203c. (S. 113, 531)

S 71d Shiobara, K.; Morioka, S.: Electrochemical behavior of Ti in the crevice in boiling ammonium chloride solution, Japan Inst. of Metals 33 (1969) 581 bis 587. (S. 396)

S 71e Shiobara, K.; Morioka, S.: Electrochemical process of crevice corrosion of Ti in hot concentrated chloride solution, Japan Institute of Metals, Journal, 35 (1971) 812–820. (S. 396)

S 71f Shiobara, K.; Morioka, S.: The effect of anions and temperature on the pitting and crevice corrosion of Ti, Japan Inst. of Metals 35 (1971) 980–984. (S. 396)

S 71g Shishokina, K. V.: Abhängigkeit der Korrosionsbeständigkeit von dem Gefüge der Filme auf technisch reinem TiVT1-1, Tr. Vses. Nauhn. Issled. i Konstrukt. Inst. Khim. Mashinostr. 47 (1964) 61–64, Ref. in Werkst. u. Korr. 18 (1967) 931. (S. 380)

S 72 Shoemaker, R. H.: New developments in wear treatments for Ti-structures, Paper presented at TSM-AIME Meeting 17.–20. 5. 71, Atlanta, Georgia, USA, ASM Report W 71-18.6. (S. 456)

S 72a Shorshorov, M. Kh.; Meshcheryakov, V. N.; Matyushkin, B. A.: Influence of gas impurities on mechanism and kinetics of delayed fracture of Ti-alloys, 2. Int. Konf. Ti, 14. Sitzung, 5. 5. 1972, MIT, Cambridge, Mass., USA. (S. 361)

S 72b Shunk, F. A.: Constitution of binary alloys, Second Supplement McGraw-Hill Book Comp., New York (1969). (S. 143, 145, 154, 161, 162, 163, 164, 165, 166, 562, 564, 566, 568, 572, 573)

S 73 Sibert, M. E.; McKenna, O. H.; Steinberg, M. A.; Wainer, E.: Electrolytic reduction of Ti-monoxide, J. Electrochem. Soc. 102 (1955) 252–262. (S. 22)

S 74 Sibert, M. E.; Steinberg, M. A.: Electrolytic Titanium, J. Metals 8 (1956) 1162–1168. (S. 21)

S 75 Sidhu, S. S.; Heaton, L.; Zauberis, D. D.: Neutron diffraction studies on Hafnium-Hydrogen-and Titanium-Hydrogen-systems, Acta Cryst. 9 (1956) 607–614. (S. 339)

S 76 Sidhu, S. S.; Heaton, L.; Zauberis, D. D.; Campes, F. P.: Neutron diffraction study of the Ti-Zr-system, J. Appl. Phys. 27 (1956) 1040–1042. (S. 574)

S 77 Siegel, H. J.; Duncan, R. C.; Swift, R. E.: Scaling of Ti and Ti-alloys, WADC-Report 54–109, Part. 2. (S. 431)

S 77a Siemen, S. E.; Rosato, N.: Trepanning Ti saves time and material, American Machinist (30. 8. 54). (S. 498)

S 78 Siemens AG: Die Versuche erfolgten bei Siemens AG Mülheim unter Leitung von Herrn Dr. R. Schinn (1952–1957) und die Analyse bei der Analytischen Versuchs- und Beratungsstelle der Metallgesellschaft AG unter Leitung von Herrn Prof. Dr. J. Fischer. (S. 345)

S 80 Siemens & Halske AG: Verfahren zur Herstellung homogener Körper aus Ta-Metall oder anderen schwer schmelzenden Metallen, DP 188466 vom 18. 2. 1905. (S. 53)

S 81 Siemens, W.: Brit. Pat. 4208, 1878. (S. 30)

S 82 Sieverts, A.; Cotta, A.: Über die Eigenschaften einiger Metallwasserstoffe, III. Titanwasserstoff, Z. Anorg. Allg. Chemie 199 (1931) 384–386. (S. 339)

S 82a Simenz, R. F.; von Orden, J. M.; Wuld, C. G.: Environmental effects studies on selcted Ti-alloys, ASTM special techn. publ. Nr. 397 (1966) 53–80, Symposium stress corrosion cracking, Seattle 1966. (S. 412)

S 83 Silcock, J. M.: An X-ray examination of the ω-phase in Ti-V-, Ti-Mo- and Ti-Cr-alloys, Acta Met. 6 (1958) 481–493. (S. 72, 190, 568, 574)

S 84 Silcock, J. M.; Davies, M. H.; Hardy, H. K.: The structure of ω-precipitate in TiV16-alloy, Institute of Metals Monogr. and Rep. Series Nr. 18 (1958) 93–104 und Nature 175 (1955) 731. (S. 71, 72, 187)

S 84a Silcock, J. M.; Davis, M. H.; Hardy, H. K.: The structure of the ω-phase in TiV16-alloy. The mechanism of phase transformation in Metals, Rep. Series Nr. 18, Inst. of Metals 1956. (S. 72)

S 85 Simcoe, C. R.; McAndrew, J.: Ti-Al-Nb-alloy development, J. Metals 13 (1961) 70. (S. 273)

S 86 Simmons, O. W.; McCurdy, H. R.: A technique for casting Ti, American Foundrymen Soc., Trans. 61 (1953) 587–592. (S. 55)

S 87 Simmons, O. W.; McCurdy, H. R.; Edelmann, R. E.: Bottom poor furnace for casting Ti, Light Metals 18 (1955) 11–12. (S. 33, 55)

S 88 Simnad, M.; Spilners, A.; Katz, O.: Oxidation of Oxygen-saturated Ti, J. Metals 7 (1955) 645–646. (S. 107, 427, 429)

S 89 Simonson, R. B.: Extrusion of new Ti-alloy, Harvey Aluminium Summary Report, Air Material Command, Wright Patterson Air Force Base, Ohio (Nov. 1957) Contract No. AF 33 (600)–28322. (S. 451)

S 89a Simpson, R. P.; Wu, K. C.; Pierce, C. M.: Microstructure control in welds of the TiAl6V6Sn2-alloy, 2. Int. Conf. Ti, 5. Sitzung, 2. 5. 1972, MIT, Cambridge, Mass., USA. (S. 527)

S 90 Sinclair, G. M.; Corten, H. I.; Dolan, D. J.: Effect of surface finish on the fatigue strength of Ti-alloys, RC-120B and 140A, Dept. of Theoretical and Applied Mechanics, University of Illinois T. u. A. M. Rep. 509 (1955). (S. 327)

S 90a Sindelar, T. A.; Republic Steel Corp: Apparaturs for pressing consumable electrodes, US-Pat. 2925619 vom 23. 2. 1960, Anmeldung vom 15. 3. 1956. (S. 40)

S 91 Sinenz, R.: Embrittlement of TiAl6V4, Materials in Design Engineerung 50 (1959) Nr. 4 (Okt.) 186 u. 188. (S. 365)

S 92 Sittig, M.: Titanium descaled successfully with sodium hydride, Iron Age 172 (17. Dez. 1953) 137–139. (S. 407, 445)

S 93 Skinner, G.; Johnston, H. L.; Beckett, C.: Titanium and its compounds, Herrick L. Johnston Enterprises Verlag, Columbus, Ohio (1954). (S. 91, 92)

S 94 Sklarenko, S. J.; Lipkes, J. M.: Zur Frage über die Herstellung von metallischem Titan durch Elektrolyse in Schmelzen, J. Appl. Chem. USSR 13 (1940) 51–55. (S. 22)

S 94a Sliney, J. L.: Biaxial tensile behaviour of TiAl5Sn2,5, US Army Materials Research Agency, Watertown, Mass. AMRA TR 67-22 (Juni 1967). (S. 288)

S 95 Smart, R. F.: Alloys of Ti and Zr containing Tin, Metallurgia 57 (1958) 181–188. (S. 254, 273)

S 96 Smart, R. F.: The powder metallurgy of Ti, Journal of the Metallurgical Club, The Royal College of Science and Technology 12 (1959/60) 36–47. (S. 59)

S 97 Smirnow, A. V.; Načinkov, A. V.: Oberflächenverfestigung von Titan durch thermochemische Behandlungsmethoden, Metallovedenie i termi českaja obrjabotka metallov (1960) 322–329. (S. 458, 459)

S 97a Smirnov, V. S.; Aleksandrov, A. A.: Beidseitiges Plattieren von Stahl mit Titan, Trudy Leningr. politechn. inst. T 287 (1967) 9–14. (S. 536)

S 98 Smiryagin, A. P.; Kvurt, O. S.; Arkhipov, I. P.: Rekristallisation von Titan technischer Reinheit, Issledovanie Splavov Tsvetnye Metallov USSR 2 (1960) 92–95. (S. 139)

S 100 Smith, A. I.; Day, M. F.; Grinwade, M. F.; Hopkin, L. M. T.: The effect of creep testing on the Hydrogen embrittlement of a Ti-alloy containing 2% Al and 2% Mn, J. Inst. Metals 89 (1960) 105–110. (S. 363, 366)

S 101 Smith, H. R.; Hunt, C. d'A.; Hanks, C. W.: Electron bombardment melting, J. Metals 11 (1959) 112–117. (S. 53)

S 102 Smith, T. S.; Daunt, J. G.: Some properties of superconductors below 1 °K, III. Zr, Hf, Cd and Ti, Phys. Rev. 88 (1952) 1172–1176. (S. 78, 80)

S 102a Smith, L. W.; Yerkovitch, L. A.: Strength of joints in Ti brazed with several alloys, Product Engineering 24 (1953) 141–147. (S. 532, 533)

S 103 Smith, T. S.; Gager, W. B.; Daunt, J. G.: Some properties of superconductors below 1 °K, Phys. Rev. 89 (1953) 654. (S. 78, 80)

S 103a Smithmeyer, F. C.; Milberger, P. J.: Creep in Ti-78 + 148 °C, J. of Metals 20 (1968) 86A. (S. 235, 236)

S 104 Smolenskaya, G. N.: Electrodeposition of metals on Ti, Metalloved. i thermi obr. met. 11 (1960) 42–44. (S. 461, 462, 464)

S 104a Smoot, P. R.: A high strength, tough Ti-alloy, 2. Int. Konf. Ti, 10. Sitzung, 4. 5. 1972, MIT, Cambridge, Mass., USA. (S. 303)

S 104b Snell, P. O.: Phase relationships in the Ti-P-system, Acta Chem. Scand. 22 (1968) 1942–1952. (S. 570)

S 105 Snyder, H. B.; Rosenberg, L. M.: Boeing Airplane Corp. US-Patent 2981610, Anmeldung 14. 5. 1957, Veröffentlichung 25. 4. 1961, Chemical milling process and composition. (S. 452)

S 105a Soffa, L. L.: Titanium castings for airfrance structural applications, Metals Eng. Quarterly ASM (1968) Nr. 8, 32–38. (S. 554)

S 106 Sofina, V. V.; Azarkh, Z. M.; Orlova, N. N.: An X-ray structural phase analysis of the Zr-H- and Ti-H-systems, Soviet Physics Cristallography 3 (1959) 544–550. (S. 353)

S 107 Sofina, V. V.; Pavlovskaya, N. G.: Gleichgewichte der Systeme Ti–H und Zr–H bei niedrigen Drücken, Zhurnal Fizicheskoi Khimii 34 (1960) 1104 bis 1109, Ref. Crerar Metals Abstracts 9 (1960) Aug., No. 1, 14–15. (S. 339)

S 107a Sokiryanskij, L. F.; Ignatov, D. V.; Shinyayev, A. Ya.: Influence of polymorphic transformation in O diffusion in Ti, Fiz. metal. metalloved. 28 (1969) Nr. 2, 287–291. (S. 104)

S 107b Sokiryanskij, L. F.; Ignatov, D. V.; Shinyayev, A. Ya.; Bogolyubova, I. V.; Latsh, V. V.; Model, M. S.: Parameters of the diffusion of O in β-Ti, Ti-alloys to modern technology, N. P. Suzkin u.a., 1966, Moskau, NASA T.F.-596 (1970). (S. 104)

S 108 Sokolov, L. N.: Kornwachstum von Titan technischer Reinheit beim Erwärmen, Metallovedenie i Obrabotka Metallov 10 (1956) Nr. 10, 34–36. (S. 141)

S 108a Solonina, O. P.; Kuraeva, V. P.: Properties and structures of binary and ternary alloys on α-Titanium base, 2. Int. Konf. Ti, 11. Sitzung, 4. 5. 1972, MIT; Cambridge, Mass., USA. (S. 255)

S 108b Someno, M.; Saito, H.: Behaviour of H in Ti and its alloys by internal friction measurement, Int. Conf. on Ti, Inst. of Metals, London, 21.–24. 5. 1968, Ref. R. I. Jaffee, N. E. Promisel, Pergamon Press (1970) 393–400. (S. 101, 367)

S 108c Someno, M.; Saito, H.: Internal friction due to dissolved Hydrogen in Ti-9,1 % Mn, Ti-13, 5% Mn, and Ti-16, 7% Mn-alloys, Japan Inst. of Metals 35 (1971) 103–106. (S. 367)

S 108d Sommer, A. W.; Rosales, L. A.; Ono, K.: Microstructures and mechanical properties of thermomechanically treated high-strength beta-Ti-alloys, 2. Int. Konf. Ti, 9. Sitzung, 4. 5. 1972, MIT, Cambridge, Mass., USA. (S. 302)

S 109 Spachner, S. A.: Comparison of the structure of the ω-transition-phase in three Ti-alloys, Trans. AIME 212 (1958) 57–59. (S. 70, 190)

S 110 Spachner, S. A.; Rostoker, W.: Transformation kinetics of two Ti-alloys (TiMo13, TiCr8) in the transition-phase region, Trans. AIME 212 (1958) 665–669. (S. 75, 190)

S 111 Spachner, S. A.; Rostoker, W.: A study of the mode of ω-precipitation from a TiMo13-crystal by use of an X-ray-precision camera, Trans. AIME 215 (1959) 463–465. (S. 73)

S 112 Spangler, G.; Herman, M.: Properties of zone refined Ti, Franklin Institute, Lab. for Research and Development, FIL Interim Rep. I-A 1878-7, AFOSR-TN-60-695 (Juli 1960). (S. 55, 60, 120, 216)

S 113 Sparks, C. J.; Hammond, J. P.: Preferred orientation and kinetics of recrystallisation in Ti, WADC Techn. Rep. 56–421 (Juli 1956). (S. 207)

S 114 Sparks, C. J.; Melturque, C. J.; Holland, J. R.: Preferred orientation and deformation in Ti ans Ti-alloys, Third summary report to WADC on Contract No. AF 33 (038) 19574 (Febr. 1954). (S. 134)

S 115 Sparks, R. B.; Zecco, J. J.: Designing with Ti forgings, Materials in Design Engineering (Nov. 1964) 91–95. (S. 475)

S 117 Spencer, K. A.: Cathodic protection of ships and marine structures, Chem. Ind. (Juni 1954) 702. (S. 548)

S 117a Spizig, N. N.: Reibschweißen fügt auch unterschiedliche Metalle, Werkstatt u. Betrieb 97 (1964) 385–386. (S. 517)

S 117b Sprague, R. A.; Ruckle, D. L.; Smith, M. P.: The effect of microstructure on the low cycle fatigue bahavior of TiAl6V4, 2. Int. Konf. Ti, 10. Sitzung, 4. 5. 1972, MIT, Cambridge, Mass., USA. (S. 334)

S 118 Spreadborough, J.; Christian, J. W.: The measurements of the lattice expansions and Debye-temperatures of Ti and Silver by X-ray-methods, Proc. Phys. Soc. 74 (1959) 609–615. (S. 65, 89, 90, 120)

S 119 Spretnak, J. W.; Fontana, M. G.; Brooks, H. E.: Notched and unnotched tensile and fatigue properties of ten engineering alloys at 25 °C and −196 °C, Trans. ASM 43 (1951) 547–570. (S. 244, 246)

S 119a Spurrier, J.; Scully, J. C.: The stress corrosion cracking of Ti in a mixture of methyl-alcohol and hydrochloric acid, 2. Int. Konf. Ti, 14. Sitzung, 5. 5. 1972, MIT, Cambridge, Mass., USA. (S. 415)

S 120 Spyra, W.: Wärmeleitfähigkeit von Titan-Aluminium-Legierungen, DEW – Techn. Berichte 1 (1961) 156–161. (S. 74, 75, 88)

S 121 Spyra, W.: Temperaturabhängigkeit der Suszeptibilität von Titan und Titanlegierungen, DEW – Techn. Berichte 5 (1965) 20–24. (S. 75, 85, 86, 87, 179)

S 122 Squire, C. F.; Kaufmann, A. R.: The magnetic susceptibility of Ti and Zr, J. Chem. Phys. 9 (1941) 673–677. (S. 85, 86)

S 122a Srivastava, L. P.; Parr, J. G.: Martensite transformations in Zr, Ti and Ti-Cu-alloys, Trans. AIME 224 (1962) 1295–1297. (S. 173)

S 123a Stark, L. E.: Properties and cracking resistance of welded TiAl8Mo1V1 plate, Welding Res. Suppl. (1968) 2030–2090. (S. 524)

S 124 Starr, J.: Descaling and pickling Ti, Metal Finishing 53 (Febr. 1955) 65. (S. 449)

S 125 Steel 134 (März 1955) 21 N.N.: How to handle Ti. (S. 203, 434)

S 127 Steel 141 (1957) Nr. 13, 83–84 N.N.: New markets for Titanium. (S. 546)

S 128 Steel (4. April 1960) 138–239 N.N.: Flatter sheet increase Titanium's usefulness. (S. 481)

S 129 Steel 149 (6. 11. 1961) 113–114 N.N.: Wide use seen for NiTi-alloy group. (S. 336)

S 130 Steele, M. C.; Hein, R. A.: Superconductivity of Ti, Phys. Rev. 92 (1953) 243–247. (S. 78)

S 130a Steidel, R. F.; Murkerov, L. E.: The tensile properties of some engineering materials at moderate rate of strain, ASTM Bull Nr. 247 (Juli 1960) 57–64. (S. 305)

S 130c Steigerwald, E. A.; Hanna, G. L.: Influence of work-hardening exponents on the fracture toughness of high strength materials, Trans. AIME 242 (1968) 320–328. (S. 302)

S 131 Steinberg, M. A.; Carlton, S. J.; Sibert, M. E.; Wainer, E.: Preparation of Ti by fluoride electrolysis, J. Electrochem. Soc. 102 (1955) 332–340. (S. 24)

S 131a Stephan, H.: Some new results about custing of Ti in electron beam melting furnace, 2. Int. Konf. Ti 4. Sitzung 2. Sitz. MIT, Cambridge Mass., USA (S. 54)

S 132 Stephenson, W. B.: Descaling of Ti, Metal Progress 73 (1958) 87. (S. 450)

S 133 Stern, M.: The mechanism of passivating-type inhibitors, J. Electrochem. Soc. 105 (1958) 638–647. (S. 387)

S 134 Stern, M.; Bishop, C. R.: The corrosion behaviour of Ti-Pd-alloy, Trans. ASM 52 (1960) 239–252. (S. 402, 403)

S 135 Stern, M.; Bishop, C. R.: The corrosion resistance and mechanical properties of Ti-Mo-alloys containing noble metals, Trans. ASM 54 (1961) 286–298. (S. 405)

S 136 Stern, M.; Wissenberg, H.: The elctrochemical behaviour and passivity of Ti, J. Electrochem. Soc. 106 (1959) 755–759. (S. 385, 394, 401)

S 137 Stern, M.; Wissenberg, H.: The influence of noble metal additions on the electrochemical behaviour of Ti, J. Electrochem. Soc. 106 (1959) 759–764. (S. 388, 394, 400, 401)

S 138 Stetson, A. B.: Titanium coatings protect metals, Materials in Design Engineering 3 (1963) 81–84. (S. 467)

S 138a Stewart, R. W.; Cutler, I. B.: Effect of temperature and Oxygen partial pressure on the oxidation of Ti–C, J. Amer. Ceramic. Soc. 50 (1967) 176–181. (S. 433)

S 139 Sticha, E. A.: Corrosion resistant Titanium clad steel, Material Protection 8 (1969) 11–15. (S. 519)

S 139a Stough, D. W.; Fink, F. W.; Peoples, R. S.: Oxidation of Ti and Ti alloys, TML-Report Nr. 29 (30. 1. 1956). (S. 426, 431)

S 140 Stough, D. W.; Fink, F. W.; Peoples, R. S.: Stress corrosion and pyrophoric behaviour of Ti and Ti-alloys, TML-Report 84 (15. Sept. 1957). (S. 406, 436)

S 141 Stough, D. W.; George, H. S.; Fried, E. B.; Boyd, W. K.; Fink, F. W.: Descaling and cleaning of Ti and Ti-alloys, TML-Report 96 (28. März 1958) Battelle Mem. Institute, Columbus/Ohio. (S. 446, 447, 448, 450)

S 142 Stough, D. W., u.a.: The corrosion of Ti, Battelle Mem. Inst. TML-Rep. 57 (29. 10. 1960). (S. 372)

S 143 Stout, V. L.; Gibbons, M. D.: Gettering of gas by Ti, J. Appl. Phys. 26 (1955) 1488–1492. (S. 342, 343, 344)

S 143a Strassair, H.; Stark, D.: Verdampfungsgeschwindigkeit, Dampfdruck und Verdampfungswärme von Re, Rh, Pd und Ti, Z. Angew. Physik 23 (1967) 40–44. (S. 94, 95)

S 144 Straumanis, M. E.; Chen, P. C.: The mechanism and rate of dissolution of Ti in hydrofluoric acid, J. Electrochem. Soc. 98 (1951) 234–240. (S. 377)

S 145 Straumanis, M. E.; Ejima, T.: Lattice parameters, thermal expansion coefficients, molecular weights and imperfections of Ti_2O_3 and of solid solutions with Ti, Acta Cryst. 10 (1957) 789–790. (S. 570)

S 146 Straumanis, M. E.; Gill, C. B.: The rate of dissolution and the passivation of Ti in acids with ammonium fluoride added, J. Electrochem. Soc. 101 (1954) 10–15. (S. 389, 405)

S 147 Straumanis, M. E.; Huang, Y. P.: Korrosion des Titans in geschmolzenen Salzbädern, Metall 11 (1957) 1029–1032. (S. 565)

S 148 Straumanis, M. E.; Schlechten, A. W.: Titan-Überzüge auf Metallen und keramischen Objekten, Metall 10 (1956) 901–909. (S. 466)

S 149 Straumanis, M. E.; Shits, S. T.; Schlechten, A. W.: The mechanism of deposition of Ti coatings from fused salt baths, J. Electrochem. Soc. 104 (1957) 17–20. (S. 466)

S 150 Straumanis, M.; Weerts, J.: Über die Ausscheidung der α-Phase im β-Messing, Z. Physik 78 (1932) 1–16. (S. 151)

S 151 Stringer, J.: The oxidation of Ti in Oxygen at high temperatures, Acta Met. 8 (1960) 758–766. (S. 428, 429, 430)

S 152 Stringer, J.: The effect of pressure on the second stage parabolic rate in oxidation of Ti, Acta Met. 8 (1960) 810–811. (S. 430)

S 153 Stringer, J.: The oxidation of dilute Ti–Fe-alloys, J. Inst. Metals 93 (1961/62) 298–303. (S. 433)

S 154 Stringer, J.; Metcalf, G.; Nicholson, M. L.: The high temperature oxidation of a commercial Ti-Mo-alloy, J. Less Com. Met. 4 (1962) 69–77. (S. 432, 433)

S 154a Stubbington, C. A.; Ballett, J. T.: Weld optimisation and fatigue tests on low voltage electron beam welded 2 in (51 mm) thick TiAl6V4-alloy, 2. Int. Konf. Ti, 5. Sitzung, 2. 5. 1972, MIT, Cambridge, Mass., USA. (S. 515)

S 155 Stubbington, C. A.; Bowen, A. W.: The effect of section size on the fatigue properties of TiAl6V4-bars, 2. Int. Konf. Ti, 7. Sitzung, 3. 5. 1972, MIT, Cambridge, Mass., USA. (S. 329, 472)

S 156 Stüwe, H.; Shimomura, Y.: Gitterkonstanten der kubisch-raumzentrierten Phasen FeTi, CoTi and NiTi, Z. Metallkunde 51 (1960) 180–181. (S. 569)

S 156a Suchotin, A. M.; Tungusovam, L. I.: Die Passivität von Metallen und die Elektrochemie ihrer Oxide, Titan, Arbeiten Staatl. Inst. f. angewandte Chemie, Trudy. Gos. inst. prikl. chim., T. 67 (1971) 18–27. (S. 380)

S 157 Suiter, J. W.: Tensile properties of some Ti-α-alloys up to 600 °C, J. Inst. Metals 83 (1954/55) 460–464. (S. 217, 231, 232, 254, 272)

S 158 Suiter, J. W.: Tensile properties of some Ti ternary solid solutions and duplex alloys up to 600 °C, J. Inst. Metals 84 (1955/56) 81–83. (S. 272, 273)

S 159 Suiter, J. W.: Some effects of pressure on consumable electrode arc melting, J. Electrochem. Soc. 106 (1959) 47–49. (S. 42)

S 159a Sujimoto, T. T.; Adachi, M.: Reinvestigation of the Ti-rich region of the Ti-Al-system, Jap. Inst. Metals, Bull. Met. Rev. 94 (1966) Nr. 10, 358–363. (S. 146)

S 159b Sullivan, A. M.; Stoop, J.; Freed, C. N.: Plane-stress fracture toughness of high-strength Ti-sheet alloys, 2. Int. Konf. Ti, 7b-Sitzung, 3. 5. 1972, MIT, Cambridge, Mass., USA. (S. 203, 325)

S 160 Summers-Smith, D.: The constitution of Ti-Ta-alloys, J. Inst. Metals 81 (1952/53) 73–76. (S. 68)

S 161 Sutcliffe, D. A.; Forsyth, J. M.; Reynolds, J. A.: Electrolytic polishing of Ti, Metallurgia 41 (März 1950) 283–284. (S. 206, 207)

S 162 Swann, P. R.; Parr, J. G.: Phase transformations in Ti-rich alloys of Ti and Co, Trans. AIME 212 (1958) 276–279. (S. 191, 565)

S 163 Syre, R.; Saulnier, A.: Untersuchungen über die Schmiedbarkeit von TiAl6V4, Revue de Métallurgie 5 (1958) 442–447. (S. 472)

T 0 Tachikawa, K.: Persönliche Mitteilung (Mai 1967). (S. 82)

T 1 Tajima, S.; Mori, T.: Electropolishing Titanium, Products Finishing 19 (Oct. 1954) 26–32. (S. 207, 452)

T 2 Takamura, A.: Nitriding of Ti, Nippon Kinzoku Gakkaishi 24 (1960) 565–569. (S. 453)

T 2a Takamura, A.: Surface hardening of Ti by Oxygen, Trans. Jap. Inst. Metals 3 (1962) 10–14. (S. 457)

T 2b Takamura, A.: Korrosionswiderstand von Ti und einer TiPd-Legierung in heißen konz. NaCl-Lösungen, Corrosion 23 (1967) 306–313. (S. 401)

T 3 Takamura, A.; Arakawa, K.; Moriguchi, Y.: Corrosion resistance of Ti and a TiTa5-alloy in hot concentrated nitric acid, Int. Conf. on Ti, Inst. of Metals, London, 21.–24. 5. 1968, Ref. R. I. Jaffee, N. E. Promisel, Pergamon Press (1970) 209–216. (S. 398)

T 3a Takamura, A.; Moriguchi, Y.; Hirose, H.; Maeda, F.: The effect of impurity elements on the corrosion resistance of commercial pure Ti, Corrosion Engineering, Boshoku Gijutsu 19 (1970) 14–18. (S. 377)

T 3b Takao, Z.; Kusamichi, H.; Tokuda, S.; Fukuhara, Y.: Properties of Ti5Al2Cr1Fe-alloy (US 150B) and their improvement, International Conference in Ti, Inst. of Metals, London, 21.–24. 5. 1968, Ref. R. I. Jaffee, N. E. Promisel, Pergamon Press (1970) 891–895. (S. 291)

T 3c Takao, Z.; Nakano, U.; Takamura, A.: Galvanische Korrosion von Ti im Kontakt mit nichtrostendem Stahl, Nippon Kinzoku Gakkaishi 24 (1960) 380–383. (S. 395)

T 3d Takeuchi, S.; Honma, T.; Ideda, S.: Solubility of Hydrogen in Ti at 900° to 1500 °C, Science Reports of the research Inst. of Iron, Steel and other metals, Tôhoku Univ. Japan 50. Jahre A, Bd. 18 (1966) 161–170. (S. 350)

T 3e Takeuchi, Y.; Watanabe, M.; Qamabe, S.; Wada, T.: Eutektische Ti- und Zr-Lote, Metall 22 (1968) 8–15. (S. 533, 534, 535)

T 3f Tanabe, T.; Okubo, T.; Gokyn, I.: Etch pit technique for Titanium and Zirconium, Met. Trans. 3 (1972) 350–351. (S. 213)

T 3g Tanaka, T.; Conrad, H.: Dislocation dynamics for {10$\bar{1}$0} ⟨11$\bar{2}$0⟩ slip in Ti single crystals below 0,4 T_m, 2. Int. Conf. on "Strength of Metals and alloys" Pacific grove/Cal. 30. 8.–4. 9. 1970. (S. 121)

T 4 Taniguchi, S.; Tebble, R. S.; Williams, D. E. C.: The magnetic susceptibility of some transition-metal alloys and the corresponding density of states curves, Proc. Roy. Soc. A 265 (1962) 502–518. (S. 87)

T 4a Tanner, L. E.: TTT-diagrams of the Ti-sheet-rolling program, D.M.I.C. Report 46G (19. 10. 1959). (S. 307)

T 5 Tanner, L. E.: The isothermal transformation of TiV16Al2,5 and TiAl4Mo3V1, Trans. AIME 221 (1961) 74–83. (S. 297, 301)

T 6 Tanner, L. E.; Boyd, J. E.; Coyne, J. E. jr.: The elctron metallographic examination of transformation structure in the TiV13Cr11Al3-alloy, Trans. AIME 224 (1962) 872–874. (S. 213)

T 7 Tanner, L. E.; Coyne, J. E.: Electron metallographic examination of TiV13Cr11Al3, J. Metals 13 (1961) 683. (S. 213)

T 7a Tarasov, L. P.: Grinding of Ti, Symposium Machining and Grindung of Ti, Watertown Arsenal (31. 3. 53) PB 111375. (S. 504)

T 7b Tavadze, F. N.; Kherodinashvili, Z. Sh.; Asanov, S. A.: Effect of the thermomechanical treatment on the corrosion resistance of Ti-alloys, 2. Int. Konf. Ti, 9. Sitzung, 4. 5. 1972, MIT, Cambridge, Mass., USA. (S. 378)

T 7c Tavadze, F. N.; Maridzhgaladze, B.; Vulf, U.; Yudina, S. A.; Dashniani, T. C.: Die Wirkung des Sauerstoffgehaltes und der Wärmebehandlung auf die Korrosionsbeständigkeit der Legierungen AT3 und AT8, Tr. Soveshch. po Metallokhim, Metalloved. i Primeniyu Titana i ego Splavov, 6 (1965) 138–142, Ref. in Werkst. u. Korr. 19 (1968) 61. (S. 398)

T 7d Taylor, E. A.: Inertgas welding of nonferrous metals, Metallurgical Reviews 12 (1967) 123–146. (S. 514)

T 7e Taylor, E. A.; Burn, A. H.; Clarkson, H. R.: Porosity in argon arc welds in Ti, Int. Conf. on Ti, Inst. of Metals London, 21.–24. 5. 1968, Ref. R. I. Jaffee, N. E. Promisel, Pergamon Press (1970) 1037–1048. (S. 514)

T 8 Taylor, J. L.; Duwez, P.: Constitution of Ti-rich Ti-Cr-Al-alloys at 1800 °F and 1400 °F, Trans. AIME 197 (1953) 253–256. (S. 178)

T 9 Temescal Company: Electron beam melting, Heating 28 (1961) 484–488. (S. 54)

T 9a Thelen, A.: Der internationale Titanmarkt, Vortrag bei Pressekonferenz Contimet Krefeld 28. 1. 71. (S. 2, 3, 541)

T 10 Thomassen, L.; Sinnot, M. J.; Demmler, A. W.: The influence of surface treatment on the fatigue properties of Ti-alloys, WADC TR 53-437, Part I und II (1954). (S. 243, 244, 245, 246, 327, 328)

T 10a Thornburg, D. R.; Piehler, H. R.: Cold-rolling texture development in Ti and Ti-Al-alloys, 2. Int. Konf. Ti, 7a Sitzung, 3. 5. 1972, MIT, Cambridge, Mass., USA. (S. 128)

T 11 Thwaites, C. J.: Schwierigkeiten beim Verzinnen von Titan; Zinn und seine Verwendung 52 (1961) 6–8. (S. 406, 407, 465)

T 11a Thyne, van, R. J.; Kessler, H. D.; Hansen, M.: The systems Ti–Cr and Ti–Fe, Trans. ASM 44 (1952) 974–989. (S. 189)

T 12 Thyne, van, R. J.; Turner, D. H.; Kessler, H. D.: Double arc melting process produces homogenous ingots, Iron Age 172 (1953) Aug., 146–148. (S. 30, 37)

T 13 Thyne, van, R. J.; Rostoker, W.; Kessler, H. F.: Observations on the phase Ti–Ag, Trans. AIME 197 (1953) 670–671. (S. 189, 336, 531)

T 13a Tien, J. K.; Chesnutt, J. C.; Boone, D. H.; Goward, G. W.: The metallurgy of Nickel-base coatings on Ti-alloys, 2. Int. Konf. Ti, 13. Sitzung, 3. 5. 1972, MIT, Cambridge, Mass., USA. (S. 113)

T 13b Tien, J. K.; Chesnutt, J. C.; Peacock, D. E.: Thermomechanical manipulation of precipitate shape in a Titanium-base alloy, Met. Trans. 3 (1972) 2542–2544. (S. 273)

T 13c Tikkomirov, V. J.; Dyachkov, V. J.: Kinetics of the oxidation of Ti at high temperature. Zh. Dokl. Khim. 40 (1967) 93–96. (S. 104)

T 13d Tiktinsky, M.: Fatigue characteristics of Ti-alloy forgings for rotary wing vehicles, Int. Conf. on Ti, Inst. of Metals, London, 21.–24. 5. 1968, Ref. R. I. Jaffee u. N. E. Promisel, Pergamon Press (1970) 1013–1021. (S. 327)

T 14 Tiner, N. A.: Metallurgical aspects of silver brazing Ti, Welding Journal 34 (1955) 846–850. (S. 534)

T 14a Tiner, N. A.; Mackay, T. L.; Asunmaa, S. K.; Ingersoll, R. G.: Use of electron microautoradiography for evaluating microsegregation of H in Ti, ASM Trans. Quarterly 61 (1968) 195–202. (S. 357)

T 15 Titan Co. Inc.: Franz. Pat. 1064893 vom 18. 4. 1954. (S. 26)

T 16 Titanium Metals Corp. of America: Einfluß der Prüfmethode auf den Härtewert von Titan, Handbook on Ti-metal (Aug. 1953). (S. 220)

T 17 Titanium Metals Corp. of America: Titanium Engineering Bulletin, TIMET Nr. 1–10 (1960–1970). (S. 299, 310, 519)

T 18 Titanium Metals Corp. of America: Titanium data for the airspace industry (1963). (S. 331, 550, 554, 556)

T 19 Titanium Metals Corp. of America: Corrosion resistance of Ti. Bulletin 1966, 64 S. (S. 372, 560)

T 19a Titanium Metals Corp. of America: Properties and fabrication of Ti mill products (August 1966). (S. 282)

T 19b Titanium Metals Corp. of America, Anzeige in Metal Progress 95 (1969) März, 94. (S. 551, 552)

T 19c Titanium Metals Corp. of America: How to use Titanium, Bulletin 1969. (S. 281, 524, 525, 546, 554)

T 19d Tokuda, Sh.; Kawahara, H.: Relation between heat treated microstructures and the equilibrium diagram in various Ti-alloys, J. Japan Inst. of Metals 35 (1971) 865–870. (S. 475)

T 19e Tokuda, Sh.; Kawahara, H.: On quantitative microprobe analysis for the concentrating of alloying elements in the micron-area of Ti-alloys, J. Japan Inst. of Metals 35 (1971). 542–547. (S. 52)

T 19f Tokuda, S.; Kawahara, H.: Study of microsegregation in Ti-Al, Ti–Mo und Ti–V binary alloys and commercial Ti-alloys, Japan Inst. of Metals 36 (1972) 1–13. (S. 52)

T 20 Tomashov, N. D.: Die Passivität und Korrosionsbeständigkeit der nicht rostenden Stähle, Z. Electrochem. 62 (1958) 717–729. (S. 394, 399)

T 20a Tomashov, N. D.: Grundlagen der Entwicklung korrosionsbeständiger Legierungen, Werkst. u. Korr. 18 (1967) 694–707. (S. 393, 398)

T 20b Tomashov, N. D.; Altovskii, R. M.: Effect of Pt, Cu and Fe on corrosion and passivity of Ti in 15% HCl acid, J. Phys. Chem. USSR 34 (1960), Corrosion 19 (1963) 217–221. (S. 342, 386)

T 20c Tomashov, N. D.; Altovskii, R. M.; Arakelov, A. G.: Anodischer Schutz von Ti in Schwefelsäure, Dokl. Akad. Nauk. SSSR 121 (1958) 885–888. (S. 391)

T 20d Tomashov, N. D.; Altovskii, R. M.; Chernova, G. P.: Passivity and corrosion resistance of Titanium alloys, J. electrochem. Soc. 108 (1961) 113–118. (S. 398)

T 21a Tomashov, N. D.; Chernova, G. P.: Passivity and protection of metals against corrosion, Moskau 1965, Übersetzung Plenum Press, New York 1967. (S. 391, 396)

T 21b Tomashov, N. D.; Chernova, G. P.; Chukalovskaya, T. V.: Accumulation of Pd on Ti-Pd-alloys during their common and self-passivation in sulfuric acid, Zaščita metallov. 6 (1970) Akad. UdSSR, 3–9. (S. 405)

T 21c Tomashov, N. D.; Chernova, I. L.; Kulnina, G. S.; Bondberg, P. B.; Gavze, A. L.: Investigation of the structure and corrosion behavior of alloys of the system Ti–Ta–Cr, Zaščita metallov. Akad. UdSSR 7 (1971) Heft 4, 387–392. (S. 398)

T 21d Tomashov, N. D.; Chukalovskaya, T. V.; Chernova, G. P.; Plavnik, G. M.; Nazarova, R. I.; Zakharov, A. P.; Sheshenina, Z. E.: Structural investigation of the surface layer on Ti–Pd alloys, Zaščita metallov 8 (1972) 291–294. (S. 405)

T 21e Tomashov, N. D.; Matveyeva, T. V.: Role of titanyl ions and Oxygen in the anodic process during corrosion of Ti and its alloys with cathodic additions, Zaščita metallov. Akad. UdSSR 7 (1971) 589–591. (S. 378)

T 21f Tomashov, N. D.; Matveyeva, T.V.; Ivanov, Yu. M.: Influence of Ruthenium on the corrosion behavior of Ti, Zaščita metallov. 8 (1972) 174–177. (S. 405)

T 21g Tomashov, N. D.; Modestova, V. N.: Das Verhalten von Titanlegierungen bei Spannungskorrosion in sauren Medien, aus: Titan und dessen Legierungen, Ausg. 6, Metallurgie und Elektrochemie des Titans, Moskau, Verlag der Akad. d. Wiss. der UdSSR (1961) 221–229. (S. 414)

T 21h Tomashov, N. D.; Modestova, V. N.; Plavic, L. A.: Die kathodische Wasserstoffversprödung und die Korrosion des Titans und seiner α-Legierungen in verschiedenen Elektrolyten, Korrosionsschutz in der chem. u. erdölverarbeitenden Industrie, UdSSR 1 (1967) 17–24. (S. 422)

T 22 Tomashov, N. D.; Sinelshchikova, G. P.; Vedenejeva, M. A.: Anode and cathode polarization curves for Fe and Cu in sulphate solution containing oxidic additions, Dokl. Akad. Nauk. SSSR 61 (1948) 669–672. (S. 399)

T 23 Tomashov, N. D.; Tschernowa, G. P.; Altovskii, R. M.: Erhöhung der Beständigkeit des passiven Zustandes bei Titan, Z. Phys. Chem. 214 (1960) 312–383. (S. 391, 403, 405)

T 24 Topelian, P. J.: New chrome plating process deposits highly ductile coatings, Iron Age 176, 15 (13. Okt. 1955) 99–101. (S. 462)

T 25 Topelian, P. J.: Vorbehandlungsverfahren für Metalloberflächen, US-Pat. No. 2856333 (1958). (S. 461, 462)

T 26 Tour, S.; Styka, A.; Fischer, G.: Molybdenum deposition on Titanium, Trans. AIME 203 (1955) 291–296. (S. 465)

T 26a Tressler, R. E.; Moore, T. C.: Mechanical property and interface reaction studies of Titanium-Alumina composites, Metals Engineering Quart. (1971) Nr. 2, 16–22. (S. 337)

T 28 Trzebiatowski, W.; Stalinski, B.: Magnetic properties of Ti-hydrides, Bull. Akad. Polon. Sci. Cl. 3, 1 (1953) 131–135. (S. 85, 86, 354)

T 28a Trzeciak, M. J.; Dilthey, D. F.; Mallett, M. W.: Study of hydrides, Report No. BMI-1112, Battelle Memorial Institute Contract No. W-7405-eng-92 (12. 7. 1961). (S. 355)

T 29 Tschabanow, A. D.; Novikov, N. N.: Die Deformation und die Rolle des Temperaturfaktors bei spanabhebender Bearbeitung von Titanlegierungen, Vestnik masinostroenija 29 (1959) Nr. 9, 55–59, Ref. VDI-Z. 103 (11. 4. 61). (S. 494, 495)

T 29a Tseitlin, K. L.; Faingold, L. C.; Strunkin, V. A.: Chemische Beständigkeit von Ti in Halogensäuren und Haliden, Metalloved. Titana Akad. Nauk. SSSR, Gos. Kan. Sov. Min. SSSR po Chern. i Tsvetn. Met. Inst. Met. Tv. Pyatogo Srvershch. Moscow (1963) 150–159, Ref. in Werkst. u. Korr. 19 (1968) 346. (S. 388, 435)

T 29b Tsujimoto, T.; Adachi, M.: Reinvestigation of the Ti-rich region of the Ti-Al-equilibrium diagram. J. of the Inst. of Metals 94 (1966) 358–363. (S. 563)

T 29c Tucker, M. O.: The elastic effects of twin and grain boundaries in Ti, International Conference on Ti, Inst. of Metals, London, 21.–24. 5. 1968, Ref. R. I. Jaffee, N. E. Promisel, Perg. Press (1970) 433–440. (S. 115)

T 29d Tucker, M. S.; Wilson, K. R.: Attack of TiAl6V4 by silver base brazing alloys, Welding Res. Suppl. (1969) 5210–5270. (S. 531)

T 29e Tung, P. P.; Sommer, A. W.: Dislocation energetics in α-Ti, Met. Trans. 1 (1970) 947–953. (S. 234)

T 29g Turbitt, B.; Geisendorfer, R.: Effect of elevated temperature exposure on the room temperature properties of Ti-alloys TiAl8Mo1V1, TiAl6V4 and TiAl4Mo3V1, Int. Conf. on Ti, Inst. of Metals, London, 21.–24. 5. 1968, Ref. R. I. Jaffee, N. E. Promisel, Pergamon Press (1970) 839–841. (S. 315, 318)

T 29h Turk, C. D.; Marcus, H. L.: The mechanical properties of physical vapor deposited Ti, Trans. AIME 242 (1968) 2251–2256. (S. 466)

T 29i Turley, R. V.; Avery, C. H.: Elevated temperature static and dynamic sea-salt stress-corrosion-cracking of Ti-alloys, ASTM special Report 397 (1966) 1–31, Symposium stress-corrosion-cracking, Seattle 1965. (S. 412, 413)

T 29k Turner, M. E. D.; Manton, F.: Anodizing of Ti equipment, International Conference on Ti, Inst. of Metals, London, 21.–24. 5. 1968, Ref. R. I. Jaffee, N. E. Promisel, Pergamon Press (1970) 171–178. (S. 457)

T 29l Turner, N. G.; Roberts, W. T.: Dynamic strain ageing in Ti, J. Less. Comm. Metals 16 (1968) 37–44. (S. 222, 247)

T 29m Turner, N. G.; Roberts, W. T.: Fatigue behaviour of Ti, Trans. AIME 242 (1968) 1223–1230. (S. 243, 247)

T 30 Tyler, P. M.: Present and future use of Ti, Metal Progress 74 (Sept. 1958) 109–112. (S. 549)

T 32 Tyson, W.: Basal and prismatic slip in h.c.p.-crystals, J. Metals 20 (1968) 59A. (S. 116)

T 33 Tzodikov, V. V.; Danilkin, V. A.; Yakimenko, L. M.; Malkina, R. I.; Meleshkina, E. P.: Hydrogenation of Ti and platinized Ti during cathodic polarization in alkine media, Zaščita metallov. 8 (1972) H. 4, 446. (S. 548)

U 1 Ulyanov, R. A.; Kovtun, S. F.: Effect of alloying on the volume resistivity of Ti, Fiz. metal. metalloved. 17 (1964) Nr. 4, 505–511. (S. 75)

U 2 Union Carbide: Flame plated Titanium, Met. Progress (Okt. 1966) 233. (S. 460)

U 3 Ustinov, V. S.; Ognev, R. K.; Olesov, U. G.: Methods of Titanium powder production, 2. Internat. Konf. Titan, 3. Sitzung, 2. 5. 1972, MIT Cambridge, Mass., USA. (S. 29)

V 1 Vaccari, J. A.: Titanium and its alloys, Materials in Design Engineering, No. 234 (1965) 123–142. (S. 540)

V 1a Vaccari, J. A.: More application for Ti, Materials Eng. 65 (1967) Nr. 5, 94–96. Crooker, T. W., Lange, E. A. ASTM-Symp. April 1967. (S. 335, 424, 556)

V 1b Vaia, A. R.; Akers, R. R.: Durarc[R] process for melting and casting Titanium, 2. Internat. Konf. Titan, 4. Sitzung, 2. 5. 1972, MIT Cambridge, Mass., USA. (S. 35)

V 1c Vajenin, S. F.; Shapolova, O. M.; Pampushko, N. A.: Features of the corrosion behavior of Ti-alloys in aggressive media of different processes, 2. Int. Conf. Ti, 13. Sitzung, 5. 5. 1972, MIT, Cambridge, Mass., USA. (S. 378)

V 1d Vanderpuye, N. A.; Miodownik, A. P.: The stability of the ω-phase in Ti-and Zr-alloys, Int. Conference on Ti, Inst. of Metals, London, 21.–24. 5. 1968, Ref. R. I. Jaffee, N. E. Promisel, Pergamon Press (1970) 719–729. (S. 153, 188)

V 1e Vansant, C. A.; Phelps, W. C.: Carbide formation from β-Ti and Graphite, Trans. ASM 59 (1966) 105–112. (S. 457)

V 1f Vereinigung des Technischen Überwachungsvereines e.V., Essen, Vorläufiges Werkstoffblatt (Juni 1968) 230–268. (S. 241)

V 1g Vetrano, J. B.; Boom, R. W.: High critical current superconducting Ti-Nb-alloy, J. of Appl. Phys. 36 (1965) 1179–1180. (S. 84)

V 1h Vicki, F. J.; Vargas, A.: Non-destructive inspection of Titanium jet engine disks, 2. Internat. Konf. Titan, 5. Sitzung, 2. 5. 1972, MIT Cambridge, Mass., USA. (S. 205)

V 2 Vidmayer, A.: Verfahren zum kontinuierlichen Herstellen von metallischen Elektroden, insbesondere Titanelektroden für Lichtbogenöfen, DAS 1110340, 9. Aug. 1961. (S. 40)

V 2a Vinogradov, Yu. M.: Prospects for the application of new Ti-alloys in chemical machine building, Ti-alloys for New Technology, Nauka Press (1968) 74–77 in S 23c. (S. 546)

V 2b Virdis, P.; Zwicker, U.: Phasengleichgewichte im System Cu–Ti–Al, Z. Metallkunde 62 (1971) 46–51. (S. 579, 581)

V 2c Vishnyakov, Ya, D.; Ivanov, A. N.; Umansky, Ya, S.: Inheritance of crystal structure defects by thermomechanical treatment of TiAl6Mo2,5Cu1,5 and TiCr11Mo8Al3, Fiz. metalloved. 24, Nr. 6 (1967) 1038–1041. (S. 480)

V 3 Vitt, R. S.; Ono, K.: Hydrogen solubility in alpha Titanium, Trans. AIME 2 (1971) 608–609. (S. 350)

V 4 Vlasov, V. S.; Kornilov, I. I.: High temperature strength curve for Ti-V- and Ti-Nb-alloys, Izvest. Akad. Nauk. 4 (1958) 31–35. (S. 569)

V 5 Voast, J. van: Increased production, reduced costs through a better machining process and control of materials, Tools and Machines Metcut Research Ass. Published by Curtiss Wright Corp. Bd. 3 (1954). (S. 493, 495, 496, 497, 498, 499, 501, 502, 503, 504)

V 5a Vogel, D. L.; Rieck, G. D.: Thermotransport of O and N in Ti, Nb and Ta, A qualitative investigation, Acta Met. 19 (1971) 247–254. (S. 105)

V 6 Vogel, R.; Tonn, W.: Über einen Umwandlungspunkt des Zirkoniums, Z. Anorg. Allgem. Chem. 202 (1931) 292–296. (S. 149)

V 8 Voitovich, R. F.; Makarova, R. V.: Verzunderung von Ti-Zr-Legierungen, Metallurgiya i Toplivo, Izv. AN SSSR, OTN. No. 4: 95, 1961. (S. 432)

V 9 Vozilkin, V.A.; Prekul, A.F.; Rakin, V. G.; Volkenshteyn, N.V.; Buynov, V.: Structure dependence of the superconductive properties of TiNb47-alloy, Fiz. metal. metalloved. 26, Nr. 4 (1968) 655–663. (S. 84)

W 1 Waber, J. T.; Sturdy, G. E.; Wise, E. N.: Das logarithmische Wachstumsgesetz für die Oxydation von Titan, J. Anorg. Chem. Soc. 75 (1953) 2260–2270. (S. 427)

W 1a Wabersich, E.: Elektronenstrahlschweißen eines Treibstoffbehälters aus einer hochfesten Titanlegierung für die dritte Stufe der ELDO-Trägerrakete, Luftfahrttechnik – Raumfahrttechnik 12 (1966) 48–53. (S. 514, 515, 527, 528)

W 2 Wagener, H. W.: Erholung und Rekristallisation bei der Umformung von Ti und Zr, Metall 22 (1968) 123–130. (S. 137)

W 3 Wagner, F. C.; Bucur, E. J.; Steinberg, M. A.: The rate of diffusion of Carbon in alpha- and beta-Ti, Trans. ASM 48 (1956) 742–766. (S. 104, 105, 106)

W 3a Wahlbeck, P. G.; Gilles, P. W.: Reinvestigation of the phase diagram for the system Titanium-Oxygen, J. Amer. Cer. Soc. 49 (April 1966) 180–183. (S. 570)

W 4 Wainer, A. E.: Amer. Pat. 2731404 vom 17. 1. 1956. (S. 24)

W 5 Walke, H.; Williams, E. J.; Evans, G. R.: K-electron capture nuclear isomerism and the longperiod activities of Ti and Sc, Proc. Roy. Soc. A 171 (1939) 360–382. (S. 63)

W 6 Wallwork, G. R.; Jenkins, A. E.: Oxydation of Titanium, Zirconium and Hafnium, J. Electrochem. Soc. 106 (1959) 10–14. (S. 427, 428)

W 7 Walter, D. I.: Determination of Oxygen in Titanium, Analytical Chemistry 22 (1950) 297–303. (S. 31)

W 7a Wang, J. Y. N.: Korrosion und Inhibierung von Ti und Ti-Leg. in Hg, Nucl. Sc. Eng. 18 (1965) 18–30. (S. 406)

W 7b Warnock, R. E.: The mono graf casting process, Int. Conf. on Ti, Inst. of Metals London, 21.–24. 5. 68, Ref. R. I. Jaffee, N. E. Promisel, Pergamon Press (1970) 133–141. (S. 56, 57)

W 8 Wartenberg, H. v.: Benetzung durch geschmolzene Salze, Z. Angewandte Chem. 69 (1957) 258. (S. 24)

W 9 Wartmann, F. S.; Baker, D. H.; Nettle, J. R.; Homme, V. E.: Some observation on the Kroll-process for Ti, Trans. Electrochem. Soc. 101 (1954) 507–513. (S. 15)

W 10 Wartmann, F. S.; Walker, J. P.; Fuller, H. C.; Cook, M. A.; Anderson, E. L.: Production of ductile Ti at Boulder City, Nev., US-Bureau of Mines, Report of Inv. 4919 (1949). (S. 9, 15, 16)

W 11 Wasilewski, R. J.: Thermal expansion of Ti and some Ti-O-alloys, Trans. AIME 221 (1961) 1231–1235. (S. 90)

W 11a Wasilewski, R. J.: Electrical resistivity of Titanium-Oxygen alloys, Trans. AIME 224, (1962) 8–12. (S. 75)

W 11b Wasilewski, R. J.: On discontinous yield and plastic flow in α-Ti, Trans. ASM 56 (1963) 221–235. (S. 222)

W 11c Wasilewski, R. J.: Stress-assisted martensite formation in TiNi, Scripta Metallurg. 5 (1971) 127–130. (S. 336)

W 11d Wasilewski, R. J.: The "Yield" behaviour of stoichiometric TiNi across the martensitic transformation range, Scripta Metallurg. 5 (1971) 131–136. (S. 336)

W 11f Wasilewski, R. J.: Martensitic transformation and fatigue strength in TiNi, Scripta Metallurg. 5 (1971) 207–212. (S. 336)

W 11g Wasilewski, R. J.; Butler, S. R.; Hunlon, J. E.; Worden, D.: Homogeneity rangeance the Ms-transformation in TiNi, Met. Trans. 2 (1971) 229–238. (S. 336, 569)

W 12 Wasilewski, R. J.; Kehl, G. L.: Diffusion of Hydrogen in Ti, Metallurgia 50 (1954) 225–230. (S. 104, 106, 344)

W 13 Wasilewski, R. J.; Kehl, G. L.: Diffusion of Oxygen and Nitrogen in Titanium, J. Inst. Metals 83 (1954/55) 94–104. (S. 103, 104, 105, 106, 430, 453)

W 14 Wassermann, G.: Über die Umwandlung des Kobalts, Metallwirtschaft 11 (1932) 61–65. (S. 151)

W 15 Wassermann, G.; Grewen, J.: Texturen metallischer Werkstoffe, Springer-Verlag 1962. (S. 115, 116, 125, 126, 130, 131, 136)

W 16 Waters, J. W.: Localized necking in anisotropic Ti-sheet tensile specimens DDC-Report, VS Dep. of Commerce AD-638298, Juli 1966. (S. 227)

W 17 Weare, N. E.; Monroe, B. E.: Ultrasonic welding of heat-resisting metals, Welding Journal 40 (1961) 351 s–358 s. (S. 519)

W 18 Webber, R. T.; Reynolds, J. M.: Incipent superconductivity in Ti, Phys. Rev. 73 (1948) 640. (S. 78)

W 19 Weber, R.: Werkstoffe für Gleitlager, Werkstoffhandbuch Nichteisenmetalle, VDI-Verlag, Düsseldorf 1960. (S. 437, 439, 440)

W 19a Weckener, H. D.: Spanabhebende Bearbeitung von Titan, Industrieblatt 4 (1958) 119–123. (S. 501)

W 20 Wedden, P. R.; Liard, F.: Design support and development for critical structural helicopter applications in TiAl6V4-alloy, 2. Int. Konf., 2. Sitzung, 2. 5. 1972, MIT, Cambridge, Mass., USA. (S. 555)

W 20a Wehr, P.: Über den Duktilitätsverlust von Blechzugproben aus TiAl6V4 und TiAl6V6Sn2 im Zeitstandversuch bei gleichzeitigem Korrosionsangriff durch NaCl ab 200 °C, Werkstoffe und Korrosion 23 (1972) 259–269. (S. 412)

W 20b Wei, R. P.; Ritter, D. L.: The influence of temperature on fatigue crack growth in a mill annealed TiAl6V4-alloy, Journ. of Materials 7 (June 1972) 240–250. (S. 335)

W 21 Weigand, H. H.: Zusammenhang zwischen Auslagerungszeit und -temperatur bei der Aushärtung von Titanlegierungen, DEW – Techn. Berichte 2 (1962) 54–59. (S. 303)

W 22 Weigand, H. H.: Umwandlung von ($\alpha + \beta$)-Titanlegierungen mit Aluminium, Z. Metallkunde 54 (1963) 43–49. (S. 171, 197)

W 22a Weigand, H. H.; Dorst, H. G.: Umwandlungsverhalten von TiAl6V4, DEW–Techn. Ber. 1 (1961) 108–114. (S. 307)

W 23 Weigand, H. H.; Dorst, H. G.: Phasenumwandlungen bei der Titanlegierung TiAl7Mo4, DEW – Techn. Berichte 2 (1962) 113–118. (S. 296)

W 24 Weigand, H. H.; Dorst, H. G.: Beitrag zum Umwandlungsverhalten der β-Titanlegierung TiV13Cr11Al3, Metall 17 (1963) 27–31. (S. 299)

W 24a Weigand, H. H.; Dorst, H. G.: Phasenänderungen bei technischen Ti-Legierungen mit hohem Al-Gehalt, Metall 17 (1963) 1014–1019. (S. 306, 475)

W 25 Weigand, H. H.; Dorst, H. G.: Zeitdehngrenzen und thermische Stabilität techn. Titanlegierungen, DEW Techn. Ber. 4 (1964) 140–148. (S. 277, 315)

W 26 Weigand, H. H.; Dorst, H. G.: Beitrag z. Einfluß von Al auf die Bildung der ω-Phase in Ti-Cr-Legierung., Z. Metallkde. 56 (1965) 114–120. (S. 187, 189)

W 26b Weigand, H. H.; Dorst, H. G.: Eigenschaften von α-Legierungen mit Al, Sn und Zr, Metall 19 (1965) 221–229. (S. 251)

W 26c Weiman, S. H.: Titankorrosion in wäßrigen Lösungen, Corrosion 2 (1966) 98–106. (S. 371, 380)

W 27 Weinberg, J. G.; Hanna, I. E.: An evaluation of the fatigue properties of Ti and Ti-alloys, TML Rep. 77 (1957). (S. 243, 327, 328, 329)

W 28 Weiner, E.: Ti als Werkstoff in der Galvanotechnik, Galvanotechnik 50 (1962) 322–334. (S. 547)

W 29 Weinig, S.; Machlin, E. S.: Data for one of the martensitic transformations in a TiMo11-alloy, J. Metals 7 (1954) 1280–1281. (S. 178)

W 29a Weiss, B. Z.: Effect of jetting collision on structural changes at the interface of an Ti-steel system, Z. Metallkunde 62 (1971) 159–166. (S. 334, 337)

W 30 Weiss, V.; Sessler, J. G.: Analysis of the effect of test temperature on the notch strength of high strength sheet alloys, Trans. ASTM, Symposium Low Temp. Atlantic City N.Y. (Juni 1961) 3–20. (S. 325)

W 30a Weissmann, S.; Shrier, A.: Strain distribution in oxidised α-Ti crystals, J. Metals 20 (1968) 106A und Int. Conf. on Ti, Inst. of Metals, London, 21. bis 24. 5. 1968, Ref. R. I. Jaffee, N. E. Promisel, Pergamon Press (1970) 441 bis 451. (S. 426, 570)

W 31 Weller, J.: Ein Vergleich der Titanwerkstoffe TiAl6V4 und TiAl5Cr2Mo2 für Preß- und Schmiedeteile, Neue Hütte 6 (1961) 660–663. (S. 471)

W 32 Weller, J.; Weissgerber, R.: Über Charakteristiken und Anwendungsmöglichkeiten einiger Titan-Werkstoffe und Werkstoffprobleme hochschmelzender und reaktiver Metalle, Koll. Okt. 1961, VEB Deutscher Verlag für Grundstoffindustrie 1962. (S. 243, 328)

W 33 Wellinger, K.; Wittwer, H. J.: Temperatur- und Geschwindigkeitseinfluß auf die Formänderungseigenschaften des Reintitans und der Titanlegierung TiAl6V4, Metall 17 (1963) 97–107. (S. 305)

W 33a Wellinger, U.; Wittwer, H. J.: Die mechanischen Eigenschaften der Ti-Legierung TiAl6V4 bei hohen und tiefen Temperaturen, Z. Metall 22 (1968) 200–206; 929–936 und Metall 23 (1969) 1012–1020; 1270–1276 (S. 325, 328, 333)

W 33b Wellner, P.; Aldinger, F.: Phasenbeziehungen im System Beryllium-Aluminium-Titan, Z. Metallkunde 62 (1971) 228–231. (S. 578)

W 33c Wells, C. H.; Sullivan, C. P.: Low cycle fatigue crack initiation in TiAl6V4, Trans. ASM 62 (1969) 263–270. (S. 331, 425)

W 33d Weltzin, R. B.; Koves, G.: Impact fatigue testing of Ti alloys, J. of Materials 3 (1968) 469–480. (S. 328)

W 34 Wessling, J.: Titanium T-extrusions pass test, Metallworking News 31. 10. 1966. (S. 478)

W 35 Western Electric: D.P. 1061523 vom 24. 12. 1959. (S. 570)

W 36 Westphal, H.: Die spanende Bearbeitung von Ti, Werkstattechnik und Maschinenbau 47 (1957) 123–128. (S. 499, 500, 504)

W 37 Weymueller, C. R.: Giant landing gears for the Boeing 747, Metal Progress 95 (1969 März) 77–79. (S. 553, 554)

W 38 Wheatley, Q. L.: Hydride modified to reduce Hydrogen absorption, Metal Progress 68 (1. August 1955) 119. (S. 446)

W 38a Wheeler, R. E.; Ireland, D. R.: Knoop hardness, Electrochem. Techn. 4 (1966) 313–316. (S. 216)

W 39 Whiskel, S. J.; Youdelis, W. V.; Parr, J. G.: $\alpha \rightleftarrows \beta$-transformation in Titanium, Trans. AIME 215 (1959) 875–876. (S. 148)

W 40 White, E. L.; Miller, P. D.; Peoples, R. S.: Antigalling coatings and lubricants for Ti, TML Report 34 (24. 2. 1956) Titanium Metallurgical Laboratory, Battelle Memorial Inst. Columbus/Ohio. (S. 438, 453, 456, 457, 460, 462, 463, 465)

W 40a Wickstrom, W. A.; Etheridge, B. R.: Verträglichkeit von Wasserstoff und Ti, Advan. Cryog. Eng. (1967) Nr. 13, 334–342, Ref. in Werkst. u. Korr. 7 (1969) 630. (S. 342)

W 40b Wiedemeier, H.: Schutzgasschweißen von Titanguß, Schweißen und Schneiden 18 (1966) 450–451. (S. 510)

W 40c Wiegand, H.; Illgner, K. H.: Ein Prüfgerät zur Untersuchung des Kriechverhaltens von Werkstoffen unter veränderlicher Beanspruchung, Metall 13 (1959) 93–96. (S. 314)

W 41 Wiegand, H.; Illgner, K. H.: Einfluß der Bearbeitungsbedingungen auf die Dauerfestigkeit von Titanlegierungen, Werkstatt und Betrieb 91 (1961) 919–950. (S. 291, 327)

W 42 Wiegand, H.; Illgner, K. H.: Einflüsse der Wärmebehandlung auf die Gefügestabilität und Aushärtung der Titanlegierung TiCr5Al3, Metall 15 (1961) 23–29. (S. 291, 314)

W 42a Wiegand, H.; Illgner, K. H.: Einfluß von Temperaturänderungen während Zeitstandbeanspruchungen auf das Kriechverhalten von Titanlegierungen, Metall 14 (1960) 868–874. (S. 314)

W 43 Wilcox, R. J.; Whitton, P. W.: The rolling of thin Ti-strip, J. Inst. of Metals 88 (1960) 200–234. (S. 439, 481)

W 43a Wile, G. J.: Ti in airline jet engines, International Conference on Ti, Inst. of Metals, London, 21.–24. 5. 1968, Preprint und DEW-Internat. Symposium, Entwicklungstendenzen und Bundesmesse für Triebwerke und Gasturbinen, Krefeld 21./22. Mai 1970. (S. 551, 553)

W 44 Wilkinson, N. A.: Forgings in Ti-alloys, Hawker Siddeley, Techn. Review 2 (1965) 20–27. (S. 472, 476)

W 45 Wilkinson, W. D.; Hoyt, E. W.; Rhude, H. V.: Attack on materials by heat at 1000 °C, Argonne National Lab. Contract W-31-109-Eng-38 (Okt. 1955). (S. 405, 406)

W 46 Williams, A. J.: The design of heat-treatable Ti-alloy, Can. Dep. Mines and Techn. Surveys, Mines Branch Research Report R-11 (4. Juni 1958) in DMIC-Report 136A, 15.9.1960 in M 27 (A). (S. 582, 583)

W 47 Williams, A. J.; Cahn, R. W.; Barret, C. S.: The crystallography of the β/α-transformation in Ti, Acta Met. 2 (1954) 117–128. (S. 69, 151, 152, 173)

W 49 Williams, D. N.: Diskussion zu McKinsey, C. R.; Stern, M.; Perkins, R. A.: Factors affecting the absorption and distribution of H in Ti during acid pickling, Trans. ASM 50 (1958) 453. (S. 363)

W 50 Williams, D. N.: Thermal expansion of β-Ti, Trans. AIME 221 (1961) 411 bis 412. (S. 90, 91)

W 50a Williams, D. N.: The Hydrogen embrittlement of Titanium alloys, J. Inst. Met. 91 (1962/63) 147–152. (S. 365)

W 50b Williams, D. N.: Stress corrosion of Ti-alloys, Discussion of C 86, Met. Trans. 1 (1970) 2348–2351. (S. 424)

W 50c Williams, D. N.: Discussion of "Relationship between composition, microstructure, and stress corrosion cracking (in salt solution) in Ti-alloys", Met. Trans. 1 (1970) 2348–2351. (S. 424)

W 51 Williams, D. N.; Eppelsheimer, D. S.: Compression texture of Iodide-Ti, Trans. AIME 194 (1952) 615–618. (S. 126, 133)

W 52 Williams, D. N.; Eppelsheimer, D. S.: A theoretical investigation of the deformation textures of Ti, J. Inst. of Metals 81 (1952/53) 553–562. (S. 117, 124, 127)

W 52a Williams, D. N.; Eppelsheimer, D. S.: The cold rolled texture of Ti, Trans. AIME 197 (1953) 1378–1382. (S. 127)

W 53 Williams, D. N.; Eppelsheimer, D. S.: Die Rekristallisationstexturen des Titans, Z. Metallkunde 44 (1953) 360–362. (S. 126, 127, 128, 129, 130)

W 54 Williams, D. N.; Jaffee, R. I.: Heat treatment restores ductility for forged Ti-alloys, J. Metals 9 (1957) 254–260. (S. 369)

W 55 Williams, D. N.; Jaffee, R. I.: Relationship between impact and low-strain-rate Hydrogen embrittlement of Ti-alloys, J. Less Common Metals 2 (1960) 42–48. (S. 341, 356, 364, 365)

W 56 Williams, D. N.; Schwartzberg, F. R.; Jaffee, R. I.: The effect of microstructure and heat treatment on the Hydrogen embrittlement of α-β-Ti alloys,Trans. ASM 51 (1959) 802–819. (S. 365, 366)

W 57 Williams, D. N.; Schwartzberg, F. R.; Jaffee, R. I.: Supersaturation as a factor in the Hydrogen embrittlement of Ti-alloys, Trans. ASM 52 (1960) 182–190. (S. 361, 362)

W 58 Williams, D. N.; Schwartzberg, F. R.; Wilson, P. S.; Albrecht, W. M.; Mallett, M. W.; Jaffee, R. I.: The effect of Hydrogen on the mechanical properties and control of Hydrogen in Ti-alloys, WADC Technical Report 54–616, IV, Battelle Mem. Institute (März 1957). (S. 344, 345)

W 58a Williams, D. N.; Wood, R. A.; Bartlett, E. S.: Effect of composition on the properties of strain-transformable Titanium alloys, Met. Trans. 3 (1972) 1529–1536. (S. 262)

W 59 Williams, D. N.; Wood, R. A.; Ogden, H. R.; Jaffee, R. I.: Dispersion hardening in binary Ti-Cu-alloys, Trans. AIME 218 (1960) 787–791. (S. 257, 289)

W 60 Williams, D. N., Wood, R. A.; Ogden, H. R.; Jaffee, R. I.: The development of high strength α-Ti alloys containing Al and Zr, Trans. AIME 227 (1963) 563–571. (S. 256, 273, 277, 310, 419)

W 60a Williams, D. P.; Nelson, H. G.: Gaseous hydrogen-induced cracking of Ti–5Al–2,5Sn, Met. Trans. 3 (1972) 2107–2112. (S. 346)

W 60b Williams, J. C.: Some observations on the stress-corrosion cracking of three commercial Ti-alloys (TiAl8Mo1V1, TiAl6V4, TiAl4Mo3V1) Trans. ASM Quarterly 60 (1967) 646–550. (S. 194, 418, 420)

W 60c Williams, J. C.: Tempering behaviour of orthorhombic martensite in Ti-alloys, Met. Trans. 1 (1957) 2648–2650. (S. 70)

W 60d Williams, J. C.: Kinetics and phase transformations in Ti-alloys: A Review, 2. Int. Konf., 8. Sitzung, 3. 5. 1972, MIT, Cambridge, Mass., USA. (S. 70, 71, 174, 183, 187, 195)

W 60e Williams, J. C.; Blackburn, M. J.: A comparison of phase transformations in three commercial Ti-alloys, Transaction Quart. 60 (1967) 373–383. (S. 70, 187, 305)

W 60f Williams, J. C.; Blackburn, M. J.: The influence of misfit on the morphology and stability of the omega phase in Ti transition metal alloys, Trans. AIME 245 (1969) 2352–2355. (S. 170, 183)

W 60g Williams, J. C.; Hickmann, B. S.; Leslie, D. H.: The effect of ternary additions on the decomposition of metastable β-phase Ti-alloys, Metallurg. Trans. 2 (1971) 477–484. (S. 179, 184)

W 60h Williams, J. C.; Hickman, B. S.; Marcus, H. L.: The effect of omega phase on the mechanical properties of Titanium-alloys, Met. Trans. 2 (1971) 1913–1919. (S. 257)

W 60i Williams, J. C.; Paton, N. E.; Stocker, P. J.; Marcus, H. L.: Aqueous stress corrosion cracking and stress corrosion fatigue of a high strength Ti-alloy, North American Rockwell Sc. Center, Thousand Oaks, Cal., 91360, T.R. 1972, 643–651. (S. 425)

W 60k Williams, J. C.; Polonis, D. H.; Taggart, R.: An electron microscopy study of phase transformations in Ti-Cu-alloys, International Conf. on Ti, 21. bis 24. 5. 1968, London, Ref. R. I. Jaffee, N. E. Promisel, Pergamon Press 1970, 733–743. (S. 176, 189, 191)

W 60l Williams, J. C.; Taggart, R.; Polonis, D. H.: Morphology and substructure at Ti-Cu-alloys, Ref. Met. Trans. 1 (1970) 2265–2270. (S. 152)

W 60m Williams, J. C.; Taggart, R.; Polonis, D. H.: An elctron microscopy study of modes of intermetallic precipitation in Ti-Cu-alloys, Met. Trans. 2 (1971) 1139–1148. (S. 288)

W 60n Williams, W. C.: The Ti-program at the U.S. Naval experiment station (Properties and corrosion of Ti), J. Amer. Soc. Naval Ind. Inc. 62 (1950) 855–869. (S. 441)

W 60o Williams, W. L.: Marine applications of Ti, Int. Conf. on Ti, Inst. of Metals, London, 21.–24. 5. 1968, Ref. R. I. Jaffee, N. E. Promisel, Pergamon Press (1970) 1153–1160. (S. 560)

W 61 Wincierz, P., (Metallgesellschaft AG., Frankfurt/M.): Persönliche Mitteilung (August 1967). (S. 125, 134, 135)

W 61a Winkler, O.: Das Schmelzen von Metallen ohne Tiegelreaktion, Z. Metallkunde 44 (1953) 333–341. (S. 52)

W 61b Wolanski, Z. R.; Ashton, J. H.: Fracture surface characteristics related to diffusion bond quality of TiAl6V4, Metallography 5 (1972). (S. 518)

W 61c Woldt, G.: Metallabscheidung ohne äußere Stromquelle, Jahrbuch Oberflächentechnik 26 (1970). 255–260. (S. 462)

W 62 Wolfarth, E. P.: Antiferromagnetism in the system Ti–H, Acta Metallurgica 4 (1956) 225–227. (S. 354)

W 63 Wollaston, K. H.: High frequency welding of Ti-tube, J. Inst. Metals 90 (1961/62) 33–37. (S. 517)

W 64 Wood, F. W.: US-Bureau of Mines (1955) Ref. in W. Kroll, Z. Metall 11 (1957) 1–7. (S. 41, 42)

W 64a Wood, F. W.; Romans, P. A.: Segregation of alpha- and beta-structures in Ti, Mat. Sc. and Eng. 10 (1972) 182–185. (S. 52)

W 65 Wood, R. M.: Martensitic α- and ω-phases as deformation products in a TiMo15-alloy, Acta Met. 11 (1963) 907–914. (S. 187)

W 66 Wood, R. A.: A review of recent developments in Ti and Ti-alloys technology, DMIC Memorandum 126 (15. 9. 1961) Battelle Memorial Institute. (S. 291)

W 66a Wood, R. A.: A tabulation of designations properties and treatments of Ti and Ti-alloys, DMIC Memorandum 171 (15. Juli 1963). (S. 278, 280, 281, 282, 290, 295, 300, 475)

W 66b Wood, R. A.; Boyd, J. D.; Jaffee, R. I.: The effects of alloy composition on the saltwater stress-corrosion susceptibility of Ti-Al-base-alloys, 2. Int. Konf, Ti, 14. Sitzung, 5. 5. 1972, MIT, Cambridge, Mass., USA. (S. 422)

W 67 Wood, R. A.; Ogden, H. R.: The all-β-Ti-alloy (TiV13Cr11Al3), DMIC-Rep. 110 (17. 4. 1959). (S. 299, 300, 301, 308, 310, 328, 529)

W 68 Wood, R. A.; Williams, D. N.; Ogden, H. R.: Investigation of delayed cracking phenomen on hydrogenated unalloyed Ti, DMIC Memorandum 124, Battelle Mem. Inst. Columbus/Ohio (30. Aug. 1961). (S. 357)

W 69 Wood, R. A.; Williams, D. N.; Ogden, H. R.; Jaffee, R. I.: Porosity in formed Ti, Trans. AIME 215 (1959) 308–315. (S. 232)

W 69a Wood, W. G.: New surface treatments for Ti, 2. Int. Konf. Ti, 13. Sitzung, 5. 5. 1972, MIT, Cambridge, Mass., USA. (S. 505)

W 72 Worner, H. W.: Preparation and some properties of ductile Ti, Metallurgia 40 (1949) 69–76. (S. 96, 137, 457, 482)

W 73 Worner, H. W.: Thermoelectric properties of Ti with special reference to the allotropic transformation, Austral. J. Sci. Res. A, 4 (1951) 62–83. (S. 85, 93)

W 73a Worner, H. W.: Heat treatable of Ti-rich Ti-Fe-alloys, J. Inst. Metals 80 (1951/52) 213–216. (S. 369)

W 74 Worner, H. W.: The structure of Ti-Sn-alloys in the range 0–25 At.-% Sn, J. Inst. Metals 81 (1952/53) 521–528. (S. 66)

W 75 Worner, H. W.: The structure of Ti-Ag-alloys in the range 0–30 At.-% Ag, J. Inst. Metals 82 (1953/54) 222–226. (S. 66)

W 76 Worner, H. W.: Descaling and brightening of Ti and its alloys with pyrophosphoric acid, Bull. Inst. Met. 2 (1954) 131–132. (S. 450, 451, 452)

W 76a Worner, H. W.: Some observations relating to the wetting of Ti with Hg, J. Inst. Metals 82 (1954) 147–148. (S. 406)

W 77 Worner, H. W.: Allotropic transformation in dilute alloys based on Iron, Titanium and Zirconium, J. Austr. Inst. Metals 5 (1960) 154–162. (S. 160)

W 77a Wortley, J. P. A.: The use of Ti in the Copper refining industry, Paper presented TSM-AIME annual meeting, New York, 2. 3. 1971. (S. 57, 546)

W 78 Wright, J. P.; Rustay, A. L.: Intricate Ti parts now forged in presses, American Machinist 100, Nr. 11 (21. 5. 1956) 113–117. (S. 471)

W 79 Wroughton, D. M.; Okress, E. C.; Brace, P. H.; Comenetz, P. H.; Kelly, J. C. R.: A technique for eliminating crucibles in heating and melting of metals, Trans. Electrochem. Soc. 99 (1952) 205–211. (S. 53)

W 80 Wruck, D. A.: Stability of commercial $(\alpha + \beta)$-Ti-alloys, WADC Techn. Report 56/343 (August 1956). (S. 276)

W 81 Wruck, D. A.: Effect of section size and processing on the mechanical properties of heat treated Ti-alloy components, Titanium Metals Corp. of America, Present. at the New York University, 4th Metallurgical Conference (1958). (S. 303)

W 81a Wruck, D. A.: TMCA, Titanium growth through alloy development in the next ten years, Paper presented to New York Capter of ASM, 1. 4. 68. (S. 275, 302)

W 81b Wu, K. C.: Continous cooling transformation diagrams of TiAl8Mo1V1, Trans. ASM Quarterly 61 (1968) 621–625. (S. 306)

W 81c Wu, K. C.: Resistance joining of Titanium shapes, Welding Research supplement (1971) 386s–393s. (S. 532)

W 82 Wulff, J.: Superconductive properties of Ti-Nb-alloys, Tagung "Metallurgy of high field superconductors", London 17.–18. 3. 1964. (S. 83)

W 83 Wyatt, J. L.: Electrical resistance of Ti-metal, Trans. AIME 197 (1953) 903–905. (S. 75)

W 84 Wyatt, J. L.; Grant, N. J.: Nitriding of Titanium with Ammonia, Trans. ASM 46 (1954) 540–566. (S. 454, 455, 456, 458, 559)

W 85 Wyss, R.: Reduktion des TiO_2 und einiger Titanate, Ann. Chim. 3 (1948) 215–242. (S. 28)

Y 2 Yagi, Y.: Characteristics of work hardening and anneal softening of Ti-base Ti–Al wires, J. of the Jap. Inst. Metals 21 (1957) 360–363. (S. 141)

Y 3 Yakel, H. L.: Thermocrystallography of higher hydrides of Ti and Zr, Acta Crystallographica 11 (1958) 46–51. (S. 353)

Y 3a Yakimova, A. M.: Effect of H and O on the mechanical properties and structure of Ti-alloy T4 (TiAl5), Fiz. metallov. metalloveden. 12 (1961) 891–899. (S. 358)

Y 3b Yakimova, A. M.: Einfluß des Gefüges auf die Wasserstoffversprödung von Titanlegierungen, Metalloved. i. Term. Obrabotka Metal 6 (1964) 18–22, Ref. in Werkst. u. Korr. 19 (1968) 160. (S. 354)

Y 4 Yakymyshin, F. W.; Purdy, G. R.; Taggart, R.; Parr, J. G.: The relationship between the constitution and mechanical properties of Ti-rich alloys of Ti and Co, Trans. ASM 53 (1961) 283–306. (S. 263, 265)

Y 4b Yamaguchi, S., Koiwa, M.; Hirabayashi, M.: Interstitial superlattice of Ti_6O and its transformation, J. Phys. Soc. Japan 21 (1966) 2096. (S. 426, 570)

Y 5 Yao, Y. L.: Effects of cold work and quenching on the magnetic susceptibility of a commercial Ti-alloy, Trans. ASM 51 (1959) 862–871. (S. 87)

Y 6 Yao, Y. L.: Magnetic susceptibilities of Ti-rich Ti-Al-alloys, Trans. ASM 54 (1961) 241–246. (S. 87)

Y 7 Yen, M. K.; Nielsen, J. P.: Diskussion zu „The textures of cold-rolled and annealed Ti", Clark, H. T., Trans. AIME 188 (1950) 1154–1156 in Trans. AIME 191 (1951) 549–550. (S. 133)

Y 7a Yoo, M. H.: Interaction of slip dislocations with twins in hcp-metals, Trans. AIME 245 (1969) 2051–2060. (S. 124)

Y 8 Yoshida, H.: Über die Kristallstrukturen der Zwischenphase ω in Ti-Fe-Legierungen, J. Jap. Inst. Metals 20 (1956) 292–294. (S. 72)

Y 8a Yoshida, S.; Okamoto, S.; Araki, T.: Studies on the corrosion resistance of Ti-alloys, J. Governm. Mech. Lab. (Tokyo, Japan) 9 (1955) 51–60; 10 (1956) 21–27; 11 (1957) 87–93. (S. 398)

Y 8b Young, A. P.; Jaffee, R. I.; Schwartz, C. M.: Electron microscope examination of deformation in $(\alpha + \beta)$-Ti-Mn-alloys, Acta Met. 11 (1963) 1097–1098. (S. 126)

Y 9 Young, R. S.; Strachan, K. G. A.: Verhalten von Titan, Vanadin und Zirkonium gegen Schmelzen, Chem. Ind. 2 (1953) 154–155. (S. 407)

Y 9a Yukawa, T.; Ohtani, S.; Nishimura, T.; Sakai, T.: Phase transformation of Ti-alloys by means of automatic transformation apparatus, Int. Conf. on Ti, London 21.–24. 5. 1968, Ref. R. I. Jaffee, N. E. Promisel, Pergamon Press (1970) 695–710. (S. 563)

Y 9b Yukawa, T.; Ohtani, S.: Embrittlement of TiAl8 due to ordering, J. Japan Inst. Metals 34 (1970) 145–149. (S. 563)

Z 1 Zakharenko, I. G.: Elastic anisotropy and recristallisation texture of Ti-sheet, Fiz. metallov metalloveden. 28 (1969) 473–477. (S. 139, 230)

Z 1a Zarkades, A.; Larson, F. R.: Elasticity of Ti-sheet alloy, International Conference on Ti, Inst. of Metals, London 21.–24. 5. 1968, Ref. R. I. Jaffee, N. E. Promisel, Pergamon Press (1970) 933–941. (S. 126, 134, 484)

Z 1b Zarkades, A.; Larson, F. R.: Effect of textures on the charpy impact energy of some Ti alloy plate, 2. Int. Konf. Ti, 7. Sitzung, 3. 5. 1972, MIT, Cambridge, Mass., USA. (S. 323)

Z 1c Zhusskraskin, G. L.: Carburization of Ti in vacuum, Metalloved. Tern. Obrab. Metal 10 (1968) 2–5. (S. 380)

Z 1d Zlatin, N.: Machining of Ti, Symposium Machining and Grinding of Ti, Watertown Arsenal (31. 3. 53) PB 111375. (S. 493)

Z 1e Zlatin, N.; Field, M.: Procedure and precautions in machining Ti-alloys, 2. Int. Konf. Ti, 4. Sitzung, 2. 5. 1972, MIT, Cambridge, Mass., USA. (S. 490)

Z 1f Zolobov, V. V.; Zverev, G. I.: Das Strangpressen der Metalle, Presovanie Metallov, Moskau (1959). (S. 476)

Z 1g Zürn, H.: Explosionsschweißen, ein neues Schweißverfahren, Werkstatt und Betrieb 95 (1962) 103–104. (S. 537)

Z 1h Žurakovskij, E. A.: Über die energetische Struktur des Titancarbids, Trudy Tallinskij politechn. inst. Sov. A 271 (1969) 110–119. (S. 564)

Z 2 Zwicker, U.: Titanschwamm, Schmelzverhalten und Eigenschaften, Z. Metallkunde 46 (1955) 842–846. (S. 32, 34)

Z 3 Zwicker, U.: Titanreduktion durch Zusätze von seltenen Erden, DP 1128469 (1956). (S. 28, 31)

Z 4 Zwicker, U.: Die Systeme Ti–Al–Cr und Ti–Al-V und die technischen Titanlegierungen TiCr5Al3 und TiAl6V4, Z. Metallkunde 47 (1956) 535–548. (S. 115, 171, 197, 270, 291, 293, 295, 307)

Z 5 Zwicker, U.: Korrosionsverhalten und Passivierung von Titan und Titanlegierungen, Z. Chem.-Ing. Techn. 29 (1957) 107–109. (S. 378, 387)

Z 6 Zwicker, U.: Aushärtung von Titanlegierungen, Z. Metallkunde 49 (1958) 179–184. (S. 114, 202, 253)

Z 7 Zwicker, U.: Einflüsse auf das Dauerstandverhalten der Legierung TiAl6V4, Metall 12 (1958) 381–386. (S. 274, 275, 277, 313, 314, 315, 316, 366)

Z 8 Zwicker, U.: Verhalten der Legierungen TiAl6V4 und TiAl4V4 in der Wärme, Metall 13 (1959) 830–837. (S. 274, 317, 318, 333, 410)

Z 8a Zwicker, U.: Eigenschaften von Titan und Titanlegierungen, die zu Blech verarbeitet werden können, Z. Blech 6 (1959) 860–865. (S. 238, 239)

Z 9 Zwicker, U.: Martensit in Titanlegierungen, Z. Metallkunde 50 (1959) 261–268. (S. 100, 176, 177, 201, 257, 262, 263)

Z 10 Zwicker, U.: Beitrag zur Entwicklung warmfester Legierungen, J. Less Common Metals 1 (1959) 165–184. (S. 201, 253, 274, 276, 365, 410, 432, 433, 478)

Z 11 Zwicker, U.: Einfluß eines Zusatzes von Palladium zu Titan und Titanlegierungen auf deren Korrosionsverhalten und Passivierung, Metalloberfläche 14 (1960) 334–337. (S. 404, 405)

Z 12 Zwicker, U.: Eigenschaften und Phasenumwandlungen von Titanlegierungen hoher Festigkeit, 21. Internat. Leichtmetalltagung Leoben, Al-Verlag Düsseldorf (1961) 256–263. (S. 91, 179, 184, 185, 257)

Z 14 Zwicker, U.: Untersuchungen über die Phasenumwandlungen in der Legierung TiV16Al3, Z. Metallkunde 53 (1962) 675–687. (S. 70, 71, 77, 177, 179, 185, 187, 198, 301, 344)

Z 15 Zwicker, U.: Supraleitung von Titan und seinen Legierungen, Z. Metallkunde 54 (1963) 477–483. (S. 79, 80, 83)

Z 16 Zwicker, U.: Metallkundliche und technologische Probleme bei harten Supraleitern auf Titan- und Niobbasis, Metall 18 (1964) 941–948. (S. 77, 78, 84)

Z 17 Zwicker, U.: Einfluß von Platinmetallen auf technologische Eigenschaften und Leitfähigkeit von Titan-Niob-Legierungen, Z. Metallkunde 56 (1965) 222–228. (S. 55)

Z 18 Zwicker, U.: Untersuchungen an Titanlegierungen zur Sprödbruchbildung durch Oxydation bei erhöhter Temperatur, Metall 22 (1968) 681–683. (S. 107, 433)

Z 19 Zwicker, U.: Kaltumformung von Ti und Ti-Legierungen, VDI-Berichte 139 (1969) 37–44. (S. 484)

Z 20 Zwicker, U.; Kalsch, E.; Nishimura, T.; Ott, D.; Seilstorfer, H.: Einfluß von Zusätzen auf die Gleichgewichte kupferreicher Kupfer-Titan-Legierungen, Metall 20 (1966) 1252–1255. (S. 565, 566)

Z 20a Zwicker, U.; Löhberg, R.; Heller, W.: Metallkundliche Probleme und Supraleitung bei Legierungen auf Basis Ti–Nb, die als Werkstoffe für die Herstellung von supraleitenden Magneten dienen können, Z. Metallkde. 61 (1970) 836–847. (S. 84)

Z 21 Zwicker, U.; Meier, T.; Röschel, E.: Untersuchungen über Phasengleichgewichte, Verarbeitbarkeit, elektrische Leitfähigkeit und supraleitende Eigenschaften im System Niob-Titan-Zirkonium, J. Less Common Metals 14 (1968) 253–268. (S. 84, 584, 585)

Z 22 Zwikker, C.: Modificatieveranderingen bij Zirkoon en Hafnium, Physika 6 (1926) 361–365. (S. 149)

Sachverzeichnis

GPSR Compliance

The European Union's (EU) General Product Safety Regulation (GPSR) is a set of rules that requires consumer products to be safe and our obligations to ensure this.

If you have any concerns about our products, you can contact us on ProductSafety@springernature.com

In case Publisher is established outside the EU, the EU authorized representative is:

Springer Nature Customer Service Center GmbH
Europaplatz 3
69115 Heidelberg, Germany

Batch number: 10683543

Printed by Printforce, the Netherlands